ケーススタディ
小動物の診療

― What Is Your Diagnosis and Treatment ―

加藤　元

文永堂出版

加藤　元　Gen KATO

ダクタリ動物病院東京医療センター院長

Affiliate Faculty Member
Ambassader to Japan, College of Veterinary Medicine and Biomedical Sciences
Colorado State University

人と動物の相互作用国際協会／学会（IAHAIO）元副会長
日本動物病院福祉協会前（初代，2代，10代，11代）会長・常任学術アドバイザー（顧問）

執筆協力（病院スタッフ）（五十音順）

獣医師

- 安西真奈美
- 池田人司（JAHA 認定獣医外科専門医）
- 井手由華子（JAHA，その他の会の通訳，シラバス翻訳）
- 現　上田剛郎（JAHA 認定獣医内科専門医）
- 大澤晶子（ダクタリ ジョイ動物病院）
- 尾形研一（オオルリ動物病院 院長）
- 九鬼正己（JAHA 認定獣医内科専門医，ダクタリ ジョイ動物病院 院長）
- 久保田朋子（JAHA，その他の会の通訳，シラバス翻訳）
- 現　小島寛子
- 斎藤仁裕（JAHA 認定獣医内科専門医）
- 現　齋藤麻実子（JAHA 認定獣医外科専門医）
- 鈴木　聡（東京大学大学院獣医病理学研究室 大学院生）
- 現　高橋映江
- 現　富田真理
- 永吉史織
- 現　二平泰典
- 現　野内正太（JAHA 認定獣医外科専門医）
- 藤本昌代
- 宮川和久（JAHA 認定獣医内科専門医，ミシガン大学レジデント）
- 現　宮崎　務（JAHA 認定獣医外科専門医）
- 宮嶋倫子
- 現　閔　姫源
- 現　矢沼史成
- 現　山下弘太
- 現　和田みどり

獣医技術師（VT）

- 安西智美
- 現　岩佐真歩
- 現　大川亜紀子
- 現　大角絵美
- 大田絵美
- 垣内麻由子
- 現　齋藤美佳
- 現　佐久間尚子
- 現　佐藤宏則
- 現　佐藤麻由子
- 現　菅可奈子
- 現　玉沖麻衣子
- 現　橋本健一
- 現　畑中美郷
- 現　濱田嘉弘
- 現　福田千早
- 現　松本博之

現：現スタッフ

序

　取り上げてきた各症例は，多くは，広尾セントラル病院（約25年間にわたる）での症例である。その時々の各チームのクリニカル・カンファランスにより獣医師およびVTの顔ぶれはことなるが，すべての症例はPOS（problem-oriented system）に基づき我々が，診断・治療し，本病院のクリニカル・カンファランスを通じて集積してきた実症例である。

　CTやMRI，放射線治療装置などが登場するが，それらは，各動物病院にとって絶対に必要なものではない。緊急性の無い症例であれば，二次，三次診療施設（動物病院）あるいは画像診断専門施設に各症例を紹介すればよい時代がすでに到来しているのである。

　いろいろな実症例を通じて，フィジカル・イグザミネーション，必要な検査の結果，到達する診断，治療などの実際について，失敗や成功をそのまま報告している。ご精読をいただき，皆様と各症例の経験を共有しつつ，ご批判やご参考にしていただくことができればと切に願うものである。

　POSに従って，フィジカル・イグザミネーション（physical examination），正しいヒストリー・テーキング（history taking）を含むルーチン検査（routine tests）とそこから必要になるさらなる合理的な諸検査の応用，とPOSの考え方に基づいた正しい診断ができれば，自ら実行できるいろいろな治療法を活用して，より合理的な治療が行えることになる。

　合理的な治療や集中治療（intensive care）やリハビリテーション，さらに365日24時間のエマージェンシー（emergency）＆クリティカルケア（critical care）について本院で実践している診断・治療のすべて実症例である。

　我々が経験することのできた，極々一部であるが，インフォーマティブな症例を獣医畜産新報（JVM）誌に連載してきた。本書はそれをまとめたものである。また，同じくJVMに特集掲載をした「小動物臨床心得」を大幅に加筆訂正した上で，本書に収載していただいた。今般，本書をこのような形で刊行する機会を用意していただいた文永堂出版株式会社の代表取締役永井富久氏，編集部の松本　晶氏らに深く感謝したい。

　本書の出版にあたり，米国の獣医科大学の各先生方，日本のボンド・センタード・プラクティス（bond-centered practice）の確立のために，全面的にかつ体系的に，献身的な役割を演じられてきた全米のスーパー教授，スーパーファカルティ（教授陣），スーパーVT，その他のお世話になった米国のKSU（カンザス州立総合大学）やCSU（コロラド州立総合大学），UC（カリフォルニア州立総合大学）UF（フロリダ州立総合大学）の各獣医科大学のスタッフの1人1人に，まず御礼申しあげたい。

　また，ダクタリ病院のご一同，久我山，中目黒，さらに代々木（富谷），さらに，日本の臨床の最前線で，日本の動物病院の成長と後輩たちの育成のために，日夜努力を重ねてきた動物病院と勤務獣医師の方々：特にダクタリ関西医療センター・山崎院長，ダクタリ京都医療センター・森院長，ダクタリ岡山病院・中地院長，ダクタリ浦和病院・増田院長，ダクタリ焼津病院・戸塚院長，ダクタリ高松病院・山川院長，ダクタリ名古屋病院・伊藤院長，ダクタリ動物病院・山根院長，ダクタリ文京病院・伊藤院長，ダクタリ大宮病院・井上院長，ダクタリジョイ病院・九鬼院長，クローバー動物病院・蜷川院長，オールハート動物病院・池田院長，あむ動物病院・村田院長など，さらに数々のケースをご紹介頂いた多くの動物病院の院長方々，さらに我々獣医師を全面的にサポートしてくれている各病院のVT，およびトリマーの方々の一人一人に改めて感謝したい。

我々臨床家にとって，症例ほど大切なものはない。ここでいう症例というのは，大学や大学付属病院でいう症例，さらに学会や獣医界でいう症例ではなく，何であろうとダクタリ動物病院の開院（1964年東京オリンピックの年）以来，私の病院を何で知ったかは別として，理由はともあれ，当院を訪ねていただくことになった飼い主，その飼い主が大切にしている（飼い主にもピンからキリまであるが，また種類もいろいろであり，象，ゴリラ，ライオン，トラ，マコー等など）動物たち（噛みつきから人間も顔負けするようなお利口さんまで）の来院無くしては，我々臨床家の成長はあり得ない。また我々の動物病院の存続と成長もあり得ないのである。

　その意味で今日まで，また将来，継続的に当院グループと，引いてはJAHAの会員病院，さらにその病院の友人の動物病院や獣医師，さらに当院に勤務することになった数百名に及ぶ獣医師たち，VTたち（九州から北海道まで）のご協力（間接的には育成してくださった各大学のファカルティの方々）なくしては，今日までの成長はあり得ないし，また将来の成長もあり得ないわけで，この場を借りて厚く，厚く御礼申しあげたい。そして私が長年推進してきた，ヒューマン・ヒューマン・ボンド（人と人の絆），ヒューマン・アニマル・ボンド（飼い主-クライアントや社会と動物たちの絆），生きとし生けるものがもつヒューマン・アニマル・ネイチャー・ボンドに感謝するものである。

2013年11月1日　　　　　　　　　　　　　　　　　　　　　　　　　　　　　　　　加藤　元

略 語

CBC　一般血液検査

PCV	PCV
Hb	血色素，ヘモグロビン
MCV	平均赤血球容積
MCHC	平均赤血球血色素濃度
Ret	網状赤血球
RBC	赤血球数
MCH	平均赤血球血色素量
pl	血小板数
Ht	血球容積率，ヘマトクリット値
WBC	白血球数
Neu	好中球
Band-N	桿状好中球
Seg-N	分葉好中球
Lym	リンパ球
Mon	単球
Eos	好酸球
Bas	好塩基球

血液化学検査

BUN	血液尿素窒素
Cr	クレアチニン
Glu	ブドウ糖，グルコース
T-Bil	総ビリルビン
Cho	コレステロール
TC	総コレステロール
P	リン
Fe	鉄
Ca	カルシウム
K	カリウム
Na	ナトリウム
Mg	マグネシウム
Cl	塩素
AST	アスパラギン酸アミノトランスフェラーゼ
ALT	アラニンアミノトランスフェラーゼ
ALP	アルカリ性フォスファターゼ
Lip	リパーゼ
TP	血清総蛋白
Amy	アミラーゼ
Glb	グロブリン
Alb	アルブミン
Fib	フィブリノーゲン
II	黄疸指数
Tg	中性脂肪
GGT	γ・グルタミールトランスペプチダーゼ

薬物投与法

SID	1日1回投与
BID	1日2回投与
TID	1日3回投与
QID	1日4回投与
EOD	1日おき投与
IV	静脈内投与
IM	筋肉内投与
SC	皮下投与
PO	経口投与
CRI	静脈内定速注入投与

その他

AAHA	全米動物病院協会
AVMA	全米獣医学会/獣医師会
CT	コンピュータ断層撮影法（computed tomography）
EBM	（evidence-based medicine）
FNA	細針吸引生検（fine-needle aspiration biopsy）
JAHA	日本動物病院会→社団法人日本動物病院福祉協会→公益社団法人日本動物病院福祉協会
MRI	磁気共鳴画像（magnetic resonanse imaging）
NSAID・NSAIDS	非ステロイド性抗炎症薬（non-steroidal anti-inflammatory drugs）
POM	（problem-oriented medicine）
POMR	（problem-oriented medicine record）
POMS	プロブレム・オリエンテッド・メディカルシステム（problem-oriented medical system）
POS	（problem-oriented system）
QOL	生活の質（quality of life）

目　次

1. 小動物臨床心得

はじめに	2
我々，獣医師は何のために，誰のために働くのか	5
ケーススタディの大切さ	7
Physical Examination	10
主訴とヒストリー聴取とクライアントとのコミュニケーションと教育（社会教育）	15
フィジカル・イグザミネーションの延長，ルーチン検査	18
救急・救命・クリティカルケアは医療・獣医療の原点	21
合理的な治療法の選択に向けてのさらなる検査	25
日本の獣医療の未来のために	27
参考サイト・参考文献	32

2. ケーススタディ

Case1	発咳が止まらず転院してきた症例	ミニチュア・ダックスフンド，60日齢，雌	35
Case2	呼吸困難での救急外来してきた症例	シー・ズー，13歳齢，雌	42
Case3	虚脱状態が改善せず転院してきた症例	ヨークシャー・テリア，11か月齢，雌	49
Case4	会陰ヘルニア整復術後の予後が悪く転院してきた症例	雑種犬，14歳齢，雄	55
Case5	元気と食欲がない症例	中型日本犬，11歳齢，雌	60
Case6	嘔吐と下痢が改善せずに転院してきた症例	ミニチュア・ダックスフンド，1歳1か月齢，雄	65
Case7	嘔吐と食欲低下の症例	シェットランド・シープドッグ，2歳齢，雌	75
Case8	食欲廃絶から改善せず転院してきた症例	雑種猫，9歳齢，雄	82
Case9	嘔吐と下痢を示す症例	ゴールデン・レトリーバー，9歳齢，雄	91
Case10	多発性の化膿創切開後，2次治療のため紹介された難症例	ミニチュア・ダックスフンド，2歳10か月齢，雄	100
Case11	呼吸促迫と心音マッフルで正月に急患として上診した例	ゴールデン・レトリーバー，11歳齢，雄	110

Case12	異常な発咳を示すフェレットの症例	フェレット，1歳2か月齢，雄	117
Case13	突然頻回の嘔吐を示した急患	ヨークシャー・テリア，6歳8か月齢，雄	125
Case14	30分前に車道に飛び出し交通事故にあった症例	雑種犬，5歳5か月齢，雌	131
Case15	検診で腫瘍が見つかった症例	雑種猫，7歳齢，雄	140
Case16	慢性の嘔吐が続く症例	雑種猫，13歳齢，雌	149
Case17	高いところから墜落した症例	ビーグル，8歳齢，雄	156
Case18	脚に異常がみられた症例	キャバリア・キングチャールズ・スパニエル，8か月齢，雌	162
Case19	元気と食欲のない症例	パピヨン，7歳5か月齢，雄	168
Case20	原因不明の嘔吐と食欲不振で転院してきた症例	ウェルシュ・コーギー，3歳2か月齢，雄	176
Case21	運動を嫌がり室内から出ない症例	ボルゾイ，8歳8か月齢，雌	181
Case22	嘔吐と吐出が止まらずに転院してきた症例	シェットランド・シープドッグ，9歳齢，雌	187
Case23	食欲が減退した症例	パグ，10歳齢，雄	194
Case24	排尿困難な症例	ミニチュア・ダックスフンド，11歳齢，雄	200
Case25	排尿困難な症例	フェレット，3歳11か月齢，雄	208
Case26	嘔吐を繰り返す症例	フレンチ・ブルドッグ，7.5か月齢，雄	216
Case27	歩行困難な症例	ウェルシュ・コーギー，10歳10か月齢，雌	225
Case28	胸腔内の腫瘤が拡大した症例	アイリッシュ・セッター，8歳11か月齢，雌	233
Case29	呼吸状態の悪化で転院してきた症例	チワワ，3か月齢，雌	242
Case30	健康診断で腹腔内腫瘤がみつかった症例	ペルシャ，13歳齢，雌	250
Case31	肺水腫と診断され転院してきた症例	ミニチュア・ダックスフンド，6歳齢，雄	258
Case32	皮膚のかゆみで薬浴に来院した症例	ゴールデン・レトリーバー，15歳6か月齢，雌	264
Case33	健康診断で歯肉腫瘤がみつかった症例	シェットランド・シープドッグ，11歳11か月齢，雄	271
Case34	下痢・嘔吐・発熱のみられる症例	シンガプーラ，5か月齢，雌	279
Case35	嘔吐を繰り返す症例	スコティッシュ・ホールド，7歳10か月齢，雌	285
Case36	腹部が腫れた症例	ヨークシャー・テリア，2歳10か月齢，雌	293
Case37	ふらつきがみられた症例	雑種猫，4歳齢，雄	299
Case38	起立困難に陥った症例	シー・ズー，9歳6か月齢，雌	304

Case39	腫瘍がみつかった症例	オグロ・プレーリー・ドッグ，9歳1か月齢，雌	311
Case40	眼に異常がみつかった症例	日本猫，5歳5か月齢，雄	318
Case41	体を痛がる症例	ミニチュア・ダックスフンド，6歳9か月齢，雌	323
Case42	ふらつき，活動が低下した症例	チワワ，5歳齢，雄	329
Case43	両眼の瞬膜がでた症例	ラブラドール・レトリーバー，11歳齢，雌	335
Case44	犬に頭部を咬まれた症例	トイ・プードル，1歳4か月齢，雌	342
Case45	元気・食欲低下が改善しない症例	ロングコート・チワワ，3歳7か月齢，雌	349
Case46	嘔吐・食欲廃絶で救急来院した症例	雑種猫，3歳齢，雄	355
Case47	外傷で救急来院した症例	雑種猫，6歳齢，雄	363
Case48	嘔吐を呈している症例	日本猫，18歳齢，雄	370
Case49	ぐったりして元気のない症例	雑種猫，推定10歳齢，雌	378
Case50	急性に呼吸困難などに陥った症例	シェットランド・シープドッグ，6歳11か月齢，雌	385
Case51	元気消失，後肢虚弱の症例	アビシニアン，11歳2か月齢，雄	393
Case52	元気消失，食欲低下の症例	ミニチュア・ダックスフンド，8歳1か月齢，雄	398
Case53	元気消失，下痢・嘔吐が止まらずに転院してきた症例	ウエスト・ハイランド・ホワイト・テリア，7歳5か月齢，雌	405
Case54	嘔吐，元気消失，震えが止まらずに転院してきたの症例	トイ・プードル，6か月齢，雌	413
Case55	嘔吐・吐出がみられた症例	フレンチ・ブルドッグ，10歳3か月齢，雄	418
Case56	後肢を痛がる症例	ラブラドール・レトリーバー，2か月齢，雄	424
Case57	突然に転び，元気が消失した症例	日本猫，19歳1か月齢，雌	430
Case58	腫瘍を生じた糖尿病の症例	キャバリア・キングチャールズ・スパニエル，6歳1か月齢，雌	437
Case59	交通事故の症例	キャバリア・キングチャールズ・スパニエル，10か月齢，雌	445
Case60	起立困難の症例	ボルゾイ，6歳齢，雄	451
参考文献			457
索引			460

本書は獣医畜産新報（JVM）に連載された連載「症例シリーズ　What Is Your Diagnosis ?」「症例シリーズ　What Is Your Treatment ?」と特集「小動物臨床心得」（2005 年 11 月号，Vol.58 No.11）に加筆・訂正し，まとめたものです。

1. 小動物臨床心得

はじめに	2
我々，獣医師は何のために，誰のために働くのか	5
ケーススタディの大切さ	7
Physical Examination	10
主訴とヒストリー聴取とクライアントとのコミュニケーションと教育（社会教育）	15
フィジカル・イグザミネーションの延長，ルーチン検査	18
救急・救命・クリティカルケアは医療・獣医療の原点	21
合理的な治療法の選択に向けてのさらなる検査	25
日本の獣医療の未来のために	27

はじめに

　私が念願の「動物のお医者さん」を始めること（開業）ができたのは，東京オリンピックが開催された1964年のことであった。私が「動物のお医者さん」になろうと決心したのは，小学校4年生（1942年）のときであった。

　たまたま小津茂郎著の『愛馬読本』（1942年，講談社）を読み，大人社会には馬のお医者さん＝動物のお医者さんも必要なんだな。人のお医者さんはたくさんいるのだから，そうだ「動物のお医者さん」になろう。そして「動物たちがいじめられないようにしよう」と子ども心に決心したからであった。

　当時国立一期校としては，獣医学部があったのは北大だけであった。神戸から汽車で36時間の北海道大学獣医学部を目指し入学したのが1952年。卒業が1956年。卒業後，直ちに，高校時代からよく訪ねていた神戸市立王子動物園に勤めた。文字通り，小鳥から象までと寝食を共にして6年。さらに開業まだ3年目の間口2m，奥行4mのオールインワン，東京の虎ノ門にあった犬猫診療所・院長稲葉武男（現役時代，北大スケート部マネージャー）での見習い2年間。結婚を機に東京都杉並区の善福寺で開業し，ようやく「動物のお医者さん」になれたのは，卒業後8年目のことであった。

　当時，1940年代の米国で始まった病態生理学（Sodeman and Sodeman著『Pathologic Physiology Ⅳ』，Saunders 1967年版，初版1950年）が，東大の医学部を通じて初めて日本に紹介され，マスメディアに新しい医学として紹介されつつあった。一方，欧米，特にあの忌まわしい第二次世界大戦で，唯一本土が戦火を浴びることがなかった米国は，人医学はもとより，小動物（ペット）の獣医学，獣医学教育，獣医療は，世界で断トツの1位であり，2，3，4位がないという時代。当時すでに米国の獣医科大学と大型の動物病院（ニューヨークのAnimal Medical Centerやボストンのangel Memorial Animal Hospital）では今日の人医・獣医学における専門医制度なるものが各科にわたり，次々とスタート，確立されていった時代である。全米の獣医科大学の教育病院では学生を教えるスーパーVT（ベテリナリー・テクニシャン──日本でいう動物看護師）が活躍していた。

　1930年代に至るまで，米国の獣医科大学は59校もあった。しかし獣医師の質が社会の批判を浴び，41校を廃止，残った18校（現在28校）のほとんどは州立（総合大学内にある単科大学）獣医科大学であった。そしてこの18校全てがAVMA（全米獣医学会/獣医師会）の新しい獣医科大学のスタンダード（基準）をクリアし，今日の獣医科大学が誕生することになったのである。

　それは目指すべき米国のオーガナイズド・ベテリナリー・メディスン（organized veterinary medicine）の誕生であり，獣医科大学や獣医学教育，獣医師会＝獣医学会，獣医学，専門学会，獣医療，さらに重要視された卒業後の継続教育の在り方などを大系的に，合理的に組織化・実行するというコンセプトが，AVMAにより初めて実施されたのである。このような革新的な改革の実現には，AVMAの自治力および自主性が決定的な役割を果たしたのであった。

　一方，1930年代の日本は，明治維新以来の「富国強兵」をモットーに，「列強に追いつき追い越せ」の帝国主義，軍国主義一色であった。民主主義や自治の社会はなくファシズムの真っただ中であった。第二次大戦の終了が1945年。教育の全ては，明治維新以来の中央集権主義で保守的な文部省，そして「教育勅語」が全てをコントロールしていた時代であった。

　戦前，軍隊のために欧米から急遽輸入された人医学・人医療教育，軍馬のための獣医学・獣医療教育により，帝国大学で誕生した学士・博士を医学専門学校や獣医学専門学校の教授とした。軍隊を診る軍医と衛生兵，さらに軍馬を診る獣医や獣医衛生兵を大量生産することになった。獣医師は皆帝国陸軍の士官となり，戦後の獣医界をも支配していた。

　そしてDr. Robert W. Kirkが代表執筆・編集し，世界の小動物臨床のバイブルと呼ばれていた『Current Veterinary Therapy Ⅲ』（1968年 Saunders，Ⅰは1964年に発行）に動物のお医者さんを目指す私が出会うことができたことは，何よりも大きな出来事であった。

　私が開業したばかりの善福寺時代（4年間）に，英語に

堪能で，美しいセイブルのコリーを文字通り家族の一員として飼っていたクライアントの御厚意で，進駐軍の司令部から特別に本書の貸し出しを受けることができたのであった。

この本を購入することができ（1ドル360円の時代），おおげさであるが，初めて学ぶことができる「臨床獣医学と言う実学」があまりに面白く，眠るのが「もったいない」日が続いた。まさに我々は現代臨床医学や臨床獣医学に飢えていたのである。

戦時中「敵国語」（英語）の使用を禁止されていた私たちの世代にとっては，米国の人医学の各種のテキスト，内科，外科，中でも素晴らしかったのが『病態生理学』（前述）を読んだ時であった。そして『Current Veterinary Therapy』シリーズは，私にとって最高最善の小動物臨床の師であり，今もなお最高の師であり続けている（2012年に第XIV集が刊行された）。

当時日本では犬・猫が犬畜生と呼ばれ，「犬は外で鎖につないで残飯を与えて飼う番犬」という時代であった。米国の進んだ動物病院では，すでに小動物の食事療法としてペットフードや療法食の使用が常識となっていた。

『Current Veterinary Therapy』には，犬・猫を中心に小鳥，爬虫類や一部の外来種・野生動物（エキゾチック・アニマル）までも対象に，臨床上の重要な諸疾患について簡潔な病態生理と診断の要点が述べられていた。読者（獣医師が）が正しい診断さえ下すことができれば，本書に記載されている治療法を行うだけで，最良の結果が得られるという世界中の臨床獣医師に愛読された必須の実用書（実学の書）であった。

そこで私は仲間たちに（学会仲間＝学会にいつも出席している開業医の仲間）に『Current Veterinary Therapy』の講読を薦め，皆が注文購入した。しかし，上述のように戦時中は「敵国語」（英語）の使用を禁止されていたため，英語の先生すら英語で十分に話せない時代で，仲間から本書の翻訳を要請する声が日に日に高くなり，我々は翻訳出版を決意した。多くの獣医・畜産，医学の専門出版社から門前払いされたが，新興の医歯薬出版株式会社の快諾を得ることができ，ついに本書の翻訳に挑戦することになった。

当時の著者・共訳者たちの小動物臨床の知識と英語の語学力は極めて限られたものであった。翻訳にあたって実際にコーネル大学のDr. Kirkをはじめとした多くの執筆者たちに会って，米国のAVMA（全米獣医学会/獣医師会）認定の獣医科大学，各獣医科大学のAAHA（全米動物病院協会）認定教育病院と獣医学教育，数々のAAHA認定動物病院，AVMA・AAHA本部，その他の実際のオーガナイズド・ベテリナリー・メディスン（organized veterinary medicine）を見聞する必要を痛感せざるを得なかった。

米国のオーガナイズド・ベテリナリー・メディスンのソフトやハードをよく理解した上で，獣医学や獣医療，継続教育の実態について，より確かに実用の書として翻訳しなければDr. Kirkや執筆者の真意を伝えることはできないし，また意味がないと考えたのである。

前述したが当時は1ドル360円の固定相場の時代で，渡航費や滞在費の捻出するために借金し，病院がつぶれてもよいという覚悟で，1972年秋から1976年にかけ合計5回にわたり渡米することとなったのである。その間，留守を預かってくれたのが現在のダクタリ関西医療センターの院長・山崎良三副院長（当時）をはじめとする当時の我が病院の優秀な獣医師たちとVT（スタッフ）たちであった。

その結果，後述するように既存の医学・獣医学の翻訳書では，あまりにも適切でない誤訳が多いことに気が付くことになった。これまでの医学テキストの翻訳は不十分であることを痛感（さすがに文学書は素晴らしい翻訳が行われていた）せざるを得なかった。

その後，継続的に米国の各大学の教授陣，AAHAの多くのリーダーたちとの交流を通じて，米国のオーガナイズド・ベテリナリー・メディスンへの理解を深める中で，POMS（プロブレム・オリエンテッド・メディカルシステム，problem-oriented medical system）という「科学的なものの考え方」そのものを学ぶことができたのは，私にとって最高の体感・体得・気づきと経験であった。結果，私自身，仲間とともに，現実の臨床およびクライアント教育・社会教育に日本でも活かさなければならない，努力していく必要があると痛感してきたわけである。

その結果，日本獣医放射線学研究会（松原哲舟-姫路，桑原次郎-京都，金本勇-名古屋，水町春道-東京杉並らが中心）を設立，さらに東京畜犬事件で著者が告発人代表で検察側証人となった。東京都獣医師会，日本小動物獣医師会，日本獣医師会はいずれも立場上，告発人となることはなかった。これを契機に，日本動物病院協会（JAHA，現公益社団法人日本動物病院福祉協会）を設立することとな

った。その運営においては，米国式に会員1人1人が自ら会費を払い，会員となり，同一権利・義務を有す完全な民主主義に基づく会にした。

JAHAは日本で初めてのヒューマン・アニマル・ボンドと民主主義に基づく（利用者の立場に立つ）動物病院協会を目指した。病院基準，専門医の養成，VTの養成，現代の世界レベルの獣医師，VTの大系的な継続教育などを骨格とした事業に取り組むことになった。日本では初めてのダイレクトメンバーシップをもつ会を目指していた。しかし肝心のリーダーを含め多くの小動物臨床家からは，単なる勉強会の1つとしか評価されなかった。当時の日本の獣医療界のリーダーたちからは6か月もすれば雲散霧消する会としかみなされていなかった。しかしその後の発展と成長は，現状をみればおわかりいただけるであろう。

ボンド・センタード・プラクティスについて，またその中で私がいつも感じていたことがある。本章「小動物臨床心得」では「我々，獣医師は何のために，誰のために働くのか」，「ケーススタディの大切さ」，「Physical Examination」，「主訴とヒストリー聴取とクライアントとのコミュニケーションと教育（社会教育）」，「フィジカル・イグザミネーションの延長，ルーチン検査」，「救急・救命・クリティカルケアは医療・獣医療の原点」，「合理的な治療法の選択に向けてのさらなる検査」，「日本の獣医療の未来のために」のテーマで本音で述べてみたい。

我々，獣医師は何のために，誰のために働くのか

"HANB"のために，BCPで
なぜ研究，努力，工夫するのか
小動物，大動物，野生動物，実験動物，ペットとコンパニオン・アニマル

　我々の患者である犬や猫たちはどうして我々の病院を訪れることになるのか。飼い主（クライアント）は，我々に何を求めて，動物たちを連れて来院されるのか。我々にどうあって欲しいのか。動物病院の利用者の立場に立って，獣医師や動物病院に，さらに獣医学，獣医療に，人は飼主は，何を求めているのか。について改めて考えてみたい。

　第一に，動物病院のドアを開けるのは犬か，猫か，それとも人か。犬や猫は頭が痛いから，犬や猫はお腹が痛いから，犬や猫は気分が悪いから，はたまた，犬や猫たちは肢が痛い，肢が痺れるから。飼い主はどうして病院のドアを開けて動物たちを連れて動物病院に入ってくることになるのであろうか。自分の飼っている，自分と共に暮らしているこの子たち（犬たち，猫たち）に予防ワクチンの注射，便や尿の検査，X線検査や超音波，内視鏡検査，予防的処置，健康チェック，人でよくやる健康ドック，栄養相談，パピークラス，しつけ教育，訓練，問題行動などの相談にのってもらうために，それとも…。

　犬や猫たちはどんなに痛くても，どんなに苦しくても，どこが痛いと言うことはない。したがって，犬や猫たちが自ら病院のドアを開けて病院にやって来るということはあり得ない。

　つまり，心やさしい飼い主が，まとまった診療代金が必要となるのに，飼っている，すなわち家庭家族の一員として共に暮らしている犬や猫たちを心配して動物病院に連れてくるのである。

　また，クライアントはどこかが悪いのではないか，どこかが悪いに違いない，どこかにがんができているのではと心配するから来院することになる。肝臓，腎臓，食道，胃，小腸，大腸，膵臓，心臓，肺，気管支，目，耳，鼻，大脳，小脳，内分泌関係等のどこかが悪いのではないかと，飼い主が，犬や猫たちの「平素と違っている」ことに気づき，あるいは症状に気がついて，心配して，その結果として犬や猫たちを連れて，動物病院のドアを開けることになるのである。

　それはそこに人と犬や猫たちを結びつけている絆，すなわちヒューマン・アニマル・（ネイチャー）・ボンドがあるからである。つまり，飼い主と共に暮らしている人々にとって，家族にとって，可愛い，かけがえのない，愛すべき，大切にしてやらなければならない存在（大動物，経済動物，実験動物，野生動物なども含めて）であるからである。

　だから，「口のきけない，訴えることのできない」犬や猫たちの責任をもつ飼い主として，代弁者として，あるいは，親，父親，母親，あるいは保護者として，世話人として費用がかかるにもかかわらず来訪することになるのである。「動物たちと人々とのペア」が，動物病院のドアを開けて来訪するのである。

　したがって，「我々獣医師は何のために，誰のために働くのか」という命題に，単刀直入に答えるならば，我々動物病院の獣医師やVT，受付などのスタッフ全員はチームとして，ヒューマン・アニマル・（ネイチャー）・ボンドのために，「人と動物たちと自然との絆」のために働いているということになる。これがボンド・センタード・プラクティス（bond-centered practice）の真髄である。

　JAHAの名簿を年次順に見てみると，JAHA開設当初（1978年）と今日（2013年）では，JAHAの会員病院のスタッフの数が，獣医師はもちろん，特にVTの数が全く違っていることがよくわかる。これが，日本の，ひいては世界的な獣医療における目覚ましい歴史的な変化であり，世界のトレンドであり進化なのである。

　つまり，個人的な小チーム病院（設立当時はほとんどの

動物病院がワンマン・プラクティスであった）が，社会的な大チーム病院へと変化と進化を遂げて，我々の動物病院が我々なりに雇用需要を生み出しているのである。それだけ我々，院長族，オーナー族は雇用者としての社会的責任が重くなっている。

　米国の獣医学教育，AVMAスタンダードの中で要請・主張されている「動物病院とは全ての動物を大切にする飼い主社会にとってボンド・センタード・プラクティスであるべき」ということである。これが獣医師の存在意義を高め，獣医学，獣医療，獣医学教育の大きな発展につながっているのである。

　獣医学・獣医療，ヒューマン・アニマル・（ネイチャー）・ボンドのための獣医学の社会的応用である獣医療，具体的には，全ての動物病院はヒューマン・アニマル・（ネイチャー）・ボンドのために，社会貢献する病院，獣医療の場でなければならないということになる。何であれ，我々獣医療に携わる者は誰でもヒューマン・アニマル・（ネイチャー）・ボンドやボンド・センタード・プラクティスの普及，実現と発展のためにベストを尽くす必要がある。

　日本で育つ我々にとっては，獣医学と人医学はまるで別であるかのような解釈をしているが，本来，獣医学と人医学はワンメディスン・ワンヘルス（one medicine one health）の関係である。バイオメディカル・サイエンスという唯一の科学，学問をワンヘルスという言葉通り，人の健康と動物たちの健康のために役立てることである。すなわち，医学と獣医学の違いは，バイオメディカル・サイエンスというワンメディスンが人に応用されるのか，それとも犬，猫，馬，野生動物，飼育，乳用動物，実験動物に応用されるのかだけの違いである。

　また，世界中の動物たちを大切にする責任ある飼い主とペットたちのペアを，広義の動物介在セラピー（療法）を通じて，人と動物の双方の心身のQOLのための福祉に役立てるのである。すなわち，児童たちから高齢者までの社会のための教育，福祉・医療に貢献し，かつ，自然（地球環境の保全）のために役立てていく必要がある。

　その意味で，獣医学・獣医療は人と動物との双方のために，動物たちのための病気の予防とウェルネスとのためにあるのである。我々獣医療に携わる者は全て人と動物たちと自然を大切にする人々（社会）のためにある。現役の獣医師として，科学者として人と動物と自然とのインターフェイスとしての役割を果たしていくと同時に，我々獣医師は，また動物病院は「人と動物と自然を大切にする科学」の発信基地となる必要があると信じている。

ケーススタディの大切さ

飼い主とともに生きる1例1例が臨床家を育てる。心ある飼い主と共に暮らしている
1頭1頭の犬，猫が我々獣医師とVTを育てている

1例1例の大切さ

犬や猫を中心としたコンパニオン・アニマルの獣医療に携わる獣医師にとって，飼い主とその家族とともに育てるチーム医療＝ボンド・センタード・プラクティスを築く上で，ケーススタディの蓄積と1例，1例についてチームとして考え，反省することがいかに大切であるかは，当然，誰でもが良く心得ていることと思う。

しかし実際は，学会や大学では大切にしてこなかったし，学会や学術誌でも「1例報告」のもとに，それも極めて珍しい症例以外は取り上げられることがまず無かったのが実状である。

1例1例について，POM（problem-oriented medicine），POMS（problem-oriented medical system）に基づいて，その症例がもっている全ての問題を明らかにし，各種の検査を通じて確実に，合理的に分析・診断し，それが1頭，1頭の予後にどう繋がっているかをEBM（evidence-based medicine）にしたがって，論理的に明らかにし，POMR（problem-oriented medical record）として簡潔に記録しておくことが，各病院のスタッフにとって各症例の経験を共有する上で，また臨床家が成長する上で必須である。

それは時に面倒なことでもあり，また時間を取られることでもある。動物病院で臨床にあたるスタッフの全員が1例1例反省を込めて，その経験を共感・共有し，成長していく上で何にも替え難く，しかも必須の重要事である。

人の容貌（形態），気質，パーソナリティ（人格），感性，知的能力，運動能力は1人1人異なるように，犬や猫や他の動物たちの1頭1頭についても同様に全てにおいて個体は異なっている。

特に犬の場合は，遺伝（学）を応用して人工的に行う近親繁殖の継続の中で，形態，気質，能力などを多様化しながら定着させることを通じて，新しい品種を作り出してきたのである。その1頭1頭の違いは，人の1人1人の違いや人種の違いをはるかに超えているものであり，遺伝的な問題は，直接，諸疾患の重要な素因や要因になっているとも言える。

猫の場合も犬と同様である。猫の場合は幸いなことに，犬ほど多くの品種による変異は，まだそれほど大きく，品種の数としても犬ほど多く作り出されていないために，その偏差は犬に比べればもっと小さいとも言える。

しかし，それでも1頭1頭，1人1人（人間の場合も含めて）全ての個体が異なるわけで，同じ病名が診断されたとしても，このような事情から，同じ個体，病態はもちろんある訳もなく，また同一の診断名が付いたとしても，同じ病気・病態は2つとしてありえない。それは病気の持主がそれぞれ異なっているからである。

POMRのはじまり

医学・獣医学は，医療・獣医療はともに人類の歴史とともに築かれてきた偉大な文化の1つであり，また最も古い原始的な自然科学の1つであったとも言える。ルネッサンス以後，いわゆる多分野にわたるサイエンスが発達する中で自然科学の分化，深化，統合，発達が始まったのである。医学・獣医学もまた"然り"であり，この分野での自然科学の分化と深化をしながら大きく相互的な影響を受けながら，進化を遂げてきた。

細菌学・ウイルス学等の微生物学の発達，光学顕微鏡や電子顕微鏡，による形態学の発達，高度のバイオテクノロジーの発達，多様な染色テクノロジーの進歩による高度の組織病理学，さらに免疫学・遺伝学応用の特殊染色法などの発達などによってもたらされたものである。

しかし科学は真の科学的な事実に裏づけされた「事実に基づくより正しい論理の展開」が科学者同士の共通の理念となるまでは，医学診断と治療のあり方は「事実に基づく論理の展開」にはほど遠く，明確な診断の根拠が明らかにされないまま，医学・獣医学はともに伝統的経験に基づく

主従の関係の中で成り立っていた自然科学の1分野であったと言えよう。

そのような医学・科学史の観点から見れば，現在正しいとされている内科・外科，その他の専門テキストなどの多く記載されていることが，原理，原則，事実，フィロソフィー以外については，今日も，また将来も，より正しいものに次々と置き換えられていくことになることは，まず間違いのないことである。

実際にこのような経験的医学から，現代医学への最も大きな転機となったのは1940年代で，そして解剖，生理，生化学，病態生理，各種の臨床的な検査と自然科学における各種の科学テクノロジーの発達，多くのイノベーションが継続的になされてきたことによる。米国の医学はより実学的で科学的な各科を確立し，今日のより専門的な臨床医学，臨床獣医学を一層発展させてきたのである。

POSとPOMR

より有効な医学・獣医学教育を実行するに当たり，POMRと呼ばれる全く新しい科学的な臨床医学的記録法を発明・応用することができたことにより，真にバイオメディカル・サイエンスにおける急速な進歩が始まったと言っても過言ではない。それがPOMRS（problem-oriented medical record system）であった。

日本の医学界で初めてこれを紹介したのが，聖路加病院の日野原重明先生であった（1973年に『POS The Problem-oriented System 医療と医学教育の革新のための新しいシステム』を医学書院から上梓）。

このPOS（problem-oriented system）は，ごく一部を除き，日本の医学教育に活かされてこられず，今日に至っても同様であることは，医学生や医師にとっても，患者側にとっても，獣医学生や獣医師にとっても，利用者（飼い主）側にとっても科学を大切にしなければ，真の改善に繋がらない。その意味で医学・医療社会にとっても大変残念なことである。

さて，米国の獣医学教育の改革は，1930年代から，各医科大学や獣医科大学の構造と機能の抜本的な改革と再編成を全米獣医学会＝全米獣医師会が自主的，自治的に徹底して行った結果であると言える。

そこにPOMRという「事実と根拠に基づく論理的思考の記録法」が取り入れられることによって，教授陣，学生，臨床家，パラメディカルなどによって行われるチーム医療に取り組むことが初めてできるようになった。その意味で，POSは，いづれの産業，事業，医療，獣医療の育成，発展，改善，改良のために欠かすことのできないキーワードである。

誰もが，「第3者がどの診断や治療がより正しいのかを論理的に，明確に把握することができるようになった」のである。この方法による診療記録が全米規模の医科大学，獣医科大学の教育に取り入れられたのが1960年代のことであった。しかし，残念ながらあくまで米国中心の医学・獣医学教育の場では，と但し書きを付けざるを得ない。

しかしながら，獣医学教育においては，全米規模の各獣医科大学の教授陣の全員を対象に，POMRに関するセミナーが続々と行われた。その後，全米的にAAHAなどの全面的なフォローとして取り入れられ，普及していった。

筆者は幸いにもカンサス州立大学の獣医科大学の小動物臨床の講師（1973〜1974年）として招かれていたことから，全大学ごとに一斉に，そして徹底的に行われていたPOMRに関するセミナーに触れることができた。しかし，私の語学力不足から，POMRの詳細を正確に把握するのに大変な努力と時間が必要であった。

POMRセミナーの講師の話は「一貫して事実に基づく論理の展開」を正確，簡明なキーワードで問題解決のために記録するものである。その豊かな医学的経験に裏づけされた論理的な考え方は，聞く者にスリルと感動を与えるものであった。

帰国後，直ちに私どもの動物病院（ダクタリ動物病院）の診療姿勢として，POSとPOMRの考え方に則した簡略なカルテを作成し，POSとPOMRに基づく診療への努力を開始した。

それらのカルテは，その後の日本動物病院福祉協会（JAHA，現 公益社団法人日本動物病院福祉協会）のカルテのモデルとなっている。すなわちJAHA会員病院，特に認定病院での今日のPOS診療はその後も継続的に行われている国際セミナーと相まって，その普及に大きな役割を果たしているのである。

またその後，日本獣医畜産大学（現日本獣医生命科学大学）の助教授であった石田卓夫先生（現 赤坂動物病院医療ディレクター，JAHA前会長，一般社団法人日本臨床獣医学フォーラム会長）が，POMRに則した獣医学教育を開

始，それに基づき日本ビスカ株式会社がPOMRカルテを作成，販売し，今日の全国の小動物臨床家へのPOS/POMRの普及，ひいては科学者としての臨床家の育成に多大な貢献をしている。

診断の実際

それぞれの異なる個体が抱えている医学的・獣医学的な問題の全てを，キーワード的に取り上げ把握し，その問題点をより明らかにする上で必要となるphysical examinationとルーチン検査などを診断のデータベースとする。さらに必要となる各種の臨床的検査結果から考えられる鑑別疾患の中から診断を特定し，それにより，より合理的な治療と，合理的に経過をフォローし，正確な予後をたてることができることになるのである。

しかし，その診断に疑問が生じた場合は，さらにより有用な診断法を応用し，その結果を厳密に再評価し，それにふさわしい診断を下すことによって，より合理的で特異的な治療法を応用することができるのである。

もし問題解決に向かわないならば，もう一度，より合理的なアプローチで，診断そのものをやり直す。そのプロセスを厳密に記録し，時系列にしたがって評価することによって，最終的に問題が解決したのかどうかを明確にする。その全プロセスを第三者が良く理解できるように簡潔にキーワードで記録する。

したがって，1つ1つの症例を我田引水的に自分だけが納得するのではなく，第三者的に（客観的に）検討，実学的に反省しておくことは，現代医学・医療，現代獣医学・獣医療にとって極めて大切である。同じ診断名が下されたとしても，病気を持つ個体としては，2つとして同じ個体の症例というものは無いのであるから，なおさらである。

多くの症例報告をよく検討してみればわかることであるが，よく教科書に載ってないと言う事実に出会うことがある。しかしそれらの事実（エビデンスド・メディスン）の積み重ねで，教科書もさらに書きかえられていくことになる。

その意味で獣医師として自己を磨いていく中で，またスタッフやクライアント教育の中で，特にボンド・センタード・プラクティスというチーム医療にとって，ケーススタディは極めて大切である。

つまり1例1例について臨床家としての工夫と反省，その中で気づいたことをチームとして明らかにするのである。1人1人の臨床家のあり方と，各病院の全スタッフが各症例の経験を共有することは，ひいてはクライアント教育・社会教育を進歩させ，動物たちと飼い主や飼い主ファミリーのウェルネスに全てが繋がっているのである。

Physical Examination

身体検査・身体一般検査は誤訳

　近代医学という文化は，前述したような歴史と経緯の中から生まれてきたものである。すでに述べたが，それらは全てヨーロッパのサイエンスとして発達してきたものであり，ドイツ語圏，フランス語圏，英語圏，中でもオランダ語を含むドイツ語圏が中心であった文化であることをよくも悪くも理解しておくべきである。

　第一次世界大戦（1914～1918年），そしておぞましい第二次世界大戦（1939～1945年）後，現代の科学的テクノロジー（scientific technology）の急速な進歩を医学，医療，獣医学，獣医療に応用することにより，ワンメディスンとしてのバイオメディカル・サイエンスとして確立され，医学，獣医学は現代に至る長足の進歩を遂げることができた。

　その中で，全てのサイエンスは，本国での戦渦を免れた米国を軸に発達することになった。欧州各国から，有能な科学者，テクノロジスト，学者が各国のインフラの破壊と戦火を逃れて米国へと続々と移民することになったのであるが，その大きなバックグラウンドには民主主義と自由，自治，豊富な資金があった。その結果，全てのサイエンスはドイツ語・フランス語中心から，医学，獣医学の世界の共通語として，英語（米語）中心へと大きな変化を遂げることになったのである。

　日本に医学・獣医学が近代医学として初めて導入されたのはオランダ語，ドイツ語によるものであった。明治維新後，医学は米英，ドイツさらにフランス語により輸入されるところとなっている。

　日本の医学・獣医学には，軍隊の健康と防疫に果たす医学の役割と，同時に軍馬の健康と防疫に果たすべき獣医学の役割が課せられたのである。特に第一次世界大戦後は，旧帝国大学の医科大学は，軍人のための医学専門学校の教員養成大学として，そして農科大学（獣医科大学はなかった）の畜産学科の第2部は，主として軍馬のための獣医専門学校の教員養成大学として発達発展することになったのである。

　当初の医学・獣医学教育では，ドイツ語，英語，フランス語などの原書をテキストとしていたが，やがて日本語による翻訳出版が普及するようになって，日本の医学・獣医学は欧米，特に英国，ヨーロッパの医学・獣医学を主流として，国家的に普及が進んでいった。

　日本の医学・獣医学における訳語の多くは，もちろん適切なものである（古風ではある）。主として難解な文語体にならざるを得なかったことから，不適切なものもまた多く生まれたのは無理のないことである。また訳語やその表現そのものが難解で誤解を招きかねない言葉も多く，誤訳のまま医学・獣医学用語として定着することになり，後の臨床医学・獣医学の発達に大きなマイナスの影響を及ぼすことになっているといえる。

　先達の血のにじむような努力のおかげで，すばらしい文化遺産としての日本の近代医学・獣医学が成立したことも事実である。その中で定着していくことになった間違った訳語や医学・獣医学用語は，今こそ，正していく必要があると考える。

　中でも最大の誤訳は「フィジカル・イグザミネーション（physical examination）→身体検査・理学的検査」である。患者の身体を検査することと解釈し，身体検査，身体一般検査，理学的検査などと訳してしまったのである。医師自身の身体的能力と認識力とを駆使して，病歴の聴取も含めて視診，聴診，触診，打診等により診察するという本来の意味を完全に取り違えてしまったのである。

　それを今日まで気が付かなかった医学・獣医学教育では，フィジカル・イグザミネーションの真意をよく理解していなかったが故に，医師の主観的な診たてに頼っていることにすぎないとして不当に扱ってしまい，日本の現代臨床医学・臨床獣医学上の最も大切な部分を最も粗末に扱うことになっているのである。

　ここでいうphysical examinationのphysicalは「身体の」「理学的の」と訳されているが，そうではなくphysical examinationは「医師・獣医師の身体，つまり五感（視覚，観察力，聴覚，聴力，触覚，臭覚，味覚などの感性を最大限に発揮して診察し総合判断すること）を駆使し，患者の

容態を検査・診断する」という意味であったのである。

医学・獣医学の世界で優秀な先生が，優秀な師匠から厳しく訓練された場合は，この訳語（誤訳）とは関係なく正しい診察，すなわち正しいフィジカル・イグザミネーションが行われてきたことは間違いのない事実である。そうでなければ，歴史上の名医は存在しなかったし，現代医学も生まれてこなかったわけである。

Physical Examination と Informed Consent

主訴やヒストリー・テーキング（history taking）を含めてフィジカル・イグザミネーションは主観的（非科学的という意味では断じてない）である。数値で表せない主観的なものは，日本の医学教育がそれらを否定するにしたがって逆に偏向していったものと考えられ，そして，軽んじられるようになっていったことは否定できない。

その結果，各種の検査における数字的データベースの収集やテクノロジー分野の見解が先になり，それらのデータベースを統合的に思慮して結論（診断）を下すジェネラリスト，総合医にとって最も大切なフィジカル・イグザミネーション＝患者（生き物としての）とのコミュニケーションが，しばしば後回しになったり，おろそかにされたりしていることは極めて残念なことである。

すでに述べてきたことであるが，獣医師，VT にとって，主訴，ヒストリー・テーキングという「飼い主（クライアント）と動物達とのペア」とのコミュニケーションを通じて，その延長線上にある精密なフィジカル・イグザミネーションがいろいろな検査結果を総合的，統括的に見て，診断を下すことが最も大切になるのである。

十分なフィジカル・イグザミネーションで客観的で科学的な思考によって診断を下すことができなければ，「飼い主との真のインフォームド・コンセント（informed consent）」は成り立つはずもない。

病変（病巣）の位置を絞り込むこと，解剖学的な位置をはっきりさせることが重要であるにもかかわらず，Localization が局在などと表現されてしまったために，神経学や解剖学者以外の第三者には，はっきりと理解することができない，いわゆる難しい「学術用語」が定着することになったのである。

現代獣医学・医学において，CT，MRI，ドップラー超音波診断装置，PET スキャン，シンチグラフィ，各種の内視鏡等のハイテク診断装置を駆使しなければどうにもならない分野も残されてはいる。しかし実は十分な現代診断学を学び，自らのフィジカル・イグザミネーションのトレーニングを課しているならば，主訴，ヒストリー・テーキング，フィジカル・イグザミネーションの組み合わせだけで，疾患の 70% の診断がカバーされ，おのずから，より合理的な治療法を見出すことができると言われている。

しかし，病気の診断ができたとしても病勢の程度，病変の正確な位置や広がり範囲などについては，適切なハイテク検査法が必要になる。また各種のハイテク検査法や生検（バイオプシー）などの組み合わせなどがなければ明らかにはできない場合がある。

より合理的で正しい診断に基づかなければ，より合理的な治療法を選択することはできない。もちろん，ハイテク器機による検査が不必要であると主張しているわけではない。またデジタルなデータとしての数値に意義がないということではないことは当然である。

フィジカル・イグザミネーションにおいて最も大切なことは，真のインフォームド・コンセトを得ることである。常に鼻先から尾の先まで，四肢の指の間，爪の先まで，もれなく，一定の順序で，しかもすばやく全体をチェックしながら，その結果について，飼い主に獣医師が認識できたことを，飼い主（クライアント）に逐次語りながら（詳細である必要はない），フィジカル・イグザミネーションを進めていくことである。大きな問題がある場合は，そのことを説明する際に，さらに全体を診終わってから，問題の部分に戻って各種検査の所見と併せて，飼い主にわかりやすい言葉で詳しく話す必要がある。

フィジカル・イグザミネーションの実際

1）視　診

人の視覚はすばらしい。実は五感の中でも人のもつ視覚はある種の鳥類にはかなわないが，その色彩の詳細な識別能力と分析力はすばらしいものである。視診で確かめるべきことは，犬相，猫相，意識レベル（元気，気力，アラートネスであり，神経学的な意味での意識レベルとは異なる）を含めて全て確かめて，全く正常なものと 100% として % で表しておく。また毛の薄いものや毛の短い動物ならば，皮膚をよく診ることは簡単にできるが長毛の患者では，特

に皮膚表面の状態がよくわかるように注意して診る必要がある。

2) 触診

視診と同時に進めていく。全身，特に腹部の触診では腹腔内の各臓器を，解剖学的に具体的にイメージしながら各臓器は呼吸により絶えず前後に動いていることを意識しながら，行うことが大切である。また後述する聴診，打診などと同様に，正常なものをよく知っておくことが必須である。正常なものがよく認識できていなければ，異常であることに気がつかないか，またはよくわからない。またよく認識できないのは当然である。

心臓の触診と頸静脈の動きや状態〔中心静脈圧測定（CVP）〕をよく診ることが重要である。胸の深い動物では，心臓の触診は特に大切である。各大血管の中心にある心臓をよく触診し，頸動脈や特に頸静脈の緊張（努脈，CVP）の程度や動き，さらに全身や両開股の動脈を同時に触診し，四肢や顔面に浮腫がないかどうかなどをよく診て，その次に初めて聴診となる。

3) 聴診

心音と呼吸音を診ていく。それぞれに雑音が認められるのか否かが，大切である。先ほど述べたように，それぞれ正常なものを正確に把握できていなければ，異常なものがよくわかるようになるはずがない。しかし，幸いにして正常なものの方が圧倒的に多いので，心掛けさえよければ，正常をよく知ることはむしろ容易である。

心音は第1音と第2音があり，前者は収縮のはじまり，後者は拡張のはじまりである。それぞれ僧帽弁と三尖弁が閉じる音である。第1音は低音であり第2音は高音である。さらに雑音が認められた場合にはドップラー超音波で心房と大動脈の比を明らかにしておく必要がある。第1音と第2音に分けて，納得できるまで十分に聞いたうえで雑音があればその出所を位置づけることが大切である。

心奇形などのように，聴診部位を合理的に変えながら聴診しない限り問題点（特に雑音の出所）を明確にできないこともあり，注意が必要である。

心音と肺音の聴診が納得いくまでできたら，次は心肺以外の，すなわち胸膜などのその他の異常音などがないかどうかの聴診に移る。症例毎に，工夫をしながら聴診を行うことは極めて大切である。

また忘れてはならないのは，腹部の聴診であり，胃と小腸各部，大腸とイメージしながら蠕動音を聴取する。

人の聴覚はすばらしいものであり，すばらしいオーケストラのシンフォニィ，ジャズ，さらにボーカルなどを聞き分け，楽しむことができる。聴診を「主観的で客観性がない」などとするのは「正におろかなこと」である。

聴診は，胸腔内の心臓の収縮と拡張，弁の開閉，血管，肺の拡張と収縮，血流等の動きなどをイメージしながら行う。さらに気管，気管支，小気管支などに呼吸音に異常がないかどうかを確認していく。これを守り，慎重に聴くことは，時に苦痛で退屈なものであるが，正常というものに確信が持てないまま，異常がわかるはずはない。

4) 打診

聴診や触診，視診の延長線上にある検査法である。胸部だけではなく，腹部の膨大がある場合にも，ガスや液体などの量などを見ていく上で必須のものである。

また打診の際，手の平を反対側の体壁にあてがい，手の平で叩いて対側にどのような反応が起こるかを診ることも大切である。

5) その他の大切なポイント

フィジカル・イグザミネーションにおいてさらに大切になるものであるにもかかわらず，見逃しやすいものについていくつかを述べてみる。

(1) 顔色

私は学生や新人の獣医師達に対して「あなたは犬や猫の顔色がわかりますか」と質問してみる。いわゆる狭い科学的な見地からすれば，犬や猫の顔は毛で被われているので，「そんなものがわかるはずはない」ということになるが，そうではない。いわゆる顔色がわからなければ医師，特に口を利かない犬や猫を診る獣医師は始まらないのである。健康そのものの顔つきは，犬，猫，小鳥，その他の動物でも人と同様に直感的にわかるものである。良いのか悪いのかがわからなければ，家族の一員として毎日触れ合っている飼い主の話も理解できないことになる。

そうなると飼い主の信頼を自然に損なうばかりでなく，真のコミュニケーションが成り立たない。つまり飼い主から真に信頼して心を開いてもらえない。あの先生では上手

くコミュニケーションできないということになってしまう。

顔色を診るということは，意識レベル（神経学的な意味での意識レベルとは異なる）＝元気さを正確に直観的に把握することに他ならない。そういう意味でも全スタッフが目で入院患者の容態を把握することが極めて重要なことである。

スタッフには常に顔色，すなわち，意識レベル＝正常を100％とし，できる限り％で表現できるように，客観的につかんでおけるように平素から第一に心がけ，全獣医師と全VTにその能力をしっかり身につけて，カルテに必ず記載してもらう必要がある。

（2）栄養と身体の姿勢

現在の獣医療では，真の栄養状態というものは，筋肉量や筋肉のトーン（筋肉の緊張度），さらに動物達の自然で正しい姿勢などについても，平素からの観察力，分析力がなければ十分に正しく評価することができない。単なる流行りの栄養スコアを評価するだけでは不十分である。

ドッグフードやキャットフードについてもブランドその他必要な事項は必ず確かめておく必要がある。正確にデータベースの1つとしてとりあげて記録しておくことが大切である。また，動物達の自然な正しい姿勢についても習熟していなければならない。

そうでなければ，わずかな異常をみつけて，気づき，関係者にもよくわかるようにそれを正確に記録できる訳がない。その意味で，優れた飼い主というものは，平素の愛情ある観察力が磨かれているのであるから，いつもとは違うことに素早く気付く（我々には気付かないことも）ことができるのである。

人，犬，猫，小鳥…全ての生き物は飼い主やその家族から与えられる食べ物と水で体をつくっている。したがって正しい栄養を得，正しい姿勢が保てていなければ，間違いのない健康状態が保たれていないということである。そのことは，その個体が何らかの不健康で病的な状態にあることを示唆していることになる。考えてみるとあたりまえではあるが極めて重要なことである。

■ 太っている。これは正常なのか。％は？　だとすれば，何が理由で太り過ぎているのか？
■ 痩せている。これは正常なのか。％は？　だとすれば，何が理由で痩せているのか？
■ 頭の位置は，首との関係は。正常か，異常か？　関節，骨格，筋肉，靭帯，飼い主の意見は？
■ 肩，背中，腰，尻，四肢の位置や関節のアングルは？

異常があれば，異常なものだけを記録に留めておく。これらの観察力を養うよい方法は，画や写真などをよく鑑賞することであり，額に目を止め，額がゆがんでないかどうかを確かめ，ゆがんでいることに気が付けばいつも正しくすることを習慣づけておくことである。

また，X線写真を撮ることができたら，全ての写真をくまなく一定の順序でよく観察し，評価することである。一定の順序にしたがっていつも「この患者のX線画像は正常なのか，異常なのか」について自信を持って判断することができなければならない。できれば必ず，引き継ぐ獣医師やVTとともにこれを行うことが大切である。

（3）被毛と健康と美

健康な動物は人を含めて全て美しいものである。それが健康に生きているという証拠である。そうでなければ動物の健康の程度に減点がつく。汚れて見える動物は皆が不健康である。だからその理由を明らかにしなければならない。健康なものの被毛は，嫌な臭いを発することはなく，毛並みがきれいである。少しでも汚れを感ずるものは，全て不健康であるとみなしてよい。健康でないとすれば，何がどう悪いのか，理由は何か，問題がないかどうかをいつも確かめておくという習慣をつけておく必要がある。

（4）成長曲線と生命速度

哺乳類は草食動物を除いて，原則的に生まれた時は視力や聴力はない。眼も耳道も開いていない。しかし，温度に対するセンサーは，特に鼻先は敏感であり，それ故母親に寄り添うことができる。眼，耳に比べて口吻の感覚は鋭く，嗅覚はすでによく働いており，母親の乳頭を確実に捉え，強い力で母乳を積極的に吸飲できる。

口吻，耳，四肢の裏側などのあざやかな赤色は，心肺機能の健康度をそのまま表していると考えてよい。また生まれたばかりの新生子の体を握って取り上げた際の，手に対する抵抗感，実質感は新生子の健康度そのものを示していることになる。

乳歯が生え始めるのが2～3週，生え揃うのが3～4週，35日頃から45日頃になると離乳する。離乳時には，好奇心，パーソナリティが一層明らかになってくる。3.5か月～4か月で乳歯は永久歯に変わり始め，6.5～7か月で

永久歯が完成することになる。

子犬や子猫は視力,聴力が備わりよちよち歩きができるようになってから,最初の4か月になるまでが社会化の感受性期(問題行動の予防)として極めて大切である。その中でも13週から14週に至るまでが,社会化の感受性期の中でも,他の動物,同胎子を含めて犬や猫,子ども,大人,高齢者,いろいろな来訪者などの人間との信頼感を確立していく期間として何よりも大切である。

(5) 社会化の感受性期(敏感期)

全ての哺乳類にとって,最も大切な時期である。その意味で動物たちの顔色(意識レベル)を診るというのと同等あるいは,それ以上に大切なことでもある。社会化の程度をはっきりさせる(安全なものを100%として表す)ことは,動物とのコミュニケーションのもとになるばかりではなく,その子の(その個体の)行動学的な(意味)問題の予防や矯正,しつけのあり方などを指導する上でさらに大切になる。

乳歯が生え始め,離乳に至る時期,および乳歯が永久歯にかわり始めるまでの時期は社会化の感受性期であり最初の4か月に当たっている。動物達の一生にとって,問題行動の予防にとって,人と動物との双方にとって,極めて特殊で大切な時期である。社会化の感受性期にこそ,褒めてしつける「陽性強化法」で教育・訓練,それも真の動物心理学,獣医行動学,真の学習理論に基づいた,しつけ訓練が絶対に必要である。人間の子どもも全く,同様である。

人と動物との心の相互作用を通じて,ヒューマン・アニマル・ボンドを育てていく上でも特別である。その哺乳類の幼児期の社会化の敏感期(感受性期)が,極めて重要な期間であることはいくら強調しておいても,強調し過ぎることはない。「人と動物との真の信頼関係が脳に刷り込まれてこそ,絶対に安全で安心な犬や猫」と言えるのである。「人の子どもにとって,生まれてから最初の10年は社会化の敏感期として,犬や猫の一生と同様に最も大切な期間」であることを肝に銘じておくことである。

人では,心のハードウエアといえる脳は10歳頃には完成するが,犬や猫の心のハードウエアは3.5~4か月齢(人の10歳に当たる)でできあがるのである。この期間が人にとっても,犬や猫にとっても極めて大切な社会化の感受性期と呼ばれる期間である。児童や犬,猫が色々なものに慣れ親しむことができる特別な期間であるとともに,ほめてしつける(陽性強化法により,育てる)が特によく身につく,特別な期間である。

児童,子犬,子猫が,個体のもつ個性,主体性,パーソナリティなどが,より明らかになり,決まっていく時期(三つ子の魂百まで)である。したがって接する人のやさしさと思いやりが,そのままその個体を人間大好きな脳=心に育てていることにもなるのである(人間の子供達も同様)。

(6) 生命速度と寿命

子犬や子猫が1歳(人の15歳)を迎えることで,身体そのものはできあがるが,精神的な大人になるのは2歳であり,人の25歳ごろに当てはまるものと考えてよい。これが人や犬,猫の心身の成長のプロセスであり,心身の成長曲線である。

また,犬や猫は2歳を過ぎれば,(成犬になってからは)人の4倍の速度で生きていることをよく認識しておかなくてはならない。つまり犬や猫が大人になってからの3か月は,人の1年に当たることを忘れてはならない。

したがって犬や猫が7歳にもなれば,人間の40歳以上に当たっている。いわゆる癌年齢に達していることになるのである(犬や猫の7歳は人の38~42歳,10歳は人の50~54歳,15歳は人の70~74歳,18歳は人の82~86歳,20歳は人の90~96歳)。したがって,自ら各種の検査や,1日ドックでも検査の組み合わせなどの内容は年齢とともに大きく異なってくるのは当然である。

主訴とヒストリー聴取とクライアントとの
コミュニケーションと教育（社会教育）

主訴とヒストリー・テーキング

　主訴とヒストリー・テーキング（history taking，症歴聴取）は，全ての症例記録（POMR）の始まりである。経験のあるシニア獣医師は，新人獣医師やジュニア獣医師の主訴とヒストリーの聴取能力に大きな不足感（欠点）を覚えることが往々ある。

　いわゆる「代診」（嫌な言葉である）の若い獣医師を雇い，教え，トレーニングせざるを得ない先生方は，いつも，嫌でも，そのことを経験せざるを得ないことなのである。

　今日の小学校に始まる義務教育は，中学，高校に進むにつれて，受験のための偏差値競争教育一辺倒となっていく。その結果，あたかも人間的な価値までが，人の受験教育の偏差値そのものであるかのように評価されることになってしまうことになる。これはゆゆしきことである。医師，歯科医，特に獣医師になる上で，学生の選抜上，今日大問題である。

　サイエンスにとって最も大切なことは「正解情報を記憶する」ことではなく，自分自身の脳で「なぜそうなるのか」を考える力をつけることにあるにもかかわらずである。

　少子化が進み，夫婦共働きが常識の現代において，いわゆる鍵っ子時間が長くなる。暴力的なテレビゲームに象徴される短絡的な脳の反射回路の訓練と，入試のためだけの情報の詰め込み力，いわゆる政治家や文部科学省の言う学力という正解だけを記憶する力のみを発達させることになる。結果としてそのようなゲームや暴力的なテレビ，ビデオなどによる1人遊びの時間が増加し，先輩，後輩とのつきあいはおろそかになる。ともすれば「子ども社会」での子供どうしの遊びを十分に経験することもなく，同学年の仲間（友人）との大切な「付き合いや助け合い」などの機会にも恵まれないまま育つことになる。

アイコンタクトと心のチャンネル

　アイコンタクト（互いが心のチャンネルを開かない）もない，表情もない，E-mail や SNS（social networking site）だけのやり取りにもなる。その結果，面談という大切な経験が少なくなりコミュニケーション・スキルが発達せず，逆に大いに不足することになる。

　人と人との，生きもの同士としての触れ合い（相互作用）が少なくなっている。互いの大切なアイコンタクト（互いの心のチャンネルを開いての）も，互いの相互作用（ボディ・ランゲーシによるコミュニケーション）もない。したがってコミュニケーション・スキルを育てるうえで最も大切になる表情やジェスチャーを使うこともなく，全く言葉だけの E-mail でことを済ませてしまうことになる。

心のハードウエア

　人の脳は生まれて10歳になる間に，心のハードウエアとしてはできあがって（脳は最大容積に達する）しまうものである。特に脳の発達の基盤としての前頭連合野の発達は，「人と人，人と動物，人と自然との豊かな触れ合い」が大きく影響する。それらのふれあいを十分に体感・体得・気づきが得られないまま育つことになれば，それだけ，人が人に育つために必要となる脳（ヒューマンな脳）の発達は不足することになる。そしてモンスターが増え，いじめが増え，事件が増える。

　このように人の脳にとって，「人と人，人と動物，人と自然との豊かな触れ合い」によってこそ，ヒューマンな心（ハート＝脳＝心）が育つのである。すなわち，人が人に育つ上で，自らの脳（大脳，小脳が共同して）が体感・体得して，自らが気づくことが最も大切である。

　しかし，このような機会が十分得られないまま，児童が育つことになれば,その結果として，決定的にコミュニケーション・スキルが欠ける人になってもいたしかたない。初対面でまっとうな挨拶ができない。人間的な自己紹介ができない（マニュアル的にはできるのであるが）ということになってしまう。

　もちろんコミュニケーションは人と人との相互作用であ

るから，本人の主体性，感性，個性が育っていなければ，心のチャンネルを開いて，他人，いわゆる関係のない人と触れ合う，通じ合うことが，上手にできなくなってしまうは当然のである。

すなわち我々獣医師（その他のほとんど全ての職業にも通じる）は，すべからく，コミュニケーション・スキルを磨くことが大切になる。飼い主と動物とのペアと語ることになる上手なヒストリー・テーキングを診断に活かし，絶対に必要なインフォームド・コンセントを確立する上で人間間の信頼を築くことが何よりも大切になる。獣医師やVTは現役である限りコミュニケーション・スキルを育てるために，大いに努力するほかないのである。

飼い主と医療スタッフのコミュニケーション
飼い主にとって話しやすい，話しがいのある獣医師に

相手（飼い主）が獣医師やVTとの心のチャンネルを開くことのできる話しやすい獣医師やVTになる必要がある。直感であれ，何であれ，飼い主が腹蔵なく本当のことを伝えることができる話し相手になる必要がある。心から信頼できる獣医師やVTにならないと飼い主と動物たちのペアから十分意義のある主訴やヒストリーを聴き出すことはできないのである。ましてやインフォームド・コンセントは成り立たないのである。

獣医師やVTは，要領を得た質問をすることにより，飼い主にとって話しやすい，良い聞き手にならなければならない。飼い主が答えたことを，科学的に間違いのない事実として，論理的にしかも手短に，キーワードだけで，カルテに表現しなくてはならないのである。しかも，小学校4年生以上，成人まで誰でもがよく理解できる言葉を選んで，たとえば，相手側の理解力を確かめながら話さなければならない。

1）ヒストリー・テーキング

飼い主から上手に話を聞き出した事実に基づき，獣医学的に，科学的に意義のあるヒストリーとしてまとめる必要がある。Physical examinationで見つけ出した所見と比較し，よく吟味し，誰にでもよく解るキーワードや画図などを加えながら記録しておく必要がある。

これができなければ，診断を下す上で，80％の重要性を占めているといわれるヒストリー・テーキングが成り立たないことになる。

主訴が，その動物のヒストリーの中でどのような意味を持っているのかをつかみ損ねかねないのである。その上に，そのことから間違った結論へとミスリーディングしかねないことになる。

飼い主は，原則的には，例え人の医師であっても，獣医学に関しては素人である。まして，一般の人々はなおさらのことであり，飼い主を獣医師と同等の獣医学的常識をもつ人と見做してはならない。

しかも，日本では受験教育の効率を高めることが優先するために，早い時期から我々を「理系」と「文系」に分けてしまう。人は誰でもその両方を持ち，表裏を分離するわけにはいかないにもかかわらずである。そのために事実に基づく論理的に正しい科学的な表現ができない人，またなぜそうなるのかを自分の頭で考えない人，がますます増えることになる。

このような状況の中で，獣医師は話し相手である飼い主の訴えることを，客観的に，的確に，評価・判断する必要に迫られている。それも，チームワークとチームとしてのコミュニケーションが必須であるにもかかわらずである。

大多数の飼い主は，「先生（獣医師）は偉い人。何でもわかっている人さらに何でも直ちに診断できて，しかもすぐに直してくれる人」という先入観を持っている。

そのような中で獣医師は，飼い主との会話を通じて重要な事実を探りあて，分析，推量，判断して，論理的に正しいキーワードを見つけ，聞き手である獣医師やVTが責任を持つことのできる記録を直ちにとる必要に迫られているのである。このようなプロセスを経ることによってのみ，真に大切で意味のあるヒストリー・テーキングができるのである。

2）コミュニケーション・スキル

獣医師や医師，VTや看護師などの獣医療・医療に携わる者にとって最も重要な資質は，コミュニケーション・スキルを育て，豊かなものにする資質・能力なのである。その中で人と人とのふれあい，獣医師と飼い主との触れ合い（相互作用 interaction）＝ヒューマン・ヒューマン・ボンドを育てる能力である。互いに心を開くことで生まれてくるヒューマン・ヒューマン・ボンド，人と人との間の心のチャネルが開き，心の通じ合える信頼できる間柄になること

がまず必要になる訳である。

獣医療も人医療も獣医師・医師は決して切ったり，貼ったりのテクノロジーや知識，技術を誇るだけではなく，飼い主とその動物達の双方に役立つコミュニケーション・スキルを高めることこそが，臨床家としての資質を高めることになるのである。

打ち解けて，適切な質問をし合うことによって，初めて十分意義のあるヒストリーを得ることができる。飼い主にもよくわかるように，つまり小学校4年生以上の人ならば誰でも理解していただけるように，やさしく，特別な学術用語を使うことなく事情を説明できなければならないのである。大切なクライアント教育や真のインフォームド・コンセント，コンコーダンスやアドヒアランス（コンコーダンスとアドヒアランスについてはJVM Vol.64 No.3, 2011に特集掲載してあり，詳細はそちらをご覧いただきたい）は得られないことを，それこそ，心得ておく必要がある。

3）クライアント教育・社会教育

人の医療でも，動物達のための獣医療でも最も大切になることは，何回も繰り返すことになるが，患者や飼い主との心のチャンネルを開放するコミュニケーションである。また言い換えれば，医師と患者，獣医師と飼い主がコミュニケーション＝インフォームド・コンセントをわかち合うことであり，互いが信頼し，教育し合うことでもある。

それを実現させるのに大切なことが真に科学的（事実に基づくより正しい論理の展開）なクライアント教育（client education），すなわち社会教育でもある。

例えば喫煙をめぐる問題点がよくわかる医学的な悪影響を考えてみると，医師や獣医師が肺癌や肺気管支閉塞性疾患などに関する科学的な事実をいかに各自，つまり患者自身が自分自身の健康を守る立場にたって，患者自身に気づいてもらうことが絶対に必要となるのと同様である。

また，犬や猫の獣医学，獣医栄養学の1世紀にわたる進歩（マークモリス研究所：現モリス動物財団，コロラド州デンバー，Hill's社が設立）が生み出した良質のペットフードを犬や猫に与えることの大切さは，犬や猫の健康に取って，いかに最良・最高の科学的な（学問的な）贈り物であるかをよく知ってもらうことである。

そして広い意味での獣医学，予防医学に基づくテイラーメードの定期検査や定期健診は，物言わぬ動物たちにとって，また狙いを絞った特定の疾患や腫瘍年齢に達した動物たちに対する検査（ペットドック）などが，いかに大切であるかを，よく知っていただく必要がある。

人や犬や猫の体は，食べたものや飲んだものからのみ成り立っている。すなわち85歳の人ならば，85年間の飲食によってこの人の心身は成り立ち，17歳の犬・猫ならば17年間の飲食によって，これらの犬や猫の心身は成り立っている。したがって，日常の飲食が物言わぬ動物たちの，心身の健康にとっていかに大切であるかを知って（気づいて）いただくことがクライアント教育，社会教育としていかに重要であるかがわかっていただけるものと思う。

基本的な獣医栄養学（前述のマークモリス研究所が出版した第Ⅰ～Ⅳ集を『臨床栄養学』として日本ヒルズ・コルゲート株式会社が翻訳出版している）に基づいて，全てのペットフード（Hill'sのサイエンスダイエットや療法食を代表として）が製造されているのである。米国からの輸入ペットフードが現代獣医栄養学的に間違いなく作られていることを飼い主社会にわかってもらうことが大切である。

すなわち，健康的で，しかもQOLを高める食事を与えることが飼い主や家族にとって，いかに大切であることを理解してもらえるかどうかは，我々獣医師のクライアント，動物たちを大切にする人々に対する獣医師やVTのコミュニケーション能力，「クライアント教育・社会教育」にかかっているのである。

我々全獣医師にとって，各個体の栄養については，万事OKという前提に立つことができてこそ，後述するフィジカル・イグザミネーション，ルーチン検査，その他のさらなる検査，エマージェンシー＆クリティカルケアなど，すべの予防獣医療・医療を安心して実行できることをよく認識しておくことが大切である。

フィジカル・イグザミネーションの延長，ルーチン検査

ルーチン検査の始まり

　日本の人医学で，大学レベルのことではあったが，「ルーチン検査（routine tests）」なる言葉が聞かれるようになったのは，1950年代から1960年代にかけてのことである。
　米国では1940年代には，今日のそれと比べればはるかにプリミティブなものではあったが，ほとんど全ての人医学・人医療の世界や獣医学・獣医療の世界で「ルーチン検査」がすでにかなり普及していた。もっとも，完全なフィジカル・イグザミネーション（complete physical examination）と完全なヒストリー・テーキング（complete history taking）が前提になっていなければならない。
　日本の獣医学・獣医療においては，それが一般的なものになり，何を意味しているかがよくわかるようになるのは，1973年の筆者らの翻訳・監訳による『小動物臨床の実際』（医歯薬出版，1971年に米国で出版されたKirkの『Current Veterinary Medicine IV』の翻訳）出版を契機としているといっても過言ではない。

ルーチン検査で何がわかるのか

　すでにヒストリー・テーキングとフィジカル・イグザミネーションの重要性について述べてきたが，現代の医学・医療，獣医学・獣医療において，ルーチン検査は，フィジカル・イグザミネーションを補完する必須の一部分であり，必須の延長部分となっているといってもよい重要なデータベースである。
　言い換えれば，実は完全なフィジカル・イグザミネーションが行われていてこそ，初めてルーチン検査の分析が本当の意味を持つことになることを忘れてはならない。
　一般に言われている，いわゆる血液検査なるものは，残念ながらCBC（コンプリート・ブラッド・カウント）のごく一部分であったり，ごく限られた血液化学検査であったり，寄生虫検出検査であったりするのである。しかしCBCは文字通りコンプリート・ブラッド・カウント（complete blood count）でなければならない訳で，インコンプリート・ブラッド・カウント（incomplete blood count）では意味がない。
　またCBCは血液の塗抹染色検査による赤血球，白血球や血小板の形態学的な検査をも含むものでなければならない。血液化学検査では，各種臓器系の細胞の状態を非特異的に反映するものであっても，それなりの意味をもつものや，各種臓器系の各種の特異的な機能などを反映する数値が得られるものでなければならない。
　例えば腎臓の機能のルーチン検査としては，今や最も新しく実用的であり大きな意味を持つアルブミンの鋭敏な定量検査を含むものでなくてはならない。しかし尿比重と尿沈渣の検査が欠けていては話にならない。特に尿比重である。また糞便検査では，原虫はいうまでもなく，潜血反応，脂肪，染色検査を含むものでなければならない。
　ここで言うルーチン検査とは，CBCをはじめ間接的ではあるが各主要臓器系，免疫系，内分泌系などの機能が正常か正常でないかを明らかにしておくためのものである。これらの諸検査よりもさらに詳しい検査が必要かどうかを判断する上で必須のものであり，スクリーニング・テスト（screening test）と呼ばれる所以である。
　ルーチン検査結果の評価に関して最も注意しなければならないことは，常に詳しいヒストリー・テーキングや詳しいフィジカル・イグザミネーションと照合しながら，ルーチン検査の結果を評価しなければならないことである。つまりルーチン検査の結果を正しく評価するためには，主訴に始まるフィジカル・イグザミネーションとヒストリー・テーキングが適切になされた上で，総合的に行われていなければならない。
　また正常値というものは，もともと大きな偏差を持っている。したがって各個体の正常値とは自ら異なるものであり，各個体の正常値を知っておくことはさらに大切である。そうでなければルーチン検査の価値は激減してしまうばかりでなく，独りよがりの判断と診断で大切な事実を見過す

ことになり誤診に繋がってしまうことになりかねない。

正常範囲内の落とし穴

1つのルーチン検査の結果の評価・読み取りにおいて極めて大切なことは，正常範囲という検査値のバラツキの意義をよりよく把握・認識しておくことである。

ルーチン検査値の正常範囲とは，健康と考えられる（幼・成，中年，さらに高齢などによってでも値は異なってくる）多数の個体を検査して，それぞれから得られた値の分布範囲を指しているにすぎない。それぞれの値の実際は，ベル型に分布していることを忘れてはならない。

したがって，気をつけなければならないのは，正常範囲内にあることが，正常であるということを示しているとは限らないことである。例えばPCV（Ht）の上限は犬で55%，下限は37%であることは，獣医師ならば誰もが知っていなければならない。そして大多数の犬がその平均値である45～46%により近い値であることは，偏差がベル型分布になっていることから容易にわかる。しかし，仮に健康値が55%である個体が，検査で37%を示していれば，たいへんな貧血を起こしていることになる。逆にいつも40%の犬が，50%を示せば意味のある多血症を起こしていることを忘れてはならないのである。そこで科学的に重要な事実があるのでここで記しておきたい。

なぜ米国では輸血犬として，グレーハウンドが高く評価されているのかについてである。犬種によって正常値は大いに異なるのである。たとえばPCVはグレーハウンドでは55～65%，一方白血球は犬の正常値範囲が6～17×10^3μLに対してグレーハウンドでは3.5～6.5×10^3μL，以下，それぞれ血小板は80～200/mm^3に対し150～400/mm^3，総蛋白は5.4～7.7g/dLに対し4.5～6.2g/dL，T4は，他の犬種の約1/2と低い。またクレアチニンでは1.0g/dLに対して1.6g/dLと他の犬種の平均値よりずっと高い。これは筋肉量の差を表している。

この場合，フィジカル・イグザミネーションや客観的な状況証拠から脱水の有無を確かめておくことが必要である。

このようなさらなる臨床病理学的な具体的数値の読取りや評価については専門の成書に譲りたいが，検査値というものが正常範囲にあるということと，異常であるかどうかは別のことである場合もあることを繰り返して述べておきたい。

したがって，必要に応じて経時的に検査を記録して，変化やトレンドを読み取ることも大切である。またヘモグラムやリュウコグラム，血糖値，BUN，アルブミン，グロブリンさらに酵素の値などは，いつも一定というよりも，個体としては，絶えず変化しているものであることと，そのような数値には半減期があることを忘れてはならない。と共にルーチン検査値の評価や読取りにおいても，このことを十分に考慮しておく必要があることを忘れてはならない。

器機は盲目

はっきり異常という値，とんでもない値がでた場合は，もう一度同一の検査を繰り返し，正常値がわかっている動物の検体と比較する必要があることも忘れてはならない。なぜならば，デジタルに表記される検査値は，検査機器のご機嫌によるなど（精密に一定に作られているはずであるが），故障が起こり得るからで，機器に異常があるかないかを確かめておく必要があることがある。

もう1つは意味のある異常な値があることを知った場合，合理的な一定の時間をおいて2度目の検査を行うことにより，その異常のトレンドをつかんでおくことが何よりも大切である。

もしも，このような基本的で大切なことが守られていないのであれば，検査の意義はないと言っても良い。腎機能をみる上で，尿比重を調べていないというのでは全くお話にならないのである。

ありそうな可能性を全て考えておく

もう1つ大切なことは，血中アルブミン量にしても，その他の酵素値にしても，それぞれの値の半減期が人，犬，猫それぞれの動物によって大きく異なっているのであり，それぞれの半減期についてもよく知っておく必要がある。人では何日，犬では何日，猫では何日であるというように。

そのことからも，詳しいヒストリー・テーキング（例えば食欲減退・廃絶，嘔吐・下痢のあり方，水分摂取量，尿比重，尿量など）と検査値を左右する状況証拠を確かめておくことが必須であることがよくわかる。

またこのことから，異常値，特に疾患に伴う異常値が検出された場合には，間隔を開けての再検査，経過を知るた

めの再々検査などが絶対に必要であることもよく理解できるはずである。このことが欠けているようでは，何のために検査を行ったのか意義を失ってしまうことになる。

異常値が存在するにもかかわらず，このような経時的な検査でのフォローアップが欠けてしまえば，検査の価値，またその症例検討の価値や意義さえも大きく損なわれてしまう。さらに付け加えて言えば，年齢に関する一般的な原則に過ぎないが，γグロブリン値は年をとるとともに高くなる傾向があるが，さらに慢性的な免疫刺激がある場合，当然それだけ上昇することになる。

1）アルブミン

一方，アルブミンは栄養摂取状態によって大きな影響を受けるため，絶食や食欲不振の有る無しとともに，その期間の長さに応じた半減期を考慮して評価・読み取りを行うことが必須である。しかし，この場合，これまた正常範囲にあることがルーチン検査でわかったとしても，直ちに健康であることを示す正常値を表しているとは限らないこと（脱水などある場合，状況証拠を含めて）を認識しておくべきである。

アルブミンを減少させる疾患，一部の肝疾患，腎疾患，腸疾患，慢性の見つけにくい発熱，疼痛，過剰なストレス，出血，失血などが一見，認められない場合にはなおさらである。

2）CRP

慢性，炎症性蛋白質（chronic reacting protein：CRP）は，全く各臓器や組織の特異性に欠けているものである。しかし慢性の炎症性のサイトカインの応答を示す非特異的なこのたんぱくの有る無し，数値の変動，変動のトレンドなどは，いずれも現代獣医臨床医学では，極めて重要である。

3）血中乳酸値

血中の乳酸値も全く各臓器や組織などの特異性を持たない血中の代謝産物ではある。しかし末梢循環不全，ショックなどに起因する嫌気性代謝の抗進の有無などについて診断していく上で，またそのような危険性や予後を診る上でも極めて意義深い検査であることは忘れてはならない。

4）血液ガスと血液pHと電解質

電解質だけとか，血液ガスだけとかの検査では意義は無いと言っても良い。血液の電解質と血液ガスやpHの相関関係を理解しておくことは，極めて重要である。ましてや，動脈血と静脈血の差，さらにその意義からすれば，動脈血でなければいみがないという向きもあるが，それは間違いであることも良くわかるはずである。またpHを測定して初めて，それぞれの真の値を知ることができるのであるから，これら三者を同時に測定しておくことで，さらに意味や意義をもつことになる。

また，フォローアップの検査の反復は，トレンドを判定したり，合理的な治療のために必須のものであり，予後の判定のためには大切である。

救急・救命・クリティカルケアは医療・獣医療の原点

救急・救命，蘇生，重篤患者治療

　医学・医療，獣医学・獣医療において，最も古くから，最も大切で，最も社会から必要なものとされてきたのが，救急・救命の医学，重篤患者の治療（emergency & resuscitation & critical care）である。

　しかしながら，前述のオーガナイズド・メディスン（organized medicine）の欠落という事情のため，日本の医学・医療教育や獣医学・獣医療教育において，救急・救命（エマージェンシー）と重篤治療（クリティカルケア）の臨床トレーニングは極めて不十分である。

　獣医師を養成する，世界的な獣医科大学の基準（AVMAスタンダード）では，救急・救命・重篤患者の看護は24時間365日対応でなければならない。しかし，今日まで本気でそのような大学教育が日本の人医学でも獣医学でも行われてきたのかどうかが，問題である。

　日本の人医学において産科，小児科とともにエマージェンシー＆クリティカルケアの分野の専門医が大いに不足しているのには重大な意味がある。それは医学生の選択方法（モチベーションと適性を第一に考える，実績主義）が不適切であるからである。早く米国式にするべきであり，バイオメディカルサイエンスの理解に必要な理系の大学を卒業して，はじめて医科大学，歯科大学，獣医科大学の受験資格が生まれるようにするべきである。

　エマージェンシー＆クリティカルケアの獣医療は，犬や猫を家庭・家族の一員として大切にする飼い主（クライアント）や家庭や社会側から見れば，またボンド・センタード・プラクティスの立場に立てば，もっとも貧しい対応しかできていない領域であると言わざるを得ない。

　もちろん救急・救命の獣医療を365日24時間，全ての施設で対応するわけにいかない。患者を安心して紹介，送り込めるエマージェンシー＆クリティカルケア（24時間365日対応）を行うスタッフと設備を備えた2次・3次医療施設が絶対に必要である。しかし全国的におおいに不足している。

　地域的にみれば，関西での有志の獣医師たちが資金を出し合って設立（1989年）運営している夜間診療施設や救急的に主治医以外の動物病院で夜間のみ診療する獣医師会の施設が日本の各地でも見られるようになっている。

　しかし，このような救急・救命への対応のあり方は米国では1940年代にすでに否定されていた。理由は簡単である。すなわち，朝が来れば患者の容態にかかわらず，患者を紹介してきた動物病院やクリニック（主治医という）へ強制的に返すというのでは，獣医学的にもボンド・センタード・プラクティスの理念からも，あってはならないことであるからである。救急・救命医療を，飼い主と動物たちのペアの立場に立って考えてみればよくわかる筈である。利用者である社会側から見れば，飼い主にとっても，病気や手術で苦しんでいる動物たちにとっても，今日流行っているこのような夜間獣医救急病院のあり方は問題である。このような獣医療のあり方では，獣医療側，獣医師側の立場に立ってしか見ていないことになる。

　全国的にみれば，JAHAが厳しい審査のもと24時間・365日の救急・救命病院の認定を行っている。しかしまだまだ数は少ない。しかし，動物病院を利用する飼い主（社会）の要請に答えるべく，全国的にエマージェンシー＆クリティカルケアに対応する病院を開設し，さらに各科の専門医を充実させる要請と機運は高まっている。

　欧米，特に米国では1930年代にはすでに全ての大学の動物病院やニューヨークのAnimal Medical Centerやボストンの Angel Memorial Animal Hospital など大型（3次）動物病院では公式にエマージェンシー＆クリティカルケアの獣医療が古くから行われてきた。すなわち全獣医科大学での救急・救命医療の獣医学教育・トレーニングも古くから，すでに1930年代には行われていたことになる。

　1960年代，米国で各科にわたる専門医制度が続々と発足し，強力で専門的な継続教育が行われるようになっている。

獣医学・獣医療がボンド・センタード・プラクティスを指向し，より高度で，より専門性を増すに従い，そこで必要となるエマージェンシー＆クリティカルケアもより高度に進歩する必要がある。

現在の米国では，前述のような夜間診療型の救急施設は姿を消し，専門性のより高い，救急・救命専門医と専門のVTが揃っている第2次医療施設へと変貌し，第3次施設（大学教育病院やそれと同様）の充実へと変化している。

米国では全獣医科大学の教育動物病院（teaching animal hospital）は，日本のような学部や学科の附属病院施設としての機能ではなく，「大学動物病院自体が臨床教育・訓練のための大学であり，獣医科大学教育病院とよばれている。日本のように学部の附属病院ではない。

学生およびスタッフのために徹底したボンド・センタード・プラクティスとしての臨床教育」が行われている。同時に全獣医科大学の教育病院では24時間365日のエマージェンシー＆クリティカルケアが必須教育として実施され，第3次，第4次施設として機能している。また米国の大都市では，第2次，第3次施設が専門医育成の成果として，数百の病院（VCA）が急速に全国的に発展している。

設備とスタッフ

救急疾患や重篤患者の集中治療（intensive care）に対しては，もちろんエマージェンシー＆クリティカルケアが必要となる。その場合，それだけの設備と専門獣医師や教育訓練されたVTなどのスタッフが必要である。

それぞれのスタッフにはその能力を発揮するのにふさわしい教育・トレーニングが行われ，専門性の高い実力を身につけた獣医師と，彼らをサポートする能力を身に付けた専門性の高いVTが必要となっている。

必要な施設を整えるためには，高価な設備や器機類への投資が必要である。しかし，それに対して不必要な重複投資がなされれば，獣医医療費は高騰し，利用できる飼い主・患者を制限してしまうことになりかねない。したがって高価な設備は，オープンでみんなで紹介利用することが合理的であり，2次診療のための紹介利用の仕方なども，大学で教えられてきた。

そのためにも獣医科大学の教育病院の全てが協力し，徹底した救急・救命獣医学，獣医療教育・トレーニングを行い，各地域のセンターとして地域動物病院やファミリープラクティスとの協調体制を整えることが必須である。

そうなるためには，米国のように専門医制度などの確立と充実が必要である。2次医療がスムーズに行われるように米国の大学では「患者紹介をめぐる教育」が徹底して行われている。同様のことが日本の動物たちを大切にする人々の社会からも強く望まれているのである。

犬や猫をコンパニオン・アニマルとして家庭・家族の一員として大切にする社会側の要望するボンド・センタード・プラクティスとしての高度獣医療の利用については，ホームドクター（プライマリーケアドクター）の積極的な協力が必要である。平素から救命・救急病院がどこにあるかをクライアントに周知徹底させるべきである。

高度獣医療の発展はその上でこそ成り立つものである。高度獣医療の利用は，国境を越えて，ヒューマン・アニマル・ボンドの理念を大切にする社会では，将来，一層重要性を増すであろう。

なお，ダクタリ動物病院（東京医療センター，京都医療センターなど限られてはいるが，JAHAの一部の病院）では，1990年から，365日・24時間態勢のJAHA認定救急救命病院が運営されている。

東京都港区の白金台にあるダクタリ動物病院東京医療センター・エンジェルメモリアル・インターナショナルは，ボンド・センタード・プラクティスのモデルを目指し，文字通りの24時間365日のエマージェンシー＆クリティカルケアを行っており，動物先端医療センターとしての機能を発揮できる病院を目指している。

救急・救命のポイント

救急疾患とは，「飼い主にとって救急が必要と見えるものが全て救急疾患ということ」になる。このことがよく理解できていない獣医師は対応の資格がない。また救急の現場では，ふさわしい能力を身につけたVTの養成と重篤患者に対する365日・24時間の患者のために思いやりに満ちた看護態勢がなくてはならない。

実際の高度医療を必要とする症例には，どんなものが多いのかということを述べてみる。

胸の深いタイプ，特に大型犬の成犬で多いのが，胃拡張，胃捻転症候群がある。最低でも熟練した獣医師とVT，合計3名の対応が必須である。これは入院中や預かりホテル時にも起こることがあることを忘れてはならない。

短頭種では，まず上部気道閉塞性症候群があげられる。さらに日本では超小型犬，小型犬が多いことから，慢性の心弁膜疾患が急速に悪化して起こる心不全に継発する肺水腫をきたし，急患として専門に上診されるすものが圧倒的に多い。

　大型犬，小型犬にかかわらず，幼犬や若い犬に多いのが異物の摂取である。救急を要する食道，胃，小腸などの異物摂取によって起こる口腔内，頸部，前胸部食道，後胸部食道などへの障害，さらに，胃内異物や小腸内異物による閉塞性疾患や腹膜炎，さらに胆嚢破裂による腹膜系，さらに膵炎などの各種の急性腹症などがある。

　さらに，救急患者は呼吸器系の疾患が多く，それは生死に直結する。まず，前述した短頭種の上部気道閉塞性症候群，中年以上の犬の喉頭気管虚脱や狭窄などの疾患があげられる。これらの疾患の場合は，かかりつけの獣医師の見逃しがあり，熱射病とともに高温，高湿で急激に悪化する。

　熱射病や過高熱疾患も重要である。年齢が増すごとにDIC（播種性血管内凝固症候群）などの死へのリスクが高まり，救急は熟練を要する。まずは気道の確保が生死を分ける。

　軟口蓋過長症や喉頭虚脱や気管狭窄などでは，吸気性呼吸困難を伴うとともに，咽頭や気管部の強い呼吸性雑音が特徴である。冷房装置付きの酸素室が必要であり，直ちに有効な治療法を試みる必要がある。

1）呼吸窮迫症候群

　呼吸は全ての生体の生命維持にとって，何よりも大切であることを忘れてはならない。その意味で，我々獣医師やVTは常にこのことを認識しておかなければならず，そして個体（生体）観察に努めているかどうかが結果を左右する。

　呼吸窮迫症候群（acute respiratory distress syndrome）をきたすことになる疾患や，また胸腔内液体貯留（胸水）と呼ばれる症候群も多い。この場合は，慢性あるいは急性に，胸水，膿胸，乳糜，肺葉捻転，心嚢水貯留，気胸，血胸，さらに急性あるいは慢性の胸腔ヘルニアなどが進み，肺が十分に拡張できなくなることから呼吸不全を起こすものであり，診断と治療は一刻をあらそう。

　上部気道のみの呼吸困難では，すぐにわかる異常呼吸音を示すことが多い。その意味で気管挿管の技術の優劣は生命を左右する。

　上部気道の異常でのみ起こる呼吸困難以外の疾患群では呼吸は極めて浅く急速になる。このことは呼吸不全のために死が迫っていることを意味している。

　このような疾患群では診断と治療を兼ねて，胸腔穿刺を行うことが，最善かつ最良の診断，治療となる。この場合，貯留液や空気が出てこなければ，肺炎，肺水腫，さらに横隔膜ヘルニア，心嚢液滲出や貯留などが疑われることになるが，小型犬では酸素室（冷房除湿型），大型犬では経鼻腔内酸素療法を行った上で，X線検査や超音波検査やCT検査へと進む。

　終末時陽圧強制換気（進んだレスピレーターによる強制換気）による人工呼吸や救急手術を行うことになる。いずれも熟練した獣医師とVTのチームが必要となる。

2）肺水腫と重症肺炎

　肺水腫（pulmonary edema）については起立歩行ができるものでは，ラシックス4mg/kg/2～4時間で，できれば静脈内に投与，同時に酸素療法，血管拡張剤，特にニトロプルーサイド（静脈内）と，さらにエナラプリルなどの投与で，心拍数は130回/分以内，呼吸数は30回/分以内を目途に精力的な治療を行うことが大切である。特に，重症の肺水腫や肺炎では，直ちに気管挿管し，終末時陽性強制換気処置による器官系人工呼吸を必要とする場合が多い。

　原因の如何を問わず，心不全や呼吸不全には何れも適用できる救急・救命措置である。心不全が進み，すでに起立不能のものでは，直ちに気道確保と呼吸終末時陽圧呼吸（EPPPVR）が施せるレスピレータにつなぎ，同時に静脈内へのニトロプルーサイド，ラシックス，スピロノテクトンなどの投与を行う。

　心肺停止の際には，常にその対応のABCが行えるように平素からのスタッフの訓練が肝心である。小型犬と猫では片手で100～150回/分を目途に心臓マッサージ，人工呼吸を酸素療法とともに行うが，早期の発見と心肺停止の予防が何よりも大切になる。しかし，不幸にして心肺停止を認めたときには，獣医師やVTの手や体の方が先に動くように普段からの心臓蘇生訓練が実施されていることがなによりも大切である。

　薬剤の投与は，アトロピン，静脈確保ができていなけれ

ば，通常の2～3倍量の投与を気道内に行うことである。基礎疾患の如何によるが，勝負は最初の3～5分で決まることが明らかにされている。15分間の適確な治療にもかかわらず全くバイタルサインのないものは，すでに脳死としてあきらめざるを得ない。この場合は，一時的に最低のバイタルサインが得られたとしても，やはり一時的なものであり，良好な予後は望めない。さらに心肺蘇生に成功したとしても，脳の不可逆的な損傷を免れることができない場合（脳死状態になる自発呼吸の完全な停止を伴うことが多い）があることを肝に銘じておくべきである。飼い主にはあるがままの事実を伝えること，また行ったことは全て経時的にキーワードだけで確実に（POMRに従って）記録しておかなければならない。

このようなことから，真のエマージェンシー＆クリティカルケアを行うには，夜間でも複数の獣医師とVTからなる熟練したチームが編成できて，それなりに必要な高度の設備，すなわち高度のレスピレータ，徐細動器，酸素療法，輸血設備などのある2次医療にふさわしい施設でなければならないことがよく理解されよう。

また，最も大切なことは，平素からの飼い主へのクライアント教育の一環として，緊急時に際して一定のエマージェンシー＆クリティカルケアが行える2次医療施設の場所等を飼い主によく教えておくことが，プライマリーケア病院や獣医師，VTの義務と考える。

3）脊椎円盤緊急疾患

いわゆる椎間板ヘルニアと言っても人の場合と犬の場合では，病態生理は全く異なっていることを忘れてはならない。人に起こるものと犬に起こるものでは，人医療における常識とは全く異なることをよく認識していなくてはならない。

軟骨異栄養型（短足）の犬，特にダックスフンドでは，椎間板の中心で髄核の押し出しによるヘルニアのために起こる後肢および前肢麻痺，四肢に起こる全麻痺が急性あるいは突然に起こることが多い。本症患は，時間を争う救急疾患であり，CT設備があり緊急手術ができる熟練獣医師のいる動物病院を平素から飼い主に知らせておく必要がある。発症後，できれば12時間以内に遅くとも24時間以内に，特殊手術を行う必要がある。そうでないと一生車椅子生活になりかねない。このような急患の紹介が実行できれば，それだけで飼い主の深い信頼を得られるものであり，よく言われる「患者をうばわれる」ようなことには全くならないことを理解しておく必要がある。

4）交通事故

交通外傷や脊椎の骨折，さらに四肢の骨折や脱臼も多い。そのほとんどは飼い主の不注意であり，油断である。その多くは自信のある，しつけ訓練のできた犬であることが多い。そのために，引き綱，リード無しで散歩をしたりすることが原因である。

その際に詳しい診断のために必要になるのが，麻酔下でのX線撮影や，またCTの検査である。またこのような交通事故では，胸部，腹部の打撲のための心肺トラウマや腹腔内臓器の破裂や損傷を併発しているもの，出血性ショックに進行してしまう例が多いので，徹底した救急・救命医療の実施と，熟練したクリティカルケアが行える病院を平素から，飼い主に知らせておくことが肝心である。

合理的な治療法の選択に向けてのさらなる検査

治療法の選択は，すでに述べてきた主訴とヒストリー・テーキング，フィジカル・イグザミネーション，ルーチン検査などに基づくPOMS（problem oriented medical system）の考え方に則った診断の延長にあるべきものと考えておくとよい。

さらに，上記の方法論だけでは明らかにすることができないこと，さらに明らかにしておきたいことに対しては，2次的により精密な，あるいはより特異的な検査法を応用することによって，はじめて，診断をより精密正確なものにすることができるのである。

生検（バイオプシー）

細針吸引生検（fine-needle aspiration biopsy：FNA）でよい結果が得られる可能性がある場合は，最低限，吸引生検を，さらに必要になるならば確実に一定の組織の一定量を捉えることのできる生検法を選んで行うことにより，正確な細胞診，あるいは組織学的な検査などを行うことができる。

またFNAでは，悪性細胞や細菌が認められなかったことから，良性であるとか，細菌が認められなかったからそれが非緊急性であると決めつけてはならない。

全てのマスからの生検は，特に切除生検では，全ての組織を悪性のものとして切除する必要があるのである。

また，その上に切除標本がクリーンマージンか，ダーティマージンであるかはさらに重要である。またその他にもホルモンアッセイや細菌培養，さらに細胞培養などを適宜応用する必要がある。

X線検査と超音波検査

咳や呼吸音の異常，心音，胸部の打診界の異常などが認められた場合や，体表からすでにそれとわかるような腫瘍が認められた場合は，ルーチンに麻酔下で最大呼気時の胸部の，最低でもDV，VD，RL，LLの4像を求めてX線検査を行うのが良い。そこでマスが疑われた場合は，高性能のCTと高機能な映像解析ソフトがあれば，その検査を追加しておくことは大切である。また腹部のX線検査を行った場合は，常に実質臓器や胆嚢の超音波検査を同時に行っておくことも大切である。

さらに必要に応じて消化器系の内視鏡検査，内視鏡による生検，2重造影や経時的，経験的造影剤通過試験が必要となることもある。

CT検査

泌尿器系においては造影撮影，腹腔内の胆嚢，膵臓，副腎などの状態を確かめておきたい場合には，高性能の超音波診断装置や第4世代以上のCTによる検査が必要となる。また，心臓や大血管などの異常をルールアウトするためや心臓の各弁の異常の有無の確認，原発性心筋症や2次的な心筋症などの検査が必要になる場合は，カラードップラーによる超音波検査などが必要となる。

このような各種の検査法を単独，あるいは組み合わせで行うことになる。例えば消化管の内視鏡では（腹腔鏡は別であるが），粘膜面の異常は見ることができても，その臓器のシルエットや他の臓器に接する部分がどうなっているのか，さらに壁の中は漿膜面はどうなっているかなどについては何も知ることはできない。

この場合，最低限，VD，RLの腹部のX線検査が必要となる。また，その用意があれば腹腔内，あるいは胸腔内内視鏡検査を応用することになる。

内視鏡検査と危機管理

十二指腸以降，空腸，回腸の大部分に至るまでは内視鏡では一般的に粘膜面すら見届けることは不可能で，通過試験，二重造影などを応用しなくてはならないこともあるが，ここでも腹腔内内視鏡や高性能の超音波装置が応用される。

近年，盛んになってきたのが腹腔内内視鏡検査であり，腹腔内にガスを入れての腹腔内に検視鏡を導入しての検査である。これは漿膜面の検査，臓器の重なっている部分を直接視診したり，生検や細胞培養をしたり，小手術を施したりできる。

しかし，その実施に当たっては，平素からの緊急事態に

対応できるトレーニングや危機管理に関して十分な備えがあってのことでなければならない。

大切なことは, 新しいあるいは高度のテクノロジーを利用することではない。これらの各種の検査法を駆使して, より精密で正確な検査を行うことで, より正確で詳しい診断（病勢を含めて）をはっきりさせることにより, より合理的でかつ特異的な治療療法を決定実行する上で, 大いに役立つことになる。

その疾患をよりよく理解することにより, より合理的である有効な治療法（内科的, 外科的, あるいはその両方, またよりよい抗癌療法）を実施することなどが可能となる。

各種検査器機をどう揃える

これらの検査を行うための設備投資を全ての動物病院が自ら出資して行う必要はない。もし全ての医療施設が設備するならば, 検査を受ける動物の飼い主の負担はたまったものではない。

多くの動物病院や獣医クリニックがCTやMRIなどの高額な医療機器を導入すれば, 本来必要としない検査を行ったりすることで医療費が高騰し, 結果利用者である患者や飼い主が支払う診療費に全て反映されることになっているのである。

そこで1次医療（プライマリーケア, ホームドクター）, 2次医療（より専門的な検査器機を使用してのより専門的に行う用意がある施設。セカンドオピニオンを得るためにプライマリーケアに当たる獣医師が利用すべき施設）, 3次医療（さらにサードオピニオンが求められる施設。専門性がより高くなり各種の専門家が必要となる）など, それぞれの形態にあった投資を考えるべきである。

日本では獣医学・獣医療, 医学・医療のあり方, 獣医学教育・医学教育と学会＝獣医師会や医師会の構成や機能・運営のあり方, つまりオーガナイズド・ベテリナリー・メディスン（organized veterinary medicine）が大いに欠けているのである。専門医の養成や継続教育, すなわちオーガナイズド・ベテリナリー・メディスンについて論じ, より合理的な仕組みや機能・運営ができる道を作るべきである。

獣医専門医制度を確立させ, 1次医療, 2次医療, さらに3次医療 - オーガナイズド・ベテリナリー・メディスンが用意される必要がある。しかも専門家同志の強い横のつながりを持つ米国などと同様に, ヒューマン・アニマル・ボンドを大切にする患者, 飼い主側, つまり利用者側, 社会側に立って, 獣医療が如何にあるべきか, つまり, ボンド・センタード・プラクティス, チーム医療はどうあるべきかということになる。

さらに投薬をについては, できる限り, ジェネリック薬品を選択利用することと, 動物病院と飼い主の間のコンコーダンスやアドヒアランスが極めて大切になる。またインフォームド・コンセントや各種のコンプライアンスを高めていくことは, 臨床, 実地臨床を志す獣医師とVTにとって極めて重要である。

利用者, 社会のために最善を尽くすにはどうあるべきかと考えるならば, 日本でも待ったなしで, 獣医学・獣医療にオーガナイズド・ベテリナリー・メディスンが要請されていることは明らかである。また, そのような獣医学教育で生まれてくる獣医師, 自他共に許す安心して紹介患者を送り込める各科にわたる真の（米国の専門医と同等の）専門家の育成が, まさに急務となっていることは言うまでもない。

日本の獣医療の未来のために

ボンド・センタード・プラクティスと
オーガナイズド・ベテリナリー・メディスンは如何にあるべきか？

世界の獣医療最先進国（特に米国）の オーガナイズド・ベテリナリー・メディスンと 日本の獣医学・獣医療

小動物臨床獣医学・獣医療の最先進国，特にオーガナイズド・ベテリナリー・メディスン（organized veterinary medicine）といえば米国である。次いでカナダ，オランダがそれに続く。今日では，ようやく英国，オーストラリア，ニュージーランド，メキシコなどにも AVMA（全米獣医学会 / 獣医師会）スタンダードに認定された獣医科大学があるが，残念ながら日本では現在のところ 1 校もない。

リーダーである米国の獣医療における獣医師と VT，日本の獣医師と VT との違いを本項では述べる。それらを認識しておくことは，獣医看護職の国家試験認定問題が重要な段階を迎えている今日，日本の獣医学，獣医療の将来を担う全獣医師と全 VT（全動物看護師），またこれから獣医師や獣医技術師（VT）を目指す学生に役立つものと信じている。

さて，AAHA（全米動物病院協会）が創立 80 年に対し，JAHA（日本動物病院福祉協会）は創立 35 年，AVMA（全米獣医学会 / 獣医師会）が創立 150 年に対し，JVMA（日本獣医師会）は創立 60 年，そして NAVTA（全米獣医技術師会）が創立 33 年に対し，日本の JVNA（日本動物看護職協会）は 2009 年創立されたところである（2012 年現在）。

ダクタリ動物病院のグループで全病院が VT をもつようになったのが 1967 年，現在 JAHA 認定病院で VT を雇用するようになったのが 1987 年のことであった。しかし，私の病院の VT 第 1 号は開業の年 1964 年のことである。VT がまだ英国や日本では AHT と呼ばれていた頃のことである。そして JAHA が 2000 年に VT を認定するようになり，過去 5 年間をみると 1 級，2 級，3 級の認定数は 3,890 名に達している。

Dr. Dennis McCurnin による VT の世界的なテキストである『Textbook for Veterinary Technicians』（1985 年，Saunders）の日本語版（本好，加藤 監訳，JAHA）を北村らが世界で初めて翻訳出版したのが 1989 年であり，JAHA の VT 認定校のテキストとしての使用が始まった。その後，第 2 版の翻訳書を 1993 年に，第 4 版の翻訳書を 2002 年に出版し，JAHA の VT 認定校で使用されていた。しかし，その内容とレベルが高水準すぎることと，馬，牛等（これらが含まれているからこそ大切）を含んでいること，また VT 校生のテキストとしては教科書代が高額すぎるということで，2003 年以後のテキストとしての使用が中止されてしまった。

この Dr. McCurnin（WVC- ウェスタン獣医学会会長，ルイジアナ州立大学副学長，外科学教授）による『Textbook for Veterinary Technicians』は，AVMA スタンダードとして世界における VT 養成（日本でいう動物看護職）のためのバイブルとなっており，2010 年には『Clinical Textbook for Veterinary Technician Ⅶ』が出版されている。1985 ～ 2010 年の間で 7 版（全面的改訂）を数えていることは，この分野が如何に急速に成長しているかの証である。このような素晴らしい VT（小動物のためだけではない）養成のためのバイブルの教科書採用と翻訳出版が中止されたことは残念である。

いつの時代であろうと獣医学・獣医療は世界共通。それを全面的に支える VT の仕事も世界共通。より優秀な VT を育てるためには，常に世界最高の，つまり AVMA スタンダードのテキストを使用すべきであり，せめて併用したいものである。

米国では獣医療に従事する職種が獣医師（8 年間の大学教育を受ける），獣医療技術学者（4 年制大学卒でベテリナリー・テクノロジストと呼ばれる），獣医療技術師（2, 3 年制地域短期大学卒でベテリナリー・テクニシャンと呼ばれる）および獣医療助手（高卒以上ベテリナリー・アシ

スタントと呼ばれる）と4つある。大別すれば獣医師とVTということになる。

　これらの違いは臨床教育レベルの高さで決まっている。したがって，米国の進んだ動物病院では，それぞれの臨床教育のレベルや経験職種によって適材適所的に人員を配置，獣医療における獣医師の診療補佐を行っているとともに健全な経営管理を図っている。このことからも，獣医師を全面的にサポートするのが広い意味でのVTであることが良く理解できる。

　獣医師は診断（予後判定を含む），薬の処方，手術を担当・実行し，患者のケアとその結果に対し最終的な責任を負う者である。医科大学や歯科大学と同様に，医学や獣医学を習得するために必要な「生命科学教育課程」をもつ理系大学の4年を卒業し，はじめて獣医科大学（4年間のプロフェッショナル教育）への受験資格が取れる。各獣医科大学の専門課程は入学後4年間であり，各大学の教育病院（決して付属動物病院ではなくそれ自体が日本でいう大学）という大学施設で獣医師に必要な全科にわたる実地教育と訓練を経て，国家試験に合格して，獣医師になることができる。その上に各州の開業試験に合格しないと獣医師として働くことはできない。

　獣医師にはなれないが，生物・動物・生命科学などの教育課程を含む4年制の理学系大学の1学科（Veterinary ScienceあるいはAnimal Science）において，獣医療技術学者が養成されている。これらの獣医療技術学者は，獣医学の研究，病理学テクノロジスト，公衆衛生の技師，さらにVT養成のための教育者などになる。

　獣医療技術師は地域短期（2年制）大学（コミュニティカレッジ），単科大学（カレッジ，4年制）や総合大学において2年間のAVMA認定のVT養成プログラムを習得し，全米のほとんどの州で義務付けられているVTとしての資格認定試験などに合格しなければならない。

　法的に獣医師にのみ許されているのは診断，処方，手術であり，それ以外の獣医診療業務の全てをVTがサポートすることになる。具体的には看護，各種の検査，各種の画像撮影，麻酔管理・手術準備・手術補佐・歯科補佐，リハビリテーション，しつけ，訓練，問題行動カウンセリングおよびクライアント教育などである。

　獣医療技術師の中には3つの専門分野（行動習性，獣医外科，エマージェンシー＆クリティカルケア）が確立されており，そのスペシャリストとして認められるためには，勤務時間の約75％の時間をこれらの3専門分野の1つに費やしていること，さらにこの3分野のスペシャリストアカデミーの認定試験に合格しなければならない。

　獣医療技術学者および獣医療技術師は，動物病院（小動物，馬，乳肉動物）をはじめ，公衆衛生，食品衛生，生物医学研究所，動物園，アニマル・シェルター，野生動物保護機関，軍隊，畜産業，犬訓練所，医薬品販売などにも就職している。

　獣医療助手は高校や大学のAVMAで定める一定の獣医アシスタントの認定プログラムやインターネットによる通信教育のトレーニング・プログラムを習得し，獣医師，獣医療技術学者や獣医療技術師の指導の下，獣医アシスタント技術を習得する。

　仕事は獣医療技術師の指導の下，医療機器の管理，主要医療エリアの消毒・清掃，各種動物の保定など獣医師や獣医療技術師の仕事全般のサポートを行う。NAVTA（全米獣医技術師協会）では獣医療助手を承認するための一定教育課程を設けている。

　獣医療のリーダーである獣医師は，VTを養成しなければならない。VTの養成は，AVMAの下に組織化されてすでに30年以上経過しているが，それらのスタッフを擁する獣医科大学の教育病院（AVMAスタンダード）の歴史を考えると80年以上になるといっても差し支えない。

　日本のVTの養成にあたっては，米国の成功モデルに学び，実践することが最も良いと考える。私の動物病院でも，米国で資格を取ったVTが3名在籍し，日本のVT校を卒業したものたちの良きロールモデルとなっている。

　米国でこのような獣医技術職が学ぶ授業は，全ての獣医師，獣医療技術学者，獣医療技術師，獣医療助手にとって「実習ありき」の実学である。獣医学・獣医療も日進月歩であり，動物病院の規模や進化についてもしかりである。したがって，VTに対する継続教育は獣医師に対する継続教育と並行して，大々的，かつ体系的に行われている。

　獣医学会の中でまずVT向けの教育セクションをはじめて設けたのは，WVC（Western Veterinary Conference），NAVC（North American Veterinary Conference），VECCS（Veterinary Emergency and Critical Care Society）などである。その後，ACVIM（動物専門医学会），ACVS（全米外科専門医学会），AVMAなど次々と各専門医学会（これら

全ての学会はAVMAの傘下にある）や地域の学会やセミナーにも導入されている。今やこのVTのための大系的継続教育セクションのない獣医学会はない。その内容と規模とプログラムは，巨大な全米の各獣医学会からご理解いただけるものと考える。

犬や猫の苦しむ姿，かわいそうな姿，直ちに助けを必要としている状況や状態に対して，適切かつ迅速な診断・処方・手術の実践が行えなければ，小動物臨床獣医師になった意味はない。また広い意味でのVT（獣医療技術学者，獣医療技術師や獣医療助手）に育ったものが，獣医師の指導の下で適切かつ迅速な判断・処置・治療のために，現実的な補佐ができなければそれらになった意味はない。

AVMAスタンダードを満たすためには，他校（公立以外は）に遅れないように切磋琢磨しなければならない。すでに述べたような米国の巨大な学会（いずれも日本の10から20倍の規模）が，これまた互いが切磋琢磨と横の連携・協力の中で，民主的，自治的な成長と5年ごとにAVMAスタンダードの再評価をクリアしながら発展を続けている。

これらの全体の体系，および各学会の組織や構造，運営，役員選挙のあり方，さらに大系的，実学的教育，さらに実学的（卒後）継続教育などのあり方などの全てを包括してオーガナイズド・ベテリナリー・メディスン（organized veterinary medicine）と呼んでいるわけである。

獣医師の卵である学生たちは〔全員がAVMAかAAHAあるいはその双方の学生会員（会費は全て無料）であり，4年にわたるジェネラリスト（何でも屋）をこなした後，適性と能力に応じて，いずれは専門医への道に進むものも多い〕，常に進歩し続ける大学でオーガナイズド・ベテリナリー・メディスンがいかにあるべきかを学びながら卒業し，獣医療社会に入っていく。

本質的に日本の獣医学・獣医療の進歩の速度が，全米の進歩の速度に追いつけないのは，民主主義，合理主義が育っていない日本の歴史的実情と，「獣医療は誰のためのものなのか」というボンド・センタード・プラクティス（bond-centered practice）の理念を身につけず，オーガナイズド・ベテリナリー・メディスンが大いに欠けているからではないか。したがって，それだけ日本では全ての面でこのオーガナイズド・ベテリナリー・メディスンの応用に新しい工夫が必要になるということになる。具体的には，1日も早くAVMAスタンダードの獣医科大学を設立するということである。AVMAスタンダードに基づく獣医科大学は全世界の基準となっている。この基準を満たした獣医科大学の教育病院（teaching hospital）自体が大学であり，全ての獣医学生はエマージェンシー＆クリティカルケアについては24時間365日体制という，臨床教育と訓練が義務付けられている。これ相応の臨床教育を実施できる日本の大学の出現を大いに待ちわびている。

また，日本の獣医学会と獣医師会がAVMAをモデルとしたオーガナイズド・メディスンに基づいた団体として再構築され，日本獣医師会が，各都道府県や政令指定都市の各獣医師会の連合会ではなく，個人会員獣医師（全員同格で，同等の選挙権，被選挙権を持つ）による民主的で合理的なシステムで運営されることを願っている。

大学入試においても学生選抜システムは米国のように，モチベーション（目的）と適性が評価されるようになるべきである。なお，米国で高卒者がいきなり医科歯科，獣医科大学に進めないシステムを取り入れたのは1930年代であったことを書き添えておく。

米国ではPOS（problem-oriented system）に基づいた目の前の患者自身が心身ともに抱えている全ての問題を明らかにしたうえで，より精密な診断を下し，それに基づいた合理的な治療法を決定・実行し，フォローするという診療システムを取っている。

このような徹底的な臨床訓練というシステム（大学の教育病院そのものが，大学であるというシステムがとられてこなかったため）が日本の獣医学教育には欠けている。また，米国やヨーロッパにおいて採用されている最高レベルのテキストに基づいた，実学，実習ありきの授業によって，卒業後直ちにジェネラリストとしての獣医師が務まるようになっていることも見習う点である。

一人前のジェネラリストになって初めて，個人的に相応しい専門医を目指し，自他共に許す真の専門医としての臨床トレーニングと厳しい試験に合格して（大学の先生を含め），初めて専門医となるシステムが半世紀も前にできあがっている。

若い世代は今や何をなすべきか

1) HANB教育を学ぶ

◆ 全ての日本の獣医師が現役として獣医療に携わる限りは，人と動物と自然環境とを科学的に大切にする教育〔ヒューマン・アニマル・（ネイチャー）・ボンド：HANB〕に学び，その科学に裏付けされたHANBのために仕事に臨む。全ての獣医臨床教育はボンド・センタード・プラクティスの実行を目指す。

◆ 常に患者＝飼い主に接するとき，この理念にかなっているかどうか，特に本当に飼い主と患者のペアのためになるのかどうか，結果において飼い主と患者のペアを傷つけてしまう恐れはないのかどうか，またPOSに基づいているかどうかを確認して診療に臨む必要がある。

2) オーガナイズド・ベテリナリー・メディスン

この歴然としたオーガナイズド・ベテリナリー・メディスンの日米差を自治，自主，科学的（科学テクノロジーではない）に埋める努力をすること（直接，世界と日本の優れた臨床家による臨床教育と実地訓練教育を受ける）。

◆ 獣医師もVTも，積極的に実際に最もよく実学の書として親しまれている学術書や指導書を読んで学習し，実行する。

◆ 動物病院に就職してからも，共に同様の努力とともに，自分たちに何が必要か，また何が一番欠けているのかについては，獣医療の現場で働く獣医師とVTが一番良くわかっているのである。したがって，これらのオーガナイズド・ベテリナリー・メディスンを発展させるために，世界的になってきたAVMAスタンダードを全て成功モデルとして大系的な継続教育に応用する。

◆ 常に実学に沿ったセミナーを受講する。それも動物たちを大切にする社会（HANB）のために，実地臨床に直接役立たせるために。

米国では，獣医師やVTの直接スキルアップにつながる講習や継続教育には，雇用側の動物病院が費用（全額とは限らないが）を全面的，あるいは部分的に負担してくれる。

日本でも，JAHAの会員動物病院をはじめ，多くの進歩的な動物病院では実施されている。しかし，セミナーの受講料金の中には人数を限った実習ではかなり高額になるものもあり，実用・実施が難しいものもある。学校側でも団体受講として主催側からリーズナブルな料金を設定してもらう。これもまた，オーガナイズド・ベテリナリー・メディスンの一部である。

3) できるだけ多くの動物病院を体験し実学を勉強する

全ての獣医科の学生は国家資格を獲得する限り，将来，臨床獣医学に就く，就かないにかかわらず，できるだけ多くの動物病院を体験し実学を勉強すべきである。

HANBに基づくチーム医療（ボンド・センタード・プラクティスを実行する）を行っている良い動物病院に就職し，実践を通じて，体感・体得・気づきの世界で自らを育てる。

獣医師になるにしても，VT職に就くにしても在学中から，できるだけ多くの動物病院の実態にふれることができるように見学，実習を行うべきである。良きボンド・センタード・プラクティスとオーガナイズド・ベテリナリー・メディスンに基づく，POSとチーム医療が実行されている動物病院を選べるように，早くから充実した就活プランを立てる必要がある。

動物病院は今後どのような進化を遂げていくのか

ボンド・センタード・プラクティスとオーガナイズド・ベテリナリー・メディスンを理解できなければ，その病院の改善と成長は無い

◆ 人・動物・自然の絆を科学的に大切にするという理念に基づき，診療にあたる動物病院，飼い主と患者のペアのために働く動物病院が飼い主と共にチームとなって，診療やリハビリテーションに当たる。常にウェルフェアとウェルネスのために大きな意味での（行動学や臨床栄養学を含む）予防獣医学（＝HANB）を大切にする。

◆ 飼い主とコンパニオン・アニマルの絆がより正しく，強く，育つことができるように，世界の獣医療・獣医学に基づいた実学を身に付けた獣医師とVTが手伝う。

◆ 獣医師とVTはHANBとボンド・センタード・プラクティスの理念に基づき，全てはより良いチーム医療が実施できるようにする必要がある。獣医師やVTはその道のプロフェッショナルであることを天職として，喜び，ポジティブに生きることができる人でなければならない。

◆ 地域社会においてペットとふれあえない子どもたちや大

人たちのために，獣医師とVTは，動物介在活動，動物介在教育，動物介在療法（いわゆるアニマルセラピー）を学び，動物たちと共に暮らす以上は，全ての飼い主が責任ある飼い主になれるような社会教育を積極的に推進することが動物病院の義務であると信じる。
- 全てのボンド・センタード・プラクティスを目指す動物病院の獣医師やVTは，いずれは，結婚し，子どもを育てる（教育する）ことになる。したがって，全スタッフは生涯教育システム（クライアント教育）普及のためのHANB教育を学ぶ（インストラクター資格取得が望ましい）。

獣医師やVTが病院で働くということは，病院チームとクライアント，飼い主と動物たちのペア，スタッフ同士のコミュニケーションに始まり，コミュニケーションに終わる（全ては報・連・相に始まり報・連・相に終わる）

- 獣医療はカルテに始まり，カルテに終わる，AVMAスタンダードに基づく獣医学・獣医療教育で使用されている獣医臨床のキーワードだけで，シンプルに記録する。
- 患者・飼い主と獣医師とのコミュニケーション＝人と人とのふれあい，HANBの確立＝信頼関係の確立が何よりも大切。
- 飼い主と病院チームとしてのスタッフのコミュニケーションを常に大切にする。全スタッフは，チーム医療の向上を目指し，全員が常に実行・努力する。
- ジュニアの獣医師とVTはシニア獣医師とVTに常に相談－指示を仰ぐ（報告・連絡・相談：報・連・相）。
- 獣医師と先輩VTに常に報告－途中経過や結果を知らせ，治療の指示を受ける。特に工夫や新しい試みに対しては常に報・連・相で臨む。
- 獣医師，先輩VTに常に連絡‐関連部署（病院チーム）に伝え，クライアントと病院チームは常に情報の共有を図る。
- 獣医師，VT，動物病院の全スタッフの仕事は，POSに基づくカルテに始まり，カルテに終わり，報・連・相に始まり，報・連・相に終わる。

参考サイト

AAHA ホームページ www.aahanet.org
AVMA ホームページ www.avma.org
JAHA ホームページ www.jaha.or.jp
JVMA ホームページ http://nichiju.lin.gr.jp
JVNA ホームページ www.jvna.or.jp
NAVTA ホームページ www.navta.net

参考文献

Bonagura,J.D.（2000）：Kirk's Current Veterinary Therapy XIII, Saunders.
Bonagura,J.D. & Twedt,D.C.（2009）：Kirk's Current Veterinary Therapy XIV, Saunders.
Dunlop,R.H. & Williams,D.J.（1996）：Veterinary Medicine An illustrated History, Mosby.
加藤　元 監訳（1973）：小動物臨床の実際Ⅳ, 医歯薬出版.
加藤　元 監訳（1976）：小動物臨床の実際Ⅴ, 医歯薬出版.
加藤　元 監訳（1982）：小動物臨床の実際Ⅵ, 医歯薬出版.
加藤　元 監訳（1983）：小動物臨床の実際Ⅶ, 医歯薬出版.
加藤　元 監訳（1985）：小動物臨床の実際Ⅷ, 医歯薬出版.
加藤　元 監訳（1989）：小動物臨床の実際Ⅸ, 医歯薬出版.
加藤　元 監訳（1993）：小動物臨床の実際Ⅹ, 医歯薬出版.
加藤　元 監訳（2000）：小動物臨床の実際Ⅻ, 興仁舎.
Kirk,R.W.（1964）：Current Veterinary Therapy I, Saunders.
Kirk,R.W.（1966）：Current Veterinary Therapy II, Saunders.
Kirk,R.W.（1968）：Current Veterinary Therapy III, Saunders.
Kirk,R.W.（1971）：Current Veterinary Therapy IV, Saunders.
Kirk,R.W.（1974）：Current Veterinary Therapy V, Saunders.
Kirk,R.W.（1977）：Current Veterinary Therapy VI, Saunders.
Kirk,R.W.（1980）：Current Veterinary Therapy VII, Saunders.
Kirk,R.W.（1983）：Current Veterinary Therapy VIII, Saunders.
Kirk,R.W.（1986）：Current Veterinary Therapy IX, Saunders.
Kirk,R.W.（1989）：Current Veterinary Therapy X, Saunders.
Kirk,R.W.（1992）：Current Veterinary Therapy XI, Saunders.
Kirk,R.W.（1995）：Current Veterinary Therapy XII, Saunders.
McCurnin,D.（1985）：Textbook for Veterinary Technician, Saunders.
McCurnin,D.（2010）：Clinical Textbook for Veterinary Technician VII, Saunders.
本好茂一, 加藤　元 監訳(1989)：Textbook for Veterinary Technician 日本語版, 日本動物病院福祉協会.
本好茂一, 加藤　元 監訳(1990)：Textbook for Veterinary Technician 日本語版第2版, 日本動物病院福祉協会.
本好茂一, 加藤　元 監訳(2002)：Textbook for Veterinary Technician 日本語版第4版, 日本動物病院福祉協会.
Smithcors,J.F.（1975）：The veterinarian in America, 1625-1975, American Veterinary Publications.

2. ケーススタディ

Case1	発咳が止まらず転院してきた症例	ミニチュア・ダックスフンド，60日齢，雌	35
Case2	呼吸困難での救急外来してきた症例	シー・ズー，13歳齢，雌	42
Case3	虚脱状態が改善せず転院してきた症例	ヨークシャー・テリア，11か月齢，雌	49
Case4	会陰ヘルニア整復術後の予後が悪く転院してきた症例	雑種犬，14歳齢，雄	55
Case5	元気と食欲がない症例	中型日本犬，11歳齢，雌	60
Case6	嘔吐と下痢が改善せずに転院してきた症例	ミニチュア・ダックスフンド，1歳1か月齢，雄	65
Case7	嘔吐と食欲低下の症例	シェットランド・シープドッグ，2歳齢，雌	75
Case8	食欲廃絶から改善せず転院してきた症例	雑種猫，9歳齢，雄	82
Case9	嘔吐と下痢を示す症例	ゴールデン・レトリーバー，9歳齢，雄	91
Case10	多発性の化膿創切開後，2次治療のため紹介された難症例	ミニチュア・ダックスフンド，2歳10か月齢，雄	100
Case11	呼吸促迫と心音マッフルで正月に急患として上診した例	ゴールデン・レトリーバー，11歳齢，雄	110
Case12	異常な発咳を示すフェレットの症例	フェレット，1歳2か月齢，雄	117
Case13	突然頻回の嘔吐を示した急患	ヨークシャー・テリア，6歳8か月齢，雄	125
Case14	30分前に車道に飛び出し交通事故にあった症例	雑種犬，5歳5か月齢，雌	131
Case15	検診で腫瘍が見つかった症例	雑種猫，7歳齢，雄	140
Case16	慢性の嘔吐が続く症例	雑種猫，13歳齢，雌	149
Case17	高いところから墜落した症例	ビーグル，8歳齢，雄	156
Case18	脚に異常がみられた症例	キャバリア・キングチャールズ・スパニエル，8か月齢，雌	162
Case19	元気と食欲のない症例	パピヨン，7歳5か月齢，雄	168
Case20	原因不明の嘔吐と食欲不振で転院してきた症例	ウェルシュ・コーギー，3歳2か月齢，雄	176
Case21	運動を嫌がり室内から出ない症例	ボルゾイ，8歳8か月齢，雌	181
Case22	嘔吐と吐出が止まらずに転院してきた症例	シェットランド・シープドッグ，9歳齢，雌	187
Case23	食欲が減退した症例	パグ，10歳齢，雄	194
Case24	排尿困難な症例	ミニチュア・ダックスフンド，11歳齢，雄	200
Case25	排尿困難な症例	フェレット，3歳11か月齢，雄	208
Case26	嘔吐を繰り返す症例	フレンチ・ブルドッグ，7.5か月齢，雄	216
Case27	歩行困難な症例	ウェルシュ・コーギー，10歳10か月齢，雌	225
Case28	胸腔内の腫瘍が拡大した症例	アイリッシュ・セッター，8歳11か月齢，雌	233
Case29	呼吸状態の悪化で転院してきた症例	チワワ，3か月齢，雌	242
Case30	健康診断で腹腔内腫瘍がみつかった症例	ペルシャ，13歳齢，雌	250
Case31	肺水腫と診断され転院してきた症例	ミニチュア・ダックスフンド，6歳齢，雄	258
Case32	皮膚のかゆみで薬浴に来院した症例	ゴールデン・レトリーバー，15歳6か月齢，雌	264
Case33	健康診断で歯肉腫瘍がみつかった症例	シェットランド・シープドッグ，11歳11か月齢，雄	271

Case34	下痢・嘔吐・発熱のみられる症例	シンガプーラ，5か月齢，雌	279
Case35	嘔吐を繰り返す症例	スコティッシュ・ホールド，7歳10か月齢，雌	285
Case36	腹部が腫れた症例	ヨークシャー・テリア，2歳10か月齢，雌	293
Case37	ふらつきがみられた症例	雑種猫，4歳齢，雄	299
Case38	起立困難に陥った症例	シー・ズー，9歳6か月齢，雌	304
Case39	腫瘤がみつかった症例	オグロ・プレーリー・ドッグ，9歳1か月齢，雌	311
Case40	眼に異常がみつかった症例	日本猫，5歳5か月齢，雄	318
Case41	体を痛がる症例	ミニチュア・ダックスフンド，6歳9か月齢，雌	323
Case42	ふらつき，活動が低下した症例	チワワ，5歳齢，雄	329
Case43	両眼の瞬膜がでた症例	ラブラドール・レトリーバー，11歳齢，雌	335
Case44	犬に頭部を咬まれた症例	トイ・プードル，1歳4か月齢，雌	342
Case45	元気・食欲低下が改善しない症例	ロングコート・チワワ，3歳7か月齢，雌	349
Case46	嘔吐・食欲廃絶で救急来院した症例	雑種猫，3歳齢，雄	355
Case47	外傷で救急来院した症例	雑種猫，6歳齢，雄	363
Case48	嘔吐を呈している症例	日本猫，18歳齢，雄	370
Case49	ぐったりして元気のない症例	雑種猫，推定10歳齢，雌	378
Case50	急性に呼吸困難などに陥った症例	シェットランド・シープドッグ，6歳11か月齢，雌	385
Case51	元気消失，後肢虚弱の症例	アビシニアン，11歳2か月齢，雄	393
Case52	元気消失，食欲低下の症例	ミニチュア・ダックスフンド，8歳1か月齢，雄	398
Case53	元気消失，下痢・嘔吐が止まらずに転院してきた症例	ウエスト・ハイランド・ホワイト・テリア，7歳5か月齢，雌	405
Case54	嘔吐，元気消失，震えが止まらずに転院してきたの症例	トイ・プードル，6か月齢，雌	413
Case55	嘔吐・吐出がみられた症例	フレンチ・ブルドッグ，10歳3か月齢，雄	418
Case56	後肢を痛がる症例	ラブラドール・レトリーバー，2か月齢，雄	424
Case57	突然に転び，元気が消失した症例	日本猫，19歳1か月齢，雌	430
Case58	腫瘤を生じた糖尿病の症例	キャバリア・キングチャールズ・スパニエル，6歳1か月齢，雌	437
Case59	交通事故の症例	キャバリア・キングチャールズ・スパニエル，10か月齢，雌	445
Case60	起立困難の症例	ボルゾイ，6歳齢，雄	451

Case 01 DOG

発咳が止まらず転院してきた症例

ミニチュア・ダックスフンド，60日齢，雌

【プロフィール】

ミニチュア・ダックスフンド，60日齢，雌，52日齢で購入。購入時より呼吸促迫，発咳が認められ，他の動物病院で，特定できないが先天性心疾患があると診断され内科療法を受けていた。さらに大学の動物病院が紹介されたが，1週間後とのことで本院が紹介された。

ワクチン接種は行われていない。

【主　訴】

上記のように診断され，治療を受けてきたが，発咳と息切れがひどくなってきたとのことで上診されたもの。

【physical examination】

体温 38.6℃，心拍数 240回/min，呼吸数 132回/min，体重 1.52kg，栄養状態 85%

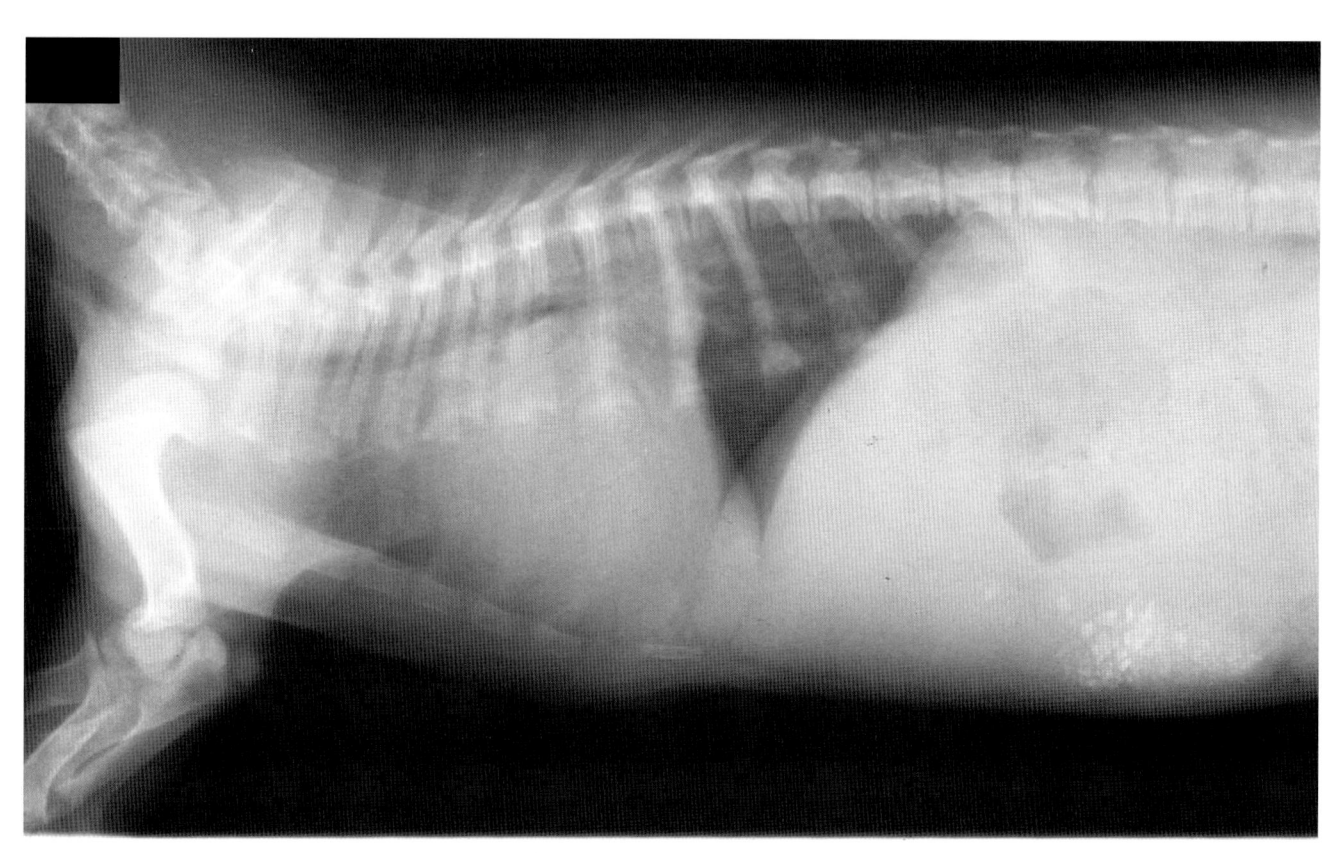

写真1　胸部単純X線写真　RL像

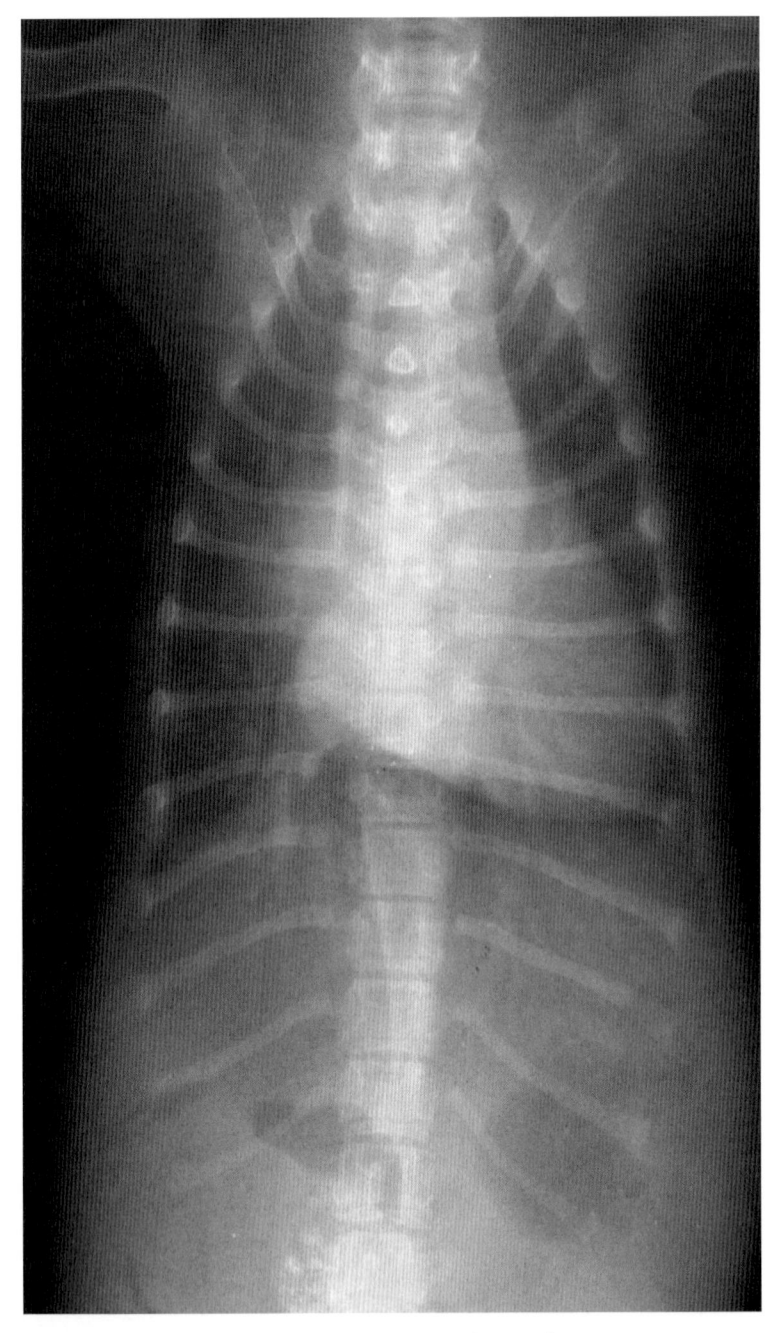

写真2　胸部単純X線写真　DV像

【心電図検査】

第Ⅱ誘導におけるP波は0.5mv，0.06secであり肺性Pおよび僧帽Pを示し，QRS群は3.1mvと増高し，T波は1.4mvと増高していた。左右心房負荷と平均電気軸は約＋60度であり，強い左心室肥大パターンを示していた。

【血圧検査】

オシロメトリック法で測定したところ，Systolic 137 mmHg, MAP 104mmHg, Diastolic 81mmHg, Pulse 221 bpmであった。

またCBCとルーチンな血液化学検査が行われたが異常は認められなかった。

そこで胸部のX線検査と心臓の超音波検査が行われた。

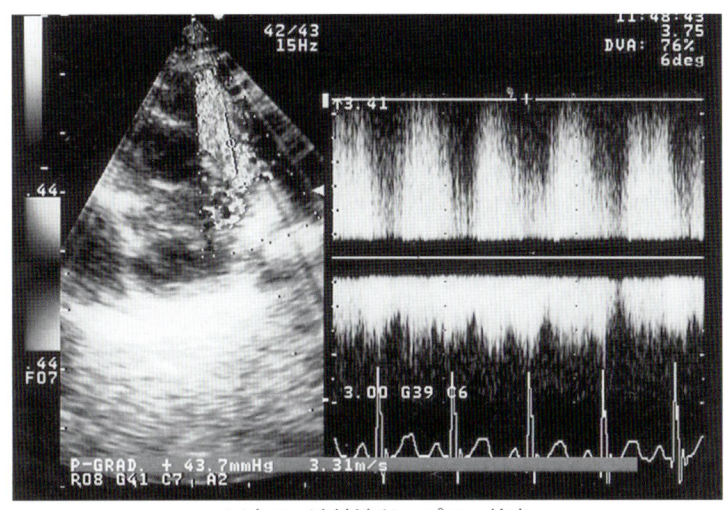

写真3　連続波ドップラー検査

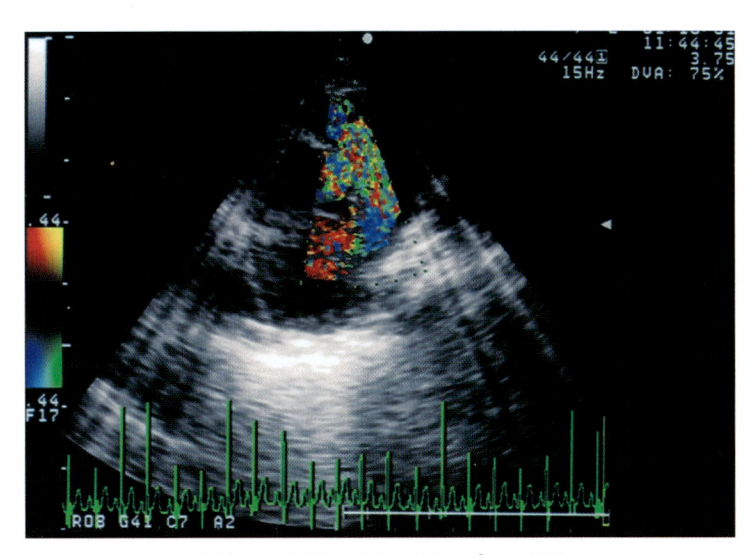

写真4　心臓のカラードップラー検査

あなたの診断は？　解説は次のページをご覧ください

【単純X線検査】

胸部 RL 像：体表の軟部組織の輪郭および骨格は正常範囲内である。

胸腔では，気管分岐部の背側への挙上が著明であり，心陰影は巨大で左房成分の著しい拡大が認められる。

右側肺門部肺野にエアーブロンコグラム，エアーアルベログラム等が認められ，中等度の肺水腫が認められる。

胸部 DV 像：腹部の両側への膨大を除き，体表の軟部組織の輪郭および骨格は正常範囲内である。

心陰影においては左心房成分が左側に心尖部を含めて大きく変異拡大していることが認められる。

前大静脈，右房成分の拡大が認められる。後大静脈の拡張が認められると同時に肺静脈の拡大が著しい。大動脈弓の左側への変位と拡大が認められる。

右側肺門部肺野にエアーブロンコグラム，エアーアルベログラムが広範にわたって認められ，中等度の肺水腫が認められる。

【心エコー検査】

B-mode 法：左心房の著しい拡張，左心室の遠心性肥大。LA：AO ＝ 2.2：1 であり重度の左心系のボリュームオーバーロードが認められた。

M-mode 法：左室機能計測では FS ＝ 38.1％，EF ＝ 76.3％とボリュームオーバーロードにもかかわらずやや低値を示し，中程度の心筋収縮不全が示唆された。EPSS は測定できなかった。

カラードップラー所見：全収縮期にわたり僧帽弁を介して左心房内にモザイクシグナルを検出した。また主肺動脈内には収縮期と拡張期にモザイクシグナルを連続性に検出した。

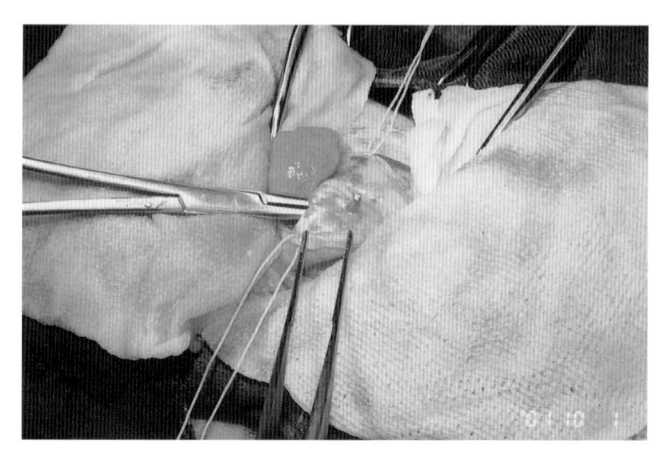

写真 5　PDA を剥離し本結紮を行っているところ

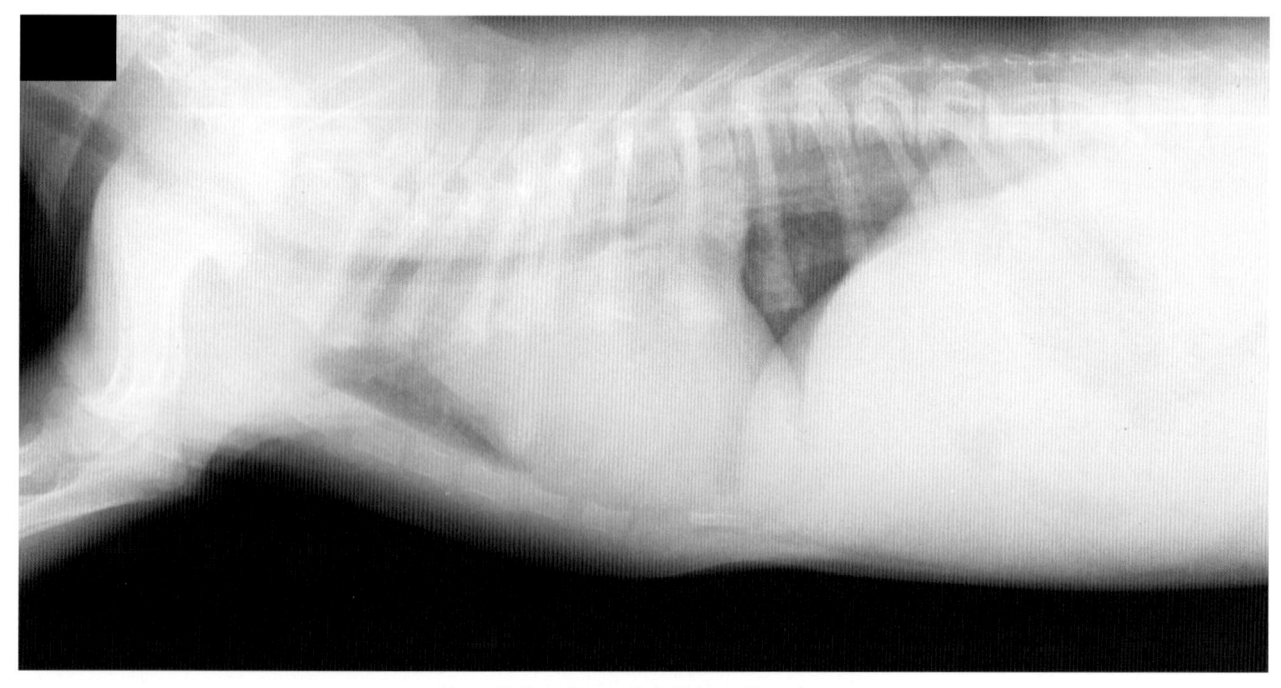

写真 6　術後 1 週間の胸部単純 X 線写真　RL 像

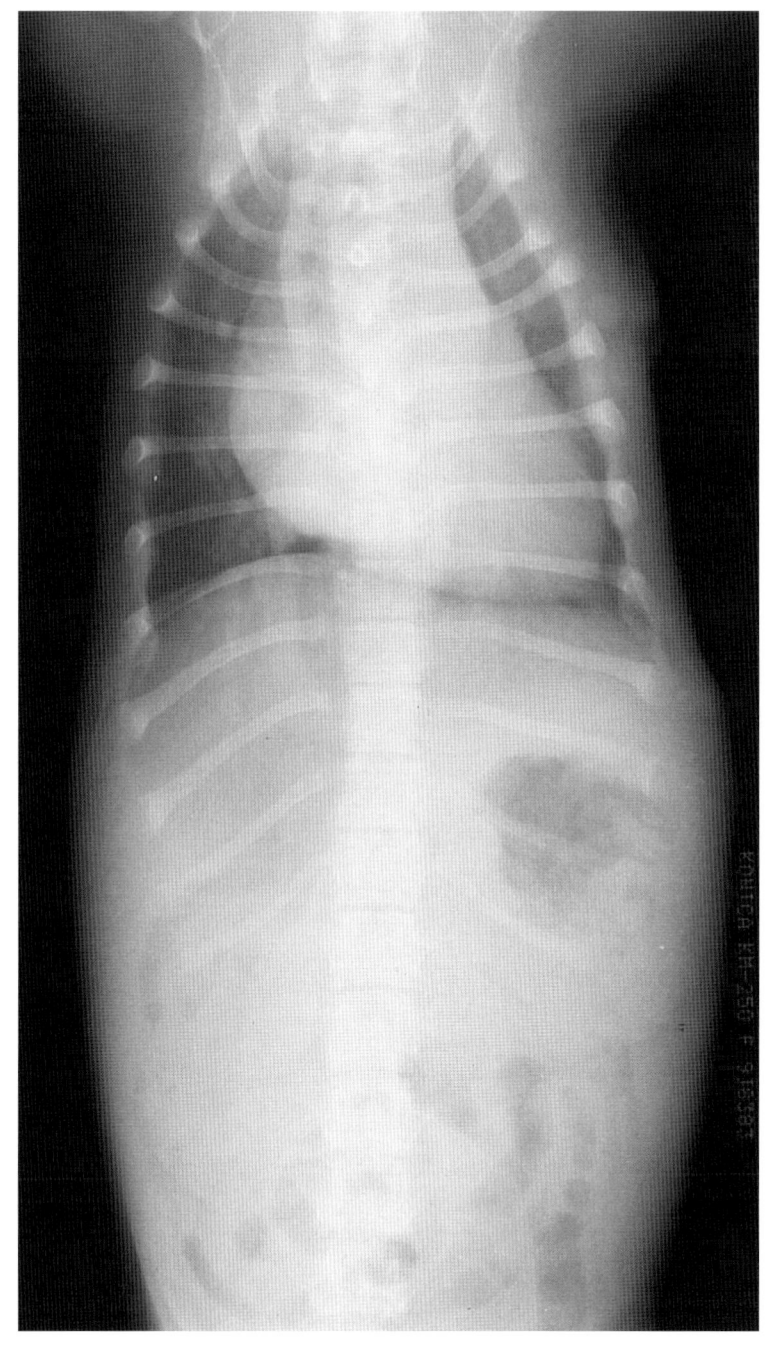

写真7　術後1週間の胸部単純X線写真　DV像

　主肺動脈内での連続波ドップラーのカーソルを可能な限り血流のメイン方向に20度以内にパラレルになるようにポジショニングを行った。ベースラインよりトランスデューサーに向かうネガティブフローシグナルが収縮期に最大で3.31m/sと低流速であった。これを簡易ベルヌーイ式で大動脈と肺動脈の圧較差を求めると約43.7mmHgであり，正常な動物における大動脈と肺動脈の圧較差は約100mmHgであることから強い肺高血圧症を併発していると診断した。しかし，現段階では，幸いにもアイゼンメンジャー化がないので手術適応例と判断した。

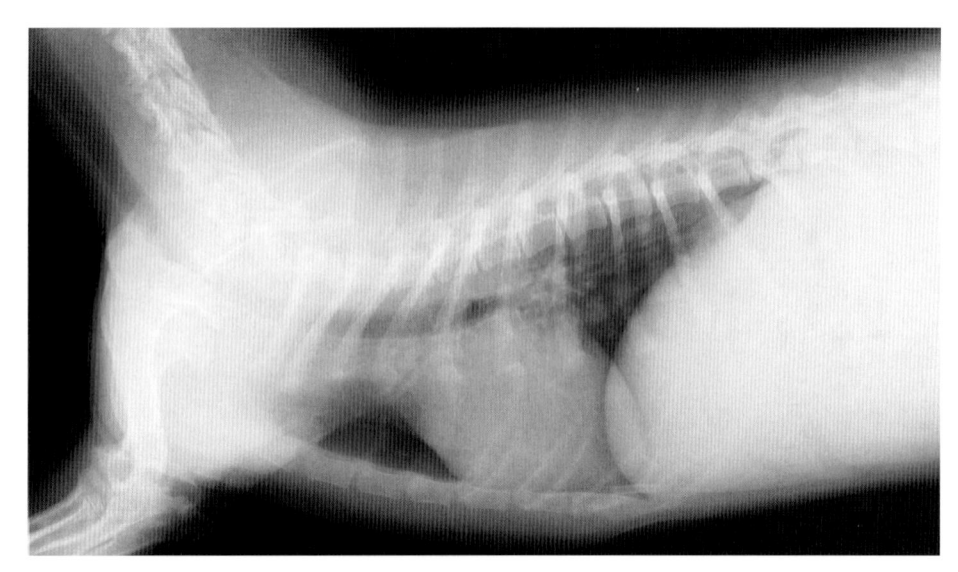

写真 8　術後 3 か月の胸部単純 X 線写真　RL 像

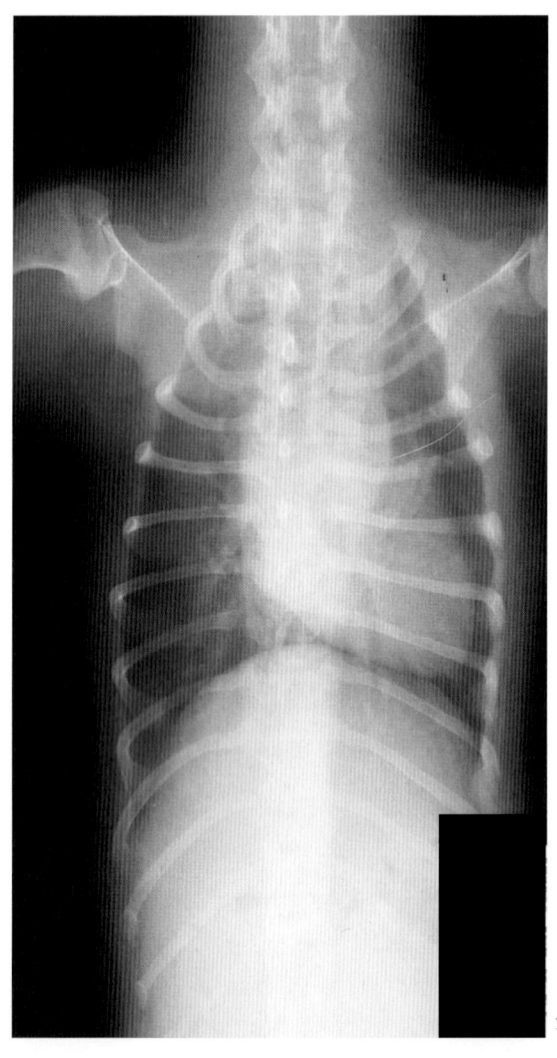

写真 9　術後 3 か月の胸部単純 X 線写真　DV 像

【診　断】

僧帽弁逆流を併発した左→右シャントの動脈管開存症，鬱血性心不全，肺水腫。

【治療と経過】

初診時に肺水腫を併発していたため，フロセミド（2mg/kg）の断続的な投与と酸素テント下でのケージレストを行った。来院から約48時間後，患者の状態が一時的に安定し，飼い主の同意が得られたので手術を行った。グライコパイロレート前投与後，ケタミン，ジアゼパム，ブトルファノールで導入を行った。同時にドブタミン（2μg/kg/min）の持続点滴を開始し，気管挿管を行い人工呼吸器下でイソフルランによる麻酔維持を開始した際，徐脈傾向が強くなり間もなく心停止した。直ちに，心肺蘇生術を行うことにより蘇生安定化することができた。

術式は従来の方法によるもので，左側の第4肋間開胸術を実施し直接動脈管にアクセスした。左側の迷走神経と横隔神経を支持糸で隔離し，テノトミー鋏で心膜を切開した。さらに，モスキート曲鉗子を用いPDAを大動脈および肺動脈から完全に分離し，大動脈側，肺動脈側の2か所の仮結紮を行い，心血管系の変化の観察を数分間行い，異常がないことを確認したのち本結紮を行った。閉胸時には胸腔ドレーンを設置し，リドカインによる肋間ブロック，ブトルファノールによるペインコントロールを行った。

手術終了時，人工呼吸から自発呼吸に切り替えた直後，再び徐脈傾向から心停止を起こした。術前と同様に直ちに心肺蘇生術を行うことにより再び蘇生安定化させることができた。術後は24時間体制のクリティカルケアーを行い，フロセミドの断続的な投与と血液ガス，中心静脈圧，心電図のモニタリング，ジギタリス，エナラプリルの投与を行った。術後肺水腫は改善されたが，術後7日までは発咳およびギャギングは改善されなかった。また，僧帽弁逆流も持続して認められたため，ケージレスト下で鬱血性心不全の内科的治療を継続した。術後10日目には興奮時の軽度の発咳は残るが元気，食欲とも改善されたので，フロセミド，ジギタリス，エナラプリルを処方し退院とした。退院後は7～14日毎の検診を繰り返し，術後90日目の検診では僧帽弁逆流が消失し，発育状態，栄養状態とも良好であったため一切の投薬を中止した。

【コメント】

Sissonらによると正常な全身動脈圧をもつ若齢犬でPDAを介した最大流速が通常3.5m/sに満たないケースでは，肺高血圧症やリバースシャントに進展する危険性が示唆されている。本症例では連続波ドップラーによる最大流速は3.31m/sと低流速を示し，オシロメトリック法による収縮期の動脈圧は137mmHgであることから，十分な全身循環圧は保たれていると判断される。しかし根治手術なしでは今後，より重度な肺高血圧症へ進展し，アイゼンメンジャー化するリスクが高いものと予測された。本症例では，すでに待ったなしの重度の鬱血性心不全により肺水腫を起こしているものであり，直ちに根治手術を行わないかぎり，救命できないものと考えた。我々が通常経験する，準無症候性のPDAとは全く異なるものであった。

近年，人の医学や米国の獣医学からPDAに対するコイル栓塞術が紹介され，徐々に現実化されつつあるが，現段階ではまだ手技的，コスト面で当病院では必要とはされていない。そこで，ベストの結果が予測できる，すなわち最も習熟し，かつ常に一定の好結果が得られる開胸術による根治手術を選択した。

本症例は先天性心疾患と他の動物病院で診断された時点で大学の動物病院への紹介が決定していた。しかし，週末に容態が急変し大学へ連絡をとったが，休診であるため本院に上診された。獣医療は我々獣医師のために存在しているのではなく，飼い主と動物のペアのため，言いかえればヒューマン・アニマル・ボンド（HAB）のためにある。我々獣医療に携わるもの全てが，このことを常に尊重し診療に当たらなければならない。

米国の獣医科大学は救急とクリティカルケアーの教育とトレーニングのために24時間体制が古くから整っている。週末や夜間，休日などの救急診療は，学生とVT，インターンやレジデント，教授陣が1つのチームとなって行うことが常識である。"人と動物との絆"の大切さを理解し，それを尊重していく獣医学教育と獣医療が一層普及するように願うものである。日本の獣医学を学ぶ全学生の教育とトレーニングのために，日本の全獣医科大学の病院が教育病院として24時間の救急・救命・クリティカルケアー体制を実現するよう要請する。

（Vol.56 No.4, 2003に掲載）

Case 02　DOG

呼吸困難での救急外来してきた症例

シー・ズー，13歳齢，雌

【プロフィール】

シー・ズー，13歳齢，雌。子宮卵巣摘出術済み。この数年間，呼吸困難様発作のため，その都度かかりつけの動物病院で診てもらっていた。心臓が悪く肺水腫を起こし，そのために呼吸困難が起こるといういうことで内科治療を受けていた。

【主　訴】

夕刻，いつもの発作を起こしかかりつけの動物病院で利尿剤等の治療を受けたが，夜中になって呼吸困難となり，心配のため救急外来として上診したものである。

【physical examination】

稟告では，今朝まで食欲，元気は普段通りであったとのことであるが，意識レベルは60%であった。体重は6.3kg，栄養状態は130%で肥満であるが，四肢の筋肉はむしろ細かく薄いものであった。体温は37.9℃，呼吸数は72回/min（すぐに120回/min以上に上昇する），全肺野から強く粗い捻発音が聴取される。心音には異常は認められず，心拍数は156回/minであった。血圧は収縮期146mmHg，拡張期100mmHg，平均123mmHgであった。

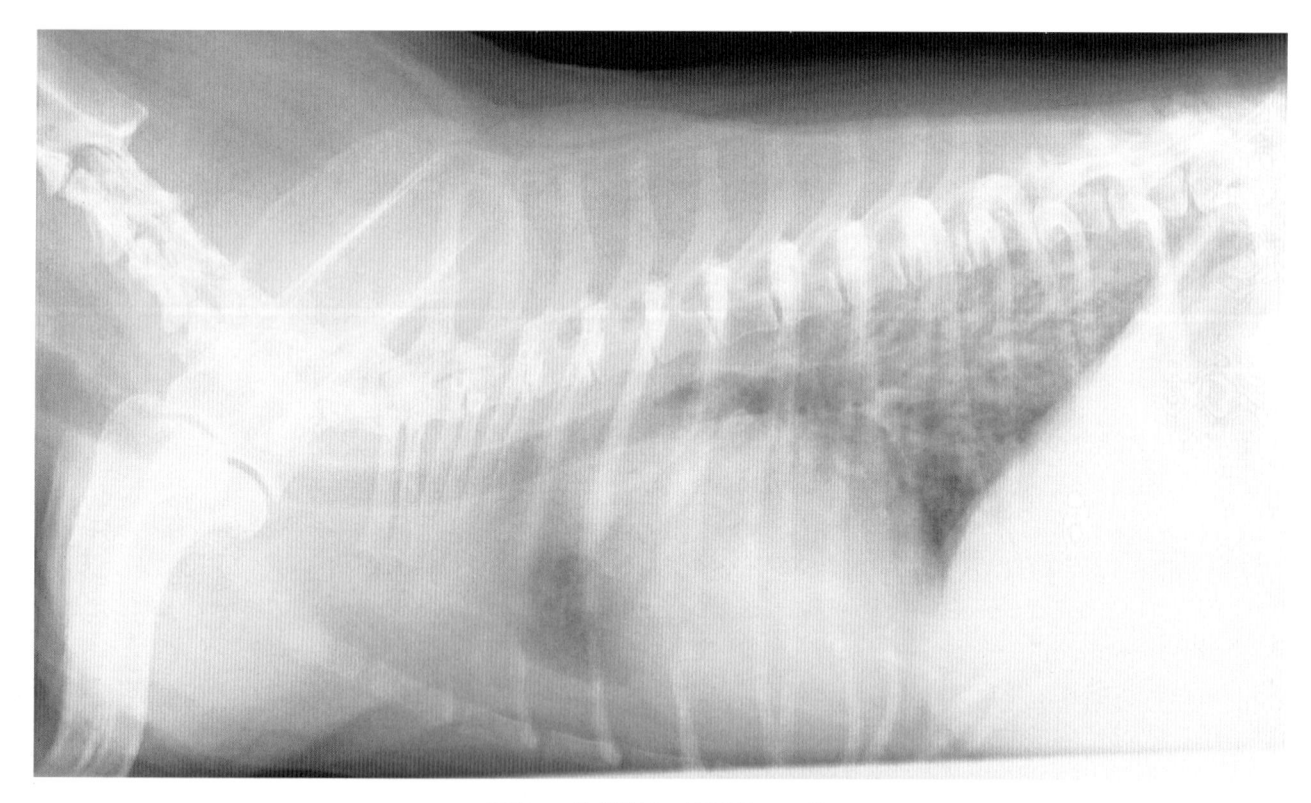

写真1　胸部単純X線写真　RL像

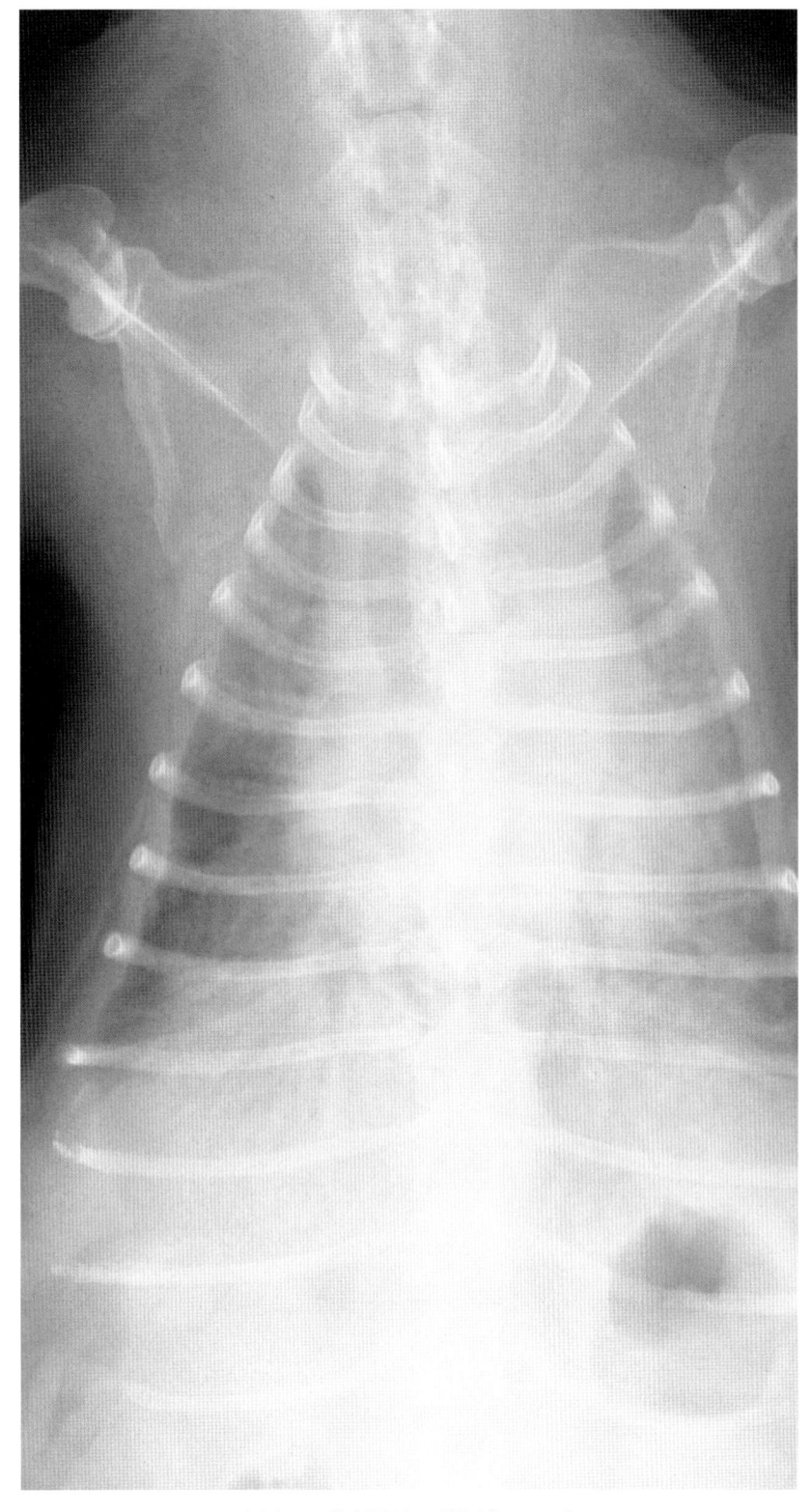

写真2　胸部単純X線写真　DV像

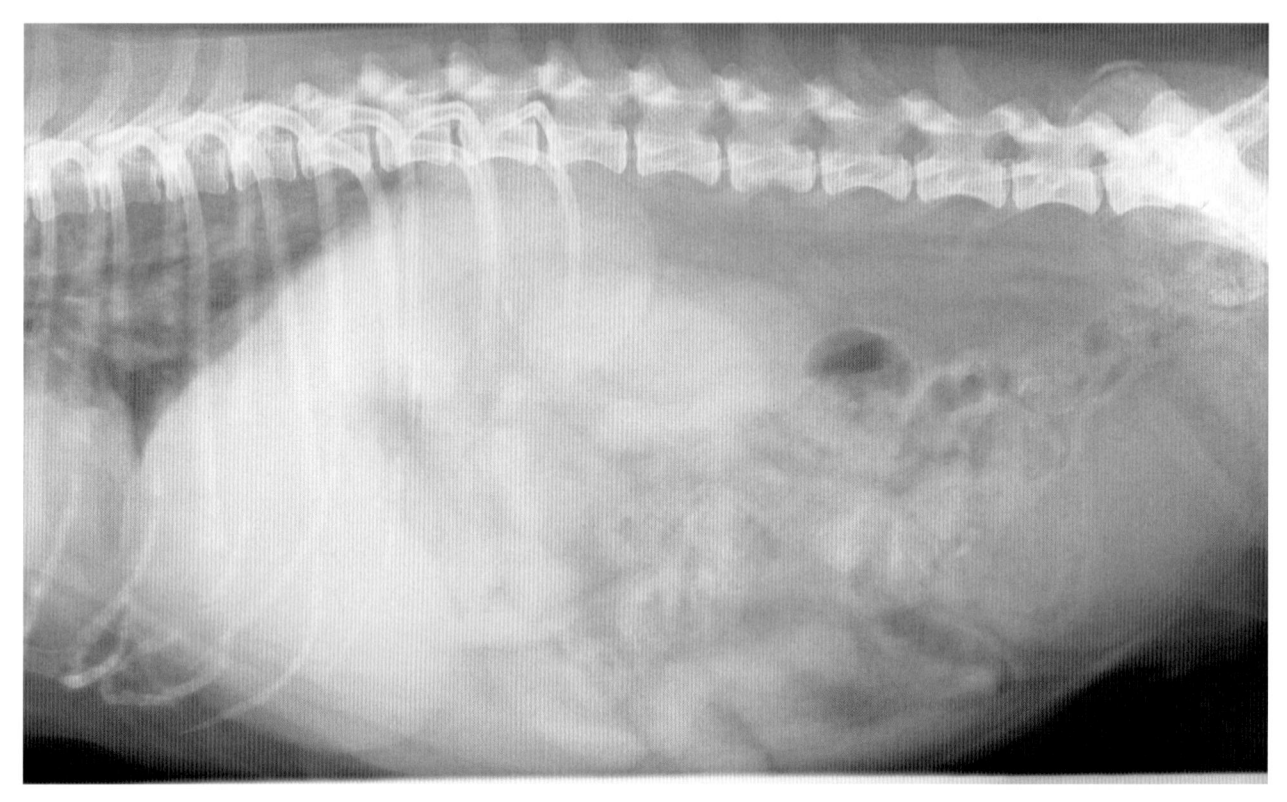

写真3　腹部単純X線写真　RL像

【臨床病理検査】

CBCでは，WBC $20.3 \times 10^3/\mu L$，RBC $904/\mu L$，PCV 63.1%，Hb 20.3/dLであった。MCV 69.8fl，MCH 22.5 pg，MCHC 32.2g/dL，pl 363×10^3/Lであった。

リュウコグラムでは，Band-N 0，Seg-N 16.54×10^3，Lym 2.74×10^3，Mon 913，Eos 101，Bas 0であった。RBCの多染性は±，大小不同は±であった。

血液化学検査では，TP 7.07g/dL，Alb 3.18g/dL，ALT 188U/L，AST 9U/L，ALKP 1.67×10^3U/L，T-Bil 0.26 mg/dL，T-Cho 216.6mg/dL，Glc 118.5mg/dL，BUN 38.3mg/dL，Cr 1.00mg/dL，P 6.47mg/dL，Ca 10.78 mg/dL，Glb 3.89g/dLであった。

そこで，胸部，腹部のX線診断が行われた。

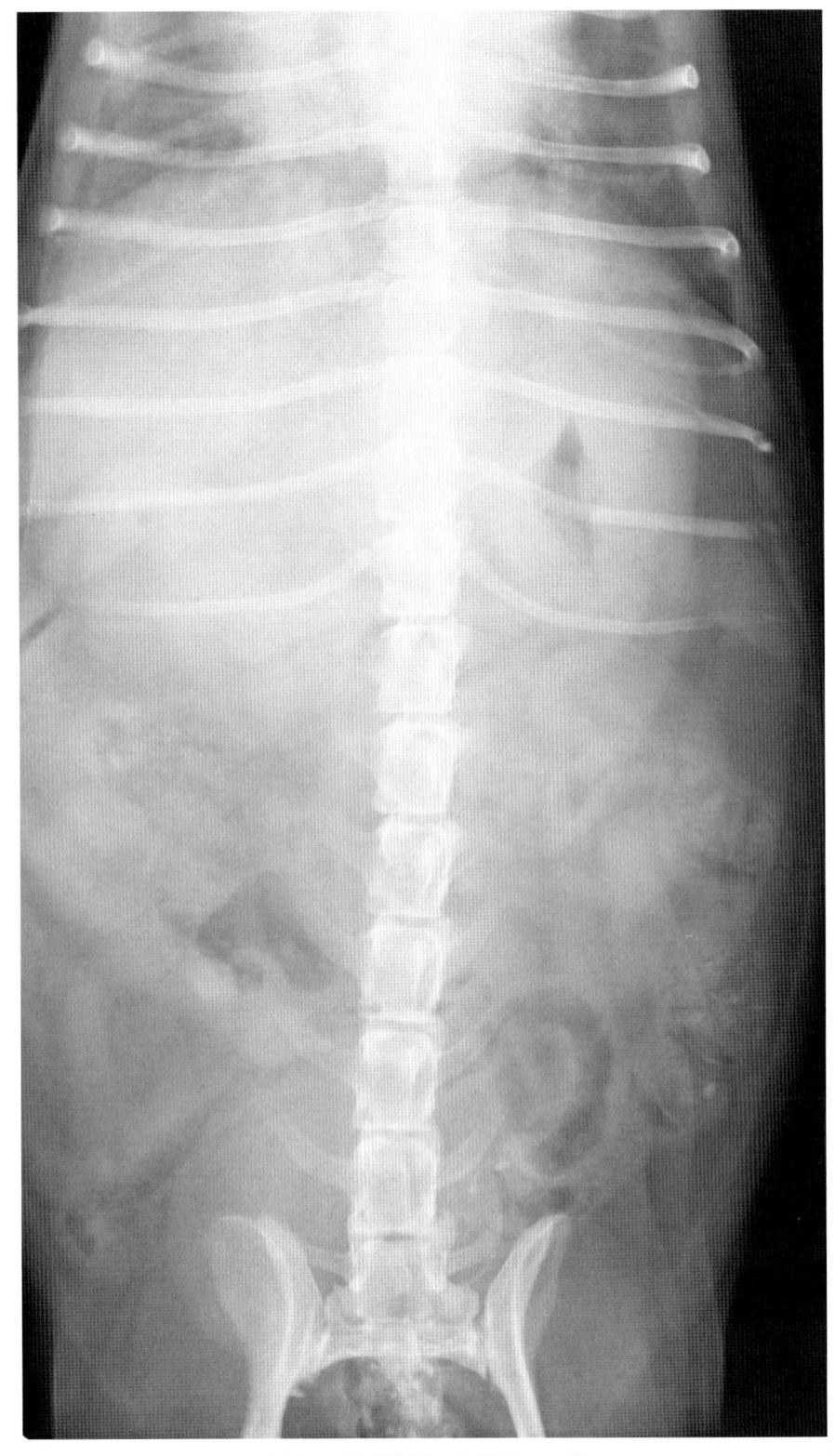

写真4　胸部単純X線写真　VD像

あなたの診断は？　解説は次のページをご覧ください

【単純X線検査】

胸部RL像：強い肥満を示しているが、体表の輪郭は正常範囲内である。骨格は頸椎に中等度の変形性脊椎症が認められるほかは正常範囲内である。

肺野は強く縮小し、尖葉、心陰影に重なる部分ではその辺縁は極めてイレギュラーなものとなり、肺葉の縮小像が著しい。また前縦隔陰影の増強（マスの可能性）が認められる。

肺紋理の主たる変化は、強い気管支パターンと気管支の拡張像などのミックスである。

横隔膜ラインは強い肝臓の腫大により頭側に大きく張り出していることがわかる。

胸部DV像：体表の軟部組織の輪郭および骨格は正常範囲内である。前縦隔陰影の著明な拡大が認められる。

心陰影の左心成分を除き、肺野と心陰影の境界は極めて不明瞭で、右側肺野では、肺紋理の増強が著しく、X線不透過性が著しく増している。

主たる変化は気管支パターンであり、多くの気管支は走行分布が極めて異常である。

肺野は縮小が著しく、左側肺野では気管支は比較的末梢まで明瞭性が保たれている。

また後葉の胸壁に沿って見える部分では、含気量の増加を示す部分が強調され、強い肺気腫やそれらに伴いやすい空胞などの存在が強く示唆される。

横隔膜ラインは肺紋理の増強と肺野の縮小により全く不明瞭となっている。

腹部RL像：強い腹部膨大のため腹部に適した撮影が行われておらず、体表の輪郭は画面からはみ出しているために全体を評価できない。骨格は正常範囲内である。

胸腔内肺野の著しい縮小、気管支パターンを主とした肺紋理の著しい増強、腫大した肝臓、腹部膨大による横隔膜の強い前方への移動、著しく腫大した肝陰影が認められる。また胃胞の上側で腎臓と重なるように脾臓の位置異常、後腹膜下脂肪層の拡大・腫大のため、腹腔臓器は何れも腹側への位置移動が著しい。

腹部VD像：体表の輪郭は右側が大きく画面からはみ出しているために全体を評価できない。肝臓の腫大および横隔膜の前方への移動と拡大が認められ、そのために心陰影が横隔膜縁を圧迫することになり、浅いM字状を呈していることがわかる。

腹腔内臓器は、腹腔内および後腹膜下脂肪および腸間膜脂肪の増大のため、全体的に拡散してみえる。

【心臓超音波検査】

カラードップラー法による心臓・大血管・心膜などの精査において、左心房逆流ジグナルは−、L-A：AO＝1.3：1と心臓および心膜には異常は認められない。

【診　断】

①呼吸不全、②慢性気管支閉塞性疾患、③肺気腫とブラ、④気管支拡張症、⑤肺線維症、⑤肥満、⑥軽度の心肥大、⑦強度の脱水

【治　療】

約2か月前、かかりつけの動物病院では、バイトリル30mg/day、ラシックス10mg/day、メドロール2mg/dayを1週間、その1週後、さらに1週間にわたりバイトリル30mg/day、ラシックス10mg/dayを投与していた。また本院に上診した当日の夕刻、そのかかりつけの動物病院でX線検査の後、肺水腫との診断でラシックスを投与されていた。

夜中に24時間体制の本動物病院ERに上診となったが、直ちに入院措置を行い、酸素室で40％の酸素吸入を行い、絶対安静とした。乳酸加リンゲル液（70mL IV）を投与し酸素室での集中的なケアを続けた。

翌朝8時、体温は38.7℃、呼吸数は30〜40回/min（パンティング状態では120回/min）、体重は6.1kg、中心静脈圧（CVP）は0であった。

さらにその翌朝、体温は38.6℃、体重は6.0kg、中心静脈圧（CVP）は0であった。血液ガス検査では、pH 7.568、pCO_2 26.9mmHg、pO_2 20.4mmHg、HCO_3 23.9mmol/L、BE 1.9、O_2サチュレーション 43.7mmol/L、TCO_2 24.8mmol/Lであった。CBCでは、WBC $33.3×10^3/μL$、RBC $1.0×10^6/μL$、PCV 69.1％、Hb 23.1/dLであった。リュウコグラムでは、Band-N 0、Seg-N $30.19×10^3$、Lym 666、Mon $2.442×10^3$、Eos 0、Bas 0であり、強いストレスパターンが認められた。電解質では、Na 153mmol/L、K 3.3mmol/L、Cl 126mmol/Lであった。血圧は収縮期159mmHg、拡張期113mmHg、平均

136mmHg，心拍数は141回/minであった。

降圧剤の投与後，血圧は収縮期136mmHg，拡張期96mmHg，平均113mmHg，心拍数は163回/minであった。

集中的にケアを中止すると呼吸困難は増悪し，チアノーゼが起こる状態であったが，飼い主はかかりつけの動物病院への転院を選択した。

15時に本動物病院を退院した。移動の途中で呼吸が悪化，転院先で約1時間後に死亡したとの連絡を飼い主から受けた。

【コメント】

中年（5〜6歳以上）の超小型犬や小型犬では，僧帽弁不全が高率に発生するということは，世界の獣医療において我々臨床家の常識となっている。そして心不全が進行し，重症のものでは肺水腫を起こし，急速に改善されなければ急死することが多いことも常識となっている。また左心房の拡大が強くなればなるほど，また心不全が重くなるほど発咳しやすくなることもよく知られている。

さらに問題は悪化してしまった心疾患による咳と呼吸器疾患による咳の原因の鑑別は必ずしも容易ではないということである。すなわち心疾患（僧帽弁不全）の犬に慢性呼吸器疾患が併発することもあるからである。またもう1つの問題は，肺の末梢気管支で起こりやすい捻発音（ピチピチ）は肺水腫で起こる雑音と似ているということである。我々は「僧帽弁不全の悪化→肺水腫の継発→死」という先入観を持っているがため，全身の順序だったphysical examination抜きに聴診をした場合にしばしば誤って判断してしまうことになる。肺水腫は湿性の，末梢気管支の発する雑音の場合は乾性（肺炎のような肺胞の疾患を伴わなければ）の音である。

このような肺野の雑音が聴取された場合，肺水腫もしくは肺炎ということで，ラシックス（コルチコステロイド）と抗生物質をとりあえず投与しておけば問題はないだろうということになりやすい。しかし，一般的にこのような治療によって事態が急速に悪化する訳ではないので，一般状態が改善されたように見えればこのような誤った処方をある期間続けることになりやすい。心疾患に由来する肺水腫であればラシックスの投与は必須のものであり，強力に作用し有用であるが，一方，呼吸器疾患においては，気管支炎であれ，肺炎であれ，強力な脱水作用のために気道の乾燥度を増すことから禁忌となる。それは，この治療が逆に悪循環を起こし，病気の進行を増長させることになるからである。

コルチコステロイドの抗炎症作用は実に強力である。初期の副作用としては気分が高揚し，食欲，水分摂取量を増加させ，尿量が増える。また犬では副作用としてパンティングが著しいし，過食のため中・高齢犬では肥満になりやすい（医原性クッシング症候群）。家庭内で好きな物を与えられがちな超小型犬や小型犬の場合はなおさら肥満になり，本例のように胸腔の容積を狭小化させることになる。

また，重い心臓病を患っている場合はほとんど例外なく痩せていくことになり，本症例のように腹水もないのに強い腹部膨大を伴う肥満になることなどはまずあり得ないということを忘れてはならない。一方，呼吸器疾患（喉頭，気管，気管支，細気管支）は肥満であればあるほど起こりやすいということを忘れてはならない。

呼吸器系の疾患が何であれ，気道内の浸潤性が病気や治療の行方を左右することは重要な事実である。また心疾患の悪化により，心不全が起こり肺水腫へと進む場合では，ほとんど全てのものが心拍数が増加するが，強い呼吸器雑音のために聴取できないこともしばしばある。聴取可能ならば，僧帽弁不全では心雑音が発生するから，その有無を確かめることによって，心不全の有無を確認できる。呼吸器雑音が強いために，心雑音の有無が判定できない場合こそ，左心房径を大動脈径比および左心房への逆流シグナルの有無が決め手となるため，カラードップラーによる超音波診断が決定的に有利となる。

心電図検査では，肺疾患の場合は右心室，右心房の肥大や拡大が認められ，肺性Pがでやすい。僧帽弁不全の場合は上室性頻拍，僧帽性P，左心房，左心室の拡大が認められやすい。

本症例のように，慢性の低酸素症がある場合は多血症をきたしPCVが増加しやすい。

X線検査では，呼吸器疾患で肺炎のない場合は気管支パターンが（肺炎を伴うこともたまにある），僧帽弁不全の場合は左心房拡大および肺静脈の血管パターンと肺水腫があれば肺胞パターンが認められる。

気管支の洗浄検査では，呼吸器疾患の場合は必ず炎症性細胞が陽性となり，気管・気管支の疾患を伴わない限り心

疾患のみの場合は正常範囲となる。

　大切なことは，順序だった physical examination と適切な検査により咳や呼吸困難，発作の原因を明確にすることにある。

　本症例の場合，確かに心電図および心エコー検査で左心の軽度の肥大は認められるが，左心房径，大動脈径比が正常および逆流シグナルが認められないこと，心雑音が認められないことや著明な肥満，栄養状態等から問題となるような心疾患はないことは明らかである。コルチコステロイドの投与の副作用によって食欲が亢進し，パンティングと利尿剤による気道の乾燥等が引き起こされたものと推定される。そしてこれらの悪循環のために慢性の気管支の閉塞性病態を増悪させてきたものであろう。胸部 X 線所見から明かであるが，肺の辺縁に認められるような部分的にはっきりと X 線透過性の異なる所見（肺胞レベルの含気量），酸素吸入下でも酸素飽和度が十分ではないことを示す血液ガス検査の結果からして，慢性の気管支閉塞性疾患が進行する過程で，肺気腫，肺のブラ形成などが徐々に進行するとともに，腹部膨大による胸腔の狭小化（肺葉の拡張不全）と気管支の慢性炎症による気管支拡張症や肺線維症を併発し，さらに肺のコンプライアンスの減少を招き，最終的には呼吸不全の決定的な悪化を招いたものと考えられる。

（Vol.56 No.6, 2003 に掲載）

Case 03　DOG

虚脱状態が改善せず転院してきた症例

ヨークシャー・テリア，11か月齢，雌

【プロフィール】

ヨークシャー・テリア，11か月齢，雌。室内飼育で，同種犬1頭と同居している。各種ワクチンの接種と犬糸状虫症の予防は行われている。食事はアイムスドライとグロース缶。

【主　訴】

全身が濡れて虚脱状態となっていたため，近くの動物病院で治療を受けたが，さらに悪化してきたので，約4時間後，本動物病院を上診したものである。以前より時々元気・食欲は低下することがあった。

【physical examination】

体重は1.06kg，栄養状態は70%，脱水は5%，体温は35.2℃，心拍数は88回/min，呼吸数は28回/min，CRTは2秒以上であった。

四肢が虚脱し，起立不能となっている。

意識レベルは無力昏迷状態に低下している。

【臨床病理検査】

CBCでは，WBC $27.4 \times 10^3/\mu L$，RBC $7.85 \times 10^6/\mu L$，Ht 50.7%，Hb 17.2/dLであった。MCV 64.6fl，MCH 2109pg，MCHC 33.9g/dL，pl 37.5/Lであった。

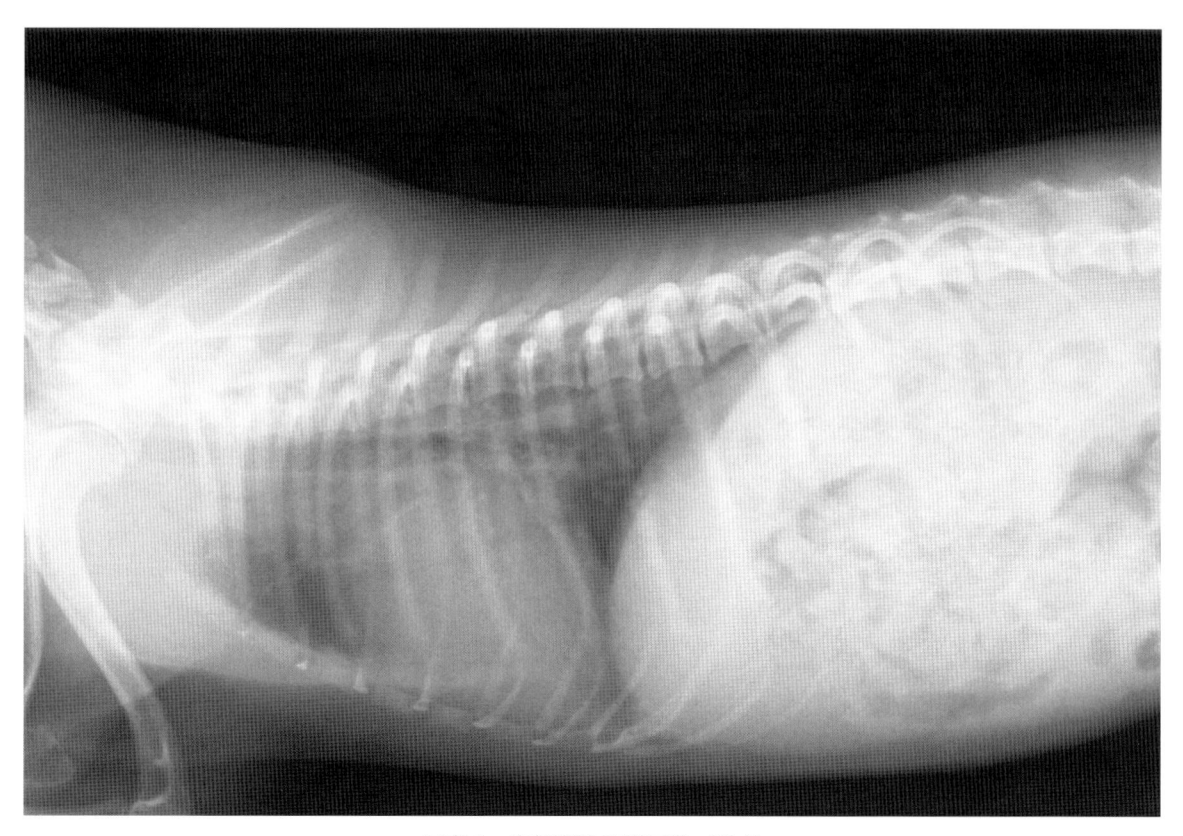

写真1　胸部単純X線写真　RL像

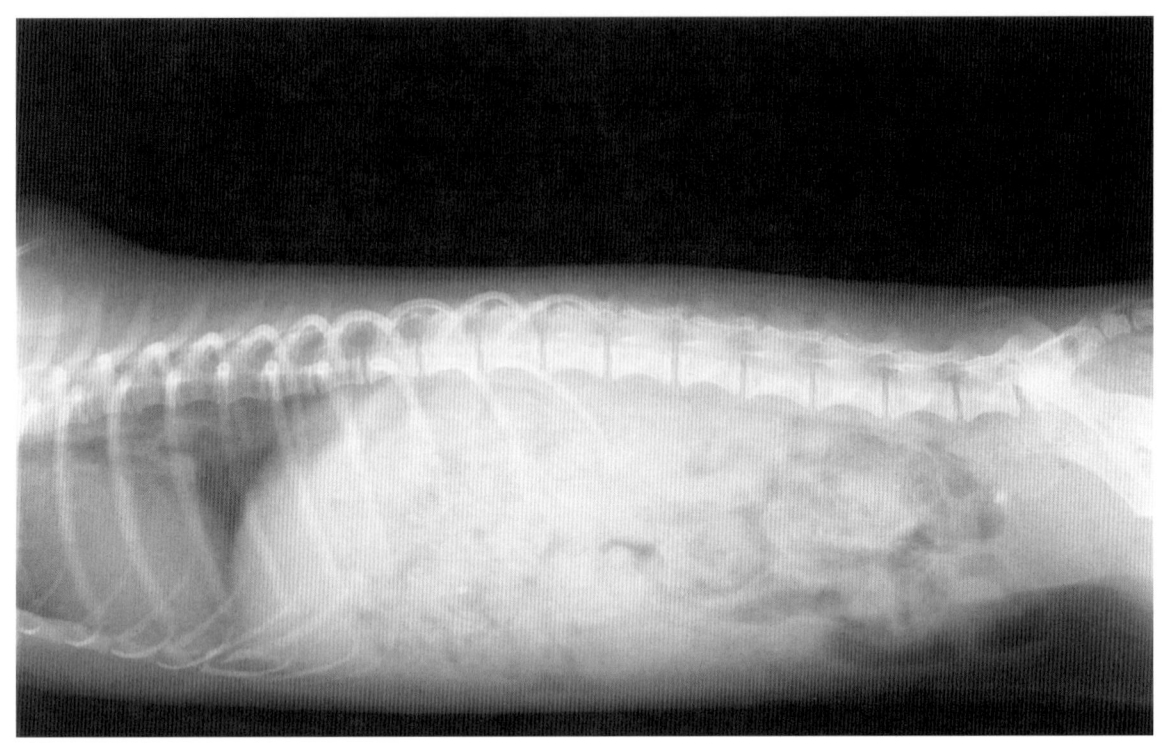

写真2　腹部単純X線写真　RL像

　血液の塗抹標本検査のリュウコグラムでは，Band-N 0, Seg-N 22.47 × 10^3, Lym 1.23 × 10^3, Mon 3.70 × 10^3, Eos 0, Bas 0 であり，RBC の多染性は−，大小不同は−，血小板は正常範囲内であった。

　静脈血の血液ガス検査では, pH 7.20, pCO$_2$ 46.9mmHg, pO$_2$ 44.7mmHg, HCO$_3$ 17.9mmol/L, BE −10.1, O$_2$ サチュレーション 70.4mmol/L, TCO$_2$ 19.3 mmol/L であった。

　血液化学検査では，TP 6.54g/dL, Alb 2.80g/dL, Glb 3.61g/dL, ALT 29U/L, ALKP 189U/L, Glc 50.5mg/dL, BUN 25.1mg/dL であった。

　電解質では，Na 171mmol/L, K 3.8mmol/L, Cl 140 mmol/L であった。

ケーススタディ

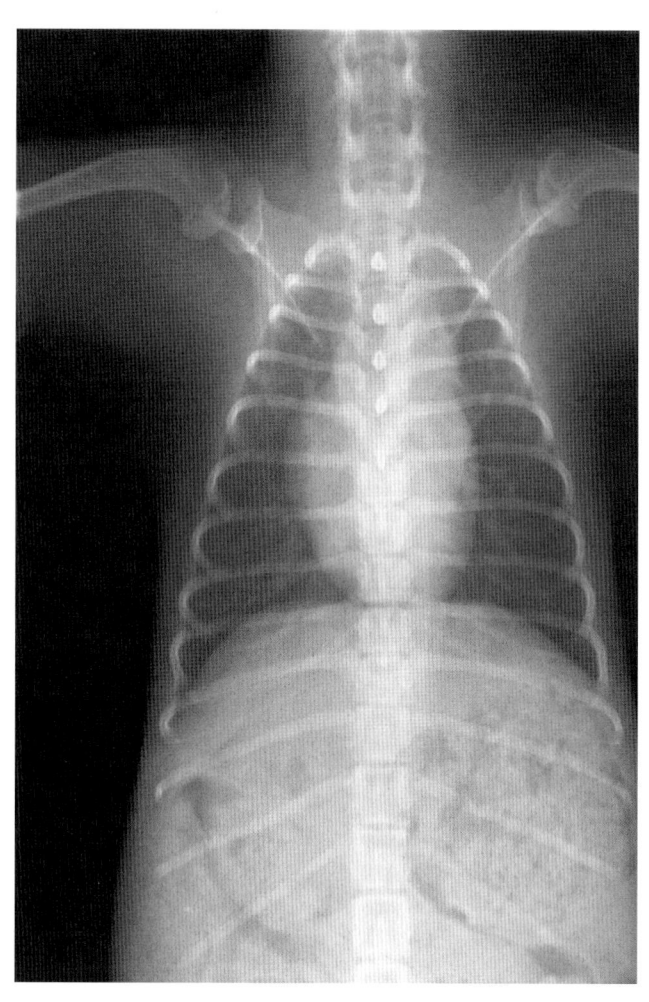

写真3　胸部単純X線写真　DV像

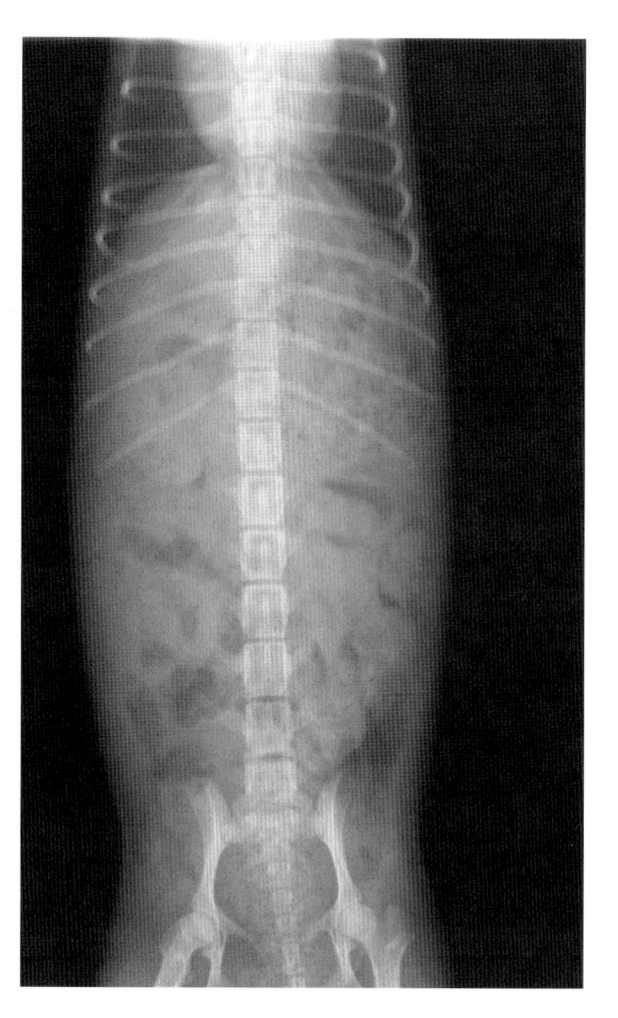

写真4　腹部単純X線写真　VD像

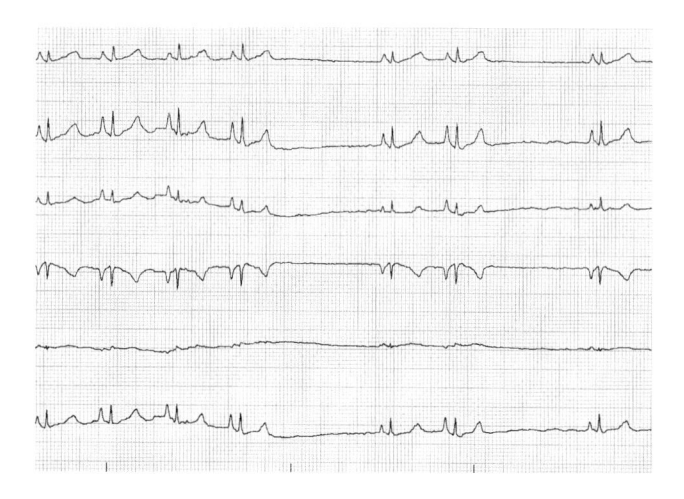

写真5　初診時の心電図

あなたの診断は？　解説は次のページをご覧ください

Case 03

【単純X線検査】

胸部RL像：体表の軟部組織の輪郭は正常範囲内である。骨格はポジショニングにおいて，かなりのローテーションが認められるが，正常範囲内である。心臓ではやや長径，横径とも増しているが，肺野とともに正常範囲内であり，血管紋理の中等度の増強が認められる。腹部で著しい小肝像が認められる。

胸部DV像：体表の軟部組織の輪郭および骨格は正常範囲内である。心陰影は右心成分の特に右房成分の拡大，血管紋理の中等度の増強が認められる。横隔膜ラインは頭側へ強く張り出しているが，著しい小肝像が認められるとともに胃は大量の食渣とともに最大限に拡張している。

腹部RL像：体表の軟部組織の輪郭および骨格は胸部RL像所見と同様である。胸郭内は正常範囲内である。横隔膜像は頭側に強く張り出している。
大量の食渣を満たした胃および腹腔臓器は脂肪組織に欠け，不明瞭であるが，著しい小肝像が認められる。

腹部VD像：体表の軟部組織の輪郭は正常範囲内である。大量の胃内容を除き，腹腔臓器は脂肪組織の減少のため何れもコントラストが低い。著しい小肝像が認められる。

【心電図検査】

強い肺性Pおよび房室停止（数回/min），ST間隔の延長が認められる。

【診　断】

肝性脳症，小肝症，栄養不良，低血糖，門脈体循環シャントの疑い，肺性P（右心房の負荷の過多），房室停止。

【治療と経過】

直ちに一般状態改善のための内科治療を開始した。間もなく一般状態は安定し，意識レベルも改善，翌日には食欲も認められた。

飼い主が避妊手術を希望していることから門脈体循環シャントについて十分なインフォームド・コンセントの下，卵巣子宮全摘出と併せて腹部精密探査，門脈造影検査および肝生検を行った。

肝臓は小さく全体的に退色し，瀰漫性に黄色斑状の紋様が認められた。

門脈造影は腸間膜門脈より行い，検査の結果，肝臓後方で後大静脈へ流入する1本のシャント血管が認められ（単一性肝外門脈体循環シャント）精査したところ，左胃静脈の分枝として体循環とシャントする血管が確認されたため，3.5mmのアメロイドコンストリクターを装着した。装着前の門脈圧は7mmHgであった。

また，本症例でのシャント血管の試験的完全遮断では，門脈高血圧による腸管または膵臓などの腹部臓器の顕著なチアノーゼ，腸蠕動運動の異常亢進や頻脈などは認められなかった。その後ハーモニックスカルペルにより肝生検を実施し再度腹部を精査した後，常法に従い閉腹した。

術後も24時間は，ICUクリティカルケアー管理下に置き，一般状態は安定し良好な回復が認められた。

術後8日目の総胆汁酸は術前より明らかに良化しており，血中アンモニア濃度や血糖値も正常範囲内で推移していた。

飼い主の希望により術後16日を経過した時点で，極めて順調な回復と合併症が認められなかったため退院となった。

術後6か月で軽度の総胆汁酸の上昇はあるものの，体重が1.06kgから1.78kgへと増加し，一般状態は非常に良好である。

また，初診時に認められていた肺性Pおよび房室停止による徐脈などはいずれも術後は認められていない。

【コメント】

門脈体循環シャントは臨床現場において幼若の小型犬の疾患としては，比較的に多い疾患であり，このことは遺伝学的要因の高い疾患であることを示唆するものである。ヨークシャー・テリアでは特に素因が高いことが知られているので，ブリーダーや飼い主への啓発活動を徹底することにより疾患犬をつくらないことが大切になる。

診断には様々な検査が必要であるが，特に本疾患では特徴的な臨床徴候（小肝症と肝性脳症と呼ばれる脳神経症状）の発現が診断のきっかけとなることが多い。

しかし，本例について飼い主の視線に立ってみると，それらの症状はひどくなるまでは一時的で不定期で強弱があり，例え現れても間もなく自然に正常と思われる状態（無症状）に回復することが多いため，日常生活の中に埋もれてしまうことも少なくないことを示唆するものである。

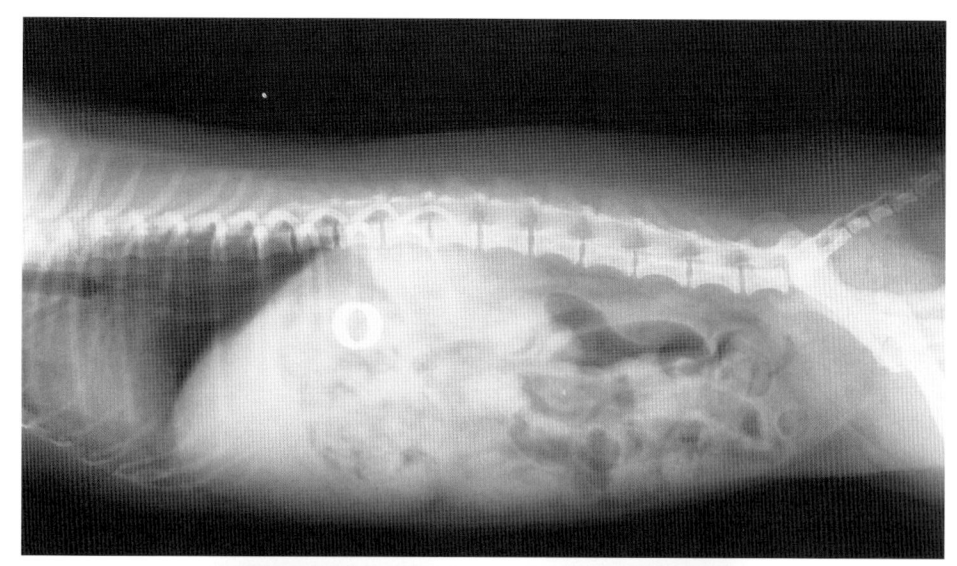

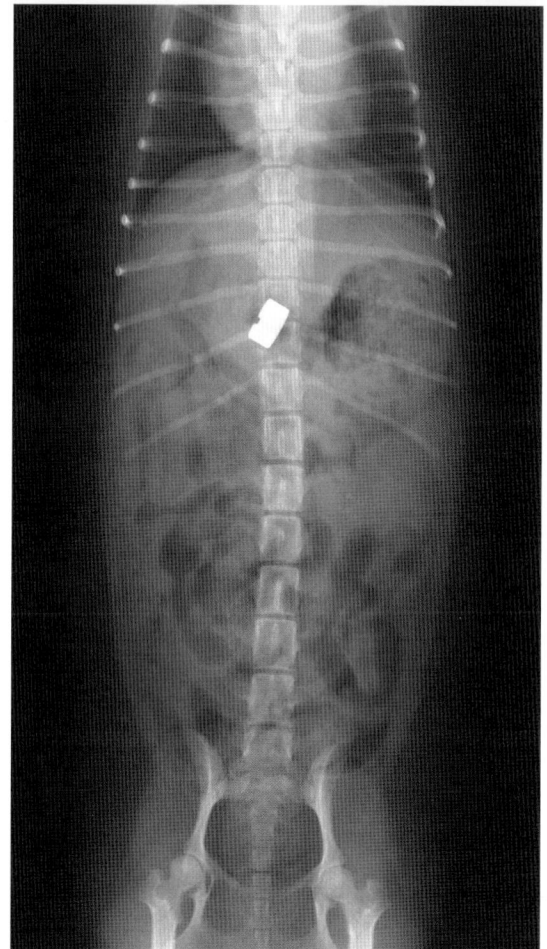

写真6　術後のX線像

今回の症例のように，熱心で観察力に優れた飼い主の下でも，11か月齢で，はじめて本疾患に特徴的な臨床徴候を伴う例もある。

この事実は，獣医師と飼い主との認識（視線）の違いが，いかに大きいものであるかを示しており，ここにクライアント教育の難しさと意義の大きさがあることに改めて注意する必要性を再認識せざるを得ない。

特に好発犬種や体重の増加不良傾向を示す動物の飼い主には，常に具体的なクライアント教育をしていくことが大切である。

近年，動物医療の向上に伴いより質の高い医療の実践が可能となってきた。

本疾患においても，アメロイドコンストリクターの開発などにより，依然いくつかの問題点は残されてはいるものの，治療成績の確実な向上が認められている。

今後とも獣医療技術の発展と飼い主の視線に立ったクライアントエデュケーションの充実が大切である。人と動物の絆（human animal bond）を大切にする社会から我々獣医師に質の高い獣医療がより一層求められることになると思われる。

（Vol.56 No.10, 2003 に掲載）

Case 04　DOG

会陰ヘルニア整復術後の予後が悪く転院してきた症例

雑種犬，14歳齢，雄

【プロフィール】

雑種犬，14歳齢，雄。約1か月半前に会陰ヘルニアと診断を受け，片側の会陰ヘルニア整復術と去勢手術が行われている。

【主　訴】

約1か月半前，会陰ヘルニアと診断され，片側の会陰ヘルニア整復術と去勢手術を受けた。術後3週間はおおむね順調であったが，その後，便をする時に悲鳴をあげるようになったので，便を軟らかくするような薬の処方を受けた。しかし改善されず，再入院・退院をしたが事態は悪化し，元気，食欲ともなくなったため，セカンドオピニオンを求め別の動物病院で診察を受けたところ，詳しい検査が必要ということで本院を紹介され，上診したものである。この3日間は食欲は0で，水と少量の牛乳を飲んでいる

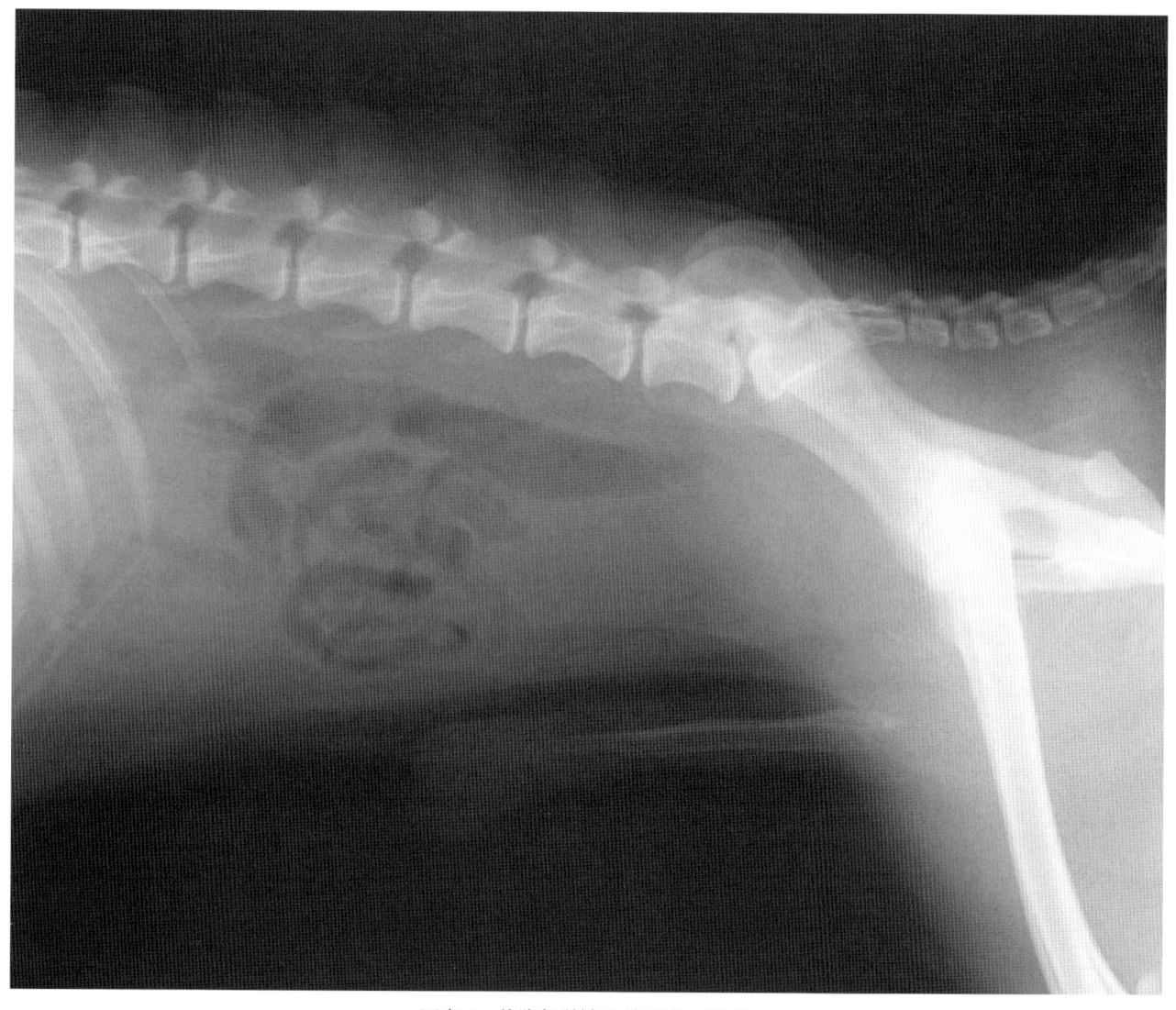

写真1　後腹部単純X線写真　RL像

のみであり，動きたがらず，2〜3時間毎に少量の粘液便をしいてるとのことであった。

【physical examination】

体重は17.22kg，栄養状態は60%，脱水は5%以下，体温は38.8℃，心拍数は144回/minで脈は正常範囲内，呼吸数は15/回minで軽度に上昇，CRTは正常範囲内であった。

意識レベルは低下し，無力昏迷状態である。

骨盤腔前方にこぶし大に腫大した前立腺が認められる。

【臨床病理検査】

CBCでは，WBC $212 \times 10^3/\mu L$，RBC $5.85 \times 10^6/\mu L$，Ht 39.1%，Hb 12.8/dLであった。MCV 66.8fl，MCH 21.9 pg，MCHC 32.7g/dL，pl 206×10^3/Lであった。

血液の塗抹標本検査のリュウコグラムでは，Band-N 0，Seg-N 17.50×10^3，Lym 1.38×10^3，Mon 2.33×10^3，Eos 0，Bas 0であり，RBCの多染性は−，大小不同は−，血小板は正常範囲内であった。

静脈血の血液ガス検査では，pH 7.42，pCO_2 39.3 mmHg，pO_2 25.1mmHg，HCO_3 25.2mmol/L，BE 0.8 mmol/L，O_2サチュレーション 47.0mmol/L，TCO_2 26.4 mmol/Lであった。

血液化学検査では，TP 6.54g/dL，Alb 2.58g/dL，Glb 3.96 g/dL，ALT <10U/L，ALKP 62U/L，Glc 108.1mg/dL，BUN 7.5mg/dLであった。

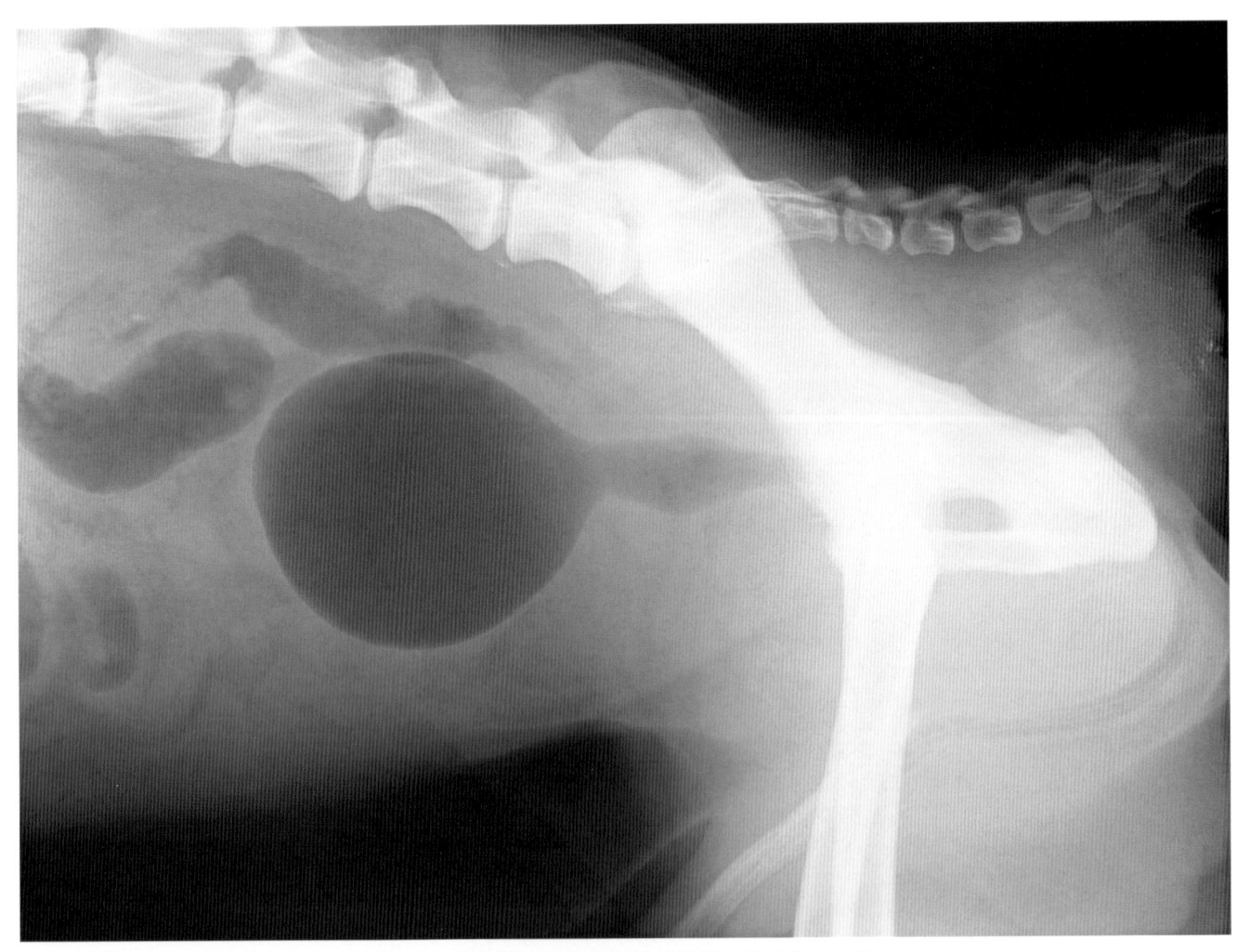

写真2　後腹部および臀部の陰性造影X線写真　RL像

ケーススタディ

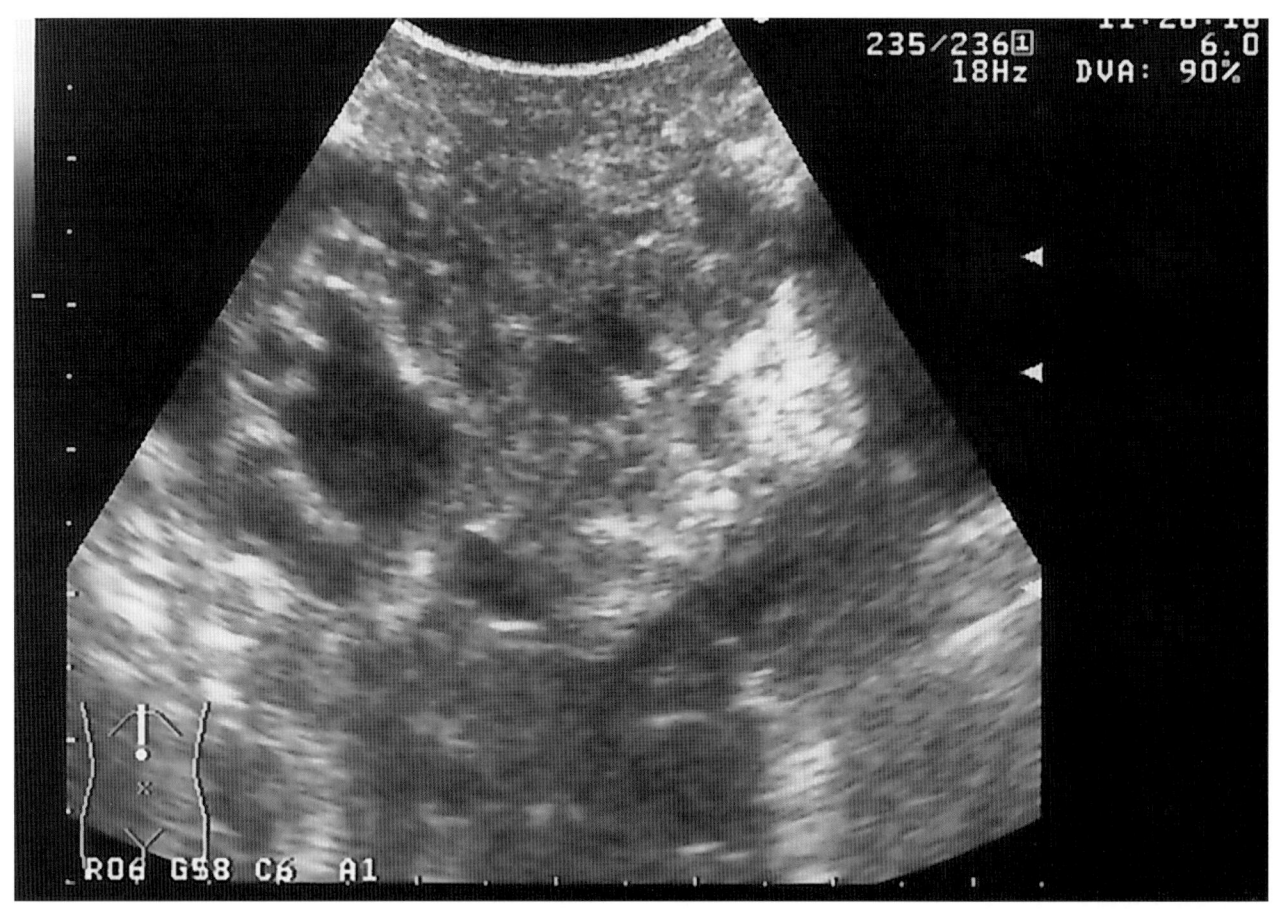

写真3　前立腺部の超音波写真　横断面

電解質では，Na 144mmol/L，K 4.6mmol/L，Cl 114 mmol/L であった。

【処　置】

疼痛が極めて強く，塩酸モルヒネ（1％）0.34mL SC を投与し，ケタミン 0.5mL，セルシン 0.7mL，スタドール 0.3mL のカクテルを静脈内に投与し気管内挿管を行い，イソフルラン麻酔下で，腹部および後腹部のＸ線検査，膀胱・尿道の二重造影Ｘ線検査，結腸の内視鏡検査，超音波検査，生検 等が行われた。

あなたの診断は？　解説は次のページをご覧ください

【X線検査】

後腹部 RL 像：削痩を反映した体表の軟部組織の輪郭は正常範囲内である。会陰部では尾側への陰影の拡大が認められる。骨格は正常範囲内である。

腹部は削痩を反映し縮小しており，腹腔内臓器の輪郭は不鮮明である。しかし，中等度に拡大した膀胱の後側に骨盤前縁より頭側に不定型に腫大した前立腺の陰影を認めると同時に骨盤尾側に留置されたプラスチックの充填物が認められる。

結腸はほとんどが空虚であり，膀胱側面を通過した結腸は，前立腺を避けるコースで骨盤腔の上側から尾椎下側を通過する形の細いガス陰影として認められる。

後腹部・臀部の膀胱尿道陰性造影撮影像　RL 像：膀胱・胃は正常範囲内である。尿道・前立腺部は拡大している。

前立腺の状態を反映して内腔のスームズな尿道の拡張像が認められない。前立腺尾側の尿道は正常範囲内である。結腸のガス像は腫大した前立腺の頭側に終わり，それより尾側方向でのガス像を欠く。

【超音波検査】

前立腺中央横断面：左右前立腺葉の不対称および著明な混合エコー像が認められる。大きさは 5.9cm × 6.2cm。中央に尿道が認められる。

【診　断】

栄養不良，前立腺肥大，前立腺がん，会陰部充填留置物（プラスチック）周囲の広範な肉芽腫，腹膜炎。

【治療と経過】

血液の凝固プロファイル，出血時間等の検査結果はいずれも正常範囲内であった。細胞診の検査所見は悪性であり，飼い主に十分説明した上で前立腺全摘出術を行い，膀胱・尿道吻合術が行われた。

術後，出血時間および PT，PPT は何れも延長していたので，DIC（播種性血管内凝固）と診断し，直ちにヘパリン加新鮮全血 560mL，さらにヘパリン加新鮮全血 420mL を継続的に輸血した。

しかし，DIC の進行を止めることはできず，多臓器不全が刻々と悪化し，術後 4 日目に死亡した。

【コメント】

予防獣医学，栄養学の進歩や室内での飼い主との生活などにより天寿である 17，18 歳まで生きる犬や猫が増えている。しかし生存期間が長くなればなる程，腫瘍特に悪性腫瘍の増加は必然的で避けられない現象であり，今日，コンパニオンアニマルの獣医療に携わる臨床家は誰でもそのことを実感せざるを得ない。

本症例は高齢の雄犬で時に認められる前立腺がんの 1

写真4　開腹したと際の大網の所見
前立腺表面から全面にわたって転移巣が多発し，いわゆる癌性腹膜炎を呈している。

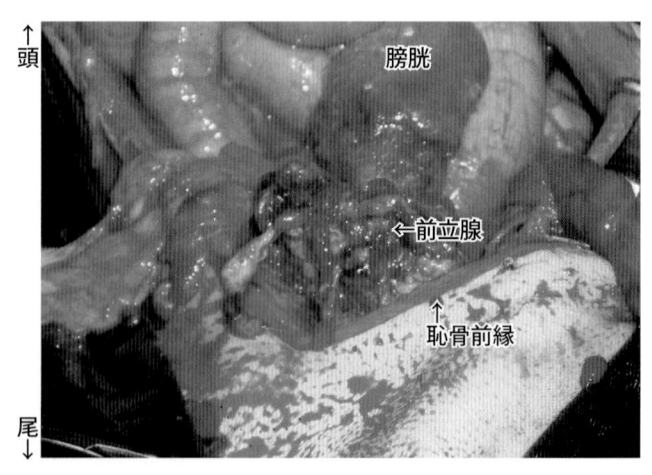

写真5　術中の所見
前立腺は不定型となっている。

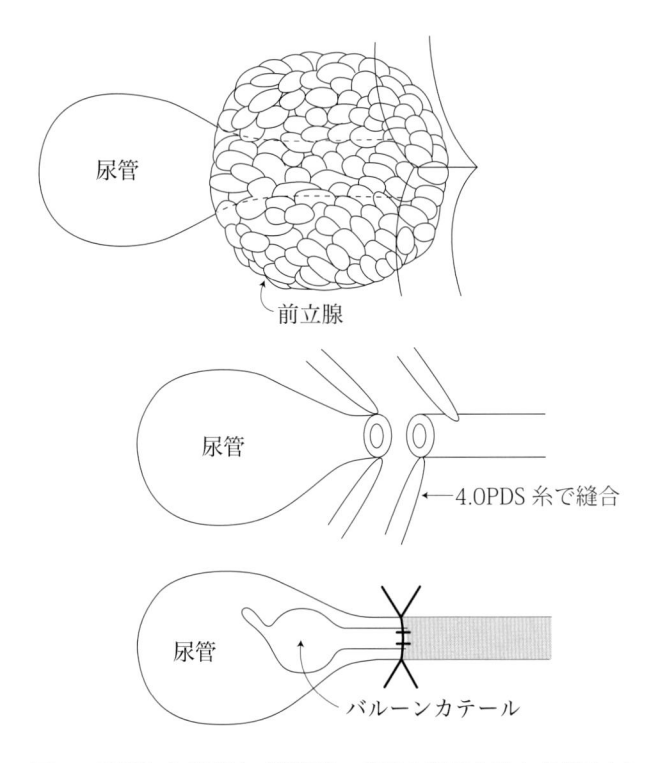

図1 手術および手技（開腹時，多量の腹腔内出血を認めた）

症例であるが，いろいろな教訓的側面を持っているので取り上げた。

本症例は長年にわたりホームドクターに診てもらっていた症例である。したがって各種のワクチン接種や犬糸状虫症の予防，ダニやノミその他内部寄生虫の予防に関しては，よく管理されていた。

しかし，犬で（人と同様に）去勢していない雄では中年以降では前立腺肥大（良性肥大）が必然的に起こるものであり，加齢とともにその肥大は大なり小なり進行していく。しかも未去勢の雄犬の前立腺では，その肥大を背景とした前立腺嚢胞，前立腺炎，前立腺膿瘍，さらに本症例のような悪性腫瘍などが加齢とともに発生しやすくなる。

したがって前立腺疾患が何であれ，発生した場合には特異的な療法とともに去勢手術が必須となる。現代獣医療においては，飼い犬の子孫を残すという明確な飼い主の意思がない限り，3，4か月齢までに去勢手術を行っておくことが，その犬の一生のQOLのためにも極めて大切である。最初のワクチン接種時に去勢手術の重要性を飼い主に十分に説明しておくことが，雄であるからこそ起こり得る疾患と問題行動の予防の面でも必要である。

しかし，前立腺疾患はその多くが予防できるにもかかわらず，不幸な症例が後を絶たないのが現実であり，今日に至るも早期の去勢手術があまり普及しているとは言えないのは残念なことである。

会陰ヘルニアも慢性の前立腺疾患（単なる良性肥大を含む）の結果，起こってくる継発症であり，ほとんどの発症は中年以降，特に高齢期に入っている未去勢の雄に多くみられるものである。会陰ヘルニアが発症した場合，全ての例が外科手術の適応となるが，その外科手術は局所の整復手術とともに去勢手術は治療の一部として必要であることをよく認識しておく必要がある。

また未去勢の場合，中年以降，加齢とともに前立腺の定期的なチェックが必要である。また一番大切な検査は直腸からの触診であるが，肥大が進めば進むほど，肥大があるかどうかは判定できても，その全貌を明らかにするのは困難となってくる。したがって腹部および会陰部を含む後腹部のX線検査および超音波検査が必要であり，そこで異常が認められれば超音波ガイドによる生検が必須となる。

本症例の場合，会陰ヘルニア発症時の整復手術と同時に行った去勢手術は100％正解であるが，前立腺の肥大が良性なのか悪性なのか，それとも他の疾患を伴うものなのかなどの類症鑑別が行われていなければならなかったものである。

本症例は前立腺がん（通常，末期になるまでは痛みや苦しみがない）が進行し，癌性腹膜炎を継発し，強い痛みのために元気・食欲がなくなり，さらにQOLが著しく侵されたものである。本動物病院にきた時点で，すでに不治（最終的な根治は得られない）状態であったが，手術によりかなり長期にわたる良好なQOLを得る可能性があると判断し，手術に踏み切った訳であるが，結果としては悪性腫瘍の進行と特に癌性腹膜炎，さらにできる限りの処置をとったにもかかわらず術後に発症したDICの進行を止めることができず，多臓器不全をきたし，死の転帰をとったものである。DICの治療は困難を極めるものであり，その本態が明確にされてきたにもかかわらず，真に有効な治療法は確定されていないのが現在の獣医学・医学の現実であり，治療法の確立が強く望まれるものである。

（Vol.56 No.11, 2003に掲載）

Case 05 DOG

元気と食欲がない症例

中型日本犬，11歳齢，雌

【プロフィール】

中型日本犬，11歳齢，雌。同年齢の雑種犬と同居。5か月齢で避妊手術が行われている。各種ワクチンの接種や犬糸状虫症の予防は行われている。

【主　訴】

昨日から元気，食欲がなく，体がだるそうにしている。

【physical examination】

体重は16.3kg，栄養状態は140%，体温は39.0℃，心音は消音性2＋で，心拍数は168回/min，呼吸は浅く速いパンティング様であった。歯石2＋。

【臨床病理検査】

CBCでは，WBC $16.9 \times 10^3/\mu L$，RBC $8.5 \times 10^6/\mu L$，

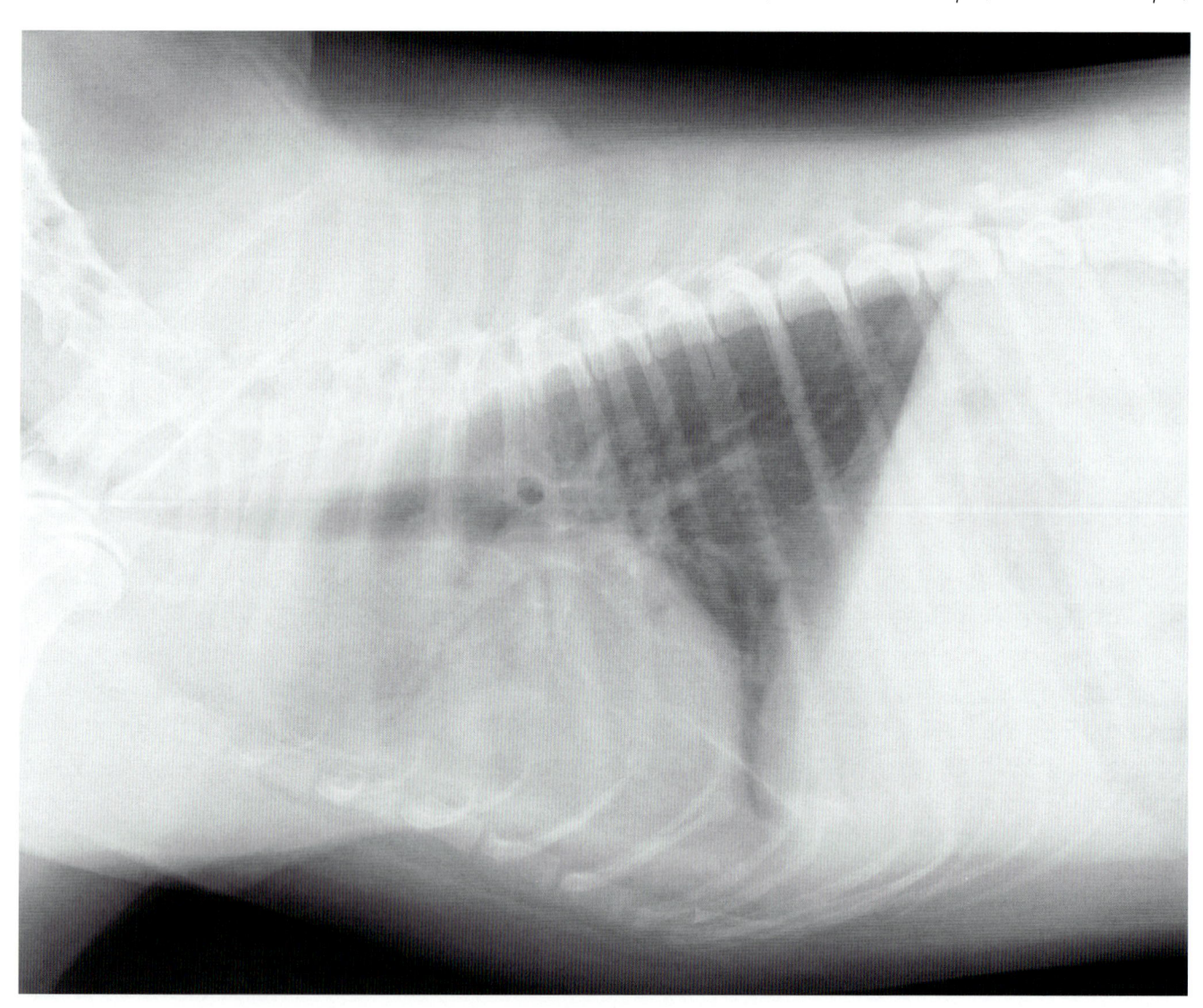

写真1　胸部単純X線写真　RL像

ケーススタディ

Ht 47.5%, Hb 17.0/dL であった。MCV 55.9fl, MCH 20.0 pg, MCHC 35.8g/dL, pl 222 × 10^3/L であった。

血液の塗抹標本検査のリュウコグラムでは，Band-N 0, Seg-N 15.38 × 10^3, Lym 338, Mon 676, Eos 507, Bas 0 であり，RBC の多染性は－，大小不同は－，血小板の状態は正常範囲内であった。

静脈血の血液ガス検査では，pH 7.43, pCO$_2$ 51.5 mmHg, pO$_2$ 42.6mmHg, HCO$_3$ 20.6mmol/L, BE －3.7 mmol/L, O$_2$ サチュレーション 80.5mmol/L, TCO$_2$ 21.7 mmol/L であった。

血液化学検査では，TP 6.72g/dL, Alb 2.86g/dL, Glb 3.86g/dL, ALT 32U/L, ALKP 107U/L, Glc 112mg/dL, BUN 12.6mg/dL, Cr 1.05mg/dL であった。

電解質では，Na 146mmol/L, K 3.9mmol/L, Cl 122 mmol/L であった。

そこで胸部の単純X線検査，心電図検査，超音波検査が行われた。

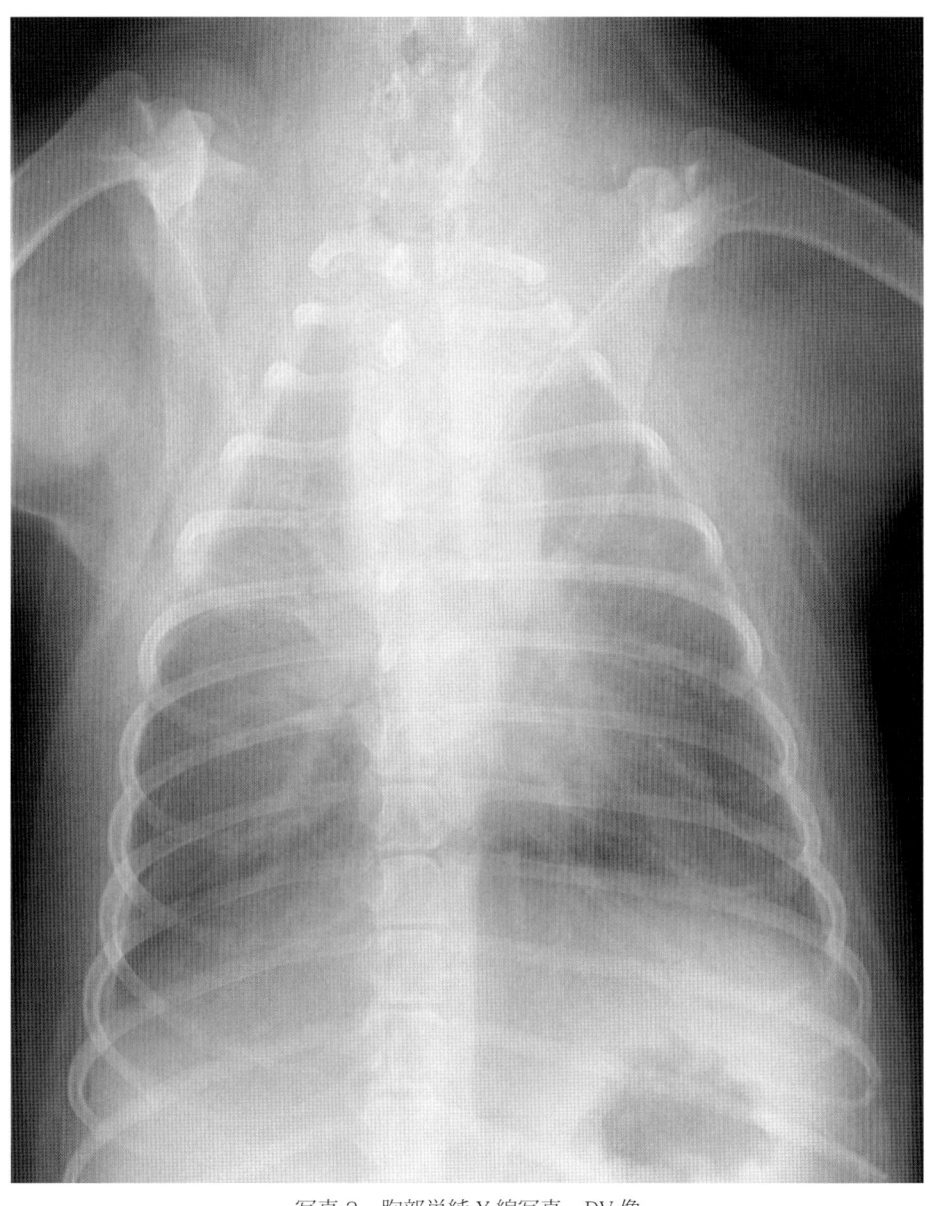

写真2　胸部単純X線写真　DV 像

あなたの診断は？　解説は次のページをご覧ください

【単純X線検査】

RL像：体表の軟部組織の輪郭は肥満を示している。骨格は正常範囲内である。胸骨と棘突起の位置に差があることからローテーションのあることが認められる。

第6胸椎の直上，棘突起背側の皮下に親指大の境界不明瞭なマスが認められる。

胸腔内では縦隔内に境界不明瞭な不定形のマスが認められる。

心臓のシルエットは特に頭側では不明瞭で，液体の貯留が示唆される。頭側左前葉の縮小を認めるか，肺実質および血管は正常範囲内である。

DV像：体表の軟部組織の輪郭は肥満を示している。胸骨と棘突起の位置に差があることによりローテーションのあることが認められる。

心臓のシルエットは不明瞭で葉間裂は認められない。肺紋理は右後葉の一部を除き不明瞭で，葉間裂が左側肺野で認められることから，中等度の胸腔内液体の貯留が示唆される。

【心電図検査】

何れの誘導においても低電位を示している。また第3誘導などでは各R波の電位の変化が大きいことから肥満の他に液体の存在が示唆される。

【超音波検査】

軽度の求心性肥大および胸腔内の液体の貯留が認められた。腹部では脾臓の腫大が認められ，エコー像は均質でマスを疑う所見は認められない。また肝臓および胆嚢などの所見は正常範囲内である。

【緊急処置】

胸腔内ドレーンを設置し，液体310mLを除去した。胸水は比重1.030で，反応性中皮細胞を中心とした細胞成分の増加が認められるが，細菌および細菌貪食像はいずれも陰性である。

【診　断】

胸腺腫，胸腺腫反応性胸水の貯留，胸腺腫をめぐる無菌性胸膜炎，歯石，肥満，左心室の軽度の求心性心肥大。

【治療・経過】

入院後1週間の食欲は40%であったが，8日目からは100%に回復し（体重は14.34kg），元気も改善が認められた。

飼い主からの胸腔切開術についてインフォームド・コンセントが得られていたので，入院後13日目に胸骨正中切開により開胸し，胸腺腫の切除を行った。胸腺腫は左前葉の頭側に近い部分で肺葉内に侵入するとともに，その周囲に強い癒着が認められたので，左尖葉の頭側1/3を含み，肺葉の部分切除を行った。右前葉の一部は縦隔に癒着が認められたが，肺実質内への腫瘍の侵入は認められず，容易に剥離できた。また胸腺腫の尾側縁は，心膜と癒着し，縦隔の一部は左反回神経を包み込んでいたが，同神経を切除・損傷することなく剥離できた。また縦隔を部分的に切除し，左内胸動脈は，腫瘤と分離が困難であった部分で結紮し，切除したが，ハーモニックスカルペル（Jonson & Jonson, 西村医療機器）の応用により出血はほとんどみられず，術野がきれいで，手術時間を大幅に短縮することができた。心底部および肺門部のリンパ節および胸骨リンパ節は何れも正常範囲内であった。

そこで胸腔ドレーンを設置し，胸骨を18ゲージのワイヤーで締結し，次いで型の通り胸壁および皮下を閉じて手術は終了した。

術後の全身麻酔からの覚醒が始まる前に，十分なペインコントロールのための処置を行った。覚醒後の経過は順調であり，疼痛の証拠は認められなかった。胸腔ドレーンチューブからの排液は2mL/12h以内であり，術後3日目に抜去した。

【コメント】

胸腺腫は犬ではまれな疾患であり，猫ではさらにまれである。その発症の平均年齢は犬で9歳，猫で10歳とされている。品種および性別による発生頻度の差異は認められていないが，比較的中〜大型犬に多い。

胸腺腫は胸腺上皮由来であるが，成熟型のリンパ球の浸潤が著しいのが通常である。犬では扁平上皮癌もまれには認められているが，猫ではほとんど認められていない。良性のものと悪性のものがあるが，その違いは隣接する組織への侵襲性の相違であり，悪性であっても転移することは

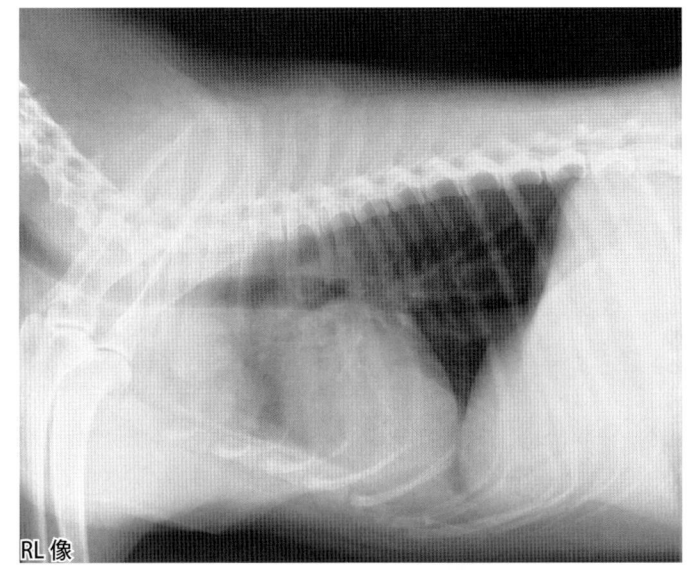

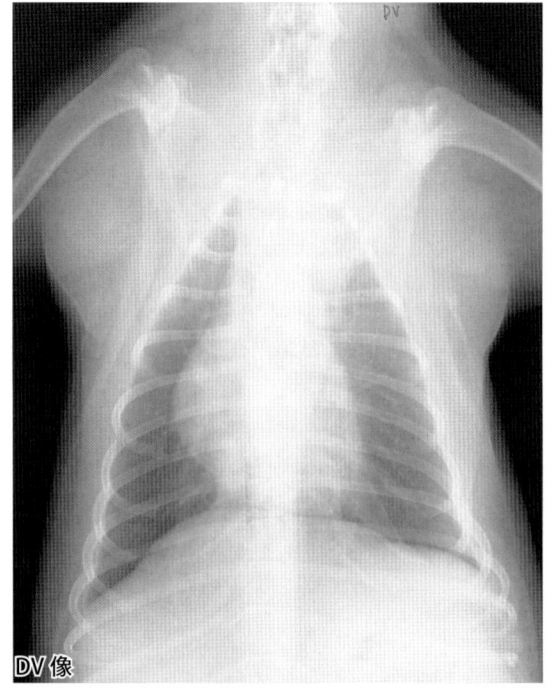

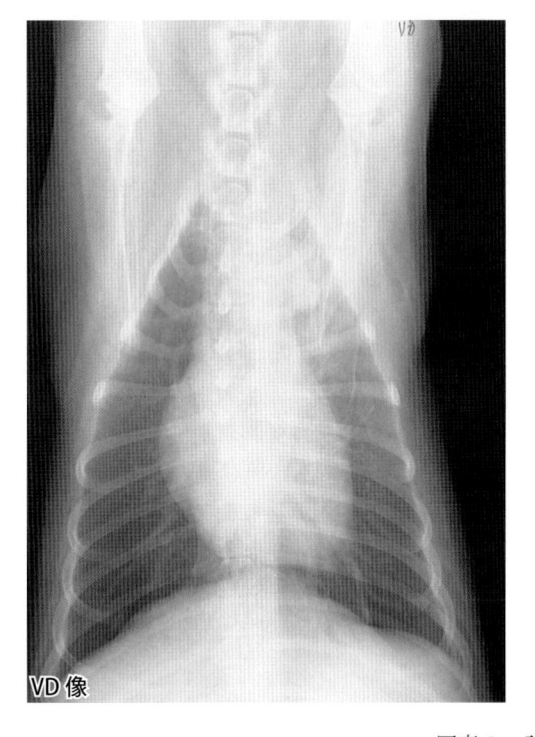

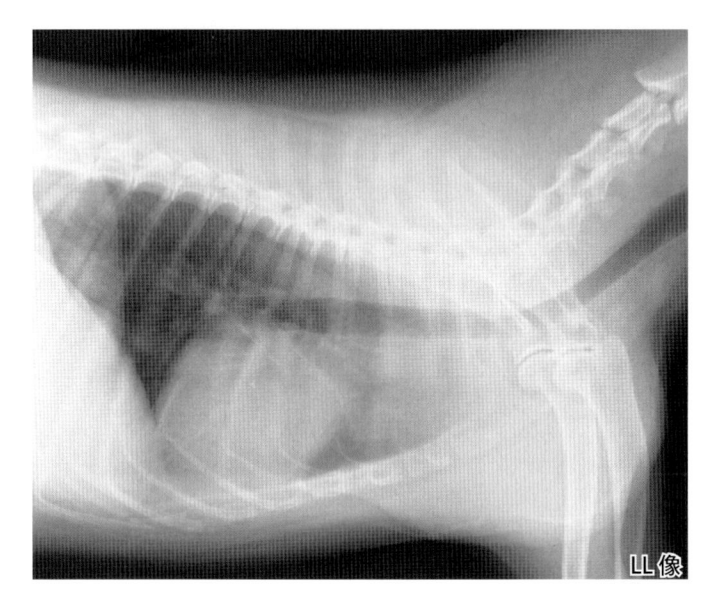

写真3　入院後1週間目の胸部単純X線写真

RL像：体表軟部組織の輪郭は肥満による脂肪織の肥大が認められる。骨格は正常範囲内である。心臓の頭側，第2・第3肋間にかけて不定形のマス（4cm×6cm）が認められる。心陰影の頭側の右房成分を示すシルエットは不鮮明で，少量の液体の貯留が示唆される。左心房・心室の陰影は正常範囲内である。

LL像：ポジショニングにおいてローテーションが認められるが骨格は正常範囲内である。気管腹側，心陰影の前縁縦隔に不定形で不明瞭なマスを示唆する陰影の増大が認められる。心陰影の右房成分は不明瞭である。

DV像：体表の軟部組織の輪郭および骨格は正常範囲内である。心陰影は右心房・心室成分はやや拡大し，前大静脈は右方への軽度の変位が認められる。大動脈弓の前縁は不明瞭であり，縦隔内に第5肋骨〜第2肋骨に境界不鮮明で不定形のマスが認められる。

VD像：左心房・心室，右心房・心室の成分はいずれもDV像と異なり明瞭に認められる。第1肋骨〜第3肋骨にかけて境界明瞭のマスが縦隔内に認められる。そのため左尖葉の一部が正常形態ではないことが認められる。

まずない。隣接する組織は前大静脈，胸郭および心膜などであるが，良性のものではうまくカプセル化（被膜に包まれる）されているので，他の組織に侵入していない。

前縦隔に認められる腫瘍で頻度が高いものはリンパ腫であり，胸腺腫はそれに続く。その他にはまれであるが鰓溝性嚢胞，異所性甲状腺，非クロム親和性傍神経腫などが認められる。

胸腺腫の最も多い症状は呼吸器症状であり，咳，頻呼吸，呼吸困難，さらに頭頸部の腫脹，頸部・前肢の浮腫などがあげられる。

その中でも最も重要なのは腫瘍随伴性症候群の1つである重症筋無力症であり，約4割の犬に認められている（猫ではまれ）。重症筋無力症では筋肉の虚弱と特に巨大食道症（食道無力症）が認められている。巨大食道症の犬の20～40％は胸腺腫とは関係のない他の病気（腫瘍等），すなわち免疫介在性疾患に伴うものもある。また胸腺腫の猫で，落屑性皮膚炎が同時に認められている例がある。

犬の胸腺性リンパ腫では，25～50％のもので高Ca血症を伴うか，あるいは全身性のリンパ節腫大が認められる。胸腺腫の胸腔内の液体の細胞診では胸腺腫の場合，成熟リンパ球を，またリンパ腫の場合は幼若リンパ球を認めることになる。生検によって胸腺腫の確定診断を得ることは難しい。

治療は外科的切除が中心で，特に良性のものでは胸腺腫の70％は切除可能であり，それが完全に切除できるかどうか術前にはっきりさせる方法はない。その理由は，先に述べたように悪性の胸腺腫では良性のものとは異なり，周囲組織に侵入するものであり，縦隔に存在する主な神経，前大静脈，主要動脈，気管，心臓，食道などが含まれやすいので，完全な切除は困難となことが多い。

胸腺腫に対する化学療法は完全に切除できるものはその後で，また悪性度が高い場合は組織塊除去（デバルキング）後にリンパ腫に対するものと同様の抗癌剤療法が適用されるが，放射線療法の効果は限られている。

重要な点は，重症筋無力症がある場合には，誤嚥性肺炎を極めてきたしやすく，予後もそれだけ悪いものとなる。胸腺腫の予後は，非侵襲性で良性の場合は，巨大食道症を伴っていても良好であり，巨大食道症を伴わない場合は1年生存率は83％に達する。

重症筋無力症は，胸腺腫の完全な切除が行われたとしても必ずしも解決されるとは限らない。しかし胸腺腫の一般論として外科的切除を行わなかった場合でも，6～36か月の生存が認められたものがあることからして，胸腺腫の成長速度は緩徐であるといえる。

（Vol.56 No.12, 2003 に掲載）

Case 06 DOG

嘔吐と下痢が改善せずに転院してきた症例

ミニチュア・ダックスフンド，1歳1か月齢，雄

【プロフィール】

ミニチュア・ダックスフンド（カニンヘン・ダックスフンドとして販売されている変異種），1歳1か月齢，雄，去勢済み。2か月齢から飼育している。

【主　訴】

約2か月前に下痢が始まり，他院で治療を受けていた。下痢は少量，頻回，粘便というもので，整腸剤，抗生物質，止血剤の投薬を受けた。治療の一環として Hill's i/d ドライ 40g を水でふやかし，1日2回に分けて与えている。入退院を繰り返し，退院後数日で下痢が再発することが続き，昨日は朝食後1時間以内に食べたものを全て吐き，夜の食欲はあったが，今朝，半消化した食物を嘔吐するとともに下痢が認められたため転院してきたものである。

また寝ている時，明け方に大きな腹鳴音が聞かれることがあり，下痢は午前中に5～6回の粘液便を夕刻の散歩時に粘液便・軟便を5～6回するとのことである。

【physical examination】

体重は 4.78kg，栄養状態は 75%，体温は 37.9℃。元気・食欲は正常範囲内である。排便は平均5回，排尿は正常範囲内である。

【臨床病理検査】

CBC，血液化学検査の結果は表1の通りであった。

糞便検査では，虫卵－，潜血－，ルゴール反応－，粘膜上皮2＋，マクロファージ＋，リンパ球＋，好中球2＋，桿菌3＋，球菌2＋，運動性桿菌－であった。

犬トリプシン様免疫分泌反応（クリアガイド TLI，第一ファイン製薬）では，陽性で膵外分泌は正常範囲内であった。

【経過・処置】

そこで腹部の単純X線検査（写真1，2），ECG，血圧測定が行われたが，何れも正常範囲内であった。

表1　臨床病理検査

CBC		
WBC	13.4×10^3	/μL
RBC	8.31×10^6	/μL
Ht	53.8	%
Hb	17.4	/dL
MCV	64.7	f
MCH	20.9	pg
MCHC	32.3	g/dL
pl	26.2	/L
血液の塗抹標本検査のリュウコグラム		
Band-N	0	
Seg-N	10.99×10^3	
Lym	1.88×10^3	
Mon	134	
Eos	472	
Bas	0	
RBCの多染性	－	
RBCの大小不同	－	
RBCの血小板の状態	正常範囲内	
血液化学検査		
TP	4.97	g/dL
Alb	2.01	g/dL
Glb	2.96	g/dL
ALT	10以下	U/L
AST	0	U/L
ALKP	46	U/L
T-Bil	0.1	mg/dL
Chol	141	mg/dL
Glc	117.9	mg/dL
BUN	12.2	mg/dL
Cr	0.83	mg/dL
P	4.18	mg/dL
Ca	9.76	mg/dL
静脈血の血液ガス検査		
pH	7.37	
pCO_2	52.8	mmHg
pO_2	35.2	mmHg
HCO_3	18.3	mmol/L
BE	－7.0	mmol/L
O_2 サチュレーション	66.2	mmol/L
TCO_2	19.4	mmol/L
電解質		
Na	144	mmol/L
K	4.5	mmol/L
Cl	118	mmol/L

（　）内は本院における正常値を示す。

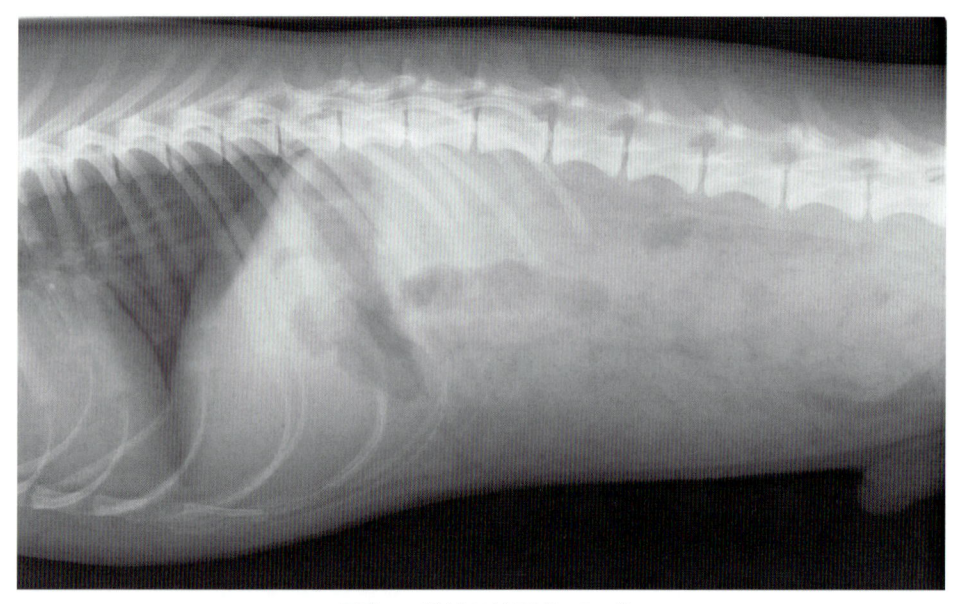

写真1　単純X線写真　RL像

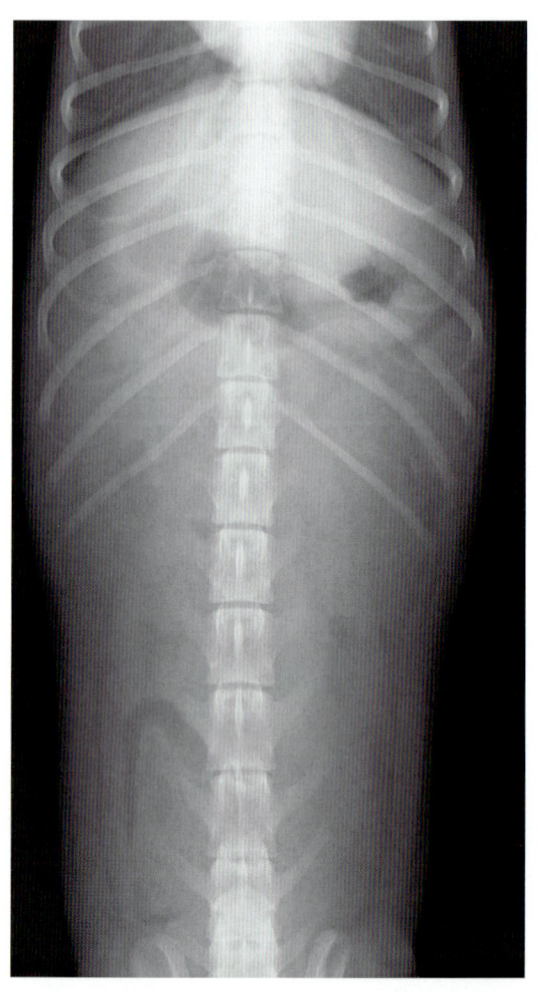

写真2　単純X線写真　VD像

　そこで，グライコパイロレート 0.04mL SC の後，ケタミン 0.5mL，セルシン 0.5mL，スタドール 0.5mL の IV によるカクテルで導入後，気管挿管を行い，イソフルランによる全身麻酔のもとに結腸を洗浄し，次いで内視鏡による食道・胃・十二指腸・結腸の検査，粘膜の生検および二重造影 X 線検査（バリウム 10mL，空気 50mL）が行われた。

　内視鏡検査では食道および結腸は正常範囲内，胃は幽門部で狭窄が認められ，十二指腸から空腸にかけての粘膜は発赤が認められ中等度に腫脹しているのが認められた（写真3〜8）。

　二重造影 X 線検査では，直後，30 分後，90 分後，4 時間後，13 時間後に撮影され，何れも強い流出遅延が認められた（写真9〜14）。

　生検の結果，胃では特記所見はなかったが，十二指腸ではリンパ球2＋，好中球＋，マクロファージ＋であった POINT1。（後述【治療】にも解説あり）

POINT1　免疫介在性疾患が示唆される。

【診　断】

　幽門狭窄，胃・十二指腸・空腸の炎症が判明した。

ケーススタディ

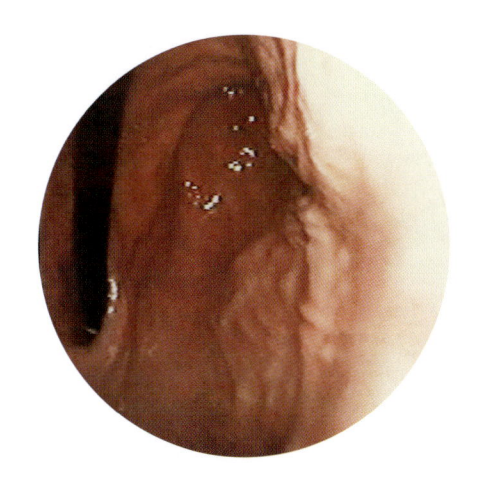

写真 3　内視鏡写真　噴門部

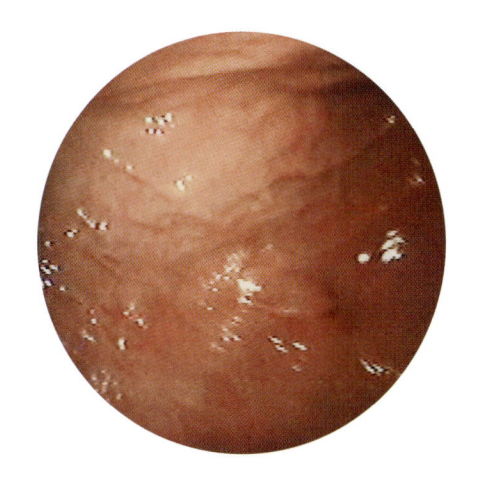

写真 4　内視鏡写真　胃体部

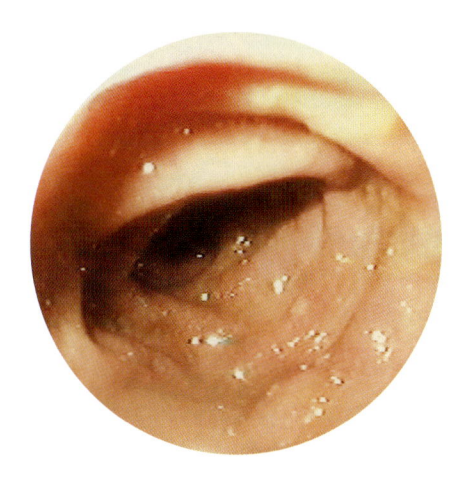

写真 5　内視鏡写真　胃～幽門

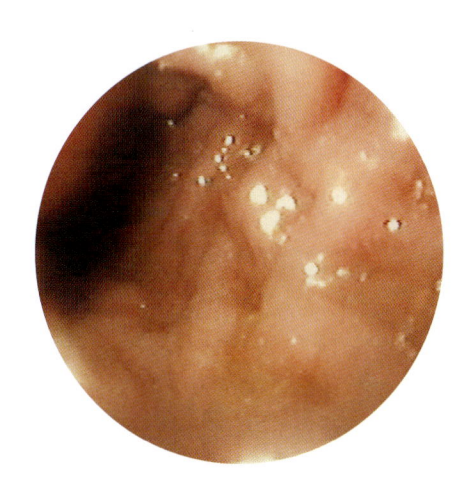

写真 6　内視鏡写真　胃～幽門の拡大写真

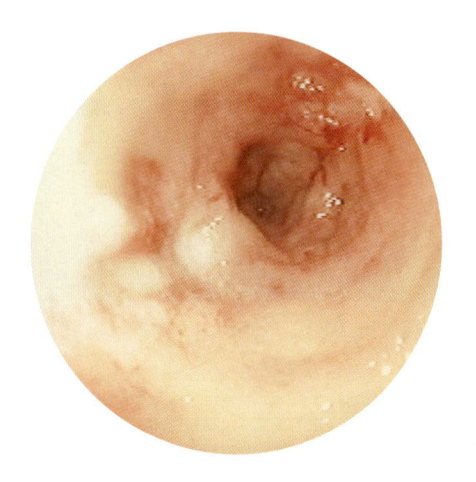

写真 7　内視鏡写真　十二指腸

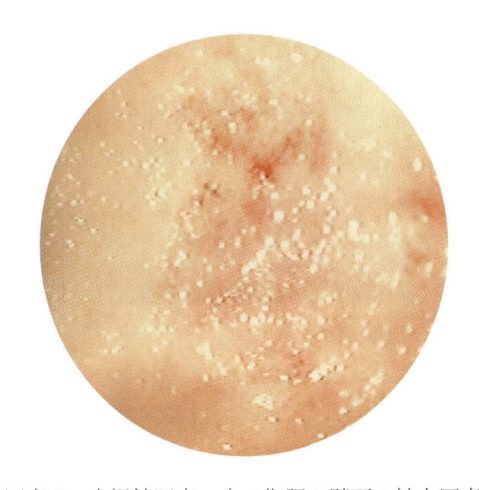

写真 8　内視鏡写真　十二指腸の壁面の拡大写真

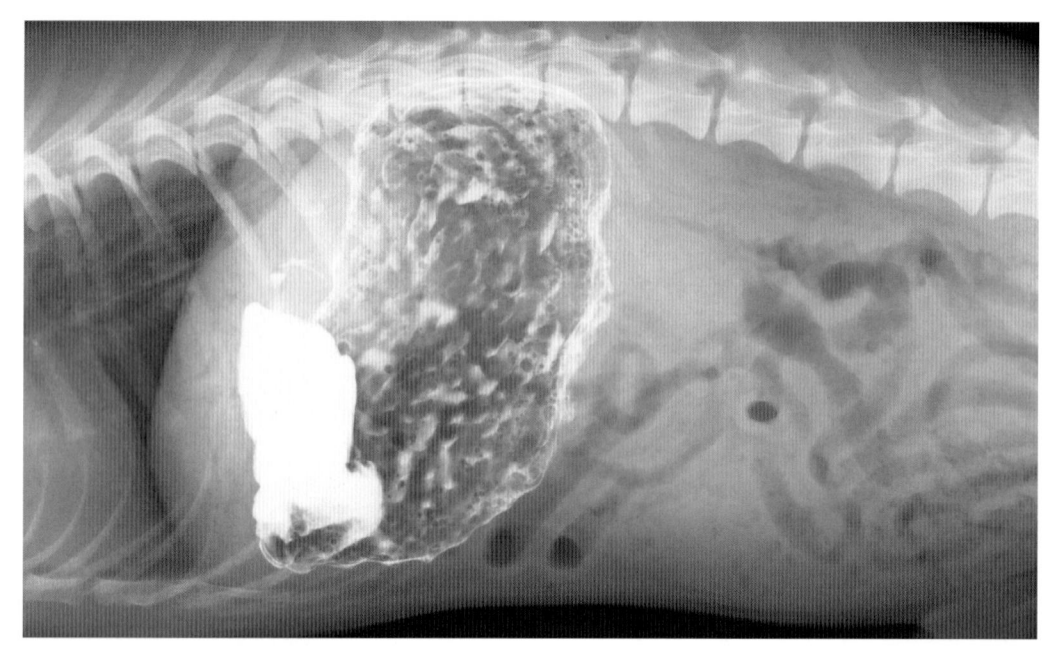

写真9　二重造影X線写真　造影直後　RL像

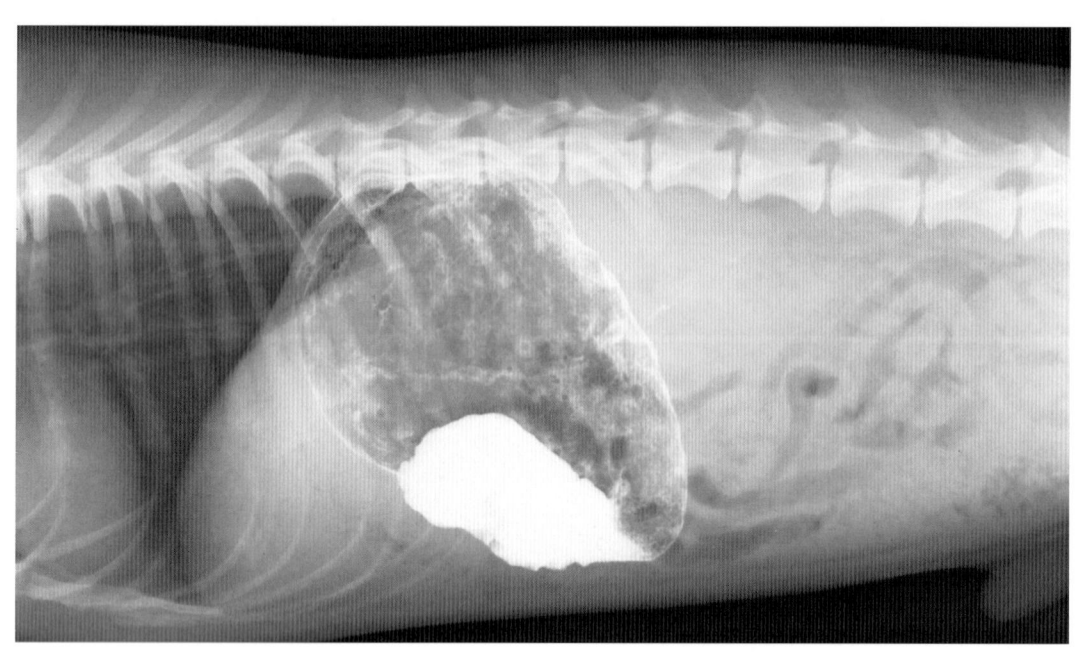

写真10　二重造影X線写真　造影30分後　RL像

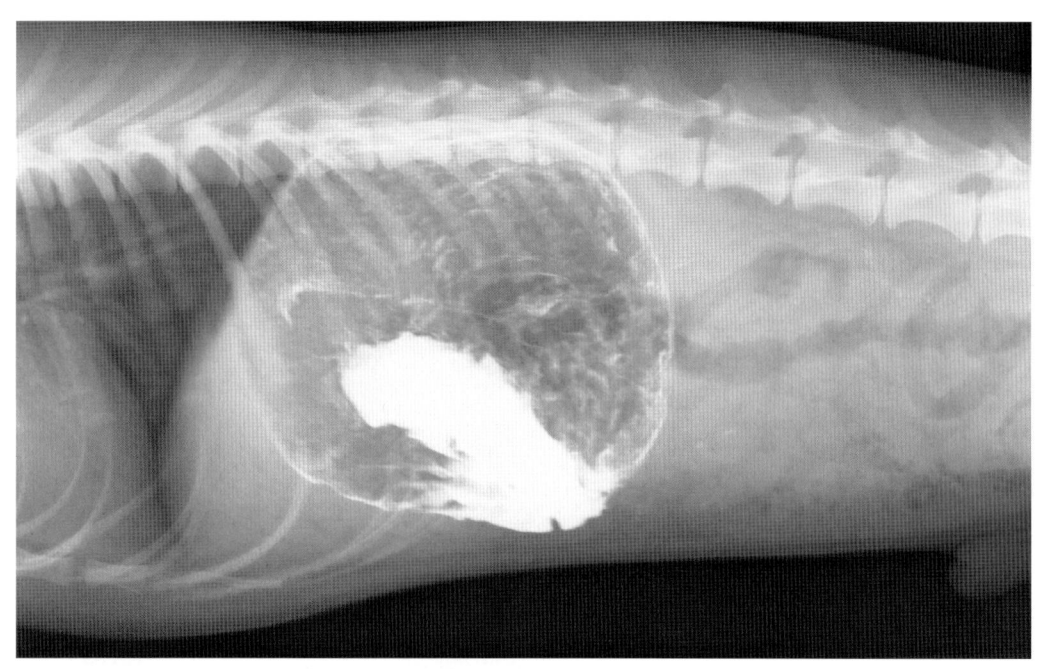

写真11　二重造影X線写真　造影90分後　RL像

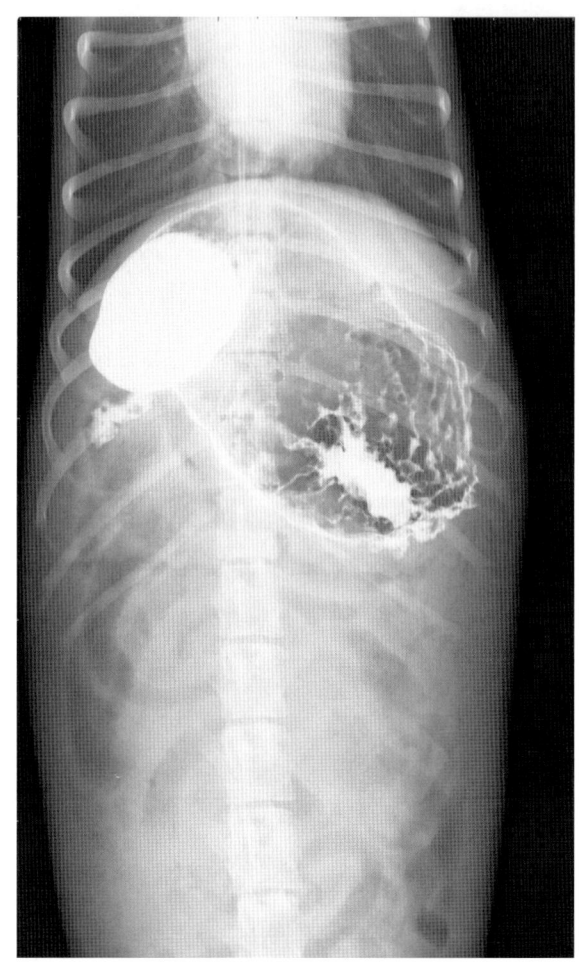

写真12　二重造影X線写真　造影直後　VD像

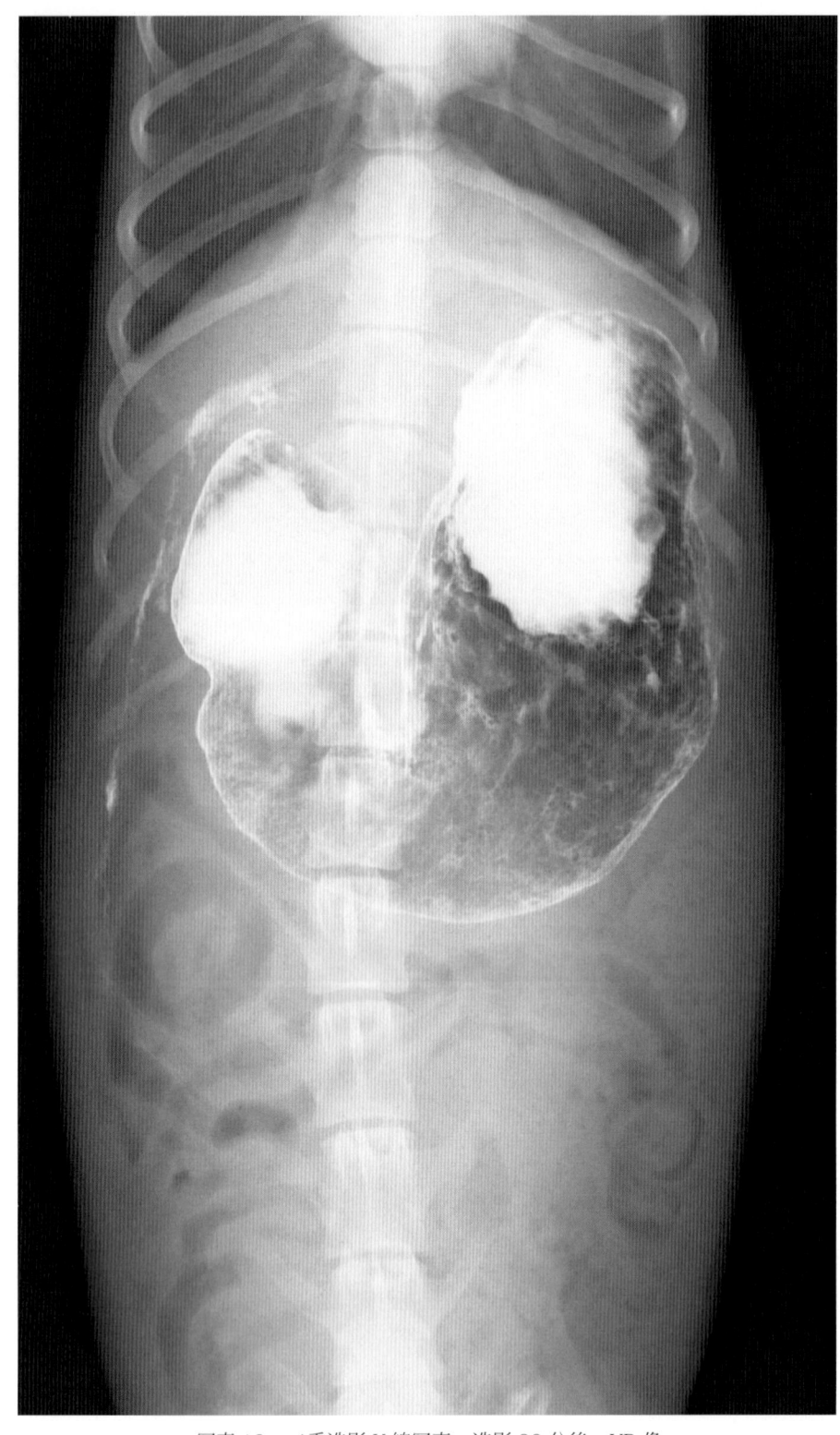

写真13　二重造影X線写真　造影30分後　VD像

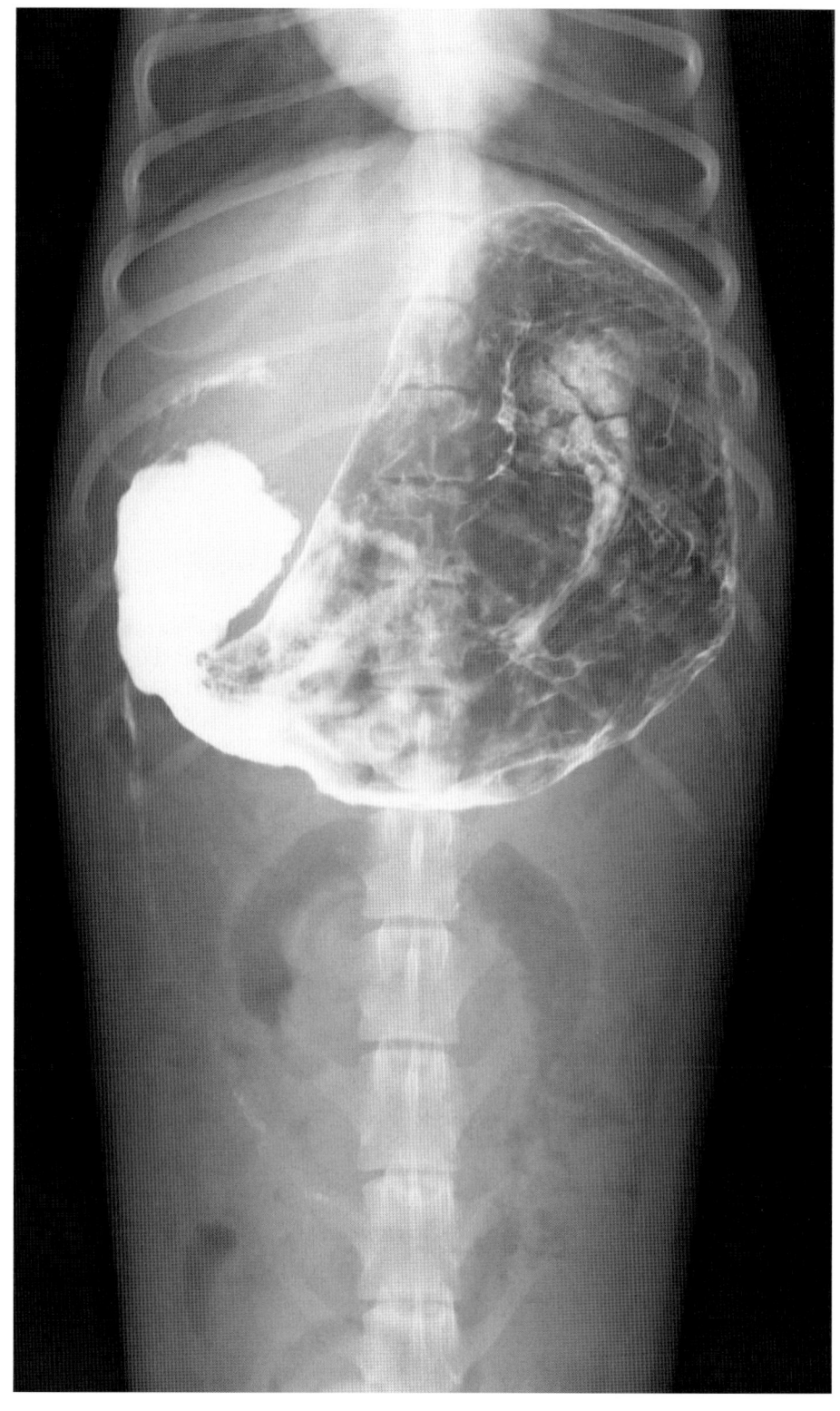

写真 14　二重造影 X 線写真　造影 90 分後　VD 像

☞ あなたならどうする。次頁へ

①内科療法
②開腹して幽門狭窄を治療
③胃の全層生検
④腸の全層生検
⑤それらを行うために飼い主に十分な説明を行いインフォームド・コンセントを得る

【治　療】

アルサルミン2錠(PO, BID)，プリンペラン0.48mL(SC)，ガスター0.48mL（IV）が行われた。

入院3日後，そこで，アトロピン0.23mL SCの後，ケタミン0.47mL，セルシン0.47mLのIVによるカクテル導入後，気管挿管を行い，イソフルランによる全身麻酔のもとに開腹手術を行った。

幽門形成術はY-U幽門形成術（Y-U pyroplasity, 図1）を行ったが，その際に胃の一部の全層切除生検および十二指腸の中間部で全層生検を行った。

胃のサンプルでのスタンプ標本では特記所見はなかったが，十二指腸のサンプルのスタンプ標本では上皮細胞2＋，リンパ球2＋，白血球＋という所見が得られ，全腹腔内臓器の視診，触診では，腸間膜リンパ節の腫大3＋が認められた。リンパ節の腫大は反応性の腫大であり，悪性所

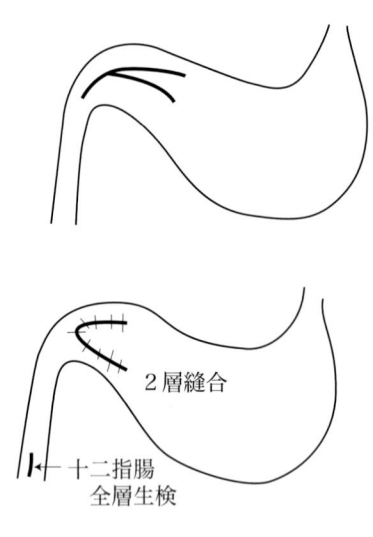

図1　Y-U幽門形成術

表2　病理検査報告

1. 初診時の生検の結果
慢性胃炎（chronic gastritis）

顕著な炎症をみる胃幽門部および十二指腸組織が得られているが，特異性炎や腫瘍性病変はみられず，悪性所見はない。胃幽門部表層の被覆上皮は，やや過形成を示して蛇行し，一部では糜爛を呈している。粘膜層深部には，内腔が軽度に拡張した幽門腺も過形成を示して認められ，粘膜固有層間質や胃壁の平滑筋層に及んで，強い線維化がみられ，好中球やマクロファージなどの炎症細胞浸潤を伴っている。幽門狭窄の原因は，粘膜下織および筋層の強い線維化により粘膜層がポリープ状に隆起したためと推測される。また，同時に検索した十二指腸の一部では，好塩基性の細胞質を有する粘膜上皮が認められているが，潰瘍修復後の再生性の上皮と考えられる。粘膜固有層には，形質細胞やリンパ球，好中球などの炎症細胞浸潤を伴っているが，構成する細胞に異型性はない。

獣医師　上村夏子，高橋秀俊

2. 胃・腸の全層生検の結果
group 1（異型を示さない良性病変）

いずれの組織片でも，腫瘍性病変は認められず，悪性所見はない。

胃：被覆上皮に異型性はない。噴門部粘膜では胃底腺周囲の固有層間質に顕著な線維化やリンパ球を主体とする軽度の炎症細胞浸潤が認められ，また，幽門部粘膜では被覆上皮が過形成を示して増生し，粘膜固有層間質には線維化と慢性炎症細胞浸潤が認められている。いずれも慢性胃炎に相当する組織所見が得られている。

小腸：粘膜上皮に異型性はある。いずれの採取部位でも粘膜固有層間質には，顕著な線維化と好中球も混ずるやや強い炎症細胞浸潤が認められ，慢性小腸炎に相当する組織所見が得られている。

大腸：粘膜上皮に異型性はない。粘膜固有層間質には，軽度のリンパ球を主体とする慢性炎症細胞浸潤が認められ，慢性大腸炎に相当する組織所見が得られている。

獣医師　高橋秀俊（㈱アマネセル）

見は認められなかった。これらの結果から特殊炎症性胃腸炎，広い意味での免疫介在性疾患であることが明確となった。

【経　過】

術後，組織病理検査の結果がでるまで（3日後），前述の内科療法が続けられた。

術後は絶食として点滴を行い，術後2日目からは流動食を与えた。食欲は100％であった。

術後1週間目，抜糸と同時にプレドニゾロン，アルサ

ルミンの投与を開始し，同日退院となった。

その日の血液化学検査では，TP 5.57g/dL，Alb 2.15g/dL[POINT2]，Glb 3.42g/dL であった。また便の検査では術前にみとめられた潜血反応は陰性となった。

術後2週間目，血液化学検査では，TP 5.69g/dL，Alb 2.44g/dL[POINT2]，Glb 3.25g/dL であった。食事は Hill's z/d ドライ（低アレルゲン食）に変更した。プレドニゾロン，アルサルミンの投与は継続した。

> POINT2　栄養が急速に回復しつつあることがわかる。

術後5週間目，血液化学検査では，TP 5.8g/dL，Alb 2.53g/dL，Glb 3.27g/dL であった。体重は 5.34kg と増えた。プレドニゾロン（5mg）1日おきの投与に切り替えた。

術後12週目，全ての経過は順調である。

術後15週目，全ての投薬を終了し，Hill's z/d のみの投与とした。投薬終了後も軟便は一切認められず，栄養状態が改善され，心身の状態は良好である。

【コメント】

本症例は，生後11か月に達した頃から軟便，下痢，嘔吐（それほど頻回ではなかったが）が始まり，明確な診断が得られないまま，検査入院，治療が繰り返されたが，次第に嘔吐や下痢，削痩が目立つようになってきたものである。

このような経過，少なくとも初診から対症療法が1週間行われても実質的な改善が認められないならば，どのような症例に対しても原因をはっきりさせること，すなわち確定診断を得るための合理的な診断へのアプローチが必要である。

それでは，その必須の診断的アプローチとはいかなるものであるのか。今日の獣医学ではこのような症例に対して胃腸の内視鏡検査と内視鏡による胃腸の粘膜の生検による精密検査がすでに確立されている。内視鏡検査により消化器腔内を直接鮮明な画像として観察できるようになり，同時に行う生検により早期の確定診断が可能となっていることから，消化器病の診断は飛躍的に進歩を遂げている。

その結果，煩雑な検査を行うことなく明確な診断ができるようになり，従来はクリアーカットになっていなかった胃および腸の疾患の実体がはっきりすることとなり，また治療経過を追う過程で，様々な治療薬の実質的な効果判定もできるようになった。その結果，効果のない不要の薬品も多数明らかになっている。すなわち合理的な治療が可能になったといえる。

またもう1つは免疫学の長足の進歩を反映して難病あるいは正体のつかめなかった多くの疾患に対してなされてきたムンテラ（口上療法：人医での隠語。正確な診断がなされないまま，「生まれつき胃が弱い・悪いなど」「体質です」「持病です」ということで明解な説明がなされない治療法。獣医療でも同様のことが行われてきたと言える）の多くが，広い意味での免疫介在性疾患であることが解明されるようになってきた。

さらに，犬や猫の栄養学*の発達により食物アレルギーについても大いなる進歩がもたらされ，科学的な食事療法が簡単に実施できるようになってきた。

> *　次の書籍に集約されているといえる。
> Hand,M.S., Thatcher,C.D. & Remilard,R.L et al. eds（2000）：Small Animal Clinical Nutrition 4th ed., Mark Morris, Topeka.

ヒューマン・アニマル・ボンド（HAB）のためにも，飼い主とその家族が大切にしている動物の双方に，このような科学的かつ合理的なサービスで応えることができるようになってきたことは喜ばしい限りである。

その意味でもこの症例は1例といえどもじっくりと考えてみれば様々な継続教育上の価値があることがよくわかる。

①この疾患が先天性の異常，すなわち先天性幽門狭窄のカテゴリーではないこと。

②中年以降，高齢になるに従い可能性が高くなる胃癌やその他の腫瘍は別として，若齢の犬や猫にも起こり得る悪性の疾患であるリンパ腫の有無を明確にする必要がある。

③そしてそれらは内視鏡での直接的な観察と，同時に行える生検で多くが明らかになる。ただし確定させるには全層生検が必要である。

この症例での治療のポイントは，いうまでもなくこの個体に起こっている全ての異常を悪循環から解放し，正常化させるところにある。11か月齢というのは免疫系の活動性が高い機能性を持っている時期である。真の原因が何であったかは論議のあるところであるが，免疫介在性疾患に対して最も効果が期待でき，かつ安価であるプレドニゾロンによる内科療法とz/dの投与によって，幽門狭窄の外科手術による症状の劇的な改善とともに，はっきりしない慢性の症状が改善されていること，さらにプレドニゾロンの

投与を中止（完治といえる）しても緩解が得られ，それが続いていることなどからすれば，この症例は明らかに広義の食物アレルギーと関連する免疫介在性胃炎であったと指摘できる。

　問題の幽門狭窄は，病理組織学的報告，内視鏡所見および手術所見を照らし合わせれば，明らかに先天性のものではなく（広義の免疫性疾患が起こりやすいという素因は別として），免疫介在性疾患の結果，あるいはその過程として起こった幽門部の瘢痕性収縮と粘膜の異常な肥厚増殖に伴う2次性に引き起こされた幽門狭窄であったと考えられる。重要な点は，単一の胃腸の特殊炎症性疾患であっても，このように2次的な継発症として，外科的にしか改善できない幽門狭窄が起こり得るという事実である。

　逆に言えば，早期の診断と合理的で有効な治療が直ちに施されていれば，このような外科的な解決法をとらざるを得ない瘢痕性収縮や過剰な粘膜の肥厚などは未然に防ぐことができたのではと考えるものである。

　単一の疾患である特殊炎症性胃腸炎のカテゴリーであるが，発症から進行という悪循環の中で，病態そのものが悪循環をさらに増幅させたものであることがよくわかる症例である。

（Vol.57 No.1, 2004 に掲載）

Case 07 DOG

嘔吐と食欲低下の症例

シェットランド・シープドッグ，2歳齢，雌

【プロフィール】

シェットランド・シープドッグ，2歳齢，雌。

【主 訴】

本院の分院に上診されたものである。2日前の夜に嘔吐をし，今朝からは元気・食欲が明らかに低下した。庭で排便をさせているため糞の状態は不明とのことであった。

【physical examination】

体重は14kg，栄養状態は120%，体温は38.5℃，心拍数は162回/min POINT1 であった。

腸の蠕動音はやや亢進している。

POINT1 明らかに問題所見である。

【臨床病理検査】

CBC，血液化学検査の結果は表1の通り正常範囲内であった。

糞便検査では，虫卵−，潜血＋，ルゴール反応−，芽胞±，球菌2＋であった。

【単純X線検査】

RL像，DV像とも胸腔内に大量の液体の貯留が認められることは明白である。DV像では脊柱と胸骨の関係からポジショニングが悪いため大きなズレが生じている。その結果として左胸壁の第7肋骨までに至る腫脹があるのではないかという所見が認められる。しかしポジショニングの異常によるものかどうかは明らかではない。physical examinationでは胸壁の軟部組織に腫脹，発熱，疼痛などは何れも認められないことから，ポジショニングが悪いためにX線上では，このようなシルエットとして認められたものにすぎない。

表1 臨床病理検査

CBC		
WBC	15.8×10^3	/μL
RBC	6.37×10^6	/μL
Ht	46.6	%
Hb	14.8	/dL
MCV	73.2	f
MCH	23.2	pg
MCHC	31.8	g/dL
pl	31.2	/L
血液の塗抹標本検査のリュウコグラム		
Band-N	0	
Seg-N	12.64×10^3	
Lym	1.738×10^3	
Mon	1.106×10^3	
Eos	0	
Bas	0	
RBCの多染性	−	
RBCの大小不同	−	
RBCの血小板の状態	正常範囲内	
血液化学検査		
TP	6.09	g/dL
Alb	3.04	g/dL
Glb	3.05	g/dL
ALT	10	U/L
AST	0	U/L
ALKP	64	U/L
T-Bil	0.2	mg/dL
Chol	276	mg/dL
Glc	126	mg/dL
BUN	11.9	mg/dL
Cr	0.81	mg/dL
P	3.63	mg/dL
Ca	10.45	mg/dL
静脈血の血液ガス検査		
pH		
pCO_2		mmHg
pO_2		mmHg
HCO_3		mmol/L
BE		mmol/L
O_2サチュレーション		mmol/L
TCO_2		mmol/L
電解質		
Na	139	mmol/L
K	4.4	mmol/L
Cl	117	mmol/L

（ ）内は本院における正常値を示す。

【経過・処置】

腹部単純X線検査の結果は正常範囲内であった^{POINT2}。

> **POINT2** 心拍数からすると胸部単純X線検査が必要であった。

初診日は腸性毒血症と暫定診断した。

対症療法として輸液（ハルトマン液），プリンペラン1.4mg IM，アルサルミン2錠（500mg）BID，ガスター1.4mL IM，アスゾール（メトロニダゾール）15mg/kg BID，整腸剤（ビオフェルミン）2錠BIDが投与された。

2日目，嘔吐が継発し，大量の水を一気に飲んでは吐き出してしまう。下痢，しぶりも継発した。

3日目，体温38.9℃，心拍数108回/min，呼吸数は103回/minであった。嘔吐が止まり，Hill's w/dと水を与えたが，再び激しい嘔吐を繰り返した。

ここで膵炎を疑いリパーゼ，アミラーゼの検査を行ったが，それぞれ1084U/L（正常範囲は200～1800），アミラーゼ449U/L（正常範囲500～1500）と異常は見られなかった。

4日目，嘔吐は見られず，軟便が5回であった。体温は39.5℃であった。パルボウイルス検査を行ったが陰性であった^{POINT3}。内科療法が継続されている。

> **POINT3** パルボウイルス感染症の重篤性から考えると，初診時に検査されるべきであった。

5日目，再びCBC，血液化学検査が行われた結果，TPの低下（5.35g/dL），Albの低下（2.01g/dL），ALKPのごくわずかな上昇（279U/L），Cholのごくわずかな上昇（319mg/dL）が見られたが，意識レベルの変化は認められなかった。呼吸はパンティング状態となっている。食欲はなかっ

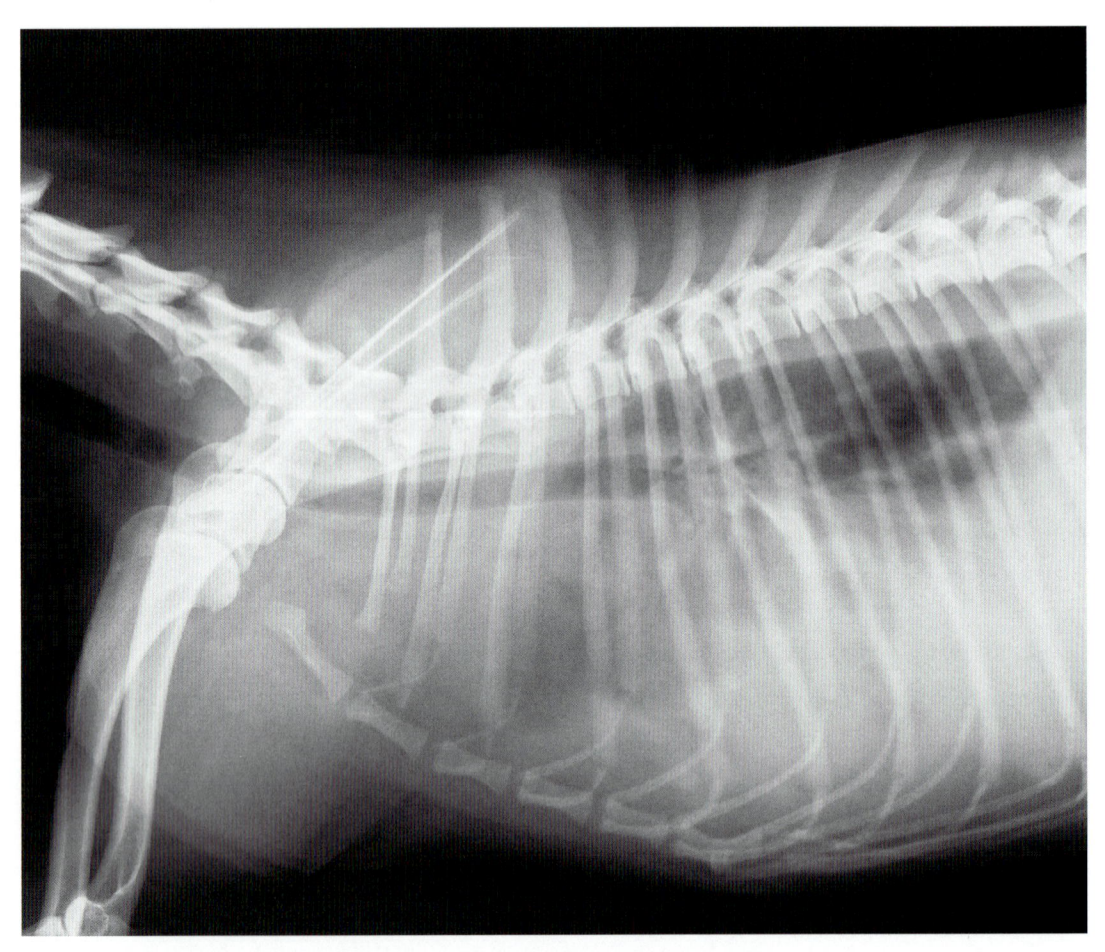

写真1　6日目の胸部単純X線写真　RL像

た。

6日目10時，体温は38.8℃，呼吸数は66回/minで，パンティング様であった。嘔吐は認められなかった。

CBC，血液化学検査の結果，WBCの上昇（$23.3×10^3/\mu L$）とAlbの低下（1.98g/dL）が認められた[POINT4]。

POINT4 炎症のため血液成分が失われていることが示唆される。

そこで腹部・胸部の単純X線検査（写真1，2），心電図検査および血圧測定が行われた。その結果，胸腔内の液体貯留が明らかになった。心臓には異常は認められなかった。

胸腔内液体55mLを除去し，細胞診，培養検査が行われた。

その検査結果は，比重1.020，TP 2.0g/dL，好中球3＋，中毒性変化＋，単球2＋，細菌−であった[POINT5]。

POINT5 貯留液は細胞診および培養（嫌気・好気）ともに細菌性胸膜炎は否定される。

【診　断】

無菌性胸膜炎と診断した。

17時20分に分院から本院に移された。

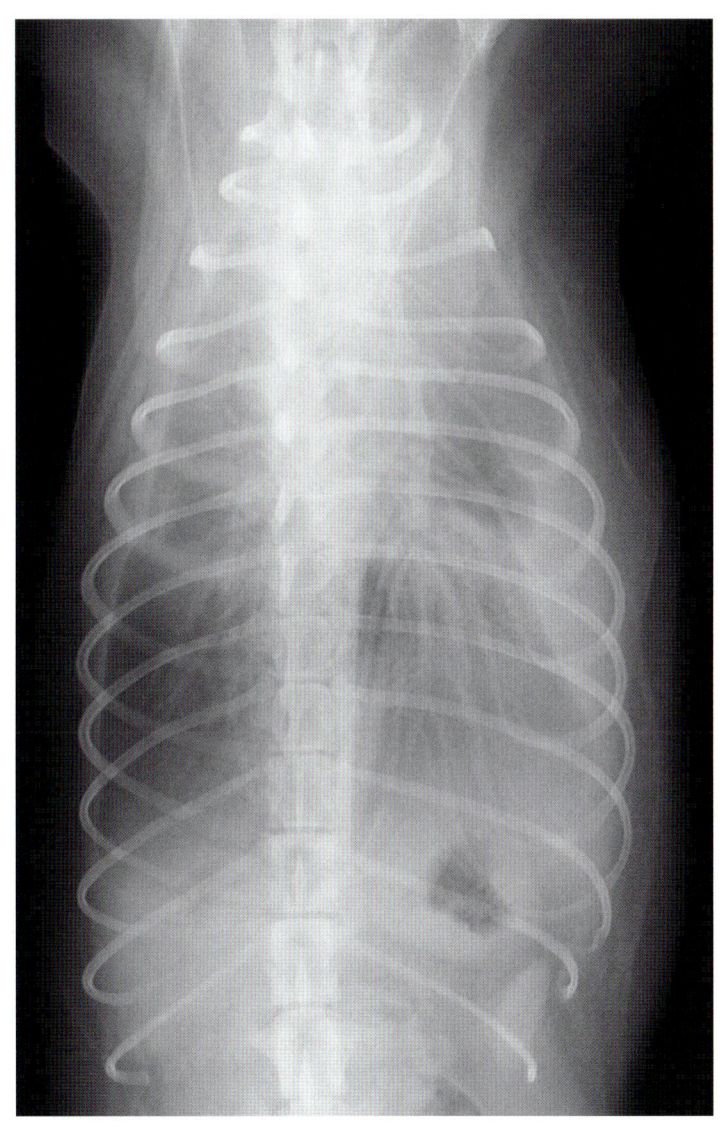

写真2　6日目の胸部単純X線写真　DV像

☞ あなたならどうする。次頁へ

☞
①入念な再検査
②開胸手術
③それらを行うために飼い主に十分な説明を行いインフォームド・コンセントを得る

【経過・治療】

直ちにアトロピン 0.3mL SC の後，ケタミン 0.1mL，セルシン 0.1mL の IV によるカクテル導入後，気管挿管を行い，イソフルランによる全身麻酔を行った。

この時点で胸腔ドレーンチューブが挿入され，540mL の貯留液体が除去された。次いで胸部・腹部の X 線検査および臨床病理検査が追加された。胸部単純 X 線検査（写真 3，4）では，肺捻転，肺葉壊死，肺膿瘍が疑われる所見が認められた。

CBC では WBC $21.1 \times 10^3/\mu L$，RBC $4.87 \times 10^6/\mu L$，Ht 33.9%，Hb 11.9/dL，MCV 69.6 f，MCH 24.4pg，MCHC 35.1g/dL，pl 106×10^3/L であった。血液の塗抹標本検査のリュウコグラムでは Band-N 0，Seg-N 19.201×10^3，Lym 633，Mon 1.16×10^3，Eos 105，Bas 0 であった。

排液の細胞診では無菌性の強い胸膜炎が認められた[POINT6]。

| POINT6 | 有菌性の場合は敗血症性胸膜炎となる。 |

ここで，救命のためには開胸術しかないことを飼い主に説明し，インフォームド・コンセントが得られたので，19 時 30 分に手術を行った[POINT7]。

| POINT7 | 左 4・5 肋間開胸によりベストの診断と治療が行える |

おかされた肺葉のために胸膜炎が起こっている
↓
切除しなければ致命的である
↓
肺葉を切除し，左胸腔を精査する
↓
原因とその結果である病態の悪化の双方をとり除く

開胸所見は写真 5 〜 11 の通りで肺葉壊死であった。

術後の経過は良好であり，激しい胸膜炎の完治にはそ

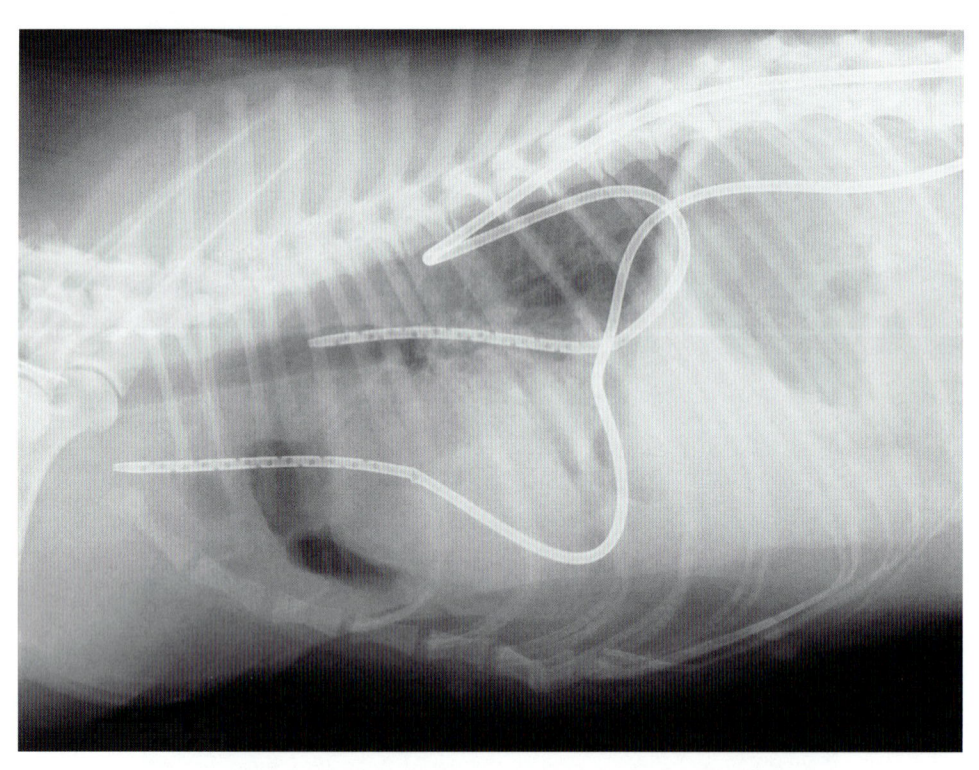

写真 3　貯留液体除去後の胸部単純 X 線写真　RL 像

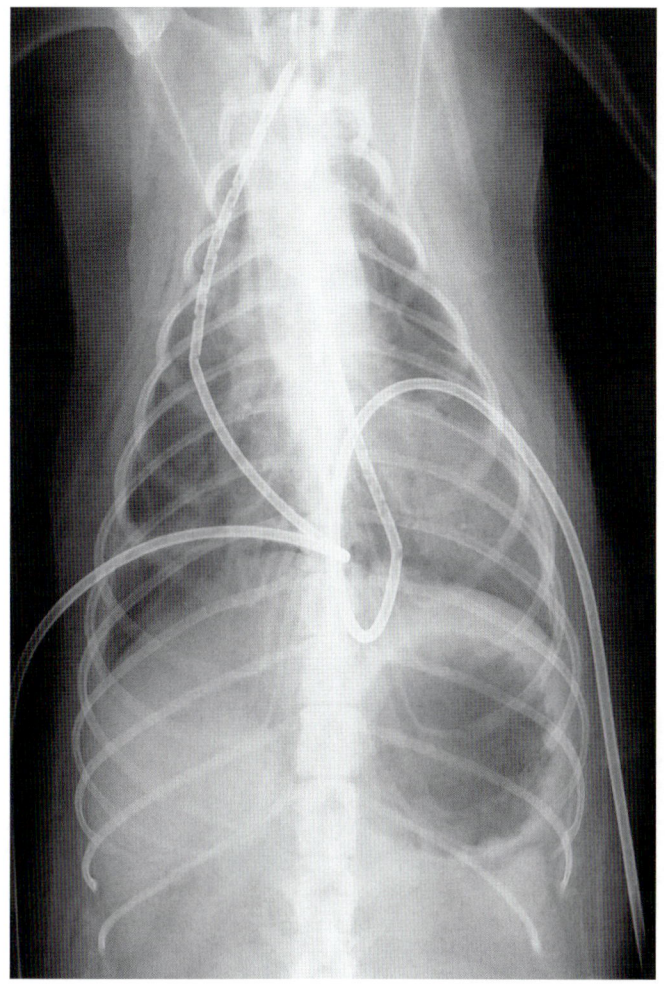

写真4　貯留液体除去後の胸部単純X線写真　DV像

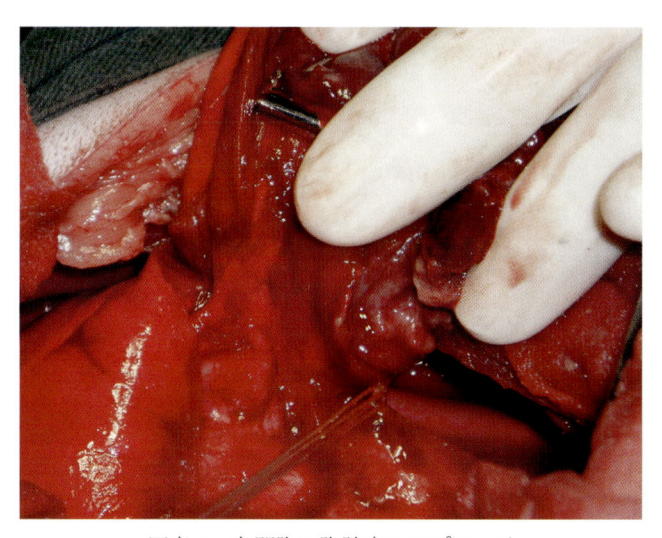

写真5　左開胸で胸腔内へアプローチ
　　　　胸膜の激しい炎症が認められる。

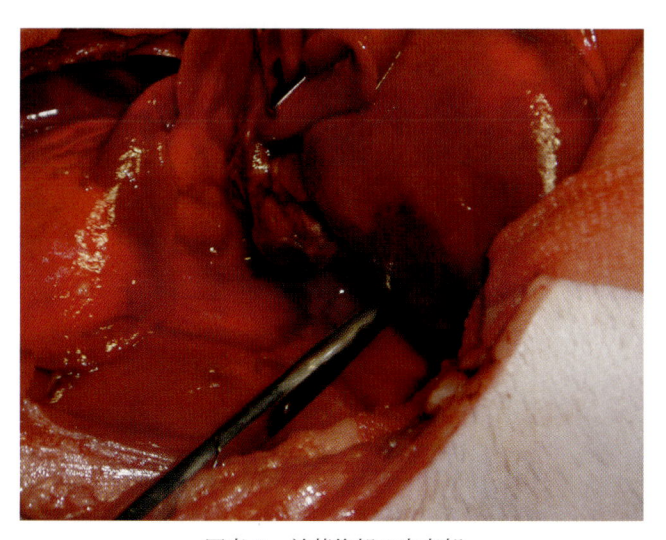

写真6　前葉後部の病変部

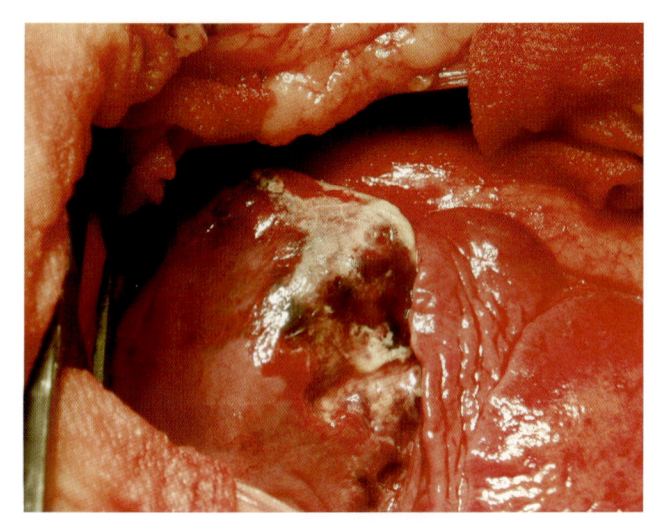

写真7　前葉後部の病変部

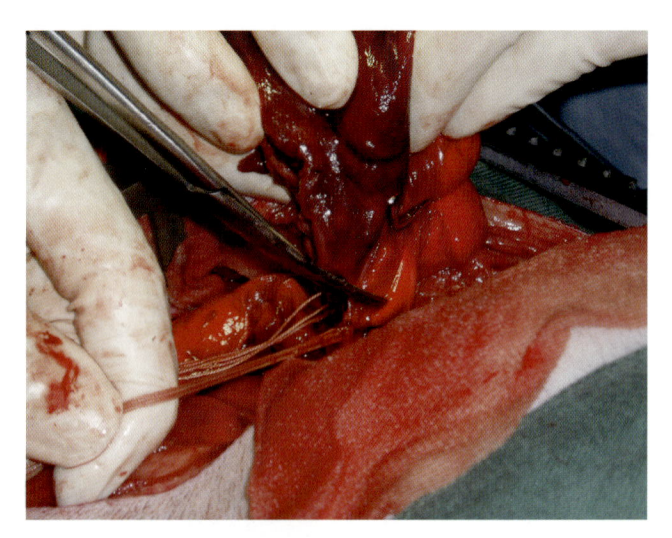

写真8　肺動・静脈，気管支の近位二重結紮，遠位結紮後，その間を切り離した。

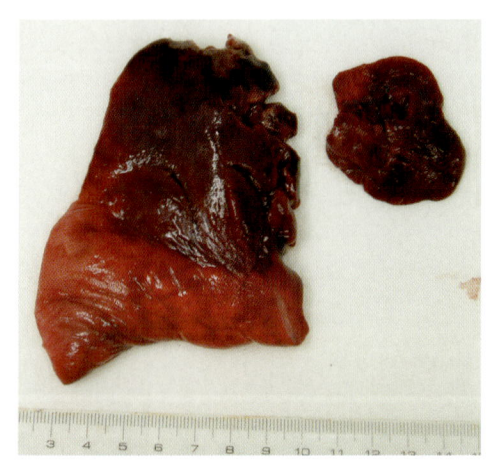

写真9　切除した病変部　外側

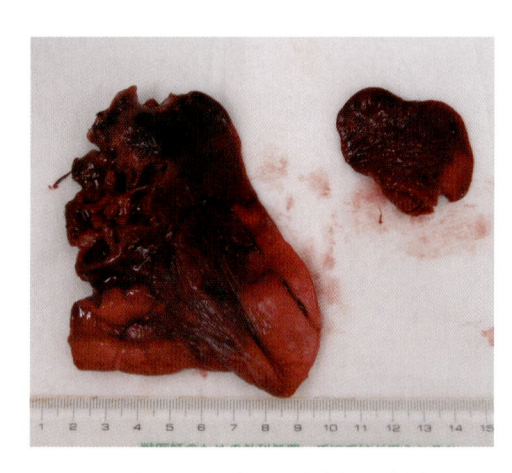

写真10　切除した病変部　内側

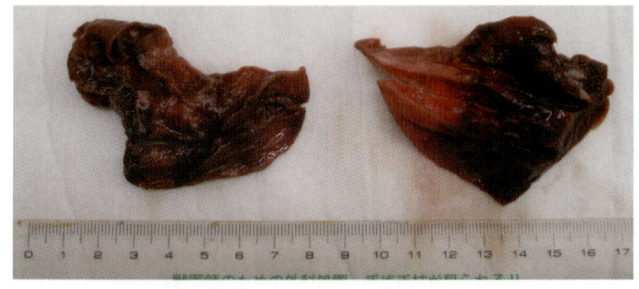

写真11　切除した病変部　割面

れなりに時間が必要であったが，術後8日で無事退院し，その後の経過も極めて良好であった。

【コメント】

　肺の病変部の病理組織学的検査の結果は，典型的な肺葉捻転に伴う所見であったが，明確な捻転を伴うものではなかった。部分的には肺葉が胸壁に癒着しているために画像診断的には捻転に近い形をとっていたが，それらは肺葉が壊死しそれに伴う強い炎症により腫脹硬変したことにより2次的に起こった位置的異常に伴う癒着によるものであ

表2 病理検査報告

強い循環不全に起因した急性期の炎症性病変が肺実質に認められる。肺の捻転によって引き起こされた病変と考えられる。腫瘍性病変は認められない。

肺実質には梗塞壊死とそれに伴う血栓の形成が散在性に認められ，周囲の肺胞内には強い出血がみられて赤血球や滲出液が充満して，ヘモジデリンなどを貪食して腫大したマクロファージの遊走が散在性に認められている。病巣内の細い気管支内に出血した血液が充満した血餅の形成が認められているが，ほとんどの気管支粘膜上皮はよく保たれ，炎症も認められない。気道感染の可能性は低く，捻転に起因した重篤な循環不全に続発した炎症と考えられ，呼吸促迫の原因と考えられるが，捻転に至った過程を推測できる所見は得られていない。なお，肺胞上皮は炎症性に扁平化あるいは円形腫大しているが，気管粘膜上皮の扁平上皮化生は認められていない。

獣医師　上村夏子，高橋秀俊（㈱アマネセル）

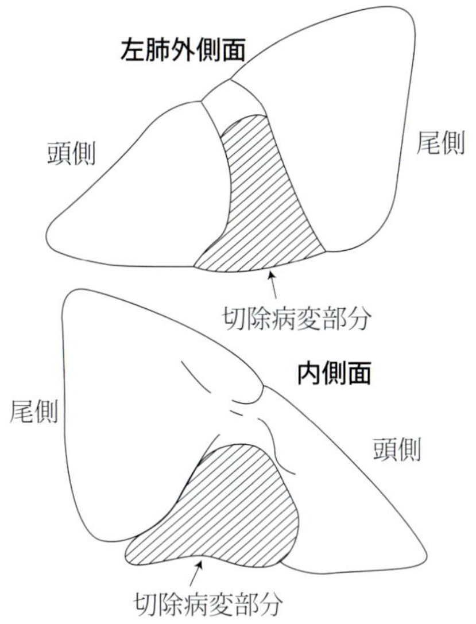

図1　肺の病変部

り，それがさらに炎症の悪循環を増す原因になっていたものと考えている。

　一般的に犬の肺葉捻転は，いわゆる胸の深いタイプ，アフガン・ハウンド，サルーキー，ボルゾイの右肺の中葉に最も起こりやすいことが知られているが，結局のところ，犬種そのものが限られるものではなく，あくまでも深い胸を持つ体型の犬ではそれだけ素因が高いということである。また肺葉捻転は健常な肺葉に突然起こってくるものではなく，肺葉（右中葉）に密度の高い（重量のある）病変が生じて肺葉が重くなり，しかも，胸腔内に液体が貯留し，その中で急に捻転し，その位置異常が2次的に固定されることにより成立するというのが典型的なものである。

　しかし，それにしても本例でこのような急性の肺葉壊死がどの時点，どの部分で，どんな理由で発生することになったのかについては，明らかにすることができなかった。

　ただこの症例で嘔吐と考えられたものは，実は激しい胸膜炎の延長としての食道炎に伴うただの吐出ではなかったのかということも考えられる。しかし，その場合でも下痢がどのような原因で伴うことになったのか，これまた明確にはできない。

　しかし下痢という症状は，余りにも多種多様の疾患の経過中に主たる原因とは関係なく，よく見られるものであり，手術後では一切の吐出，嘔吐，下痢が認められなかったことからも，単なる症候性の下痢ではなかったかと考えられる。

（Vol.57 No.2, 2004 に掲載）

Case 08 CAT

食欲廃絶から改善せず転院してきた症例

雑種猫，9歳齢，雄

【プロフィール】

雑種猫，9歳齢，雄（幼少時に去勢済み）（写真1）。

【主　訴】

1週間前に食欲が廃絶し，他院にて点滴注射を受け，少し食べるようになった。しかし3日目には再び食欲が廃絶し，右上顎犬歯がぐらついて水もほとんど飲まなくなり，尿量も乏しい様子とのことで上診されたものである。

【physical examination】

体重は4.92kg，栄養状態は90%，体温は38.6℃，呼吸は正常，心拍数は150回/minであった。

意識レベルは50%，食欲は廃絶し，ほとんど起立できずぐったりしている。

股動脈圧は正常範囲内である。血圧は収縮期127，拡張期64，平均90であった。

中腹部から後腹部にかけて巨大な脾臓に触れることができる。

【臨床病理検査】

CBC，血液化学検査の結果は表1の通りであった。CBCにおいてはHb，Ht，Plの低下，血液の塗抹標本検査のリュウコグラムではLym，Monの増加，血液化学検査ではAlbの低下，T-Bil，Glc，BUNの増加が，静脈血の血液ガ

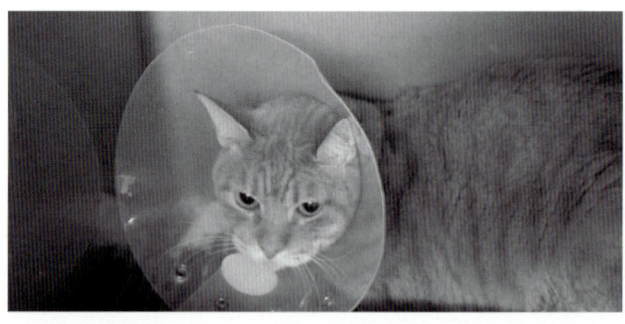

写真1　患猫

表1　臨床病理検査

CBC		
WBC	16.7×10^3	/μL
RBC	4.70×10^6	/μL
Hb	7.7	/dL
Ht	23.1	%
MCV	49.1	f
MCH	16.4	pg
MCHC	33.3	g/dL
pl	3.7	/L
血液の塗抹標本検査のリュウコグラム		
Band-N	0	
Seg-N	10.855×10^3	
Lym	3.507×10^3	
Mon	3.171×10^3	
Eos	167	
Bas	0	
RBCの多染性	−	
RBCの大小不同	−	
異型リンパ球	1視野に1～2	
血液化学検査		
TP	7.37	g/dL
Alb	2.55	g/dL
Glb	4.82	g/dL
ALT	< 10	U/L
AST	0	U/L
ALKP	68	U/L
T-Bil	0.88	mg/dL
Chol	133.7	mg/dL
Glc	198.2	mg/dL
BUN	58.2	mg/dL
Cr	2.10	mg/dL
P	4.27	mg/dL
Ca	8.69	mg/dL
静脈血の血液ガス検査		
pH	7.356	
pCO_2	28.9	mmHg
pO_2	29.6	mmHg
HCO_3	15.8	mmol/L
BE	−9.7	mmol/L
O_2サチュレーション	54.6	mmol/L
TCO_2	16.7	mmol/L
電解質		
Na	142	mmol/L
K	4.2	mmol/L
Cl	108	mmol/L

（　）内は本院における正常値を示す。

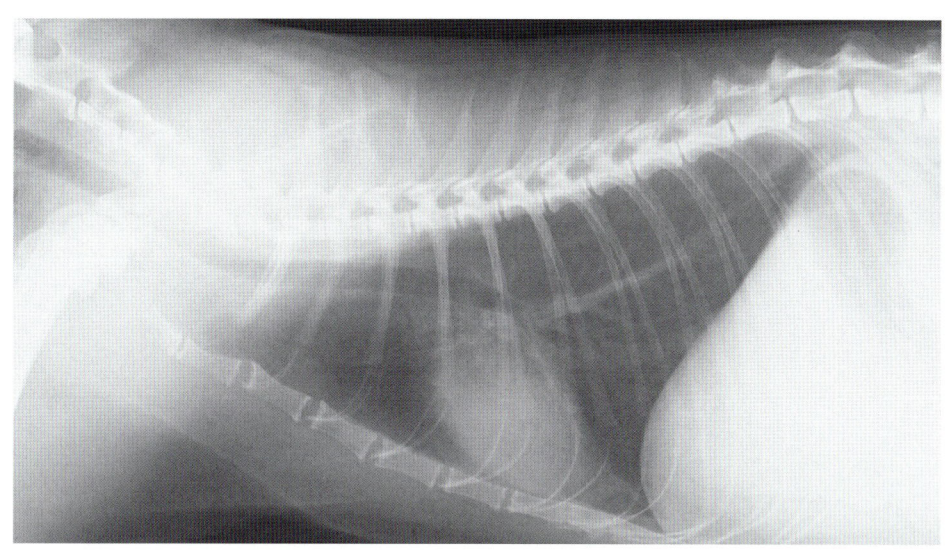

写真2 初診時胸部単純X線写真 RL像

ス検査ではHCO₃，BE，TCO₂の低下が認められた POINT1。

> **POINT1** pHとしては代償されているが代謝性のアシドーシスが進んでいる。非再生性貧血を起こしている。

尿検査では，比重1.055，pH6.5，蛋白3＋，Bil 3＋であった。

【単純X線検査】

胸部・腹部X線所見のRL像，DV像とも体表の軟部組織，骨格および胸腔内は正常範囲内である。

腹部RL像（写真4）：胃胞はやや後方へ移動している。肝臓は中等度に腫大している。前腹部から後腹部に巨大な脾臓が認められる。胃内は空虚である。結腸には中等度の糞塊が認められる。脾臓の陰影に重なり，不定形の陰影が瀰漫的に認められ，腹腔内には液体の貯留が認められる。

腹部VD像（写真5）：胃胞が左側に押しやられている像が認められる。肝臓の中等度の腫大が認められる。脾臓の陰影は左腹壁に沿って後腹部に達する不定形の陰影を伴うマスとして認められる。少量の腹水を示唆する所見が認められる。

【その他の検査】

超音波検査および脾臓のFNA（細い針による吸引生検）が行われた。細胞診では大型の大小不同，大型異型リンパが多量に認められた。

またFIV（猫免疫不全症候群）検査の結果は陽性であっ

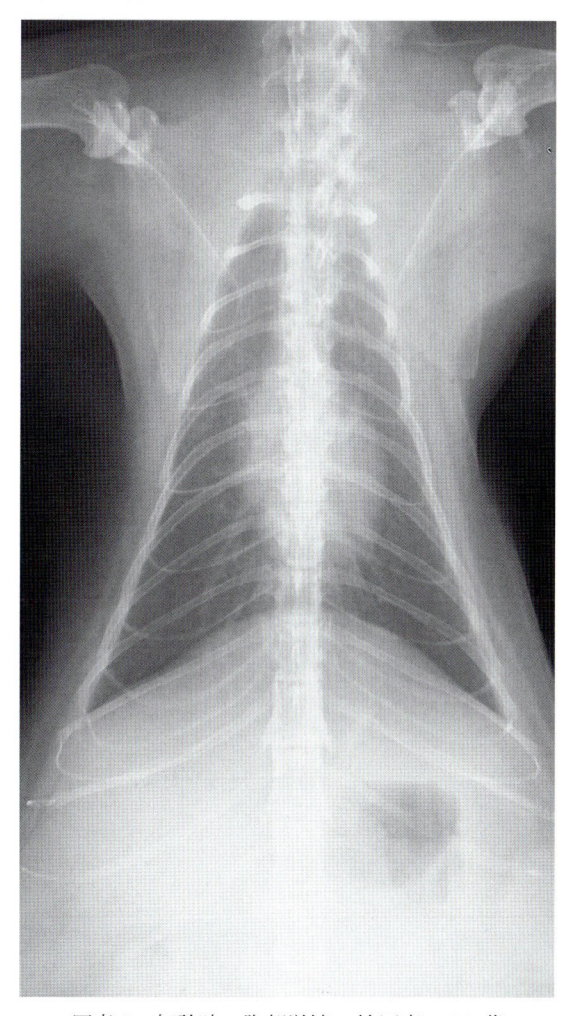

写真3 初診時の胸部単純X線写真 DV像
胸部単純X線写真ではRL像・DV像ともに正常範囲内である。

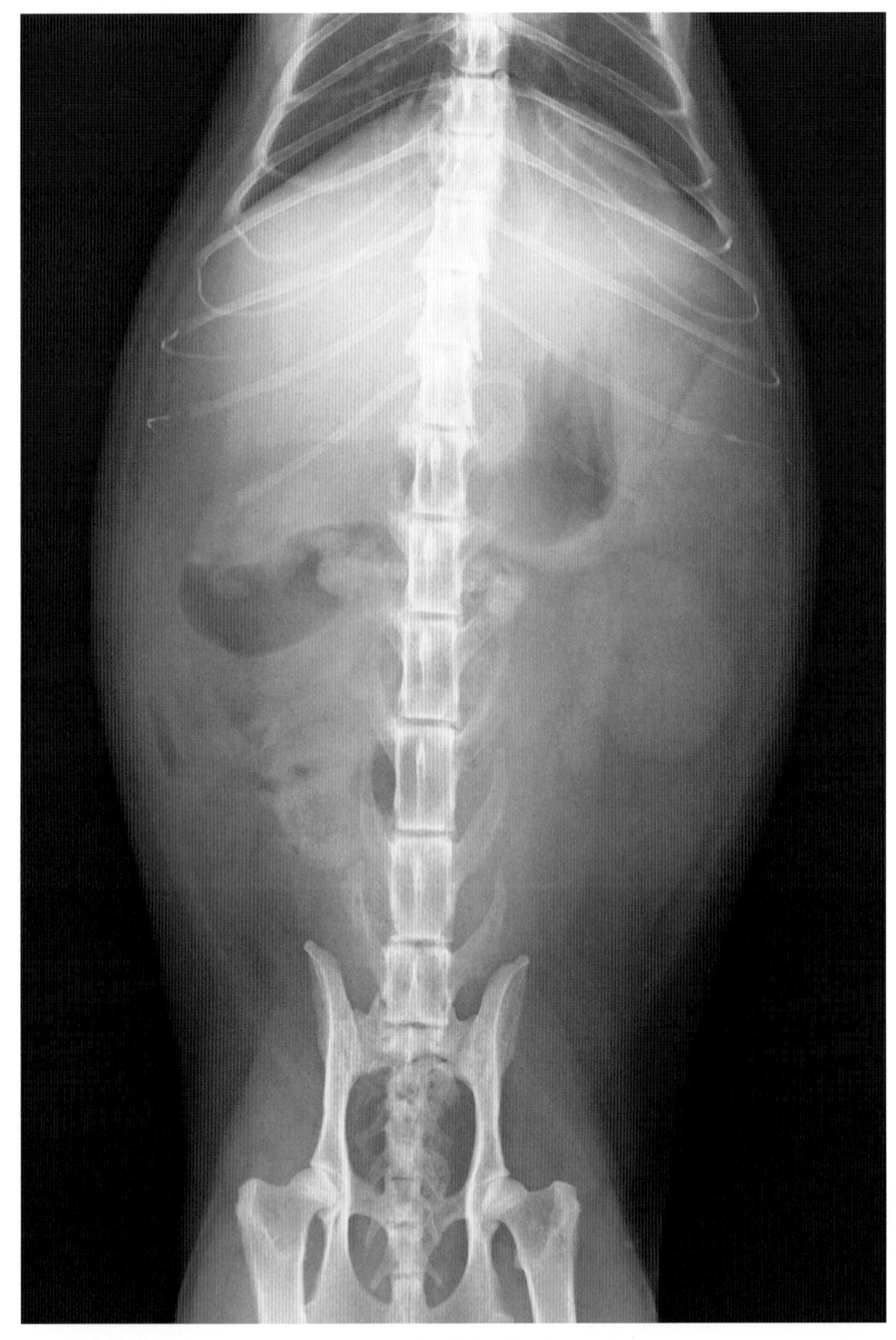

写真5　初診時腹部単純X線写真　VD像

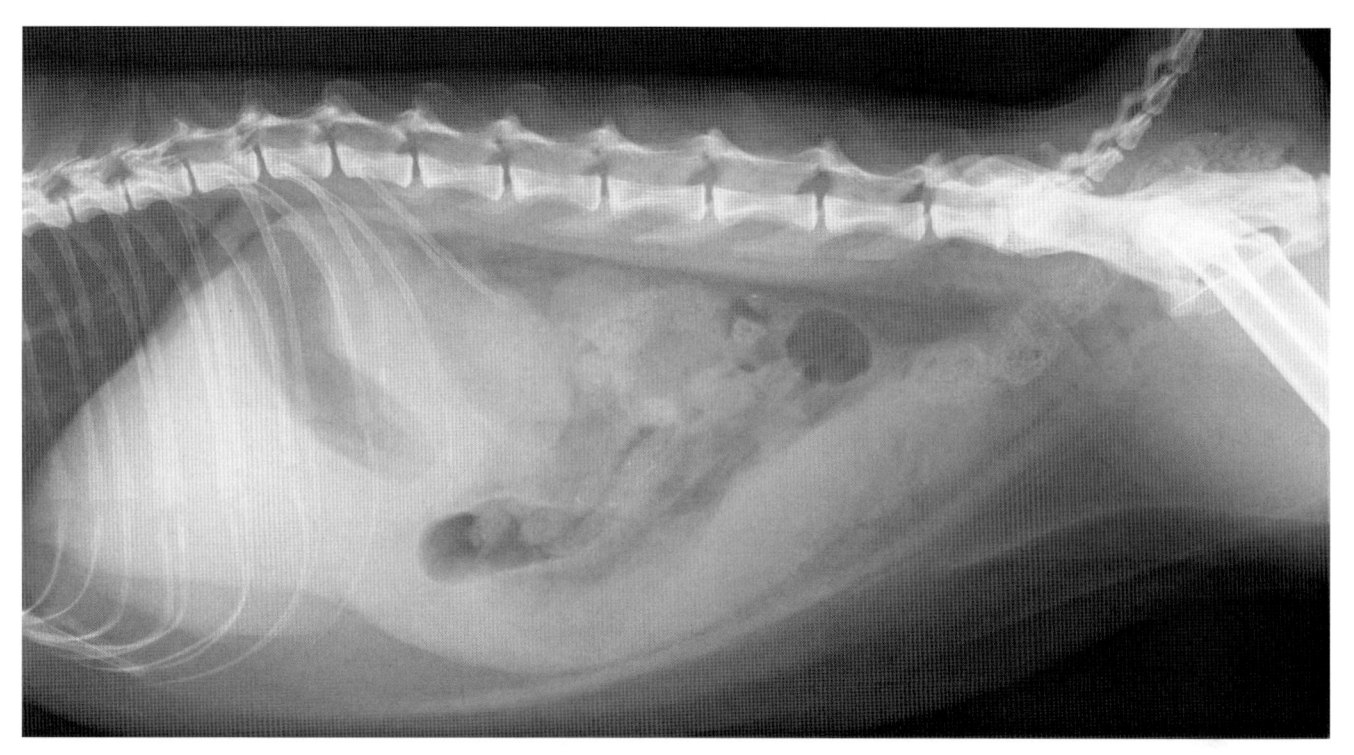

写真4　初診時腹部単純X線写真　RL像

【診　断】

血液の塗抹標本検査のリュウコグラムにおいて異型リンパ球が1視野に1〜2個みられ,リンパ球の20%に相当していたこと,および脾臓の生検の結果からリンパ腫と診断した。

☞
①点滴・輸血
②胃内のチェック
③開腹による臓器の精査と脾臓の摘出
④化学療法
⑤それらを行うために飼い主に十分な説明を行いインフォームド・コンセントを得る
⑥犬歯の抜歯

【治　療】

まずビタミンK 0.65mLおよびポララミン 0.5mLのIMを行った。検査結果から明確となった非再生性貧血に対して全血輸血（70mL，3mEq/100mLのK増強）を行い，同時にアンピシリン 20mL/kg IV，ハルトマン液 14mL/kg/hrの輸液（合計 52mL）を行った。

そしてアトロピン 0.2mL SCの後，ケタミン 0.5mL，ジアゼパム 0.5mL，スタゾール 0.3mLのIVによるカクテル導入後，気管挿管を行い，イソフルランと酸素による全身麻酔を行った。

術中にも 38mLの輸液を行い尿量は 10mL（40min）を確保できた。

全身麻酔下で，内視鏡による胃内検査と生検が行われた。

手術は正中鎌状軟骨から恥骨前縁にわたる正中切開によった。全腹腔臓器の精査を行った。巨大な脾臓と中等度に腫大した肝臓が認められるほかは著明な変化は認められなかった。脾臓を全摘出し，数か所にわたる肝臓の生検を行った。摘出された脾臓は 152gで，肝臓の切除部分は 8gで，両者とも先に行ったFNAと一致する細胞診所見が得られた。

腎臓の所見は左右とも表面は凸凹で不整形であった。

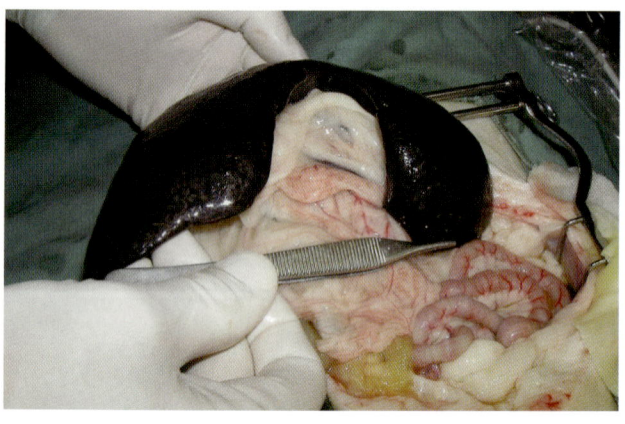

写真6　巨脾

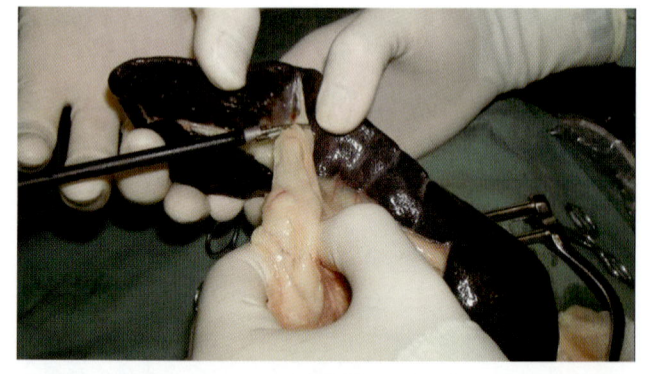

写真7　超音波メスによる脾動静脈の無結紮での脾臓の切除

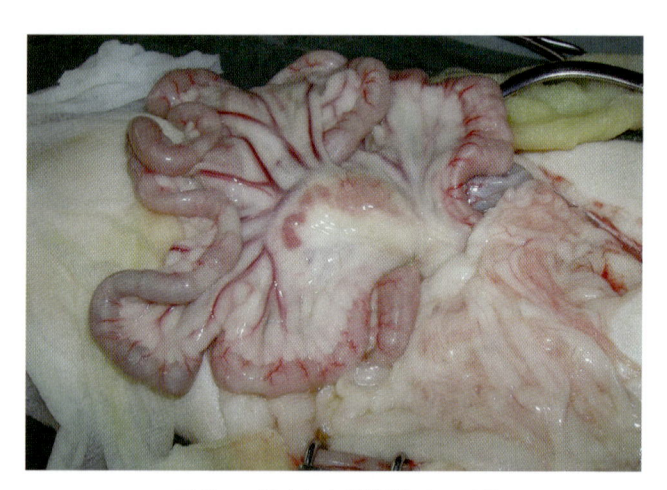

写真8　腫大した腸間膜リンパ節

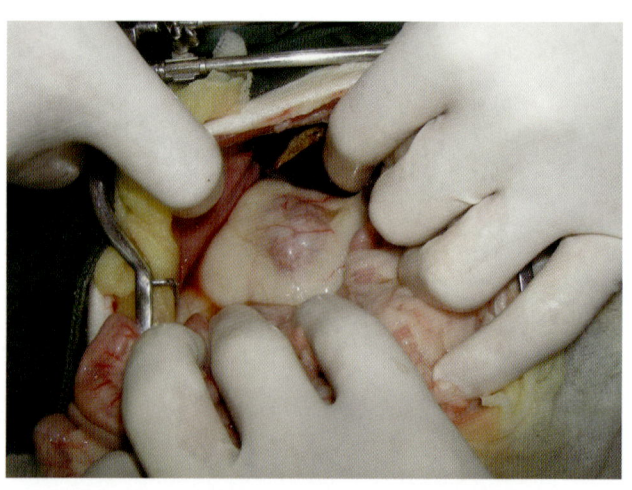

写真9　肝臓の生検と凹凸のある腎臓

表2　骨髄の病理検査報告
腫瘍性・悪性の疑い
得られた細胞の大部分は円形で不整形の著明な核と淡明な細胞質を有する小型異型細胞で，成熟顆粒球はみられるが，骨髄造血細胞はほとんどみられない。異型細胞はペルオキシダーゼ染色陰性であるので，リンパ球性の白血病もしくは悪性リンパ腫の骨髄浸潤と考えられる。
獣医師　高橋秀俊（㈱アマネセル）

　また骨髄穿刺が行われ，骨髄の細胞診が行われ，やはりリンパ腫と診断された。

　腹壁の切開，脾臓の全摘出および肝臓の部分切除は何れも超音波メスを用いたため，事実上，無出血に近い状態で手術を終了することができた。

　さらに閉腹後，経食道胃カテーテルを設置し，炎症を起こしている犬歯の抜歯を行った。

　覚醒以前にモルヒネ 0.1mL SC を行った。

　術後からウルソ酸 50mg 1タブレットのPO，ビタミンK1 0.65mL の SC，ビタミンE　1タブレットのPO，タウリン 250mg，トランスファーファクター（免疫促進剤），アガリクス，メシマコブの投与を開始した。

【経過および化学療法】

　術後2日目：食欲，意識レベルとも 100% となり，他の一般状態も著明な改善が認められたため化学療法を開始した。またハルトマン液 107mL を静脈内投与した。

化学療法プロトコール1週目：
ビンクリスチン 1.2mL（0.25mg/kg）IV 　L-アスパラキナーゼ 0.77mL IV 　プレドニゾロン 5mg

　術後5日目：食欲，意識レベルは 100%。全身状態は良好で退院した。

　術後2週目：食欲，意識レベルとも 100%，栄養状態は 85%，体重は 4.36kg。

　CBC では WBC が $4.2 \times 10^3/\mu L$, RBC $4.9 \times 10^6/\mu L$, Hb 8.0/dL, Ht 23.0%, Pt $379 \times 10^3/\mu L$，血液の塗抹標本検査のリュウコグラムでは Band-N 0, Seg-N 34.672×10^3, Lym 2.311×10^3, Mon 3.216×10^3, Eos 0, Bas 0 で RBC の多染性は＋，大小不同は＋であった POINT2。

POINT2 依然として RBC, Mon, Ht, Hb の値は中等度の貧血を示しているが，旺盛な pl の増量が認められる。

表3　脾臓，肝臓，リンパ節および胃の病理検査報告
悪性リンパ腫
脾臓およびリンパ節：瀰漫性中細胞型の悪性リンパ腫が認められた。原発病巣と考えられる脾臓の大部分は腫瘍細胞で置換されている。増生する腫瘍細胞は，混在する血管内皮細胞の核よりやや大型で核小体明瞭，多形成に富む円形異型核を有するリンパ球様細胞で，核分裂像が多数認められる。脾被膜は保たれ，腹腔面への露出はない。同時に検索した副脾と考えられた組織はリンパ節で同様の腫瘍細胞により腫大している。血中に移行してると考えられるので，全身リンパ系組織の精査と末梢血の確認も必要である。 　肝臓：脾臓からの悪性リンパ腫細胞の浸潤が認められた。グリソン鞘を中心として，脾臓およびリンパ節でみられた細胞とほぼ同様のリンパ腫細胞の小集簇巣が多数形成されている。腫瘍細胞の浸潤は類洞に沿って小葉内にも及んでいるが，小葉構造は良く保たれ，肝細胞索の乱れは軽度である。血行性に転移した悪性リンパ腫とも考えられる。 　胃：胃底腺および幽門腺領域の粘膜組織が得られているが，構成する細胞に異型性はなく，悪性所見はない。被覆上皮に異型性はない。粘膜固有層間質には，顕著な線維化と軽度の成熟小型リンパ球の浸潤が認められ，軽度の慢性胃炎に相当する組織所見が得られているが，構成する細胞には何れも異型性はない。　獣医師　上村夏子，高橋秀俊（㈱アマネセル）

化学療法プロトコール2週目：
サイトキサン 50 1/8 タブレット　1日おき3回

　術後3週目：食欲，意識レベル，一般状態は良好。

　CBC では WBC が $41.4 \times 10^3/\mu L$, RBC $4.97 \times 10^6/\mu L$, Hb 8.2/dL, Ht 24.7%, MCV 49.7f, MCH 16.5pg, MCHC 33.2g/dL, Pt $464 \times 10^3/\mu L$，血液の塗抹標本検査のリュウコグラムでは Band-N 0, Seg-N 34.195×10^3, Lym 3.957×10^3, Mon 3.044×10^3, Eos 202, Bas 0 で RBC の多染性は＋，大小不同は＋であった POINT3。

　この時点で経食道胃カテーテルを抜去した。

POINT3 依然として貧血は存在するが Seg-N, Lym, Mon はいずれも高く保たれ，免疫状態は良好と考えられる。

化学療法プロトコール3週目：
ドキソルビシン 4.16mg（16mg/m²）IV

　術後4週目：CBC では WBC が $26.1 \times 10^3/\mu L$, RBC $5.72 \times 10^6/\mu L$, Hb 9.3/dL, Ht 27.9%, MCV 48.8f, MCH 16.3pg, MCHC 33.3g/dL, Pt 36.9/L，血液の塗抹標本検査のリュウコグラムでは Seg-N 21.402×10^3, Lym 1.827×10^3, Mon 522, Eos 0, Bas 0, 異型リンパ $2.349 \times$

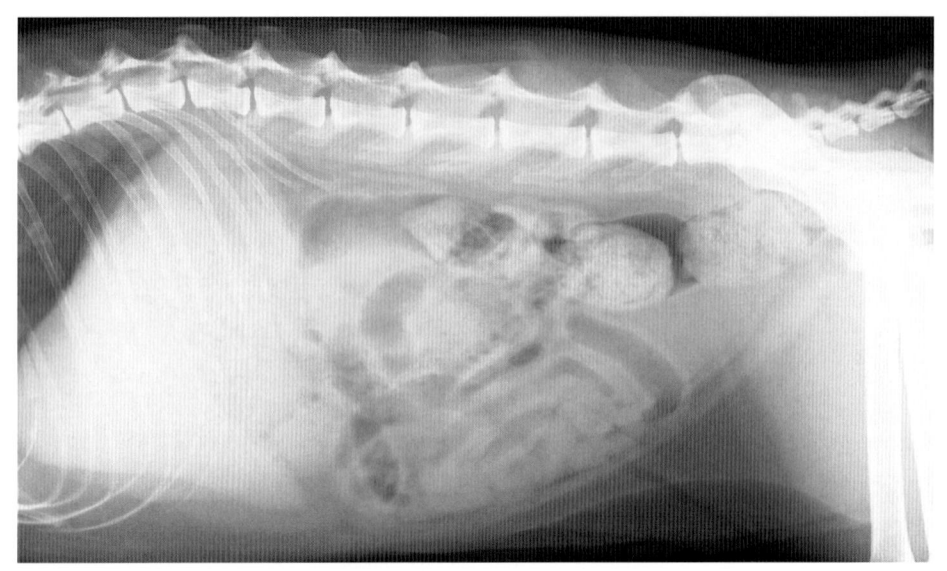

写真 10　術後 30 日目の腹部単純 X 線写真　RL 像
肝臓は軽度に腫大している。脾臓はない。胃胞には食渣が充満し，結腸にはかなり大きな糞塊が認められる。

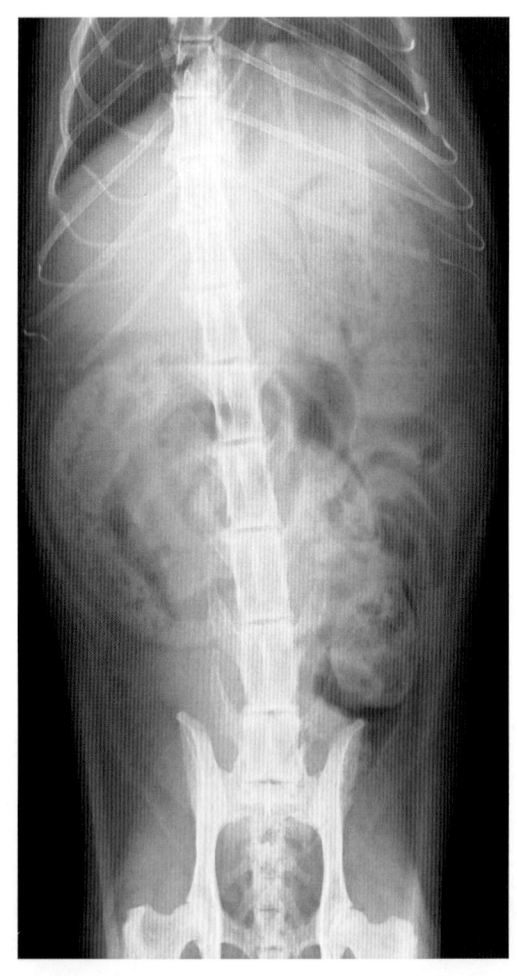

写真 11　術後 30 日目の腹部単純 X 線写真　VD 像
胃胞が左側に変位し，脾臓は認められない。

ケーススタディ

10^3 であった[POINT4]。

POINT4 RBC が増数し，Hb，Ht 何れも上昇を示している。

化学療法プロトコール4週目：
　ビンクリスチン 1.1mL（0.25mg/kg）IV

ハルトマン液 70mL を静脈内投与した。
補助的なサプリメントの投与は継続している。

術後5週目：意識レベル，食欲は正常，栄養状態は90%，体重は 4.5kg であった。

CBC では WBC が $22.9 \times 10^3/\mu L$，RBC $5.37 \times 10^6/\mu L$，Hb 8.4/dL，Ht 26.7%，MCV 49.7f，MCH 15.6pg，MCHC 31.5g/dL，Pt 37.8/L，血液の塗抹標本検査のリュウコグラムでは Seg-N 19.236×10^3，Lym 1.259×10^3，Mon 2.175×10^3，Eos 229，Bas 0，RBC の多染性＋，大小不同＋，血液生化学検査では TP 7.21g/dL，Alb 3.00g/dL，Glb 4.21g/dL，ALT 47U/L，ALKP 48U/L，Glc 155.2mg/dL，BUN 40.4mg/dL，Cr 3.04mg/dL，であった[POINT5]。

POINT5 BUN, Cr 値が高い以外には特別な所見は認められない。貧血の状態は改善されつつあるが，著明なものとは至っていない。

化学療法プロトコール5週目：
　サイトキサン 50 1/8 タブレット　1日おき3回

ハルトマン液 100mL を皮下投与した。

術後6週目：食欲，一般状態は良好である。

CBC では WBC が $3.24 \times 10^6/\mu L$，RBC $5.87 \times 10^6/\mu L$，Hb 9.8/dL，Ht 29.3%，MCV 51.7f，MCH 16.9pg，MCHC 32.8g/dL，Pt 51.5/L，血液の塗抹標本検査のリュウコグラムでは Band-N 0g/dL，Seg-N 28.307×10^3，Lym 2.387×10^3，Mon 341，Eos 0，Bas 0，RBC の多染性＋，大小不同＋，異型リンパ球は 1023 であった[POINT6]。

POINT6 異型リンパ球数は4週目の約半数となった。

化学療法プロトコール6週目：
　ドキソルビシン 4.16mg（16mg/m²）IV

術後8週目：食欲，一般状態は良好である。

CBC では WBC が $1.9.6 \times 10^6/\mu L$，RBC $5.63 \times 10^6/\mu L$，Hb 9.5/dL，Ht 29.0%，MCV 51.5f，MCH 16.9pg，MCHC 32.8g/dL，Pt 58.2/L，血液の塗抹標本検査のリュウコグラムでは Band-N 0g/dL，Seg-N 16.758×10^3，Lym 686，Mon 882，Eos 686，RBC の多染性－，大小不同－，異型リンパ球は 586 であった。

化学療法プロトコール8週目：
　ビンクリスチン 1.2mL（0.25mg/kg）IV

術後10週目：

化学療法プロトコール10週目：
　サイトキサン 50 1/8 タブレット　1日おき3回

術後1年目：約1年が経過し，51回の化学療法を行った。栄養状態は 105%，体重は 5.22kg となり，経過は順調である。

CBC では WBC が $1.77 \times 10^6/\mu L$，RBC $4.66 \times 10^6/\mu L$，Hb 8.9/dL，Ht 26.3%，MCV 56.4f，MCH 19.1pg，MCHC 33.8g/dL，Pt 41.8/L，血液の塗抹標本検査のリュウコグラムでは Band-N 0 g/dL，Seg-N 13.363×10^3，Lym 2.035×10^3，Mon 2.212×10^3，Eos 88，血液生化学検査では TP 7.30g/dL，Alb 2.73g/dL，Glb 4.57g/dL，ALT 19U/L，ALKP 41U/L，Glc 189.7mg/dL，BUN 46.54mg/dL であったであった。

【コメント】

本例は正しい診断のアプローチが行われていなかったために，致死的なリンパ腫を見逃していた症例である。physical examination が正当に行われていれば決して見逃すはずのない以下の5つの重大な問題を指摘できる。

①すでに9歳に達している。

②食欲・元気ともにこの1週間で失ったという稟告は，この飼い主の患猫を大切にする意識からすれば疑う余地がなく，この亜急性の悪化は生命にかかわるほどの異常が急速に進展してきたことを意味している。

③口腔の可視粘膜（舌を含む）の色調をみれば，この程度に進んだ貧血ならば，だれでも「貧血があるのでは」と疑いをもってみれば簡単に発見できるものである。

④腹部触診を行えば，糞塊やいわゆる腹腔内液体などではなく，巨大な脾臓には臨床経験に乏しいものでも気づくはずである。

⑤さらに立位（後肢を立たせて）にして腹部の触診を行うことにより，肝臓の中等度の腫大も容易に触知できたはずである。

これらの問題から正しい診断へのアプローチは容易に導き出せるはずである。

また CBC，血液の塗抹標本検査のリュウコグラム，血液化学検査の精査により，腫瘍，代謝内分泌，肝臓，腎臓，

膵臓などのスクリーニングが最初に必要であることは明らかである。

また超音波検査装置ができた今日でも、胸部および腹部の画像診断で最も多くの情報を提供してくれるのは（時間と相当な経費を伴うCTとMRIは別として）、単純X線撮影像である。ただしコントラスト、露出、なかでも正しいポジショニングが大切であることは言うまでもない。

本症例では上記の検査のほか実質臓器の超音波検査が行われ、さらに脾臓、脾臓のFNAにより確定診断が得られた。CBCの異常と慢性貧血から骨髄穿刺による骨髄の検査も必須であることを示している。また忘れてはならないのは猫免疫不全症候群ウイルス（FIV），猫伝染性腹膜炎，コロナウイルスタイターなどのチェックをしておくべきである。POINT7

POINT7　これらは何れも治療・予後に大きく関わる。

本症例において主たる苦痛の原因となっている巨脾(かさ)を取り除くことは、同時に腫瘍の量を減少させ、かつ脾臓がバイタル臓器でないことからも有益なことである。ただし巨脾を摘出したとしても、その巨脾がどのような病態生理に基づき巨大なものとなったのかを明らかにしておかなければならない。なぜなら本症例は結局のところ全身性疾患であるリンパ腫だからである。またいうまでもなく悪性である。

また開腹によって腹腔内臓器を視診、触診し、必要に伴い生検を行うことは極めて有益である。

問題は摘出後の化学療法である。FIVが陽性である場合、化学療法の副作用などのリスクの増大を招きやすいことは明らかである。しかし本症例で化学療法なしの有効な治療法はあり得ない。

このような症例の治療において輸血が必須であるが、輸血の前に十分な輸液療法もまた必須である。さらに化学療法により貧血を悪化させる可能性、胃腸粘膜の傷害からくる2次的な敗血症などに目を光らせておく必要がある。

本症例では幸いにも化学療法（かなりこったものではあるが）において好中球やリンパ球の激減を示す副作用はみられなかった。また手術時に口腔内治療を済ませ、経食道内カテーテルの設置により飼い主が薬剤や有用サプリメントの投与を容易にできるようにしていたことも、治療上、極めて大切なポイントである。

(Vol.57 No.3, 2004 に掲載)

Case 09　DOG

嘔吐と下痢を示す症例

ゴールデン・レトリーバー，9歳齢，雄

【プロフィール】

ゴールデン・レトリーバー，9歳齢，雄，去勢ずみ。

【主　訴】

一昨日，食欲が廃絶し，元気がなく抑鬱状態となり，食べたものを嘔吐し，胃液までも吐いた。昨日は下痢をしたほかは元気が普通になり，食欲も回復した。ただしガスをしきりにしていた。

今日，朝から元気がなく，食欲は100％であったが，夕刻には突然ぐったりし，下痢と嘔吐（食後2時間）をしたために上診したものである。

【physical examination】

体重は36.16kg，栄養状態は120％，体温は37.6℃，呼吸は36回/min，心拍数は138回/min，股動脈圧は正常範囲内であった。可視粘膜は蒼白で，CRTは2秒と延長していた。腹部の膨大が認められた。

強い嗜眠傾向が認められたが，この時点での意識レベルは100％であった。

そこでさらに詳しい検査が行われた。

【臨床病理検査】

CBC，血液化学検査の結果は表1の通りであった。

糞便検査では虫卵－，潜血－，ルゴール＋，芽胞菌2＋で，浮遊法でも問題は認められなかった。

尿検査では，色調は濃褐色，比重1.026，pH6.5，蛋白－，Glc－，ケトン－，Bil 2＋，潜血－，ウロビリノーゲン－であった。

また腹腔内の液体を採取たところ，血液様の液体であった。CBCに準じて検査を行ったところWBCが14.6×10^3/μL，RBC 4.8×10^6/μL，Hb 12.1/dL，Ht 34.4％，MCV 71.7f，MCH 25.2 pg，MCHC 35.2 g/dL，Pt 49×10^3/μL，血液化学検査では，TP 5.91g/dL，Alb 2.62g/dL，Glb 3.30g/dL，Glc 107.6mg/dL であった。POINT1

POINT1	全血とほぼ同じ性状である。

表1　臨床病理検査

CBC		
WBC	28.7×10^3	/μL
RBC	4.58×10^6	/μL
Hb	11.0	/dL
Ht	32.1	％
MCV	70.0	fl
MCH	24.0	pg
MCHC	34.3	g/dL
pl	820×10^3	/L
血液の塗抹標本検査のリュウコグラム		
Band-N	0	
Seg-N	24.299×10^3	
Lym	1.148×10^3	
Mon	3.157×10^3	
Eos	95	
Bas	0	
RBCの多染性	＋	
RBCの大小不同	±	
血小板	減少	
血液化学検査		
TP	5.77	g/dL
Alb	2.43	g/dL
Glb	3.34	g/dL
ALT	21	U/L
AST	－	U/L
ALKP	103	U/L
T-Bil	0.10	mg/dL
Chol	184	mg/dL
Glc	160.1	mg/dL
BUN	20.8	mg/dL
Cr	1.70	mg/dL
P	6.21	mg/dL
Ca	9.14	mg/dL
Lip	1495	U/L
静脈血の血液ガス検査		
pH	7.21	
pCO_2	53.0	mmHg
pO_2	25.3	mmHg
HCO_3	20.7	mmol/L
BE	－7.2	mmol/L
O_2 サチュレーション	34.8	mmol/L
TCO_2	22.3	mmol/L
電解質		
Na	140	mmol/L
K	4.1	mmol/L
Cl	105	mmol/L

（　）内は本院における正常値を示す。

乳酸値は 2.7 であった POINT2。

> **POINT2** ショックが始まっていることが数値で確認された。乳酸値については【コメント】欄を参照のこと。

【単純 X 線検査】

胸部 RL 像（写真 1）：体表の軟部組織の輪郭は正常であるが，皮下脂肪がかなり認められ中程度の肥満である。骨格は正常範囲内である。胸腔では肺全葉にわたり瀰漫性に無数の微小で不定形斑状のマス病変が認められる。そのため血管陰影は不鮮明で，大動脈も明確ではなく，肺動静脈も不明瞭なものとなっている。

しかし胸骨リンパの腫大は認められず，心尖部下方では複数の小さいマスの重なり，あるいはマスを疑う陰影が指摘できる。

横隔膜ラインは正常範囲内である。肝臓は腫大し，鎌状靱帯の脂肪は肥満を反映して肥大している。

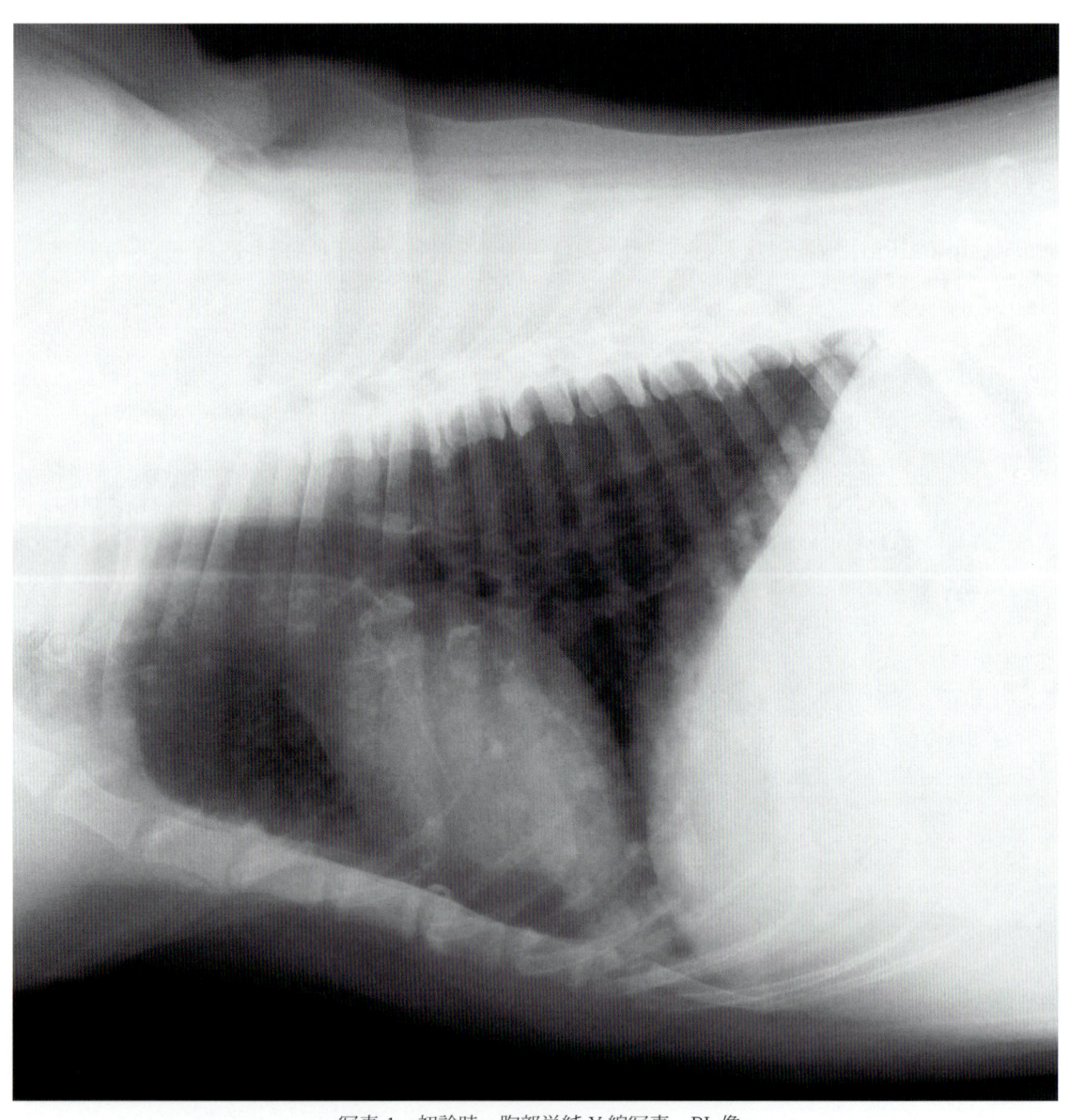

写真 1　初診時　胸部単純 X 線写真　RL 像

胸部 DV 像（写真 2）：体表の軟部組織は RL 像同様に中程度の肥満を示している。骨格は正常範囲内である。

①下部肋骨の張り出しの状態，②左右の尖葉の空気の含有量，③肺の拡張の度合いから，吸気時にはいささか努力性の呼吸があると推定される。

血管陰影は RL 像の所見で述べた通り，全葉にわたり，不定形無数の小さい斑状のマス病変が散在し，その結果，肺の血管は不明瞭である。

なお RL 像の心尖部付近で認められたマス病変を疑う所見は，この方向からでは，小さい斑状の病変が多く寄り集まったものとして見えていることがわかる POINT3。

POINT3　すなわち RL で認められた大きさのマスではないということである。このような例があることを心得ておくべきである。だから最低限，90 度違いの 2 方向撮影像が必要である。

腹部 RL 像（写真 3）：体表の軟部組織の輪郭は正常であるが，皮下脂肪がかなり認められ中程度の肥満である。骨

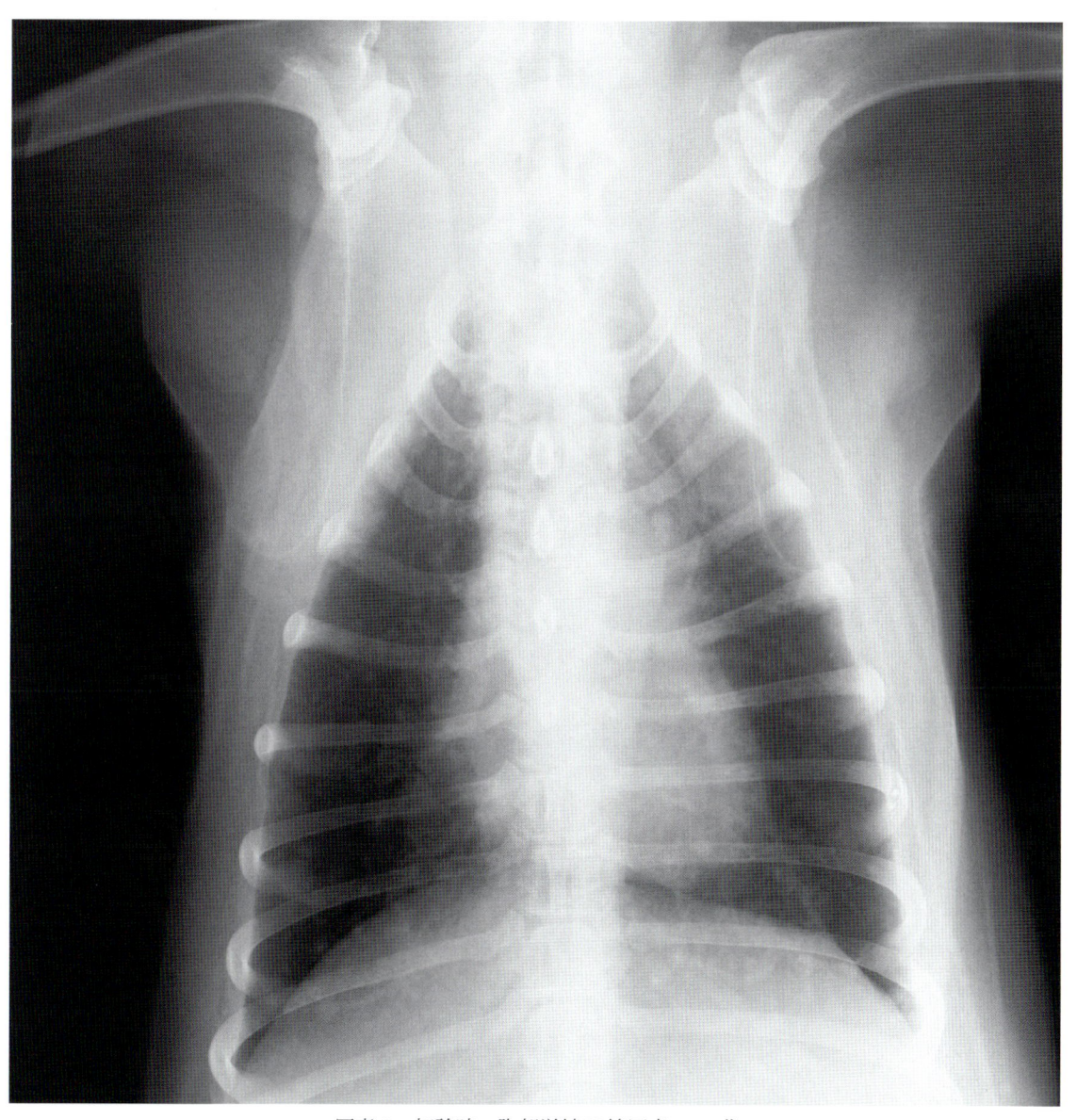

写真 2　初診時　胸部単純 X 線写真　DV 像

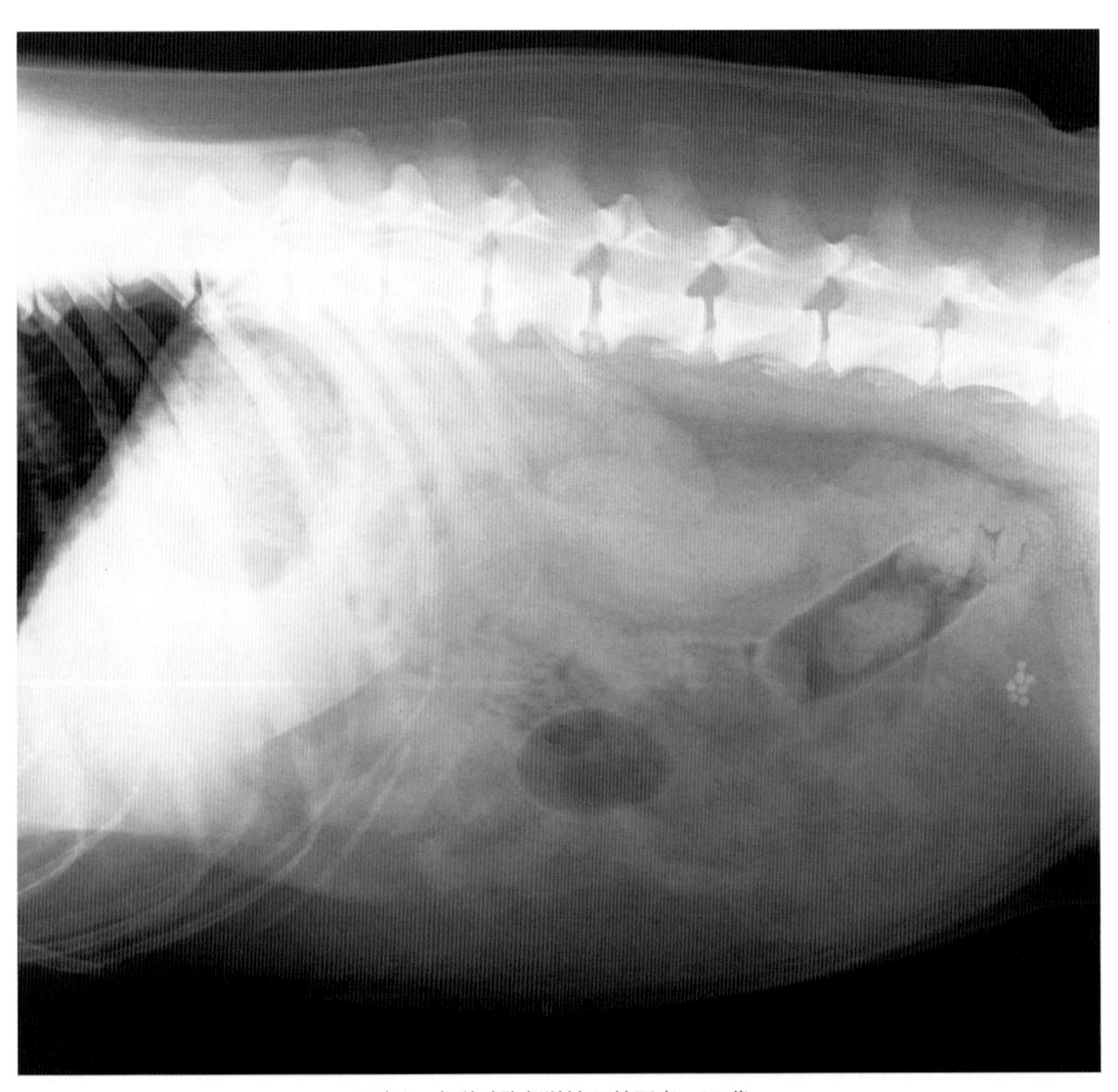

格は中等度の変形性脊椎症がT8以降L3まで認められる。
　横隔膜ラインは正常範囲内である。胸腔内では不定形の小型の斑状の病変が散在し，一部は横隔膜ラインより腹腔側の後葉にもそのような変化が認められる。
　腹側の腹壁ラインは中等度に膨大し，鎌状靭帯周囲の脂肪は肥大，肝臓腹側および中腹部背側の脂肪陰影として表現されている。
　なお，腹腔内の出血を反映して，液体の中等度の貯留が認められ，部分的には漿膜面の陰影を不鮮明にするとともに，不明瞭で不定形の陰影が前腹部腹側にかけて明瞭に認められる。
　腎臓の輪郭は一部を除き不鮮明となっている。脾臓は明瞭には認められない。胃胞内には中等度の食渣が認められる。
　腹部VD像（写真4）：体表の軟部組織はRL像同様に中程度の肥満を示している。骨格は正常範囲である。横隔膜

写真3　初診時腹部単純X線写真　RL像

ラインは正常範囲内である。胸腔には肺後葉に不定形の小型の斑状のマス病変が散在している。

胃胞は少量の食渣を満たしている。通常，小さな三角形として認められる脾臓部分では，脾臓陰影が明瞭には認められず，異常な形態を示している。胃胞，腎臓も形態が異常であり，輪郭は明確ではない。右側の胸壁に沿った液体の貯留のために異常陰影が広範に認められる。

【診　断】

9歳という年齢，脾臓の異常陰影，腹腔内大量出血から脾臓原発の血管肉腫および肺への瀰漫性の転移とX線検査上診断したが，腹部超音波検査では肝臓の血管肉腫が主であることがわかった。

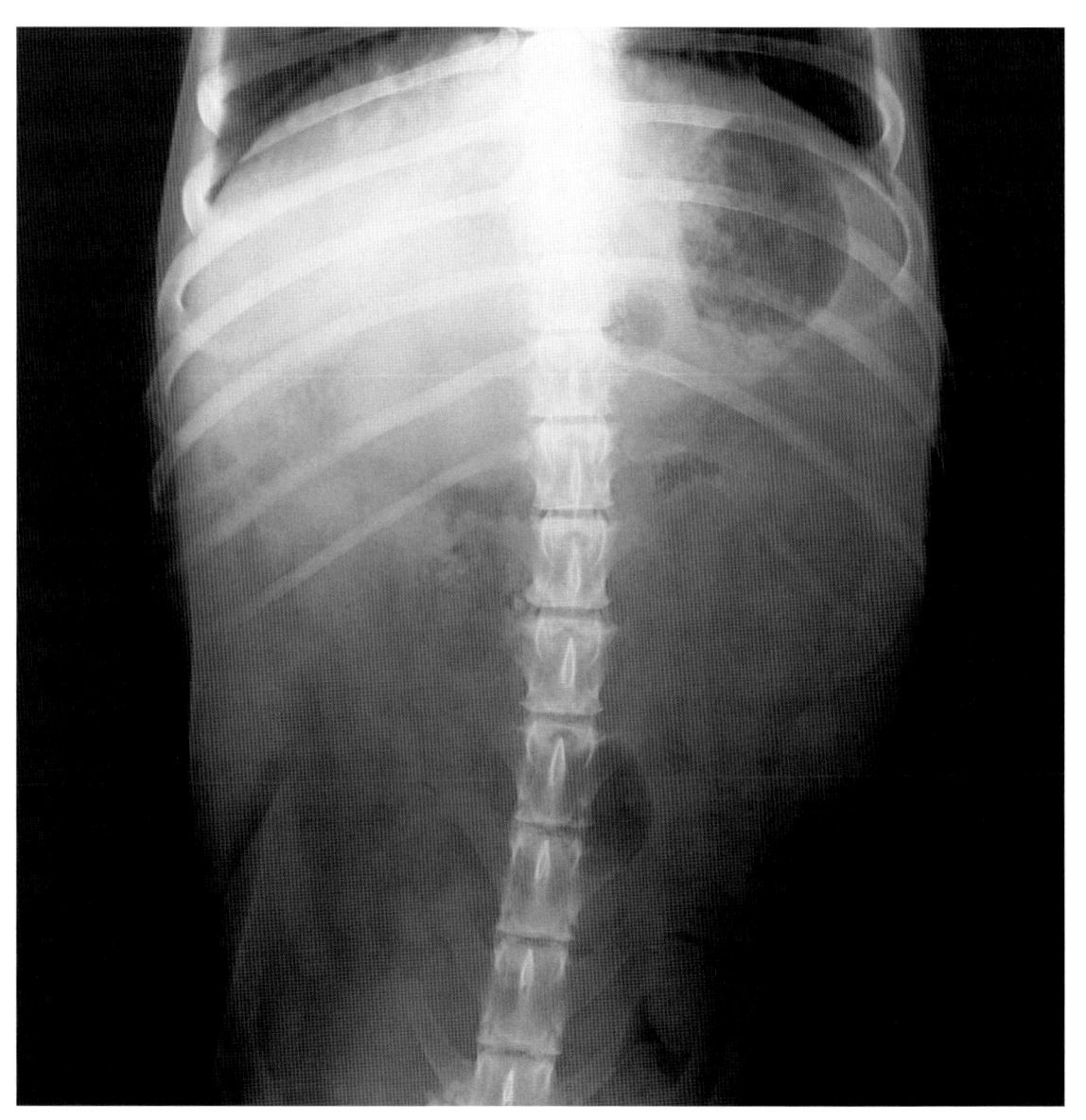

写真4　初診時腹部単純X線写真　VD像

☞ あなたならどうする。次頁へ

☞

① 輸液・輸血
② 超音波検査による各実質臓器と液体のさらなる確認
③ 開腹とマスの切除
④ 術後の化学療法＋サプリメント療法
⑤ それらを行うために飼い主に十分な説明を行いインフォームド・コンセントを得る。

【治　療】

　腹腔内の大量の出血がかなり急速に起こっていると考えられ，直ちに救急処置を開始した。

　静脈を確保し，急速生理食塩水を投与（術中を入れて合計1200mL）するとともに輸血準備のための輸血犬の血液とのクロスマッチを行った。そして合計740mLの新鮮全血輸血（術中420mL＋術後320mL）を行った。

　麻酔はプロポフォール200mg IVの後，酸素とイソフルランで維持した。

　手術の前に心電図検査および超音波検査（写真5）を行った。

　心電図検査の結果，洞性頻脈，軽度の左心肥大，心筋レベルの低酸素症が認められた。また心拍数は164回/minであった。

　超音波により肝・脾臓を迅速に検査した結果，肝臓に大きな腫瘤2個，小さい腫瘤3個，脾臓に小さな腫瘤2個が認められた。さらに，内視鏡による胃内検査と生検が行われた。

　次いで開腹手術を行った。鎌状軟骨から包皮前縁に至るまでの正中切開を行い，腹腔内を吸引後，全腹腔臓器の精査を行った。

　右葉内側部の大きい腫瘤の破裂 POINT3 からの出血であることが判明した。かつ外側左葉にこぶし大の腫瘤と，さらに2つの腫瘤，左葉の内側部に1つの腫瘤が認められた。幸いにも出血する腫瘤を含む内側右葉はその部位から切除可能と判断し，内側右葉と外側左葉を図1の部位から超音波血管凝固型のハーモニックスカルペルで切除し，摘出した。また脾臓は全摘出した。

POINT3　本血管肉腫はもろく，このようなことがよく起こる。

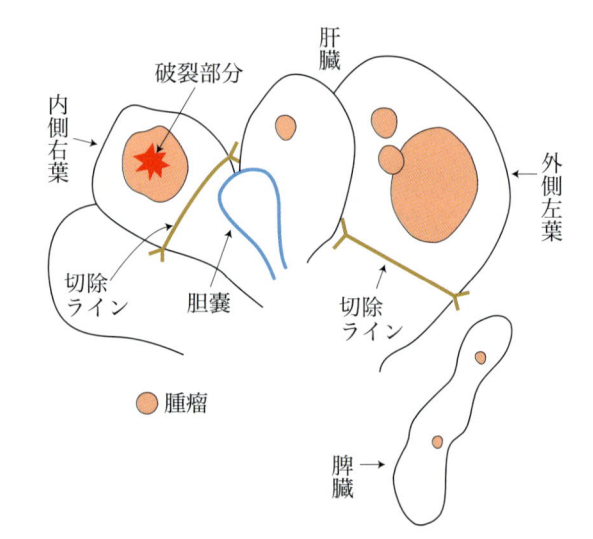

図1　開腹時の所見および切除部位

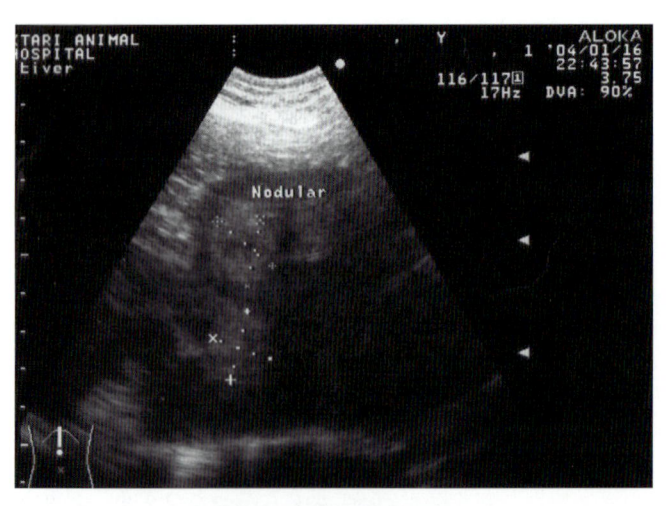

写真5　超音波検査写真

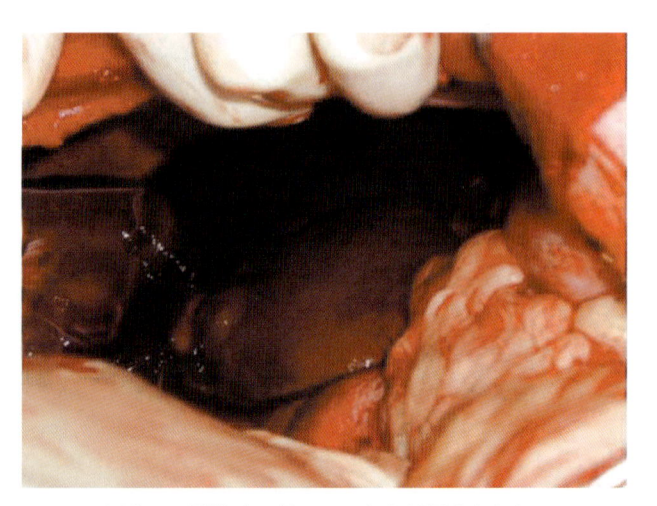

写真6　開腹時，約2ℓの出血が認められた。

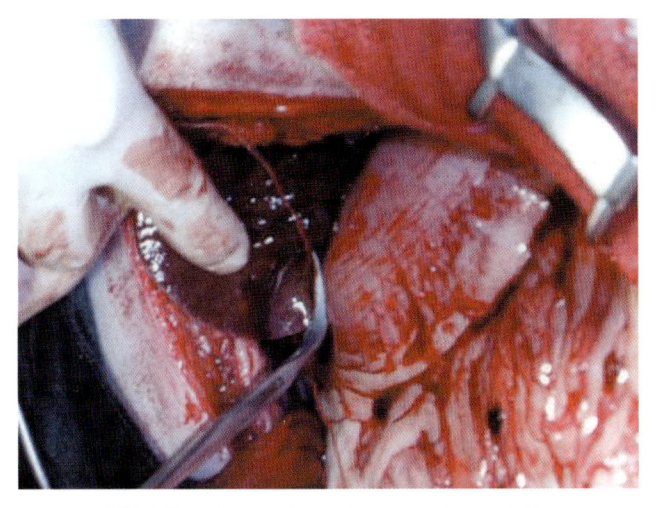

写真7　内側右葉にゴルフボール大のマスがあり破裂していた。

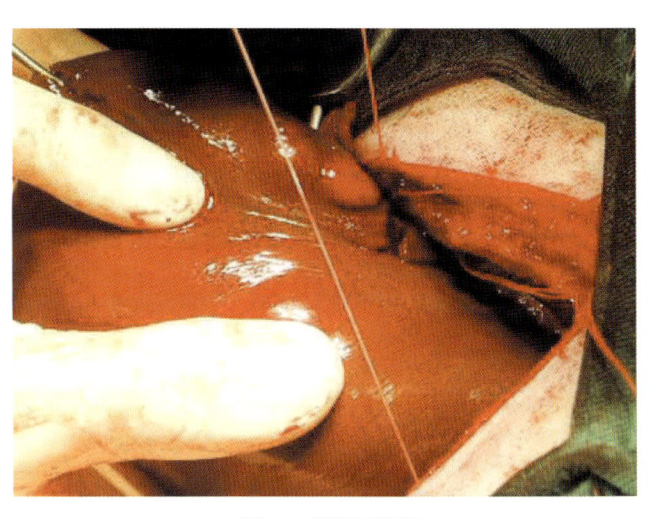

写真9　肝葉切除術

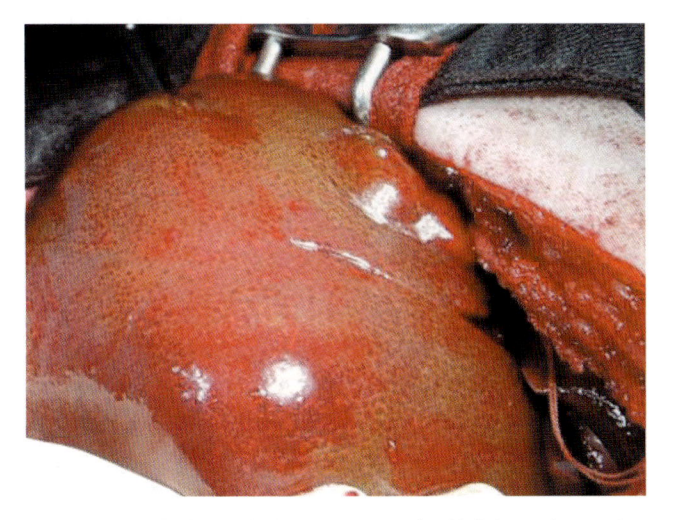

写真8　外側左葉に小指大のマスおよび肝葉内部にゴルフボール大のマスが認められた

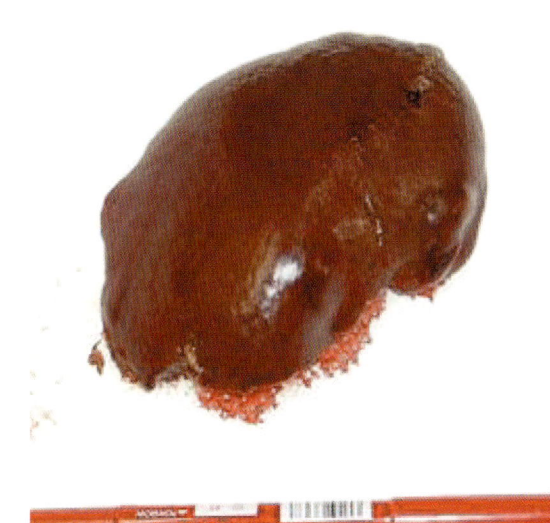

写真10　切除した肝葉

　術中のCBCではWBCが$19.0 \times 10^3/\mu L$, RBC $4.36 \times 10^6/\mu L$, Hb 10.6/dL, Ht 29.9%, MCV 68.5f, MCH 24.3pg, MCHC 35.5g/dL, Pt 38.9/Lであった。静脈血の血液ガス検査ではpH 7.515, pCO_2 22.4mmHg, PO_2 41.1mmHg, HCO_3 17.7mmol/L, BE −5.2 mmol/L, O_2サチュレーション99.8mmol/L, TCO_2 18.4mmol/Lであった。電解質ではNa 140mmol/L, K 3.6mmol/L, Cl 103 mmol/Lであった。

　アンピシリン1g IV, ガスター4.0mL IV, プリンペラン4.0mL SC, トンキー（造血剤）3.6mL IM, 生理食塩水930mL IVを行った。

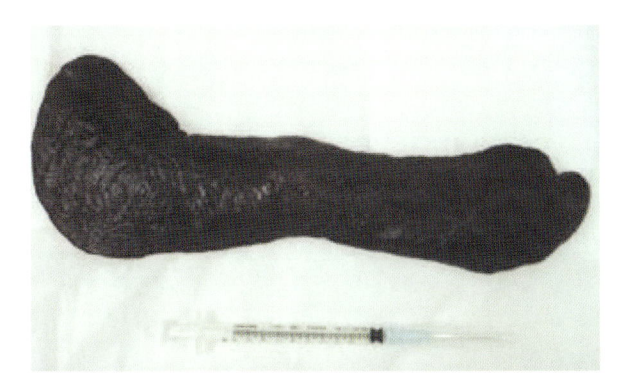

写真11　全摘出した脾臓

表1　病理検査報告

血管肉腫

　肝実質内に形成された複数の腫瘍部分には，何れも血管内皮細胞由来の悪性腫瘍病変が認められた。

　肝実質内に大小の腫瘤が形成され，内部には広範囲に出血壊死が認められる。腫瘍は不規則に吻合する血管腔で構成され，クロマチン豊富な多形成異型核を有する未熟な異型内皮細胞が，1層ないし数層で被覆するように増生しているが，血管としての分化が悪く血管腔形成が不明瞭な充実性増生巣も形成されている。

　検索した範囲内では肝臓実質内に限局しているが，腹腔面から露出しているので，腹腔内を播種性に転移する可能性がある。さらに，肝内や肺などへの血行性転移が高頻度にみられる悪性腫瘍病変であるので，精査と厳重な経過観察が必要である。

獣医師　高橋秀俊（㈱アマネセル）

【経　過】

　術後2時間では，Ht 32.9%で，静脈血の血液ガス検査ではpH 7.391, pCO$_2$ 34.9mmHg, PO$_2$ 63.9mmHg, HCO$_3$ 20.7mmol/L, BE −4.2mmol/L, O$_2$サチュレーション92.5mmol/L, TCO$_2$ 2.84mmol/Lであった。電解質ではNa 142mmol/L, K 3.1mmol/L, Cl 104mmol/Lであった。

　第2病日，食事はHill's n/d缶2個を食べることができた。体温38.8℃，呼吸数48回/min，脈拍112回/min，CRTは1秒であった。CBC等の臨床病理検査結果は正常範囲内となった。

　第3病日，抗生物質の投与を中止した。右眼の化膿性結膜炎が認められ，その治療のため，眼瞼および球結膜の清拭後，ロメフロン1ドロップの投与を行った（QID）。さらにビタミンB12 3.6mL IM，その他にアガリクス，メシマコブ，トランスファーファクターを毎日投与とした。

　第4病日，通院に便利な動物病院を紹介して退院させた。この時点で耳の検査を行ったところマラセチア＋，球菌4＋であった POINT4。

> **POINT4**　本来ならば初診時に行われるべきであるが，救急のためこの時点となってしまった。ただしこのようなことは起こりがちである。特にベテランになればなるほど初心を忘れないようにすべきである。常にphysical examinationが最も大切。

　引継ぎ病院には，眼および耳の治療の継続，食事はHill's n/dの投与を含めてフォローアップのための十分な引継ぎを行った。

　化学療法は飼い主の同意が得られず，行われなかった。

　1週間後，本院で抜糸を行った。経過は順調である。

【コメント】

　退院後，飼い主には，散歩や犬が自ら走ることは許してもよいが，飼い主が無理に走らせたり，励ましたりすることはないように注意をする必要がある。また食事はHill's n/dがベストであるが，食欲が不足の場合は飼い主が与えたいもの（すなわち犬が好きなもので高蛋白質なものとなる）をあげてもかまわないことを伝える必要がある。

　本症例は，緊急なものにもかかわらず，飼い主が気づかないものであった。初診時に意識レベルが100%であったことも一因である。その際に可視粘膜の蒼白をみて飼い主は初めて異常を認識した次第であった。

　入院2時間後の心拍数が164回/minに達したことから，さらに出血は進んでいることは明白であり，Ht等の数値の推移からも証明される。また四肢末端の体温は低下し，血液はアシドーシスが進行していた訳で，これらの全てはショックの進行を示している。

　超音波検査を行うまでは脾臓の巨大なマスを認めていたわけではないが，血管肉腫は脾臓を原発とするものが最も多いため，漠然と脾臓からの出血と考えてしまった。本症例では主要な病変は肝臓にあり，肝原発性と考えられ，2つの腫瘍のうち1つが破裂したため急性の出血を起こした。開腹による出血原因の確認と除去がまず必須なものとなる。

　予後および生存期間中のQOLを考慮しながら治療法を考えていくことが重要である。輸液・輸血を行いながらの開腹の結果，出血のありかを確認でき，止血も可能であり，救命は十分に可能であると判断された。血管肉腫の場合，統計的に予後は平均して1～3か月程度で，化学療法を行った場合，その1.5～2倍となる。この症例では急速に致死的方向に病状が悪化したものであるが，急速な悪化を断てば，術前と同様のQOLを獲得できるものと判断した。また肺への転移があることから，全身的な転移もあり，副作用を考慮したとしても化学療法が必須であったが，残念ながら飼い主の同意は得られず，サプリメント中心の治療となった。

　本症例の化学療法は，アドリアマイシンの使用である。同剤の副作用は，注意深く投薬が行われる限り，直接，急速に死の転帰を取ることはない。サプリメントの投与

は，1つのオプションとして飼い主に勧めている。すでにかなりの症例に応用してきたが，主観的な印象の域を越えるものではないが，患動物，飼い主，獣医師にとって明らかにプラスである。

§乳酸値の測定について

乳酸値はショックの進行に比例して上昇することはよく知られていたが，簡単かつ正確に濃度を計測することは困難であった。近年に至りようやく実用できる計測装置が市場に出回ることになった。それは米国のスポーツ医学での乳酸値の測定が普及したことが下地となっている。獣医療においては，乳酸値の傾向を把握することによって，ショックの改善・悪化が一目瞭然で判断でき，ショックの程度と末梢循環不全のボリュームを知る上で極めて重要であると考えている（計測装置の問合せはアローメディカル㈱へ）。

（Vol.57 No.4, 2004 に掲載）

Case 10 DOG

多発性の化膿創切開後, 2次治療のため紹介された難症例

ミニチュア・ダックスフンド, 2歳10か月齢, 雄

【プロフィール】

ミニチュア・ダックスフンド, 2歳10か月齢, 雄, 去勢ずみ。

【ダクタリ動物病院岡山病院での経過】

食欲が減退したということで来院。初診時, 体重6.7kg, 体温39.0℃。どこか痛がる様子があり, バイトリルとリマダイルを処方した。約2週間後, 元気なく, 上腹部および左側胸部背側および前胸部, 顔面などに不定形の腫脹部が認められた。その部分は浮腫＋, 疼痛＋で, 特に包皮右側, 腹部には化膿創が認められた。

その時点でのCBCではWBCが $8.4 \times 10^3/\mu L$, RBC $5.2 \times 10^6/\mu L$, Hb 13.1/dL, Ht 34.3%, MCV 66.0fl, MCH 25.1pg, MCHC 38.2g/dL, Pt $90 \times 10^3/L$ であった。血液化学検査では, TP 5.0g/dL, Alb 1.9g/dL, AST 246U/L, ALKP 246U/L, T-Bil 0.3mg/dL, Chol 231mg/dL, Glc 82mg/dL, BUN 20.2mg/dL, Cr 0.6mg/dL, P 6.21mg/dL, Ca 9.14mg/dL であった。

翌日, 化膿創は切開切除した。

その後, 弛張熱 (37.5～40.8℃) が続き, 体重は減少傾向が続き, 術部の炎症がひかず, 全身の疼痛, 硬直状態も時に見られ, 注射部位に肉芽腫様病変が4か所認められた。食欲, 元気は低下, さらに下痢や嘔吐も認められるようになり, 病態の悪化が進行し, 診断が確定できないので, 初診から75日目にダクタリ動物病院広尾セントラル病院に転院させた。

§ダクタリ動物病院広尾セントラル病院での経過

以下, 病日はダクタリ動物病院広尾セントラル病院での初診日を基準とする。

【physical examination】

体重は5.78kg, 栄養状態は80%, 脱水9%, 体温は

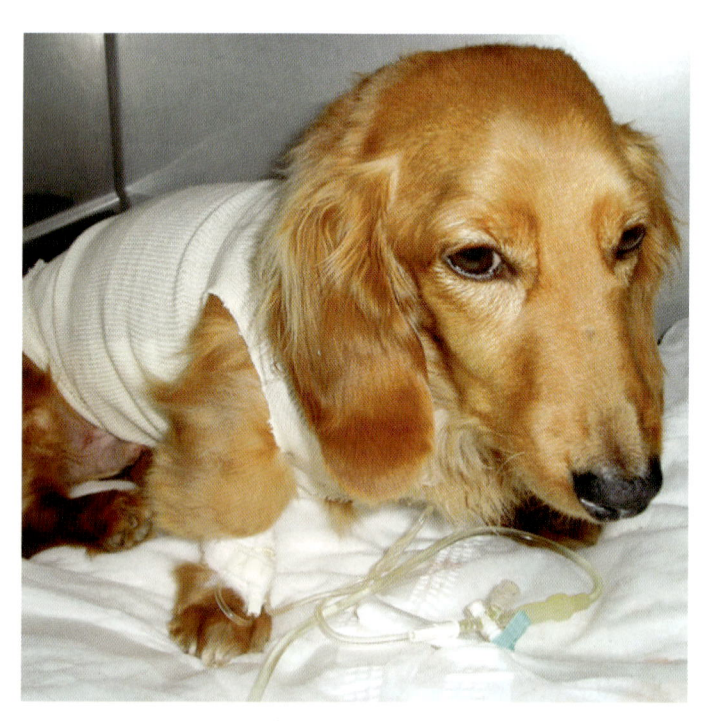

写真1　症例犬の顔貌

39.1℃，呼吸は24回/min，心拍数は168回/min，股動脈圧は100%，意識レベルは90%であった。元気は著しく低下している。左右対称にこめかみと下顎咬筋の著しい萎縮が認められ，大きく開口することはできない。前中腹部の疼痛は2＋。

神経学的検査は全て正常範囲内であった。

【臨床病理検査】

CBC，血液化学検査の結果は表1の通りであった。尿検査（カテーテル尿）では，色は黄色，比重は1.070，pHは6.0で，その他全て－であった。

糞便検査では，虫卵－，潜血＋，ルゴール－，その他－であった。

【暫定診断】

免疫介在性の多発性筋炎と無菌性腹膜炎（軽度）と暫定診断した[POINT1]。

> **POINT1** 咬筋が衰えている，クレアチニン値，BUN値が低い。絶えずAST値がALT値を上回っていたことなどから判断した。この時点でのCPKは正常範囲内であった。

そこでX線検査，心電図検査，血圧検査が行われた。血圧は収縮期86，拡張期50，平均65であった。

【単純X線検査】

腹部RL像（写真2）：体表の軟部組織の輪郭および骨格は正常範囲内である。胸腔内の心臓，血管，肺野，横隔膜ラインも正常範囲内である。

肝臓は軽度に腫大している。脾臓は腫大を示している。

異常なガスパターンがあり，詳細に見てみると軽度の腹膜炎を示唆する不定形の陰影が中腹部を中心とて散在している。

腹部VD像（写真3）：RL像同様に，体表の軟部組織の輪郭，骨格，心臓，肺野は正常範囲内である。心陰影と肺動静脈の状態からすると血流の減少が認められる。

肝臓は軽度に腫大し，特に中腹部における不定形の瀰漫性の陰影が認められることから，軽度の腹膜炎の所見と異常なガスパターンが認められる。

胸部RL像（写真4）：体表の軟部組織の輪郭および骨格は正常である。心臓，肺野は正常範囲内であるが，血流量の減少が認められる。横隔膜ラインは正常範囲内である。

表1　臨床病理検査

CBC		
WBC	26.1×10^3	/μL
RBC	4.77×10^6	/μL
Hb	10.6	/dL
Ht	31.2	%
MCV	65.4	fl
MCH	22.2	pg
MCHC	34.0	g/dL
pl	497×10^3	/L
血液の塗抹標本検査のリュウコグラム		
Band-N	0	
Seg-N	21.633×10^3	
Lym	261	
Mon	4.176×10^3	
Eos	0	
Bas	0	
RBCの多染性	＋	
RBCの大小不同	＋	
血液化学検査		
TP	5.91	g/dL
Alb	2.21	g/dL
Glb	3.70	g/dL
ALT	11	U/L
AST	16	U/L
ALKP	78	U/L
T-Bil	0.1	mg/dL
Chol	211.7	mg/dL
Glc	120.0	mg/dL
BUN	7.6	mg/dL
Cr	0.36	mg/dL
P	3.83	mg/dL
Ca	8.54	mg/dL
静脈血の血液ガス検査		
pH	7.452	
pCO_2	46.7	mmHg
pO_2	44.8	mmHg
HCO_3	31.9	mmol/L
BE	7.9	mmol/L
O_2サチュレーション	82.5	mmol/L
TCO_2	33.3	mmol/L
電解質		
Na	143	mmol/L
K	3.6	mmol/L
Cl	104	mmol/L

（　）内は本院における正常値を示す。

肝臓は軽度の腫大を示している。

胸部DV像（写真5）：体表の軟部組織，骨格，肺野，横隔膜ラインはRL像同様に正常範囲内である。心陰影と肺血管陰影はやや縮小していることから，血流量の減少が推定される。肝臓の軽度の腫大が認められる。

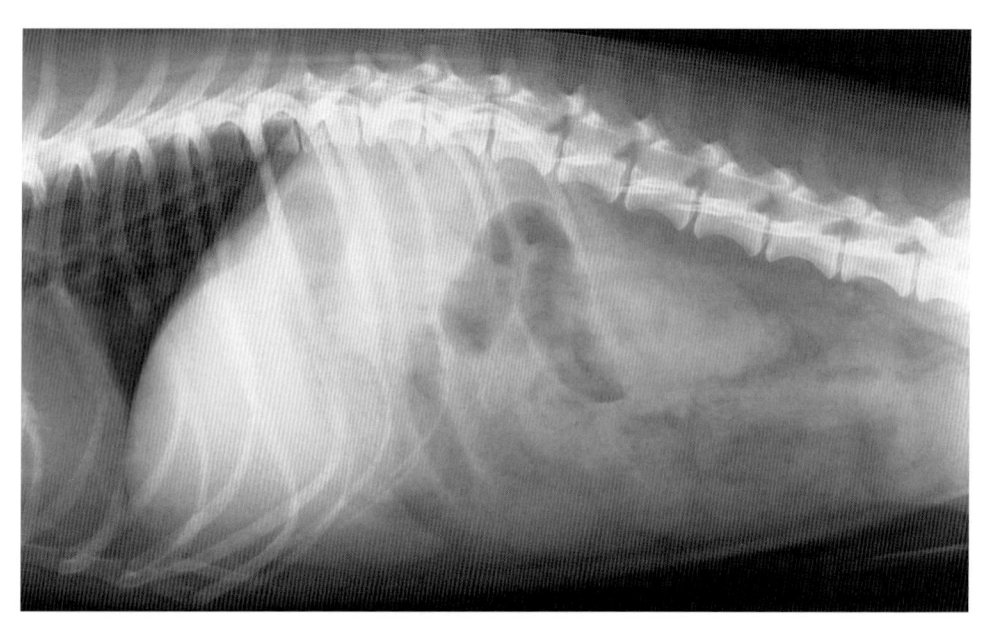

写真2　初診時　腹部単純X線写真　RL像

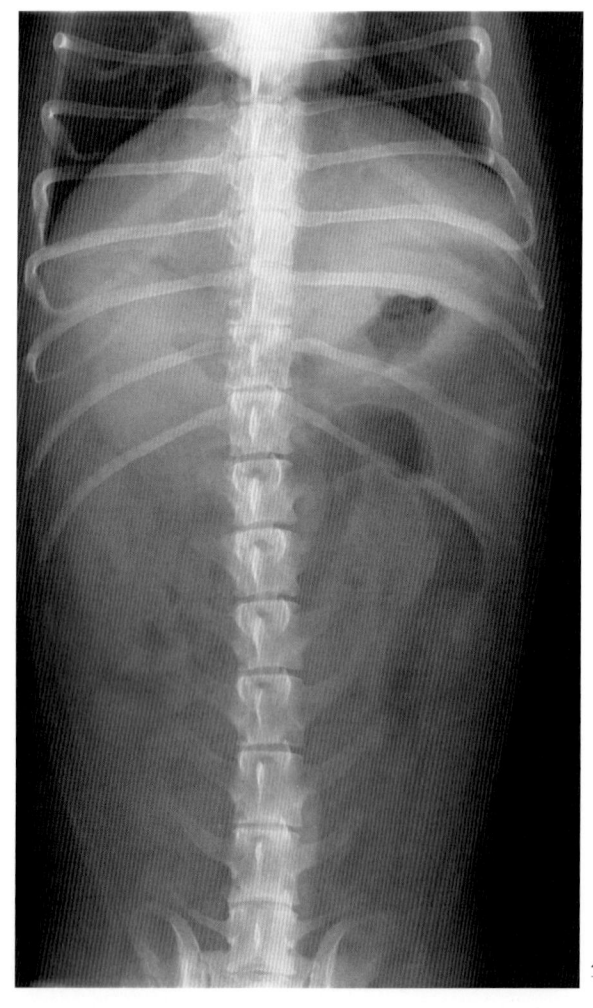

写真3　初診時　腹部単純X線写真　VD像

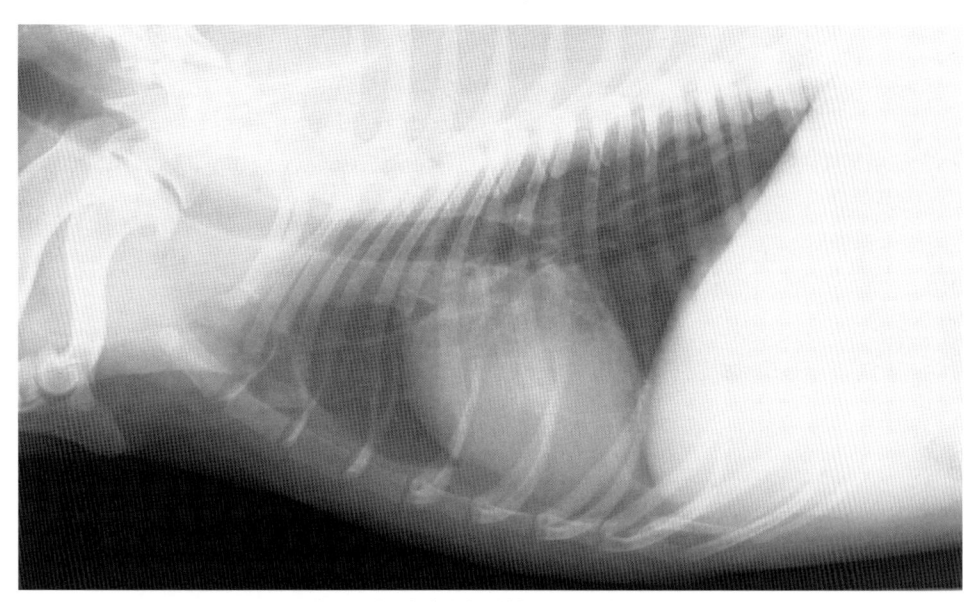

写真4　初診時胸部単純X線写真　RL像

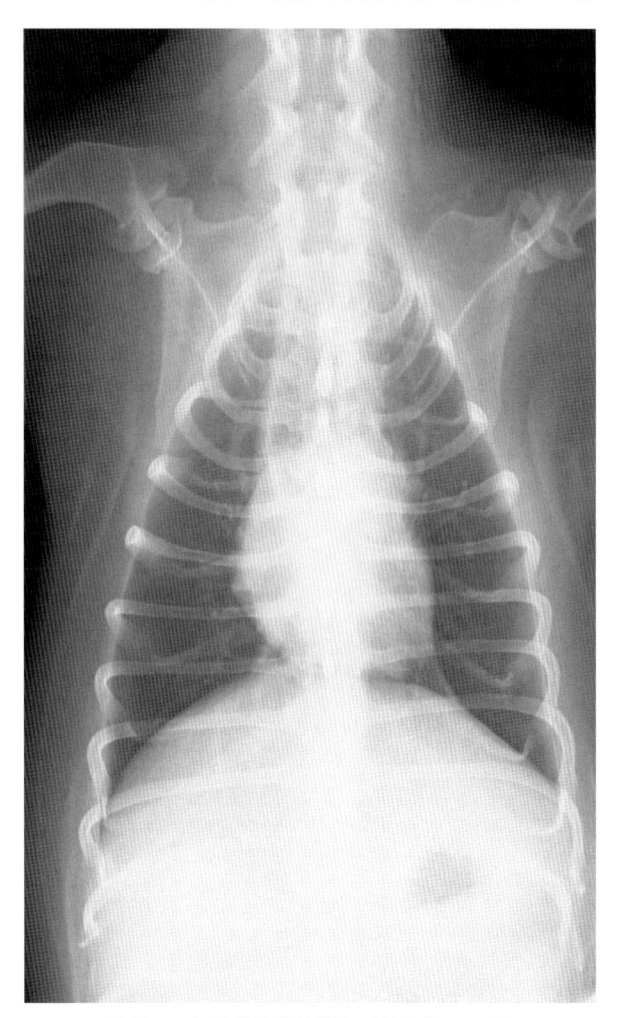

写真5　初診時胸部単純X線写真　DV像

☞ あなたならどうする。次頁へ

☞
①輸液・輸血
②内視鏡による胃・十二指腸検査および超音波による肝臓、胆嚢、膵臓などの検査
③開腹手術による腹膜炎の原因の解明と治療
④それらを行うために、飼い主からインフォームド・コンセントを得る。
⑤必要な臨床病理検査とX線検査追加などを考慮

【治療】

第1病日

激しい急性出血性胃炎と嘔吐のコントロールのために初診日の13時15分、NaCl・K（100：6）＋Bコンプレックス＋プリンペランを30mL/hで投与した。次いでアルサルミン2錠PO、ガスター0.6mL IV、アスゾール2錠PO、サイトラック1/6錠PO、セファレキシン0.6mL IVを投与した。

16時30分、ポララミン0.3L IVし、クロスマッチを確認した後、全血170mL、血清60mLの輸血を行い、絶食とした。

第2病日

脱水0%、体温は39.4℃、呼吸は26回/min、心拍数は96回/minであった。体温夜間に間欠的に嘔吐（10〜15回）を繰り返し、その中には血液が混入していた。

CBCではWBCが$32.3×10^3/\mu L$、RBC $5.87×10^6/\mu L$、Hb 12.8/dL、Ht 37.4%、MCV 63.7f、MCH 21.8pg、MCHC 34.2g/dL、Pt 367/Lであった。静脈血の血液ガス検査ではpH 7.414、pCO_2 37.0mmHg、PO_2 42.7mmHg、HCO_3 23.2mmol/L、BE －1.4 mmol/L、O_2サチュレーション79.4mmol/L、TCO_2 24.3mmol/Lであった。電解質ではNa 140mmol/L、K 5.3mmol/L、Cl 103mmol/Lであった。

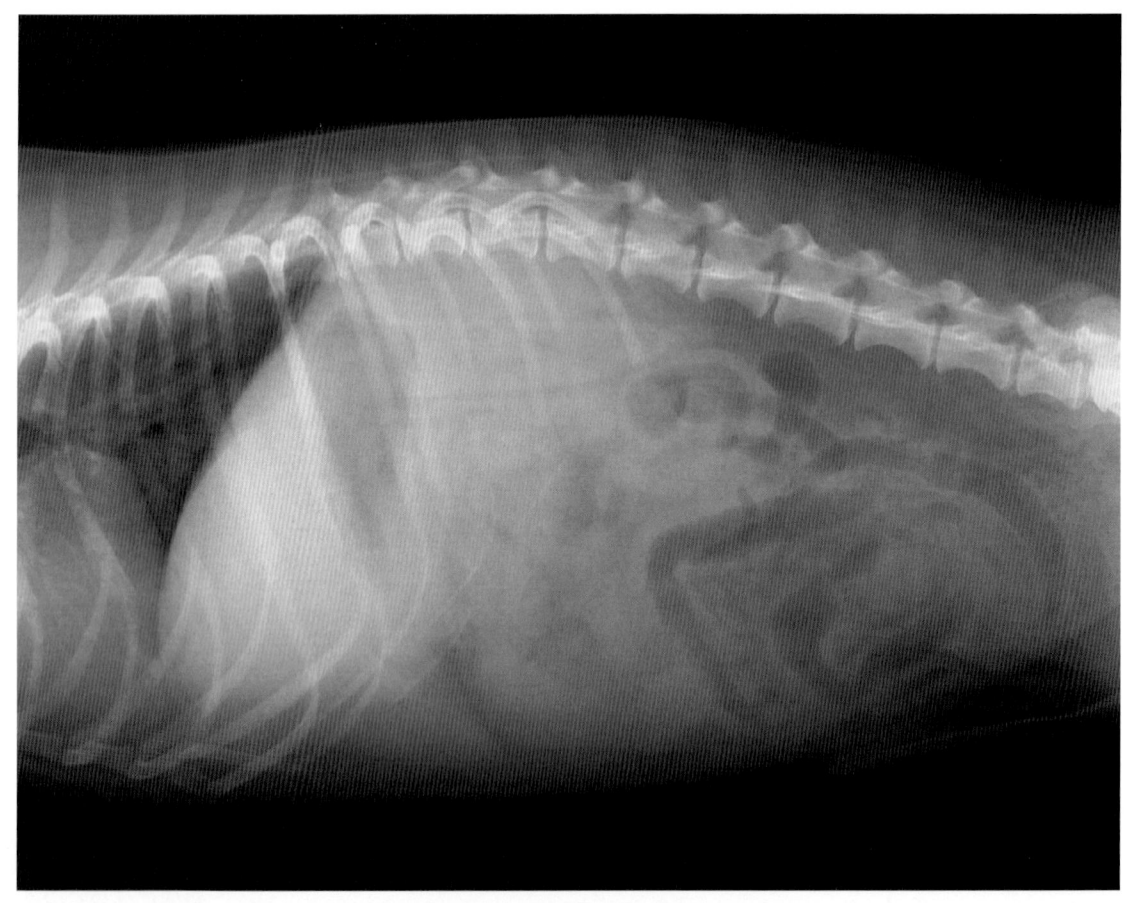

写真6　第2病日の腹部単純X線写真　RL像

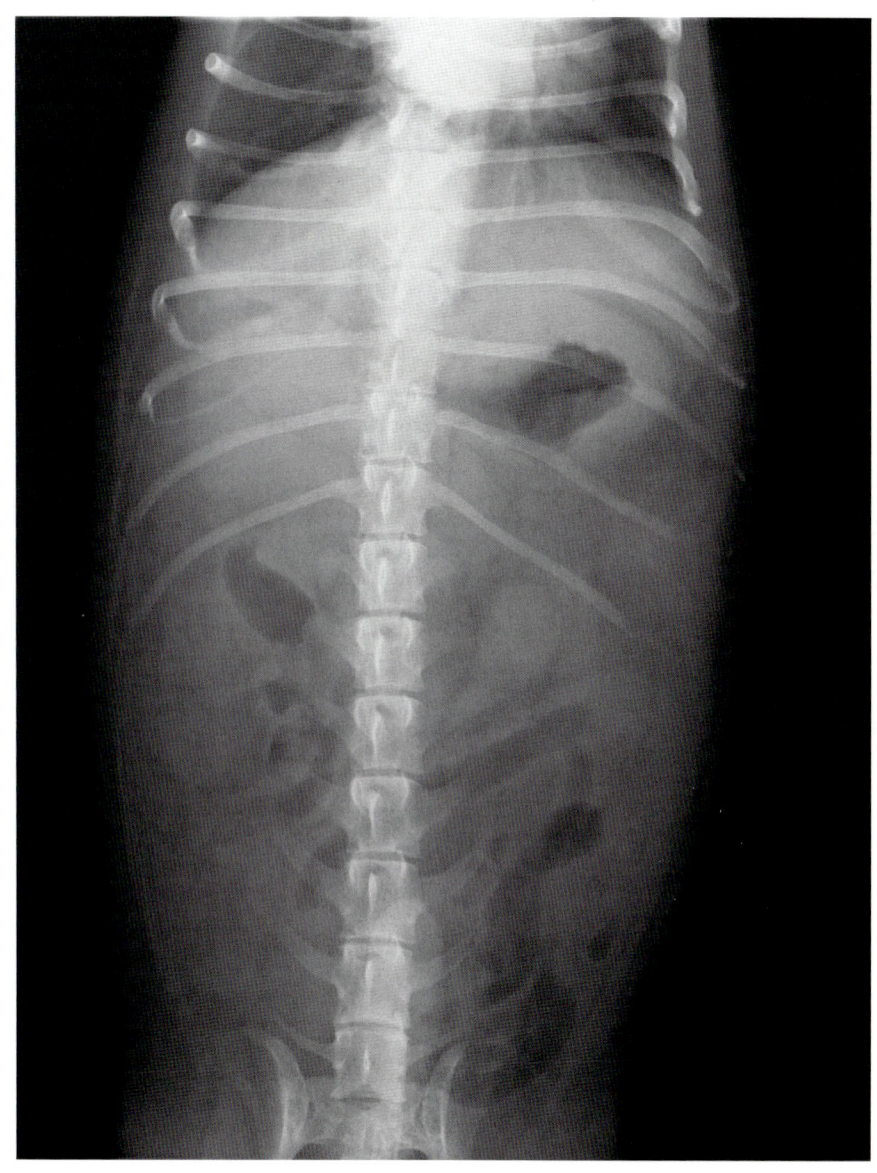

写真7　第2病日の腹部単純X線写真　DV像

そこで改めてX線検査と腹腔穿刺を行ったところ、非化膿性の腹膜炎の悪化と診断された（写真6，7）POINT2。

POINT2　本中腹部を中心とする不定形斑状の微小陰影が初診日より増強しており、腹膜炎が悪化していると判断される。

飼い主からのインフォームド・コンセントを得て、直ちに開腹手術の準備に取り掛かった。

アトロピンのSC、ケタミン、セルシン、スタドールのカクテルIVで導入し、気管内挿管を行い、イソフルランと酸素による全身麻酔を行った。

術前には輸液〔NaCl・K（100：2）＋Bコンプレックス＋プリンペラン0.5～1mg/kg 48時間継続投与〕、輸血準備、内視鏡検査およびウログラフィン造影X線検査POINT3が行われたが、腹腔への流出は認められなかった。

POINT3　本ウログラフィンは水溶性の造影剤で胃腸管の状況、特に腹腔内への漏洩の有無を確認するするために行われた。

内視鏡検査では、胃および十二指腸にかけて強い出血、糜爛が認められた。

手術は鎌状軟骨から包皮前縁に至る正中切開で行い、肝臓の全葉、胆嚢、総胆管、十二指腸、膵臓、副腎、腎臓、腸間膜の全て、空腸、回腸、結腸を精査した。その結果、

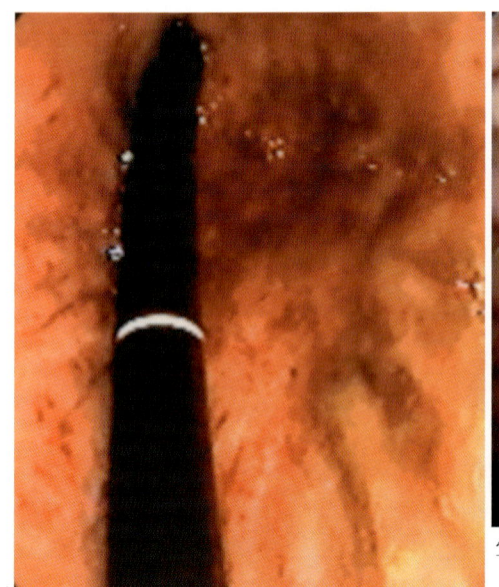

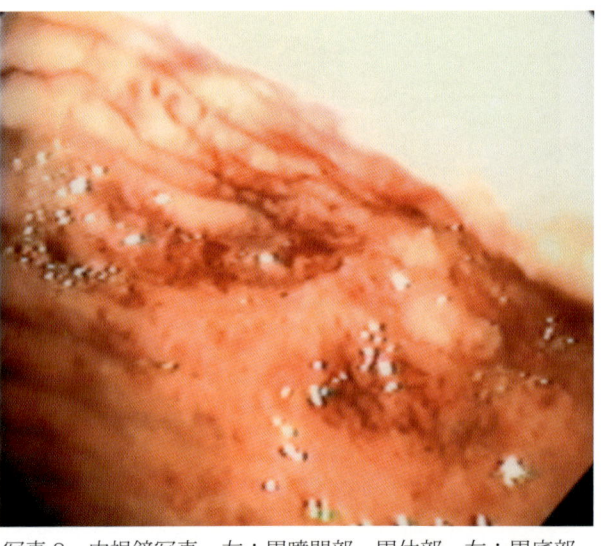

写真 8 　内視鏡写真　　左：胃噴門部－胃体部，右：胃底部

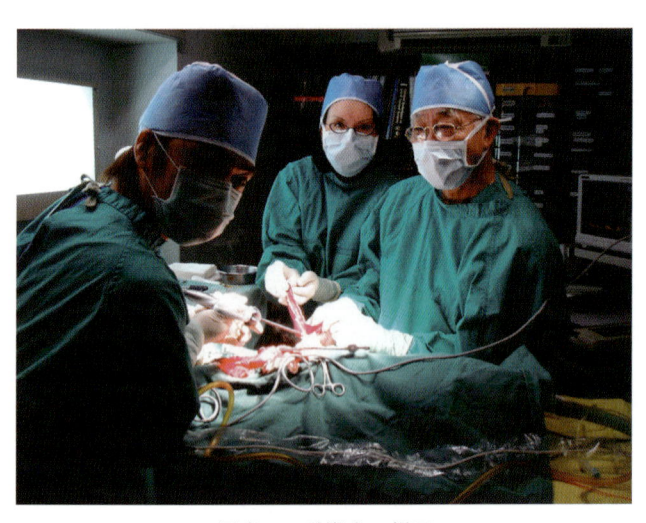

写真 9 　手術中の様子

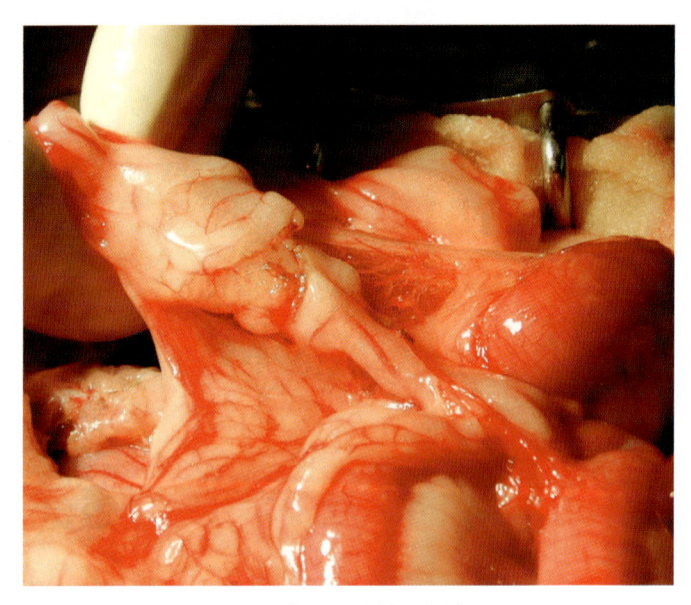

写真 10 　腸管の切除

特に大網および空腸の腸間膜動脈の末梢動脈の十数か所に，大豆大内出血を伴う硬結が多発し，漿膜面に強い炎症が認められた。腸間膜リンパ節は腫大 4 ＋であった。細胞診を行ったところ腸管ではリンパ球 2 ＋，マクロファージ 3 ＋，好中球 4 ＋，リンパ節では好中球 4 ＋，細菌－，脾臓ではリンパ球 3 ＋，マクロファージ 2 ＋，好中球 2 ＋，幽門部漿膜面では好中球 3 ＋，マクロファージ 2 ＋，細菌－であった POINT4。

POINT4 何れの組織からも細菌が検出されず無菌性である。悪性腫瘍と細菌性腹膜炎は否定された。

超音波血管凝固型のハーモニックスカルペルの使用で，脾臓全摘出，大網全摘出，空腸 35cm の切除を行った。

術中はリンゲル液 260mL の投与および輸血 210mL が行われた。

術中に多発性筋炎に継発した多発性動脈炎に伴う急性の無菌性腹膜炎と臨床診断した。

術後 4 時間，麻酔からの覚醒は良好，全てのバイタルサインは良好で安定し，血液ガスと電解質検査の値も正常範囲内であった。

腸間膜リンパ節，切除した空腸の腸管膜付着部の十数組

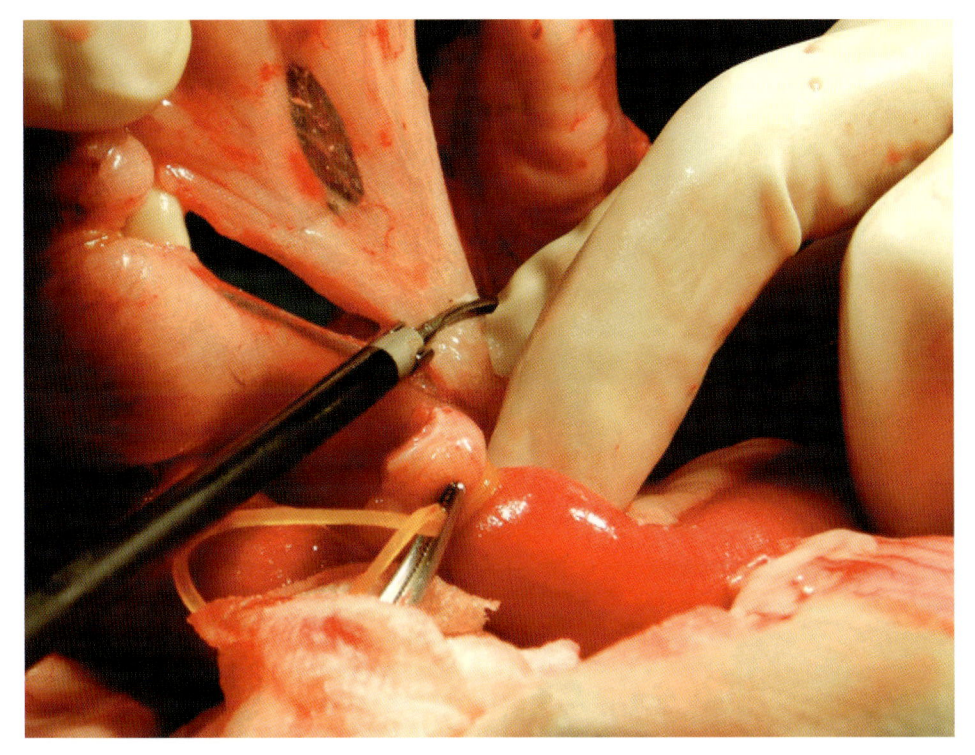

写真11 超音波メス（ハーモニックスカルペル）を使用しての大網の切所後，病変の強い空腸（35cm）を切除して，腸管断端吻合

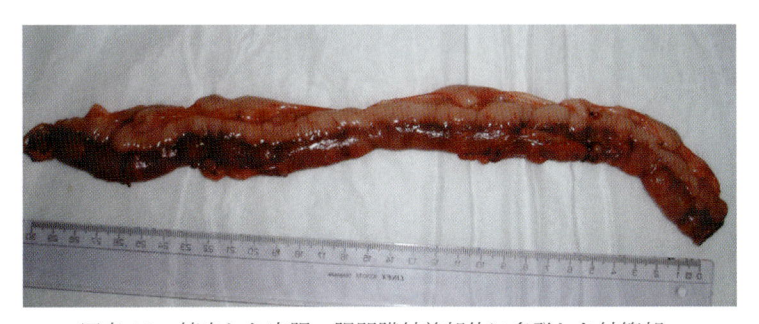

写真12 摘出した空腸 腸間膜付着部位に多発した結節部

の結節の好気・嫌気培養では何れも細菌は−であった。

第3病日（術後1日）

体温は38.4℃，呼吸は18回/minであった。術部発赤−，腫脹−，熱感−，疼痛−，漿液＋であった。絶食を継続した。スタドール0.62mL，セファレキシン0.5mL，ガスター0.65mL IV，アルサルミン2錠PO 1日6回，イムラン50 1/4錠（2mg/kg）POを投与し，次いで輸液を行った。さらに嘔吐がみられたのでガスターを追加投し，エレンタール40mL/day 1日6回投与を行った。

第4病日（術後2日）

脱水は5％以内で，術部の漿液が認められる。意識レベルは80％で嘔吐が認められた。

スタドール0.6mLとセファレキシン0.6mLのIV，アルサルミン2錠PO 1日6回，オメプラゾン1/2錠BID，イムラン50 1/4錠の投与。その他，ウルソ，アミカシン，バリウム POINT5 の投与と輸液が行われた。

> POINT5 胃粘膜の保護剤として投与。

その後の経過

術後4日からはプレドニゾロン2mg/kg BIDを開始，漸

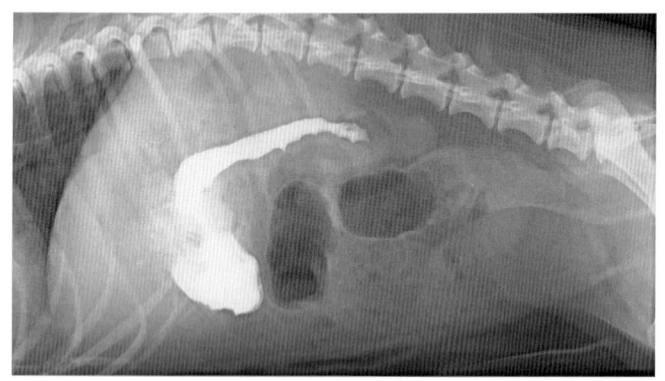

写真13　第6病日の腹部バリウム造影X線写真　RL像
　　　　造影剤投与直後

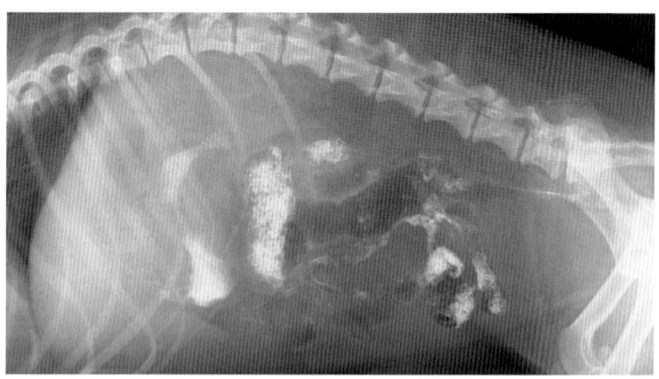

写真15　第6病日の腹部バリウム造影X線写真　RL像
　　　　造影剤投与6時間30分後

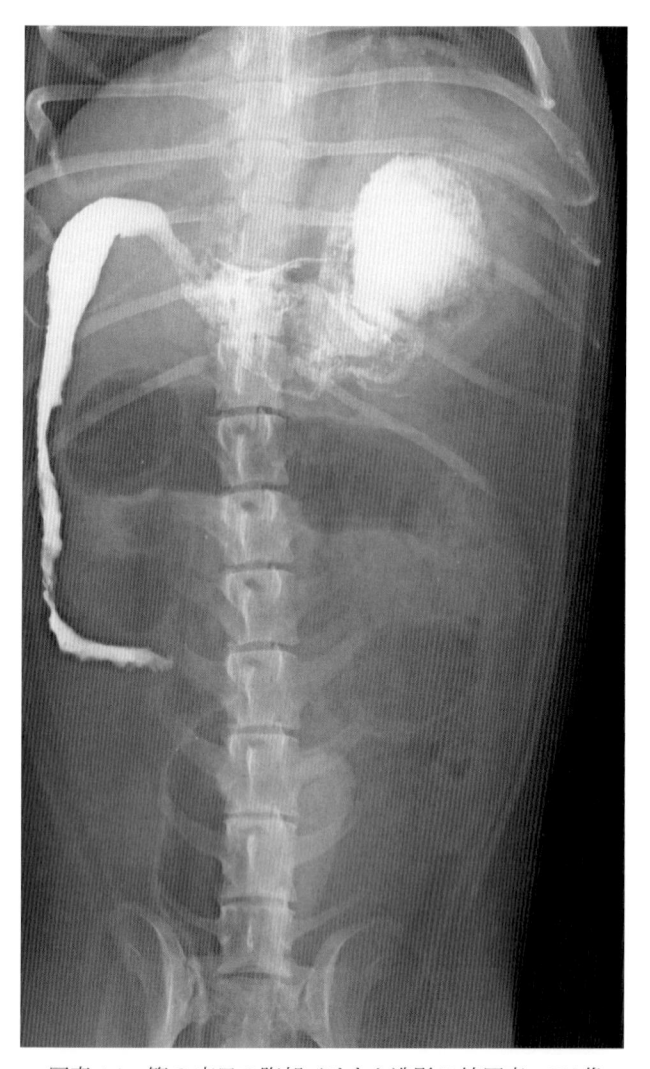

写真14　第6病日の腹部バリウム造影X線写真　DV像
　　　　造影剤投与直後

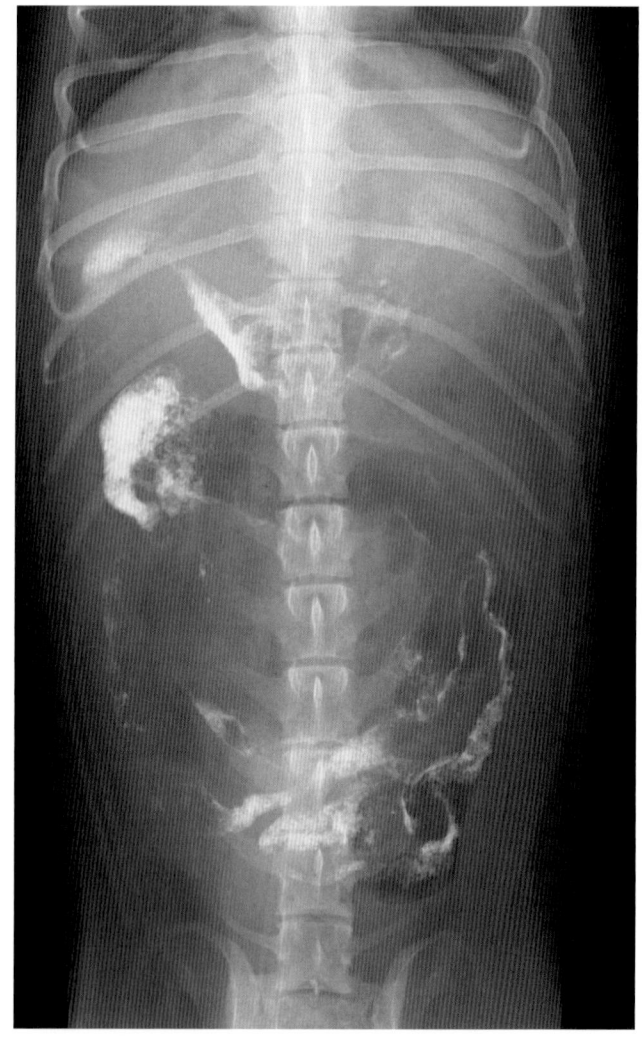

写真16　第6病日の腹部バリウム造影X線写真　DV像
　　　　造影剤投与6時間30分後

表2 病理検査報告

　空腸：粘膜から筋層に及ぶ潰瘍が認められた。腫瘍性病変は認められず，悪性所見はない。筋層内まで壊死脱落し，炎症細胞浸潤を伴った肉芽組織の増生が認められる。潰瘍辺縁部からの粘膜再生が認められ，粘液産生に乏しく細胞質が好塩基性に染色される，軽度異型性を有する小型再生上皮が腺腔配列で増生している。
　胃・十二指腸：胃幽門部・噴門部粘膜とも，構成する細胞にはいずれも異型性はなく，悪性所見はない。胃粘膜表層を被う被覆上皮は軽度に過形成を示しているが，異型性はない。粘膜固有層の間質には，顕著な炎症細胞浸潤と線維化が認められており，慢性胃炎に相当する組織所見が得られている。
　十二指腸では，粘膜固有層間質にリンパ球浸潤がやや強く認められているが，上皮およびその他構成する細胞に異型性はない。
　脾臓：萎縮が認められるが，腫瘍性病変は認められず，悪性所見はない。赤脾髄領域が拡大し，白脾髄を構成するリンパ系組織は萎縮してリンパ濾胞はほとんど認められず，被膜は肥厚して脾柱も明瞭である。充満する赤血球により拡張した洞にはヘモジデリン色素顆粒を貪食したマクロファージや，髄外造血作細胞が認められているが，構成する細胞にはいずれも異型性はない。
　骨髄：成熟白血球も半数以上で認められる骨髄球系造血細胞がやや優位にあるが，赤芽球系も一定量以上認められている。腫瘍性が疑われる異型細胞は認められない。

　　　　　　　　　　　　　　　　　　　　　　　獣医師　高橋秀俊（㈱アマネセル）

減しながら数週後には1mg/kg QODを目途とした。またイムラン50の投与は，術後6日で終了した。

　その他の内科療法を継続し，第11病日にはペティグリーチャム缶詰を与えた。第13病日には食欲は100%となり，第18病日に退院となった。

　退院後の処置としてダクタリ動物病院岡山病院でプレドニゾロンのほか，アルサルミン，サプリメント（自然治癒力:㈱ヘルシーワン），ミッシングリンクとトランスファーファクターの投与を開始した。

　現在，退院後1.5か月で経過は順調である。

【コメント】

　本疾患はビーグル疼痛症候群，壊死性血管炎，多動脈炎，犬疼痛症候群，犬若年性腹膜動脈炎症候群などの多くの名前で呼ばれている。1985年に初めて報告された疾患であり，その呼び名が多いことからもわかるように十分には解明されていない。

　激しい疼痛を示し，髄膜や血管が冒され，コルチコステイド療法によく反応することが特徴である。

　最初の2か月半の間の症状を追ってみると，当初，髄膜炎や脊椎円板疾患でみられるような身体の硬直，頸部の硬直，全身的な強い疼痛などが認められた他に，顔面その他に浮腫を伴う腫脹が認められた。そして，これらの初発症状の続く中で，発症から約20日後には，全身の硬直状態とともに，頭頸部を大げさにそりかえるというような神経症状，さらに弛張熱の継続，注射部位の硬結，浮腫・無菌性膿瘍などが多発し，1か月後には発熱が継続し，嘔吐，下痢が認められるようになり，急速に全身状態が悪化したものである。

　転院した時には，両こめかみ部分と下顎の咬筋は完全に萎縮した状態であり，さらに頸部および腱部等の筋肉にも中等度の萎縮が認められた。

　それらは多筋炎（自己免疫性疾患である）の結果によるものと症状はよく一致する。しかし，それだけでは全く考えられない他の症状，すなわち弛張熱の継続，多数の体表の浮腫，硬結，さらに嘔吐や下痢を中心とた腹部の疼痛などを伴う症状などがみられるようになったことから，多筋炎の経過中あるいはそれに引き続きステロテド反応性脳脊髄膜炎および反応性動脈炎が併発したのではないかと考えられる。

　腹腔内の腸間膜動脈の末梢に多発した血管炎に基づく無菌性の腹膜炎が進行してきたために胃や空腸で激しい炎症が起こり，胃腸機能が著しく障害され，激しい疼痛を伴う出血性胃炎による嘔吐と腸炎による下痢をきたしたものであろう。

　本症例では，強い免疫抑制をかける必要があるが，それは腸吻合手術後の腸管の癒合不全および胃腸の出血性潰瘍性変化を助長させたり悪化させる可能性があったが，承知の上で投薬治療せざるを得なかった。

　幸いにもその後の経過は極めて順調であり，心配された癒合不全や胃腸穿孔というような悲惨な事態を招くことなく切り抜けることができたケースであろう。

Case 11　DOG

呼吸促迫と心音マッフルで正月に急患として上診した例

ゴールデン・レトリーバー，11歳齢，雄

【プロフィール】

ゴールデン・レトリーバー，11歳齢，雄。特別な既往歴はない。各種ワクチン，犬糸状虫の予防はかかりつけの動物病院で定期的に行われている。

【主　訴】

年末に便がゆるくなり，多尿を示し，元日に食欲が落ち，2日に嘔吐が認められた。かかりつけの動物病院が休診のため本院に上診したもの。

【physical examination】

体重は29.16kg，栄養状態は100%，体温は37.9℃，呼吸は120回/min，脈診は116回/min，心音・心拍数はマッフル（消音性心音，こもった音）により聴診不能であった POINT1。

> POINT1　呼吸数はパンティングを示している。マッフルによる聴診不能は胸腔内や心嚢の異常を示唆しており，より入念な触診，打診，聴診が必要となる。

【臨床病理検査】

CBC，血液化学検査の結果は表1の通りであった。Htの低下，リンパ球の減少が認められた POINT2。

> POINT2　出血が示唆される。

心嚢穿刺液注では，Ht 33.5%，TP 4.94g/dL，核小体は明瞭で，クロマチン豊富な異形性に富む円形，紡錘形の腫瘍細胞が多数認められた。

腹水穿刺注による腹水検査では，色調は黄色，比重は1.028，TP 3.2g/dLで，変性漏出液と判断された。

> 注　心嚢穿刺と腹腔穿刺は，X線検査，心エコー検査，心電図検査の後に行われたもの。

【心電図検査】

低電位，電気的交替脈であり，心嚢滲出が示唆された。

表1　臨床病理検査

CBC		
WBC	12.4×10^3	/μL
RBC	4.84×10^6	/μL
Hb	10.8	/dL
Ht	30.9	%
MCV	63.8	fl
MCH	22.3	pg
MCHC	35.0	g/dL
pl	325×10^3	/L
血液の塗抹標本検査のリュウコグラム		
Band-N	0	
Seg-N	1044	
Lym	1240	
Mon	868	
Eos	248	
Bas	0	
RBCの多染性	±	
RBCの大小不同	−	
血小板	十分にある	
血液化学検査		
TP	5.63	g/dL
Alb	2.36	g/dL
Glb	3.28	g/dL
ALT	11	U/L
ALKP	34	U/L
T-Bil	0.10<	mg/dL
Chol	170.5	mg/dL
Glc	127.9	mg/dL
BUN	19.0	mg/dL
Cr	0.93	mg/dL
P	4.98	mg/dL
Ca	9.48	mg/dL
Lip	1330	U/L
静脈血の血液ガス検査		
pH	7.294	
pCO_2	44.5	mmHg
pO_2	32.1	mmHg
HCO_3	19.1	mmol/L
BE	−8.2	mmol/L
O_2サチュレーション	52.2	mmol/L
TCO_2	20.4	mmol/L
電解質		
Na	138	mmol/L
K	4.4	mmol/L
Cl	102	mmol/L

（　）内は本院における正常値を示す。

【単純X線検査】

胸部 RL 像（写真 1）：体表の軟部組織の輪郭は正常範囲内である。

第 6 − 第 7 胸椎で変形性脊椎症が認められる。

胸腔内では巨大な円形心が認められ，後大静脈は強く拡大し，気管は背側に挙上し，肺の左右前葉は強く縮小している。

胸部 DV 像（写真 2）：RL 像同様に，体表の軟部組織の輪郭は正常範囲内である。後大静脈の拡大像，巨大心が認められる。

肺の血管は細く，循環不全を示唆している。

腹部 RL 像（写真 3）：体表の軟部組織の輪郭は正常である。

第 11-12 胸椎，13-1，1-2，2-3，3-4 間の椎体に変形性脊椎症が認められる。

消化管の陰影は不鮮明で液体の貯留が示唆される。肝陰影は後側への拡大が著しく，肝臓の腹側では辺縁が不鮮明である。POINT3

> **POINT3** 超音波での精査が必要である。本院のX線はFCRであるので，この時点で条件を整えて像を鮮明にすべきであった。そのことは撮影回数の軽減，すなわち被爆量の低減につながる。

腹部 VD 像（写真 4）：体表の軟部組織の輪郭は正常範囲内である。

巨大心が認められる。

腹壁の局部的な膨大像が認められるが，physical examination で脂肪腫ではないことは確認されており，ローテーションが強いことから，アーチファクトと考えられる。腹部全域がすりガラス状を呈し，特に上腹部では液体の貯留を示唆する所見が認められる。

骨格は RL 像同様に変形性脊椎症が認められる。

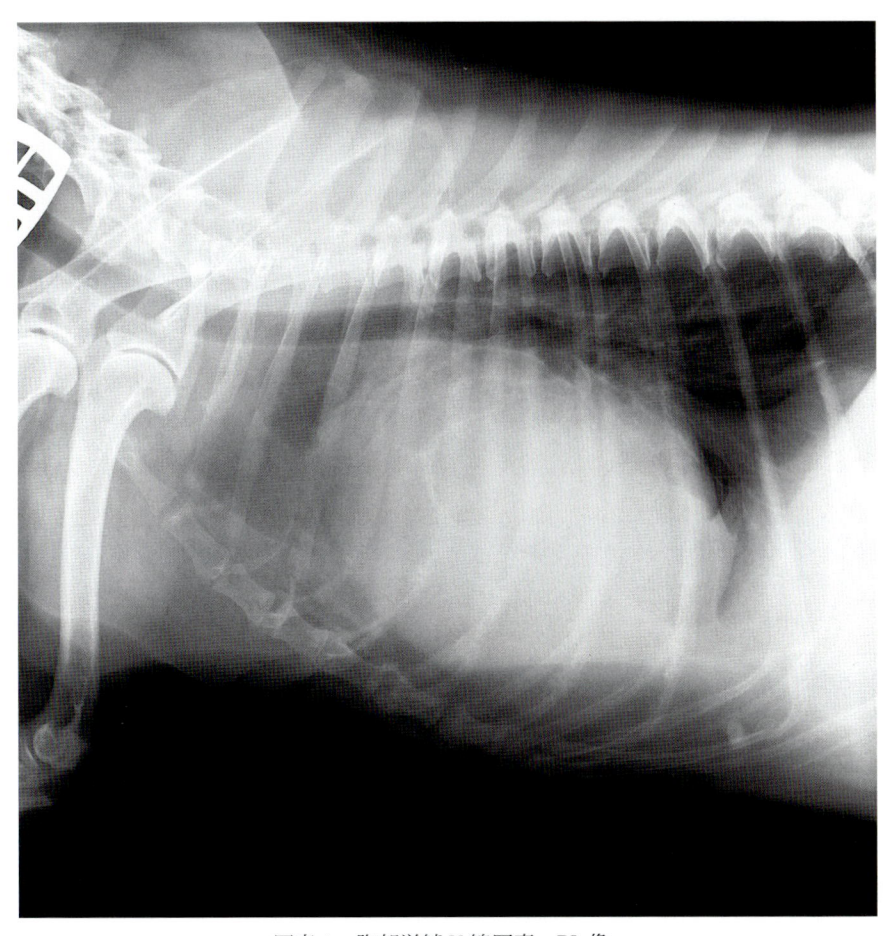

写真 1　胸部単純 X 線写真　RL 像

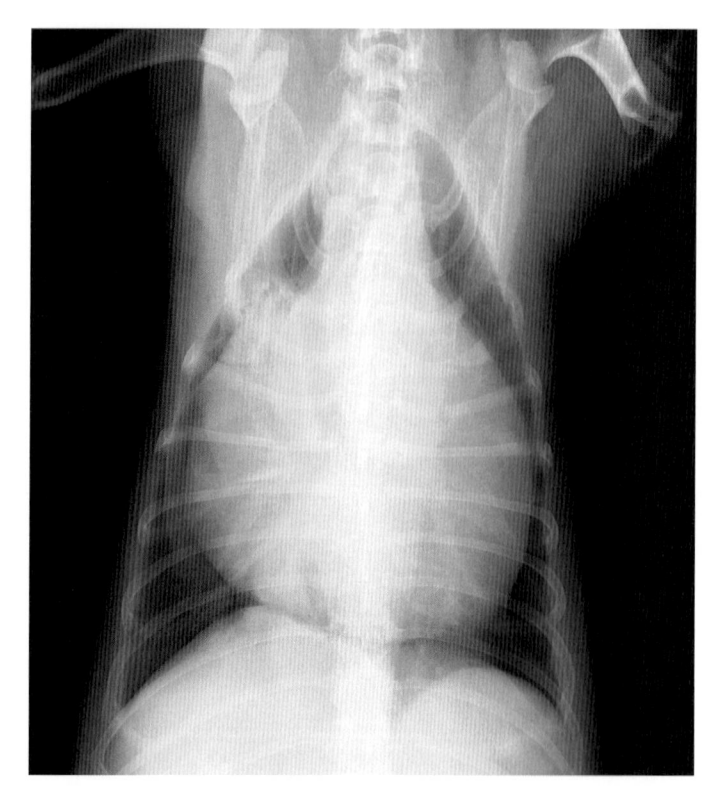

写真2　胸部単純X線写真　DV像

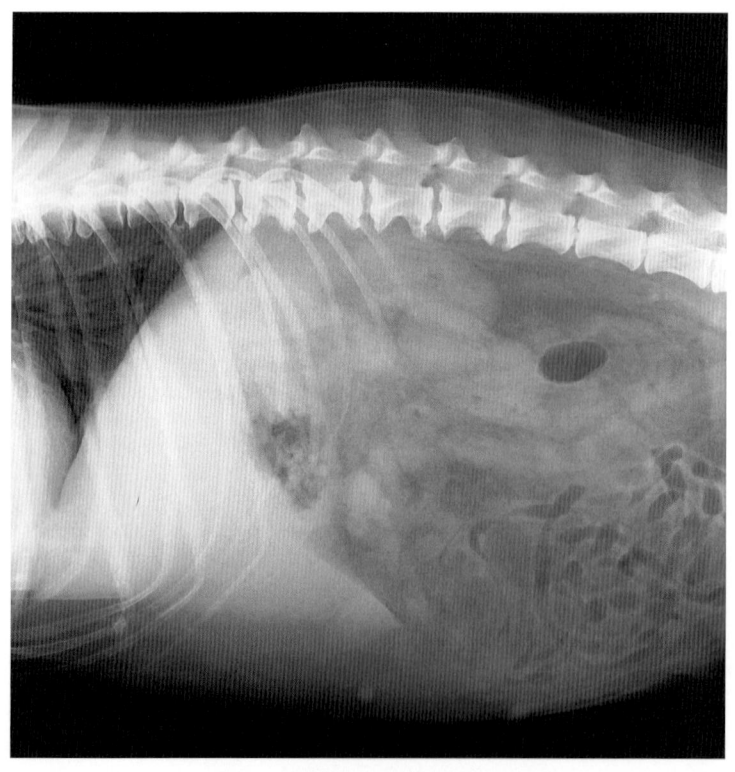

写真3　腹部単純X線写真　RL像

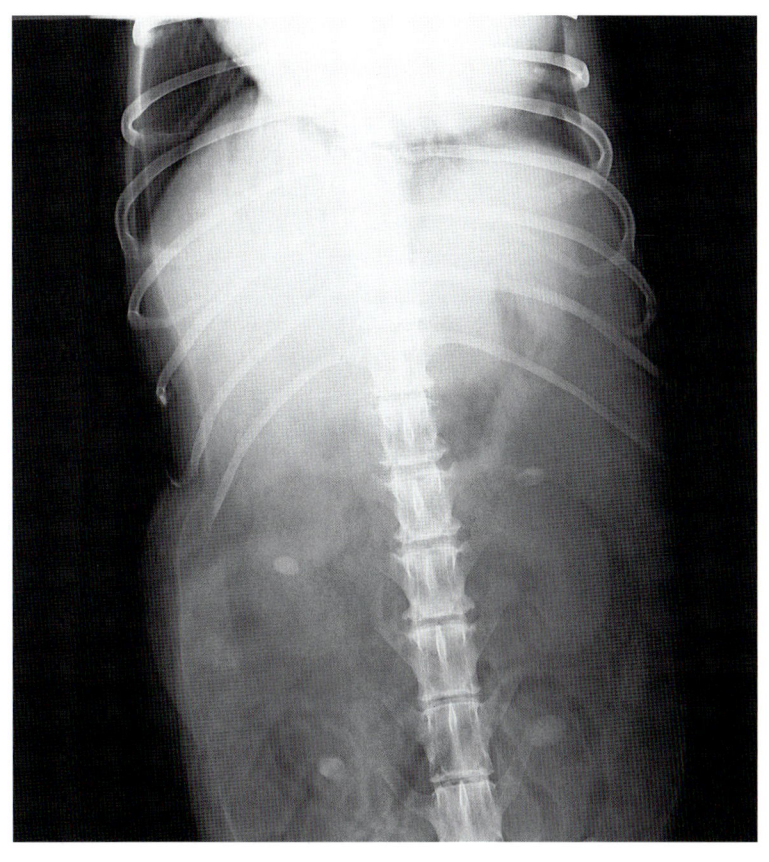

写真4　腹部単純X線写真　VD像

【カラードップラー超音波検査】

心エコー：心臓周囲に大量の液体貯留，右心房に約4cmのマス病変，拡張期に右心房の虚脱，心室中隔の平坦化が認められた。

腹部エコー：肝臓，脾臓等腹部臓器に異常は認められなかった。

【診　断】

右心房血管肉腫からの出血による心タンポナーゼ（図1）。

患犬のプロフィール，physical examination，臨床病理検査，X線検査，心電図検査，超音波検査

↓

右心房の腫瘤，大量の心嚢内液体，右心房からの出血による心タンポナーゼと心嚢内出血が確認された。

↓　確定診断のための心嚢穿刺，腹腔穿刺

確定診断
腹腔の貯留液は心タンポナーゼによる右心不全によるものであった。心臓は主とて右心の拡張不全性の機能不全を起こしている。

図1　確定診断への道筋

☞ あなたならどうする。次頁へ

☞
①エコーガイドによる心囊内液体の吸引
②輸血・輸液
③開胸，心囊切開，腫瘍切除，心囊切除，止血，閉胸
④それらを行うために，飼い主からインフォームド・コンセントを得る。

【治療】

エコーガイドにより心囊内圧の軽減を図るために，心囊穿刺により可能な限りの液体の吸引を行い（約500mL），新鮮全血420mLの輸血を行った。一時的に患犬の容態は改善したが，24時間後には血圧および意識レベルの低下が認められ，再び心囊内に大量の血液の貯留を認めた。

この時点で腫瘍の右心房への浸潤に伴う右心房破裂が示唆された。そこで飼い主とのインフォームド・コンセントに基づき，右第5肋間開胸術により心囊および腫瘍の切除を行った。

塩酸モルヒネ，ヘパリン（70U/kg）前投与後，マスクにより十分な酸素化を約5分間行い，プロポフォールで導入し，顎反射が消失した時点で気道を確保し，イソフルランで維持した。

その後，保冷材 POINT4 を用い体表から徐々に冷却を開始した。心囊切開時に食道温度が34℃であったため，約30℃の乳酸化リンゲル液（約2L）で胸腔内を充満させ，約10分間で食道温度32℃，心拍数30回/min，平均動脈圧40mmHgまで低下させた。この時点で胸腔内の乳酸化リンゲル液を回収し，保冷材を体表より取り除いた。

> **POINT4** 本院では大型の冷蔵庫に十分な量のアイスノン（白元）を常にストックしている。冷却が必要であるケージに入れておく等，様々に利用できる。

横隔神経を確認後，心囊を切開しサクションを挿入したが，大量の血液が心囊より噴出した。そこでハーモニックスカルペルを用いて心囊切開を素早く行うと同時に50mL滅菌シリンジを用いて回収した自己血を新鮮血に追加し急速輸血を開始した。腫瘍は右心房にあり非常にもろく，腫瘍背側に沿って右心房に約10.0mmの裂開が認められた。大型のサティンスキー鉗子を用いて腫瘍全体を切除できるように右心房を含めクランプした。腫瘍の切除はブレードタイプのハーモニックスカルペルを用いて右心房から切除した。4.0の血管縫合針を用い右心房深部にマットレス縫合を2層に行った上に，表層部は連続縫合を行った。完全な止血が確認された後，38℃に加温した乳酸化リンゲル液を用いて体温を徐々に上昇させた。術中はリドカイン（50μg/kg/min）とドブタミン（2μg/kg/min）の点滴注射を行った。

体温の上昇とともに血圧も順調に上昇した。閉胸時に肋間神経にリドカインを浸潤させ胸腔ドレーン，経鼻酸素カテーテルを設置し，定法に従い閉胸した。自発呼吸が見ら

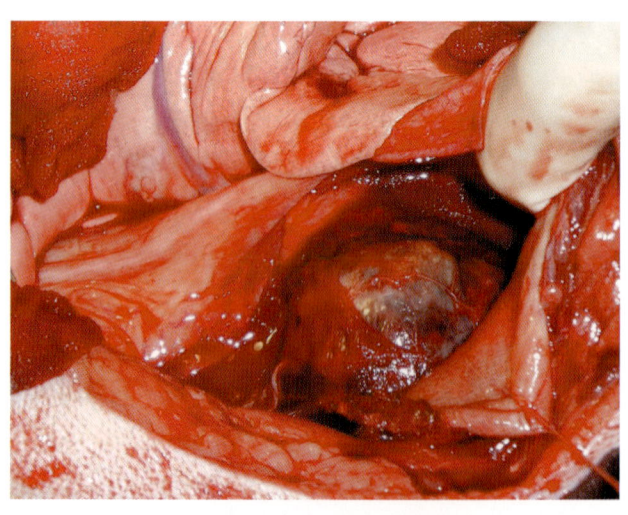

写真5　心囊の切除と心房の腫瘍塊

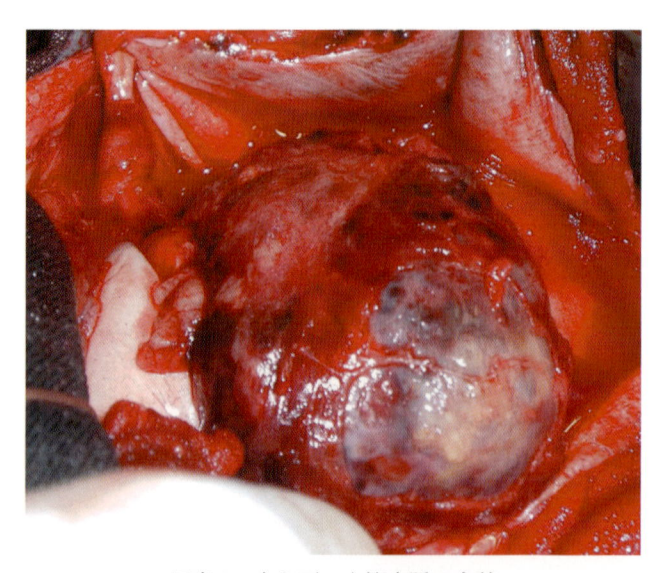

写真6　右心房の血管肉腫の全貌

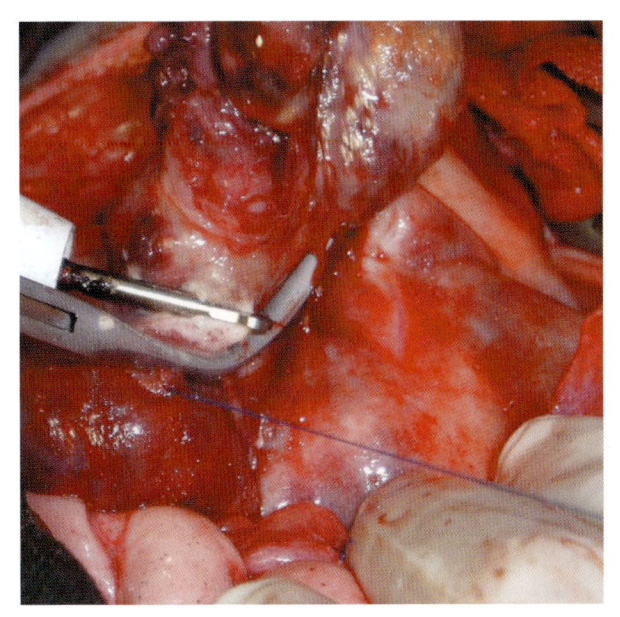

写真7　ハーモニック・スカルペルにより右心房の腫瘍を切除

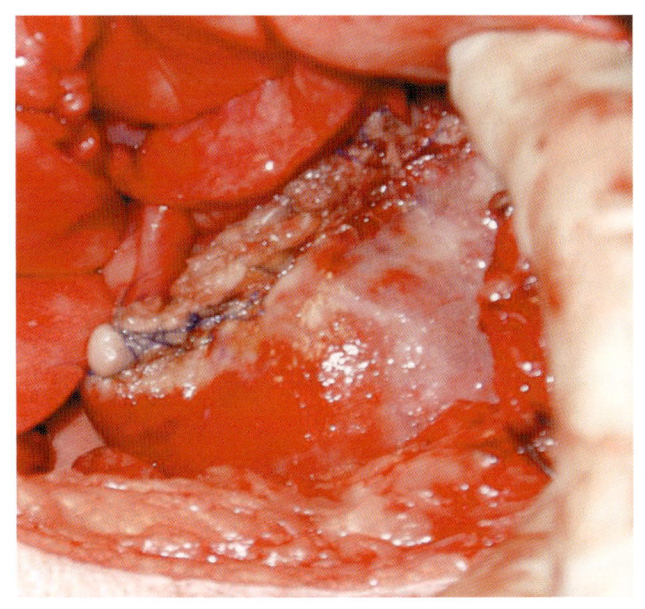

写真8　右心房の深部2層マットレス縫合，表層は連続縫合

表2　病理検査報告
血管肉腫（Hemangiosarcoma）
血管内皮細胞由来の悪性腫瘍性病変が認められた。脂肪織内を拡がり，一部で心房心筋内へ浸潤性増生する多結節状の充実性腫瘤が形成されている。腫瘤内では，核小体明瞭でクロマチン豊富な多形性に富む核を有する円形ないし紡錘形の腫瘍細胞の密な増生が認められる。中小の血管腔を形成する血管として比較的分化した部分は一部で，大部分は膠原線維性基質中で充実性シート状増生を示し，わずかに小血管を構成する部分が見られる分化の低い部わからなる。腫瘍境界は不規則・不明瞭で，局所再発の可能性がある。また，肺などへ血行性の転移の可能性もある悪性腫瘍性病変である。　　　　　　　　　　　獣医師　上村夏子，高橋秀俊（㈱アマネセル）

れた時点で抜管し，ICUに移動させVT，獣医師により24時間体制で血圧，心電図，尿量，酸素飽和度，CO_2レベルなどのモニターと必要な処置を開始した。

　術後は心室性期外収縮が出現したが，ソタロールの内服により完全にコントロールすることができた。術後48時間後には食欲が認められ，起立し，院内を散策できるまで回復した。術後，72時間後には飼い主との面会に敏感に反応し，病院の駐車場で散策することが可能になった。術後96時間後にドキソルビシン（0.75mg/kg）の全身投与を行った。術後7日目にバイタルサインが万事安定したため退院とした。退院時には飼い主の強い希望（害のないものであればどんなものでも試したい）により，トランスファーファクター（米国 フォーライフ社），メシマコブ，アガリスクなどを処方した。術後75日目に癌性胸膜炎を併発したが胸腔ドレーンを設置し，持続的な排液を飼い主自ら行い治療に参加した。

ドキソルビシンとビンクリスチン（オンコビン）による化学療法を継続したが，術後約5か月後の定期健診で脾臓，肝臓に血管肉腫の転移病巣が認められたため，再度インフォームド・コンセントを得た後，腹部正中切開で脾臓摘出術を行った。術中，一部肝臓に転移性病巣が認められたため，肝葉部分切除を行った。その他，腹腔内に転移性病巣は認められなかった。術後の経過も順調で，現在も十分なQOLを保っている。

【コメント】

　心囊切除術は，特発性心囊滲出の唯一の治療法であり，また腫瘍性心囊滲出における心タンポナーゼの回避には非常に有効な外科手術である。一般的に右心房血管肉腫と診断された場合，切除しても生存期間の延長は望めないとされている。しかし，本症例は右心房からの出血が著しく，急速に心タンポナーゼを起こすため，救急・救命のために

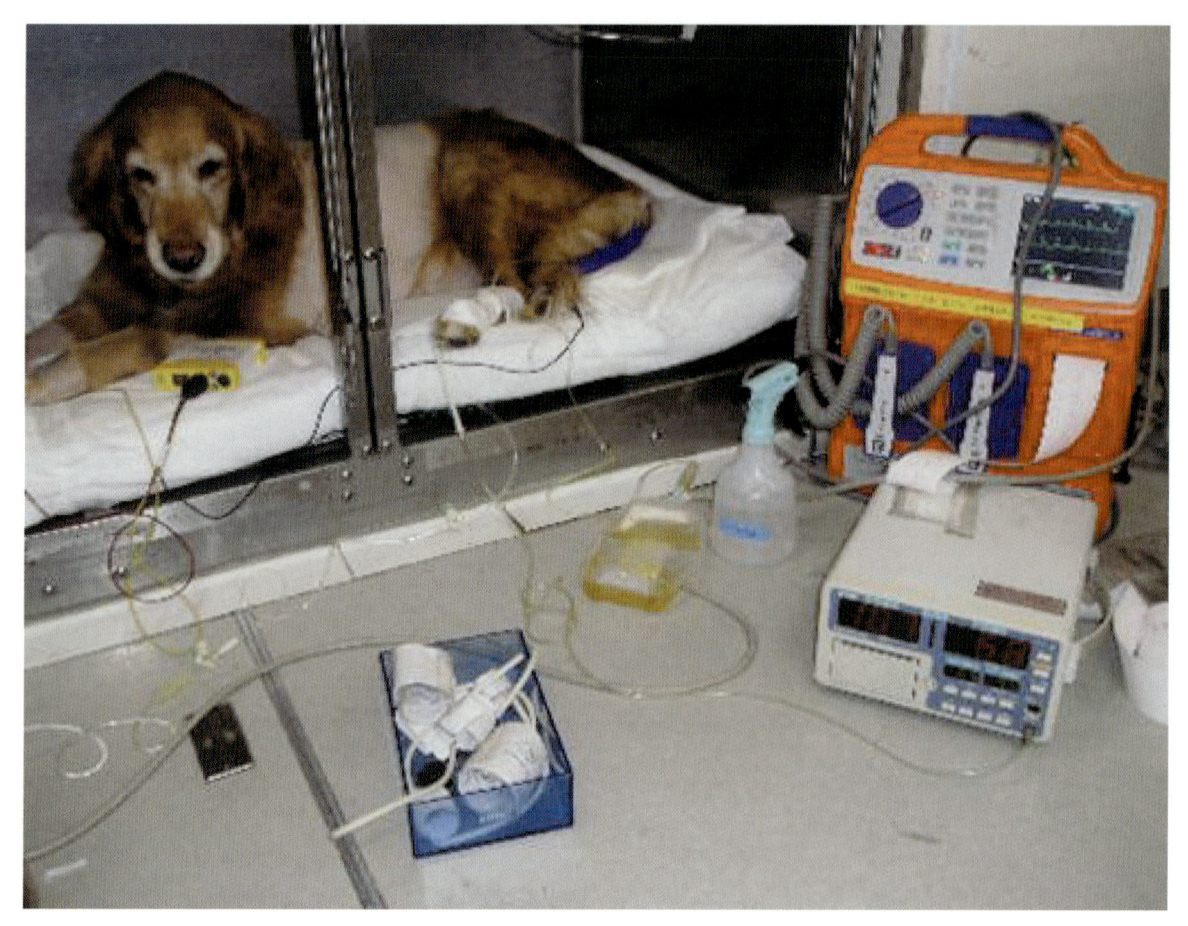

写真9 術後のICUでの尿量，心電図，O_2，CO_2の24時間モニタリング

は心嚢切除と腫瘍の切除が必須であった。

　飼い主は11年間生活をともにしてきたゴールデン・レトリーバーの心臓に腫瘍があり，しかも心嚢内に強く出血しているために死が迫っていると知らされ，まさに晴天の霹靂であったに違いない。たとえ根治不能な悪性腫瘍だとしても，飼い主は一時的な寛解しか得られなくても積極的な外科手術を強く希望された。結果においては，6か月以上経過した現在でも十分なQOLが保たれている。

　近年，ヒューマン・アニマル・ボンド（HAB）の大切さの認識のもとにコンパニオン・アニマルの社会での重要性はより一層高まっている。われわれ動物病院（獣医師とVTチーム）は，癌に罹患した動物と家族に対して，積極的に飼い主の家族（飼い主家族チーム）とともにチーム医療に徹する必要がある。癌＝安楽死といったネガティブな診療態度は社会に対し"癌は治療できない"という誤った認識を抱かせるだけになりかねない。我々は最新の癌治療法を学び，実践する義務があるということを忘れてはならない

　今後ともHABの認識が高まるほど社会側（飼い主）から，人の医療と同等の高度獣医療の実行が求められることになる。したがって，日本の獣医師をつくる大学がHABを大切にする臨床獣医学を身につけていない獣医師を社会に送り出すことがあってはならないし，アカデミズムに閉ざされた獣医学で，家庭，家族，社会の要請とコンパニオン・アニマル自身のQOLが犠牲にされることがあってはならない。また，獣医療を利用する側に立っての，自他ともにゆるす各科の専門医の養成は急務である。

（Vol.57 No.9, 2004に掲載）

Case 12 FERRET

異常な発咳を示すフェレットの症例

フェレット，1歳2か月齢，雄

【プロフィール】

フェレット，1歳2か月齢，雄，去勢済み。犬ジステンパー，犬糸状虫の予防は完全に行われている。完全室内飼育で，同居動物はいない。食事はフェレット専用ドライフードを与えている。

【主　訴】

今朝まで元気に過ごしていたが，夕刻，飼い主が帰宅すると何かを喉に詰まらせたように吐きたそうにしている。異食癖を持ち，何かを飲み込んだかもしれないとのことで来院した。

【physical examination】

体重1.2kg，体温38.7℃，心拍数210回/min，呼吸数60回/min，栄養状態100%，股動脈圧100%，CRTは約1secであった。来院時の意識レベルは，ほぼ正常で，便は良好，食欲は正常であった。腹部触診で異物は触知されず，腹部痛も認められない。胸部聴診で肺後葉腹側に呼吸音と心音の消音性（雑音は聴取されない）を認めた。飼い主が嘔吐と認識していたのは，発咳であった。

【臨床病理検査】

CBC，血液化学検査の結果は表1の通りであった。

【単純X線検査】

胸部RL像（写真1）：心陰影の不明瞭化，横隔膜ラインの消失，肺葉間裂の明瞭化，胸骨縁での肺辺縁の扇形化が認められ，VD像では胸壁と肺辺縁間に液体の貯留が認められる。

【カラードップラー超音波検査】

心エコーでは，弁にモザイクシグナルは検出されず，弁の閉鎖不全は認められなかった。左心室拡張末期径（11.3mm）および左心室収縮末期径（7.2mm），左心室内径短縮率（36.5%）に大きな異常は認められず，心室中隔

表1　臨床病理検査		
CBC		
WBC	7×10^3	/μL
RBC	9.0×10^6	/μL
Hb	14.5	/dL
Ht	43.9	%
MCV	49	fl
MCH	16.0	pg
MCHC	33.0	g/dL
pl	164×10^3	/L
血液の塗抹標本検査のリュウコグラム		
Band-N	0	
Seg-N	1.880×10^3	
Lym	1.504×10^3	
Mon	1.034×10^3	
Eos	0.19×10^3	
Bas	0	
血液化学検査		
TP	6.64	g/dL
Alb	2.87	g/dL
Glb		g/dL
ALT	39	U/L
AST		U/L
ALKP	31	U/L
T-Bil		mg/dL
Chol	152.5	mg/dL
Glc	181.3	mg/dL
BUN	15.0	mg/dL
Cr		mg/dL
P		mg/dL
Ca	9.18	mg/dL
Lip		U/L
TG	168.4	mg/dL
静脈血の血液ガス検査		
pH	7.288	
pCO_2	63.8	mmHg
pO_2	30.0	mmHg
HCO_3	29.8	mmol/L
BE	3.2	mmol/L
O_2サチュレーション	31.8	mmol/L
TCO_2		mmol/L
電解質		
Na	149	mmol/L
K	5.7	mmol/L
Cl	108	mmol/L

（　）内は本院における正常値を示す。

および左心室壁に肥厚は認められない。また2大血管，4腔に異常所見は認められない。犬糸状虫寄生の証拠も認められない。

【胸水検査】

色調は淡赤から乳白色で，粘稠度ややあり。比重 1.030, TP 4.2, 血球計算では，WBC$9.8 \times 10^3/\mu$L, PCV 1.0%であった。細胞診では，Lym 5.433×10^3, Mon1.261×10^3, Seg 3.104×10^3 であった。胸水の一部を細菌培養に供したが，細菌の存在は認められなかった。上清の化学検査で，Chol 119.4mg/dL, TG > 375.0mg/dL であった。

貯留液は，非細菌性の炎症性滲出液である。血清中のコレステロール濃度およびトリグリセリド濃度を胸水中のものと比較すると，貯留液は乳糜と診断された。細胞診では，良性で乳糜に対する胸膜の炎症性変化と認められた。

【診　断】

（特発性）乳糜胸（chylothorax）

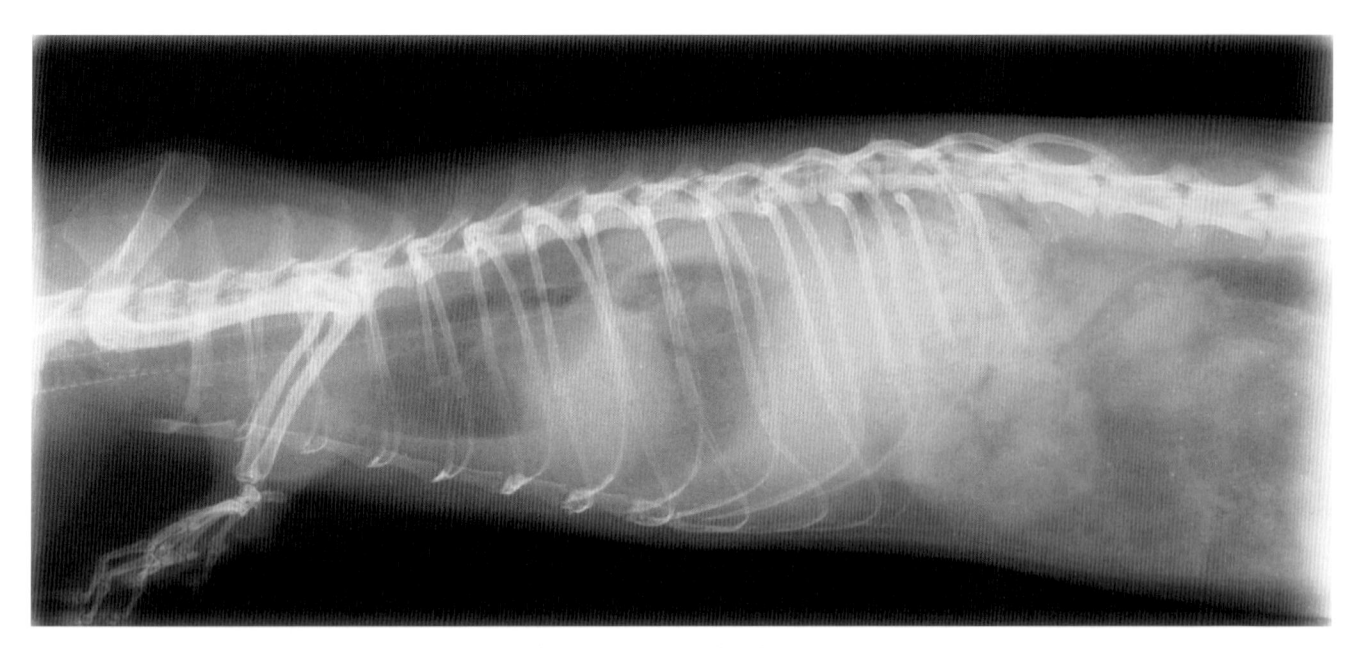

写真1　胸部単純X線写真　RL像

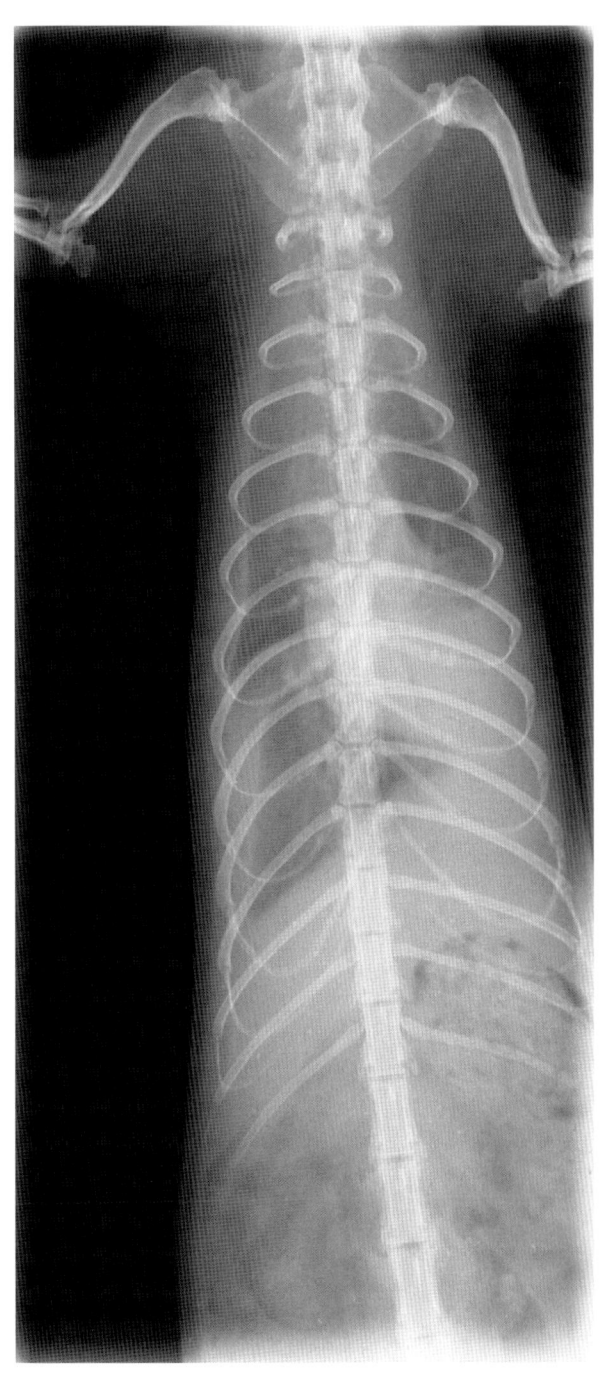

写真2　胸部単純X線写真　VD像

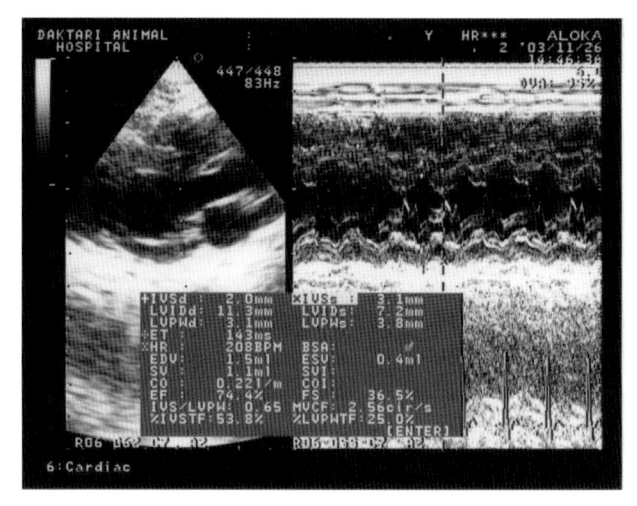

写真3　胸部超音波検査像

☞ あなたならどうする。次頁へ

①胸水の除去
②開胸手術
③それらを行うために，飼い主からインフォームド・コンセントを得る。

【治療・経過】

来院後，直ちに酸素化し，胸水除去（40mL）を行った。胸水除去後，症状は安定した。飼い主へ乳糜胸の緩和的・根治的外科治療の必要性を説明したが，同意が得られなかったため，定期的な胸水貯留のモニターが必要不可欠であることを説明し，ルチン 500mg/kg・BID・PO で内科療法を行った。定期的な検診で，わずかな胸水が間欠的に貯留したが，呼吸困難，発咳など症状の再発は認められなかった。しかし約 2 年後，顕著な胸水貯留が短期間に頻発した（写真 4,5）。再度，飼い主へ内科療法では限界があり，外科的治療が必要であることを説明し，インフォームド・コンセントが得られたので開胸手術を実施した。術前および定期検診で得られた胸水の細胞診結果はいずれも，前回と同様であった。

胸水除去後，十分な酸素化を行ったのち，アトロピン前投与を行い，ケタミン，ジアゼパム，ブトルファノールで導入し，気管挿管後，イソフルランによる維持麻酔を行った。右第 11 肋間より開胸後（写真 6），サクションによる残存胸水の吸引と生理食塩水による洗浄を繰り返し行い，胸腔内の精査を行った。乳糜貯留による胸膜の変性・繊維化は幸いにも認められなかった。胸椎腹側（奇静脈腹側），大動脈背側に胸管を肉眼的に確認（写真 7）できたが，胸管からの乳糜のリーク部位等は確認できなかった。そこで胸管の横隔膜近位に 2 か所の結紮（写真 8）を行った。併せて部分心膜切除（写真 9），横隔膜の胸骨付着付近より横隔膜の縦切開を行い，腹部大網を横隔膜に留置し，胸腔 - 腹腔シャント形成（写真 10）を行った。閉胸時には，

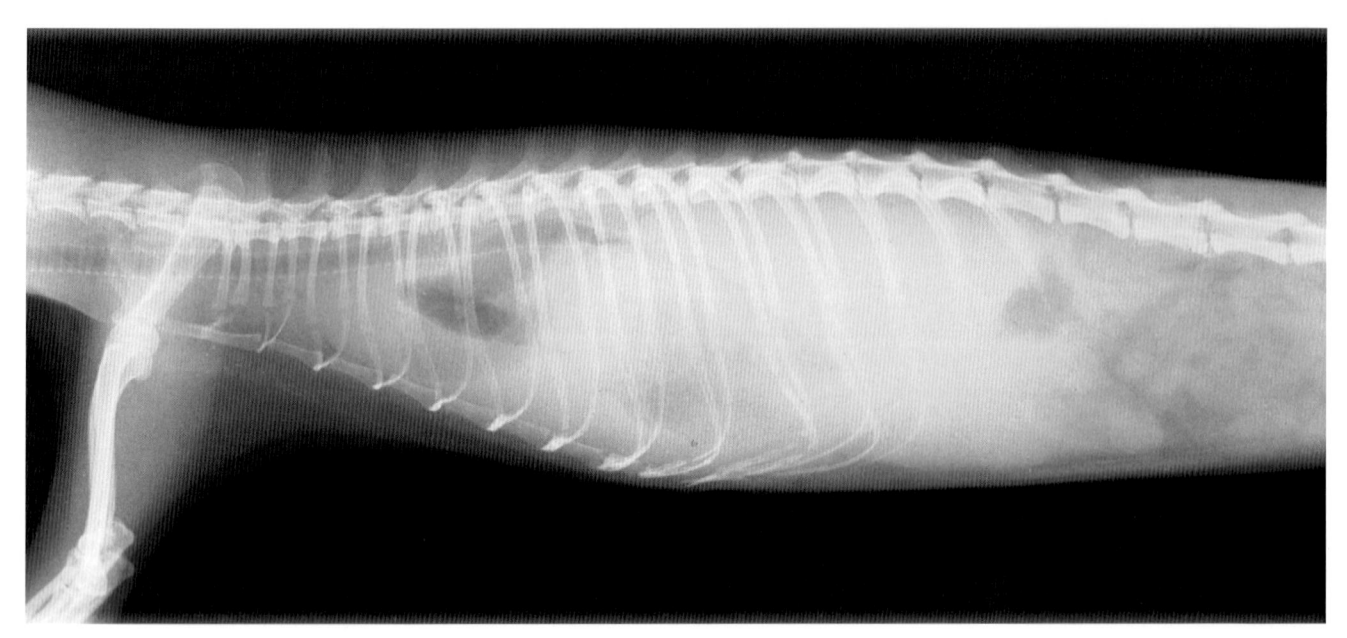

写真 4　腹部単純 X 線写真　RL 像

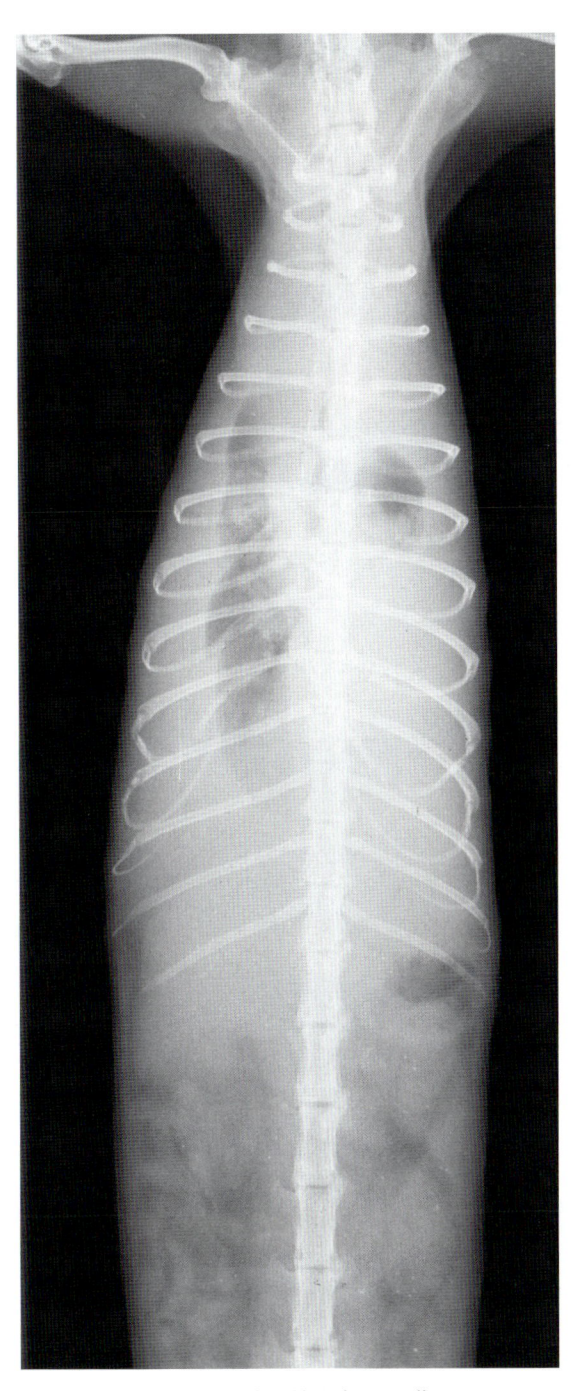

写真5　腹部単純X線写真　VD像

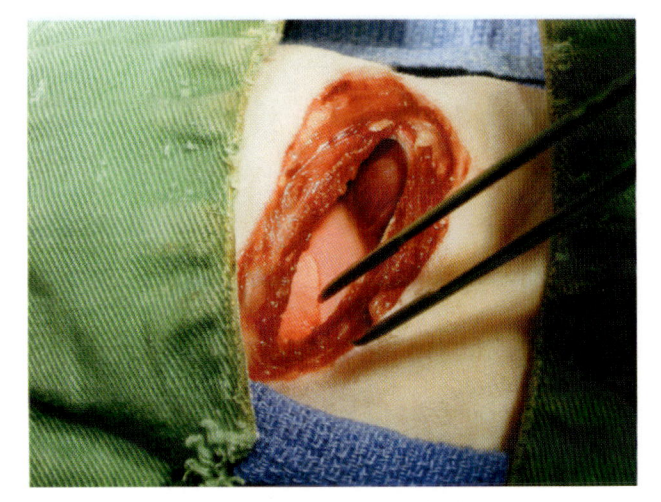

写真6　初回手術時の開胸所見
胸腔内に乳白色の液体貯留を認めた。

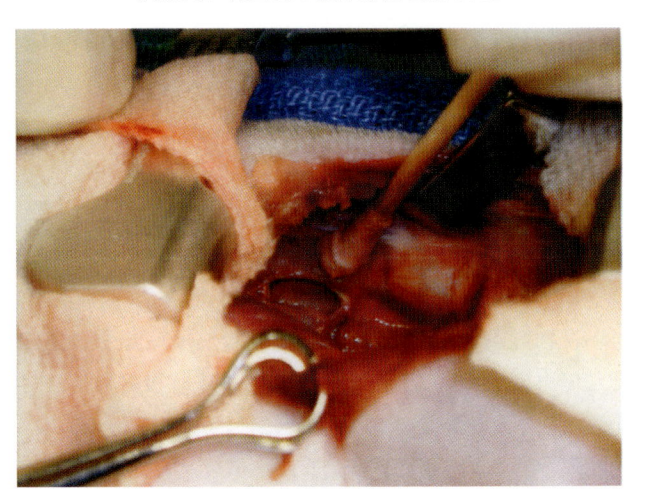

写真7（初回手術時）
大動脈背側，奇静脈腹側に胸管を認めた。

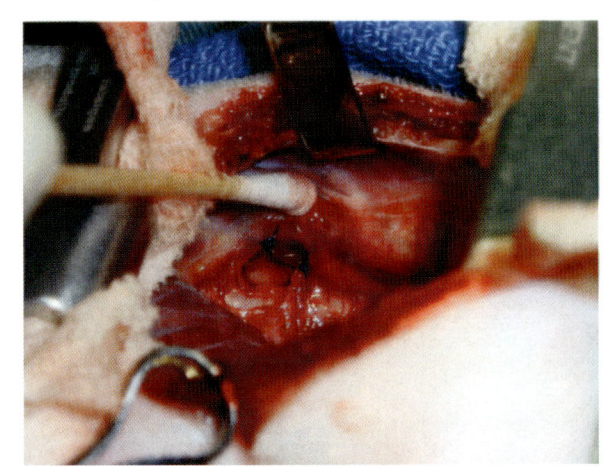

写真8（初回手術時）
横隔膜近位の胸管に2か所の単純結紮を行った。

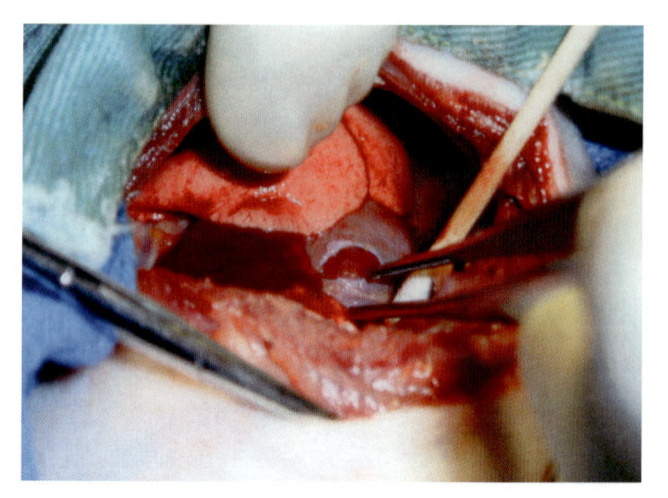

写真9（初回手術時）
部分心膜切除を行った。

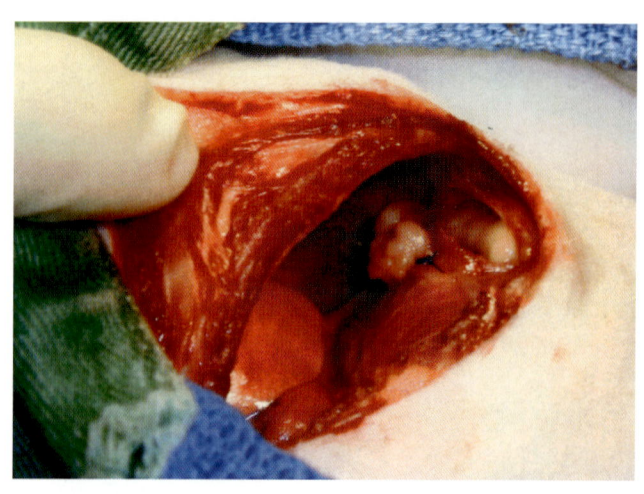

写真10（初回手術時）
大網を利用し，胸腔-腹腔シャントを行った。横隔膜に固定。

胸腔ドレーンを設置し，リドカインによる肋間ブロック，ブトルファノール，NSAIDSなどによるペインコントロールを行った。手術終了後，24時間体制のクリティカルケアを行い，継続的なモニターを行った。術後の状態は良好で，顕著な胸水貯留も認められなかったため，術後3日で，胸腔ドレーンを抜去した。

一時退院し良好に経過していたが，術後2週間目の検診時，再度顕著な胸水貯留が認められた（写真11，12）。そこで再度，インフォームド・コンセントが得られたので，胸骨正中アプローチにより，心膜準全切除術を行った（写真13）。併せて大網の胸腔－腹腔シャントをより頭側に拡大し（写真14），胸側漿膜に固定した。腹部精査で左側副腎の腫大を認めたため，これを同時に切除した（写真15，

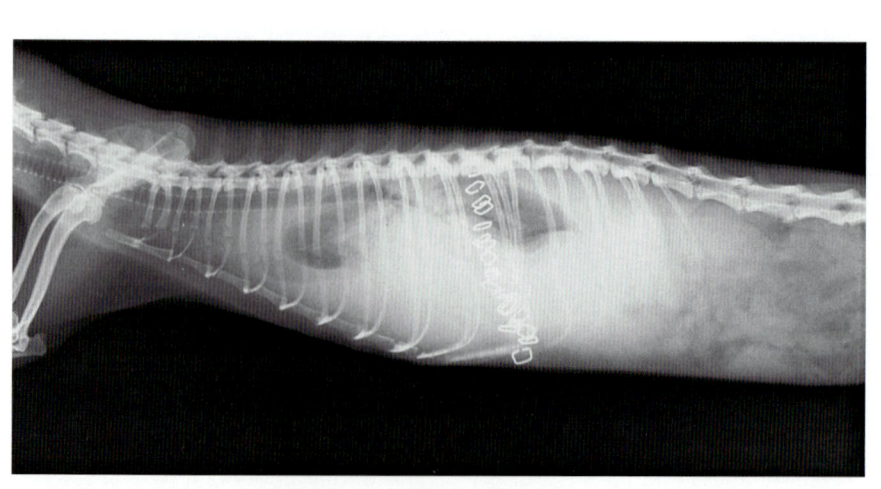

写真11 初回手術から2週間目の腹部単純X線写真 RL像

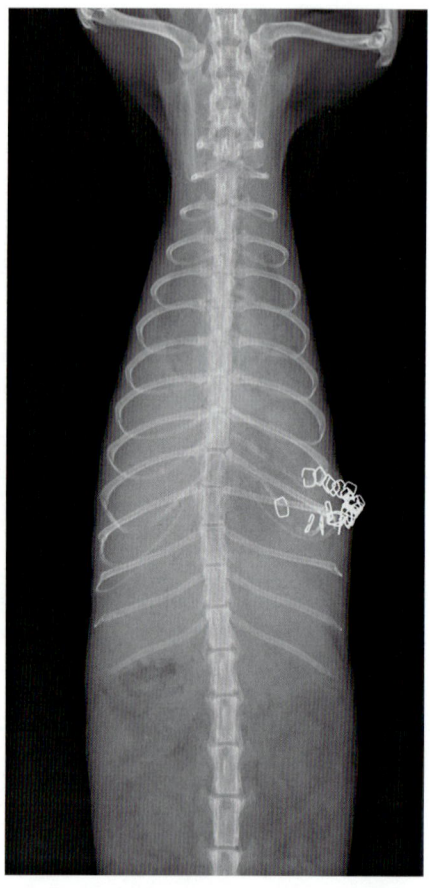

写真12 初回手術から2週間目の腹部単純X線写真 VD像

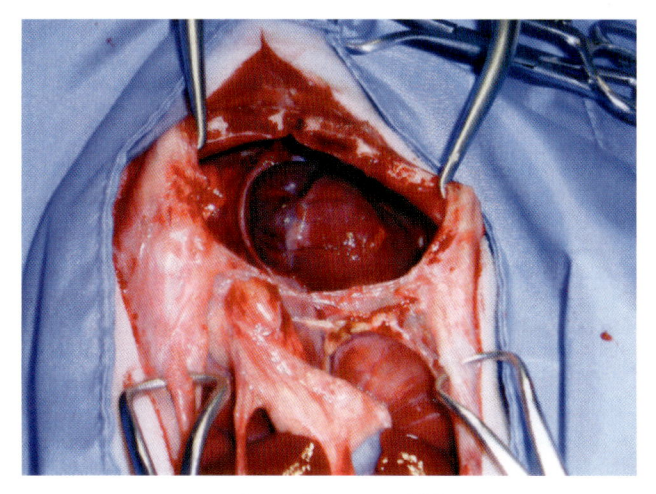

写真13（第2回目手術）
心膜切除を行った。

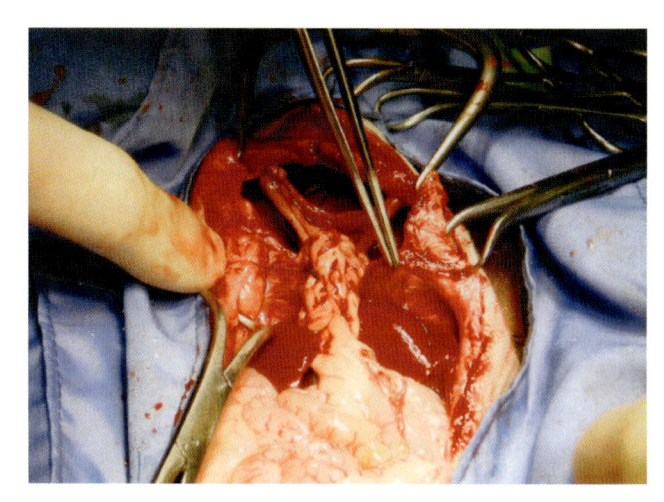

写真14（第2回目手術）
胸骨正中切開で，大網をさらに胸腔内に挿入した。胸骨正中切開で，大網をさらに胸腔内に挿入した。

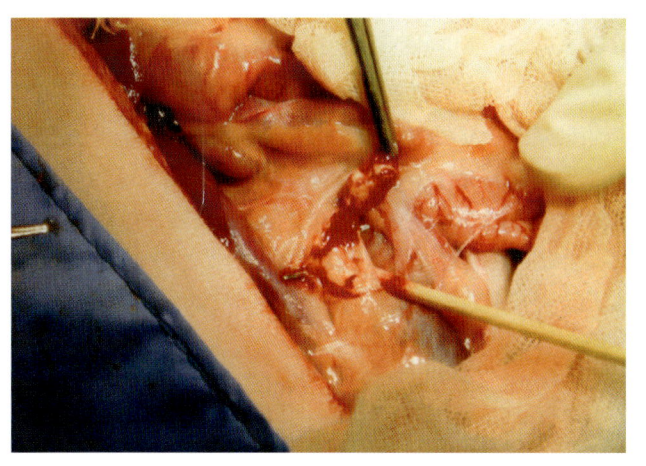

写真15（第2回目手術）
左側副腎の全切除を行った。

副腎腺腫：㈱アマネセル）。術後7日まで，微量の胸水貯留を認めたが貯留量は徐々に減少した。術後1か月目の検診（写真16，17）で，胸水貯留はほぼ認められず，状態は極めて良好である。

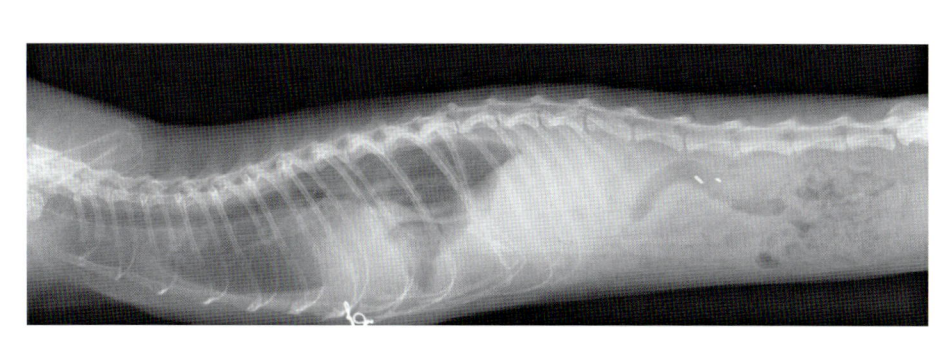

写真16　第2回目手術から1か月目の腹部単純X線写真　RL像

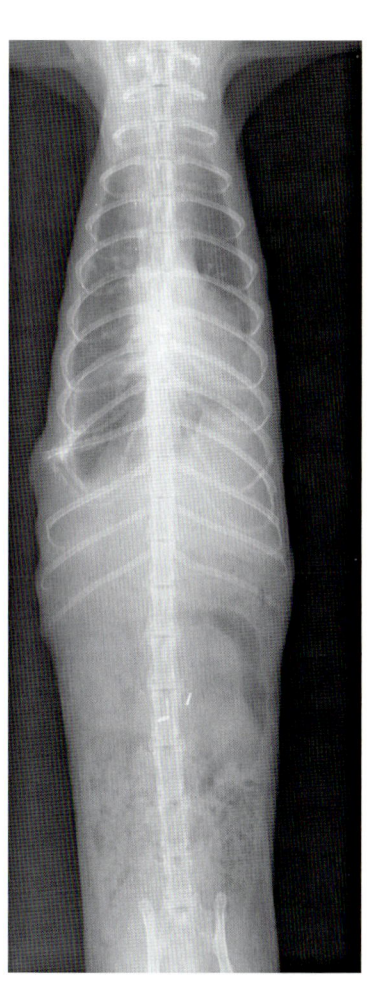

写真17　第2回目手術から1か月目の腹部単純X線写真　VD像

【コメント】

ほとんどの動物における乳糜胸では，胸管内の異常な流路や圧力が，無傷な胸部リンパ管拡張の結果として，乳糜の滲出を引き起こすものと考えられている。リンパ管拡張は，全身静脈圧を増加させる全ての疾患において，静脈内へのリンパ液流出の減少が生じること，およびリンパ流量の増加などによって引き起こされる。広範囲にわたる研究にもかかわらず，現在，乳糜胸の基本的な原因は確定されていない。

犬や猫の乳糜胸を伴う異常には，心疾患（心筋症・心嚢水・犬糸状虫感染・先天性心疾患など）や前縦隔マス（縦隔リンパ腫・胸腺腫），真菌性肉芽腫，静脈血栓，および胸管の先天異常などが知られているが，フェレットの乳糜胸に関する文献は，世界的に極めて限られているのが現状である。

フェレットでの胸水貯留において，悪性リンパ腫・心疾患・犬糸状虫症との鑑別診断が重要であるが，この症例に関し，犬糸状虫症予防は完全に行われており，それに関連した所見は認められていない。また得られた胸水からはリンパ球に異型性は認められず，胸部超音波検査においても前縦隔のマス，先天性心奇形，弁膜疾患，中齢から高齢個体に認められる拡張型・肥大型心筋症は認められなかった。

乳糜胸の治療は，様々な内科的治療法・外科的治療法が成書に記されているが，一般的な内科管理として知られているものに，低脂肪食の給餌やマクトンオイルに代表される中鎖脂肪酸の添加などがあるが，わずかにルチンの投与のみが有効である。高蛋白質・高脂肪を必要とするフェレットにおいて低脂肪食の給餌は不適であり，マクトンオイル添加に対して，大半のフェレットは拒絶を示す。ルチン投与について，ある報告では25％以上の動物で効果を示すとされている。この症例においてもルチンの投与が行われ，約2年間の部分的寛解期間を得ている。しかし，この胸水の消失が，ルチンによるものかどうかについては不明であるが，いずれにしても犬でも猫でもフェレットでも乳糜胸は外科手術によってのみ解決できる疾患である。

また特発性乳糜胸や内科治療に反応しない動物に対しては，外科的な介入を考慮すべきである。外科的治療には，胸管結紮，心膜切除，大網による胸膜腹膜シャントが知られているが，これまでの報告によると，こうした治療の成功率は犬で約53％，猫では40％以下であるとされている。しかし最近では心膜切除を併せて行うことにより，この乳糜胸治療の成功率が飛躍的に向上したと米国で報告されている。

(Vol.57 No.11, 2004 に掲載)

Case 13 DOG

突然頻回の嘔吐を示した急患

ヨークシャー・テリア，6歳8か月齢，雄

【プロフィール】

ヨークシャー・テリア，6歳8か月齢，雄。狂犬病以外の混合ワクチンの接種，犬糸状虫の予防は行われている。室内飼育で，同居動物はいない。食事は市販の犬用缶詰とおやつとして犬用ジャーキーを与えている。

【主　訴】

今朝までは元気であった。夕刻，飼い主が帰宅後，散歩，餌を食べた後から，頻回の嘔吐をし苦しそうとのことで，深夜の急患として来院した。

【physical examination】

体重2.16kg，心拍数170回/min，呼吸数60回/min，栄養状態90％，股動脈圧100％。意識レベルは低下し，呼吸は努力性呼吸で肺音の欠如を伴い，消音性の心音が聴診された。また，可視粘膜はチアノーゼを呈していたので POINT1，直ちに酸素ケージに入れ酸素化を試みた。チアノーゼが改善され，状態が安定化したため，細心の注意を払いながら各種検査を行った。

POINT1　心拍数，呼吸数，チアノーゼ：救急が必須である。

【臨床病理検査】

酸素化等の救急処置後（40分後）のCBC，血液化学検査の結果は表1の通りであった。

写真1　来院時の患者の様子（酸素テント）

表1　臨床病理検査

CBC		
WBC	6.42×10^3	/μL
RBC	7.82×10^6	/μL
Hb	18.2	/dL
Ht	55.9	%
MCV	71.5	fl
MCH	23.3	pg
MCHC	32.6	g/dL
pl	3.61×10^3	/L
血液の塗抹標本検査のリュウコグラム		
Band-N	0	
Seg-N	4.8×10^3	
Lym	1.216×10^3	
Mon	320	
Eos	64	
Bas	0	
RBCの多染性	－	
RBCの大小不同	－	
血小板	中型　約15個/HPF	
血液化学検査		
TP	5.18	g/dL
Alb	2.66	g/dL
Glb	2.52	g/dL
ALT	109	U/L
ALKP	32	U/L
T-Bil	< 0.10	mg/dL
Chol	105.4	mg/dL
Glc	185.7	mg/dL
BUN	22.8	mg/dL
Cr	1.01	mg/dL
P	7.73	mg/dL
Ca	8.87	mg/dL
Lip	408	U/L
静脈血の血液ガス検査		
pH	7.048	
pCO_2	72.3	mmHg
pO_2	204.6	mmHg
HCO_3	19.5	mmol/L
BE	－11.1	mmol/L
O_2サチュレーション	98.8	mmol/L
TCO_2	21.7	mmol/L
電解質		
Na	147	mmol/L
K	4.2	mmol/L
Cl	108	mmol/L

（　）内は本院における正常値を示す。

Htの上昇，TPの低下が認められる。静脈血の血液ガス検査のpH，pCO_2，BE値よりアシドーシスに陥っていることが示された POINT2。

| POINT2 異常な炭酸ガスの蓄積→換気不全→死が迫っている |

【単純X線検査】（写真2，写真3）

小型犬であり，救急時であったため，邪道ではあるが全体像を把握するために胸腹部をともに撮った。

RL像：軟部組織の輪郭および骨格は正常範囲内である。胸腔は気管分岐部の極度の頭側・背則への変位が認められる。心陰影は尾側の一部を除き不明瞭である。心陰影の頭側から心陰影腹則・背則にわたり不定形の強い陰影が，変化に富む形でオーバーラップをしている。気管分岐部の背側あたりから心陰影の頭側にかけて白線様に見える陰影 POINT3 が認められる。

| POINT3 写真2の⇐。恐らくは胃壁。 |

最後肋骨から横隔膜の陰影にオーバーラップする大きなガス像が認められる。

肝陰影は尾側へ強く変位が認められる。腎陰影，腸のガス像等は呼吸の促迫を反映して正常範囲内ではあるが強いブレが生じている。

VD像：軟部組織の輪郭は正常範囲内である。胸部は最

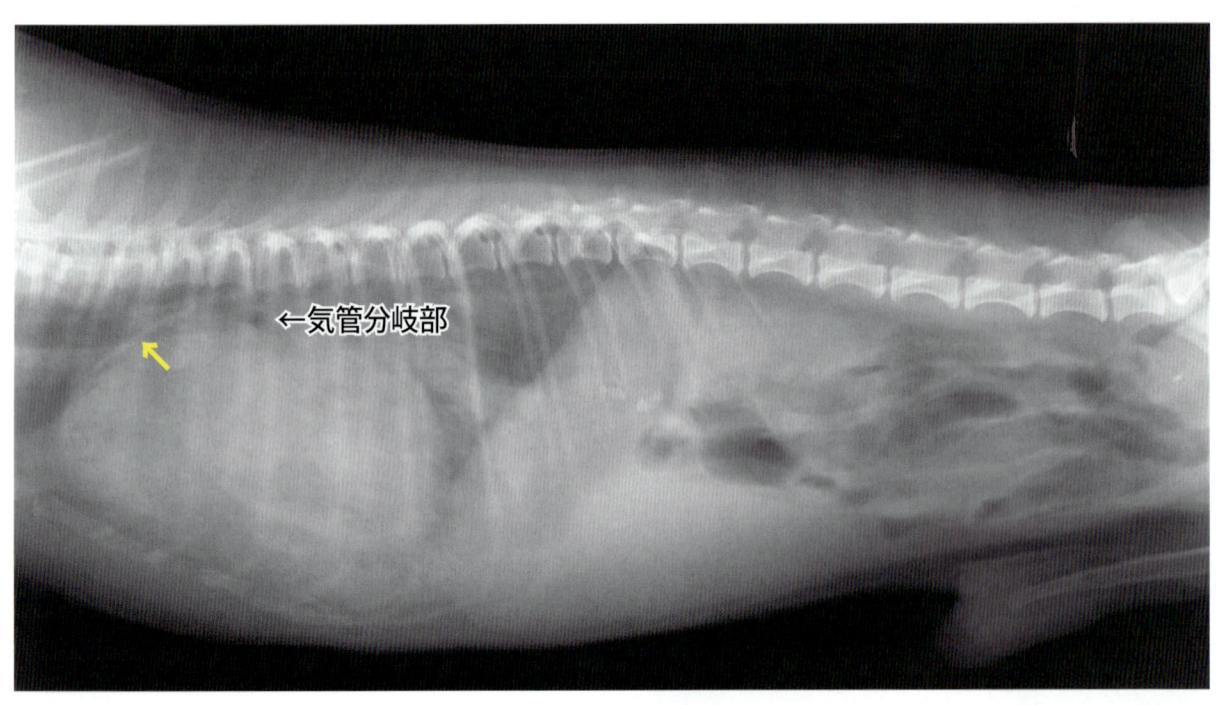

写真2　単純X線写真　RL像

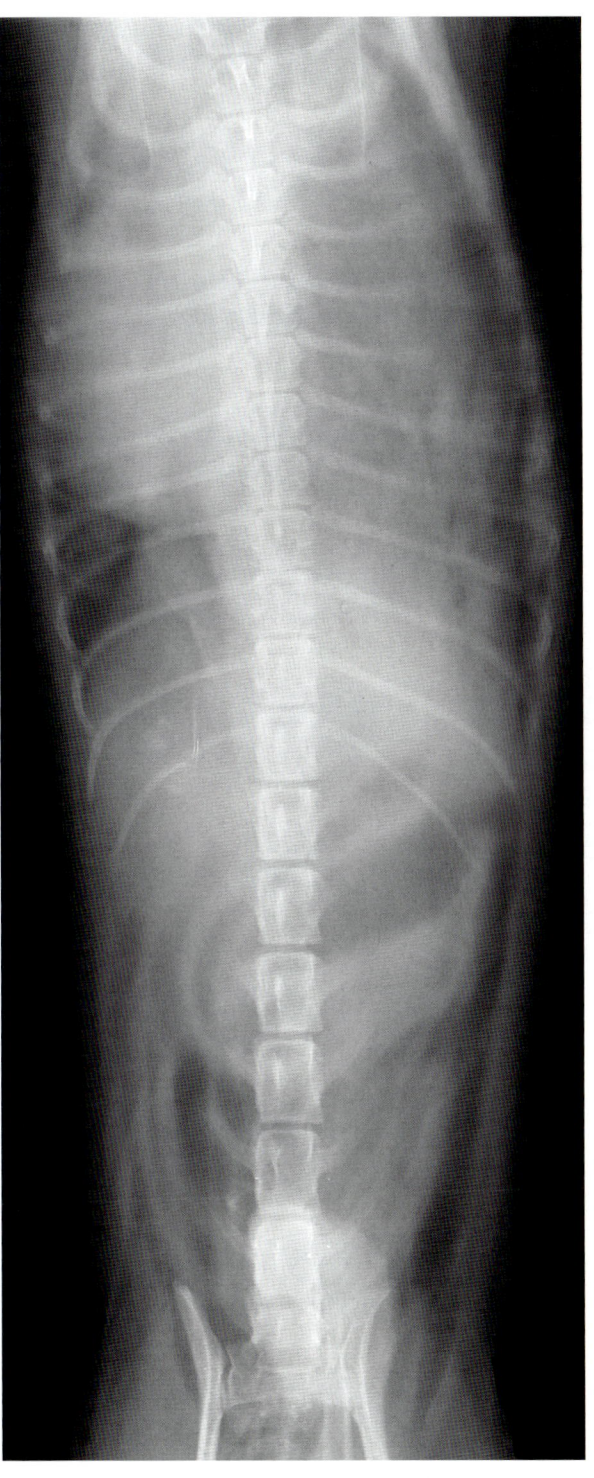

写真3　単純X線写真　VD像

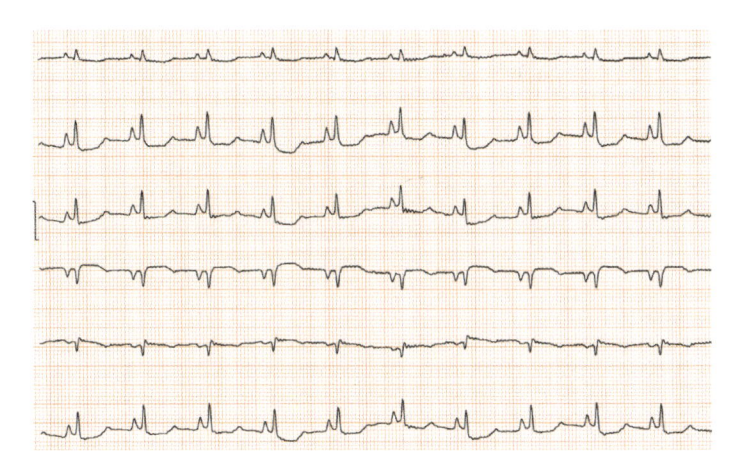

写真4　心電図検査所見

大限に胸郭の拡大が認められ，全呼吸筋を動員しての努力呼吸があることを示唆している。左胸郭を中心とした心陰影の頭側に及ぶ不定形なガス像を含む陰影が腹部に連なり，横隔膜は正常な形態を全く認めない。心陰影の頭側（第2肋骨から12肋骨に至るまで），胸腔，腹腔にかけて腸骨に至る巨大なガス像を認めるとともに，腹腔では，左腹壁に沿った帯状の強いガス像が認められる。

横隔膜およびその方向にあるべき肝陰影が認められず，腹壁の左頭側にほとんど常に存在する胃胞が認められない。巨大なガス像はガスと食渣を大量に含んだ胃であることが推定される。

【X線診断】

横隔膜左側破裂に伴う胃および腸の胸腔内へのヘルニア（横隔膜ヘルニア）。

【心電図検査】

低電位 POINT4，頻脈，STの強い下降が認められ，心筋レベルでの低酸素状態が示唆される。

> **POINT4** ヘルニアによって胸腔内に他の臓器（主に胃が）が入ったために起こったものと考えられる。

【診　断】

横隔膜ヘルニア（胃・脾臓）

☞ **あなたならどうする。次頁へ**

☞
① 胸腔穿刺
② 開胸・開腹手術
③ それらを行うために，飼い主からインフォームド・コンセントを得る。

【治療・経過】

来院後，直ちに酸素ケージに入れて酸素化し，胸腔穿刺を行い胃腔内の空気を30mL除去した。空気除去後，状態は安定し，ここで飼い主に病気の説明と緊急手術の必要性を説明し，インフォームド・コンセントが得られたので，正中開胸・開腹によるヘルニア整復手術を行った。アトロピン，ブトルファノールで前投与を行い，ケタミン，ジアゼパムで導入し，気管挿管後，イソフルランで維持麻酔を行い，胸骨正中切開により開胸・開腹した。胸腔内に横隔膜の左側肋骨弓に沿った裂開のために，胸腔内にヘルニアを起こした拡張した胃（内部に大量のジャーキーと食渣を認めた）と脾臓を認めた。食道から胃チューブを挿入し，胃の減圧を行うとともに，軟部組織を傷めないようにゆっくりとヘルニア臓器を腹腔内に整復した。胸腔と腹腔を精査した後，単純連続縫合を2重に施して，裂開した横隔膜を閉鎖した。そして，常法に従い，閉胸・閉腹した。また，左側胸腔には胸腔ドレーンチューブを設置した。

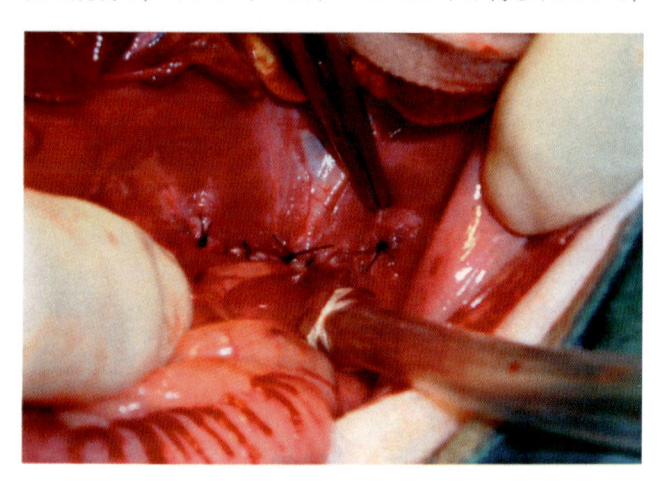

写真5　開腹時。肋骨縁での離解

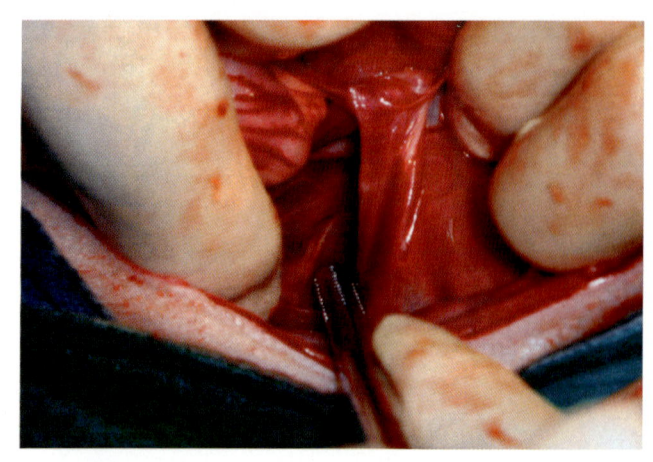

写真6　非吸収糸エチロンにて単純結紮縫合を行った

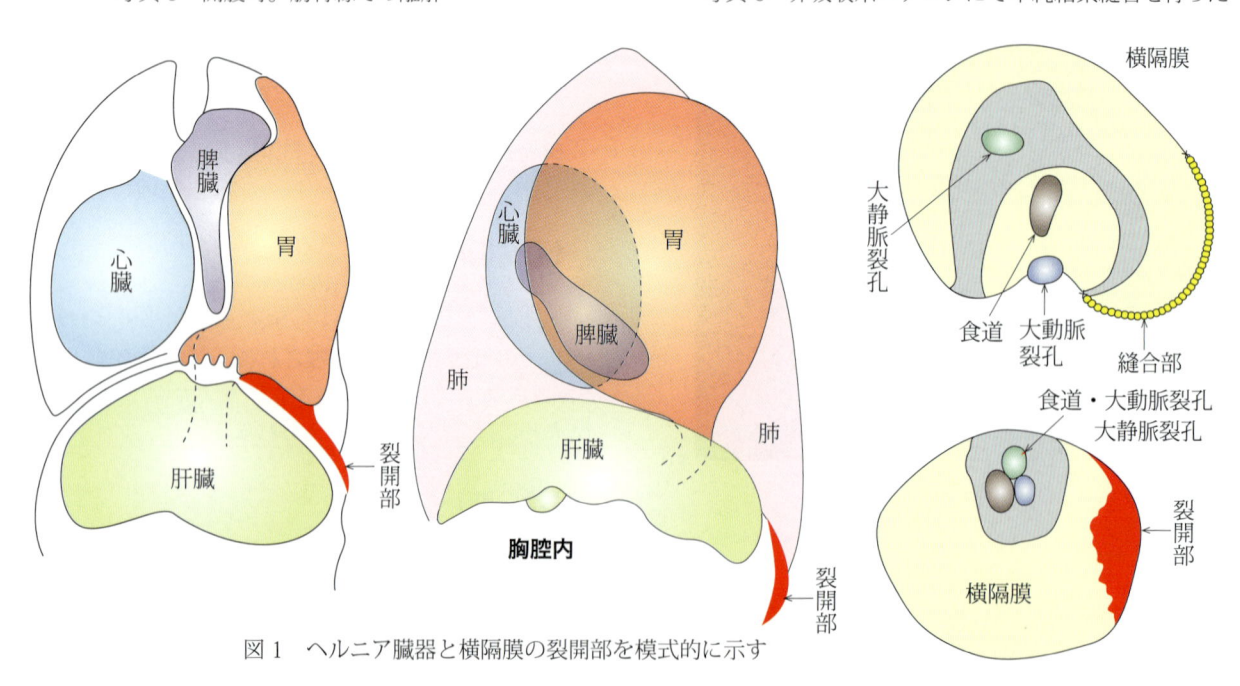

図1　ヘルニア臓器と横隔膜の裂開部を模式的に示す

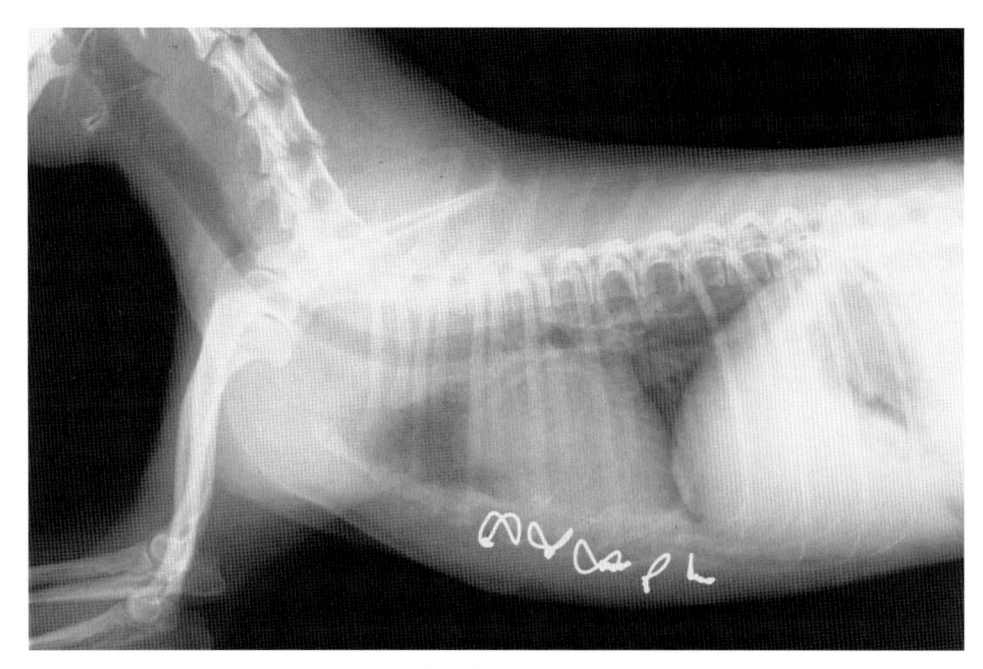

写真7　術後の単純X線写真　RL像

　麻酔覚醒は順調に行われ，フェンタニル，NSAIDsによるペインコントロールを行いながら，24時間体制のクリティカルケアと，継続的なモニターが行われた。術後，呼吸器系および循環器系の状態は良好に経過し，出血や炎症性の漿液の滲出も認められなかったため，術後2日目に胸腔ドレーンチューブを除去した。術後7日目には無事退院し，現在も良好に生活している。

【コメント】

　小動物では，直接的または間接的傷害により横隔膜裂傷が起こる。横隔膜への間接的傷害は横隔膜ヘルニアのもっとも一般的な原因であり，腹腔への鈍性損傷により生ずる。安静時の吸気中に胸膜（胸腔）腹膜（腹腔）圧勾配は7～20cmH$_2$Oと変化し，最大吸気では100cmH$_2$O以上へと増加する。鈍性損傷は腹圧の急激な増加を起こす。そのため肺にある空気が急激に呼気として外に出され，結果として胸膜（胸腔）腹膜（腹腔）圧勾配が突発的に増加することになり，横隔膜に破裂が生じ，その破裂口から胸腔内への腹部内臓の脱出が起こる。横隔膜への直接的外傷はまれであるが，銃創，咬創，または刺創によっても起こることがある。横隔膜の医原性外傷は剣状突起前方での不適切な腹部切開または胸腔ドレーンの不適切な装着によっても起こ

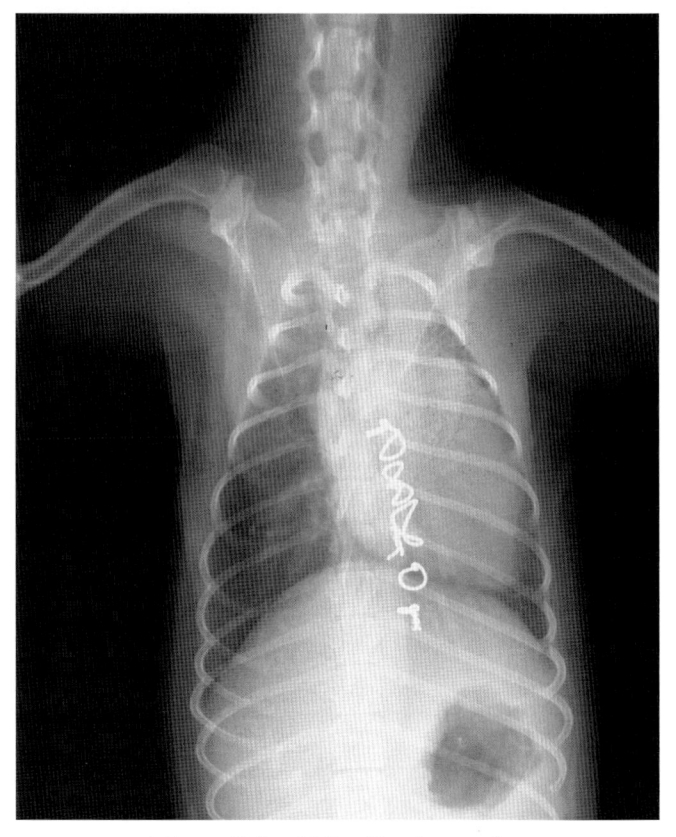

写真8　術後の単純X線写真　VD像

この症例での横隔膜ヘルニアの原因は不明であるが，外傷が全く見られなかったことや，胃内に大量のジャーキーと食渣が見られたことから，その食渣とそれに伴う大量の空気の嚥下により，急激な腹圧の上昇が起こった所へ何らかの衝撃がさらに腹部に加わり，横隔膜破裂を起こさせてしまったものと推察する。

横隔膜破裂が重度の呼吸困難を必ずしも起こすわけではないが，横隔膜ヘルニアの発生に引き続き起こる呼吸障害の原因は多数あり，胸腔内へ移動した胃（時に大量のガスを含む），肝臓，脾臓，小腸など循環血液量減少によるショック，胸壁損傷，胸水，気胸，肺挫傷，心機能不全は全て呼吸不全を起こさせることがある。肋骨骨折と関連する動揺胸（フレイルチェスト）は機械的な呼吸機能不全を引き起こす。肺コンプライアンスは胸水，胸郭内に存在する腹部臓器，または気胸によって低下する。肺出血，肺水腫および無気肺はいずれも重症度に応じて換気量を低下させる。心挫傷は心拍出量を減少させ，換気不全と結びついて，組織の低酸素症の原因となりえる。また胸腹部挫傷およびそれに付随する損傷から生じる疼痛は呼吸運動を自動的に抑制することになる。

麻酔時期と横隔膜傷害部の手術による整復の時期は，治療転帰に大きく影響する。横隔膜ヘルニアを有する小動物のおよそ15％は手術前に死亡する。また，傷害後24時間以内に横隔膜ヘルニアを修復手術した動物の死亡率がもっとも高い（33％）。手術実施時期は，初期の心肺不全の程度，臓器絞扼の有無および肺機能の低下の程度に依存する。積極的な支持療法で呼吸機能が安定すれば，救急手段としてヘルニアを起こしている腹腔内臓器の整復後，横隔膜を縫合する。特にヘルニアを起こした胃および絞扼な腸管の急性拡張は緊急手術が必須である。

胃の流出路閉塞，代謝性アルカローシスおよび低カリウム血症は，横隔膜ヘルニアの犬で報告されている。ヘルニアを起こした胃は空気嚥下により急速に拡張し，肺コンプライアンスを減少させ，さらに後大静脈を圧迫し，静脈還流量を減少させ心拍出量の低下をきたし，急速に致命的な悪循環に陥る。

脾臓などの実質臓器は横隔膜を通り抜けるときに破裂する可能性がある。その結果，急性血胸を生じ，ショック療法に対する初期の良好な反応が見られたとしても急速に悪化することがあるから，術後24時間のモニターが重要である。

ほとんどの小動物の横隔膜ヘルニアでは，24〜72時間以上を経過して安定する。このため，横隔膜ヘルニアのみが存在するのであれば緊急手術対象とはならない。例えば，肺挫傷などの胸部の傷害は，24〜48時間で劇的に改善され，気胸は胸部瘻造設チューブの挿入によって管理可能である。初期管理の目標は，麻酔および手術ストレスを許容できるように患者の心肺機能を改善することである。

（Vol.58 No.2, 2005 に掲載）

Case 14 DOG
30分前に車道に飛び出し交通事故にあった症例
雑種犬，5歳5か月齢，雌

【プロフィール】
雑種犬（ビーグル），5歳5か月齢，雌。

【主 訴】
30分程前に，車道に飛び出して乗用車に轢かれた。

【physical examination】
栄養状態100%，意識レベル100%，体重13.20kg，体温38.8℃，呼吸数は36回/min，CRT<1sec，心拍数120回/min，股動脈圧100%，であった。主要臓器，中枢神経系には問題は認められなかった。右上腕部の擦過傷，尾根部の腫脹，および両後肢の跛行が認められた。排尿・排便は認められていない。

【臨床病理検査】
CBC，血液化学検査の結果は表1の通りであった。

事故後30分ということを考慮するとHt値が少し低く，またAlb値とGlb値も低い[POINT1]。

> **POINT1** これらのことから，かなりの内出血が打撲箇所にあることを示唆している。

尿検査所見からは，膀胱内の出血が認められ，明らかに

表1 臨床病理検査

CBC			静脈血の血液ガス検査		
WBC	7.60×10^3	/μL	pH	7.392	
RBC	633	/μL	pCO_2	38.4	mmHg
Hb	14.3	/dL	pO_2	48.9	mmHg
Ht	41.9	%	HCO_3	22.8	mmol/L
MCV	66.2	fl	BE	−2.1	mmol/L
MCH	22.6	pg	O_2サチュレーション	84.5	mmol/L
MCHC	34.1	g/dL	TCO_2	24.0	mmol/L
pl	30.1	/L	電解質		
血液の塗抹標本検査のリュウコグラム			Na	145	mmol/L
Band-N	0		K	3.3	mmol/L
Seg-N	4.94×10^3		Cl	121	mmol/L
Lym	1.596×10^3		尿検査（膀胱穿刺）		
Mon	532		色調	暗赤色	
Eos	64		USG	1.037	
Bas	0		pH	7.0	
RBCの多染性	+		Pro	++	
RBCの大小不同	+		Glu	−	
血液化学検査			Ket	−	
TP	5.22	g/dL	Bil	−	
Alb	2.17	g/dL	潜血	+++	
Glb	3.05	g/dL	Cell	RBC +++	WBC ++
ALT	40	U/L	細菌	−	
ALKP	39	U/L			
T-Bil	<0.10	mg/dL			
Chol	112.0	mg/dL			
BUN	13.0	mg/dL			
Cr	0.93	mg/dL			
P	1.93	mg/dL			
Ca	8.91	mg/dL			

（ ）内は本院における正常値を示す。

膀胱に損傷があることが推定される。

【単純X線検査】

胸部RL像（写真1）・**DV像**（写真2）：軟部組織の輪郭および骨格は正常範囲内である。胸腔内，横隔膜，見える範囲の腹腔内も正常範囲である。

腹部RL像（写真3）：軟部組織の輪郭では臀部の腫脹が認められる。骨格は正常範囲内である。腹腔内は正常範囲である。

腹部VD像（写真4）：軟部組織の輪郭および骨格は正常範囲内である。仙椎，尾椎部の骨折および著しい解離が認められる。

股関節RL像（写真5）：軟部組織の輪郭は臀部から尾根部にかけて，強い腫脹が認められる。腰椎，大腿骨は正常範囲内である。恥骨前縁の剥離骨折，仙椎，尾椎接合部の骨折・解離が認められる。膀胱は正常範囲内である。

股関節VD像（写真6）：股関節，骨盤，仙腸関節は正常範囲内である。恥骨前縁の剥離骨折が認められる。仙椎，尾椎接合部の骨折と解離が認められる。

【X線診断】

恥骨前縁剥離骨折，仙椎，尾椎接合部の骨折，臀部・尾根部にかけての強い腫脹。

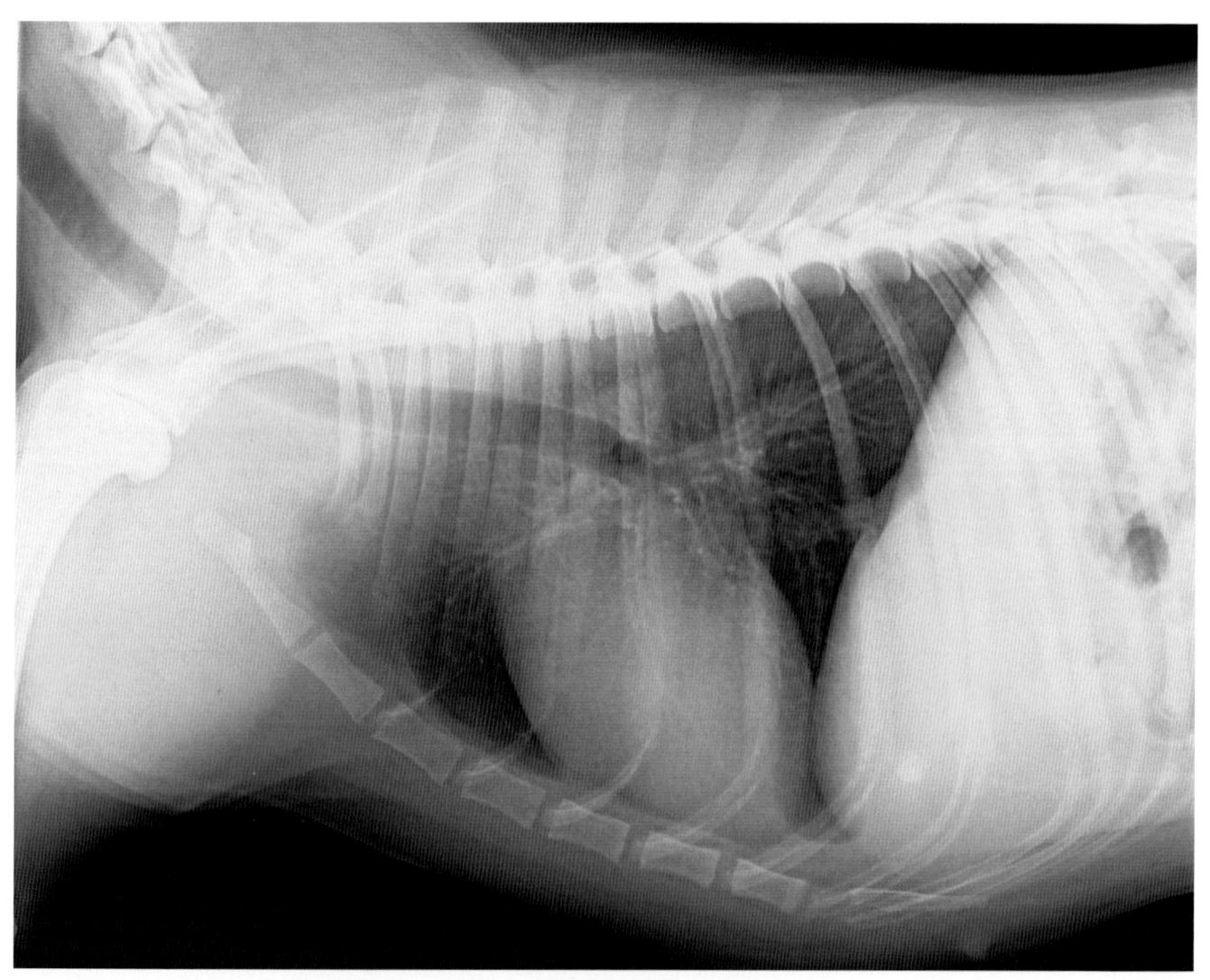

写真1　胸部単純X線写真　RL像

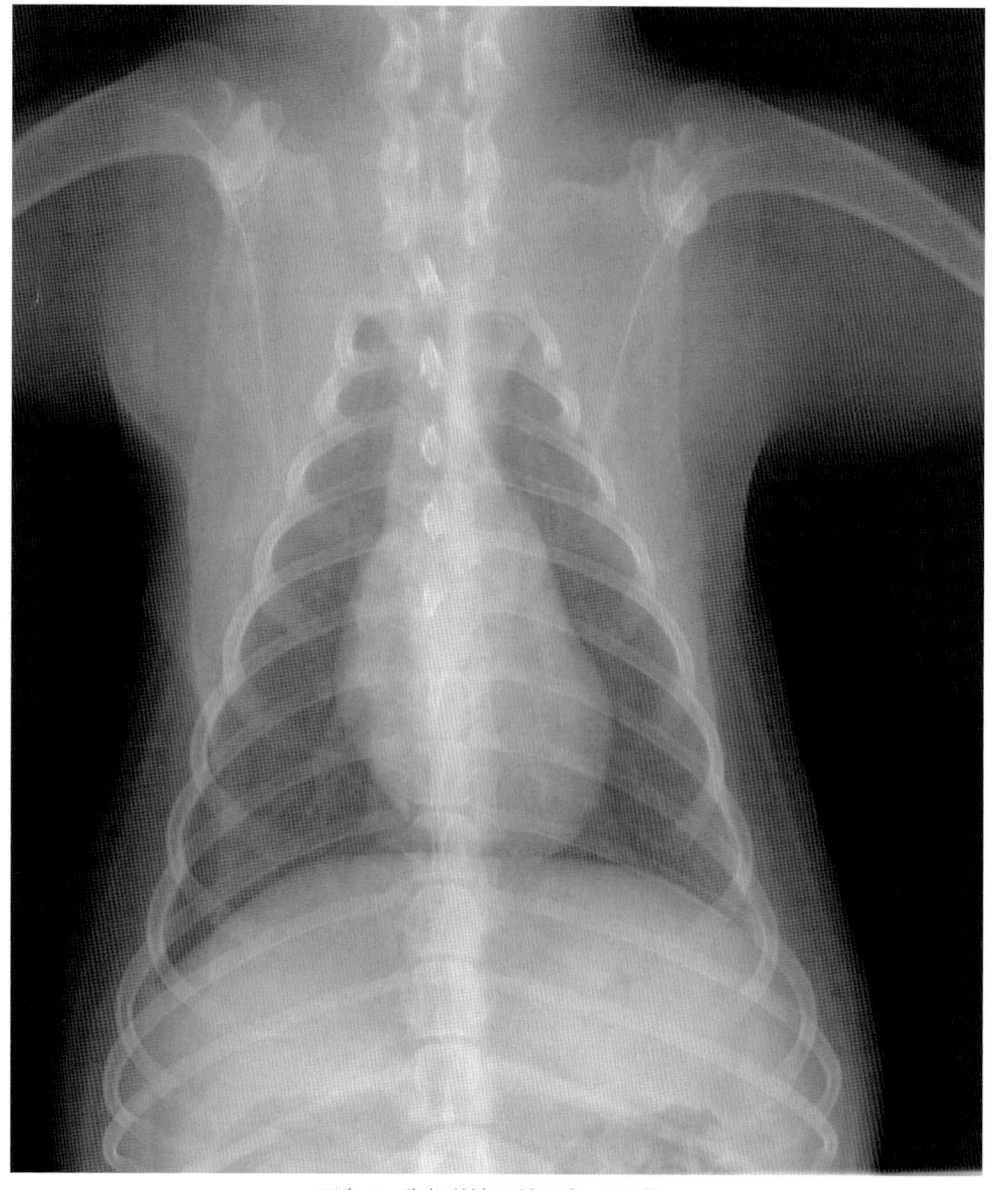

写真2　胸部単純X線写真　DV像

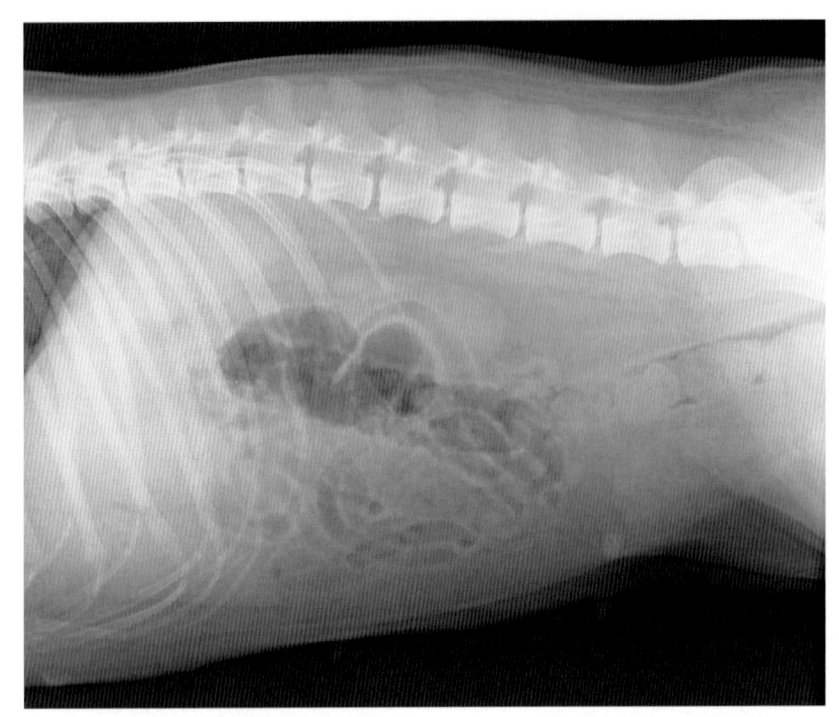

写真3　腹胸部単純X線写真　RL像

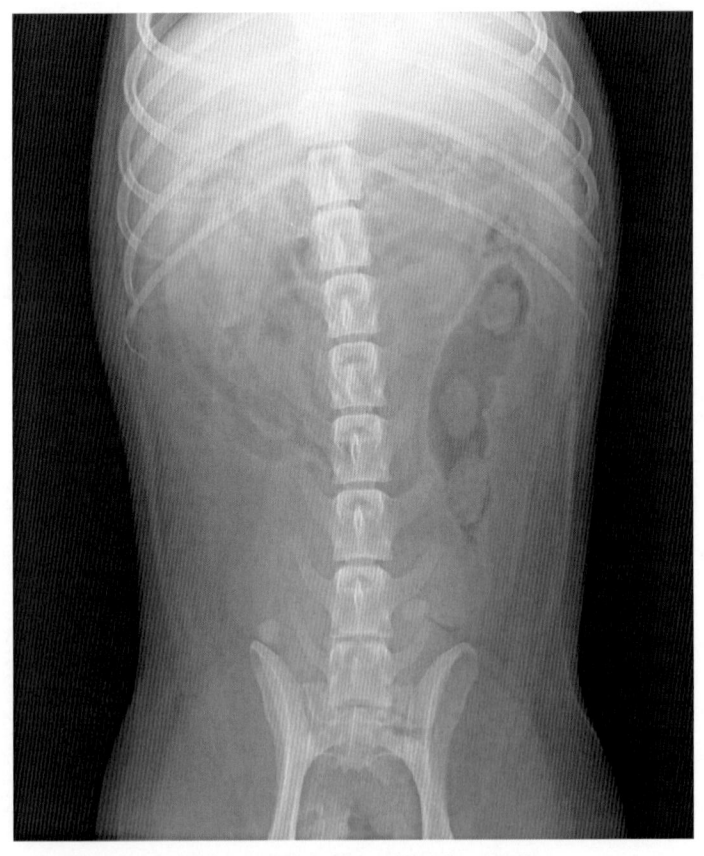

写真4　腹胸部単純X線写真　VD像

ケーススタディ

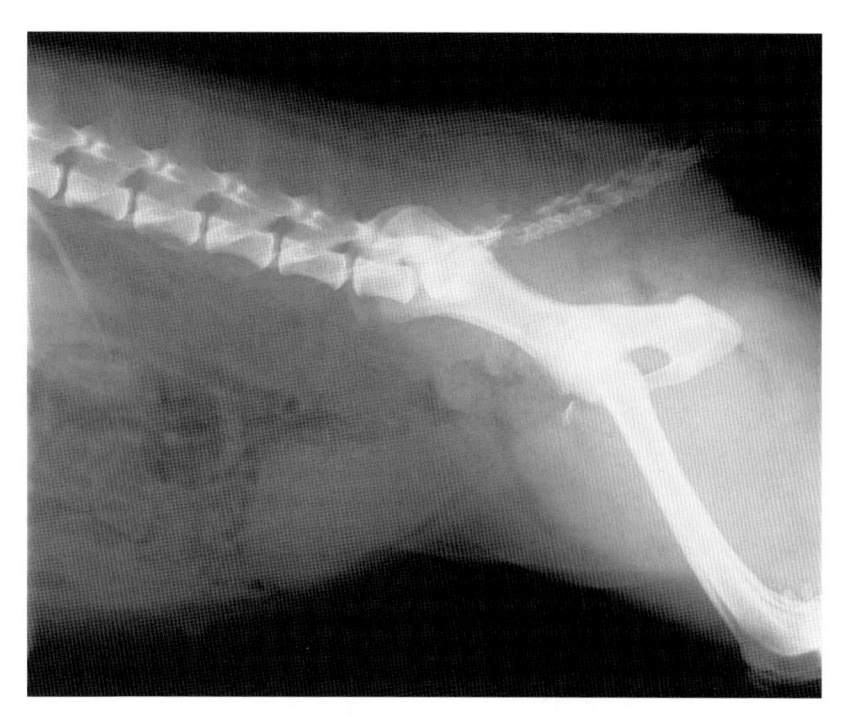

写真5　股関節単純X線写真　RL像

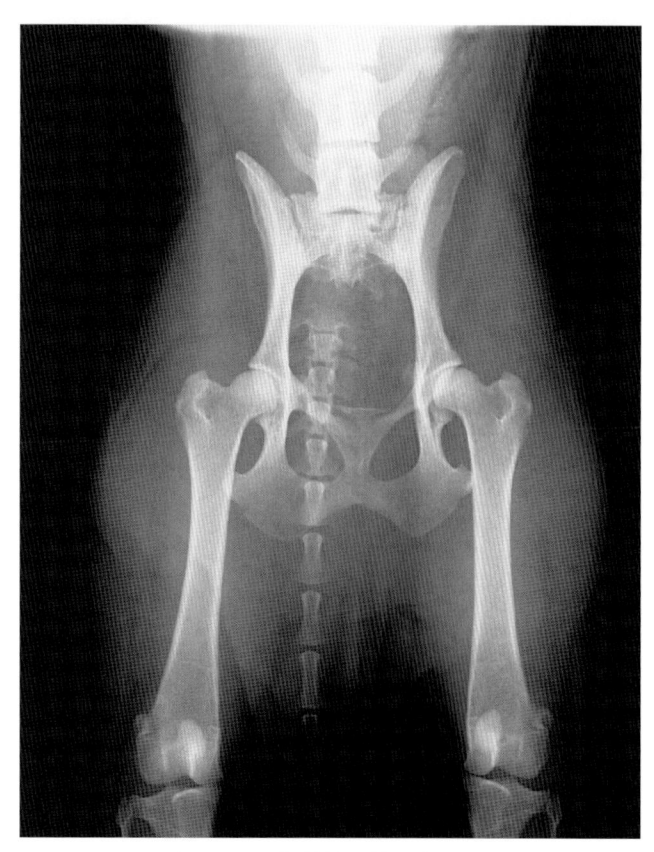

写真6　股関節単純X線写真　VD像　☞ **あなたならどうする。次頁へ**

① 入院下での24時間体制のクリティカルケアとモニタリング
② 十分な疼痛管理
③ 急変および緊急時の外科的手術の可能性について、飼い主からインフォームド・コンセントを得ておく。

【治療】

第1病日〔初診は深夜2時である。翌朝8時（約6時間後）からを第1病日としている〕

意識レベル100％、体重13.74kg（673mLの輸液のため増加している）、体温38.1℃、呼吸数36回/min、心拍数132回/min。

初診時に静脈確保を行い、アンピシリン（25mg/kg IV）と疼痛管理のためブトルファノール（0.2mg/kg IV）とメロキシカム（0.2mg/kg SC）を投与し、24時間監視下での経過観察を行った。

第2病日

意識レベル100％、体重13.96kg、体温38.8℃、呼吸数36回/min、心拍数132回/min。効果的な疼痛管理が得られており、尾椎骨折のため尾を振れないものの、自力排便・排尿も可能であり肉眼的な血尿は認められない。飼い主の呼びかけに対する反応も良好であった。午後より給餌を開始し、100％の食欲が確認された。

第3病日

意識レベル80％（沈鬱状態）、体重13.30kg、体温37.7℃、呼吸数54回/min、心拍数84回/min。

前日の夜間から未明にかけて、30分～3時間おきに頻発する嘔吐が合計8回確認された。

腹腔穿刺を行ったところ約300mLの血液を混じた腹水が得られ、分析の結果から無菌性の尿性腹膜炎と診断された。しかし、膀胱の二重造影検査および静脈性尿路造影では明らかな尿の漏出部位を特定することができなかった（写真7・8）。

尿性腹膜炎の原因の特定と治療のため、飼い主からのインフォームド・コンセントを得て、直ちに開腹手術の準備に取り掛かった。ケタミン・ミダゾラム・ブトルファノールで導入し、気管内挿管を行い、尿道カテーテルを留置し、イソフルランと酸素による全身麻酔を行った。手術は剣状軟骨から恥骨前縁に至る正中切開で行い、尿路系の精査および肝葉の全葉、胆嚢、総胆管、十二指腸、膵臓、副腎、腎臓、腸間膜、空腸、回腸、結腸を精査した。開腹時におよそ700mLの腹腔内貯留液を回収し、腹腔内の洗浄を行った。後腹膜および空回腸・膀胱漿膜面の著しい内出血が確認された。膀胱の腹側に約3mmの破裂部位を確認し、デブライドメントを行い、吸収糸（Maxon4-0）でランベール縫合とクッシング縫合による2層縫合によって膀胱の整復を行った。また、同時に恥骨骨折による恥骨前縁の遊離骨片を摘出した。腹腔内に貯留していた尿の嫌気・好気培養検査では何れも細菌は陰性であった。

術後5時間、麻酔からの覚醒は良好、全てのバイタルサインは安定し、血液ガスと電解質の値も正常範囲内であり、以降術後3日間は良好な経過をたどっていた。

恥骨・尾椎骨折、膀胱破裂による無菌性尿性腹膜炎と確定診断された。

第7病日（術後4日）

意識レベル50％（極度の沈鬱状態）、体重13.40kg、体温39.7℃、呼吸数42回/min、心拍数249回/min。

腹腔穿刺を行ったところ、膀胱再破裂・細菌性および尿性腹膜炎と診断され、再度、飼い主からのインフォームド・コンセントを得て開腹手術を行った。腹腔内貯留液からはグラム陰性桿菌が確認された。

術前にラクトリンゲル液（70mL/kg IV）とメイロン補正（12mL/head IV）、DIC予防のためヘパリン（100U/kg SC）、敗血症予防のためノイトロジン（50μg/head SC）、アンピシリン（50mg/kg IV）、エンロフロキサシン（5mg/kg IV）を投与した。膀胱縫合部は血流障害が原因と考えられる縫合部壊死性の癒合不全を起こしており、尿の漏出が確認されたため広範なデブライドメント（掻爬して壊死組織を全て取り除くこと）を行い、2層縫合に加えて腹壁筋膜を利用した漿膜パッチで縫合部を覆った後に大量のラクトリンゲル液（約12L）による腹腔内の洗浄吸引を反復した後、型どおりに閉腹し、強制給餌用の経鼻カテーテルと尿道カテーテルを設置した。重篤な細菌性および尿性腹膜炎により大網および空回腸の漿膜面は充血をきたし、癒着が進行し各臓器の可動性が著しく低下していた。また、膵臓実質の周囲は水腫性に強く腫脹していた。

また重篤な低アルブミン血症（0.00mg/kg）が確認されたため、輸血（全血60mL＋血漿200mL IV）とコロイド

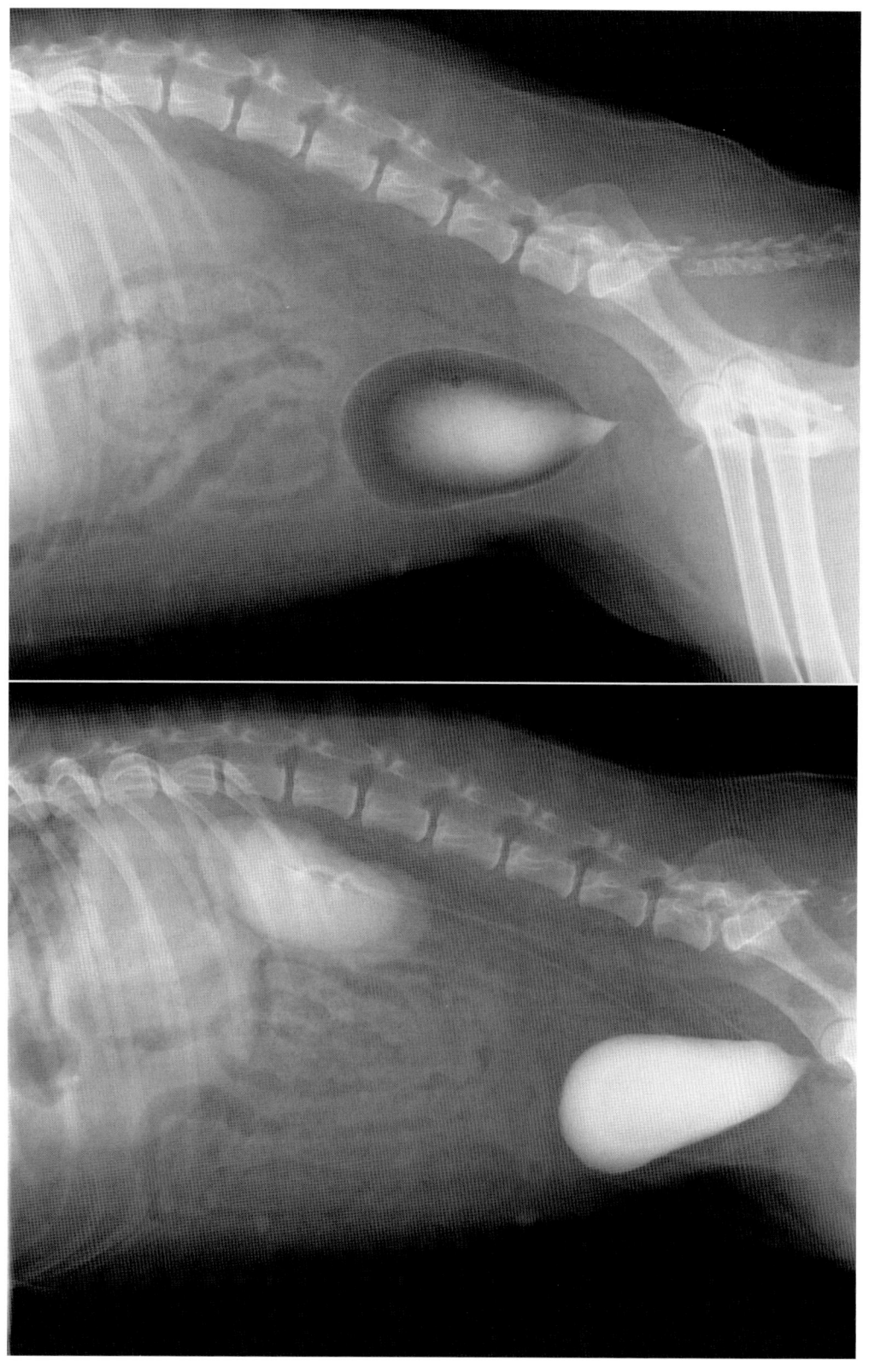

写真7　静脈性尿路造影X線写真　RL像

137　　　　　　　　　　　　　　　　Case 14

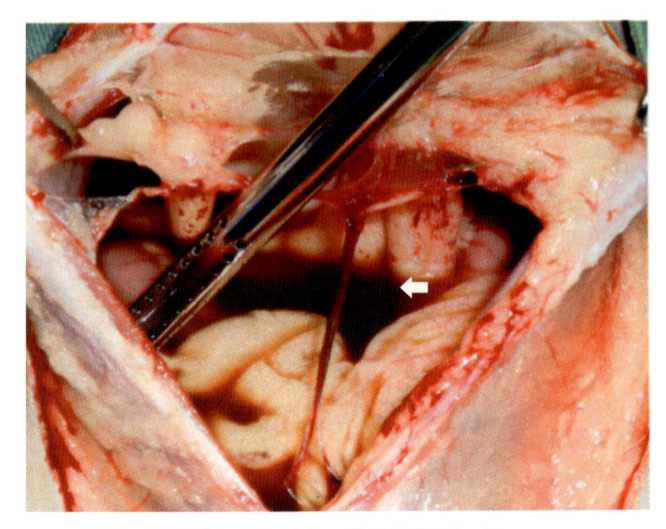

写真8　腹腔内の液体貯留（矢印）

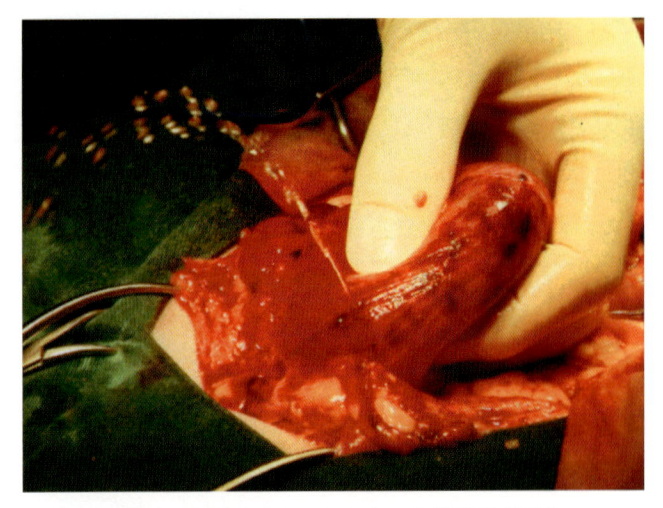

写真9　開腹時に明らかとなった膀胱破裂部位

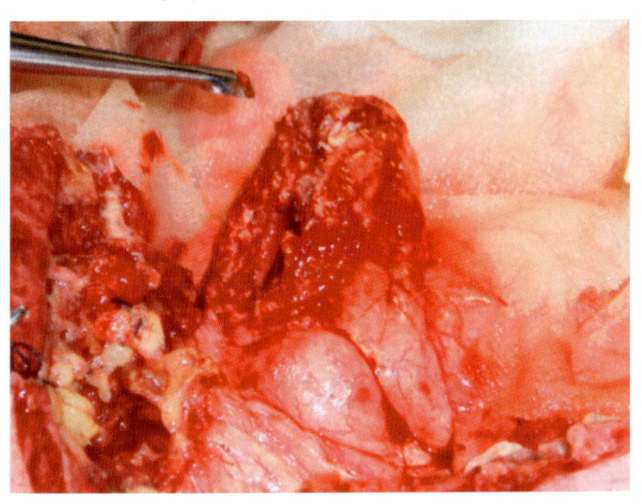

写真10　広汎なデブライドメントを行った膀胱

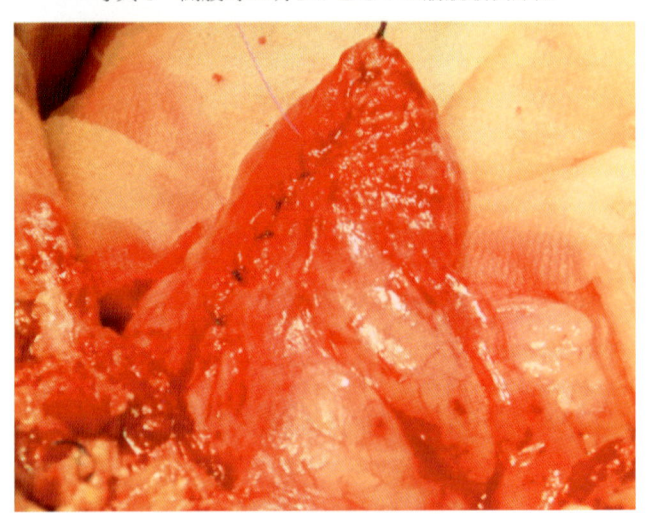

写真11　再度行った膀胱の2層縫合

溶液（ヘスパンダー120mL IV）および高張食塩水（7.5% NaCl 50mL IV）を投与した。術後7時間，麻酔からの覚醒は遅延傾向が認められるものの，全てのバイタルサインは安定し，ケージ内での起立・歩行が可能であった。POINT2

> **POINT2** 合併症である軟部組織の癒合不全および離開は，術後3～5日後に発生する。低アルブミン血症は死亡リスクを有意に増大させる。

術後翌々日，低アルブミン血症の改善のために経口栄養投与を開始した。

第10病日

意識レベル100%，体重15.30kg，体温39.1℃，呼吸数24回/min，心拍数126回/min。強制給餌サポートを行いつつも自力採食が認められた。腹水貯留が認められたが，貯留液の性状検査において細菌性・尿性腹膜炎は否定された。術部に広汎な炎症が認められたので皮下縫合を開放させ感染性肉芽組織のデブライドメントを行った後にタイオーバードレッシングを施し，6日後に閉鎖した。

その後の経過

初回手術から18日後に退院，細菌性膀胱炎による頻尿が認められているが，一般状態は良好に経過している。

【コメント】

このような交通事故の場合，以下のことをまず留意すべきである。

①直接の外傷性出血および大量の内出血が起こっているかどうかを確かめることが第一である。同時にショック状

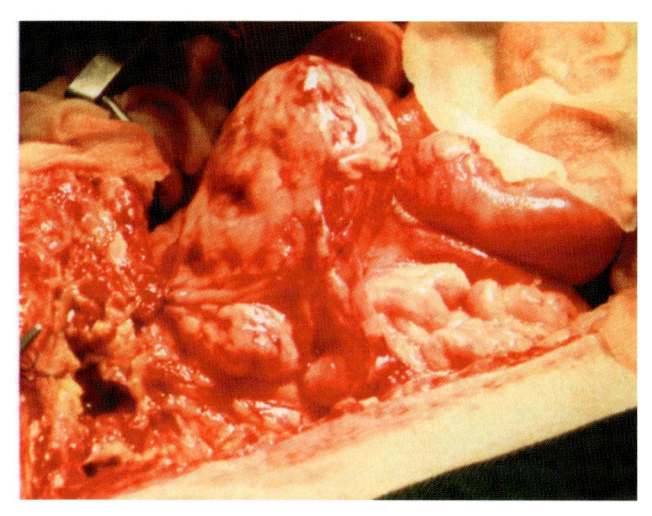

写真12　腹側筋膜・子宮広間膜を利用した漿膜パッチ

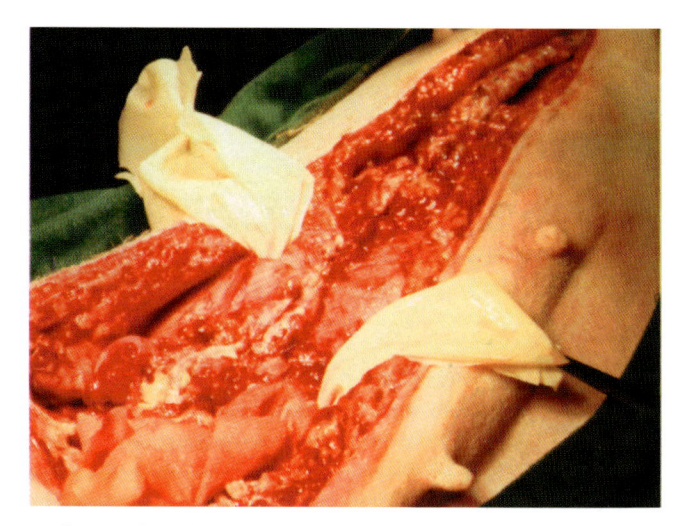

写真13　皮下縫合の開放と感染性肉芽組織のデブライドメント

態が明らかになる前に，サブクリニカルショックとして適切な処置を施す必要がある。

②胸部打撲による心肺の損傷，特に肺挫傷，悪化すれば継発する急性肺機能低下の予防・治療，モニター。

③腹腔内臓器の損傷のうち，いうまでもなく一番恐いのは結腸破裂である。また大量の出血を起こすことになりやすい肝臓，腎臓，脾臓の裂傷や動脈の損傷の有無。

④骨盤骨折，尾椎等の仙椎に近い部分の損傷あるいは恥骨・坐骨の骨折が認められる場合は，必ず尿道膀胱，できれば，尿管を含めて穿孔や裂傷の有無を確認する。

以下本症例の反省点を述べる。

①尿路膀胱のX線検査において，形式的な静脈尿路造影や逆行性（尿道口から逆行性に）尿路造影では，かなりの頻度で裂傷や穿孔があっても診断できないケースがあることは事実である。本症例では尿性腹膜炎に伴う明確な症状が認められた時点での有効な造影撮影が行われていなかった。膀胱の広範な損傷がある場合は，本例のように膀胱壁の虚血性壊死のために数日後に穿孔が発生することがある。したがって，その時点で論理的で積極的な造影検査を行うことが必要である。

②本症例において，尿性腹膜炎であることが確定した段階で，直ちに手術に踏み切り，腹腔臓器の精査により，膀胱以外は内出血以外の重大な損傷がないことが確認されたことは大きな意義がある。しかし肝心の膀胱の穿孔部分（直径3mm）に問題があったと考えられる。尿性腹膜炎によるサブクリニカルなショックと膀胱壁の虚血性壊死が起こっていた中で，果たして膀胱の縫合部位の血流が十分に確保できていたのかが問題である。特に膀胱穿孔における，膀胱の縫合で重要なことは，腫瘍切除と同様に裂孔部分を含めて健常な組織を十分に切除した上で縫合を行うべきである。また重要ことは縫合法である。レンベルト縫合とクッシング縫合の2重縫合が行われているが，この方法による縫合糸の締め方やピッチ（針数）のあり方では，縫合部分の血行障害が強くなり，結果としては縫合部の壊死を招くことがあるので，私はほうごうを薦めたい。

③膀胱内圧が上がらないようにカテーテルを装着することで，尿道口から上行感染の起こる可能性が高くなるが，それに対抗するだけの抗菌剤療法も十分に行えるので，膀胱の損傷の程度に応じてカテーテルの留置を長くする。

④本症例では二度目の手術で膀胱縫合部の再穿孔が起こり，さらに重い細菌性および尿性膀胱炎をきたした。桿菌の同定はしていないが，尿道口からの細菌による腹腔感染は常に重篤で致死的な腹膜炎をきたす可能性がある。

幸いにも救命することができたのは極めて幸運であったとせざるを得ない。

しかし，最も大切なことは，いかにしつけ訓練ができていても，車の走行する場所では常にリードを付けてコントロールできるように，平素からクライアント教育を徹底しておくことが大切である。

（Vol.58 No.3, 2005に掲載）

Case 15 CAT
検診で腫瘍が見つかった症例
雑種猫，7歳齢，雄

【プロフィール】

雑種猫，7歳齢，雄，去勢済み。各種予防接種は完全に行われている。3歳半から当院で診ているもので，歯周炎，火傷（小さな局所的なもの）以外は特に問題となる既往歴はない。完全室内飼育で同居動物に犬が2頭いる。食事は猫用ドライフードのみ。

【主　訴】

7歳になり，がん年齢に達したということでドックを受診したもの POINT1。

POINT1　当院ではこのことを留意して飼い主にすすめている。臨床病理検査，X線検査，超音波検査などを行う。

【physical examination】

体重は 4.56 kg，栄養状態は 105％，体温は 38.4℃，呼吸数は 20 回/min，心拍数 180 回/min，股動脈圧は 100% で正常であった。

元気・食欲，排便・排尿にいずれも異常はなく，一般状態は極めて良好であった。

【臨床病理検査】

CBC，血液化学検査の結果は表 1 の通りであった。特に異常は認められなかった。

【単純X線検査】

胸部 RL 像（写真 1）：体表の軟部組織の輪郭および骨格は正常範囲内である。腹腔内臓器は正常範囲内である。気管および心臓，後大静脈は正常範囲内である。横隔膜肝陰影に重なって直径 8 mm（腹側から 1/3 の位置に），円形に近い陰影 POINT2 が認められる。

POINT2　マスは辺縁が不明瞭なのか明瞭なのか，サイズ，個数，形（辺縁は丸いのか？）などを明確に評価すべきである。

後葉にも背側に近い部分で不定形のマスがあるのではないかと疑わせる所見が認められる。

表 1　臨床病理検査

CBC		
WBC	8.4×10^3	/μL
RBC	8.22×10^6	/μL
Hb	14.3	/dL
Ht	45.0	%
MCV	55	fl
MCH	17.4	pg
MCHC	31.8	g/dL
pl	359×10^3	/μL
血液の塗抹標本検査のリュウコグラム		
Band-N	0	
Seg-N	5.292×10^3	
Lym	2.940×10^3	
Mon	84.0	
Eos	84.0	
Bas	0	
血液化学検査		
TP	7.27	g/dL
Alb	2.93	g/dL
Glb	4.34	g/dL
ALT	46	U/L
ALKP	51	U/L
T-Bil	<0.10	mg/dL
Chol	129.8	mg/dL
Glc	107.9	mg/dL
BUN	22.1	mg/dL
Cr	1.83	mg/dL
P	4.04	mg/dL
Ca	9.84	mg/dL
静脈血の血液ガス検査		
pH	7.350	
pCO_2	39.7	mmHg
pO_2	33.3	mmHg
HCO_3	21.4	mmol/L
BE	−4.2	mmol/L
O_2 サチュレーション	22..6	mmol/L
TCO_2		mmol/L
電解質		
Na	152	mmol/L
K	4.0	mmol/L
Cl	119	mmol/L

（　）内は本院における正常値を示す。

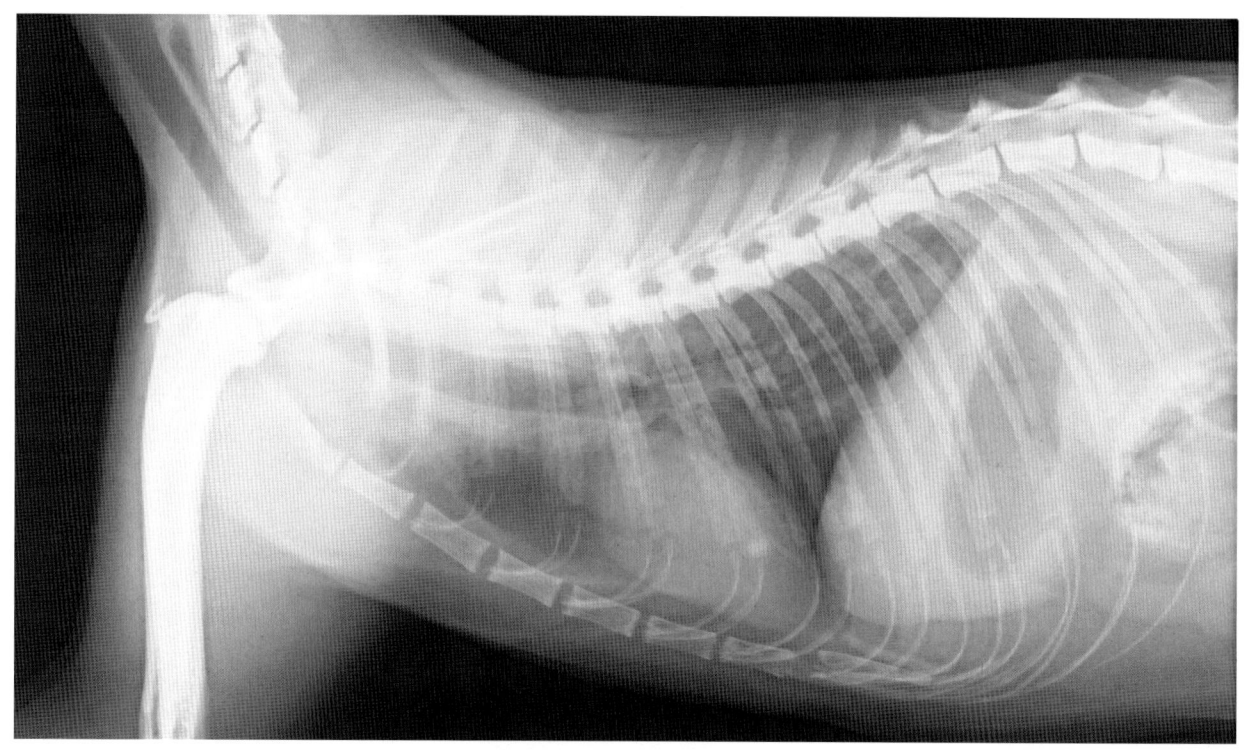

写真1　胸部単純X線写真　RL像

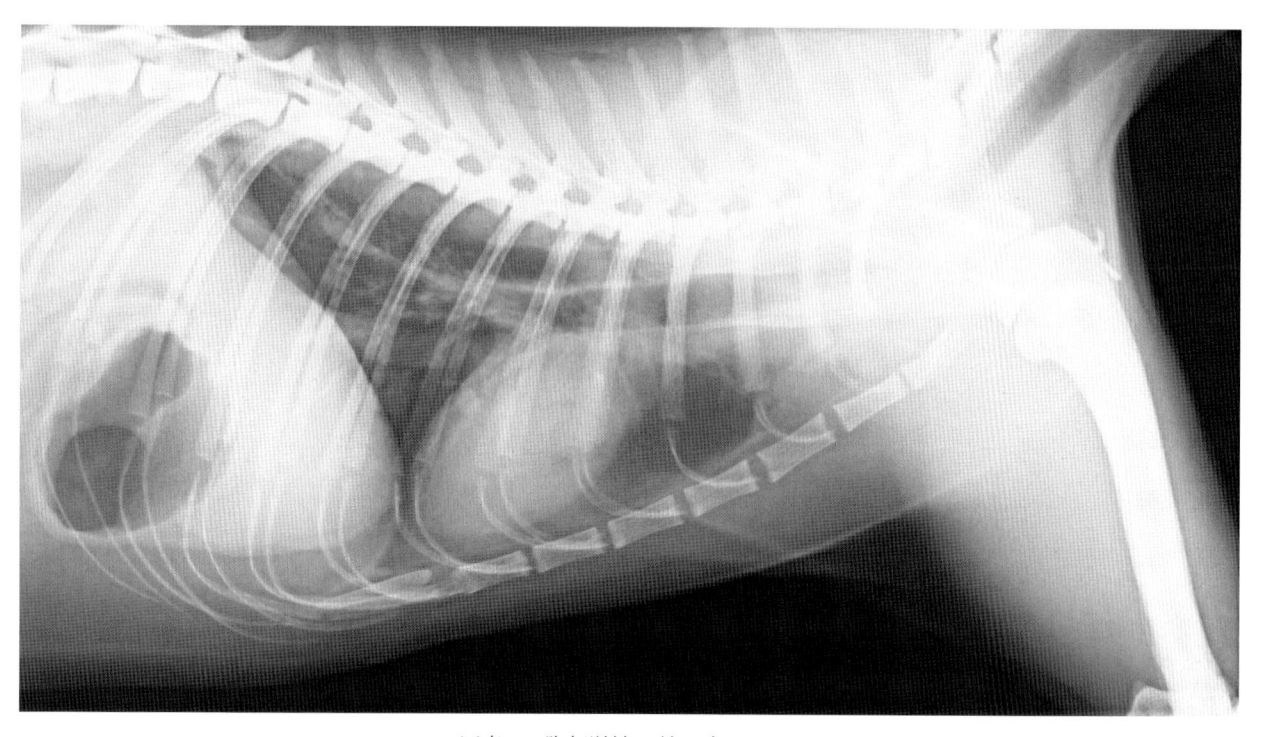

写真2　胸部単純X線写真　LL像

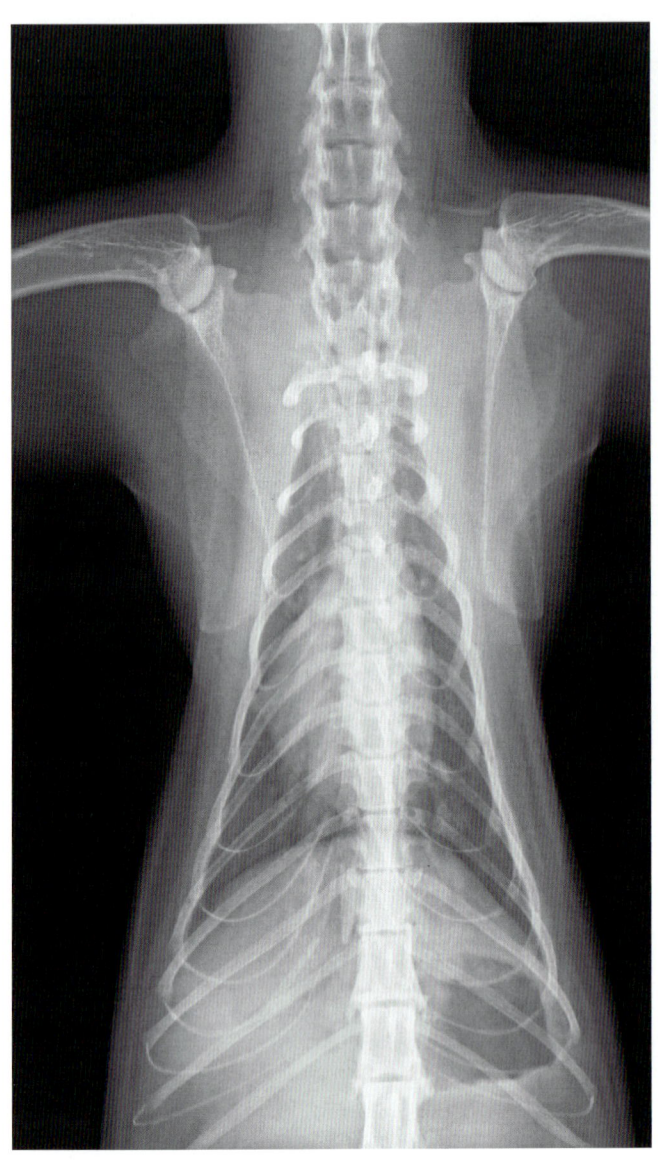

写真3　腹胸部単純X線写真　DV像

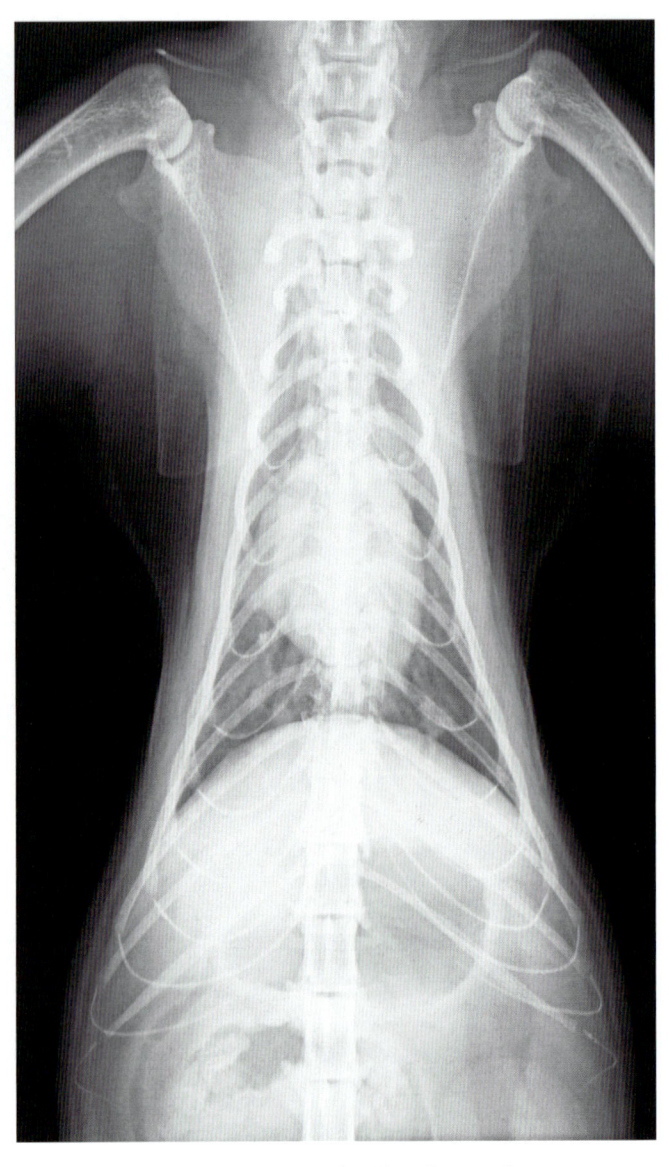

写真4　腹胸部単純X線写真　VD像

LL像（写真2）^{POINT3}：体表の軟部組織の輪郭および骨格は正常範囲内である。後葉および後葉の右側1/3の部位にRL像で認められた陰影は認められない。逆にRL像で認められなかった，ほぼ円形の腫瘤を疑わせる陰影が後大静脈の下側および心陰影に重なる形で1つ認められる。

> **POINT3** このように肺葉の所見を精査するためには必ず4方向（RL, LL, DV, VD）で最大吸気時に撮影する必要がある。

胸部DV像（写真3）：胸腔の形状から最大吸気時ではなく，呼気時の撮影であることがわかる。体表の軟部組織の輪郭および骨格は正常範囲内である。心陰影，横隔膜ラインは全て正常範囲内である。腹腔内の所見も異常は認められない。左後葉で心陰影の後側左側にRL像と一致する陰影が認められる。しかし，RL像で他に認められたようなマスを疑うような所見は認められない。

腹部RL像（写真5）：体表の軟部組織の輪郭および骨格は正常範囲内である。胸腔，横隔膜，肝陰影に重なって直

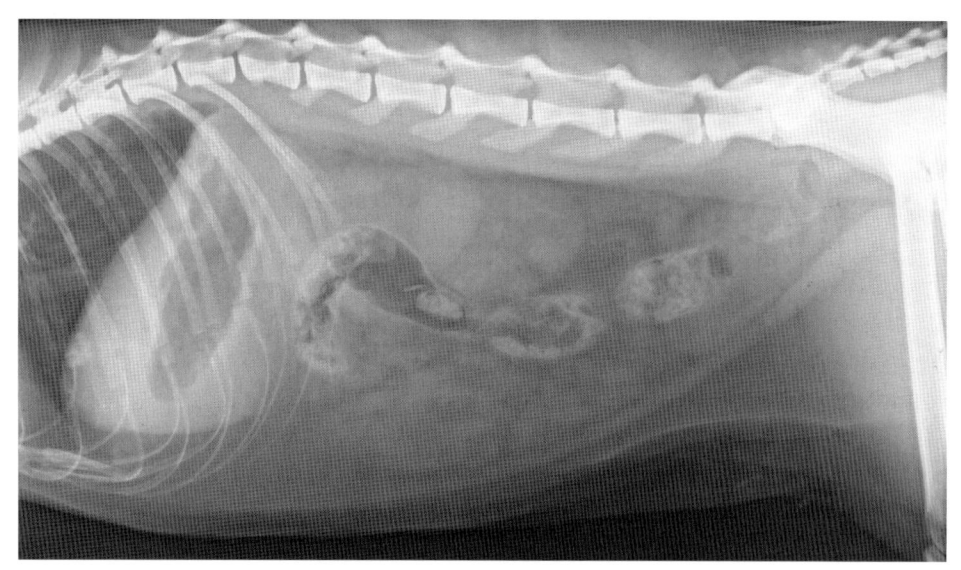

写真5　腹胸部単純X線写真　RL像

径8mm程度の陰影を腹側に認める。後葉の背側に正常では認められないマス病変（直径3mm程度）を疑わせる陰影が4つ認められる。

腹部VD像（写真6）：体表の軟部組織の輪郭および骨格は正常範囲内である。左後葉，横隔膜ラインのすぐ背側に直径8mm程度の円形のやや不定形な陰影が認められる。

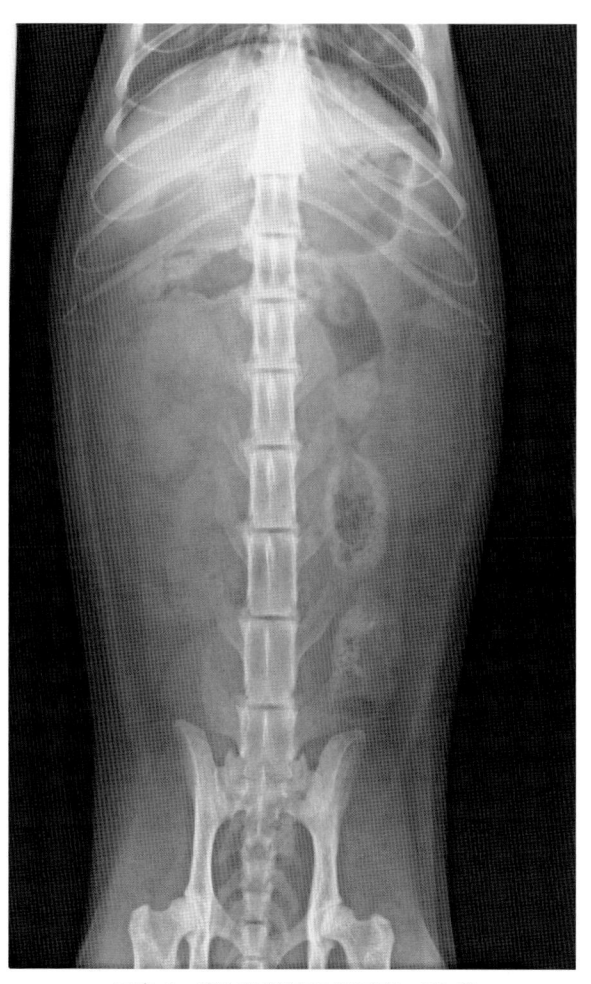

写真6　腹胸部単純X線写真　VD像

☞ **あなたならどうする。次頁へ**

☞

① 飼い主への入念な説明
② FNA（ファインニードル アスピレーション 生検）の実施
③ さらなる検査

【初診の処置】

この時点で担当医は飼い主に，腫瘍年齢にあることから肺腫瘍の可能性を含め，肺の寄生虫，糸状虫，真菌症，異物などによる肉芽形成など下部呼吸器疾患に関し説明を行い，さらに精密検査の必要性があることを説明した。鎮静麻酔下でエコーガイドによるFNAを行ったが，この時点で若干の炎症細胞以外，有用な細胞成分は得られなかった．患者の一般状態は良好であったが，さらに全身麻酔下での肺FNA，気管支肺胞洗浄により得られる細胞診を含めた検査および2か月後に再診を受けるようすすめた。

2か月後再診時の所見は下記のとおりである。

【臨床病理検査】

PCVが28.6%へと低下。その他のCBC，血液生化学検査値は正常範囲内であった。犬糸状虫症抗体検査は陰性であった。

【単純X線検査】

胸部RL像（写真7）：体表の軟部組織の輪郭および骨格

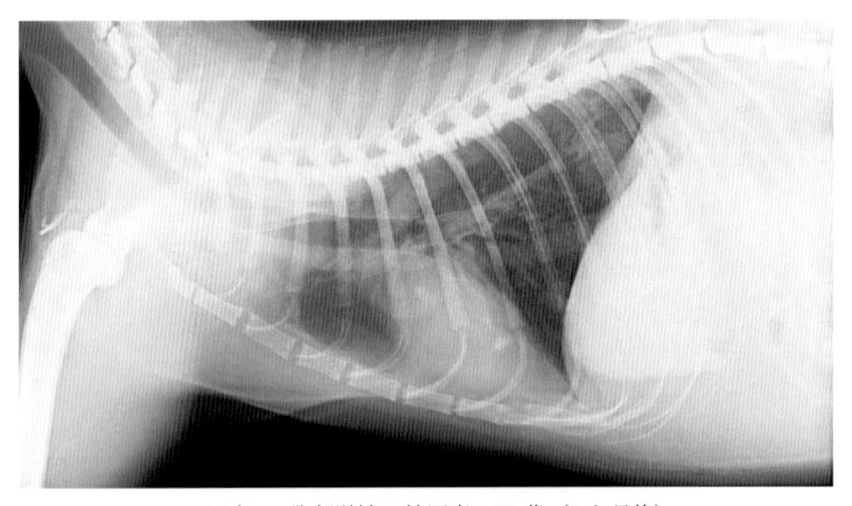

写真7 胸部単純X線写真 RL像（2か月後）

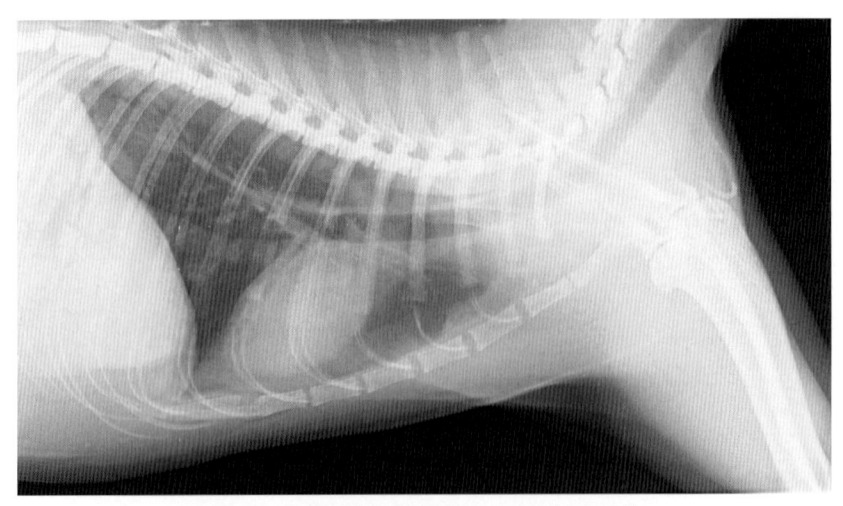

写真8 胸部単純X線写真 LL像（2か月後）

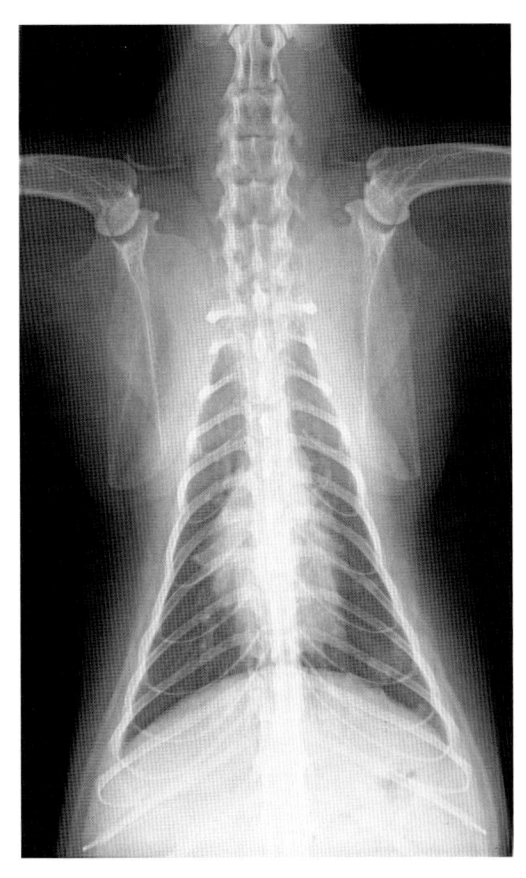

写真9　胸部単純X線写真　DV像（2か月後）

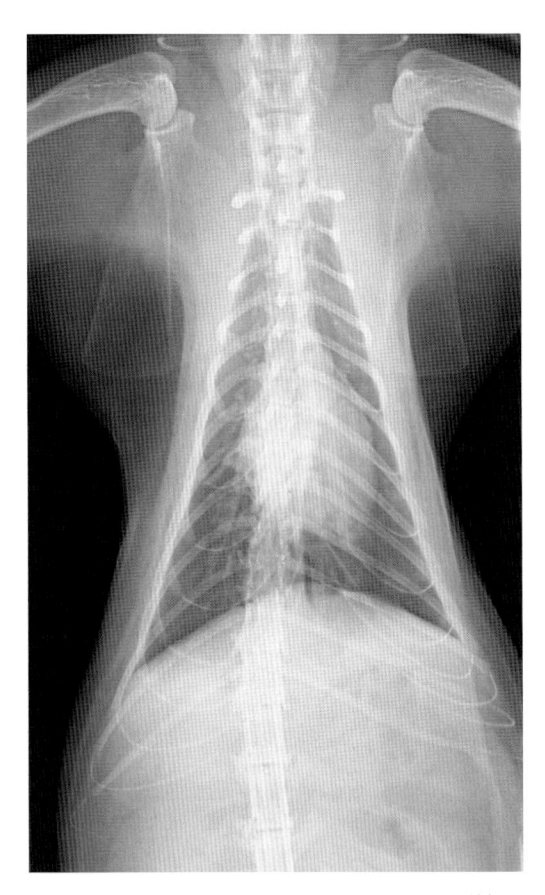

写真10　胸部単純X線写真　VD像（2か月後）

は正常範囲内である。腹腔内臓器は正常範囲内である。胸腔内では，横隔膜ラインの頭側に直径 8mm 程度の陰影が，後大静脈下側に 5mm 程度の辺縁が心陰影に重なる濃度の強いマス病変を示唆する陰影が認められる。後葉の背側に近い部分で，少なくとも 2 個の病変を示唆する陰影が認められる。

胸部 LL 像（写真8）：体表の軟部組織の輪郭および骨格は正常範囲内である。胸骨リンパの腫大を疑わせる所見が認められる。肺葉のマス病変を疑わせる直径 5mm，心陰影および気管陰影に重なって認められる。

肺の後葉，後大静脈のすぐ下側，横隔膜ラインの前縁に 8mm × 6mm 程度のマス病変を疑わせる所見が認められる。

胸部 DV 像（写真9）：体表の軟部組織の輪郭および骨格は正常範囲内である。呼気時にタイミングの合った写真で価値は低い。左後葉の横隔膜ラインに接する部分で円形に近い不定形の陰影（短径 10mm ×長径 13mm 程度）が認められる。心陰影，左側胸壁の中間部にあたる部分にマスを疑わせる所見が認められる。

胸部 VD 像（写真10）：体表の軟部組織の輪郭および骨格は正常範囲内である。かなりローテーションが強い（本来ならば撮りなおしが必要である）。後葉胸壁に接する形で 15mm 周囲の輪郭が不明瞭なマス病変を疑わせる陰影が認められる。心陰影に左側よりマス病変を示唆する直径 6mm と 5mm の陰影が認められる。

【超音波検査】

胸部エコー：左肺野の心臓，後大静脈，横隔膜に囲まれる領域にマス病変を複数認め，エコーガイドによる FNA を行った。

腹部エコー：肝臓，脾臓，腎臓等腹部臓器に異常は認められなかった。

【診　断】

肺のFNAにより，悪性上皮性腫瘍と診断（㈱アマネセル）。摘出肺の病理検査により，腺癌と確定（㈱アマネセル）。

【治療と経過】

飼い主からのインフォームド・コンセントが得られたので，診断から2日後に手術を行った。アトロピン前投与後，ケタミン，セルシンで導入し気管内挿管を行い，イソフルランと酸素による全身麻酔を行った。

手術は胸骨正中切開により胸腔ヘアプローチし，精査を行った。左肺後葉に結節状の腫瘍を認めたため，左後葉の全摘出を行った。また，左肺前葉の前部，後部にも小さな腫瘍を同様に認め，部分切除を行った。右肺後葉にも小さな腫瘍を2か所認めたが，摘出は困難と判断したため温存した。閉胸時にはリドカインによる肋間ブロックの後，胸腔ドレーンを左右各1本設置し，持続的な空気，液体の除去に努めた。術後はICUで調整呼吸管理下におき，酸素飽和度，CO_2レベル，血液ガスの値のモニターを行い，4時間後，値が安定した段階で抜管し，経鼻酸素チューブで継続して酸素化を行った。鎮痛はモルヒネを使用した。

術後2日目，体温は40.2℃，呼吸は42回/min，血液ガスの値は安定，胸腔ドレーンを抜去した。Htが19.7％へと低下したため輸血を行った。

術後6日目，バイタルサインが安定したため退院とした。

術後9日目，体温は38.6℃，呼吸は30回/min，食欲50％であった。腺癌との病理検査報告（表2）を受けて，腺癌に著効する化学療法は確立されていないが，肺に残

写真11　左肺後葉に結節状の腫瘍を認めた

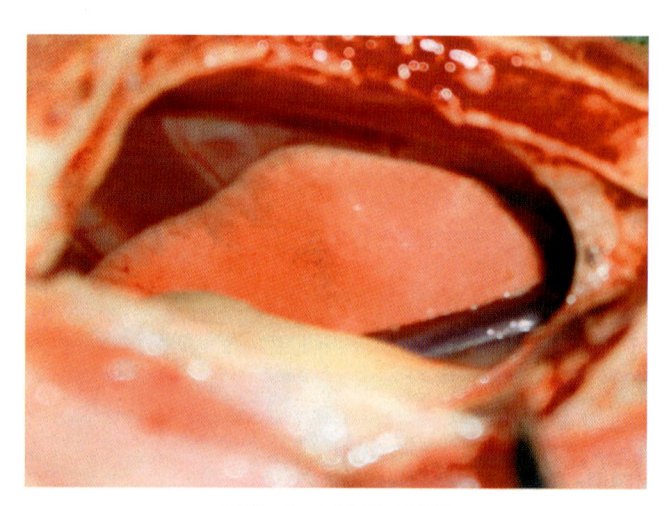

写真12　開胸時の所見

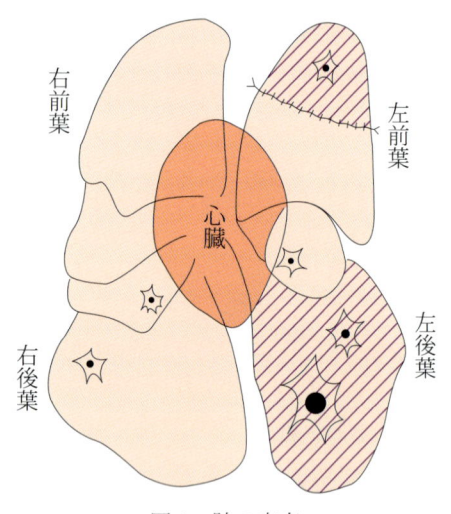

図1　肺の病変
☆が腫瘍，///が切除部分

表2　病理検査報告

いずれの肺葉に形成された腫瘍にも，腺癌の浸潤性増生が認められた。肺実質内に大小の腫瘍が複数形成され，気管支が巻き込まれている。腫瘍内では，核小体明瞭で大小不同な円形異型核と豊富な細胞質をもつ癌細胞は，重層化の顕著な腺腔配列や小胞巣を形成して密に増生している。異型性が強く，腺腔形成も不明瞭な分化度の低い腺癌で，2次的な炎症や異物巨細胞の混在，コレステリン結晶の沈着を伴って肺実質内を浸潤性に増生しているが，肺実質内に限局して取り切れている。はっきりとした脈管侵襲は認められていないが，転移の可能性も否定できない悪性腫瘍性病変である。

獣医師　上村夏子，高橋秀俊（㈱アマネセル）

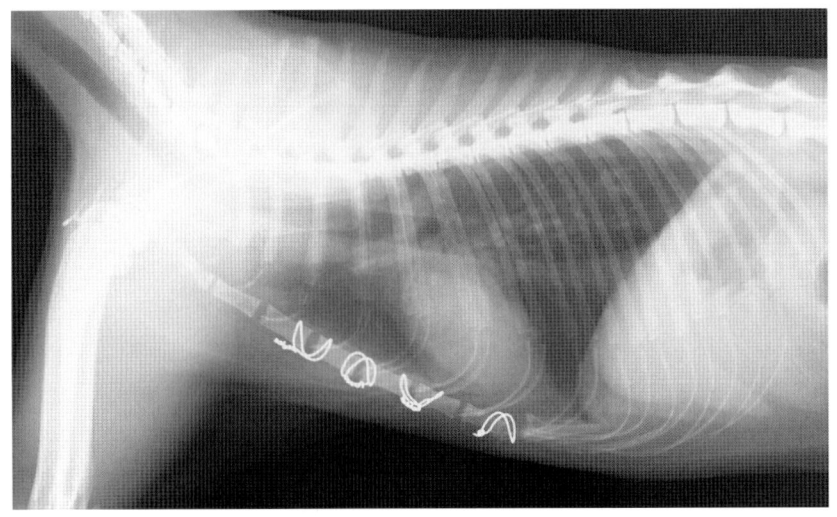

写真13　胸部単純X線写真　RL像（術後113日目）

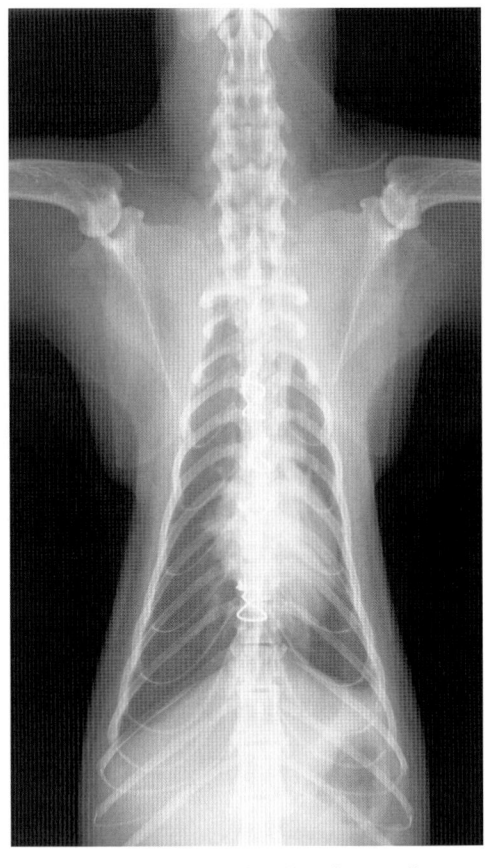

写真14　胸部単純X線写真　DV像（術後113日目）

存する腫瘍も考慮し，飼い主へ化学療法についてのインフォームド・コンセントを得るための説明を行った。飼い主の同意が得られたため，ドキソルビシン（$25mg/m^2$，IV，3週おき）による化学療法を開始した。

術後53日目（化学療法3回目），一般状態は非常に良好，化学療法による副作用は認められないが，体重は4.3kg，栄養状態は95％へと低下がみられた。胸部単純X線検査にて右後葉のマス陰影の拡大と胸骨下リンパ部の腫大が認められた。

術後113日目（化学療法6回目），幸いなことに一般状態は良好，化学療法による副作用もいっさい認められないが，体重は4.0kg，栄養状態は90％へとさらに低下した。胸部単純X線検査にて肺野のマス陰影の増加と拡大が認められる（写真13，14）。

現在，3週間間隔で行った合計7回のドキソルビシンを，4週間毎のカルボプラチン投与に変更した。1回目のカルボプラチン投与時の胸部単純X線検査で肺野マスの縮小が認められた。患者は食欲が不安定であるということ以外，今も安定して生活している。

【コメント】

本症例は肺原発性の肺腫瘍（腺癌）の単なる1例にすぎないが，現代獣医学の立場で詳しく診断・治療・予後などを検討してみれば，実に意義深い症例である。

まず第1に犬や猫の7歳は，まさに人の40代の始まりであり，腫瘍年齢となる。人の場合，腫瘍を念頭においたドッグでの精密検査が必要となることは常識であるが，犬・猫においても飼い主やその家族の立場からすれば当然である。

人と犬・猫の生命速度（人と比較してそれぞれの動物が，どのような速さで生きているかを表す）をみると，人の1年は成犬・成猫にとって4年を意味しており，人の40歳以上では毎年，主要な健診が必要ということであれば，理想的にいえば，犬・猫は年に4回の健診が必要となる。しかし，現実には時間と費用がかかることからすれば，腫瘍年齢にあたる7歳以上でも，年に数回もの健診を行うのは難しいと言わざるを得ない。

肺，すなわち胸腔内の異常をX線検査で精密に明らかにしたい。特にマス病変の有無を調べる場合は，4方向（RL，LL，DV，VD）からの最大吸気時の胸部単純X線検査が必要となる。またもう1つ大切ことはX線検査にも精度的

な限界が存在することを我々は見過ごしてはならないのである。単純X線検査で，直径が5mm以上に達しないとX線で診断できるような陰影として認められないのがほとんどであるということを常に認識しておかなければならない。そのために，より精密な診断ができるようにCT検査が開発されているのである。今や直径1mmの腫瘍さえも（全てではないが），表現できるようになっている。より精密な腫瘍の診断，特に胸部の診断にはCT検査は欠かせないものとなっているといっても過言ではない。

次にいかなるマスも腫瘍の可能性のあるものは，全て生検を行うべきである。腫瘍学において最も大切なことは，1に生検，2に生検，3に生検と言われている通りである。肺の腫瘍を疑う場合にも必ず生検を行うべきである。「開胸しなければできない」と考えがちな肺への生検は，実用に供されて久しい安全なFNAが完全に使用できる上に，現在では超音波ガイダンスが可能なこともある。もちろん不用意に行われるべきものではないが，獣医学・医学において正確な診断の重要性を考えると，常用できる知識と技術を持っておくことは極めて重要である。

本症例で残念なことは，早期に肺の腫瘍を見つけたにもかかわらず，直ちに早期治療が実施できなかったことである。この場合，早期治療＝開胸手術であるから飼い主からインフォームド・コンセントを得る上で，事実上難しい面があることは否めない。しかし，確定的な証拠に基づいた診断と実績に基づく飼い主の信頼がインフォームド・コンセントが得らためには最も大切である。

本症例のように腫瘍病変の有無を確かめるために胸部X線検査を行ったということは正しいことである。しかし，通常のX線検査では直径5mm以上のものしか検出できない。すでに単一のマスが認められたということは，それよりも小さい腫瘤は悪性であるほど（X線検査では認められる段階ではないが），実際にはすでに発生している可能性があることをよく認識しておく必要がある。そのうえで早期診断，早期根治療法の実行が大切である。

(Vol.58 No.4, 2005 に掲載)

Case 16 CAT

慢性の嘔吐が続く症例

雑種猫，13歳齢，雌

【プロフィール】

雑種猫（短毛），13歳齢，雌。6か月齢時に他の動物病院で子宮・卵巣全摘出術済み。

【主　訴】

1週間前より元気がなくなり，水を多量に飲み，よく排尿をするようになった。

慢性の間歇的嘔吐と吐出と考えられる症状が過去1年近くにわたり続いているとのことであった。

【physical examination】

意識レベルは正常（100%），体重は2.36kg，栄養状態は60%，体温は38.9℃，呼吸数は60回/min，心拍数210回/min[POINT1]であった。

> **POINT1** 呼吸数，心拍数ともに増加している。

左腰部に直径1cm，厚さ4mmの境界明瞭なマスが認められる。

【臨床病理検査】

CBC，血液化学検査の結果は表1の通りであった。

TPとAlbの低下とGluの上昇[POINT2]，Kの低下が認められる。

> **POINT2** 代謝亢進→ホルモン異常，特に甲状腺機能亢進症の疑いがあることを示す。

穿刺尿の検査では，比重が1.018と低く[POINT3]，pHは6.0，蛋白は＋であった。

> **POINT3** かなり大量にアルブミンが失われている，腎臓にも異常があり，かなり大量にアルブミンが失われていることと，異常な高代謝で蛋白が消費されていることを示唆している。

甲状腺機能検査（ホルモン検査）では，血清総サイロキシン（T4）は11.2μg/dL（基準値は0.7～3.5），遊離サイロキシン（FT4）は＞128.0pmol/L（基準値は15～48）であり，ともに強い高値を示していた。

表1　臨床病理検査

CBC		
WBC	10.9×10^3	/μL
RBC	1.022×10^6	/μL
Hb	18.2	/dL
Ht	44.6	%
MCV	43.6	fl
MCH	12.9	pg
MCHC	28.8	g/dL
pl	51.3	/μL
血液の塗抹標本検査のリュウコグラム		
Band-N	0	
Seg-N	8.066×10^3	
Lym	1.853×10^3	
Mon	981	
Eos	0	
Bas	0	
RBCの多染性	±	
RBCの大小不同	ー	
血小板	1視野30個	
血液化学検査		
TP	5.46	（5.70～8.90） g/dL
Alb	2.06	（2.60～3.90） g/dL
Glb	3.40	（2.80～5.10） g/dL
ALT	96	（12～130） U/L
AST	5	（0～48） U/L
ALKP	76	（14～111） U/L
T-Bil	0.13	（0.00～0.90） mg/dL
Chol	102.3	（65.0～225.0） mg/dL
Glc	223	（76.0～145.0） mg/dL
BUN	24.5	（16.0～36.0） mg/dL
Cr	0.87	（0.80～2.40） mg/dL
P	5.15	（3.10～7.50） mg/dL
Ca	9.29	（7.80～11.30） mg/dL
静脈血の血液ガス検査		
pH	7.251	
pCO_2	36.8	mmHg
pO_2	30.3	mmHg
HCO_3	15.8	mmol/L
BE	−11.4	mmol/L
O_2 サチュレーション	49.0	mmol/L
TCO_2	16.9	mmol/L
電解質		
Na	143	mmol/L
K	3.4	mmol/L
Cl	111	mmol/L

（　）内は本院における正常値を示す。

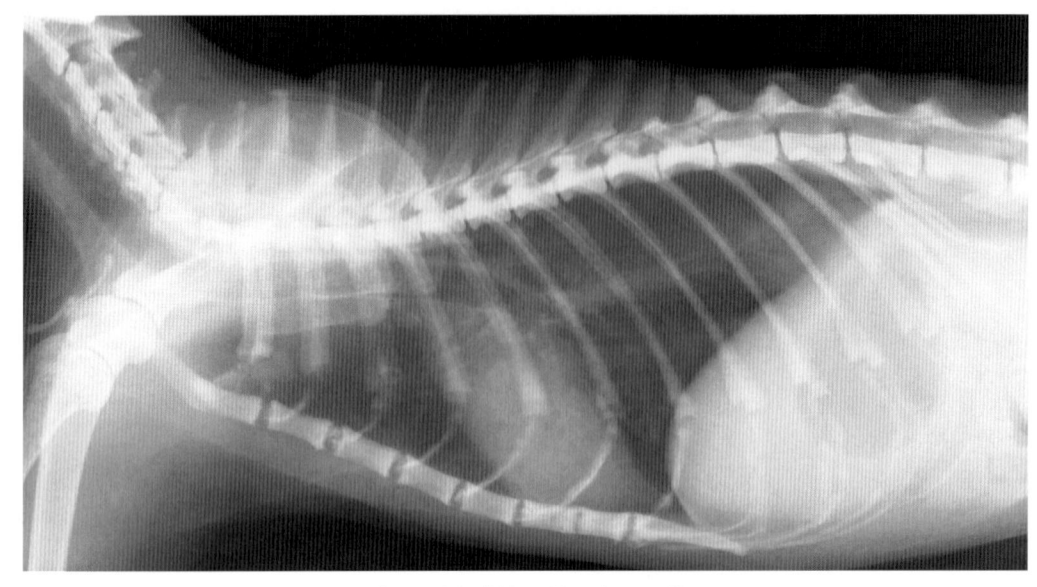

写真1　胸部単純X線写真　RL像

【血圧検査】

この時点での血圧検査では、収縮期圧が118mm/Hg、拡張期圧が72mm/Hg、平均93mm/Hgと正常範囲を示していた。

【単純X線検査】

胸部RL像（写真1）：体表の軟部組織の輪郭では削痩のため皮下の脂肪層が認められない。骨格は正常範囲内である。

腹側鎌状靱帯の脂肪層は著しい萎縮を示している。

胸腔内では横隔膜頭背側部に不定形で境界が不明瞭なマス状の陰影（3cm×2cm）が認められる。マス陰影以外は正常範囲内である。腹部では肝陰影尾側に胃胞が認められ、その形態は胸腔に認められる陰影と関連していることをうかがわせる。

胸部DV像（写真2）：体表の軟部組織の輪郭では脂肪層が認められない。骨格は正常範囲内である。胸腔内の所見は正常範囲内であるが、肺血管および後大静脈はいずれも縮小が著しく、強い脱水による循環血流量の減少を反映しているが、心陰影は軽度に拡大。横隔膜弓後側の不定形のガスは胃胞と関連することを示唆している。

腹部RL像（写真3）：体表の軟部組織の輪郭は削痩を反映して、筋肉量の著明な減少が認められる。腹腔内の脂肪組織の著しい縮小があり各臓器および組織のコントラスト

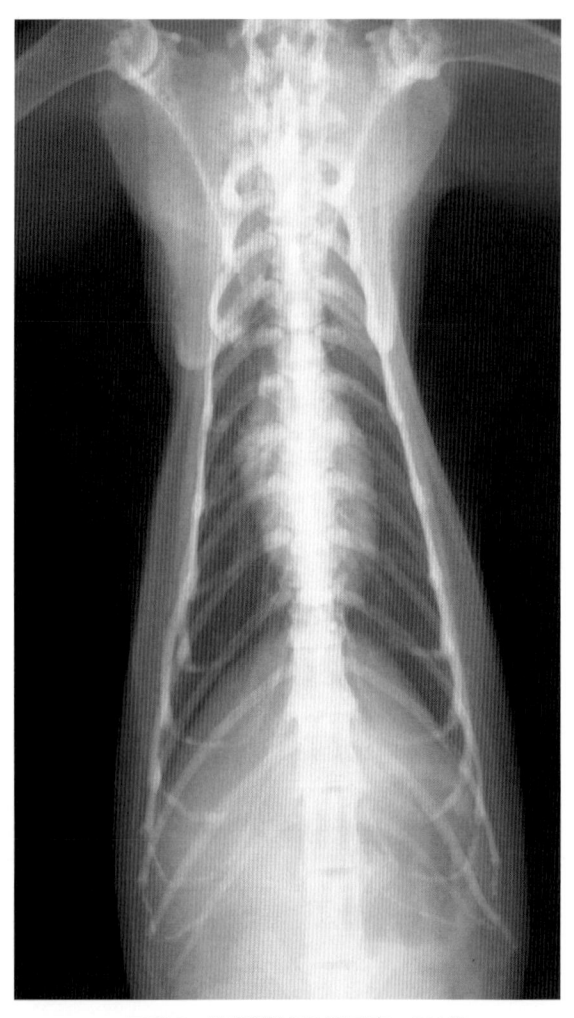

写真2　胸部単純X線写真　DV像

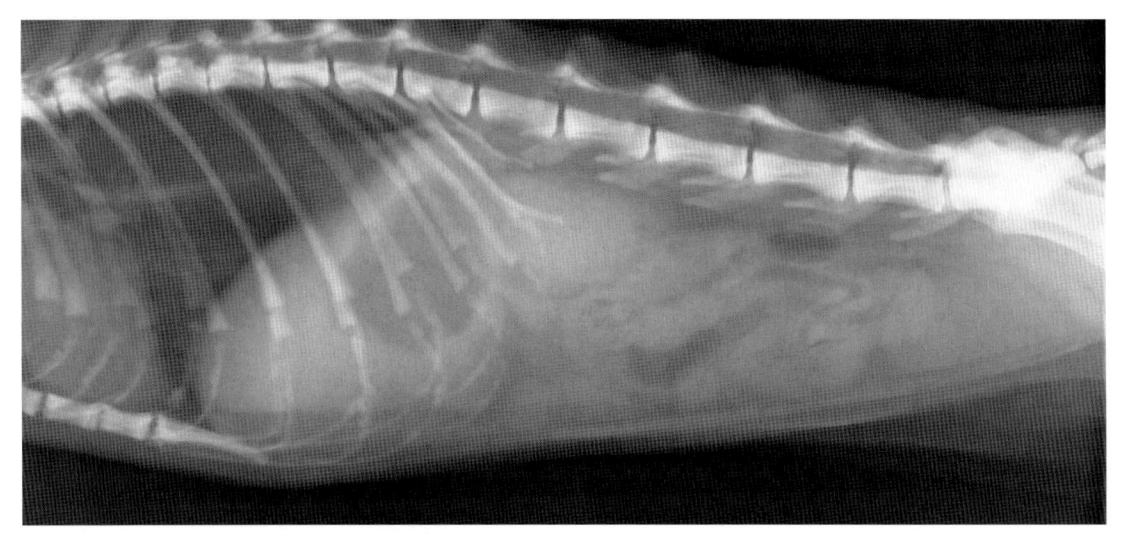

写真3　腹部単純X線写真　RL像

の低下で，各臓器のシルエットは著しく不明瞭となっている。

【超音波検査】

心筋の所見は正常範囲内であり，また腎臓・肝臓は正常範囲内であった。

【X線検査（再検査）】

胸腔内に認められた横隔膜前背側に認められた異常所見をさらに検討するために，13時間後に胸部X線検査を再び行った。

胸部RL像（写真5）：胃胞は極めて小さく，逆に横隔膜前背部の異常陰影はさらに6cm×4cmと拡大し，陰影内に不定型のガス像が認められることから，胃の一部が胸腔内にヘルニアを起こしているものと考えられる。

【その他の検査】

そこで全身麻酔下で食道および胃内視鏡検査が行われ，下部食道の軽度の拡張と噴門部の拡大と粘膜の発赤が認められたが（写真7），この時点での食道内への胃ヘルニアは認められなかった。また腹部の小さいマスの切除と病理組織検査を行った（基底細胞腫）。

同検査時に胃底部および十二指腸の生検が行われたが，病理組織学的に異常は認められなかった（検査：アマネセル，高橋俊秀）。

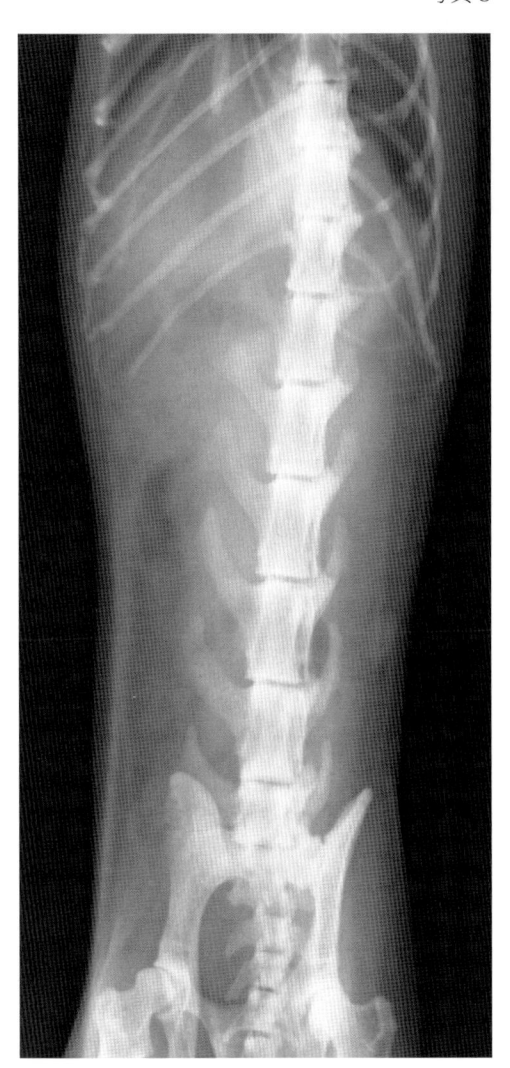

写真4　腹部単純X線写真　VD像

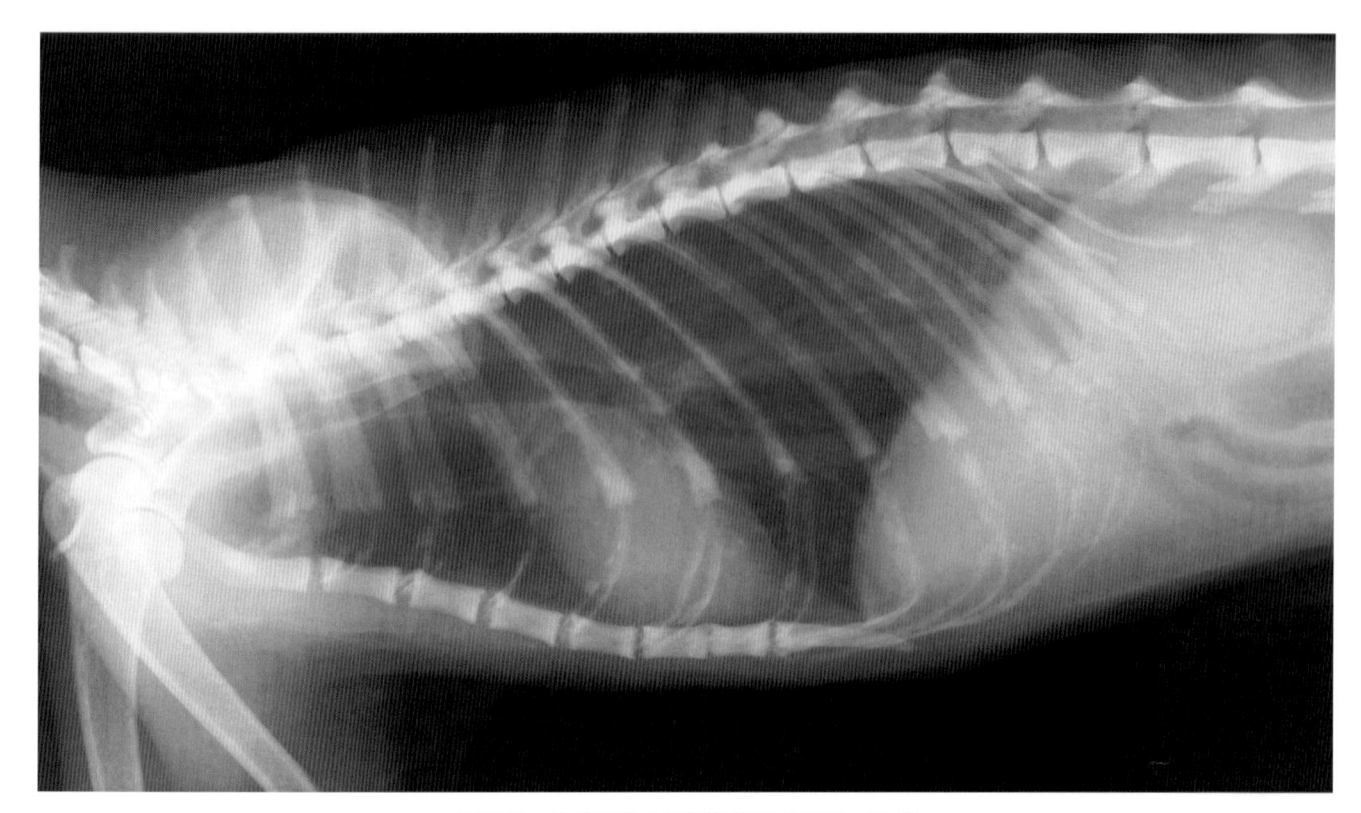

写真5　13時間後の胸部単純X線写真　RL像

【診　断】

　甲状腺機能亢進症，慢性腎機能障害，胃噴門部滑脱性ヘルニア，軽度の下位食道炎。

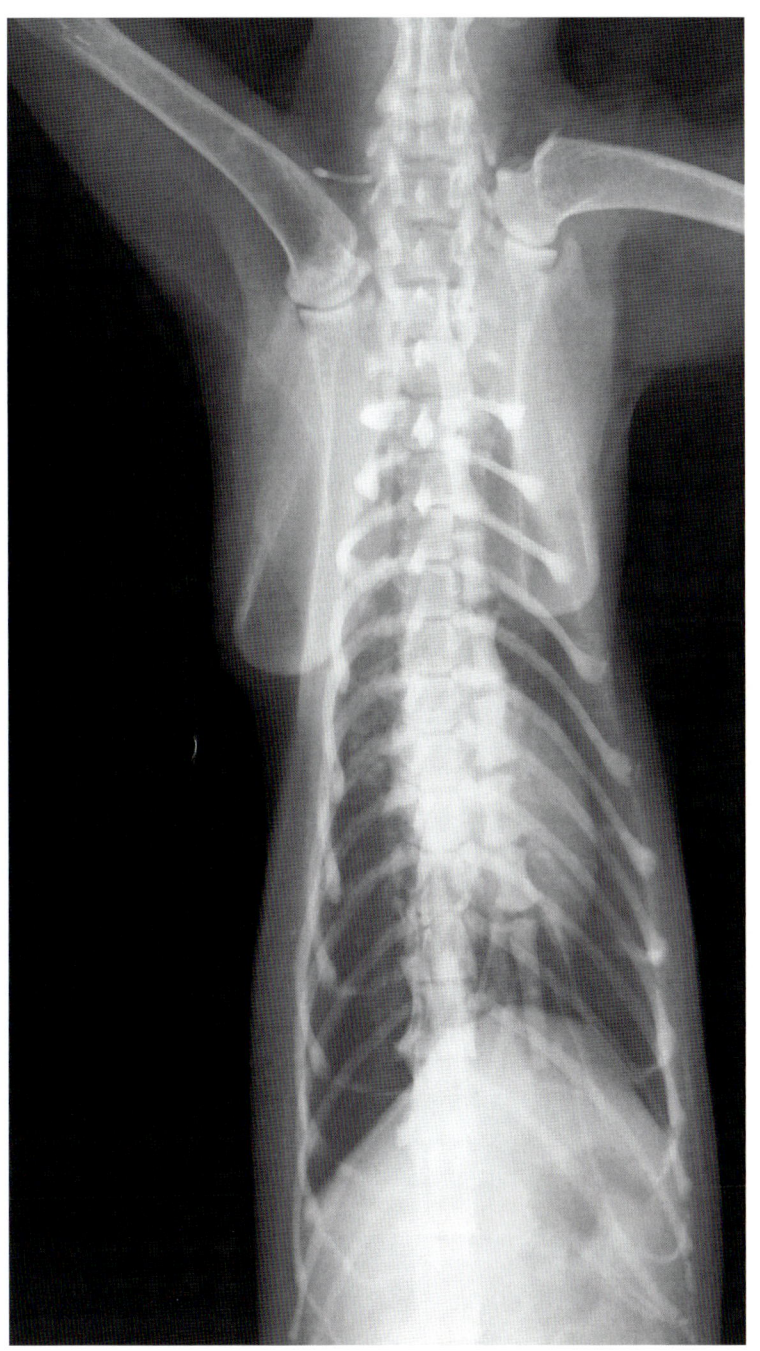

写真6　13時間後の腹胸部単純X線写真　DV像

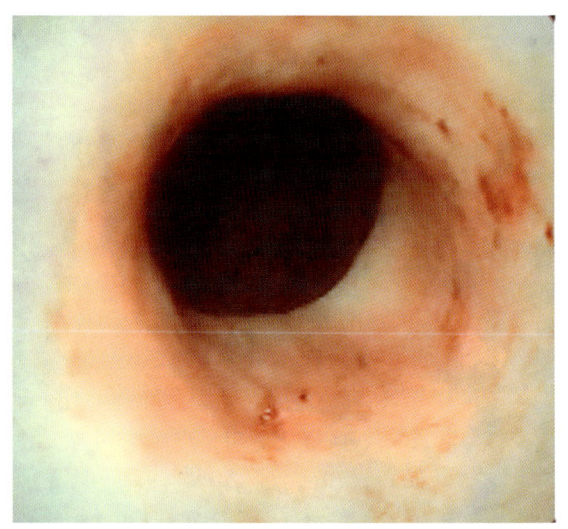

写真7　内視鏡検査所見　食道の噴門部

☞ あなたならどうする。次頁へ

☞

①進行した甲状腺機能亢進症の内科的コントロール
②食道炎および胃噴門部滑脱性ヘルニアの内科的コントロール
③以上による栄養障害の改善
④栄養改善がみられた時点での外科的療法
⑤これらのことに関する飼い主への入念な説明

　極度の削痩，特に著しい低アルブミン血症があることから，ラジカルな外科的療法は，内科的療法による栄養の改善を待って行うべきであると考えた。もちろん本症例の甲状腺機能亢進症は，甲状腺特発性肥大によるものであり，最終的には外科的摘出が必要となる。胃噴門部滑脱性ヘルニア，またそれに伴う下部食道炎や胃の運動性異常等についてはできるだけ内科的コントロールを行うとしても，やはり最終的には噴門部形成術および胃固定術を併用するか，あるいは，胃固定術を行うなどの外科的治療法を行う必要がある。

【治療・経過】

　甲状腺機能亢進症の内科的療法としてメルカゾール（1mg SIDからスタート，最終的に5mg BID）を投与した。頻脈およびそれに併発する心筋肥大を抑制する目的では，アテノロールを投与した。また下部食道炎，胃の運動性障害をコントロールするために，プリンペラン，ガスター，アルサルミンを投与した。低カリウム傾向に対してはグル

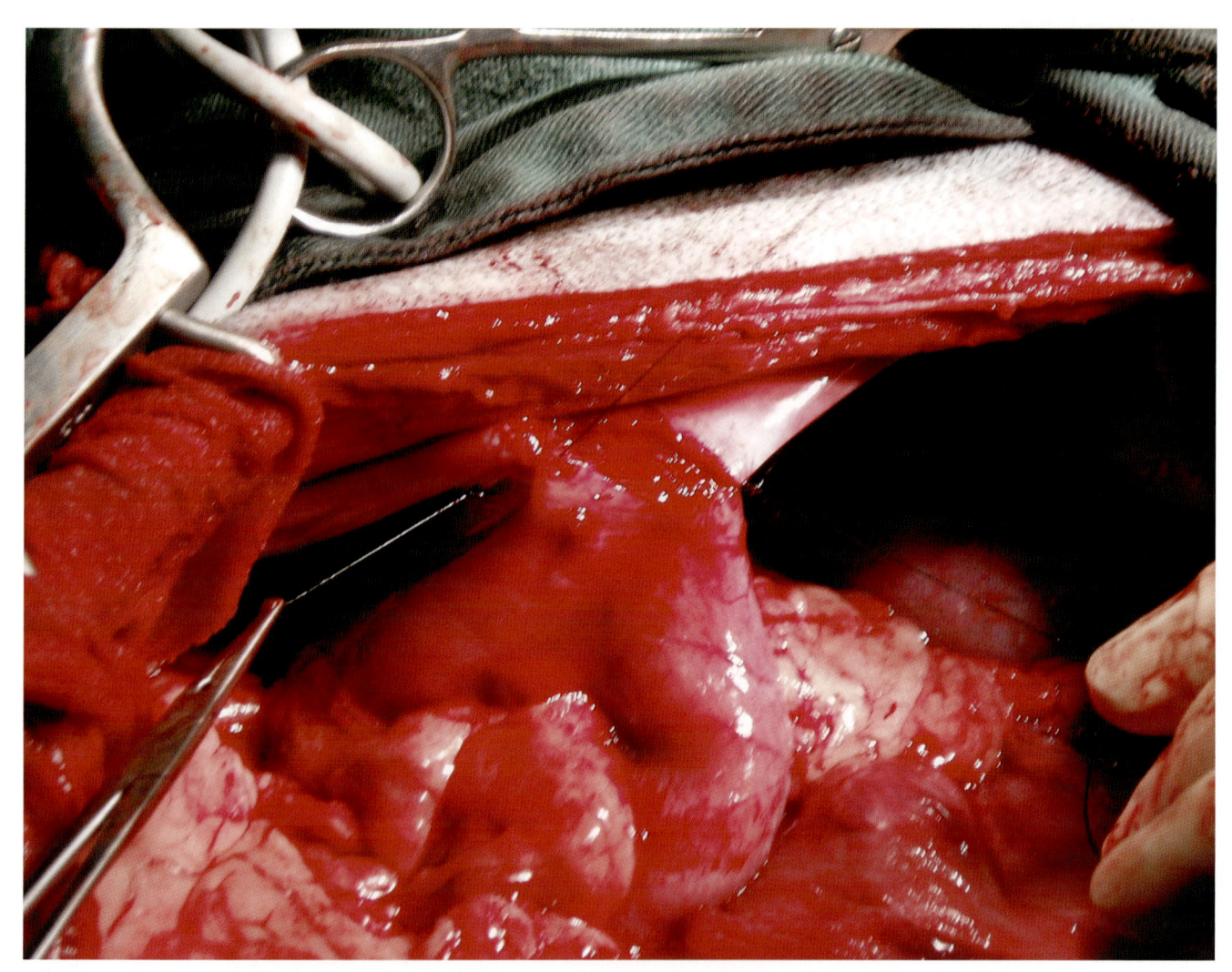

写真8　左腹壁に胃漿膜面を固定

コン酸カリウムを投与し，同時に Hill's a/d 缶を与えた。

4か月間の内科治療を継続した結果，体重は2.9kg（初診時2.36kg）と改善したが，嘔吐，吐出の頻度は改善することはできなかったが，栄養状態および低アルブミン血症がかなり改善されたので，この時点で，左甲状腺の摘出術を行った。

術後3週間目からメルカゾール（同上）を再投与した。術後4か月後に右甲状腺摘出を行った。しかし，その時点で嘔吐，吐出の内科的なコントロールによる改善は不可能と判断し，胃底部固定術を行った（写真8）。

その結果，嘔吐，吐出は完全にコントロールでき，栄養状態は著明に改善された。現在，初診から1年が経過したが，軽い腎機能障害（BUN 35mg/dL，クレアチニン2.72mg/dL，尿比重1.018）による蛋白尿（＋）が継続しているが，栄養状態は90％と改善され，QOLは大いに改善されている。

【コメント】

本症例では初診時に強い削痩があり，低アルブミン血症が認められていた。年齢が高齢（13歳）であり，同時に著しい呼吸数と心拍数の上昇，多飲・多尿，食欲は平時は旺盛であるが慢性の嘔吐・吐出が続いていた。上診時にはかなりの脱水から軽度のショック状態をきたし，低血圧があったものと考えられる。さらに軽度の高血糖，低尿比重などがあることから甲状腺機能亢進症が類症鑑別の第1にあげられる。そこで甲状腺機能検査を行ったところ，著しい甲状腺機能亢進症が進行していることが明らかとなった。

また甲状腺機能亢進症だけでは説明のつかない慢性の嘔吐，吐出があったことからも，X線検査が行われた。その結果，横隔膜頭背側部（食道の通過位置）にマス陰影が認められ，さらにその陰影に不定形のガスを含むマス，そして腹腔の胃胞がそれに関連する形態を持っていたことなどをを考えれば，胃噴門部滑脱性ヘルニアが，甲状腺機能亢進症とは関係なく発症していたものと診断すべきものであった。

また，軽度の腎機能障害と診断した理由は，X線上はやや小さすぎる腎陰影と尿比重が初診時1.018，4か月後1.016とかなり強い低下があった。しかも尿への蛋白の漏出が認められたからである。幸いにもクレアチニンは2.72mg/dL（正常範囲0.80～2.4）と軽度の上昇，BUNは33.6mg/dL（正常範囲16.0～36.0）と正常範囲内であったことから，進行した慢性腎炎に伴うものではないと考えている。

このように進行した甲状腺機能亢進症では直ちに外科的な処置を行いたいものであるが，低栄養，低アルブミンによるハイリスクを考慮して，まずは内科的コントロールを行い，栄養の改善を待ち，4か月後に胃噴門部滑脱性ヘルニアの根治術として胃底部固定術を実施したものである。

また，physical examination で認められた左腰部の境界明瞭なマスは，切除生検の結果，猫の皮膚腫瘍で最も多い基底細胞腫（basal cell tumor）であった。猫の皮膚腫瘍の15～26％に達するもので，犬の4～12％に比べると大変多いことがわかる良性の腫瘍である。

さて猫の甲状腺機能亢進症における症状を1983年と1993年にPeterson,M.E.らが調査した結果では，1983年に50％以上の例で認められた症状は体重減少（128例・98％），多食（106例・81％），過活動性（99例・76％），頻拍（87例・66％），多飲・多渇（78例・60％），嘔吐（72例・55％），心雑音（70例・53％）であった。しかしながら，Broussard,J.D.らが1993年で50以上の例で認められた症状は，体重減少（177例・87％），心雑音（109例・54％）のみであり，それに続いて多食（99例・49％）となっている。これらの違いは，この疾患に対する認識が深くなるにつれて，注意が高まり，より早く診断されるようになったためであり，10年前頃からは，より症状が軽いうちに診断されるようになってきたので，従来認められてきた典型的な諸症状は，それだけ認められなくなってきているものといえる。

Case 17 DOG

高いところから墜落した症例

ビーグル，8歳齢，雄

【プロフィール】

ビーグル，8歳齢，雄。屋内飼育で，外出は散歩時のみ。去勢手術済み。多種予防ワクチン，犬糸状虫症予防は定期的に行われている。

1年前に他の動物病院で椎間板ヘルニアと診断され，コルチコステロイドの投与で回復している。

【主　訴】

30分前にノーリードで散歩中，誤って8mの高さから墜落し，部位はわからないが，どこからか出血している。

この日は元旦で，救急で上診したものである。

【physical examination】

体温は38.7℃，体重は12.9kg，栄養状態は110％，呼吸数は24回/min，心拍数は132回/min，股動脈圧は100％，毛細血管再充填時間（CRT）は正常，可視粘膜は正常であった。両後肢の不全麻痺が認められ，起立・歩行は不能であった。

意識レベルは50％，脳の損傷をうかがわせる所見は認められなかった。両後肢の固有位置反射（CP）は完全に消失していた。深部，浅部痛覚は両後肢とも正常であった。皮筋反射は正常であった。

出血は左前肢第3，4指と右前肢第4指の爪の剥離で，処置により止血できた[POINT1]。

> **POINT1** 爪の剥離が立てない原因の1つであり，見逃してはいけないし，カルテにもきちんと記載すべきである。

その他には，外傷はほかに認められなかった。

【臨床病理検査】

CBC，血液化学検査の結果は表1の通りであった。
ALT，Lip，Gluの上昇が認められた[POINT2]。

> **POINT2** Gluの上昇は疼痛が強いことを示し，ALTの上昇は腹部の打撲の関係を示していると思われる。

表1　臨床病理検査

CBC			
WBC	80×10^2		/μL
RBC	7.29×10^6		/μL
Hb	17.7		/dL
Ht	50.9		％
MCV	69.8		fl
MCH	24.3		pg
MCHC	34.8		g/dL
pl	36.2		/μL
血液の塗抹標本検査のリュウコグラム			
Band-N	0		
Seg-N	4.56×10^3		
Lym	2.8×10^3		
Mon	400		
Eos	240		
Bas	0		
RBCの多染性	－		
RBCの大小不同	－		
血液化学検査			
TP	6.54	(5.20〜8.20)	g/dL
Alb	2.66	(2.20〜3.90)	g/dL
Glb	3.88	(2.50〜4.50)	g/dL
ALT	233	(10〜100)	U/L
ALKP	75	(23〜212)	U/L
T-Bil	0.12	(0.00〜0.90)	mg/dL
Chol	285.8	(110〜320.0)	mg/dL
Lip	1913	(200〜1800)	U/L
Glc	164.3	(77.0〜125.0)	mg/dL
BUN	13.6	(7.0〜27.0)	mg/dL
Cr	1.23	(0.50〜1.80)	mg/dL
P	3.56	(2.50〜6.80)	mg/dL
Ca	9.46	(7.90〜12.00)	mg/dL
静脈血の血液ガス検査			
pH	7.342		
pCO_2	44.4		mmHg
pO_2	49.8		mmHg
HCO_3	23.5		mmol/L
BE	－2.2		mmol/L
O_2サチュレーション	83.0		mmol/L
TCO_2	24.9		mmol/L
電解質			
Na	140		mmol/L
K	4.1		mmol/L
Cl	121		mmol/L

（　）内は本院における正常値を示す。

また，甲状腺機能検査 ^POINT3 で低下症が認められた。

POINT3　7歳以上になるとルーチン検査として行われるべきである。

【緊急処置】

直ちに以下の強い鎮痛，沈静処置を行った。
スタドール 1.2mL IV
ペンタロール 0.5mL IV・0.5mL SC
乳酸化リンゲル液（ハルトマン液）500mL IV

【単純X線検査】

鎮痛・沈静処置下で腹部，脊柱の単純X線検査を行った。
腹部RL像（写真1）：体表の軟部組織の輪郭は第1〜第3腰椎の背側に内出血を疑う所見が認められる。
第1，第2腰椎の椎間板を含む外傷性の変化が脊椎に認められた。

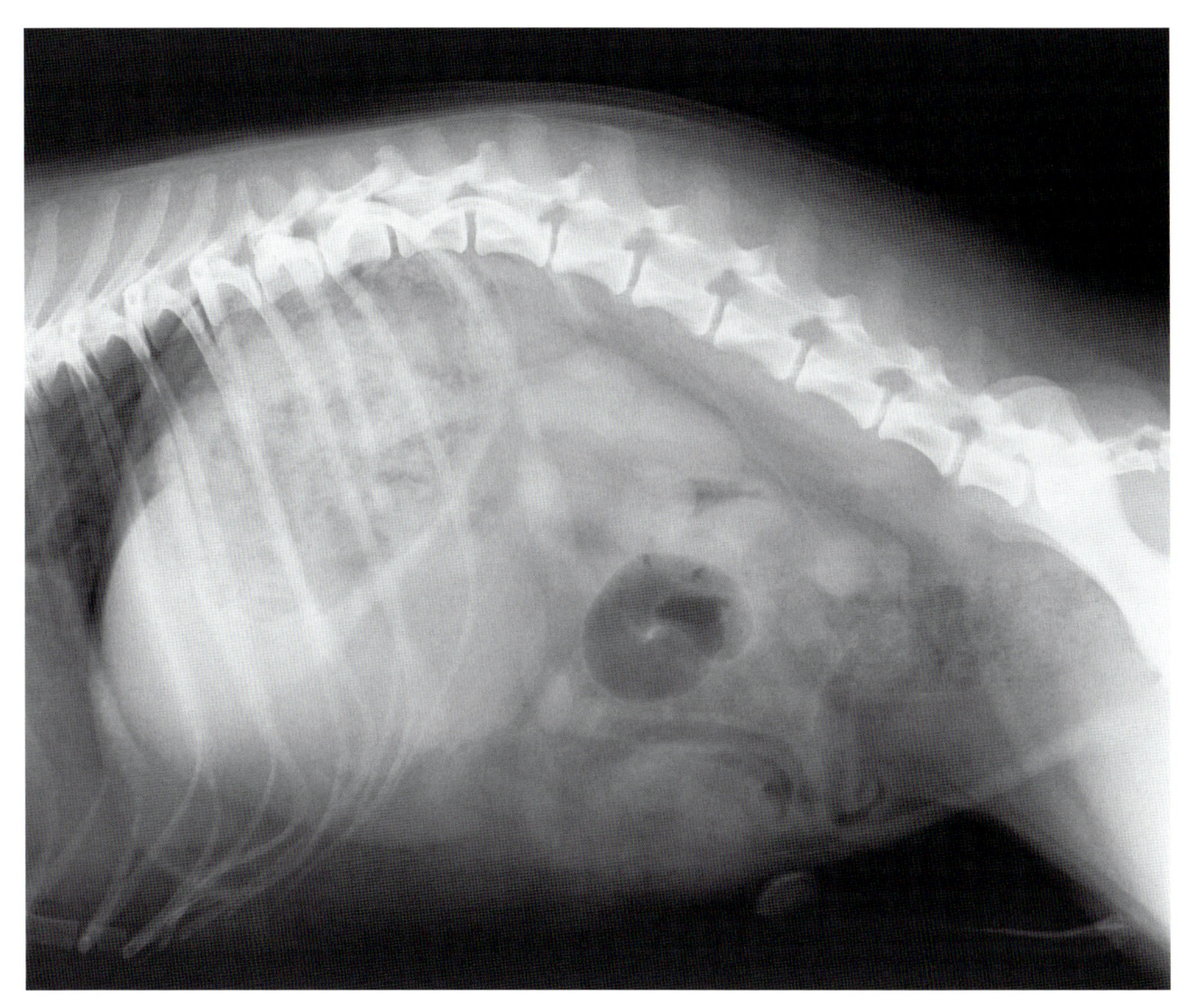

写真1　腹部単純X線写真　RL像

☞ あなたならどうする。次頁へ

☞
① physical examination での神経学的な所見とX線所見をあわせて評価した結果，できるだけ速やかに脊椎を巡る脊髄造影検査を含む精密検査が必要と判断．
② 脊髄減圧術と脊柱固定術の選択（合理的な手技の選択）
③ 以上のことを飼い主に入念に説明，インフォームド・コンセントを得る．

【治療・経過】

約5時間後，全身麻酔下で精密検査を開始した．モルヒネ0.5mL IV，メロキシカム0.48mL IV，ガスター1.0mLを投与後10分，ケタミン1.2mL，ミゼゾラム0.6mL，アトロピン0.6mLのカクテルIVで導入し，酸素とイソフルランで全身麻酔を維持した．

麻酔の安定後，脊髄の精密検査を行った．

【単純X線検査】

撮影条件を骨評価にしているため，軟部組織の輪郭は先のX線検査のように認められないが，見える範囲で異常は認められない．

RL像（写真2）：第2腰椎の関節突起にわずかな腹側への変形が認められ，関節突起の骨折を疑わせる．またいわゆるホースヘッドと呼ばれている第1-第2腰椎間の椎間孔（いわゆるホースヘッド）の大きさは，その前後両側の椎間孔よりも狭くなっている．

わずかではあるが，第1-第2腰椎間が背側で狭くなっていることがわかる POINT4．

POINT4 このような評価は，外科的麻酔深度のもとでの検査で初めて明らかにすることができるのである．

VD像（写真3）：脊柱では第2腰椎の右側の関節突起の骨折が認められるほか，骨折部位の変位が最低限であるのが認められる．棘突起，横突起は何れも正常範囲内である．

【脊髄造影X線検査】

次いで，第5-第6腰椎間から脊髄造影X線検査を行った．

RL像（写真4）：腰椎関節突起部の背側コラムのわずかな異常と腹側コラムの消失が認められる．

VD像（写真5）：第1腰椎の棘突起から第2腰椎に至る部分で造影コラムが強く右方へ変位している．また第2腰椎の関節突起の骨折および右側造影剤のコラムの異常が明らかである．

【診　断】

第1，第2腰椎間の椎間円板の強い損傷
第2腰椎関節突起の骨折
脊髄損傷

【治療・経過】

背側椎弓切除術を行うために，第1，第2腰椎の棘突起を切除し，脊髄を露出させた（写真6）．椎間孔に逸脱した椎間板物質（disk material）を掻き出した（図1）．

第1-第2腰椎の関節突起の圧迫骨折が確認されたので，脊椎の動的負荷による脊髄の損傷を防止する目的でドーナツ状にメチルメタクリレートを作成し，脊髄にスタインマンピン4本を挿入し，それぞれ固定した（図2，写真7）．

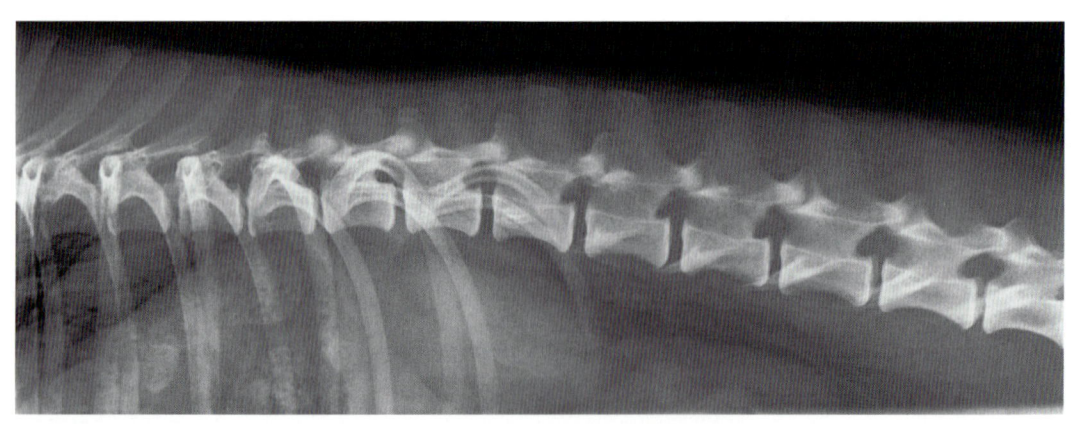

写真2　単純X線写真　RL像　骨評価条件

術後，前述の強い沈静処置のもとで，麻酔の覚醒は順調であった。

術後4日目の血液化学検査では，ALT（230U/L），Glu（152.2mg/dL），ALKP（448μ/L）の上昇が認められ，肝臓に軽度の損傷があることが示唆された。腹部打撲の影響と思われるが，Lip（2332U/L）が軽度に上昇していた。GluおよびALKPの上昇はコルチコステロイドの投与にも関連すると思われる。

術後は徹底した鎮痛・沈静処置を継続し，両前肢の創傷部は適宜保護包帯を施した。

また，甲状腺機能低下症に対してチラジン（0.1）2錠の投与を開始するとともに，鎮痛抗炎症剤による，胃腸障害予防のためのH2受容体拮抗薬（H2ブロッカー）および胃粘膜の保護のためのアルサルミンの投与を開始した。

術後6日目には髄意運動を認め，固有位置間隔の喪失からの回復を目指して，1日5回にわたる後肢の屈筋運動をはじめ，肢端のマッサージや刺激を与えることの反復，歩行（嫌がっても歩かせる）のリハビリスケジュールを行い，その後継続した。

術後8日目，発熱（39.9℃）が認められ，吸引性肺炎と判断し，直ちにトリブリッセン 30mg/kg BID，メトロニダゾール 15mg/kg BID 4日間で正常化した。

術後9日目には血液化学検査値は正常となった。

術後27日目，かかりつけの動物病院に転院した。

【コメント】

やや肥満気味のビーグルが8mの高さから落下するという症例であった。最も心配された脊椎の骨折は第2腰椎の右関節突起の骨折と椎間円板の損傷のみであり，幸いに

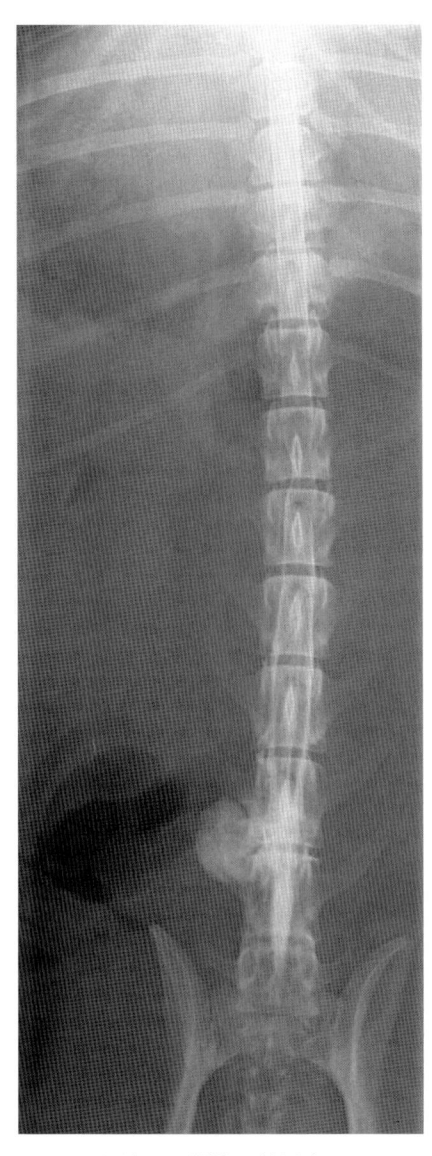

写真3　単純X線写真
　　　　VD像　骨評価条件

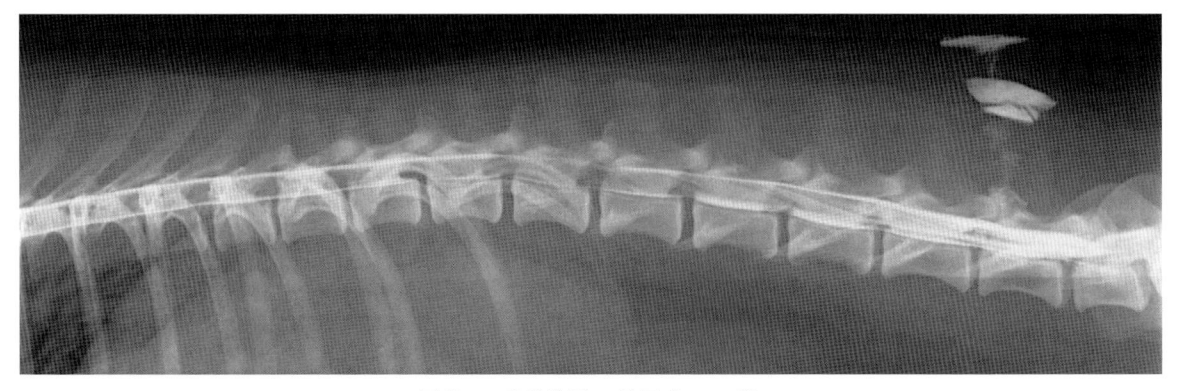

写真4　脊髄造影X線写真　RL像

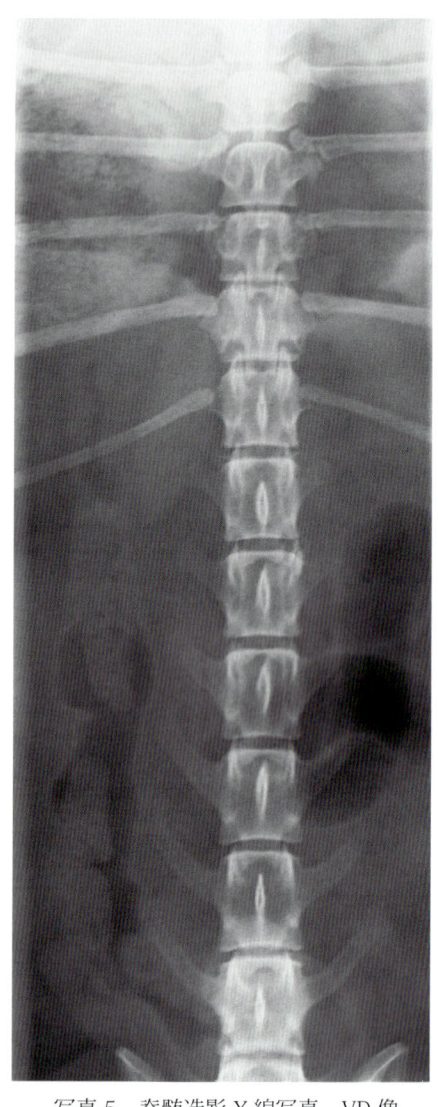

写真5　脊髄造影X線写真　VD像

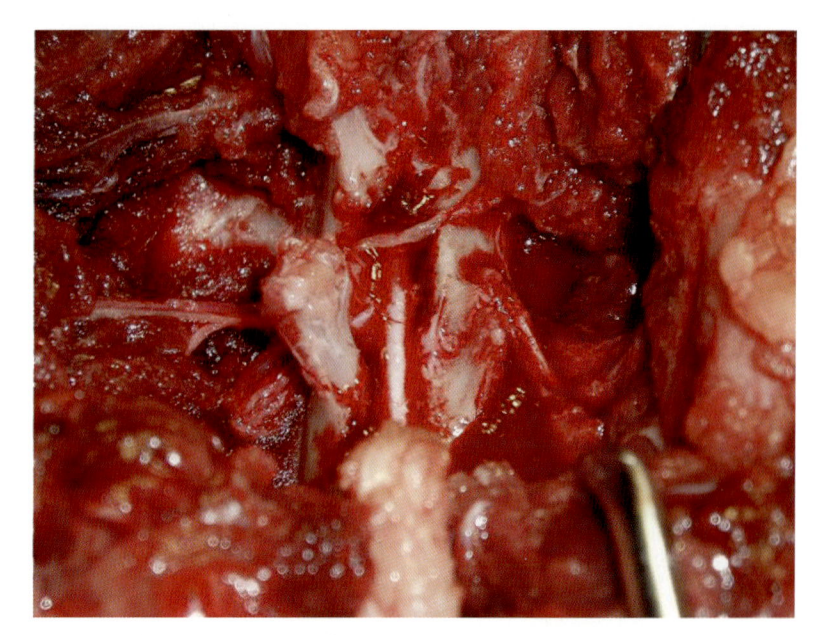

写真6　L1，L2の棘突起を切除し，神経を露出させたところ

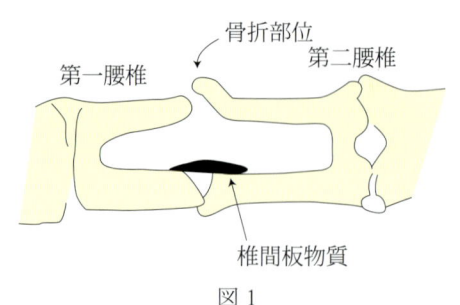

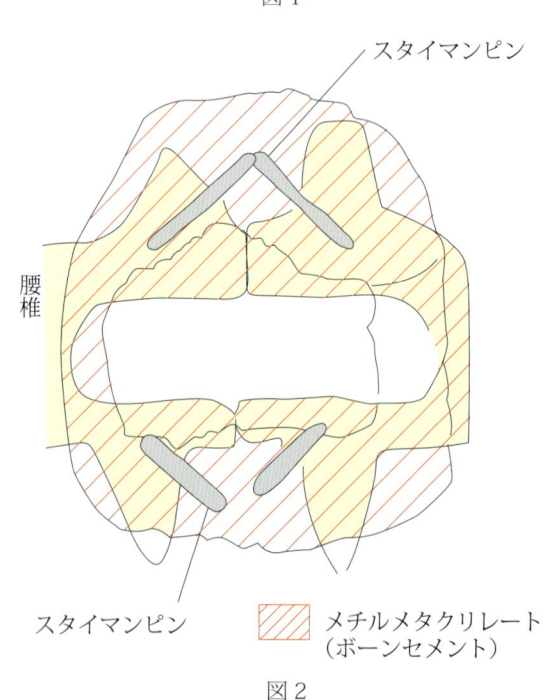

図1

図2

も頭頸部の損傷はなく神経学的には両後肢の固有位置感覚の喪失と両後肢の不全麻痺のみであった。しかし経時的にみれば脊椎への損傷部位の病変が急速に悪化していくことも考えておかねばならないものであった。単純X線検査による精密検査を行った時点では神経症状の悪化は認められなかったが，さらに脊髄造影X線検査を行い病変部の変化をさらに明らかにすることができた。

椎弓切除（laminectomy）と脊椎固定術が必要なことはいうまでもないが，どのようにしていかに合理的に行うかを判断するにあたり，前記のような精密な検査が必要になる訳である。

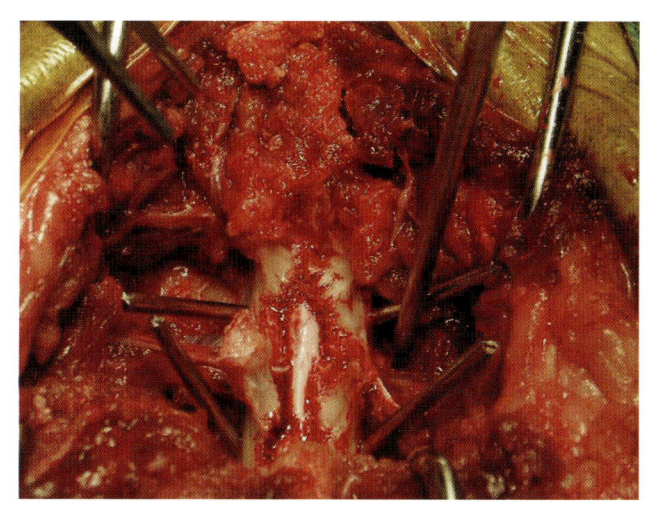

写真7 椎体（L1,L2）にスタインマンピン4本を刺入

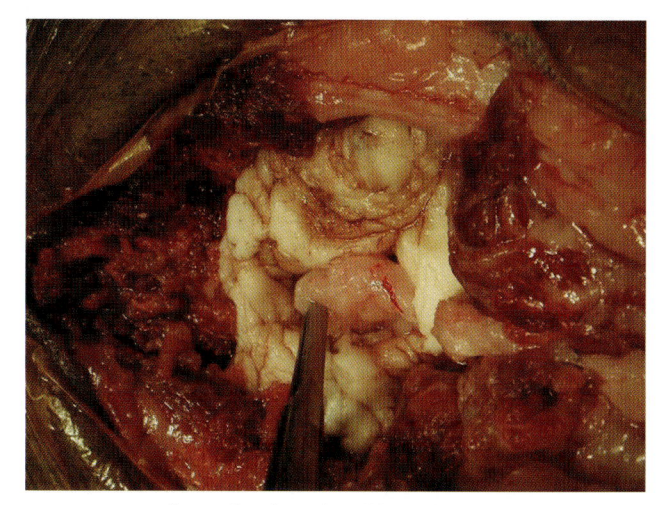

写真9 中心部に皮下遊離脂肪を埋めた

写真8 ポリメチルメタクリレート（PMMA）でドーナツ状に固定

　この症例の脊髄造影X線検査結果からすれば，この時点での神経症状が両後肢の固有位置反射の喪失以外は，屈筋反射，伸筋反射，浅・深部痛覚など全く認められなかったのは興味深いことである。

　本症例の腰椎を巡る損傷は，実質的には関節突起の骨折（一部椎弓を含むが）と第1-第2腰椎間の椎間円板の破損および髄核の押出しであった。幸いにもそれらの損傷から脊髄そのものが受けた損傷は，衝撃，変位はあったものの，最低限のものであった。

　疼痛の最大の原因は，腰椎損傷部もさることながら，両前肢の指の爪の損傷に起因するものも大きかった。したがって，鎮痛・沈静を術後1週間にわたり積極的に行ったが，今日の獣医療で強く主張されるようになった疼痛管理上，タフな症例であったといえる。

　またこのような疼痛管理においては，消化器，特に胃，十二指腸，結腸などの粘膜保護は極めて重要な課題となることは忘れてはならない。したがってH2ブロッカー，アルサルミンなどの薬剤投与を積極的な行わなければならない。

　本症例では術後8日目の発熱は，術後に起こりやすい吸引性肺炎によるもので，当然ではあるにしても早期に発見することができ，かつ直ちに治療を開始したため，発熱と食欲低下が認められたが，生命を脅かすほどのものではなかったことは幸いであった。吸引性肺炎は高齢，脳疾患，麻酔後の反回神経支配下にある咽喉頭の不調などに起因することが多い。注意深いモニターと十分な治療が必要である。

　いずれにしろ，術後は敗血症，吸引性肺炎，さらに鎮痛・沈静剤の副作用やストレスを念頭におき，心やさしい看護と患者に対する完全なモニター，リハビリテーション，治療を続けていくことが肝要である。

（Vol.58 No.6, 2005に掲載）

Case 18　DOG

脚に異常がみられた症例

キャバリア・キングチャールズ・スパニエル，8か月齢，雌

【プロフィール】

キャバリア・キングチャールズ・スパニエル，8か月齢，雌。4か月齢時にワクチン接種のため初来院。その際に左後肢の間欠的な跛行が認められ，飼い主は「抱き上げようとするとキャンと鳴き，どこかわからないが痛がっている」と述べている。

6か月齢時に子宮・卵巣摘出術のために再来院。同時に流涙症治療のための両眼瞼の内眼角の眼瞼形成術および内眼角内側靭帯の切断術を行った。さらにOFA検査で両側の股関節形成不全が認められ，近い将来，整形外科手術が必要になることが告知されていたものである。

【主訴】

さらに2か月が経過したところであるが，「脚を痛がる頻度が増し，散歩に行きたがらない」ということで上診された。

【physical examination】

体重は7.4kg（2か月前は5.5kg），栄養状態は110%であった。

モンローウォークを呈し，両後肢の最大進展位での疼痛誘発が認められた。股関節の関節可動域に制限は認められなかったが（関節の弛緩性に左右差はない），ごく軽度の両後肢および臀部筋肉群の萎縮が認められた。脊柱その他の四肢の整形外科的異常は認められなかった POINT1。

> **POINT1** 両股関節異常があること明らかであるが，ストレス写真で両股関節の弛緩性の程度はより明確にできる。

【臨床病理検査】

CBC，血液化学検査の結果は表1の通りであった。
BUNのみの軽度の上昇が認められた POINT2。

> **POINT2** BUN（41.9）の上昇は，尿比重1.035でその他異常がないことから，脱水による腎前性高窒素症と診断される。

表1　臨床病理検査

CBC		
WBC	118×10^2	/μL
RBC	5.76×10^6	/μL
Hb	14.4	/dL
Ht	42.3	%
MCV	73.4	fl
MCH	25.0	pg
MCHC	34.0	g/dL
pl	12.0	/μL
血液化学検査		
TP	5.63　(5.20〜8.20)	g/dL
Alb	2.80　(2.70〜3.80)	g/dL
Glb	2.83　(2.50〜4.50)	g/dL
ALT	20　(10〜100)	U/L
ALKP	206　(23〜212)	U/L
Glc	127.0　(77.0〜125.0)	mg/dL
BUN	41.9　(7.0〜27.0)	mg/dL
Cr	1.31　(0.50〜1.80)	mg/dL
静脈血の血液ガス検査		
pH	7.439	
pCO_2	39.9	mmHg
pO_2	42.9	mmHg
HCO_3	26.4	mmol/L
BE	2.3	mmol/L
O_2 サチュレーション	80.6	mmol/L
TCO_2	27.7	mmol/L
電解質		
Na	146	mmol/L
K	4.3	mmol/L
Cl	110	mmol/L

（　）内は本院における正常値を示す。

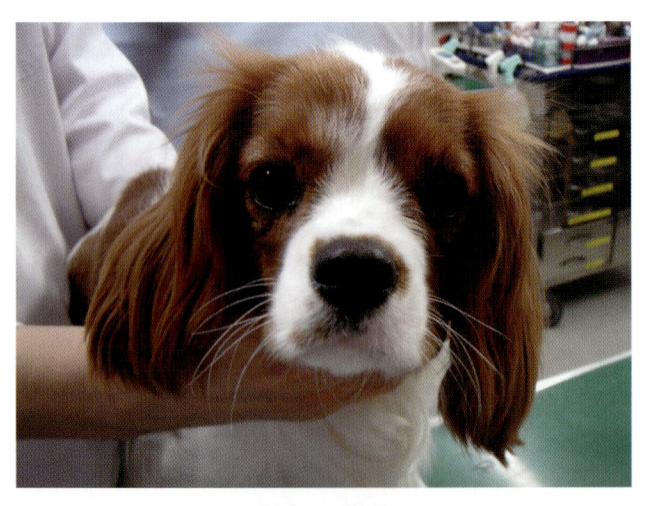

写真1　患者

【単純X線検査】（6か月齢時）

ブトルファノール，アセプロマジン（10倍希釈），グライコパイロレートを静脈内投与し，股関節の評価を行ったPOINT3。同時に両側の股関節のオルトラニサインは，明らかに陽性であった。

> **POINT3** BAGプロトコール。コロラド州立獣医科大学の整形外科では若い動物の鎮静にルーチンに使用されている方法で，比較的長時間の鎮静が得られケタミンからの覚醒のような不快感を与えないで安全に投与できる。当院ではOFA検査などをこの方法で行っている。

AP像：体表の軟部組織の輪郭は正常範囲内である。腹腔内臓器に異常は認められない。

ポジショニングはわずかに骨盤のローテーション（右方が下がり，左方が上がる）があるため，左側でより明らかな亜脱臼が認められるとともに，大腿骨の外転が誇張されて認められる。右の股関節は左側に比べて亜脱臼の度合いは低くみえるが，左側と同程度の亜脱臼が認められる。

骨盤がわずかに右側へローテーションしていることと，左大腿骨が軽い外転位で撮影されているために，遠位端の弯曲が誇張されて表現されている。

【診 断】

股関節形成不全

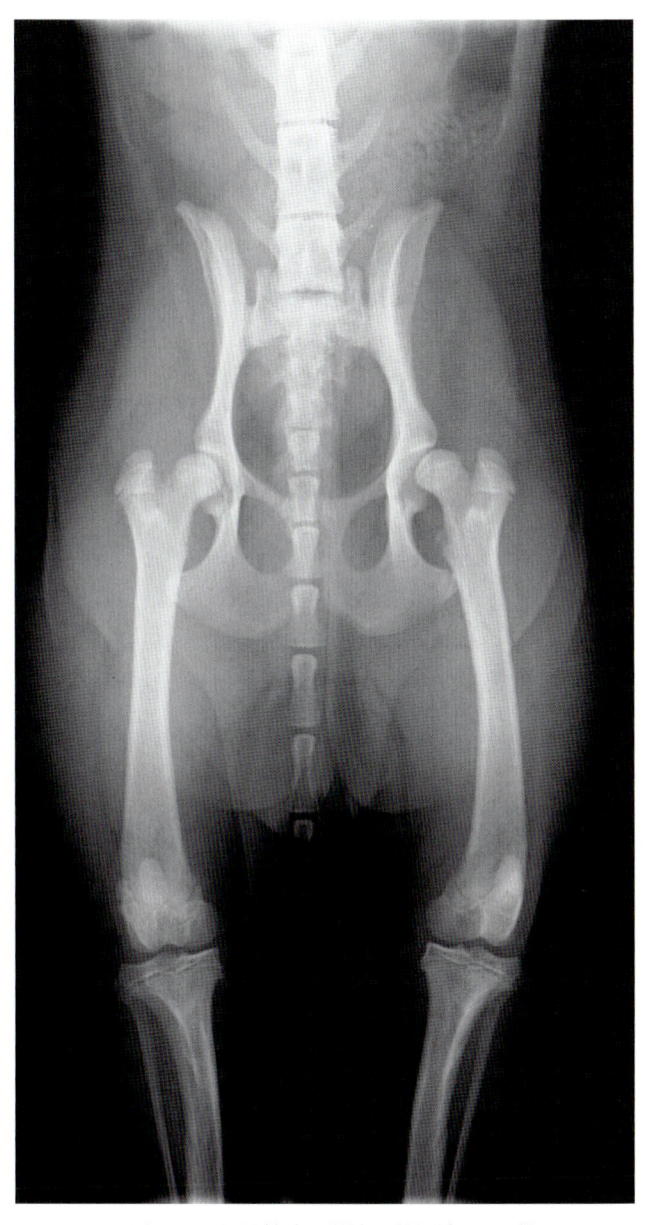

写真2　6か月齢時の単純X線写真　AP像

☞ あなたならどうする。次頁へ

☞

①食事療法（Hill's j/d）による体重コントロール，グルコサミン，コンドロイチンなどの軟骨強化剤の投与。
②三点骨盤骨切術（20度）
③上記の治療法と手術内容に関する詳しい説明により，インフォームド・コンセントを得る。

【治療】

§材　料

・リコンストラクションプレート（瑞穂医科）を加工し20度の角度を付けた矯正手術用の骨盤プレートの作成を行った。手術に備えてオートクレーブあるいはEOG滅菌をしておく。
・2.7 mm皮質骨用ラグスクリュー
・ルーチンなオステオトミーができるストライカーなどの整形外科セット

§手　術

①左側の腸骨翼から尾根部にかけ，足根関節までの毛刈と消毒（2%酢酸ヘキシジンを使用。4%グルコン酸クロルヘキシジンを使う場合もある）を行った。最後に皮膚にミスト状のバイオウイル（㈱グッドウィル）を直接術野に噴霧した。

セファレキシン（25mg/kg・TID）＋ゲンタマイシン（4mg/kg・1回のみ）を術前30分前にIVで投与した。

②鎮痛前処置としてリマダイルの内服（メロキシカムの注射か内服），ドミトールIM，モルヒネの全身投与を行った。

③導入後，イソフルランによる全身麻酔の維持を行った。

④背臥位に保定し恥骨筋の切除を行った。その後恥骨へのアプローチを行い大腿動静脈，大腿神経の走行に気をつけながら恥骨の部分切除を行った POINT4。

| POINT4　0.5〜10.0mm程度の骨切除で十分である。|

洗浄を行った後，PDSⅡ2.0を用いて腹部臓器がヘルニアを起さないように軟部組織の縫合を行った。

⑤患側を上方にして保定し，坐骨の骨切術の準備を行った。プラスチックドレープ（アイオバン：3M）で術創を覆い，皮膚の切開はその上から行った。坐骨を触診で確かめ，その直上から切開を開始した。電気メスを使用し止血しながら坐骨の一部を露出し，閉鎖孔に向けて剥離を進め，閉鎖孔が触診できるまで剥離を行った POINT5。

| POINT5　多くのテキストブックではギグリワイアーを閉鎖孔に挿入し骨切りを行うが，オシレーティング鋸での骨切りでもよい。いずれの場合でも，閉鎖孔にリトラクターなどを入れておき閉鎖神経を損傷しないように十分気をつける。|

骨切りが終了した時点で骨片同士にスタインマンピンで

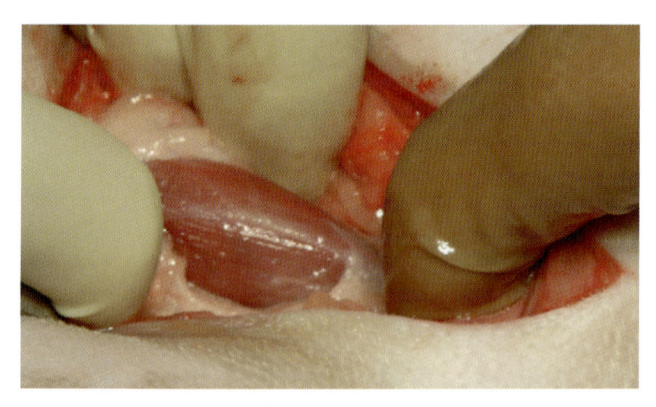

写真3　恥骨の露出

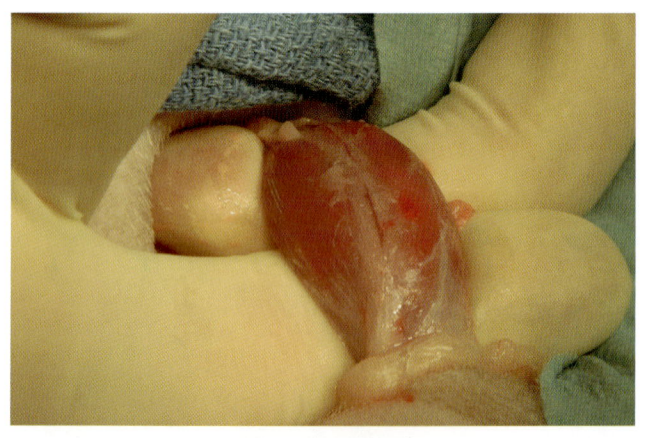

写真4　恥骨筋切除

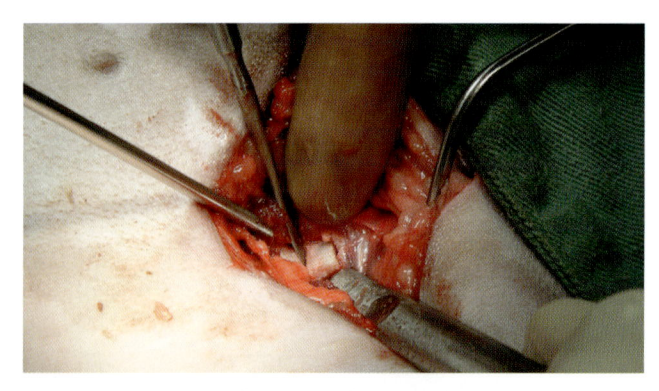

写真5　恥骨部分切除術

ケーススタディ

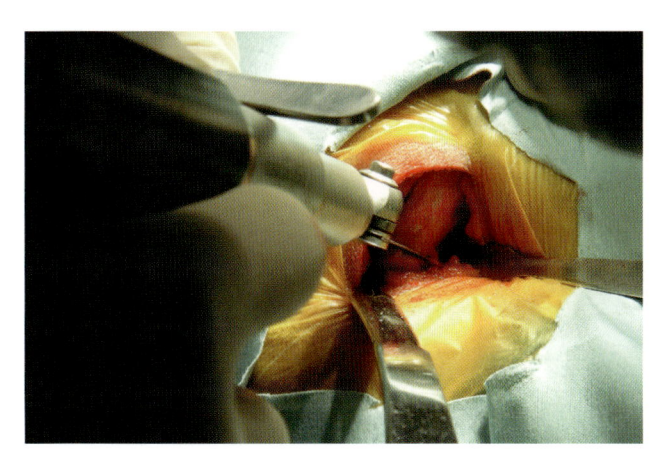

写真6　坐骨のオステクトミー

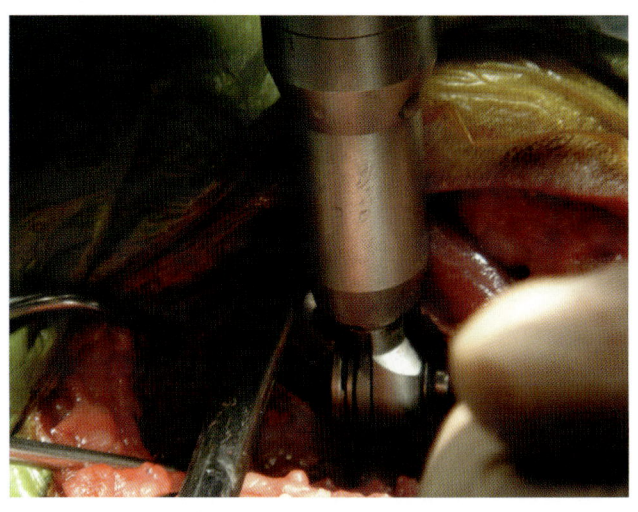

写真7　腸骨のオステクトミー

骨孔を形成した^{POINT6}。

> **POINT6** 骨孔形成後，ワイアーを通し骨片同士を仮留めするとテキスト上には記載されているが，最近は時間短縮のためワイアー固定は行っていない。米国の獣医整形外科専門医の中でも意見が分かれており，術後に疼痛が伴うので行うべきだという意見もある。当院では現在は行っていない。

⑥この時点で，執刀医と助手の手術用のグローブを新しいものに交換し，腸骨の骨切りの準備を行った。腸骨翼，大転子，坐骨突起の3か所を触診で確認し，腸骨翼前縁から大転子に向かって皮膚切開を行った。深腸骨回旋動静脈が走行しており電気メスで止血および結紮止血を行った^{POINT7}。

> **POINT7** 肥満の動物では大量の脂肪が存在しているのでこれらは切除しても良い。

中殿筋の背側2/3のラインで大腿二頭筋の前方まで切開を行った。骨膜起子を用いて腸骨を十分に露出した^{POINT8}。

> **POINT8** この際前殿動静脈，前殿神経が走行しているのでアトムチューブなどを利用して分離しておくとよい。万が一損傷してしまっても支障をきたすことはないとされている。

腸骨を十分に露出した後，坐骨からスタインマンピンを腸骨翼と平行になるように挿入し，そしてこのピンに垂直に交わるように仮想ラインを腸骨体に作成し（このラインの位置は，仙骨体の背側の十分な触診で確認する），すぐ後方で骨切りを行った^{POINT9}。

> **POINT9** 寛骨臼に近すぎると骨盤プレートを置けなくなるので注意する。

⑥骨切り終了後，TPOプレート（当院ではRooks V.O.I.

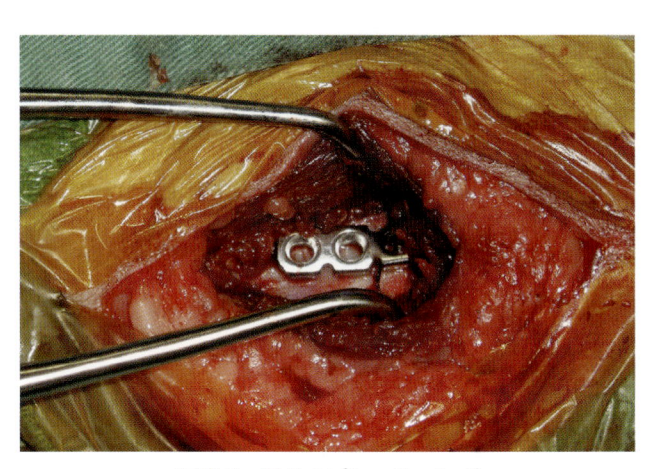

写真8　腸骨のプレーティング
20度の矯正角度が付けてある。

を常時利用している）が骨盤が小さく使用できないため，カッタブルプレート（瑞穂医科）を加工して用いた。最初に腹捻させる側に皮質骨用のスクリューを用いて寛骨にプレートを設置し，坐骨を骨把持器を用いて腹捻させると同時にやや持ち上げるように移動させた^{POINT10}。

> **POINT10** こうすると頭側のプレーティングがやりやすい。

次いで海綿骨用のラグスクリューを用いて腸骨翼にプレドリリングを行った^{POINT11}。

> **POINT11** 骨体がかなり柔らかくスクリューのルーズニングが起こりやすいため，1サイズ下のドリルホールで行うと良い。

十分な固定を得た後，十分に加温したハルトマン液で洗

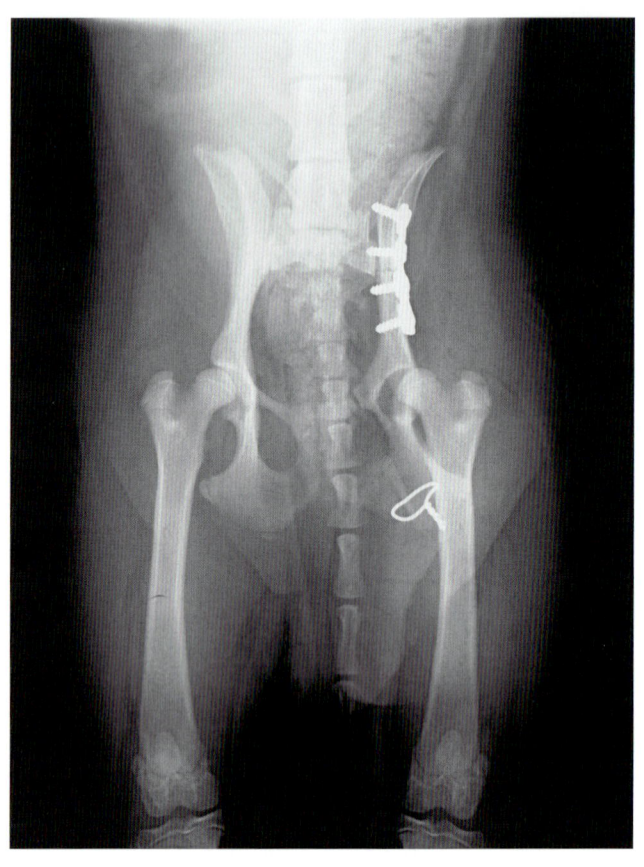

写真9　左側手術後の単純X線写真　AP像

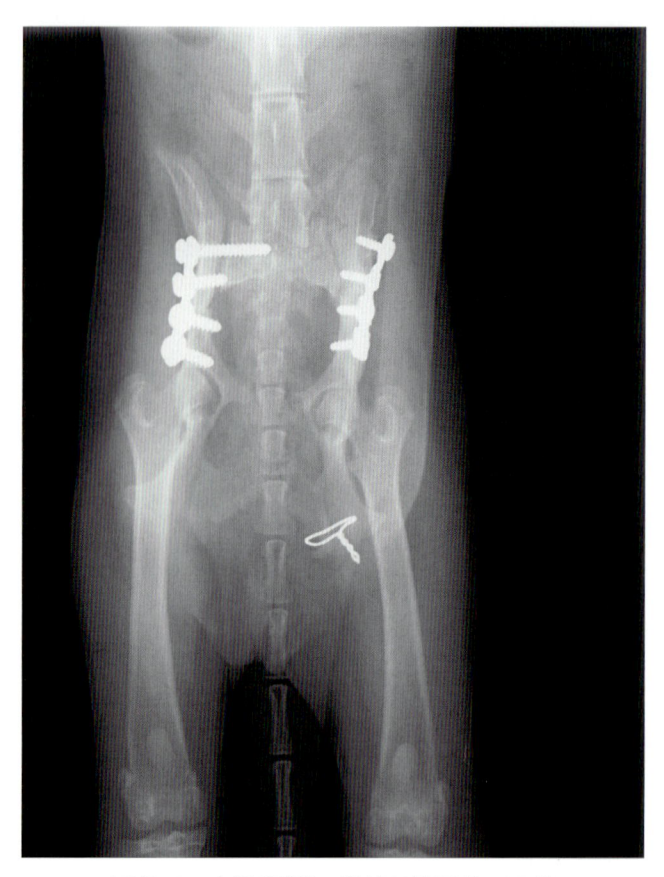

写真10　右側手術後の単純X線写真　AP像

浄を繰り返し，中殿筋をPDS Ⅱ 2.0で縫合した[POINT12]。

POINT12　この時点では関節に依然としてオルトラニサインが認められるが，全く気にする必要はない。術後関節胞・円靱帯の緩みは自然に回復し，通常，術後2～4週目以降にはオルトラニサインは消失する。正常な位置に矯正された寛骨臼と大腿骨頭は正常な関節を形成することになる。

術後はフェンタニルパッチの貼付，リマダイルの内服を行い，抗生物質の投与を3日間継続した。

【経　過】

術後1週間後，X線検査を行った。経過は順調であった。

術後4週目で頭側のスクリューが術後ルーズニングを起こしたが，骨癒合が順調であったため，保存的に経過観察とした。

退院に際しては，厳重なケージレストを行うように飼い主に説明した[POINT13]。

POINT13　必要があればアセプロマジンの投薬を行う。

3か月後に右側の臨床症状が発現したため同様の手術を行った。最初の手術の際の注意点を踏まえプレートを1サイズ上にし，さらに3.5mmのスクリューが挿入できるように術中にプレートの加工を行った。

術後，2週間でオルトラニサインと一切の臨床症状は改善され，正常化された。

【コメント】

TPOは骨盤の3つの骨（恥骨，坐骨，腸骨）を切断し，腸骨を適切な角度に回転させ，専用のプレート，スクリューで固定する手術である。これにより生まれつき緩んでいる寛骨臼と大腿骨骨頭の関係を正常に矯正することにより，正常な股関節の形成を促進する整形外科手術である。

通常，TPOはゴールデン・レトリーバー，ラブラドール・レトリーバーなどの股関節形成不全好発犬種の超大型犬，大型犬や中型犬で12か月齢までに股関節形成不全が診断された場合適応となるが，その場合は市販のプレートを用いることができ，便利である。

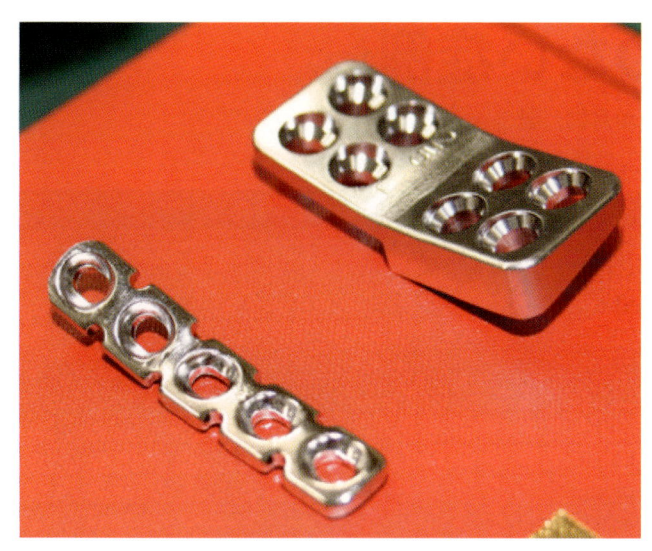

写真11　Rooks TPO プレート（右）と自作プレート（左）

当院では 15kg のイングリッシュ・ブルドックに Rooks のプレートを用いた例である。残念ながらそれ以下の小型用で有効ものは市販されていない。

本症例は飼い主が積極的に骨盤の矯正を望んだ。しかし市販のもので適用できるものがなく，自作する以外に方法はなかった。テキストブックではDCP プレートを利用する方法が紹介されているが，ベンディングという点ではカッタブルプレートの方が有利であると考えた。術後はややオーバーローテーションであったが満足できる結果が得られた。オーバーローテーションは，「過ぎたるは及ばざるが如し」で股関節の機能不全や骨関節症の進行が起こる可能性が示唆されている。

関節炎が発生したのちに大腿骨頭切除術（FHO）でサルベージ手術を行う方法もある。また費用が問題でなければ最良の方法とされている股関節全置換術（THR）があるが，この大きさの犬には，現在のところ適切なサイズの人工関節はない。

近年しつけの問題，子犬の社会化の重要性がクローズアップされている。本症例のように遺伝性の股関節，膝関節，肘関節形成不全等で痛みを抱える子犬では，しつけ訓練もうまく行かないことが多い。われわれ獣医師はこのような成長期に痛みを伴う整形外科的疾患についてクライアント教育が大切である。健康でなければ，また痛みのない体でなければ正しいしつけ教育もできない。

わが国ではトイ犬種，小型犬種が人気の犬種となっている。その中でもプードル，ポメラニアン，パグ，全てのテリア系の犬では，レッグパーセス病が発生しやすいことは明らかにされている。その場合はFHOが適用となる。

また股関節形成不全を発症しやすい小型犬としては，パグ，シー・ズー，フレンチ・ブルドック，柴犬，キャバリア・キング・チャールズ・スパニエルなどが挙げられる。Slocum TPO プレート，Rooks TPO プレートが利用できないので，これらの小型犬の股関節形成不全に利用しやすいプレートの開発が望まれる。本院での12か月齢以下の股関節形成不全の犬に15年前からTPOを実施してきたが，いずれも良好な経過を得ているので参考に供したい。

テキストブックを隅々まで，何度も読み，理解することは大切なことである。しかし，テキストはあくまでもガイドラインの1つとしておくべきである。ベースボールのルールブックを完璧に理解しても誰もがイチローや松井のようなすばらしいプレーヤーにはなれない。ボンド・センタード・プラクティスに徹するためには，我々のような臨床家は，症例に対して常にアイデアと工夫が要求されている。本当に自他共に許す実力のある専門医を育てるためには学会のためではなく，動物たちを大切にする飼い主のための（社会のための）米国並みのオープンな専門医養成の制度化が望まれる。

（Vol.58 No.7, 2005 に掲載）

Case 19　DOG

元気と食欲のない症例

パピヨン，7歳5か月齢，雄

【プロフィール】

パピヨン，7歳5か月齢，雄。各種の予防は定期的に行われている。

2年前に椎間板ヘルニアで後肢不全麻痺のため片側椎弓切除術を行い，1か月後には完治している。

【主　訴】

10日前に2度嘔吐し，ここ数日，元気・食欲が低下し，やや軟便である，ということで上診された。

【physical examination】

体重は2.38kg，栄養状態は60%，体温は38.9℃，呼吸はパンティング，心拍数は120回/minであった。

触診で，腹腔内中腹部に実質臓器よりもやや硬いマス（9cm×6cm×厚さ6cm）が認められた。マスの辺縁は比較的明瞭であった。

【臨床病理検査】

CBC，血液化学検査の結果は表1の通りであった。

Htが上昇 POINT1，TP，Alb，Glbは具合が悪く痩せている状態を考えても低すぎる値である。

POINT1 非リンパ腫性，原発性腎腫瘍の可能性を疑わせる。

血液凝固時間（ACT）は60秒で，正常範囲内（2分以内が正常）であった。

糞便検査では潜血反応（＋）が認められた以外は正常範囲内であった。

尿検査では，比重1.046，pH7.5であり，潜血反応（2＋）が認められた以外は全て正常範囲内であった。

【X線検査】

腹部単純RL像（写真1）：体表の軟部組織の輪郭は削痩が認められる。骨格は正常範囲内である。胸腔内は正常範囲内である。巨大なマスのために，横隔膜は頭側に張り出し，小腸および結腸は腹側および前腹部および後腹部に巨大なマスを避ける形で分布する。

表1　臨床病理検査

CBC			
WBC	11.15×10^6	$(6 \sim 17 \times 10^3)$	/μL
RBC	9.07×10^6	$(5.5 \sim 8.5 \times 10^6)$	/μL
Hb	20.1	(12～18)	g/dL
Ht	58.4	(37～55)	%
MCV	64.4	(60～77)	fl
MCH	22.2		pg
MCHC	34.4	(32～36)	g/dL
pl	797×10^3	(200～500)	/μL
血液の塗抹標本検査のリュウコグラム			
Band-N	0	(0～300)	(/μL)
Seg-N	8740	(3000～11500)	(/μL)
Lym	1092	(1000～4800)	(/μL)
Mon	1380	(150～1350)	(/μL)
Eos	287	(100～1250)	(/μL)
Bas	0	(0)	(/μL)
RBCの多染性	－		
RBCの大小不同	－		
異型リンパ腫	－		
血液化学検査			
TP	5.55	(5.20～8.20)	g/dL
Alb	2.72	(2.70～3.80)	g/dL
Glb	2.83	(2.50～4.50)	g/dL
ALT	49	(10～100)	U/L
ALKP	63	(23～212)	U/L
T-Bil	<0.10	(0.00～0.90)	mg/dL
Chol	142.6	(110.0～320.0)	mg/dL
Glc	127.1	(77.0～125.0)	mg/dL
BUN	21.9	(7.0～27.0)	mg/dL
Cr	0.94	(0.50～1.80)	mg/dL
P	2.91	(2.50～6.80)	mg/dL
Ca	9.43	(7.90～12.00)	mg/dL
静脈血の血液ガス検査			
pH	7.454		
pCO_2	30.8		mmHg
pO_2	45.2		mmHg
HCO_3	21.1		mmol/L
BE	－2.8		mmol/L
O_2サチュレーション	84.0		%
TCO_2	22.1		mmol/L
電解質			
Na	153		mmol/L
K	3.9		mmol/L
Cl	110		mmol/L

（　）内は本院における正常値を示す。

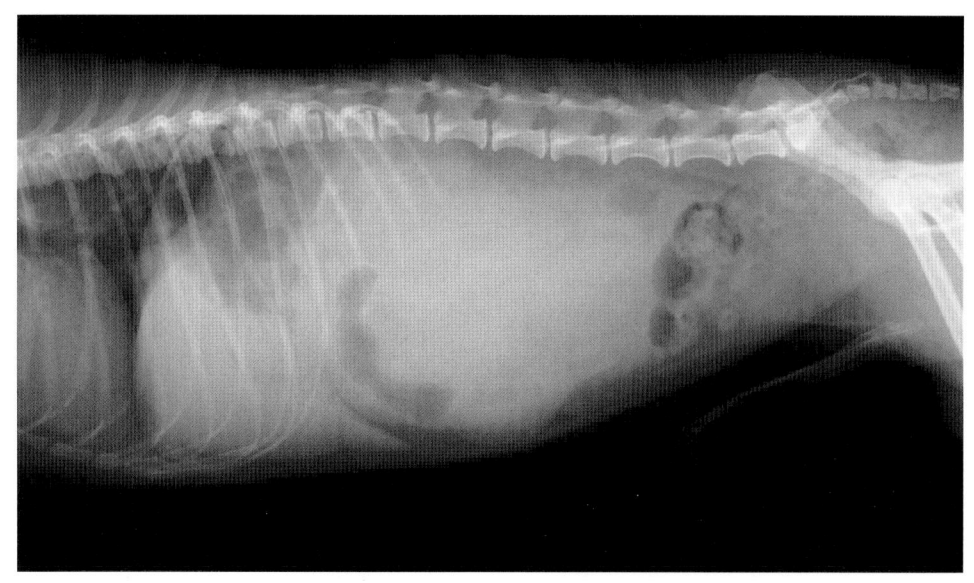

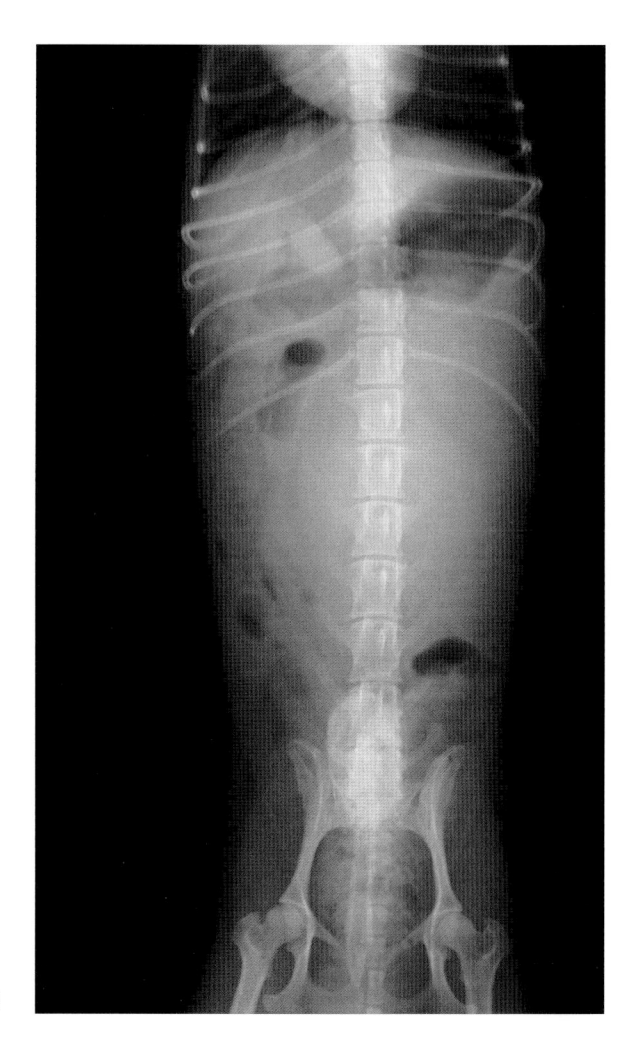

写真1　腹部単純X線写真　RL像

腹部単純VD像（写真2）：体表の軟部組織の輪郭は脂肪組織を全く認めない。骨格は正常範囲内である。

長さ10cm、幅6cmの巨大なマスが中腹部に認められる。脾臓の陰影（通常は三角形）は認められず、かつ左腹部を通過するはずの結腸は巨大なマスの右側を通過し、小腸は前腹部右側および後腹部に偏って分布している。

胸部単純RL像・DV像（写真3, 4）：横隔膜の前方への張り出し以外は正常範囲内である。

静脈性尿路造影　腹部RL像（写真5）：右腎、尿管、膀胱は正常範囲内である。左腎は認められない。前立腺の腫大が認められる。小腸の分布はRL像としては正常範囲内として認められるが、結腸は腹側に大きく移動していることがわかる。

静脈性尿路造影　腹部VD像（写真6）：体表の軟部組織の輪郭は脂肪組織を全く認めない。三角形に表現される脾臓は認められない。右腎の造影は正常範囲内で、尿管の一部も認められる。しかし、左腎は一部を除き、巨大なマスとなっており、尿管は認められない。

小腸、結腸は何れもマスの右側に分布し、結腸は後腹部における異常な位置に認められる。

【超音波検査】

写真7, 8, 9に示す。

写真2　腹部単純X線写真　VD像

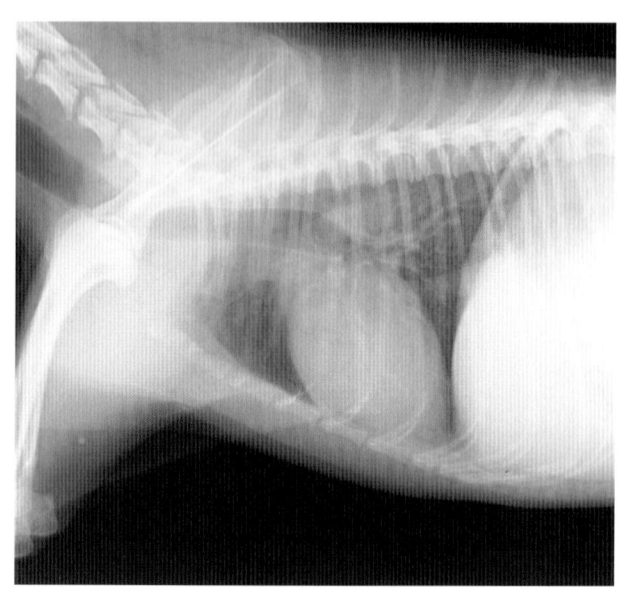

写真3　胸部単純X線写真　RL像

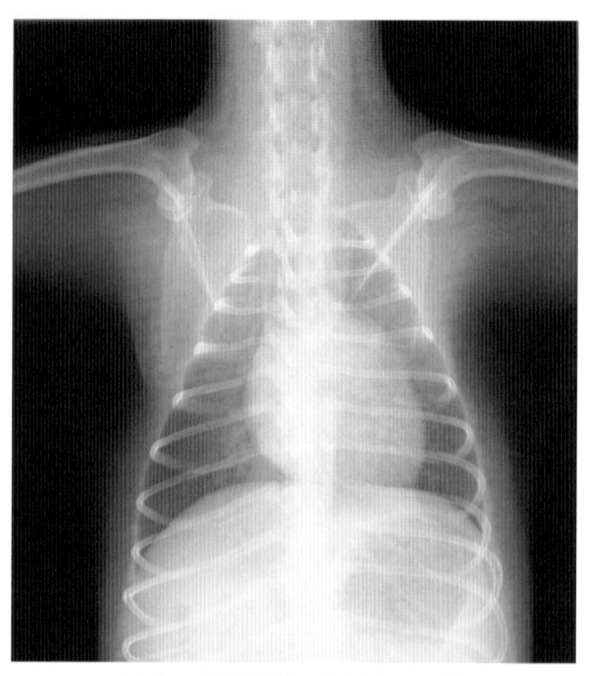

写真4　胸部単純X線写真　DV像

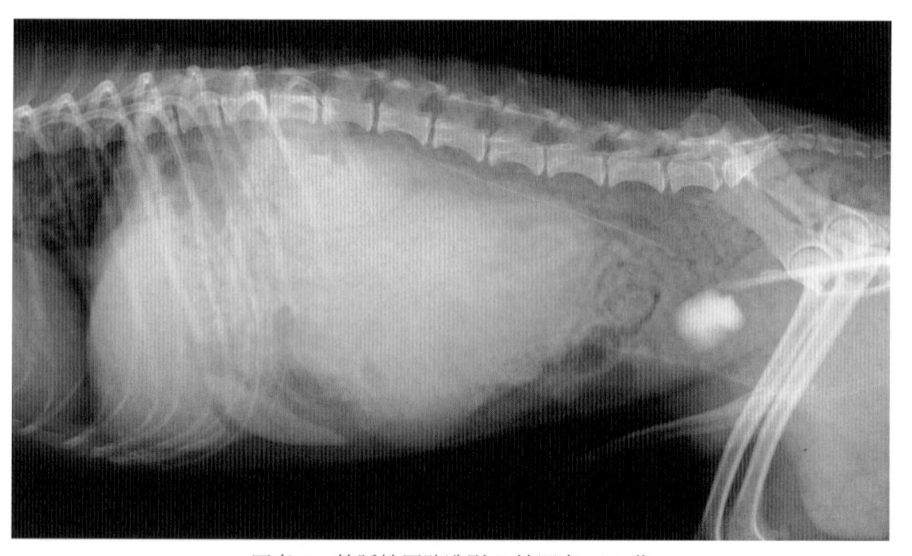

写真5　静脈性尿路造影X線写真　RL像

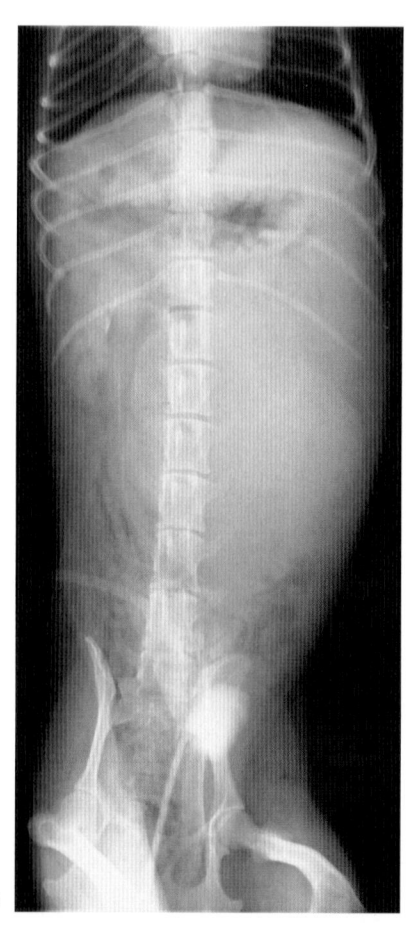

（いずれのX線写真ともFCRによる調整写真）　写真6　静脈性尿路造影X線写真　RL像

ケーススタディ

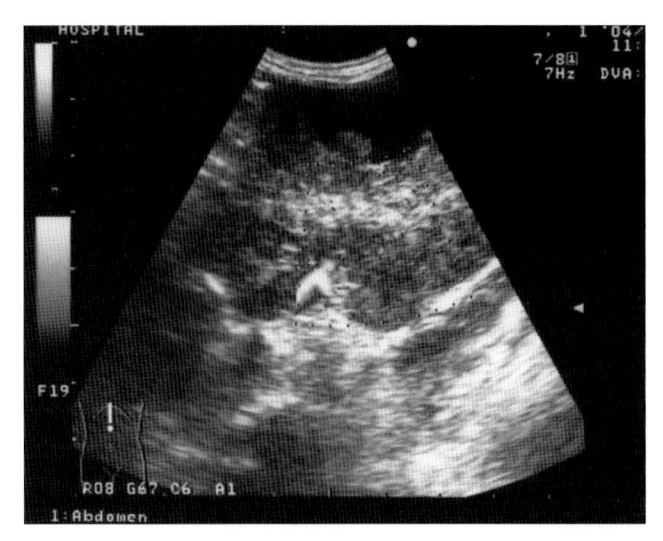

写真7　パワーフロードップラー（アロカ㈱）ではマスの中心部に腎動静脈を確認した。

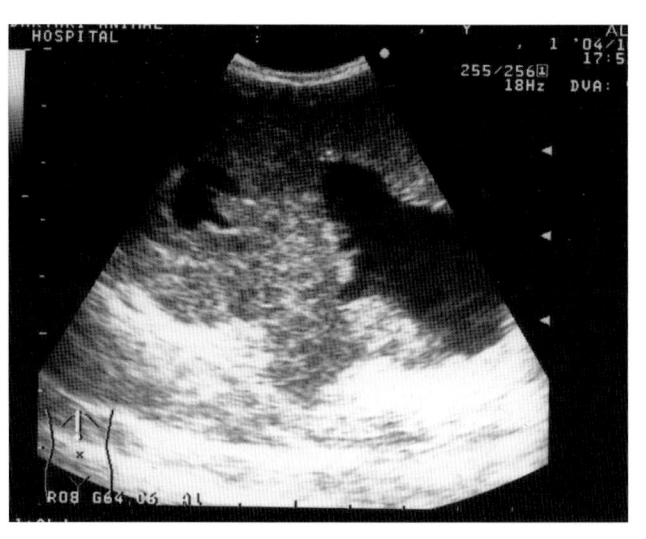

写真8　腎臓の正常構造は保たれていない

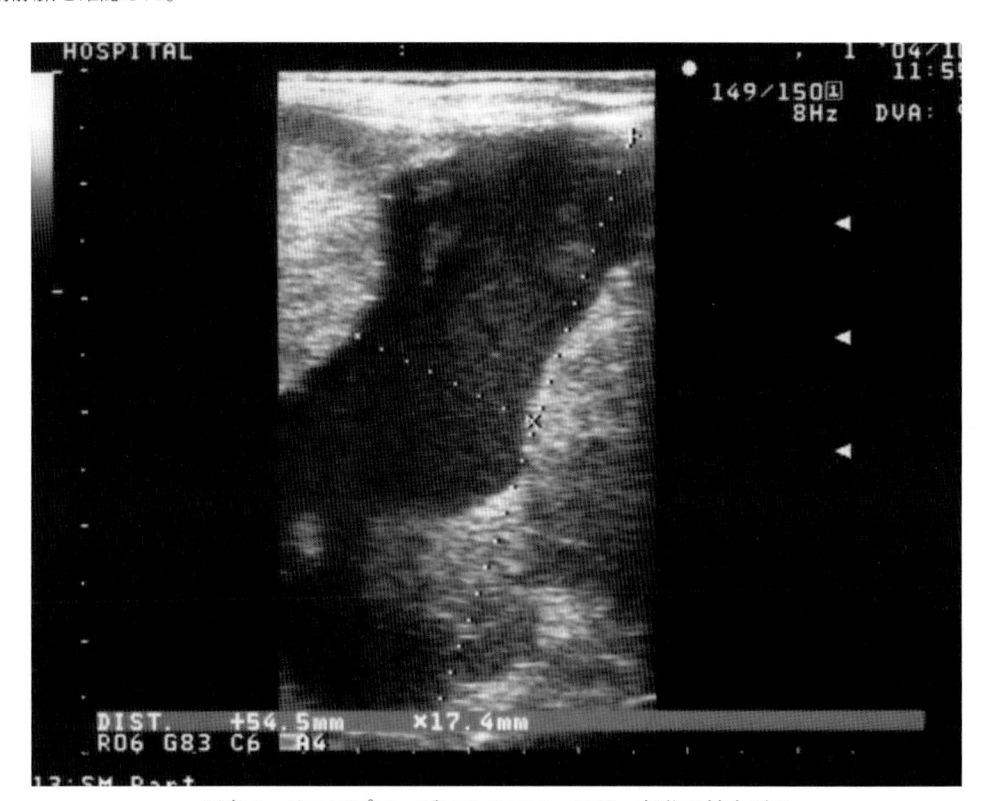

写真9　リニアプローブによるエコーフリー部分の拡大所見

【診　断】

左腎腫瘤

☞ あなたならどうする。次頁へ

①早急な腎腫瘍切除および関連する外科的処置
②外科処置後の化学療法
③上記の治療法，手術内容および予後に関する詳しい説明により，インフォームド・コンセントを得る。

【治療】

飼い主の了承が得られたので，翌日に開腹手術を行った。

§手術

左腎の摘出術を行うとともに前立腺の肥大を認めたので去勢手術を行った。

①腹部正中切開＋ケール切開（傍肋骨）でアプローチ
②左側の前中後腹部をほぼ占拠する腎腫瘤は大網，後腹膜への癒着が認められた。
③ハーモニックスカルペル[POINT2]，電気メス，綿棒などを使用して癒着部位を剥離。

> **POINT2** ハーモニックスカルペル（ジョンソン＆ジョンソン）は電気メスと異なり通電性がないため，筋肉の痙攣や出血がまったく認められないのが特徴である。

④腎動静脈はヘモクリップを使用して閉鎖した[POINT3]。

> **POINT3** 尿管はできるだけ膀胱に近い部分で結紮する。

⑤左副腎は温存可能であった。
⑥エチロン4-0（非吸収糸）で腹壁を縫合した。
⑦皮下は4-0バイクリルで，皮膚はベタフィルで縫合した。

術後の経過は安定しており，手術当日の面会時には起立可能で，翌日には食欲は100％となった。その後，嘔吐・下痢もなく体重も増加し，術後7日間で退院した。退院時に自宅での投薬として，ピロキシカム0.3mg/kg 1日1回とミソプロストール[POINT4]（サイトテック）2〜5mg/kg 6〜8時間毎に経口投与を処方した。

> **POINT4** 尿粘膜潰瘍予防に用いられるNSAIDである。副作用として軽度の下痢が認められることがある。もし食欲が落ちる場合は，薬用量を半減する。

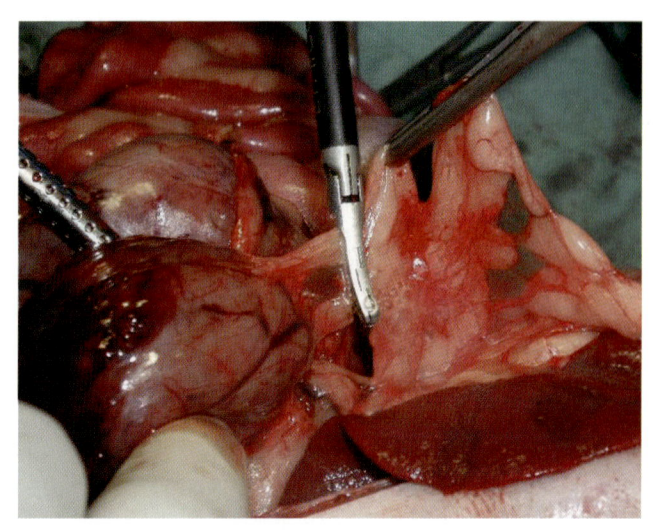

写真11 剣状突起から恥骨前縁までの腹部正中切開に加え左側にケール切開をハーモニックスカルペルを用いて行った。

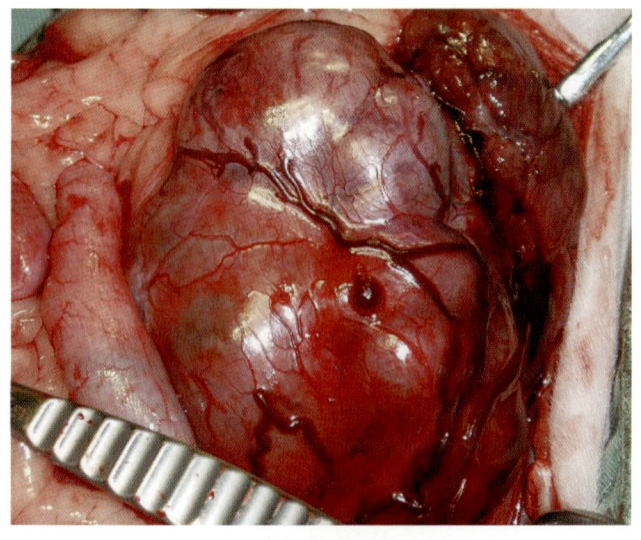

写真10 開腹後，腫瘍を露出したところ

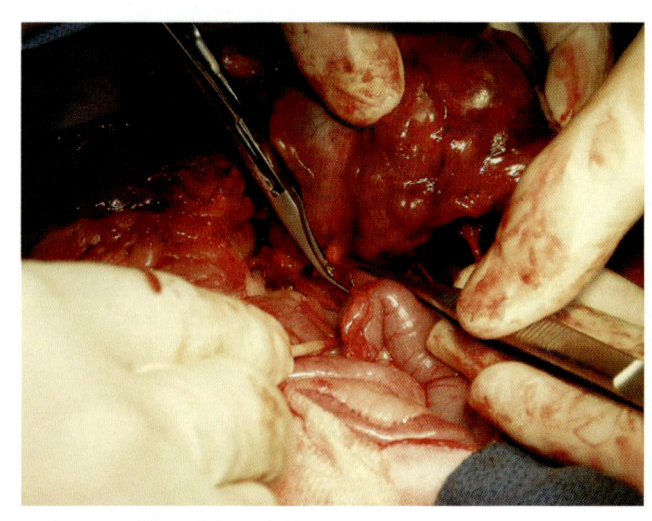

写真12 腫瘤と大網に癒着が認められたため，ハーモニックスカルペルを用いて大網の部分切除を行った。

摘出した腫瘍の病理組織学的検査結果は腎癌であった（表2）。

§抗癌剤療法

術後11日目にドキソルビシン投与を行い，その後3週間おきに1mg/kgのドキソルビシン投与を計6回行った。時々，消化器症状は出るものの大きな副作用もなく，体重も増加（3.18kg，栄養状態105％），食欲・元気もあり，良好な状態を維持していた。その間，ピロキシカムとミソプロストールは継続投与していた。

術後93日目の検診時，腹部正中切開部位の皮下に腫瘤（硬結感＋，遊離性－，炎症徴候－）が認められ，FNAを行い，上皮系細胞塊を認めたため，病理検査を依頼した結果，腫瘍性・悪性上皮性腫瘍の疑いがあるとのことであった（表3）。

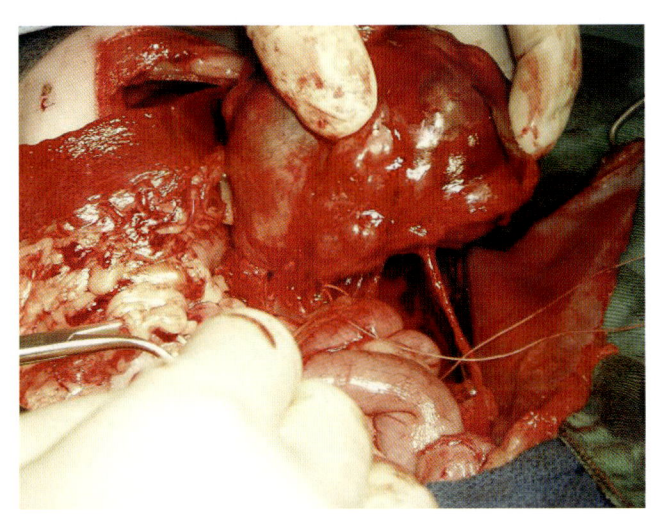

写真13　ヘモクリップで腎臓の動脈・静脈をクランプしたところ

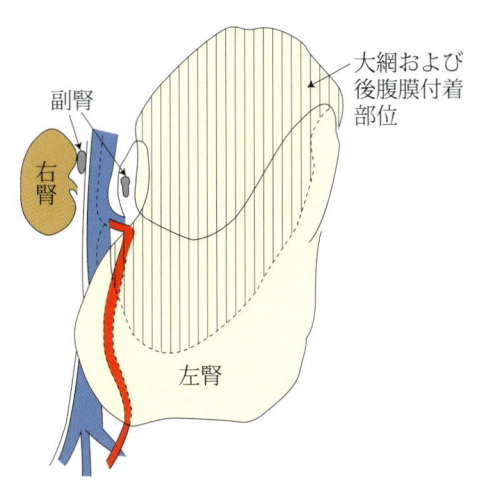

図1　腫瘍の状態

表2　摘出した腫瘍の病理組織学的所見
腎癌（renal cell carcinoma）
腎尿細管上皮由来の悪性腫瘍性病変が認められる。 　腎皮質や髄質に接する多結節状の癌増生巣が形成され，被膜状部分でも萎縮性の腎実質が圧排された菲薄な組織として残存する部分が認められる。核小体明瞭な円形大型核と淡明で豊富な細胞質を有する癌細胞は，不規則な中小の腺腔を形成して，内腔へ重層性・絨毛状に密に増生し，核分裂像が散見される。 　腫瘍境界は不規則であるが，腹腔面の線維性の被膜は保たれ，腹腔への癌細胞の露出は認められない。検索した範囲内では，脈管侵襲は見い出されないが，リンパ節や肺など，リンパ行性・血行性に遠隔臓器への転移の可能性もある悪性腫瘍性病変である。　獣医師　高橋秀俊（㈱アマネセル）

表3　FNAで採取された上皮細胞塊の病理組織学的所見
悪性上皮性の腫瘍の疑い
大型円形不整形核と淡明豊富な細胞質を有する上皮様の異型細胞が多数得られている。密着する小塊を形成し，核が細胞の辺縁に寄った細胞極性を示す細胞が散見される。腎細胞癌の転移巣であることが強く疑われる。 　獣医師　高橋秀俊（㈱アマネセル）

【経過】

皮下に隆起した腫瘤は腹膜に転移したもので，その後徐々に大きさ，数ともに増大していたが，一般状態は良好に保たれていた。術後134日目より元気・食欲が減退し始め，術後150日には食後嘔吐するようになった。通院で水和とモルヒネによる鎮痛を行い，術後158日目に自宅で亡くなった。

【コメント】

原発性腎癌は，全ての癌の約1％である。しかし腎臓への悪性腫瘍の転移はよくみられ，これは腎臓の豊富な血流量と発達した毛細血管網によるものと考えられている。

腎癌は上皮性悪性腫瘍が最も多く，平均発癌年齢は9歳である。雄は雌よりも上皮性腫瘍に侵されやすく（1.5：

1)。胎生腫瘍がみられることがある（平均4歳）。皮膚線維症，子宮ポリープおよび腎嚢胞腺癌が併発する症候群は，ジャーマン・シェパードのみにみられるので，遺伝性と考えられている。

　犬および猫の腎臓の原発性腫瘍のうち90%が悪性であり，50%以上が上皮性（管状腺癌，移行上皮癌）で，20%が間葉性（線維肉腫，軟骨肉腫など），10%が胎生多能性芽体性（ウィルムス腫，腎芽腫，胎生期腎腫）である。腺癌とリンパ腫はしばしば両側性である。猫の腎臓を侵す最も多い腫瘍はリンパ腫で，腎臓に限局されず，発症年齢は平均6歳である。

　これらのことから，原発性腎癌は珍しい腫瘍の1つといえる。

　本症例はパピヨンの7歳5か月齢のもので，初診時の栄養状態は60%であった。実はその4か月前に「嘔吐，下痢，食欲なし，脱水5%」で上診し，5日間入院している。その時は体重が3.16kgで栄養状態は105%であった。カルテを遡ってみると，その時に何回か飼い主を咬む行為が見られたとあり，腹部に疼痛があったことが示唆されるエピソードが残っている。しかし，その1か月後にはその

表4　臨床病理検査（4か月前）

CBC		
WBC	21.0×10^3	/μL
RBC	9.36×10^6	/μL
Hb	20.20	g/dL
Ht	60.34	%
MCV	64.4	fl
MCH	21.9	pg
MCHC	34.0	g/dL
pl	478×10^3	/μL
血液の塗抹標本検査のリュウコグラム		
Band-N	0	(/μL)
Seg-N	2055	(/μL)
Lym	210	(/μL)
Mon	735	(/μL)
Eos	0	(/μL)
Bas	0	(/μL)
RBCの多染性	－	
RBCの大小不同	－	
異型リンパ腫	－	
血液化学検査		
TP	6.34	g/dL
Alb	2.82	g/dL
Glb	3.52	g/dL

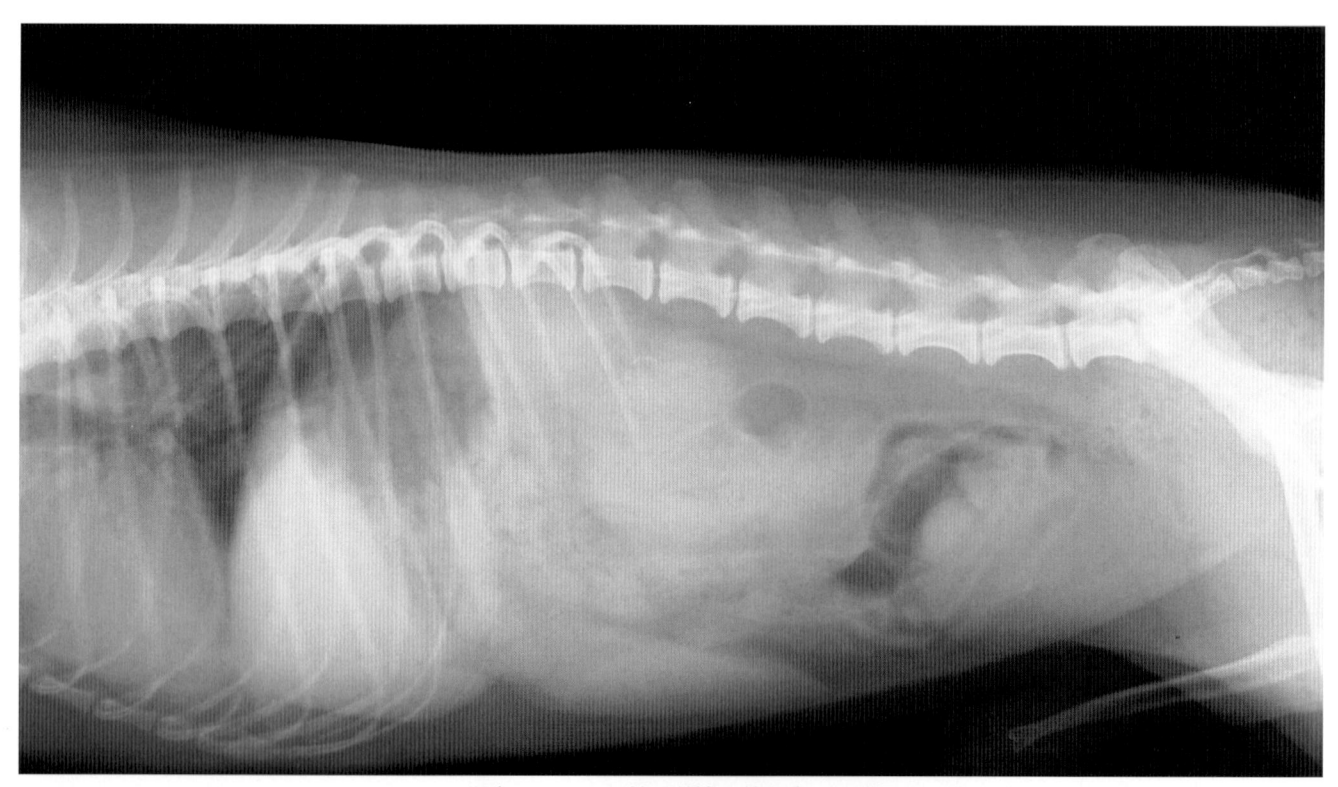

写真14　4か月前の単純X線写真　RL像

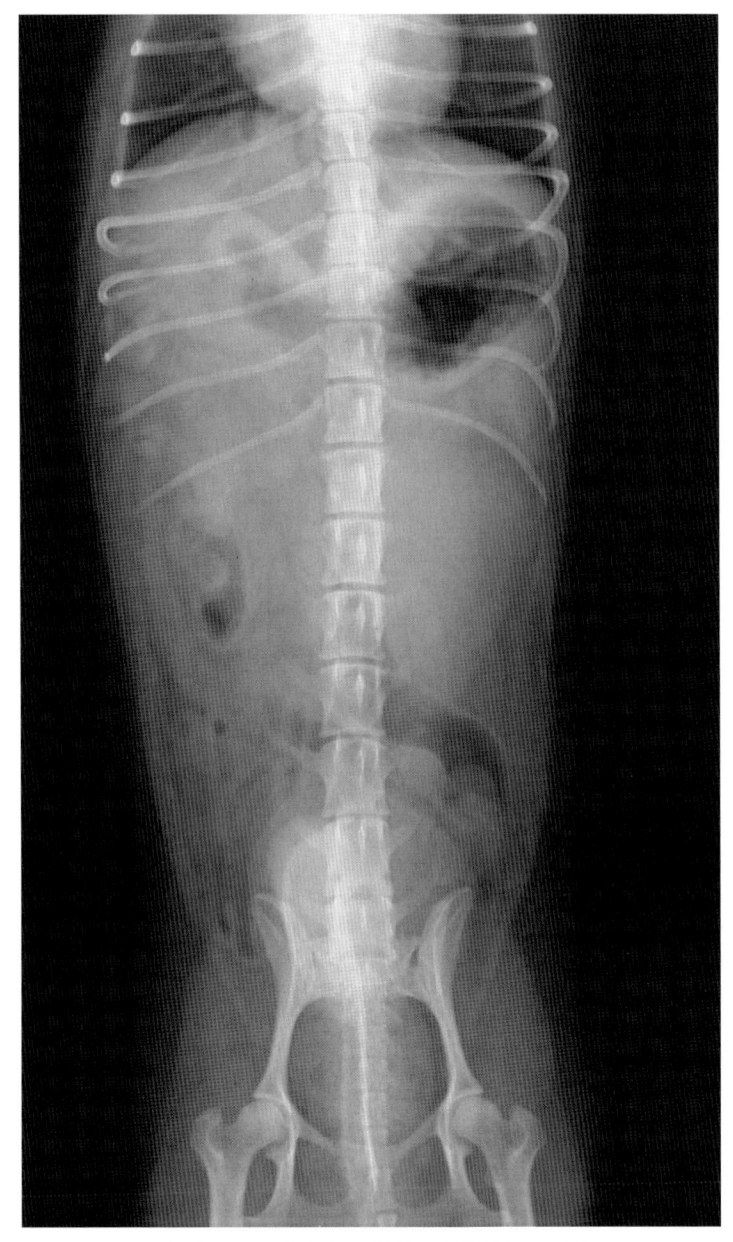

写真15　4か月前の単純X線写真　VD像

ような行為は消失している。4か月前の臨床病理検査（表4）では，WBCの増加，Htの増加による強いストレスパターンと，栄養状態に比べてやや低いTP，Alb値が認められているが，概ね正常範囲内であった。またX線検査が行われているが，改めて見直してみると腎臓に異常所見が認められる（写真14，15）。

この時点で，尿路造影X線検査，腎臓，腹部の超音波検査が行われていなかったことは最大の反省点である。この時点で完全な診断と切除術が行われていれば，腹膜を介しての腫瘍の延長はなかったものと考える。皮膚に現れた腫瘍の転移からもわかるように，腫瘍の播種転移を予防できる完全切除の可能性があったと考えられる。

本症例はその意味で1枚の腹部（あるいは胸部）単純X線写真の読影と慎重なphysical examinationの大切さを教えてくれる，深い反省例であった。

(Vol.58 No.8, 2005に掲載)

Case 20　DOG

原因不明の嘔吐と食欲不振で転院してきた症例

ウェルシュ・コーギー，3歳2か月齢，雄

【プロフィール】

ウェルシュ・コーギー，3歳2か月齢，雄，去勢済み。他院で6か月齢時に去勢手術を，1歳9か月齢時に膀胱結石摘出術（尿酸アンモニウム結石）を受け，今回その病院から紹介され上診されたものである POINT1。

> POINT1　この既往歴に注目すべき。

4か月齢以降は膿皮症の治療を受けており，また1歳3か月齢時に胆汁逆流性胃炎の治療を受けている。

各種ワクチンは接種され，犬糸状虫症の予防も行われている。

室内飼育で，食事は膀胱結石発症後，継続的に，Hills u/d を与えている。

【主　訴】

3日前からなんとなく元気がなく，2日間自宅で様子をみていたが，嘔吐が始まり，次第に食欲も低下してきた。しかし，原因がわからないということで，他院から紹介されてきたものである。

【physical examination】

体温は38.5℃，体重は15.8kg，栄養状態は110%であるが筋肉マスとしては70%，心拍数は156回/min，呼吸数は18回/min であった。

意識レベルの強い低下（沈鬱状態）が認められ，起立困難であるうえに，全身性の浮腫が認められる。

【臨床病理検査】

CBC，血液化学検査の結果は表1の通りであった（このデータは当院来院時のものであるが，その前に他院で輸液治療を受けている）。

RBC，PCV，Hb，Pl の低下，WBC，Seg-N，Mon の上昇が認められる。血液化学検査では TP，Alb，Chol，BUN の低下が認められる POINT2。

表1　臨床病理検査

CBC			
WBC	31.4 × 10³	(6 ～ 17 × 10³)	/μL
RBC	4.36 × 10⁶	(5.5 ～ 8.5 × 10⁶)	/μL
Hb	9.7	(12 ～ 18)	g/dL
Ht	28.1	(37 ～ 55)	%
MCV	64.4	(60 ～ 77)	fl
MCH	22.2		pg
MCHC	34.5	(32 ～ 36)	g/dL
pl	109 × 10³	(200 ～ 500)	/μL
血液の塗抹標本検査のリュウコグラム			
Band-N	0	(0 ～ 300)	(/μL)
Seg-N	27318	(3000 ～ 11500)	(/μL)
Lym	1414	(1000 ～ 4800)	(/μL)
Mon	2512	(150 ～ 1350)	(/μL)
Eos	157	(100 ～ 1250)	(/μL)
Bas	0	(0)	(/μL)
RBC 所見	多数の標的赤血球		
血液化学検査			
TP	2.56	(5.20 ～ 8.20)	g/dL
Alb	0.33	(2.70 ～ 3.80)	g/dL
Glb	2.23	(2.50 ～ 4.50)	g/dL
ALT	56	(10 ～ 100)	U/L
ALKP	212	(23 ～ 212)	U/L
T-Bil	0.27	(0.00 ～ 0.90)	mg/dL
Chol	18.1	(110.0 ～ 320.0)	mg/dL
Glc	117.7	(77.0 ～ 125.0)	mg/dL
BUN	2.7	(7.0 ～ 27.0)	mg/dL
Cr	0.62	(0.50 ～ 1.80)	mg/dL
電解質			
Na	153		mmol/L
K	4.5		mmol/L
Cl	119		mmol/L

（　）内は本院における正常値を示す。

> POINT2　TP，Alb の低下は肝臓が機能していないことを，Chol，BUN の低下は重篤な肝疾患が慢性的・進行性にあることを示唆している。

肝機能検査（TBA）では，空腹時 10.0μmol/L，食後2時間後 19.5μmol/L であった。

血液凝固時間（ACT）は正常範囲内（1min 以下）であった。

尿検査（膀胱穿刺）では，比重 1.020，pH 7.0，蛋白質 2+，潜血 3+，ブドウ糖－，ビリルビン 2+，ウロビリノーゲン－であった。

尿沈渣では尿酸アンモニウム結晶，赤血球が認められた。

【超音波検査】（写真1）

肝臓のサイズは小さく，肝内門脈枝は未発達であったが，内部構造は均一であった。超音波検査における肝門部より腎静脈に至る後大静脈および肝内に異常血管を疑わせる所見は認められなかった。

【単純X線検査】

腹部RL像（写真2）：体表の軟部組織の輪郭は脂肪層が厚い以外は正常範囲内である。骨格は正常範囲内である。腹腔内は胃胞が本来の位置よりも頭側に位置し，背側から腹側への軸が腹側で大きく頭側に振れていることがわかる。そのことからも著しい小肝症があることが明確である。その他は正常範囲内である。

腹部VD像（写真3）：体表の軟部組織の輪郭および骨格は正常範囲内である。胃胞の位置が頭側に寄っていることから，小肝症を示唆する所見は明確であり，脾臓，小腸，結腸など，その他の臓器は何れも正常範囲内である。

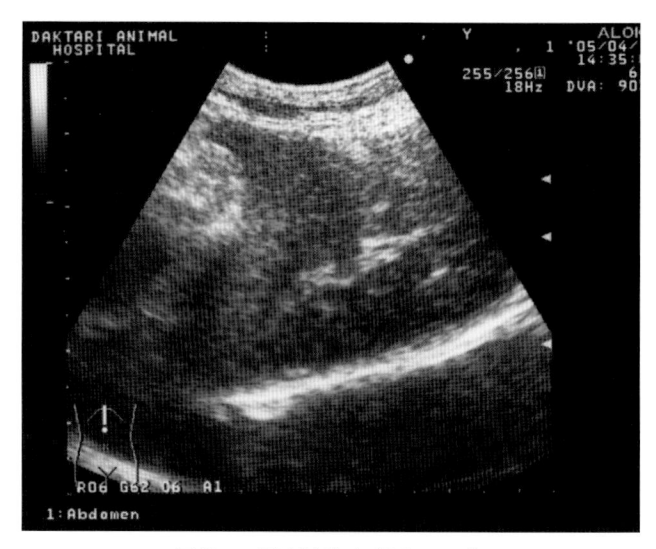

写真1　超音波検査所見　RL像

【診　断】

肝機能不全を併発した先天性門脈血管異常

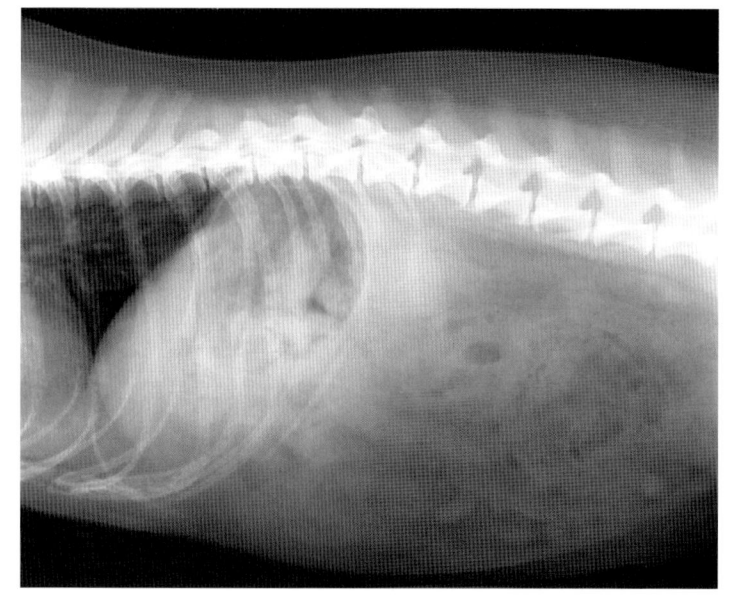

写真2　腹部単純X線写真　RL像

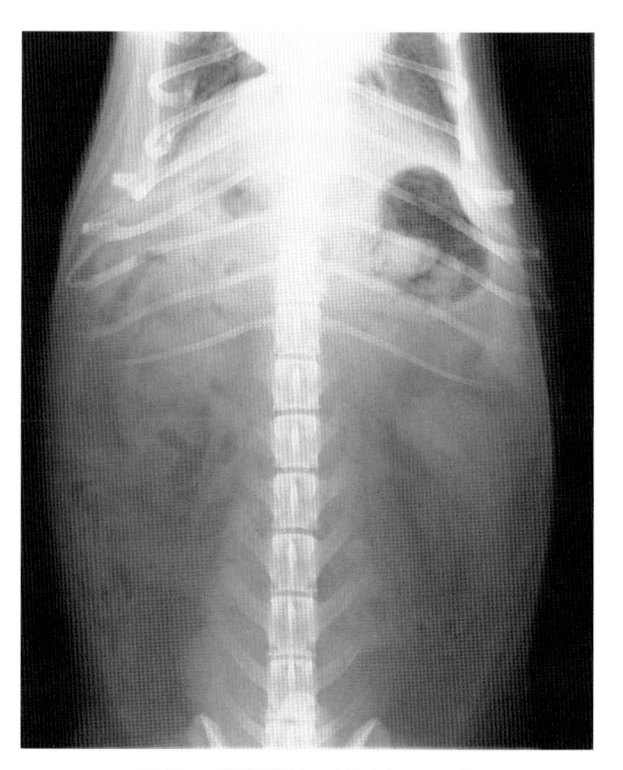

写真3　腹部単純X線写真　VD像

☞ あなたならどうする。次頁へ

☞
①一般状態改善のための積極的な支持的内科治療
②探査開腹，門脈，シャント血管などの造影撮影検査
③上記の検査，治療法および予後に関する詳しい説明により，インフォームド・コンセントを得る。

【治　療】

直ちに患者の一般状態の改善に努め，下記の内科治療を開始した。

5％ブドウ糖含リンゲル輸液 40mL/kg/day
ラクツロース 1mL/kg TID
メトロニダゾール 7.5mg/kg BID
ビタミンK 3mg/kg BID
メトクロプラミド 0.5mg/kg BID
ファモチジン 1mg/kg SID
温水浣腸

第5病日から少量ながら食欲が確認された。十分な説明を試みたところ，飼い主の強い要望により探査開腹手術（写真4〜8），門脈造影（写真9, 10）および肝生検を行った。

麻酔は，プロポフォールの静脈内投与で導入し，気管内挿管後は強制換気の下，イソフルランで維持した。また，術前に400mLの新鮮全血輸血を行い，手術は剣状軟骨下から恥骨前縁までの正中切開でアプローチし，腹腔内精査を行ったが，肉眼的に明らかなシャント血管は確認されな

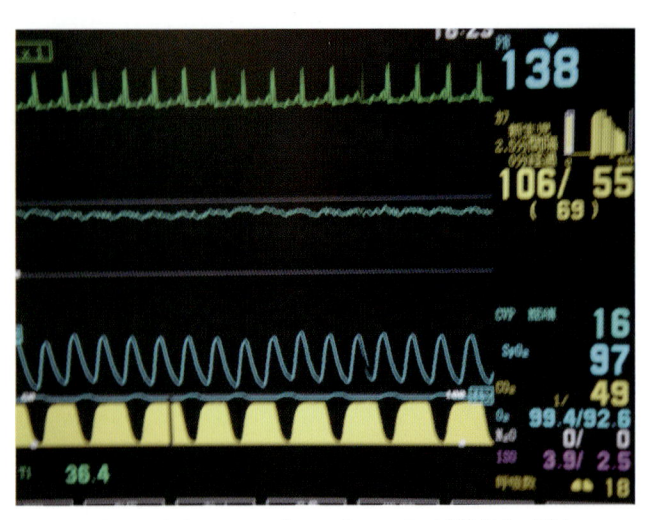

写真4　左トランスデューサーによる門脈圧の測定　16mmHg（上から2番目）

かった。腸間膜静脈に22G留置針で門脈ラインを確保し，門脈圧測定と門脈造影を実施した。門脈圧は16mmHgと高値を示したにもかかわらず，門脈高血圧症を示唆する腸蠕動の亢進や腹腔臓器のチアノーゼなどの肉眼的所見は認められなかった。門脈造影では明らかな先天性および後天性シャント血管の確認はできなかった。胆嚢壁の肥厚が認められ，慢性的な胆道系の炎症が示唆されたため，胆嚢摘出と複数の肝葉（内側右葉・外側左葉）から肝生検を行い，常法で閉腹した。

この時点で，肝門脈微小血管異形成と診断した。

術後，全身麻酔からの完全な覚醒が得られないまま，術

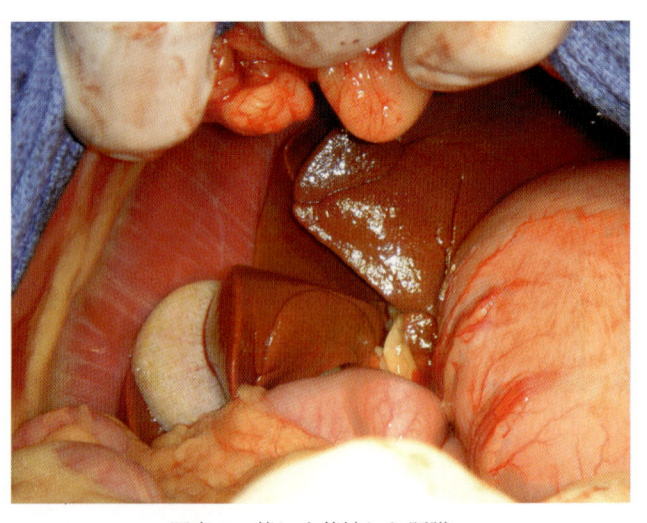

写真5　著しく萎縮した肝臓

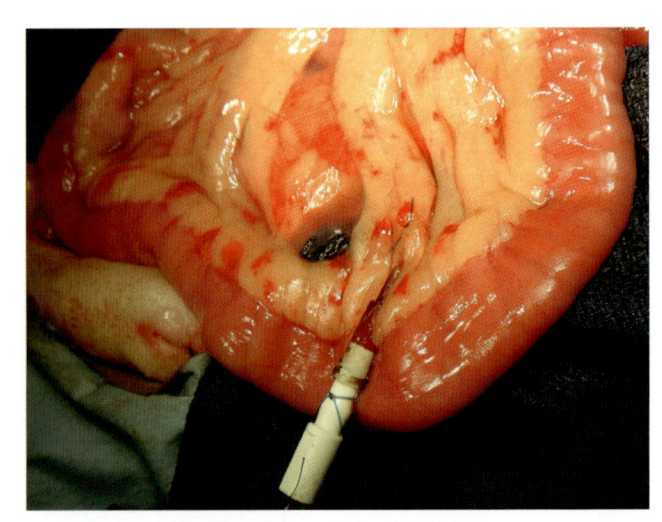

写真6　空腸静脈からの門脈造影

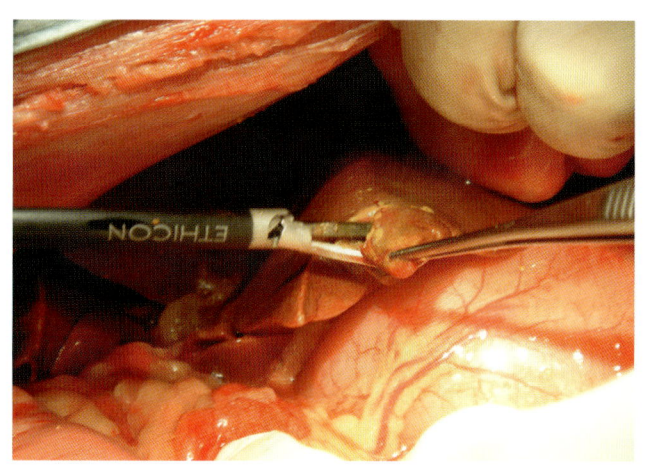

写真7　ハーモニックスカルペルによる肝臓のウェッジ生検

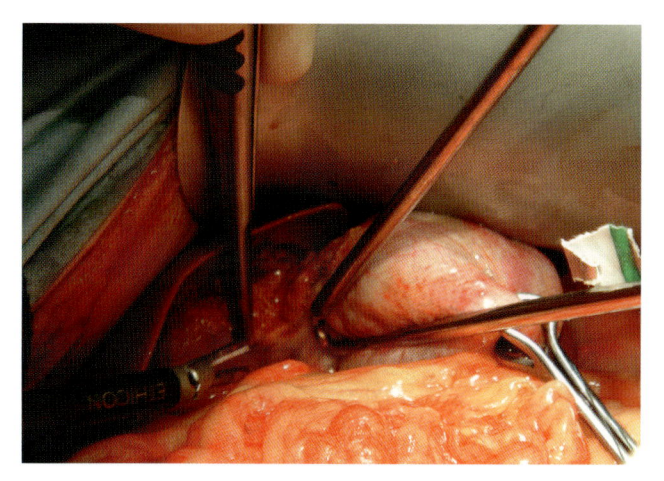

写真8　ハーモニックスカルペルによる著しく肥厚した胆嚢切除，摂子はドベーキー摂子

後6時間後から洞性頻脈（260/min）・瞳孔散大固定・著しい知覚過敏に誘発される間代性筋痙攣・高体温・メレナ・低血糖・高アンモニア血症が認められ，肝性脳症および門脈高血圧の悪化により術後12時間後に死亡した。

肝臓の病理組織学的所見は，門脈脈管異常を伴う肝臓萎縮であった。

病理組織学的所見
肝臓が顕著に萎縮し，門脈領域が通常より接近して見られる。門脈領域と小葉中心領域における小型動脈/静脈の顕著な異形成が見られる。まれに炎症細胞が認められる。無数のヘモジデリン貪食マクロファージが肝臓全体に不規則に散在している。
（IDEXX Laboratory Service リチャード・ミラー BVSc MSc PhD MACVSc DipACVP）

【コメント】

肝門脈微小血管異形成（MDV）は組織学的な血管形成異常であり，臨床症状の有無によって2つのグループに大別される。臨床症状を伴うMDVは，肝機能障害を進行すると続発する門脈高血圧症や腹水貯留に発展することが報告されている。その他の後天的肝障害やPSVAとの鑑別診断から門脈造影や肝組織生検などの診断手順が必要となる。

先天性門脈血管異常（PSVA）における肝臓の病理組織学的変化は非特異的で，PSVAやMVDなどは，いずれの疾患も結果的に肝内門脈低形成が引き起こされる。したがって，肝機能障害や病理組織学的異常の重篤度は，肝内門脈の機能障害の程度に依存していると考えられている。

本症例は後天性シャント血管や腹水貯留が認められなかった。しかし，肝線維症や肝硬変を伴わないにもかかわらず門脈高血圧が確認された。

また，採食前後のTBAが正常範囲内であったが血液化学検査では明らかな肝不全が認められた。また著しい肝萎縮が認められた。肝内門脈の組織学的形成異常は非常に重篤であることが考えられた。

PSVAの術後死亡例では術後24〜48時間以内に死亡する場合が多く，麻酔の影響，門脈高血圧，および出血などが主な死亡原因となる。

本症例では術中に門脈高血圧を示す肉眼的徴候は認められなかったものの，術後6時間後から確認された臨床徴候は，門脈高血圧の悪化に起因する肝性脳症および循環不全などが考えられた。その原因として輸血によるコロイド浸透圧の急激な変化や肝性脳症の増悪，術後の動脈圧や体温の変化による門脈圧の上昇，および門脈血栓症などの可能性が考えられた。

MVDは先天的な組織学的奇形である。本症例は過去に膀胱結石を発症しているが，熱心な飼い主による厳密な食事管理（蛋白制限食）の結果として，肝性脳症などの臨床症状をコントロールしていたものと考えられる。

本症例でもう1つ大切なポイントは，慢性肝不全があるにもかかわらず，外見上の栄養状態は110%と太っていた。しかし筋肉マスとしては70%と著しい低下が認められていた点である。

教科書には，慢性肝疾患（重篤な）では，ほとんど常に

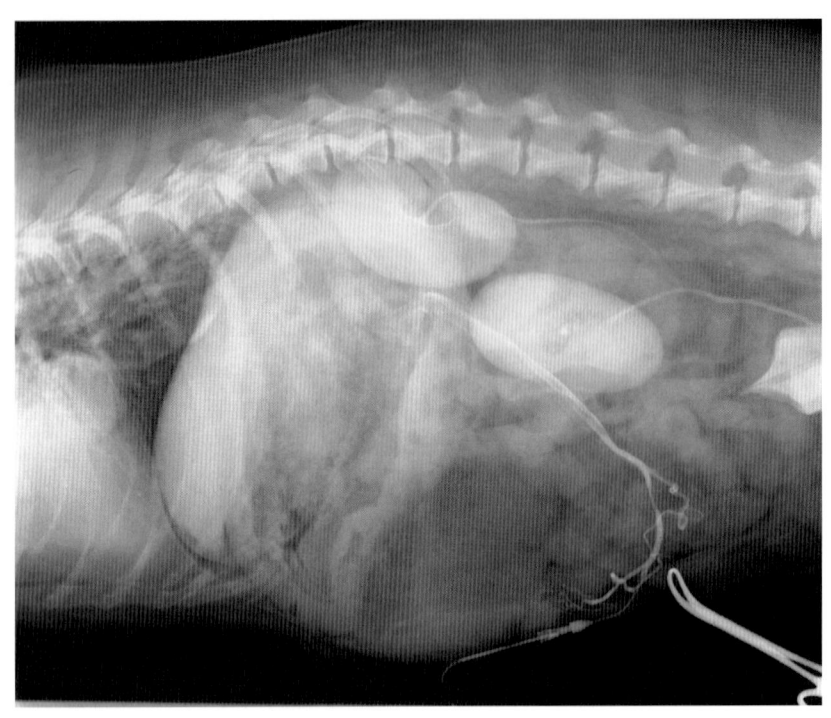

写真9　門脈造影X線写真　RL像

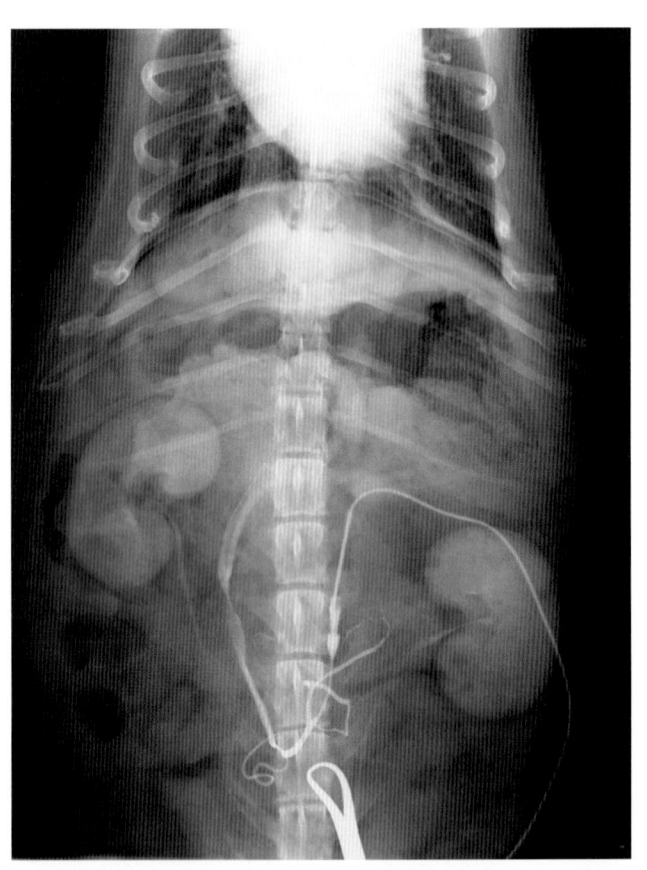

写真10　門脈造影X線写真　VD像

栄養状態は低下し，削痩が目立つものとされている。実際には，外見上の栄養状態は良好で（病態生理的なメカニズムの詳細は明らかではないが），むしろ肥満傾向を示すことがしばしばあることは注意する必要がある。

　このことは重篤な肝硬変，肝腫瘍においても例外ではない点は注意が必要である。特に太っている犬でのphysical examinationでは慎重な筋肉マス量の評価が重要である。

（Vol.58 No.9, 2005 に掲載）

Case 21　DOG

運動を嫌がり室内から出ない症例

ボルゾイ，8歳8か月齢，雌

【プロフィール】

ボルゾイ，8歳8か月齢，雌。混合ワクチンおよび狂犬病ワクチンとも最近は接種していない。室内飼育で，食事は市販の缶フードと鶏肉など。

【主　訴】

1時間ぐらい前より，腹部膨満，吐きそうであるが吐けない，呼吸促迫ということで上診されたもの。ここ1～2年の間，なんとなく呼吸が速く，運動を嫌うようになり，すぐに疲れることが多かったため，最近はずっと室内にいたとのことである。

【physical examination】

体温は38.0℃，体重は38.52kg，栄養状態は80%で筋肉マスとしては70%，心拍数は180回/min，呼吸はパンティングであった POINT1。

> **POINT1** エマージェンシーである。
> 努力呼吸と呼吸困難のある場合は，直ちに
> 　空気→気胸　　乳→乳糜
> 　血液→血胸　　水→胸水
> 　膿→膿胸　　心→肺水腫　　肺→肺炎
> などを考慮し，貯留している液体を抜く。エマージェンシー度の目安はまず口（舌の色，口唇の色）と呼吸状態を見ることである。この症例の場合，乳糜が慢性的にあったのであろう。

意識レベルは70%で，腹部膨満と心音減弱（マッフル音）が認められた。

【臨床病理検査】

CBC，血液化学検査の結果は表1の通りであった。Lymの強い低下が認められた。またHtは正常範囲の上限ぎりぎりであった POINT2。

> **POINT2** HtとAlb値より慢性の低酸素症が示唆される。ストレスのためにLymが低下していることも考えられたが，この激しい低下ではどこかで漏れている可能性も高い。

Eosは正常範囲内であるが，強いストレスのため0に近い状態になってもおかしくないはずである POINT3。

> **POINT3** このように高い値を示すのは，組織に好酸球を増やす何かが存在していることを意味する。

表1　臨床病理検査

CBC			
WBC	6.20×10^3	$(6 \sim 17 \times 10^3)$	/μL
RBC	7.96×10^6	$(5.5 \sim 8.5 \times 10^6)$	/μL
Hb	18.3	(12～18)	g/dL
Ht	54.1	(37～55)	%
MCV	68.2	(60～77)	fl
MCHC	33.8	(32～36)	g/dL
pl	244×10^3	(200～500)	/μL
血液の塗抹標本検査のリュウコグラム			
Band-N	0	(0～300)	(/μL)
Seg-N	5164	(3000～11500)	(/μL)
Lym	310	(1000～4800)	(/μL)
Mon	359	(150～1350)	(/μL)
Eos	359	(100～1250)	(/μL)
Bas	0	(0)	(/μL)
血液化学検査			
TP	6.41	(5.20～8.20)	g/dL
Alb	3.08	(2.70～3.80)	g/dL
Glb	3.33	(2.50～4.50)	g/dL
ALT	10	(10～100)	U/L
ALKP	43	(23～212)	U/L
T-Bil	<0.1	(0.00～0.90)	mg/dL
Chol	174.5	(110.0～320.0)	mg/dL
Glc	149.6	(77.0～125.0)	mg/dL
BUN	12.6	(7.0～27.0)	mg/dL
Cr	1.42	(0.50～1.80)	mg/dL
P	3.52	(2.50～6.80)	mg/dL
Ca	9.52	(7.90～12.00)	mg/dL
静脈血の血液ガス検査			
pH	7.371		
pCO_2	41.3		mmHg
pO_2	46.6		mmHg
HCO_3	23.4		mmol/L
BE	－1.9		mmol/L
O_2 サチュレーション	81.5		%
TCO_2	24.7		mmol/L
電解質			
Na	157		mmol/L
K	3.9		mmol/L
Cl	125		mmol/L

（ ）内は本院における正常値を示す。

【心電図検査】

低電位，T波の増高，STの大きな上昇[POINT4]，不定期な心室性期外収縮（VPC）が認められた。

> POINT4　心筋レベルでの低酸素が考えられる。

【血圧検査】

収縮期圧（SYS）は183mmHg，拡張期圧（DIA）は118mmHg，平均圧（MAP）は145mmHgであった。

【単純X線検査】

胸部RL像（写真1）：体表の軟部組織の輪郭および骨格は正常範囲内である。

胸腔内において，前葉は全て縮小し尾側に強く移動，心陰影の尾側に存在していることがわかる。胸腔内は大量の液体で満たされていることが明らかであり，その結果，肺の虚脱のために肺葉が胸壁から分離して認められる。

腹部RL像（写真1・2）：体表の軟部組織の輪郭および骨格は正常範囲内である。

十二指腸は胃拡張・胃捻転時に認められる典型的な位置に移動していることがわかる。小腸内に大量の空気が含まれていることがわかる。尾側へ大きく移動した脾臓の陰影が認められる。

心陰影および血管陰影は不明瞭で，各肺葉は胸腔内の液体のために胸壁から分離して認められる。

【胸水検査】

総量は約3.8L，色調は乳白色　粘稠度はない。細胞，腫瘍細胞を認めない。嫌気・好気培養は陰性。

【診　断】

胃拡張捻転症候群（GDV），乳糜胸，心室性不整脈

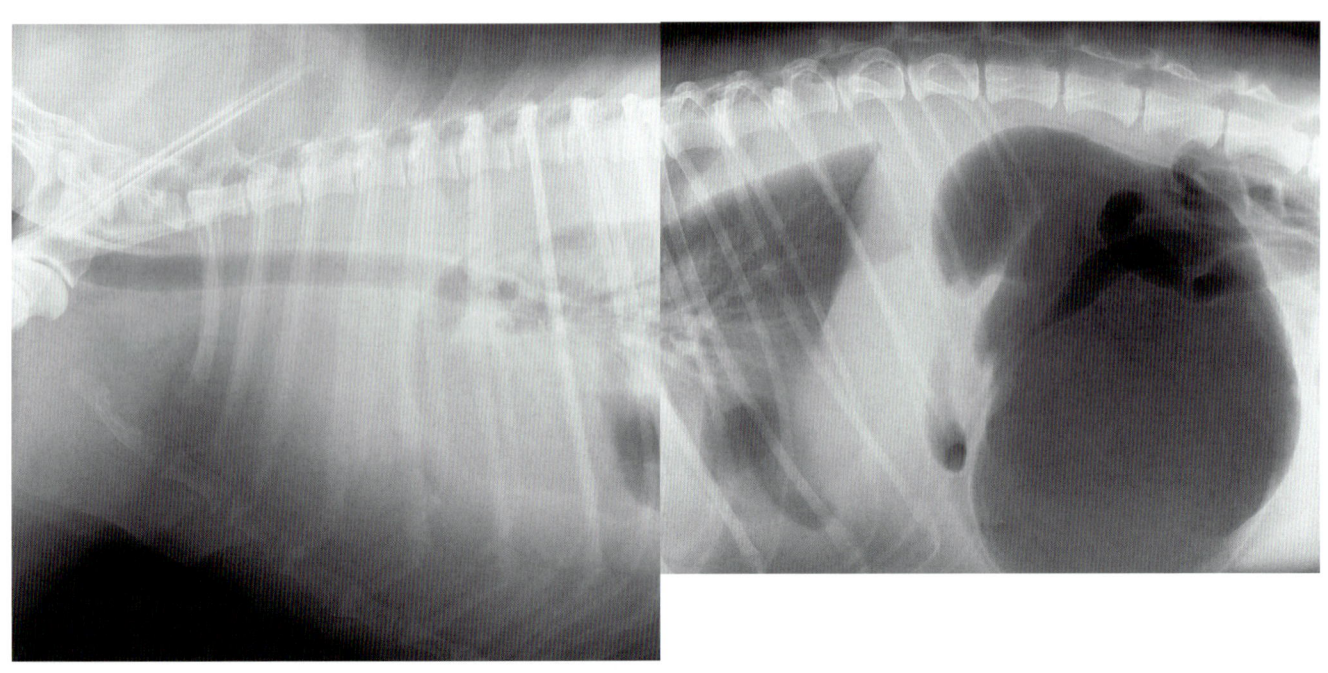

写真1　胸部・腹部単純X線写真　RL像

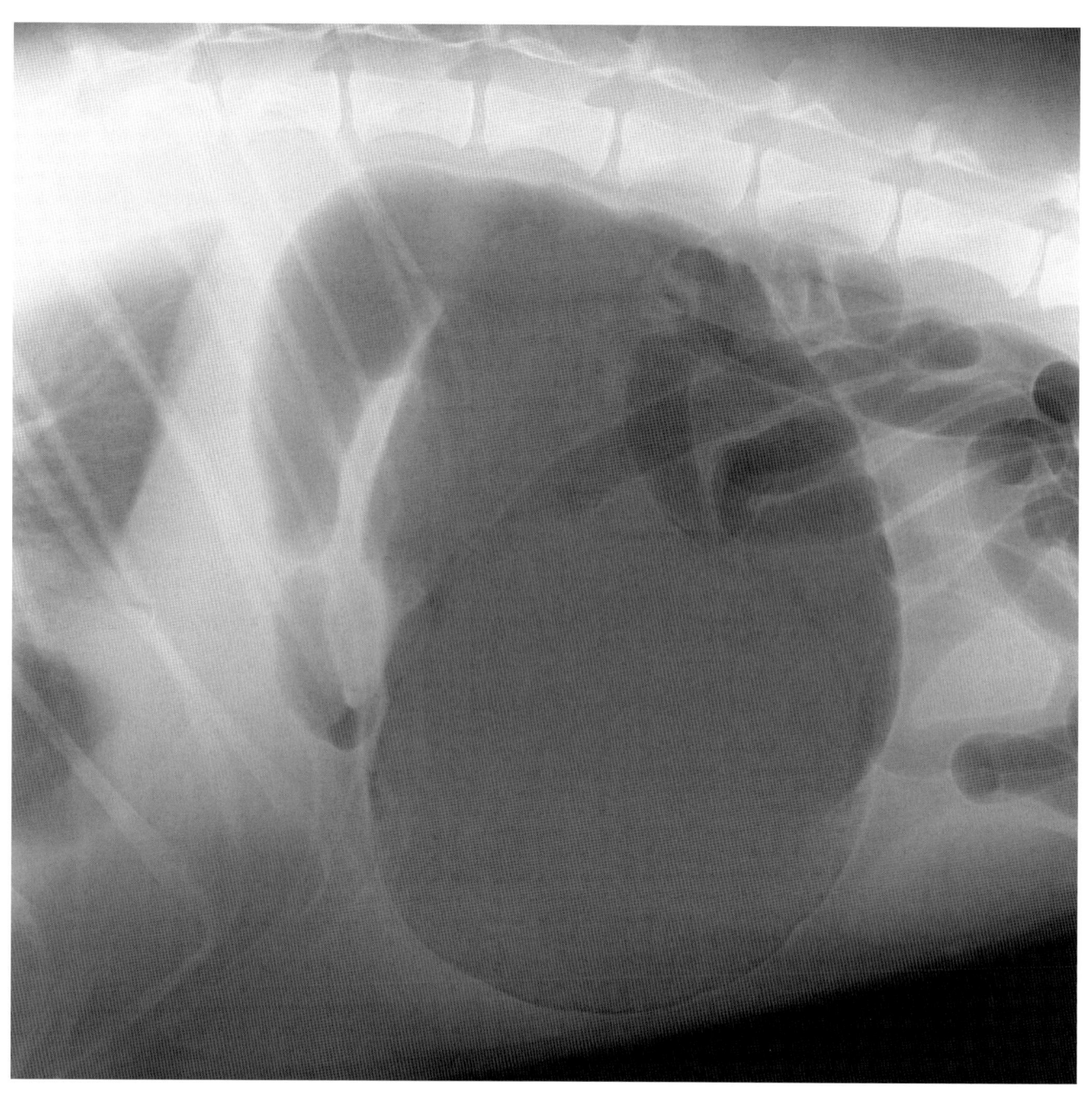

写真2　腹部単純X線写真　RL像

☞ あなたならどうする。次頁へ

①急速大量輸液をはじめとするショックに対する救急処置の開始
②胸水の除去
③胃捻転および乳糜胸手術の実施準備
④上記の検査，治療法および予後に関する詳しい説明により，インフォームド・コンセントを得る。

【治療・経過】

来院が深夜であったため，まず，当直医と当直看護師が直ちに救急処置を開始し，他のバックアップ担当のスタッフの招集を行った。

救急治療として急速輸液（90mL/kg），抗生物質，リドカイン静脈内投与等を行い，16G留置針により胃穿刺を行い可能な限りの抜気減圧につとめ，尿道カテーテルを留置し尿量のモニターを開始した。また，胸腔穿刺により乳糜胸水の除去（280mL）も行った。

その後，胃チューブ挿入による，さらなる抜気減圧を行い，比較的状態が安定したため，胃捻転整復術（約180度捻転），脾臓摘出術および胃固定術を行った。

次に，腹部正中切開の延長上で，胸部正中切開による開胸を行い，胸腔内の精査と乳糜胸水の吸引除去（3.5L）を行った。

胸腔内は乳糜で満たされており，乳糜性胸膜炎を起こしていた。

胸管の確認および結紮は行わず，部分的心膜切除のみを行い，胸腔ドレーンを設置し定法に従って閉胸・閉腹した。切除した心膜は病理組織診断の結果，慢性出血性心膜炎と判明した。

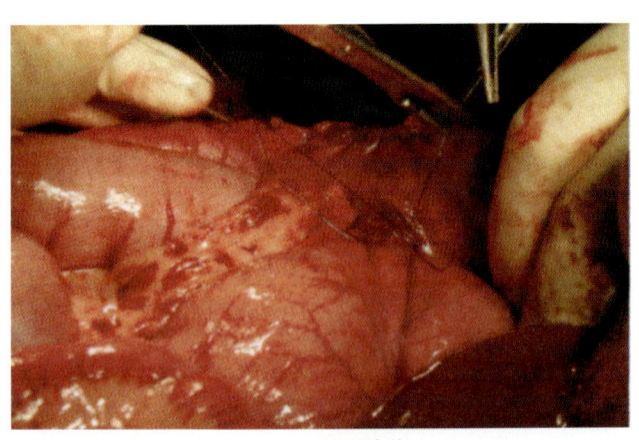

写真3　胃固定術

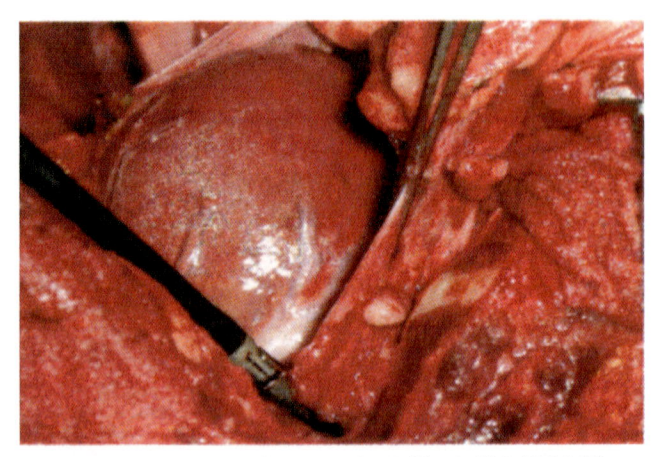

写真5　ハーモニックスカルペル心膜の切開と部分切除

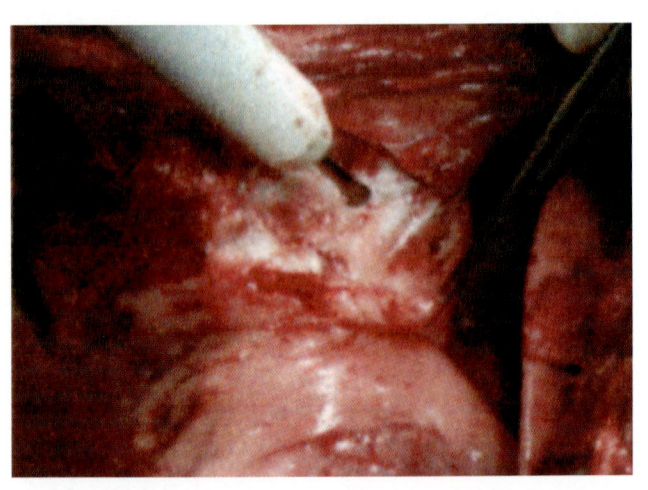

写真4　ハーモニックスカルペルによる脾臓の切除

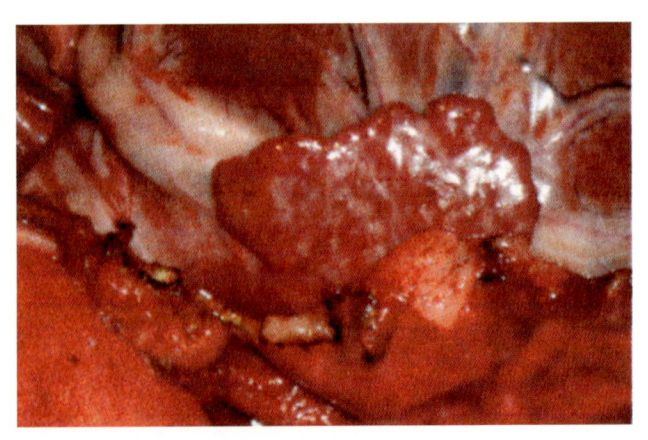

写真6　露出した心左耳

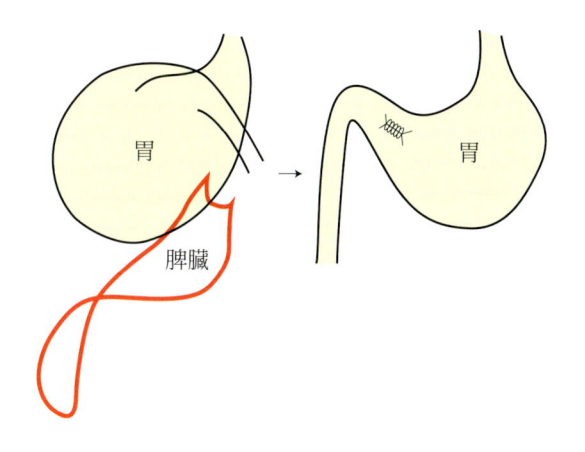

図1　腹壁の固定術

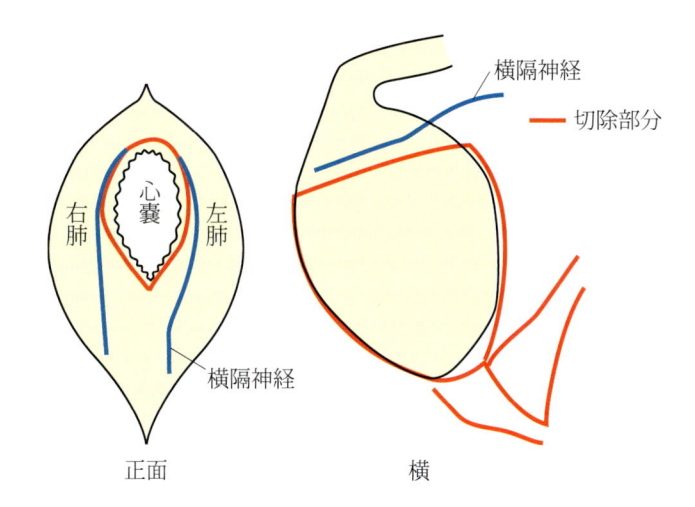

図2　胸骨正中切開・心膜切除術
線維性結合織の増生した後縦隔膜を切除するとともに，左右の横隔神経を確認の後，心膜切除術を行った。

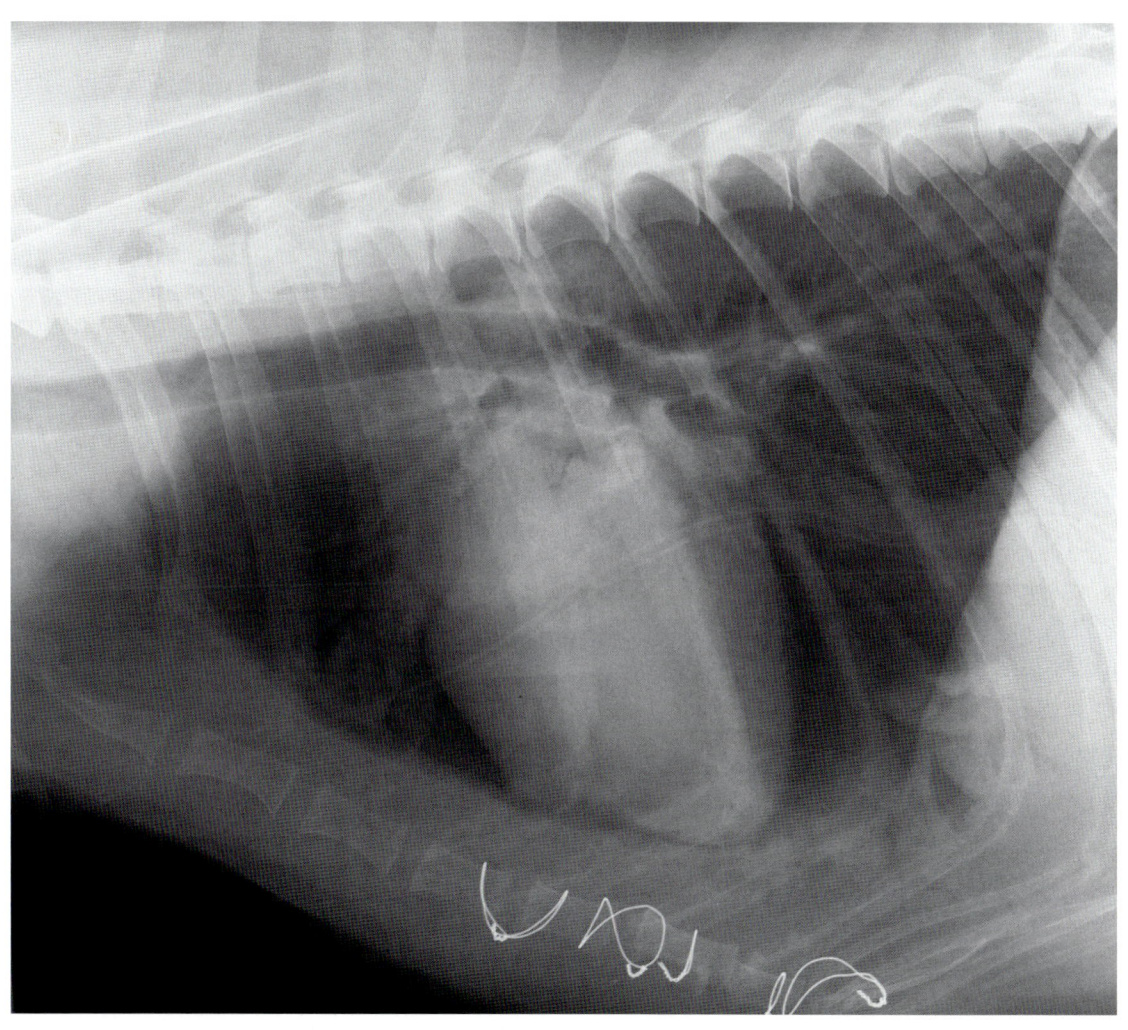

写真7　術後12時間後の胸部単純X線写真　RL像

術後は，24時間体制のモニタリングによる集中治療に努め，不測の事態に備えた。術後2日目には，起立可能となり，短時間の散歩も可能となった。3日目以降は心室性期外収縮もなくなり，胸水の再貯留もほとんど認められなかった。持続的な気胸と低蛋白血症（TP 4.65g/dL，Alb 1.65g/dL，Glb 3.00g/dL）が継続したが，一般状態は比較的安定に推移した。しかし，術後5日から高熱が認められ，術後6日目に痙攣発作と嘔吐，直後の突然の虚脱とそれに続く心肺停止により，緊急蘇生処置を施したが死亡した。

【コメント】

本症例は急な腹部膨満，吐き気，呼吸促迫のため，夜間に緊急来院したもので，臨床症状や犬種から容易に胃拡張捻転症候群（GDV）が疑われたが，心音の減弱とX線検査および胸水検査により少なくとも1～2年間にわたる乳糜胸のある患者であることが明らかになった。

一般に乳糜胸はあらゆる種類の犬，猫に発生するが，特にアフガンハウンドやボルゾイなどは好発犬種として知られている。問診時の特記事項である，ここ1～2年の呼吸数の増加と運動不耐性やボルゾイという犬種，また，術中の胸腔内精査の結果から，乳糜胸は恐らく特発性のもので，しかも極めて慢性的な経過を辿っていたものと考えられる。

ボルゾイのようなサイトハウンドは，非常に活動的な犬種で，元来，日本の一般的な生活環境にはそぐわず，本来の活動的な心肺機能を十分に発揮する機会に極めて乏しいのが現状である。十分な運動機会に恵まれない結果として，心肺機能とその予備能力は年齢とともに外見からは判断できないが，著しく低下していたものと思われる。

本症例は，そのような環境下にあった患者が特発性乳糜胸の1～2年にわたる慢性経過の後，突然，胃拡張捻転症候群に陥ったものであったため，術前より心肺予備能力と栄養の低下が著しいために厳しい予後が予測されていたものであった。

術後まもなくは，比較的安定した経過を得ることができたが，持続的な気胸があり，これは慢性的な乳糜性胸膜炎による胸膜の線維性変化による肺臓側胸膜の脆弱化の上に，不必要に急速な肺の拡張を試みたことによるものと考えられた。

また，術後の低蛋白血症は，大量の輸液の投与と大量の乳糜の喪失により脂質と蛋白質が失われた結果と考えられる。このような状態下では，大量の脂溶性ビタミンの喪失につながり，さらに抗体の喪失や強い慢性のリンパ球の減少により免疫抑制状態が悪化し敗血症をきたし，結果として，これらが直接的にも間接的にも患者を死亡させるに至った原因と考えられる。

残念ながら，高熱時に血液その他のサンプル採取や培養などをしていなかったことと，死後の病理解剖が行われていないこともあり，第1の直接的な死亡原因を明らかにすることができなかったことを反省する。

部分的心膜切除術のみで，乳糜胸水の再貯留がほとんど止まっているところから，この特発性乳糜胸の原因は，右側静脈圧の上昇かリンパ管静脈径路を介するリンパ流の流入障害（出血性心膜炎，右心不全，上大静脈閉塞などの心疾患）などがそれぞれが相まって原因の可能性として考えられる。

また，心膜の病理組織診断により慢性出血性心膜炎が明らかになったことにより，患者が特発性出血性心膜炎に罹患していたことがわかった。

一般的に犬の特発性出血性心膜炎の典型的な臨床症状は，ゆっくりと右心不全が進行し，個体によっては左心不全を併発するものがある。本症例でも水面下で慢性出血性心膜炎と慢性乳糜性胸膜炎が進行する中で，特発性乳糜胸が起こり，その経過中に運悪く胃拡張捻転症候群を起こした珍しい症例であった。

Case 22　DOG

嘔吐と吐出が止まらずに転院してきた症例

シェットランド・シープドッグ，9歳齢，雌

【プロフィール】

シェットランド・シープドッグ，9歳齢，雌，子宮・卵巣摘出済み。室内飼育で，シェットランド・シープドッグ（7歳,去勢雄）1頭が同居してる。食事は市販のドライフード。8種混合ワクチン，狂犬病ワクチンを接種。犬糸状虫症予防を行っている。

【主　訴】

約2か月前から嘔吐と吐出が始まり，他の動物病院で重症筋無力症と診断され，臭化ピリドスチグミン，メトクロプラミドを服用していたが，嘔吐と吐出は収まらず，セカンドオピニオンのために紹介されて上診されたものである。

【physical examination】

体重は17.26kg，栄養状態は100%，脱水は5%以下，体温は38.8℃，心拍数は84回/min，呼吸数は60回/minであった。

【臨床病理検査】

CBC，血液化学検査の結果は表1の通りであった。CBCでは好中球数の増加，Lym減少が認められた。
T4，FT4は正常範囲内であった。

【自己免疫性の抗体検査】

抗核抗体，血中鉛濃度はいずれも陰性，アセチルコリン受容体結合抗体価は0.10nmol/Lで，正常範囲内であった。POINT1。

POINT1 巨大食道症は先天性と後天性のものとがある。後天性のものの一部は自己免疫性疾患を含んでいる。

【単純X線検査】

胸部RL像（写真1）：体表の軟部組織の輪郭は正常範囲内である。
骨格は第1，第2腰椎の中等度の変形性脊椎症が認めら

表1　臨床病理検査		
CBC		
WBC	1.44×10^3　$(6 \sim 17 \times 10^3)$	/μL
RBC	7.28×10^6　$(5.5 \sim 8.5 \times 10^6)$	/μL
Hb	17.7　$(12 \sim 18)$	g/dL
Ht	52.2　$(37 \sim 55)$	%
MCV	71.7　$(60 \sim 77)$	fl
MCH	24.3	pg
MCHC	33.9　$(32 \sim 36)$	g/dL
pl	40.1×10^4　$(200 \sim 500)$	/μL
血液の塗抹標本検査のリュウコグラム		
Band-N	0　$(0 \sim 300)$	(/μL)
Seg-N	12528　$(3000 \sim 11500)$	(/μL)
Lym	864　$(1000 \sim 4800)$	(/μL)
Mon	1008　$(150 \sim 1350)$	(/μL)
Eos	0　$(100 \sim 1250)$	(/μL)
Bas	0　(0)	(/μL)
RBC所見　多染性（−），大小不同（+）		
pl　25個		
血液化学検査		
TP	6.94　$(5.20 \sim 8.20)$	g/dL
Alb	3.33　$(2.70 \sim 3.80)$	g/dL
Glb	3.61　$(2.50 \sim 4.50)$	g/dL
ALT	16　$(10 \sim 100)$	U/L
ALKP	66　$(23 \sim 212)$	U/L
T-Bil	0.19　$(0.00 \sim 0.90)$	mg/dL
Chol	259.4　$(110.0 \sim 320.0)$	mg/dL
Glc	107.2　$(77.0 \sim 125.0)$	mg/dL
BUN	20.9　$(7.0 \sim 27.0)$	mg/dL
Cr	1.22　$(0.50 \sim 1.80)$	mg/dL
P	5.07　$(2.50 \sim 6.80)$	mg/dL
Ca	10.42　$(7.90 \sim 12.00)$	mg/dL
静脈血の血液ガス検査		
pH	7.369	
pCO_2	33.3	mmHg
pO_2	46.6	mmHg
HCO_3	18.8	mmol/L
BE	−6.5	mmol/L
O_2サチュレーション	81.9	%
TCO_2	19.8	mmol/L

（　）内は本院における正常値を示す。

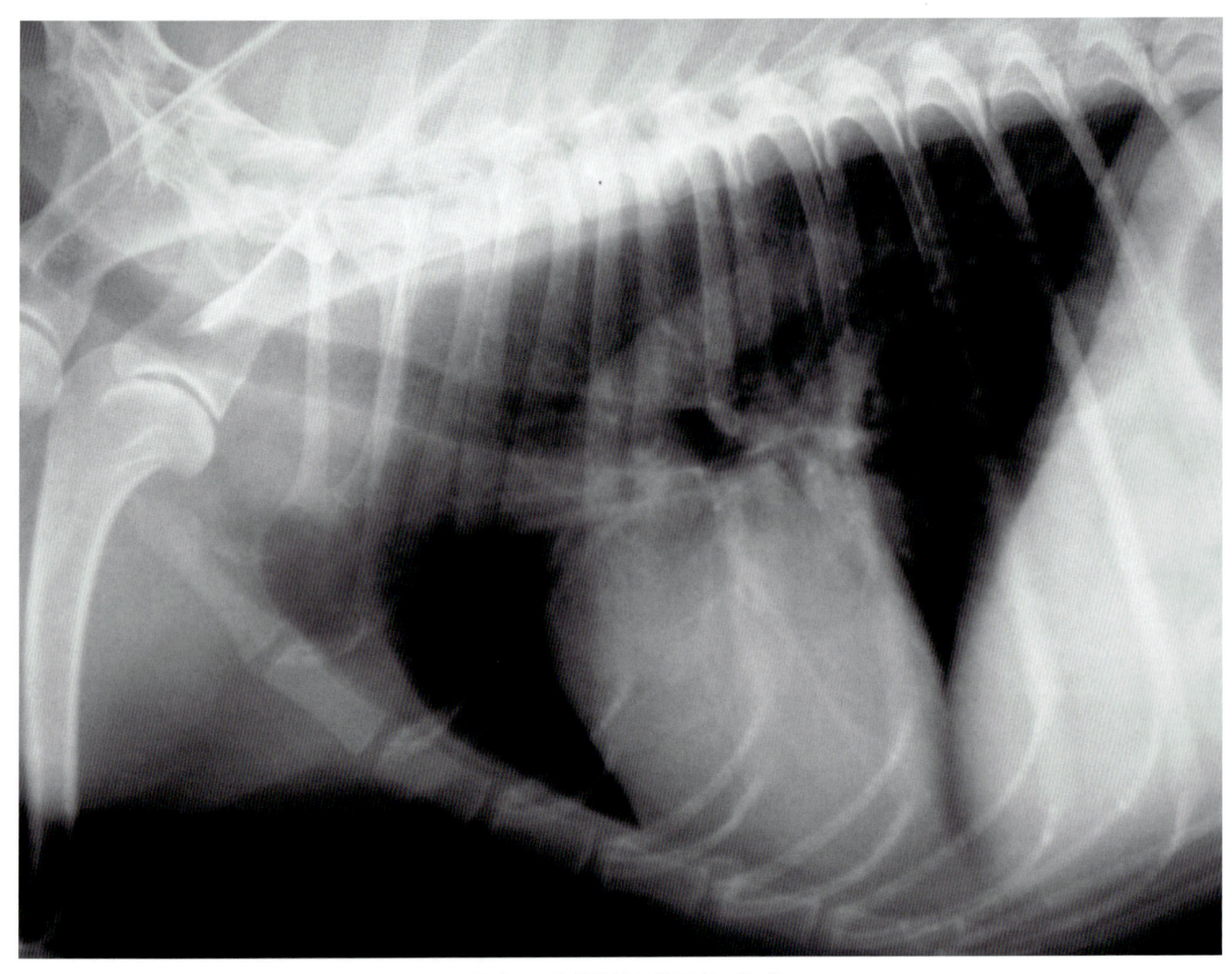

写真1　胸部単純X線写真　RL像

れるが，それ以外は正常範囲内である。
　気管が腹側に移動し，かつ腹側に弯曲している像が認められる。心陰影の背側から横隔膜に線状の陰影が認められる。また心陰影の背側に心基底部に接する形で横隔膜に向かって，もう1本の線状の陰影が認められる POINT2。

POINT2 いずれも食道の巨大・拡張の証拠となる。

　胸部DV像（写真2）：体表の軟部組織の輪郭および骨格の陰影は正常範囲内である。胸腔内および心陰影は正常範囲内である。
　正常であれば表現されない食道内の液体が強調されて左右2本の線状陰影として表現されている。肺野では気管支パターンと肺胞パターン性の変化が左右前葉，左右後葉の一部に強く認められる。

【診　断】

後天性巨大食道症，誤嚥性肺炎。

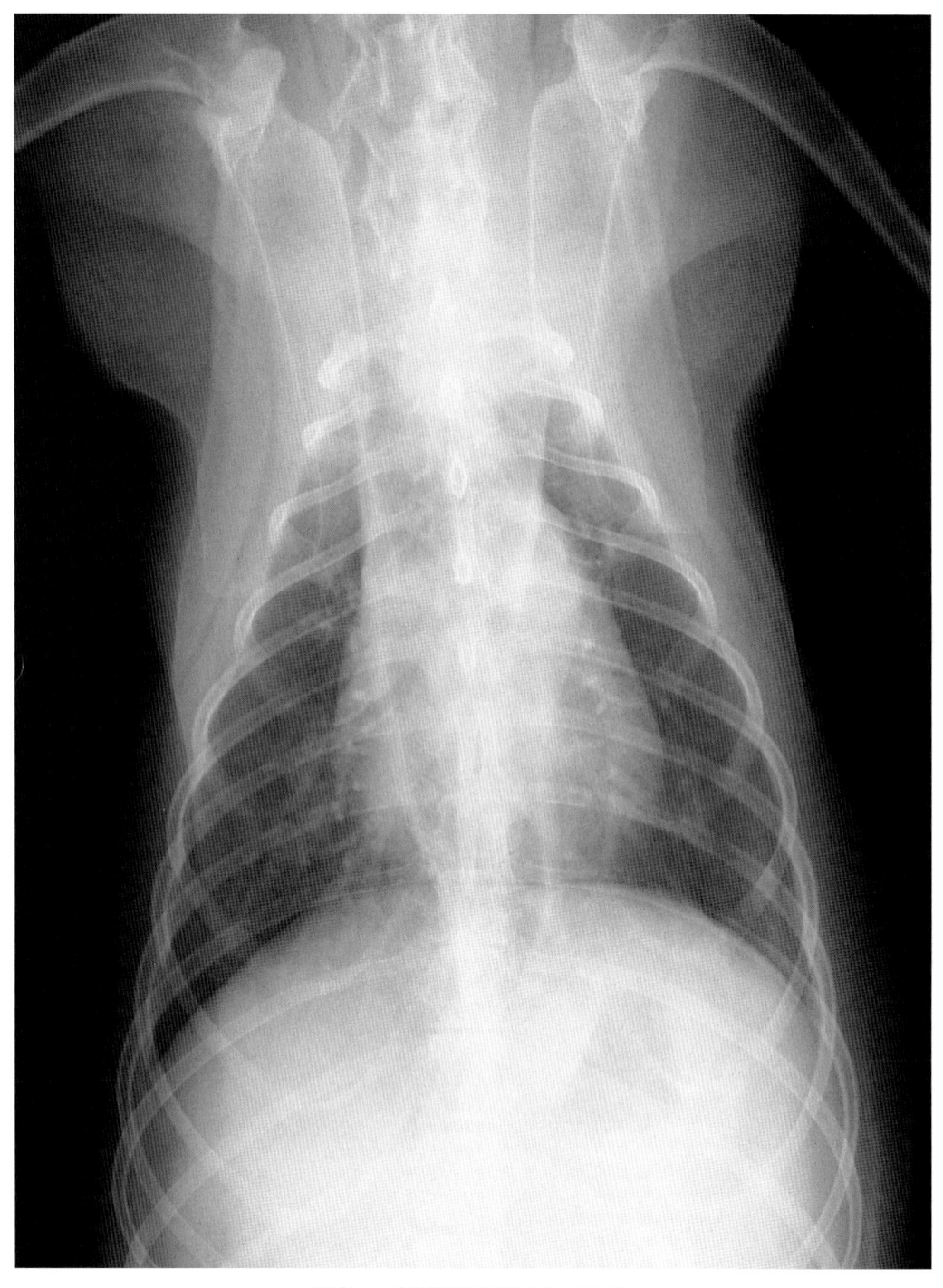

写真2　胸部単純X線写真　DV像

☞ あなたならどうする。次頁へ

☞
①内視鏡検査，バリウム造影X線検査
②重症筋無力症の可能性を考慮した内科的療法
③内視鏡による胃瘻チューブの設置と給餌（家庭で）
④上記の検査，治療法および予後に関する詳しい説明により，インフォームド・コンセントを得る。

【治療・経過】

重症筋無力症の可能性を考慮し，第1病日から臭化ピリドスチグミン（2mg/kg BID）の投与を行い，誤嚥性肺炎治療後はプレドニゾロン（2mg/kg SID）の投与を追加して行った。食道の蠕動運動に対して，ベタネコール，メトクロプラミド，モサプリド，食道炎予防に対してファモ

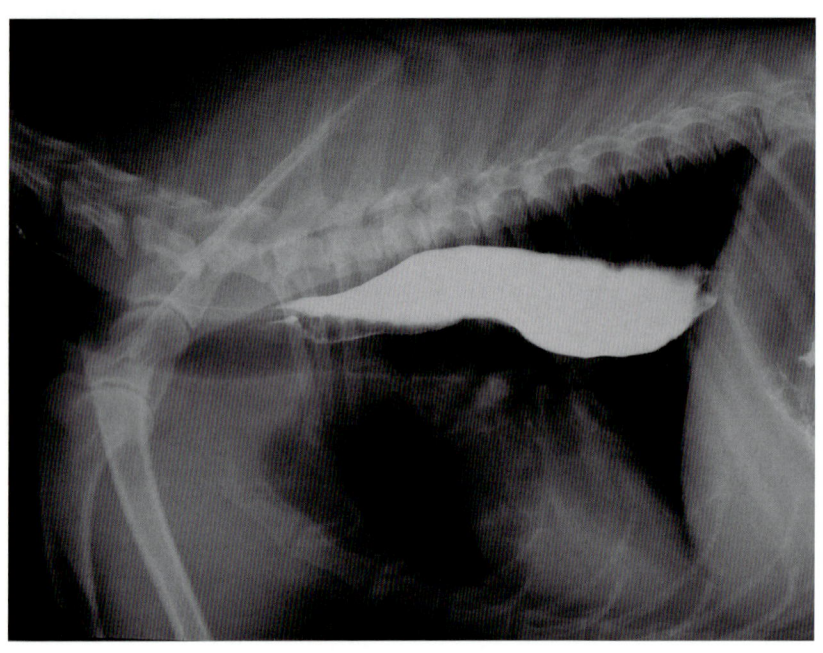

写真3　胸部食道バリウム造影X線写真　RL像
顕著な食道の拡張が認められる。

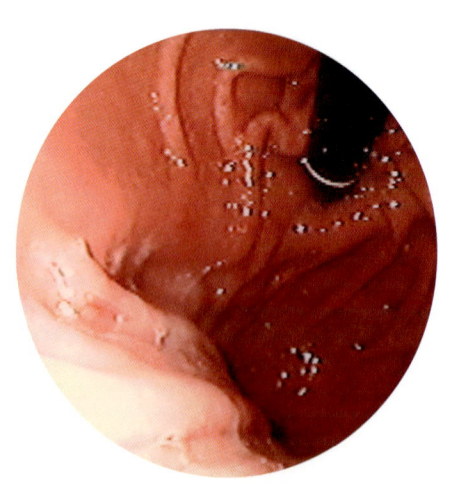

写真4　内視鏡写真
噴門部から胃内部からみたもの

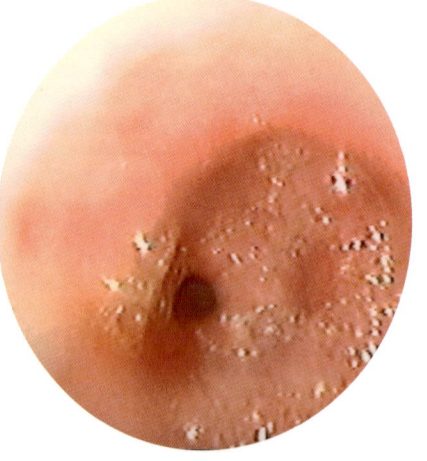

写真5　内視鏡写真
幽門部

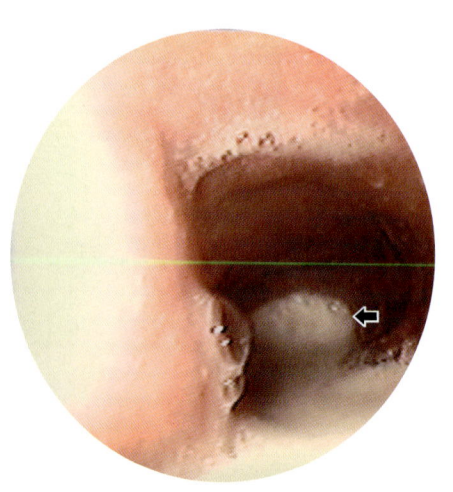

写真6　内視鏡写真
巨大に拡張した食道内部から噴門部をみたところ。白くみえるのは（矢印），胃内から逆流した泡沫状の胃液

チジン，スクラルファートの投与を行った。

　食事は胃排出時間が短くなるように Hill's i/d 缶を団子状にし，起立位で少量頻回の投与を行った。

　しかし，症状の改善は認められなかった。第7病日に重度の誤嚥性肺炎を併発したので，経口投与を中止し，内視鏡ガイド下で胃瘻チューブを設置し，経チューブ栄養とした。

　治療開始4か月頃から臭化ピリドスチグミンの副作用と考えられる下痢，震え，ふらつき等が認められたため，臭化ピリドスチグミンの投薬を中止した。

　治療開始6か月頃から吐出の頻度が減少し，7か月目には食道バリウム造影X線検査で明らかな良化が認められたため，胃瘻チューブを抜去した。

　現在，一切の投薬を終了し，良好に経過している。

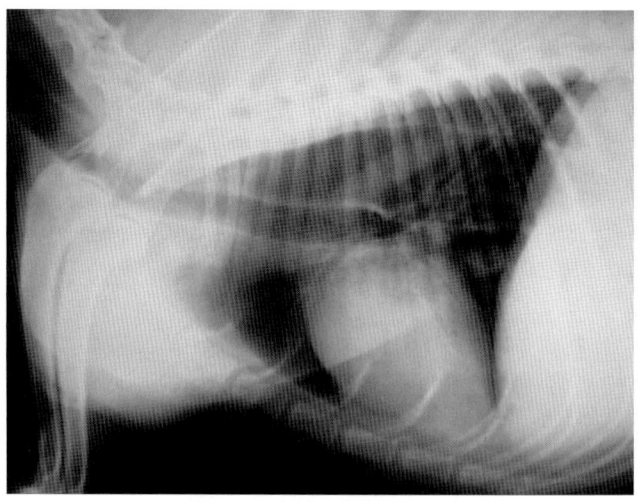

写真7　治療開始2か月の胸部単純X線写真　RL像
心基底部から尾側に不定形の強い陰影が認められる。気管分岐部頭側にも強い限られた不定形の陰影が認められる（誤嚥性肺炎と巨大食道）。

表2　気管ぬぐい液の好気性・嫌気性培養の抗生物質感受性試験結果（治療開始13日目）

	好気性	嫌気性
ホスホマイシン（FOM）	＋	－
クリンダマイシン（CLDM）	－	－
エリスロマイシン（EM）	－	－
ミノサイクリン（MINO）	2＋	＋
エンロフロキサシン（ENR）	－	－
ゲンタマイシン（GM）	－	－
アミカシン（AMK）	3＋	＋
アンピシリン（ABPC）	－	－
ST合剤（ST）	－	－
リンコマイシン（LCM）	－	－
オルビフロキサシン（OBFX）	－	－
クロラムフェニコール（CP）	－	＋
オフロキサシン（OFLX）	－	－
アモキシシリン（AMPC）	－	－
クラブラン酸 アモキシシリン（CRA/AMPC）	－	＋
セファレキシン（CEX）	－	－
オキシテトラサイクリン（OTC）	－	－
セフォペラゾン（CPZ）	－	＋

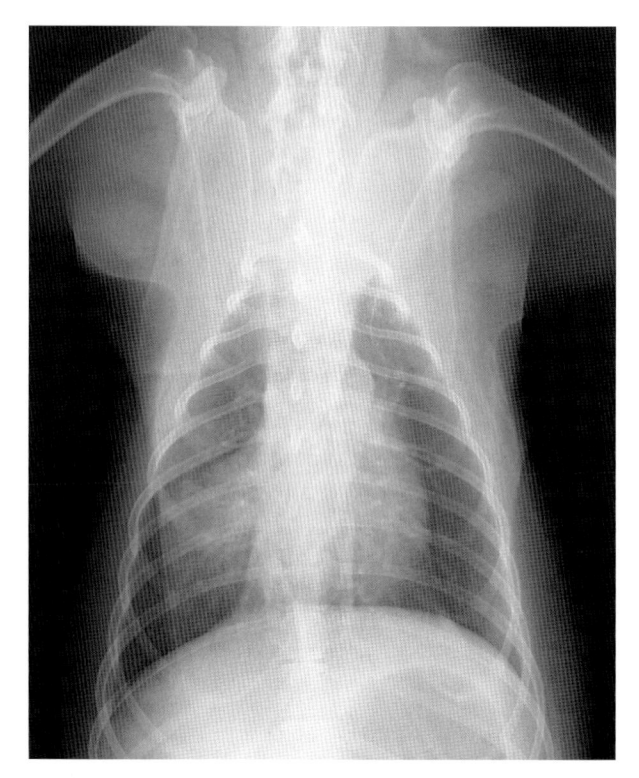

写真8　治療開始2か月の胸部単純X線写真　DV像
脊柱と胸骨が重なっていないことから軽いローテーションがあることがわかる。そのために心陰影は左側に移動した形で認められる。左肺は正常範囲内である。右尖葉・中葉に不定形の強い陰影が認められる。誤嚥性肺炎を起こしている。

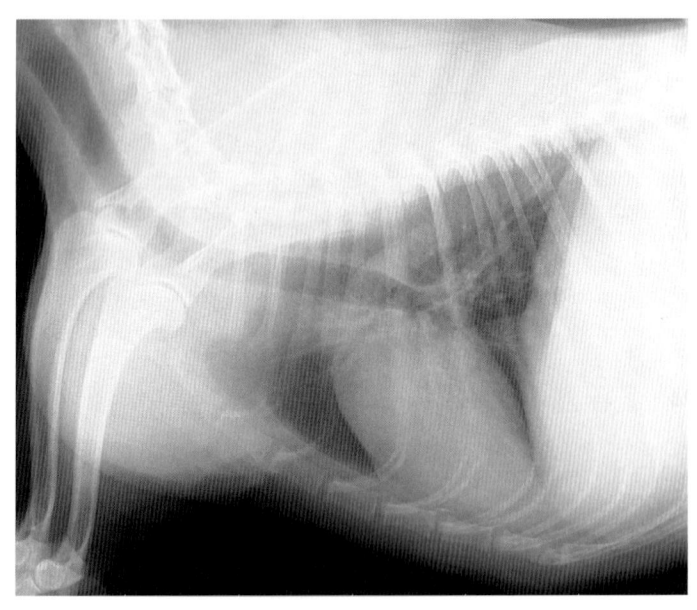

写真9　治療開始6か月の胸部単純X線写真　RL像
肺野もクリアとなり異常は認められない。

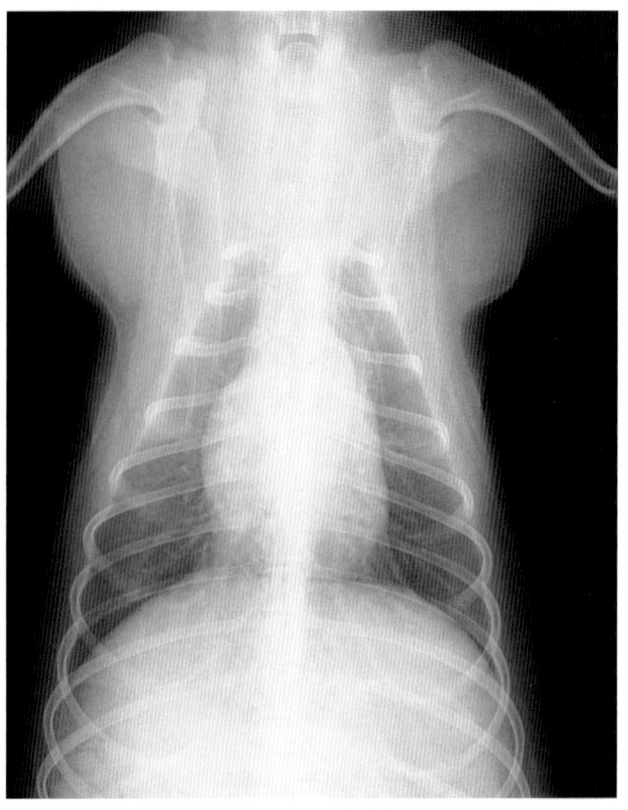

写真10　治療開始6か月の胸部単純X線写真　DV像
右肺野に一部不定形の陰影が心陰影の右側に重なって認められるが、その他は正常範囲内である。

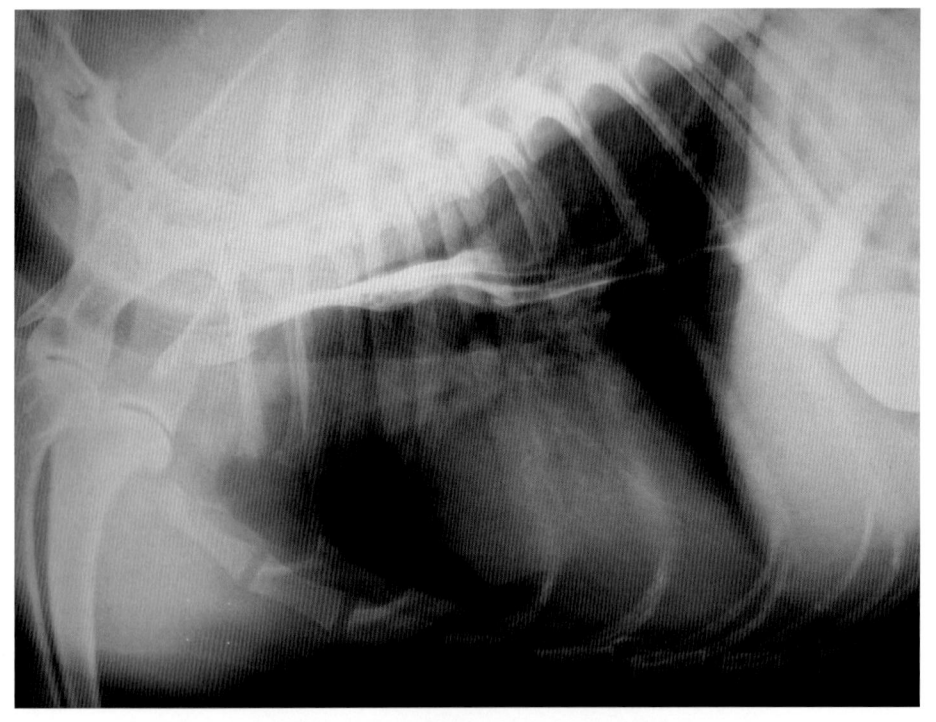

写真11　治療開始8か月の胸部バリウム造影X線写真　RL像

【コメント】

巨大食道症は，犬における吐出の一般的な原因である。巨大食道症は先天性，後天性に分類され，後天性では基礎疾患に起因して起こる続発性と原因不明の特発性に分類される。

今回の症例では，甲状腺機能低下症，副腎皮質機能低下症，鉛中毒，多発性筋炎，重症筋無力症など，可能性のある全ての基礎疾患を除外した。しかし，重症筋無力症の診断方法の1つであるアセチルコリン受容体結合抗体価が正常範囲内であったにもかかわらず，局所性重症筋無力症を疑ったのは，全身性の重症筋無力症ではアセチルコリン受容体の抗体価がしばしば高値を示すのに対し，局所性重症筋無力症では抗体価が陰性とでるケースがあるからである。また特発性後天性巨大食道症では機能回復がみられる症例はまれであるのに対し，局所性重症筋無力症の多くは自然寛解する。

また，今回，同居犬が同様に発症し，同様な経過を辿っている。このことからも局所性重症筋無力症による続発性の巨大食道症であったと判断している。

後天性巨大食道症は吐出による慢性の栄養不良や誤嚥性肺炎の再発によって常にクリティカルな状況になり得る。特に局所性重症筋無力症では，良好なボディ・コンディションの維持と誤嚥に対する予防，管理が，投薬内容にかかわらず，いずれ寛解し得る巨大食道症の治療における重要課題である。

本症例でも入院中に誤嚥性肺炎を経験し，胃瘻チューブを設置した後も，唾液，食道分泌液の吐出により誤嚥を起こす危険性は常にあったが，最終的に良好な結果が得られたのは，胃瘻チューブからの積極的な栄養給与，入院中の24時間体制のモニタリングによる誤嚥性肺炎の早期発見と治療，そして飼い主とその家族の協力による自宅での綿密なチューブ栄養管理と心ある観察と病院とのコミュニケーションが，寛解までの治療期間中，良好に経過することができた重要な要因であったと考えられる。

(Vol.59 No.1, 2006 に掲載)

Case 23 DOG

食欲が減退した症例

パグ，10歳齢，雄

【プロフィール】

パグ，10歳齢，雄，去勢済み。室内飼育。食事はHill'sサイエンスダイエットライトで，その他にニンジンやバナナをおやつとして与えている。各種の予防は定期的に行われている。

1歳で，レッグ-カルヴェ-ペルテス病に罹患し，左右大腿骨頭切除術（米国），8歳時に眼瞼内反矯正術（米国）を受けている。10歳時（約2か月前）に，当院で鼻腔狭窄矯正術と軟口蓋過長矯正術を受けている。

【主 訴】

2週間前から元気が消失し，2日前から好物のニンジンやバナナを食べなくなり，昨日より食欲が減退したということで本院に上診されたものである。嘔吐・下痢は認められない。

【physical examination】

体重は8.66kg，栄養状態は115%，脱水は5%，体温は39.0℃，心拍数は102回/min，呼吸数は24回/min，意識レベルは60%（沈鬱状態）であった。

【臨床病理検査】

CBC，血液化学検査の結果は表1の通りであった。Lym

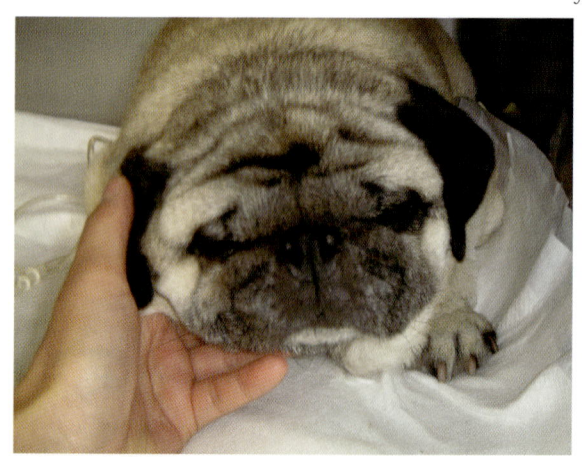

写真1 症例犬のパグ

表1 臨床病理検査

CBC			
WBC	14.9×10^3	$(6 \sim 17 \times 10^3)$	/μL
RBC	456×10^4	$(5.5 \sim 8.5 \times 10^6)$	/μL
Hb	16.8	(12〜18)	g/dL
Ht	49.6	(37〜55)	%
MCV	75.6	(60〜77)	fl
MCH	25.6		pg
MCHC	33.9	(32〜36)	g/dL
pl	33.6×10^4	(200〜500)	/μL

血液の塗抹標本検査のリュウコグラム			
Band-N	0	(0〜300)	(/μL)
Seg-N	10877	(3000〜11500)	(/μL)
Lym	2980	(1000〜4800)	(/μL)
Mon	894	(150〜1350)	(/μL)
Eos	149	(100〜1250)	(/μL)
Bas	0	(0)	(/μL)
RBC所見	多染性（－），大小不同（－） 異型リンパ球（－）		

血液化学検査			
TP	4.3	(5.20〜8.20)	g/dL
Alb	1.1	(2.70〜3.80)	g/dL
Glb	3.2	(2.50〜4.50)	g/dL
ALT	<10	(10〜100)	U/L
ALKP	44	(23〜212)	U/L
T-Bil	<0.1	(0.00〜0.90)	mg/dL
Chol	132	(110.0〜320.0)	mg/dL
Glc	96	(77.0〜125.0)	mg/dL
BUN	21	(7.0〜27.0)	mg/dL
Cr	1.0	(0.50〜1.80)	mg/dl
P	4.2	(2.50〜6.80)	mg/dL
Ca	9.6	(7.90〜12.00)	mg/dL

静脈血の血液ガス検査		
pH	7.373	
pCO$_2$	47.8	mmHg
pO$_2$	22.9	mmHg
HCO$_3$	27.2	mmol/L
BE	2.0	mmol/L
O$_2$サチュレーション	38.0	%
TCO$_2$	28.7	mmol/L

電解質		
Na	141	mmol/L
K	4.4	mmol/L
Cl	106	mmol/L

（ ）内は本院における正常値を示す。

の増多，TPとAlbの強い低下が認められた[POINT1]。

> **POINT1** 腎臓，肝臓などが後述する超音波検査所見を含めて正常であることから，このAlbの低下は腸由来のものと推定される。

尿検査では，比重1.052，pHは6.5，蛋白，グルコース，ケトン，ビリルビン，潜血，ウロビリノーゲン，沈渣は何れも（－）であった。

糞便検査では，寄生虫卵（－），潜血反応（－），ルゴール（－）で，直接検鏡は正常範囲内であり，ディフクイック染色は正常範囲内であった。

【単純X線検査】

腹部RL像（写真2）：体表の軟部組織の輪郭は正常範囲内である。

第13胸椎，第1腰椎に変形性脊椎症を認め，さらに第2腰椎，第3腰椎，第5腰椎に軽度の変形性脊椎症を認める。

心陰影，肺野ともに正常範囲内で，骨盤に重なる形で4個の金属クリップが左右に認められるが，その理由は去勢手術によるものである。

左骨盤に重なる形で大骨頭切除術，大腿骨近位の像が認められる。

腹部VD像（写真3）：体表の軟部組織の輪郭は正常範囲内である。

第13胸椎，第1腰椎の椎体右側に変形性脊椎症が認められる。

心陰影，左右両肺野は何れも正常範囲内である。両側の大腿骨骨頭切除像が認められる。恥骨腹側に金属クリップ4個が認められる。

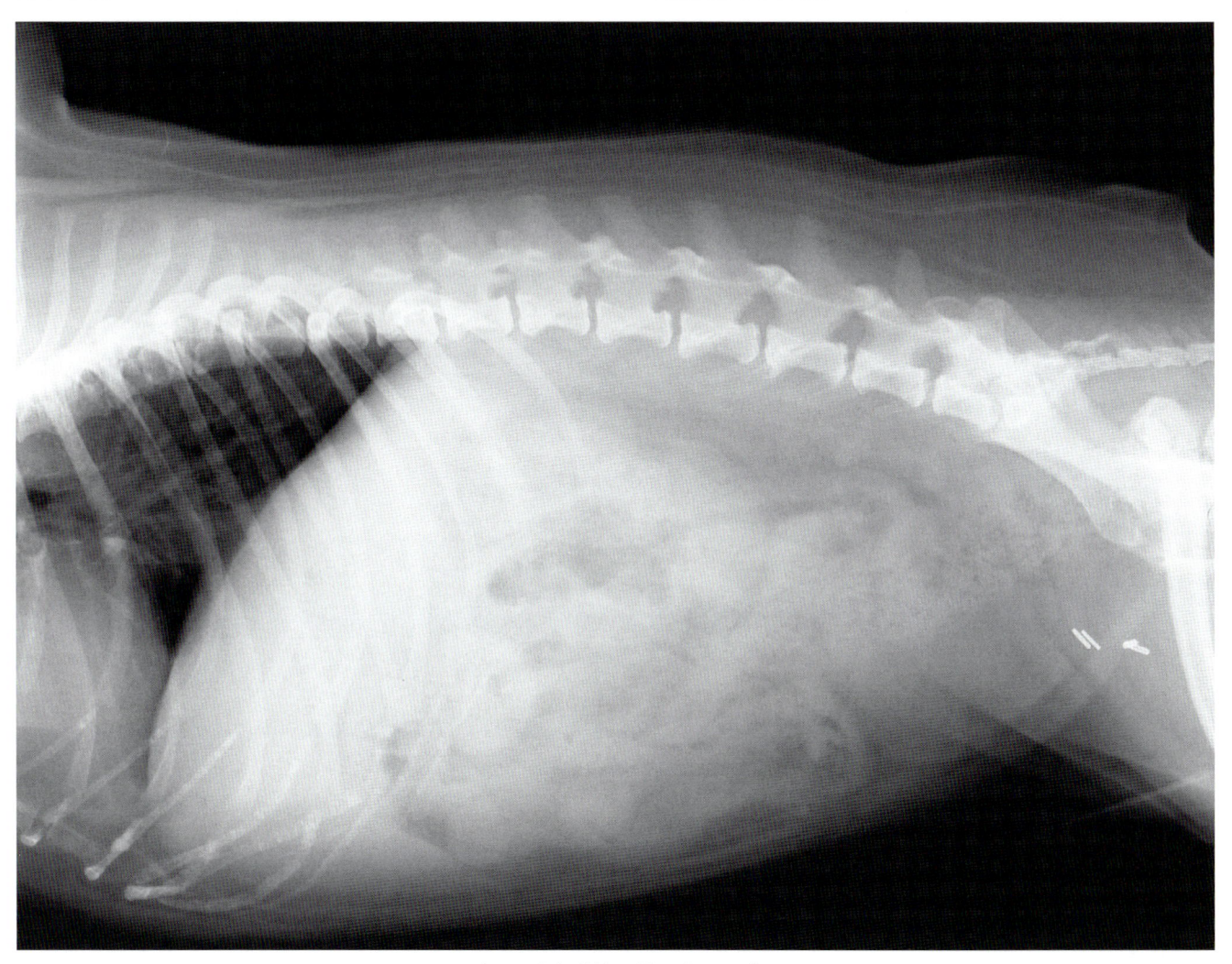

写真2　腹部単純X線写真　RL像

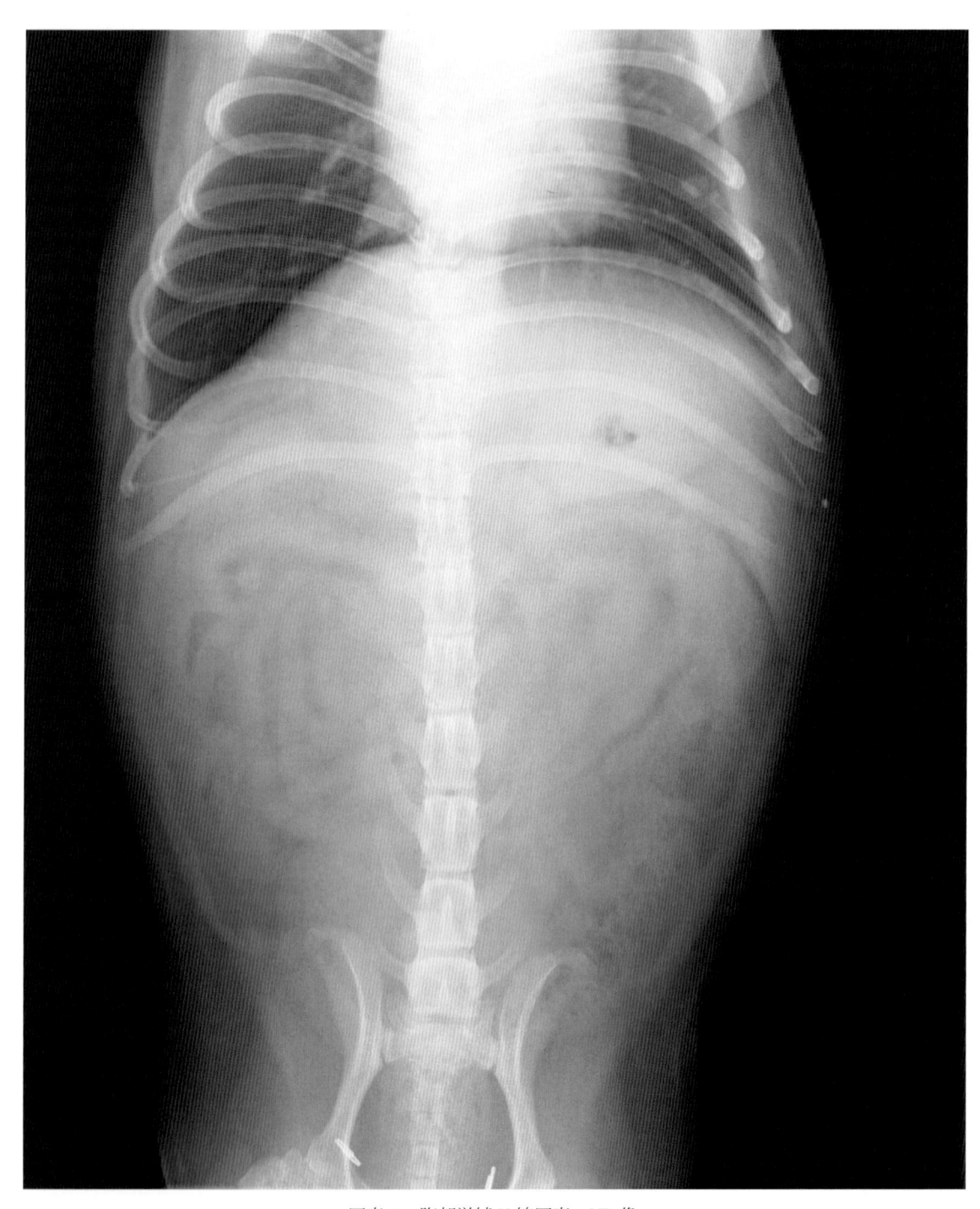

写真 3　腹部単純 X 線写真　VD 像

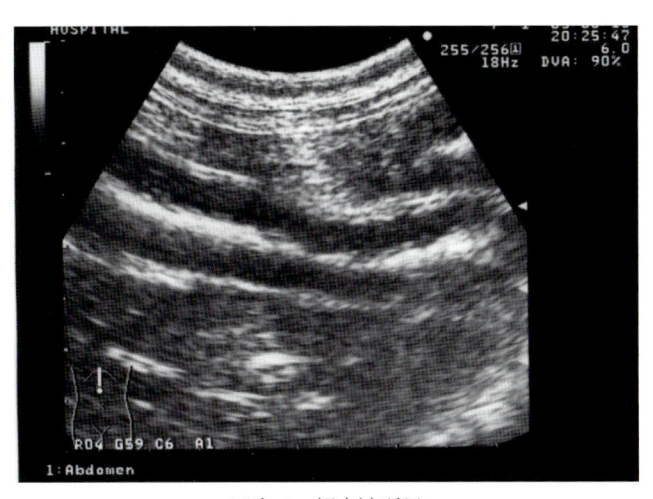

写真4 超音波所見
小腸壁の著しい肥厚が認められる。

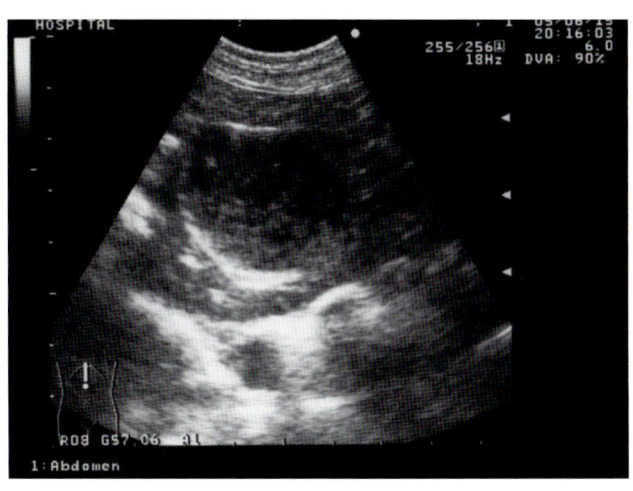

写真5 超音波所見
胆泥・胆砂の貯留および胆嚢肥厚が認められる。

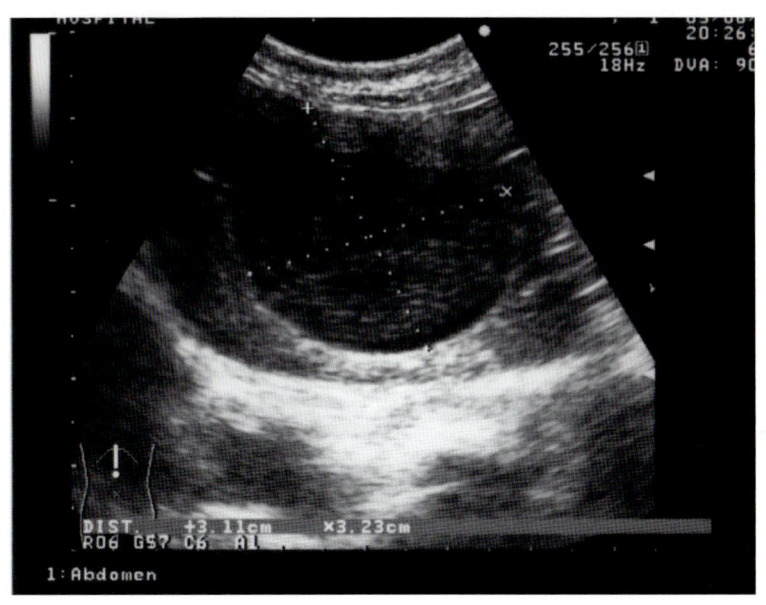

写真6 超音波所見
胆嚢は重度に拡張し胆砂が大量に認められる。

【腹部超音波検査】（写真4～6）

小腸壁の著しい肥厚像が認められた。胆嚢は重度に拡張し，胆泥胆砂の貯留および胆嚢壁の肥厚が認められた。その他の臓器は正常範囲内であった^{POINT2}。

POINT2 低蛋白の原因はルールアウトの結果，低蛋白の原因は腸管からの著しい喪失が強く疑われる。

【診 断】

蛋白漏出性腸炎，慢性胆嚢炎

☞ あなたならどうする。次頁へ

☞

① 原因特定のための内視鏡検査と開腹手術による全層生検
② 胆嚢の摘出
③ 強制給餌用胃瘻チューブの設置手術
④ 上記の検査，治療法および予後に関する詳しい説明により，インフォームド・コンセントを得る。

【治　療】

術前は低アルブミン血症による膠質浸透圧低下に対し，血漿輸液140mL，コロイド輸液としてヘスパンダー（杏林製薬）を1mL/kg/hで持続点滴した。抗生剤セフメタゾンを投与した。

不動化は塩酸モルヒネの前投与の後，プロポフォールで導入し，イソフルランガス麻酔で維持した。

術中に血圧低下がみられたため，ヘスパンダーの断続投与を行った。

内視鏡所見では，食道・胃は正常範囲内であったが，十二指腸は全体にわたり中等度の充血および腫脹が認められた。

開腹時所見では中等度に腫大した腸間膜のリンパ節を認めたため，術中にFNAを行った*。

*異型リンパ球は－であった。

胃および空腸の全層生検を行った（写真7）。

術後の栄養管理を行うために胃瘻チューブの設置を行い（写真8），小腸は約1.0cm×0.3cmの全層切除生検を行った。低蛋白血症に伴う創面の離開が心配されたため，小腸漿膜パッチテクニックを合わせて行った。肝臓の切除生検はハーモニックスカルペル（アトム・ベッツメディカル）を用いた。

術前の超音波検査で胆嚢炎が強く疑われたため，同時に胆嚢摘出を行った（写真9）。胆嚢の圧迫による胆汁の通過はスムーズであった。

【経　過】

術後は低アルブミン血症（0.7g/dL）を認めたため，血漿輸血150mL，コロイド輸液としてヘスパンダーの持続

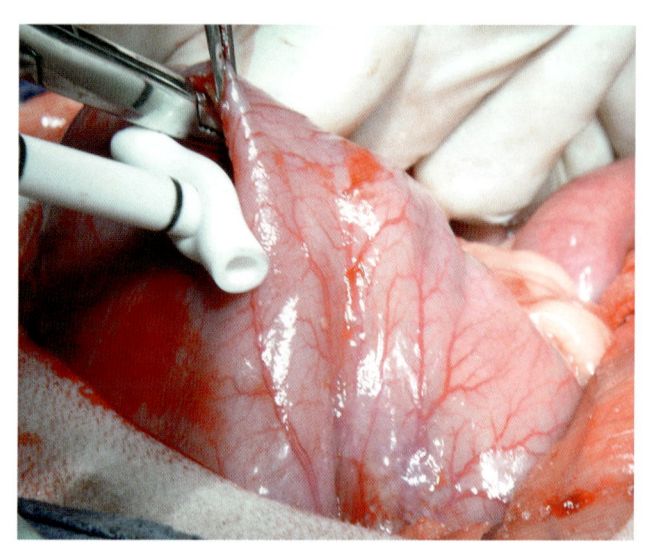

写真8　胃瘻チューブの設置

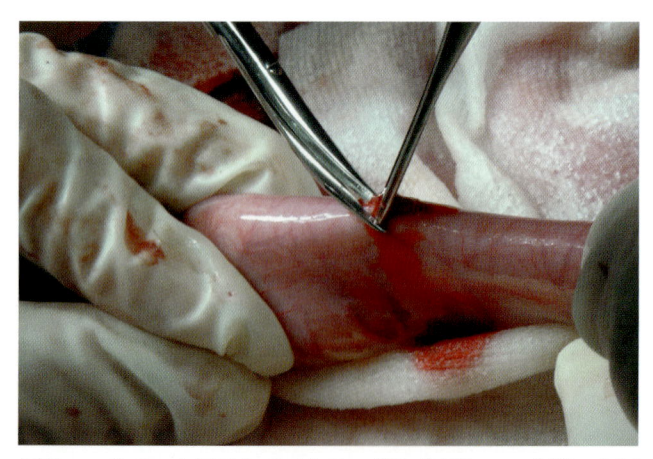

写真7　ドベーキ切子とテノトミー鋏を使用しての空腸の全層切除生検

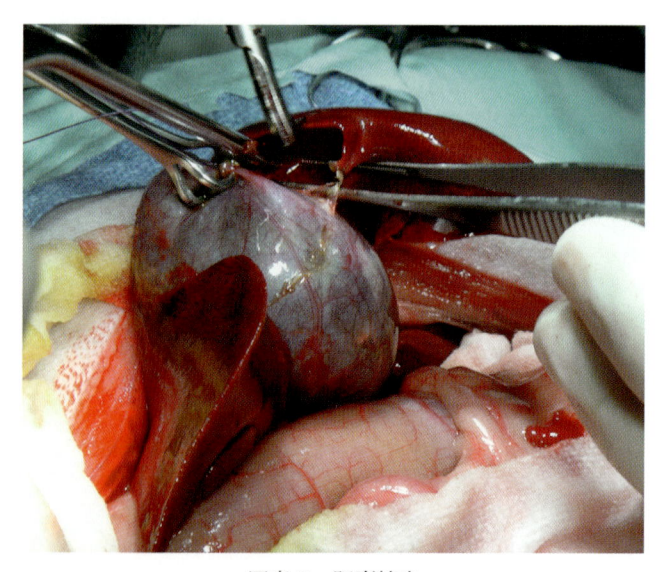

写真9　胆嚢摘出

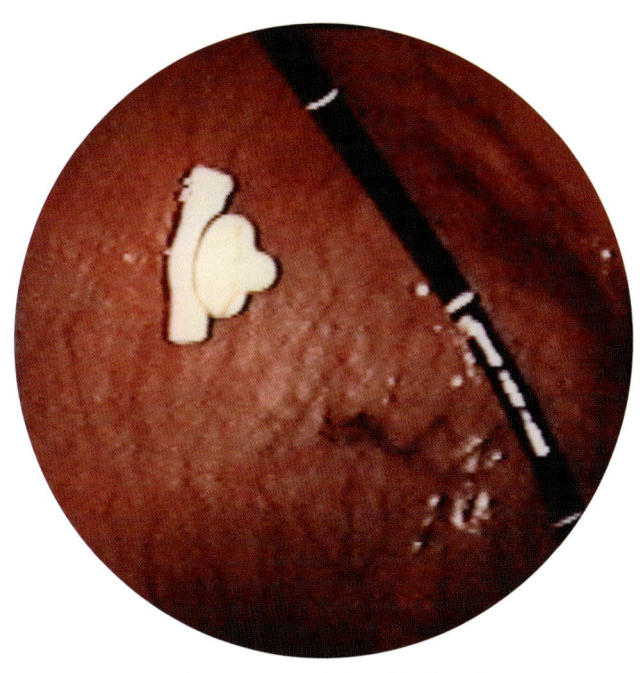

写真10　2か月半後の内視鏡検査
胃瘻チューブを骨底部からみたところ。

点滴を行った。
　制吐を目的にメトクロプラミド，モサプリド，消化管粘膜保護にファモチジン，スクラルファート，胆汁流出促進にウルソデオキシコール酸，血栓予防にヘパリン 75U/kg TID の投与を行った。
　術後24時間で胃瘻チューブより流動食の給餌を開始した。流動食には消化管から受動輸送で吸収されるアミノ酸製剤（エレンタール，味の素ファルマシー）を使用し，便の改善が認められた術後3日目からはHill's a/d 缶の投与を行った。術後72時間でプレドニゾロン 1mg/kg BID の投与を開始した。
　手術直後は激しい小腸性の下痢と全身性の浮腫が認められたが，プレドニゾロン投与開始から3日で便の完全な良化が認められ，アルブミン値（1.8g/dL），全身性の浮腫も改善された。食欲の回復，正常便の排泄を確認した術後6日目（アルブミン値 2.0g/dL）に退院し，食欲が安定したことから，術後3週目で胃瘻チューブを抜去した。術後4週間経過した現在，プレドニゾロンの投薬量を 0.5mg/kg SID に漸減し，良好に経過している（アルブミン値 2.4g/dL）。
　病理組織診断はリンパ球性形質細胞性腸炎で，その所見は「腸粘膜固有層は軽度に水腫性で，中等数のリンパ球と形質細胞が浸潤している。粘膜下組織と筋層は正常に見える」であった（アイデックスラボラトリー，マーク・カリガン）。

【コメント】

　蛋白漏出性腸炎は，蛋白が消化管から漏出する病態をもつ腸の疾患である。消化管の炎症，腫瘍浸潤，鬱血または出血などで発症する。蛋白漏出の程度は様々で，漏出が重度でない限りは明らかな臨床症状が現れにくい。したがってはっきりとした違いを認識して症例の診断に臨まないと，早期の診断が困難になることも多い。
　本症例は，蛋白漏出が顕著になる2か月前に，鼻腔狭窄，軟口蓋過長整復術を当院で行っており，この時点で一般状態や，便の状態に異常は認められず，血液検査ではTP 5.85 g/dL，Alb 2.3g/dL であり，すでに小腸における蛋白の漏出があった可能性が高い。この時点ではっきりとした強い疑いを持って低アルブミンに対する診断アプローチがなされなかったことは大きな反省点である。
　炎症性腸疾患および消化管型リンパ腫が成犬における蛋白漏出性腸炎の主要な原因であり，本症例でも病理組織検査の結果は，炎症性腸疾患の1つであるリンパ球形質細胞性腸炎であった。
　蛋白漏出性腸炎は，原因によってその治療アプローチが変わるため，的確な全層腸壁サンプルの採取が必須となるが，内視鏡での組織採取だけでは，採取できる組織が限られるうえ，腫瘍を見逃す可能性があり，開腹による全層生検がベストである。
　今後の治療プランとしては，プレドニゾロンを漸減するとともに，Hill's の新規蛋白食などを利用し炎症性腸炎のコントロールを行い，定期的な蛋白，アルブミン値のモニターを経時的に行う必要がある。

（Vol.59 No.2, 2006 に掲載）

Case 24 DOG

排尿困難な症例

ミニチュア・ダックスフンド，11歳齢，雄

【プロフィール】

ミニチュア・ダックスフンド，11歳齢，雄，去勢済み。狂犬病・混合ワクチン・犬糸状虫症（成虫抗原陰性）ともに予防はされてない。

3年前に他の他院で会陰ヘルニア整復術（右側），去勢手術，鼠径ヘルニア整復術が行われている。約1か月前

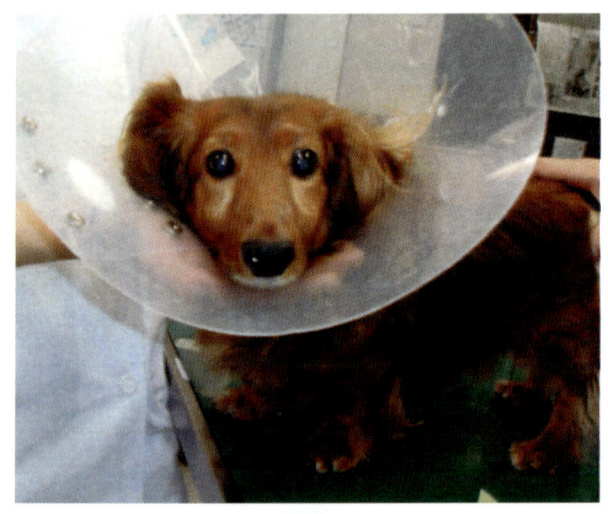

写真1　症例の外貌

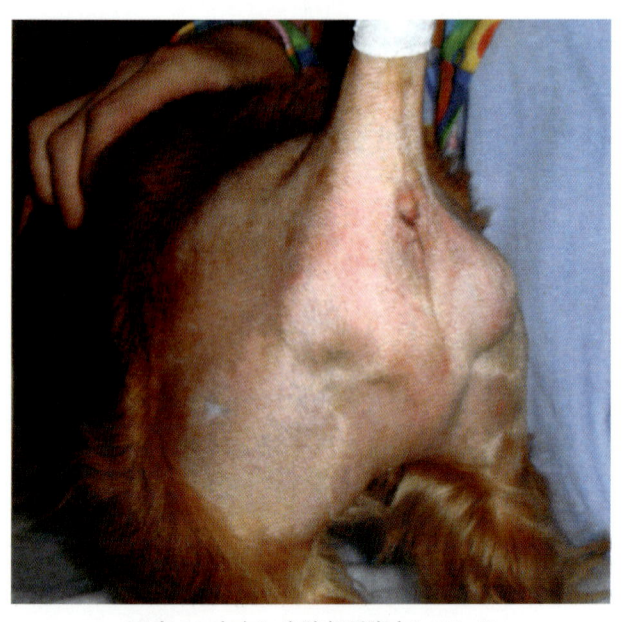

写真2　左右に会陰部が膨大している

表1　臨床病理検査		
CBC		
WBC	18.3×10^3　$(6 \sim 17 \times 10^3)$	/μL
RBC	733×10^4　$(5.5 \sim 8.5 \times 10^6)$	/μL
Hb	15.3　$(12 \sim 18)$	g/dL
Ht	46.2　$(37 \sim 55)$	%
MCV	63.0　$(60 \sim 77)$	fl
MCH	20.9	pg
MCHC	33.1　$(32 \sim 36)$	g/dL
pl	62.2×10^4　$(200 \sim 500)$	/μL
血液の塗抹標本検査のリュウコグラム		
Band-N	0　$(0 \sim 300)$	(/μL)
Seg-N	16950　$(3000 \sim 11500)$	(/μL)
Lym	600　$(1000 \sim 4800)$	(/μL)
Mon	750　$(150 \sim 1350)$	(/μL)
Eos	0　$(100 \sim 1250)$	(/μL)
Bas	0　(0)	(/μL)
RBC所見	多染性（－），大小不同（±）異型リンパ球（－）	
血液化学検査		
TP	7.9　$(5.20 \sim 8.20)$	g/dL
Alb	3.0　$(2.70 \sim 3.80)$	g/dL
Glb	4.8　$(2.50 \sim 4.50)$	g/dL
ALT	19　$(10 \sim 100)$	U/L
ALKP	399　$(23 \sim 212)$	U/L
T-Bil	0.2　$(0.00 \sim 0.90)$	mg/dL
Chol	209　$(110.0 \sim 320.0)$	mg/dL
Lip	657　$(200 \sim 1800)$	U/L
Glc	128　$(77.0 \sim 125.0)$	mg/dL
BUN	11　$(7.0 \sim 27.0)$	mg/dL
Cr	1.1　$(0.50 \sim 1.80)$	mg/dL
P	2.4　$(2.50 \sim 6.80)$	mg/dL
Ca	11.0　$(7.90 \sim 12.00)$	mg/dL
静脈血の血液ガス検査		
pH	7.457	
pCO_2	30.9	mmHg
pO_2	31.7	mmHg
HCO_3	21.3	mmol/L
BE	－2.6	mmol/L
O_2サチュレーション	65.2	%
TCO_2	22.3	mmol/L
電解質		
Na	148	mmol/L
K	3.7	mmol/L
Cl	110	mmol/L

（　）内は本院における正常値を示す。

に頸部椎間板疾患（グレードⅠ）で治療を受けている。

食事はHill'sサイエンスダイエットシニアで、室内飼育である。

【主　訴】

約1年前より会陰ヘルニアの再発を認め、排尿異常はあるが尿は出ているため生活には支障がないとの理由で治療は行われていなかった。排便は正常で便秘やテネスムスは認められない。しかし今回は夜間緊急に排尿困難および元気消失したために来院したものである。

【physical examination】

体重は6.14kg、栄養状態は105％、脱水は5％、体温は38.1℃、心拍数は168回/min、股動脈圧は100％、呼吸数は24回/minであった。

意識は正常で歩行可能。その他の神経学的検査は正常範囲内であった。両側性の会陰部の柔軟で大きなマスが触知された。

【臨床病理検査】

CBC、血液化学検査の結果は表1の通りであった。
尿検査では、比重1.011、pHは6.5、蛋白（＋）であった。

【単純X線検査】

腹部RL像（写真3）：体表の軟部組織の輪郭は、尾根部から坐骨の尾側にかけて著明な膨大所見が認められる。皮下脂肪の状態から栄養は100％と言える。骨格は正常範囲内である。

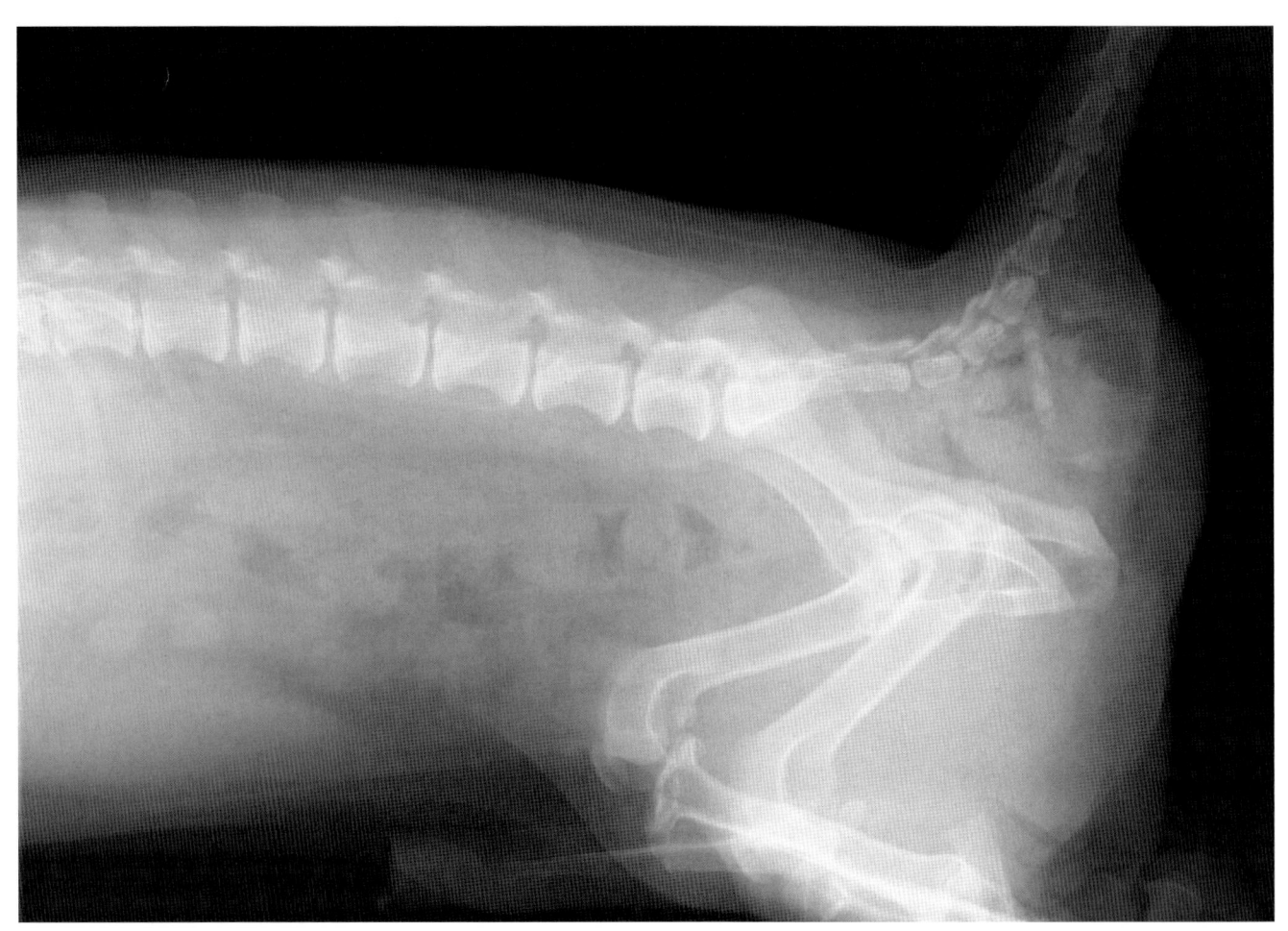

写真3　腹部会陰部単純X線写真　RL像

麻酔によるものと考えられる巨大な脾臓が前腹部に認められる。問題は骨盤孔から会陰部の軟部組織の著しい膨大であるが，結腸の糞塊陰影と重なる形で半X線透過性の異物が認められる。また直腸の一部のガス陰影が膨大部に認められる。

また続いて会陰ヘルニア内に認められる膀胱の陰性造影（写真4）とウログラフィンによる膀胱造影（写真5）が行われ，何れも半X線透過性の異物（プラスチックと推定される）が明らかである[POINT1]。

> POINT1 この造影によりヘルニアが起こっている部分をより明確にできる。すなわちその後の手術がスムーズに行えることになる。

【X線診断】

会陰部に留置されたプラスチックと推定される充填物を含む会陰ヘルニア。

【診　断】

右側会陰ヘルニア再発（ヘルニア嚢内：膀胱）と左側会陰ヘルニア（ヘルニア嚢内：腸管）。すなわち両側性の会陰ヘルニア。

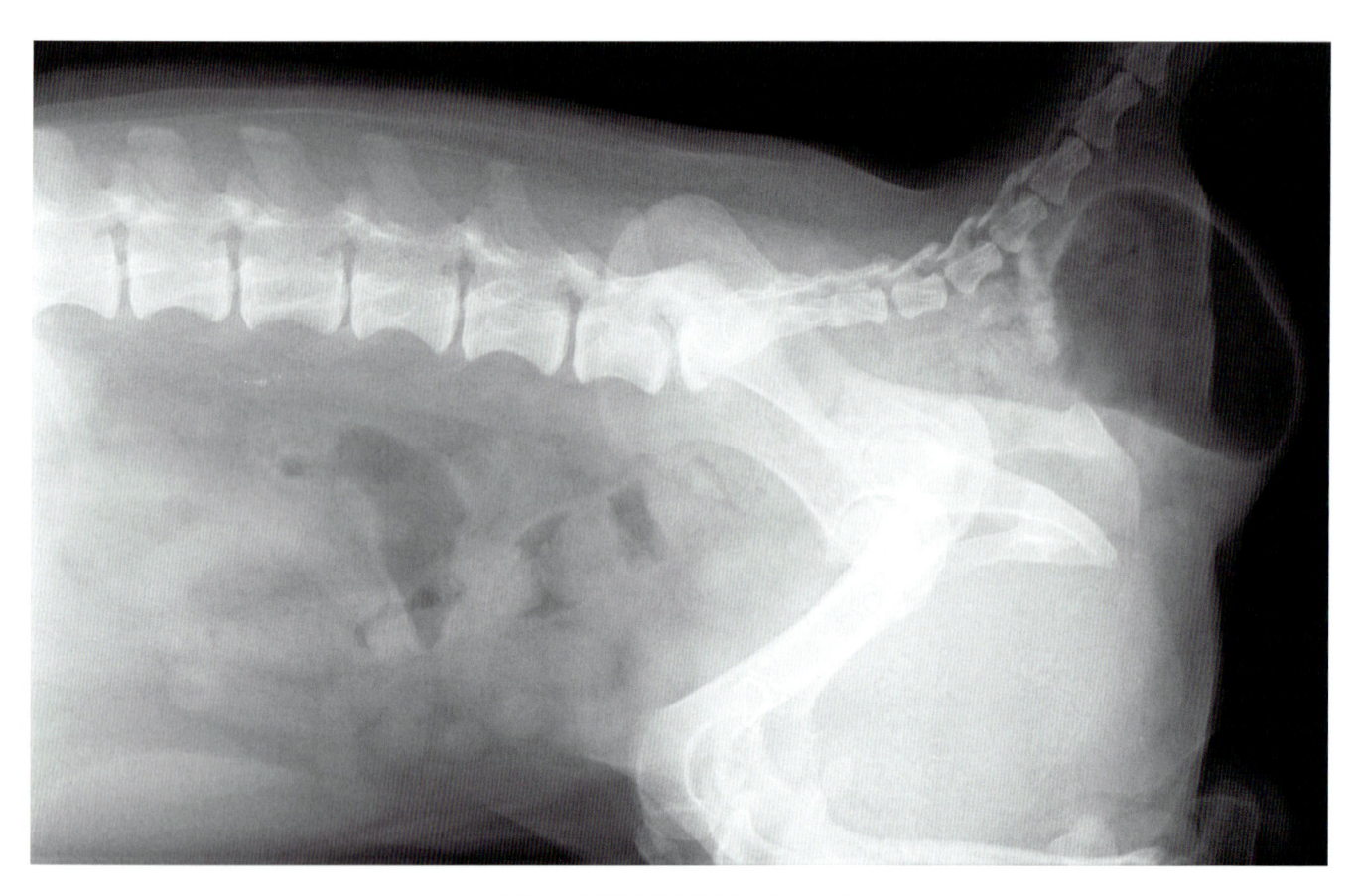

写真4　膀胱の陰性造影所見　RL像

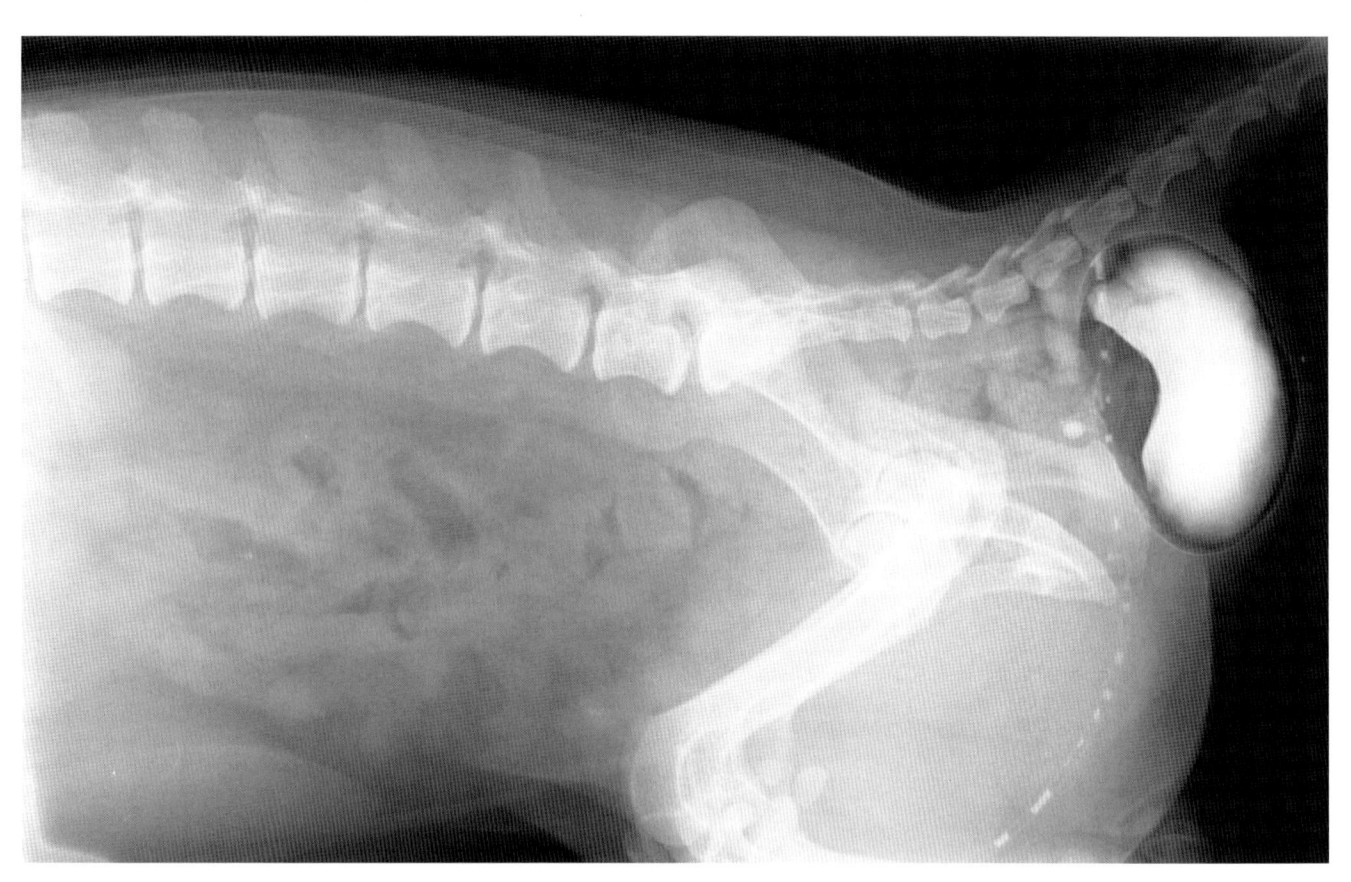

写真5 ウログラフィンによる膀胱造影所見　RL像
　　　尿道の走行ラインが明確に示されている。

☞ あなたならどうする。次頁へ

☞
①排尿困難（尿閉）への緊急処置
②会陰ヘルニア再整復手術と膀胱および直腸固定術
③ホームドクターとの打ち合わせ
④上記の治療法および予後に関する詳しい説明により，インフォームド・コンセントを得る。

【治　療】

膀胱内へのカテーテル導尿は困難であったので，救急処置として，経皮的膀胱穿刺穿により尿を吸引した。尿の吸引後，尿道カテーテルの挿入が可能となったため翌日，膀胱二重造影検査を行った。

幸いにも腎後性腎不全，尿毒症を併発していなかった。しかし飼い主に，本疾患はこのように緊急性の高い致死的な状態に陥る可能性があることと，直ちに再手術が必要であること，さらに会陰ヘルニアの整復と膀胱と直腸固定術が必要であることを説明した。またホームドクターおよび飼い主に今後の方針について家族会議で決定するようにすすめ，飼い主の希望で一時退院とした。

後日，ホームドクターと飼い主から手術依頼の連絡があった。そこで術式を含めた十分なインフォームド・コンセントが得られたので，両側会陰ヘルニアの再整復と，膀胱および直腸固定手術を行った。

§手　術

会陰アプローチおよび腹部正中アプローチを予定していたため，その部位の剃毛・消毒を行った。硫酸アトロピン・塩酸モルヒネを前投与し，ケタミン，ドルミカムで導入イソフルランで維持を行った。手術は右側の会陰部より行い，尾の基部から坐骨弓下方まで皮膚切開し，ヘルニア嚢を鈍性に剥離し，内容を露出した（写真6）。人工物の直下にそれをよけるようにして，脆弱萎縮した筋肉組織の間から膀胱，前立腺が反転し脱出していた。膀胱の背面側は皮下組織，筋膜と激しく癒着していたが，それを慎重に剥離した。膀胱および前立腺が完全にフリーになったことを確認し，他院で使用されていた人工物の除去（写真7，8），脱出した膀胱および前立腺（写真9）を腹腔内へ環納した。縫合部の筋肉，筋膜の裂開および著しく萎縮した筋肉のうち，内閉鎖筋と外肛門括約筋をPDS II 4.0で縫合し閉鎖した（写真10）。

左側においても同様にヘルニア内容（腸管および大網）を腹腔内へ整復した。左側の整復では内閉鎖筋を骨膜起子で閉鎖孔の尾側縁を越えないように坐骨骨盤から剥離し，外肛門括約筋と縫合することで，ヘルニア孔の閉鎖を行っ

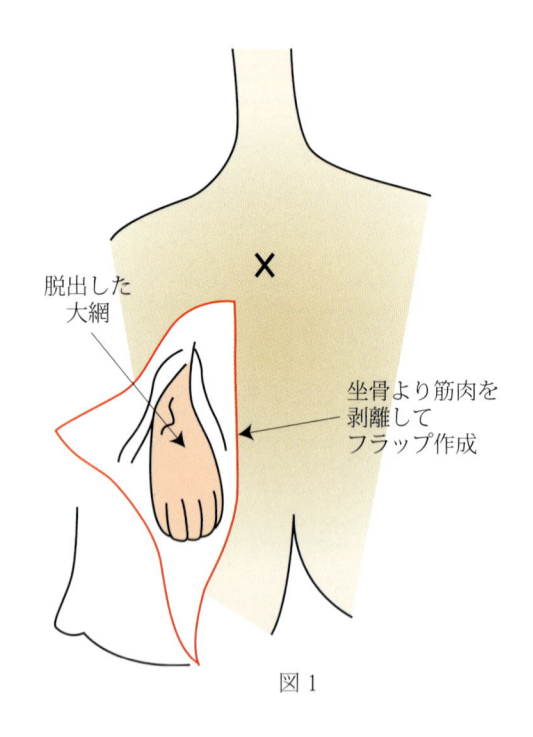

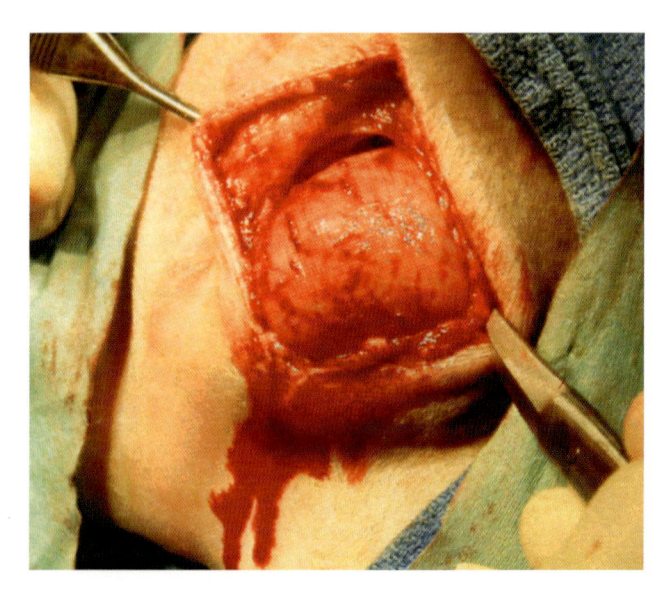

図1

写真6　会陰右側ヘルニア嚢切開時所見
　　　骨盤腔内に反転した膀胱。

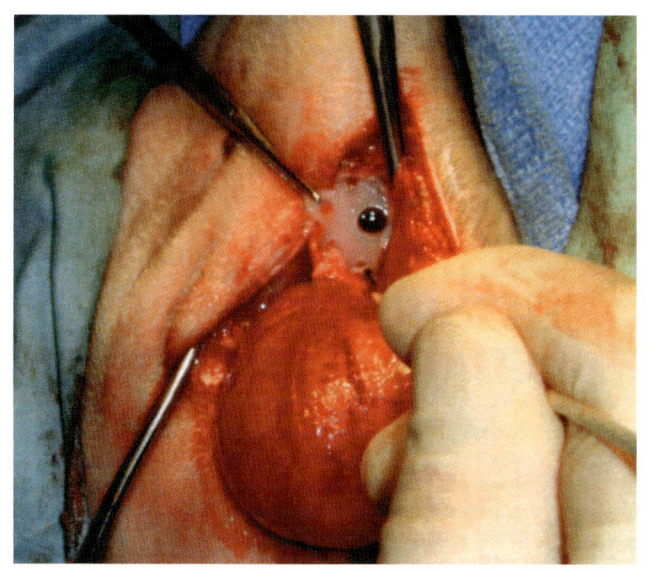

写真7　他院での手術に使用された人工インプラントと直下に再度ヘルニアを起こした膀胱

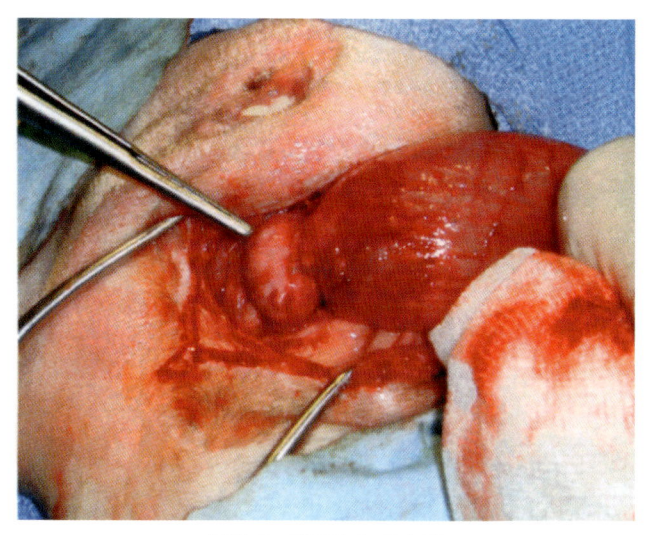

写真9　脱出した前立腺

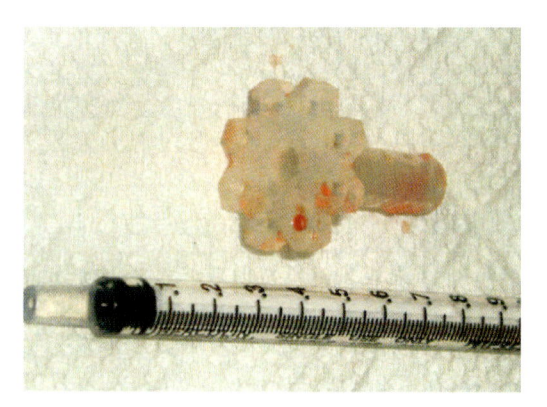

写真8　摘出された人工インプラント

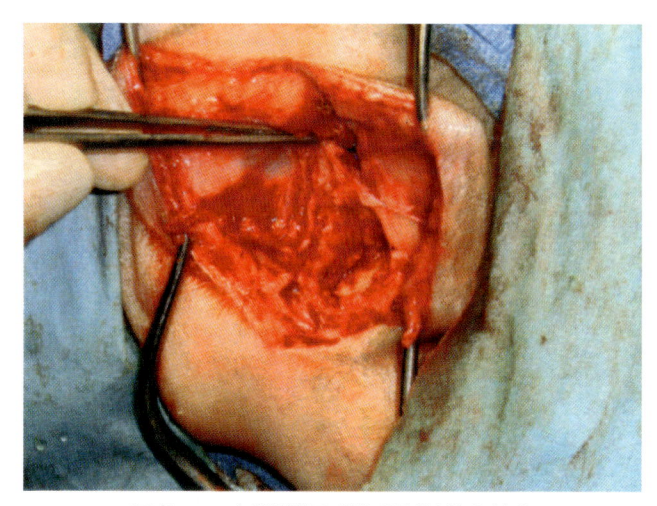

写真10　内閉鎖筋と外肛門括約筋を縫合

た。(写真12)。

会陰ヘルニア整復後，次に腹部正中切開を行い，結腸固定術および膀胱の腹壁固定術を併せて行った（写真13）。

【コメント】

会陰ヘルニアは解剖学的にヘルニア臓器の位置が著しく変化するものである。しかしその位置によって，必ずしも比例的に重篤な症状を発するとは限らない。また逆に，解剖学的なヘルニア臓器の位置異常がそれほどでもないにもかかわらず，激烈な症状を発する場合もあり得る。何れにしても，この疾患は圧倒的に雄に発生しやすい。そして何れの場合も中年以降，特に高齢期に達したものに発症の可能性が高まることはよく知られている。

その誘因となる問題は，中年以降に人と同様に極めて発生頻度の高い前立腺肥大，結腸，直腸便秘が伴う場合に最も発症しやすくなるものと考えられる。注目すべきは，それらがあるから必ず会陰ヘルニアを起こすとは限らない点である。しかし，ヘルニアが起こっている動物において，ヘルニアを起こす素因，特に会陰を閉鎖している筋群のかなり特異的な萎縮傾向が，何れの発症例でも明白に認められている。証明はされていないが，遺伝的素因の果たす役割が大きな部分を占めているのではないかと疑うに足る所

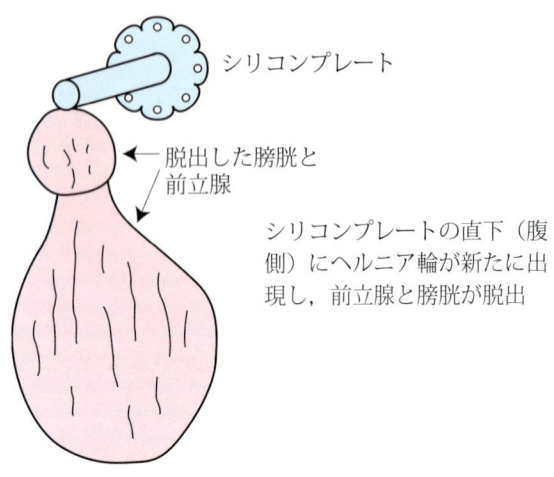

図2 周囲と軟部組織との激しい癒着
前回の手術で閉鎖フラップは行われていたが、各筋肉フラップは強く萎縮し、ヘルニアが再発。

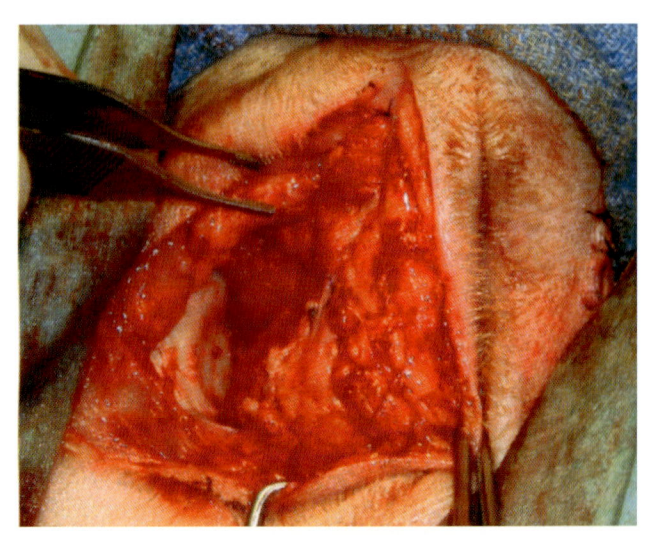

シリコンプレート
脱出した膀胱と前立腺
シリコンプレートの直下（腹側）にヘルニア輪が新たに出現し、前立腺と膀胱が脱出

写真12 ヘルニア輪の閉鎖

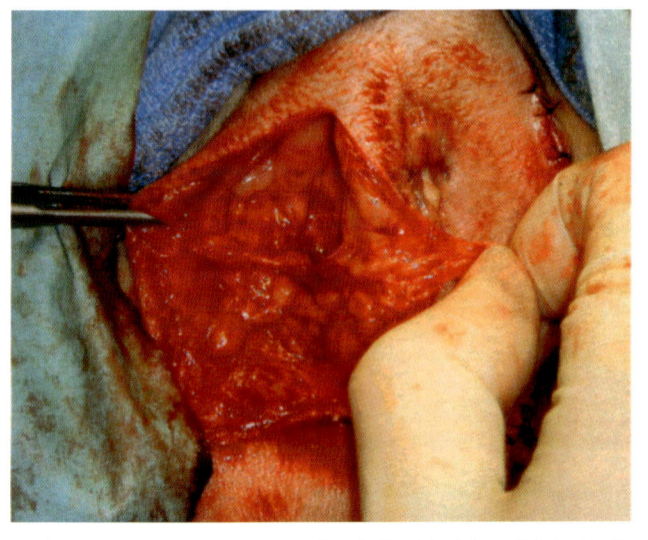

写真11 会陰左側に脱出した大網組織（腹腔内に整復後所見）

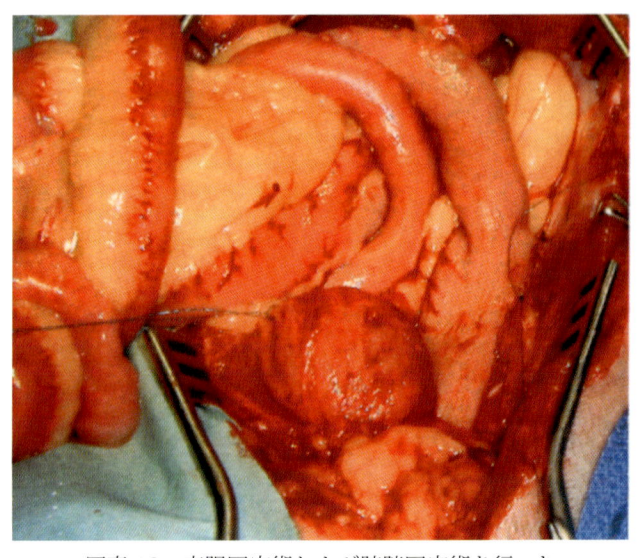

写真13 直腸固定術および膀胱固定術を行った

見が伴っていることは興味深い。

　もう1つ大切なことは、スタンダードなヘルニア孔の閉鎖テクニックである。外側肛門筋、閉鎖筋、浅殿筋等による最もクラッシクな閉鎖法では、上記の理由から去勢を同時に行ったとしても高い確率で再発することがよく知られている。修復後、反対側にもよく起こると同時に、そのような例では両側性にヘルニアが起こることになる筋肉群の萎縮が認められる。

　会陰ヘルニアの再発率が高いことから、ポリエチレンのメッシュ、豚のコラーゲン補綴材、本症例のような補綴材などが使用され、それなりの効果をみせているものも多い。しかし、本症例では、補綴材の応用、さらに両側の閉鎖筋の挙上法が行われていたにもかかわらず両側性にヘルニアが再発したのは、この疾患の発生および再発には極めて強い素因（ヘルニア孔を事実上閉鎖している筋群の萎縮が加齢とともに強く起こってくるものに圧倒的に再発することが多い）があることを示唆している。

　当院ではルーチンに会陰ヘルニアに対して、①直腸固定

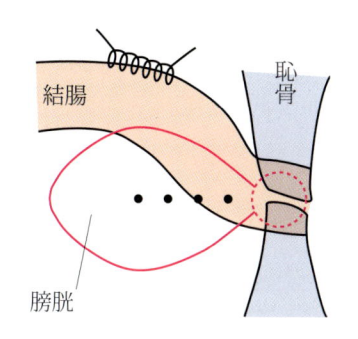

図3 膀胱および直腸固定術の模式図

術（コロペクシー，colopexy），②膀胱固定術（シストペクシー，cystopexy）を行うことで（もちろん去勢されていないものは，去勢を同時に行う），現在のところ100％の会陰ヘルニアの再発防止に成功している。しかし，本院だけでは症例数が十分ではないので，諸先生方に本法をルーチンに追試していただきたいと切望するものである。

犬や猫，飼い主の立場からすれば，ある特定の疾患に対して根治のための手術が選ばれたにもかかわらず，高い頻度で再発が起こるようでは，精神的にも経済的にも耐え難い苦痛であることは言うまでもない。その意味からも直腸固定術と膀胱固定術は，再発を防げること，手術を行っても何ら特別な入院期間の延長を必要としないこと，術後の排便・排尿等にも影響を与えずQOLを損なわないこと（動物・飼い主双方の），術後の経過も良好でことから，2つの手術を同時に行うことにより，大きなメリットが得られるものである。

（Vol.59 No.4, 2006 に掲載）

Case 25　FERRET

排尿困難な症例

フェレット，3歳11か月齢，雄

【プロフィール】

フェレット，3歳11か月齢，雄，去勢済み（写真1）。犬ジステンパー，犬糸状虫の予防は行われていない。完全室内飼育で，同居動物はいない。食事はフェレット専用ドライフード。

【主　訴】

2か月前から頻尿，排尿困難となり，尿が異常に臭うようになった。他院で抗生物質による治療を行っているが改善しないということで本院へ転院してきたものである。

【physical examination】

体重1.2kg，体温38.3℃，心拍数180回/min，呼吸数24回/min，栄養状態90%，股動脈圧100%であった。

写真1　症例の外貌

来院時の意識レベルは正常で，便は良好，食欲は正常であった。POINT1。

POINT1 食欲があると飼い主は大事とはとらえないことが多い。

腹部触診では拡張した膀胱およびその背側に柔軟性のあるマスが触知された。胸部聴診は正常範囲内。被毛は光沢がなく，下腹部および内股付近で皮膚病変を伴わない左右対称性の脱毛が認められた。

【臨床病理検査】

CBC，血液化学検査の結果は表1の通りであった。
TP値の上昇 POINT2，Glb値の上昇 POINT3 などが認められた。

表1　臨床病理検査		
CBC		
WBC	12.0×10^3	/μL
RBC	777×10^4	/μL
Hb	19.0	g/dL
Ht	41.6	%
MCV	53.5	fl
MCH	24.5	pg
MCHC	45.7	g/dL
pl	37.6×10^4	/μL
血液化学検査		
TP	7.6　(5.2〜7.3)	g/dL
Alb	3.7　(2.6〜3.8)	g/dL
Glb	4.0　(1.8〜3.1)	g/dL
ALT	37　(82.0〜289.0)	U/L
ALKP	59　(9.0〜84.0)	U/L
Glc	94　(94.0〜207.0)	mg/dL
BUN	43　(10.0〜45.0)	mg/dL
Cr	1.0　(0.4〜0.90)	mg/dL
静脈血の血液ガス検査		
pH	7.282	
pCO$_2$	66.1	mmHg
pO$_2$	20.9	mmHg
HCO$_3$	30.5	mmol/L
BE	3.8	mmol/L
O$_2$サチュレーション	27.9	%
TCO$_2$	32.5	mmol/L
電解質		
Na	152	mmol/L
K	4.3	mmol/L
Cl	110	mmol/L

(　)内は本院における正常値を示す。

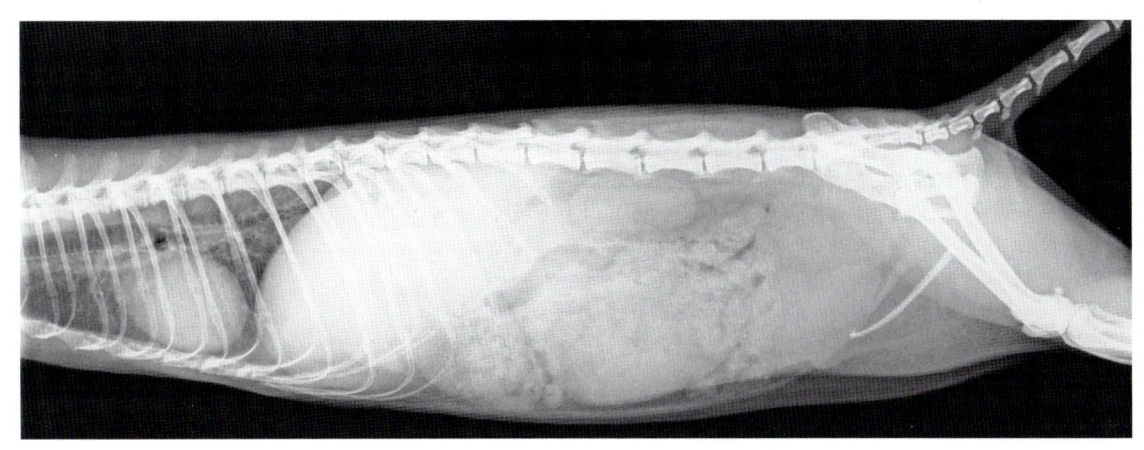

写真2　腹部単純X線写真　RL像

尿は膀胱穿刺により採取した。色調は混濁した濃い黄色，比重1.032，pH 6.5，Pro（2＋），OB（3+），Glu（－），Ket（－）でった。尿沈渣ではグラム陰性桿菌および好中球が多数認められた[POINT4]。

> POINT2　軽度の脱水を示す。BUN値もそれを示唆している。physical examinationで注意深くみていれば気付いたかもしれないが，そのくらい軽度のものである。
> POINT3　慢性の感染が疑われる。
> POINT4　尿感染が明らかである。

【単純X線検査】

腹部RL像（写真2）：体表の軟部組織の輪郭および骨格は正常範囲内である。胸部，肝臓，腎臓は正常範囲内である。胃内には中等度の食渣が認められる。

脾臓は麻酔下であるためか中等度に腫大している。腹壁に接して，膀胱の背側の骨盤腔に入り込む形でマスが認められる。

腹部VD像（写真3）：RL像同様に軟部組織の輪郭，骨格，胸部，肝臓，腎臓は正常範囲内である。胃内の食渣と腫大した脾臓も同様に確認できる。

後腹部右側に膀胱の陰影が認められる。右側から恥骨前縁に及ぶマスが認められる。

【腹部超音波検査】

膀胱は圧迫されて形をなしていない（写真4）。

【経　過】

幸いにも患者は尿毒症症状はなく安定していた。麻酔

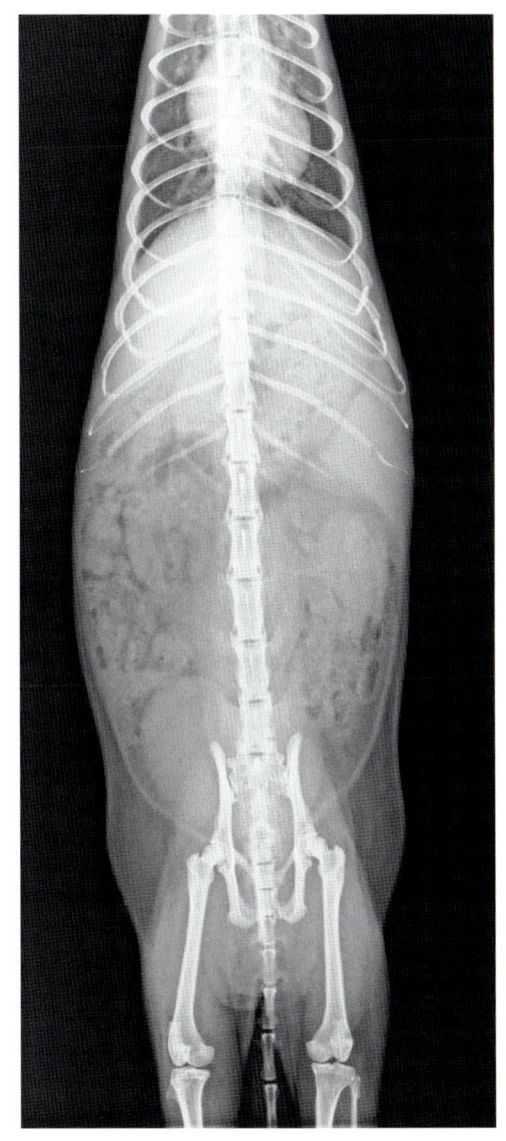

写真3　腹部単純X線写真　VD像

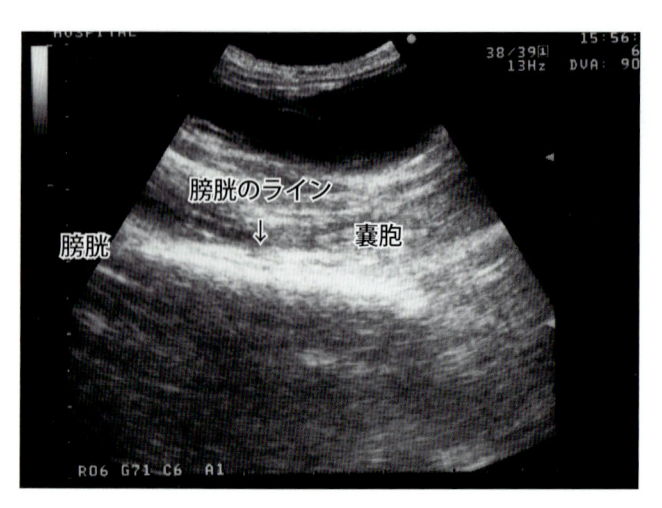

写真4 超音波像 膀胱およびその背側のシストの所見
膀胱は圧迫されて形をなしていない。

表2 細菌の感受性試験結果	
ミノサイクリン（MINO）	2＋
オキシテトラサイクリン（OTC）	2＋
アミカシン（AMK）	2＋
ドキシサイクリン（DOXY）	＋
ゲンタマイシン（GM）	＋
セフォペラゾン（CPZ）	＋
その他	－

下で膀胱内へのカテーテル導尿を試みたが、膀胱内挿入はできなかった。しかし、このカテーテルを通じて嚢胞内および尿道からの膀胱・尿道二重造影を行うことができ、吸引により嚢胞からの膿の採取もできた（10mL）。採取後、カテーテルから生理食塩水を使用し洗浄を行った。貯留液は尿とデブリ液で細菌感受性試験に供した（表2）。

【膀胱・尿路造影X線検査】

腹部RL像（写真5）：体表の軟部組織の輪郭および骨格は正常範囲内である。胸部、肝臓、腎臓は正常範囲内である。脾臓は麻酔下であるためか中等度に腫大している。

下腹部において会陰部を過ぎたところまでは尿道は認められるが、その他は恥骨前縁から複雑な形態を持つ嚢胞が認められる。造影された嚢胞が背側に、その腹側に尿路は明確には認められないが、二重造影された膀胱が認められる。

腹部VD像（写真6）：軟部組織の輪郭、骨格、胸部、肝臓、

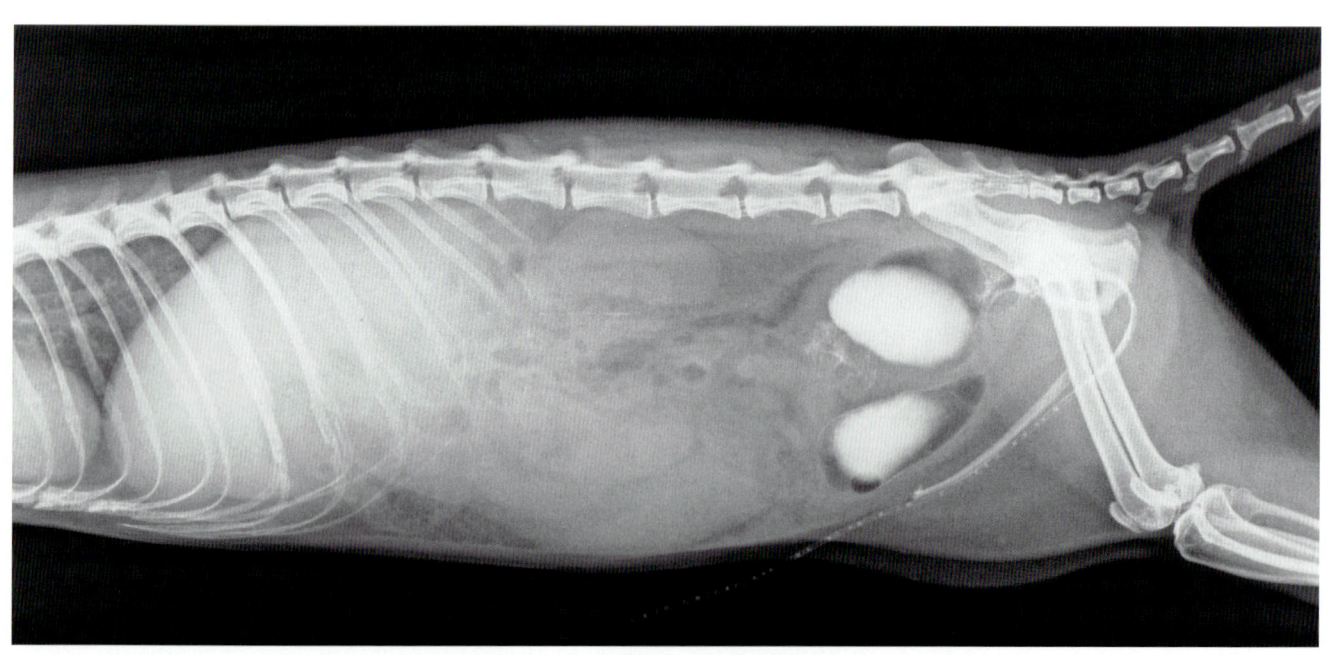

写真5 逆行性膀胱・尿路造影像 RL像

腎臓は正常範囲内である。胃内は空虚である。

恥骨を過ぎた尿路は複雑な形態であり，囊胞の右側に二重造影された膀胱が認められるが，尿道との関係は明確ではない。

【診　断】

①副腎機能亢進症に伴う性ホルモン関連機能障害，②膀胱および尿路周囲囊胞，③尿路感染症

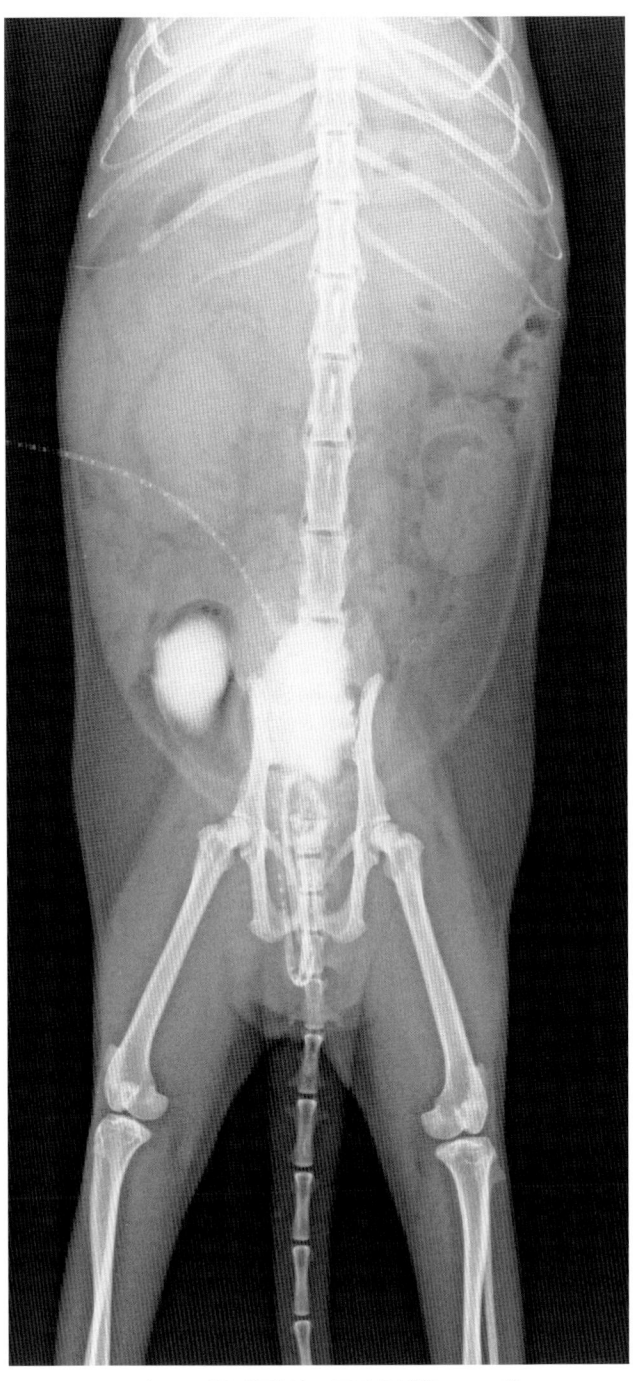

写真6　逆行性膀胱・尿路造影像　VD像

☞ あなたならどうする。次頁へ

☞

①尿路感染症の治療
②外科手術
③外科手術が不可能の場合，および術後の内科療法の方針立て
④緊急性の疾患であり，最良の結果を得るための外科手術が不可欠であることの飼い主への詳しい説明

【治療・経過】

飼い主に，手術が不可欠であることが説明された。今後の方針に関して家族会議ののち決定するようにすすめ，酢酸リュープロレリン（150μg/kg）を皮下注射し，飼い主の希望により一時退院とした POINT5。

POINT5 副腎機能を抑制させる目的で投与。この薬剤は副腎機能亢進症などがあるが手術できない場合に，保存的内科療法として使用される。フェレットでの応用例および有効性については十分に明らかではない。人では主に子宮内膜症に使用されている。

1週間後，飼い主から手術依頼があり，片側副腎摘出および尿道周囲嚢胞の切除術について再度，術式を含めた詳しい説明を行った後，この手術を行うことになった。

§手　術

術前にはプレドニゾロン 0.2mg/kg を皮下投与した。抗生物質は尿中の細菌感受性結果に基づき，ミノサイクリン（15mg/kg）を経口投与した。

アトロピン前投与を行い，ケタミン，ミダゾラム，ブトルファノールで導入し，気管挿管後，イソフルランによる維持麻酔を行った。剣状突起から坐骨弓までの腹部正中切開を行い，腹腔内の精査を行った。

左側副腎の腫大（写真7）および膀胱背側に近位尿道を取り囲むように腫大した複数の嚢胞状腫瘤（写真8，9，10）が認められた。

まず腫大した左側副腎（直径1cm）を結紮切除した。腹腔内に確認できる嚢胞で，膀胱三角部に位置した巨大な尿道周囲嚢胞（直径3cm程）は（写真10），膀胱漿膜内側に位置していたため漿膜面を切開し，嚢胞壁を慎重に

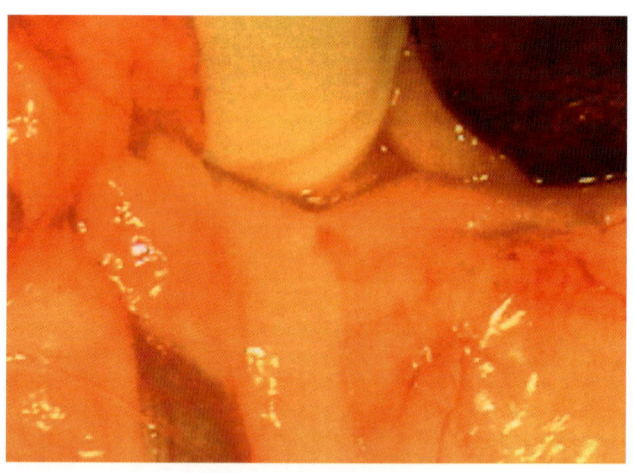

写真7　左側副腎の腫大

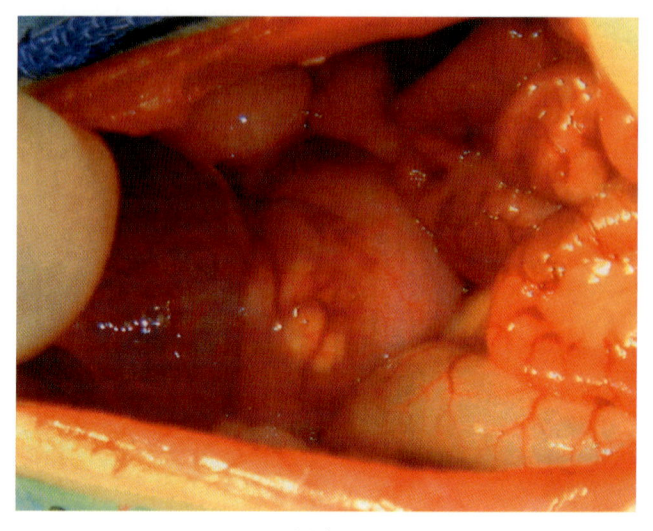

写真8

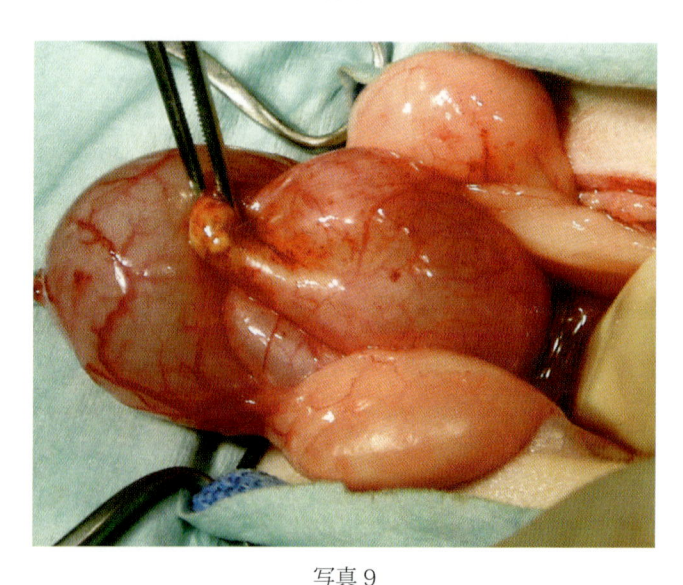

写真9

写真8・9　膀胱腹側に存在する嚢胞

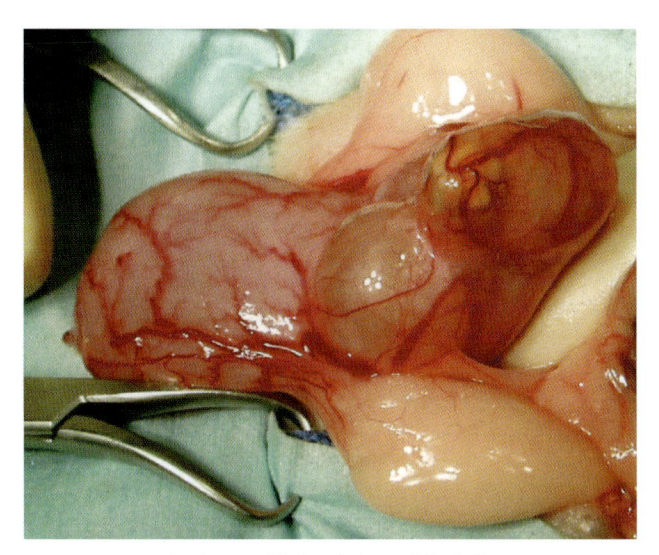

写真10　膀胱三角部に囊胞癒着

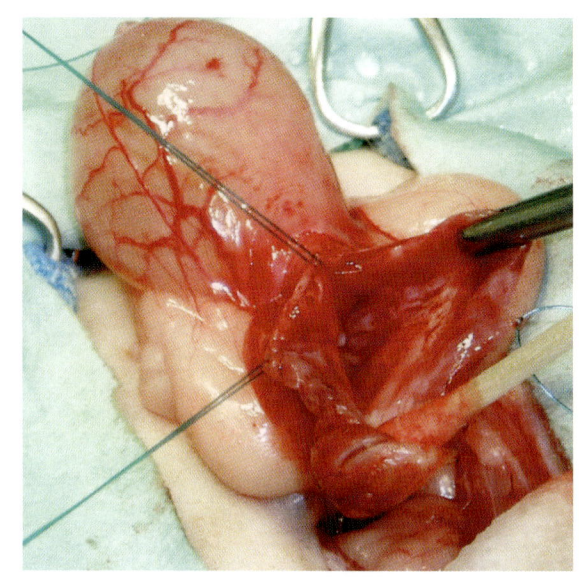

写真12　囊胞切開で尿道口部を確認

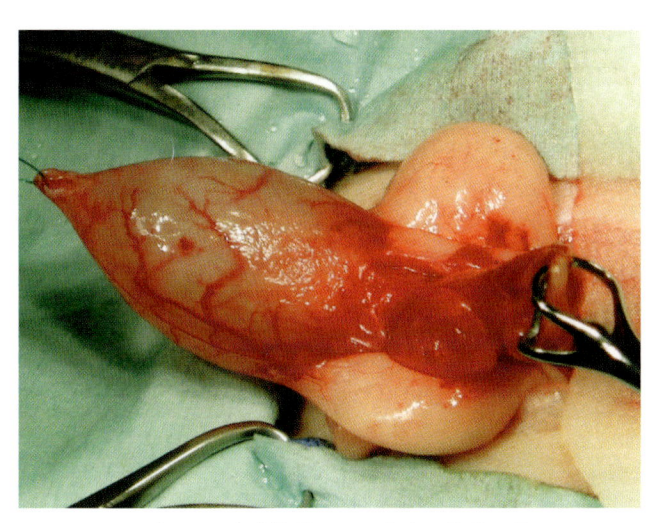

写真11　膀胱漿膜下から囊胞の鈍性剝離

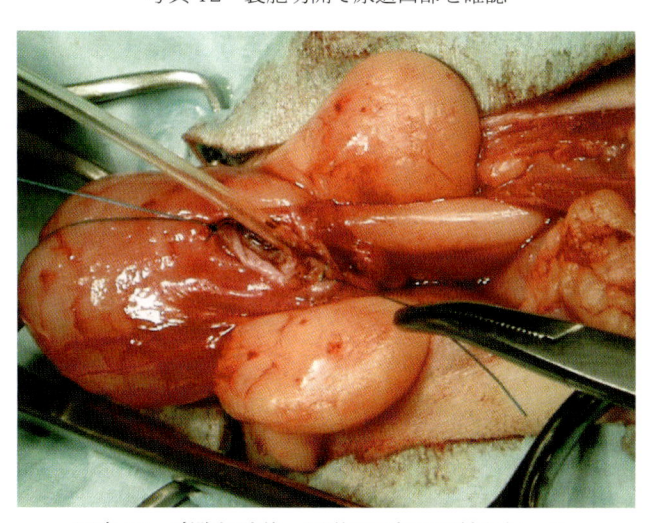

写真13　囊胞切除後，尿道開口部の閉鎖を行った。

膀胱から剝離した（写真11）。囊胞を尿道基部まで剝離した後，囊胞壁を切開し，尿道開口部で結紮切除した（写真12）。囊胞切除後は切開した膀胱漿膜を連続縫合で内反縫合した（写真13，14）。左副腎・囊胞摘出後は常法に従い閉腹した。

手術終了後，24時間体制のクリティカルケアを行い，継続的なモニターを行った。術後の患者の状態は良好で，排尿もスムーズであったため術後1週間で退院した。

左副腎および囊胞の組織病理検査（IDEXX）では，副腎腺腫・尿道周囲囊胞であった。

術後1か月目の検診において，尿中にまだ少量の排膿

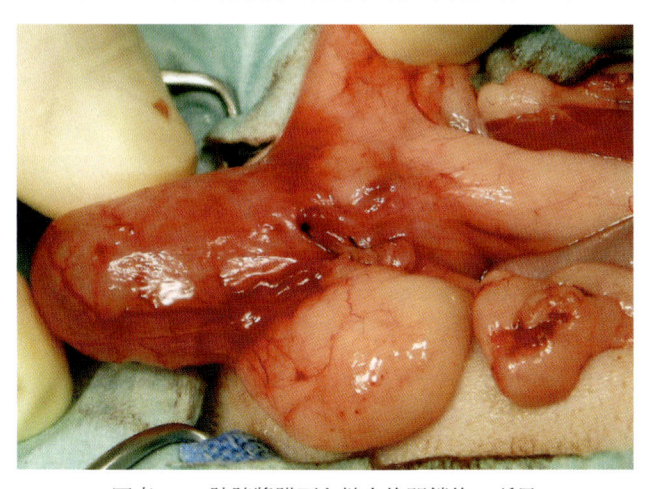

写真14　膀胱漿膜面を縫合後閉鎖後の所見

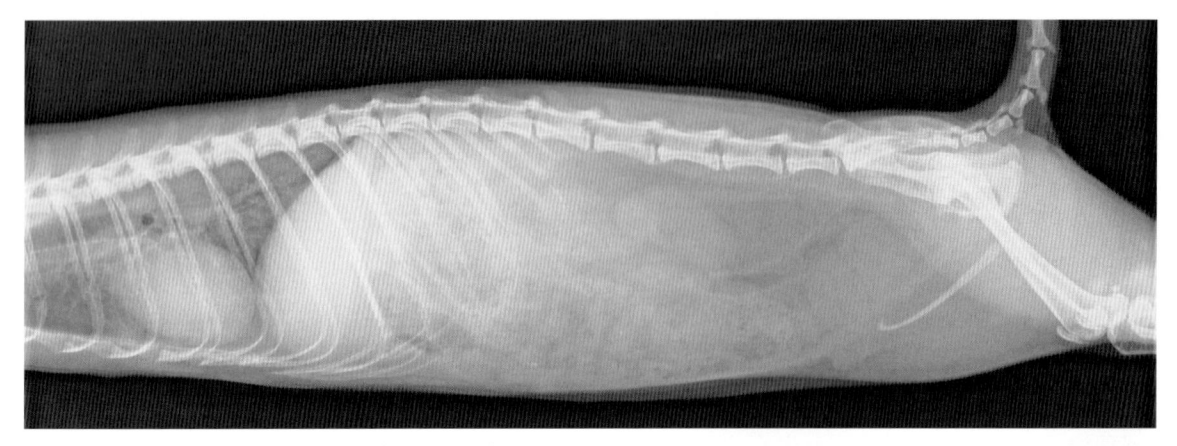

写真15　術後1か月の腹部単純X線写真　RL像
胃に大量の食渣が認められる。脾臓は軽度に腫大している。膀胱三角部から恥骨前縁にかけてマスが認められる。

が間欠的に認められるが，排尿困難および頻尿はなく良好に経過している。

今回切除できなかった骨盤腔内に存在する数か所の尿道拡張部は，副腎腫瘍摘出後の退縮を期待していたが，未だ改善は認められず，性腺機能抑制作用を有する酢酸リュープロレリンの投与を開始した。

【コメント】

フェレットにおいて，副腎腫瘍が多く認められることはよく知られている。症状は脱毛，瘙痒，不妊雌では外陰部の腫脹，不妊雄では尿淋漓などであり，フェレットにおける副腎疾患の原因は，早期の不妊手術のために副腎被膜内の未分化な性腺細胞の発育が促進されるためと考えられている。

副腎腫瘍に罹患した去勢雄のフェレットで，少数ではあるが，尿道周囲嚢胞を併発し排尿困難を伴う例がある。これら嚢胞は膀胱背側の近位尿道を取り囲み存在することが多い。部分的に液体を含み充実性の腫瘤であるのが典型的である。複数の腔が腫瘤内に存在することもある。またこの嚢胞がなぜ副腎腫瘍に罹患した一部の雄においてのみ生じるかは不明である。副腎摘出後には退縮するため腺組織由来であることが疑われている。このため尿道周囲嚢胞のサイズが直径2cm以下であれば，副腎腫瘍の摘出により嚢胞は縮小し，尿道閉塞の症状が改善すると考えられている。しかし早期の排尿障害を改善するためには，摘出可能

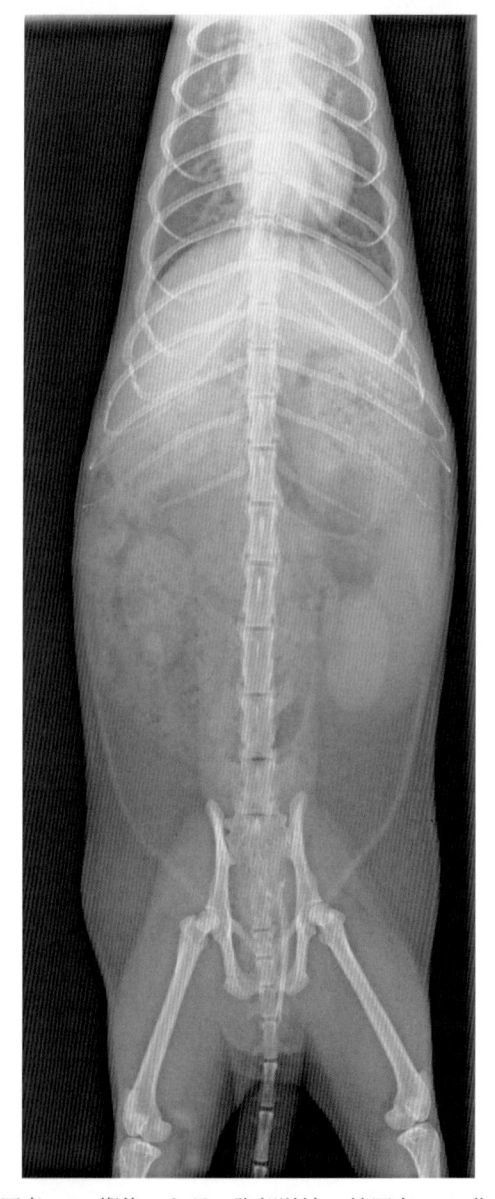

写真16　術後1か月の腹部単純X線写真　VD像

写真17　術後1か月の膀胱二重造影X線写真　RL像
膀胱三角直後の尿道を取り囲む形で囊胞に造影剤が充満しているのがわかる。

な尿道周囲囊胞は全て摘出することが望ましいと考えられる。

本症例において尿道周囲囊胞は，膀胱背側に存在する直径約4cmの囊胞および尿道周囲の複数の小囊胞が術前に認められている。今回の手術で摘出が可能であったのは，腹腔内の膀胱背側にある巨大な囊胞のみであった。この巨大な囊胞は膀胱三角部付近に存在し，完全な全摘出手術は困難であったが，囊胞の大部分を摘出できたことは幸いである。

今回切除不能であった骨盤腔内に存在する数か所の尿道拡張部は，定期的なモニターを行っていく予定である。

(Vol.59 No.7, 2006 に掲載)

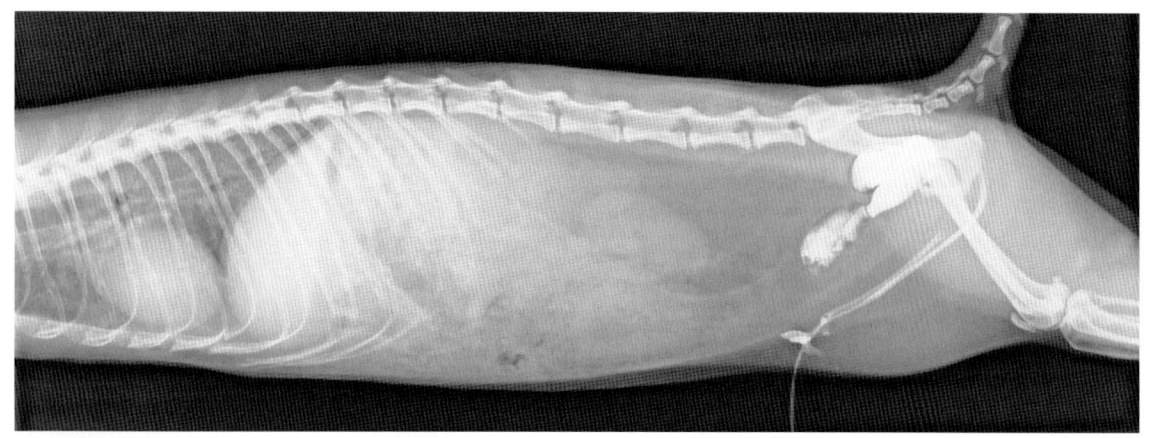

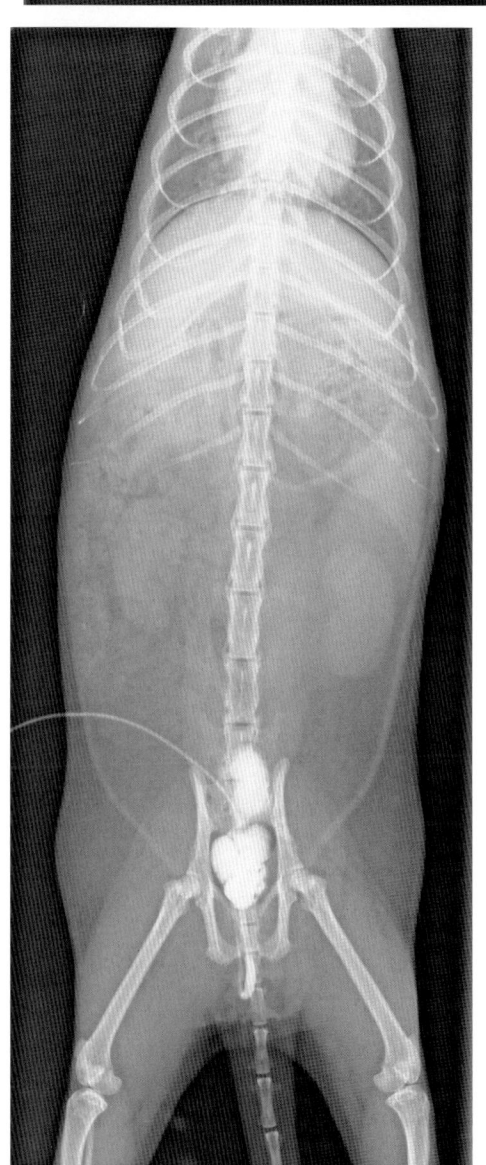

写真18　術後1か月の膀胱二重造影X線写真　VD像

Case 26 DOG

嘔吐を繰り返す症例

フレンチ・ブルドッグ，7.5か月齢，雄

【プロフィール】

フレンチ・ブルドッグ，7.5か月齢，雄。室内で飼育され，食事は市販の幼犬用ドライフード（ボッシュパピー）である。2.5か月齢時に低血糖を発症し，その際に両膝蓋骨内方脱臼が認められている。5種混合ワクチン，狂犬病ワクチンは接種済みで，犬糸状虫症の予防も行われている。

7か月齢時に毛包虫症，皮膚糸状菌症，マラセチア性外耳炎，前述の両膝蓋骨内方脱臼と両股関節形成不全が認められている。

【主訴】

昨日，未消化のフードと大量の液体を10回以上吐いているとのことで来院したものである。

この数か月間，不定期に嘔吐および吐出と推定される症状が認められているとのこと。

【physical examination】

体重は6.15kg，体温は38.6℃，心拍数は180回/min，呼吸数は20回/min，栄養状態は90%，意識レベル80%であった。元気，食欲はない。

腸蠕動音の著しい低下が認められた。また鼻腔狭窄，軟口蓋過長症などが認められた。

【臨床病理検査】

CBC，血液化学検査の結果は表1の通りであった。

血液検査ではWBC，Seg-Nの上昇[POINT1]，Hb，PCV等の

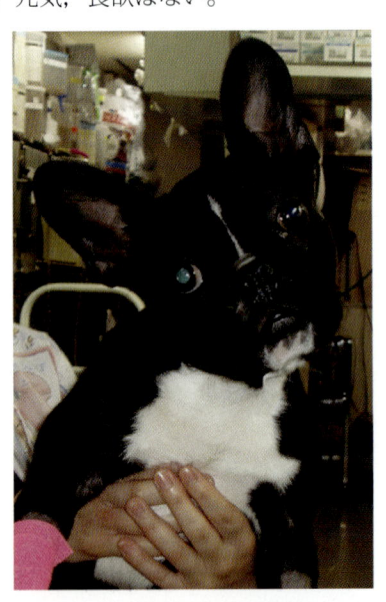

写真1　症例の外貌

表1　臨床病理検査

CBC			
WBC	26.4×10^3	$(6 \sim 17 \times 10^3)$	/μL
RBC	7.07×10^4	$(5.5 \sim 8.5 \times 10^6)$	/μL
Hb	18.1	$(12 \sim 18)$	g/dL
Ht	49.3	$(37 \sim 55)$	%
MCV	70.0	$(60 \sim 77)$	fl
MCH	25.6		pg
MCHC	36.7	$(32 \sim 36)$	g/dL
pl	679×10^3	$(200 \sim 500)$	/μL
血液の塗抹標本検査のリュウコグラム			
Band-N	0	$(0 \sim 300)$	(/μL)
Seg-N	24684	$(3000 \sim 11500)$	(/μL)
Lym	1056	$(1000 \sim 4800)$	(/μL)
Mon	660	$(150 \sim 1350)$	(/μL)
Eos	0	$(100 \sim 1250)$	(/μL)
Bas	0	(0)	(/μL)
RBC所見	多染性（−），大小不同（−）		
血液化学検査			
TP	6.2	$(5.20 \sim 8.20)$	g/dL
Alb	3.1	$(2.70 \sim 3.80)$	g/dL
Glb	3.1	$(2.50 \sim 4.50)$	g/dL
ALT	139	$(10 \sim 100)$	U/L
ALKP	75	$(23 \sim 212)$	U/L
T-Bil	< 0.1	$(0.00 \sim 0.90)$	mg/dL
Chol	174.0	$(110.0 \sim 320.0)$	mg/dL
Lip	622	$(200 \sim 1800)$	U/L
Glc	149	$(77.0 \sim 125.0)$	mg/dL
BUN	33	$(7.0 \sim 27.0)$	mg/dL
Cr	1.0	$(0.50 \sim 1.80)$	mg/dL
P	8.7	$(2.50 \sim 6.80)$	mg/dL
Ca	10.7	$(7.90 \sim 12.00)$	mg/dL
電解質			
Na	127		mmol/L
K	3.4		mmol/L
Cl	87		mmol/L

（　）内は本院における正常値を示す。

上昇POINT2などが認められた。

電解質でのNa，K，Clの著しい低下が認められたPOINT3。

POINT1 ストレスパターンを示している。
POINT2 脱水を示している。
POINT3 脱水があるとともに大量の電解質が失われている→胃液，十二指腸液が共に大量に失われている。

【単純X線検査】

腹部RL像（写真2）：軟部組織の輪郭は栄養状態80％を示している。骨格は第6胸椎，第12腰椎に異常が認められる。

胸腔内は正常範囲内である。胃胞は頭側に強く圧迫され，幽門部は背側に圧迫されている。幽門部腹側に大量の液体とともにガスを含んだ異常像が認められる。脾臓と腎臓はともに認められない。結腸には大量の糞塊が認められる。巨大な空腸の頭側の大きなガスおよび液体像の腹側に，不定形のX線半透過性の異物が数個認められる。

腹部VD像（写真3）：胸椎の著しい異常を示唆する肋骨の異常配列が認められる。

横隔膜は頭側へ移動しているのが認められる。胃胞は左側に強く圧迫されている。また，脾臓はその尾側に認められるが，左側に強く変位している。

小腸，回腸と考えられるものが，胃胞と脾臓に接して圧迫された形で認められる。右側の大部分は巨大な空腸で，大量の液体と大量のガス像が結腸に重なって認められる。右側の頭側に一部異常な像が認められる。巨大な空腸に相当する部分の右側腹壁近くにRL像と一致する異物が認められる。

股関節像（写真4）：左右両側とも強い股関節形成不全像が認められるとともに両膝蓋骨の内側への変位が認められる。

【腹部超音波検査】

蠕動微弱な著しく拡張した腸管が認められ，管腔内に貯留した液体中に直径2cm程の異物が数個確認された。

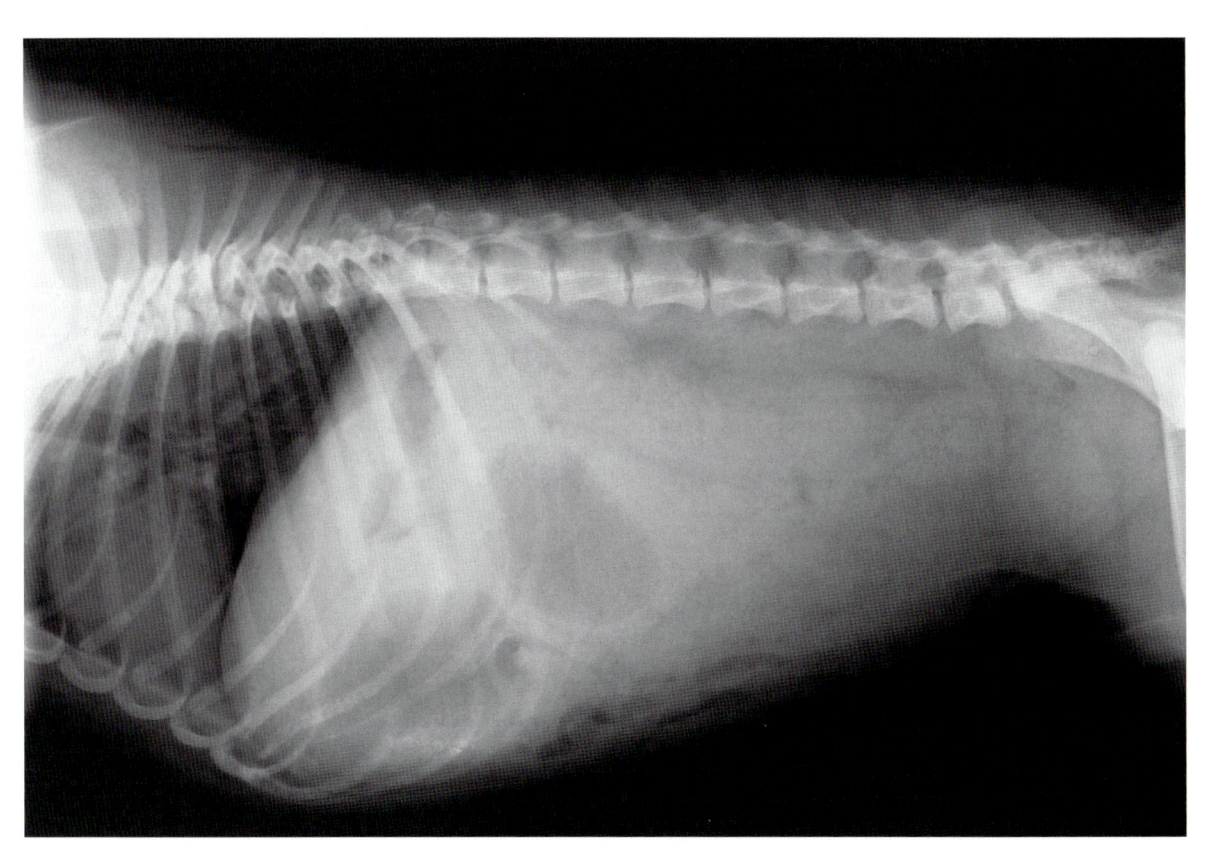

写真2　腹部単純X線写真　RL像

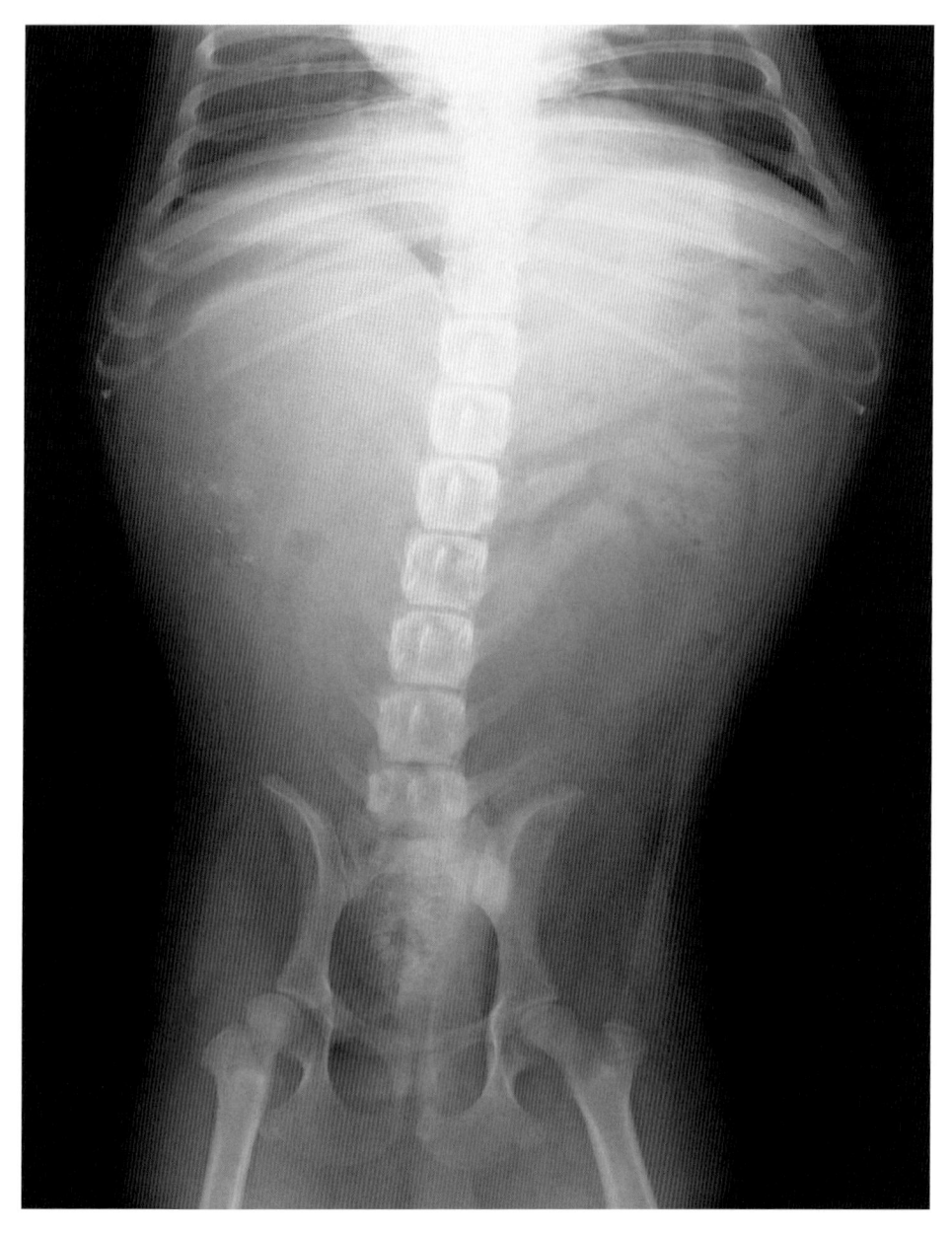

写真3　腹部単純X線写真　VD像

【内視鏡検査】

食道では特記所見はない。胃では軽度の充血，浮腫が認められ，十二指腸では大量の液体貯留，充血，糜爛などが認められる（写真5，6）。

【診　断】

異物による空腸不完全腸閉塞，巨大空腸，鼻腔狭窄，軟口蓋過長症，マラセチア性外耳炎，両膝蓋骨内方脱臼，両股関節形成不全。

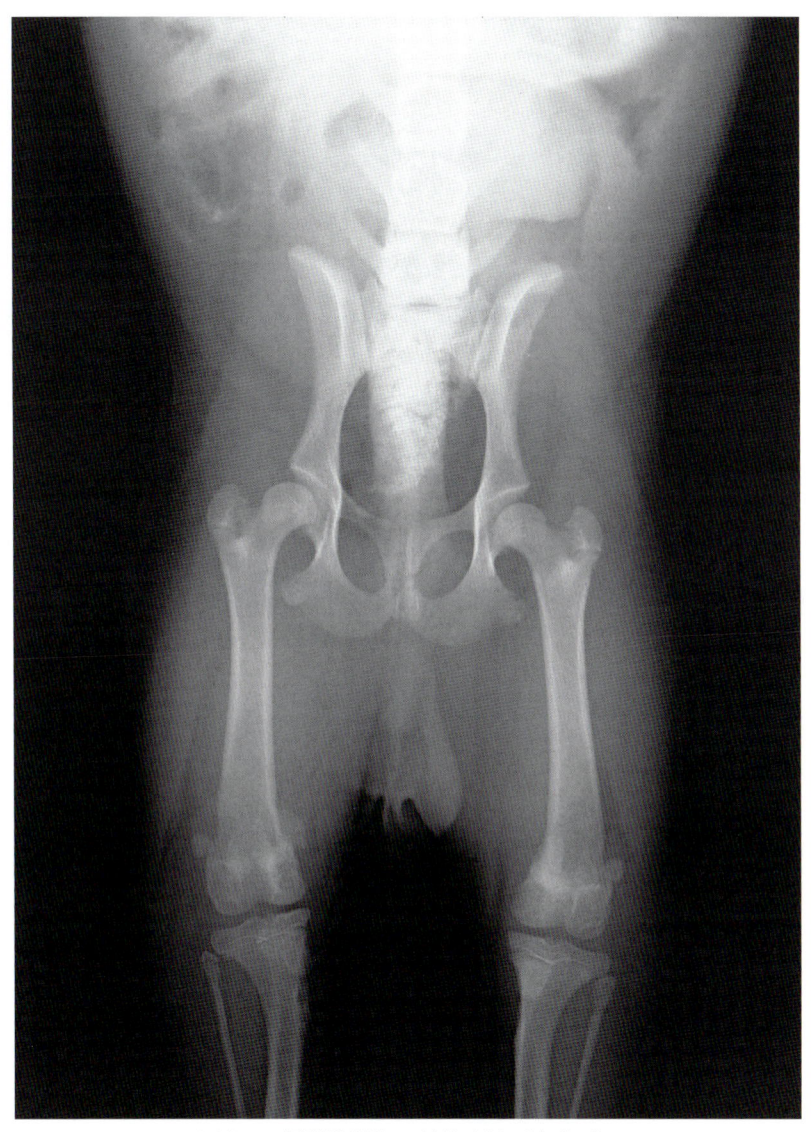

写真4　標準股関節X線検査法（麻酔下）

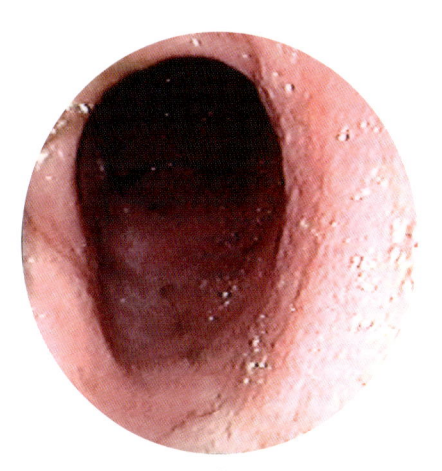

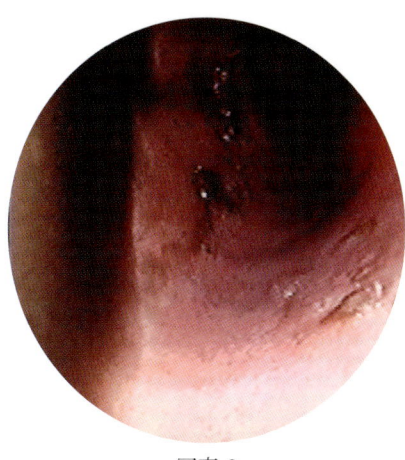

写真5，写真6　拡大した幽門洞および胃底部の内視鏡像および生検像。慢性期な食滞による機能的変化であり，器質的な変化ではない。

写真5　　　　　写真6

☞ **あなたならどうする。次頁へ**

① 緊急手術が必要である
② 外科手術の内容と見積りについて飼い主に詳しく説明し，インフォームド・コンセントを得る。

【治療・経過】

診断後，直ちに飼い主へ腸閉塞にににより緊急の開腹手術が必要である旨を説明し，インフォームド・コンセントが得られたので，緊急開腹による腸切開異物摘出術を実施した。

アトロピン前投与後，ケタミン，ミダゾラムで導入し気管内挿管を行い，イソフルランと酸素による全身麻酔の維持を行った。手術は腹部正中切開で行った。開腹時いずれの腸管にも完全な異物による閉塞は認められなかったが，十二指腸は正常径の約2倍に拡張し，また空腸近位

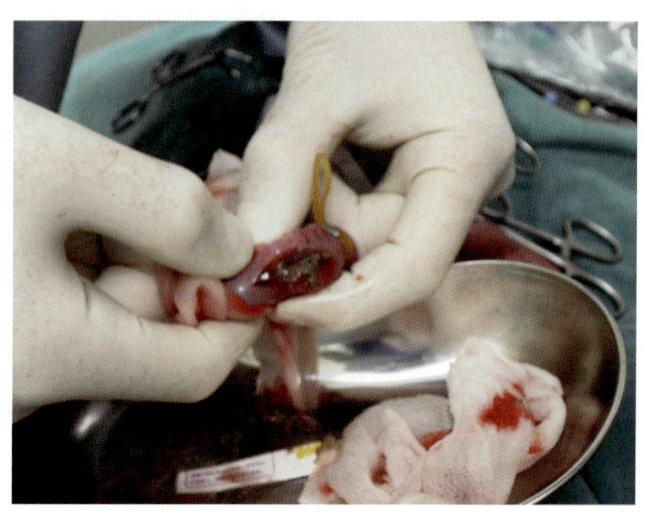

写真9　異物，空腸内容物を取り除いた

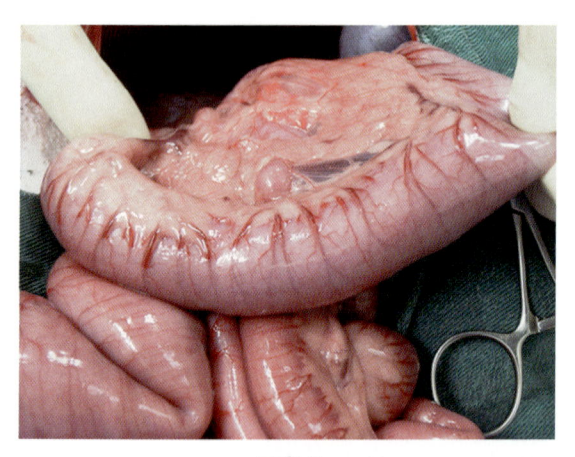

写真7

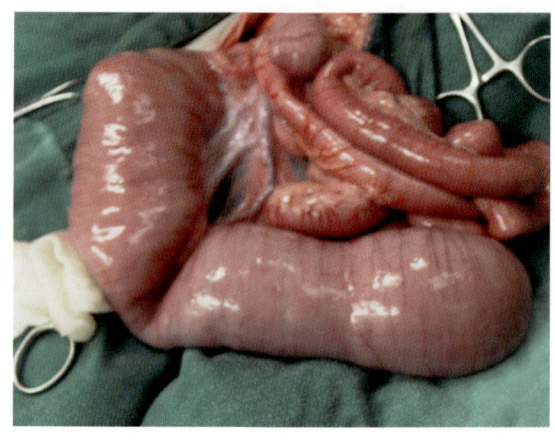

写真8

写真7，写真8　拡張し弛緩した空腸
十二指腸全域とそれに続く空腸約40cm程が著しく拡張し，蠕動運動の低下が認められた。拡張した空腸内に大量の液体が貯留し，小さな固形物が数個触知された。

写真10　摘出された異物
フェルトまたは絨毯の一部と思われる。

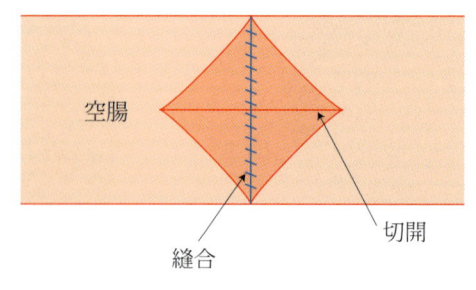

図1　リバーススマイリング法
横の切開に対して，縦に縫合する方法。こうすれば腸の狭窄を防ぐことができる。

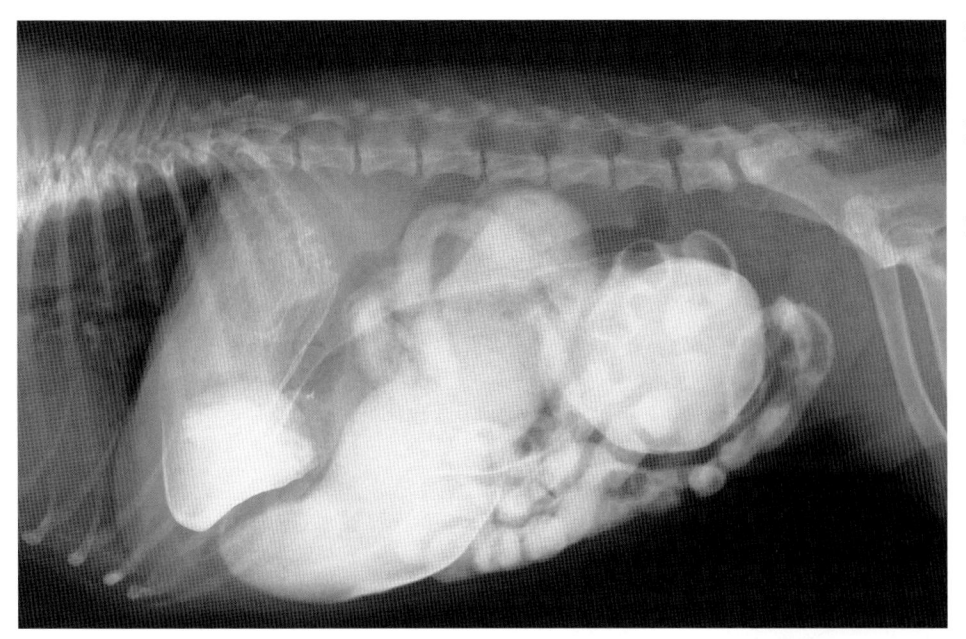

写真11 術後10日目のバリウム造影4時間後のX線写真 RL像
胃胞および幽門部は左側頭側に強く変位して認められる。巨大な空腸にもそれなりの蠕動が認められ、バリウムの回腸への通過および回腸の蠕動像はむつろ活発に認められる。

約40cmは正常径の約5倍に著しく拡張していた（写真7, 8）。拡張した空腸内には直径2cm程の異物が3個触知された。異物は固く、空腸遠位の肉眼的正常部を通過することは不可能な大きさであった。空腸拡張部遠位端を切開し、これらを全て除去し（写真9, 10），リバーススマイリング法（図1）により縫合し漿膜パッチを施した。拡張部の漿膜面には充血はなく，血行は良好で，蠕動も微弱ながら確認されたため，腸管は温存し定法に従い閉腹した。術後は腸蠕動低下を考慮し，メトクロプラミドとモサプリドの内服を継続し，食事はHill's i/d缶とした。

術後10日後（写真11, 12），1か月後にバリウム造影検査と腹部超音波検査により拡張状態と消化管運動の評価を行った。1か月後の検診では，拡張度の変化はないが活発な腸蠕動が観察された。バリウムは3時間で胃から完全に排出，8時間後には結腸へ到達したが，空腸拡張部には多量のバリウム滞留が認められた。

術後2か月間，消化管運動促進剤を内服しながらも，間欠的な嘔吐と食後のあい気が認められた。そこで根治を目的とした空腸拡張部の切除術が必要であることを飼い主に説明し，インフォームド・コンセントが得られたので，空腸拡張部の切除術を実施した。空腸拡張部は約45cmであり，2か月前の縫合部と思われる部位に軽度の硬結感を認めたのでこれも含め，両端は3cmのマージンをとり，十二指腸遠位から空腸遠位部までの腸管約50cm

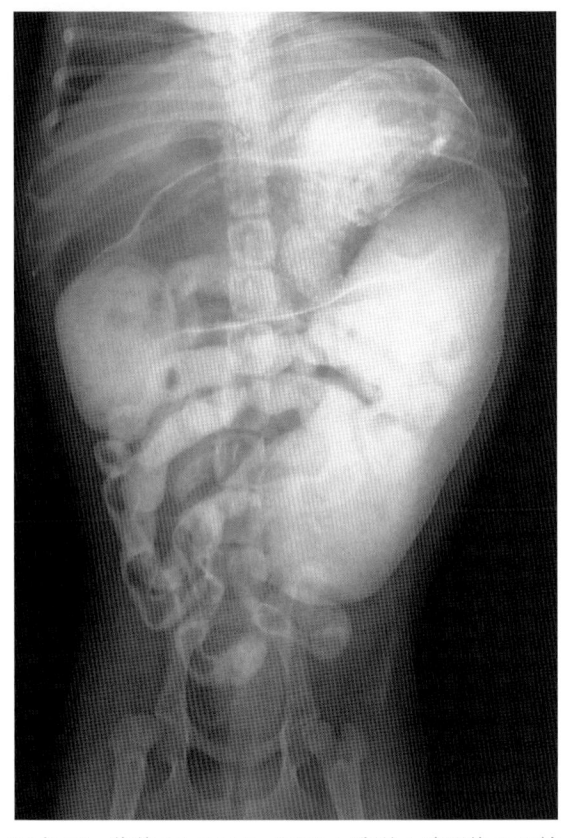

写真12 術後10日目のバリウム造影4時間後のX線写真 VD像
胸椎の異常は前回認められたものと同様で，股関節では形成不全が進行し，右股関節は強い亜脱臼が認められる。

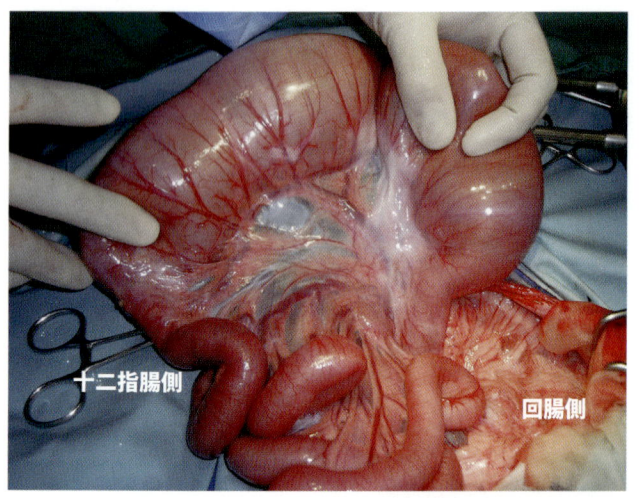

写真13　2度目の手術　空腸拡張部
以下，写真14〜18は2度目の手術時のもの。

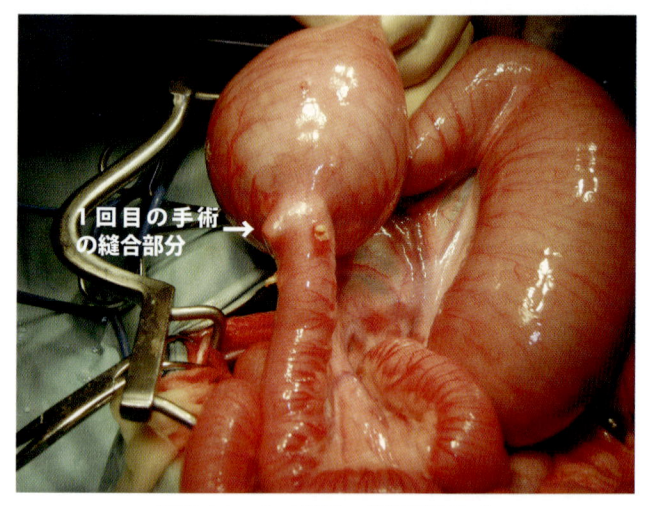

写真14　十二指腸・空腸端々吻合

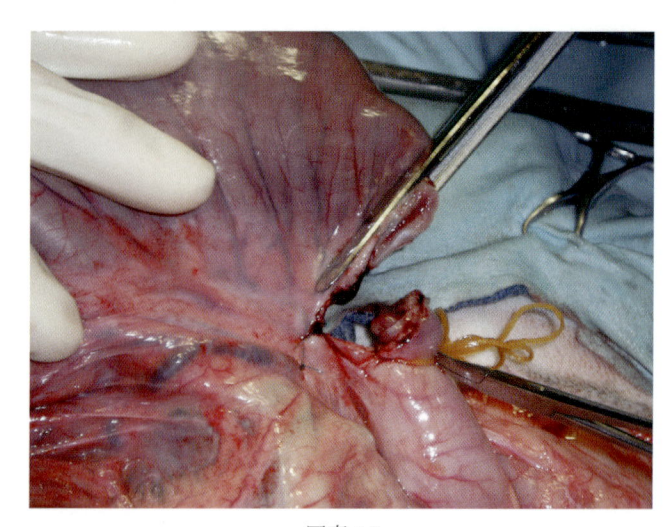

写真15

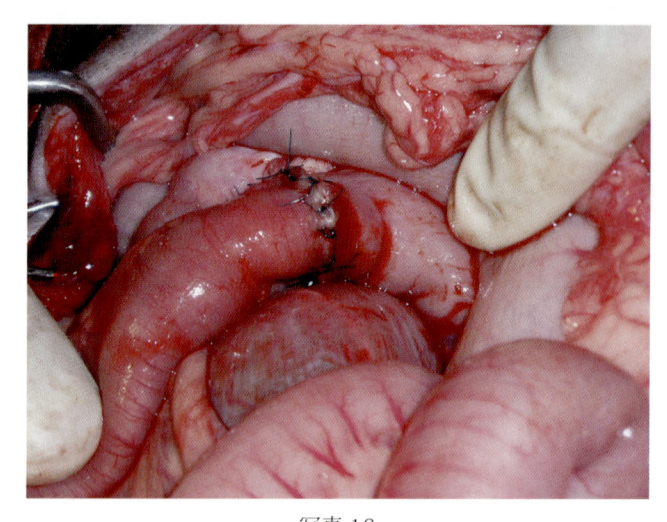

写真16

写真15・写真16　十二指腸・空腸端々吻合。腸鉗子を全く使用しないことに注意。

（小腸全体の約30％）を切除し，断端吻合を施した（写真13〜18）。

　空腸切除後は内服を行わず食事はHill's i/d缶で経過観察とした。根治術から3.5か月経過したが，経過は良好で，腸管の状態を明らかにするためのバリウム造影X線検査で，バリウムの通過は正常であることが明らかにされた（写真19，20）。

　切除した腸管の病理組織検査結果は，十二指腸遠位，空腸拡張部，空腸肉眼的正常部ともに，「粘膜下神経叢と筋間神経叢の軽度の脱落，神経細胞の顕著な空胞変性」と「化膿性の粘膜表層性炎症」であった。

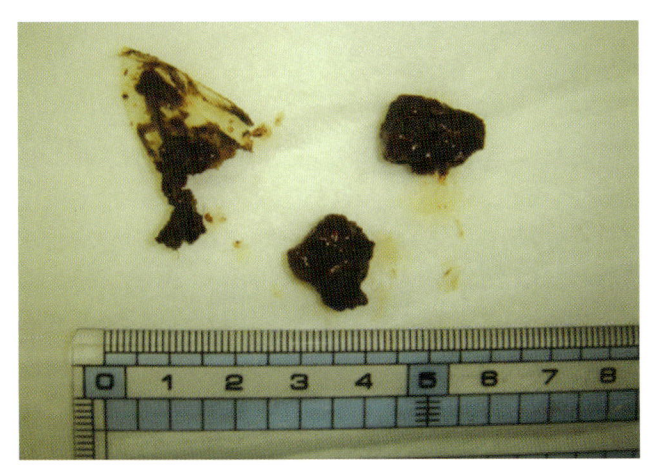

写真17　摘出された固い絨毯の断片3個

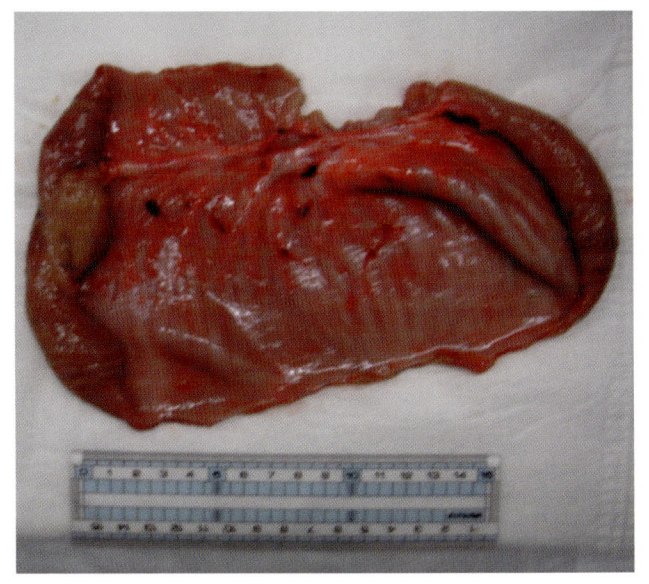

写真18　正常胃底部および幽門前底部

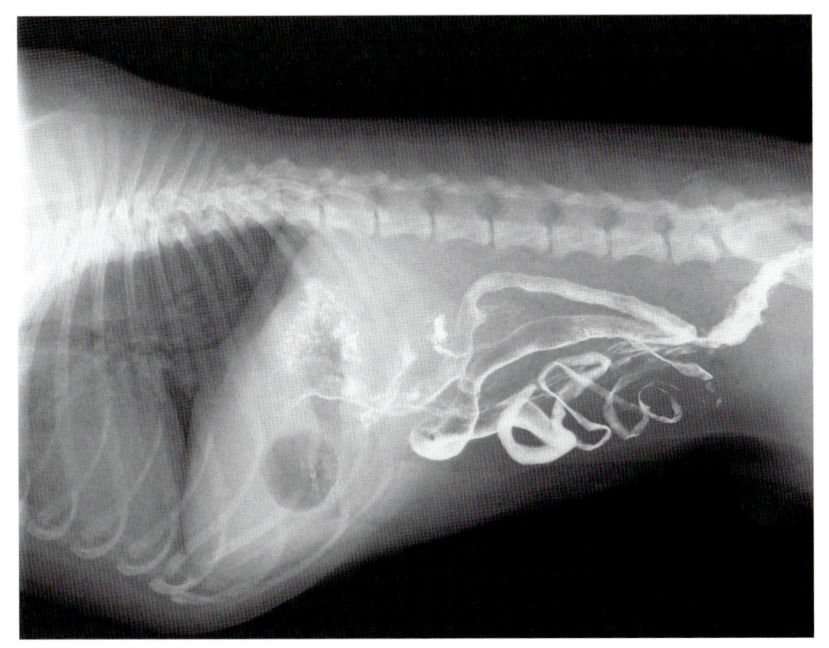

写真19　根治術後3.5か月目のX線写真　RL像

写真19，写真20
胸腔内の横隔膜の位置，胃および幽門の位置が正常化している。十二指腸の走行像も正常化し，巨大腸管像は認められない。脾臓の位置も正常化している。腸管の運動性はほぼ完全に正常化している。

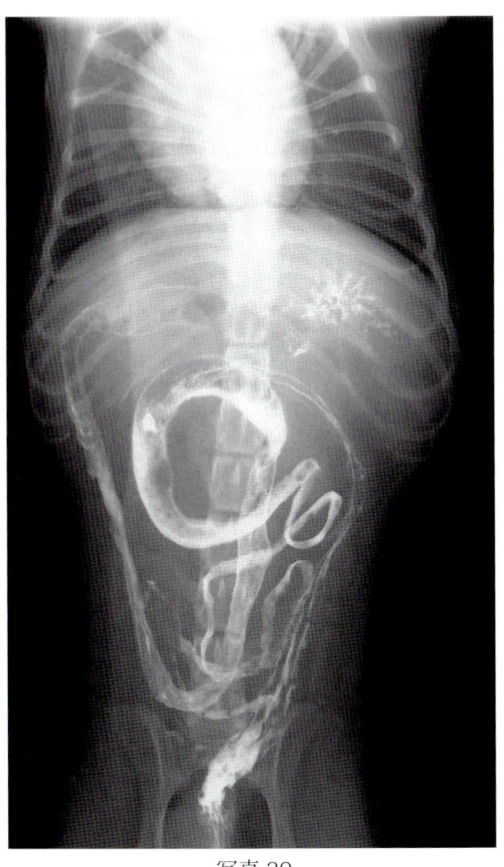

写真20
根治術後3.5か月目のX線写真　RL像

【コメント】

フレンチ・ブルドッグは人気犬種であり本品種の来院機会が増加するにつれ，短頭種症候群（鼻腔狭窄・軟口蓋過長）を筆頭に，二分脊椎症，椎間板ヘルニア，股関節形成不全，膝蓋骨脱臼，巨大食道症，噴門・幽門機能不全など様々な疾患を認めることが多くなっている。

本症例は異物による腸閉塞をきっかけに十二指腸拡張とそれに続く約50cmにわたり空腸の巨大な拡張があると診断されたものである。正確な発症の時期と機序は不明であるが，おそらくは比較的に幼少時に異物を誤食したものと考えられる。成長に従い慢性の不完全な腸閉塞を反復した結果，緩徐に空腸の拡張が進行してきたものと考える。当初は，人のヒルシュスプリング病や猫の巨大結腸症でみられる壁内神経叢欠如のような先天性疾患も考慮した。しかし，今日まで犬の壁内神経叢異常による小腸限局性の拡張症の症例は報告がない。

つまり，本症例で認められた空腸病理組織は猫の巨大結腸症に認められる変化とよく一致するものではあるが，腸の拡張性変化が不可逆的になった時点で，結果的な病理組織変化であり，本症例の原因的変化とは考えられない。事実，本症例のその後の良好な経過がこれを証明していると考える。

本症例の術後の経過は極めて良好で消化器症状は一切みられない。したがって空腸の巨大拡張部の切除により問題は解決されたものと考える。ただし今後，消化管運動機能障害や吸収不全が発症する可能性を完全に否定することはできない。したがって定期検診，患者の観察，飼い主との密なコミュニケーションを継続していくことが重要であると考える。

(Vol.59 No.8, 2006 に掲載)

Case 27 DOG

歩行困難な症例

ウェルシュ・コーギー，10歳10か月齢，雌

【プロフィール】

ウェルシュ・コーギー，10歳10か月齢，雌，不妊手術は行われていない。狂犬病・混合ワクチン・犬糸状虫症ともに予防は行われている．

アトピー性皮膚炎により3歳時からシャンプー療法と食事療法を受けている。食事は専用食（Hill's 低アレルゲン食）。飼育環境は室内100%．

【主 訴】

1年程前から左後肢の間欠的な跛行が認められていたが，1か月前から左後肢の不全麻痺で3肢歩行となった。3日前から右後肢の不全麻痺も急性に進行し，両後肢での歩行ができなくなった。近医で脊髄疾患として，コルチコステロイド療法を行っているが顕著な改善は認められなかった。食欲は旺盛であるが，排便は困難であった。前日朝まで自力排尿を認めたが，その後の排尿がなかったため排尿処置を行って欲しいとのことで夜間救急処置を求めて，当院へ来院された。

【physical examination】

体温は38.7℃，心拍数は168回/min，股動脈圧は100%，呼吸はパンティングであり，腹部の膨大と下垂が著明で，体重は18.2kgで栄養状態は130%であった．

脳神経と意識レベルは正常範囲内であり，後肢の触診で筋肉マスの萎縮が認められた（左＞右）が，その他の整形外科的な異常所見は認められなかった。

両後肢の不全麻痺（CP：0　SP：1　DP：1）があり，

表1　臨床病理検査

CBC			
WBC	17.2×10^3	$(6 \sim 17 \times 10^3)$	/μL
RBC	7.19×10^6	$(5.5 \sim 8.5 \times 10^6)$	/μL
Hb	15.5	(12～18)	g/dL
Ht	44.9	(37～55)	%
MCV	62.4	(60～77)	fl
MCHC	34.5	(32～36)	g/dL
pl	497×10^3	(200～500)	/μL
血液の塗抹標本検査のリュウコグラム			
Band-N	0	(0～300)	(/μL)
Seg-N	11890	(3000～11500)	(/μL)
Lym	1450	(1000～4800)	(/μL)
Mon	1160	(150～1350)	(/μL)
Eos	0	(100～1250)	(/μL)
Bas	0	(0)	(/μL)
血液塗抹標本　形態的異常は認められない			
血液化学検査			
TP	7.7	(5.20～8.20)	g/dL
Alb	2.9	(2.70～3.80)	g/dL
Glb	4.8	(2.50～4.50)	g/dL
ALT	330	(10～100)	U/L
AST	測定範囲外	(0～50)	U/L
ALP	459	(23～212)	U/L
T-Bil	<0.1	(0.00～0.90)	mg/dL
Chol	360	(110.0～320.0)	mg/dL
Lip	1576	(200～1800)	U/L
Glc	181	(77.0～125.0)	mg/dL
BUN	13	(7.0～27.0)	mg/dL
Cr	0.9	(0.50～1.80)	mg/dL
P	5.5	(2.50～6.80)	mg/dL
Ca	10.5	(7.90～12.00)	mg/dL
CK	>2036	(10～200)	U/L
静脈血の血液ガス検査			
pH	7.435	(7.35～7.45)	
pCO₂	36.2	(40～48)	mmHg
pO₂	35.4	(30～50)	mmHg
HCO₃	23.7	(20～25)	mmol/L
BE	−0.5	(−4～4)	mmol/L
O₂サチュレーション	70.3		%
TCO₂	24.8	(16～26)	mmol/L
電解質			
Na	137	(144～160)	mmol/L
K	3.7	(3.5～5.8)	mmol/L
Cl	110	(109～122)	mmol/L

（ ）内は本院における正常値を示す。

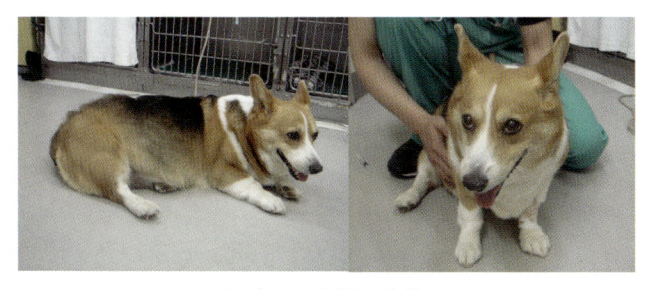

写真1　症例の外貌

脊髄反射（膝蓋腱反射と屈筋反射）は正常，前肢は正常範囲内で，会陰反射も正常範囲内であった。

頸部・背部の疼痛，腹部圧痛は認められなかった。しかし，自発排尿は不可能で，圧迫による排尿はやや困難であった。

【プロブレム】

①自発排尿・排便困難，②両後肢の不全麻痺と歩行不能，③頻脈，④肥満，⑤軽度の歯石沈着

【プラン】

尿カテーテルによる排尿処置。CBC，血液化学検査，尿検査，血圧，心電図検査など老齢動物を対象としたルーチン検査。X線検査。

【臨床病理検査】

CBC，血液化学検査の結果は表1の通りであった。

血液化学検査で，Glb，ALT，AST，ALP，Chol，CK，Glcが高値を示していた。

またT4は0.6g/dL（正常値1.3～2.9g/dL）と低値を示し，血液凝固時間（ACT）は1分50秒（基準値＜2分）であった。

尿検査所見（膀胱穿刺尿）では，色調は黄色尿，尿比重1.031，pHは7.5，Pro 3＋，OB 2＋，Glc －，Ket －であった。尿沈渣では，グラム陰性桿菌および好中球が多数認められた。

【心電図検査】

洞性頻脈（心拍数160回/min，電気軸＋90度）。

【血圧検査】（前腕で測定）

収縮期圧（SYS）は169mmHg，拡張期圧（DIA）は97mmHg，平均圧（MAP）は128mmHgであった。

【単純X線検査】

胸部RL像（写真2）：体表軟部組織の輪郭および骨格は正常範囲内である。気管，気管支，肺野は正常範囲内である。心陰影も正常範囲内である。

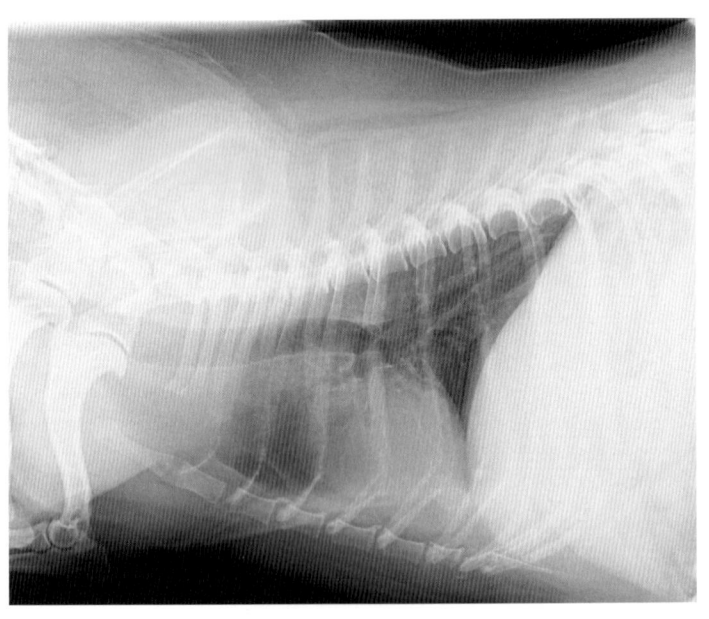

写真2　胸部単純X線写真　RL像

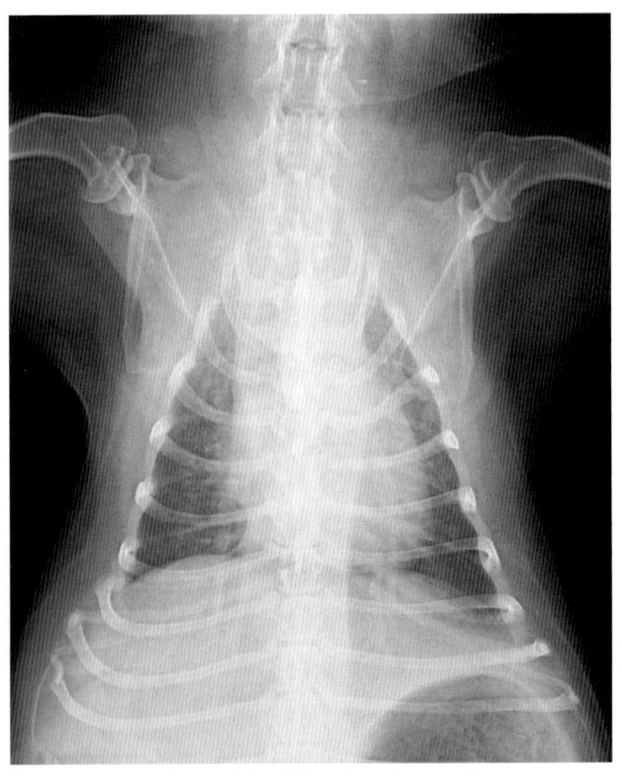

写真3　胸部単純X線写真　DV像

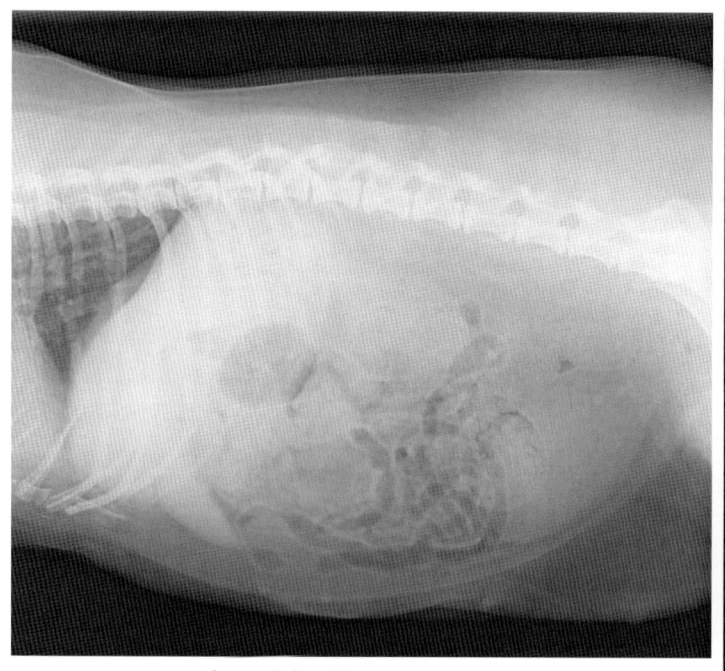

写真4　腹部単純X線写真　RL像

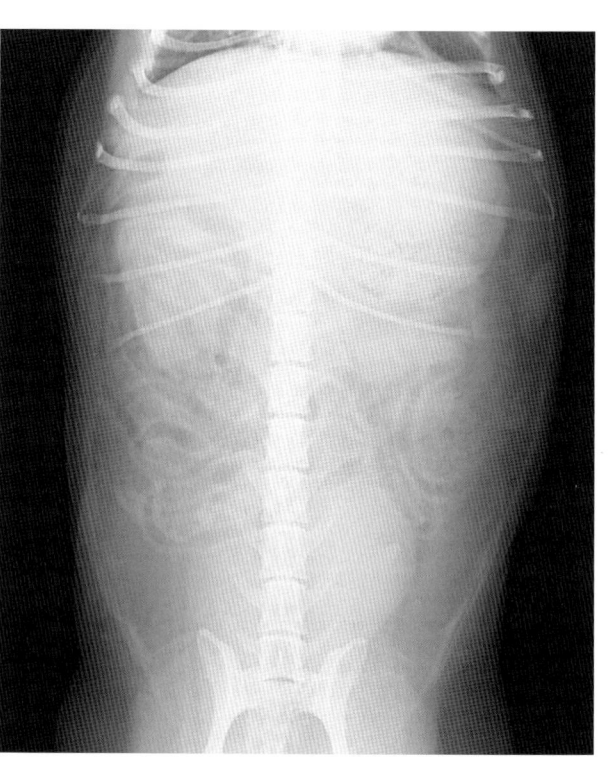

写真5　腹部単純X線写真　VD像

胸部 DV 像（写真3）：RL像同様，体表軟部組織の輪郭，骨格，心陰影は正常範囲内である。

腹部 RL 像（写真4）：腹部膨満と強い拡大を認める。骨格は正常範囲内である。胸部，肝臓，腎臓は正常範囲内である。胃内には中等度の食渣が認められる。

腹部 VD 像（写真5）：RL像同様に腹部の強い拡大を認めるが，軟部組織の輪郭，骨格，胸部，肝臓，腎臓は正常範囲内である。脾臓は正常範囲内である。

【ACTH 刺激試験】

コートロシン（0.25mg IM）を使用してACTH刺激試験を行った。
Pre　5.9μg/dL（基準値 0.5〜4.0）
Post（投与1時間後）45.2μg/dL（基準値 6.0〜18.0）
Postでコルチゾール濃度の顕著な上昇が認められた。自然発生クッシング症候群を強く示唆するものである。

【CT（脊髄造影）検査】

脊椎縦断像では椎間腔に狭窄は認められず，また脊柱管内に明らかな椎間板物質の突出・脱出像は認められない。脊髄造影検査ではT8-T9，T9-T10で脊柱管外に造影剤のリークが認められたが，CTで確認できる硬膜内−髄外・硬膜外マスなど脊髄圧迫病変はなく，リークの原因を特定できなかった。腹部CTでは，両側副腎の腫大と副腎内部に石灰化が認められ，副腎腫瘍が強く疑われた。

【MRI 検査】

脊柱管外への造影剤リークの原因および神経疾患の鑑別診断のため，MRI検査を他の検査機関に依頼した。

脳のMRIでは，右前頭葉の側脳室前角付近にT2W1で高信号，T1W1で低信号，造影剤で増強されない水と同程度の信号強度を示す小病変を認める。また，下垂体は直径約7mmに腫大している。胸椎のMRIでは，T5-T6およびT8-T12の椎間板髄核の変性を認めるものの脊柱管内への椎間板物質の突出・脱出は認められず，脊髄内の異常信号も認められない。胸腰部では，T10-L7の全ての椎間板髄核の変性を認めるものの脊柱管内への椎間板物質の突出・脱出は認められない。また脊髄内の異常信号も認められない。

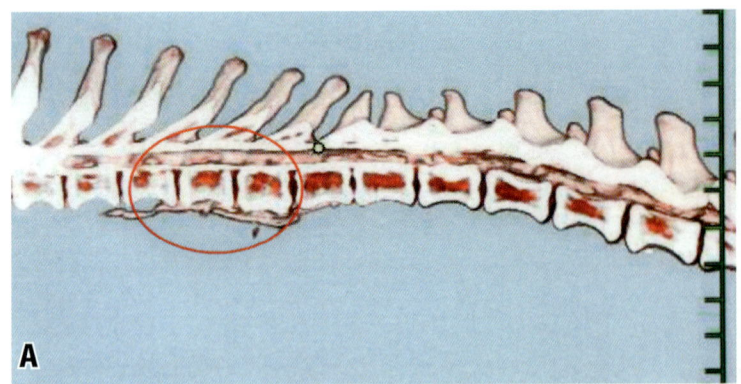

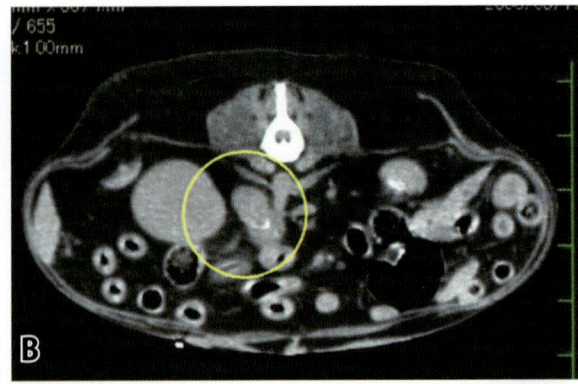

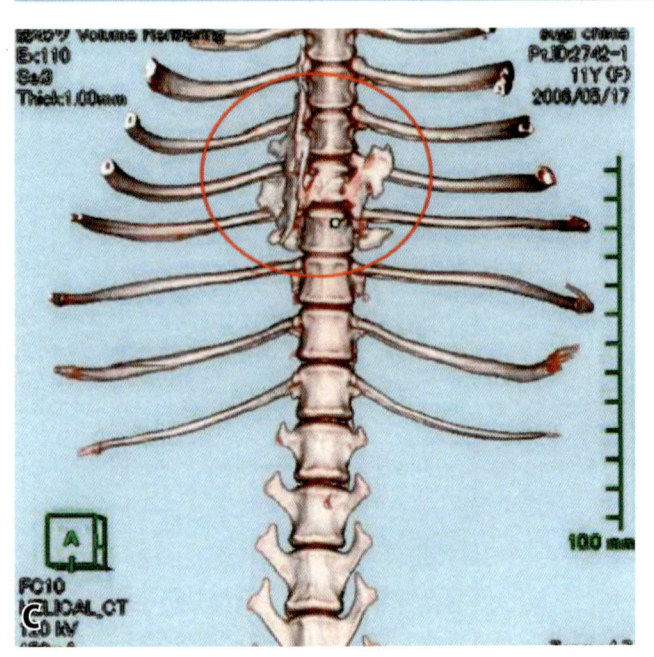

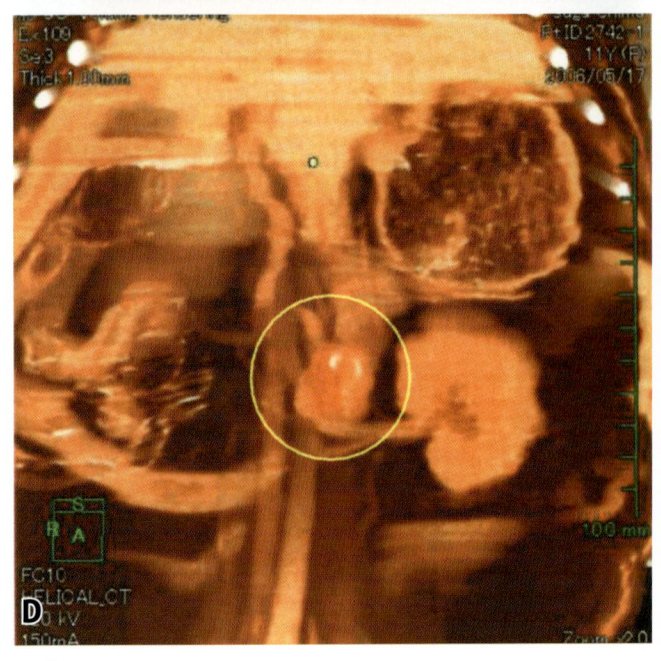

写真6　CT像
A：脊椎縦断像，B：脊椎および造影剤のリーク，C：腹部アキシャル像，D：腹部3D構築像
○は左副腎。顕著な腫大と石灰化が内容の一部に認められる。

【経　過】

MRI検査後のphysical examinationで，両後肢端の冷感，両股動脈圧低下および後肢爪血管色調の変化（黒色化）が認められた。また血液乳酸値は頸静脈採血で2.6mmol/L，後肢足根静脈で3.3mmol/Lであった（犬の正常値＜2.5mmol/L）。

MRI検査のコメントのなかには今回の原因に関して述べられていないが，院内の精査でMRI写真の中に重大な問題点が描出されていた。

【診　断】

クッシング症候群（下垂体性・副腎腫瘍）が原因と考えられる（腹部）後大動脈血栓症，尿路感染症。

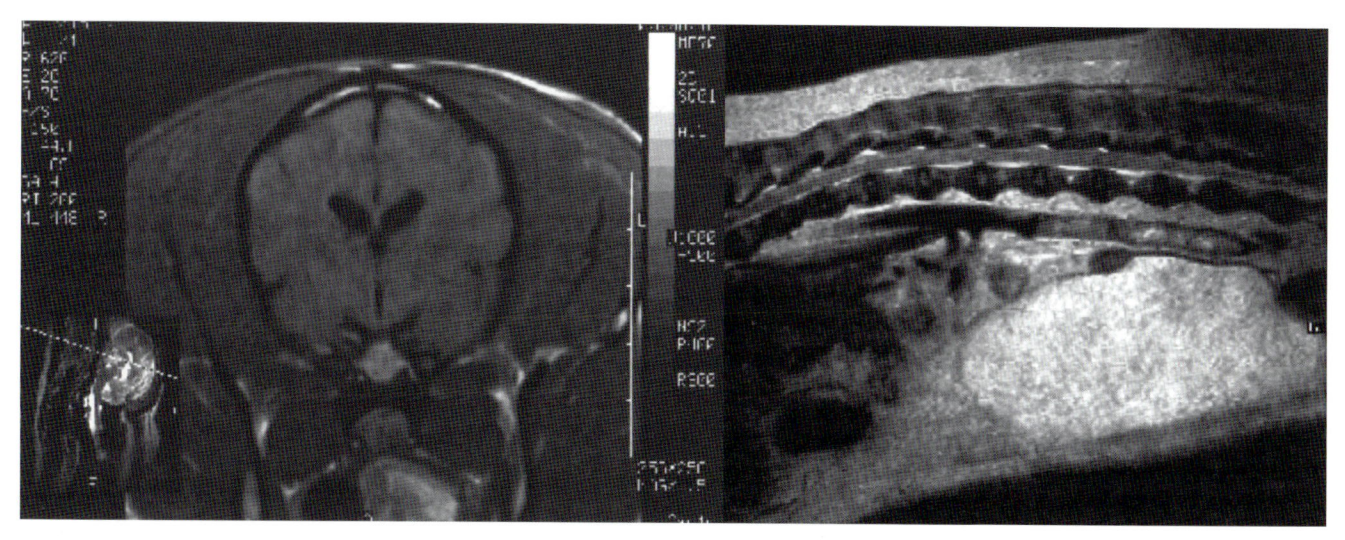

写真7　MRI像

検査センターの画像診断コメント：　右前頭葉の病変は無症候性の梗塞病変である可能性が高い。また下垂体は腫瘍化していると考えられるが脳実質の圧迫はなく，今回の後駆麻痺とは無関係と考えられる。脊髄には今回撮影した範囲に著変は認められなかった。腫瘍性病変は否定できるが，炎症性疾患などのMRIで異常を示さない可能性のある疾患は否定できない。今回のMRIでは，後駆麻痺の原因は特定できない。また脊髄造影で認められたT9-T10の造影剤のリークに関連する病変も確認できない。

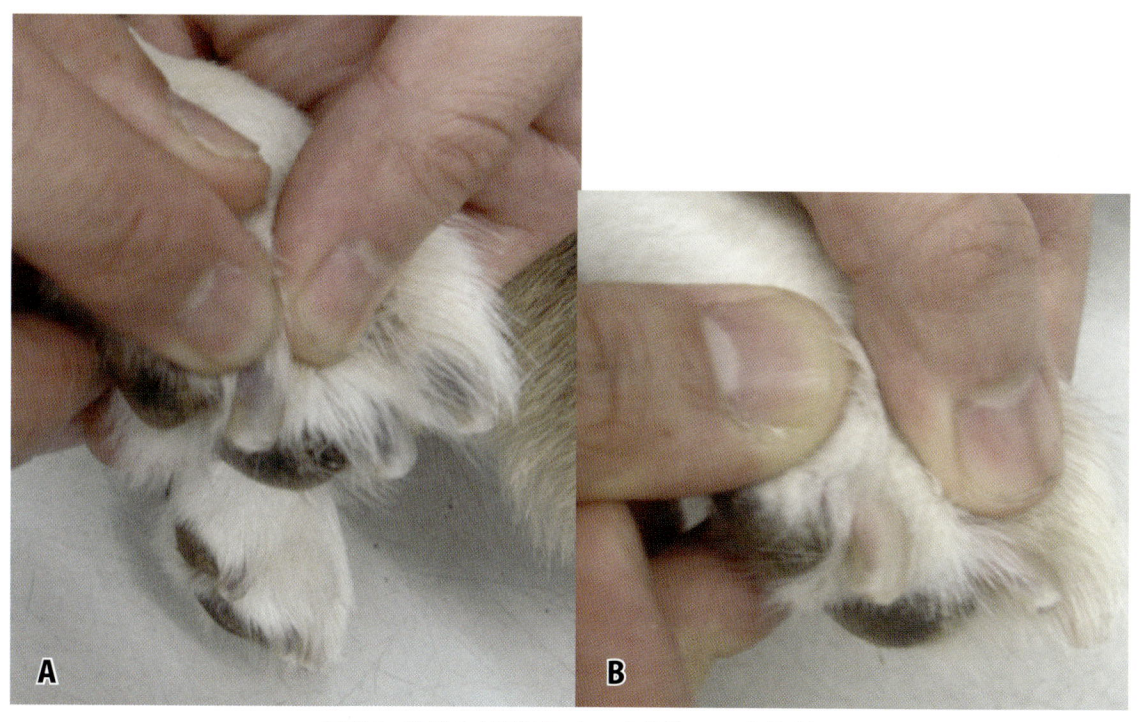

写真8　肢端の肉眼所見（A：右後肢，B：左後肢）

☞ あなたならどうする。次頁へ

☞
①カテーテル排尿と支持療法の開始
②外科療法もしくは内科療法の選択
③治療法のオプションと長所・短所を飼い主に提示する。
④飼い主に詳しく説明し、イフォームド・コンセントを得る。

【治療・経過】

全身麻酔下で、歯石沈着、歯肉炎に対する処置がCT撮影後に行われた。大動脈血栓症、副腎疾患に関する病態、およびこの疾患に対する今後の治療プランが担当医から飼い主に説明された。治療オプションとして①血栓の外科的摘出および左腎摘出、②tPA製剤・ワルファリンなど血栓溶解剤と血液凝固防止剤の投与、③ヘパリン療法・副腎皮質ホルモン抑制作用を持つトリロスタン投与などの支持療法を提示し、それぞれのメリット、デメリットが説明された。飼い主は熟考の末、血栓、副腎腫瘍の外科的切除は望まれず③の支持療法を選択された。

治療は尿道カテーテル留置を行い、尿量モニターを行いながら、ヘパリン療法（100U/kg TID）、トリロスタン（3mg/kg SID）、甲状腺ホルモン剤補充、抗生物質、輸液療法、βグルカン（アウレオバシュジウム培養液）、ビタミンA・B・E製剤投与など支持療法を行い、側副血管形成による

表1　経過	
2005年5月	左後肢の間欠的跛行、左後肢不全麻痺
2006年5月15日	両後肢不全麻痺、排尿困難、排便困難
5月17日	当院へ受診
5月18日	治療開始（トリロスタン、ヘパリン療法、ほか対症療法）
5月23日	後肢パッドの虚血性壊死、腎機能障害（ワルファリン療法開始）
5月26日	出血傾向のためワルファリン療法中止。以後、トリロスタン、抗生物質、Bグルカン治療のみ
7月2日	わずかな後肢負重、後肢端壊死の良化傾向
7月16日	わずかな後肢歩行、腎機能障害に対し皮下点滴を治療に追加
7月30日	後肢歩行可能、自発排尿可能、後肢端壊死良化

症状の改善を期待することとした。しかし5日間の治療後、患者の一般状態は安定化したが軽度の腎機能障害（BUN 52mg/dL、Cr 2.3mg/dL）および後肢パッドの潰瘍化、爪の一部脱落が生じていたが、自宅で内服のできるワルファリンの投与を開始した。

入院7日で飼い主の強い希望により、通院による在宅治療に切り替えた。自宅でのワルファリン投与から3日後の検診で血様吐物および血液混入便が認められたためワルファリンを休薬し、ビタミンK1投与を開始した。血液凝固時間（ACT）は3分と延長していた。治療開始から2週間の時点で、腎機能のさらなる悪化はなく、飼い主の印象は元気で顔つきが良く安心しているとのことであった。会陰反射は消失し、便失禁のため肛門周囲皮膚炎および後肢パッドの壊死が生じていた。後肢端の壊死が進行する場合は、QOL維持のため部分的な肢端の切断が必要になる可能性を説明した。現時点では感染制御のため頻回の患部洗浄と抗生物質療法で経過を確認することとした。

以後1か月間、トリロスタン、抗生物質療法および患部洗浄、βグルカンの投与を継続し、1週間に2回の検診を繰り返した。この間、自力での排尿は未だ困難であったため、尿道カテーテルによる排尿は維持した。飼い主の献身的な介護により、消失した会陰反射はほぼ回復し、便失禁は無く、短時間であるが後肢での負重が認められるようになった。また疼痛は残るが、後肢端の壊死も改善傾向を

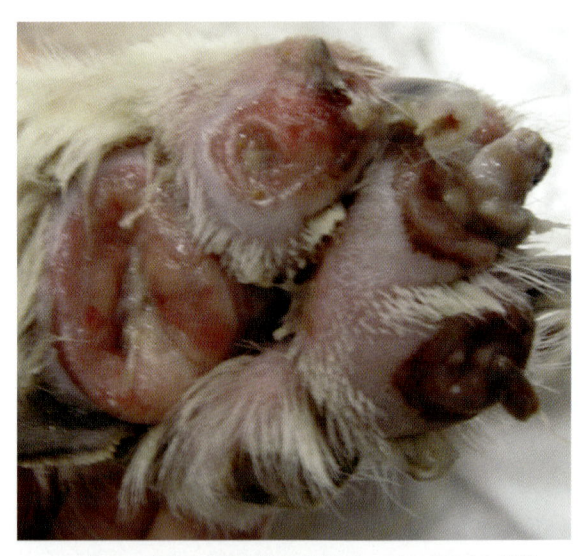

写真9　治療2週間後の後肢パッドの壊死の状態

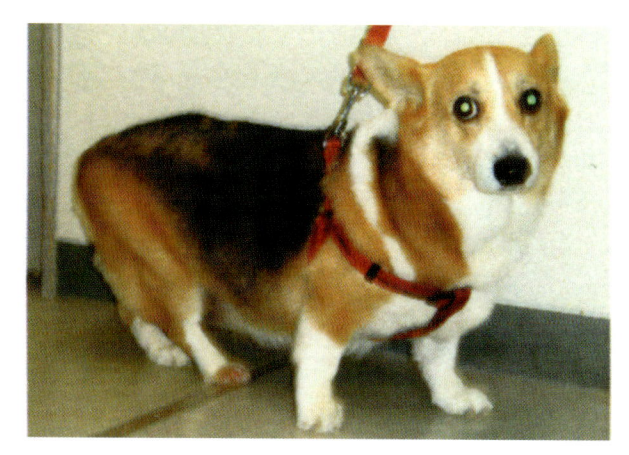

写真10 治療開始2か月後の外貌

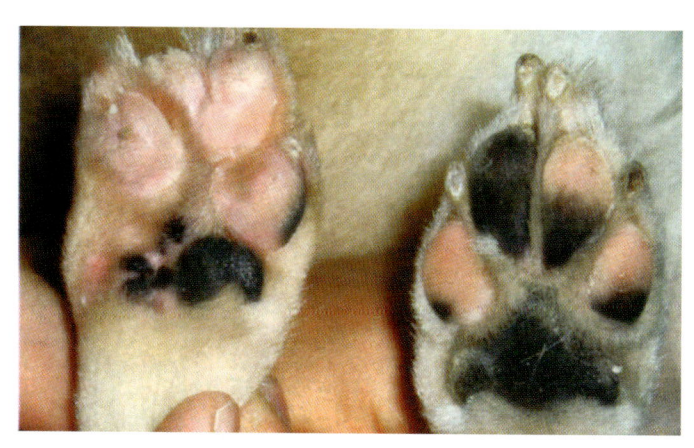

写真11 治療開始2か月後の両後肢パッド

示した。

治療開始6週間で，後肢歩行がわずかに可能となったが，腎機能の悪化（BUN 101mg/dL, Cr 3.3mg/dL, P 9.9 mg/dL）を認めたため，自宅での皮下点滴1L/dayを治療に追加した。初診時に異常を示していた血液学的な異常値はこの時点でALT＜10U/L, AST 0U/L, ALP 81U/L, Chol 181mg/dL, CK 118U/L, T4 1.5g/dL（甲状腺ホルモン補充なし）と全て正常化していた。

治療開始後，2か月目にはほぼ歩様は回復し，自発排尿が認められたため，尿道カテーテルを抜去した。後肢爪の大部分を失ったが，パッド部位もわずかな瘢痕形成を残すのみでほぼ全快を認めた。腎機能障害は皮下点滴処置で安定化し，トリロスタン，抗生物質，βグルカンなどの継続的な投与で順調に経過している。

今後は尿路感染症に対する治療をクッシング症候群に対する支持療法と平行して継続し，血液化学検査，コアギュログラムを含めた定期的な検診を行っていく予定である。また副腎腫瘍・下垂体腫瘍においても維持的なモニターが必要である。

【コメント】

後肢の不全麻痺を示す疾患には，脊椎円板疾患，脊椎線維軟骨塞栓症，脊椎腫瘍，脊髄腫瘍，脊髄炎，変形性脊椎症，外傷，大動脈血栓症，後肢動脈血栓症，先天性脊椎形成不全，腰仙椎不安定症，変性性筋炎などが鑑別診断に挙げられる。

今回の症例のような犬に後肢不全麻痺を生じる疾患としては，軟骨異栄養型の犬種では，脊椎円板疾患が圧倒的に多いのは当然である。その他の原因で四肢の不全麻痺を起こす疾患は多い。したがってその類症鑑別には十分な注意が必要である。

すなわち他の脊髄疾患，老齢犬の脊髄腫瘍などを鑑別することは重要であるが，その中で，最も重要になるものがphysical examinationである。physical examinationと単純X線検査，さらにCT検査でクッシング症候群が強く示唆されていた（血栓症が起こりやすい疾患の1つ）にも関わらず，最終的にMRI検査の時点で後大動脈の血栓症の診断に至ったことと，多くの疾患においてその病態生理学的変化は，経時的にダイナミックに変化するものである。したがって各患者に対するphysical examinationは経時的に慎重に反復すべきものである。その点で本症例については，physical examinationが十分行われていなかったことはおおいに反省すべき点であった。

何より冒頭のphysical examinationで，後肢の冷感・股動脈圧の減弱・爪の色調には触れていないが，POMRに基づいた正確な神経学的な検査を経時的に行っていれば，この疾患は来院当初より明らかに察知できたはずであり，直ちに有効で無害な救急治療だけは開始できたはずである。

精密な診断に必要となる種々の検査の前に，言い方を変えればほとんどの救急・救命症例はphysical examinationのみで救急治療の開始が十分可能であるといえる。

近年，CT装置やMRI装置といった高度診断検査装置の普及により，これまで明確に診断できなかった疾患の精密な診断が可能になってきた。学生時代よりCTやMRIを利用し，診断に活用できることは今後の獣医療を担っていく若い世代として頼もしいことではある。しかし問題を抱えた動物に対して，獣医師の五感を駆使した正確なphysical examinationを実行しなければ，それら高度診断装置の本当の価値は半減してしまうことになるうえに，飼い主に不必要な経済的負担をかけてしまうことになる。

　本題に戻ることにする。大動脈血栓症の様々な治療法が成書に記載されている。血栓形成は全身的な問題であり，患者の状態にもよるが，不全麻痺という症状の直接的な原因である局所の血栓を摘出する外科手術法やバルーンカテーテル法での外科的な血栓の摘出だけでは，真の意味の合理的な治療，改善策とはならない。また新しいtPAのような血栓溶解剤の超早期の全身投与も人の脳梗塞は別として，副作用である出血傾向は甚大で，しかも薬剤は超高価であるため飼い主の経済的負担も甚大である。

　現在はこの症例のように効果的な原発疾患の治療および更なる血栓形成の予防に安価なヘパリンやアスピリンなどを使用しながら，側副血管の新生を期待することで，良い結果が得られることがある。しかし，本症例を含めて血栓形成が起こりやすい疾患は，ほとんどすべての症例で，原疾患として，免疫介在性の疾患やクッシング症候群，その他もろもろの疾患があってはじめて，2次的に発症する。したがって，このような血栓形成を作りやすい疾患では，常に原疾患の正確な診断と，その病態生理にふさわしい的確な治療を施すことが必須である。血栓症の結果として起こりやすい四肢末端の虚血壊死のため断脚術，排尿・排便機能の不全，腎不全といった後遺症を残すこともある。それぞれの治療法の長所を組み合わせて治療を行うことが最善であるが，それ以上に常に飼い主への予後を含めた十分なインフォームド・コンセントを行いながら治療を進めることが重要である。

（Vol.59 No.10, 2006に掲載）

Case 28 DOG

胸腔内の腫瘤が拡大した症例

アイリッシュ・セッター，8歳11か月齢，雌

【プロフィール】

アイリッシュ・セッター，8歳11か月齢，雌。狂犬病・混合ワクチンの接種，犬糸状虫症の予防は完全に行われている。2歳時に卵巣子宮摘出術が，3か月前にに乳腺腫瘍摘出術が行われている。食事はHill'sのシニア食で，完全室内飼育されている。

【主　訴】

4か月前の乳腺腫瘍摘出時に行われた胸部X線検査（写真2，3）において，前胸部に単一の腫瘤が認められたが，肺野と全身状態に異常は認められなかった。3.5か月後の検診に腫瘤サイズが拡大していたため，胸部および各臓器への転移やその他の異常の有無などの精査のためにヘリカルCT検査を希望し，来院された。

【physical examination】

体温は38.7℃，心拍数は120回/min，股動脈圧は100%，呼吸数は24回/min，体重は22.42kg，栄養状態75%，意識レベルその他は全て正常範囲内であった。

【プロブレム】

①前胸部腫瘤拡大の急速な進行，②軽度の削痩

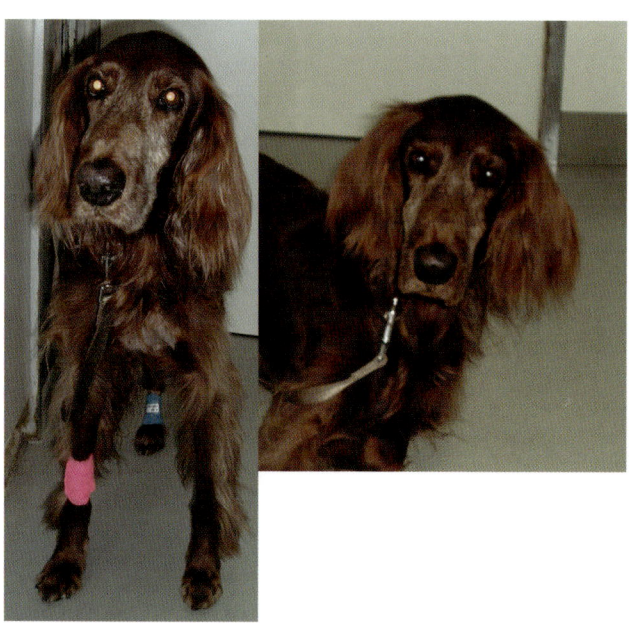

写真1　初診時の外貌

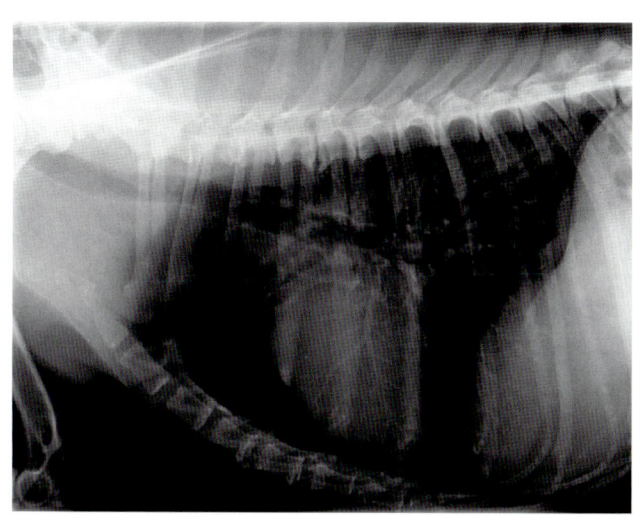

写真2　4か月前（乳腺腫瘍摘出時）の胸部単純X線写真　RL像

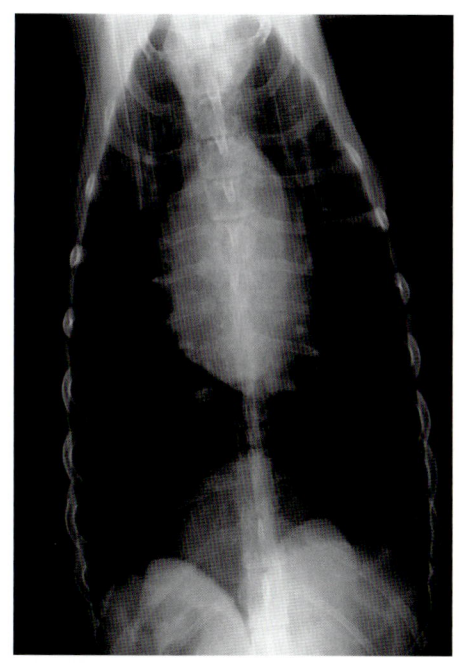

写真3　4か月前の胸部単純X線写真　DV像

【プラン】

①胸部単純X線検査，②ヘリカルCT検査で胸部を含めた全身の精査，③エコーガイドでの胸部腫瘤の針吸引生検（FNA），④CBC，血液化学検査，尿検査，便検査。

【臨床病理検査】

CBC，血液化学検査の結果は表1の通りであった

尿は黄色で，比重1.032, pH 6.5, Pro（＋），潜血（－），Glu（－），ケトン（－）であった。尿沈渣は正常範囲内であった。

【心電図検査】

正常範囲内であった（心拍数100回/min，電気軸＋90度，写真4）。

【血圧検査】（前腕で測定）

収縮期圧（SYS）は157mmHg，拡張期圧（DIA）は98mmHg，平均圧（MAP）は124mmHgであった。

【単純X線検査】

胸部RL像（写真5）：体表の軟部組織の輪郭と骨は正常範囲内である。

第3肋間に至る気管の腹側から胸骨に接触する形で胸腔入口に向かってX線不透過性が増し，境界の明瞭なマスが認められている。さらに心臓の前腹側に不定形の軟部組織の陰影像が認められる。

胸部DV像（写真6）：体表の軟部組織の輪郭は75％の

表1　臨床病理検査

CBC			
WBC	19.4×10^3	$(6 \sim 17 \times 10^3)$	/μL
RBC	6.16×10^6	$(5.5 \sim 8.5 \times 10^6)$	/μL
Hb	14.6	(12〜18)	g/dL
Ht	42.7	(37〜55)	%
MCV	69.3	(60〜77)	fl
MCHC	34.2	(32〜36)	g/dL
pl	354×10^3	(200〜500)	/μL
血液の塗抹標本検査のリュウコグラム			
Band-N	0	(0〜300)	(/μL)
Seg-N	17266	(3000〜11500)	(/μL)
Lym	1067	(1000〜4800)	(/μL)
Mon	582	(150〜1350)	(/μL)
Eos	485	(100〜1250)	(/μL)
Bas	0	(0)	(/μL)
血液塗抹標本　形態的異常は認められない			
血液化学検査			
TP	6.7	(5.20〜8.20)	g/dL
Alb	2.8	(2.70〜3.80)	g/dL
Glb	3.9	(2.50〜4.50)	g/dL
ALT	10	(10〜100)	U/L
ALP	180	(23〜212)	U/L
T-Bil	＜0.1	(0.00〜0.90)	mg/dL
Chol	188	(110.0〜320.0)	mg/dL
Lip	551	(200〜1800)	U/L
Glc	107	(77.0〜125.0)	mg/dL
BUN	7	(7.0〜27.0)	mg/dL
Cr	1.1	(0.50〜1.80)	mg/dL
P	4.2	(2.50〜6.80)	mg/dL
Ca	10.7	(7.90〜12.00)	mg/dL
CK	44	(10〜200)	U/L
静脈血の血液ガス検査			
pH	7.343	(7.35〜7.45)	
pCO$_2$	45.1	(40〜48)	mmHg
pO$_2$	38.6	(30〜50)	mmHg
HCO$_3$	23.9	(20〜25)	mmol/L
BE	－1.8	(－4〜4)	mmol/L
O$_2$サチュレーション	69.7		%
TCO$_2$	25.3	(16〜26)	mmol/L
電解質			
Na	147	(144〜160)	mmol/L
K	4.1	(3.5〜5.8)	mmol/L
Cl	120	(109〜122)	mmol/L

（　）内は本院における正常値を示す。

削痩を反映している。骨格は正常範囲内である。胸腔入口から第3胸椎に至る部分に均一な実質性のマスを示唆する陰影が認められる。そのマスと肺野のつくる境界は明瞭である。

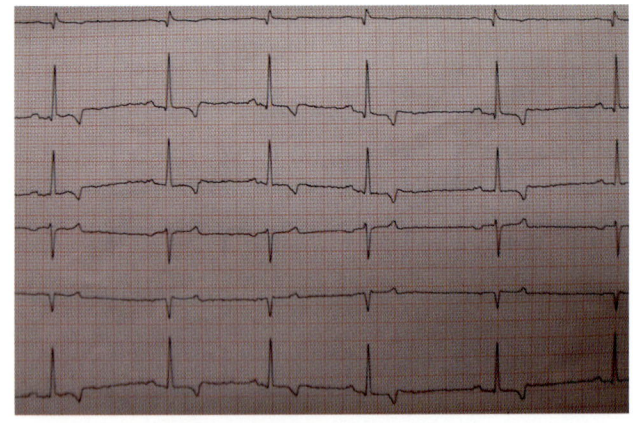

写真4　初診時の心電図検査所見

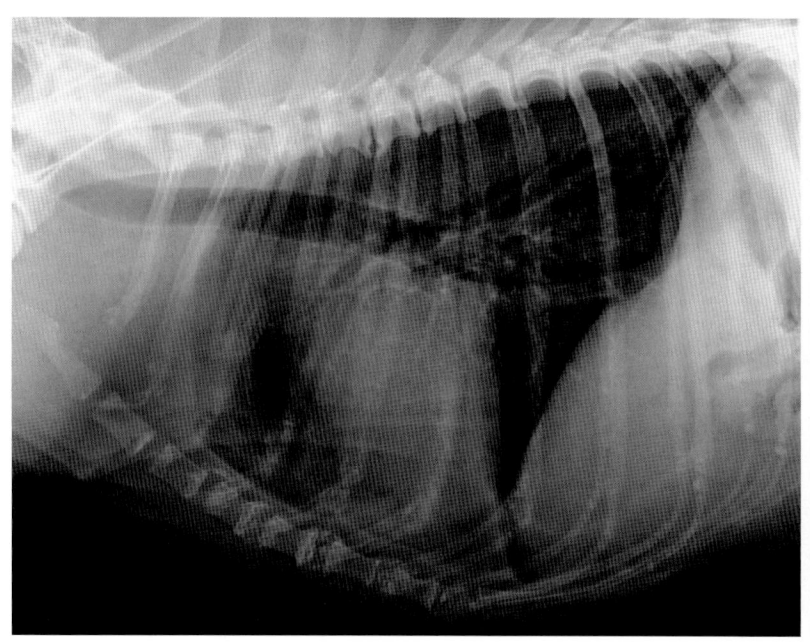

写真5　今回の胸部単純X線写真　RL像

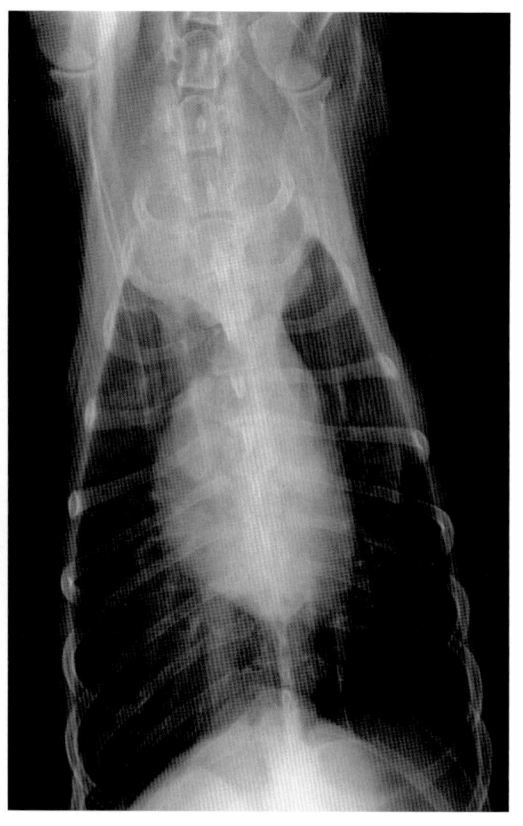

写真6　今回の胸部単純X線写真　DV像

【心臓超音波検査】

ドップラー超音波心臓機能検査で異常所見は認められなかった。

【CT検査】（写真7～9）

写真7は、それぞれ胸部腫瘤を描出したアキシャル・コロナル・サジタル像である。前胸部に7cm×7cm×12cmの腫瘤が認められ、腫瘤構造は囊胞性であった。またCTのサジタル像、写真9Bのコロナル像で肝臓肝門部に直径4cmの単一の腫瘤が認められた。

写真8は、心血管を赤色で、前胸部腫瘤を茶色で示した3D構築像である。腫瘤は心臓頭側より腕頭動脈腹側、胸郭入口までの拡大が認められた。ヘリカルCT検査上、腫瘤と左右頸静脈と前大静脈との境界は不明瞭、腕頭動脈と腫瘤の境界は比較的明瞭であるが、内胸動脈は左右とも腫瘤内に取り込まれていることが確認された。

写真9で左側腎臓の尾側に囊胞状のマスが確認された。

【胸部腫瘤のFNA検査】

血液成分を背景に好中球やマクロファージなどの炎症性細胞と少数のリンパ系細胞が散在性に認められた。これらのリンパ系細胞は大型で、核クロマチンに乏しい類円形核と好塩基性の細胞質を有し、多くの細胞に明瞭な核小体が観察されたが悪性を示唆する所見は認められなかった。細胞形態としてはリンパ芽球と考えられた。採取された細胞数は少なく、細胞診的に確定的なことは不明であった。

【診　断】

①胸腺腫、②肝臓腫瘍、③腎囊胞

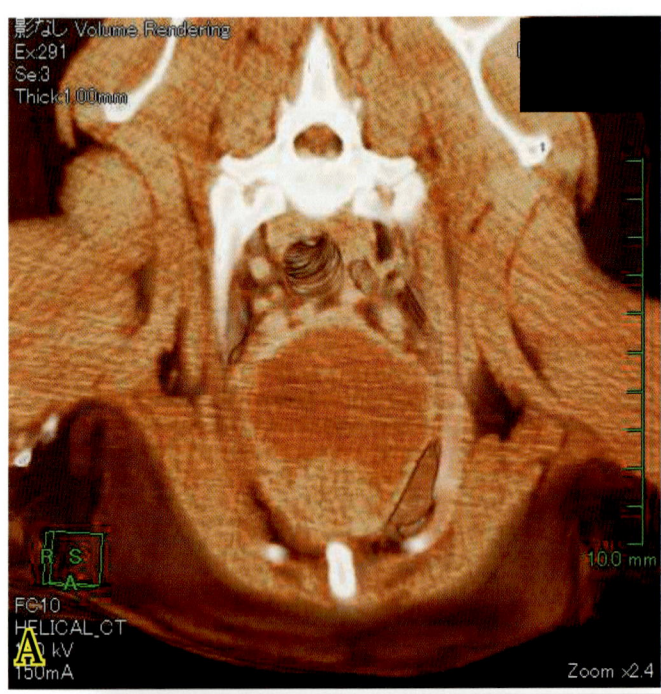

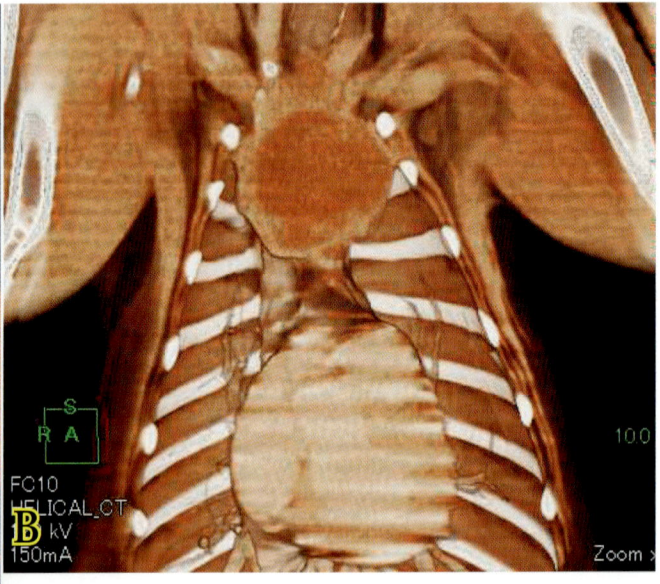

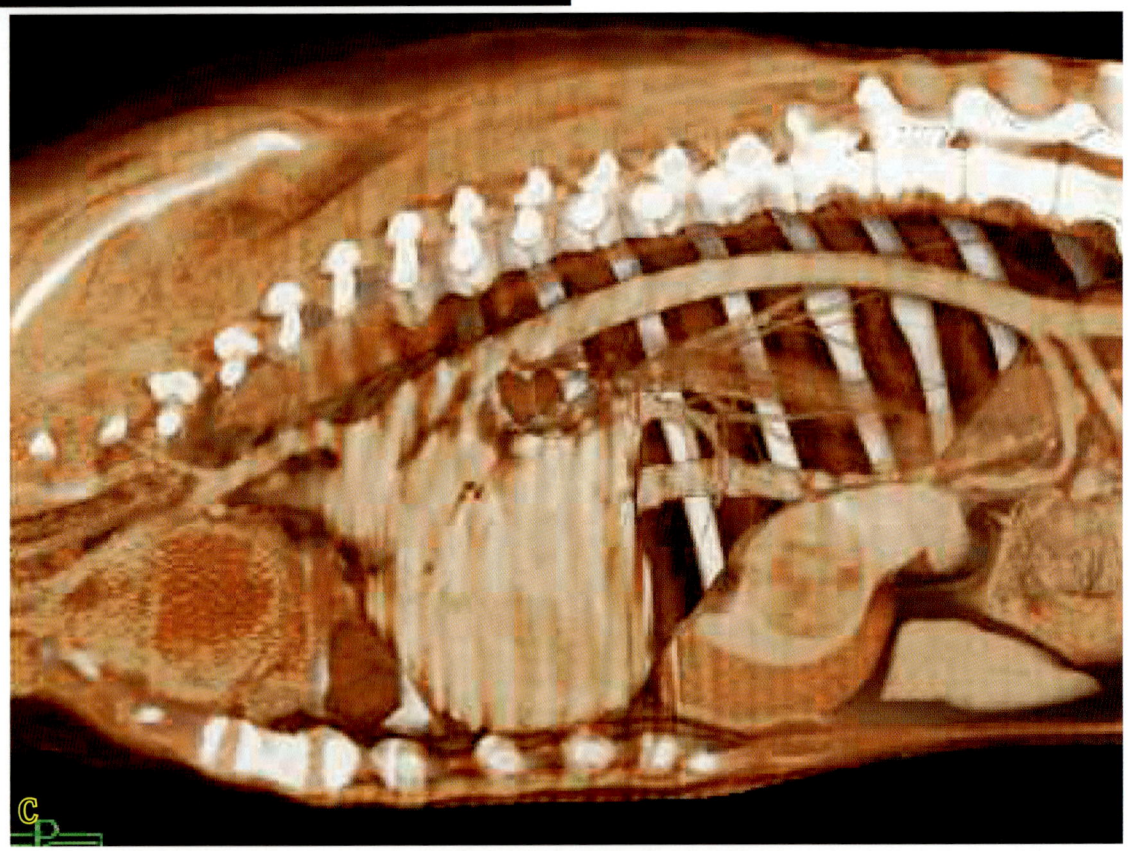

写真7　CT検査所見
胸部腫瘤と主要血管との関係を描出。

ケーススタディ

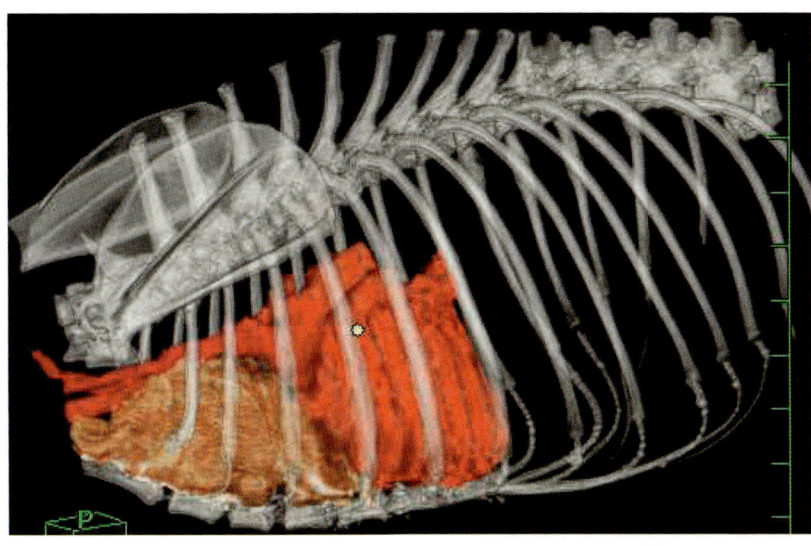

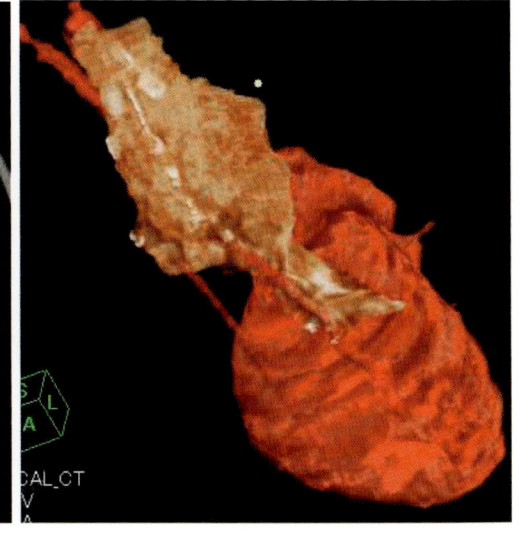

写真8 CT検査所見 3D構築像
心血管を赤色で，前胸部腫瘤を茶色で示す。

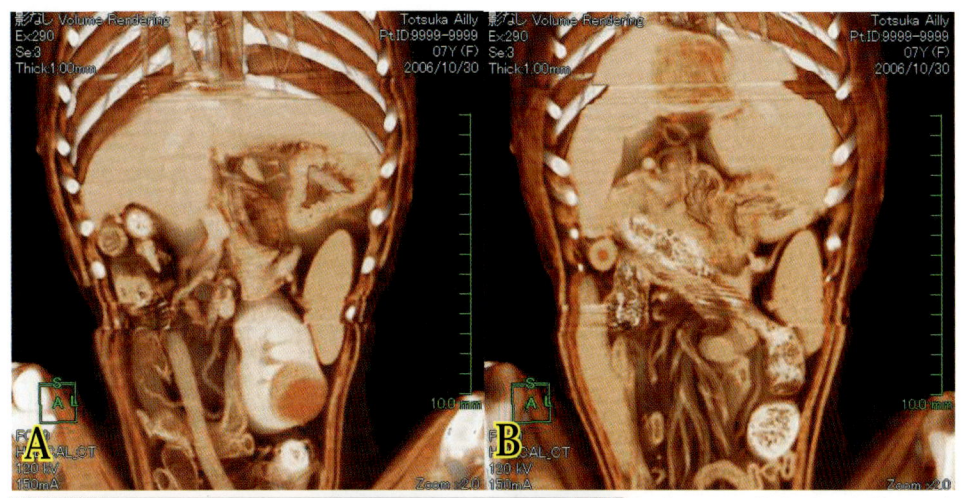

写真9 CT検査所見 単一の大きい腎嚢胞と肝門部のマス

☞ あなたならどうする。次頁へ

①飼い主に診断，治療法，予後などについて詳しく説明し，イフォームド・コンセントを得る。
②胸骨正中切開アプローチによる胸腺腫瘍の切除

【治療・経過】

既往歴および持参されたＸ線写真を読影確認後，ルーチン検査を実施し，直ちに全身麻酔下で胸腹部を含めた造影ヘリカルCT検査が飼い主同席のもと行われた。各種検査実施後，結果および今後の方針が飼い主と話し合われた。飼い主は当院での前胸部腫瘍の摘出手術を希望されたため，細かな術式を含めた治療スケジュールが説明された。

手術は2日後に予定され，胸骨正中切開術によるアプローチを計画していたため，疼痛管理として前日からフェンタニルパッチ5mgを足根部皮膚に貼付した。

手術は，プロポフォール，アトロピンで導入し，イソフルランガスで維持を行った。術前に抗生物質投与および手術中はフェンタニルCRI（希釈点滴静注，5μg/kg/h）を行った。

胸骨柄から第5胸骨までの胸骨正中切開で，胸腔内にアプローチし，人工呼吸に切り替えた（写真10）。前胸部腫瘍は部分的に硬結感のあるマスとして触知され，そのマスに左右の内胸動脈が取込まれていた（写真11）。内胸動脈と腫瘤の分離を試みたが困難であったため，左右の内胸動脈は結紮を行い分離した。腫瘤の腹側面，尾側面の分離を丁寧に行いながら大血管の存在する背側面にブラインドで指先を使って腫瘤を血管群の分離を継続した（写真12）。腫瘤の背側には，迷走神経，腕頭静脈，頸静脈，前大静脈，左鎖骨下動脈，腕頭動脈を確かめながら，これらと癒着する腫瘤を用指で鈍性剥離し，腫瘤の摘出を行った（写真13〜16）。胸腔ドレーンの設置後，ワイヤーによる胸骨単純締結を施し，軟部組織は定法に従い閉胸した。

術後一時的な心室性の不整脈が認められたが（写真17A），血圧は正常範囲内に維持され安定していた。継続的なモニターを行ったが，術後3日目にはこれらの不整脈は消失し，洞性脈に回復した（写真17B,C）。一般状態，

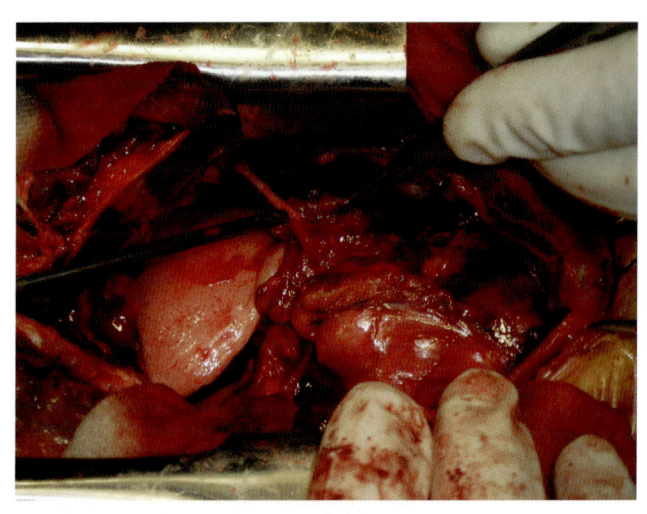

写真11
右内胸動脈は腫瘤内に深くトラップされている

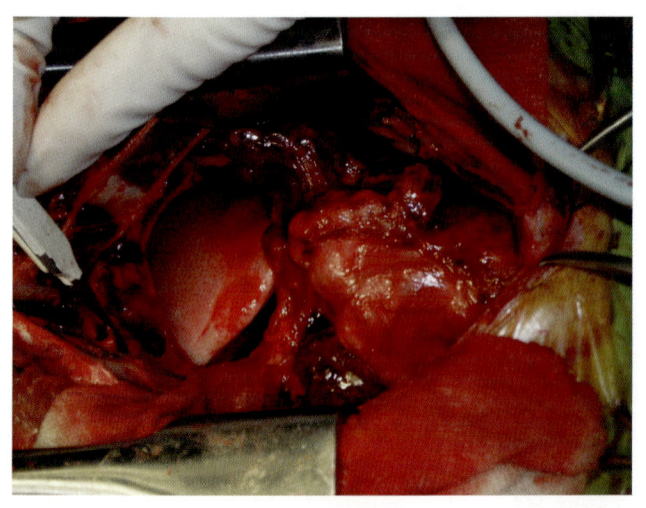

写真10　開胸時所見
右側が頭側

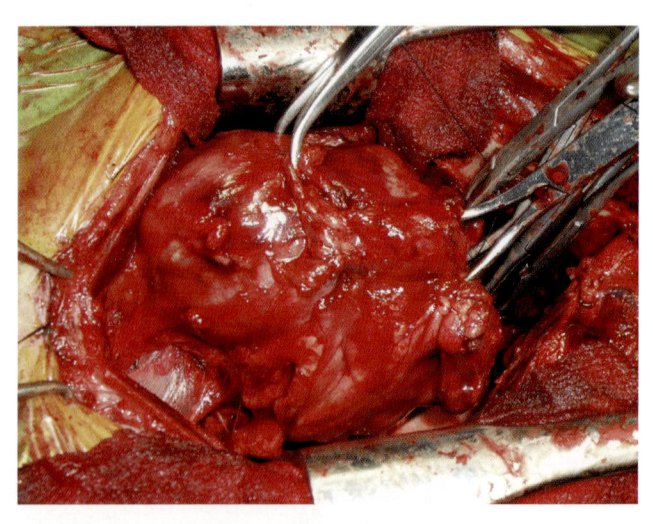

写真12　腫瘤の腹側全体像

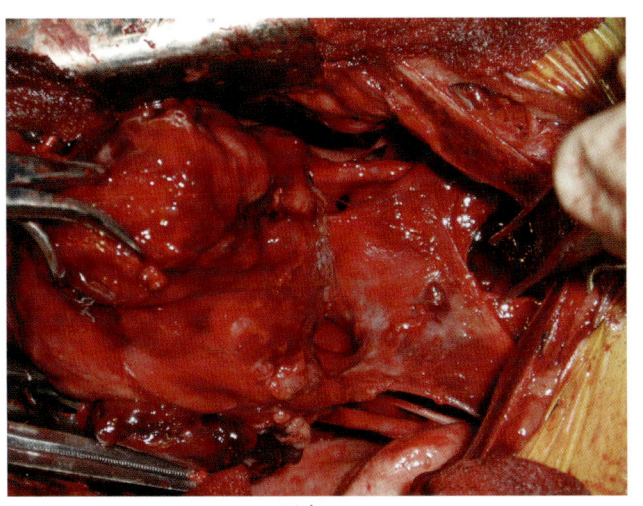

写真 13
腫瘤は腕頭静脈，頸静脈の腹側に癒着して存在

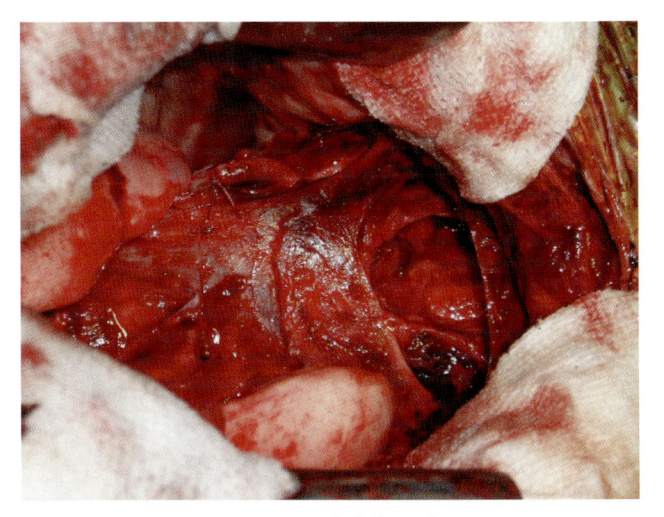

写真 16　開胸直後の所見

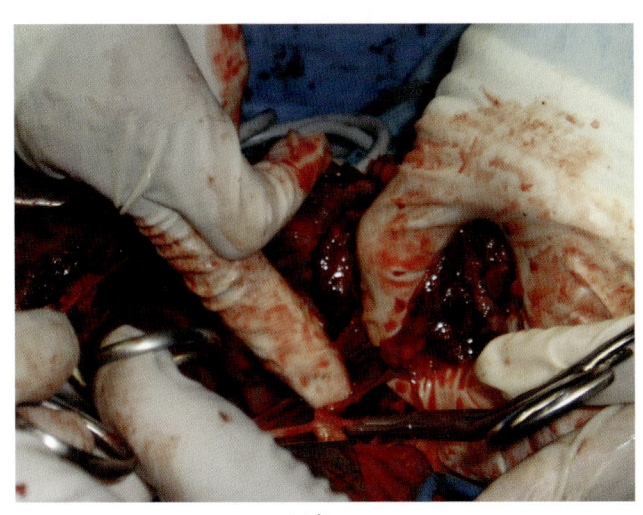

写真 14
腫瘤は主要な血管，軟部組織から指で慎重に鈍性剥離された

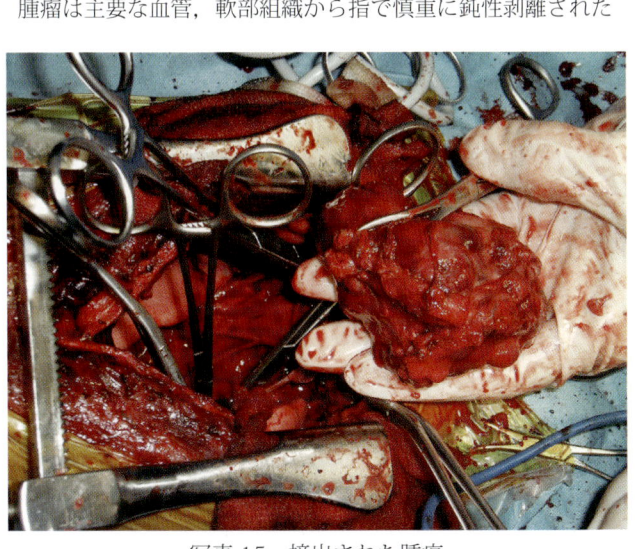

写真 15　摘出された腫瘍

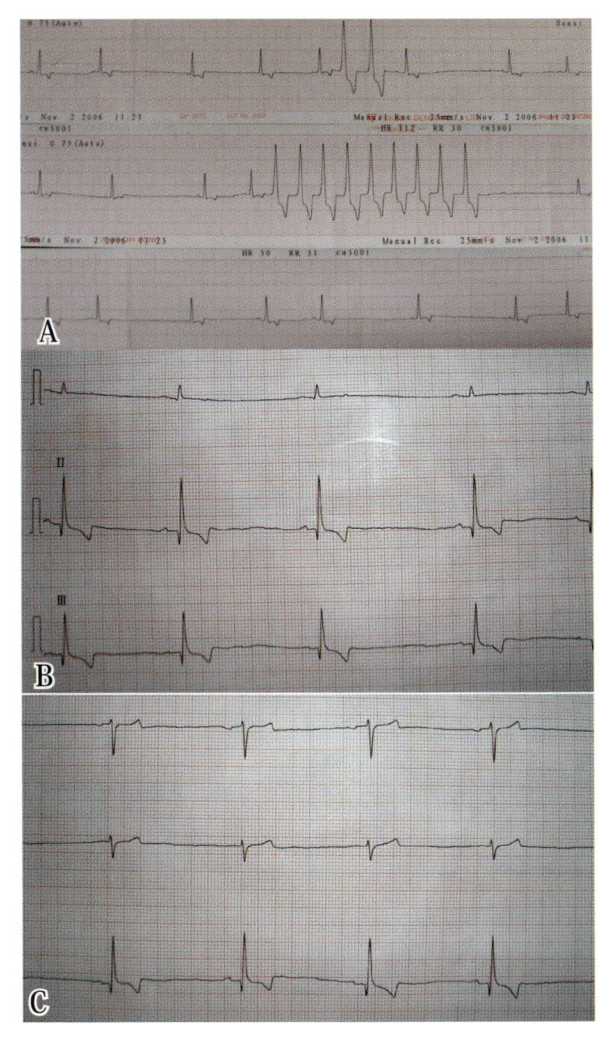

写真 17　術後の心電図所見
A：手術直後，B・C：術後3日目

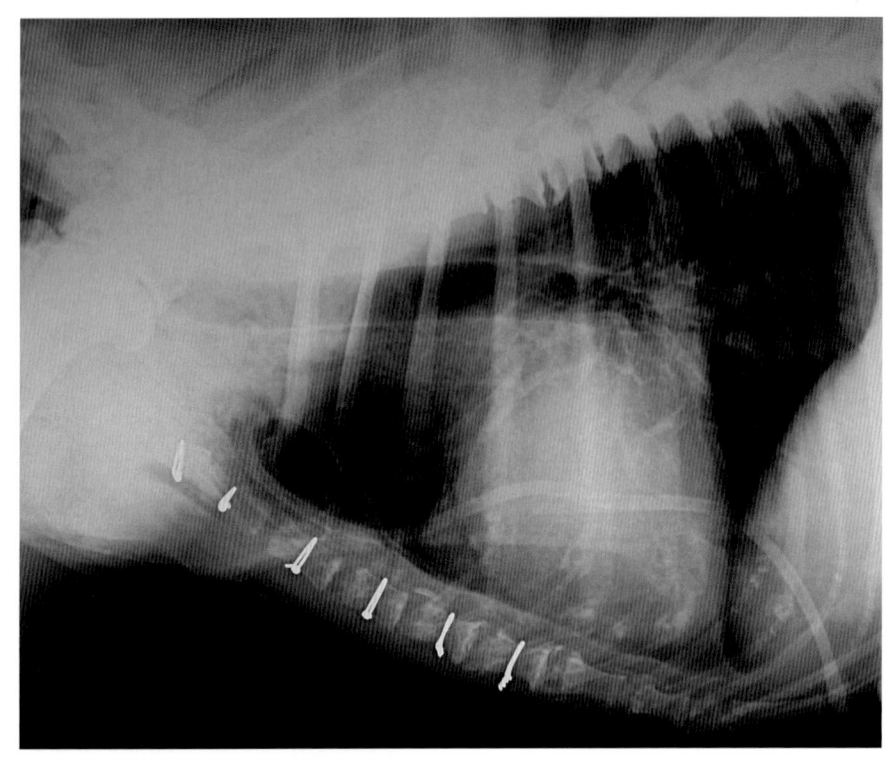

写真18　術後の胸部単純X線写真　RL像

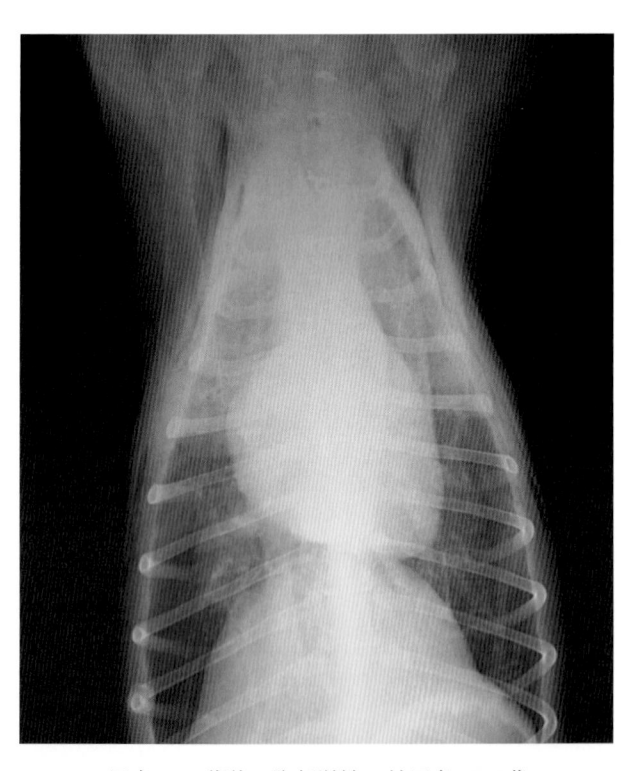

写真19　術後の胸部単純X線写真　DV像

各バイタルサインともに安定し，ドレーンからの空気および排液も最小限のものとなったため，術後3日目にドレーンを抜去した。

患者は術後7日目に退院し，現在（術後13日目）も良好に経過している。

前胸部腫瘤の病理診断は胸腺腫で，その所見は以下の通りであった。「腫瘤は，ほぼ同数の上皮細胞とリンパ球系細胞からなるシートで構成され，上皮細胞とリンパ球系細胞はしばしば混合しており，頻繁に分離されている。時折，大型上皮細胞の小型グループが存在し，ハッサル小体に類似する。腫瘍性腫瘤は血管がよく発達しているが，間質はほとんど存在しない。少数の壊死，出血領域もみられる（IDEXX Lab）。」

【コメント】

胸腺腫は犬ではまれな疾患であり，猫ではさらにまれである。その発症の平均年齢は犬で9歳，猫で10歳とされている。品種および性別による発生頻度の差異は認められていないが，比較的に中～大型犬に多いとされている。

胸腺腫は胸腺上皮由来であるが，成熟型のリンパ球の浸

潤が著しいのが通常である。犬では扁平上皮癌もまれには認められているが，猫ではほとんど認められていない。良性のものと悪性のものがあるが，その違いは隣接する組織への侵襲性の相違であり，悪性であっても転移することはまずない。隣接する組織は前大静脈，胸郭および心膜などであるが，良性のものではうまくカプセル化（被膜に包まれる）されているので，腫瘍そのものは他の組織に侵入していない。

その他の前縦隔に認められる腫瘍は，頻度が高いものはリンパ腫であり，胸腺腫はそれに続く。その他には鰓溝性嚢胞，異所性甲状腺，非クロム親和性傍神経腫などが認められている。

胸腺腫に最も多く認められる症状は呼吸器症状であり，咳，頻呼吸，呼吸困難，さらに病気が進み胸腔入口や前縦隔の硬性腫瘤の容積の増大による頸静脈，前大静脈が圧迫されることから，頭頸部の腫脹，頸部・前肢の浮腫などが認められることがある。

胸腺腫に伴うことのある最も重要なのは腫瘍随伴性症候群の1つである重症筋無力症であり，約4割の犬に認められている（猫ではまれ）。重症筋無力症では筋肉の虚弱と特に巨大食道症（食道無力症）が認められている。巨大食道症の犬の20～40％は胸腺腫とは関係のない他の病気や免疫介在性疾患などに伴うものもある。また胸腺腫の猫で，落屑性皮膚炎が同時に認められた例がある。

犬の胸腺性リンパ腫では，25～50％のもので高Ca血症を伴うか，あるいは全身性のリンパ節腫大が認められる。胸腺腫の場合，胸腔内の液体の細胞診では成熟リンパ球を，またリンパ腫の場合は悪性の幼若リンパ球を認めることになる。胸腺腫の確定診断を生検だけで得ることは難しい。

治療は外科的切除が中心で，特に良性のものでは胸腺腫の70％は切除可能であるが，それが完全に切除できるかどうか術前にはっきりさせる方法は現在のところない。その理由は，先に述べたように悪性の胸腺腫では良性のものとは異なり，周囲組織に侵入するものであり，縦隔に存在する前大静脈，主要動脈，気管，心臓，食道，主要な神経などが含まれやすいので，完全な切除は困難となることが多いために，デバルキング（debulking，かさを少なくすること）するに留めざるを得ないこともある。

胸腺腫に対する化学療法は完全に切除した後で，また悪性度が高い場合は組織塊のデバルキング後に，リンパ腫に対する抗癌剤療法が適用される。また胸腺腫に対する放射線療法の効果は現在ではごく限られている。

重要な点は，重症筋無力症がある場合には，誤嚥性肺炎を極めて来たしやすく，予後もそれだけ悪いものとなる。胸腺腫の予後は，非侵襲性で良性の場合は，例え巨大食道症を伴っていても良好であり，巨大食道症を伴わない場合の1年生存率は83％に達している。

重症筋無力症は，胸腺腫の完全な切除が行われたとしても必ずしも解決されるとは限らない。しかし胸腺腫の一般論として病気の進行度合いによるが，外科的切除を行わなかった場合でも，6～36か月の生存が認められたものがあることから，胸腺腫の進行はたとえ悪性であっても比較的に緩徐であるといえるが，本症例での進行は早い。

本症例では，まだ中等度の削痩以外に症状を認めていなかったが，腫瘤の位置が前胸部，特に胸腔入口を強く閉塞させるほど大きくなっていなかったために，頸部食道の拡大や吐出，嚥下困難，咳，頻呼吸，呼吸困難，さらに頭頸部や頸部の腫脹，前肢の浮腫などの症状が認められなかったものと推察される。胸腺腫では，良性悪性にかかわらず，外科的切除が唯一の治療法であるが，悪性の場合，腫瘍は隣接組織への侵襲が強いために完全な剥離切除が望めないので，デバルキングするしかない。癒着組織の剥離と切除は用手による「指というメス」が何よりも強で間違いのないメスといえる。しかし，言うまでもないが，その操作のためには前胸部の局所解剖構造に精通していること，特にヘリカルCTによる3D所見による腫瘤と動・静脈，神経その他の構造物との関係を術前に詳しく把握しておくことが必須である。

(Vol.60 No.1, 2007に掲載)

Case 29　DOG

呼吸状態の悪化で転院してきた症例

チワワ，3か月齢，雌

【プロフィール】

チワワ，3か月齢，雌。2か月齢時に初回の混合ワクチンの接種が行われている。既往歴はない。食事はHill'sのパピー専用食で，完全な室内飼育である。

【主　訴】

4日前にガムまたは砂肝を食べ，直後から流涎がみられ，苦しそうにしていたため，近くの動物病院を受診した。その動物病院で食道内異物と診断され，尿道鏡を使用して異物除去を試みたができなかった。食道炎予防のためとの理由で，デキサメサゾンを投与し，経過の観察を行っていた。

4日間の入院治療で，状況は改善されず，胸水貯留による呼吸状態の悪化が認められたため，急遽夜間，当院へその動物病院から主治医同伴で転院されてきたものである。

【physical examination】

体温は38.6℃，心拍数は92回/min，股動脈圧は100%，呼吸数は60回/minであった。

体重は540g（4日前は640g）で栄養状態85%であり，意識レベルは20%と低下していた。

可視粘膜は蒼白で，毛細血管充填時間（CRT）は2.5秒以上に延長していた。吸気性の呼吸困難をきたし，聴診では，胸部腹側で胸腔内貯留液を示唆する呼吸音の消失が認められた。

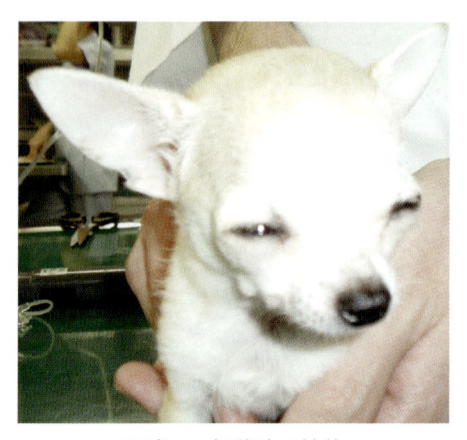

写真1　初診時の外貌

【初期診断・救急処置】

X線写真は他院の担当獣医師にお持ちいただいたもの

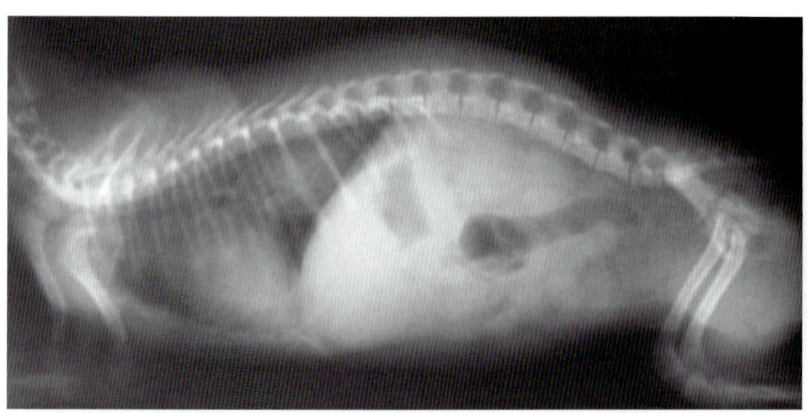

写真2　他院で撮影された4日前の単純X線写真　RL像

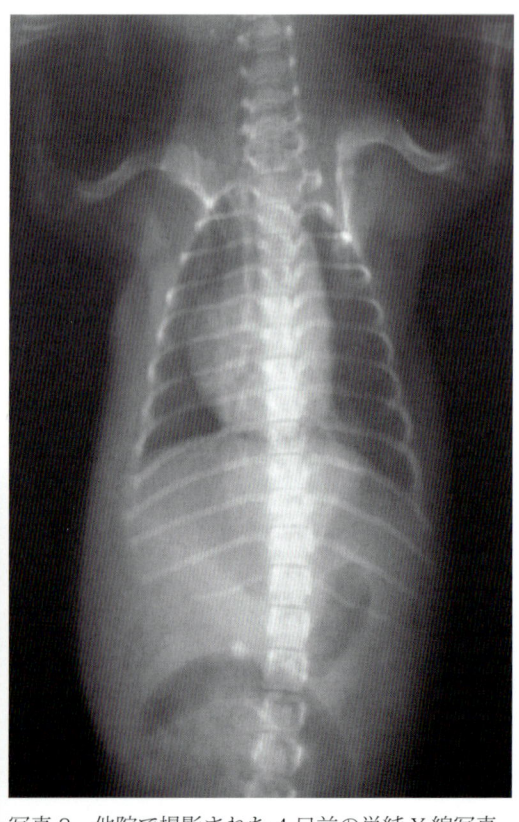

写真3　他院で撮影された4日前の単純X線写真　DV像

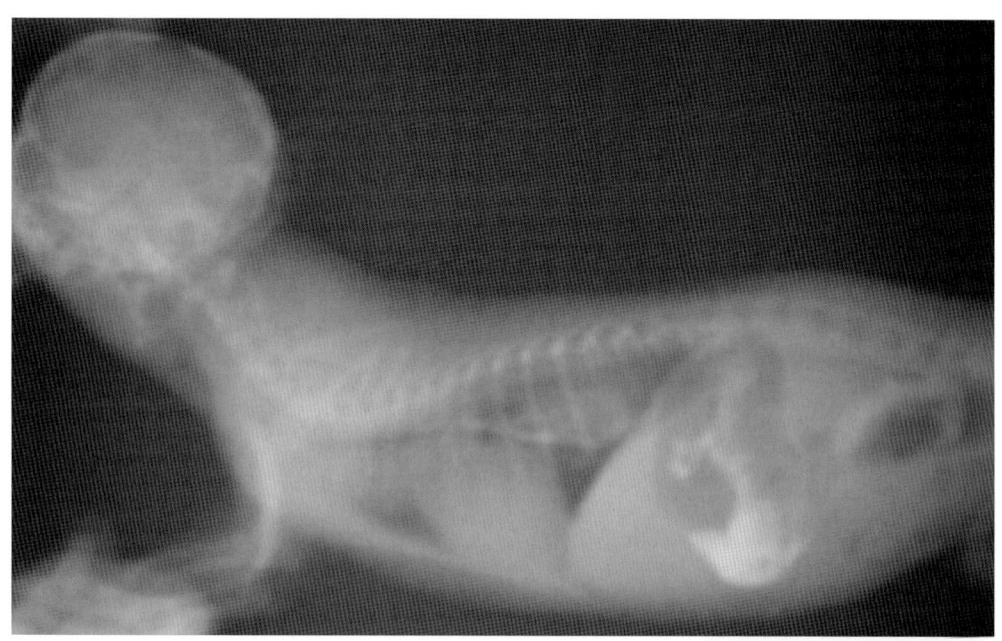

写真4 水溶性造影剤投与後のX線写真 RL像
（3日前，他院での撮影）

（写真2〜6）。

食事および水を普通に摂取できないことと流涎および胸膜炎による体液の喪失により起こったショック，両側性胸膜炎および食道内異物による食道穿孔による胸膜炎と判断し，直ちに経鼻カテーテル酸素療法を開始した。physical examination，および他院でのX線検査により胸腔内液体の貯留が認められていたため，胸腔穿刺を行い8mLの混濁した貯留液を採取した。その細胞診を行うとともに，液体は嫌・好気細菌培養検査に付された。

患者は強い抑鬱状態（意識レベル20％）であり，4日間の絶食状態のため低血糖であり，50％グルコースの静脈内投与が行われた。

【プロブレム】

①意識レベル20％，②起立歩行不能，③流涎，④吸気性呼吸困難

【臨床病理検査】

CBC，血液化学検査が，酸素吸入開始後に行われた。その後にグルコースの静脈内投与が行われた。

CBCおよび血液化学検査の結果は表1の通りであった WBCの増加，Na，Kの低下，pHの低下，pCO_2のわず

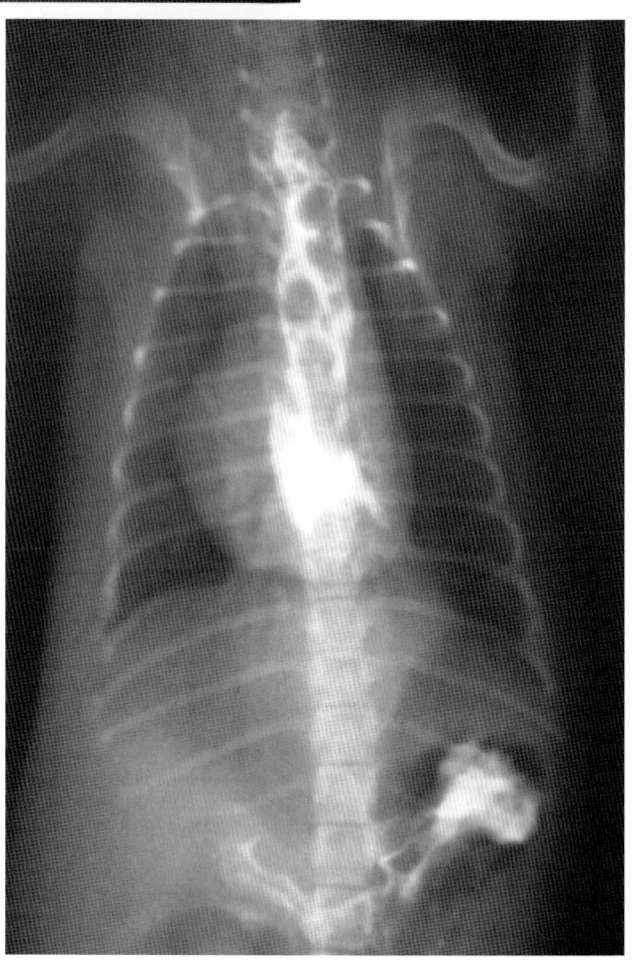

写真5 水溶性造影剤投与後のX線写真 DV像
（3日前，他院での撮影）

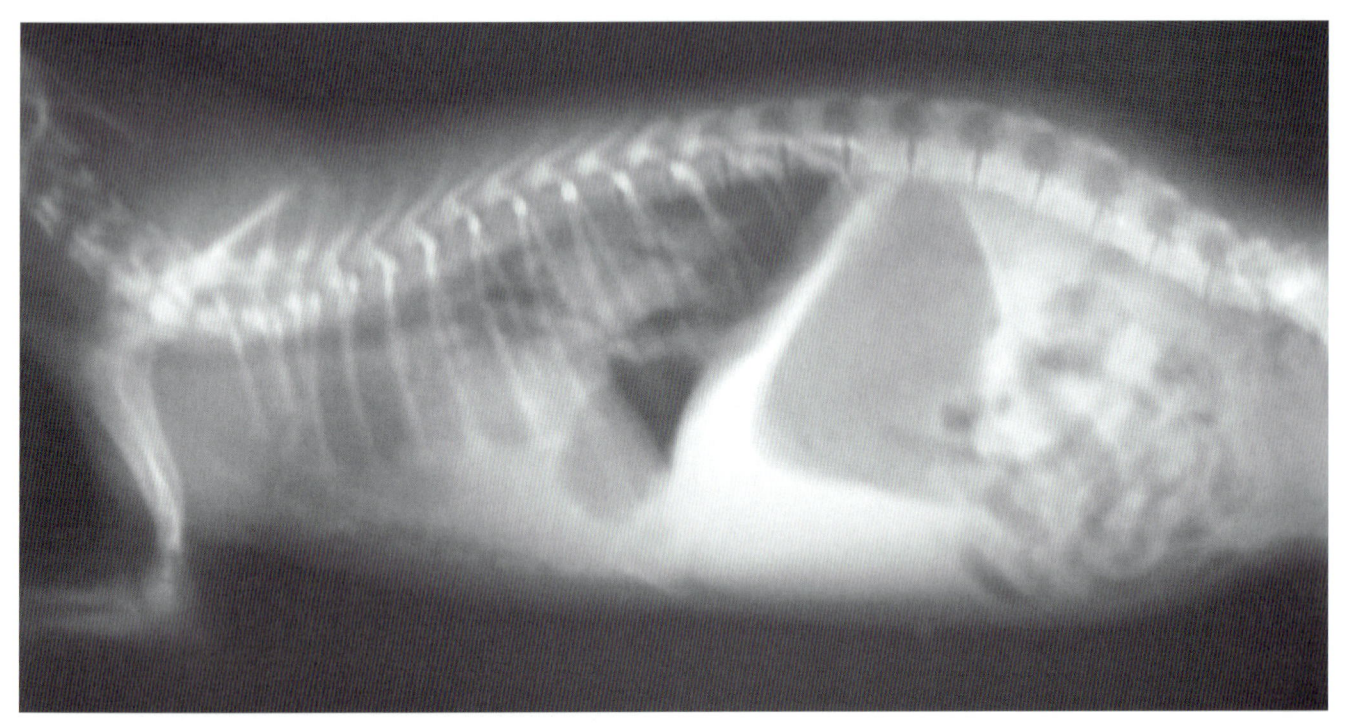

写真6　当院に転院直前（4日目）の非造影X線写真　RL像
（他院での撮影）

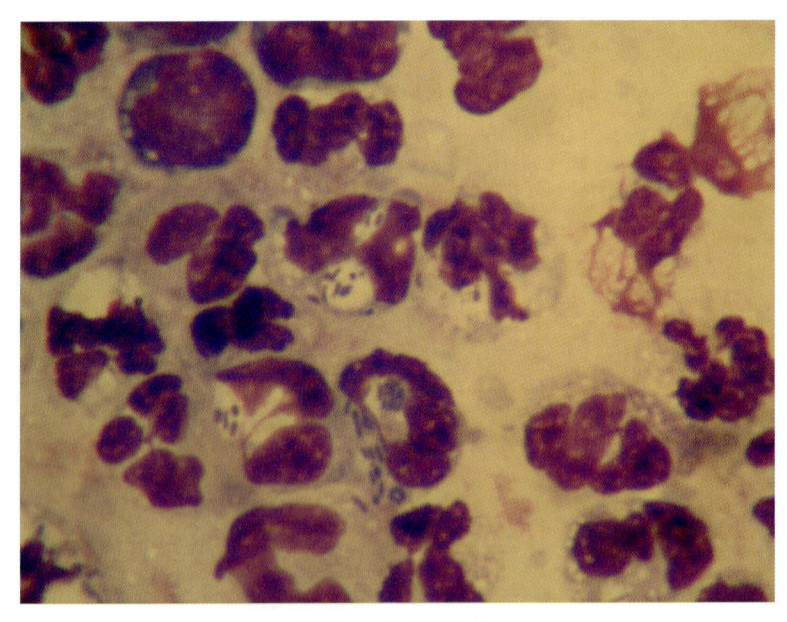

写真7　貯留液塗抹

表1 臨床病理検査

CBC			
WBC	22.1×10^3	$(6 \sim 17 \times 10^3)$	$/\mu L$
RBC	5.95×10^6	$(5.5 \sim 8.5 \times 10^6)$	$/\mu L$
Hb	12.2	$(12 \sim 18)$	g/dL
Ht	37.7	$(37 \sim 55)$	%
MCV	63.4	$(60 \sim 77)$	fl
MCH	20.5	$(19 \sim 24)$	pg
MCHC	32.4	$(32 \sim 36)$	g/dL
pl	635×10^3	$(200 \sim 500)$	$/\mu L$
血液化学検査			
TP	7.5	$(4.8 \sim 7.2)$	g/dL
Alb	2.6	$(2.1 \sim 3.6)$	g/dL
Glb	4.9	$(2.3 \sim 3.8)$	g/dL
ALT	< 10	$(8.0 \sim 75.0)$	U/L
ALKP	815	$(46.0 \sim 337.0)$	U/L
T-Bil	0.2	$(0.0 \sim 0.8)$	mg/dL
Chol	387	$(100 \sim 400)$	mg/dL
Lip	400	$(100 \sim 1500)$	U/L
Glc	52	$(77 \sim 150)$	mg/dL
BUN	33	$(7.0 \sim 29.0)$	mg/dL
Cr	0.6	$(0.3 \sim 1.2)$	mg/dL
P	7.2	$(5.1 \sim 10.4)$	mg/dL
Ca	10.2	$(7.8 \sim 12.6)$	mg/dL
静脈血の血液ガス検査			
pH	7.167	$(7.35 \sim 7.45)$	
pCO_2	66.4	$(40 \sim 48)$	mmHg
pO_2	31.7	$(30 \sim 50)$	mmHg
HCO_3	23.5	$(20 \sim 25)$	mmol/L
BE	− 5.1	$(-4 \sim 4)$	mmol/L
O_2 サチュレーション	45.2		%
TCO_2	25.6	$(16 \sim 26)$	mmol/L
電解質			
Na	138	$(144 \sim 160)$	mmol/L
K	3.2	$(3.5 \sim 5.8)$	mmol/L
Cl	103	$(109 \sim 122)$	mmol/L

( ) 内は本院における正常値を示す。

かな低下，TPのわずかな上昇，ALKP，BUN，Glbの上昇，Glcの低下，Na，Kの軽度の低下が認められた。

【血圧検査】（グルコースの投与後，前腕で測定）

収縮期圧（SYS）は157mmHg，拡張期圧（DIA）は98mmHg，平均圧（MAP）は124mmHgであった。

【胸水貯留液細胞診】

色調は混濁した淡黄色で，比重は1.032，有核細胞数は100,000/μL以上であった。

変性した好中球が主体で活性化されたマクロファージの存在が認められるとともに好中球に貪食されたグラム陰性桿菌が多数認められた。

☞ あなたならどうする。次頁へ

☞
①直ちに，広スペクトル抗菌剤の静脈内投与
②ハイリスク患者の全身麻酔
③内視鏡による食道の精査および異物の除去を試みる。
④胸腔ドレーンの両側設置および胸腔洗浄。
⑤強制栄養胃カテーテルの設置。
⑥内視鏡による食道内異物の除去ができない場合，または食道瘻の大きさによっては開胸・開腹手術が必要となるため，その準備を行う。

【治療・経過】

状態が比較的安定したので，ハイリスク患者の全身麻酔を施すとともに，食道内精査のための内視鏡検査が行われた。

プロポフォールの静脈内投与，アトロピン筋肉注射で導入し，O_2 イソフルランガスで維持を行った。細菌性胸膜炎に対して，セファレキシン，アミカシンの静脈内投与を行った。同時に胸膜炎の治療および気胸のコントロールのために，胸腔ドレーンを設置した。

4mm口径のフレキシブル光ファイバー内視鏡で，食道の検査が行われ，食道遠位（噴門部前庭）に異物（鶏の砂肝かローハイド）を認めた（写真9）。同時に異物の直下に穿孔している裂傷を認めた。

穿刺したドレーンから空気を吸引するとともに，内視鏡下で異物の除去が試みられた。しかし，生検鉗子での牽引では，食道のさらなる損傷を引き起こす可能性があったため，バルーンカテーテルで食道拡張を行いながら，異物除去を試みた。しかし食道へのカテーテルおよび挿入器具の挿入が困難であったため，バスケット鉗子で異物を把持し，食道内への送気を最大限行った後，ようやく異物の除去に成功した。幸い，さらなる食道の損傷拡大を招くことなく異物は摘出された。穿孔部位は長さ約3mm程の裂傷として認められた（写真10）。

穿孔部位は小さな裂傷であったが，飼い主には経過によっては食道縫合手術が必要になる可能性を説明し，同意

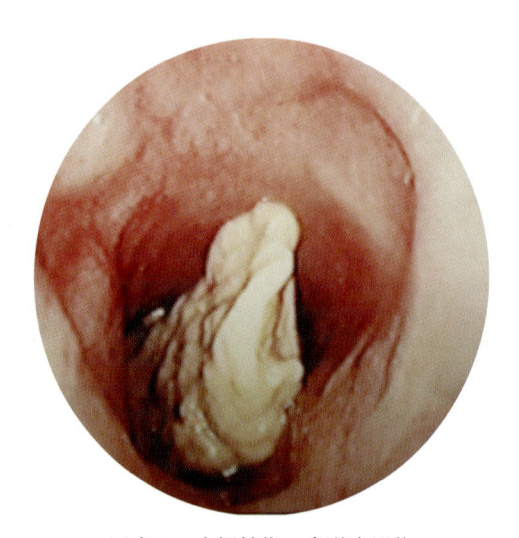

写真9　内視鏡像　食道内異物

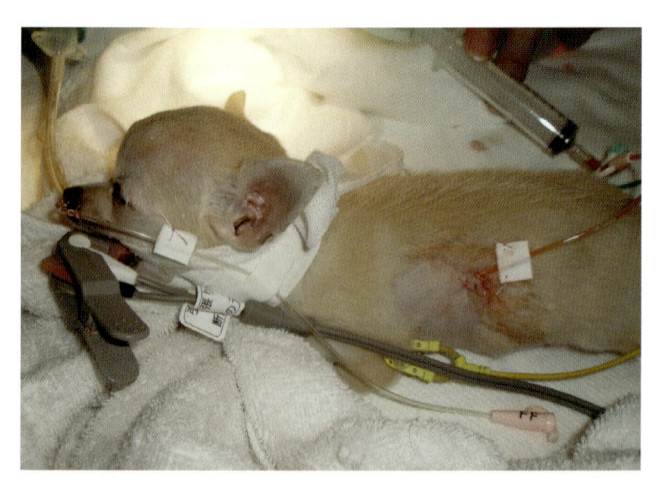

写真8　胸腔ドレーンと経鼻胃カテーテルを設置した状態

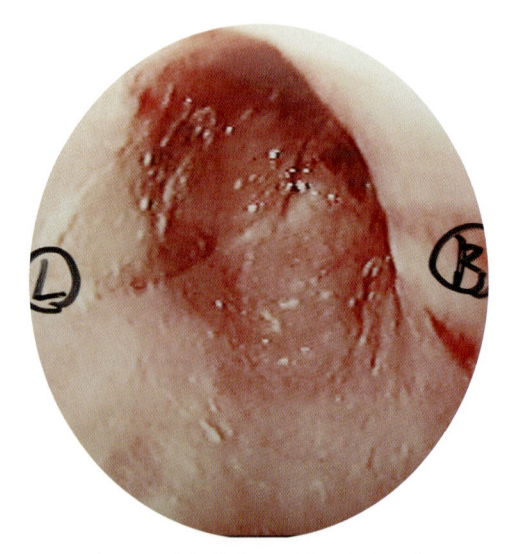

写真10　内視鏡像　異物除去後の食道

を得た。食道裂傷の治療および強制栄養のための食道胃カテーテルを挿入し，留置した。Hill's療法食を流動食として与え，制酸剤，消化管運動亢進薬などを投薬した。

食道異物の除去後，胸膜炎治療として胸腔洗浄を反復した。カテーテルによる強制栄養を行いながら，必要なモニターを徹底して行った。胸膜炎は治療によく反応し，ドレーンからの排液は急速に減少した。ドレーン挿入後6日で，再度，食道の内視鏡検査を行った。穿孔部位は瘢痕形成により治癒していることが確認できた（写真11）。幸いこの時点での食道狭窄は認められなかったため（写真12），食道胃カテーテルを抜去し，Hill's療法食（流動食）の経口給餌に切り替えた。細菌性胸膜炎が完全にコントロールされたことから，この時点で両側の胸腔ドレーンを抜去した。

その後の検診において，患者の状態は良好であった。1か月後，食道狭窄がないことを確認するために，再度，内視鏡検査およびX線検査が行われた。狭窄は認められず食道の治癒の状態は良好であった（写真13～16）。

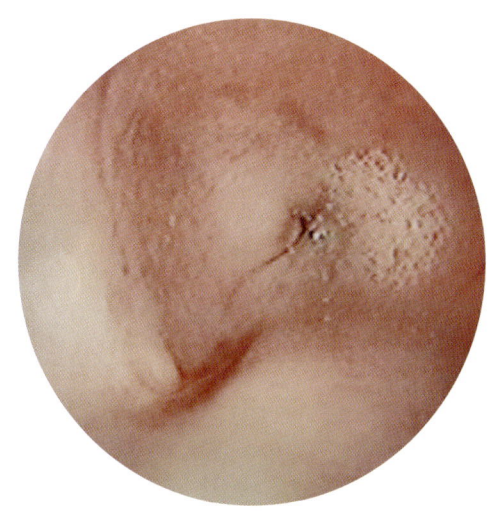

写真11　内視鏡像　異物除去期後6日目
　　　　瘢痕形成した食道穿孔部位

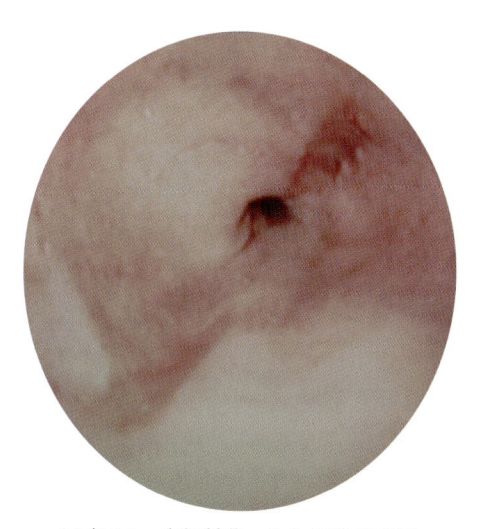

写真13　内視鏡像　1か月後の所見

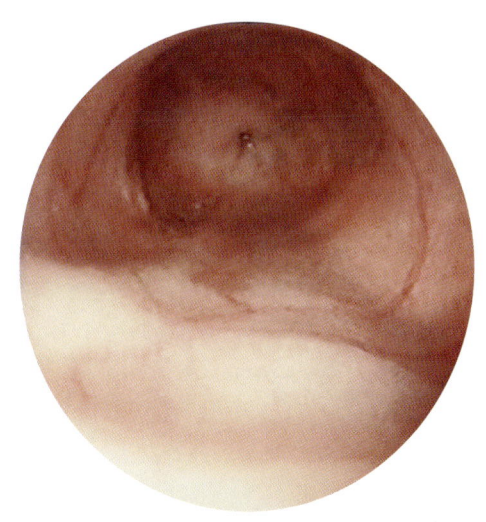

写真12　内視鏡像　異物除去期後6日目
　　　　食道狭窄は認められない

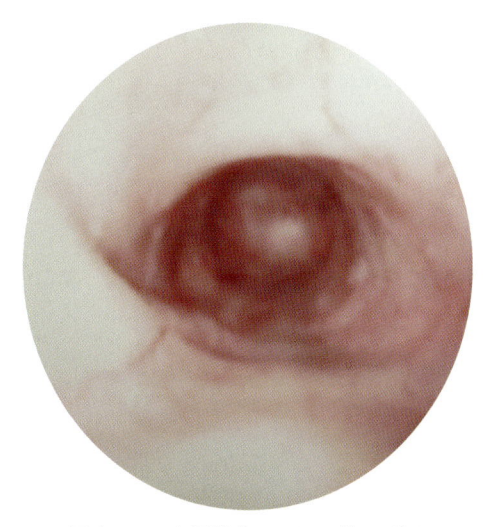

写真14　内視鏡像　1か月後の所見
　　　　食道狭窄は認められない

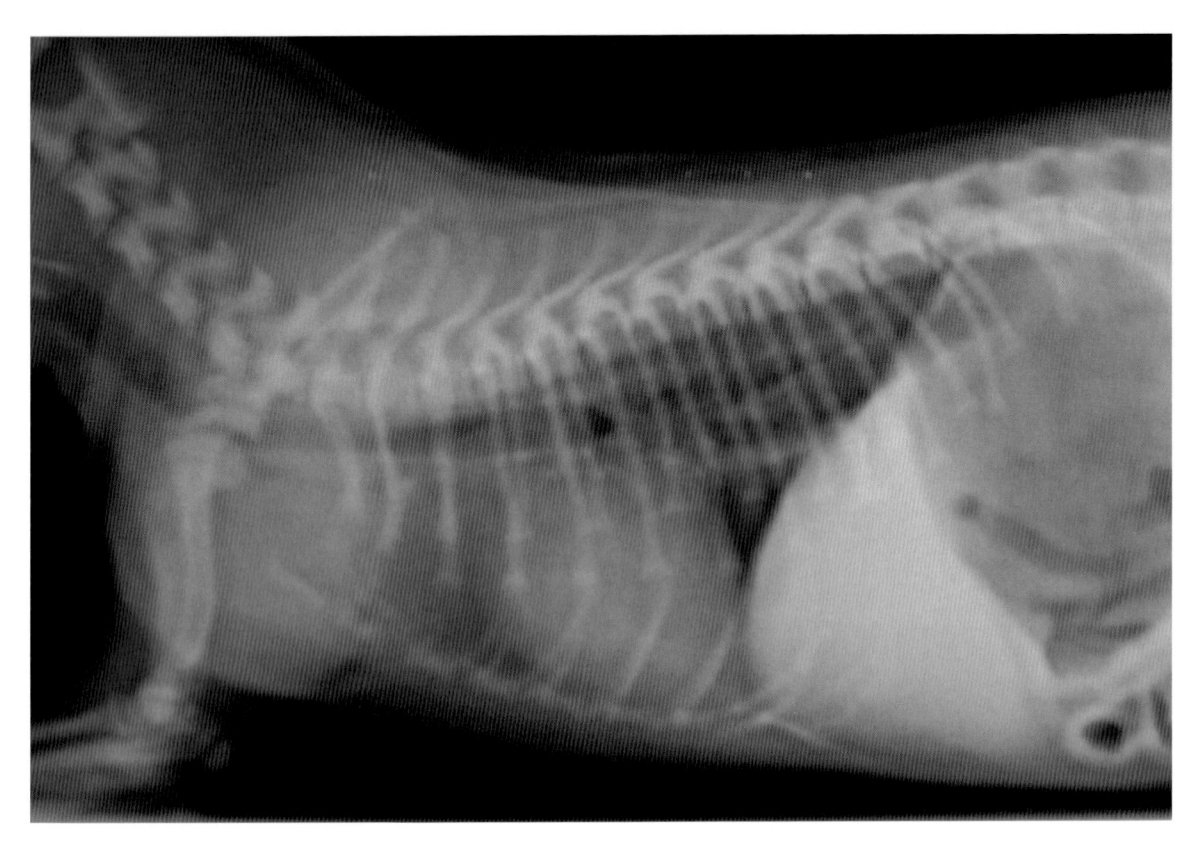

写真15　1か月後の胸部単純X線写真　RL像

【診　断】

最終診断は，①ショック，②細菌性胸膜炎，③食道内異物，④食道穿孔，⑤大泉門開存であった。

【コメント】

食道内異物は犬で，特に2歳以下のものに多発する傾向が強い。猫にもまた食道内異物が診断されることがある。食道内異物が占拠しやすい部位は，胸郭入口，心底部付近および噴門部前庭が大部分（90％）であり，異物の形態や大きさによるが，内視鏡下で非観血的，非外科的に除去が可能であることが多い。

しかし，その形態や大きさによっては，食道の裂傷，あるいは圧迫により食道穿孔を併発することもある。併発した場合には，常に細菌性胸膜炎を引き起こす可能性がある。したがって，食道内異物が診断された場合には，常に細菌性胸膜炎の有無を確認する必要がある。胸膜炎を併発している場合には，異物除去に先立って，直ちに，抗生剤の静脈内投与による治療を開始する必要がある。

細菌性胸膜炎の治療に先立って，胸腔内貯留液の細胞診および細菌培養（好気・嫌気）を行うとともに，抗生物質の感受性試験を行っておくべきである。細菌性胸膜炎の治療で最も重要なことは，胸腔の洗浄を反復することである。早期により完全に治療が行われることで，胸膜に起こりやすい癒着を最低限にすることができる。

近年，犬や猫などの動物達とともに暮らす人（家族）が飛躍的に増えているが，犬や猫の心身の健康のために多種の玩具，遊び道具が考案され，販売されている。これらの中で，簡単に壊れ，飲み込める大きさや形状になる材質や形態のものは選ばないように指導することが大切である。

本症例では，当初から食道内異物が正確に診断されていたのは幸いであるが，その除去は直ちに行われる必要があった。しかし，その処置が4日後となり，その間に最も危険な併発症（食道穿孔と細菌性胸膜炎）を招いてしまっ

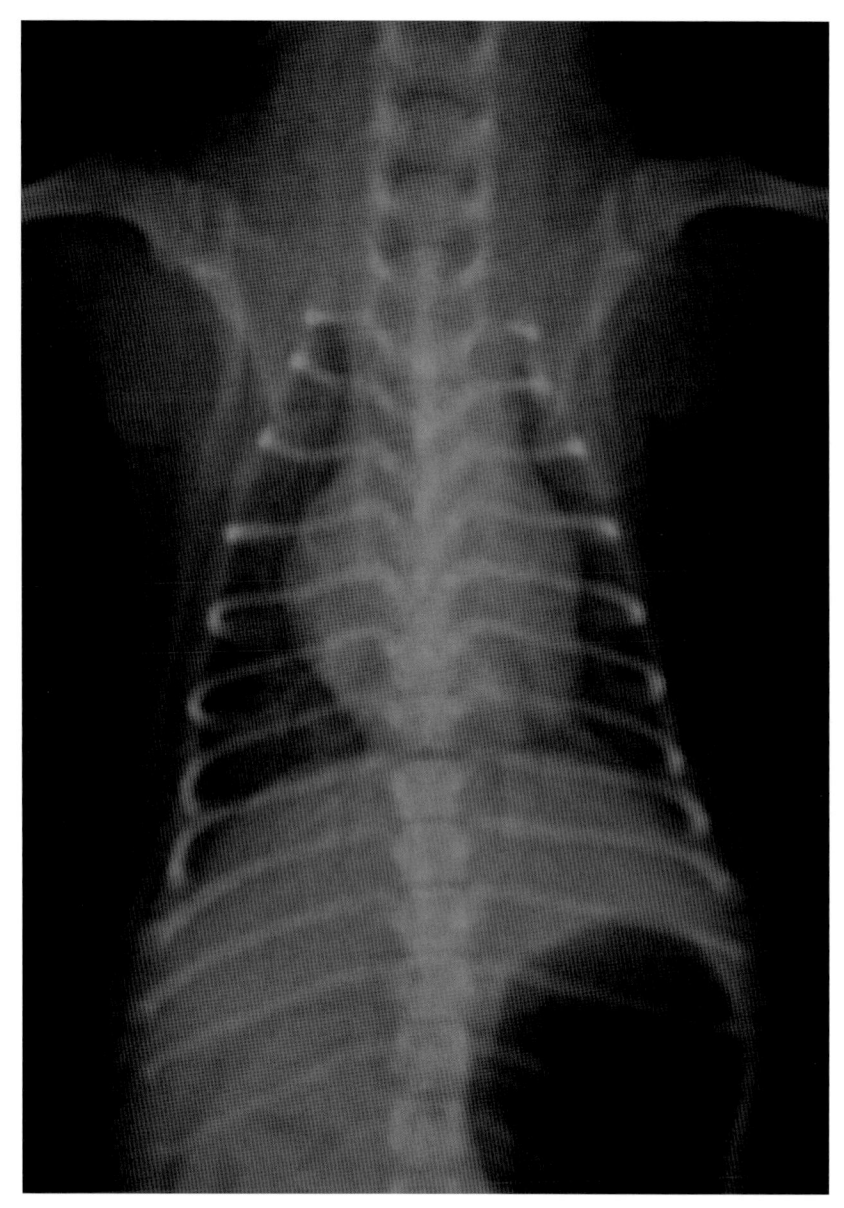

写真16　1か月後の胸部単純X線写真　DV像

た例である。すでに述べているが，現在では安全な麻酔と安全な内視鏡の発達で，食道から直接除去できるものも多くなっており，またそれができない場合には胃内に送り込み，胃から除去するということが可能である。

　残念ながら本例では除去が遅れたため，食道裂傷あるいは食道瘻のために食道穿孔をきたし，その結果，細菌性胸膜炎が継発し，3か月齢という若齢の幼犬への4日間の絶食，絶水，唾液の大量の喪失のために急速に脱水が進み，ショック状態に陥った訳である。このような救急・救命を必要とするハイリスク患者の診断・治療は極めて迅速に対処する必要がある。

　したがって，24時間・365日対応型の救急・救命施設のことを平素から知っておくべきで，飼い主にも必要な場合にはその施設を知らせておくことが大切である。

（Vol.60 No.3, 2007に掲載）

Case 30 CAT

健康診断で腹腔内腫瘤がみつかった症例

ペルシャ，13歳齢，雌

【プロフィール】

ペルシャ，13歳齢，雌。室内飼育で，同居猫がいる（同居猫は本院に通っていた）。食事は市販ドライフードである。各種の予防は行われていない。

3歳時に子宮・卵巣全摘出術が行われている。

【主　訴】

健康診断のため来院したものである。

【physical examination】

体温は38.7℃，体重は3.08kg，栄養状態は70％，心拍数は210回/min，呼吸数は30回/min。

脱水は6％で，歯石（3＋）が認められた。

触診で右中腹部に握りこぶし大の腫瘤（遊離性で硬結感があり，表面の輪郭は不整感あった）が触知された。疼痛は認められなかった。胃内に食渣，食塊があり，また結腸に中等度の固形便が認められた。

【プロブレム】

①腹腔内腫瘤，②削痩，③歯石，④脱水

【臨床病理検査】

CBCおよび血液化学検査の結果は，表1の通りであった。
血液凝固時間（ACT）は2分10秒（正常範囲は2分以内）

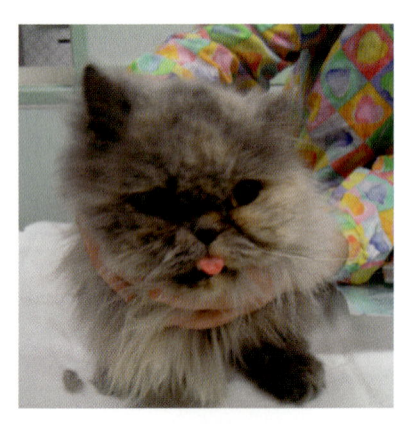

写真1　初診時の外貌

表1　臨床病理検査

CBC			
WBC	7.3×10^3	$(5.5 \sim 19.5 \times 10^3)$	/μL
RBC	1191×10^4	$(500 \sim 1000 \times 10^4)$	/μL
Hb	12.2	(8～15)	g/dL
Ht	35.8	(30～36)	%
MCV	30.1	(39～55)	fl
MCH	10.2	(12.5～17.5)	pg
MCHC	34.1	(31～35)	g/dL
pl	46.4×10^4	(30～80)	/μL
血液の塗抹標本検査のリュウコグラム			
Band-N	0	(0～300)	(/μL)
Seg-N	5615	(2500～12500)	(/μL)
Lym	1333	(1500～7000)	(/μL)
Mon	210	(0～850)	(/μL)
Eos	140	(0～1500)	(/μL)
Bas	0	(0)	(/μL)
RBC所見	大小不同，多染性（－）		
血液化学検査			
TP	7.5	(5.7～8.9)	g/dL
Alb	2.6	(2.3～3.9)	g/dL
Glb	5.0	(2.8～5.1)	g/dL
ALT	190	(12～130)	U/L
ALKP	54	(14～111)	U/L
GGT	23	(0～1)	U/L
T-Bil	0.1	(0.0～0.9)	mg/dL
Chol	112	(65～225)	mg/dL
Glc	106	(71～159)	mg/dL
BUN	26	(16～36)	mg/dL
Cr	1.3	(0.8～2.4)	mg/dL
P	5.0	(3.1～7.5)	mg/dL
Ca	9.8	(7.8～11.3)	mg/dL
静脈血の血液ガス検査			
pH	7.335	(7.35～7.45)	
pCO$_2$	35.4	(40～48)	mmHg
pO$_2$	58.5	(30～50)	mmHg
HCO$_3$	18.4	(20～25)	mmol/L
BE	－7.4	(－4～4)	mmol/L
O$_2$サチュレーション	88.9		%
TCO$_2$	19.5	(16～21)	mmol/L
電解質			
Na	152	(147～156)	mmol/L
K	3.6	(4.0～4.5)	mmol/L
Cl	112	(117～123)	mmol/L

（　）内は本院における正常値を示す。

であった。

膀胱穿刺尿による尿検査では，比重は1.050，pHは6.5であり，その他は正常範囲内であった。

【血圧検査】

収縮期圧（SYS）は162mmHg，拡張期圧（DIA）は105mmHg，平均圧（MAP）は132mmHgであった。

【単純X線検査】

腹部RL像（写真2）：軟部組織の輪郭は70％の削痩を反映して，脂肪組織がほとんど見当たらない。骨格は正常範囲内である。

胸腔内は正常範囲である。胃胞は中等度に拡大し，中等量の食渣が認められる。胃胞頭側の肝陰影は中等度に縮小し，胃胞尾側には輪郭明瞭で，かつ塊状で不定形の腫瘤（8cm×7cm）が認められる。腎臓は左右とも不明瞭で脾頭は明瞭に認められる。小腸，結腸は強く尾側に変位して認められる。

腹部VD像（写真3）：軟部組織の輪郭は70％の削痩を反映して，脂肪組織に乏しく，それだけ各内臓，組織のコントラストを欠いている。

胃胞は中等度に拡大し，食渣が認められる。中腹部の巨大な腫瘤（10cm×8cm）の輪郭は明瞭であるが，凹凸の多い塊状で不定形のマスとして認められる。肝臓につながる大きなマスのために，右腎は尾側かつ右側に変位して認められる。左腎は不明瞭で通常の輪郭を有しない。脾頭部はわずかに認められ，その左側および中腹部の大きなマスの尾側に小腸および結腸が強く変位して認められる。

胸部RL像（写真4）：軟部組織の輪郭は70％の削痩を反映して，脂肪組織に乏しい。骨格は正常範囲内である。

心陰影および肺動静脈は正常範囲内である。肝陰影は正常範囲内であるが，肝実質，胆嚢内と考えられる部位に軽度の石灰沈着が認められる。

胸部DV像（写真5）：軟部組織の輪郭は削痩を反映して乏しい。骨格は正常範囲内である。

心陰影および肺紋理は正常範囲内である。

横隔膜の形状は中腹部の巨大なマスの影響で頭側に張り出していることがわかる。肝臓に続く巨大なマスは胸部撮影のための線量を反映して明瞭ではない。胃胞は中等度に拡大し，中等量の食渣が認められる。胃胞の尾側に脾頭が認められるが，腎陰影は明瞭には認められない。

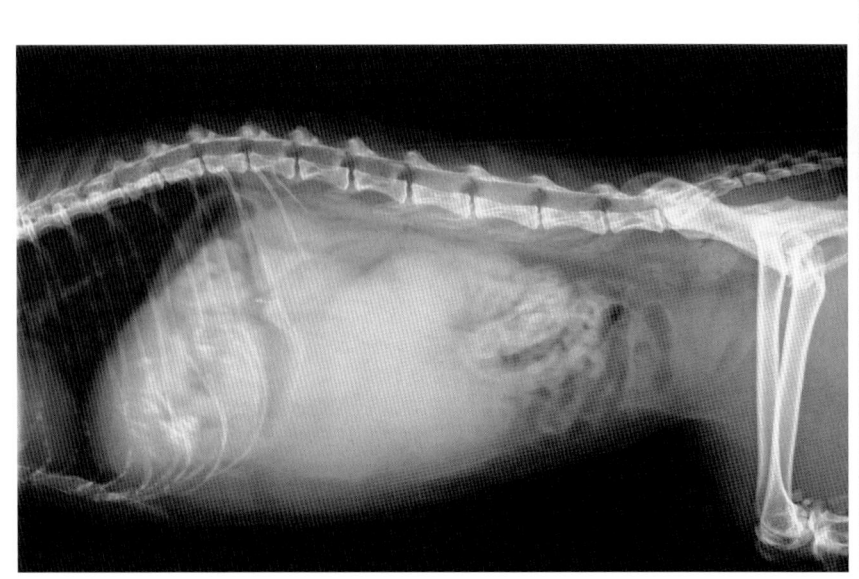

写真2　腹部単純X線写真　RL像

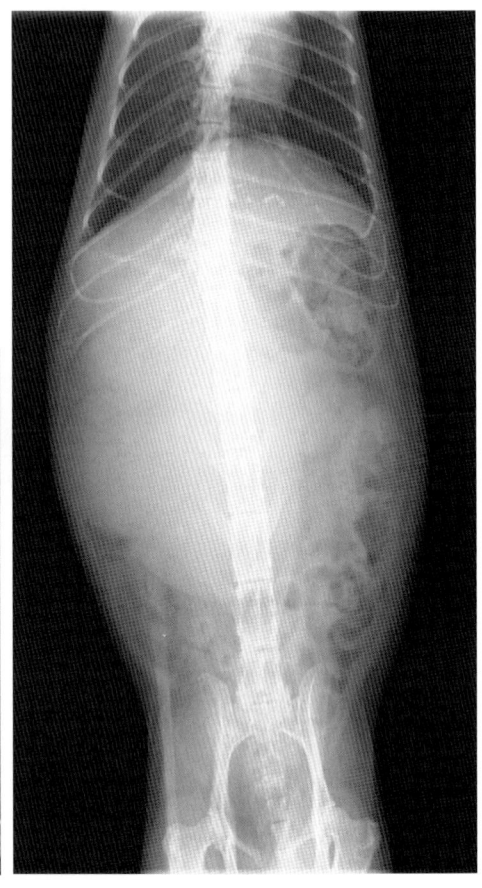

写真3　腹部単純X線写真　VD像

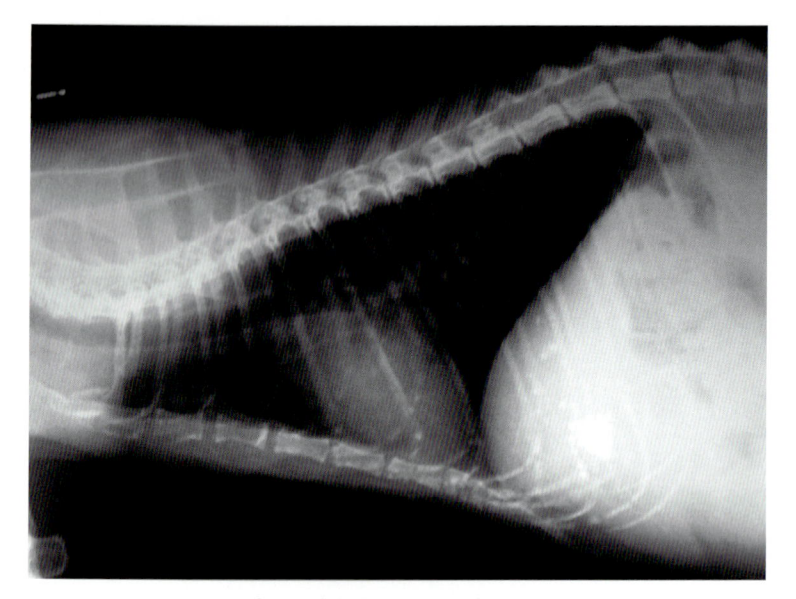

写真4　胸部単純X線写真　RL像

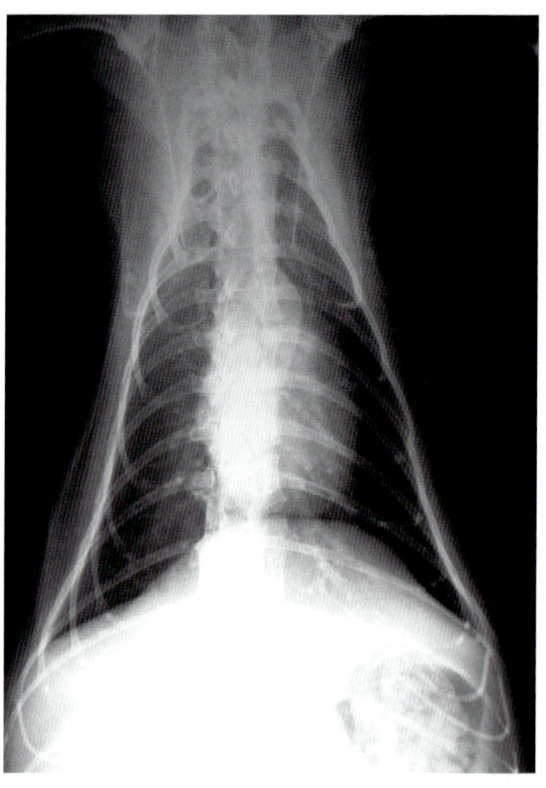

写真5　胸部単純X線写真　DV像

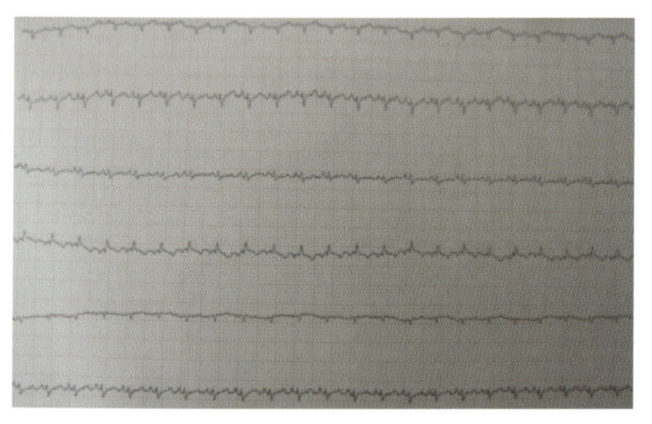

写真6　初診時心電図所見

【腹部超音波検査】

中腹部（触診で腫瘤を確認した部位と一致）に液体を満たした多数のシストを含む肝臓の腫瘤が確認された。

【肝臓シストのFNA】

肝臓のシストから血様漿液を2mLを採取した。比重は1.035，有核細胞数（好中球であり，悪性を示す腫瘍細胞は認められない）は $20 \times 10^2/\mu L$，TPは5.4g/dL，Alb 1.8g/dLであった。

【細胞診】

主として好中球を含む血液成分のみで，悪性を示す腫瘍細胞は認められない。

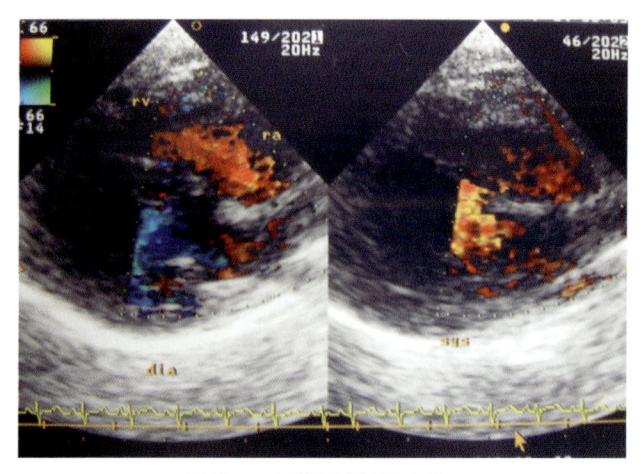

写真7　心臓超音波検査像

【心臓超音波検査】（写真7）

心筋壁の肥厚，各弁領域での逆流や，弁の逸脱などは認められず正常範囲内であった。

【CT検査】（写真8）

肝臓に嚢胞状腫瘤，両側腎に多数のシストが認められた。

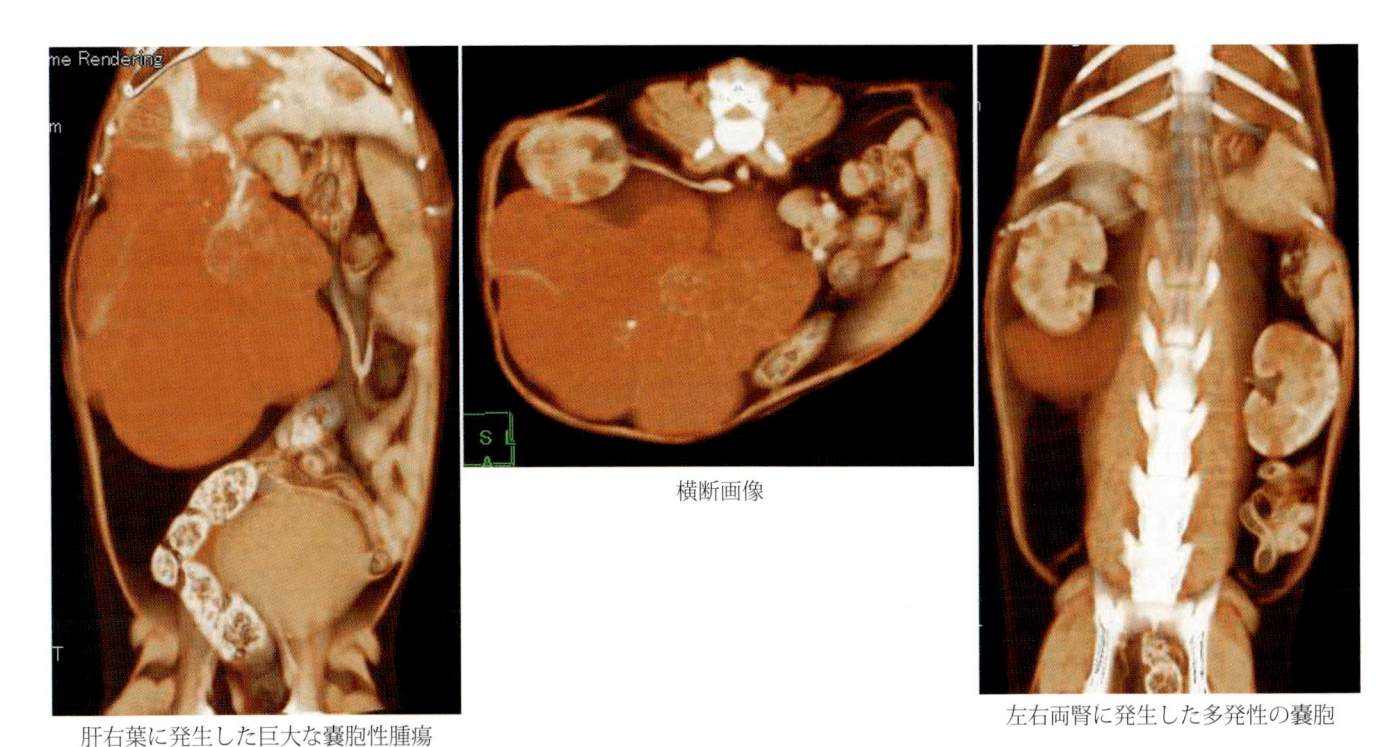

肝右葉に発生した巨大な囊胞性腫瘍

横断画像

左右両腎に発生した多発性の囊胞

肝臓に囊胞状腫瘤，左右両腎に多巣マスが認められる

写真8　CT検査像

なおCT像は，4列マルチスライスCT（Asteion Super 4, 東芝），高精細高速三次元画像解析ソフトウエア（バーチャルプレイスアドバンス，AZE）を使用している。

【診　断】

肝臓の右葉の大型，多発性の巨大マス・腫瘍および左右腎の多発性のマス。

☞ **あなたならどうする。次頁へ**

☞
①脱水の是正と新鮮血輸血とビタミンK1の投与
②開腹手術による各内臓，組織の精査と腫瘍の摘出
③外科手術の必要性とその内容について飼い主への予後を含む十分な説明で完全な同意を得ること。

【治療】

飼い主は共に生活する中で，健康上問題はなく健康であると思っていたが，健康診断の結果，腹部を占拠する肝臓の巨大な腫瘍（肝囊胞）と左右腎の形態的に異常なマス（多発性囊胞）が認められた。

今後起こり得る健康上の問題を考慮すれば，今後のQOLの維持のためには，巨大な腫瘍の切除が必要になることを飼い主はよく理解され，インフォームド・コンセントが得られたので，開腹術を行った。

健康診断時，ACTの延長が認められたため，手術の5日前よりビタミンK1の投与を開始した。手術当日の全身麻酔は，アトロピン，プロポフォールで導入し，気管挿管後，イソフルランで維持を行った。術前の抗生物質の投与はセファレキシン（22mg/kg）を，鎮痛管理としてブプレノルフィン（20μg/kg）を筋肉注射した。

手術は鎌状軟骨から恥骨前縁までの腹部正中切開により行われた。腹腔内には，腹水貯留および肉眼的な腹膜炎所見は認められなかった。右肝臓の巨大な腫瘍および肝葉全域にわたり瀰漫性に黄白色組織の浸潤と大小不同の囊胞が形成されていた（写真9）。特に萎縮した内側右葉の一部に形成された囊胞は多巣性で大きく，腫瘍境界が不明瞭であったため，囊胞切除に先立って囊胞貯留液180mLを除去した。囊胞内貯留液除去後（写真10），囊胞と肝臓組織の境界が明瞭化した時点で異常な囊胞組織を肝葉から分離・切除した（写真11）。また総胆管の蛇行および肥厚が認められたが，胆汁の通過に問題はなかった。また両側腎の被膜内に直径5〜10mm大のシストが認められた（写真12）。その他の腹腔内臓器は肉眼的に正常範囲内であった。

肝生検をハーモニックスカルペル（アトム・ベッツメディカル）を用いて内側左葉，尾状葉に行い腹腔洗浄を行った

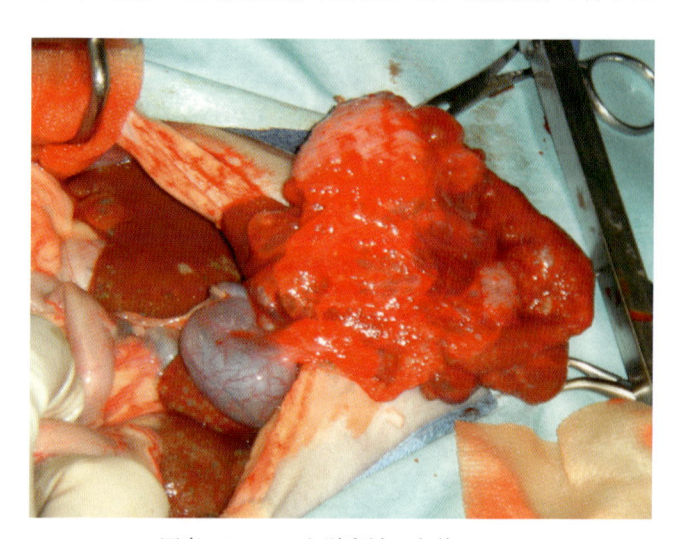

写真10　シスト貯留液回収後のマス

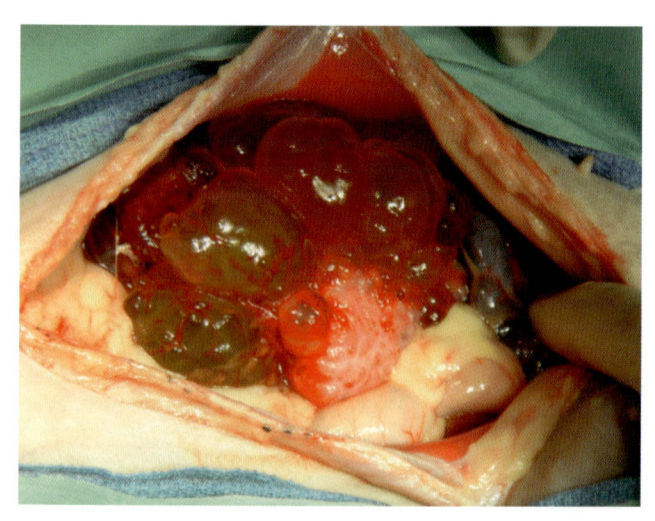

写真9　開腹時所見

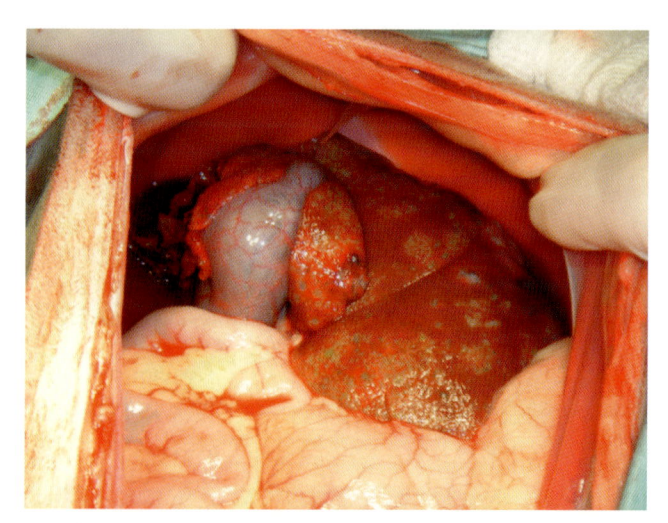

写真11　内側右葉腫瘍摘出後の肝臓所見

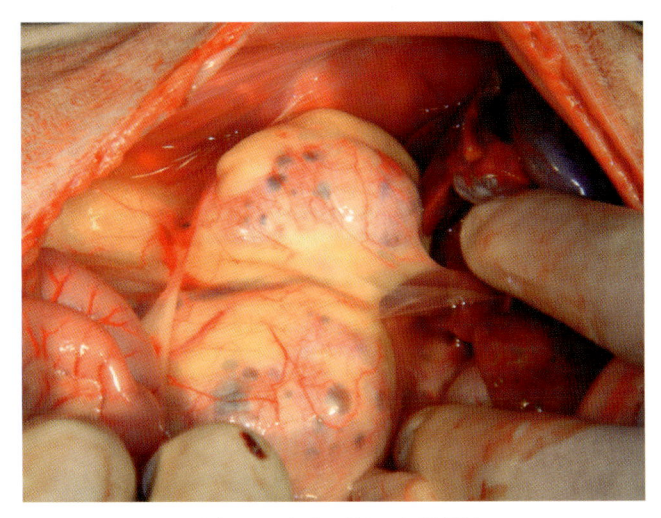

写真12　左右両腎の肉眼所見

後，常法により閉腹した。術後は強制給餌用の経鼻胃カテーテルの留置を行った。

切除した腫瘍の重量は50g（液体抜去後），55mm×70mm×40mmであった。病理組織検査は表2に詳細を記すが，嚢胞部では胆管嚢胞腺腫，肝臓組織では胆管嚢胞，胆管過形成，慢性受動性鬱血であった。

表2　病理組織所見
肝腫瘤：嚢胞性とラベルされた肝臓は大型，被包化されていない異型胆管上皮の増殖で特徴付けられる。細胞は膠原性間質で支持された大型の嚢胞状構造を形成している。隣接する肝臓実質への圧迫と浸潤がある。肝細胞小巣が間質内に確認され，少数の炎症細胞も確認される。胆管上皮は立方状〜扁平化している。胆管上皮細胞は，卵円形の正染核と少量の好酸性細胞質を有する。細胞形態学的な異型性あるいは核分裂活性はない。腫瘤は頻繁に薄い結合組織層で囲まれている。腫瘤内に壊死と出血のみられる領域がある。➡ 胆管嚢胞腺腫
内側左葉：肝臓左葉の楔型標本は無数の拡張した胆管を含む。正常構築は明らかに変形している。1辺縁に，電気メスによる重度のアーチファクトが存在する。拡張した胆管は線維化，リンパ球および形質細胞を伴っている。軽度に腫脹し，空胞化した肝細胞からなる小巣のみが認められる。➡ 線維化と慢性炎症を伴う複数の胆管嚢胞
尾状葉：尾状葉からの標本は正常構築を有する。門脈三つ組が認められる。小葉中心部の肝細胞では細胞内色素が増加している。中心静脈はわずかに肥厚している。炎症細胞の浸潤はない。門脈域で胆管が軽度に増殖してる。➡ ごくわずかの胆管過形成および軽度の慢性受動性鬱血

【経　過】

術後管理として，ビタミンK1の継続投与，予防的抗生物質としてセファレキシン，術後疼痛管理にブプレノルフィン，β1-3, 1-6グルカンの投与が行われた。手術直後は比較的安定していたが，術後3日目より発熱，5日目には嘔吐が認められるようになった。このため抗生物質にメトロニダゾール，アミカシンを追加し，消化管障害に対しファモチジン，メトクロプラミド，ウルソデオキシコール酸を加えた。また貧血が徐々に進んだためエリスロポイエチン，鉄剤，ビタミンB12注射を投与した。食欲はわずかであったため経鼻・胃チューブによる強制給餌および輸液療法を継続した。平熱が5日間続いたことを確認し，術後11日目に退院した。

退院後の検診では，間欠的な発熱，貧血，嗜眠傾向，食欲不振が見られ，対症療法を続けていたが，改善傾向は見られなかった。

術後1か月半の検診時，腹囲膨満が認められ検査を行ったところ，徐脈性不整脈を伴う右心不全によると思われる腹水貯留が認められた。腹水の性状は，薄ピンク色で比重は1.024で漏出液であった。その日のうちに呼吸不全を起こし，飼い主の希望により安楽死を行った。

【コメント】

猫の原発性肝腫瘍は，転移性腫瘍よりはるかに少なく，腺腫が最も多く5割以上を占めるが，そのほかに胆管癌，線維肉腫，血管肉腫，肝細胞癌，骨外骨肉腫などがある。肝腫瘍の臨床症状としては，肝腫瘍の破裂による腹腔内出血，食欲不振，沈鬱，嘔吐，体重減少などが起こる。

結節性過形成，膿瘍，血腫，嚢胞との鑑別診断のためには探査開腹が推奨される。犬において肝腫瘍が一葉にだけある場合や胆嚢だけに限局している場合は，切除によって完治することが多い。猫の場合，非リンパ腫性の肝腫瘍は予後が悪いが，肝胆管嚢胞腺腫で肝葉切除術を受けた猫の生存期間は長く，しばしば2年以上も生存することもある。

胆管嚢胞腺腫は通常老猫に見られ，多発性のことが多く，時として本例のように著明な症状を伴うこともなく，非常に大きくなることがある。特異的な臨床症状はなく，腹水あるいは腫瘍による腹部腫大に飼い主が気づくことや，病院で触診により見つかることもあるが，多くの場合偶然発

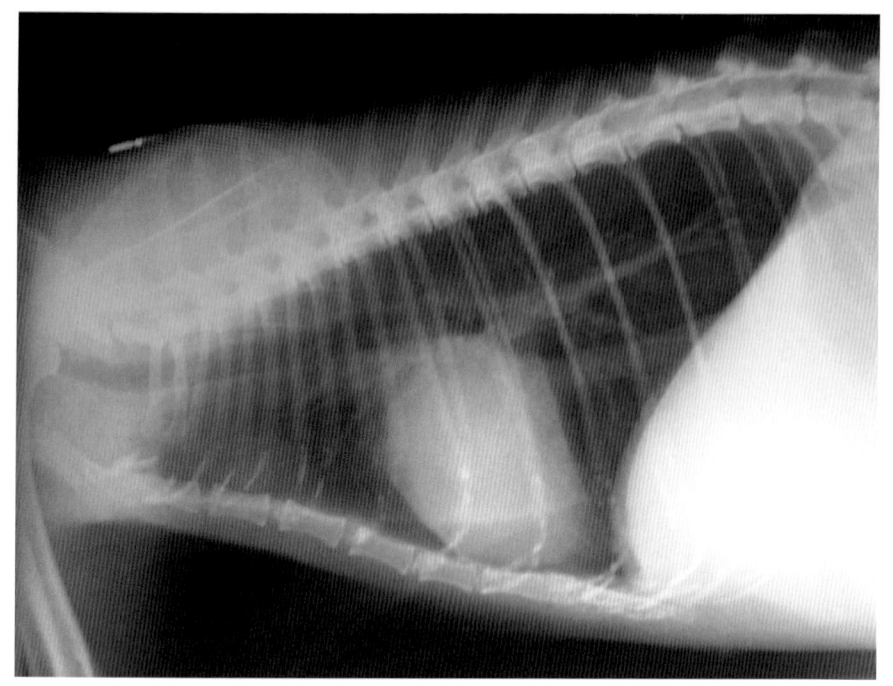

写真13　右心不全時（術後1.5か月）の胸部単純X線写真　RL像
心陰影の著明な拡大，後大静脈の著明な拡大が認められる。鬱血像は確認されるが，肺水腫は認められない。右房・右心の性分の著明な拡大および肝陰影の拡大が認められる。
いずれも右心不全を明確に示唆している。

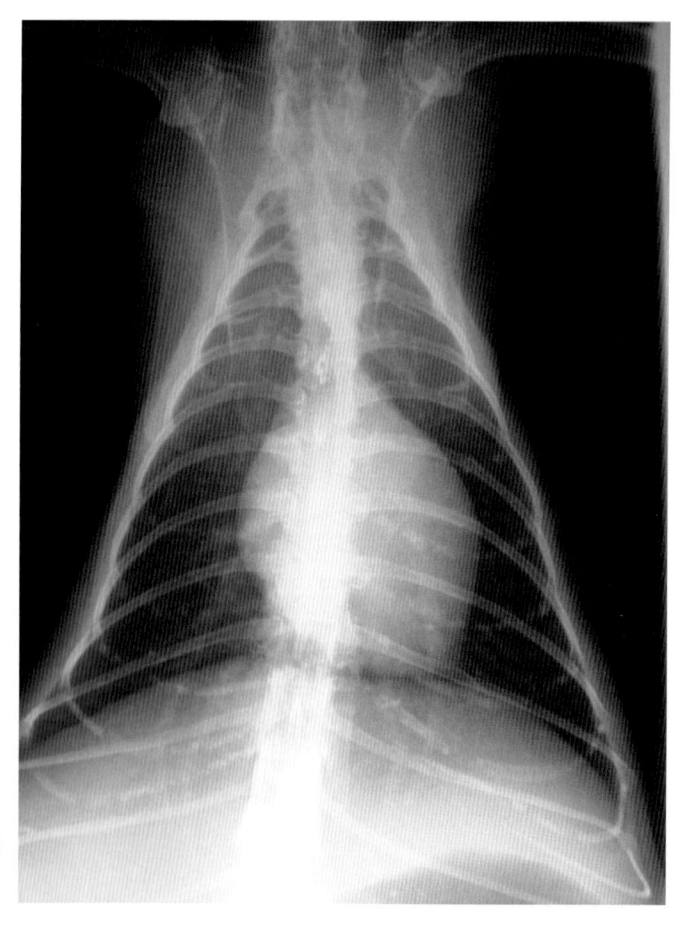

写真14　右心不全時（術後1.5か月）の胸部単純X線写真　DV像

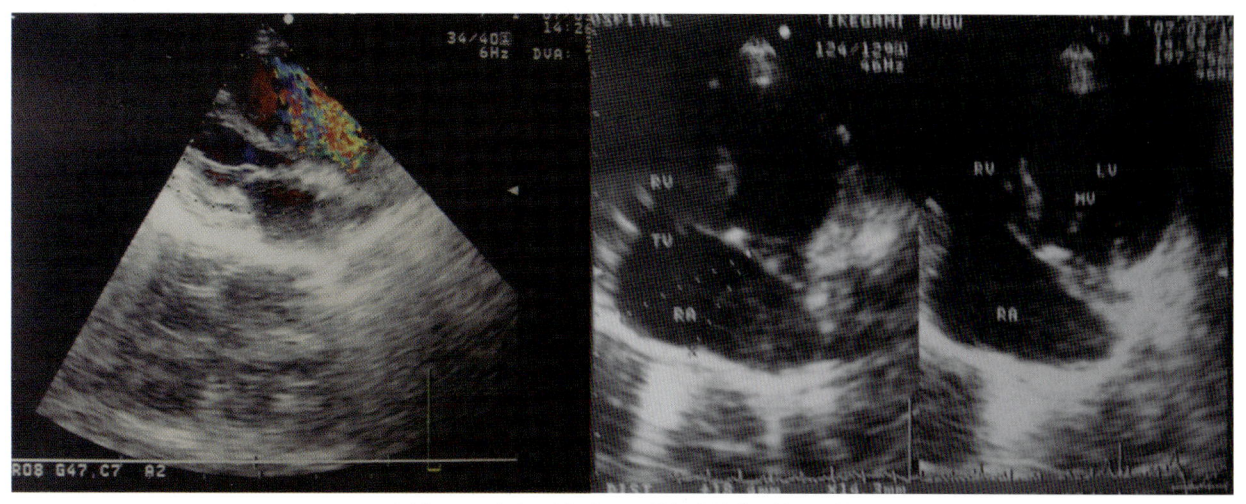

写真15　右心不全時の心臓超音波像（右心系）
右心の不全が明確である。

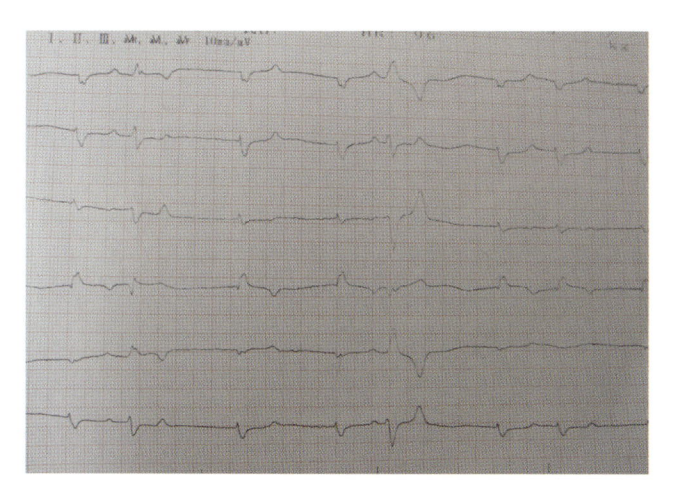

写真16　右心不全時の心電図所見

見されることが多い。
　良性腫瘍ではあるが，位置，大きさ，併発症によっては黄疸や肝性脳症が見られることもある。胆管腺腫は腺癌へ悪性転換することが多く，大きさにかかわらず経過観察は適切ではなく，常に外科的切除を早期に行うべきである。限局性の腫瘍切除を行った猫では，化学療法などの補助療法は必要なく，多発性腫瘍を有する猫であっても切除後の予後は良好であり，再発もまれである。
　本症例では，健康診断で腹部腫瘍が発見されるまで中等度の削痩以外の臨床症状はなく，一般状態も比較的に良好な状態で開腹し，肝嚢胞の完全な切除を行うことができた。CT上でも肉眼上でも肝嚢胞は多発性であったが，腺癌への転換の可能性と腹腔内の容積の約1/3を占める腫瘍による腹部不快感を考慮し，飼い主に開腹手術の必要性を理解していただき，巨大な腫瘍部分の切除を行った。
　本来であれば予後は良好なはずの腫瘍であったが，術後の在宅での回復は思わしくなく，術後1か月半で安楽死を行うまでの間，食欲はわずかしかなく，強制給餌を継続していたが，常に嗜眠傾向がみられ，また間欠的な発熱，さらに慢性貧血が進んでいた。
　安楽死の原因となった右心不全は，術前の検査（X線検査，心電図検査，超音波検査）では認められておらず，明らかに術後に起こってきたものである。腹腔内の約1/3を占める肝臓腫瘍の切除により腹腔内の急激な血行動態の変化が起こる可能性が高かったにもかかわらず，「術前の検査で異常なし」に捉われ，また術後の貧血の進行，特に経過不良の原因の解明（フォローアップ診断の努力不足）が十分に行われなかったこと，および右心不全の予防的な治療が遅れて，決定的な右心不全を引き起こしたものと考えられる。本症例では，治療チームの猛省が必要なことから，今回は，あえて発表した。

(Vol.60 No.6, 2007 に掲載)

Case 31 DOG

肺水腫と診断され転院してきた症例

ミニチュア・ダックスフンド，6歳齢，雄

【プロフィール】

ミニチュア・ダックスフンド（ブラック・タン），6歳齢，雄。狂犬病ワクチン，混合ワクチン，犬糸状虫症予防は完全に行われている。食事は専用ドライフードで，完全に室内で飼育され，4歳齢のミニチュア・ダックスフンドが一緒に飼われている。

他院で4歳時に進行性網膜萎縮と診断され治療を受けていたもので，来院直前に白内障手術を受けている。

【主　訴】

他院で白内障手術直後に呼吸促迫を認め，肺水腫と診断され直ちに治療が開始されたが，重症と認められたので24時間救急，重篤患者の管理可能な当院が紹介され，麻酔導入後，約3時間後，午後10時に転院してきたものである。

【他院での経過】

進行性網膜萎縮（PRA）で，すでに視力の減退を認めていたが，後発した白内障によりレンズ誘発性ブドウ膜炎を生じたため，白内障手術が本日行われた。既往歴はなく，術前のphysical examination，および臨床病理検査などの結果は，正常範囲内であった。

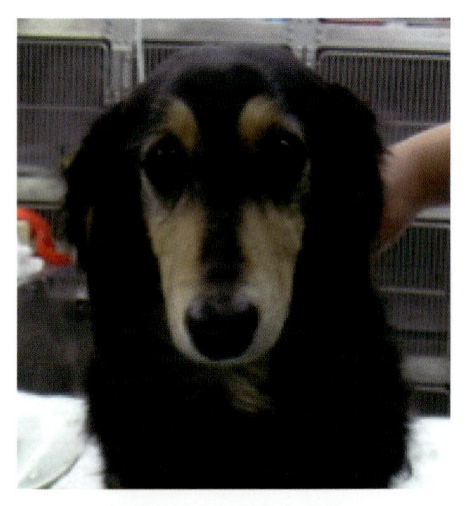

写真1　初診時の外貌

麻酔前投与に臭化パンクロニウム 0.06mg/kg IV，アトロピン 0.1mg/kg IV，コハク酸メチルプレドニゾロン 10mg/kg IV，ファモチジンおよびセファレキシンを，導入にはプロポフォールを用い，気管挿管後は O_2 イソフルランガスで維持したとのことであった。導入の30分後に，心拍数30回/minの徐脈と酸素飽和度が90%以下となる低酸素症を認め，この間に気管チューブがはずれることもあったとの連絡を受けた。その後，呼吸回数の増加と呼吸時間を延長することで麻酔状態が安定したため，白内障手術を終了するために，さらに30分間手術を継続した。術中の輸液速度は10mL/kg/hrで輸液総量は90mLとのことであった。

抜管直前に自発呼吸を認めたため，ネオスチグミンを通常の半量（0.03mg/kg）で投与した。抜管後に呼吸促迫と酸素飽和度の低下を認め，また湿性ラ音を聴取したため肺水腫と診断し，フロセミド 2mg/kgを静脈内投与したとのことであった。

そして麻酔覚醒から約3時間後の午後10時に経鼻酸素チューブが設置された状態で，24時間看護のため当院へ搬送され入院した。

【来院時の physical examination】

体重は4.84kg（白内障の術前は4.8kg），体温は37.8℃，脈拍数は132回/min，呼吸数は120回/min，栄養状態は100%であった。

股動脈圧は100%，意識レベルは60%（重度の抑鬱），可視粘膜色調は正常範囲内，毛細血管充填時間（CRT）は正常範囲内であった。

浅速呼吸（胸部背側で吸気終末に湿性ラッセル音を聴取）で，心雑音・ギャロップリズムは聴取されなかった。

中心静脈圧（CVP）は正常範囲内（1cm）であった。

【プロブレム】

①意識レベル60%（重度）の抑鬱，②呼吸困難（チアノーゼは認められない），③胸部後背側両側性湿性ラッセル音（重度）

【プラン】

①経鼻酸素チューブからの酸素投与。必要に応じて、呼気終末陽圧換気による酸素補給、②血液ガス、電解質を含むミニマムデータベース、③胸部X線検査、④心電図検査、⑤超音波による心機能検査

【来院直後の単純X線検査】

胸部 RL 像（写真 2）：体表軟部組織の輪郭および骨格は正常範囲内である。心陰影はやや縮小しており、また肺血管の狭小化が認められる。肺野においては、両側肺葉の尾背側部分で重度の間質−肺胞混合パターンが顕著に認められる。

胸部 DV 像（写真 3）：体表軟部組織の輪郭および骨格は正常範囲内である。心陰影の縮小が認められる。肺野における尾側の間質−肺胞混合パターンは両側性で重度と認められる。

【臨床病理検査】

CBC および生化学検査の結果は表 1 の通りであった。WBC，Seg-N ならびに PCV の上昇などが認められた。

【心臓超音波検査】

3 日目のドップラー超音波心臓検査は正常範囲内。

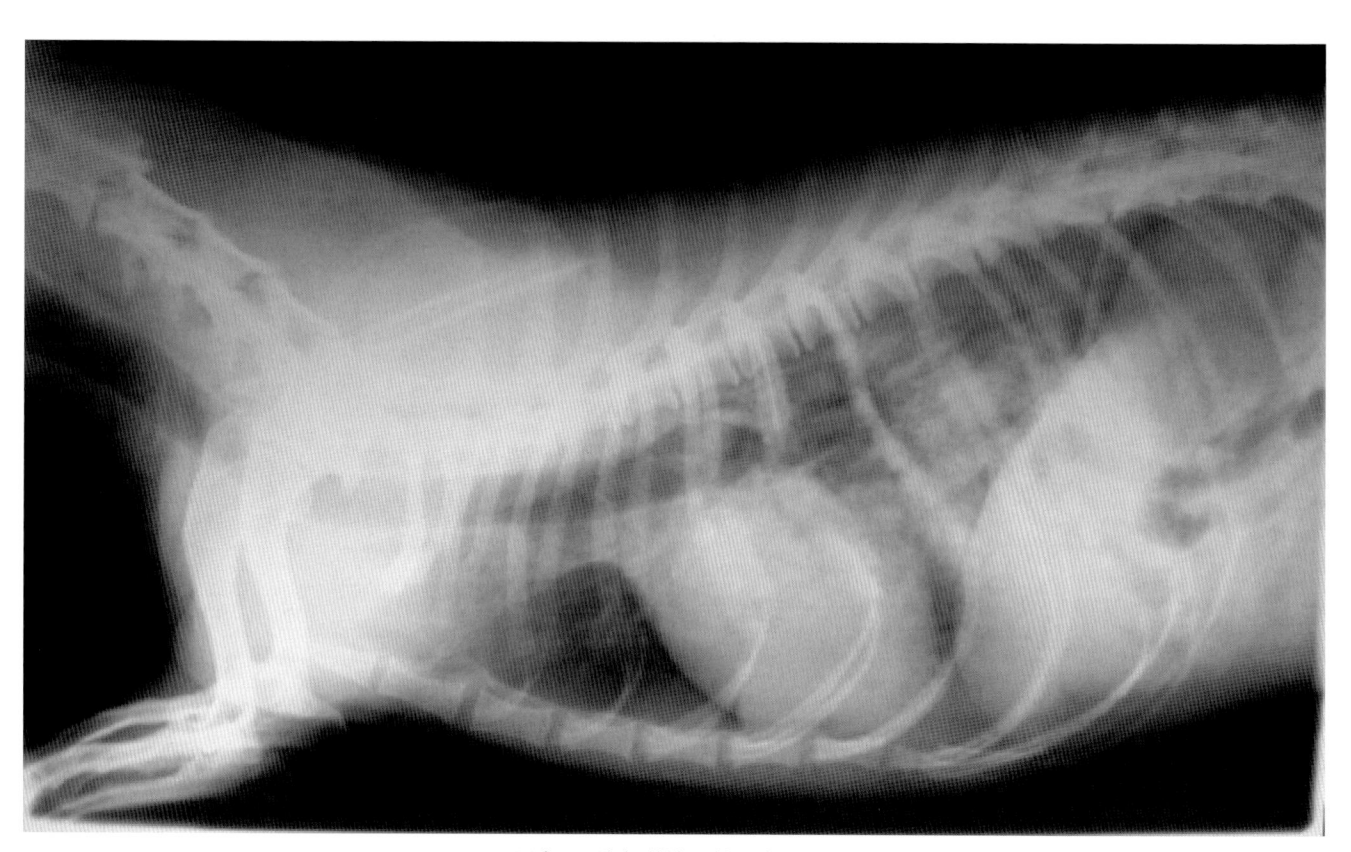

写真 2　胸部単純 X 線写真　RL 像

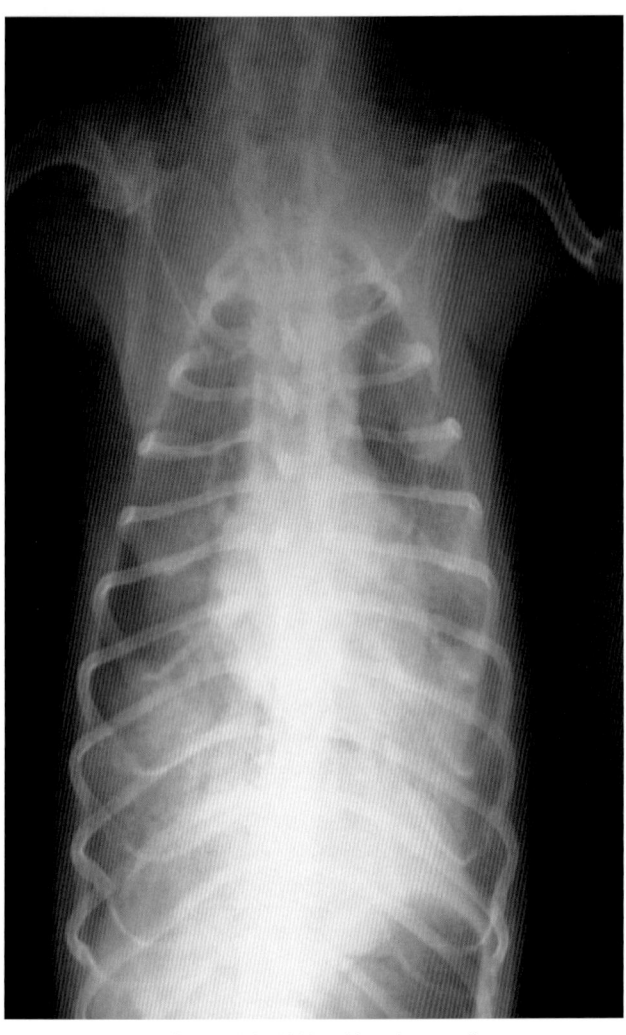

写真 3　胸部単純 X 線写真　DV 像

表 1　臨床病理検査

CBC			
WBC	26.8×10^3	$(6 \sim 17 \times 10^3)$	$/\mu L$
RBC	9.40×10^6	$(5.5 \sim 8.5 \times 10^4)$	$/\mu L$
Hb	20.6	$(12 \sim 18)$	g/dL
Ht	62.2	$(37 \sim 55)$	%
MCV	66.2	$(60 \sim 77)$	fl
MCH	21.9	$(19 \sim 24)$	pg
MCHC	33.1	$(32 \sim 36)$	g/dL
pl	325×10^3	$(200 \sim 500)$	$/\mu L$
血液の塗抹標本検査のリュウコグラム			
Band-N	0	$(0 \sim 300)$	$(/\mu L)$
Seg-N	25700	$(3000 \sim 11500)$	$(/\mu L)$
Lym	600	$(1000 \sim 4800)$	$(/\mu L)$
Mon	500	$(150 \sim 1350)$	$(/\mu L)$
Eos	0	$(100 \sim 1250)$	$(/\mu L)$
Bas	0	(0)	$(/\mu L)$
RBC 所見	多染性（−），大小不同（−）		
血液化学検査			
TP	6.4	$(4.8 \sim 7.2)$	g/dL
Alb	3.0	$(2.1 \sim 3.6)$	g/dL
Glb	3.4	$(2.3 \sim 3.8)$	g/dL
ALT	55	$(8.0 \sim 75.0)$	U/L
ALKP	157	$(46.0 \sim 337.0)$	U/L
Glc	126	$(77 \sim 150)$	mg/dL
BUN	22	$(7.0 \sim 29.0)$	mg/dL
Cr	0.9	$(0.3 \sim 1.2)$	mg/dL
P	4.9	$(5.1 \sim 10.4)$	mg/dL
Ca	9.6	$(7.8 \sim 12.6)$	mg/dL
静脈血の血液ガス検査			
pH	7.285	$(7.35 \sim 7.45)$	
pCO$_2$	57.0	$(40 \sim 48)$	mmHg
pO$_2$	31.1	$(30 \sim 50)$	mmHg
HCO$_3$	26.5	$(20 \sim 25)$	mmol/L
BE	−0.2	$(-4 \sim 4)$	mmol/L
O$_2$ サチュレーション	51.5		%
TCO$_2$	28.2	$(16 \sim 26)$	mmol/L
電解質			
Na	149	$(144 \sim 160)$	mmol/L
K	3.6	$(3.5 \sim 5.8)$	mmol/L
Cl	109	$(109 \sim 122)$	mmol/L

（　）内は本院における正常値を示す。

第2病日の午前　P波の著明な増高，STの低下，時折のVPC（左心オリジン）

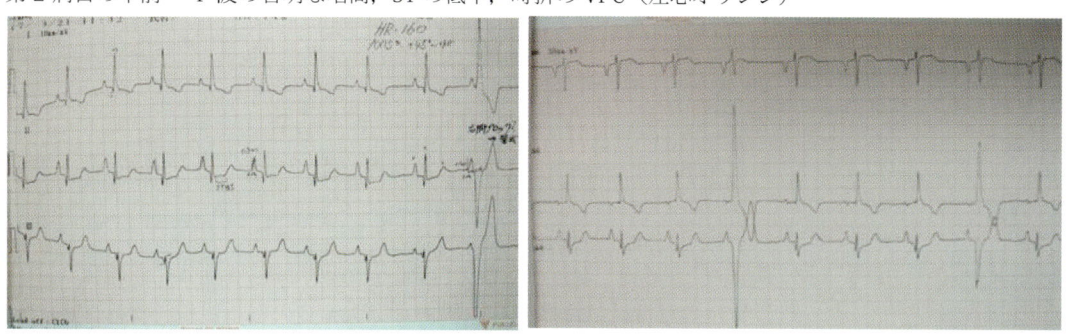

第2病日の午後　VPC多発時　左心性，多源性VT（直ちに治療が必要）

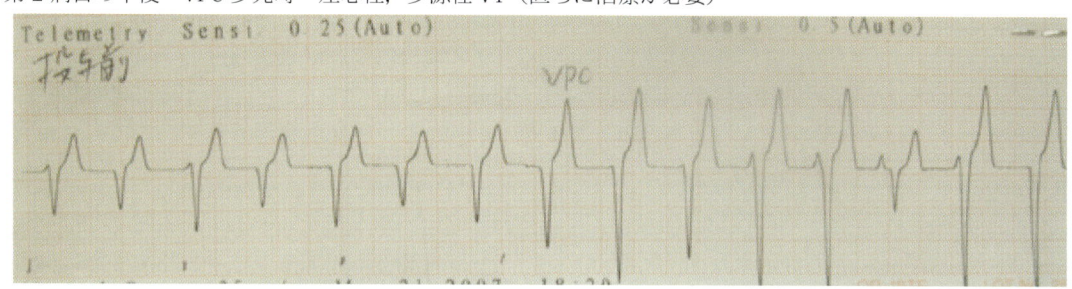

第2病日　リドカイン投与直後　心室性頻拍は消失　洞性除脈

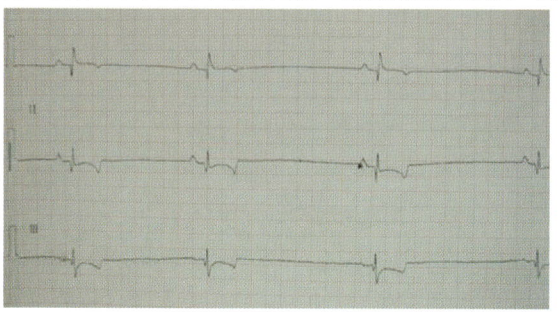

第4病日　正常洞性不整脈で呼吸も正常化

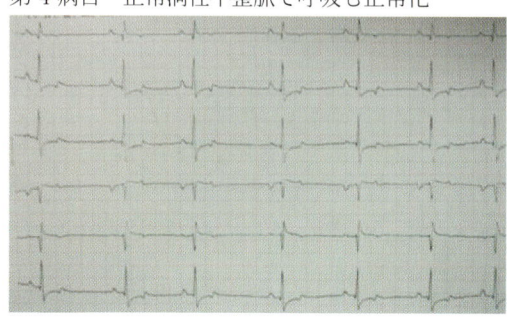

写真4　心電図検査

【心電図検査】（写真4）

来院翌日午前の心電図で，VPC（心室性期外収縮），P波増高および，S-T低下を認めた。さらに半日後，多源性左心室性の頻拍の発生が認められたので，リドカインの投与を開始したがよく反応し，コントロールすることができた。

【血圧検査】

足根部で測定した。来院翌日（HR120）では，収縮期圧（SYS）122mmHg，平均圧（MAP）90mmHg，拡張期圧（DIA）69mmHgは正常であったが，来院3日目（VPC多発時のHR160）では，収縮期圧68mmHg，平均圧38mmHg，拡張期圧27mmHgと重度の低血圧を認めた。

【暫定診断】

①非心原性肺水腫，②低酸素症に起因した心筋障害

☞あなたならどうする。次頁へ

☞
①非心原性肺水腫に対する適切な内科療法
②十分な呼吸モニターと適切な経時的対応と管理
③十分な酸素療法（人工呼吸装置）

【治療および経過】

来院後，経鼻酸素チューブからの酸素療法を行った。また 2mg/kg のフロセミドを3時間間隔で2回静脈内投与した。乳酸化リンゲル液の輸液は，約 1mL/kg/hr の低速度で維持した。

第2病日の呼吸数は 72回/min であった。体重は 4.76kg と 80g 減少した。心電図では VPC，P 波の増高および S-T 分節の低下を認めたため，ホルター型心電図によるモニターを行った。経鼻チューブによる酸素療法を継続し，同用量のフロセミドを1日2回 静脈内投与した。また白内障手術後の管理のため，10mg/kg のコハク酸メチルプレドニゾロンが静脈内投与され，翌日よりプレドニゾロン 1mg/kg 1日1回の経口投与を5日間行った。

同日午後より，極めて危険な多源性左心室性の頻拍が認められたので，リドカイン（2mg/kg）の静脈内ボーラス投与したところ，良好な反応が認められたため，リドカインを 80μg/kg/min で静脈内定速注入（CRI）し，不整脈はよくコントロールされた。しかし胸部X線所見では，肺水腫の改善は認められなかった。

第3病日，呼吸状態の改善が認められず，さらに血圧の低下を認めたため，フロセミドの投与を中止し，輸液量 3mL/kg/hr に増加させた。その後，血圧が回復し（収縮期 118mmHg，拡張期 61mmHg，平均 86mmHg），不整脈も認められなかった。

第4病日，意識レベルと呼吸状態も改善し，12時間後には食欲も完全に回復し，胸部X線検査においても，肺野の所見は顕著な改善が認められた。

第5病日にリドカインの CRI を中止し，塩酸ソタロール 2mg/kg 1日2回の経口投与へ切り替えた。その間，呼吸状態はさらに改善し，不整脈も観察されなかった。

第6病日の胸部X線検査では，肺水腫のほぼ完全な消失が認められた。

第7病日には退院し，塩酸ソタロールの投与中止後も不整脈は認められなかった。

【コメント】

肺水腫は肺胞内および肺胞の血管外の空間に過剰に液体が蓄積した状態であり，その原因により心原性と非心原性に区別される。

心原性肺水腫は，心不全や水分過負荷による左房圧が増加した結果，肺の毛細血管の静水圧が上昇して発症する。一方，非心原性肺水腫は多種多様な原因により，肺の微小血管内皮や肺胞上皮の損傷に起因する上皮の透過性の亢進による，高蛋白性液体滲出の結果起こることが多い。この病態は，吸引性肺炎，肺挫傷，溺水，煙や毒性ガスの吸引などの直接的な肺障害から，さらに敗血症，急性膵炎，電撃などの全身性疾患からも生じることもある。また麻酔後の咽頭痙攣，上部気道閉塞などの急性の低酸素血症による肺血管の急性の収縮および過高な陽圧換気，さらに急激な胸腔内圧の陰圧化などによっても誘発されることがある。

基礎疾患や原因にもよるが，治療は酸素療法と合理的な輸液が中心であり，特に肺胞や血管の非可逆性の損傷が強い重症例の予後は不良となりやすい。

本症例では，術後，P 波の増高や左心室源性頻拍などの心臓に関する異常を認めたが，術前検査で心雑音を聴取していないこと，心電図の検査が正常であったこと，心機能異常が認められていないこと，術中輸液量の過剰が認められないことから，心原性の肺水腫は否定される。

本症例では，麻酔中の気管チューブのはずれ，不具合による急性の低酸素血症と除脈，また胸部X線の両肺後背部での急性の重度の間質—肺胞混合パターンを認めたことなどから，非心原性肺水腫と診断した。これは術前と後日行った心超音波検査でも心機能に異常を認めなかったことや，フロセミドによる治療に対して迅速な肺水腫の改善が得られなかったことからも支持される。

本症例の非心原性肺水腫の原因は，導入直後の麻酔不安定期に生じた低酸素血症が最も可能性の高い主な原因と考えられる。このような低酸素血症は，肺胞上皮への直接的な障害をもたらすよりも，肺血管の平滑筋の急激な収縮を起こさせる。さらに臭化パンクロニウムは，犬の肺障害がある時では肺動脈圧を増加させることがあることから，問題をさらに増悪させた可能性も考えられる。

術後に認められた VPC と多源性の心室性頻拍と S-T 低下は，術中・術後に起こった心筋の低酸素症に伴う可逆性

の急性の障害であり，また P 波増高も，低酸素症による急性の肺血管平滑筋の収縮に伴う肺血管の高血圧の結果と考えられる。

　非心原性肺水腫の治療は，基礎疾患に応じた支持療法が基本となる。しかし，この症例では麻酔時の小アクシデントによる急性の低酸素血症が引き金となり，肺血管の急性の収縮による結果として起こっている肺水腫であるから，肺の血管を弛緩拡張させるナイトロプルサイドかハイドララシンなどにより肺の血液循環量を改善させると同時に，血液の浸透圧を高く保つような輸液療法と低酸素症に対する酸素療法が最も有効な方法であると考えられる。

　本症例では経鼻酸素療法が行われた。輸液と利尿剤については，非心原性肺水腫の発症初期は肺上皮の透過性の亢進が強いので，肺毛細血管静水圧の増加は肺水腫を増悪させる可能性がある。本症例では第 3 病日までフロセミドの頻回の使用と強い輸液量の制限が行われているが，肺水腫の改善が認められなかった。第 3 病日にフロセミドの投与中止と輸液量を増加させた結果，肺水腫の顕著な改善が認められた。特に，第 3 病日には重い低血圧が認められたが，これらは全身的な脱水により組織還流が悪化するほど輸液が強く制限されていたために，肺の血液循環量の低下により逆に肺水腫からの回復を遅らせた可能性が高いと考えられる。さらに来院時の PCV は 62.2% と高値であり，来院直後からすでに収縮している肺血管の血液循環量の低下があったにもかかわらず，肺循環の改善のためのより合理的な輸液療法(例えば，オキシグロビンやヘタスターチなどを加えた乳酸化リンゲル液)を，CVP を 1 以上 3 以下に保ちながら投与し，肺血管の弛緩拡張のためのナイトロプルサイドやハイドララジン（この場合は特に過度の血圧低下を注意）などの投与があれば，より早期の肺水腫の改善の可能性が高かったのではないかと考えられる。

　このことから非心原性肺水腫の発症初期には，輸液の制限が推奨されているものの，各症例の各原因に応じて利尿剤の使用を控えたり，適切な血管拡張剤の使用や，適切な輸液の種類と輸液量を選択することが極めて重要と考えられる。

(Vol.60 No.9, 2007 に掲載)

Case 32 DOG

皮膚のかゆみで薬浴に来院した症例

ゴールデン・レトリーバー，15歳6か月齢，雌

【プロフィール】

ゴールデン・レトリーバー，15歳6か月齢，雌。10歳時に子宮蓄膿症のために子宮卵巣摘出済み。狂犬病予防接種，混合ワクチン，犬糸状虫症予防は毎年行っている。室内飼育で食事は療法食（Hill's z/d ultra）が与えられている。

2歳時よりアトピー性皮膚炎で治療を受けており，12歳時からは甲状腺機能低下症と診断される治療継続中のものである。

10歳時に卵巣の漿液嚢胞腺腫と腟前庭平滑筋腫の摘出を受けている（同時に子宮卵巣全摘出）。11歳，12歳，14歳時に乳腺腫瘍（いずれも良性）が切除されている。

【主　訴】

皮膚のかゆみが悪化したため，薬浴に来院。

【physical examination】

体重は18.9kg，栄養状態は85%，体温は38.9℃，心拍数は150回/min，股動脈圧は100%，呼吸はパンティングであった。

右第1，第5および左第5乳頭に近接して皮下腫瘤が認められた。また，左右の下顎，浅頸，膝下の各体表リンパ節の腫大（2＋～3＋）が触知された。

【臨床病理検査】

CBCおよび血液化学検査の結果は表1の通りであった。

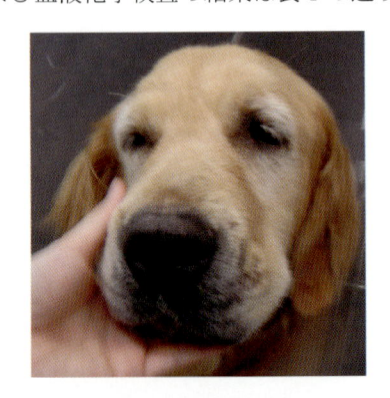

写真1　初診時の外貌

表1　臨床病理検査

CBC			
WBC	13.7×10^3	$(6 \sim 17 \times 10^3)$	/μL
RBC	5.34×10^6	$(5.5 \sim 8.5 \times 10^4)$	/μL
Hb	13.1	(12～18)	g/dL
Ht	37.2	(37～55)	%
MCV	69.7	(60～77)	fl
MCH	24.5	(19～24)	pg
MCHC	35.2	(32～36)	g/dL
pl	181×10^3	(200～500)	/μL
血液の塗抹標本検査のリュウコグラム			
Band-N	0	(0～300)	(/μL)
Seg-N	8357	(3000～11500)	(/μL)
Lym	4658	(1000～4800)	(/μL)
Mon	417	(150～1350)	(/μL)
Eos	274	(100～1250)	(/μL)
Bas	0	(0)	(/μL)
RBC所見	多染性（－），大小不同（－）		
血液化学検査			
TP	5.3	(4.8～7.2)	g/dL
Alb	2.4	(2.1～3.6)	g/dL
Glb	2.9	(2.3～3.8)	g/dL
ALT	936	(8.0～75.0)	U/L
ALKP	995	(46.0～337.0)	U/L
T-Bil	0.7	(0.0～0.8)	mg/dL
Chol	352	(100～400)	mg/dL
Lip	6000	(100～1500)	U/L
Glc	82	(77～150)	mg/dL
BUN	7	(7.0～29.0)	mg/dL
Cr	0.9	(0.3～1.2)	mg/dL
P	3.4	(5.1～10.4)	mg/dL
Ca	9.7	(7.8～12.6)	mg/dL
静脈血の血液ガス検査			
pH	7.436	(7.35～7.45)	
pCO_2	33.1	(40～48)	mmHg
pO_2	28.9	(30～50)	mmHg
HCO_3	21.7	(20～25)	mmol/L
BE	－2.5	(－4～4)	mmol/L
O_2サチュレーション	57.5		%
TCO_2	22.7	(16～26)	mmol/L
電解質			
Na	143	(144～160)	mmol/L
K	3.9	(3.5～5.8)	mmol/L
Cl	100	(109～122)	mmol/L

（　）内は本院における正常値を示す。

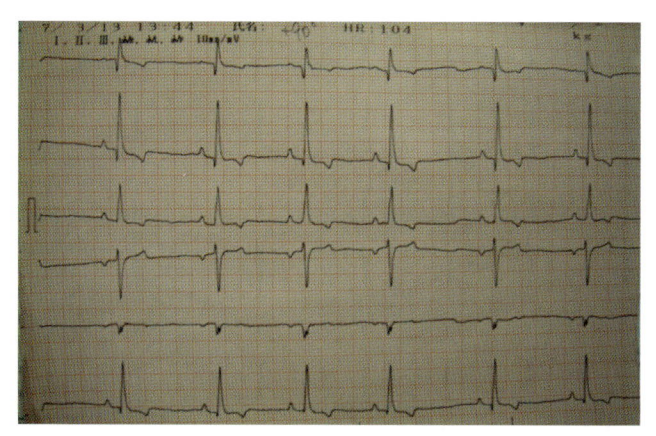

写真2　心電図所見

CBCでリンパ球の増加と血小板の減少，血液化学検査でALT，ALP，Chol，Lipが高値を示した。また，血液凝固時間（ACT）は1分50秒（基準値＜2分）であった。

尿検査（膀胱穿刺）所見は，黄色尿，尿比重1.012（低比重尿），pH 6.0，Pro 2＋，OB 3＋，Glc －，Ket －，尿沈渣で桿菌と好中球が多数認められた。

【心電図検査】

正常範囲内であった（写真2）。

【血圧検査】

収縮期圧（SYS）は140mmHg，拡張期圧（DIA）は94mmHg，平均血圧（MAP）は116であった。

【単純X線検査】

胸部RL像（写真3）：体表軟部組織の輪郭および骨格は正常範囲内である。前胸部に位置する胸骨下リンパ節の腫大が認められる。気管，気管支，肺野，心陰影は正常範囲内である。

胸部DV像（写真4）：体表軟部組織の輪郭，骨格，肺野，心陰影ともに正常範囲内である。

腹部RL像（写真5）：体表軟部組織の輪郭，骨格は正常範囲内である。肝臓の腫大が認められ，消化管と脾臓は背側へ変位している。胸部，腎臓は正常範囲内である。

腹部VD像（写真6）：体幹の左側へのローテーションが認められる。体表軟部組織の輪郭，骨格は正常範囲内である。肝臓の著しい腫大により胃胞が左側へ変位している。脾臓の軽度腫大が認められる。胸部，腎臓は正常範囲内である。

【心臓超音波検査】

3日目のドップラー超音波による心臓の機能検査は正常範囲内。

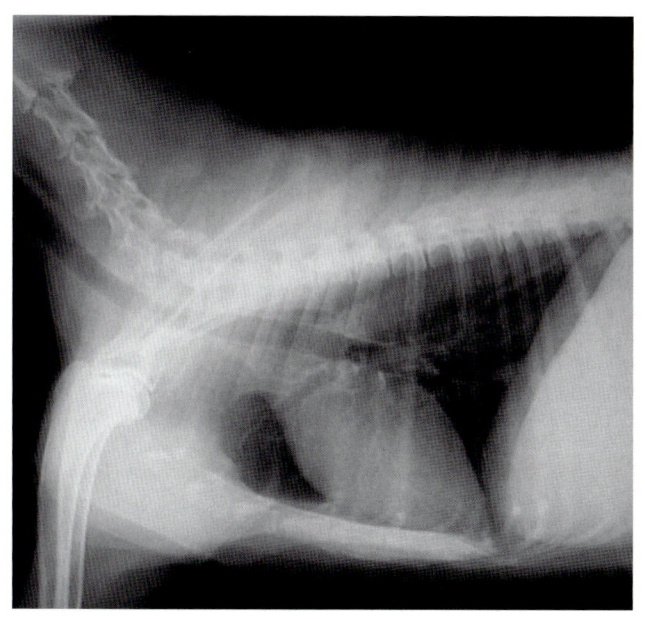

写真3　胸部単純X線写真　RL像

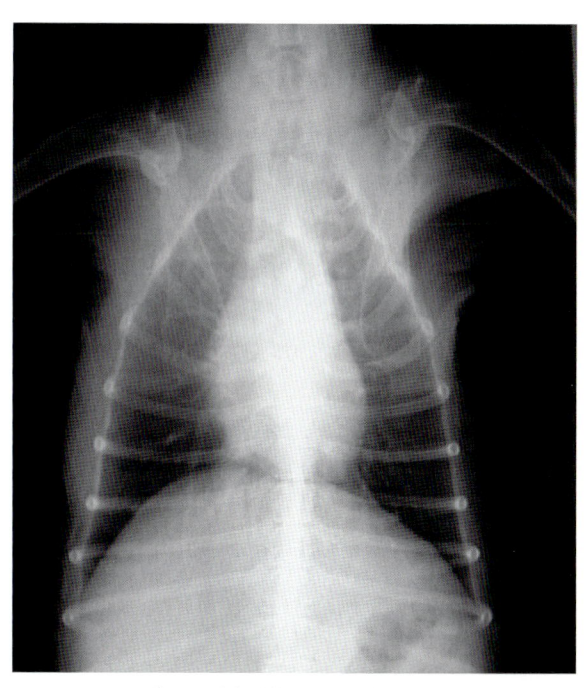

写真4　胸部単純X線写真　DV像

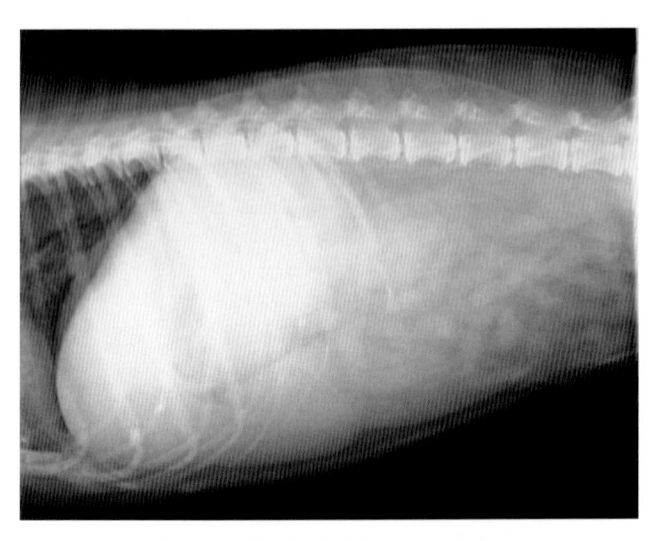

写真5　腹部単純X線写真　RL像

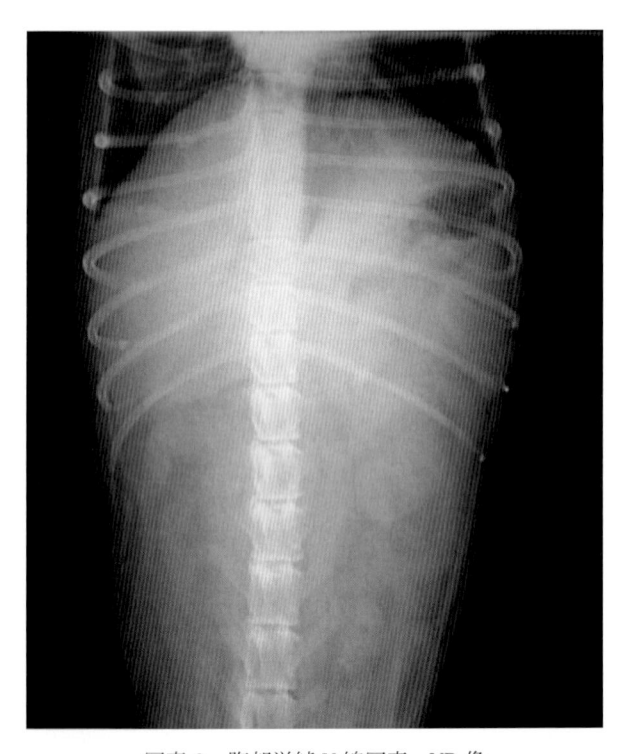

写真6　腹部単純X線写真　VD像

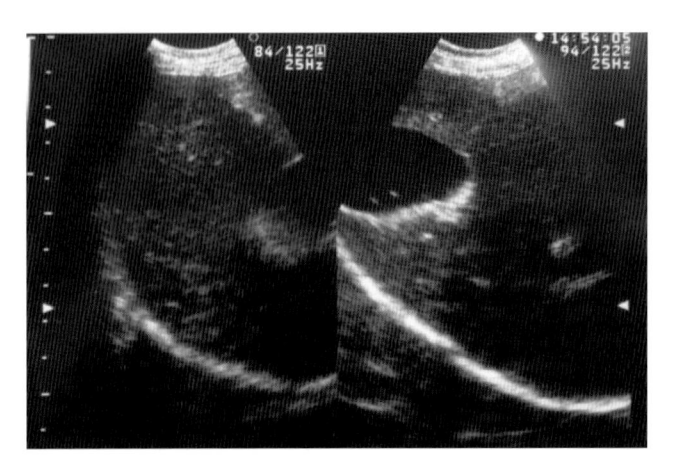

写真7　腹部超音波像　肝臓

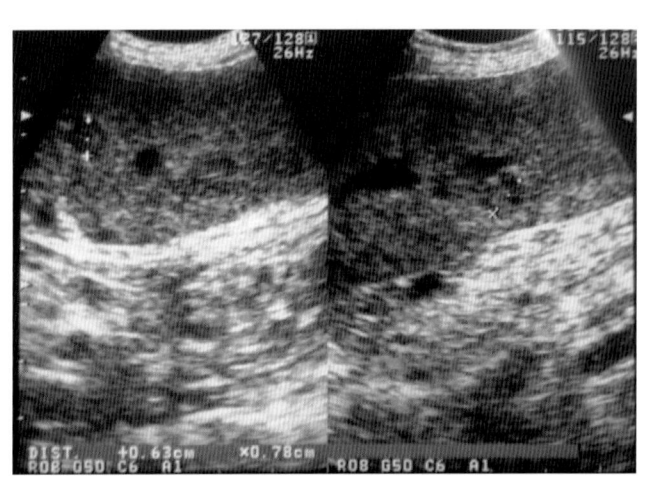

写真8　腹部超音波像　脾臓

【腹部超音波検査】

肝臓は腫大し，全域が低エコー性であった（写真7）。脾臓には小結節（直径0.7cm）が認められた（写真8）。

【FNA検査】

乳頭近接の皮下腫瘤は異型リンパ球が多数認められたが，これらは腫大した左右の鼠径リンパ節であった。肝臓，脾臓のFNAでも同様に，異型リンパ球が多数認められた。

細胞診結果：リンパ腫（中～高グレード）（診断医：IDEXX 平田雅彦）

【診断1】

多中心型リンパ腫Stage IV，尿路感染症，アトピー性皮膚炎

【治療・経過1】

化学療法のプロトコル（ウィスコンシン，COPLA/LVP，COP，CCNU）および無治療の場合について，また副作用，費用等についても説明を行った。飼い主はCOPLA/LVPを

表2　COPLA/LVP プロトコル

導入（12週間）COPLA

L-アスパラキナーゼ	10,000U/m²	SC	1日目，8日目
ビンクリスチン	0.5mg/m²	IV	1日目を8週間
シクロフォスファミド	50mg/m²	PO	EOD 8週間
プレドニゾン	20mg/m²	PO	SID 7日間，その後 EOD
ドキソルビシン	30mg/m²	IV	第6，9，12週に週1回投与

維持　LVP

ビンクリスチン	0.5mg/m²	IV	2週ごと2回，3週毎3回，月1回
クロラムブシル	4mg/m²	PO	EOD
プレドニゾン	20mg/m²	PO	SID 7日間，その後 EOD

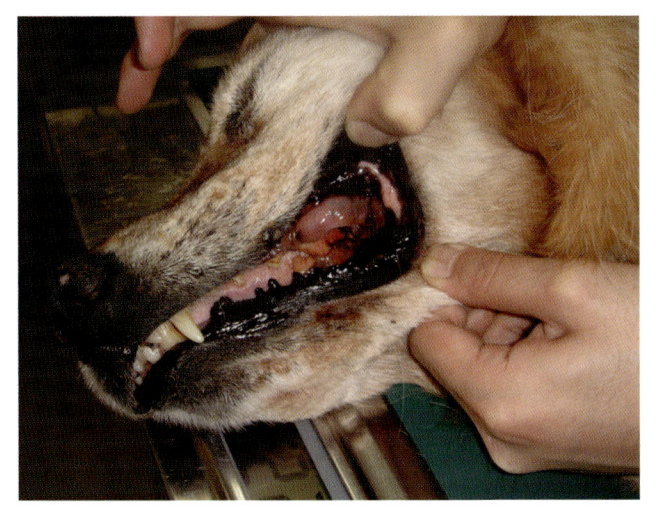

写真9　歯肉のマス

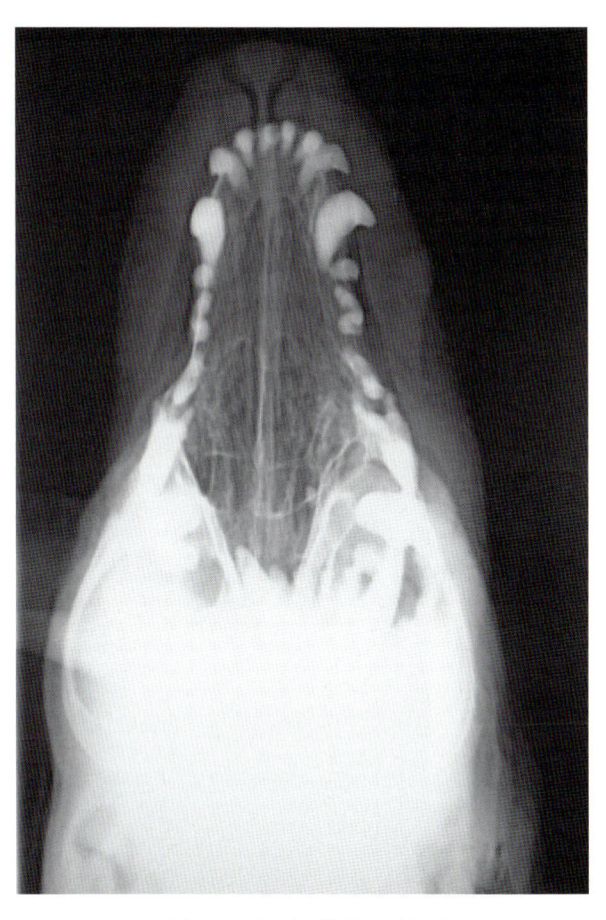

写真10　上顎の単純X線写真

選択した。表2のCOPLA/LVPプロトコルに従って治療を開始し，また，甲状腺ホルモン剤，βグルカン（アウレオバシジウム培養液）の投与を継続した。

化学療法開始後2週目には全ての体表リンパ節が触知不可となった。2週目に下痢，6週目に好中球減少のためビンクリスチンを2度延期した以外は，重度な副作用は認められず比較的良好に経過していた。

化学療法開始14週目（COPLA最終のドキソルビシン投与時）に左頬部の腫脹を認めた。左上顎第4前臼歯から第2後臼歯にかけての歯肉に，一部潰瘍形成のある硬性腫瘤（長さ3.5cm，幅1cm，厚1cm）を確認し，楔状切除生検を行った。頭部X線検査では左側の軟部組織の腫脹が認められたが，骨融解像は認められなかった。また，領域リンパ節の腫大は認められず，胸部X線検査は正常範囲内であった。

【診断2】

悪性黒色腫 T2N0M0（診断医：IDEXX エリン・ハーダム）

☞あなたならどうする。次頁へ

☞
① 悪性黒色腫の治療法のオプションの飼い主への提示
② 2つの悪性腫瘍の挙動のモニター（現時点でリンパ腫は寛解，悪性黒色腫は化学療法中に発生）

【治療・経過2】

　悪性黒色腫に有効であると判明している抗癌剤は存在しないことから，根治のための上顎骨部分切除と放射線治療や温熱療法等の治療法について，飼い主に十分な説明を行った。

　飼い主が熟考している間，患者は最後のドキソルビシン投与（悪性黒色腫確認と同日）から8日後，食欲・元気消失，後肢虚弱および下痢のため来院し，入院となった。発熱（40.0℃），骨髄抑制（好中球減少1366, 血小板数低下8.3万）があり，ドキソルビシンの副作用と考えられた。また，同時に左下顎リンパ節の腫大が認められたためFNAを行った。患者にはGM-CSFの投与とDIC予防（ヘパリン療法，輸血），支持療法（輸液，抗生物質）を行い，回復を待って5日後に退院とした。左下顎リンパ節の細胞診結果は，悪性黒色腫の転移であると認められた。

　飼い主は結論として，悪性黒色腫に対しての外科的介入や放射線療法などは何れも行わず，これまでのリンパ腫に対する化学療法の継続のみを希望した。

　化学療法開始後17週目よりLVP（維持プロトコル）を開始した。

　現在19週目であり，リンパ腫の寛解は維持されている。胸部X線検査で肺野全域に5〜10mmの結節が多数認められ，悪性黒色腫の全肺葉への転移と診断された（写真11, 12）。これは，歯肉の悪性黒色腫（リンパ節への転移がないことを確認）を認めてからわずか1か月後である。患者の安静時呼吸数は正常範囲内（16回/min）であるが，少しずつ食欲や活動性が低下しており，近く，緩和療法や疼痛管理が必要となるであろう。また，当院の医療チームと飼い主はQOLが維持できなくなった際には尊厳死（安楽死）も視野に入れて話し合いを継続している。

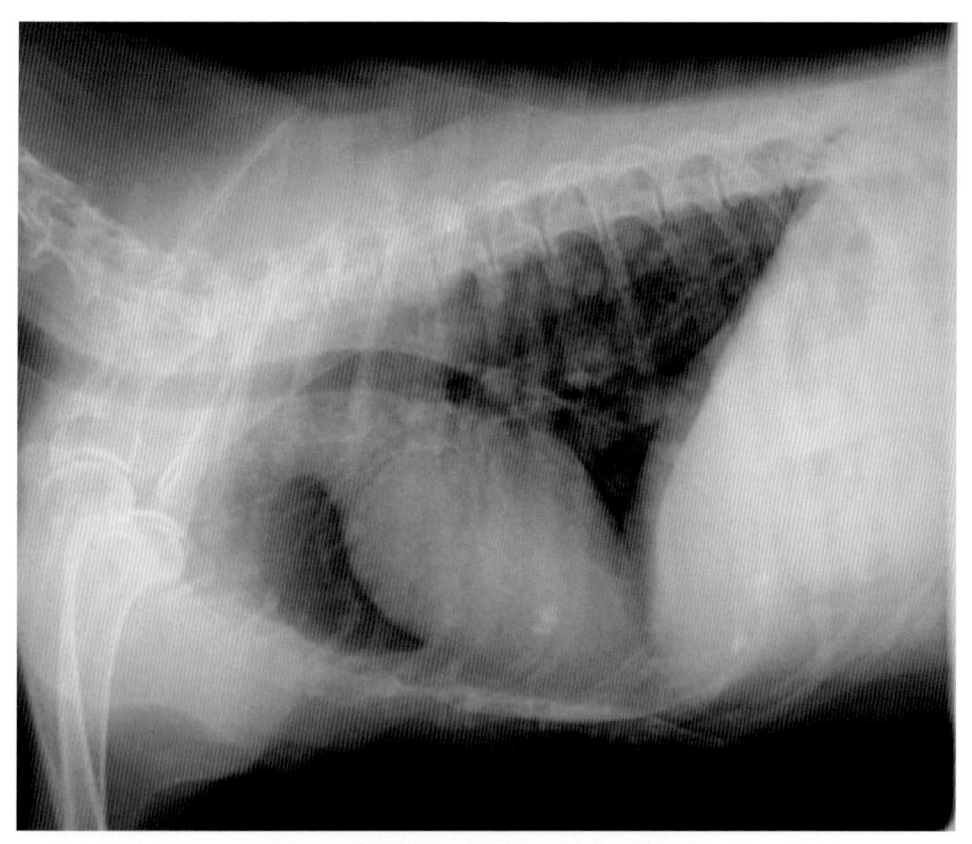

写真11　胸部単純X線写真　RL像　肺転移

【コメント】

　本症例は，腫瘍の発生頻度の高い犬種としてよく知られているゴールデン・レトリーバーである。年齢は15歳で，若年の頃からのアトピー性皮膚炎，中年以降の甲状腺機能低下症，乳腺腫瘍，卵巣嚢腫，子宮蓄膿症，子宮平滑筋腫などに，相次ぎ罹患していたものであった。

　その患者が，突然，多中心型のリンパ腫を発症。強力な化学療法を継続中。リンパ腫については完全な緩解が得られていたものである。しかし，リンパ腫の完全な緩解と，まるで引き換えになったかのように，上顎の黒色腫の発症が認められたのは誠に残念である。確かに，獣医学的には上顎切除というオプションはあるが，獣医療としては，QOLに悪影響を与える可能性のあることは避けて，何もしないというのが正解であろう。黒色腫の診断後，わずかに1か月間で，リンパ節および肺の全葉への粟粒性の転移が成立していることには驚かされる。このことは，現時点で，新たに発生した悪性転移性の腫瘍を抑止するだけの腫瘍に対する免疫力がほとんど失われていることを示唆しているものであろう。

　しかし，幸いにも現在の患者の安静時の呼吸数は16回/minであり，QOLは良好に保たれている。それは患者のみならず飼い主家族や治療に当たっている当病院のスタッフにとっても幸いなことである。

　しかしながら，この悪化の速度から考えると，近い将来に呼吸困難を伴う死期を迎えることは確実である。従っ

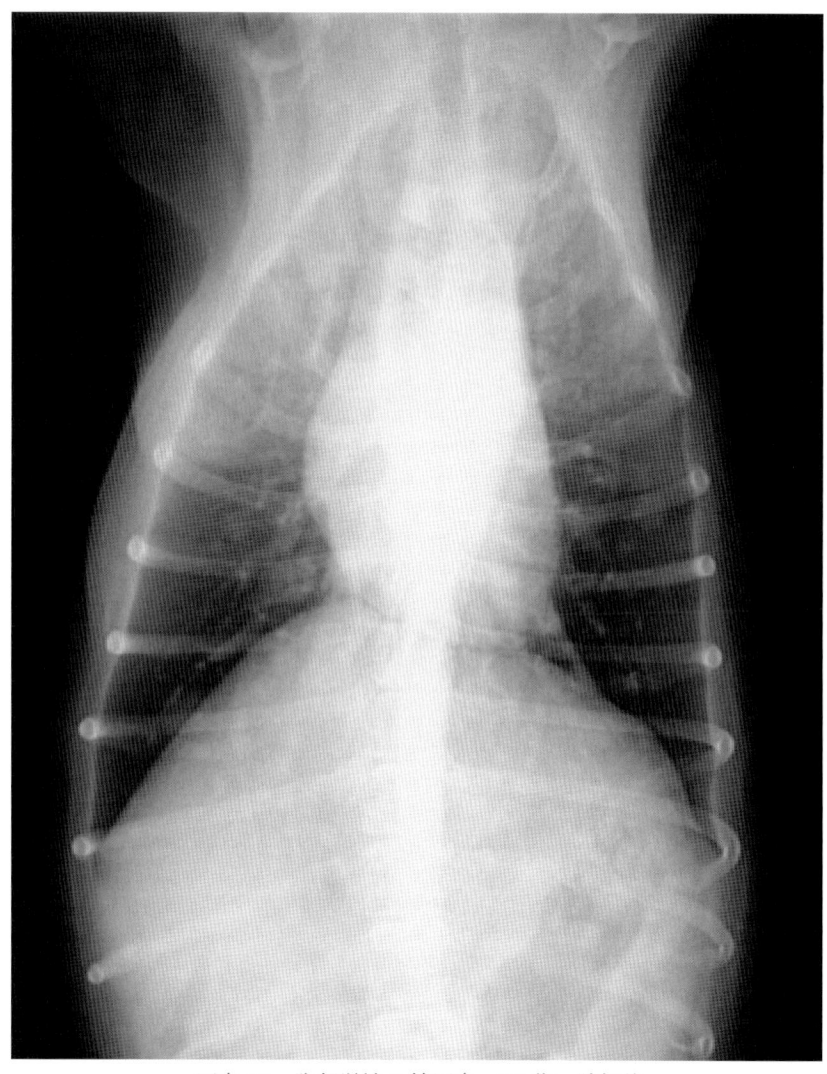

写真12　胸部単純X線写真　DV像　肺転移

て呼吸困難を認めた場合には，（私自身にもそうして欲しいから）尊厳死（安楽死）を選択することが患者のためにもひいては飼い主家族を含むわれわれ医療チームのためにも，最も適切な療法であると考える。

さて，このような家庭，家族の一員である患者（動物たち）を飼い主，および家族の気持ちや考え方を中心に据えた，ヒューマン・アニマル・ボンド（HAB）の理念に基づく獣医療をボンド・センタード・プラクティスと呼んでいる。世界的（全米，カナダ，オランダを中心とする）に，獣医科大学の学生教育と臨床家の継続教育の双方に，広く深く取り入れられるようになっている。この理念が，1970年代からの小動物の自然発生腫瘍に対する臨床腫瘍学の大きな進歩をもたらしたとも言えるのである。

ボンド・センタード・プラクティス分野をリードしてきたのは，ペンシルバニア大学の腫瘍外科学（Robert S. Brodey），カリフォルニア大学の腫瘍内科学（メイドウェル），コロラド州立獣医科大学の腫瘍放射線治療学（Edward L. Gillette），同・腫瘍外科学（ウィズロー Stephen J. Withrow，米国獣医外科専門医，米国内科腫瘍専門医），ミネソタ大学の腫瘍臨床病理学（パーマン），パーデュー大学（Alan H. Rebar），ウィスコンシン大学の腫瘍内科学（マッキューン E. Gregory MacEwen），ボストンのエンジェルメモリアル動物病院，ニューヨークの Amnimal Medical Center などである。それらの蓄えられてきた業績をテキストとして集大成することとなり，ウィズローとマッキューンが共同で執筆，編集したのが『Clinical Veterinary Oncology』（1989年）であった。

20数年来のコロラド州立獣医科大学の友人のウィズロー教授が上梓したその初版を，仲間とともに翻訳し，『小動物の臨床腫瘍学』として文永堂出版より刊行されたのは1995年のことである。その後，原書は 2nd Edition（1996年），3rd Edition（2001年）を経て，今回の 4th Edition に至るまでに，すでに 18 年が経過したことになる。同書の第 4 版『Whithrow & MacEwen's Small Animal Clinical Oncology 4th Edition』（2007年）は Saunders の出版であり，日本での翻訳出版を文永堂出版が再び行うことになった。

コロラド州立獣医科大学では，世界に先駆けて，1970年代にスタートさせた HAB と Oncology のプロジェクト（Boss 前学長）の延長として，2002年に HAB を大切にする世界で初めての動物癌センターとアーガスセンター（ヒューマン・アニマル・ボンド・センター）を設立した。上記のウィズロー教授が癌センターの初代所長となり，現在も米国，もとより世界から紹介され，難症例等の外科手術などを自ら手がけている。

コロラド州立獣医科大学のこの「早くからの犬や猫に自然発生する腫瘍研究」のプロジェクトは，人医療への貢献が認められ，全米国立癌研究所や全米国立健康研究所（NIH）の研究資金と協力態勢がいち早く整えられ，動物の自然発生癌の研究がさらに加速された。そして世界各国から集まった全米・カナダの大学でトレーニングを受けた腫瘍専門医たちが自国に戻り，世界の臨床腫瘍学への取組みは一層拡大，充実するところとなっている。

その間，診断，治療法を巡る研究，遺伝学，分子生物学，薬学，免疫学，腫瘍病態生理学や臨床病理学レベルで，獣医学は医学との壁を破り，医学・医療にも大いに貢献している。また獣医臨床腫瘍学の目覚しい研究と発達が，直接，コロラド州立大学獣医教育病院（米国の全ての大学病院は365日24時間救急・重篤患者対応，この病院自体が獣医科大学そのものなので），ひいては全大学の診療に活かされ，世界のボンド・センタード・プラクティスを大切にする小動物臨床家の日常の診療に即，役立つものとなっている。

『Whithrow & MacEwen's Small Animal Clinical Oncology 4th Edition』は判型が大きく変わり A4 判変形，さらにカラーの図・写真をふんだんに取り入れている。全く新しい編集となり，一層読みやすいものとなっている。世界の獣医科大学はもとより，世界の小動物臨床家が待ち望んでいた本書（小動物臨床腫瘍学のバイブル）の翻訳出版が，日本獣医がん研究会，日本臨床獣医学フォーラム，多くの大学や社団法人日本動物病院福祉協会のご協力を得て，行われることになったことを心から喜んでいる。

今日の全ての小動物の臨床家，獣医学教育に携わる全ての先生方，犬・猫の腫瘍の研究者，全ての獣医科や医科の学生たちにとっても，本書が必読・必携の書であると確信している。

(Vol.60 No.10, 2007 に掲載)

『Whithrow & MacEwen's Small Animal Clinical Oncology 5th Edition』が 2013 年に発行されている。また 4th edition の翻訳書の『小動物臨床腫瘍学の実際』（加藤　元 監訳代表）は 2010 年に文永堂出版より発行されている。

健康診断で歯肉腫瘤がみつかった症例

シェットランド・シープドッグ，11歳11か月齢，雄

【プロフィール】

シェットランド・シープドッグ，11歳11か月齢，雄。狂犬病予防接種，混合ワクチン，犬糸状虫症予防は毎年行われている。食事はHill's i/dドライで，室内飼育。5歳時に去勢手術が施されている。

9歳時に特発性ホルネル症候群，馬尾症候群で背側椎弓切除術が行われ，神経・運動能力等は全て正常範囲内である。また，11歳時には慢性膵炎を患い，また甲状腺濾胞癌切除術（右側）を受け，化学療法（doxorubicin）が行われ，同時にβグルカン（アウレオバシジウム培養液）の投与を続け完全寛解が保たれている。その後，甲状腺機能低下症によりlevothyroxine服用中である。

【主 訴】

定期的な健康診断および歯石除去のために来院したものである。

【physical examination】

体温は38.2℃，心拍数は90回/min，股動脈圧は100%，呼吸数は18回/min，体重は12.05kg，栄養状態100%である。

左上顎第1・2前臼歯歯肉に直径5mmの腫瘤が認められ，左下顎リンパ節が軽度に腫大してる。
中等度の歯石沈着が認められるが，軽度の歯肉炎以外は正常範囲内である。

【プロブレム】

①歯肉腫瘤（写真2），②下顎リンパ節腫大，③歯石沈着

【プラン】

血液検査，尿検査，血圧，心電図検査などのルーチン検査。X線検査，CT検査での画像解析による骨病変の確認。腫瘤部分切除生検，下顎リンパ節FNA。

【臨床病理検査】

CBCおよび血液化学検査の結果は表1の通りである。CBCでMCHの増加と血小板の減少，リンパ球と好酸球の減少が認められる。血液化学検査でCholとBUNの上昇が認められる。

【尿検査（膀胱穿刺尿）】

色調は黄色尿。尿比重は1.028と低下が認められる。pHは6.0，Pro（−），Glu（−），Ket（−），Bil（−），

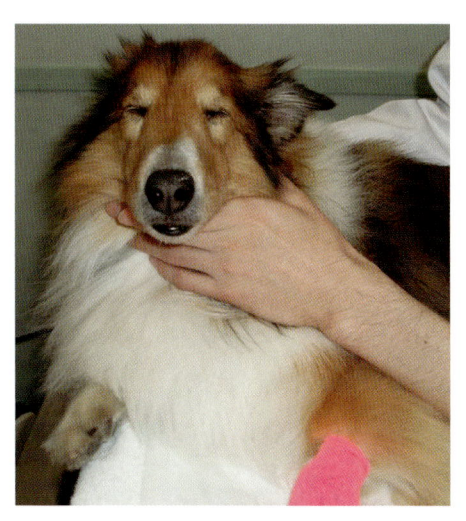

写真1 患者の外貌

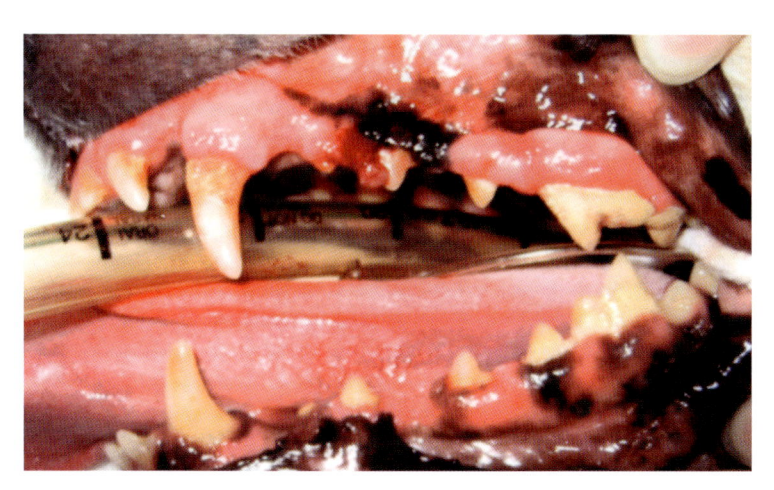

写真2 歯肉腫瘤

表1 臨床病理検査

CBC			
WBC	6.6×10^3	$(6 \sim 17 \times 10^3)$	/μL
RBC	6.56×10^6	$(5.5 \sim 8.5 \times 10^4)$	/μL
Hb	16.3	(12〜18)	g/dL
Ht	47.4	(37〜55)	%
MCV	72.3	(60〜77)	fl
MCH	24.8	(19〜24)	pg
MCHC	34.4	(32〜36)	g/dL
pl	165×10^3	(200〜500)	/μL
血液の塗抹標本検査のリュウコグラム			
Band-N	0	(0〜300)	(/μL)
Seg-N	5412	(3000〜11500)	(/μL)
Lym	660	(1000〜4800)	(/μL)
Mon	462	(150〜1350)	(/μL)
Eos	66	(100〜1250)	(/μL)
Bas	0		(/μL)
RBC所見	多染性(−),大小不同(−)		
血液化学検査			
TP	6.7	(5.2〜8.2)	g/dL
Alb	2.8	(2.2〜3.9)	g/dL
Glb	3.9	(2.5〜4.5)	g/dL
ALT	66	(10〜100)	U/L
ALKP	82	(23〜212)	U/L
T-Bil	0.1	(0.0〜0.9)	mg/dL
Chol	348	(110〜320)	mg/dL
Lip	1077	(200〜1800)	U/L
Glc	99	(70〜143)	mg/dL
BUN	36	(7〜27)	mg/dL
Cr	1.5	(0.5〜1.8)	mg/dL
P	3.9	(2.5〜6.8)	mg/dL
Ca	10.4	(7.9〜12.0)	mg/dL
静脈血の血液ガス検査			
pH	7.377	(7.35〜7.45)	
pCO_2	45.0	(40〜48)	mmHg
pO_2	47.1	(30〜50)	mmHg
HCO_3	25.8	(20〜25)	mmol/L
BE	0.6	(−4〜4)	mmol/L
O_2サチュレーション	81.9		%
TCO_2	27.2	(16〜26)	mmol/L
電解質			
Na	150	(144〜160)	mmol/L
K	4.2	(3.5〜5.8)	mmol/L
Cl	109	(109〜122)	mmol/L

( )内は本院における正常値を示す。

OB(−),Uro(0.1)であった。

尿沈査所見は正常範囲内である。

【心電図検査】(写真3)

心拍数は90回/min,平均電気軸は+90度であった。

【血圧検査】(足根部で測定)

収縮期圧(SYS)は127mmHg,平均血圧(MAP)は97mmHg,拡張期圧(DIA)は73mmHgであった。

【上顎X線検査】(写真4)

骨融解像等は認められない。

【CT(血管造影)検査】(写真5〜写真11)

骨融解像等は認められない。

【病理検査】

歯肉腫瘤:口腔扁平上皮癌(IDEXX,診断医はMichael V. Slayter)

下顎リンパ節(院内細胞診):リンパ節の過形成

【診断】

口腔扁平上皮癌(T1aN1aM0,ステージⅠ)

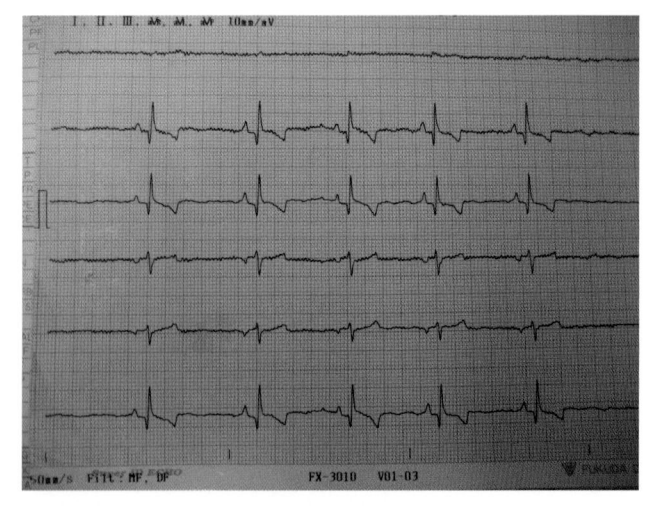

写真3 心電図

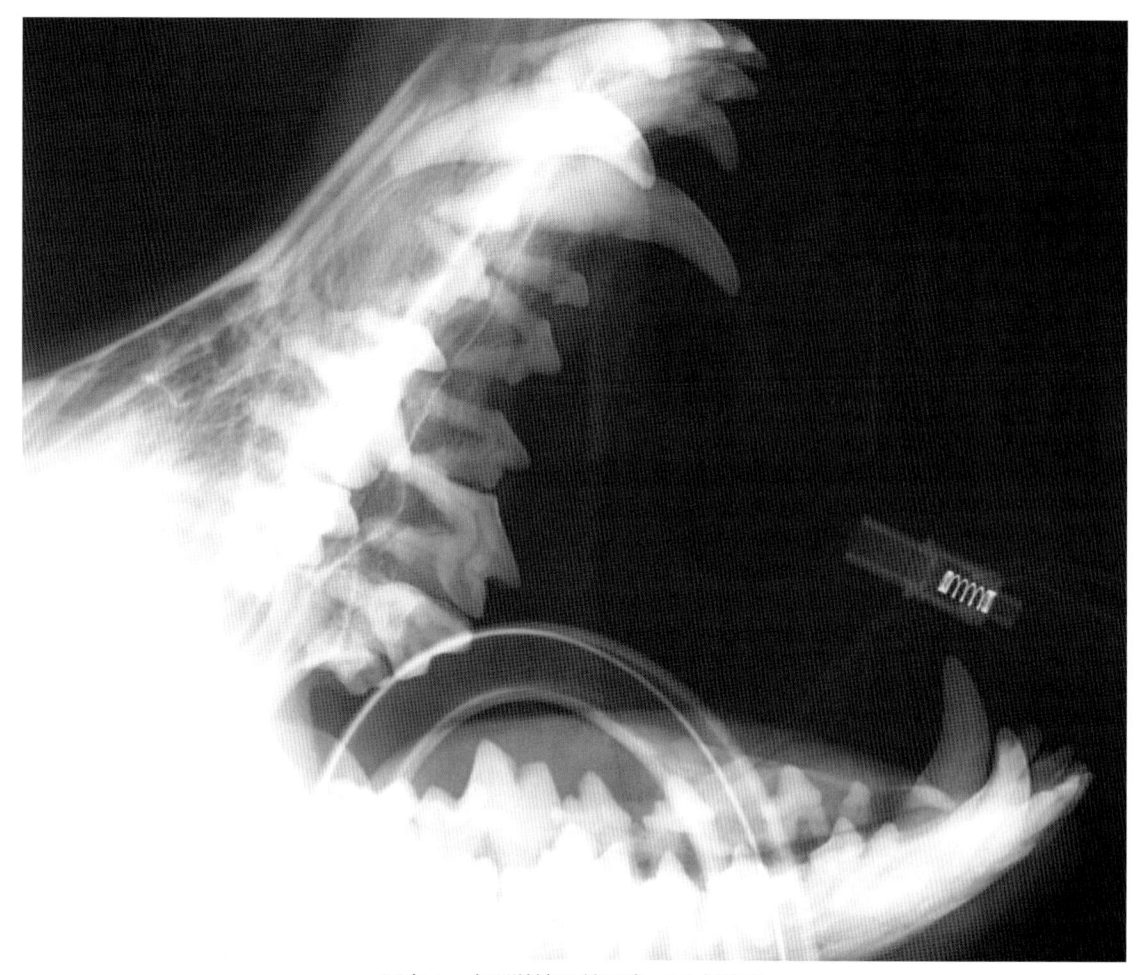

写真4　上顎単純X線写真　LL斜位像

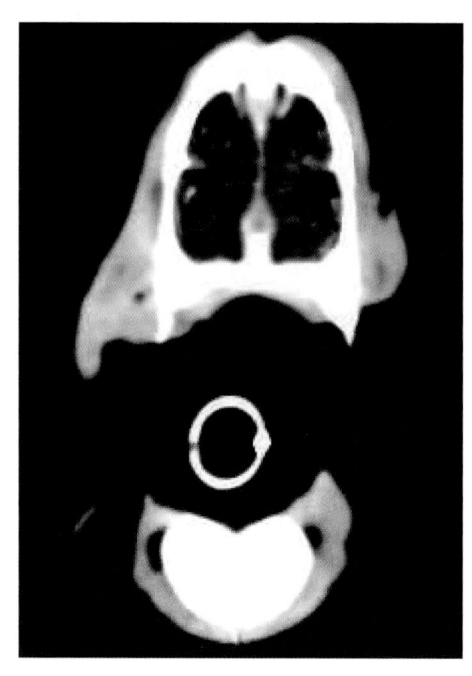

写真5　CT　口吻部アキシャル像

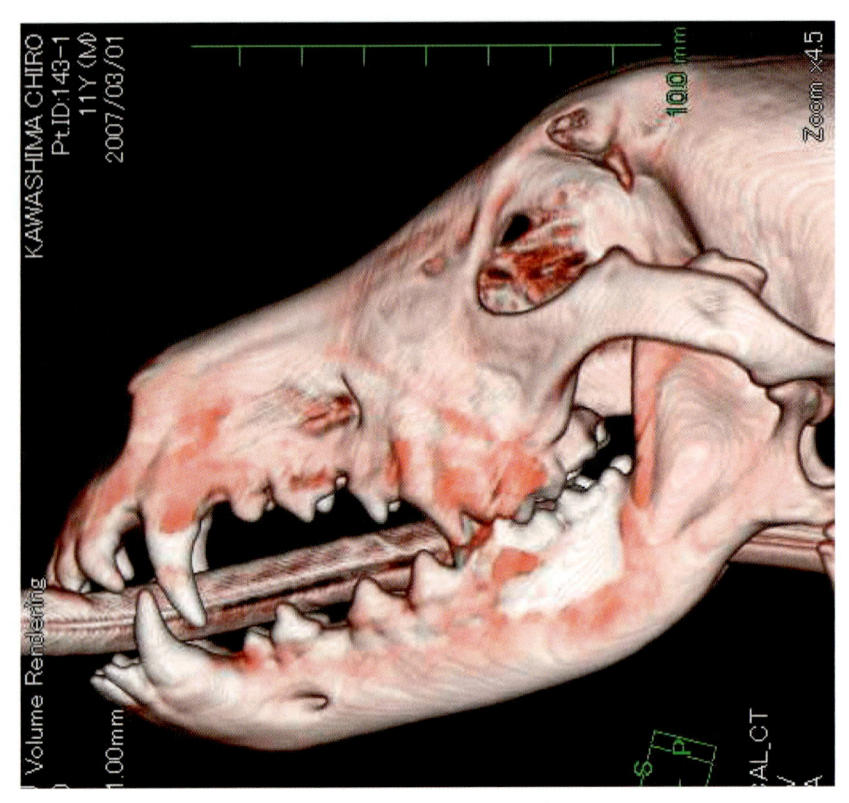

写真6　CT　口吻部3D画像

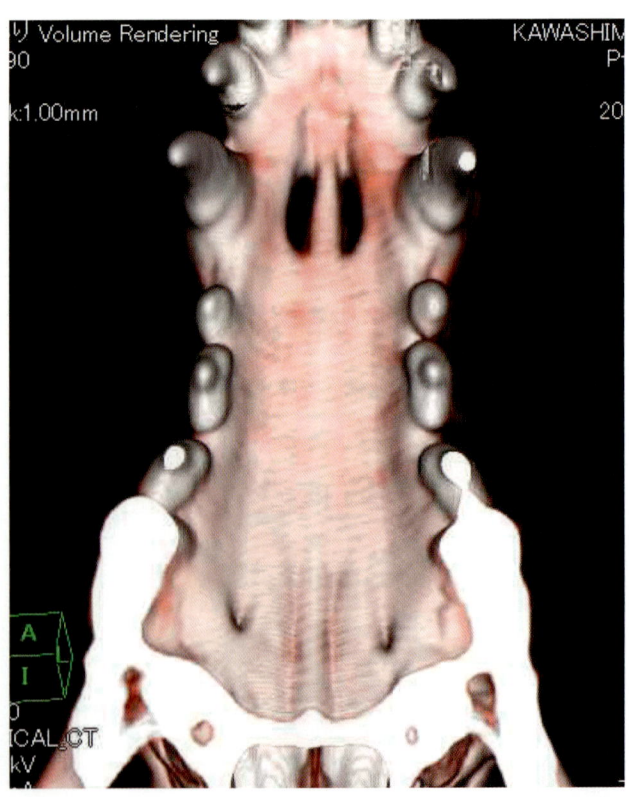

写真7　CT　上顎3D画像
左下顎リンパ節の軽度腫大が認められる。

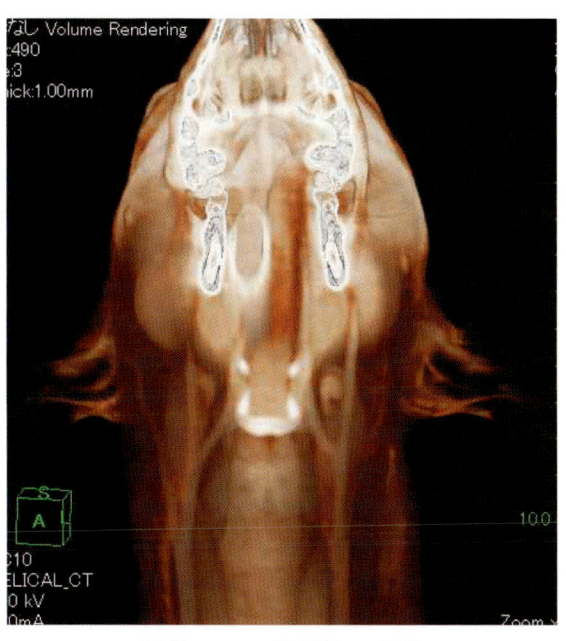

写真8 CT 頭頸部3D画像
肺の転移像は認められない。

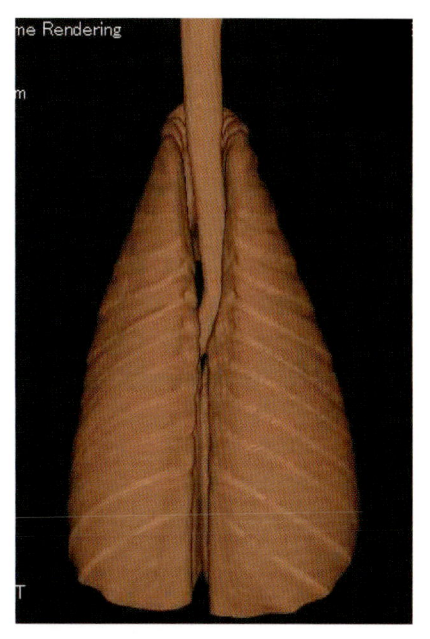

写真9 CT 肺3D画像①

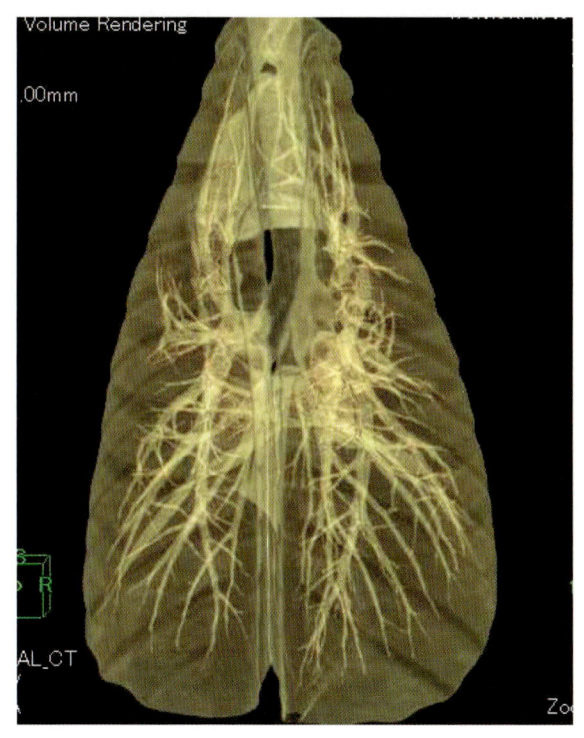

写真10 CT 肺3D画像②
以前手術した右甲状腺部に再発はなく，対側の甲状腺に萎縮が認められる。

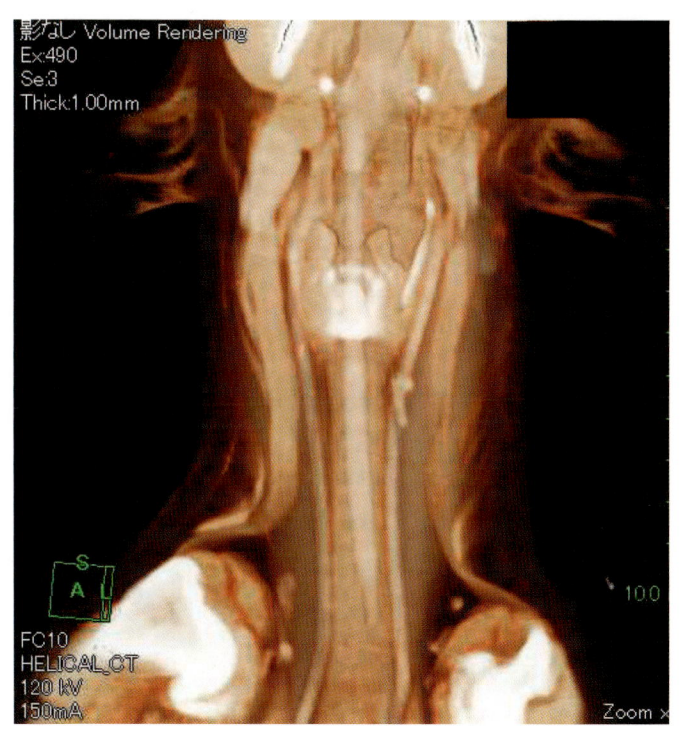

写真11 CT 頸部3D画像

☞あなたならどうする。次頁へ

十分なマージンを確保した外科的切除（中心部上顎骨切除術）

【治療と経過】

飼い主は定期的に行われている歯石除去時に偶然見つかった歯肉腫瘤が悪性であったことに困惑していたが，早期に発見することができた。幸いにも領域リンパ節や骨への浸潤，その他臓器への転移はCTによる検査などから認められなかった。完全切除により良好な予後が期待できるので，飼い主は外科的切除を選択した。

術前鎮痛薬として，メロキシカム，ミダゾラムを用い，前投与薬にアセプロマジン，アトロピン，導入薬にプロポフォールを用い，気管挿管後はイソフルランで維持した。また，ペインマネージメントとしてはブピバカインによる眼窩下神経ブロックとフェンタニルCRIによる手術中の疼痛管理を行った。抗生物質は第1世代セファロスポリンであるセファゾリンを用いた。

全ての切断面で2cm以上のマージンを得るように外科手術を行った（写真12～16）。メスで切開を行い，上顎骨は骨ノミにより切断した。閉鎖はポリグリコネート（Maxon）4-0で行った。

術後疼痛管理はリドカイン・モルヒネ併用のCRIを行い，

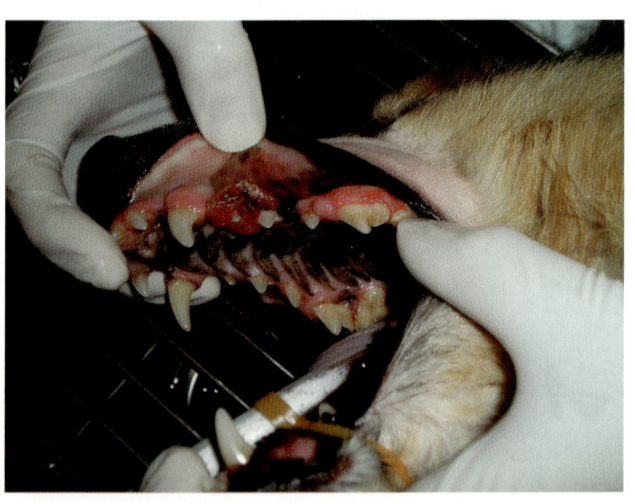

写真12　術前の歯肉腫瘤①
部分切除生検 時より2週間経過時

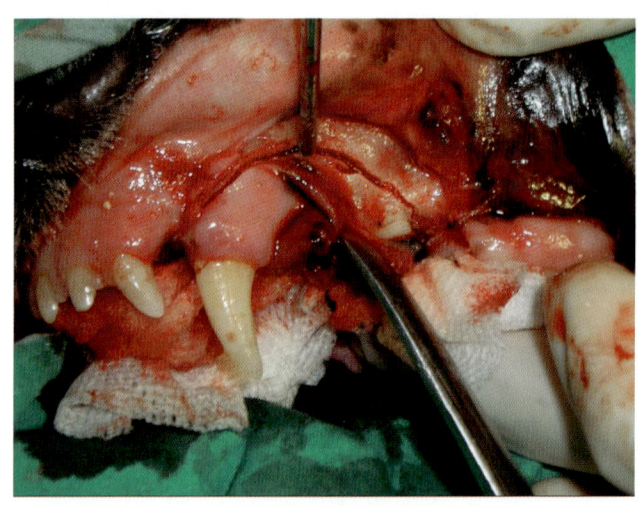

写真14　術中写真①

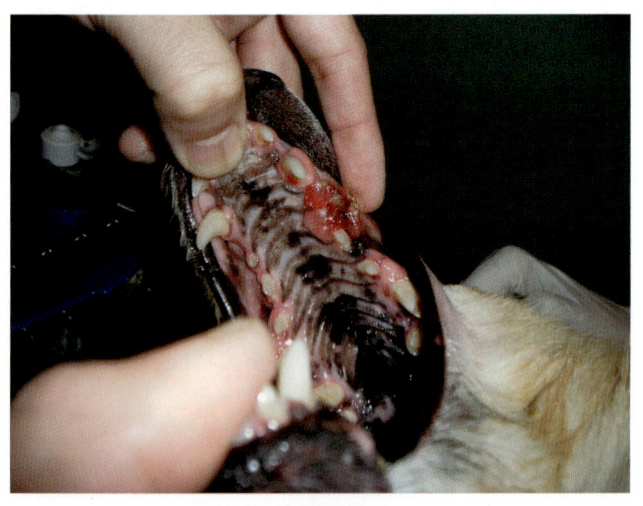

写真13　術前の歯肉腫瘤②

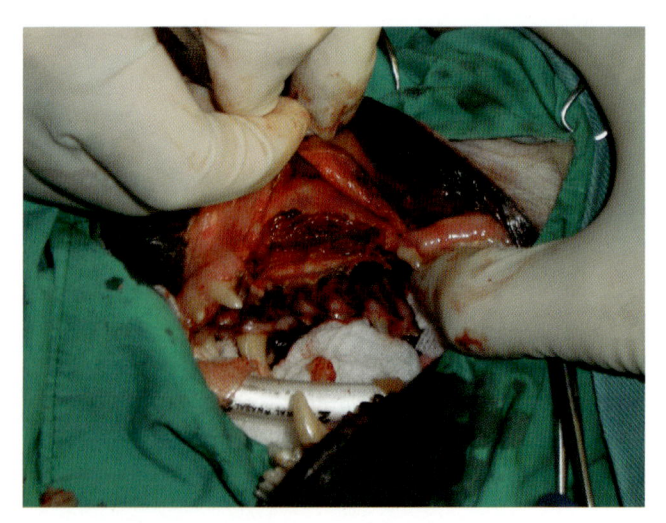

写真15　術中写真②

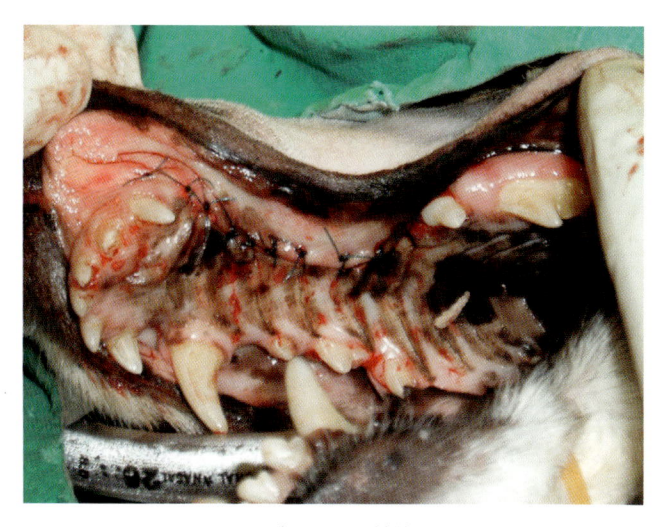

写真16　閉鎖後

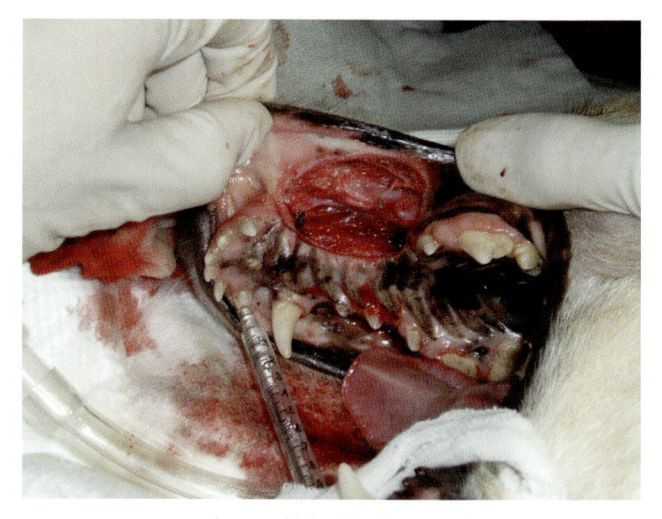

写真18　拡大手術時術中写真

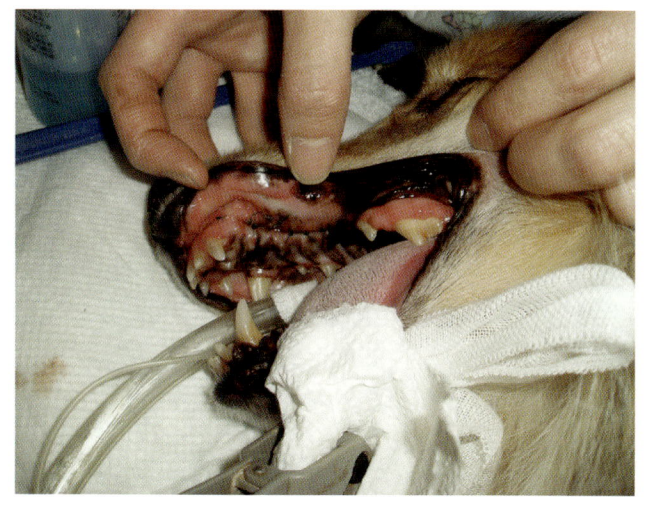

写真17　拡大手術前口腔内
前回手術時より4週間経過時

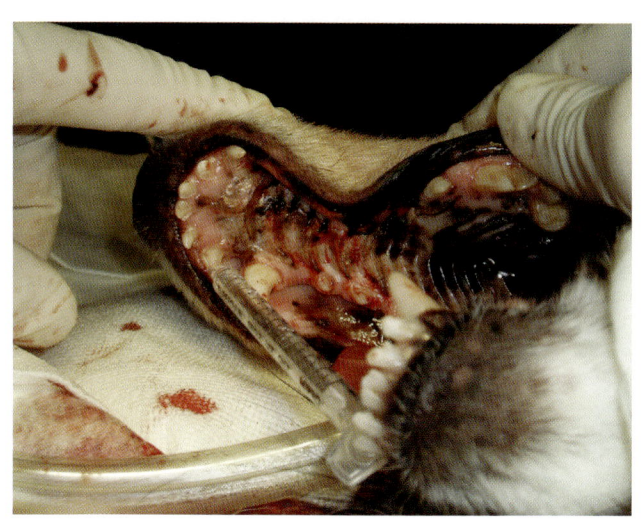

写真19　拡大手術時閉鎖後

　さらにピロキシカムを投与した。入院中は術部の離解に注意を払い，術後8日目に退院した。
　また抗腫瘍効果のある NSAID としてピロキシカム，NSAID の胃腸毒性予防のためミソプロストール，そして抗腫瘍効果のあるサプリメントとしてβ-1,3-1,6-グルカン（アウレオバシジウム培養液）を術後から継続投与した。
　病理診断結果（IDEXX，診断医は Erin Hardam）は炎症を伴う低分化肉腫，さらにマージンがダーティー（口唇部）とのことで，再び飼い主に拡大切除の必要性を説明し，インフォームド・コンセントを得た。
　拡大切除手術を前回切除面から口唇部で1.0cm，その他の部位も0.5cm のマージンを確保し行った（写真17～19）。病理診断結果（IDEXX，診断医は森　隆）は，何れの検査組織，マージンにも腫瘍組織は検出されないとのことだった。
　現在，拡大切除手術後6か月が経過したが，再発も見られず，良好に経過している（写真20）。

【コメント】

　口腔悪性腫瘍は犬の悪性腫瘍全体の6％を占め，4番目に発生が多い。しかし，1990年代に入るまで，獣医師が口腔癌を確実に完治に導き，助けるために行える有効な手

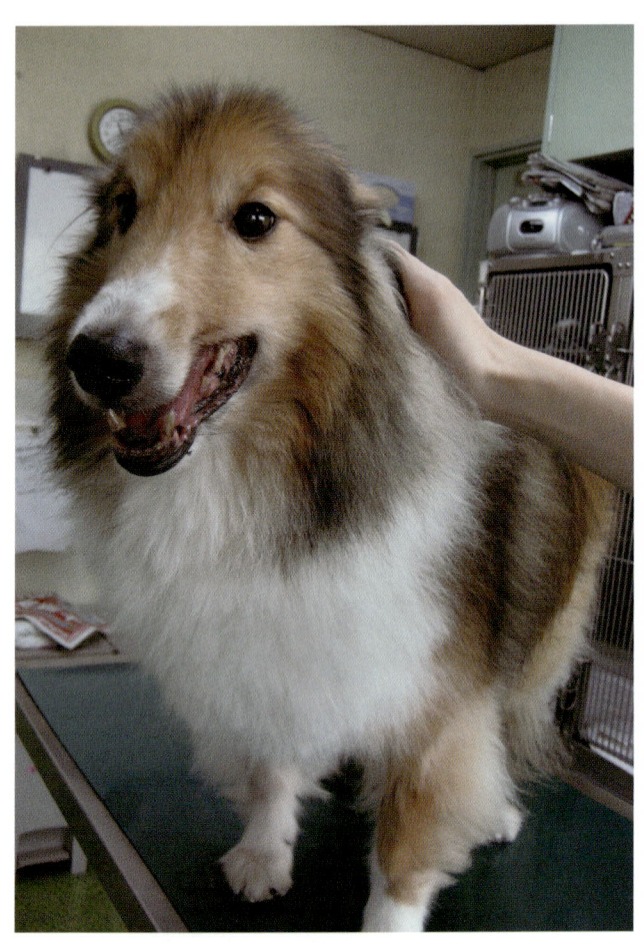

写真20　術後6か月の患者の外貌

だてはほとんどなかった。しかし，腫瘍の生物学的特性に関する最近の知見，新しい手術法，および放射線治療などにより，悪性口腔疾患の犬と猫の多くを有効に治療できるようになっている。

犬で最も多く見られる口腔悪性腫瘍は，悪性黒色腫，扁平上皮癌，線維肉腫，および棘細胞腫型エプーリスである。その他，下顎骨肉腫，多小葉性骨軟骨肉腫，組織学的には低悪性度であるが生物学的には高悪性度の肉腫，扁桃扁平上皮癌，舌腫瘍，ウイルス性乳頭腫，犬の口腔好酸球性肉芽腫症候群，エプーリス，角化型エナメル上皮腫，誘導性線維エナメル芽細胞腫，若齢犬の未分化悪性疾患などの口腔腫瘍および腫瘍性病変も存在する。

ほとんどの患者は，口腔内の腫瘤を理由に来院するが，本院では特に7歳（人の40〜44歳）以上の犬や猫では，腫瘍の早期発見のために，飼い主，VT，獣医師が常にチームとして取り組んでいる。その結果，本症例では，定期的健康診断および歯石除去という機会に，腫瘍を比較的に早期発見することができた。

また口腔癌では，その態様も多彩であり，かつ利用できる治療選択肢も多様であるため，治療前の精密な診断評価が極めて重要となる。胸部X線検査，頭蓋X線検査，CTスキャン，領域リンパ節（下顎および咽頭後）FNA，病変部の切開生検を行うことにより，腫瘍のタイプと病期などが判定でき，その後の治療方針や予後を検討することに役立つ。

口腔癌の動物には，外科手術，凍結手術，および放射線照射が主要な治療法となる。実施可能なら，外科的切除が最も経済的で，短時間で，完全な治癒の可能性の高い治療法である。

今回，患者の腫瘍は扁平上皮癌で，比較的早期に発見されたので，T1aN1aM0であり，ステージIであった。したがって，根治を目的とした手術を行うことができた。

しかし，今回興味深かったのは組織病理診断においては，腫瘍の先端部が扁平上皮癌であり，本体部が未分化肉腫だったことである。これは，ダブルキャンサーとよばれる腫瘍があり，さらに同一病変部から発生しているという極めて珍しいタイプのものであったことである。

（Vol.60 No.12, 2007 に掲載）

Case 34 CAT
下痢・嘔吐・発熱のみられる症例
シンガプーラ，5か月齢，雌

【プロフィール】

シンガプーラ，5か月齢，雌。必要な各種ワクチンによる予防は完全に行われている。食事はキトン用DRYフードとHill's a/d缶。3か月前にブリーダーより購入以降，完全室内飼育。日本猫（去勢雄5歳）と同居している。

【主　訴】

1週間前から大腸性下痢（8～10回/日），2日前より元気・食欲減退。昨日より嘔吐を繰り返している。3.5か月前（生後45日齢）にも食欲不振と嘔吐，発熱の症状で他院を受診し，3週間の対症療法（抗生物質と強制給餌）を要したとのこと。

【physical examination】

意識レベルは100%，体重は1.55kg，栄養状態は70%，脱水は8%，体温は38.6℃，心拍数は240回/min，股動脈圧は100%であった。

腹部触診では巨大な宿便と中腹部に3cm×2cm大の可動性腫瘤が触知された。

【プロブレム】

腹腔内腫瘤，巨大宿便（便秘），削痩，食欲不振，嘔吐，下痢（結腸の便秘，通過障害に伴う逆説性下痢）。

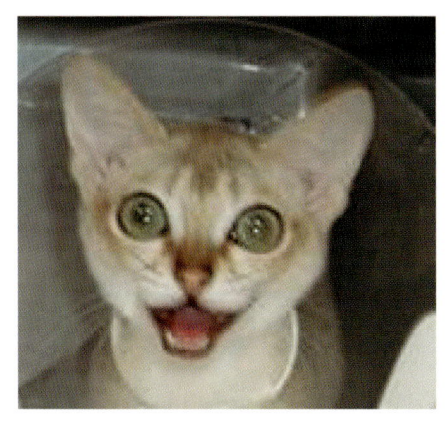

写真1　患者の外貌

【臨床病理検査】

CBCおよび血液化学検査の結果は表1の通りである。

血液化学検査では軽度の貧血と著明な高グロブリン血症が認められた。また血液生化学検査のウイルス検査ではFIV・FeLV（−），猫コロナウイルス抗体価（＜100）であった。

表1　臨床病理検査		
CBC		
WBC	10.4×10^3　$(5.5 \sim 19.5 \times 10^3)$	/μL
RBC	856×10^6　$(500 \sim 1000 \times 10^4)$	/μL
Hb	11.2　$(8 \sim 15)$	g/dL
Ht	32.8　$(30 \sim 36)$	%
MCV	38　$(39 \sim 55)$	fL
MCH	13.1　$(12.5 \sim 17.5)$	pg
MCHC	34.1　$(31 \sim 35)$	g/dL
pl	12.6×10^4　$(30 \sim 80)$	/μL
血液の塗抹標本検査のリュウコグラム		
Band-N		
Seg-N		
Lym		
Mon	正常範囲内	
Eos		
Bas		
pl		
RBC所見		
血液化学検査		
TP	7.9　$(5.2 \sim 8.2)$	g/dL
Alb	2.4　$(2.2 \sim 3.9)$	g/dL
Glb	5.6　$(2.8 \sim 4.8)$	g/dL
ALT	41　$(12 \sim 115)$	U/L
ALKP	57　$(14 \sim 192)$	U/L
T-Bil	0.2　$(0.0 \sim 0.9)$	mg/dL
Chol	150　$(62 \sim 191)$	mg/dL
GGT	0　$(0 \sim 1)$	U/L
Glc	165　$(77 \sim 153)$	mg/dL
BUN	16　$(16 \sim 33)$	mg/dL
Cr	1.3　$(0.6 \sim 1.6)$	mg/dL
P	8.3　$(4.5 \sim 10.4)$	mg/dL
Ca	10.6　$(7.9 \sim 11.3)$	mg/dL

（　）内は本院における正常値を示す。
Laser Cyte〔IDEXX〕を使用。

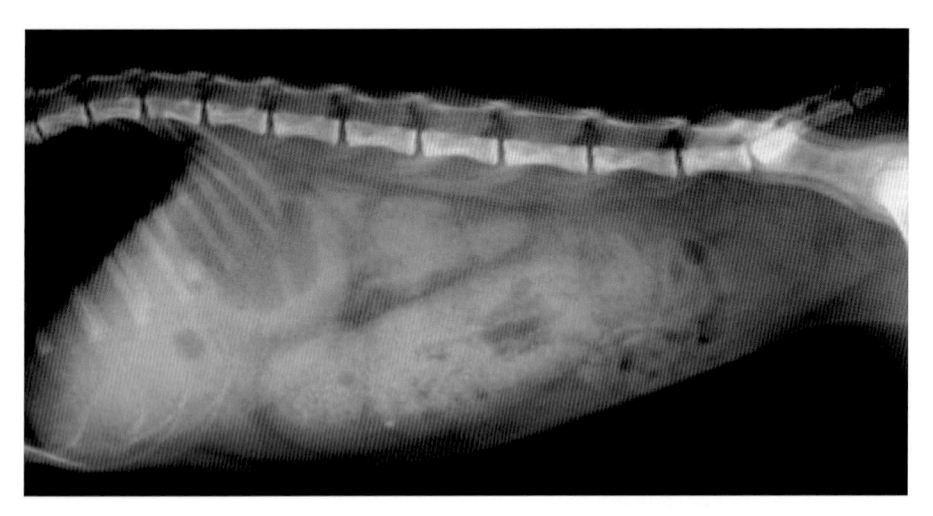

写真2　腹部単純X線写真　RL像

【糞便検査】

異常所見は認められなかった。

【尿検査（膀胱穿刺尿）】

比重は 1.050 以上，pH は 6.5 で，その他正常範囲内である。

【血圧検査】（足根部で測定）

収縮期圧（SYS）は 136mmHg，平均血圧（MAP）は 110mmHg，拡張期圧（DIA）は 88mmHg であった。

【単純X線検査】

腹部 RL・VD 像（写真2，3）：体表の軟部組織の輪郭は削痩を反映して脂肪組織がほとんど認められない。骨格は正常範囲内である。胃胞の拡張および軽度の肝腫大，中腹部には 3cm × 2cm 大の可動性腫瘤が認められ，またその近位を占拠する巨大な宿便が認められる。下行結腸の一部で横径が縮小した領域（第6腰椎レベル）が認められる。腎臓は左右とも正常範囲内で，小腸は拡張した結腸により右方尾側に変位して認められる。

【腹部超音波検査】（写真4）

腹腔内腫瘤は下行結腸に連続しており，結腸壁内から求心性に肥厚した狭窄病変が認められた。腹水は認められなかった。その他の腹部臓器に異常は認められなかった。

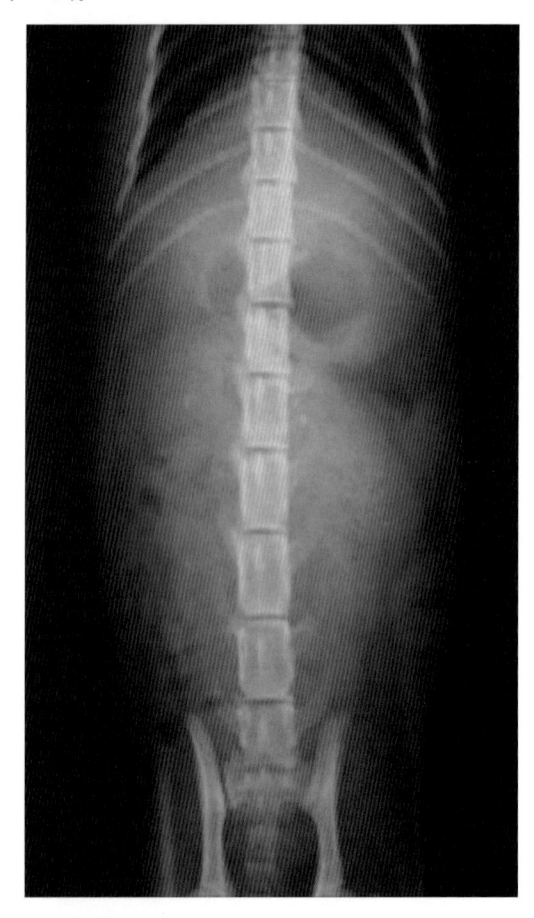

写真3　腹部単純X線写真　VD像

【結腸腫瘤の細胞診】

腫瘤を，腹壁を介して直接触知把握しながら，結腸管腔内へ刺入しないよう FNA を行った。

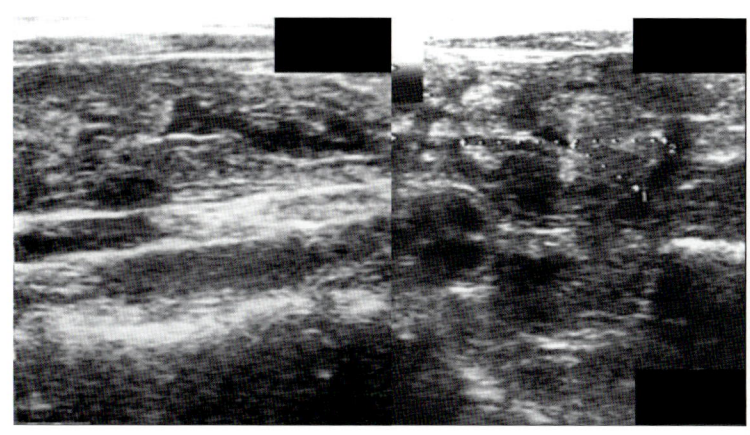

写真4 超音波像
左：矢状面，右：横断面

FNA によるサンプルの細胞診の所見は，血液細胞とともに好中球，好酸球，リンパ球免疫刺激リンパ球，マクロファージが多数認められる。腸管の一部に慢性炎症性反応による肉芽腫の形成による肥厚が起こっているものと考えられる。切除した病変部は原因究明のために，病理組織学的検査を行ったが，腫瘍を疑わせる所見は認められなかった。悪性を示唆する所見は（－）であり，慢性炎症による肉芽腫の形成を示唆する所見であった。

【CT検査】（写真5）

下行結腸における腫瘤（長径 27.2mm，壁厚 10.1mm）の他，腹腔内に腸間膜リンパ節の腫大が認められた。胸水・腹水所見や肺転移像はなく，骨盤の狭窄や腰仙部病変，他の腹腔内臓器にも異常所見は認められなかった。

【結腸内視鏡検査】（写真6）

腫瘤部において，腫瘍を疑う所見や粘膜面の糜爛，出血，ポリープ，異物などはいずれも認められなかった。腫瘤部位の内腔径は著しく狭窄しており，切除吻合術が必要であることが確認された。

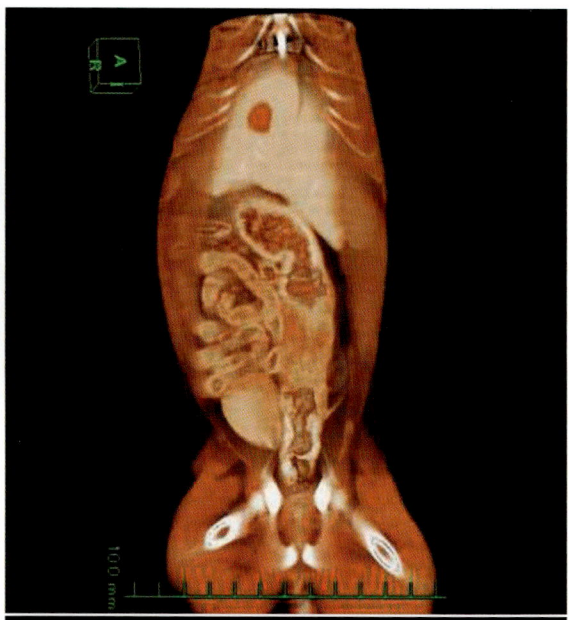

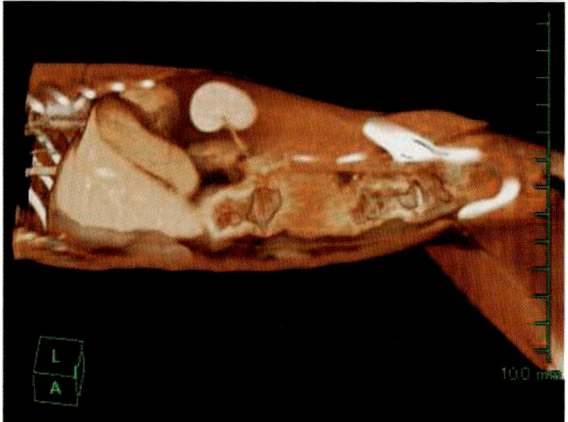

写真5 CT像

【診　断】

下行結腸の腸壁に発生した肉芽腫により狭窄が起こり，続発する便秘による巨大結腸症をきたしたものと診断。

また，類症鑑別としては，① 腫瘍（リンパ腫，腺癌，肥満細胞腫），② 炎症（FIP, IBD, *Pythium insidiosm*），③ 外傷（異物），④ 奇形などが考えられるが，組織学的検査から除外された。

☞あなたならどうする。次頁へ

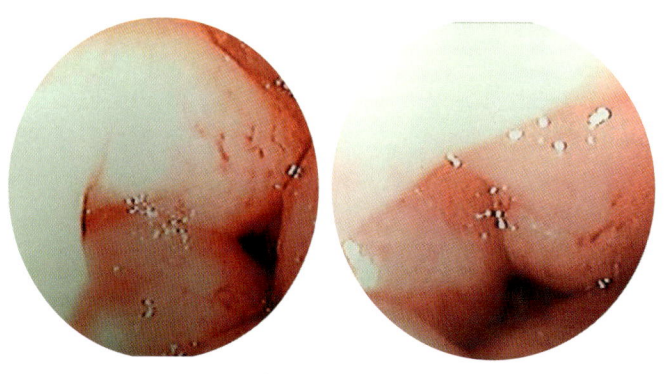

写真6　内視鏡像

☞
①病理組織学的検査による原因の究明
②今後のQOL維持のための外科的切除と腸管吻合術
③飼い主に対する外科的切除が必要なことの十分な説明

【治療と経過】

外科的切除に対する飼い主の理解と同意が得られたので，結腸切除腸管吻合術を行った。

手術に先立って複数回の温水浣腸を行った後に，48時間の絶食を行った。手術はプロポフォール，アトロピンで導入し，イソフルランガスで維持を行った。術前に抗生物質（セフォタキシム 80mg/kg）と疼痛管理（ブプレノルフィン 20μg/kg・メロキシカム 0.2mg/kg），術中はフェンタニル CRI（希釈点滴静注 5μg/kg/hr）を行った。剣状軟骨から恥骨前縁までの腹部正中切開で，全腹腔臓器の検査が行われた。下行結腸に発生する腫瘤は大網に包まれており，漿膜面に微小な結節が散在して認められた。可能な限り結腸機能を温存するため，下行結腸の分節切除術（結腸・結腸吻合術）を予定していたが，結腸の付属リンパ節は反応性に腫大しており，並走する結腸動静脈を巻き込んでおり血管分離が不可能なため術式を変更し，回盲弁を含めた結腸亜全摘出術（回腸・結腸吻合術）を行った。腹腔洗浄を行った後，腹直筋筋膜に局所麻酔薬注入後（ブピバカイン 2mg/kg）常法に従い閉腹した。

疼痛管理（ブプレノルフィン 20μg/kg SID，フェンタニル CRI 希釈点滴静注 5μg/kg/hr）と輸液療法と抗生物質を2日間継続し，術後24時間後から食事（Hill's i/d 缶）

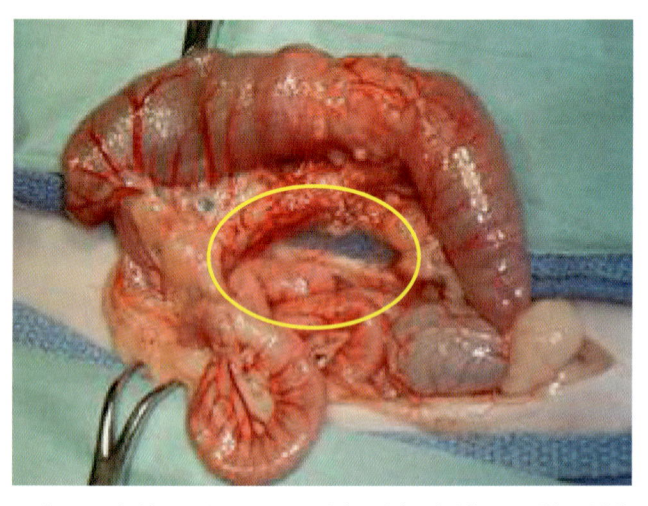

写真7　下行結腸に認められた腫瘤，腫瘤の領域リンパ節の腫大

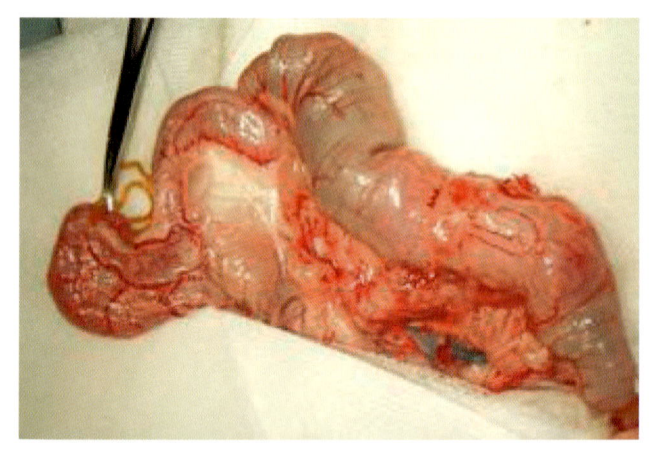

写真8　回盲弁を含めて結腸亜全摘出術を行った。

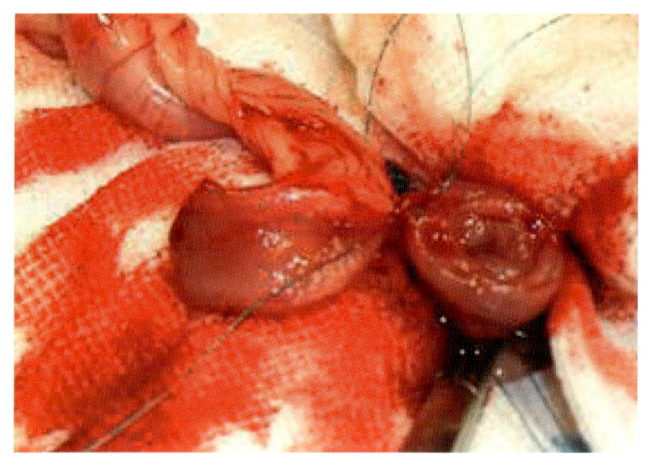

写真9　回腸・結腸吻合術

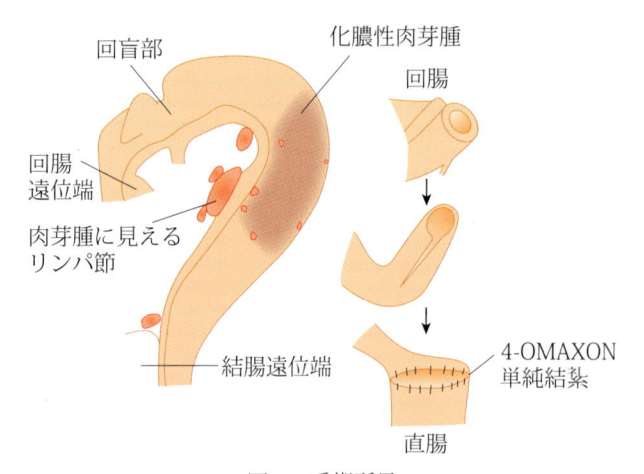

図1　手術所見

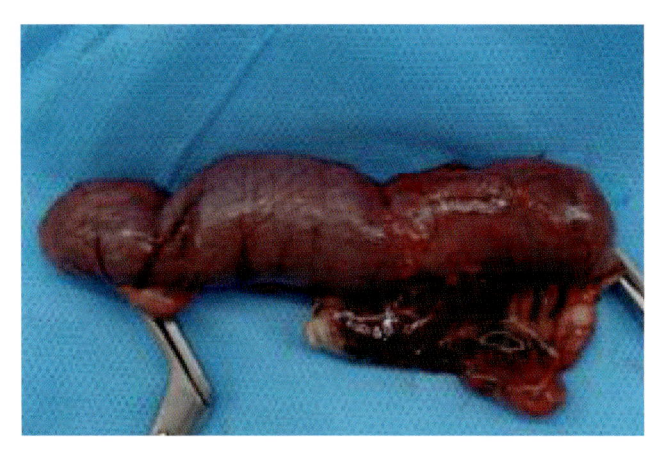

写真10　回盲弁を含み摘出された結腸。

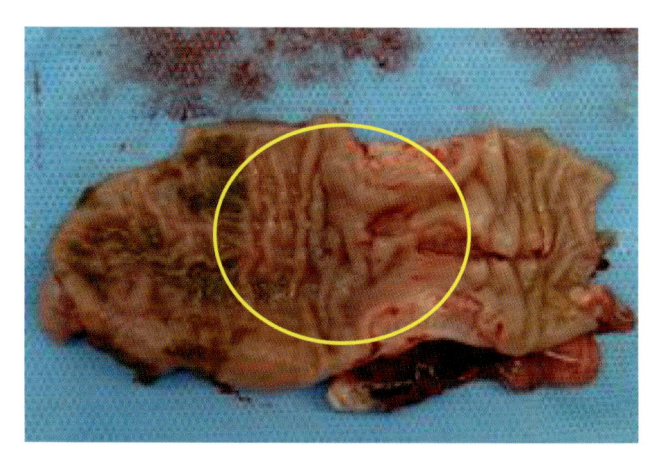

写真11　その内腔所見。丸印は狭窄を起こしていた部位。

を少量頻回で開始した。術後の一般状態は良好で、1週間後に退院した。結腸亜全摘出術後に継発する少量頻回（4～5回/day）の軟便のため、肛門周囲の皮膚炎が術後3週間継続したが治癒し、現在では全てが順調で、体重増加が認められ、元気に生活している。

【摘出結腸の病理組織検査】

　診　断：局所性の壁性肉芽腫性大腸炎
　所　見：粘膜下組織と筋層に拡がる境界が不明瞭で被包化されていない炎症領域が複数見られる。炎症は豊富なマクロファージ、リンパ球および好中球の浸潤で特徴付けられる。不規則な小型の壊死領域が存在する。FIPウイルスの関与の可能性を考えたが、この病変はFIPの典型的な形態を示していない。各種特殊染色（GMS, PAS, Acid-fast）により、真菌・細菌・抗酸菌の感染は否定された。

【コメント】

　この症例は、いくつかの点で小動物臨床、特に消化器外科を行うものにとっては、意義のある症例かと思う。

　本院に来院するまで生後45日齢から5か月齢に至るまで、ほぼ同様の症状で他院で診断・治療を受けてたものである。そこでは抗生物質の投与と強制給餌が行われていたようであるが、その詳細は不明である。

　本院への上診時では、腹部の触診で直ちに誰もが異常に気が付くほどの巨大な宿便が中腹部から下腹部にかけて存在していた。栄養状態は70%とかなりの削痩が進んでいる状態であり、しかも脱水が8%と評価されていた。

　①この年齢で巨大結腸を呈していた、②事故による骨盤の骨折やその他の異常を全く伴わないこと、③脊椎、特に腰仙椎部の異常な弯曲なども認められない、④しかも食欲は良好である、ということなどが問題としてあげられる。このような巨大結腸を起こす疾患は何であろうか。

　もし7歳（人の40歳）以上であれば、直ちに悪性腫瘍のルールアウトが絶対に必要となる。5か月齢となると、FIPとリンパ腫をまず疑うことになる。そこで、コロナウイルスのタイターが確かめられたが、100以下であり、FIPは否定された。また腫瘤塊からの直接のFNAで、リンパ腫も同様にほぼ確定的に否定することができた。とすると、通常の結腸便が通過できない何らかの物理的な狭窄部が結腸に生じていることは明らかである。そこで結腸の内視鏡検査が行われたが、粘膜面の異常は認められず塊状の腫瘤性の強い変化が認められたことから、あとはこの塊状病変（腫瘤病変）が適切に切除できれば、予後は期待が持てるものと推察された。

　剣状軟骨から恥骨軟骨まで最大の開腹を行ったのは、腹腔内を直視下で徹底的に調べることができるからであったが、幸いにも該当する局所である結腸およびその周辺を除けば、全く正常であったことが確認できた。腫瘤部を形成しているのは、腸間膜や大網の一部および腫大した局所リンパ節などが強く絡み合いながら、癒着が慢性炎症とともに進行していることがわかった。当然であるが、この腸管壁から、漿膜を超えて局所の無菌性の腹膜炎を伴う、何らかの肉芽腫病変の成立と進行が原因であると推定できた。そこで直腸の近位から回盲部を含む結腸亜全摘出術を行っ

術後2か月半が経過したが，1日5〜6回の軟便を排泄している以外は体重の増加，栄養状態の改善は顕著で全ては順調で，飼い主には満足いただいている。

術後のQOL（飼い主家族と患者とのボンド）という立場からすれば，回盲部もできるだけ保存し，直腸の近位もできるだけ保存的に吻合することができていれば，排便の大幅な改善が期待できたもしれない。この点が本症例での反省点である。

さて，本症例の肉芽腫の形成の，そして慢性の炎症の進行の真の原因であるが，初発病変はどのようなものであったのかが問題である。これは筆者の推察に過ぎないが，恐らくは局所的に結腸内感染が発生し，粘膜面は抗生物質とその他支持療法で局所性にコントロールができた。粘膜面は回復したが，恐らくは腸管壁内の炎症性反応，免疫性局所反応が強く，慢性的な炎症が無菌性に継続し，それを包む形で肉芽腫の形成と局所の漿膜面での腹膜炎が，慢性的に進行したのではないかと考えられる。

事実，初発の45日齢から5か月齢まで一進一退があったことからすれば，それだけの時間の経過の中で本症例の肉芽腫が成長し続けたと考えられる。肉芽腫の病理組織学的な所見としては，好酸球，好中球，免疫刺激リンパ球，マクロファージなどの侵襲と肉芽腫化が著しい。細菌，真菌を示唆するものは陰性であり，この慢性の肉芽腫性病変は無菌性の（当初は別として）ものであったと考えられる。

（Vol.61 No.4, 2008 に掲載）

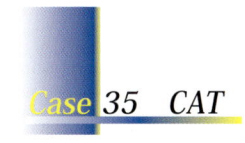

嘔吐を繰り返す症例

スコティッシュ・ホールド，7歳10か月齢，雌

【プロフィール】

スコティッシュ・ホールド，7歳10か月齢，雌。必要な各種ワクチンによる予防は不完全である。完全室内飼育で，同居の猫が2頭いる。食事はドライフード（Hill'sのヘアボールコントロール）である。

若齢時に他の動物病院で肥大型心筋症と診断されていたが，投薬しても嘔吐をするため，治療は行われていない。1歳時に子宮卵巣摘出術が行われている。

【主　訴】

約6時間前から，突然，嘔吐を繰り返している。食欲は廃絶し，元気は消失している。その前（今朝）は，通常通りの状態であった。

【physical examination】

意識レベルは80％，体温は39.2℃，脈拍数は240回/min，股動脈圧は100％，呼吸数は48回/min，体重は4.94kg，栄養状態は115％（BCS4），5％未満の脱水が認められた。

心音の聴診において，逆流性雑音Levine（Ⅱ/Ⅵ）が僧帽弁領域で認められた。ギャロップリズムは－，中心静脈圧（CVP）は1.5cm，可視粘膜の色調はやや蒼白，毛細血管再充填時間（CRT）は2秒であった。

腹部触診で中腹部に柔軟性のマスを触知したが，腹部疼痛は－であった。

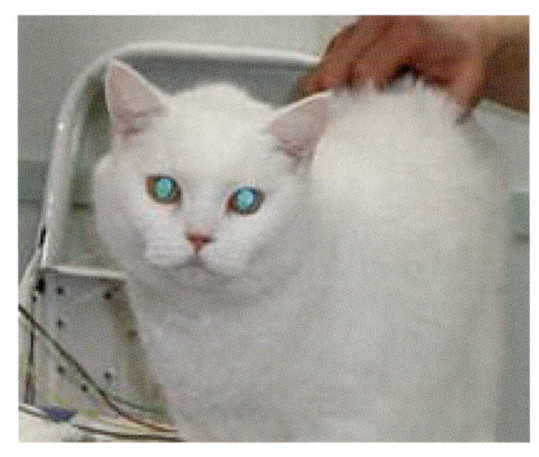

写真1　患者の外貌

表1　臨床病理検査

CBC		
WBC	6.74×10^3　（$5.5 \sim 19.5 \times 10^3$）	/μL
RBC	6.79×10^6　（$500 \sim 1000 \times 10^4$）	/μL
Hb	9.9　（8～15）	g/dL
Ht	29.7　（30～36）	％
MCV	43.7　（39～55）	fL
MCH	14.63　（12.5～17.5）	pg
MCHC	33.5　（31～35）	g/dL
pl	18.7×10^4　（30～80）	/μL

血液の塗抹標本検査のリュウコグラム		
Band-N	0　（0～300）	/μL
Seg-N	5480　（3000～11500）	/μL
Lym	650　（1000～4800）	/μL
Mon	490　（150～1350）	/μL
Eos	120　（100～1250）	/μL
Bas	10　（0）	/μL
pl	187×10^4	個

血液化学検査		
TP	7.4　（5.2～8.2）	g/dL
Alb	3.0　（2.2～3.9）	g/dL
Glb	4.5　（2.8～4.8）	g/dL
ALT	83　（12～115）	U/L
ALKP	39　（14～192）	U/L
T-Bil	0.3　（0.0～0.9）	mg/dL
Chol	154　（62～191）	mg/dL
GGT	0　（0～1）	U/L
Glc	151　（77～153）	mg/dL
BUN	19　（16～33）	mg/dL
Cr	1.2　（0.6～1.6）	mg/dL
P	4.5　（4.5～10.4）	mg/dL
Ca	9.5　（7.9～11.3）	mg/dL

静脈血の血液ガス検査		
pH	7.386　（7.35～7.45）	
pCO_2	26.5　（40～48）	mmHg
pO_2	137.7　（30～50）	mmHg
HCO_3	15.5　（20～25）	mmol/L
BE	－9.5　（－4～4）	mmol/L
O_2サチュレーション	98.8	％
TCO_2	16.3　（16～21）	mmol/L

電解質		
Na	152　（147～156）	mmol/L
K	3.7　（4.0～4.5）	mmol/L
Cl	114　（117～123）	mmol/L

（　）内は本院における正常値を示す。
Laser Cyte〔IDEXX〕を使用。

【プロブレム】

急性嘔吐，食欲廃絶，元気消失，中腹部のマス，収縮期逆流性心雑音，頻脈，肥満，5％の脱水。

【プラン】

CBC，老齢動物でのルーチン検査，腹部・胸部のX線検査，腹部・心臓の超音波検査。

【臨床病理検査】

CBCおよび血液化学検査の結果は表1の通りである。

また血液生化学検査のウイルス検査ではFIV・FeLVは（－），猫コロナウイルス抗体価は200であった。

T4は＜2.0（参考基準値は1.3〜3.9）μg/dL，猫膵リパーゼは7.2（参考基準値は2.0〜6.8）μg/Lであった。

また第2病日に測定した総胆汁酸（TBA）は，食前で3.3（正常値＞10），食後で12.3（正常値＞20）μmol/Lであった。

【尿検査（膀胱穿刺尿）】

色調は黄色，比重は1.050＜，pHは8.0，蛋白は2＋で，そのほか異常は認められなかった。

【心電図検査】

HRは220，MEAは＋90度で，R波の増高（1.9mV），心肥大が認められた。

【血圧検査】（足根部で測定）

収縮期圧（SYS）は129mmHg，平均血圧（MAP）は101mmHg，拡張期圧（DIA）は86mmHgであった。

【単純X線検査】

腹部RL・VD像（写真2，3）：骨格および体表軟部組織の輪郭は正常範囲内である。中腹部にX線不透過性のガチョウ卵大のマスが認められ，そのためRL像では胃胞の前方変位が，VD像では右腎の後方変位が認められる。

胸部RL・DV像（写真4，5）：骨格および体表軟部組織の輪郭は正常範囲内である。心陰影の中等度の拡大像が認められる。

【超音波検査】

腹部の超音波検査（写真6，7）では中腹部に無エコーの液体部分が，複雑な高エコーの中隔様構造によって区分けされた像が認められる。腹腔内遊離液体の存在は認めら

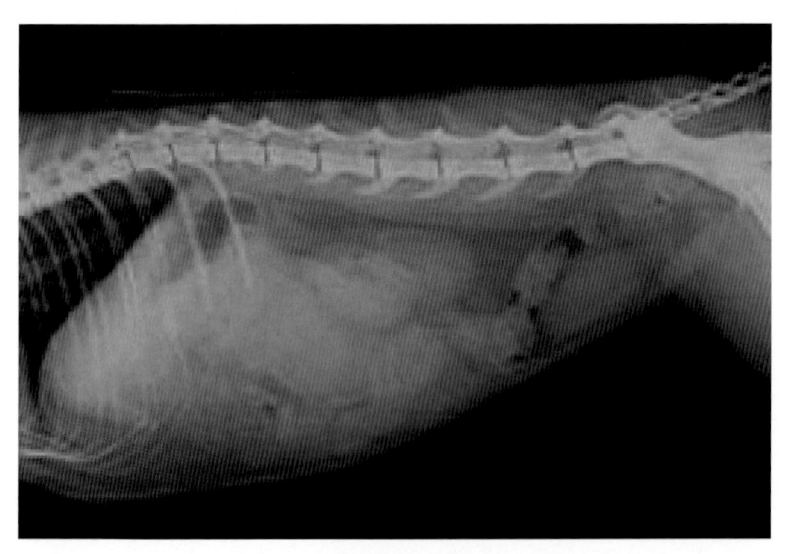

写真2　腹部単純X線写真　RL像

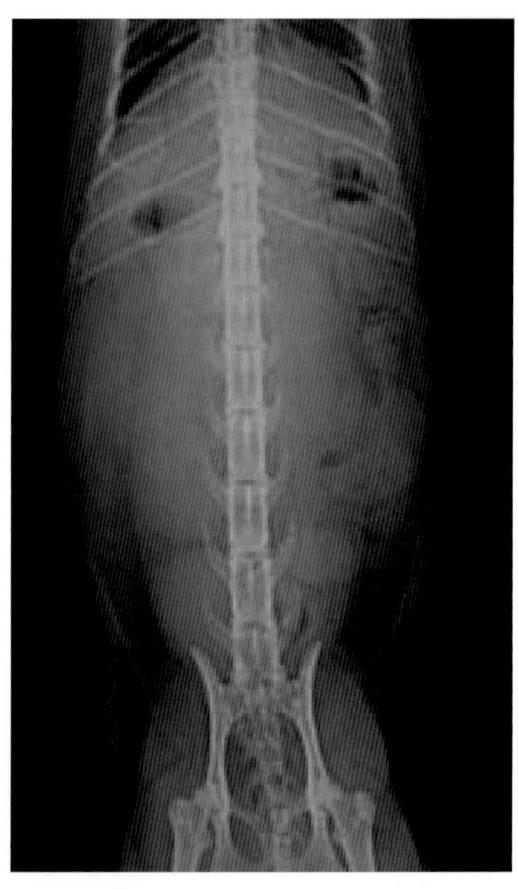

写真3　腹部単純X線写真　VD像

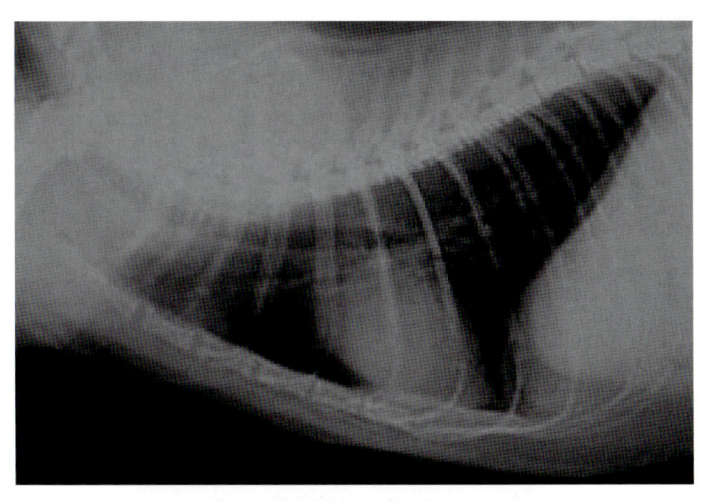

写真4　胸部単純X線写真　RL像

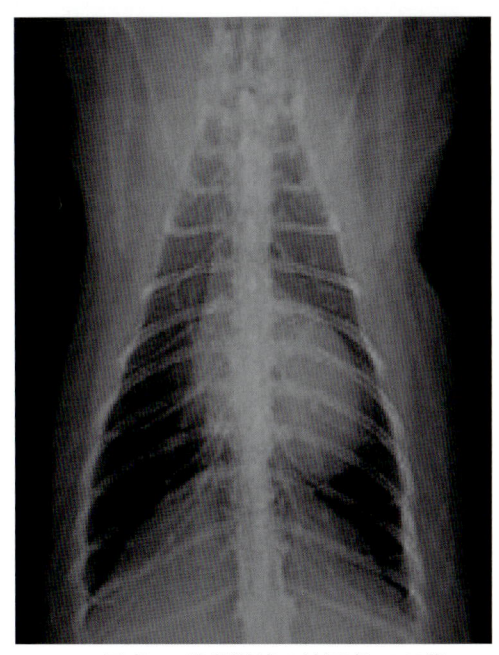

写真5　胸部単純X線写真　DV像

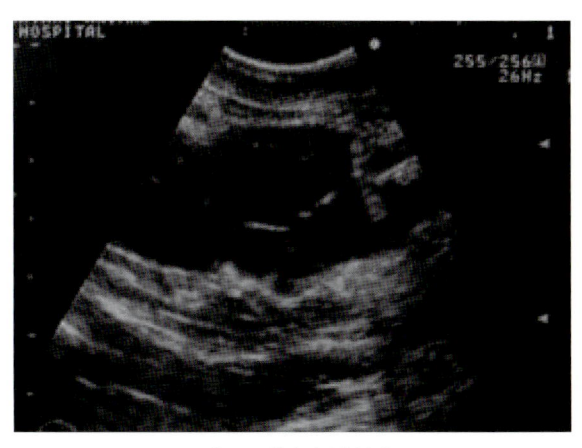

写真6　腹部超音波像

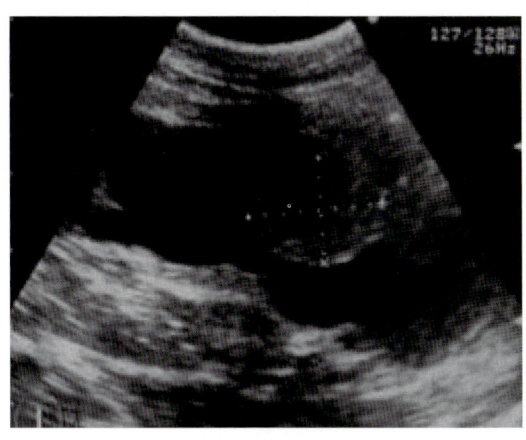

写真7　腹部超音波像

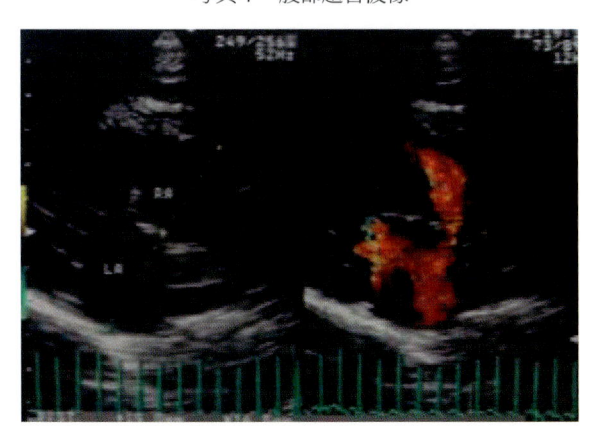

写真8　胸部超音波像

れず，他の腹腔内臓器は正常範囲内である。

心臓の超音波検査（写真8）では，僧帽弁逆流と左房拡大を伴う肥大型心筋症が認められる。

【シストの液体の検査】

シストから60mLの液体（赤褐色）を抜去して検査を行った。

比重は1.024，TPは2.4mg/dL，有核細胞数は7700/μLであり，変性漏出液を示していた。T-Bilは1.5mg/dL，Lipは5921U/L，Amyは2329U/Lであった。

細胞診では，変性好中球およびマクロファージが主体で，異型性を伴わない上皮細胞が少数認められた。

細菌培養結果は－であった。

☞あなたならどうする。次頁へ

①CT検査による各臓器およびマスの精査
②最善の治療は開腹手術によりマスの切除
③飼い主に対する外科的切除が必要なことの十分な説明
④原因究明のための細胞診，病理組織学的検査

【治療および経過】

中腹部に認められたマスは，膵臓周囲にできた囊胞状のシストであり，各種の検査結果から，膵臓囊胞であると考えられた。これだけで由来臓器を特定することは困難であった。しかしながら超音波ガイドによるシスト内貯留液の抜去後（60mL），患者の状態は安定した。24時間の入院中，嘔吐もなく，食欲・元気ともに回復が認められた。

飼い主には，今回生じた症状は，腹部で大きく拡張したマスに原因があり，おそらくこのマスは膵臓由来であること，またその由来から症状緩和を目的とした頻繁な貯留液の針吸引にはリスクがあり，治療としてのベストは，開腹手術による囊胞切除であることが説明された。数日後に得られるFNAの結果と合わせて，CTで腹部の異常構造を確認し，手術を行う予定とし，一時的な退院とした。

退院後4日間は患者の状態は安定していたが，5日目に突然，初診時同様の症状が再発し，シスト内貯留液（約50mL）の増加が認められたので，再入院，追加精密検査としてCT検査を行った。シスト内貯留液の細胞診の結果は表2に記す。

腹部CT検査で，シストは肝臓・腎臓・脾臓とは無関係であり，これらの臓器の実質にも異常所見は認められなかった（写真9〜12）。シストは後大静脈・門脈腹側，頭側は十二指腸と膵臓に接して，尾側は腸間膜リンパ節付近まで拡大，拡張していた。シストが，どの臓器から発生したものかは，CT検査においても明確にはされなかった。

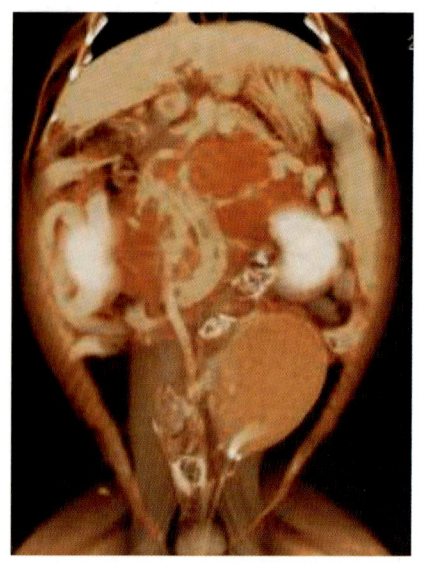

写真9　CT検査所見
腹部3D構築像

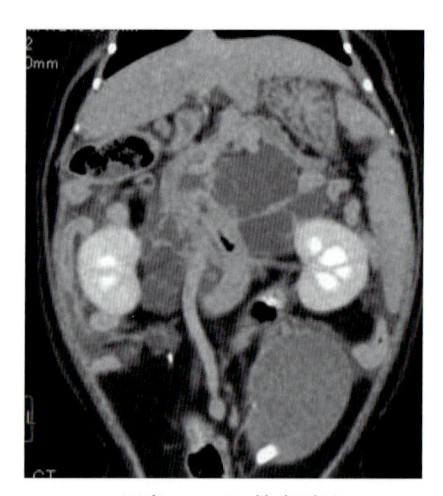

写真10　CT検査所見
腹部コロナル像

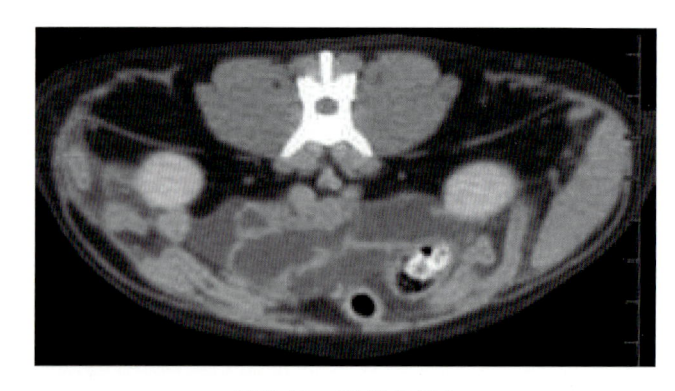

写真11　CT検査所見
腹部アキシャル像

表2　シスト内貯留液の細胞診の結果

好中球やマクロファージなどの有核細胞が観察される。細菌感染などの激しい炎症を示唆する好中球核の変性は認められない。また悪性腫瘍を示唆する異常細胞も認められない。液体貯留の原因は不明であるが，肝囊胞の可能性も考えられる。
診断：非感染性の液体貯留。

（IDEXX Lab.）

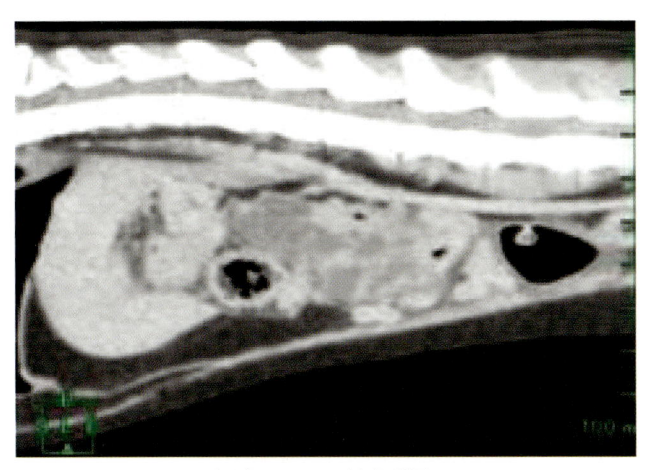

写真12 CT検査所見
腹部サジタル像

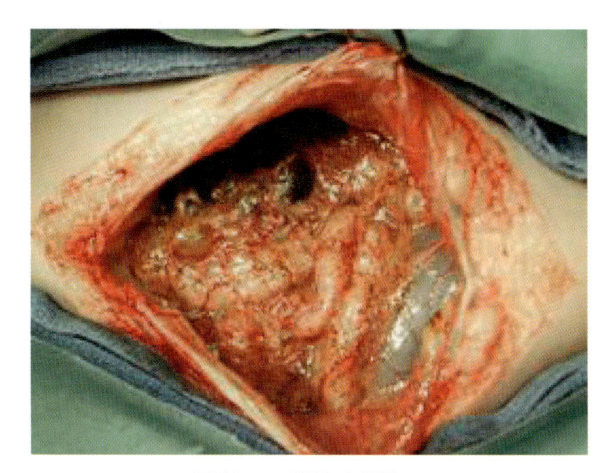

写真13 開腹時所見

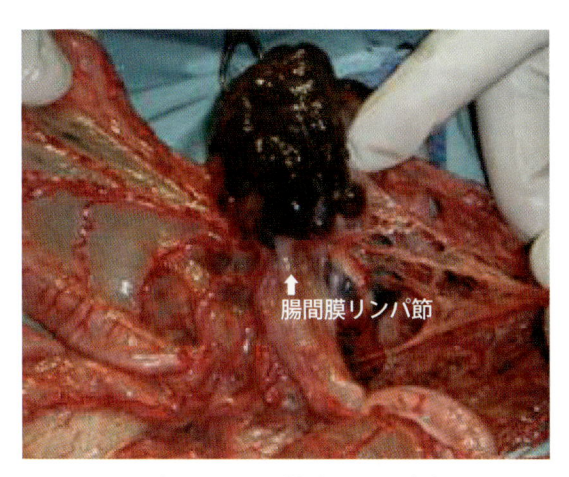

写真14 腸間膜根部にある嚢胞
反転し，裏側から見た所見。

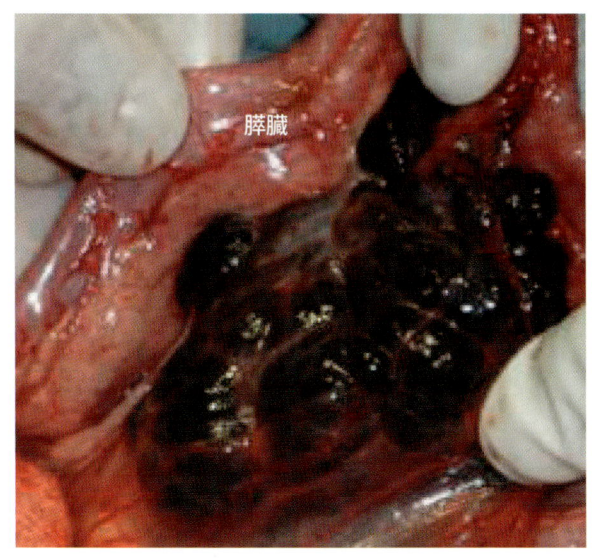

写真15 膵臓に隣接した嚢胞

　これまでの検査結果およびその位置から，膵臓嚢胞であると考えられた。

　飼い主には，病理組織学的検査による原因の究明および今後のQOL維持のために，嚢胞の外科的切除が必要であることを再度説明し，同意が得られたので，36時間の絶食後，治療を目的とした探査開腹術を行った。

　麻酔はプロポフォール，アトロピンで導入し，イソフルランガスで維持した。術前に抗生物質（セファゾリン22mg/kg IV），疼痛管理としてブプレノルフィン（20μg/kg IM），アセプロマジン（0.02mg/kg IM），メロキシカム（0.1mg/kg SC）の投与を行った。剣状軟骨尾側から恥骨前縁までの腹部正中切開でアプローチし，全腹腔内臓器の精査を行った。

　開腹時所見では，以前のFNA後に漏れたものと思われるシストからの貯留液が腹腔内にわずかに存在し（写真13），液の細胞診からすれば中等度の局所性無菌性の腹膜炎所見が認められた。シストは膵臓に隣接して腸間膜リンパ節付近まで広範囲にわたり存在し（写真14，15），その周囲に異常に蛇行した腸間膜血管が認められた。また，シスト周囲の血管は網状に分布し，剥離が困難であったため，切除に先立ってシスト内貯留液の吸引を行った（写真16）。嚢胞液除去後（写真17），シストの切除を行ったが，膵臓左葉で膵管とシストが交通しており，その部位でチーズ様の膿瘍（非感染性）が局所的に存在していた（写真18）。このため膿瘍切除（写真19）と併せて，領域膵管の結紮および膵臓辺縁の部分結紮切除を行った（写真

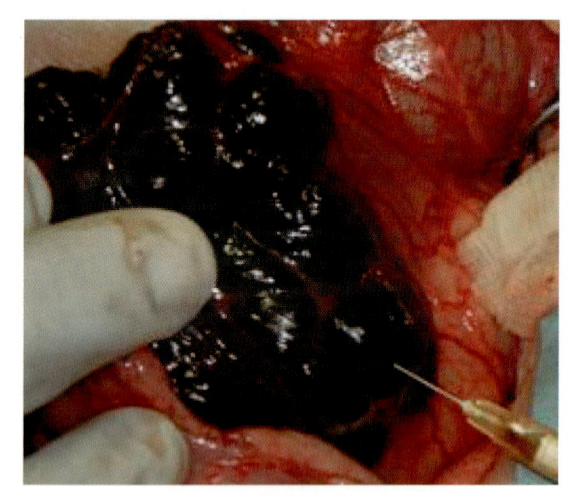

写真16　嚢胞液を吸引除去

写真17　嚢胞液抜去後のシスト壁

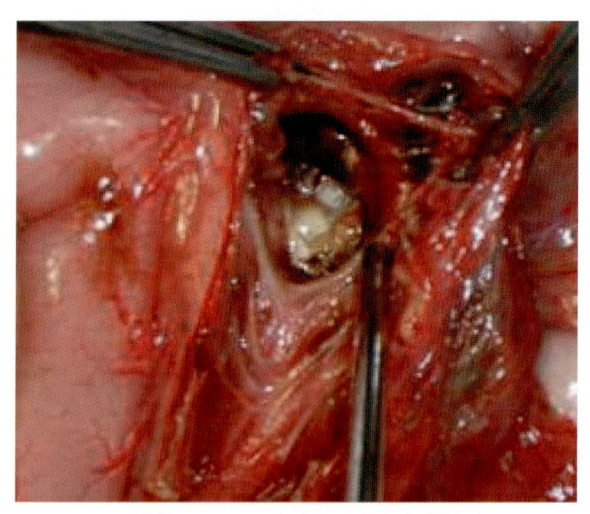

写真18　シスト内に存在した膿瘍

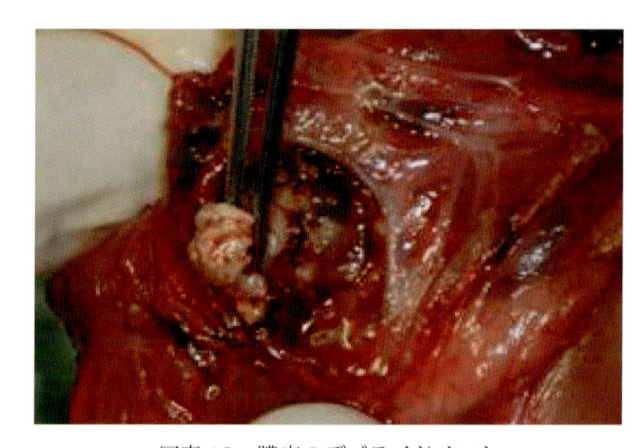

写真19　膿瘍のデブライドメント

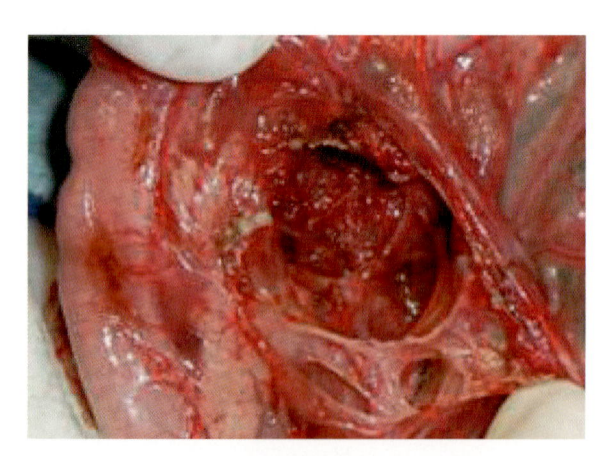

写真20　膿瘍除去後のシスト壁

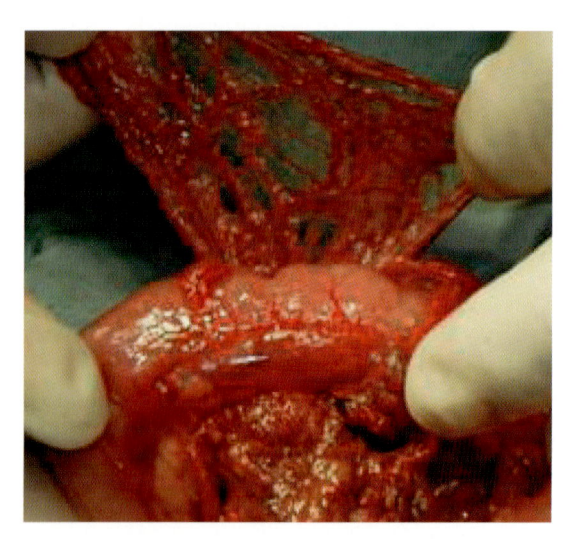

写真21　大網を腸間膜に貫通

20)。またシスト周囲の複雑な血管分布のために，完全なシスト壁の切除は困難であったので，大網を膿瘍が存在していた腸間膜にトンネルを作り移動させて（写真21），シストを除去していた部位を大網で覆い，大網によるドレナージ法を行った（写真22）。他の膵臓部位において膵炎を示唆するような充血，鹸化，出血，周囲組織との癒着などの異常な所見は，肉眼的に認められなかった。しかし，総胆管遠位部では，胆管への炎症の波及と考えられる総胆管の拡張が認められた（写真23，24）。隣接した十二指腸，肝臓および他の腹部臓器に肉眼的な異常所見を認めなかった。そこで温滅菌生理食塩水を用い腹腔内の重複洗浄を行ったあと，単線維性非吸収性縫合糸で腹部正中筋膜を閉じ，局所にブピバカイン（1mg/kg）の注射を行い皮下組織，皮膚は常法通り閉腹した。

術後は，24時間の絶食を行い，強制給餌用の経鼻胃カテーテルを設置した。術後，患者は嘔吐もなく，食欲も良好であったので，経鼻胃カテーテルを外し，術後3日で退院とした。

現在，術後2か月が経過しているが，患者の状態は良好であり，嘔吐など今回の主訴に関連した症状は認められていない。今後も定期的な検診を行う予定である。

なお，病理組織学的所見は，膵臓囊胞（偽囊胞）であった（表3）。そこで診断は慢性膵炎に起因した膵臓囊胞および膵膿瘍とした。

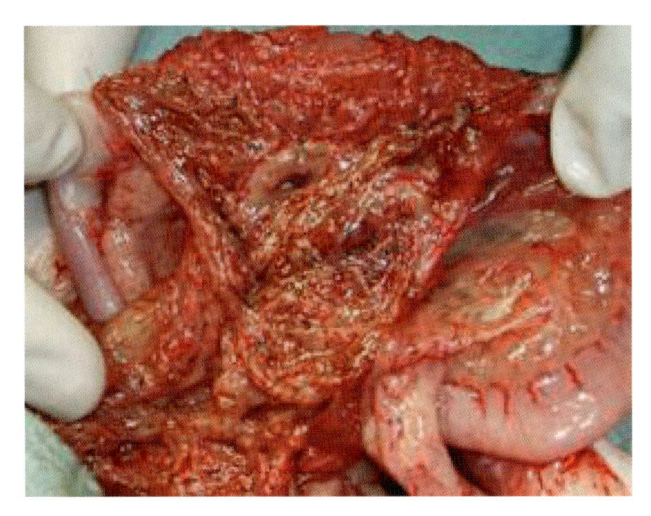

写真22　大網ドレナージ

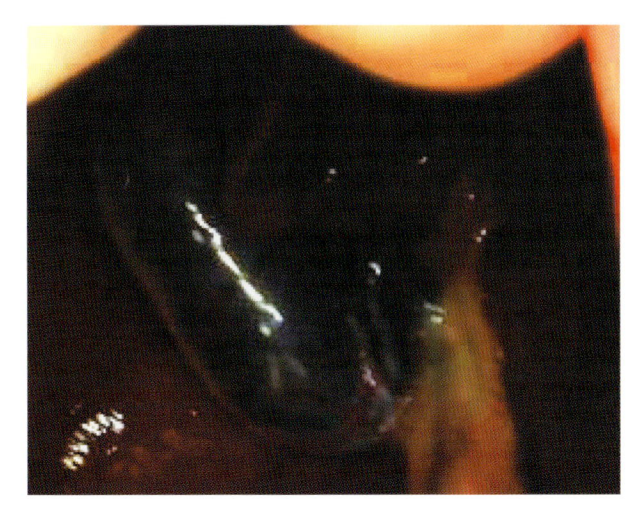

写真23　胆囊および蛇行した総胆管
ジェントルな圧迫で胆汁のスムーズな流出が認められた。

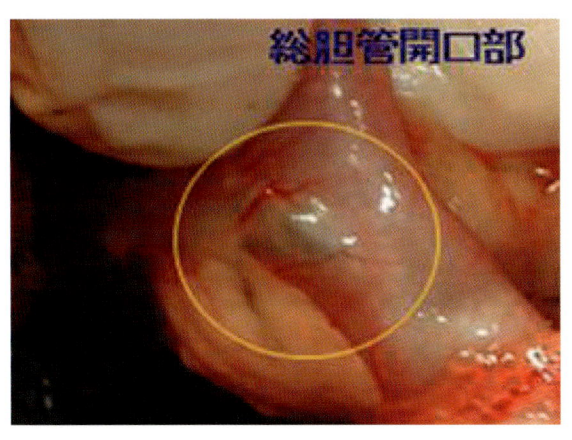

写真24　拡張した総胆管

表3　病理組織学的所見

検査標本は，少数の腺管腔構造を伴った不規則な結合組織である。この組織内には，部分的に円柱上皮細胞が配列する大型の裂隙様の空間がある。結合組織には，少数の組織球，リンパ球，形質細胞そしてヘモジデリン色素を貪食した多数の組織球が浸潤している。上皮成分のほとんどは明瞭な核小体を持つが，細胞形態学的異型性は見られない。

病理組織学的評価：膵臓囊胞（偽囊胞），軽度，慢性リンパ球・形質細胞性ならびに好中球性膵炎ならびに慢性出血を伴う。

コメント：犬と猫では膵臓囊胞そして偽囊胞はまれで，一般的にそれらは慢性膵炎に関係している．検査標本には，少数の腺管腔構造が含まれているだけなので，周囲実質にどれくらい炎症細胞が波及しているかはわからない．術後経過は，膵炎の程度と臨床管理の成功によると思われる．腫瘍性病変は認められない．

診断医 IDEXX Lab. クリストファー・M・レイリー DVM, Dip ACVP

【コメント】

　猫では（犬も含めて）膵臓の嚢胞あるいは膵臓の偽嚢胞はまれであるが，それらは慢性膵炎に関係してると考えられている．偽嚢胞の一部は無菌性の膿瘍を形成することがある．周囲の漿膜面の炎症性変化から炎症性の液体を満たすものが偽嚢胞と呼ばれるものである．その病態生理は複雑であり，全ての症例で原因が明確にされている訳ではない．

　全ての病気について言えることであるが，遺伝的な素因がなければ，膵臓の嚢胞や偽嚢胞を形成するに至るとは考えられない．本症例に認められた膵臓嚢胞（偽嚢胞）は，症状は何も示していない．慢性的な経過の中で病変が発達することになったものと推定される．X線像特にCT像で，また手術時の所見で認められるような大きさになり，初めて，急速に炎症が，周囲組織，特に十二指腸，膵臓，腸間膜およびそれに隣接する空腸，胃の漿膜面等に波及したことにより，急性の症状が認められるようになったものと考えられる．主訴に認められたように，発症日の前日までは，全く無症状に経過していたと考えられる．栄養状態はよく，軽度の肥満を示し，このような激しい突然の頻回の嘔吐，さらに食欲廃絶，元気の消失と急性の変化があり，外見上は写真に示されている通りの3cm×2cm×6cm程度のマスが腹部に認められた．さらに触診で腹部のかなりの膨大が認められたにもかかわらず，明確な疼痛が認められなかったことは注目に値する．

　本疾患は幸いにも，腫瘍とは無関係の膵臓周囲の偽嚢胞で，その中に炎症性液体を満たすものであり，切除できる部分は全て切除し，その間隙には大網をはめこみ，縫着させることで，今後の排液路として働くことになる．しかし，その際に液体および偽嚢胞そのものが非感染性（無菌性）であることを確認することと，腫瘍性変化が伴わないことの2つを確かめておく必要がある．

　剣状軟骨から恥骨前縁に至るまでの開腹による全ての腹腔内臓器の精査が，最も大切である．同時に，膵偽嚢胞が関連する周囲臓器とは完全な分離が可能であることを確かめ，膵臓実質，十二指腸，胃，空腸，肝臓，総胆管等の変化や異常，できれば生検などを行っておくことが理想的である．

　本症例が，①無菌性であること，②非腫瘍性であること，③実質臓器の異常と直接の関係は認められないこと（これは嚢胞の摘出術の所見から）などは幸いであった．

　飼い主にとっては青天の霹靂とも言えるような突然の激しい症状を伴うものであった．異物や腸閉塞などであれば，飼い主はただちに手術に踏み切らなければならないことが，よく理解できる訳である．しかし，本症例のような膵嚢胞，膵偽嚢胞というような素人には理解しがたい問題では，CTや手術時の開腹所見などを見ながら説明を受けることができれば，誰でも偽嚢胞の切除手術が必要であることは，よく理解できる．このような理由で，飼い主が獣医師と同じ視点で，異常が認識できるCT画像は，インフォームド・コンセントを得る上で，極めて有用である．

　本症例で，もう1つの問題は，肥大型心筋症が明確に診断されていることであり，この心筋症を，今後いかに管理していくかが，これからの重要な問題である．

（Vol.61 No.6, 2008 に掲載）

Case 36 DOG

腹部が腫れた症例

ヨークシャー・テリア，2歳10か月齢，雌

【プロフィール】

ヨークシャー・テリア，2歳10か月齢，雌（インタクト）。体重は1.38kg。既往歴はない。各種の予防は完全に行われ，室内で1頭で飼育されている。食事はドライフード（ロイヤルカナン）が与えられている。

【主 訴】

1週間前より右下腹部が腫れている。最近，よく水を飲み，尿量が増え，食欲が低下している気がする。定期的にある発情が10か月経過しても認められない（当院で初診）。

【physical examination】

意識レベルは100％，体温は38.7℃，脈拍数は156回/min，股動脈圧は100％，呼吸数は正常範囲内，栄養状態80％（BCS2），5％未満の脱水が認められた。

右中腹部から後腹部にかけて拳大の硬結感のある腫瘤が触知された。

【プロブレム】

腹腔内巨大腫瘤，食欲低下，頻回尿，削痩，発情遅延。

【プラン】

CBC，血液化学検査，X線検査（腹部・胸部），尿検査，心電図検査，血圧検査，心臓および腹部超音波検査，胸部，腹部CT検査，腫瘤の細胞診。

表1 臨床病理検査

CBC			
WBC	12.24×10^3	$(6 \sim 17 \times 10^3)$	/μL
RBC	6.99×10^6	$(5.5 \sim 8.5 \times 10^4)$	/μL
Hb	16.0	(12～18)	g/dL
Ht	44.5	(37～55)	％
MCV	63.7	(60～77)	fL
MCH	23.5	(19～24)	pg
MCHC	36.0	(32～36)	g/dL
pl	105	(200～500)	/μL
血液の塗抹標本検査のリュウコグラム			
Band-N	0	(0～300)	/μL
Seg-N	8180	(3000～11500)	/μL
Lym	2020	(1000～4800)	/μL
Mon	1760	(150～1350)	/μL
Eos	260	(100～1250)	/μL
Bas	20	(0)	/μL
pl	529		個
血液化学検査			
TP	7.5	(5.2～8.2)	g/dL
Alb	2.9	(2.2～3.9)	g/dL
Glb	4.6	(2.5～4.5)	g/dL
ALT	22	(10～100)	U/L
ALKP	103	(23～212)	U/L
T-Bil	0.8	(0.0～0.9)	mg/dL
Chol	184	(110～320)	mg/dL
Lip	390	(200～1800)	U/L
Glc	65	(70～143)	mg/dL
BUN	14	(7～27)	mg/dL
Cr	0.6	(0.5～1.8)	mg/dL
P	4.4	(2.5～6.8)	mg/dL
Ca	9.8	(7.9～12.0)	mg/dL
静脈血の血液ガス検査			
pH	7.350	(7.35～7.45)	
pCO_2	41.3	(40～48)	mmHg
pO_2	34.0	(30～50)	mmHg
HCO_3	22.3	(20～25)	mmol/L
BE	-3.3	(-4～4)	mmol/L
O_2サチュレーション	62.3		％
TCO_2	23.5	(16～26)	mmol/L
電解質			
Na	147	(144～160)	mmol/L
K	4.1	(3.5～5.8)	mmol/L
Cl	111	(109～122)	mmol/L

（ ）内は本院における正常値を示す。
Laser Cyte〔IDEXX〕を使用。

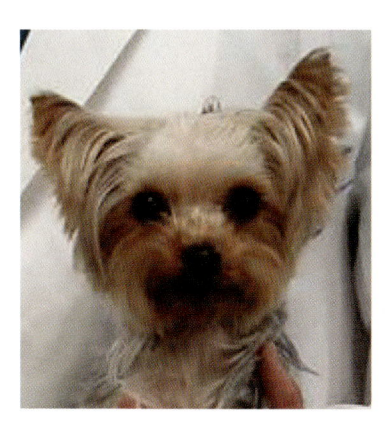

写真1 患者の外貌

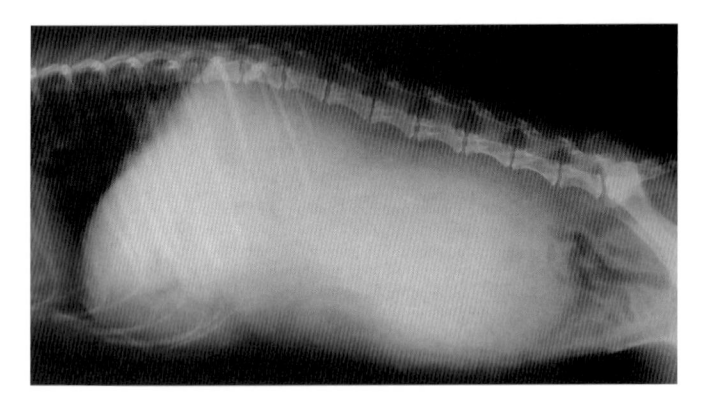

写真2　腹部単純X線写真　RL像

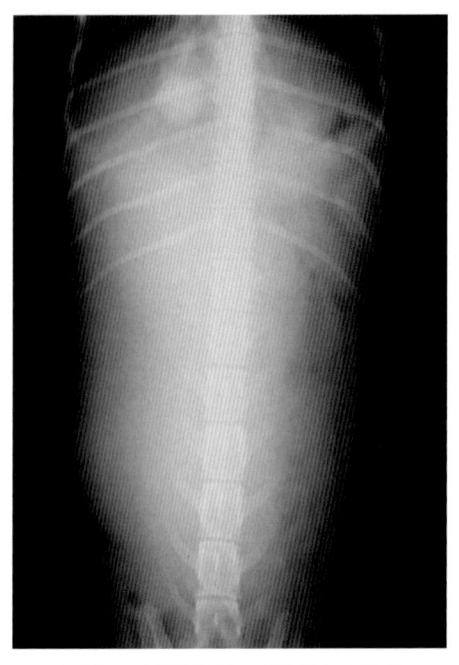

写真3　腹部単純X線写真　VD像

【臨床病理検査】

CBCおよび血液化学検査の結果は表1の通りである。
血液生化学検査ではグロブリンのわずかな増加と血糖値の低下が認められた。

【尿検査（膀胱穿刺尿）】

比重は1.038で、そのほか正常範囲内であった。

【心電図検査】

心拍数（HR）は120回/min、MEAは＋75度で、各波形は正常範囲内であった。

【血圧検査】（足根部で測定）

収縮期圧（SYS）は143mmHg、平均血圧（MAP）は118mmHg、拡張期圧（DIA）は106mmHgであった。

【単純X線検査】

腹部RL・VD像（写真2、3）：体表の軟部組織は削痩を反映して脂肪組織はほとんど認められない。骨格は正常範囲内である。右中腹部から後腹部にかけて巨大な腫瘤陰影で占められており、胃胞が前方に、他の消化管が左側

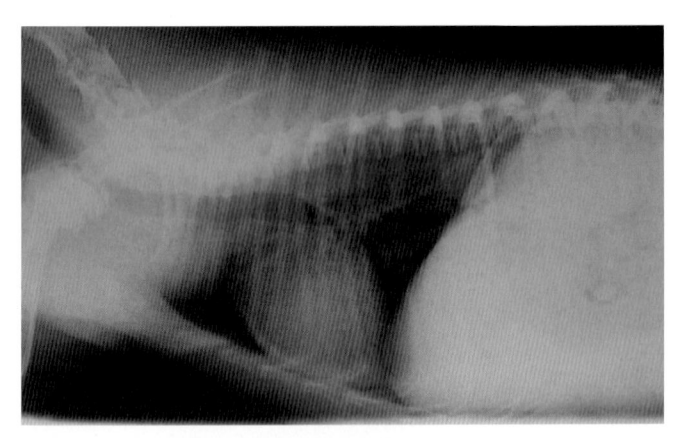

写真4　胸部単純X線写真　RL像

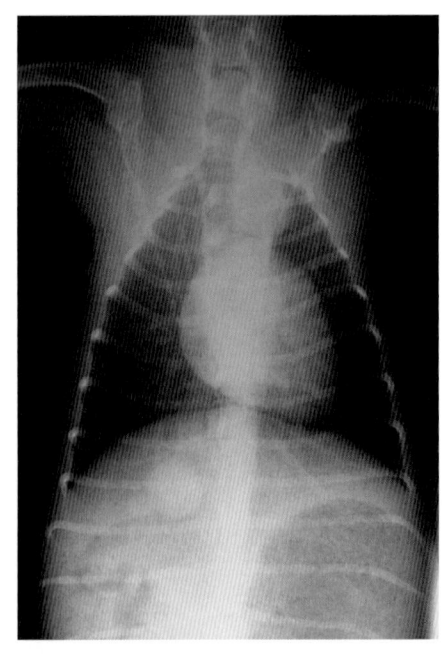

写真5　胸部単純X線写真　DV像

ケーススタディ

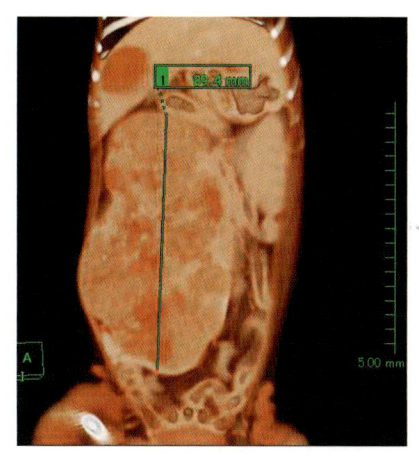

写真6　CT像　腹部コロナル像

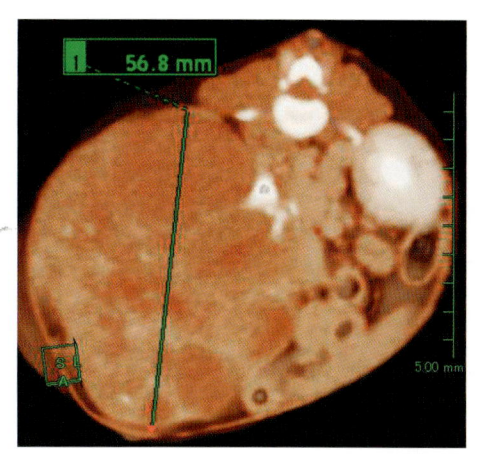

写真7　CT像　腹部アキシャル像

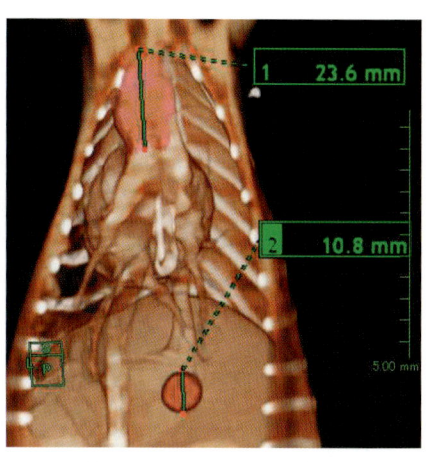

写真8　CT像　胸部サジタル像

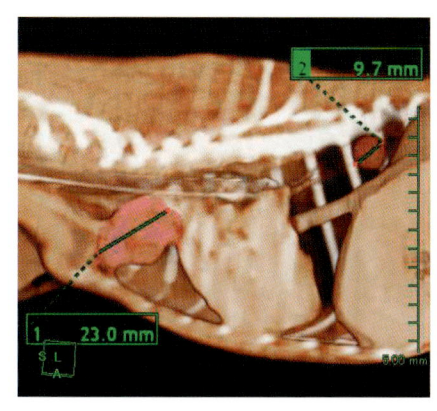

写真9　CT像　胸部コロナル像

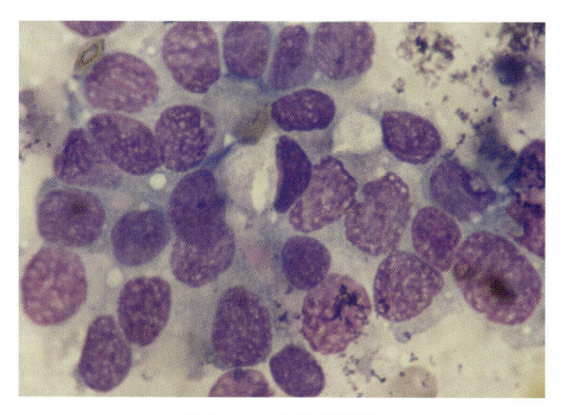

写真10　細胞診所見

および後方に押しやられている。また，右肺後葉に直径約1cm大の球形で境界明瞭な腫瘤陰影が認められる。

胸部 RL・DV 像（写真4，5）：体表の軟部組織は削痩を反映して脂肪組織はほとんど認められない。骨格は正常範囲内である。心陰影・胸部血管は正常範囲内である。前縦隔部および右肺後葉に直径約1cm大で球形で境界明瞭な腫瘤陰影が認められる。

【腹部超音波検査】

正常な構造を有する右腎が確認されず，それに相当する位置に辺縁不整な巣状の実質異常を伴う9cm×5cm大の腫瘤陰影が認められた。

【CT（造影）検査：3D 構築像】（写真6～9）

これまで画像診断（X線・超音波）と同様の所見であるが，腫瘤は腹腔の半分以上を占拠しており，9cm×6cm×5cm（写真6，7）の右腎腫瘤が認められた。幸いにも後大静脈や周囲の臓器を浸潤するような所見はCT上，認められない。

前縦隔部に直径2.3cm程の腫瘤，右肺後葉に直径1cmの腫瘤が認められる。

【腹腔内腫瘤の細胞診】（写真10）

集塊を形成した上皮性細胞成分が採取されている。これらの細胞は核クロマチンに乏しい類円形核と好塩基性の細胞質を有しており，個々の細胞には核の大小不同などの異型性がみられる。細胞間結合性に乏しく，上皮性悪性腫瘍の範疇に含まれるもので，細胞形態から腎細胞癌の可能性が第一に考えられた（IDEXX）。

【診　断】

右腎細胞癌および肺および左側縦隔転移性腫瘍。

☞**あなたならどうする。次頁へ**

①最善の治療は開腹手術と開胸手術による 3 腫瘍の切除
②少なくとも，腹部腫瘍（右側腎臓）をできるだけ速やかに切除する必要があることの飼い主への十分な説明
③腫瘍の病理組織学的診断
④抗癌剤による治療の継続についてのインフォームド・コンセント

【治療および経過】

各種検査の結果，右腎腫瘍（腎細胞癌）と胸腔，右肺への転移性腫瘍であると診断し，今後の QOL 維持のための腎臓，胸腺，肺の腫瘍の外科的切除と，その後の補助的化学療法がベストな治療法であることの説明が飼い主へ行われた。説明と相談の結果，今回は，腹部の腫瘍の切除のみに止めたいとのことで，飼い主家族全員の理解と同意が得られたが，検査・入院が年末で，飼い主が年の瀬・新年を一緒に迎えたいと希望されたため，年明けに再入院，摘出手術を行うこととなった。

手術当日に行われた physical examination および血液検査においても診断時と同様の結果であり，患者の水和状態，酸塩基平衡および電解質の異常は認められなかった。術中あるいは術後の尿量モニター用の尿道カテーテルを留置し，また万一の可能性を考慮しドパミン投与・輸血療法の準備を行い，2 本の静脈を確保した。術前に抗生物質（アンピシリン 50mg/kg BID IV）と疼痛管理としてブプレノルフィン（20μg/kg IM）の投与を行い，24 時間の絶食後，プロポフォール・アトロピンで麻酔導入し，イソフルランガス麻酔で維持を行った。

手術は剣状突起から恥骨前縁までの腹部正中切開でアプローチ，全腹腔内臓器の精査を行った。大網に覆われた巨大な右腎が認められたが，左腎を含めて他の腹部臓器の肉眼的な異常所見は認められなかった（写真 11）。右腎と緩やかに癒着した大網を剥離し，腫瘍周囲組織の確認を行ったが右卵巣静脈，右卵巣と一部の子宮に癒着を認めた以外（写真 13），腰下筋・後大静脈には肉眼的な浸潤は認められなかった（写真 12）。卵巣および子宮を全摘出した後，バルフォア開創器を装着し，他臓器を湿潤減菌ガーゼで覆い隔離し，右腎（全腫瘍塊）を露出した。右腎頭側に付着した肝腎靭帯を切断，右腎を遊離させた後，右腎を覆う大網とともに，腰椎下の付着部から右腎の分離と行った（写真 14）。分離した腎臓を内方に持ち上げ，腎門部の周囲脂肪を反転し，露出した腎動脈，腎静脈をそれぞれ単繊維性吸収性縫合糸で常法通り結紮（写真 15），次いで尿管

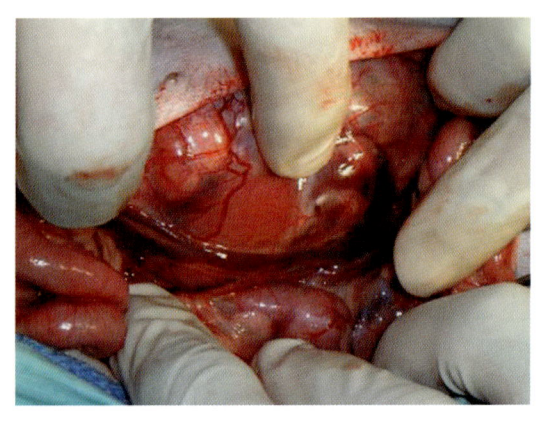

写真 12　右腎と後大静脈

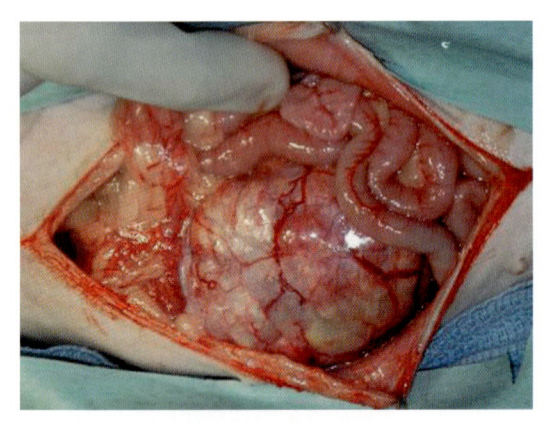

写真 11　開腹時所見

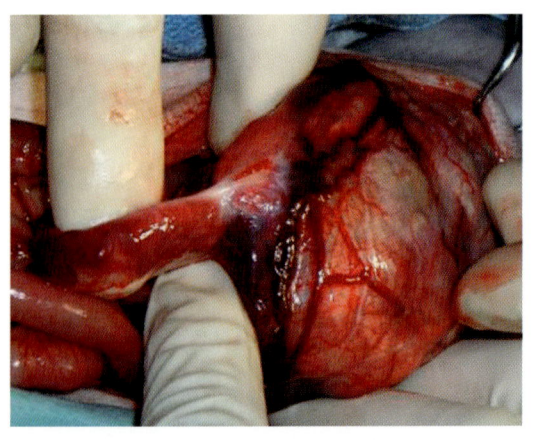

写真 13　癒着した右卵巣静脈

を鈍性分離・膀胱付近で二重結紮した後（写真17），右腎の摘出を行った（152g，9.5cm×5.0cm×5.0cm，写真19）。再度，他の腹腔臓器に異常所見がないことを確認し（写真18），温減菌生理食塩水を用いて腹腔内の徹底した反復洗浄を行った後，単繊維性吸収性縫合糸で腹部正中筋膜を閉じ，腹直筋膜にブピバカイン（1mg/kg）の注射を行い皮下組織，皮膚を常法に従い閉腹した。

術後12時間，患者の一般状態は安定し，2日目には食欲（100%）・意識レベル（100%）も良好であったので，術中に設置した経鼻胃カテーテルを除去し，術後4日で退院した。

退院後より，内科的治療としてβグルカン（ソフィー・ベータグルカン 1.3 1.6）とピロキシカム（0.3mg/kgの内服を始めていたが，病理組織学的検査結果で腎細胞癌が明白となったので，かねてからより説明していた補助的化学療法の実施について再度飼い主に説明した。化学療法の実施は，肺と縦隔への転移性腫瘍の進行を少しでも遅らせ，患者のQOLを少しでも長く維持していくために行うとの十分な理解と同意が得られたので，ドキソルビシン（1mg/kg SID，3週毎，点滴静脈内投与）を開始した。

ドキソルビシンによる副作用は認められず，体重も増加し，一般状態は良好に推移し，第4クールまで終了した（術後90日）が，徐々に肺のマス陰影は拡大していった。そのため，第5クールよりカルボプラチン（280mg/m^2 IV）に変更したが，カルボプラチン投与3日後から，全身状態の悪化を伴う嘔吐，食欲不振，下痢などの消化器症状および白血球数の減少（総白血球数5250/μL：好中球数3780/μL）を認めた。3日間の対症・支持療法で回復したが，カルボプラチン投与から3週間目の胸部X線写真で，肺マス陰影が3分の1までに縮小した。この時点ではドキソルビシン投与（第6クール）を行ったが，その後は，ドキソルビシン/カルボプラチンの交互プロトコルを計画した。その3週間後，第7〜第9クールで30%減量のカルボプラチン（200mg/m^2 IV），第10クールでは280mg/m^{2}の投与を行ったが，ほとんど副作用の発生は認められなかった。

現在，術後9か月が経過し，患者の状態は安定しているが，今後も慎重にモニターしていく予定である。

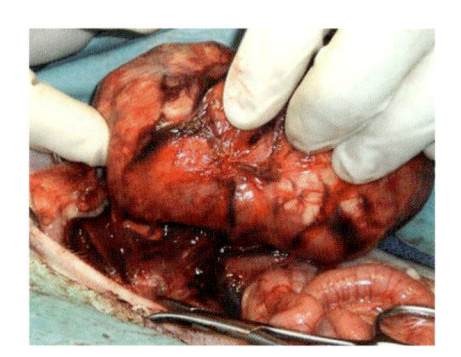

写真14　腰下筋から右腎の剥離

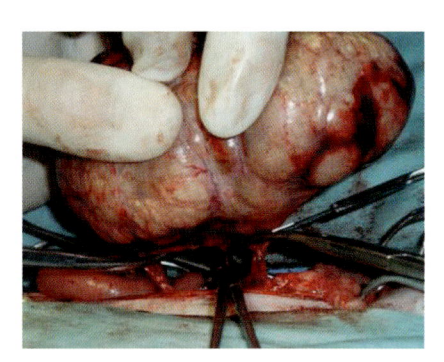

写真15　腎動脈・腎静脈のクランプ・結紮

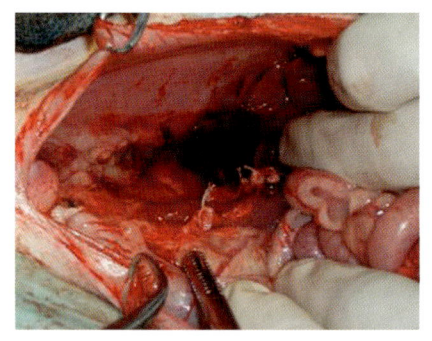

写真16　右腎摘出後

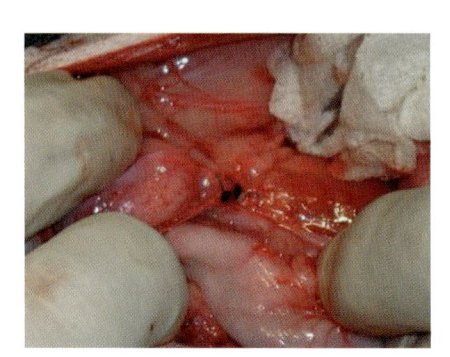

写真17　膀胱基部で尿管結紮

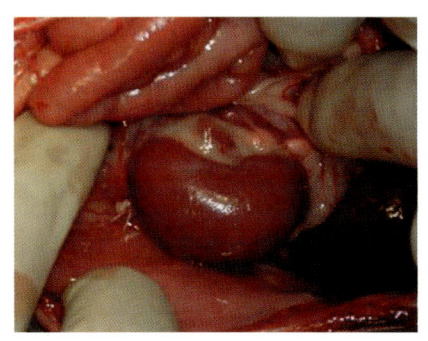

写真18　左腎所見

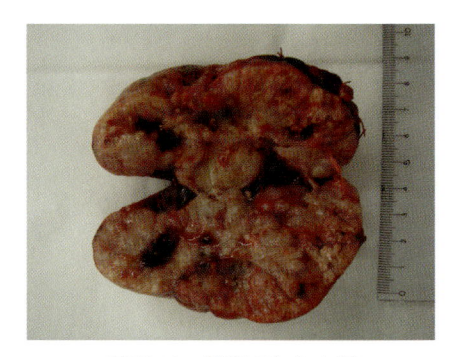

写真19　摘出された右腎

【摘出右腎の病理組織学的検査】

　腎臓の大部分が細胞充実性の高い大型腫瘍で占められており、境界不明瞭で被包されておらず、内部に広範な壊死組織を有している。腫瘍はシート状、細管状および短く分岐する乳頭構造上に配列する上皮組織で構成されており、細胞は少量〜中等量の淡い桃色に染まる細胞質と繊細な点状のクロマチンと複数の小型核小体を伴う円形〜卵円形〜わずかに角張った核を有している。有糸分裂像は高倍率1視野あたり2〜5個である。

　このような腫瘍は診断時には転移が生じていることが多く、腎静脈および後大静脈を通じて播種する傾向があり、頻繁に肺への転移がみられる。また、リンパ節や他の器官への転移もよくみられる（IDEXX）とのことであった。

【診　断】

　右腎細胞癌（乳頭状変異型）。肺および前縦隔への転移を伴う。

【コメント】

　犬の原発性腎腫瘍は、比較的少ない疾患である。犬に起こる全てのがんの2％よりも少ない。しかしながら、腎臓への転移性腫瘍は、それよりも多く見られる。ほとんどの原発性の腎腫瘍は悪性であるが、そのうちの半分以上は、上皮起源のものである。54例の原発性腎腫瘍の報告の中で、35例は腎臓の腎尿細管細胞癌であり、5例が移行上皮細胞癌、3例が未分化細胞性癌と未分化細胞性肉腫、線維腫、血管肉腫、リンパ腫および腎芽細胞腫などであった。腎尿細管細胞癌とリンパ腫では、しばしば両側性である。特に腎細胞癌は周囲の組織への浸潤性が強いことが知られており、症例によっては、後大静脈をも冒すことがある。腎原発性腫瘍の約10％は胎児性 pluripotential blast tumor、あるいは胎児性腎芽細胞腫、もしくは Wilm's tumor と呼ばれているものであった。また、猫で最も多くみられるのがリンパ腫であり、そのほかの腎腫瘍の発生はもっと少ない。

　多くの腎腫瘍は老齢犬において認められる。腎芽細胞腫は若い犬から中年、さらに老齢犬にも認められる。臨床症状は非特異的であり、食欲不振、沈鬱、削痩・体重の減少、腹部の膨大などである。肥大性骨症や骨への転移による疼痛がまれに認められる。もちろん physical examination で腎周囲の疼痛が認められるものもある。

　臨床病理学的には、軽度〜中等度の貧血が認められる場合もある。エリスロポイチンの増量の結果によって起こる多血症の報告もある。高窒素血症は認められないものもあれば、起こすものもある。確定診断には病理組織学的検査が必要である。

　生検は、通常、超音波誘導で行うことによって安全にできる。胸・腹部のX線検査、超音波検査などを行うが、静脈性尿路造影法と腹部CT検査、特に3次元構築画像検査は、外科的アプローチとプランニングにおいて特に有用である。

　片側の腎臓が機能しない場合、もう片側もうまく機能しているとは限らないので、GTP値を把握しておくべきである。片側性で転移がない場合は、腫瘍のある腎臓は全て摘出すべきである。輸尿管、腎カプセルを越えて周囲組織を侵した場合には、リンパ節を含み、周囲の筋肉を含めて広範囲に切除すべきである。腎腫瘍における片側の腎摘出が行われた場合の平均生存期間は8か月であり、その範囲は22日〜25か月であった。当然、化学療法を併用する。4年を超えて生存したケースの報告もある。他の腎腫瘍への化学療法の予後については、十分な数の報告がされていない。化学療法のプロトコールを含め、現時点では明らかにすることはできない。

　本症例では、2歳10か月齢という若齢であったが、CTですでに前縦隔および肺に、それぞれ孤立した転移巣と考えられる病変が認められた。飼い主の希望で右腎以外の摘出は行われなかった。しかし、本症例ではドキソルビシン、補助的な1,3-1,6 βグルカンおよびカルボプラチンが投与された。完全な寛解はもとより期待できないが術後9か月になる現在、飼い主に満足していただけるだけのQOLは保たれている。

　本症例のような症例では、正確な診断が下された時点で転移病変を含めて全病変を摘出すべきであることには議論の余地はない。

（Vol.61 No.10, 2008 に掲載）

Case 37　CAT

ふらつきがみられた症例

雑種猫, 4歳齢, 雄

【プロフィール】

雑種猫, 4歳齢, 雄。予防は初年度のワクチン接種を行った後は実施されていない。食事は市販ドライフード。幼少時, 上部気道感染を伴って保護されたが, その後症状なし。完全室内飼育。同居の動物はなし。2週間前に神戸より上京。

【主　訴】

3週間前から徐々に声が出にくくなった。元気減退し, 若干の後肢のふらつきも認められる。また, ドライフードがうまく食べられなくなった。

【physical examination】

意識レベルは100％, 体重は4.64kg, 体温は38.2℃, 心拍数は180回/min, 股動脈圧は100％, 呼吸数は42回/minで吸気性の呼吸困難が認められた。栄養状態は90％（BCS2）で, 6％の脱水が認められた。膀胱は尿貯留のために過膨張であった。

【臨床症状の変化】

吸気性の努力性呼吸は良化と悪化を繰り返しながら継続して観察され, 上部気道における吸気時の喘鳴音も聴取されるようになった。また, 腰の位置が下がるような姿勢の異常が認められ, 数歩の歩行しかできなくなった（写真2, 3）。さらに, 排尿困難も認められるようになった。

【プロブレム】

①発声異常, ②吸気性呼吸困難, ③元気低下, ④排尿困難, ⑤歩行困難, ⑥姿勢異常, ⑦6％の脱水, ⑧体温低下。

【プラン】

①ルーチン検査, ②神経学的検査, ③胸部・腹部・脊椎・四肢のX線検査。

【神経学的検査】

歩様の異常が認められた際の神経学的検査は次のようであった。すなわち, 前肢は正常範囲内であったが, 両側後肢の固有位置反射（CP）および脊髄反射の低下が認められた。四肢の筋肉トーンおよび痛覚は正常範囲内で, 頸部, 背部痛ならびに腰仙部痛は認められなかった。

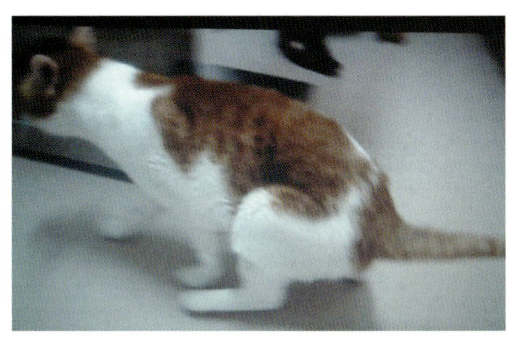

写真2　歩様-1

写真1　患者の外貌

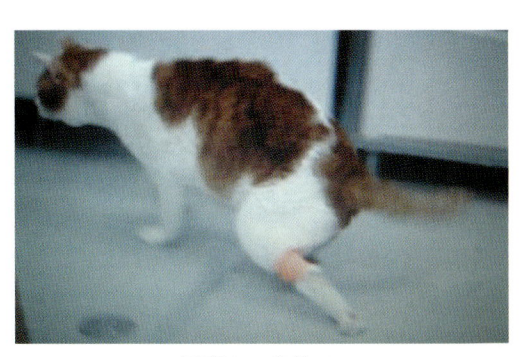

写真3　歩様-2

表1　臨床病理検査

CBC			
WBC	16.7×10^3	$(5.5 \sim 19.5 \times 10^3)$	/μL
RBC	784×10^4	$(500 \sim 1000 \times 10^4)$	/μL
Hb	13.3	(8〜15)	g/dL
Ht	38.3	(30〜36)	%
MCV	49.0	(39〜55)	fL
MCH	17.0	(12.5〜17.5)	pg
MCHC	34.7	(31〜35)	g/dL
pl	45.0×10^4	$(30 \sim 80 \times 10^4)$	/μL
血液の塗抹標本検査のリュウコグラム			
Band-N	0	(0〜300)	/μL
Seg-N	12859	(3000〜11500)	/μL
Lym	1837	(1000〜4800)	/μL
Mon	2004	(150〜1350)	/μL
Eos	0	(100〜1250)	/μL
Bas	0	(0)	/μL
pl	24		個
RBC所見	大小不同(+)		
血液化学検査			
TP	7.6	(5.2〜8.2)	g/dL
Alb	3.2	(2.2〜3.9)	g/dL
Glb	4.3	(2.8〜4.8)	g/dL
ALT	18	(12〜115)	U/L
ALKP	49	(14〜192)	U/L
T-Bil	0.1	(0.0〜0.9)	mg/dL
Chol	143	(62〜191)	mg/dL
Glc	119	(77〜153)	mg/dL
BUN	19	(16〜33)	mg/dL
Cr	1.5	(0.6〜1.6)	mg/dL
P	5.3	(4.5〜10.4)	mg/dL
Ca	10.2	(7.9〜11.3)	mg/dL
CK	80	(0〜314)	U/L
電解質			
Na	150	(147〜156)	mmol/L
K	3.7	(4.0〜4.5)	mmol/L
Cl	115	(117〜123)	mmol/L

（　）内は本院における正常値を示す。
Laser Cyte〔IDEXX〕を使用。

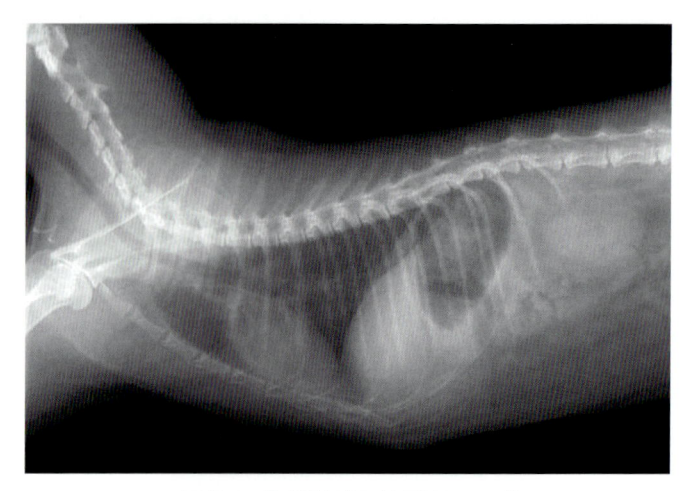

写真4　胸部単純X線写真　RL像

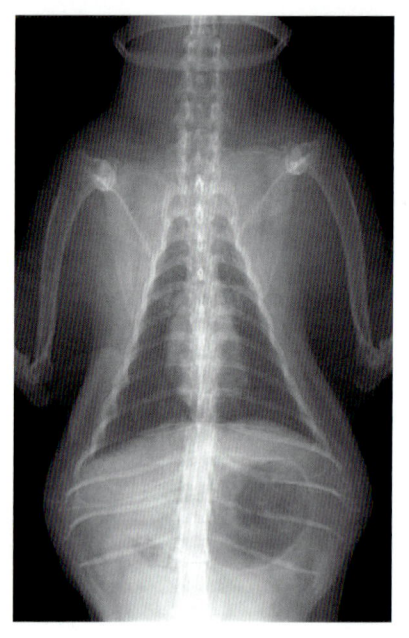

写真5　胸部単純X線写真　VD像

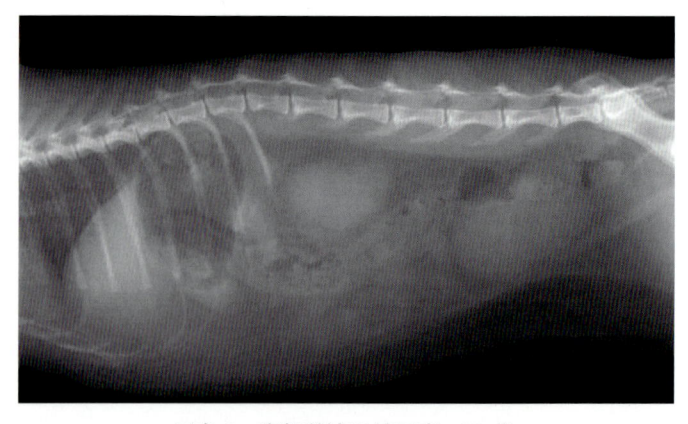

写真6　腹部単純X線写真　RL像

【臨床病理検査】

CBCおよび血液化学検査の結果は表1の通りである。

CBCでは，好中球と単球の増加を認めた。血液化学検査はCKを含め正常範囲内で，FIVおよびFeLVはともに陰性，猫コロナウイルス抗体価は＜100であった。

【単純X線検査】

胸部RL・VD像（写真4，5）：体表の輪郭は正常範囲内

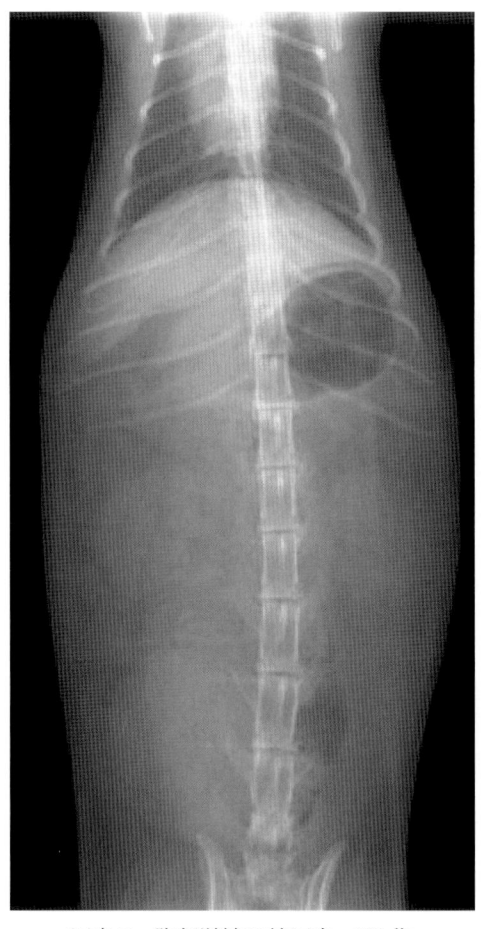

写真7　腹部単純X線写真　VD像

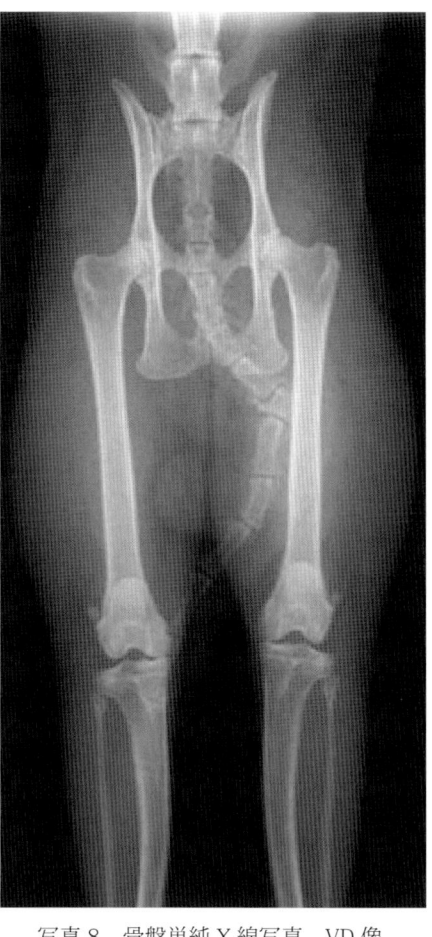

写真8　骨盤単純X線写真　VD像

である。骨格は，T10-T11の椎間腔がやや狭小化している。肺野は軽度の混合パターンが認められる。気管，心陰影は正常範囲内である。

腹部RL・VD像（写真6，7）：体表軟部組織の輪郭は正常範囲内である。骨格は，T10-T11の椎間腔がやや狭小化している。胃胞の拡張が認められ，十二指腸内にガスが存在している。また，膀胱は尿の充満が認められる。肝臓，腎臓は正常範囲内である。

骨盤VD像（写真8）：体表軟部組織の輪郭および骨格は正常範囲内である。

【セカンドプロブレムリスト】

①全身，特に両後肢の筋力の低下（運動時，経時的に），②両後肢CPの低下とLMNサイン，③好中球増加，④単球増加。

【鑑別診断】

①重症筋無力症，②神経筋伝達異常（ダニ麻痺，ボツリヌス中毒など），③多発性神経障害，④多発性筋炎，⑤重症筋無力症の原因となる疾患（胸腺腫，腫瘍随伴症候群など）。

【2nd Plan】

①テンシロン検査，②血中抗アセチルコリン受容体抗体測定，③抗核抗体測定，④血液ガスと電解質の検査，⑤鎮静化での咽喉頭の検査。

飼い主が段階的な検査を希望されたため，①〜③を最初に行った。

【テンシロン検査】

テンシロン（塩化エドロホニウム）の投与により，歩行様式の改善は認められなかったが，短縮していた歩行距離に若干の改善傾向が認められた。呼吸状態の良化は認められなかった。

【抗アセチルコリン受容体抗体】

0.08nmol/L（参考基準値：0〜0.3）と正常範囲内であった（2週間後）。

【抗核抗体】

陰性。

【暫定診断】

重症筋無力症。実際問題としては，抗アセチルコリン受容体抗体の結果が得られる前に，呼吸困難が徐々に悪化し，生命の危険が考えられたため，暫定的に治療を開始した。

☞あなたならどうする。次頁へ

①直ちにの臭化ピリドスチグミンと免疫抑制量のプレドニゾロンを投与
②暫定診断，治療法，合併症および予後についての飼い主への詳しい説明
③嚥下困難，巨大食道症発症に伴う誤嚥性肺炎への注意

【治療および経過】

暫定診断を得るまでの5日間，酸素供給下で静脈性輸液，ドキシサイクリン（10mg/kg SID PO），プレドニゾロン（1mg/kg SID SC 3日間，その後 2mg/kg BID SC 2日間）およびインターフェロンの皮下投与を行ったが，良化を認められなかった。また，排尿困難に対しては必要に応じて尿道カテーテルのよる排尿を行った。

暫定診断後，臭化ピリドスチグミン 0.25mg/kg BID 1日経口投与し，徐脈や流涎などの副作用がないことを確認した。翌日より，臭化ピリドスチグミン 0.5mg/kg BIDへと増量し，プレドニゾロン 2mg/kg BIDを併用しながら初期治療を開始した。ファモチジンを消化管の保護のため併用した。治療開始2日目に努力性呼吸と喘鳴音の良化傾向が認められた。また，姿勢，歩行距離も良化傾向で，自力排尿も確認された。呼吸の安定が得られたことから，治療3日目にプレドニゾロンは 1.5mg/kg BID POへの減量を行った。

治療5日目に，一般状態はさらに良化していたが，瞳孔不同（左＞右）が発現した（写真9）。そこで，臭化ピリドスチグミン 1.1mg/kg BIDへ増量し，その2週間後にほぼ正常に回復した。

上記用量での投薬を1か月間継続後，プレドニゾロンを4か月間で暫減して休薬とした。この間，臭化ピリドスチグミンは同用量で継続した。臭化ピリドスチグミンはさらに6か月継続した後，飼い主の投薬に対するコンプライアンスが低下し，投薬が打ち切られた。

投薬終了後の9か月間，症状は発現しなかった。その後腰が下がる姿勢異常と発声の減弱が再び認められ，重症筋無力症の再発と考えられた。初回と比較して症状が軽度であったことから，治療は臭化ピリドスチグミン 0.5 mg/kg BIDとプレドニゾロン 1mg/kg BIDで治療を再開し，投薬5日目にはほぼ正常な状態へ回復が認められた。こ

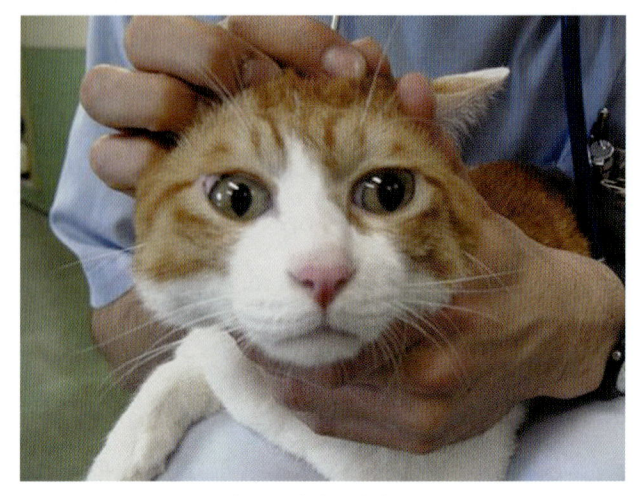

写真9　瞳孔の左右不同

の時も，抗核抗体は陰性，抗アセチルコリン受容体抗体は 0.01nmol/L（参考基準値：0〜0.3）と正常範囲内であった。プレドニゾロンは1か月間で暫減後中止とし，その後は臭化ピリドスチグミン 0.5mg/kg BIDのみを継続した。再発が認められたことから，臭化ピリドスチグミンは長期間の投与を予定していたが，3か月間臭化ピリドスチグミンの単独投与を行った後に，飼い主のコンプライアンスが低下し，投与は再び中断となった。現在，中断後4か月が経過しているが，完全な寛解が保たれている。

【コメント】

重症筋無力症は，運動に伴って，進行性の筋の虚弱を特徴とする神経筋疾患で，先天性と後天性に大別される。先天性重症筋無力症は，骨格筋神経シナプスにおけるアセチルコリン受容体の欠損が原因で，3〜8週齢で発症する。

一方，後天性のそれは，骨格筋のアセチルコリン受容体に対する抗体の産生による免疫介在性疾患である。犬では全ての犬種に性差なく起こることが知られているが，猫ではアビシニアンやソマリにその素因が認められているが発症はまれである。症状は，運動に伴って悪化する四肢筋肉の虚弱の他，犬ではその90％に巨大食道症が認められる。巨大食道症による誤嚥性肺炎の併発が重篤な予後に関与する一要因であるが，猫は犬よりも巨大食道症の併発が少なく，本症例でもそれを認めなかったことは幸いであった。

後天性重症筋無力症の診断の有効な手段は，循環血液中の抗アセチルコリン受容体抗体の存在の証明で，その検出

率は90％とされている。しかし，循環血液中の抗アセチルコリン抗体が陰性であっても，神経筋接合部で免疫複合体の存在が認められる場合がある。この理由としてアセチルコリン受容体に対する抗体の親和性が著しく高い場合があることが考えられている。本症例も2度の発症時にいずれも抗体が陰性であったことから，この場合に相当していたのではないかと考えられる。

臨床上の実際問題としては，抗アセチルコリン受容体抗体の結果を入手するまでには数週間必要である。試験的に超短時間作用型の抗アセチルコリンエステラーゼ阻害薬である塩化エドロホニウムを静脈内に投与して臨床症状の改善の有無を評価する方法（テンシロン検査）を用いる。本症例では，この試験において明確な症状の改善は得られなかった。若干の改善傾向が認められたことから，抗アセチルコリン受容体抗体の結果を得る前に暫定的に重症筋無力症と診断し，治療を開始した。

治療は，胸腺腫のような基礎となる疾患がない場合，抗アセチルコリンエステラーゼ阻害薬を主体に，免疫抑制剤を組み合わせることである。本症例では，呼吸困難で生命の危険があったことと巨大食道症ならびにプレドニゾロンの投与が否定されるような誤嚥性肺炎が認められなかったため，速やかな改善を目的として，臭化ピリドスチグミンと免疫抑制量のプレドニゾロンで初期治療を開始した。

誤嚥性肺炎を併発していない重症筋無力症の予後は良好で，犬の後天性重症筋無力症は診断後平均6.4か月（1～18か月）で完治（spontaneous permanent clinical remission）することが多いとされている。猫では，1年半臭化ピリドスチグミン投与後，2年間再発がなかった症例が報告されている。しかし，本症例では，11か月間の投薬後，9か月後に再発が認められた。再発後は，飼い主のコンプライアンスから，臭化ピリドスチグミンの投与が再び4か月間で中断された。今後は慎重なクライアント教育と飼い主とのコミュニケーションをはかり，良好なコンプライアンスが得られるよう注意する必要があると考えられる。本症例では，暫定診断を下すまでに5か月間を無用な治療で過ごし，当初から呼吸困難が伴っていることで，重症筋無力症以外は考えられなかったことから臭化ピリドスチグミンの投与を開始すべきであったことは大いに反省すべき点であった。

Case 38 DOG

起立困難に陥った症例

シー・ズー，9歳6か月齢，雌

【プロフィール】

シー・ズー，9歳6か月齢，雌。特に既往歴はない。各種の予防は行われていない。単頭の室内飼育で，食事は市販のドライフードを与えられている。3か月前に発情出血があった。

【主 訴】

2週間前から進行性の食欲不振となり，間歇的な軟便・下痢を起こしていた。昨日から呼吸促迫，起立困難となった。

なお，今日が初めての動物病院への受診であった。

【physical examination】

意識レベルは40％（抑鬱）で体重は4.12kg，体温は39.6℃，心拍数は136回/min，股動脈圧は100％，呼吸数は60回/min，栄養状態は85％（BCS2）であった。

呼吸促迫を示すが，胸部聴診で肺音は正常範囲内であった。心音は消音性心音で聴取は困難で，中心静脈圧（CVP）は2cm，可視粘膜色調はやや蒼白で，毛細血管再充填時間（CRT）は2秒であった。耳介部触診で熱感があった。

【プロブレム】

①抑鬱，②発熱，③消音性心音，④呼吸促迫，⑤脱水（80％），⑥食欲不振，⑦小腸性下痢，⑧削痩，⑨虹彩萎縮，⑩両眼成熟白内障，⑪歯石沈着・歯周病，⑫臍ヘルニア。

写真1 患者の外貌

表1 臨床病理検査

CBC			
WBC	16.56×10^3	$(6 \sim 17 \times 10^3)$	/μL
RBC	8.12×10^6	$(5.5 \sim 8.5 \times 10^4)$	/μL
Hb	17.7	(12〜18)	g/dL
Ht	52.2	(37〜55)	%
MCV	64.3	(60〜77)	fL
MCHC	33.9	(32〜36)	g/dL
血液の塗抹標本検査のリュウコグラム			
Band-N	205	(0〜300)	/μL
Seg-N	11520	(3000〜11500)	/μL
Lym	1660	(1000〜4800)	/μL
Mon	2670	(150〜1350)	/μL
Eos	630	(100〜1250)	/μL
Bas	100	(0)	/μL
pl	305		個
血液化学検査			
TP	7.7	(5.2〜8.2)	g/dL
Alb	2.8	(2.2〜3.9)	g/dL
Glb	5.0	(2.5〜4.5)	g/dL
ALT	132	(10〜100)	U/L
ALKP	444	(23〜212)	U/L
T-Bil	0.3	(0.0〜0.9)	mg/dL
Chol	161	(110〜320)	mg/dL
Lip	127	(200〜1800)	U/L
Glc	103	(70〜143)	mg/dL
BUN	20	(7〜27)	mg/dL
Cr	1.1	(0.5〜1.8)	mg/dL
P		(2.5〜6.8)	mg/dL
Ca	8.9	(7.9〜12.0)	mg/dL
静脈血の血液ガス検査			
pH	7.410	(7.35〜7.45)	
pCO_2	38.2	(40〜48)	mmHg
pO_2	22.8	(30〜50)	mmHg
HCO_3	23.7	(20〜25)	mmol/L
BE	−1.0	(−4〜4)	mmol/L
TCO_2	24.9	(16〜26)	mmol/L
電解質			
Na	146	(144〜160)	mmol/L
K	4.3	(3.5〜5.8)	mmol/L
Cl	103	(109〜122)	mmol/L

（ ）内は本院における正常値を示す。
Laser Cyte〔IDEXX〕を使用。

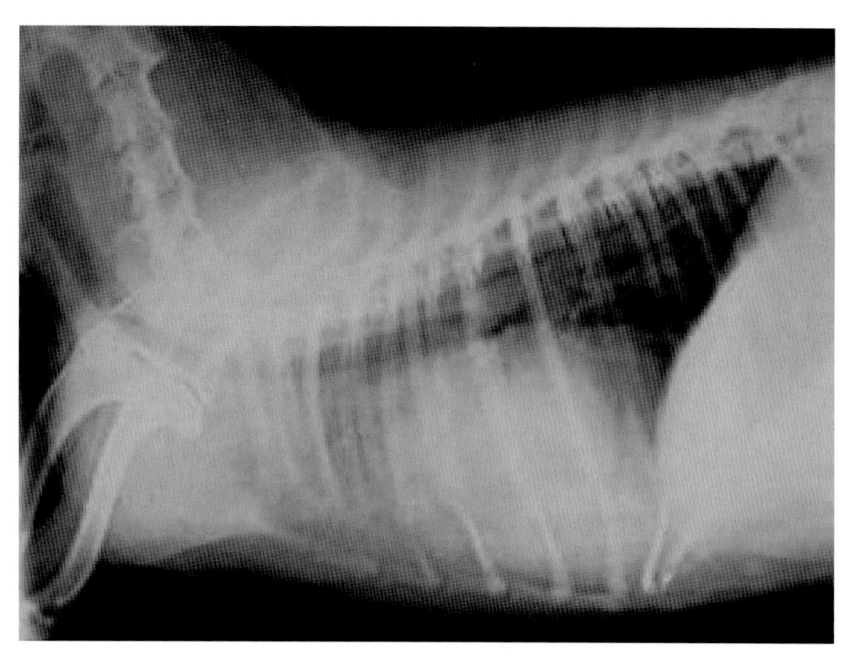

写真2　胸部単純X線写真　RL像

【プラン】

①CBCおよび老齢動物でのルーチン検査，②血液ガス，電解質検査，③血圧・心電図検査，④胸部・腹部X線検査，⑤心臓・腹部超音波検査。

【臨床病理検査】

CBCおよび血液化学検査の結果は表1の通りである。Glb，ALT，ALKPの上昇が認められた。

また，PET（フィラリア抗体）は陰性で，T4は0.8μg/dLと低値を示した（参考基準値1.3～2.9μg/dL）。

【心電図検査】

心拍数（HR）は160回/min，MEAは＋60度で，6誘導全ての波形でR波は1mV以下であった。その他は正常範囲内であった。

【血圧検査】（足根部で測定）

収縮期圧（SYS）は126mmHg，平均血圧（MAP）は100mmHg，拡張期圧（DIA）は82mmHgであった。

【単純X線検査】

胸部RL・DV像（写真2，3）：骨格・体表軟部組織の輪

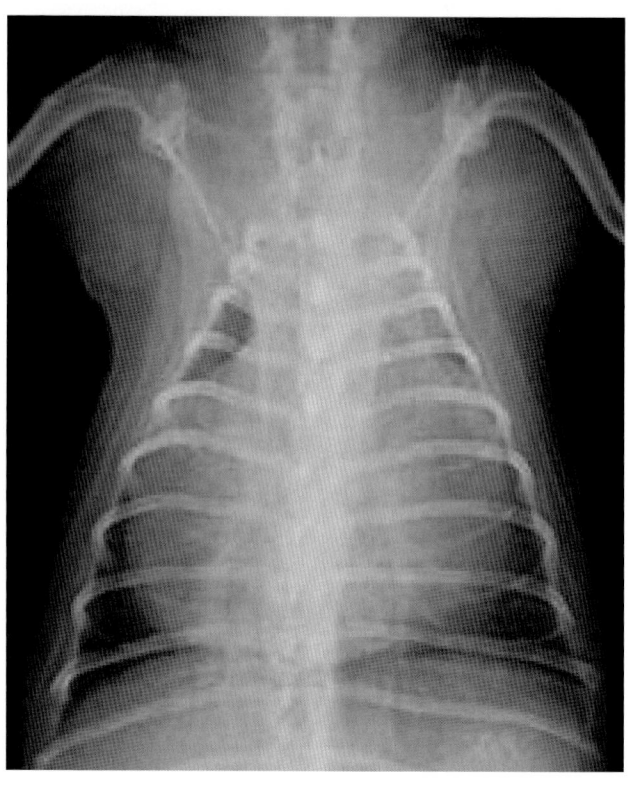

写真3　胸部単純X線写真　DV像

郭は正常範囲内。RL像で気管挙上を伴う心陰影の拡大，DV像でも円形心が認められる。DV像で明確ではないが，RL像では心陰影の腹側で不均一なX線不透過性マス陰影

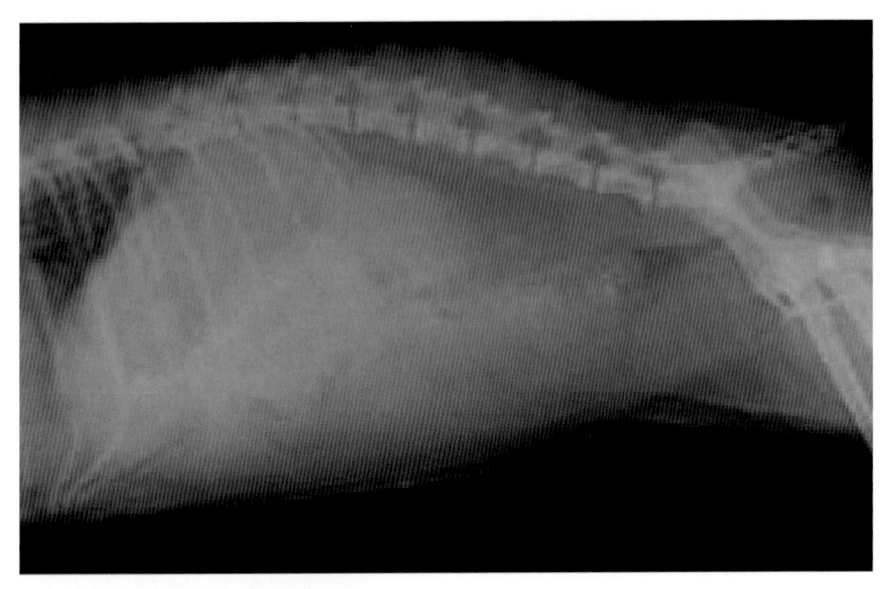

写真4　腹部単純X線写真　RL像

が認められた。

腹部RL・VD像（写真4,5）：骨格は正常範囲内。体表軟部組織の輪郭は、臍部分でガス陰影を伴わないX線不透過性のマスを認める以外は正常範囲内であった。胃軸の変位、横隔膜－心陰影重複面積の増加がみとめられた。また腹腔内液体の貯留のためスリガラス様陰影が腹部全域で認められ、ソーセージ様のX線不透過性マス陰影が子宮に相当する位置で認められた。

【腹部超音波検査】（写真6,7）

左右の子宮角は著しく腫大拡張し、リアルタイムでは流動性のある低エコー性の液体を含んでいた。子宮壁は薄く、右腎と拡張した子宮角との間に無エコー性の腹腔内遊離液体が認められた。

【心エコー検査】

心機能は正常範囲内。心膜腔内には、心臓以外の塊状物が描写され、大部分は液体を満たす腸であることが認められた。

【細胞診】

腹腔穿刺で得られた貯留液（膿性）で細胞診を行った。液体は変性好中球・マクロファージが主体で、グラム陰性桿菌が多数認められ、細菌性腹膜炎と診断された。

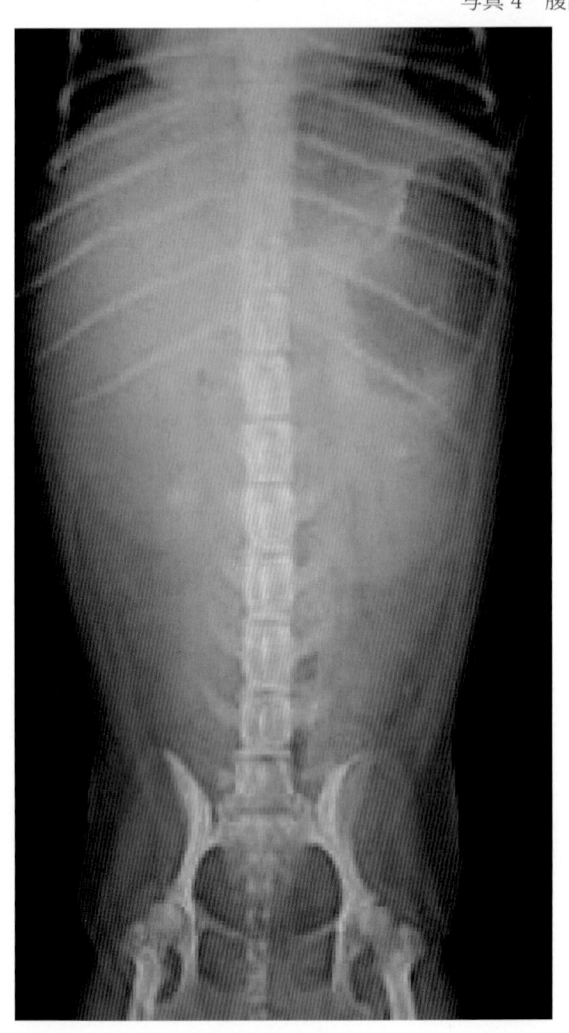

写真5　腹部単純X線写真　VD像

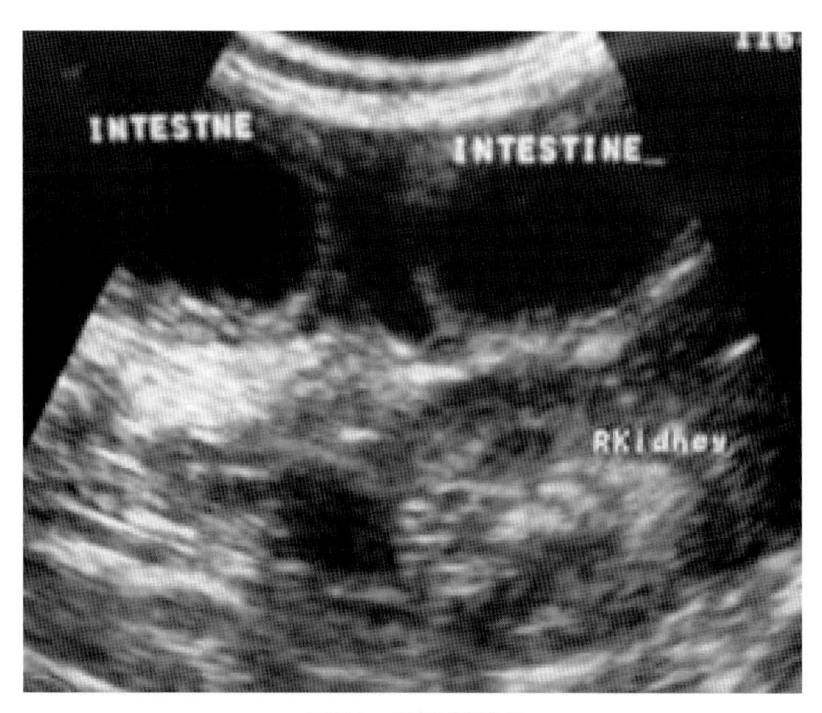

写真6　腹部超音波像

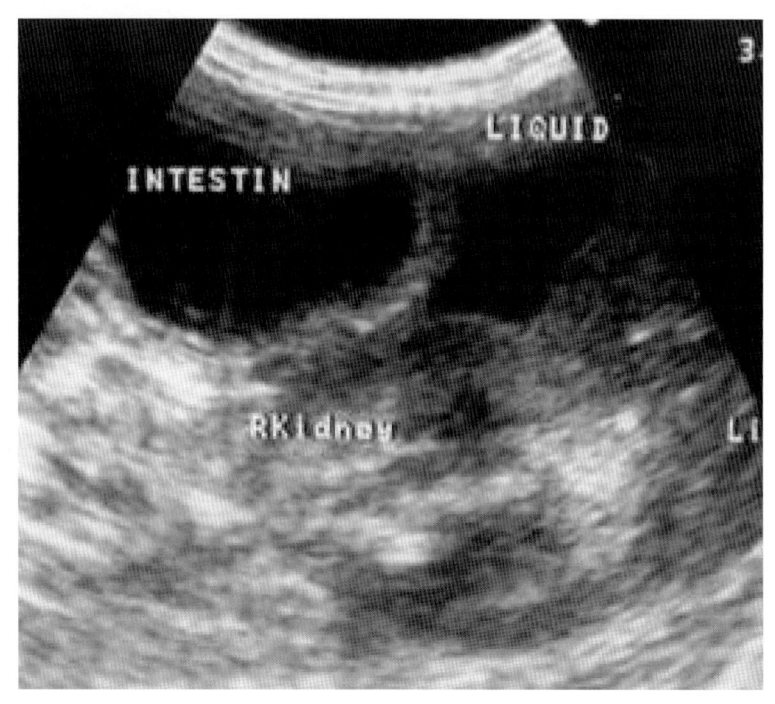

写真7　腹部超音波像

貯留液は細菌感受性検査に供した。

【診　断】
①細菌性腹膜炎, ②子宮蓄膿症, ③心膜横隔膜ヘルニア, ④歯石沈着・歯周病, ⑤甲状腺機能低下症, ⑥気管虚脱（Ⅱ度）。

☞あなたならどうする。次頁へ

☞
①緊急疾患として直ちにの開腹手術
②診断，治療法，合併症および予後についての飼い主への詳しい説明
③開腹手術よる子宮全摘出術と徹底的な洗浄と吸引の反復
④心膜横隔膜ヘルニアの処置
⑤歯石沈着・歯周病の処置
⑥甲状腺機能低下症の処置
⑦気管虚脱（Ⅱ度）の処置

【治療および経過】

来院時の主訴および physical examination の一部の異常から，緊急的かつ迅速な治療が必要とされるものに，まず循環器系疾患を疑った。血圧検査，心電図検査，胸部X線検査，心臓超音波検査などが行われた。検査の結果，循環器系の問題としては心膜横隔膜ヘルニアと診断。また問診において，ここ数日での患者の外傷の可能性はないものと判断した。腹腔内の検査を進めた結果，子宮蓄膿症の穿孔が原因と考えられる細菌性腹膜炎が認められたので，できるだけ速やかに開腹手術を行う必要があると判断した。

飼い主には，現症状の原因であり，かつ緊急治療を必要とする細菌性腹膜炎およびその原因となっている子宮蓄膿症の根治手術が必要であること，緊急開腹手術が必要であることが説明された。また先天性の心膜横隔膜ヘルニアがあるが，現在はそのために著しい問題を生じていることはないなどを説明したうえで，飼い主の同意が得られたので緊急開腹手術が行われた。

手術はプロポフォール，アトロピンで麻酔導入し，イソフルランガスで維持を行った。術前に抗生物質（アンピシリン 22mg/kg IV），アミカシン 20mg/kg IV），疼痛管理としてブプレノルフィン（20μg/kg IM）の投与を行った。剣状軟骨尾側から恥骨前縁までの腹部正中切開でアプローチし，全腹腔内臓器の精査を行った。

開腹時，腹腔内には膿性の貯留液が存在し，腹膜および消化管漿膜面の充血を伴う腹腔全体に及ぶ腹膜炎が認められた（写真8，9）。また腹腔内で大きく拡張した子宮が認められ，その一部は破裂・裂開し，子宮内容物の漏出とともに腹膜炎が認められたため（写真10），卵巣とともに全切除し，腹腔内の徹底した洗浄と吸引後，生理食塩水

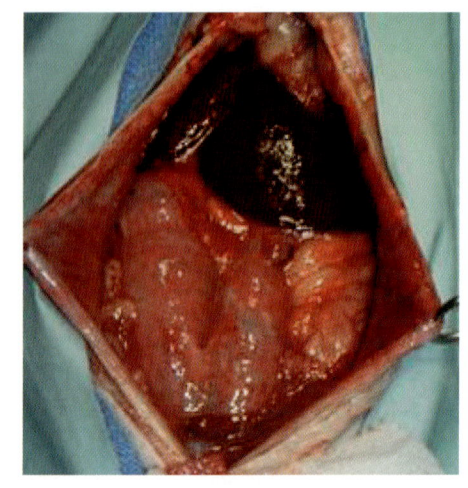

写真8　開腹時所見

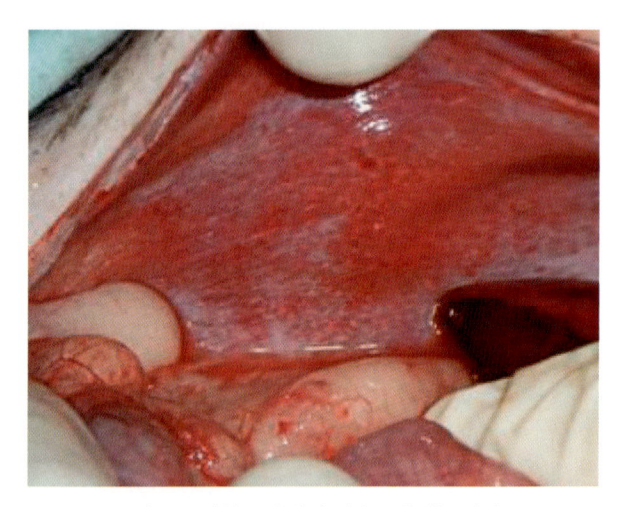

写真9　膿汁の腹腔内貯留，腹膜の充血

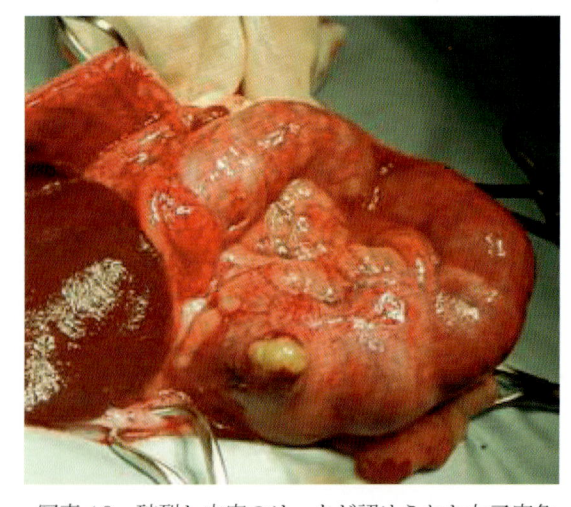

写真10　破裂し内容のリークが認められた左子宮角

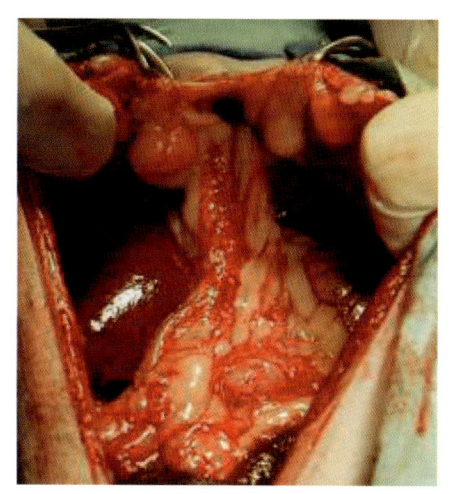

写真11　横隔膜腹側のヘルニア孔

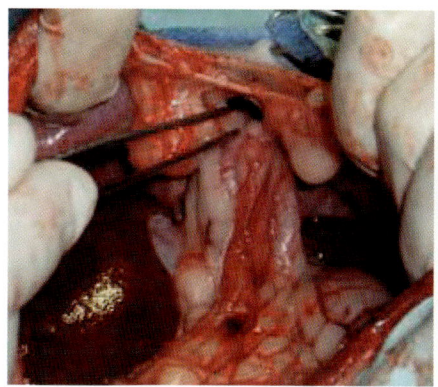

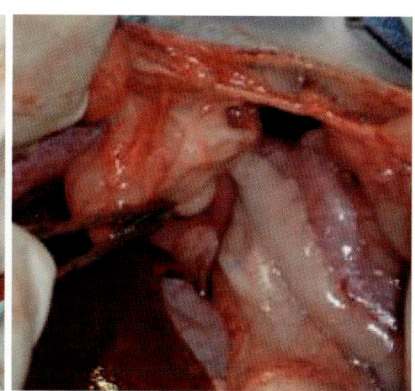

写真12　空腸および膵臓の一部が、心膜腔内に脱出している。

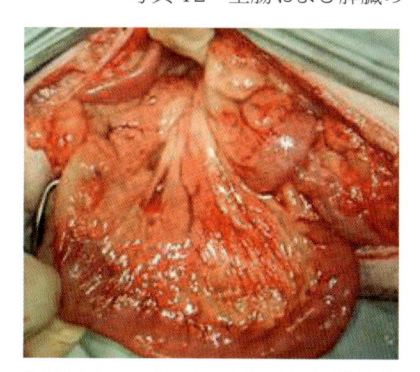

写真13　ヘルニアを生じた臓器は肉眼的に正常範囲内であった。

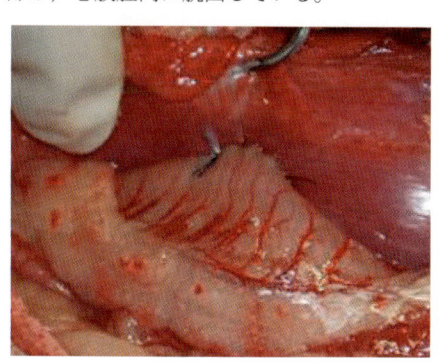

写真14　予防的胃固定術を実施した。

による腹腔内の洗浄吸引を反復し、ヘルニア孔の確認を行った。横隔膜腹側で直径1.5cmのヘルニア孔が認められ（写真11）、この部位以外の横隔膜に異常は認められなかった。脱出した腹腔内臓器の確認を行う前にヘルニア孔を肉眼的に正常と思われる大網の一部分で、ヘルニア臓器の絞約を生じない程度に巾着縫合し、さらに腹腔内の吸引洗浄を徹底的に行った。洗浄後に一時的に施した縫合を解除し、ヘルニア臓器の確認を行った（写真12）。ヘルニア孔から空腸・膵臓の一部が、心膜腔内へ脱出を生じているのが認められたが（写真12）、これら臓器に肉眼的な異常は認められなかった（写真13）。腹腔内洗浄を行い、ヘルニア孔の閉鎖は行わず、噴門側の胃体部を左腹壁に胃固定術を行った（写真14）。常法通り閉腹し、局所にブピバカイン（1mg/kg）の注射を行った。

術後は細菌感受性結果に基づき治療を行い、また手術時に設置した経鼻胃カテーテルから給餌し、支持療法を行った。患者の経過は安定し、食欲・意識レベルともに改善が認められたので、術後5日で退院とした。退院後3日目の検診時には、ほぼ完全な元気・食欲の改善が認められたので、経鼻胃カテーテルを抜去し、術部の抜糸を行った。

術後14日目に再度検診を行ったが、体重の増加が認められ一般状態は良好であった。同日、胸部X線検査を行った（写真15、16）。心膜横隔膜ヘルニアに当然、変化はないが、吸気時の頸部気管虚脱が認められた。飼い主には気管虚脱の原因は遺伝的要因が強いが、心膜横隔膜ヘルニアに起因する吸気時努力呼吸が気管虚脱をさらに悪化させる因子となり得ることが説明された。また、ヘルニアの整復が理想であると説明された。飼い主は現在、気管虚脱に伴う症状およびヘルニアによる症状が認められないため、グルコサミンを含有したサプリメントの投与のみを希望された。今後は定期検診を行い、経時的なモニタリングを行っていく予定であるが、現在、術後4か月が経過し、患者の状態は良好である。

【コメント】

本症例は、まさに生死を分ける細菌性腹膜炎の1例である。POS（POMR）に従って、このシー・ズーが抱えている問題を全て明らかにし、優先順位（トリアージ）に基づき、迅速かつ適切な治療が行われ、救命に成功することができたことは幸いである。

飼い主にとってはよく理解できない気管虚脱の悪化うんぬんと手術を勧めたにもかかわらず、この時点での優先順

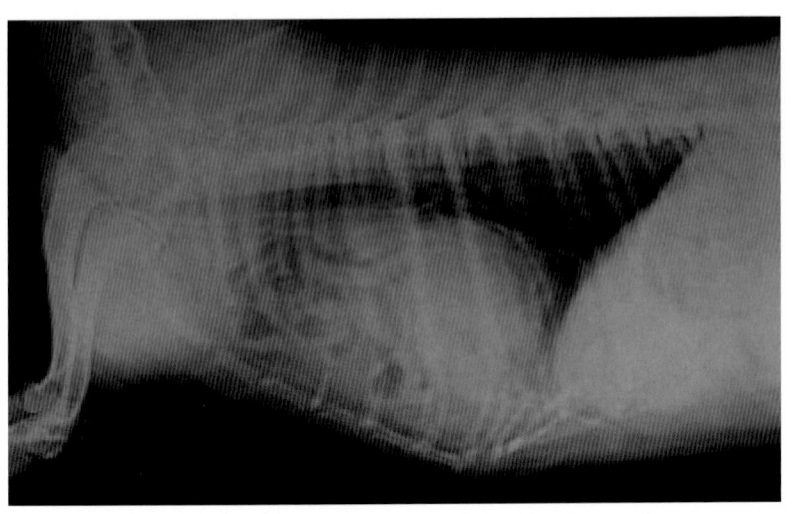

写真15　術後1か月目，検診時の胸部単純X線写真　RL像

写真15・16　吸気時の頸部気管虚脱（グレードⅢ）が認められる。

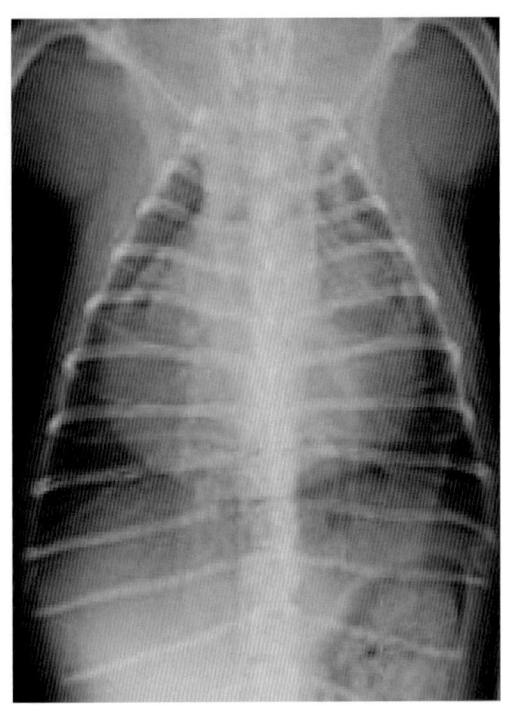

写真16　術後1か月目，検診時の胸部単純X線写真　DV像

位が低いことで，横隔膜心嚢ヘルニアの外科的治療が行われないままになかったことは問題である。

今日まで第Ⅱ度の気管虚脱を抱えていても無事に生活しているわけで，大手術が必要であるという説明は，飼い主には理解しがたいものであろう。しかし，問題はすでに安静時の呼吸数が60回/minということである（飼い主には症状という認識はない）。その点で本手術でヘルニアの整復根治手術を行わなかったことは重大な反省点といえる。

医学的に素人でしかない飼い主（もちろん医師や獣医師，看護師，動物看護師ならば別であるが）には，その常識の範囲で十分に理解できる説明がなされなければならない。

①呼吸数が異常に高い（50〜60回/min，正常では20〜30回/min）ことは，胸腔内に拡大した心膜，巨大化したマスが肺葉を圧迫し，呼吸のために必要な十分なスペースが減少している。

②もし，この心膜内に存在する腸管内ガスが増量することがあれば，どのようなことが起こるのか。

③原則としてヘルニアを起こしている腸管は，さらにその量が増していくのが病態生理学的な事実である。

④腹圧が増すような事態があれば，また腹部が強く圧迫されるような事態，さらに腹部に強い衝撃等が加わることがあれば，さらに悪化し，その程度によっては生死に関わることに発展する。

我々獣医療を行うものは，常に飼い主と患者とのペアのため，最高の利益を最優先すべきであることをよく理解していれば，本症例の手術と同時に本ヘルニアの根治手術を行うべきであったことは論をまたない。

（Vol.62 No.1, 2009に掲載）

Case 39　PRAIRIE DOG

腫瘍がみつかった症例

オグロ・プレーリー・ドッグ，9歳1か月齢，雌

【プロフィール】

オグロ・プレーリー・ドッグ，9歳1か月齢，雌，不妊手術は行われていない。既往歴はない。食事は市販専用食で，100％室内で飼育されている。

【主　訴】

約3か月前から胸のところが腫大してきた。換毛後，1週間前に胸部に腫瘤を見つけたとのことで来院された。

【physical examination】

体重は860g，栄養状態は70％，体温は36.8℃，心拍数は320回/min，股動脈圧は100％，呼吸数は60回/minであった。左頸部から胸部にかけて4.5cm×3.5cm×2cmの皮下腫瘤（可動性）が，認められたが，体表リンパ節の腫大は認められなかった。

【プロブレム】

①肩部の巨大な(この個体にとっては)皮下腫瘤，②削痩。

【プラン】

① CBC・血液化学検査（ルーチンパネル），② FNA，③ X線検査，④ CT検査。

【臨床病理検査】

CBCおよび血液化学検査の結果は表1の通りである。
Hbの低下，ALTの低下，ALPの上昇，BUNの低下が認められた。静脈血の検査ではpHは低下し，pCO$_2$は上昇，pO$_2$は低下，O$_2$サチュレーションは低下していた。

【単純X線検査】

腹部RL像（写真2）：骨格は正常範囲内である。気管，気管支，肺野，心陰影は正常範囲内である。胃内に食渣周囲にガスが認められる。その他腹腔内臓器は正常範囲内である。腹腔内脂肪は少ない。上腕部に正円形の高デンシティーの巨大な腫瘤が認められる。

腹部VD像（写真3）：骨格は正常範囲内である。気管，

写真1　患者の外貌

表1　臨床病理検査		
CBC		
WBC	8.3×10^3　$(1.9 \sim 10.1 \times 10^3)$	/μL
RBC	6.35×10^6　$(5.9 \sim 9.4 \times 10^4)$	/μL
Hb	12.1　$(13 \sim 20)$	g/dL
Ht	37.4　$(36 \sim 54)$	％
MCV	58.9　$(54 \sim 71)$	fL
MCH	19.1　$(18 \sim 24)$	pg
MCHC	32.4　$(32 \sim 39)$	g/dL
pl	361×10^3	/μL
血液化学検査		
TP	7.4　$(5.8 \sim 8.1)$	g/dL
Alb	3.2　$(2.4 \sim 3.9)$	g/dL
Glb	4.3	g/dL
ALT	＜10　$(26 \sim 91)$	U/L
ALP	96　$(25 \sim 64)$	U/L
Glc	130　$(120 \sim 209)$	mg/dL
BUN	20　$(21 \sim 44)$	mg/dL
Cr	1.0　$(0.8 \sim 2.3)$	mg/dL
静脈血の血液ガス検査		
pH	7.180	
pCO$_2$	72.7	mmHg
pO$_2$	25.4	mmHg
HCO$_3$	26.5	mmol/L
BE	－1.8	mmol/L
O$_2$サチュレーション	32.6	％
TCO$_2$	28.8	mmol/L
電解質		
Na	149　$(144 \sim 175)$	mmol/L
K	5.7　$(4.0 \sim 5.7)$	mmol/L
Cl	100	mmol/L

（　）内は本院における正常値を示す。
Laser Cyte〔IDEXX〕を使用。

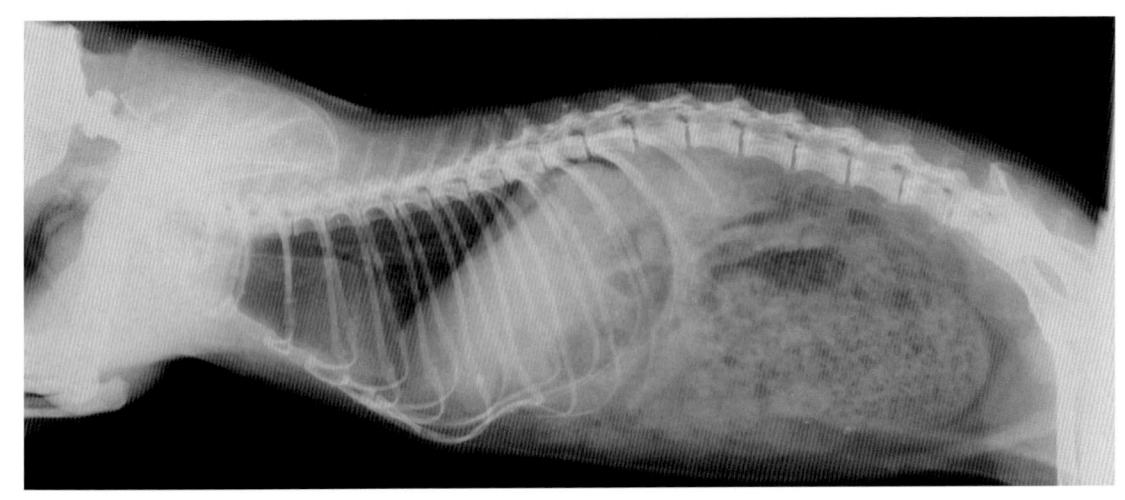

写真2　腹部単純X線写真　RL像

気管支，肺野，心陰影は正常範囲内である。胃内の食渣周囲にガスが確認される。その他腹腔内臓器は正常範囲内である。腹腔内脂肪は少ない。左肩部に正円形の高デンシティーの巨大な腫瘤が認められる。

【CT検査】（写真4～写真10）

左頸胸部の腫瘤は気管・食道への侵潤は認められず，大血管への侵潤も認められない。腹部臓器は左右腎臓の形態の不整が認められ，脾臓が縮小している。胸部では，左肺中央部辺縁に高デンシティーの腫瘤（5.7mm×5.2mm×4.2mm）が認められた。

【FNA検査】

①腫瘤実質FNAと②腫瘤内嚢胞FNA（血様漿液5.9mL回収）を行った。

【細胞診】

細胞診の結果は腫瘤実質は，腫瘤内嚢胞ともに円形腫瘍細胞が占めており，リンパ腫が疑われた。

診断医：Lois Roth-Johnson（IDEXX）

【暫定診断】

リンパ腫。

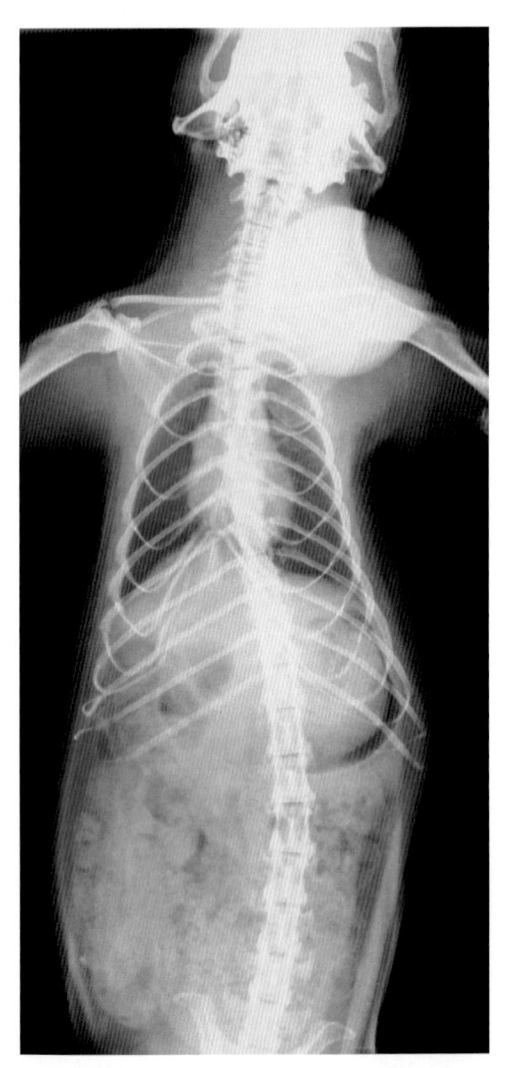

写真3　胸部単純X線写真　VD像

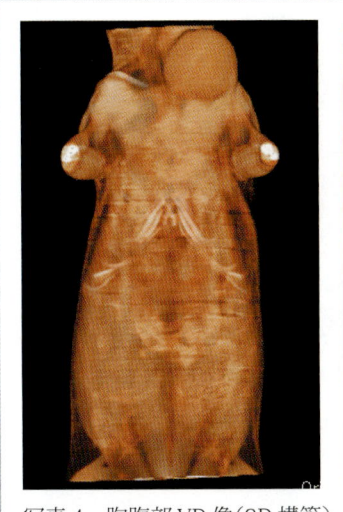

写真4　胸腹部VD像（3D構築）

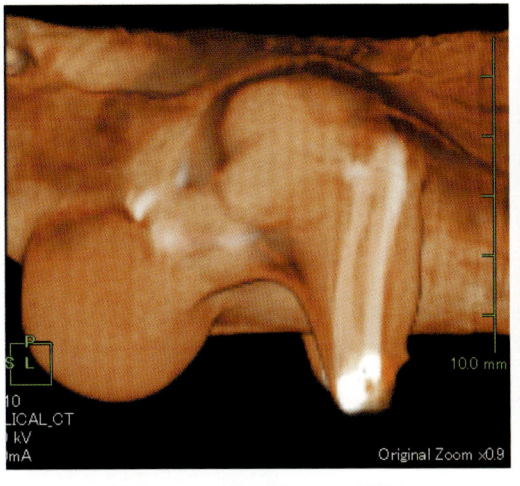

写真5　肩部RL像（3D構築）

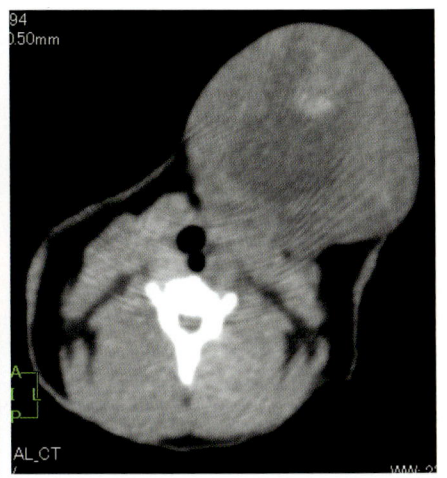

写真6　頸部アキシャル像

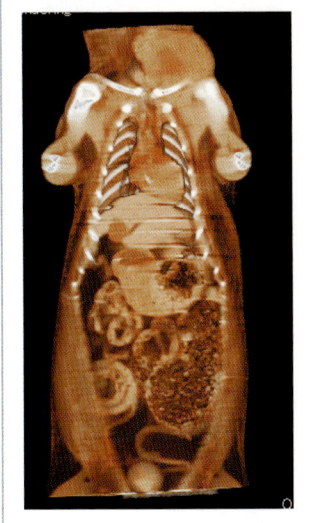

写真7　胸腹コロナル像（3D構築）

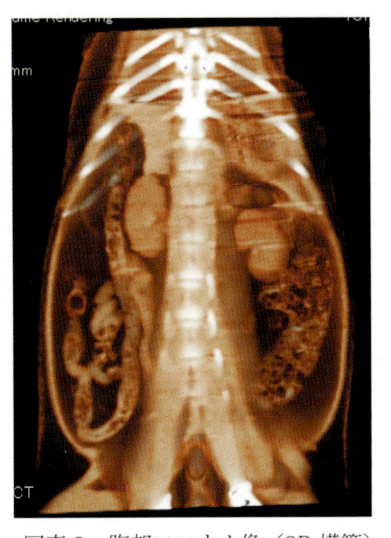

写真8　腹部コロナル像（3D構築）

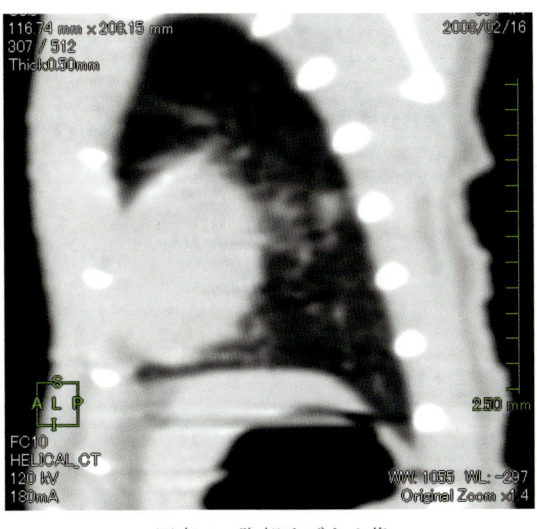

写真9　胸部サジタル像

写真10　胸部コロナル像

CT像（写真4〜10）

☞あなたならどうする。次頁へ

313　　　　　Case 39

☞

①暫定診断結果，治療法（外科的切除，化学療法，補助的な免疫療法）についての飼い主への詳しい説明
②CT検査で左肺中央部辺縁に認められた高陰影物（現段階では転移腫瘍なのか過去の炎症等による線維化病変なのかは不明）が転移の可能性があり，今後のモニターの必要であると，飼い主に説明

【治療および経過】

全身麻酔下で，physical examination，血液検査，X線検査，CT検査，FNAを行った。細胞診の結果が届くまでの間，βグルカンによる（免疫）療法をスタートした。飼い主に細胞診の結果を伝え，腫瘍がリンパ腫の可能性が高いこと，しかし孤立性節外性リンパ腫であることから，外科的切除を第一に説明し，インフォームド・コンセントが得られたので外科的切除を行った。

今回，CT検査，外科手術の麻酔共にメデトミジン，ブトルファノール，ミダゾラムで導入し，イソフルランと酸素で維持を行った。抗生物質はエンロフロキサシンを使用した。

外科手術は腫瘍正中で切開を行い，血管の凝固・結紮

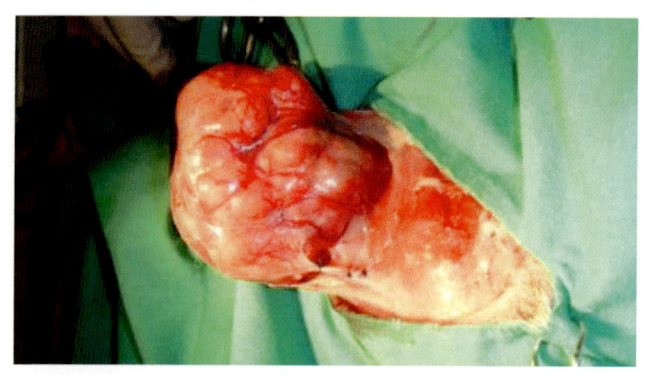

写真11　腫瘍を正常組織から剥離（初回手術時）

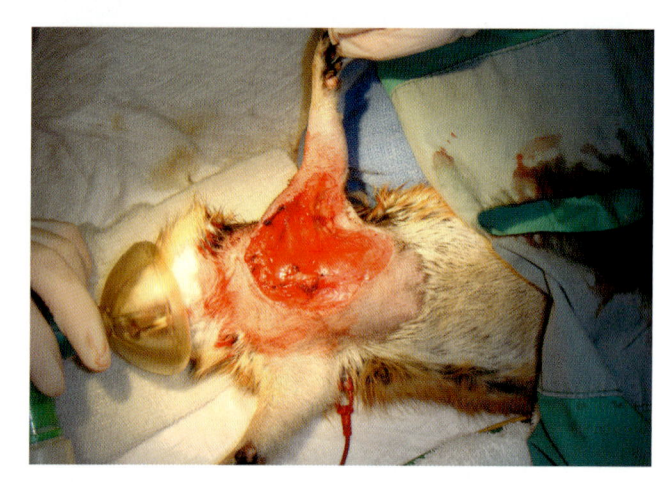

写真12　腫瘍切除後の術創（初回手術時）

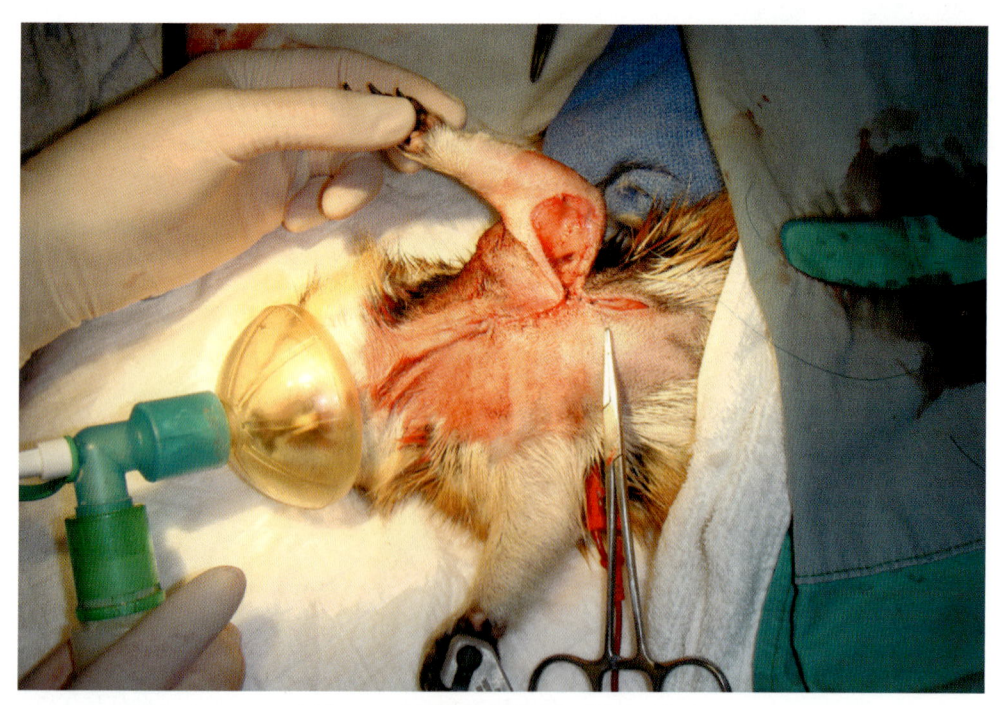

写真13　皮下織・皮膚縫合（初回手術時）

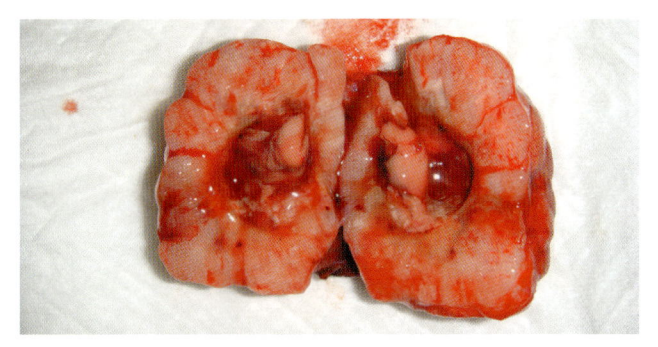

写真14　切除腫瘍の切開写真（初回手術時）

を行いながら，腫瘤を切除した。切除後，皮下織，皮膚をMAXON 4-0で縫合した。そして当日退院した。

抜糸は1週間後に行い，βグルカンを継続使用した。

【病理組織診断】

基底細胞癌。

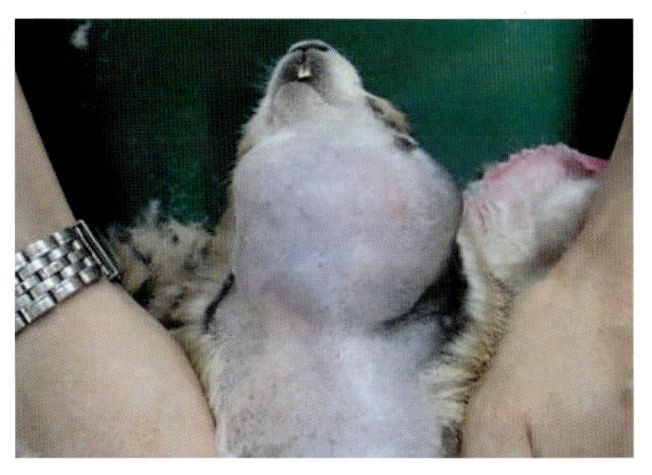

写真15　腫瘍外観〔2回目手術時（初回手術から2か月目）〕

腫瘍細胞のリンパ管または血管内浸潤は認められない。腫瘍はマージンが狭いが完全に切除されているように肉眼的には見える。

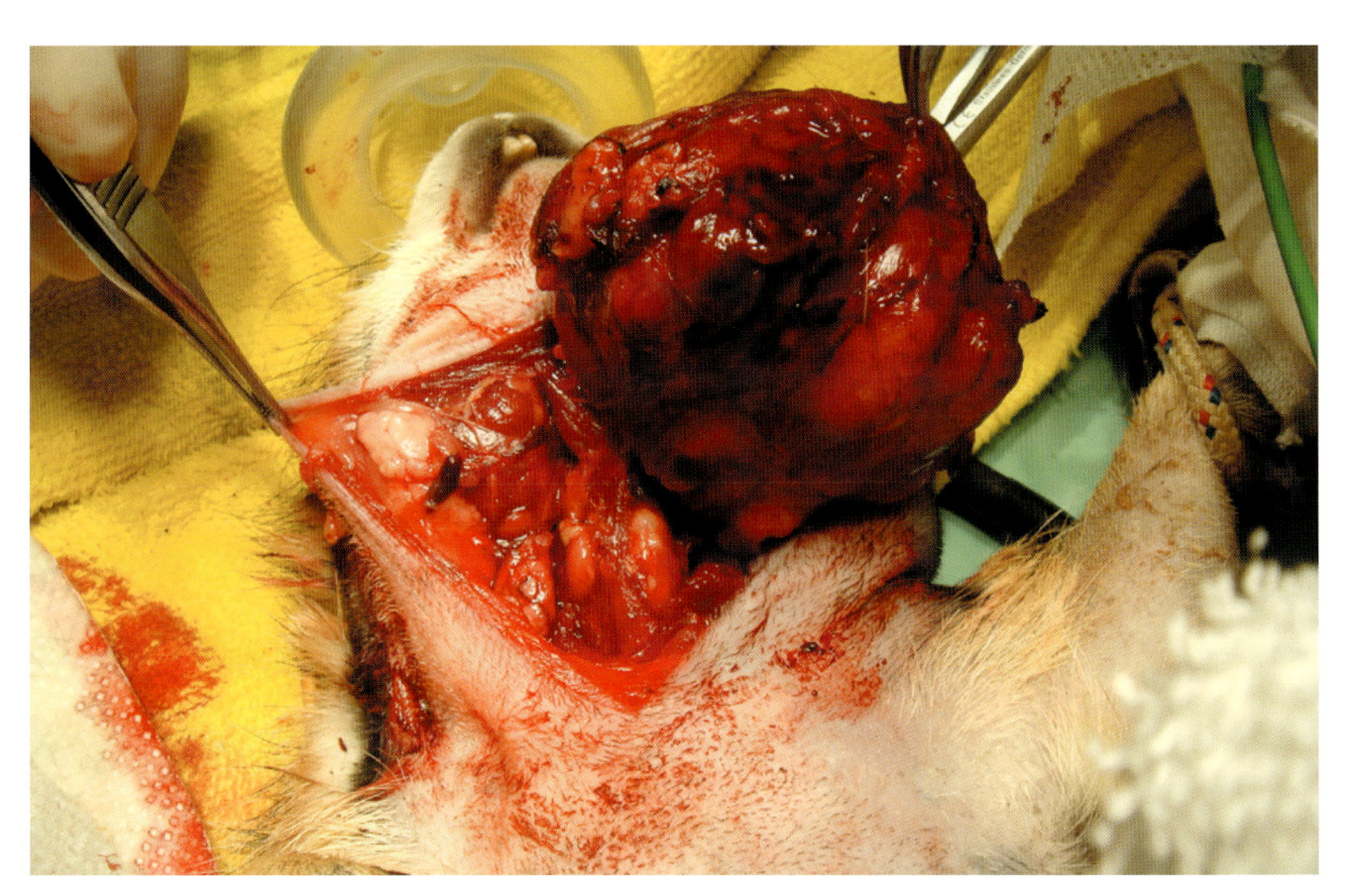

写真16　腫瘍を正常組織から剥離（2回目手術時）
咽喉頭部との癒着が認められた。腫瘍減量術（デバルキング）が行われた。

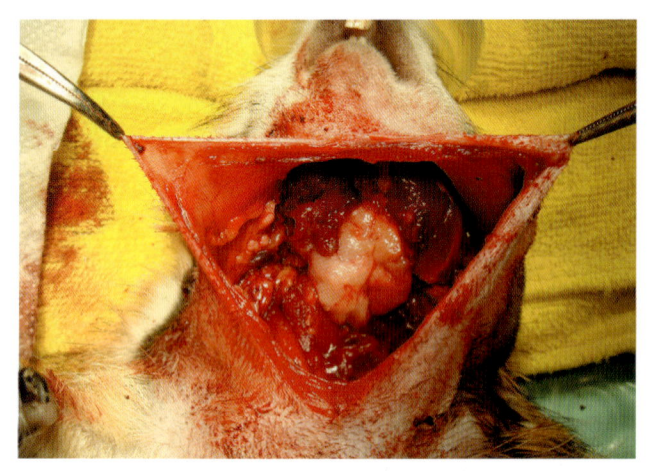

写真17　腫瘍切除後の術創（2回目手術時）

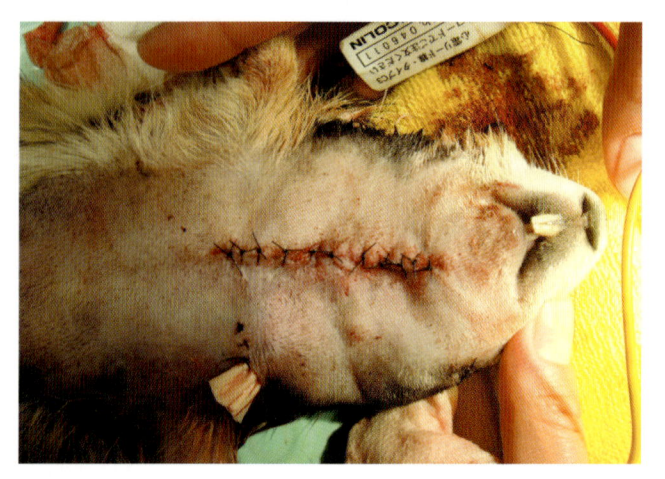

写真18　皮膚縫合・ドレーン設置（2回目手術時）

局所再発のわずかな可能性に際して、数か月間は切除部位を密にモニターすべきである。

診断医：Norval W. King（IDEXX）

【その後の治療および経過】

手術2か月後、同場所に再び腫瘍（6cm×5cm×4cm）ができてきたとのことで来院された。

翌日外科手術が行われた。腫瘍正中で切開を行い、血管の凝固・結紮を行いながら腫瘍の切除を試みたが、今回は癒着、特に咽喉頭部がひどく、気管、食道を巻き込んでいたため、悪性腫瘍としての完全な切除はあきらめ、デバルキングにとどめることにした。皮下織、皮膚はMAXON 4-0で縫合した。

翌日退院し、1週間後抜糸を行った（βグルカンは継続使用）。

手術後は、開口動作が上手くできず、不正咬合も起きてきた。そのため、柔らかい食事への変更や門歯の定期的トリミングを行った。

2回目手術の5週間後、手術部位に腫瘍が再発し、その3週間後自宅で亡くなった。

【病理組織診断】

基底細胞癌。腫瘍細胞は提出標本の末端の数か所に及んでいる。

診断医：Michael V. Slayter（IDEXX）

【コメント】

そもそもプレーリー・ドッグは野生動物で、現地では害獣（人にとって）であり、ペットにするべき動物ではない。しかし、ペットブームとやらの商業主義の発達から売れるものならなんでも商品として輸入され、販売されているのである。したがってプレーリー・ドッグで報告されている腫瘍症例はほとんどなく、わずかに肝転移を伴う胃腺癌、腎腺癌、腎転移を伴う口腔扁平上皮癌、腎腺腫、肝細胞癌などが報告されているのみである。

今回、我々は家庭・家族の一員として暮らしているプレーリー・ドッグの基底細胞癌に出会った。犬や猫でみられる基底細胞腫は、基底細胞上皮腫、基底細胞癌、基底細胞腫がある。猫では最もよく見られる皮膚腫瘍であるが、犬ではあまり一般的ではないが、中年齢の犬と中高齢の猫によく見られる。

犬と猫の基底細胞腫は通常孤立性で、境界明瞭な、硬く、無毛な、ドーム形の直径0.5〜10cmの隆起した腫瘍である。ほとんどの基底細胞腫は可動性であり、皮膚には堅く固着している。筋膜に浸潤していることはまれにしかない。犬、猫ともに頭部、頸部、肩部に見られることが多い。猫の基底細胞腫は色素性のものや嚢胞性か充実性であるが、時折潰瘍性のものも見られる。それらは良性腫瘍としては、驚くほど高い有糸分裂率が認められる。ほとんどの基底細胞腫は良性であり、ゆっくりと成長し、診断される前に何か月も経過していることがある。犬や猫の針吸引細胞診では、細胞学的特徴は非特異的であることから、基

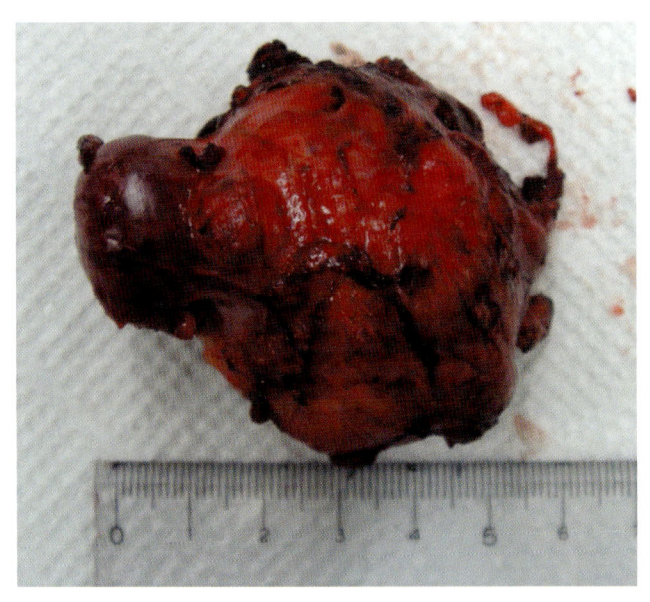

写真19　切除した腫瘍外観（2回目手術時）

底細胞腫と記述されても，おそらく腫瘍の過小診断という結果になっているのかもしれない。進んだ診断的，治験的テクニック（有糸分裂活性評価，増殖率，アポトーシス率/制御）が犬と猫の基底細胞腫に適応されている。しかし，これらの指標に関する基底細胞腫と扁平上皮癌の相違が報告されているが，どれも一貫して予後判定因子とて役立つものにはなっていない。

　犬や猫の基底細胞腫の治療の第一は外科的切除であり，予後は良好である。外科的切除を受けた猫の基底細胞腫124例では，腫瘍の再発および転移は1例もなかった。また，別の猫の基底細胞腫97例の報告では，約10％が組織学的に悪性と分類された。しかしながら，所属リンパ節転移を起こしたのはたった1例のみであった。犬では再発はまれであり，転移は1例も報告されていない。凍結療法と光線力学療法は，小病変部（直径1cm未満）に対する外科手術の代替療法である

　以上は，犬と猫の基底細胞腫についての記載であるが（Withrow,S.J. & Vail,D.M. eds, 2007, Small Animal Clinical Oncology 4th ed., Saunders），我々が今回出会ったプレーリー・ドッグの基底細胞癌はたった1例のみである。転移に関してはFNAはもとよりX線やCTの追跡検査を行っていないので，左肺中央部辺縁に認められた高陰影物は腫瘍の転移なのか，過去の炎症等による線維化病変なのかは不明のままである。再発と腫瘍の増殖速度に関しては，プレーリー・ドッグの寿命（8〜10年）を考慮するとしても，犬や猫の一般的な基底細胞腫とは異なり，本腫瘍の拡大速度を考慮しただけでも悪性度は極めて高いものと言える。

　今回，プレーリー・ドッグのCT撮影を初めて行う機会に恵まれた。気管挿管は臨床的に困難なため，麻酔はマスクで行われている。CT撮影中，安定した麻酔が維持できたことと，呼吸頻度の高い自発呼吸下の小動物でもCT検査が十分可能であることは，この知見が今後の検査に役立つものと考えられる。

　近年，ヒューマン・アニマル・ボンドの理念の普及が進み（まだまだ不十分であるが），ボンド・センタード・プラクティスの理念に基づく高度獣医療を求める人々，家庭，家族が増えている。我々獣医療に従事する科学者は，その要請に応じなければならない。それだけにプレーリー・ドッグ（げっ歯類）の報告に化学療法の記載がないという理由だけで，外科的切除（悪性腫瘍として，正しい外科的切除ができてないことも問題）手術の前後に，特に切除後に何らかの抗癌剤療法の工夫が行われていなかったことは，大きな誤りであり，大きな反省点である。

（Vol.62 No.2, 2009 に掲載）

Case 40　CAT

眼に異常がみつかった症例

日本猫，5歳5か月齢，雄

【プロフィール】

日本猫，5歳5か月齢，雄。毎年3種混合ワクチンが接種され，ノミ・ダニも予防薬が投与されている。室内50%，室外50%の飼育で，同居猫（不妊雌1頭）がいる。食事は市販のドライフード（Hill'sサイエンスダイエット）である。

条虫症の罹患歴があり，その他，前頭洞蓄膿のための円鋸術を他院で数年前に受けている。

【主　訴】

昨日から元気・食欲が低下し，右眼羞明が認められるようになりその後，進行性に右目が大きく腫れ眼脂が出ているとのことで来院された。

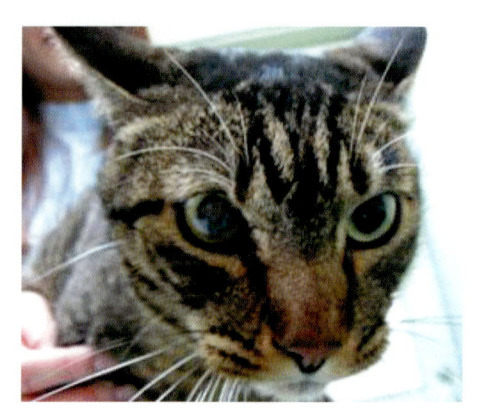

写真1　患者の外貌

【physical examination】

体重は4.8kg，栄養状態は100%（BCS3），体温は39.9℃，心拍数は210回/min，股動脈圧は100%，呼吸

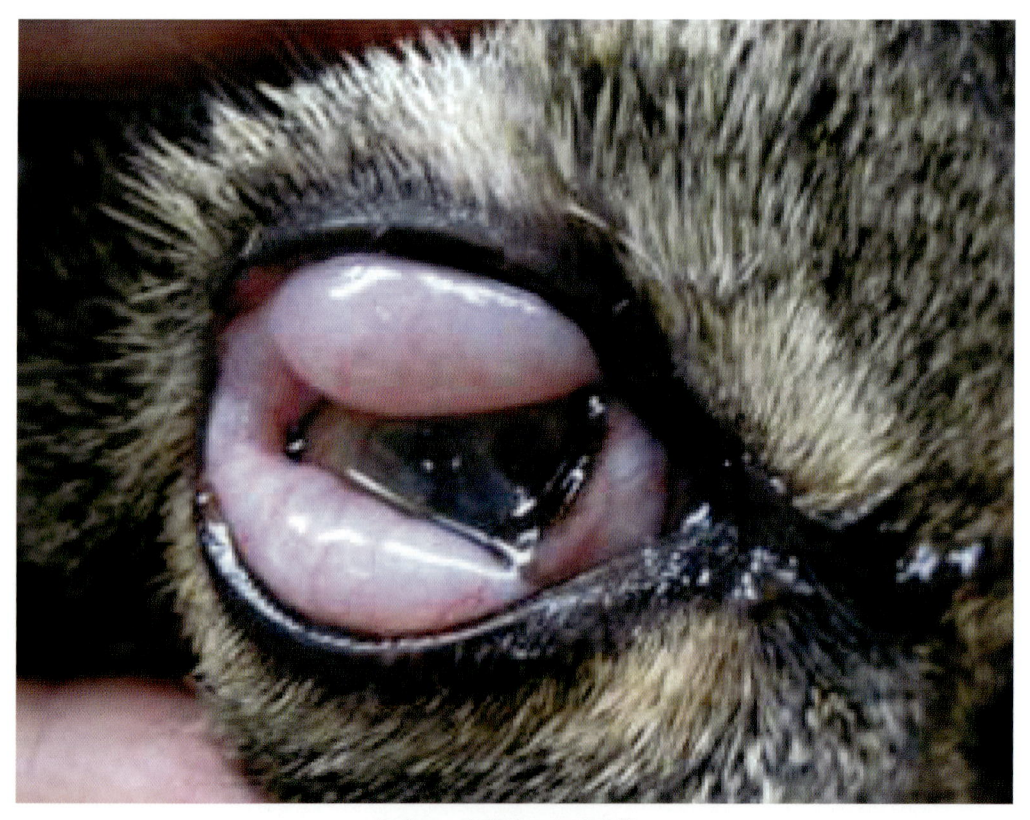

写真2　来院時の右眼所見

ケーススタディ

表1 臨床病理検査			
CBC			
WBC	23.3×10^3	$(5.5 \sim 19.5 \times 10^3)$	/μL
RBC	956×10^4	$(500 \sim 1000 \times 10^4)$	/μL
Hb	14.7	$(8 \sim 15)$	g/dL
Ht	42.6	$(30 \sim 36)$	%
MCV	44.6	$(39 \sim 55)$	fL
MCHC	34.5	$(31 \sim 35)$	g/dL
血液の塗抹標本検査のリュウコグラム			
Band-N	0	$(0 \sim 300)$	/μL
Seg-N	19028	$(3000 \sim 11500)$	/μL
Lym	2097	$(1000 \sim 4800)$	/μL
Mon	1165	$(150 \sim 1350)$	/μL
Eos	1009	$(100 \sim 1250)$	/μL
Bas	0	(0)	/μL
pl	24		個
血液化学検査			
TP	7.6	$(5.2 \sim 8.2)$	g/dL
Alb	3.3	$(2.2 \sim 3.9)$	g/dL
Glb	4.3	$(2.8 \sim 4.8)$	g/dL
ALT	22	$(12 \sim 115)$	U/L
ALKP	31	$(14 \sim 192)$	U/L
Glc	228	$(77 \sim 153)$	mg/dL
BUN	15	$(16 \sim 33)$	mg/dL
Cr	1.6	$(0.6 \sim 1.6)$	mg/dL
電解質			
Na	147	$(147 \sim 156)$	mmol/L
K	3.2	$(4.0 \sim 4.5)$	mmol/L
Cl	110	$(117 \sim 123)$	mmol/L

（　）内は本院における正常値を示す。
Laser Cyte〔IDEXX〕を使用。

数は42回/min，脱水（8％）であった。
　右眼に膿性眼脂．眼瞼結膜および球結膜の強い浮腫が認められた。眼瞼反射は左右ともに正常，威嚇反射は左は正常，右は微弱，対光反射は左は正常，右は微弱，共感反射は左は正常，右は微弱であった。

【プロブレム】

　①発熱，②食欲低下，③脱水（8％），④角膜損傷（右眼），⑤結膜浮腫4＋（右眼），⑥膿性眼脂3＋（右眼），⑦流涙（右眼）。

【プラン】

　①眼脂細胞診・培養，②角膜染色，③CBC・血液化学検査，④尿検査。

【臨床病理検査】

　CBCおよび血液化学検査の結果は表1の通りである。
　CBCで総白血球数（好中球）の上昇，血液化学検査で血糖値の上昇があり，ストレスパターンが認められた。

【尿検査】

　尿（膀胱穿刺尿）では，尿比重は1.050＜で，そのほか正常範囲内であった。

【眼脂細胞診】

　グラム陽性球菌および好中球（貪食像を伴う）が多数認められたので，細菌培養と感受性検査を行った。
　角膜染色（フルオレセイン染色）では左眼は陰性，右眼は陽性（角膜中央部）であった。
　なお，染色液は角膜潰瘍の辺縁部で陽性であるが，潰瘍中心部では陰性であった。

【診　断】

　①細菌性結膜炎，②角膜実質潰瘍〔Millerの分類G4-①（進行性・深層性潰瘍）〕。

☞あなたならどうする。次頁へ

☞
① 発熱に対する抗菌剤療法（全身および局部の），脱水（8%）に対する輸液療法
② 緊急の眼科手術が必要になることを飼い主への十分な説明
③ 眼球の精査およびそれに伴う麻酔処置

【治療および経過】

　来院時の眼科検査で，深層性の角膜穿孔の存在を認めた。顕著に腫脹した結膜により詳細な角膜表面および眼内検査が困難であった。また，深層性角膜穿孔の治療に関して外科的治療が必要となることを考慮し，鎮静麻酔下での眼球精査を予定した。CBC を含めたルーチン検査を行うとともに，発熱に対しては抗生物質療法（アンピシリン 22mg/kg IV，エンロフロキサシン 5mg/kg IV，疼痛管理としてブプレノルフィン 20μg/kg IM）の投与を開始した。局所にはエリスロマイシン・コリスチン点眼薬と，結膜浮腫に対して，非ステロイド性抗炎症点眼薬（プラノプロフェン）を投与し，強い脱水に対しては乳酸化リンゲル 500mL ＋カリウム 15meq の 240mL を IV で 3 日間投与した。

　翌日には熱も下がり，一般状態および脱水はかなりの改善が認められるので，プロポフォール，アトロピンで麻酔導入し，O_2 イソフルランガス麻酔で維持しながら，右眼を滅菌温生理食塩水および 5％ イソジンで穏やかに洗浄した。麻酔下で眼球表面の精査を行ったが，角膜潰瘍部の周辺部で角膜浮腫は認められたが，血管新生は認められなかった。角膜潰瘍の辺縁は不整で，染色液で染まらない深層性潰瘍の範囲は直径 3mm であった。深層性潰瘍部の辺縁部および正常角膜に格子状角膜切開を行い，瞬膜フラップ形成を予定したが，予想以上に潰瘍部が脆弱で眼球精査中に同部位で角膜穿孔を生じたため，角膜縫合術に治療法を変更した。できる限り角膜組織を温存するため，損傷辺縁はデブライドメントせず，スパチュラ針の Vicryl 8-0 を用い 1mm 間隔で角膜の 1/3 の深さで単純結節縫合した。縫合終了後，虹彩後癒着を予防する目的で前房内に滅菌生理食塩水と少量のエアーを注入した（写真3）。ゲンタマイシン 0.2mL およびデキサメサゾン 0.2mL を球結膜注射後，瞬膜フラップを行った。術後もアンピシリン

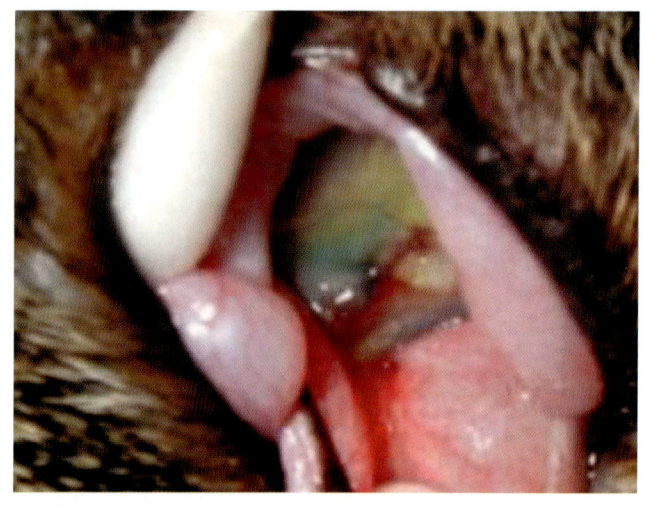

写真3　角膜縫合後

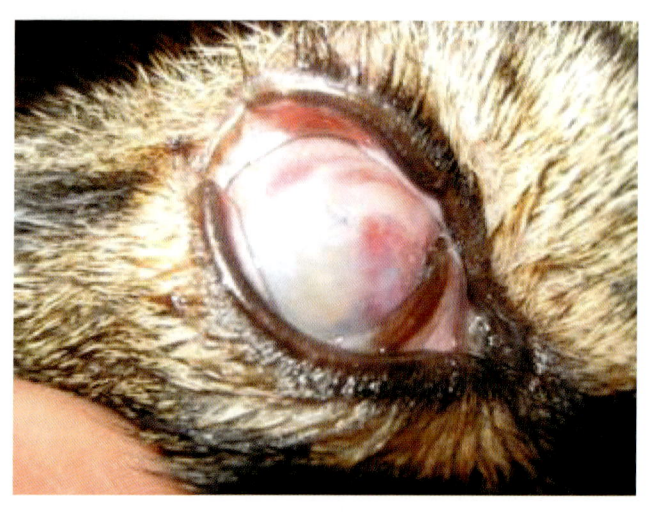

写真4　第3眼瞼フラップ解除後

22mg/kg IV，エンロフロキサシン 5mg/kg SC とブプレノルフィン 20μg/kg IM を継続し，エリスロマイシン・コリスチン点眼薬を頻回に投与した。発熱がなく，食欲も安定していたため，エリザベスカラーを装着したまま術後 5 日で退院とした。退院後は室内飼育のみとし，エンロフロキサシン 5mg/kg SID PO，セファレキシン 20mg/kg BID PO およびエリスロマイシン・コリスチン点眼薬を処方し，術後 14 日目に第 3 眼瞼フラップを解除した（写真4）。角膜浮腫と肉芽組織，血管新生が認められ，眼圧（IOP）は右眼 7 ～ 8mmHg，左眼 13 ～ 15mmHg であった。眼脂がわずかに持続していたので，抗生剤点眼薬をロメフロキサシン（1 日 3 回点眼）に変え，ヒアルロン酸ナト

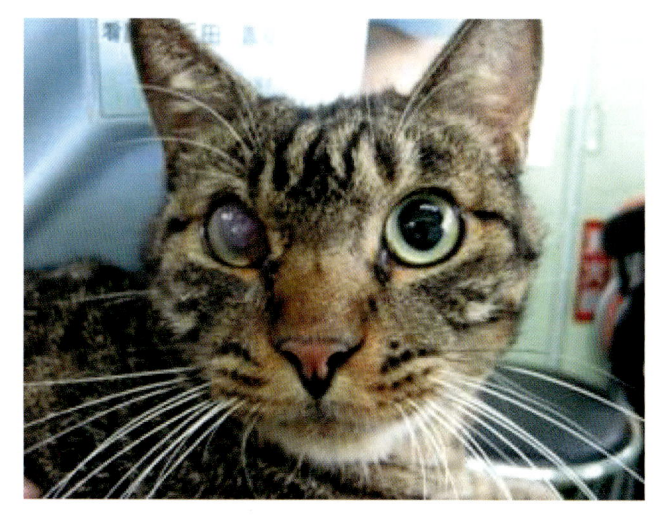

写真5　術後21日目

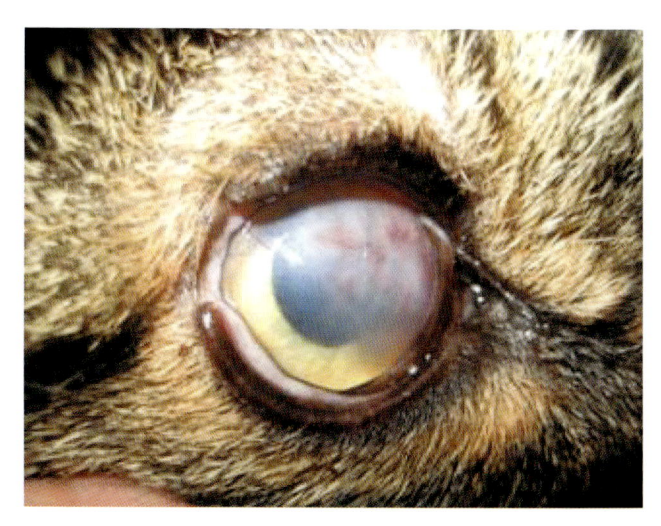

写真6　術後21日目

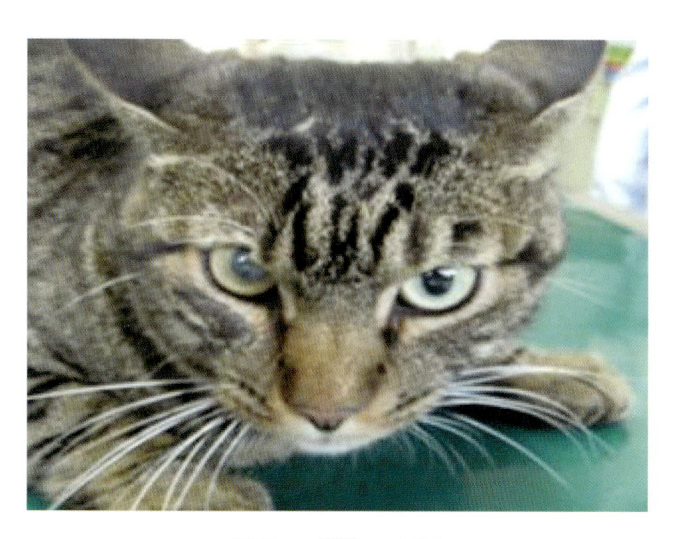

写真7　術後49日目

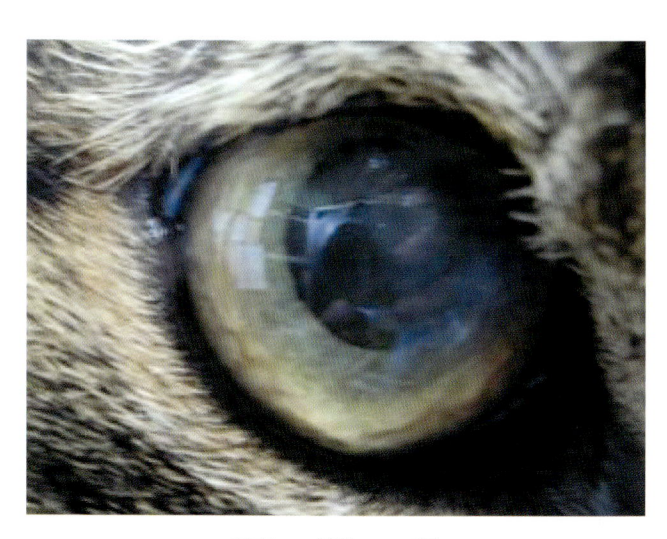

写真8　術後49日目

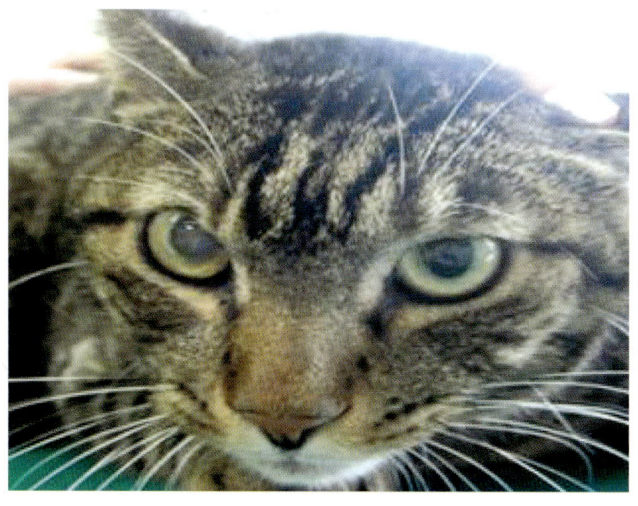

写真9　術後91日目

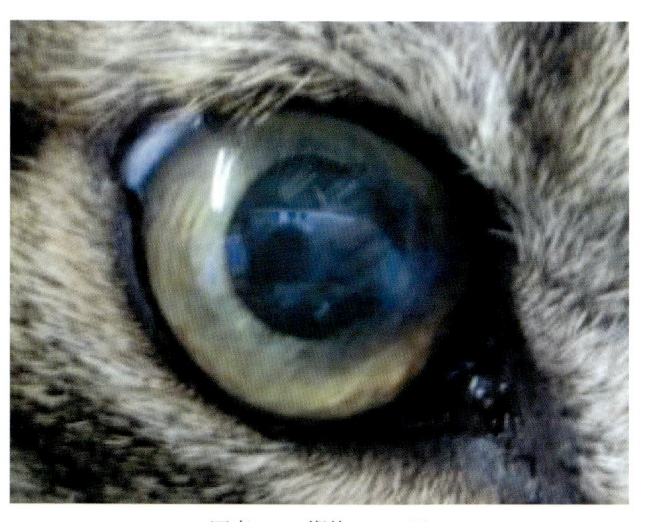

写真10　術後91日目

リウム 0.1％点眼薬を頻回点眼することとした。術後 21 日の再診時，眼の感染症は良化し，眼内圧（IOP）は右眼 16mmHg，左眼 18〜20mmHg で角膜染色は陰性と改善を認めた（写真 5，6）。右眼の威嚇，対光および共感反射は正常になり，ヒアルロン酸ナトリウム 0.1％点眼薬のみ継続投与とした。術後 49 日，角膜は内眼角付近に灰色の瘢痕が少し残る程度まで透明に修復された（写真 7，8）。術後 91 日が経過し，角膜の瘢痕はさらに縮小し，視覚も良好で日常生活に支障なく，室内で飼い主とともに元気に過ごしている（写真 9，10）。

【コメント】

角膜損傷の治療および予後は，受傷からの経過時間，傷の深さ・大きさおよび眼内炎症の広がりの程度によって異なる。深部角膜潰瘍（深さが実質の 1/2 以上）は角膜穿孔の可能性があり，眼球破裂を予防するために，通常，緊急手術が必要である。緊急眼科手術としては，病変部への良好な血液供給，線維芽細胞や免疫グロブリン，全身投与された抗生物質などの供給促進，そして血清の抗コラゲナーゼ酵素効果などが期待できる結膜フラップ法を適用することが最も多い。非熟練者の切り出す結膜フラップでは，ともすれば，厚い瘢痕が残ることになりやすい。今回の症例は，深いが 3mm の小さな潰瘍であったこと，角膜穿孔が起こった直後に角膜縫合ができたこと，および炎症が深部に波及していなかったことから，角膜縫合後，第 3 眼瞼をフラップとして使用する方法を選択し，良好な結果が得られた。

角膜の潰瘍や外傷による角膜の穿孔や裂傷では，発見や診断が遅れるほど眼球内感染のリスクは高まることになる。眼球内感染が進むと全眼球炎となり失明と同時に敗血症や化膿性脳炎を継発し，死の転帰をとることもある。したがって，細菌性全眼球炎が認められた場合には眼球摘出が必要となる。深い角膜潰瘍や外傷による角膜の穿孔や裂傷がある場合，緊急の眼科における外科手術と細菌の培養と感受性検査に基づく抗菌剤療法が必須である。またこのような場合いろいろなフラップ法が開発されているが，要は角膜の損傷部位にフラップから遊走する肉芽組織を病変部位に定着させることにより，同時に必要な薬剤の作用を高め，しかもその部位の最も強力な保護役を果たすことになる。この第 3 眼瞼によるフラップ法は，患部の観察には不利であるが丈夫でしかも誰にでも正確に実施できる手術法である。救急・救命医療において，ジェネラリストとして，誰もが適切な手技を正確にできるようにしておくことは失明と重大な継発症を防ぐためにも極めて大切である。

(Vol.62 No.4, 2009 に掲載)

Case 41 DOG

体を痛がる症例

ミニチュア・ダックスフンド，6歳9か月齢，雌

【プロフィール】

ミニチュア・ダックスフンド，6歳9か月齢，雌。他院で急性出血性胃腸炎および食物アレルギーの治療を受けたことがある。各種の予防は完全に行われている。

室内で単独で飼育されている。食事はHill's サイエンスダイエット（ラム&ライス）である。

【主 訴】

4日前からどこかはわからないが，急にひどく体を痛がるようになったとのことで当院へ来院されたものである。

【physical examination】

体重は4.18kg，栄養状態は95%，体温は39.0℃，心拍数は154回/min，股動脈圧は100%であった。呼吸数はパンティングを示している。

意識レベルは100%で，姿勢・歩様は正常範囲内であった。頸部を屈曲させることで顕著な疼痛が認められた。

【プロブレム】

①頸部の激しい疼痛，②食欲廃絶，③頻脈。

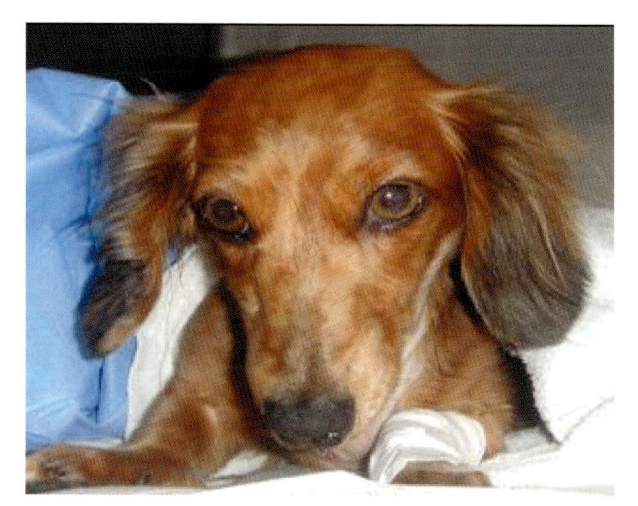

写真1 患者の外貌

【プラン】

①神経学的検査，②麻酔下での頸部X線検査，③頸部

表1 臨床病理検査

CBC			
WBC	4.13×10^3	$(6 \sim 17 \times 10^3)$	/μL
RBC	8.43×10^6	$(5.5 \sim 8.5 \times 10^4)$	/μL
Hb	21.8	(12～18)	g/dL
Ht	59.1	(37～55)	%
MCV	70.1	(60～77)	fL
MCHC	36.9	(32～36)	g/dL
血液の塗抹標本検査のリュウコグラム			
Band-N	0	(0～300)	/μL
Seg-N	2740	(3000～11500)	/μL
Lym	910	(1000～4800)	/μL
Mon	350	(150～1350)	/μL
Eos	110	(100～1250)	/μL
Bas	20	(0)	/μL
pl	335×10^3		/μL
血液化学検査			
TP	6.7	(5.2～8.2)	g/dL
Alb	3.5	(2.2～3.9)	g/dL
Glb	3.2	(2.5～4.5)	g/dL
ALT	81	(10～100)	U/L
ALKP	147	(23～212)	U/L
T-Bil	0.4	(0.0～0.9)	mg/dL
Chol	336	(110～320)	mg/dL
Lip	582	(200～1800)	U/L
Glc	139	(70～143)	mg/dL
BUN	5.0	(7～27)	mg/dL
Cr	1.0	(0.5～1.8)	mg/dL
P	10.0	(2.5～6.8)	mg/dL
静脈血の血液ガス検査			
pH	7.459	(7.35～7.45)	
pCO_2	37.2	(40～48)	mmHg
pO_2	38.0	(30～50)	mmHg
HCO_3	25.8	(20～25)	mmol/L
BE	1.9	(−4～4)	mmol/L
O_2 サチュレーション	75.4		%
TCO_2	26.9	(16～26)	mmol/L
電解質			
Na	144	(144～160)	mmol/L
K	3.3	(3.5～5.8)	mmol/L
Cl	105	(109～122)	mmol/L

（ ）内は本院における正常値を示す。
Laser Cyte〔IDEXX〕を使用。

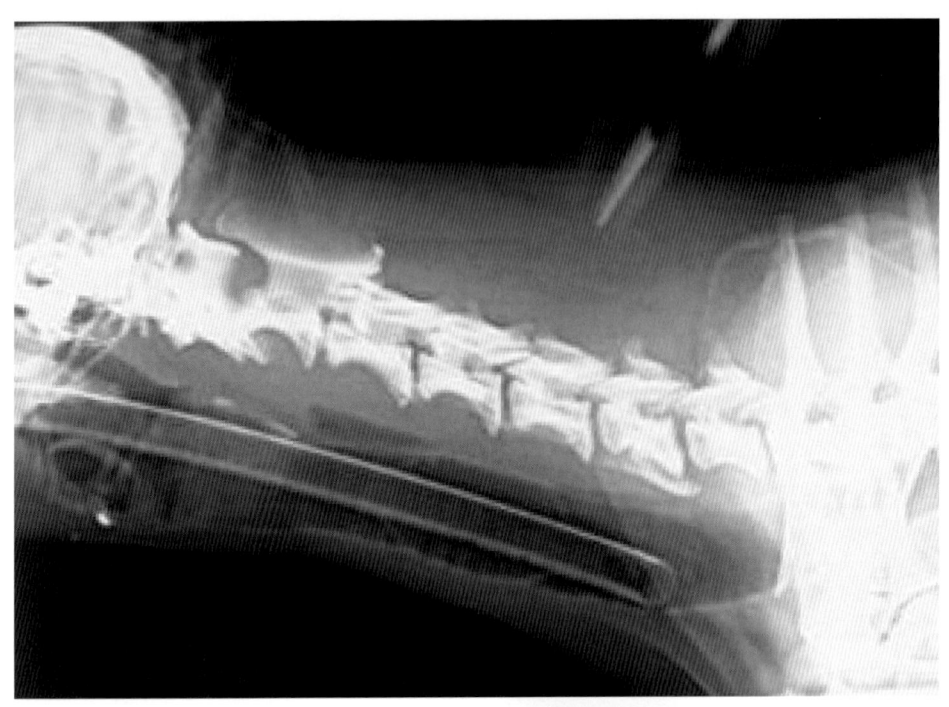

写真2　頸部単純X線写真　RL像

のCT検査，④麻酔前のルーチン検査。

【臨床病理検査】

CBCおよび血液化学検査の結果は表1の通りで，多項目にわたり軽度の異常が認められた。

【単純X線検査】

頸部RL像・VD像（写真2，3）：頭頸部の軟部組織の輪郭および骨格は正常範囲内である。

第2-3頸椎の椎間孔の狭窄と同部位脊柱管腹側にX線不透過性の椎間板物質と考えられる像が認められる以外は正常範囲内である。

【CT検査】（写真4，5，6）

第2-3頸椎に椎間板物質の押出し（逸脱）が確認される。また，椎間板物質は脊柱管腹側の約50%を占拠していることがわかる。

【診　断】

頸部椎間板ヘルニア（第2-第3頸椎）。

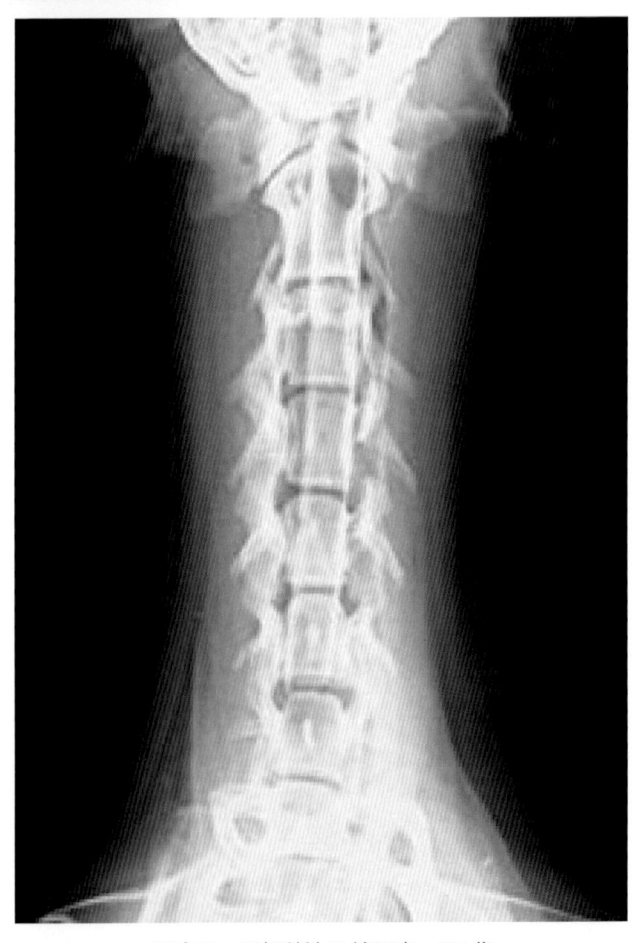

写真3　頸部単純X線写真　VD像

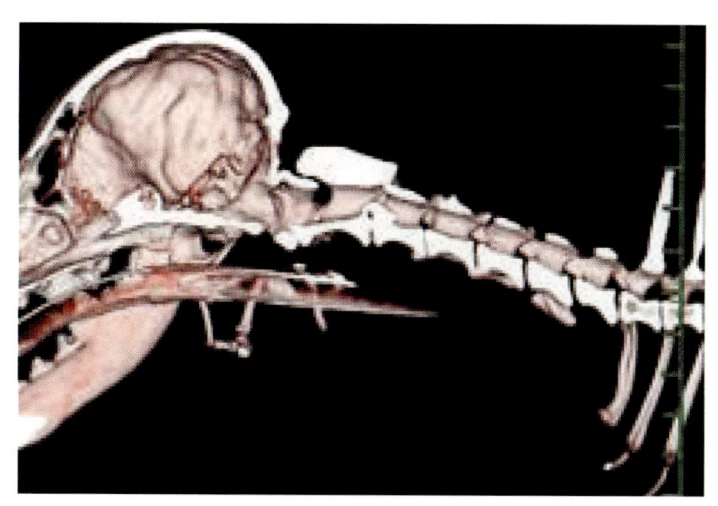

写真4　3D 構築 CT 像
後頭部頸部サジタル像

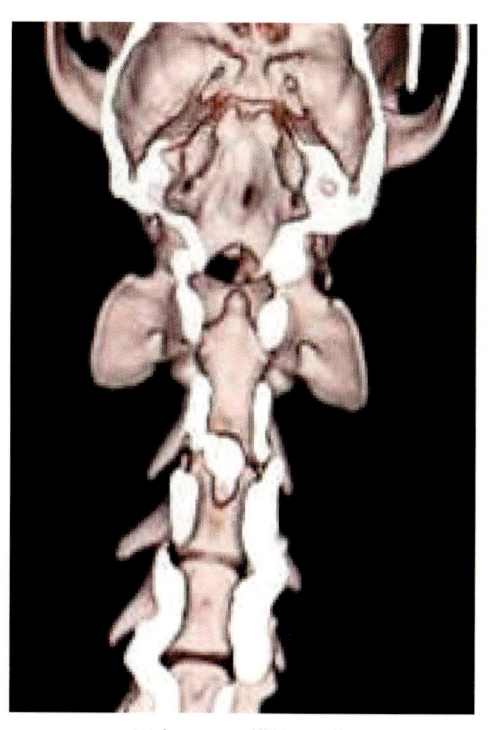

写真5　3D 構築 CT 像
後頭部上頸部コロナル像

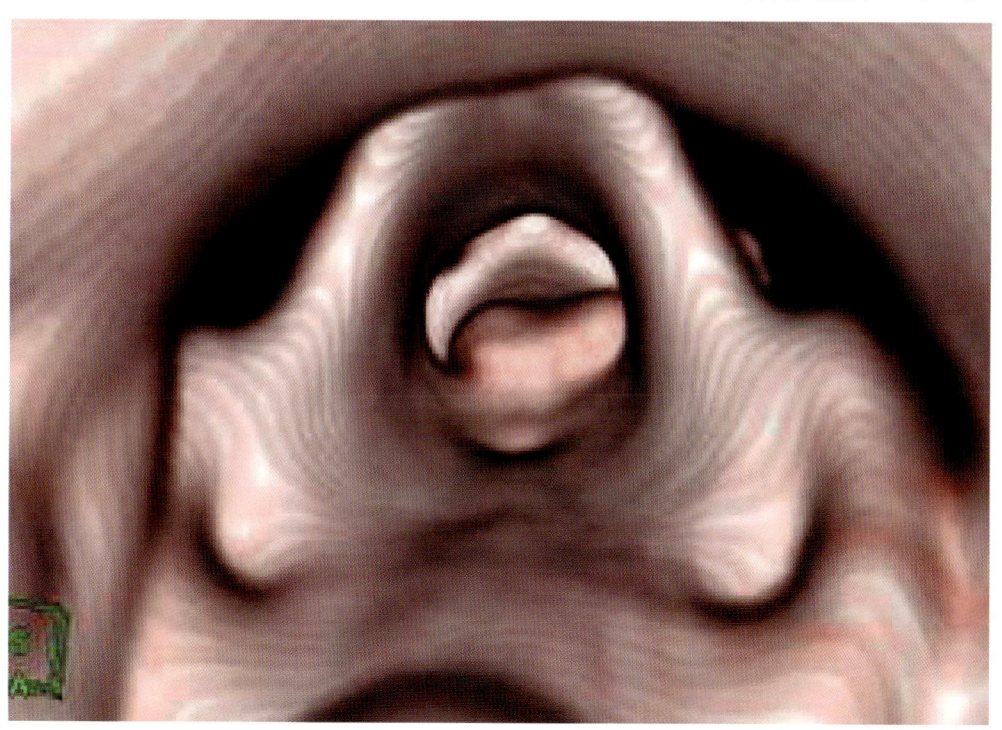

写真6　3D 構築 CT 像
内視鏡モードで脊柱管内の第 2-3 頸椎の所見

☞あなたならどうする。次頁へ

☞

①第2-3頸椎の腹側スロット形成術・椎間板物質除去術による治療
②術前・術後の十分なペインコントロール
③それらのことについての飼い主への十分な説明

【治療および経過】

　麻酔覚醒後，飼い主に各種検査結果を説明し，今回の症状は頸部第2-3椎間板ヘルニアに起因したものであり，治療法は手術による押し出している椎間板物質の除去による頸椎圧迫の解決にあることを説明した。

　手術の同意が得られたので，翌日手術が行われた。手術は第2-3頸椎のベントラルスロット法によるアプローチを予定し，3D-CT画像により，スロット幅の計測が行われた。

　麻酔はアトロピン0.05mg/kg IM，プロポフォール6mg/kg IVで導入し，O_2イソフルランガス麻酔で維持した。予防的抗生物質にセファレキシン22mg/kg IV，疼痛管理としてフェンタニル5μg/kg/h持続投与（CRI）およびブピバカイン局所注射2mg/kgを使用した。手術後の炎症を軽減する目的でコハク酸メチルプレドニゾロン10mg/kg IVを術前に投与した。

　患者は頸部を伸展させ，前肢を尾側に索引した姿勢で仰臥位に保定した。頸部の正中軸が上下左右に傾かないよう周囲にバスタオルを使用し正確な保定を行った。術野の消毒およびドレーピングの後に，頸部腹側の喉頭部から胸骨柄付近までの皮膚正中切開によりアプローチを行い，胸骨頭筋と胸骨舌骨筋を左右に分離し，気管，食道を右側に牽引して頸長筋の腹側を露出した。第6頸椎腹突起をランドマークにして第3頸椎を確認し，手術予定部位の頸長筋を正中切開し，第2-3頸椎椎体腹側を露出した。

　ストライカーサージカルバーを使用して各椎体の長さ1/4以内，脊柱管50%幅のスロットを形成した。スロットから探子を用いて椎間板物質の除去を行った。椎間板物質除去後，滅菌温生理食塩水で十分に洗浄と吸引を行ったのち，局所にブピバカインを注射後，常法に従い軟部組織を閉鎖した。

　術後の状態を確認するためX線検査およびCT検査を行った。術後の経過は順調で，術後7日で抜糸を行い退院とした。術後2週間後，3週間後，6週間後に歩行状態，

写真7　手術時の所見
スロット形成後の第2-3頸椎（向って右が頭側）

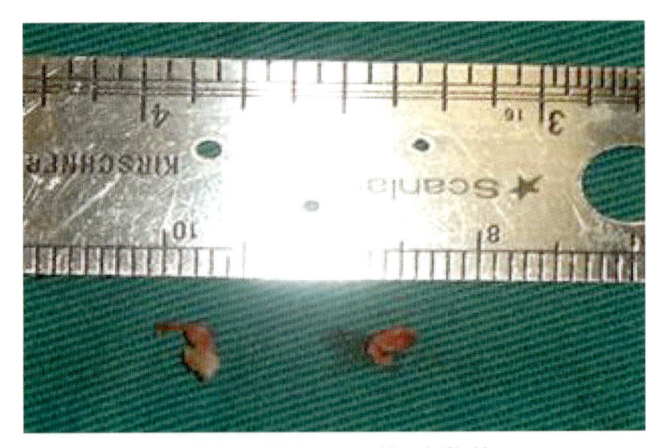

写真8　摘出された椎間板物質

頸部の疼痛，神経学的異常の評価を行ったが，頸部疼痛は全く認められず良好に経過し，手術部位においても異常は認められていない。

【コメント】

　頸椎の椎間板ヘルニアは古くからよく知られている疾患ではあるが，その正確な診断と治療については，専門家レベルの画像診断技術が必要とされる上に，飼い主からインフォームド・コンセントを得るための説明は，第4世代のCTが実用されるようになるまでは，日本では必ずしも容易ではなかった。それぞれの症例に応じた精密な外科手術が必要であっても十分には実施されてきたとはいえない。頸椎円板疾患の発症は小型犬では上部頸椎（第2-3頸

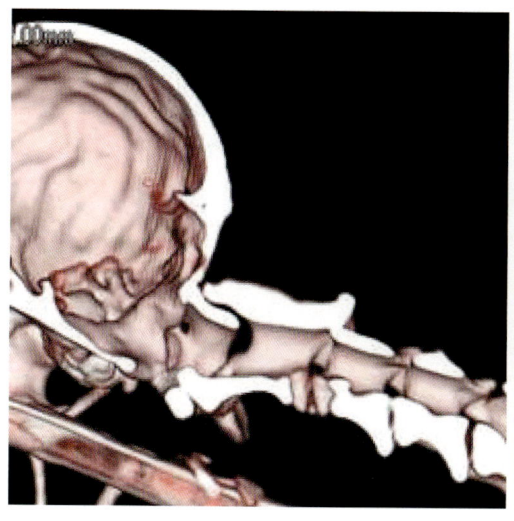

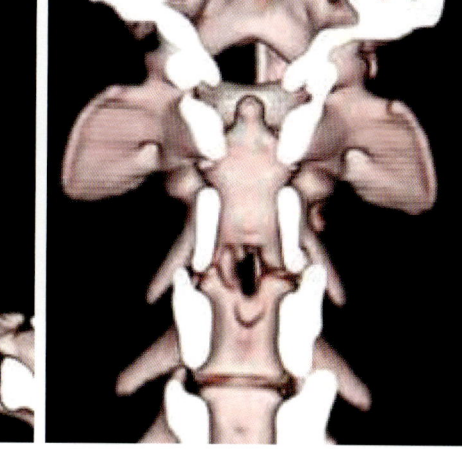

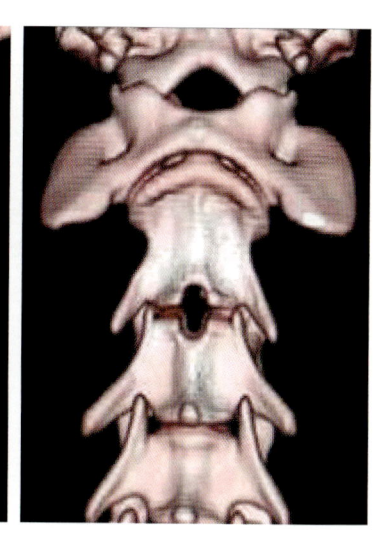

| 頭頸部サジタル像 | 頭頸部コロナル像：背側 | 頭頸部コロナル像：腹側 |

写真9　術後の3D構築CT像
適切なサイズのスロットが形成されており、押し出し（逸脱し）ている椎間板物質の存在は認められない。

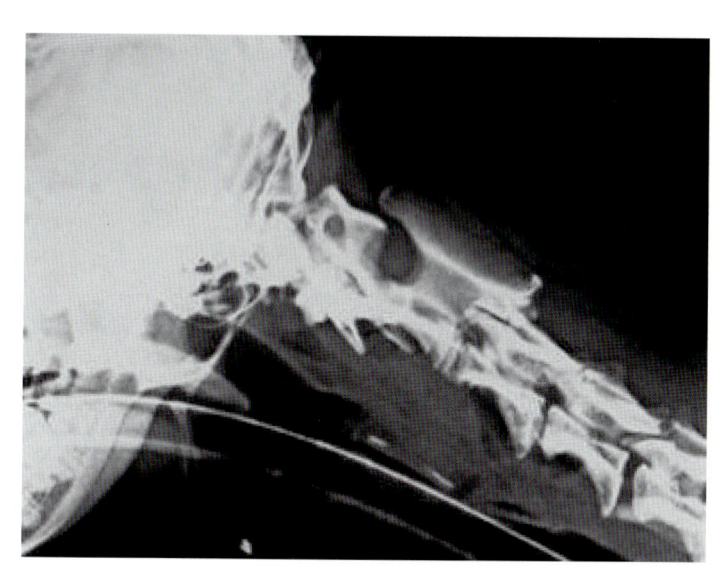

写真10　術後3か月目の頸部単純X線写真　RL像

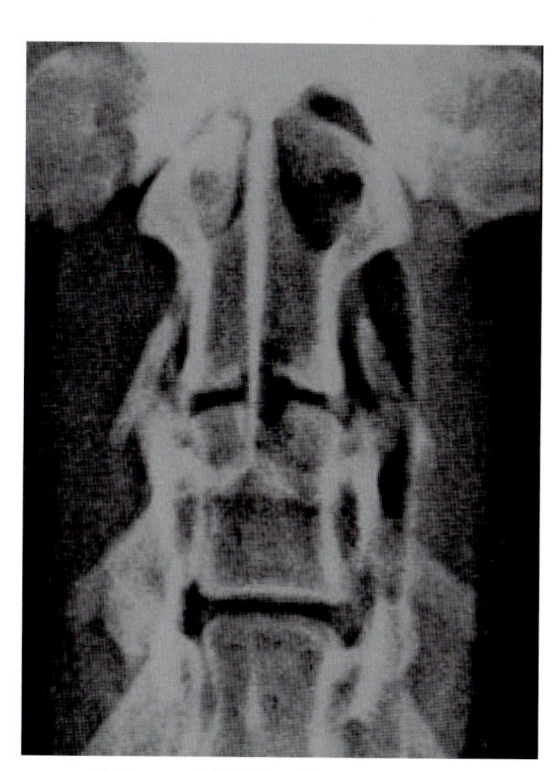

写真11　頸部単純X線写真　VD像

椎）に集中する傾向があるが，この部分では脊髄の減圧と円板の核物質の除去には腹側からのアプローチ以外に方法がなく，唯一の選択肢としてこのベントラルスロット法を選択せざるを得ない。しかし，この手術もひとつ間違えば確実に呼吸麻痺を起こさせ，結果として死につながる可能性あることを飼い主にも知らせておく必要がある。その意味で飼い主が事態を確実に理解して，術者の経験と技術に全てを賭けるということにならなければ，積極的に手術を行うことができなかった。

しかし，幸いにもCTが発達し，当院で第4世代のフ

ルスペックのAsteion Super 4（東芝）を使用できるので，今回の症例で認められたとおりの立体画像が得られる。これによって診断者，術者そして飼い主が同じ目線で，同じようにこの疾患を理解できるので，インフォームド・コンセントを得る上で，なにより役立つことになる。

このような疾患は命（特に呼吸）に直結していることが全ての関係者に画像でよく理解でき，確認できるため，それだけ速やかに食欲廃絶や頻拍などの強烈な痛みにさらされている患者を，この手術法で救うことができることは，患者と飼い主にとっても，また病院の獣医師やVTなどの全スタッフにとっても最高の福音である。

(Vol.62 No.5, 2009 に掲載)

Case 42 DOG

ふらつき，活動が低下した症例

チワワ，5歳齢，雄

【プロフィール】

チワワ，5歳齢，雄。特記すべき既往歴はない。各種の予防は完全に行われている。屋内で1頭のみで飼われている。食事はHill's サイエンスダイエット（アダルト）が与えられてる。

【主　訴】

2～3日前からどこかを痛がり，悲鳴をあげるようになった。また歩行時のふらつき，活動性の低下しているとのことで来院されたものである。

【physical examination】

体重は2.1kg，栄養状態は90%（BCS 2），体温は38.4℃，心拍数は108回/min，股動脈圧は100%，呼吸数は12回/minであった。

この時点では，意識レベルは100%で，姿勢・歩様は正常範囲内であった。左側鼠径内陰睾，歯石沈着，歯肉炎，前立腺肥大，膝蓋骨脱臼（Ⅱ/Ⅳ）が認められる。その他の神経学的・整形外科的検査は正常範囲内である。

【プロブレム】

①大泉門開存，②片側鼠径内陰睾，③前立腺肥大，④膝蓋骨脱臼症候群，⑤歯石沈着。

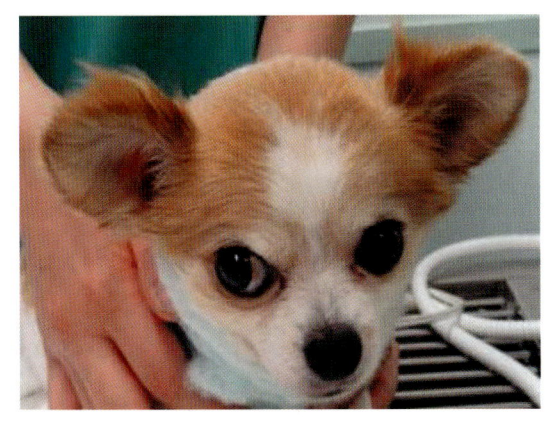

写真1　患者の外貌

【プラン】

①大泉門超音波検査，②頭頸部X線検査，③頭頸部CT

表1　臨床病理検査

CBC			
WBC	8.71×10^3	$(6 \sim 17 \times 10^3)$	/μL
RBC	6.85×10^6	$(5.5 \sim 8.5 \times 10^4)$	/μL
Hb	18.2	(12～18)	g/dL
Ht	46.9	(37～55)	%
MCV	68.4	(60～77)	fL
MCHC	38.7	(32～36)	g/dL
血液の塗抹標本検査のリュウコグラム			
Band-N	0	(0～300)	/μL
Seg-N	4690	(3000～11500)	/μL
Lym	2830	(1000～4800)	/μL
Mon	870	(150～1350)	/μL
Eos	290	(100～1250)	/μL
Bas	40	(0)	/μL
pl	395×10^3		/μL
血液化学検査			
TP	7.5	(5.2～8.2)	g/dL
Alb	3.3	(2.2～3.9)	g/dL
Glb	4.2	(2.5～4.5)	g/dL
ALT	46	(10～100)	U/L
ALKP	147	(23～212)	U/L
T-Bil	0.4	(0.0～0.9)	mg/dL
Chol	151	(110～320)	mg/dL
Lip	526	(200～1800)	U/L
Glc	133	(70～143)	mg/dL
BUN	17	(7～27)	mg/dL
Cr	0.9	(0.5～1.8)	mg/dL
Ca	9.4	(7.9～12.0)	mg/dL
静脈血の血液ガス検査			
pH	7.407	(7.35～7.45)	
pCO_2	52.2	(40～48)	mmHg
pO_2	29.7	(30～50)	mmHg
HCO_3	32.1	(20～25)	mmol/L
BE	7.4	(−4～4)	mmol/L
O_2サチュレーション	55.9		%
TCO_2	33.8	(16～26)	mmol/L
電解質			
Na	151	(144～160)	mmol/L
K	4.2	(3.5～5.8)	mmol/L
Cl	110	(109～122)	mmol/L

（　）内は本院における正常値を示す。
Laser Cyte〔IDEXX〕を使用。

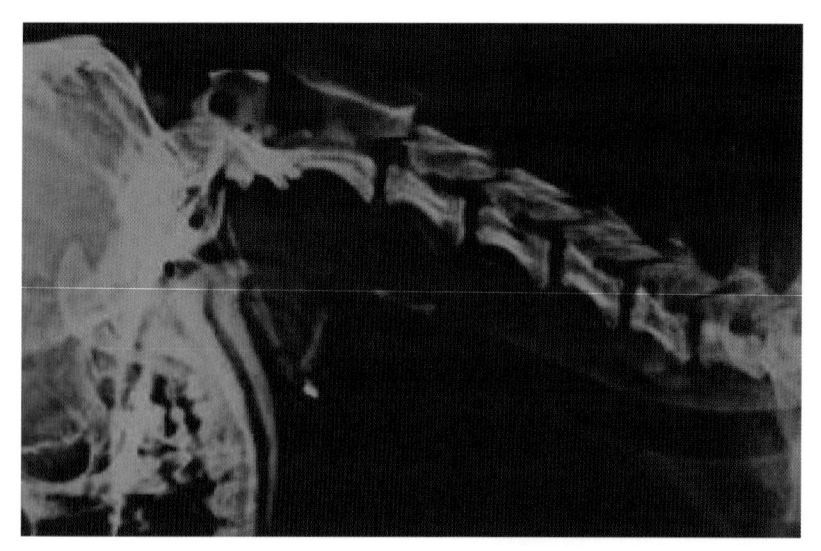

写真2　頭頸部単純X線写真　RL像

検査．④整形学的検査（麻酔下），⑤CBC，⑥血液化学検査，⑦心電図検査，⑧血圧検査等のルーチン検査．

【臨床病理検査】

CBCおよび血液化学検査の結果は表1の通りであった．

【尿検査】（膀胱穿刺尿）

尿比重は1.046であった．その他は正常範囲内であった．

【心電図検査】

心拍数（HR）は120回/min，MEAは+75度で，各波形は正常範囲内であった．

【血圧検査】

収縮期圧（SYS）は157mmHg，拡張期圧（DIA）は101mmHgで，平均血圧（MAP）は120mmHgあった．

【単純X線検査】

頭頸部RL像（屈曲時）（写真2）：頭頸部の軟部組織は正常範囲内である．頸部屈曲時，環椎軸椎背側で，軸椎棘突起は環椎背側面と2.2mm離れ，環椎軸椎関節亜脱臼が認められる．

頭頸部VD像（写真3）：頭頸部の軟部組織は正常範囲内である．軸椎歯突起は正常範囲内である．

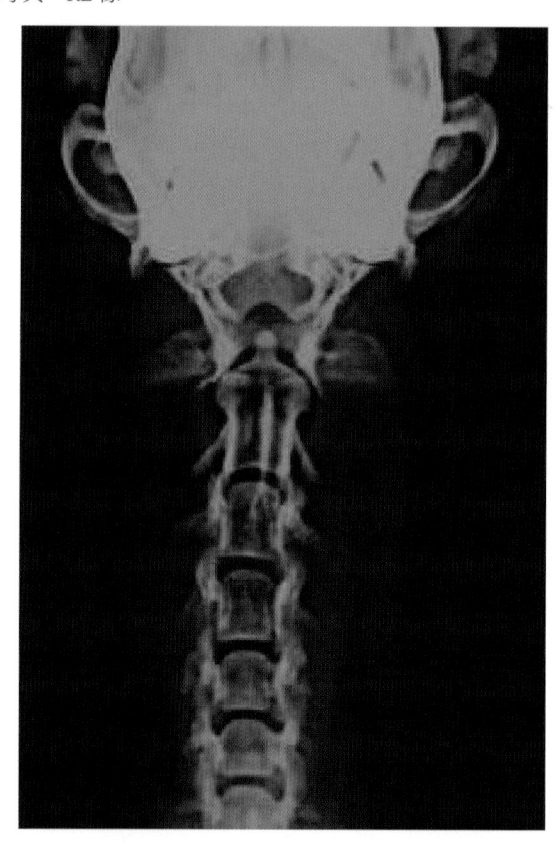

写真3　頭頸部単純X線写真　VD像

【頭頸部および腹部CT検査】（写真4，5，6，7）

腹部では直径約1.6cmの前立腺拡大が認められた．頭部では，左右対称性の中等度の脳室拡張が認められた．頸

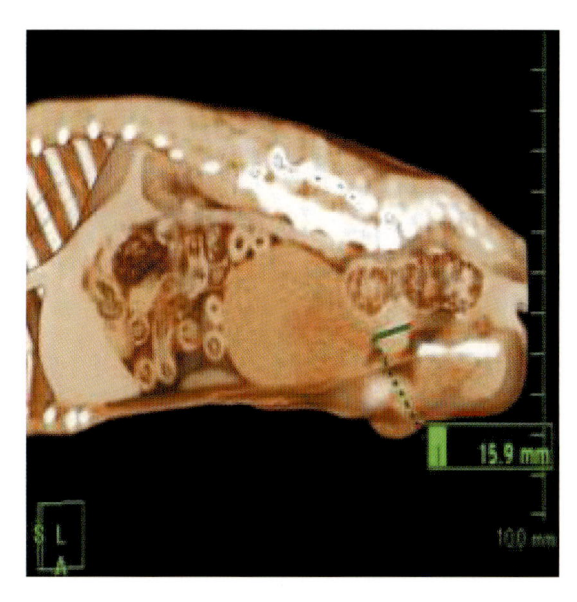

写真4　3D構築CT像　腹部サジタル像
小肝，過膨張膀胱と，前立腺の腫大が認められる。

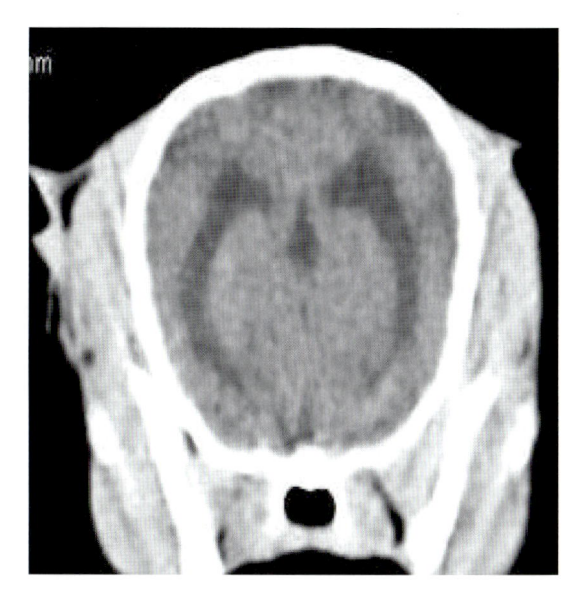

写真5　3D構築CT像　頭部アキシャル像
中等度の脳室拡大を伴う水頭症が，認められる。

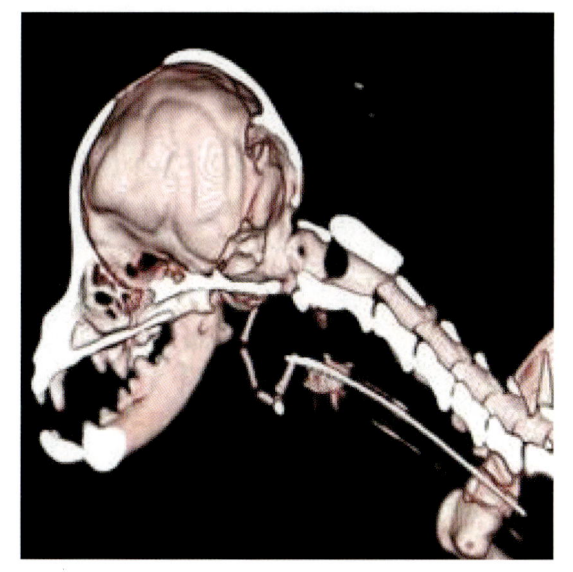

写真6　3D構築CT像　頭頸部サジタル像
頭頂大泉門の開存と，後頭骨形成不全が認められる。

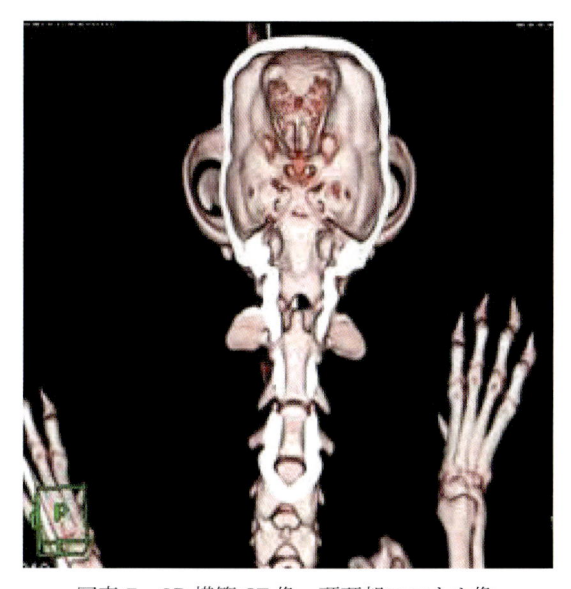

写真7　3D構築CT像　頭頸部コロナル像

部サジタル像およびコロナル像で，環椎軸椎関節および同部位の脊柱管アライメントは正常範囲内であった。サジタル像では，頭頂部に骨欠損が認められた。

また，麻酔下の整形学的検査は正常範囲内であった。

【診　断】

①大泉門開存と潜在性水頭症，②後頭骨形成不全，③環椎軸椎不安定症，④膝蓋骨内側脱臼症候群（Ⅱ/Ⅳ），⑤片側鼠径内陰睾，⑥前立腺肥大，⑦歯石と歯周病。

☞あなたならどうする。次頁へ

☞
①環椎軸椎関節固定術
②膝蓋骨脱臼整復術
③脳室皮下シャント形成術
④去勢手術（陰嚢・前立腺肥大）
⑤歯科処置（歯石沈着・歯周病）

【治療および経過】

全身麻酔下でのCT検査後，同麻酔下で引き続き，不妊手術および歯科処置が行われ，環軸椎（亜脱臼）不安定症のための頸部ネックブレースの装着を行った。

麻酔覚醒後，飼い主に各種検査結果を説明し，今回の症状は環椎軸椎（亜脱臼）不安定症に起因したものであり，唯一の根治療法は，手術による関節固定術であることを説明した。しかしながら，患者は間歇的な頸部疼痛を示すのみで，不全麻痺は認められないことから，手術に対する飼い主の同意は得られず，頸部ネックブレースの装着，および2週間のケージレストを行うことになった。

その後，ネックブレース解除後も症状の再発が認められなかった。しかし，診断から3か月目，および4か月目に頸部の疼痛の再発が認められたので，再度，手術の必要性を説明し，同意が得られたので，環椎軸椎関節固定術を行った。

手術は腹側椎体固定法（キルシュナーピンと骨セメント）を予定，3D-CT画像により，ピンの方向，数，長さの決定を行った。麻酔はアトロピン（0.05mg/kg IM），プロポフォール（6mg/kg IV）で導入し，O_2イソフルランガス麻酔で維持した。

予防的抗生物質にセファレキシン（22mg/kg IV），疼痛管理としてフェンタニル（5μg/kg/h）の定量継続注入装置（CRI）による投与，およびブピバカインの局所注射（2mg/kg）を使用した。また，周術期の損傷性炎症を軽減する目的で，コハク酸メチルプレドニゾロン（10mg/kg IV）を術前に投与した。

患者は頸部を伸展させ，前肢を尾側に索引した姿勢で仰臥位に保定した。頸部が上下左右に傾かないよう周囲にバスタオルを使用して，できるだけ正確な正中背臥保定を行った。術野の消毒，およびドレーピングの後，完全に頸部正中線が正しい位置になるようにして，頸部腹側の喉頭

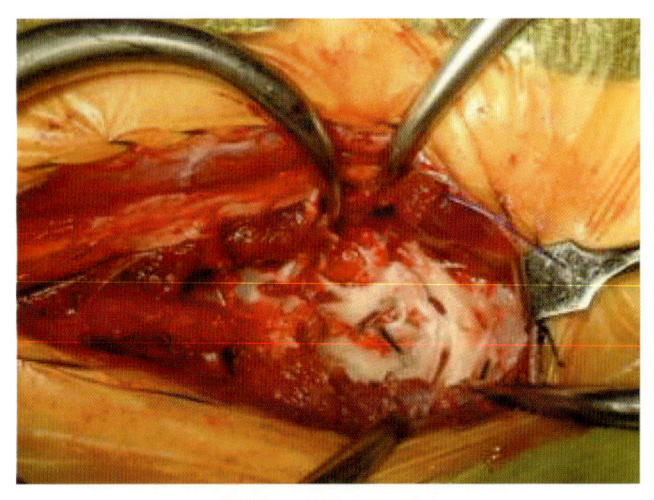

写真8　手術時の所見
キルシュナーワイヤー4本を椎体に固定

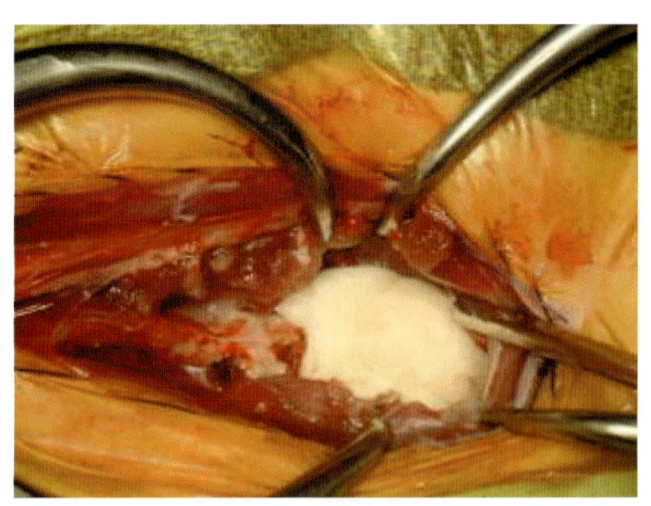

写真9　手術時の所見
4本全てを一括してPMMAで固定

部から胸骨柄付近までの皮膚正中切開によりアプローチ。胸骨頭筋と胸骨舌骨筋を左右に分離し，術野を保つために気管，食道をゲルピーセルフリトラクターを使用して右側に牽引して，頸長筋の腹側を露出した。胸骨甲状筋は甲状軟骨近位で一時的な切断を行った。頸長筋を正中切開し，環椎－軸椎腹側を露出した。軽度に肥厚した関節包をメスで切開し，関節内部および歯突起の状態を確認した。椎体の骨癒合を促進するため，サージカルバーを使用して，環椎－軸椎関節軟骨を必要なだけ除去した。環椎－軸椎関節を正常位に整復した状態で，使用する支持用キルシュナー

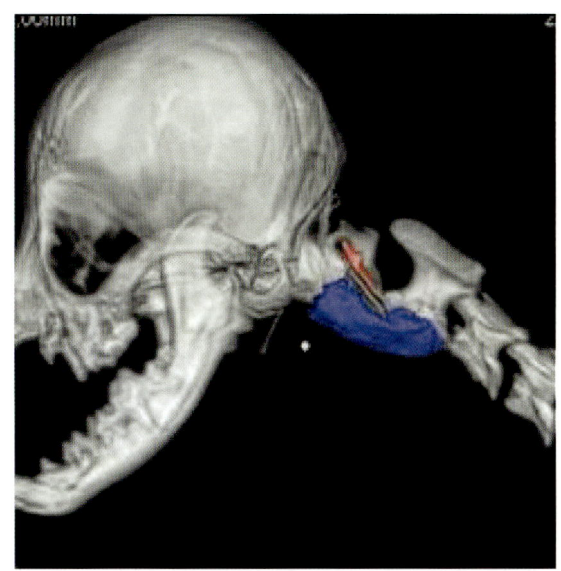

頭頸部サジタル像 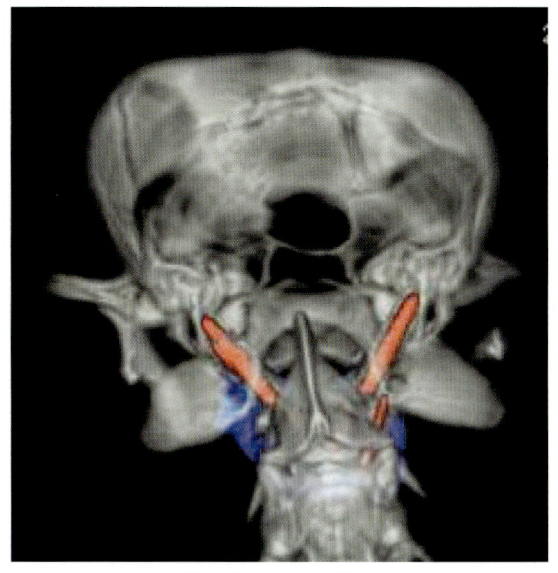　　　　　　　　　　　頭頸部コロナル像

写真10　術後の3D構築CT像
赤（ピン），青（骨セメント）

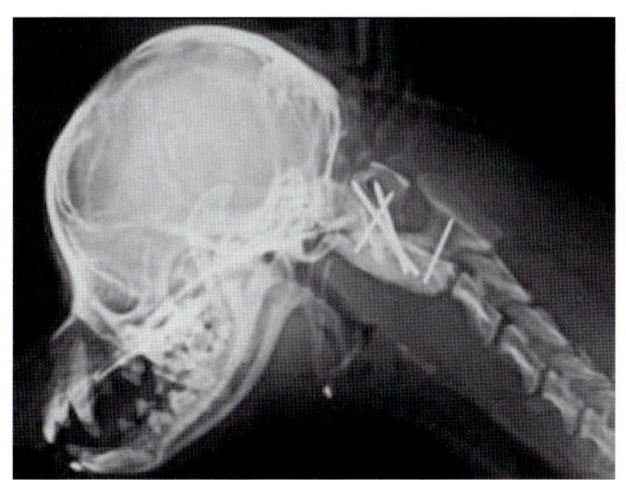

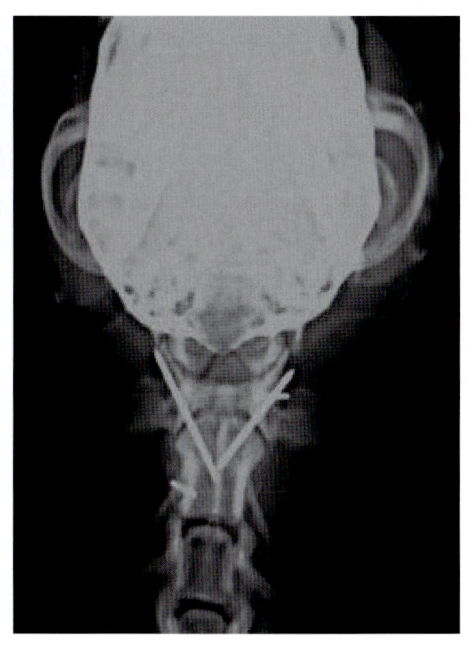

写真11　術後3か月目の頸部単純X線写真
RL像（上），VD像（右）
インプラント破綻は認めず，環椎軸椎関節は安定している。

ピン0.045インチ（経関節ピン）よりも細い径のドリルビットを使用し、経関節ピンニングのためのプレドリリングを行った。経関節ピンは軸椎腹側の中心部付近から外背側に向けて刺入し、同側環椎軸椎関節窩の中心を経由して、環椎頭側の翼切痕に向け、装着した。対側も同様に装着し、ピンは椎体から10mm程度の長さを残して、切断した。

次に各椎体（環椎＆軸椎）に1本ずつ設置する固定用キルシュナーピン（0.035インチ）も経関節ピン同様、プレドリリングを行ったのち設置した。それぞれのピン（合計4本）を骨セメントで一括固定した。環椎軸椎関節固定後、切断した胸骨甲状筋を縫合し、局所にブピバカインを注射後、常法に従い軟部組織を閉鎖した。

術後は整復状態を確認するためにX線検査，およびCT検査を行った。頸部コルセットを着用し，患者の頭部を高くした状態でゆっくりと麻酔覚醒させた。術後の経過は順調で，飼い主の希望があったので，十分なリハビリテーションのため，術後34日で退院した。術後2か月，3か月に歩行状態・神経学的異常の評価，X線検査でインプラントの評価を行った。

　現在（術後4か月）もインプラント破綻は認められず，環軸関節固定の状態は安定を維持し，間歇的に認められた症状（頸部疼痛）もなく，良好に経過している。

　また，患者は初診時のCT検査で脳室拡張が認められた水頭症に対して，今後は厳密なモニタリングを行っていく予定である。

【コメント】

　恐らく，耳にたこができるくらい述べてきたが，いかなる疾患も，素因（単純な遺伝ではなく各因子がかかわった遺伝的要因）なくしては起こることはない。その意味で，短頭種の上部気道閉塞性症候群や，本症例で認められる膝蓋骨内側脱臼，水頭症などは，いずれもその典型というべきものであろう。この原因は，言うまでもなく，オオカミを祖先とした犬を，人の形質上の好みから家畜化する過程で，人が選択的に行う育種学的な近親交配を通じて，このような品種を作りあげてきたことにある。

　本例のような疾患は，超小型犬以外では，外傷や事故などによる物理的な力が加わったときにしか，ほとんどみることはない。一方，超小型犬（純血種だけでなく混血を含む）では，しばしば認められる。品種はとわないが，特にチワワ，トイ・プードル，ヨークシャー・テリア，マルチーズなどに多発する。

　この疾患の場合は，第2-3頸椎間の椎間板疾患の場合と異なり，診断は比較的単純で，単純X線撮影で容易に診断できることである。それは第1-2頸椎の背側を結び付けている靱帯群に欠陥があるために起きるのが普通であり，亜脱臼が極めて起こりやすい。このことは飼い主にとってもよく説明を受ければ理解できる。問題は診断ができたからといって，必ずしもそれで外科手術が行えるような単純な疾患ではなく，ひとつ間違えば呼吸筋が働けなくなるために，確実に，死に至る状態なのである。

　またこの疾患では，後頭骨，特に大孔をめぐる部分，第1-2頸椎の関節部分の形成不全か無形成（例えば歯突起の）を伴うこともしばしばである。それゆえに，この疾患群の診断と治療にはCTによる立体画像診断が，特に必須ということになる。

　手術法はこの疾患の存在が認められた当初は，第1-2頸椎間の亜脱臼を起こす理由は，単純に環軸靱帯が伸びたり，断裂したりするため，と考えられていた。したがって，単純に，この部分を補強すればよいということで，対処されてきたが，その方法では再発を繰り返すことになることから，背側ではなく，腹側からのアプローチによる環軸関節固定術が好んで行われるようになっている。

　しかし，この部分の頸椎も物理的に小さく脆弱であることから，その固定はテキストにあるようにピンを簡単に使えればよいが，実症例ではなかなか難しく，種々の固定のための工夫を行うことが，必要になる。この疾患の治療で最も大切なことは，物理的，力学的，解剖学的に，環軸関節が必要なだけ，強固に固定できる工夫をすることである。そしてその工夫により，手術がより安全に実施でき，良好な結果が約束されれば，術者とチームの術中，術後のストレスも軽減されるのである。今回の症例が，その工夫の1例として，お役に立てばと願うものである。

(Vol.62 No.6, 2009 に掲載)

Case 43 DOG

両眼の瞬膜がでた症例

ラブラドール・レトリーバー，11歳齢，雌

【プロフィール】

ラブラドール・レトリーバー，11歳齢，雌，子宮・卵巣摘出済み。椎間板ヘルニアとの診断で，内科的治療を他院で受けている。各種の予防は，完全に行われている。屋内で1頭のみで飼われている。食事はHill'sサイエンスダイエットシニアドライとホームメイド（野菜，ヨーグルト）が与えられている。

【主 訴】

数時間前から，両眼の瞬膜が出ている。

【physical examination】

体重は35.8kg，栄養状態は110%（BCS 4），体温は39.4℃，心拍数は120回/min，股動脈圧は100%であった。呼吸はパンティングを示していた。

意識レベルは100%で，体表に多数の軟らかいマスが認められた。

両眼の瞬膜突出，および流涙が認められた。左眼では眼瞼結膜浮腫，赤目（red eye），縮瞳，角膜白濁（浮腫），疼痛が認められた。

【プロブレム】

①両眼：瞬膜突出，②左眼：縮瞳，red eye，疼痛，角膜浮腫，結膜浮腫，③肥満，④体表マス，

【プラン】

①眼圧検査，②角膜染色検査，③眼内超音波検査，④CBC，⑤血液化学検査，⑥T4，⑦心電図検査，⑧血圧検査，⑨胸腹X線検査，⑩尿検査，⑪CT検査，⑫房水検査。

【臨床病理検査】

CBC，および血液化学検査の結果は，表1の通りであった。また，T4は1.5μg/dL（正常範囲内）であった。

【尿検査】（膀胱穿刺尿）

尿比重は1.050＜であった。その他は正常範囲内であった。

【心電図検査】

心拍数（HR）は120回/min，MEAは＋75度であり，各波形は正常範囲内であった。

【血圧検査】

収縮期圧（SYS）は157mmHg，拡張期圧（DIA）は101mmHgであり，平均血圧（MAP）は120mmHgあった。

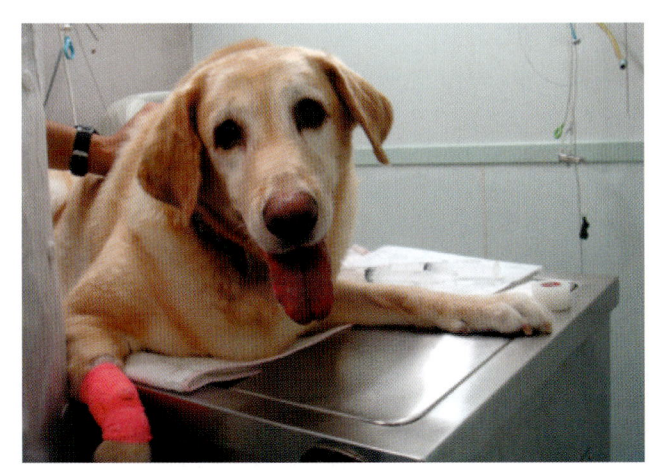

写真1　患者の外貌

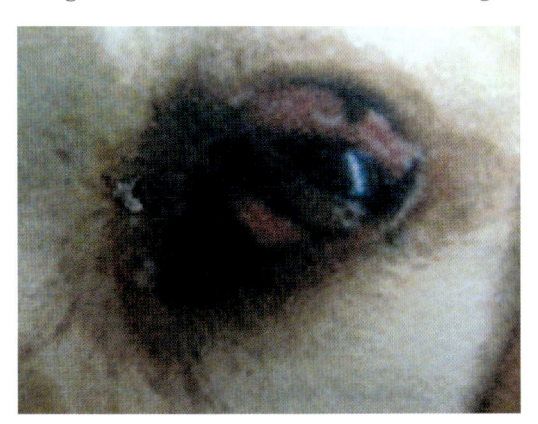

写真2　来院時の左眼

表1　臨床病理検査			
CBC			
WBC	5.53 × 10³	(6 ～ 17 × 10³)	/μL
RBC	5.53 × 10⁶	(5.5 ～ 8.5 × 10⁶)	/μL
Hb	17.3	(12 ～ 18)	g/dL
Ht	42.3	(37 ～ 55)	%
MCV	76.5	(60 ～ 77)	fL
血液の塗抹標本検査のリュウコグラム			
Band-N	0	(0～300)	/μL
Seg-N	4530	(3000～11500)	/μL
Lym	780	(1000～4800)	/μL
Mon	890	(150～1350)	/μL
Eos	200	(100～1250)	/μL
Bas	40	(0)	/μL
pl	122 × 10³		/μL
血液化学検査			
TP	6.5	(5.2 ～ 8.2)	g/dL
Alb	3.2	(2.2 ～ 3.9)	g/dL
Glb	3.3	(2.5～4.5)	g/dL
ALT	102	(10 ～ 100)	U/L
ALKP	147	(23 ～ 212)	U/L
T-Bil	0.4	(0.0～0.9)	mg/dL
Chol	181	(110～320)	mg/dL
Lip	804	(200 ～ 1800)	U/L
Glc	121	(70 ～ 143)	mg/dL
BUN	8	(7 ～ 27)	mg/dL
Cr	0.9	(0.5 ～ 1.8)	mg/dL
Ca	10.2	(7.9～12.0)	mg/dL
静脈血の血液ガス検査			
pH	7.585	(7.35～7.45)	
pCO₂	22.7	(40～48)	mmHg
pO₂	42.1	(30～50)	mmHg
HCO₃	21.0	(20～25)	mmol/L
BE	− 0.8	(− 4～4)	mmol/L
O₂ サチュレーション	86.5		%
TCO₂	21.7	(16～26)	mmol/L
電解質			
Na	147	(144～160)	mmol/L
K	4.0	(3.5～5.8)	mmol/L
Cl	112	(109～122)	mmol/L

（　）内は本院における正常値を示す。
Laser Cyte〔IDEXX〕を使用。

【眼科検査】

　角膜染色検査は，陰性であった。眼圧は右眼22，26mmHg，左眼68，72mmHgであった。眼内超音波検査では左眼前眼房に高エコー性のマス病変が認められた（写真3）。

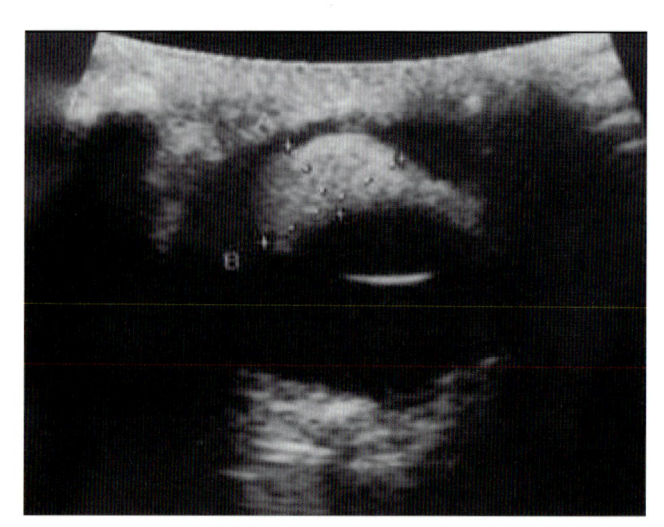

写真3　左眼の超音波像

【単純X線検査】

　胸部RL像・DV像（写真4, 5）：体表軟部組織は，肥満を反映して厚い脂肪組織が認められる。骨格は正常範囲内である。気管，気管支，肺野は正常範囲内である。心陰影も正常範囲内である。

　腹部RL像・VD像（写真6, 7）：体表軟部組織の輪郭は，正常範囲内である。骨格は，胸椎，および腰椎に変形性脊椎症が認められる以外は，正常範囲内である。肝臓，腎臓，および脾臓の陰影は，正常範囲内である。

【CT検査】（写真8～16）

　頭部では左眼内側毛様体に，マス病変（11mm×6mm）が認められた。胸部には，肺に微小な多数のマス病変が，腹部には，肝臓に約1cmのシスト（単発）が認められた。また変形性脊椎症，股関節形成不全，股関節骨関節炎が認められた。

【眼房水検査】

　左眼より眼房水0.15mLを採取して検査を行ったところ，メラニン色素含有腫瘍細胞が中等度量認められた。

【診　断】

①左眼2次性緑内障，②左眼黒色腫。

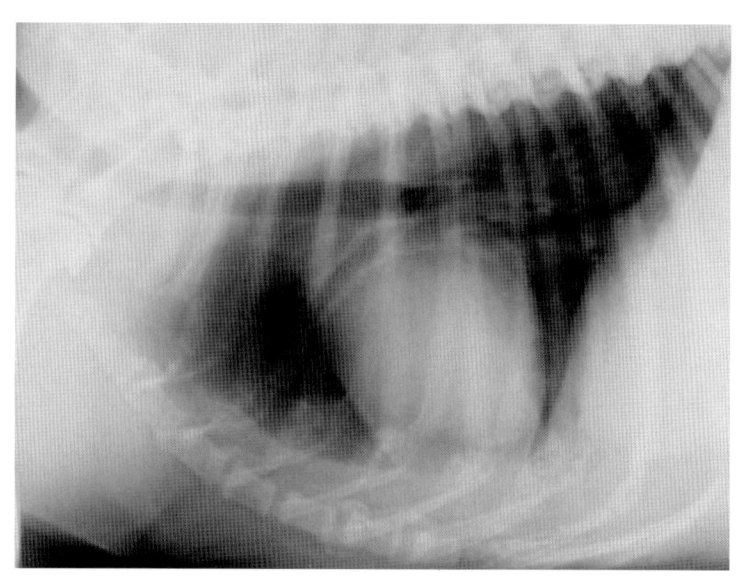

写真4　胸部単純X線写真　RL像

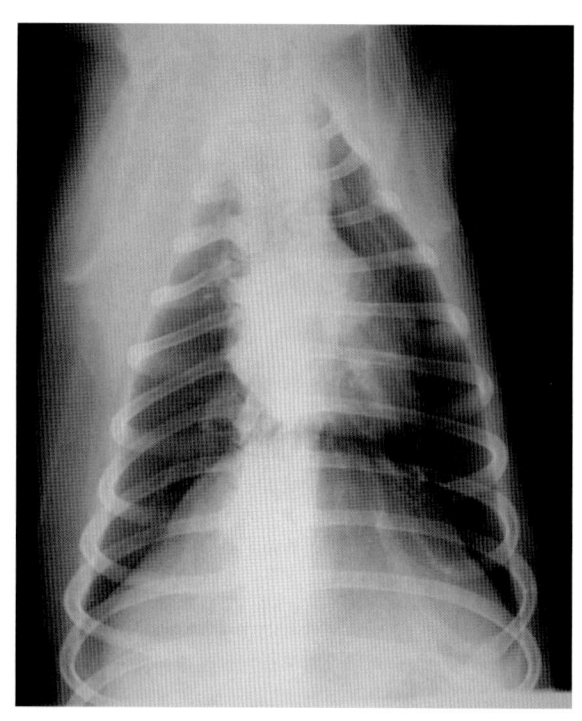

写真5　胸部単純X線写真　DV像

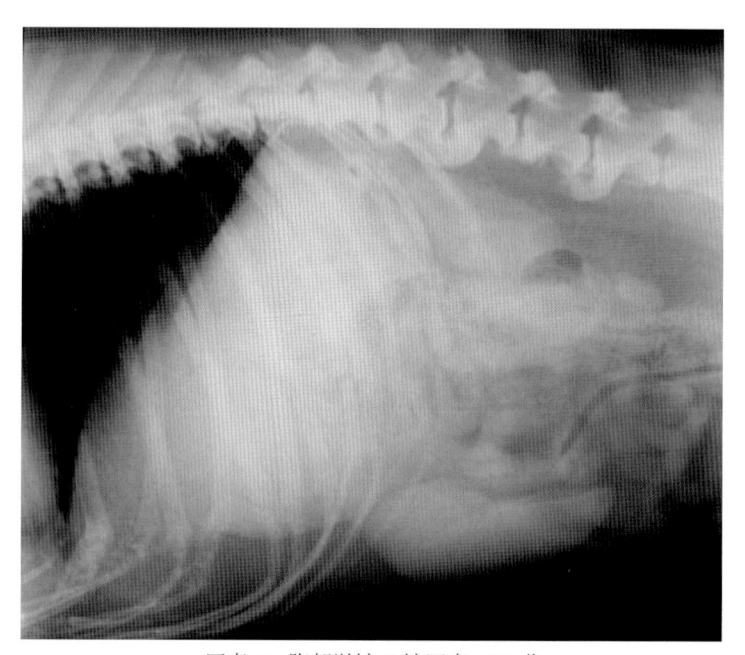

写真6　腹部単純X線写真　RL像

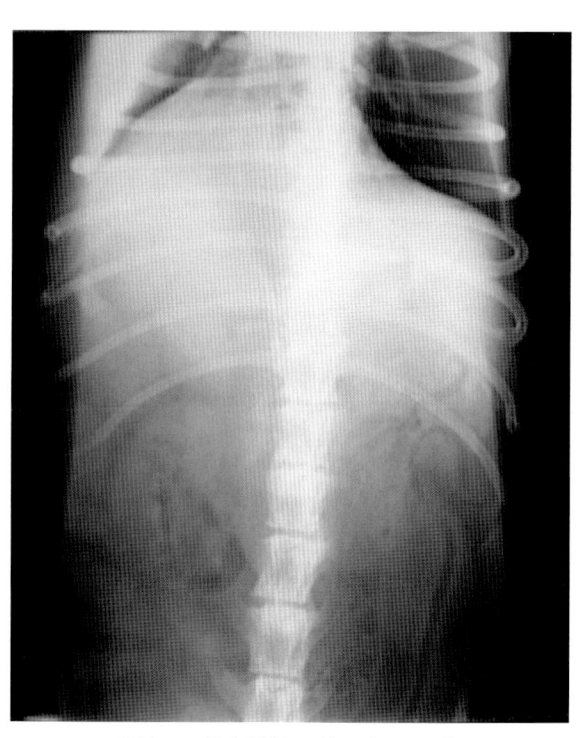

写真7　腹部単純X線写真　VD像

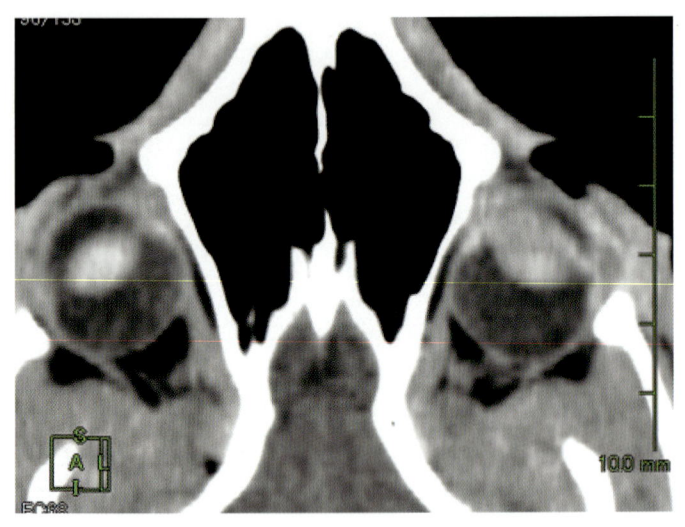

写真8　CT像　頭部コロナル像

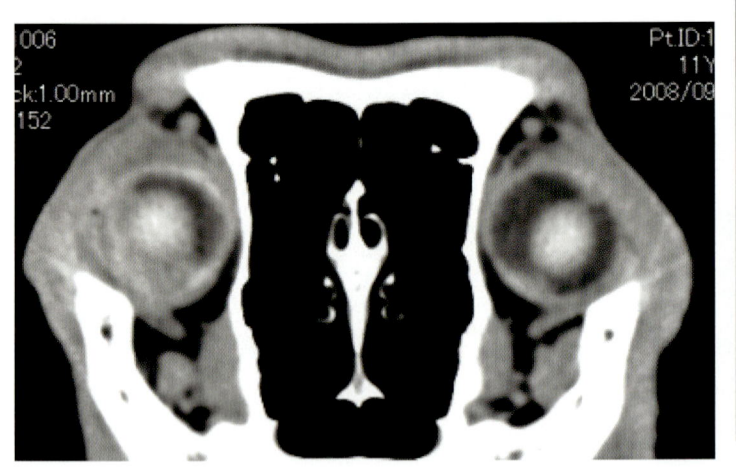

写真9　CT像　頭部コロナル像

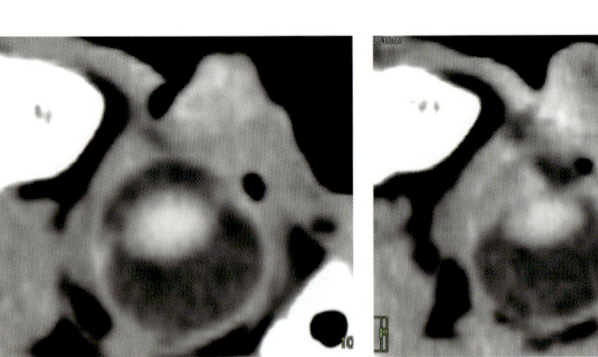

写真10　CT像
右眼サジタル像

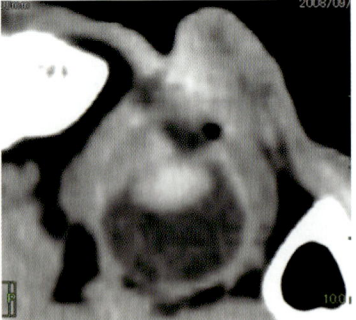

写真11　CT像
左眼サジタル像

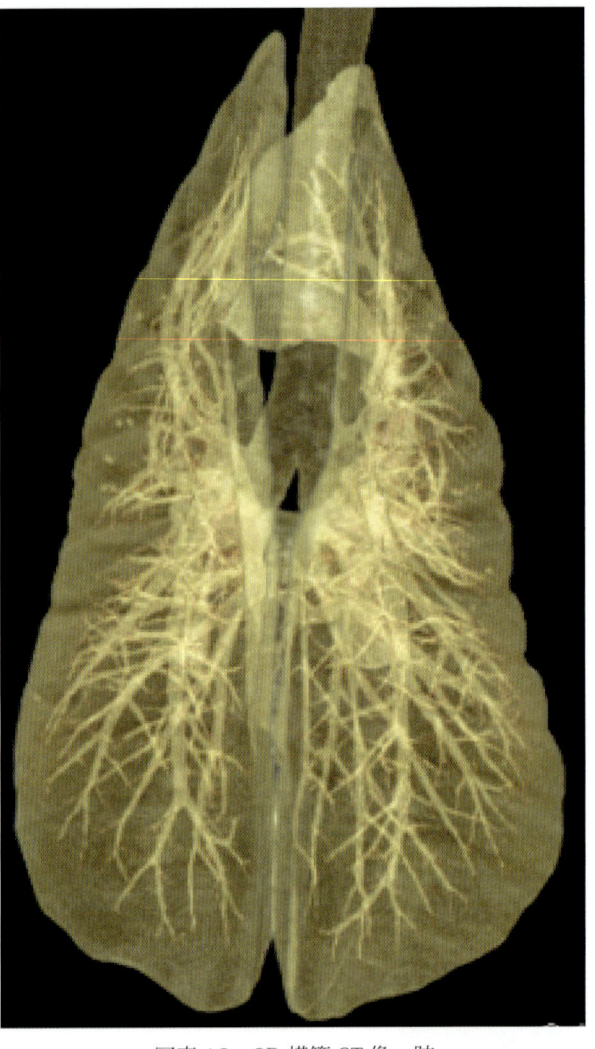

写真12　3D構築CT像　肺

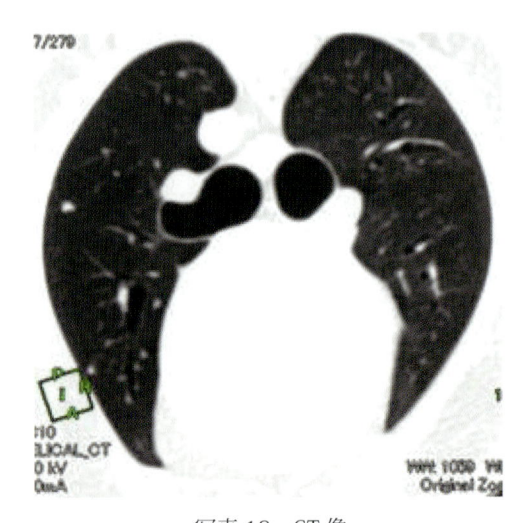

写真13　CT像
胸部アキシャル像

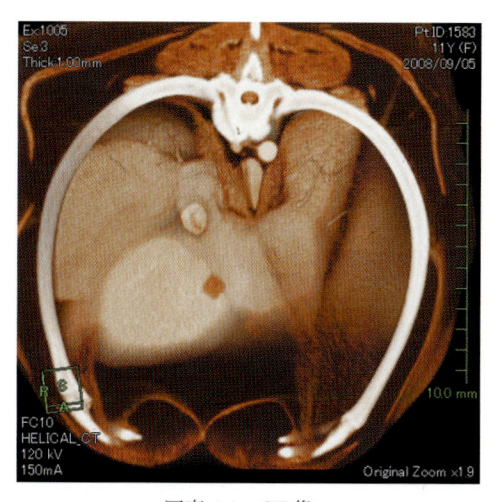

写真14　CT像
腹部アキシャル像

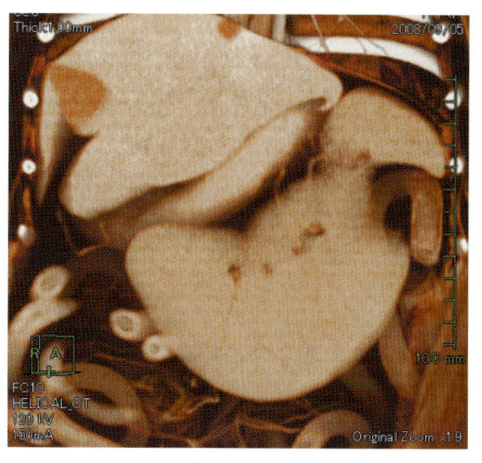

写真15　CT像
腹部コロナル像

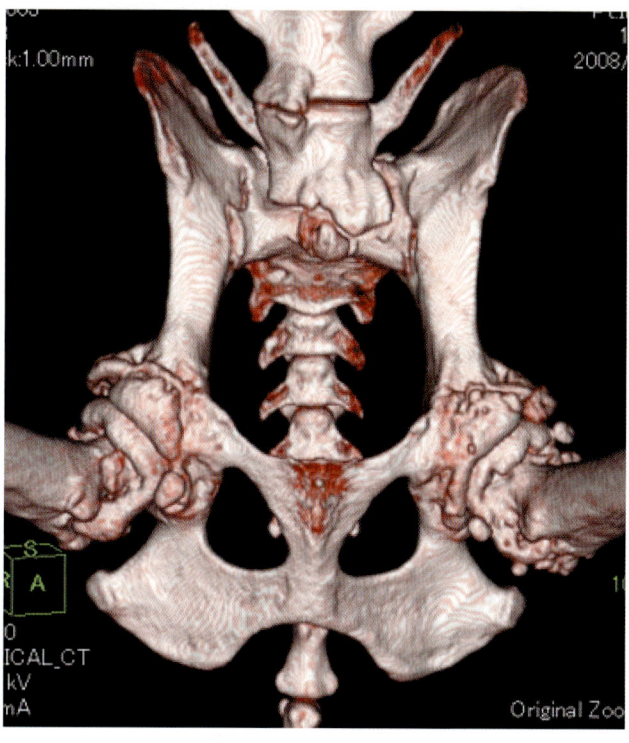

写真16　3D構築CT像
著しい股関節炎が認められる。

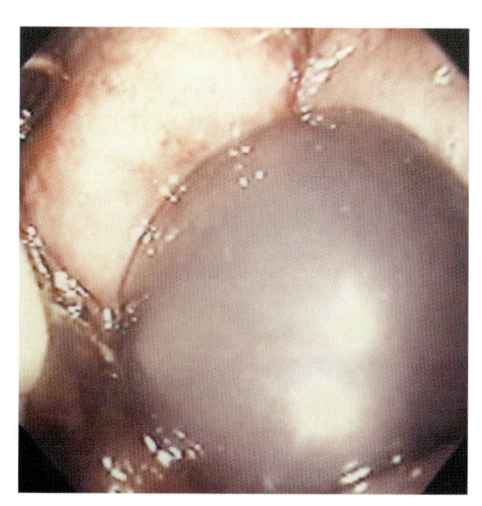

写真17　浮腫により白濁した角膜，腫脹した眼瞼結膜

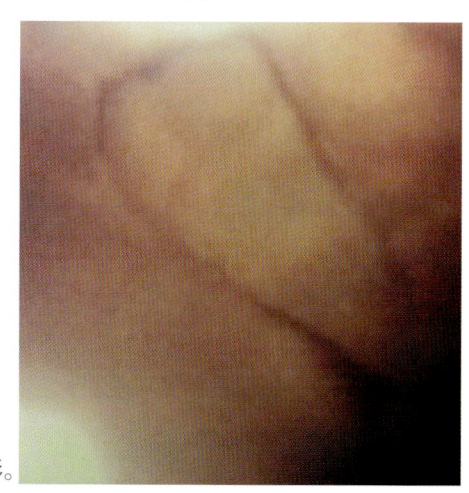

写真18　内視鏡カメラで左眼内を撮影。

☞あなたならどうする。次頁へ

① 緑内障に対する治療
② 眼球摘出（左眼）
③ 眼球病理組織検査

【治療および経過】

眼科検査の結果，左眼の眼圧が著しく上昇しており，緑内障と診断した。眼内は，角膜浮腫により検眼鏡による精査は困難であったが，超音波検査で左眼の前眼房内に11mm×6mm大の腫瘤が確認された。マンニトール（1g/kg IV）およびフロセミド（0.75mg/kg IV），局所の眼圧降下剤としてキサラタン点眼（1時間毎）を行ったが，眼圧は下がらなかった。確定診断を得るために，全身麻酔下で全身のCT検査，および検体採取と一時的眼圧降下を目的に眼房水を採取し，検査を行った。CT検査で，左眼前房内に広範囲にマス病変が認められた。眼内細胞の分析のため，26G針を背側結膜より前房に刺入し，房水を0.15mL採取した。細胞診でメラニン細胞が認められ，左眼前眼房内黒色腫と診断した。眼房水採取後は，眼圧は17mmHgと正常化し，翌日も15mmHgと正常範囲内であったが，左眼の視力の回復は認められなかった。

飼い主と話し合い，同意が得られたので，入院3日目に左側眼球摘出術を行った。

プロポフォール・アトロピンで麻酔導入し，イソフルランガス麻酔で維持を行った。疼痛管理として，ブプレノルフィンとメロキシカムを，抗生物質は，アンピシリンを投与した。

腫瘍細胞を眼球とともに完全に取り除くため，外科手術的アプローチは，経眼瞼眼球摘出法を選択した。眼瞼はベタフィルで縫合保持し，皮膚切開・剥離を行った。結膜嚢を穿孔させないよう，眼瞼下織を眼窩からできるだけ離すようにして剥離し，外眼角・内眼角の靭帯筋肉を触知し切断した。眼球と結合する外眼筋を切断し，眼球を上に牽引しながら視神経を曲鉗子で触知し保持，切断した。摘出後，眼窩腔に細かく切ったネラトンチューブ（ポリ塩化ビニル）と抗生物質軟膏で死腔を埋め，眼窩筋膜を吸収糸（MAXON3-0）を用いて連続縫合を行い，ベタフィルで皮膚を単純結節縫合した。

術後は，抗生物質投与と疼痛管理を3日間行った。経

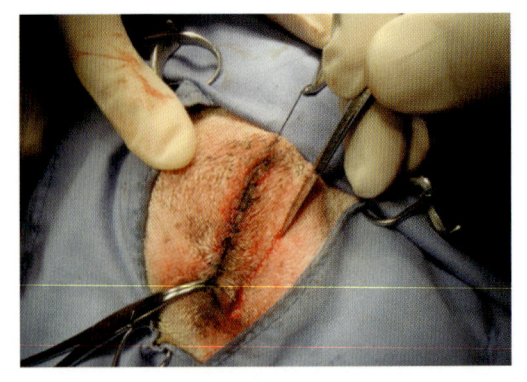

写真19　眼瞼を縫合

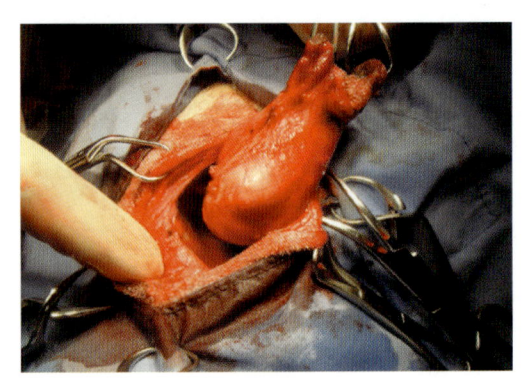

写真20　剥離後眼球を牽引

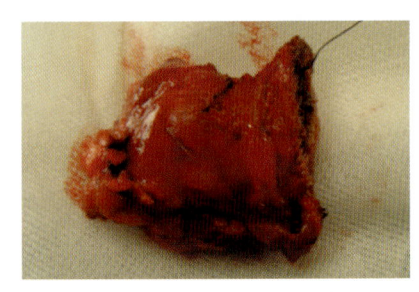

写真21　摘出した眼球

過は順調で，食欲もあり術部も良好であったため，術後3日目に退院した。

左側眼球の病理組織所見・診断：軽度の慢性リンパ形質細胞性結膜炎と，軽度の粘膜下水腫，眼球骨格筋の高度な変性がみられる。虹彩と毛様体のスライドは，わずかに多形性があり，多量の色素を有する腫瘍性メラノサイトのシートを含んでいる。腫瘍性メラノサイトの増殖は，虹彩角膜角と断片化した後部角膜辺縁の両方におよび，軽度に変性した好中球と少数のマクロファージが混在している。虹彩角膜角に，軽度の肉芽腫性炎症が見られ，軽度の線維

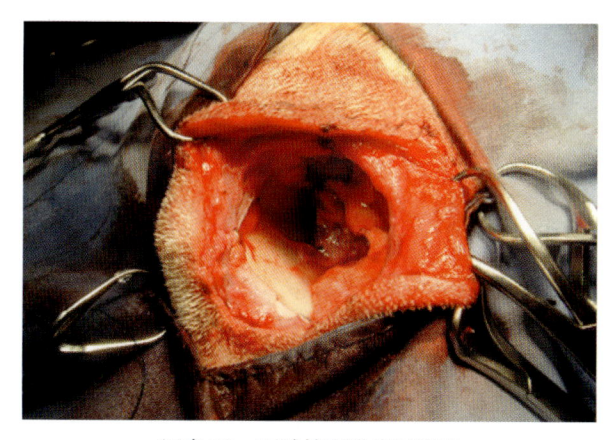

写真22　眼球摘出後の眼窩腔

増生を伴っている。網膜の小断片と網膜色素上皮の鈍縁化（網膜剥離）が見られる。診断は，前部ブドウ膜黒色腫，亜急性前部ブドウ膜炎。

現在，術後5か月が経過し，患者の状態は良好である。今後は，CT検査で偶発的に見つかった肝臓のシスト，および肺のマス病変に対して，モニターしていく予定である。また，股関節の関節炎に対しては，コンドロイチン-A4＋グルコサミンのサプリメント（GLC® 1000, GLC Direct LLC社）を継続しており，現在までのところ症状はない。

【コメント】

本症例は眼球原発性の腫瘍であると考えられる。それも毛様体の腫瘍である。米軍獣医病理学研究所の統計によれば，眼球内腫瘍のうちメラノーマ（黒色腫）は12％で，その他の原発性眼球腫瘍は14％，眼球内転移性腫瘍は9％である。7歳以上に多く，品種，性別における特徴は認められない。眼球のメラノーマは実験的に子猫のサルコーマウイルスの眼球内への注射で発症させることができる。

大切なことは，眼球内メラノーマの大多数は良性であり，毛様体から生ずるのが普通である。

細胞のタイプでいくつかの分類が提唱されているが，臨床上の結果や腫瘍の自然な動態との関係は認められていない。したがって，一般的に臨床上はメラノサイトーマ（黒色細胞腫）とメラノーマ（黒色腫）に分けられている。

良性腫瘍では核分裂像でハイパワー領域で2以下に対して，悪性腫瘍ではそれなりの細胞形態と少なくとも核分裂像は4以上であり，しばしば30を超えている。しかし，みかけ上の眼の状態，痛み具合は悪性の診断を決定づけるものではない。

眼球内黒色腫の転移率は約4％であり，通常，血行性に起こる。

良性腫瘍はとかく黒色性が強く，眼球内の腫瘍に対する治療法は，ごく初期のものではダイオードレーザーの焼灼術が行われるようになっているが，通常，より進行した状態で発見され，その場合，併発症，継発症の観点から眼瞼を含む眼球の摘出，すなわち本症例で行われた方法が適用されることになる。

飼い主にとって重要なことは，術後の経過であるが，組織学的に良性の黒色腫の予後は極めて良好である。すなわち眼球摘出術は，ほとんどの場合，完全治癒を期待できる。局所的切除やレーザーによる焼灼術は，単に緩和的なものである。

1研究に過ぎないが，組織学的に悪性の黒色腫の25％で3か月で転移が認められ，摘出後6か月以内にほとんどが安楽死せざるを得なかったと報告されている。

さて，本症例では，通常，腫瘍が存在する場合には全例で行われるべき胸部単純X線検査では正常範囲であったが，CT検査では多数の粟粒性腫瘤の存在が認められた。それらの腫瘤は，それ以上のことを調べていないので，眼球内原発性の黒色腫の転移であるかどうかは，現在のところ明らかではない。しかし，肝臓をはじめそのほかに転移性の病巣（腫瘤）は認められていない。

本症例での大きな教訓は，CTの応用・活用の不足である。CT検査なしで両後肢の異常から椎間板ヘルニアとの診断は全くの誤診であり，股関節形成不全の好発品種にもかかわらず，実施すべき標準のX線検査もなく，股関節形成不全は完全な見逃しである。7歳は人の約40歳に当たるがん年齢で，しかも腫瘍が多発する犬種であることから，必ずCT検査が必要であった。

また，確定はできていないが，状況証拠からすれば，単純胸部X線撮影では（直径5mmになるまでは検出できない）発見できなかった粟粒大のマスは肺転移である可能性がある。また，このような症例のフォローとしてもCT検査に優る画像診断（臨床的に）はない。

また，本症例の股関節の骨関節炎に対する詳細な検査もまたCTに優るものはない。

（Vol.62 No.8, 2009に掲載）

Case 44 DOG

犬に頭部を咬まれた症例

トイ・プードル，1歳4か月齢，雌

【プロフィール】

トイ・プードル，1歳4か月齢，雌。3か月齢のときにケンネルコフで内科的治療を受けている。各種の予防は完全に行われている。屋内で1頭のみで飼われている。食事はドライフードと缶フード（Hill'sグロース）が与えられてる。

【主　訴】

20分前，散歩中に犬（グレート・ピレニーズ）に咬まれ，頭部から出血し，ぐったりしてきた。

【physical examination】

体重は1.06kg，栄養状態は70%（BCS 2），体温は38.1℃，心拍数は240回/min，呼吸数は21回/min，股動脈圧は100%であった。

頭頂部の皮膚裂傷部から持続的な出血があり，患部周囲には皮下血腫が認められた。

意識レベル60%（抑鬱）で，対光・共感反射は2であった。自力で起立や歩行は可能であった。

右前肢・右後肢の片側不全麻痺が認められた（CPO, SP2，UMN）。

【プロブレム】

①頭部外傷，②抑鬱，③右側不全麻痺，④頻脈，⑤削痩。

【プラン】

①頭部X線検査，②CT検査，③CBC，血液化学検査，

表1　臨床病理検査

CBC			
WBC	6.60×10^3	$(6 \sim 17 \times 10^3)$	/μL
RBC	6.93×10^6	$(5.5 \sim 8.5 \times 10^6)$	/μL
Hb	15.3	（12〜18）	g/dL
Ht	48.5	（37〜55）	%
MCV	70.0	（60〜77）	fL
MCHC	31.5	（32〜36）	g/dL
血液の塗抹標本検査のリュウコグラム			
Band-N	0	（0〜300）	/μL
Seg-N	3036	（3000〜11500）	/μL
Lym	3036	（1000〜4800）	/μL
Mon	528	（150〜1350）	/μL
Eos	0	（100〜1250）	/μL
Bas	0	（0）	/μL
pl	383×10^3		/μL
血液化学検査			
TP	6.0	（5.2〜8.2）	g/dL
Alb	3.4	（2.2〜3.9）	g/dL
Glb	2.6	（2.5〜4.5）	g/dL
ALT	75	（10〜100）	U/L
ALKP	132	（23〜212）	U/L
Glc	101	（70〜143）	mg/dL
BUN	37	（7〜27）	mg/dL
Cr	0.8	（0.5〜1.8）	mg/dL
静脈血の血液ガス検査			
pH	7.493	（7.35〜7.45）	
pCO_2	33.5	（40〜48）	mmHg
pO_2	53.5	（30〜50）	mmHg
HCO_3	25.1	（20〜25）	mmol/L
BE	1.8	（−4〜4）	mmol/L
O_2サチュレーション	90.6		%
TCO_2	26.2	（16〜26）	mmol/L
電解質			
Na	150	（144〜160）	mmol/L
K	3.6	（3.5〜5.8）	mmol/L
Cl	114	（109〜122）	mmol/L

（　）内は本院における正常値を示す。
Laser Cyte〔IDEXX〕を使用。

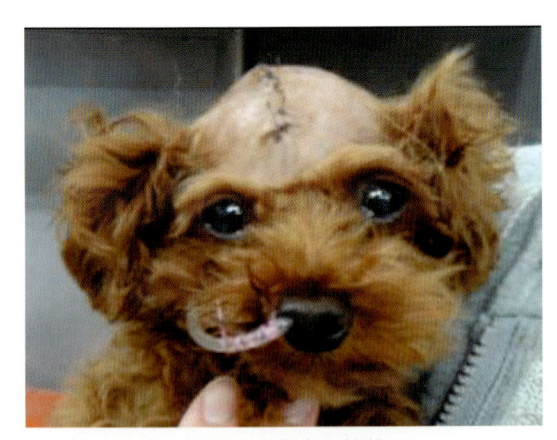

写真1　患者の外貌

④ガス電解質検査，⑤心電図検査，⑥血圧検査。

【臨床病理検査】

CBC，および血液化学検査の結果は表1の通りであった。

【心電図検査】

心拍数（HR）は240回/min，MEAは＋90度で，洞性頻脈が認められた。

【血圧検査】

体動のため，初診時には測定ができなかった。

【単純X線検査】

頭部RL像（写真2）：頭頂部軟部組織の輪郭は，不整で，皮下に漏出したと思われる血液の貯留が認められる。骨格は，先天的な頭蓋骨の形成不全（後頭部・泉門）が認められ，前頭部に陥没骨折が認められる。

頭部LR像（写真3）：RL像よりも，明確に陥没骨折が認められる（写真3の矢印）。

【CT検査】（写真4～9）

頭部3D構築像（写真4，8，9），および頭部サジタル像（写真6）から，頭頂部に直径1cmの陥没骨折が認められ，同部位の軟部組織に著しい腫脹が認められた。脳実質にCT上確認できる異常は認められないが左側前頭葉領域では，陥没骨折した骨片が脳実質内に達しており（写真7），顕著な皮下出血による腫瘤の形成を示す所見（写真6）が認められた。

【受傷部位の所見】

麻酔下で頭部外傷部位の剃毛が行われたが，皮膚裂傷部から脳実質の脱出が認められた（写真10，11）。

【診　断】

頭部外傷（頭蓋骨陥没骨折・脳裂傷・大脳外出血）。

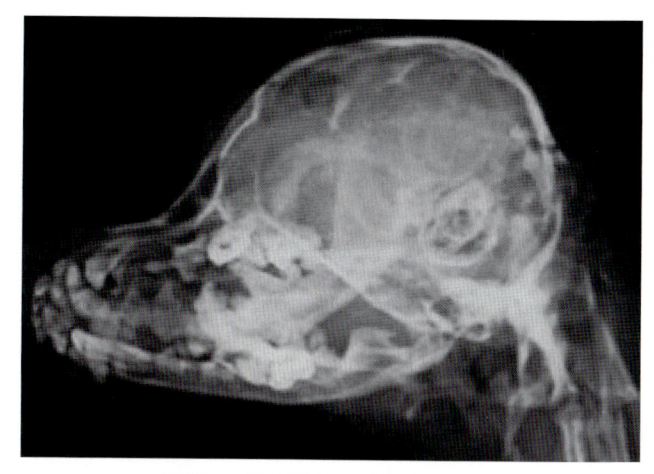

写真2　頭部単純X線写真　RL像

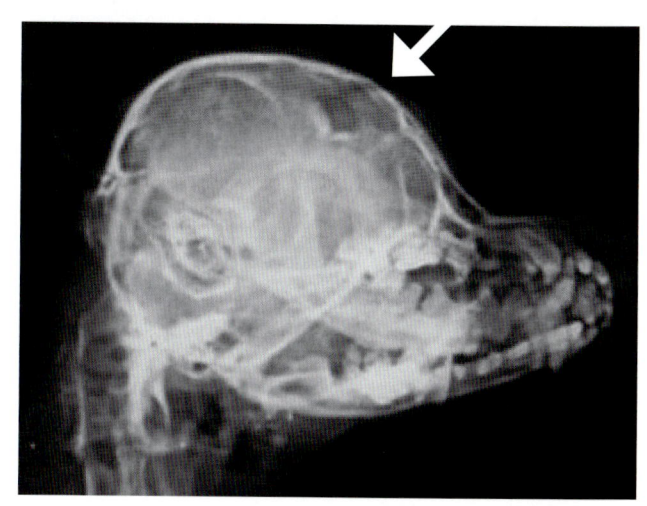

写真3　頭部単純X線写真　LR像

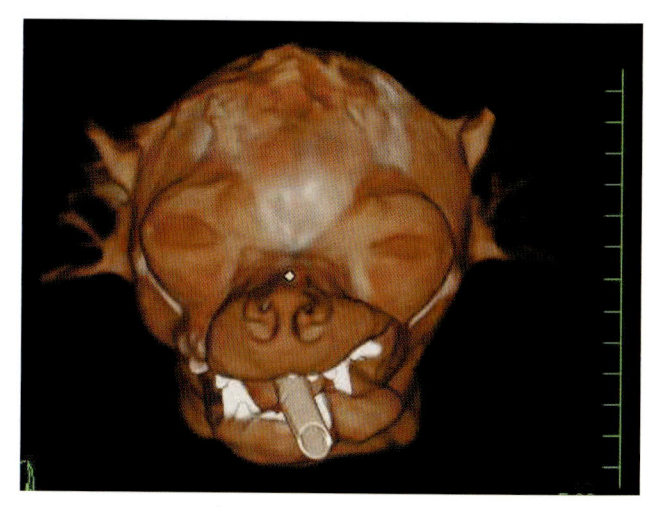

写真4　3D構築CT像　頭部

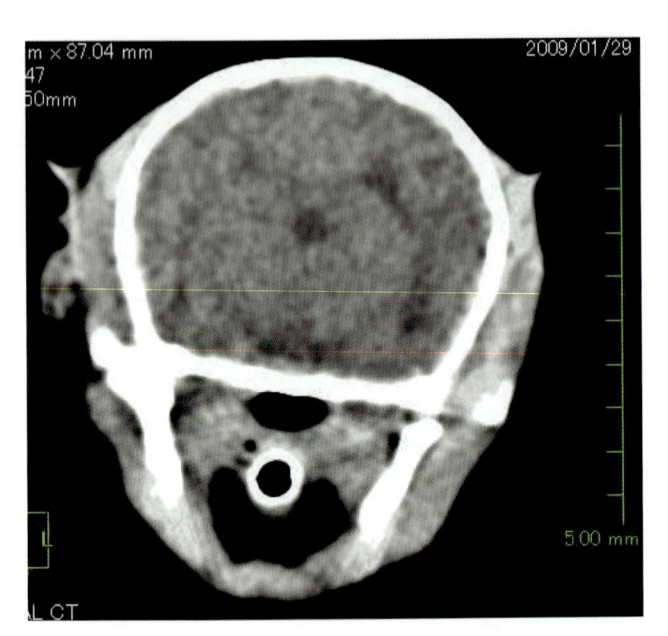

写真5　CT像　頭部アキシャル像
脳実質の変化に注意。

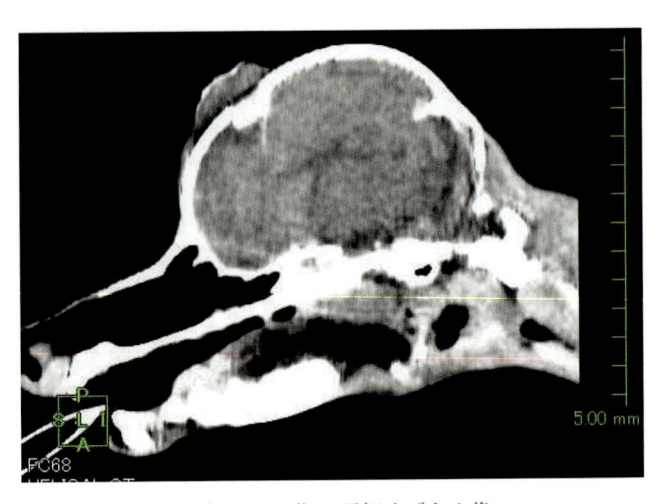

写真6　CT像　頭部サジタル像
脳実質の変化に注意。

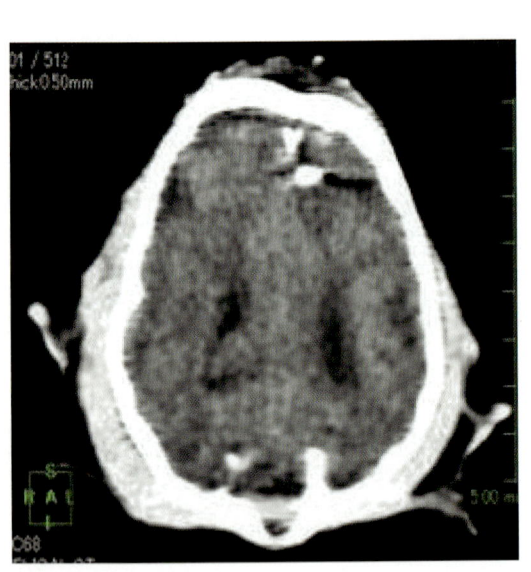

写真7　CT像　頭部コロナル像
脳実質の変化に注意。

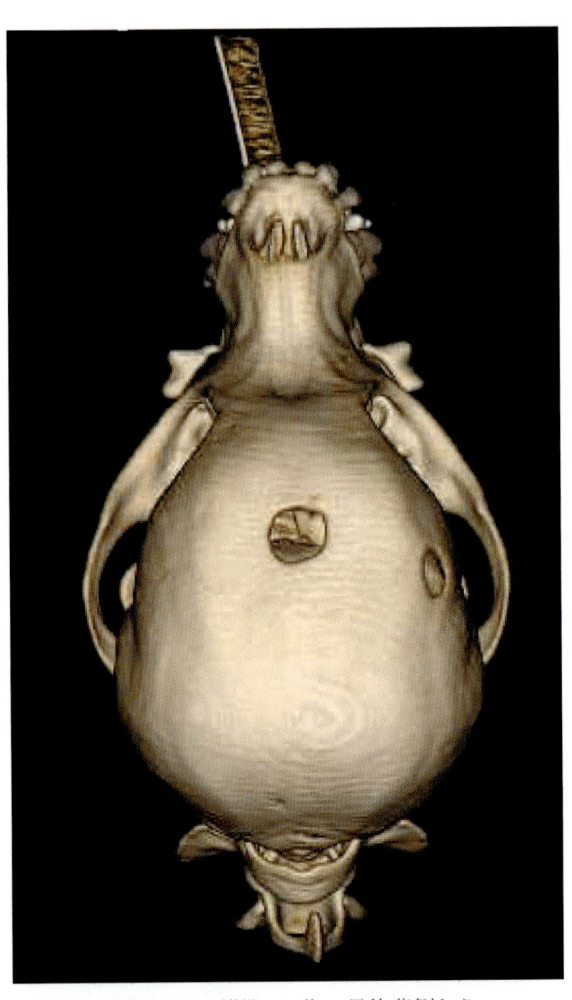

写真8　3D構築CT像　骨格背側から

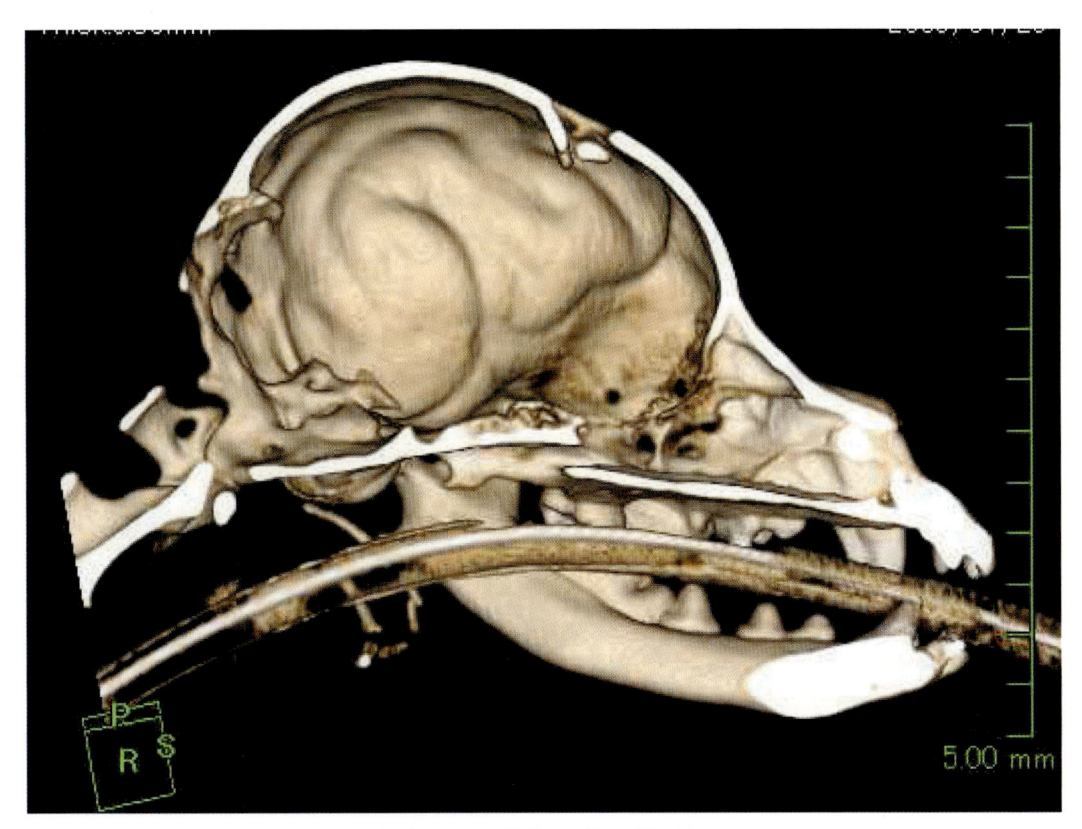

写真9　3D構築CT像　骨格断面

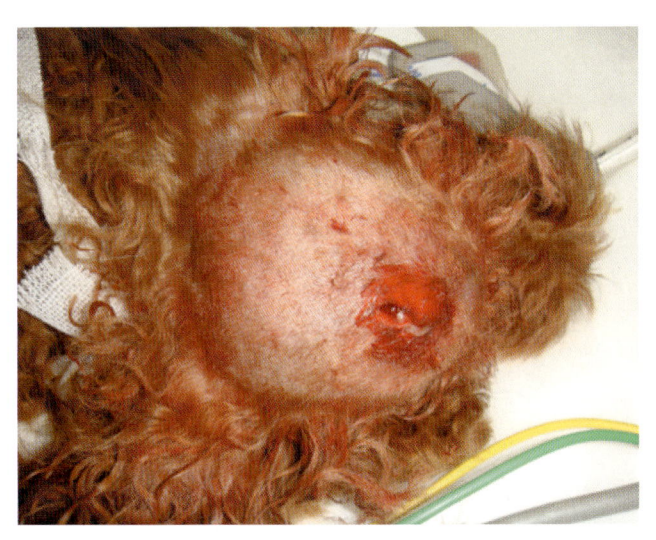

写真10　受傷部位所見

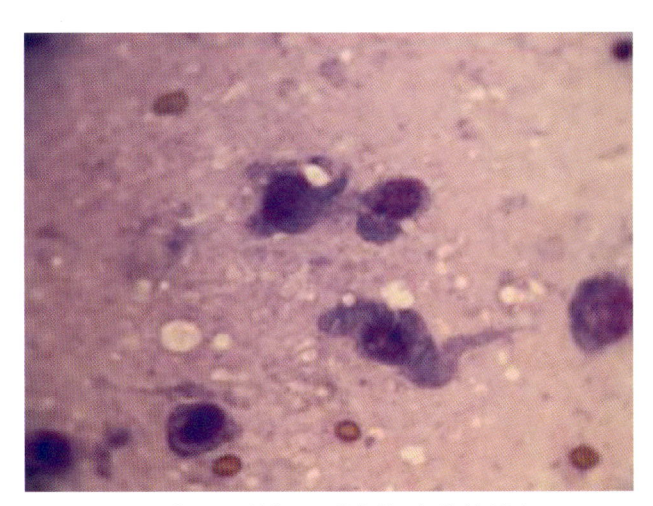

写真11　脱出した脳実質の細胞診所見

☞あなたならどうする。次頁へ

☞
①骨折により生じた，脳を圧迫障害する骨片の除去
②頭蓋内組織の減圧と壊死組織切除
③出血部位の確認と止血
④咬傷に伴う感染の制御

【治療および経過】

来院時の症例は，頭部からの持続的な出血と大きな血腫（3cm×4cm×3cm）を認め，頭部 X 線検査の結果，頭蓋複雑骨折があり，分単位で進行している出血，脳挫傷，浮腫，脳圧の亢進により脳の末梢循環の低下という悪循環で，意識レベルの低下が急速に進行しているものと診断された。そこで飼い主には，頭蓋骨折と脳の外傷に伴う脳圧の亢進，脳機能障害が急速に進行しているため生命をおびやかされていることを理解してもらい，救命のためには脳圧を下げる減圧手術が直ちに必要であることを説明し，同意を得た。

本症例では，救急救命のため脳圧を下げる治療を行いながら，並行して麻酔前の血液ガスを含むルーチン検査を行い，ベストと考えられる全身麻酔下で精密な診断のためのCTの検査を行うとともに，そのまま引き続き，緊急手術を行った。

麻酔前に抗生物質療法，エンロフロキサシン（10mg/kg IV）とセフォタキシム（50mg/kg IV），疼痛管理としてブプレノルフィン（20μg/kg IM）の投与を行った。また，患者は頭蓋内出血が疑われるので，脳圧降下剤（マンニトール・ラシックス）の投与は行わず，外傷直後であること，また，抗炎症効果，酸化防止効果を期待してコハク酸メチルプレドニゾロン（10mg/kg IV）を術前に投与した。麻酔はアトロピン（0.05mg/kg IM），プロポフォール（6mg/kg IV）で導入し，挿管後，O_2 イソフルランガス麻酔で維持し，脳圧軽減を目的として過換気により $PaCO_2$ 濃度が 28〜32mmHg の範囲で推移するよう維持した。CT 検査の結果，頭部の陥没骨折が確定し，大脳外出血と診断できたので，骨折片の挙上または除去，大脳外血腫の除去および出血部位の止血を目的とした手術を行った。

手術は腹臥位に頭部を心臓レベルより高く（約 30 度）挙上し，手術台と並行な位置に保定した。術野の消毒，およびドレーピング後，頭部皮膚裂傷部位を避ける形で

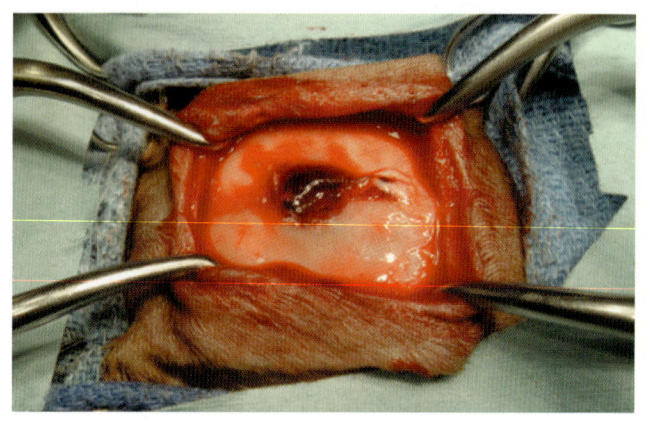

写真12　陥没骨折部位に生じた血腫

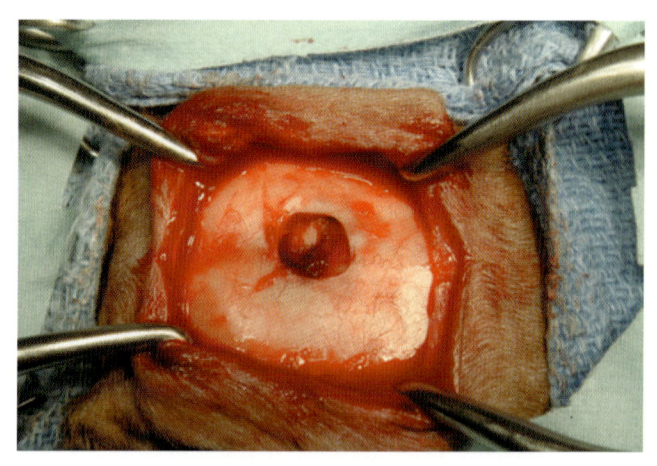

写真13　血腫除去後

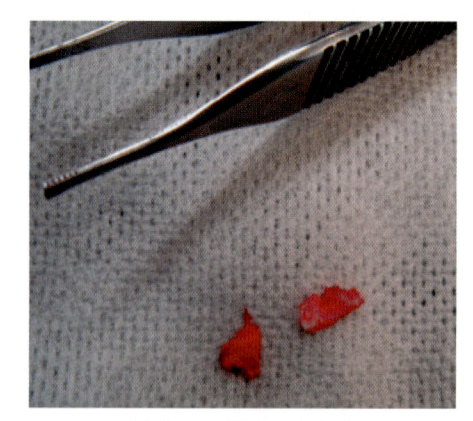

写真14　除去した骨片

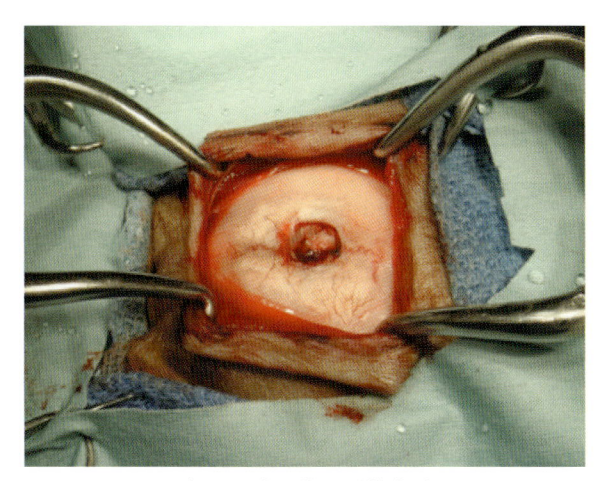

写真15　止血後の頭蓋内所見

3cm程の皮膚正中切開でアプローチを行い，側頭筋を左右に分離し，頭蓋骨を露出した．陥没骨折した部位からは持続的な出血が認められ頭蓋内に肉眼的に血腫が認められたため，これを周辺組織に障害を与えないように注意深く吸引除去し，頭蓋内を視診した．陥没骨折した骨片による大脳の裂傷，出血，および局所的な軟膜出血が認められた．止血に対する準備を行ったあとで，陥没骨折した骨片の除去を行ったが，さらなる軟膜からの出血をきたしたため，骨片を除去し視野の確保を行った後，バイポーラ電気メスで軟膜血管を焼灼した．止血ができたことを確認し，壊死組織の除去・洗浄を行った後，ブピバカイン局所注射（2mg/kg）を実施し，常法に従い軟部組織を閉鎖した．

術後の脳浮腫・脳圧亢進を軽減するため，マンニトール（1g/kg IV）とラシックス（0.75mg/kg IV）の投与を行い，頭部を挙上し，脳障害の兆候の改善を24時間管理で監視した．また，術後に生じた軽度の貧血（PCV 29.9%），アルブミン濃度の低下（1.3g/dL）に対し，輸血（新鮮全血35mL）を行った．また，患者は重度の削痩を呈し，嚥下障害に伴う誤嚥予防のため強制給餌用に経鼻カテーテルを設置した．術後，24時間経過後，患者は意識レベルの回復，および歩行可能な状態となり，その後も危惧された神経学的異常も認めず，良好に経過した．1週間の神経学的兆候の監視，および理学療法を行い，右不全麻痺の改善，および自発採食可能な状態まで回復したため，退院を予定した．しかし入院中，右後肢の股関節脱臼を生じたため，その非観血的整復を行った．処置後2週間で股関節脱臼の再発が生じれば観血的整復（骨頭切除）が必要になることを飼い主に同意いただいたが，包帯の除去後も再発はなく，現在4か月経過後も何らの後遺症もなく良好に経過している．

【コメント】

犬や猫は直立の人と異なり，四肢で体重を負担する動物であるので，転倒した際に頭部の打撲，またそれに続いて脳の外傷（トラウマ）は，幸いにも，人ほど多くはない．また人と比較して犬や猫では，脳の大きさも重量も小さいことから，頭部の損傷の頻度は低い．

一方，今回の症例のように小型犬と大型犬との喧嘩から起こる頭部の損傷は，小型犬になればなるほど多く，しかも深刻な問題となることは，犬や猫のポピュレーション（犬猫の全頭数）当たりからすると多い．欧米では古くからこのような事故はよく知られており，small dog big dog シンドローム，あるいは big dog small dog シンドロームという言葉か獣医療のなかで通俗的に使われている．

犬という生物は，同じ犬との，また大型の犬に対する社会化や学習が不足していれば，心理的に相手が強大であっても相手が同じ犬ならば，そのようなことを考慮して対処するという生き物ではない．しかも，一般的には小さい動物ほど生きて行く上で（おそらく遺伝的に），いわゆる気が強いのが普通であるから，犬の犬に対する社会化が行われていなければ，ごく小型の犬が強大な犬に喧嘩を売っていることも多いのである．

多くの飼い主は，特に今日では犬を飼う人々は犬の社会化（しつけ，訓練，教育）に対して，より多くのことを身につけるようになっており，喧嘩を売るというようなことは，それだけ少なくなっている．しかし，飼い主のなかではそれだけ油断も生じることも事実である．「うちの子はしつけができてるのでリードなしでも大丈夫」と過信してしまうことから，不幸にも事故が起こってしまうことになる．交通事故もしかりである．

このような small dog big dog シンドロームのほか，頭部の損傷はその交通事故によって起こるものが大多数を占めているが，その多くは即死ということになる．本症例でもピレネーが本気で攻撃したとすればおそらく咬み付いたまま首で振ることになる．その場合は頭蓋骨と頸椎が同時に致死的な損傷を受けることになり，即死を招くことにな

る。超小型犬である本症例では，頭蓋骨は薄く，脆弱であり，そこにおそらくは犬歯があたったのであろう。

　本症例のようクリティカルケアと緊急手術を必要とする症例では，意識レベルの低下の原因となっている脳の障害は，往々にして起こる脳浮腫であれ，出血，挫傷であれ，全ては脳圧の亢進に伴うものである。救急・救命の処置を直ちに行わなければならないが，そのポイントは，①余分な出血を避けること（血圧を下げること）と，②2次的，3次的に起こる脳浮腫を減ずるための処置，つまり脳のCO_2レベルをできるだけ下げること，の2つが肝要である。

　このような外傷では，皮下にすでに血腫が生じていること，頭蓋の骨折が明らかであることから，出血をできるだけコントロールして，脳の減圧状態を比較的長時間にわたって保たれるようにすることが必要である。もう1つは本症例でも認められるように，これらの外科的処置，および咬傷に伴う感染を予防する意味で，洗浄，吸引を徹底して行うこと，およびふさわしい抗生物質の選択が行われる必要がある。犬や猫の脳では，大脳の発達の程度が人とは大いに異なる上で，日常の生活で読書や哲学をするわけではないので，その分，脳への永久的な損傷があったとしても日常の生活に大きな支障をきたすことが少ないことは幸いである。

Case 45 DOG

元気・食欲低下が改善しない症例
ロングコート・チワワ，3歳7か月齢，雌

【プロフィール】

ロングコート・チワワ，3歳7か月齢，雌，生後6か月時に卵巣子宮全摘出済み。2歳時に混合ワクチンは接種されているが，狂犬病ワクチンは未接種である。犬糸状虫症の予防は行われている。室内飼育で，兄弟犬4頭も一緒に飼われている。食事はロイヤルカナン肝臓サポートが与えられている。

【主 訴】

約2週間前に食後数時間で食事内容および胃液を嘔吐し，元気が消失した。食欲もなくなり他の動物病院で入院治療を行っていたが，良化が認められないため，本院に転院してきたものである。

発熱，肝酵素の上昇に対して，他院では静脈点滴，制吐剤・抗生剤投与と食事療法（ロイヤルカナン肝臓サポート）を含めた対症療法が5日間の入院で行われていた。ウルソ酸（50mg）が経口投与されていたが，そのほかの投薬内容については不明である。

【physical examination】

体重は2.46kg（1か月前は2.7kg），栄養状態は105%，脱水は7%，体温は39.4℃，心拍数は148回/min，股動脈圧は100%，呼吸数は24回/minであった。

意識レベルは80%（軽度の抑鬱）で，前腹部触診で軽度の圧痛が認められた。

【プロブレム】

①嘔吐，②食欲不振，③体重減少，④元気消失，⑤発熱，⑥前腹部痛，⑦脱水。

【プラン】

①CBC，血液化学検査，尿検査，X線検査，②肝機能検査（TBA），③犬膵特異的リパーゼ濃度（スペクトラムラボジャパン株式会社のcPL検査）検査，④甲状腺濃度測定（T4，FT4，TSH），⑤腹部超音波検査，⑥血圧検査，⑦心電図検査。

【臨床病理検査】

CBC，および血液化学検査の結果は表1, 2の通りであった。その他の特殊検査の結果は以下の通りであった。

犬特異的膵リパーゼ：
62μg/L（基準値200μg/L以下）

総胆汁酸濃度（TBA）：
食前：61.1μmol/L（基準値10μmol/L未満）
食後：53.4μmol/L（基準値25μmol/L未満）
＊食前の値がすでに高すぎる場合，本来ならば食後の測定は特に必要はない。

ACT（血液凝固時間）： 1分15秒（正常2分以内）
T4・FT4・TSH： いずれも正常範囲内

【尿検査】

尿比重は1.011，pHは6.5で，そのほか正常範囲内であった。

【心電図検査】

心拍数（HR）は100回/min，MEAは＋120度で，各波形は正常範囲内であった。

【血圧検査】（オシロメトリック法で足根部を測定）

収縮期圧（SYS）は141mmHg，拡張期圧（DIA）は

写真1 患者の外貌

表1　他院での臨床病理検査		
CBC		
WBC	151×10^3	/μL
RBC	7.56×10^6	/μL
Hb	16.7	g/dL
Ht	49.6	%
MCV	65.6	fL
MCHC	22.1	g/dL
血液の塗抹標本検査のリュウコグラム		
pl	3.72×10^3	/μL
血液化学検査		
TP	6.7	g/dL
Alb	3.6	g/dL
Glb	3.3	g/dL
ALT	505	U/L
AST	72	U/L
ALKP	3140	U/L
T-Bil	1.2	mg/dL
Chol	450	mg/dL
BUN	9.6	mg/dL
電解質		
Na	144	mmol/L
K	3.3	mmol/L
Cl	102	mmol/L

表2　当院での臨床病理検査			
CBC			
WBC	18.46×10^3	$(6 \sim 17 \times 10^3)$	/μL
RBC	5.85×10^6	$(5.5 \sim 8.5 \times 10^6)$	/μL
Hb	13.2	(12〜18)	g/dL
Ht	40.0	(37〜55)	%
MCV	68.4	(60〜77)	fL
MCHC	33.1	(32〜36)	g/dL
血液の塗抹標本検査のリュウコグラム			
Band-N	0	(0〜300)	/μL
Seg-N	14490	(3000〜11500)	/μL
Lym	1310	(1000〜4800)	/μL
Mon	2410	(150〜1350)	/μL
Eos	180	(100〜1250)	/μL
Bas	80	(0)	/μL
pl	363×10^3		/μL
血液化学検査			
TP	6.7	(5.2〜8.2)	g/dL
Alb	2.7	(2.2〜3.9)	g/dL
Glb	4.0	(2.5〜4.5)	g/dL
ALT	187	(10〜100)	U/L
AST	51	(0〜50)	U/L
ALKP	1556	(23〜212)	U/L
GGT	28	(0〜7)	U/L
T-Bil	0.1	(0.0〜0.9)	mg/dL
静脈血の血液ガス検査			
pH	7.452	(7.35〜7.45)	
pCO_2	43.0	(40〜48)	mmHg
pO_2	37.9	(30〜50)	mmHg
HCO_3	29.3	(20〜25)	mmol/L
BE	5.4	(−4〜4)	mmol/L
O_2サチュレーション	74.4		%
TCO_2	30.6	(16〜26)	mmol/L
電解質			
Na	144	(144〜160)	mmol/L
K	3.5	(3.5〜5.8)	mmol/L
Cl	116	(109〜122)	mmol/L

（　）内は本院における正常値を示す。
Laser Cyte〔IDEXX〕を使用。

71mmHgであり，平均血圧（MAP）は95mmHgあった。

【単純X線検査】

腹部RL像（写真2）：体表の輪郭では，著しい皮下脂肪の肥大が認められる。筋肉のシルエット，および骨格は正常範囲内である。

胸腔内は正常範囲内であるが，横隔膜は，軽度の肝臓の腫大と胃内の食渣の充満を反映して，中央部では頭側への伸展と移動が認められる。

腹部VD像（写真3）：脇腹から臀部にかけての脂肪層の肥大が著しい。筋肉の輪郭は正常範囲内である。

胃胞内の食渣で液体が中等度に認められ，横隔膜は，心陰影と接触する部分で，右側，左側ともに胸腔内への伸展と移動が認められる。

【腹部超音波検査】（写真4〜7）

肝臓：肝臓は大きく，辺縁に丸みを帯びており，肝実質は，瀰漫性に高エコー源性である。

胆嚢：拡張した胆嚢，および総胆管が認められ，高エコー像を伴う胆嚢壁の肥厚，および内腔は明瞭な縞模様の無構造エコー像で満たされている。胆嚢周囲の液体貯留は認められず，胆嚢壁の連続性は保たれているものの，胆嚢周囲の一部には，高エコー原性を伴う周囲脂肪組織，および肝実質の変化が認められる。

腹腔内に遊離液体の存在を認めず，その他の腹部臓器の所見は正常範囲内であった。

【暫定診断】

①肝機能障害（胆管肝炎），②胆嚢炎（胆泥胆砂）・胆嚢粘液嚢腫。

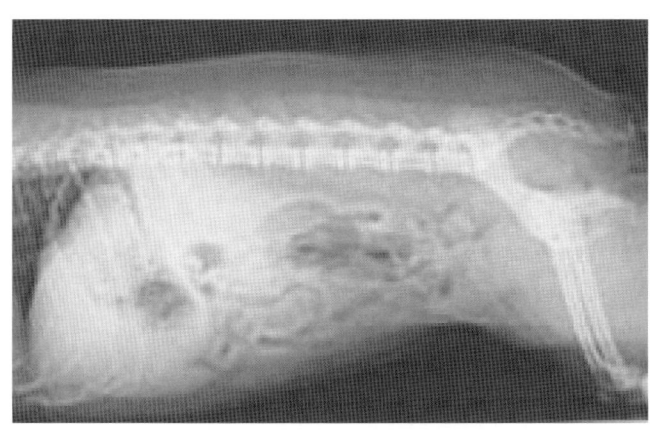

写真2　腹部単純X線写真　RL像

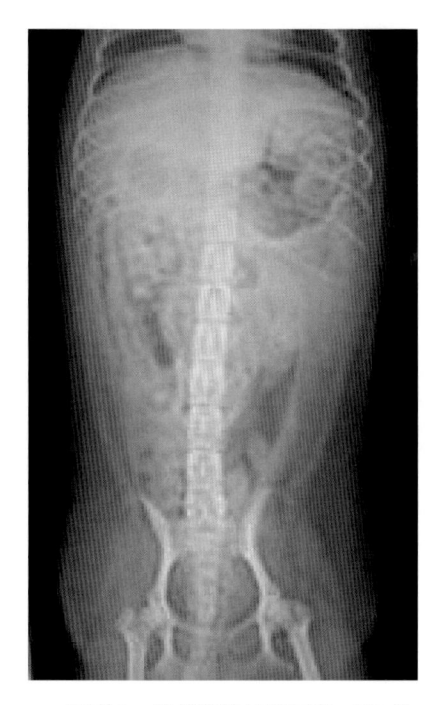

写真3　腹部単純X線写真　VD像

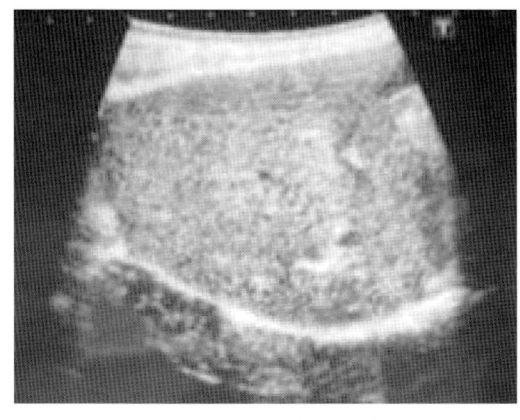

写真4　超音波像　肝臓

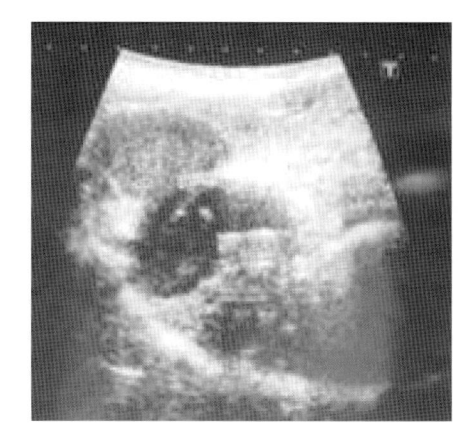

写真5　超音波像　胆嚢
胃の一部，横隔膜が認められる。

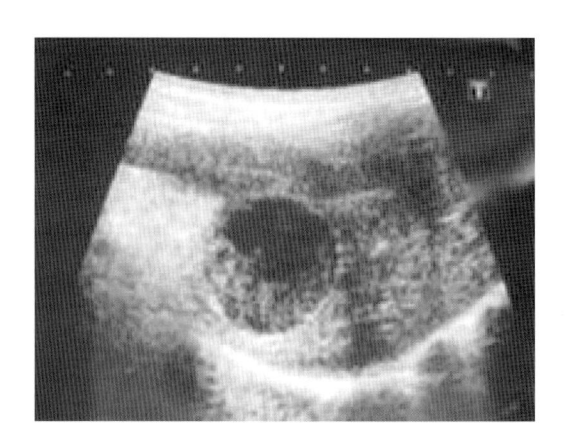

写真6　超音波像　胆嚢

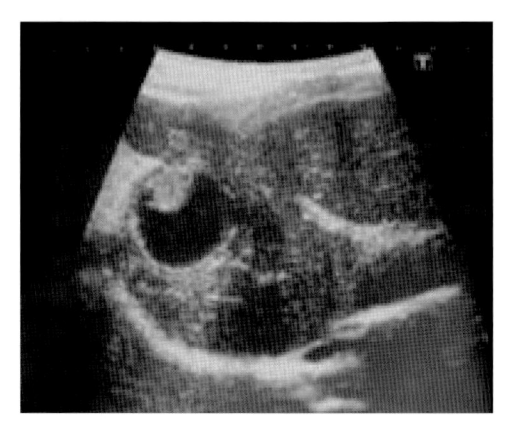

写真7　超音波像　胆嚢

☞あなたならどうする。次頁へ

☞
①肝胆道系に対する術前の支持療法
②胆嚢摘出術，胆嚢生検・胆汁培養
③肝臓の組織生検
④病理組織学的検査による原因の究明

【治療および経過】

　各種検査結果から，本疾患は外科的疾患であり，可能な限り速やかな開腹手術が必要であることを，飼い主に説明し，開腹の同意が得られた。

　幸いにも敗血症や胆汁性，あるいは細菌性腹膜炎などの重篤な疾患は認められなかった。術前の対症療法，および支持療法として輸液療法，およびメトロニダゾール 10mg/kg BID PO，セファゾリン 22mg/kg BID IV，ビタミン K1 1mg/kg BID SC，抗酸化物質としてビタミン E 10IU/kg SID PO，S-アデノシルメチオニン（SAMe）20mg/kg/day PO を行い，一般状態が改善され，安定化した後，第3病日に腹腔内の精査，胆嚢摘出術，および肝生検を目的とした開腹手術が行われた。

　術前の疼痛管理としてブプレノルフィン 20μg/kg IM，およびメロキシカム 0.2mg/kg SC を行った。麻酔はアトロピン（0.05mg/kg IM），プロポフォール（6mg/kg IV）で導入し，挿管後，O_2 イソフルランガスで維持した。

　手術は，剣状軟骨尾側から恥骨前縁までの腹部正中切開でアプローチし（写真8），全腹腔内臓器の精査を行った。開腹時，腹腔内には血様の貯留液がわずかに存在（写真9，10）し，胆嚢周囲の脂肪，大網（一部は胆嚢に癒着）に充血を伴い（写真8），軽度の腹膜炎像が認められた。

　貯留液検査では，比重は 1.027，蛋白は 3.4g/dL，有核細胞数 5000/μL，Seg は 2＋，リンパ球は 1＋，マクロファージは 1＋の滲出液で，細菌の存在を認めず，貯留液中ビリルビン濃度（0.1mg/dL以下）も正常範囲内であった。

　胆嚢を用手圧迫して総胆管の通過を確認した後で，胆嚢の鈍性剥離を肝臓との結合部に沿い臓側腹膜を分離し，胆嚢管まで剥離した（写真11）。胆嚢管，および付属の動静脈を4-0の非吸収糸で二重結紮し，次いで胆嚢の切除を行った（写真12）。続いて，肝臓生検を内側右葉，方形葉，外側左葉の3か所に行った（写真13）。他の腹部臓器は

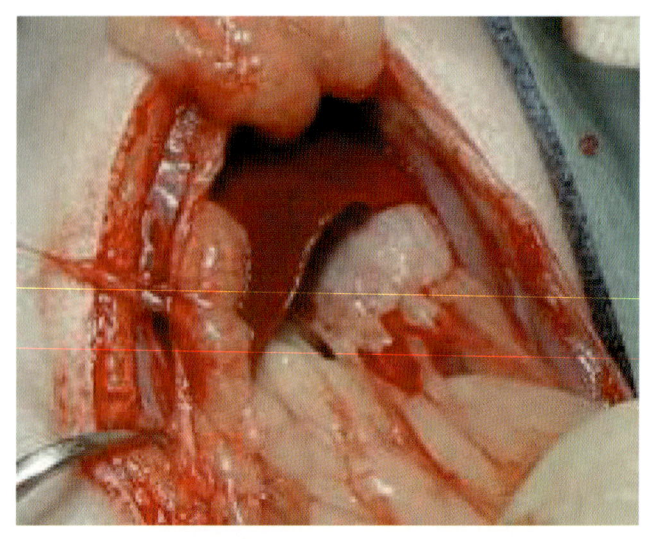

写真8　腹腔内脂肪の充血，一部胆嚢への大網癒着

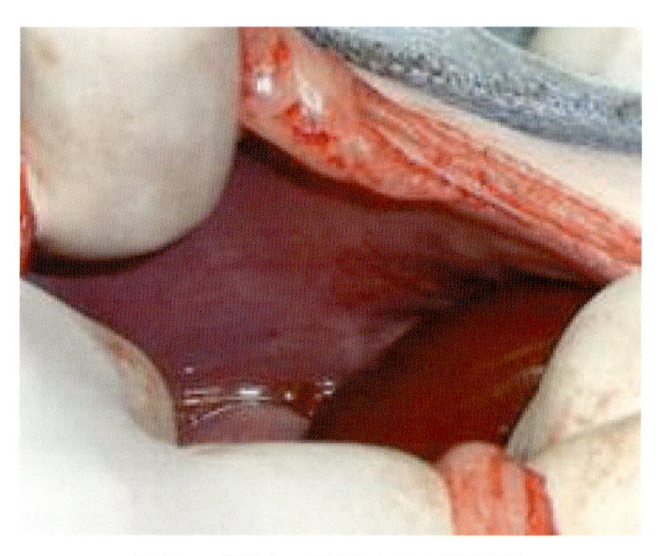

写真9　腹腔内に認められた血様貯留液

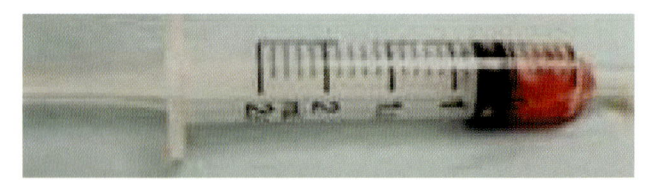

写真10　腹腔内から回収された貯留液

肉眼的に正常範囲（写真14）であったため，滅菌温生理食塩水で腹腔内の洗浄を行った後，腹壁切開を行った局所にブピバカイン（1mg/kg）の注射を行い，定法に従い閉

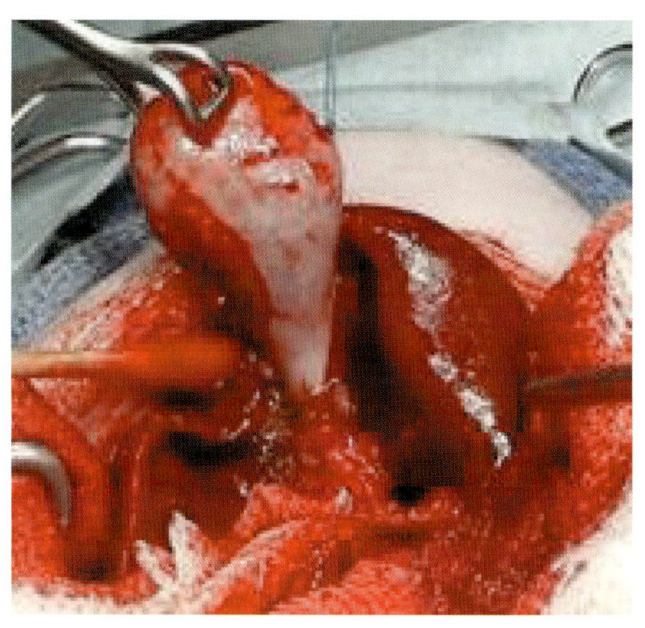

写真11　漿膜面の充血および拡張した胆嚢

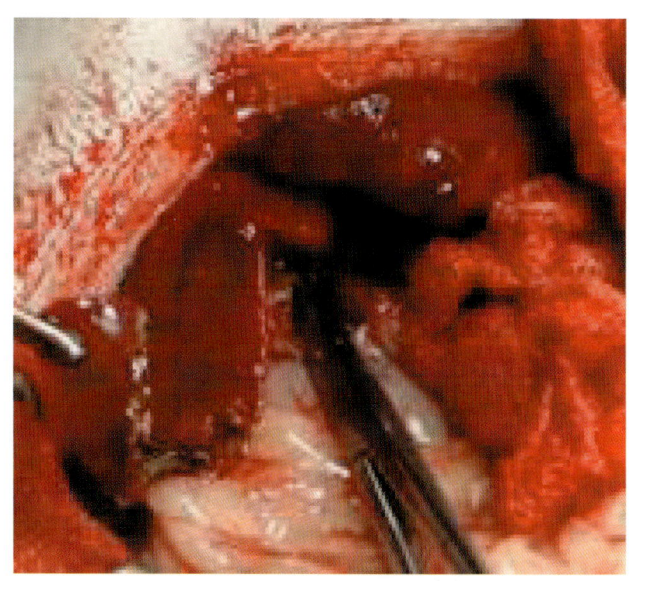

写真13　肝臓生検

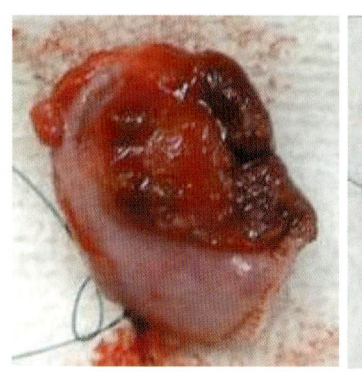

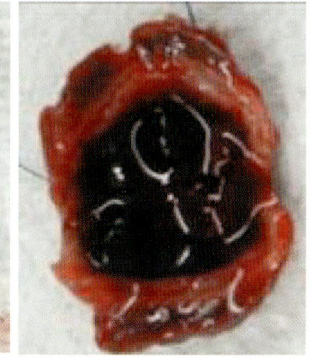

写真12　摘出された胆嚢と大網の癒着部位（左）と内部（右）
胆嚢内貯留物および肥厚した胆嚢壁が認められる。

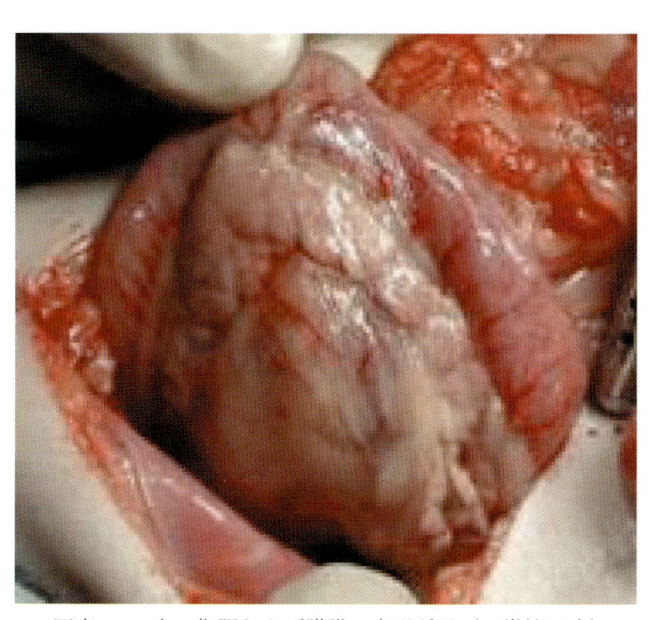

写真14　十二指腸および膵臓の肉眼所見（正常範囲内）

腹した。

　摘出した胆嚢（写真12）は，壁の顕著な肥厚を認め，胆汁の細菌培養検査では細菌の発育を認めず，大網の癒着が認められた部位においても，肉眼的に胆嚢破裂の所見は認められなかった。

　術後の経過は良好であった。術後4日で退院とし，胆管肝炎に対する術後6週間の継続した抗生物質療法（メトロニダゾール，コンベニア注射）と肝臓保護作用（肝細胞の炎症性変化，および線維化の低減を目的）を有するウルソデオキシコール酸（15mg/kg SIC PO）の投与と定期的な検診を行った。

　その結果，現在，術後4か月が経過しているが，今回の主訴に関連した症状の再発，および術前に認められた総胆汁酸濃度（TBA）を含め，血液学的異常は改善し（正常範囲内），家族と良好なQOLを保ち生活している。

【病理組織学的検査】

病理組織学的検査はIDEXX社に依頼し，同社の見解は以下のとおりであった。

肝臓の所見：肝臓からの複数の標本は，いずれも同様の特徴を示している。門脈領域には軽度から中等度の線維化がみられ，反応性線維芽細胞と胆管，血管の増生がみられる。また，好中球と少数のリンパ球，および形質細胞の浸潤がみられる。小葉の大きさは減少し，色素性〜泡沫状マクロファージの集族が無数にみられる。まれに線維性架橋形成がみられる。中心静脈は正常範囲内か，軽度の線維化を伴っている。肝細胞では細胞質内の色素がわずかに増加している。

胆嚢の所見：提出された胆嚢部分には，胆汁が豊富にみられる。胆嚢粘膜には中等度〜多数の形質細胞と小リンパ球，少数の好中球，および好酸球が浸潤している。リンパ濾胞が多巣性にみられる。粘膜では，腺が軽度〜中等度に拡張しており，ときに小型の葉状構造を形成している。これらの炎症は，中等度以下の線維化を示す胆嚢壁を越えて拡がっている。付随した少量の肝臓組織は，萎縮性で，炎症を併発している。

病理組織学的評価：線維化と胆管過形成を伴う中等度の慢性リンパ形質細胞性，および化膿性胆管肝炎。中等度の慢性リンパ形質細胞性，および化膿性胆嚢炎。

コメント（エリン・ハーダム）：組織標本に認められる所見は，胆管肝炎，および胆嚢炎に一致する。化膿性の特徴がみられることから，上行細菌感染の可能性が考えられる。この病変を治療せずに放置すると，胆汁性肝硬変に進行することがある。この症例では線維化が中等度にみられ，まれに架橋形成をみとめる。胆嚢の切除，および内科的治療で，効果がみられるはずである。この症例では，注意深く観察を続けることが望ましい。腫瘍性疾患の所見はない。

診　断：①慢性リンパ形質細胞性，および化膿性胆管肝炎，②慢性リンパ形質細胞性，および化膿性胆嚢炎。

【コメント】

本症例は，いくつかの点で教育的で有益なものである。2週間前，他の動物病院で肝疾患との診断で入院治療が行われていたものである。食事療法としてロイヤルカナン肝臓サポートが処方されているが，これはいつから与えられているのか，またそれが与えられる以前は，どのような食事が実際に与えられていたのかを確かめておくことが肝要である。

おそらく他の動物病院で肝疾患が認められたので，ロイヤルカナン肝臓サポートに変更したものと考えられるが，肝臓，胆嚢，および胆管をめぐる疾患を起こすプロセスで重要な要因となったのは，推定に過ぎないが，超小型犬のチワワに対して飼い主，あるいはパートナーは"犬可愛がり"で，喜んで食べるものなら，何でも与えていたのではないかと考えられる。したがって，このような場合は，飼い主の家族構成と家族皆の行動も重要な情報となる。

通常，栄養学的に正しい食事が与えられていれば，例えばHill's社，その他の信頼できるペットフードメーカーのドライフードを中心とした食生活が守られていれば，このような疾患に罹ることはない。それらのペットフードは，80年にもわたる「犬と猫の栄養学」そのものを解明し，発達させてきたなかで，何億にも及ぶ実例に基づき成長し改良されてきたもので，完全な栄養を犬や猫に与えることができるようになっている。それはもちろん繊維質の質と量を含めてのことである。

本症例の組織病理学的な結果からすれば，食生活が正しくなかったからこそ成立する肝臓，胆嚢系の疾患であったことが証明されている。病理組織学者の指摘するとおり，この疾患が正しく治療されない場合，すなわち胆嚢炎，胆管炎の慢性疾患が解決されないままこの犬の食生活が続いていくとすれば，この犬は肝硬変への道を進むことになることが考えられる。

今回，超音波検査により，早期に疾患が発見され，肝臓の生検が正しく（肉眼的には正常に見える各葉にわたり）行われたことにより，本症例の病態生理が明らかにされ，合理的な治療ができたことで，この家族と犬とのボンドが救われ，さらに将来のQOLを保てることにつながったということになる。

（Vol.62 No.11, 2009に掲載）

Case 46 CAT

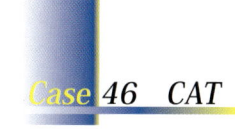

嘔吐・食欲廃絶で救急来院した症例

雑種猫, 3歳齢, 雄

【プロフィール】

雑種猫, 3歳齢, 雄, 去勢済み。
3種混合ワクチンを1年前に接種している。室内で, 単頭で飼育されている。食事はフリスキードライが与えられている。

7日前に嘔吐・食欲減退で他院を受診し, 胃炎と診断され, 内科治療を受けたが, 改善しなかった。

3日前にさらに別の病院を受診し, 腸閉塞と診断され, 開腹手術で, 食道から盲腸まで達していた一連の紐状異物を摘出した。胃・十二指腸・空腸・回腸近位の計4か所を切開し, 異物は分割摘出された。腸管は黒く変色していたとのことであった。

2日前(初回手術の翌日), バリウム造影検査(同他院)を行ったところ, 回盲部に閉塞所見を認めたので, 再手術を行い回盲部の異物(発泡スチロール様)を摘出した。この時, 前日の開腹時に変色していた腸管の色は正常化していた。術後は, 鎮痛, 輸液, 抗生物質, 消化器作用薬で治療を行っていた。

【主 訴】

昨日(初回手術2日目)から今日にかけても嘔吐が続き, 食欲は廃絶したままでぐったりしてきたということで, 救急救命のため夜間に, 当院を受診したものである。

【physical examination】

体重は4.6kg(10日前は5kg), 栄養状態は80% (BCSは2), 脱水は8%, 体温は38.3℃, 心拍数は180回/min, 呼吸数は28回/min, 股動脈圧は100%であった。

意識レベルは60%で, 腹部痛は−, 腹部緊張は＋, 腸蠕動音は減退(2回/min), 流涎は＋で, 両側の瞬膜の突出3＋が認められる。

表1 臨床病理検査

CBC			
WBC	20.6×10^3	$(5.5 \sim 19.5 \times 10^3)$	/μL
RBC	698×10^4	$(500 \sim 1000 \times 10^4)$	/μL
Hb	9.1	(8〜15)	g/dL
Ht	26.3	(30〜36)	%
MCV	37.7	(39〜55)	fL
MCHC	34.5	(31〜35)	g/dL
血液化学検査			
TP	7.2	(5.2〜8.2)	g/dL
Alb	2.6	(2.2〜3.9)	g/dL
Glb	4.6	(2.8〜4.8)	g/dL
ALT	<10	(12〜115)	U/L
ALKP	28	(14〜192)	U/L
T-Bil	0.6	(0.0〜0.9)	mg/dL
Chol	151	(62〜191)	mg/dL
Lip	1069	(100〜1400)	U/L
Glc	147	(77〜153)	mg/dL
BUN	13	(16〜33)	mg/dL
Cr	1.0	(0.6〜1.6)	mg/dL
Ca	9.6	(7.9〜11.3)	mg/dL
静脈血の血液ガス検査			
pH	7.4	(7.35〜7.45)	
pCO_2	37.5	(40〜48)	mmHg
pO_2	25.3	(30〜50)	mmHg
HCO_3	22.7	(20〜25)	mmol/L
BE	−2.1	(−4〜4)	mmol/L
O_2サチュレーション	46.5		%
TCO_2	23.9	(16〜21)	mmol/L
電解質			
Na	138	(147〜156)	mmol/L
K	4.0	(4.0〜4.5)	mmol/L
Cl	107	(117〜123)	mmol/L

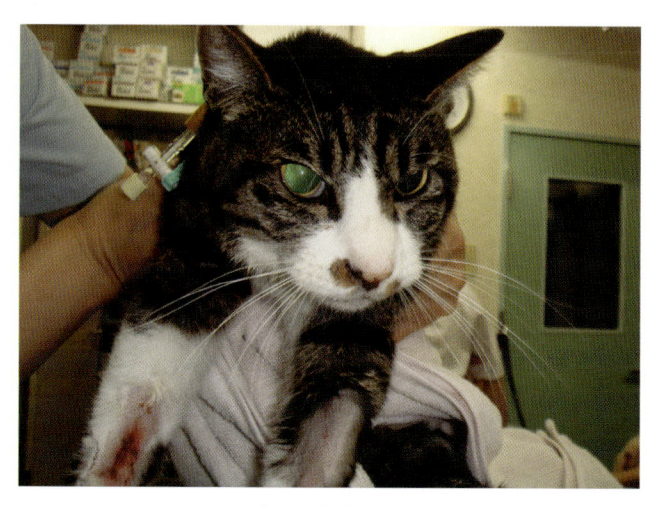

( )内は本院における正常値を示す。
Laser Cyte〔IDEXX〕を使用。

写真1 患者の外貌

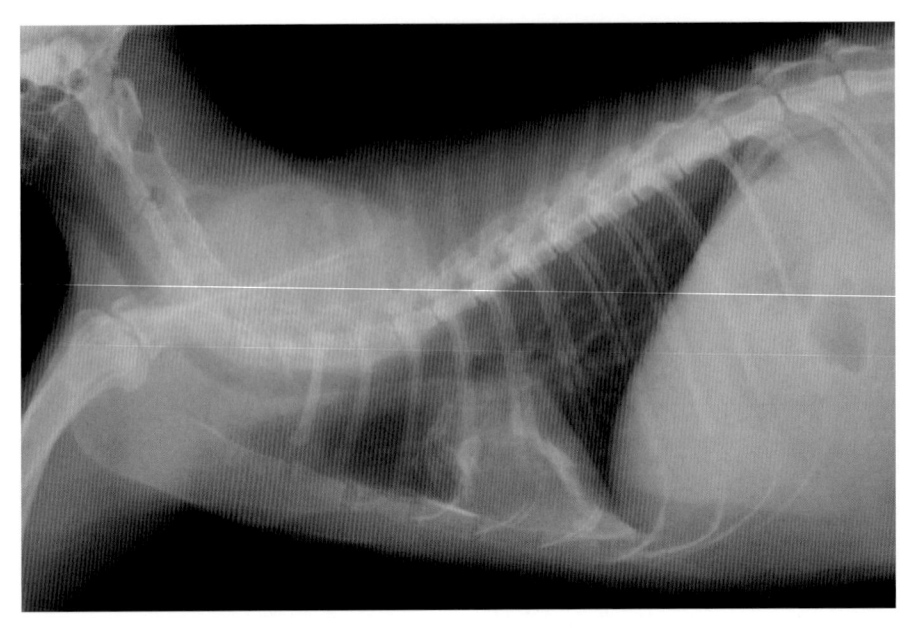

写真2　胸部単純X線写真　RL像

【プロブレム】

①意識レベル低下，②脱水，③嘔吐，④流涎，⑤食欲廃絶，⑥削痩（80％），⑦瞬膜の突出。

【プラン】

①CBC，血液化学検査，②電解質，血液ガス検査，③心電図検査，④血圧検査，⑤胸腹X線検査，⑥内視鏡検査。

【臨床病理検査】

CBC，および血液化学検査の結果は表1の通りであった。

【心電図検査】

心拍数（HR）は174回/min，MEAは＋60度で，各波形および計測値は正常範囲内であった。

【血圧検査】（オシロメトリック法で足根部を測定）

収縮期圧（SYS）は107mmHg，拡張期圧（DIA）は47mmHgであり，平均血圧（MAP）は64mmHgあった。

【単純X線検査】

胸部RL像（写真2）・DV像（写真3）：体表軟部組織の

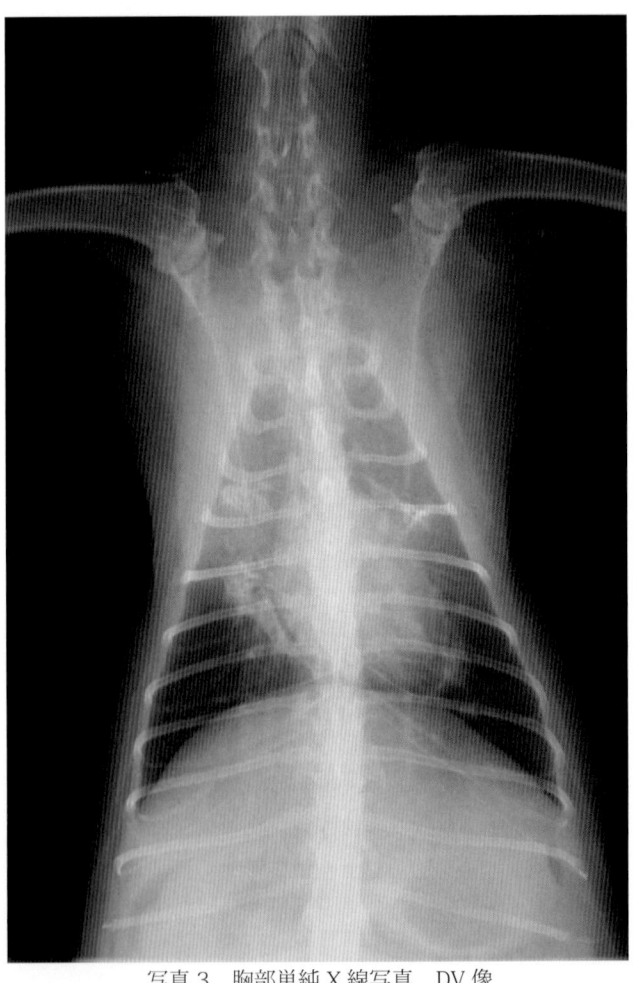

写真3　胸部単純X線写真　DV像

ケーススタディ

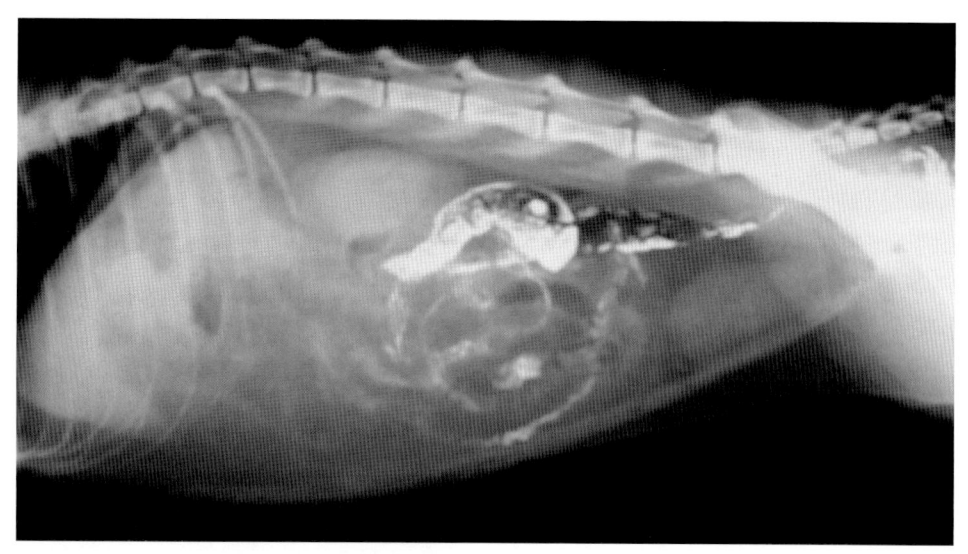

写真4　腹部造影X線写真　RL像

輪郭，および骨格は正常範囲内である。気管は正常範囲内で，心陰影に重なる肺野（左右前葉を中心にした）の不透過性は，前の病院で消化管造影検査を行った際の誤嚥による軽度の肺炎によるものである。

【造影X線検査】

腹部RL像（写真4）・VD像（写真5）：体表軟部組織の輪郭，および骨格は正常範囲内である。胃内にも不透過性の陰影が認められ，前腹部を中心に広範な異常所見（すりガラス様所見）が認められる。肝臓，腎臓，および脾臓の陰影と輪郭は，何れも不鮮明で，広範な小腸，および結腸の位置異常が認められる。回腸，および結腸内にバリウムが認められ，腸の蠕動運動の強い低下がうかがえる。

【初回腹腔穿刺検査】

腹水の貯留は認められなかった。腹腔内洗浄の回収液の細胞診では細菌は－であった。

【診　断】

①腹膜炎，②低血流性ショック。

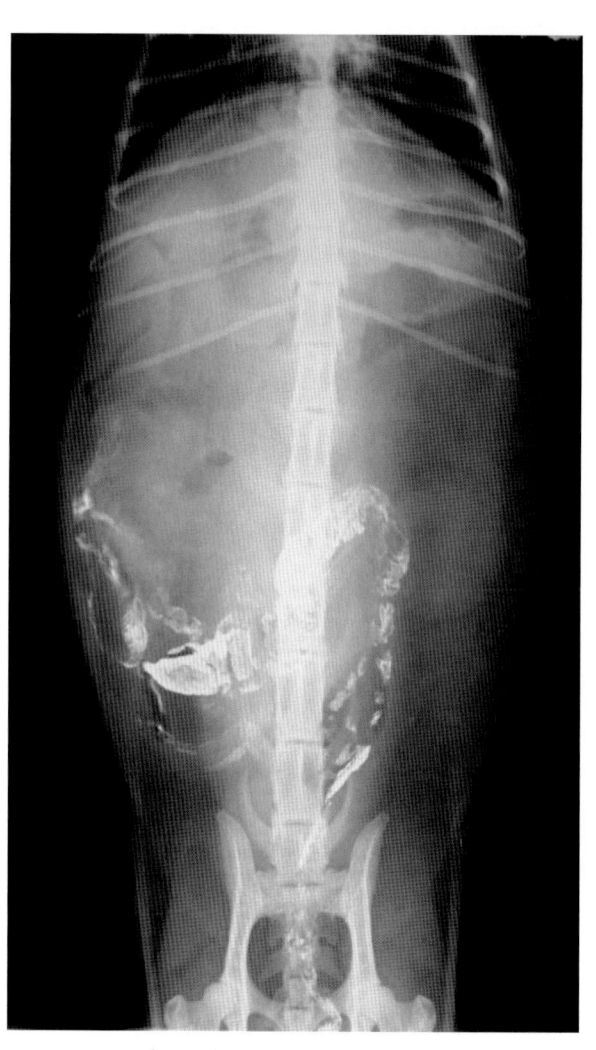

写真5　腹部造影X線写真　VD像

☞あなたならどうする。次頁へ

☞
①輸液の開始（低ナトリウム，正カリウムであるが，水和が正常化されると，カリウムの低下が予想される）
②適切な抗生物質の投与
③消化器作用薬の投与
④内視鏡検査（腹腔鏡検査，超音波検査，CT検査の何れかを行い，速やかに開腹処置を行う）

【治療および経過】

　各種検査結果，およびヒストリーから，腹膜炎を疑い腹腔穿刺を行ったが，腹水は回収されなかった。腹腔内に温かい乳酸化リンゲル液20mLを注入し回収液を鏡検に供したが，細菌，炎症細胞など，腹膜炎を示唆する所見は認められなかったので，腹膜炎の原因を特定するため内視鏡検査を実施した。

　脱水，および血圧の低下が認められたため急速輸液治療と腹膜炎の治療と敗血症予防のために抗生物質（アンピシリン，アミカシン）の投与を行った。意識レベルの上昇（60%→70%），および脱水の改善が認められたので，来院15時間後に内視鏡検査を行った。

　内視鏡検査では，胃体部に著しく隆起した粘膜が認められた。その部位に縫合糸が確認されたため，3日前の手術時の胃切開部であると認められた。十二指腸まで内視鏡を進めたところで，急速に腹部が膨張した。打診により気腹と認められ，消化管内の空気の漏出が腸切開の縫合部から起きていると認められた。

　飼い主に腸管の縫合部位の離開のために腹膜炎が起こっており，3度目の開腹手術を行う必要があることを説明し，同意が得られたので開腹手術を行った。

　術前に抗生物質（アンピシリン50mg/kg IV，アミカシン10mg/kg IV）と，疼痛管理としてブプレノルフィン（20μg/kg IM）の投与を行い，プロポフォール・アトロピン（0.02mg/kg IM）で麻酔導入し，イソフルランガス麻酔で維持を行った。

　腹壁はMAXON糸による単純結節縫合が施されていたが，所々に糸の緩みと一部縫合部の裂開が認められた。腹腔内には約50mLの腹水（血様浸出液）が貯留しており，細胞診で桿菌，球菌，好中球，マクロファージ，細菌貪食像を認めた。胃以外の腸管縫合部4か所全てにおいて，

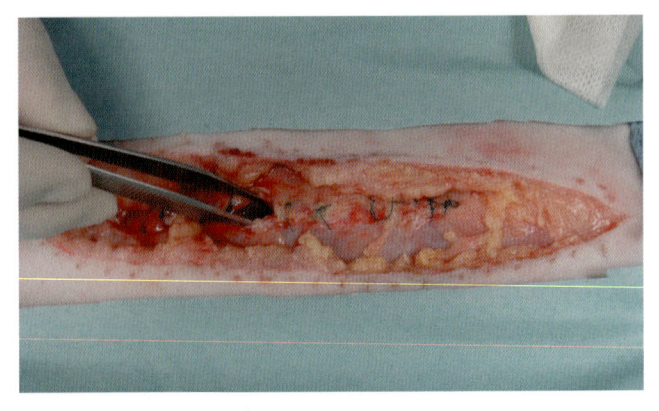

写真6　糸が緩み，一部裂開した腹壁

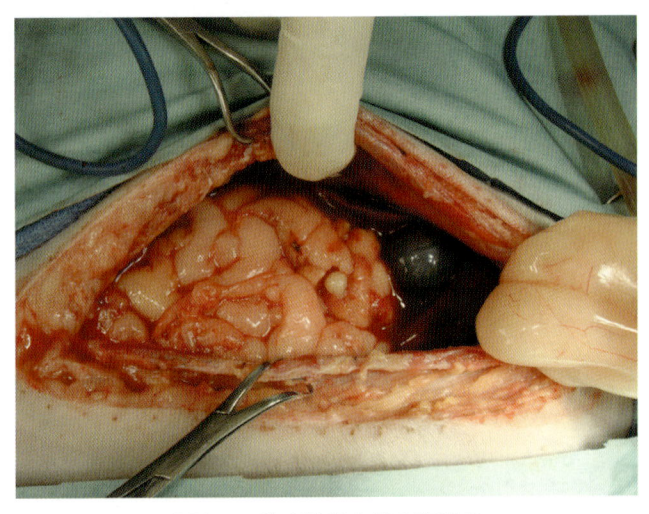

写真7　腹水貯留を伴う腹膜炎

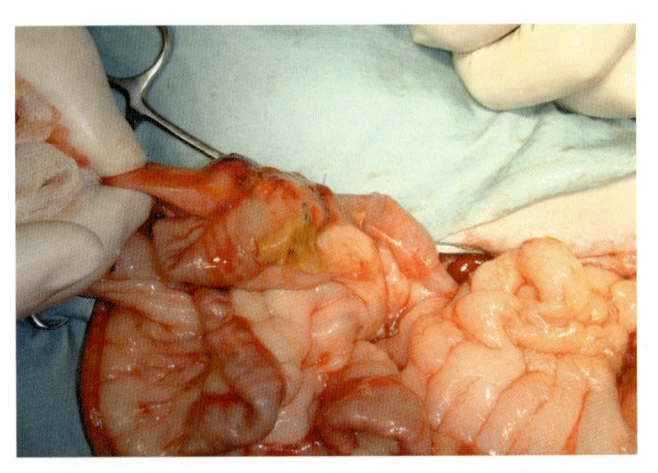

写真8　離開して内容物が漏出した回盲部

癒合不全による離開，および内容物の漏出が認められた。

　空腸，および回腸の裂開部3か所に対しては，腸を切除し，吻合術を施した。吻合にはMAXON4-0を用い単純

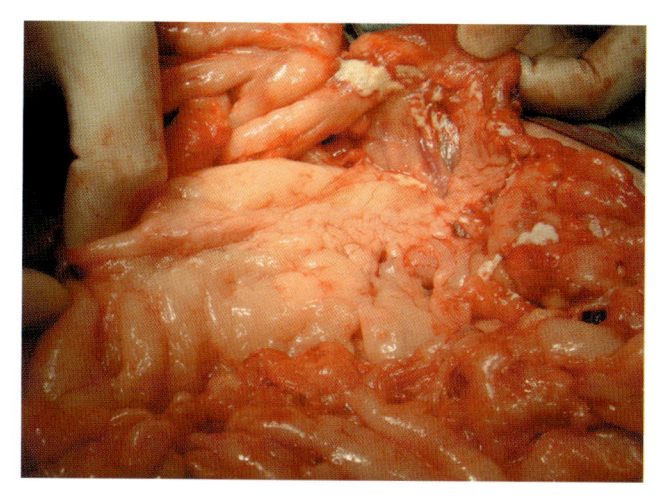

写真9　腹腔内に漏出した消化管内容物と漿膜面の炎症所見

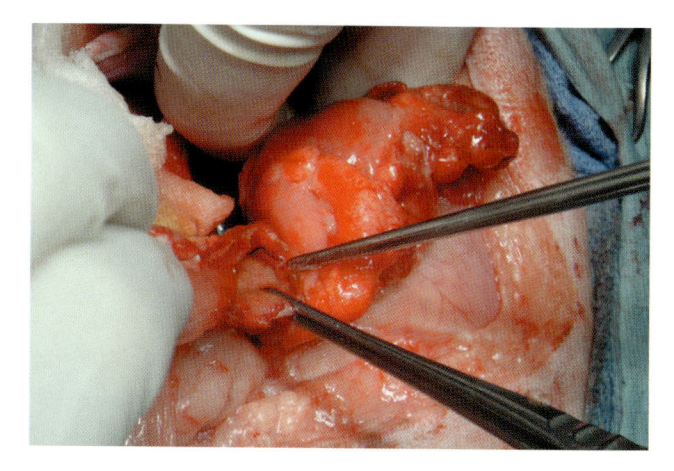

写真11　離開した十二指腸

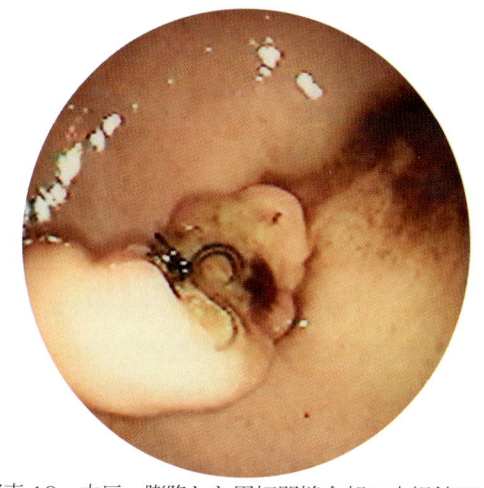

写真10　内反・膨隆した胃切開縫合部の内視鏡写真

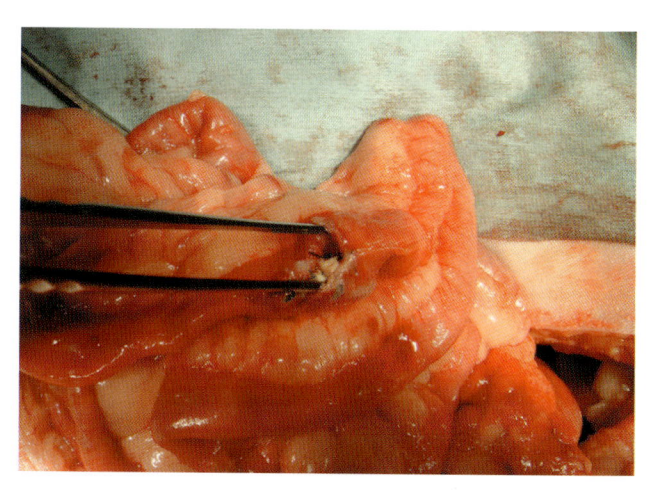

写真12　離開した空腸

結節縫合を行った。十二指腸の裂開部は，胆管開口部，および膵臓と近接しており，切除は不可能であったため，裂開部辺縁のトリミングを行い，内腔の狭窄を防ぐためリバーススマイリング法で縫合した。胃の縫合部において，内視鏡で確認された粘膜の大きな膨隆部が漿膜側からも触知された。しかし，裂開は起こしておらず，可動性で通過障害は生じていなかったことから緊急性はないし，これからの裂開もないと判断した。

広範囲に腹膜炎が起きており，腹腔内臓器漿膜面，および臓側腹膜に充血を認めたが，精査の結果その他の異常は認められなかった。腹腔内洗浄を十分に行った後に，定法に従い閉腹した。強制給餌用の経食道胃カテーテルを設置し，覚醒後，全血輸血（45mL）を行った。

術後は，腹水の培養，感受性検査の結果に基づき，抗生物質をアンピシリンからクラバモックス（62.5mg/cat PO, BID）に変え，アミカシンと併用した。また嘔吐が続いたため，ファモチジンに加えオンダンセトロン（0.1mg/kg IV, BID）も使用した。術後24時間が経過した翌日より，メトクロプラミドの持続点滴（0.02mg/kg/hr）と点滴ポンプを使った持続的チューブ給餌を開始した。術後3日目にHt値の低下（16.6%）が認められたため，2度目の全血輸血（60mL）を行った。

術後6日間は，頻回の嘔吐，流涎，食欲廃絶が続いていたが，7日目より嘔吐の頻度が減少したので，持続的チューブ給餌を1日6回の給餌に切り替えた。また，7日目より意識レベルの回復が明らかとなり，流涎も減少傾

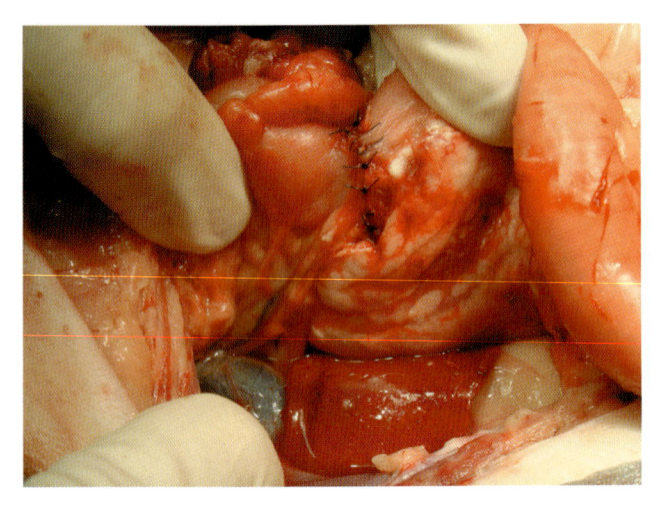

写真13　十二指腸縫合部

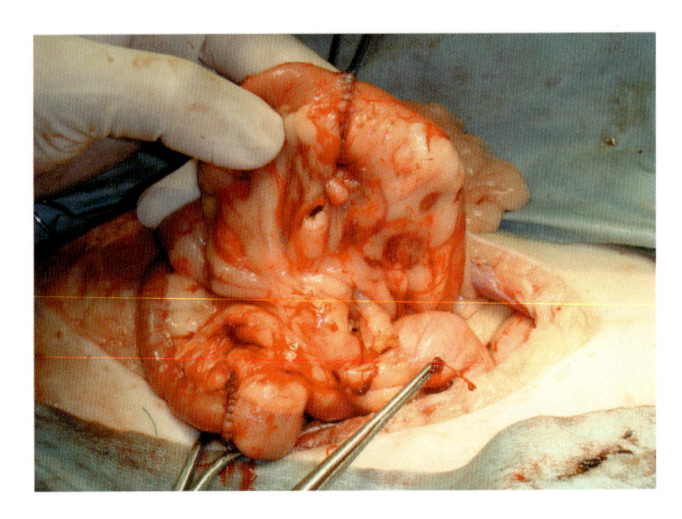

写真14　空腸・回腸縫合部

向になり，ケージ内を歩くようになった。初診時より体温は平熱で，術後も38度台が続いていたが，5日目より発熱が認められた（39.0〜39.5℃）。術後の状態は，他院での手術の後と同様，嘔吐，食欲廃絶が継続し，発熱も見られたので，腹膜炎の継続悪化を懸念して，腹腔穿刺を繰り返し行った。しかし，細菌性腹膜炎の証拠は得られず，また嘔吐継続の原因の1つとして，胃内の膨隆悪化が考えられたが，胃粘膜の正常化には時間がかかると考えて内科治療を継続して行った。

長期の食事療法が必要になることを考慮して，給餌用カテーテルを付けたまま，術後8日目に退院とした。自宅でのケアとして，1日6回の強制給餌（Hill's a/d缶），抗生物質はクラバモックス（62.5mg/cat PO BID），消化器作用薬としてファモチジン（0.5mg/kg PO BID），メトクロプラミド（0.2mg/kg PO BID），モサプリド（2.5mg/cat PO BID），オンダンセトロン（0.25mg/kg PO BID），術後4日目より緑色水様性下痢が続いていたので，整腸剤としてマイトマックス・スーパー（ペディオコッカス）の投与を行った。

退院後も間欠的な嘔吐が続いており，上記の消化器作用薬で治療を続けた。嘔吐の頻度は徐々に減少し，術後約1か月で自力採食が見られ始め，同時に嘔吐は消失した。同時期に下痢が軟便になり，術後1か月半で便が正常化したため，全ての投薬を中止した。術後2か月で自力採食が50％になった段階で，強制給餌用のカテーテルを抜去した。その後少しずつ採食量は増えて，術後2か月半で食欲は100％に回復した。

現在，術後1年が経過し，退院時には3.8kgまで落ちていた体重は4.78kgにまで回復し，良好な経過を得ている。

【コメント】

第一に本症例の猫を幸いにも救うことができたことに，様々な意味で感謝しなければならない。それは本症例にかかわった初診を行った動物病院，初回の腸閉塞で紐状異物を摘出された動物病院，その後，救急救命を行った本動物病院の全スタッフ達，そして飼い主とその家族の全員にとってである。確かに結果オーライであったが，3病院共に，診断，治療，特に病態生理の理解に反省すべき問題が多い症例であった。

この猫は，捨て猫であり，生後20日目くらいで現在の飼い主に拾われたものである。猫の腸閉塞で圧倒的に多いのは，紐状異物によるものであり，犬のように，腸管を通過することができない直径で，比較的硬い異物により腸閉塞症を引き起こす動物とは対称的である。本症例では，異物によるアコーディオン型の腸管の集約と閉塞が始まってから長時間が経過していることは，紐状異物が回盲部でも発見されたことからも明らかである。最初の症状は，7日前から始まっていたが，その4日後に初めて腸閉塞と診断され，開腹手術を受けたことからも明らかである。

本症例は，2院目の病院の後，本院で夜間の救急救命チームによる診療を受けることになったが，このような最悪の

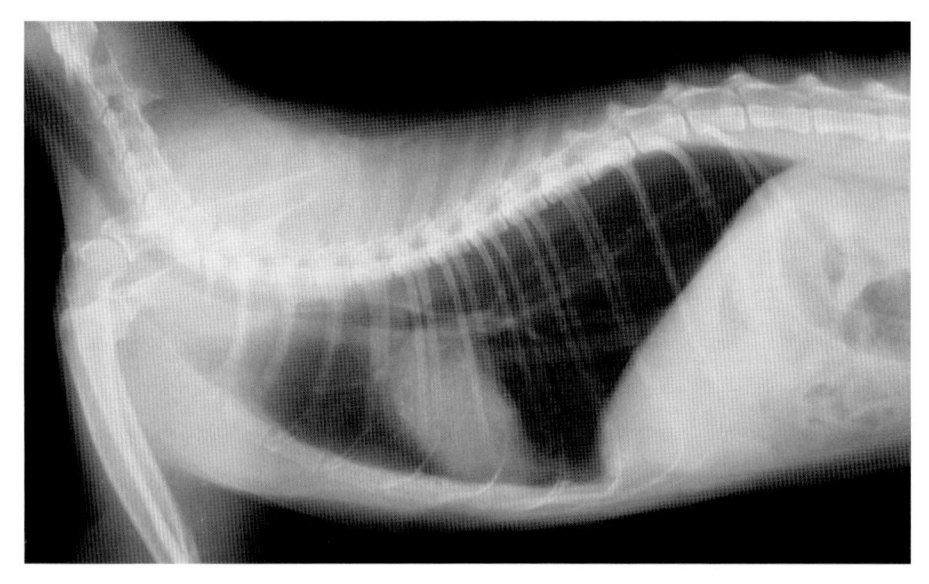

写真16 術後2か月後の胸部単純X線写真 RL像
右前葉にわずかにバリウムが残っている。

事態と経過にもかかわらず，前2病院の治療の結果，幸いにも，この時点で体温が38.3℃，股動脈圧が100%（実際の血圧は107～47，平均圧は64）に保たれ，脱水が8%に止まっていたことである。本院では当然のこととして腹膜炎を疑い，まず20mLの乳酸化リンゲル液を腹腔内に投与し，回収液を精査したが，何ら腹膜炎を示す所見は認められなかったが，不幸中の幸いで（内視鏡が順序ではないが）内視鏡検査でガスが腹腔内圧を高めることにより，腹部の膨大が認められたことである。また，飼い主が3度目の開腹手術にもかかわらず，事態をよく理解され，手術に納得し同意されたことも幸いであった。

　腹膜炎が疑われた場合，直接，直ちに細菌性で，しかも炎症性の液体を回収できる場合もあるが，本症例のように腹腔内に液体を入れて回収したにもかかわらず，細菌炎症性の液体を採取できるとは限らないので，偽の陰性となる場合もあることを認識しておくことは，極めて重要である。

　本症例のように全3回にわたり手術が行われ，それも消化管の様々な部位4か所の切開が必要であったことから，予後において腹膜炎が継発する可能性が極めて高いことは明らかである。そのことを考慮した上で，症状を客観的によく分析してみれば，腹膜炎を疑い，診断し，速やかに開腹手術に踏み切ることは妥当である。手術で腹膜炎を起こしているとすれば，腸管，腸間膜の癒着がまず最初に起こってくるのは当然であり，炎症性の液体が当初局部に

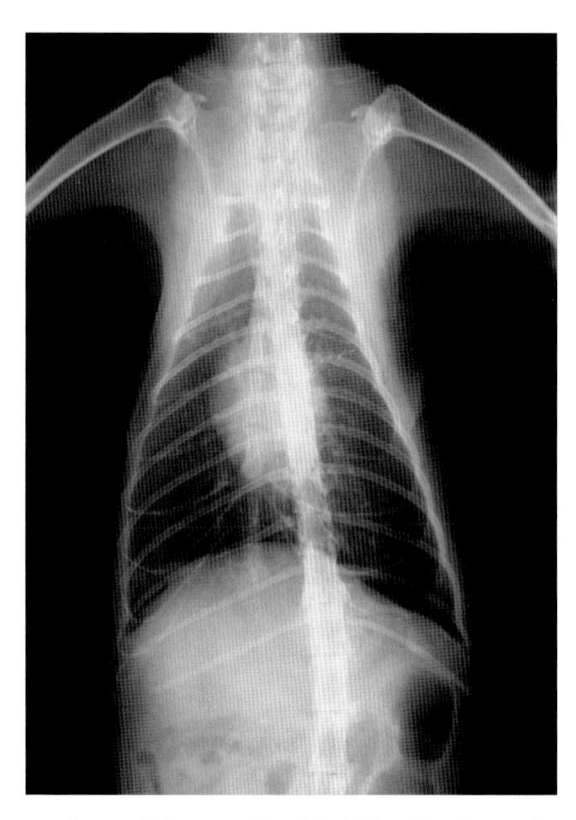

写真17 術後2か月後の胸部単純X線写真 DV像

留まることになるのが自然である。

　しかしながら，本症例ではそのような可能性が高かったにもかかわらず，腹部の超音波検査も，CT検査も行って

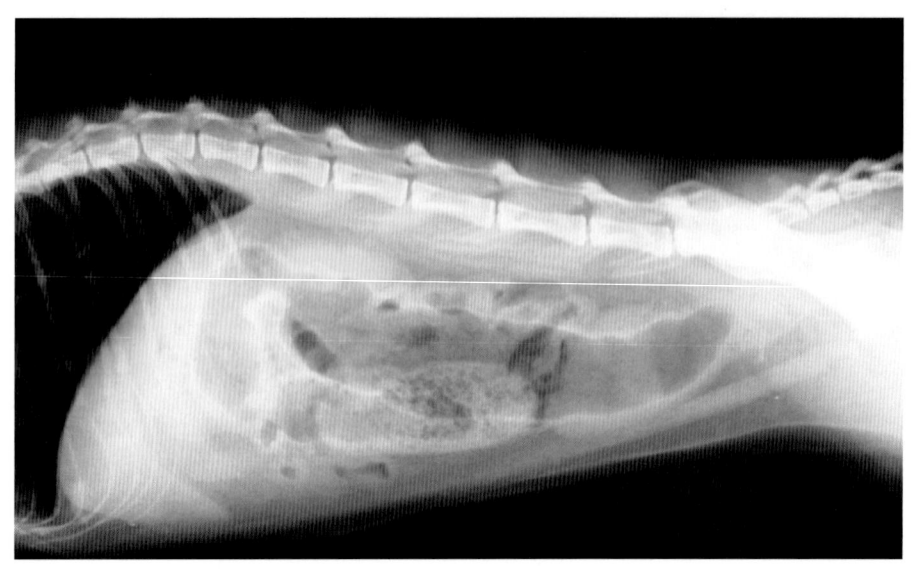

写真 18　術後 2 か月後の腹部単純 X 線写真　RL 像

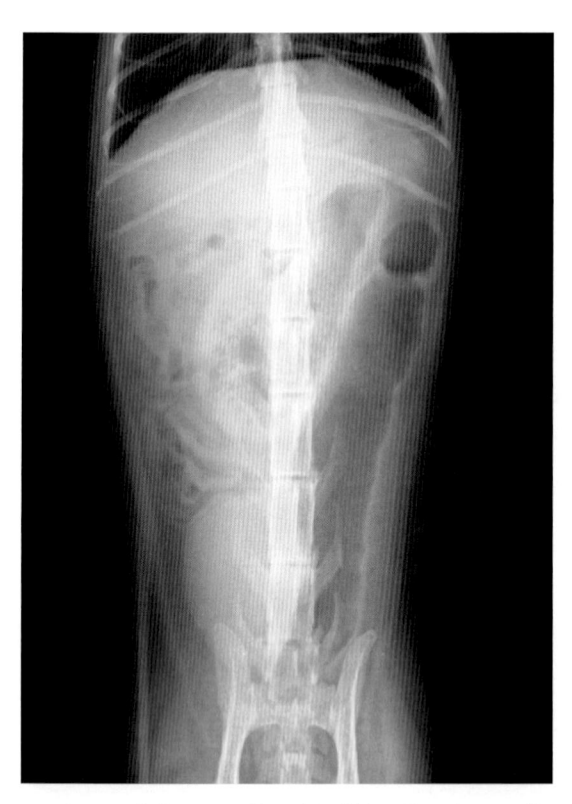

写真 19　術後 2 か月後の腹部単純 X 線写真　VD 像

いない。単純 X 線検査の後，超音波検査か，CT 検査を行っていれば，どこに液体が貯留しているのか，また問題の在りかが手にとるように明らかにできたはずである。そのことは最大の反省点である。仮に CT が使用できないにしても，超音波検査で，かなりのことを明らかにすることができたはずである。

　ただ CT や超音波検査に対して，飼い主が経済的に応じられない場合であってもは，こちらもちで行うべきことではある。しかし，本症例では内視鏡検査を進めた際に，空気が腹部を膨大させたことが怪我の功名であり，手術部位の裂開が起こっていることから，空気のもれが明確となった。このような事態下では，内視鏡検査は時間，マンパワーをとるだけで，プラスではない。このような場合は，簡便でしかも直接，いろいろな異常や病態を確認できる腹腔鏡検査が第一オプションであるし，全身麻酔下ならば CT 検査の後，直ちに開腹手術を行うのが正しい手順ではないのか。もう 1 つの重要な問題は，激しい頻回の嘔吐時の内服による抗生剤の投与である。

(Vol.63 No.1, 2010 に掲載)

Case 47 CAT

外傷で救急来院した症例

雑種猫，6歳齢，雄

【プロフィール】

雑種猫，6歳齢，雄，1歳時に去勢手術済み。3種混合ワクチンを接種済みである。室内70%，屋外30%の飼育状態で，そのほかに，28頭の猫が飼育されている。食事はドライフード（フリスキー）が与えられている。

【主 訴】

朝のみ屋外に出る習慣があるが，今朝，怪我をして帰宅した。元気が消失し，呼吸促迫があった。

午前中にかかりつけの動物病院に診せたところ，尾の外傷を指摘され，消毒のみの処置を受けた。しかし，経時的に状態は悪化してきたので，夜間に緊急で，本院に上診されたものである。

【physical examination】

体重は4.82kg，栄養状態は100%（BCSは3），脱水は10%，体温は37.1℃，心拍数は180回/min，呼吸数は48回/min，股動脈圧は60%であった。

意識レベルは50%（抑鬱）で，吸気性努力呼吸が認められた。

聴診において，胸部腹側で心音，肺音の聴取は困難であった。

口粘膜は蒼白（2＋）で，CRTは延長（2秒以上）し，

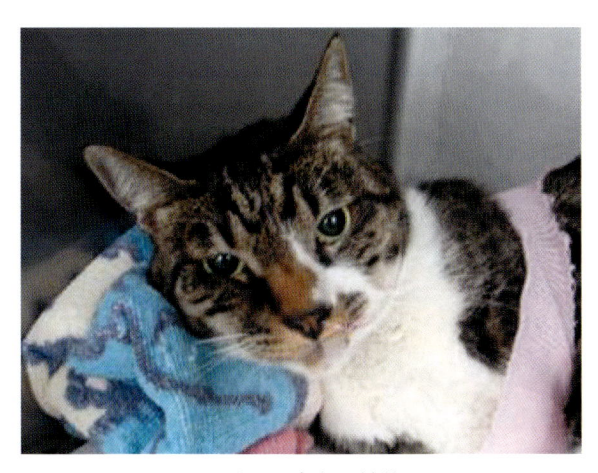

写真1 患者の外貌

表1 臨床病理検査

CBC			
WBC	17.94 × 10³	(5.5〜19.5 × 10³)	/μL
RBC	795 × 10⁴	(500〜1000 × 10⁴)	/μL
Hb	12.7	(8〜15)	g/dL
Ht	42.2	(30〜56)	%
MCV	53.1	(39〜55)	fL
MCHC	30.0	(31〜35)	g/dL
血液の塗抹標本検査のリュウコグラム			
Band-N	0	(0〜300)	/μL
Seg-N	15760	(3000〜11500)	/μL
Lym	1050	(1000〜4800)	/μL
Mon	700	(150〜1350)	/μL
Eos	320	(100〜1250)	/μL
Bas	100	(0)	/μL
pl	299 × 10³		個
血液化学検査			
TP	7.0	(5.2〜8.2)	g/dL
Alb	2.8	(2.2〜3.9)	g/dL
Glb	4.2	(2.8〜4.8)	g/dL
ALT	1000	(12〜115)	U/L
ALKP	33	(14〜192)	U/L
T-Bil	0.1	(0.0〜0.9)	mg/dL
Chol	124	(62〜191)	mg/dL
GGT	0	(0〜1)	U/L
Glc	164	(77〜153)	mg/dL
BUN	23	(16〜33)	mg/dL
Cr	1.2	(0.6〜1.6)	mg/dL
P	2.8	(4.5〜10.4)	mg/dL
Ca	9.1	(7.9〜11.3)	mg/dL
静脈血の血液ガス検査			
pH	7.459	(7.35〜7.45)	
pCO₂	36.5	(40〜48)	mmHg
pO₂	44.8	(30〜50)	mmHg
HCO₃	25.3	(20〜25)	mmol/L
BE	1.5	(−4〜4)	mmol/L
O₂サチュレーション	83.5		%
TCO₂	26.4	(16〜21)	mmol/L
電解質			
Na	142	(147〜156)	mmol/L
K	3.5	(4.0〜4.5)	mmol/L
Cl	107	(117〜123)	mmol/L

FIV － FeLV －

（ ）内は本院における正常値を示す。
Laser Cyte〔IDEXX〕を使用。

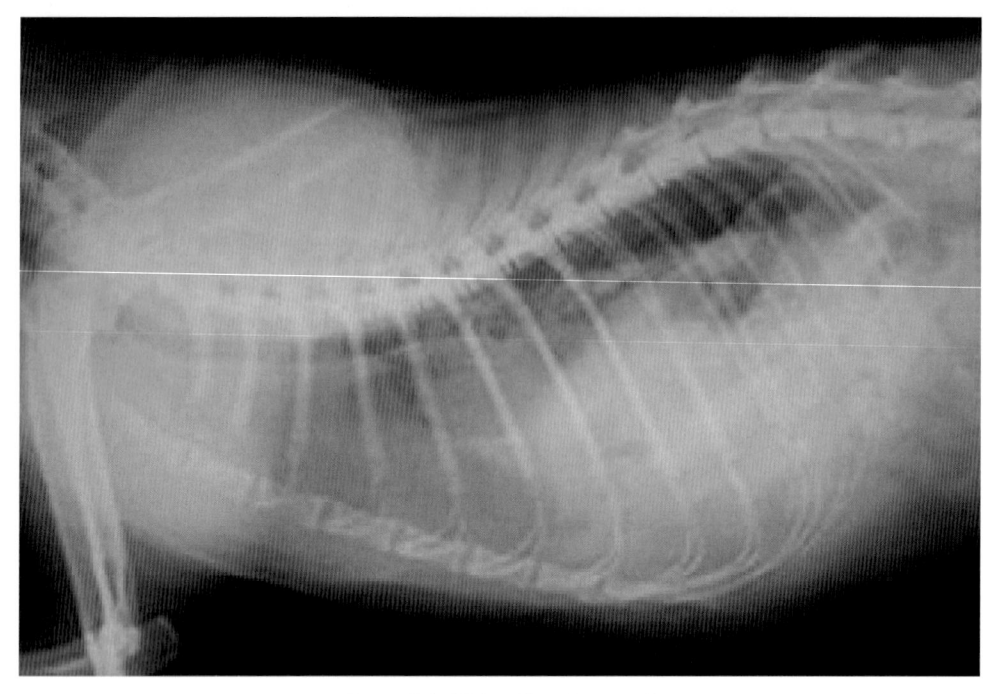

写真2　胸部単純X線写真　RL像

下腹部の皮下内出血（3＋），および尾根部に長さ1cm弱の皮膚の裂傷が認められた。

【プロブレム】

①意識レベルの低下（50%），②吸気性呼吸困難／頻呼吸（48回/min），③胸部腹側心音，肺音の消失，④低体温（37.1℃），⑤股動脈圧の低下，⑥CRTの延長，⑦下腹部皮下内出血（3＋），⑧尾根部皮膚裂傷。

【プラン】

①直ちに酸素療法，輸液療法を開始，②CBC，血液化学検査，血液ガス電解質検査，③胸部・腹部X線検査，④心電図検査，血圧検査。

【臨床病理検査】

CBC，および血液化学検査の結果は表1の通りであった。

【血圧検査】（オシロメトリック法で足根部を測定）

収縮期圧（SYS）は106mmHg，拡張期圧（DIA）は67mmHgであり，平均血圧（MAP）は80mmHgあった。

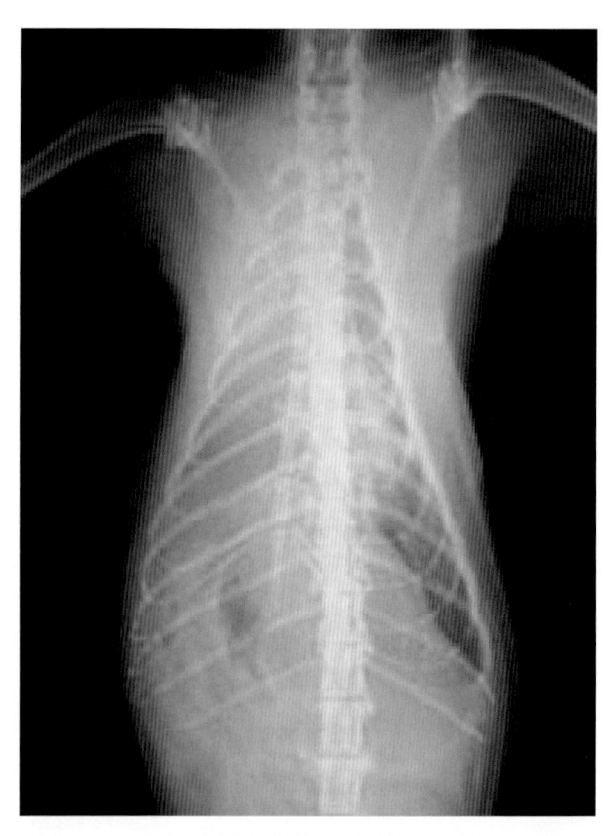

写真3　胸部単純X線写真　DV像

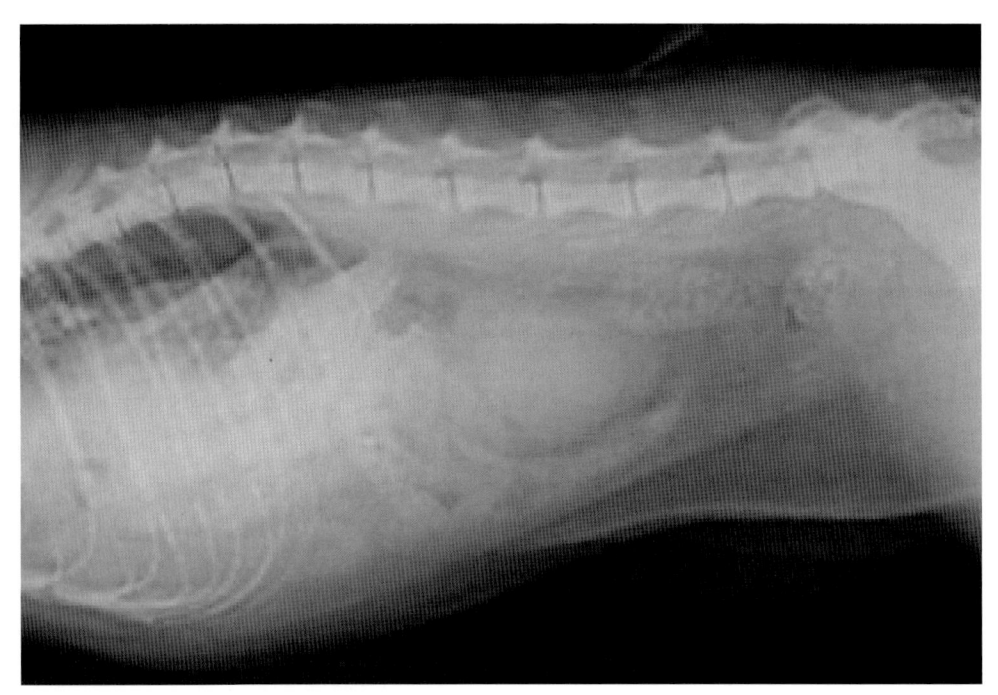

写真4　腹部単純X線写真　RL像

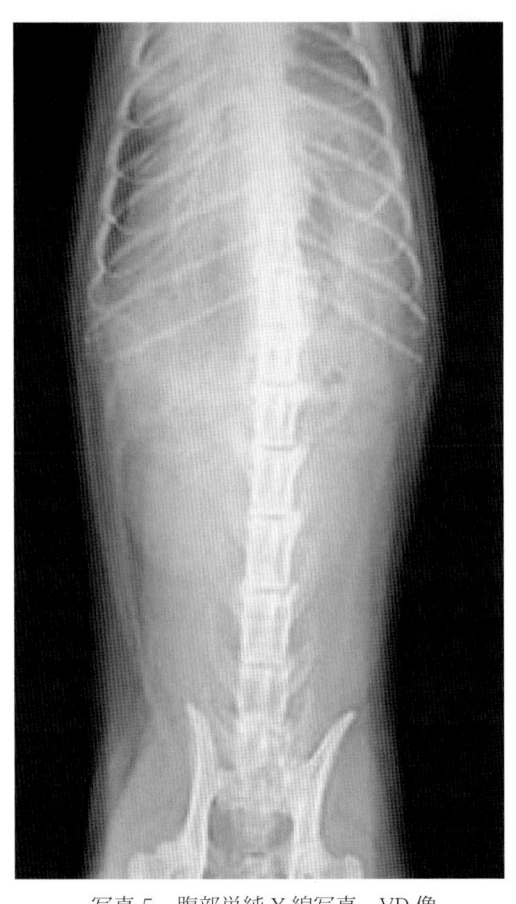

写真5　腹部単純X線写真　VD像

【単純X線検査】

胸部 RL 像（写真2）・DV 像（写真3）：骨格，体表軟部組織の輪郭は，正常範囲内である。心陰影，および横隔膜ラインは不明，さらに腹腔臓器の胸腔内変位（特に左側）が強く認められた。

腹部 RL 像（写真4）・VD 像（写真5）：RL 像では，骨格は正常範囲内である。横隔膜ラインは不明である。胃軸の頭背側変位，および腹腔内臓器の頭側変位が認められる。

腹部尾側では，腎臓と膀胱陰影以外の腹腔臓器はほとんど認められない。

【診　断】

①低血流性ショック，②横隔膜ヘルニア，③腹壁損傷。

☞あなたならどうする。次頁へ

☞

①低血流性ショック改善のための急速大量輸液療法。
②酸素療法の開始。
③換気機能のモニター。
④横隔膜ヘルニア整復手術。
⑤腹壁損傷の確認と整復。
⑥経鼻胃内給餌カテーテルの留置。

【治療および経過】

　症例は夜間緊急外来で来院したが，呼吸困難，循環血量減少性ショックを生じていたため，まず輸液療法（ラクトリンゲル液 40mL/kg 15 分，その後 15 分で 22mL/kg）と酸素供給（酸素ケージ）を行い，患者の状態を厳重に監視しながら，各種検査を進めた。各種検査結果から，横隔膜ヘルニア，腹壁損傷と診断された。疼痛管理のためにブプレノルフィン（20μg/kg IM），抗生物質（セファゾリン 22mg/kg IV）の投与を行った。状態が安定化したら，直ちに外科手術を行う必要があることを，飼い主に説明し，同意が得られたので，手術を行うこととなった。

　酸素療法および急速大量輸液の支持療法を行い，心肺機能を監視するとともに，ヘルニア臓器に胃，腸が含まれていることから，ガスによる急性胸腔内拡張の有無を監視した。また，来院時には膀胱の尿貯留を認めなかったので，膀胱と尿量の監視を行った。

　初期治療により，患者の体温（38.4℃），および血圧（平均血圧 101mmHg，HR 171bpm）の回復，意識レベルの改善，正常な排尿が認められるようになったので，直ちに手術が行われた。

　プロポフォール（6mg/kg IV），アトロピン（0.05mg/kg IM）で麻酔を導入し，O₂ イソフルランガスで維持（ベンチレータを使用して人工換気）を行った。術前に抗生物質（セファゾリン 22mg/kg IV），疼痛管理としてブプレノルフィン（20μg/kg IM）の投与を行った。腹部剃毛時（写真 6），下腹部に広範な皮下内出血を認めた。そこで背臥位で，剣状軟骨尾側から恥骨後縁までの腹部正中切開によるアプローチと，最初に全腹腔内臓器の精査を行った。

　開腹時の精査所見（写真 7）では，後腹膜，および腹腔脂肪の広範な内出血を認めた。幸いにも膀胱，尿道，下部消化管は，肉眼的に正常範囲内であったが，腹直筋では，

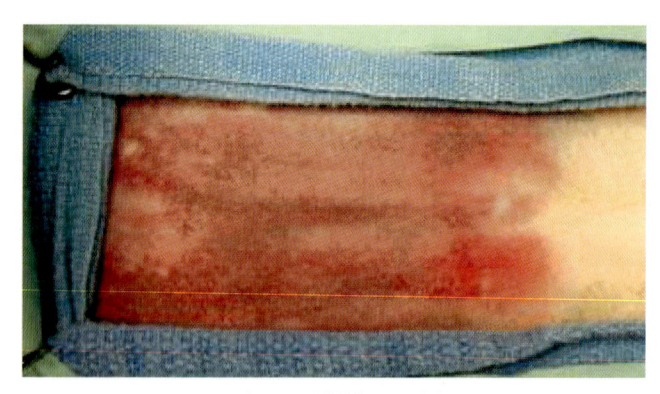

写真 6　手術前の下腹部
広範囲な皮下出血が認められた。

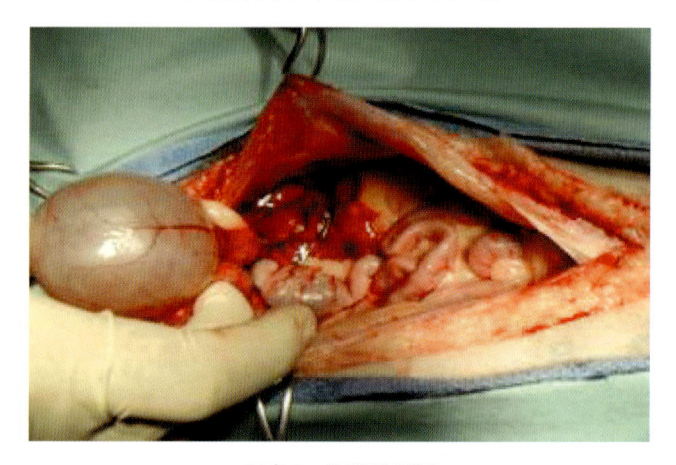

写真 7　開腹時所見
後腹膜，腹腔脂肪の内出血が認められた。

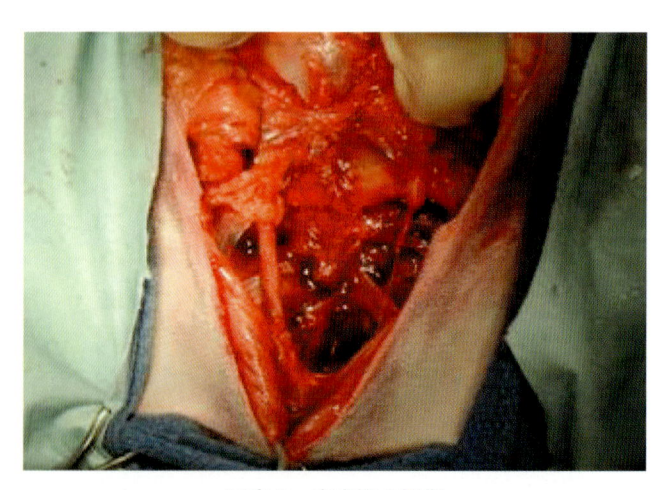

写真 8　腹直筋の損傷

恥骨前縁から剣状軟骨に至る部位に，広範囲にわたる強い損傷（写真 8）が認められた。

　また，横隔膜は左脚の背側付着部（食道裂孔背側の部

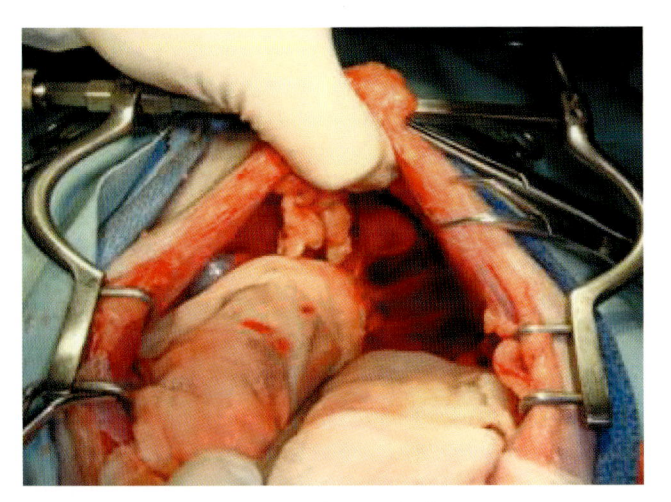

写真 9　横隔膜の損傷

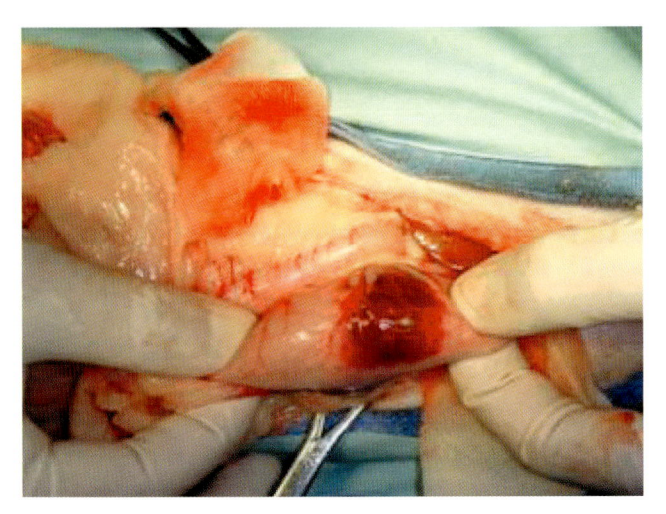

写真 10　胃の漿膜面に認められた出血，部分壊死

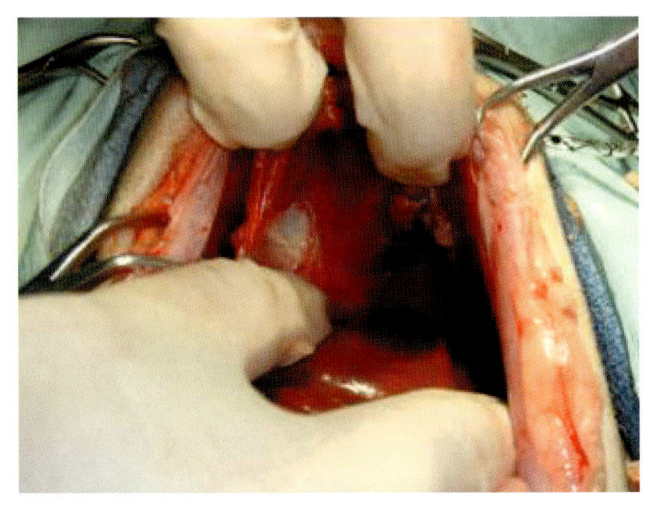

写真 11　整復後の横隔膜

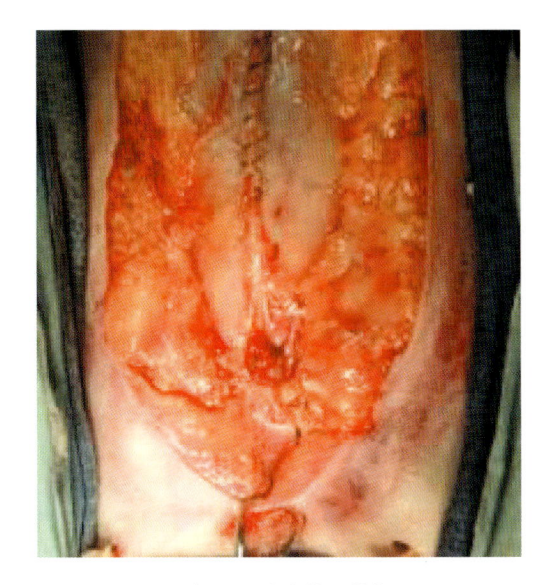

写真 12　腹直筋の整復

位）から，右脚腹側付着部までの裂開を認め（写真 9），胃，十二指腸の一部，空腸，膵臓，脾臓，肝臓の一部が，胸腔内に脱出，移動し，ヘルニアを生じていた。脱出移動した臓器を正しい位置に戻すとともに，損傷の有無を注意深く検査したが，胃の一部漿膜面に内出血（写真 10）を生じ，指頭大の膨隆部を認めたため，損傷部位の周囲漿膜面に切開を加え，昇壁の修復縫合を行った。

肺の裂傷と持続的な肺の虚脱無気肺領域が存在しないことを確認した後，背側障害部位から腹側に向かって，PDS3-0（単線維性吸収性縫合糸）で単層連続縫合し，横隔膜の整復（写真 11）を行い，胸腔ドレーンを設置した。

傷害された腹直筋を整復し（写真 12），温滅菌生理食塩水を用い腹腔内洗浄を反復した後，PDS3-0 で筋膜を閉じ，局所にブピバカイン（1mg/kg）の注射を行った。皮下組織，皮膚は，常法通り閉腹した。また，覚醒前に強制給餌を目的とした経鼻胃カテーテルを設置した。

術後 4～6 時間は 1 時間毎に，その後は 3～4 時間毎に胸腔ドレーンからの気体，および排液回収を行った。また，疼痛管理，および抗生物質療法を継続して行い，全血輸血（50mL）を含めた支持療法を行った。

術後 3 日目には，胸腔ドレーンからの排液が消失したので，ドレーンを抜去した。

術後 10 日間は強制給餌を行った。徐々に食欲の改善が認められたので，術後 12 日目に強制給餌用カテーテルを

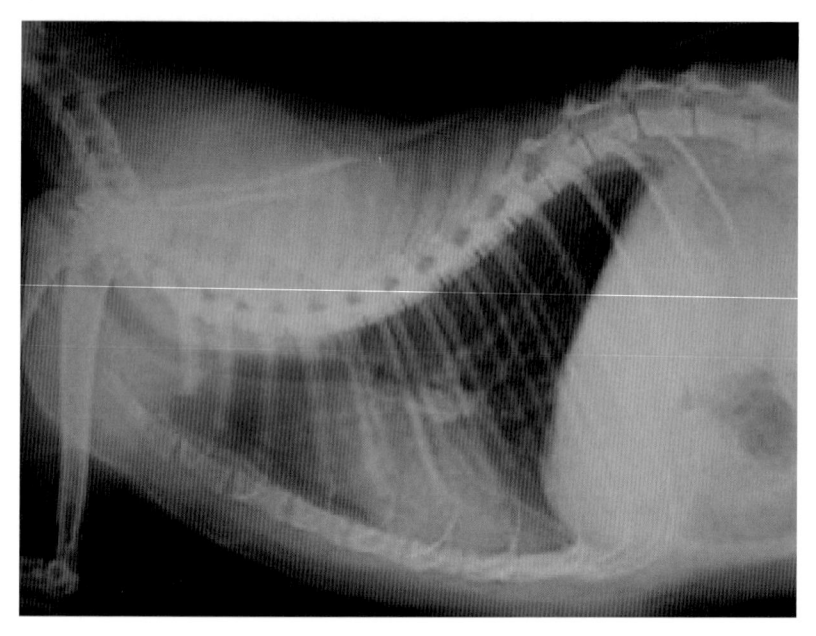

写真13　整復後の胸部X線写真　RL像

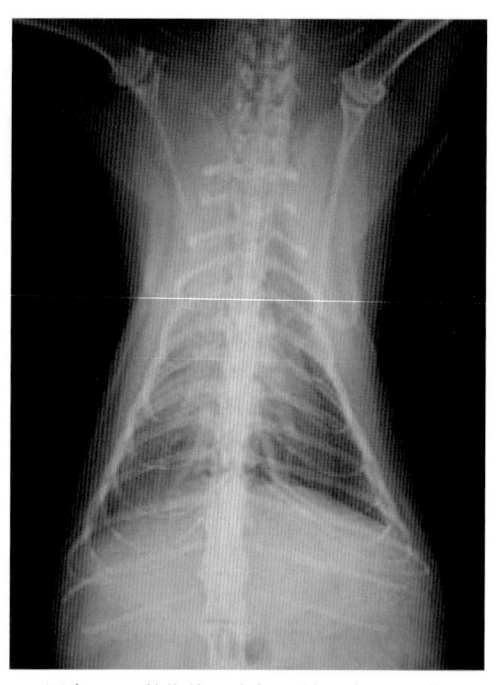

写真15　整復後の胸部X線写真　DV像

抜去し，術後14日目に退院した。

その後の検診では，今回の事故，および手術に関連した症状は認められず，患者の状態は良好で，現在は室内のみで家族と気持ち良く生活している。

【コメント】

横隔膜ヘルニアは，どの教科書にも記載されていることであるが，先天性と外傷による2次的なものの2通りがある。しかし，実際には先天性のものは，ほとんどが生後まもなく死亡することになるので，それを実際に診ることはまれである。したがって，ほとんどの横隔膜ヘルニアは，トラウマに継発する2次的なものである。

横隔膜の膜様部は，極めて丈夫にできているので，ほとんどのヘルニアは，筋肉部で起こることになる。それも横隔膜の胸腔付着部に沿って起こるものが最も多いが，横隔膜の胸腔付着部から離れたところで起こるものと様々である。横隔膜が破れる原因のほとんどは，犬，猫とも交通事故が最も多い。喉頭の閉鎖時に強い圧力が急速，広範に胸腹部に生じた場合に，横隔膜が破れ，ヘルニアが起こることになる。

そして腹部臓器は，破裂した横隔膜から胸腔に移動するので，その程度に応じた呼吸症状が認められることになる。最悪の場合，腹部臓器の多くが胸腔に移動し，肺が全面的に虚脱するために，急速に呼吸不全を起こし死に至ることになる。特に消化管に大量のガスを取り込んでいる場合は危険である。この場合には，一刻を争う支持療法の開始と，続いての緊急の手術が必要となる。一方，横隔膜の裂傷の長さが短く，腹部臓器の胸腔への移動が限られていて，しかも肺挫傷が限られたものでは，それに応じて呼吸症状も目立たないものになり，中には胸水，腹水が貯留してきて初めて診断されるものもある。

気をつけることは，腹部への強い衝撃，圧迫が腹部に限られていればいるほど，腹腔臓器の損傷の程度を明らかにすべきで，胸部への強い衝撃，圧迫が強く起こっているものでは，肺の外傷症候群の程度を注意深くモニターしていく必要がある。腹部と胸部への圧迫が強く，広範囲であるほど，多くの損傷が両者に起こることから，この程度を明らかにしておくことは（CT検査），緊急手術に踏み切るべき時間を決める大きな要因となる。

大量の腹部臓器が胸腔へ移動することによって起こる呼吸不全も，肺への直接の挫傷（強い）が同時に起こっていればいるほど，呼吸不全が強くなり生命を脅かすことになる。肺実質に強い肺挫傷が起きている場合は，事態はより深刻となる。

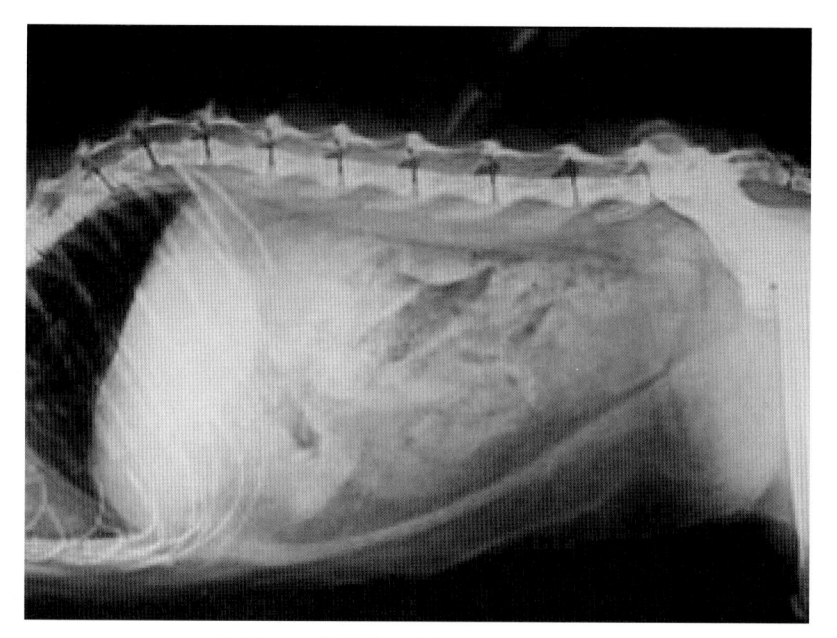

写真14　整復後の腹部X線写真　RL像

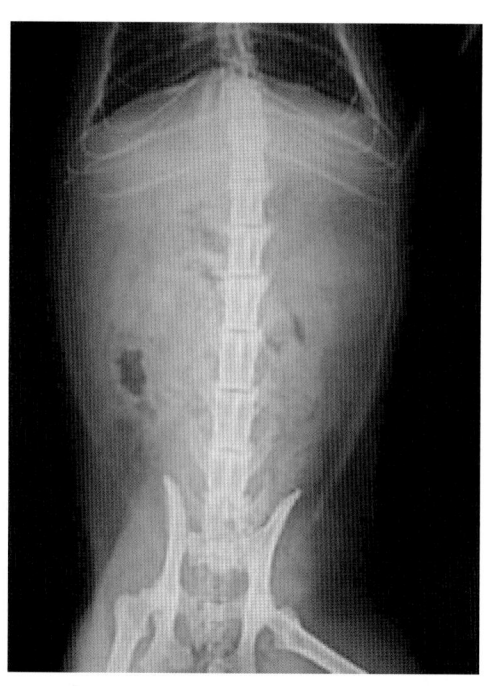

写真16　整復後の腹部X線写真　VD像

　単純に腹部臓器の胸腔への移動のために肺への圧迫が大きいものほど，逆にいえば，その事態を改善さえすれば，呼吸不全は可逆的であることから，救命は容易となる。

　本症例は，夜間に救急救命患者として本院に来院したが，その16時間前に，外出から家に戻った際にわずかな外傷が認められたものである。かかりつけの動物病院では，尾に認められた傷の手当てしか受けてはおらず，時間とともに容態が悪化していることから，交通事故等を疑い，単純X線検査，超音波検査を行うことだけで，正しい診断が簡単にできたはずである。

　意識レベルの低下（50％）や努力呼吸，さらに口腔粘膜，CRTなどプロブレムリストにあげられている状態や，血液ガスと電解質の検査から，すでに呼吸不全と低血流性ショックが始まっていることは明白で，直ちに支持療法としての酸素供給と急速大量輸液療法が行われたことは，適切であり評価される。同時に診断時に単純に直立姿勢で移動臓器を腹腔へ戻し，胸部を高く，腹部を低くし，胸腔内のヘルニア臓器の量を少なくしておくことが呼吸不全を改善する上で大切である。

（Vol.63 No.2, 2010 に掲載）

Case 48　CAT

嘔吐を呈している症例

日本猫，18歳齢，雄

【プロフィール】

日本猫，18歳齢，雄，去勢手術済み。各種の予防は行われていない。80％は室内で過ごすが，外にでることもある。単頭で飼育されている。食事は市販猫用の缶詰（銀のスプーン，焼津缶ほか）や刺身が与えられてる。

【主　訴】

間歇的な嘔吐がみられるため，本院に上診されたものである。4か月前から食欲が減退し，元気が消失しているとのことである。

【physical examination】

体重は3.10kg，栄養状態は60％，脱水は10％，体温は38.8℃，心拍数は240回/min，呼吸数は72回/min，股動脈圧は100％であった。

意識レベルは60％（抑鬱）で，呼吸促迫が認められた。

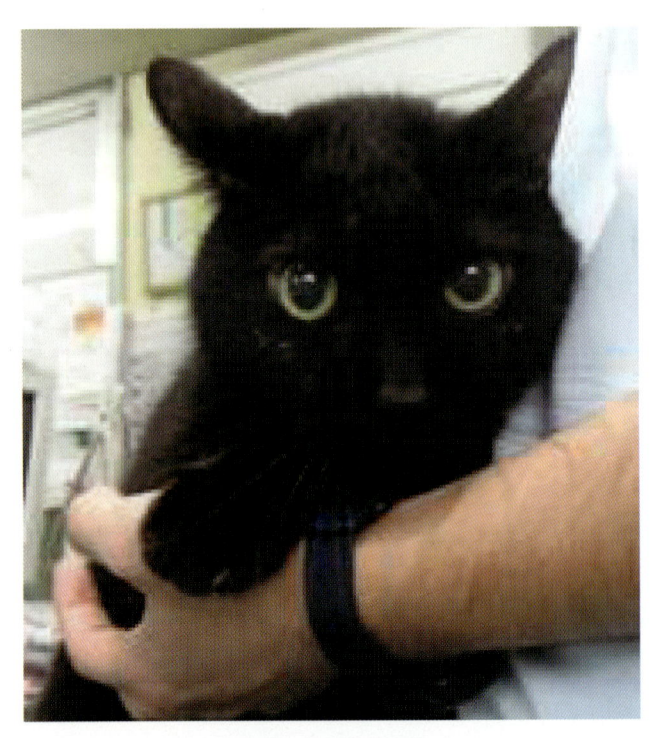

写真1　患者の外貌

表1　臨床病理検査			
CBC			
WBC	4.6×10^3	$(5.5 \sim 19.5 \times 10^3)$	/μL
RBC	101×10^4	$(500 \sim 1000 \times 10^4)$	/μL
Hb	2.6	$(8 \sim 15)$	g/dL
PCV	8.8	$(30 \sim 36)$	％
MCV	87.1	$(39 \sim 55)$	fL
MCHC	29.5	$(31 \sim 35)$	g/dL
血液の塗抹標本検査のリュウコグラム			
Band-N	184	$(0 \sim 300)$	/μL
Seg-N	1978	$(3000 \sim 11500)$	/μL
Lym	828	$(1000 \sim 4800)$	/μL
Mon	138	$(150 \sim 1350)$	/μL
Eos	322	$(100 \sim 1250)$	/μL
Bas	0	(0)	/μL
pl	116×10^3		個
血液化学検査			
TP	7.5	$(5.2 \sim 8.2)$	g/dL
Alb	3.7	$(2.2 \sim 3.9)$	g/dL
Glb	3.7	$(2.8 \sim 4.8)$	g/dL
ALT	31	$(12 \sim 115)$	U/L
ALKP	77	$(14 \sim 192)$	U/L
T-Bil	0.2	$(0.0 \sim 0.9)$	mg/dL
Chol	86	$(62 \sim 191)$	mg/dL
GGT	0	$(0 \sim 1)$	U/L
Glc	235	$(77 \sim 153)$	mg/dL
BUN	24	$(16 \sim 33)$	mg/dL
Cr	2.0	$(0.6 \sim 1.6)$	mg/dL
Ca	9.6	$(7.9 \sim 11.3)$	mg/dL
電解質			
Na	153	$(147 \sim 156)$	mmol/L
K	3.1	$(4.0 \sim 4.5)$	mmol/L
Cl	123	$(117 \sim 123)$	mmol/L

FIV　−　　FeLV　−　　ヘモプラズマ　−
T4　< 2.0 μg/dL　（1.3 ～ 3.9）
（　）内は本院における正常値を示す。
Laser Cyte〔IDEXX〕を使用。

胸部聴診において，肺音は正常範囲内であったが，僧帽弁，大動脈弁領域で逆流性雑音が聴取（初診担当医による）された。可視粘膜は蒼白であった。

【プロブレム】

①脱水10％，②削痩，③可視粘膜蒼白，④抑鬱，⑤嘔吐，

⑥心雑音 Levine Ⅲ / Ⅵ，⑦歯石沈着・歯周病。

【プラン】

①CBC，②血液化学検査（ルーチンパネル），③血圧，④心電図検査，⑤尿検査，⑥胸部・腹部X線検査，⑦心臓・腹部超音波検査。

【臨床病理検査】

CBC，および血液化学検査の結果は表1の通りであった。

【血圧検査】（オシロメトリック法で足根部を測定）

収縮期圧（SYS）は96mmHg，拡張期圧（DIA）は80mmHgであり，平均血圧（MAP）は65mmHgあった。

【心電図検査】

心拍数（HR）は240回/min，MEAは＋60度で，各波形および計測値は正常範囲内であった。

【尿検査】（膀胱穿刺尿）

尿比重は1.018，pHは7.5。その他，正常範囲内であった。

【単純X線検査】

胸部 RL・DV 像（写真2，3）：骨格・体表軟部組織の輪郭は正常範囲内。

腹部 RL・VD 像（写真4，5）：骨格は正常範囲内。体表軟部組織の輪郭は正常範囲内。肝臓陰影の拡大が認められた。

【超音波検査】

心臓病担当医によるカラードップラー超音波精密検査が行われた。激しい貧血による機能性雑音であり，弁部の逆流性の雑音ではないことが確定した。

腹部においては，胆嚢壁の肥厚が認められ，両側の腎臓皮質は高エコー性であった。その他は正常範囲内であった。

【プロブレム】

再度，プロブレムリストをあげる。

①はげしい非再生性貧血（PCV 8.8%），②白血球減少，③血小板減少，④低血圧，⑤低比重尿，⑥肝腫大，⑦高血糖（235mg/dL）。

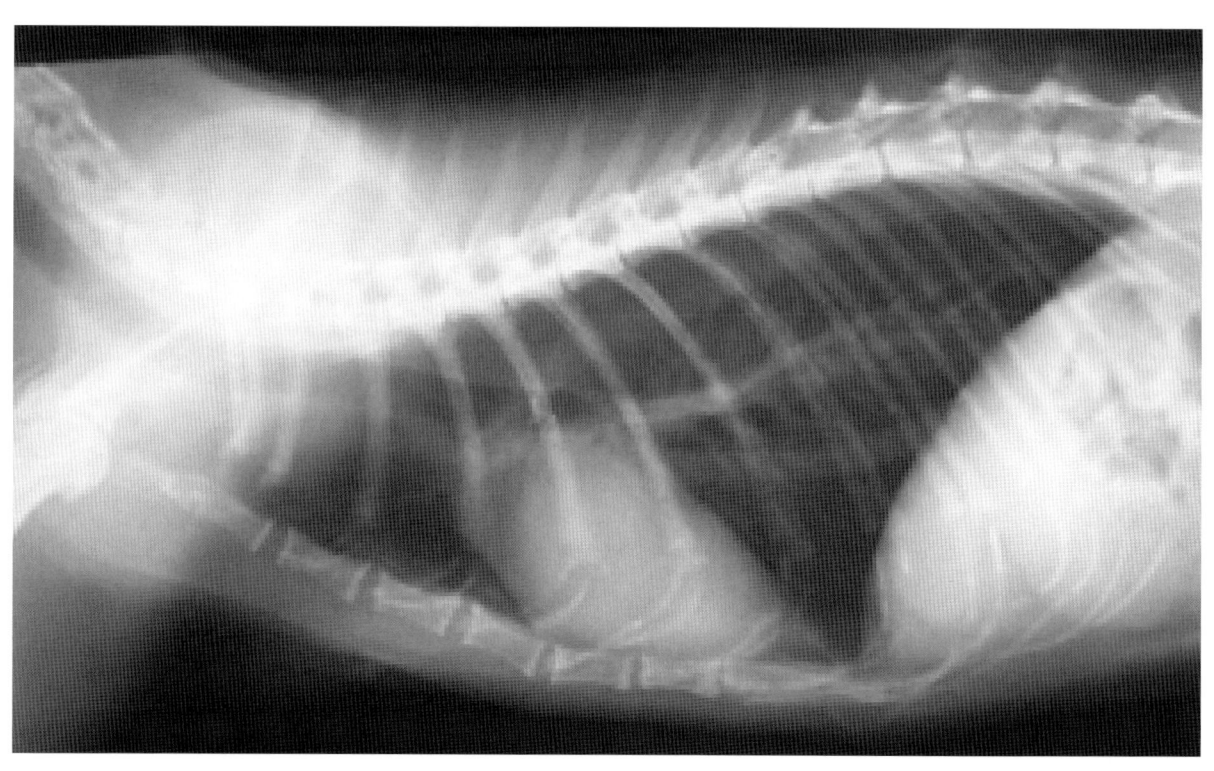

写真2　胸部単純X線写真　RL像

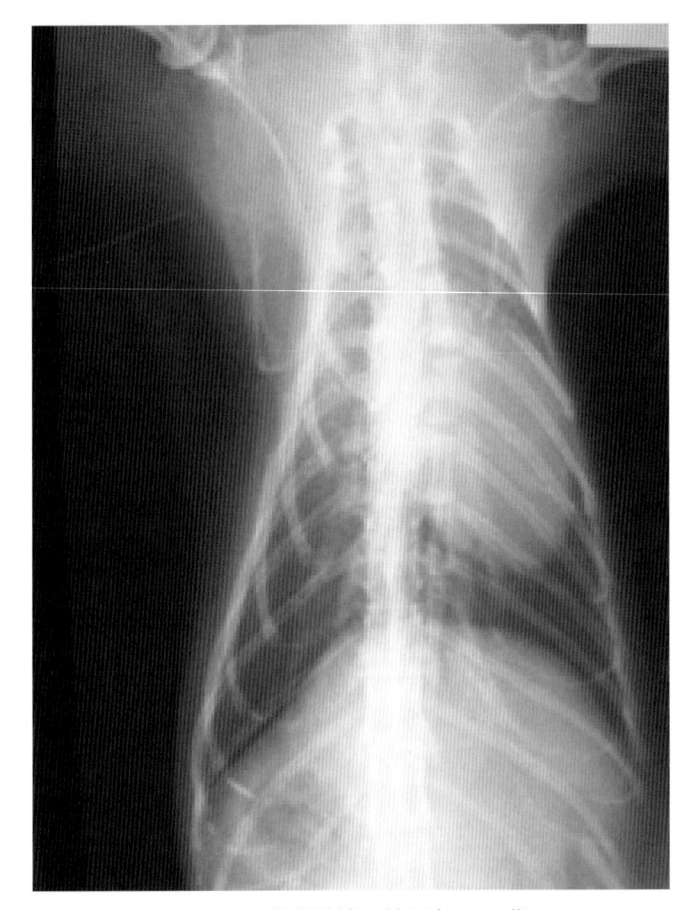

写真3　胸部単純X線写真　DV像

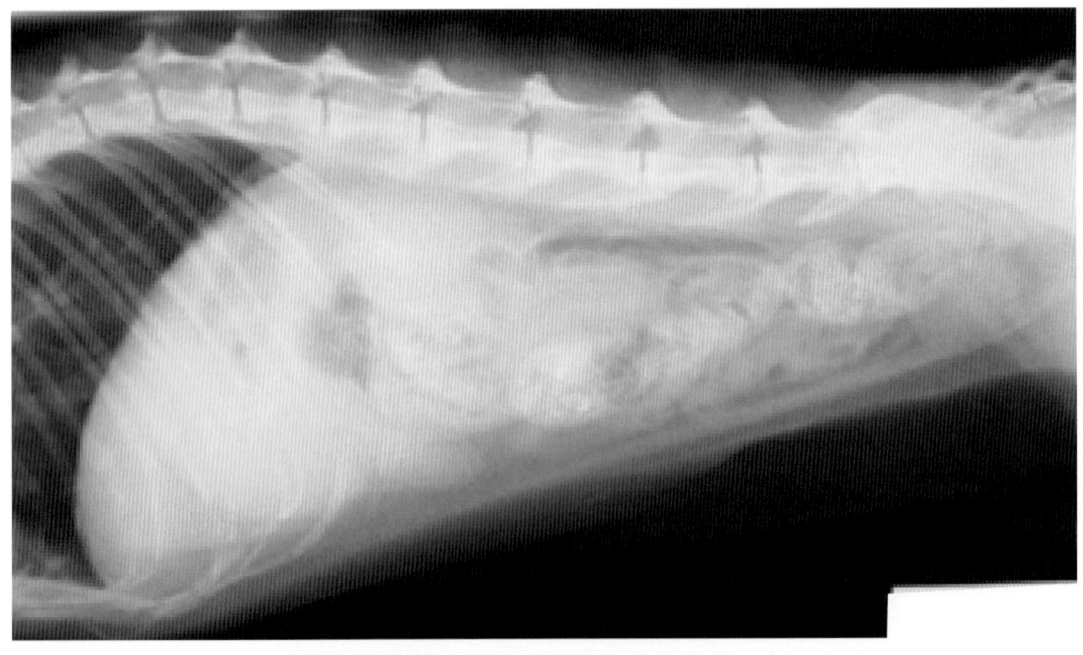

写真4　腹部単純X線写真　RL像

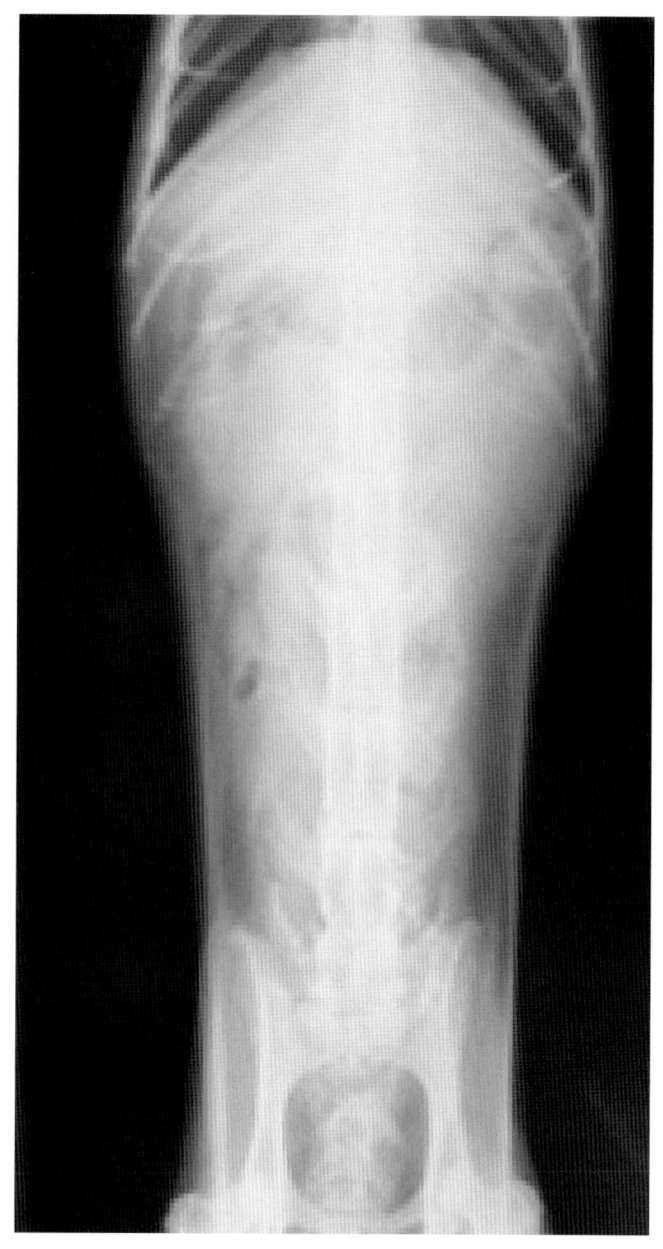

写真5　腹部単純X線写真　VD像

これらの結果より，骨髄生検を行った。

【骨髄生検】（左上腕骨より）

細胞充実度の評価を行うことは困難であるが，赤芽球系や骨髄球系の各成熟段階の細胞が観察され，少なくとも白血病などを示唆する芽細胞（悪性細胞）の増加は認められない（IDEXX）。

【鑑別診断】

①骨髄疾患〔腫瘍，線維症，壊死〕，②免疫介在性溶血性貧血（IMHA）〔感染性，腫瘍性，薬物性〕，③（特発性）自己免疫性溶血性貧血（AIHA）。

☞あなたならどうする。次頁へ

☞
①緊急の輸血（60mL）
②プレドニゾロンの投与（2mg/kg，1日2回）
③ドキシサイクリンの投与（10mg/kg，1日1回，2週間）
④高蛋白食とペティオコッカスマイトマックスSの投与
⑤エリスロポエチンの投与
⑥増血剤（鉄，B_{12}注）の投与

【治療および経過】

本症例の貧血は，大球性低色素性の貧血であったが，再生性は乏しかった。また，白血球，血小板を含む3系統の減少を伴うものであった。既往歴，身体検査所見，および各種検査結果から，失血，中毒の可能性はないものと判断した。

また，脱水下での低比重尿，および腹部エコー検査で腎臓皮質の高エコー性所見などが認められたが，貧血が重度であること，白血球，および血小板減少を伴っていることから，骨髄疾患，および免疫介在性溶血性貧血などが強く疑われた。

来院翌日に60の全血輸血を行った。輸血後PCVは8.8%から22.0%まで改善した。また，輸血後，低血圧，脱水の改善を認め，意識レベルも改善した（90%）。その後，左上腕骨より骨髄生検を行ったが，骨髄疾患は認められなかった。

そこで，免疫介在性疾患の診断的治療として，プレドニゾロン（2mg/kg BID）の投与を開始した。また，ヘモプラズマは，鏡検上認められなかったが，ドキシサイクリン（10mg/kg SID）を2週間投与することにより，その存在の可能性を除外することとした。

1週間ほどで，一般状態は著しく改善した。意識レベル，食欲共に100%まで回復し，嘔吐も認められなくなった。その後もプレドニゾロン（2mg/kg SID）の投与を継続した。自宅での経口投与は困難であり，飲水中に混ぜるという不完全な投与ではあったが，それでもPCVは，20%前後を維持し，中等度の貧血はあるものの良好な健康状態を5か月間にわたり維持した。また体重は3.0kgから4.7kgへと増加した。その間，白血球は（7000～10000/μL），血小板は130×10^3～170×10^3/μLと，両者ともに，正常範囲を軽度に下回っていた。

表2　146病日の臨床病理検査

CBC			
WBC	7.3×10^3	$(5.5 \sim 19.5 \times 10^3)$	/μL
RBC	188×10^4	$(500 \sim 1000 \times 10^4)$	/μL
Hb	4.6	(8～15)	g/dL
PCV	14.3	(30～36)	%
MCV	76.1	(39～55)	fL
MCHC	32.2	(31～35)	g/dL
血液の塗抹標本検査のリュウコグラム			
Seg-N	365	(3000～11500)	/μL
Lym	2701	(1000～4800)	/μL
Mon	1095	(150～1350)	/μL
Eos	146	(100～1250)	/μL
Bas	73	(0)	/μL
pl	114×10^3		個
血液化学検査			
TP	7.4	(5.2～8.2)	g/dL
Alb	3.7	(2.2～3.9)	g/dL
Glb	3.7	(2.8～4.8)	g/dL
ALT	33	(12～115)	U/L
ALKP	71	(14～192)	U/L
Glc	169	(77～153)	mg/dL
BUN	38	(16～33)	mg/dL
Cr	1.7	(0.6～1.6)	mg/dL
電解質			
Na	152	(147～156)	mmol/L
K	3.6	(4.0～4.5)	mmol/L
Cl	116	(117～123)	mmol/L

（　）内は本院における正常値を示す。
Laser Cyte〔IDEXX〕を使用。

146病日，再び食欲低下，元気消失で来院した。再び臨床病理検査を行った（表2）。PCVは14.3%と低下し，網状赤血球数の増多，多染性，大小不同が顕著であり，再生性貧血であった。また，赤血球は激しい自己凝集反応が顕著に認められた。

腹部X線検査では，初診時よりも顕著な肝臓，および脾臓の腫大が認められた。腹部エコー検査の所見は，初診時のものと著変なく，肝臓，および脾臓実質は正常範囲内であった。

貧血は再生性であること，肝臓，脾臓の腫大が認められること，自己凝集が顕著に認められたこと，およびプレドニゾロンへの反応性が顕著であることから免疫介在性溶血性貧血と暫定診断した。また溶血性貧血の原因となり得るリンパ腫を除外するために，肝臓，および脾臓のFNAを行った。

FNA所見において，肝臓では，変性のない肝細胞，脾

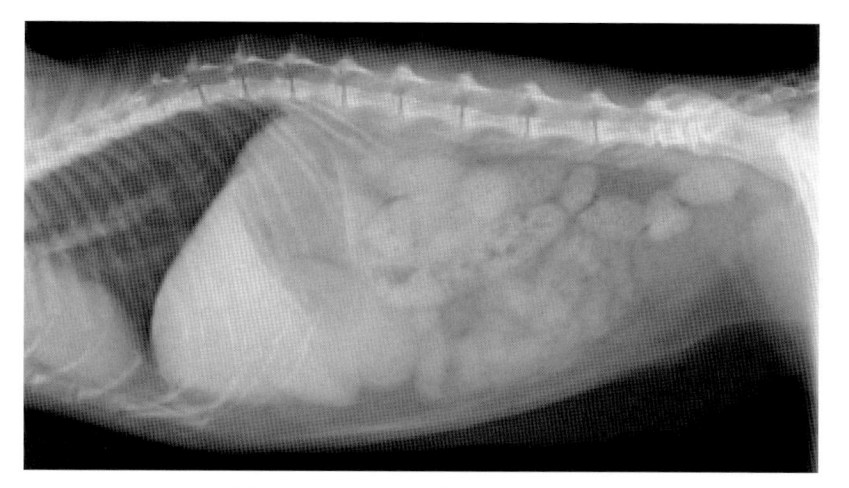

写真6　146病日の腹部X線写真　RL像

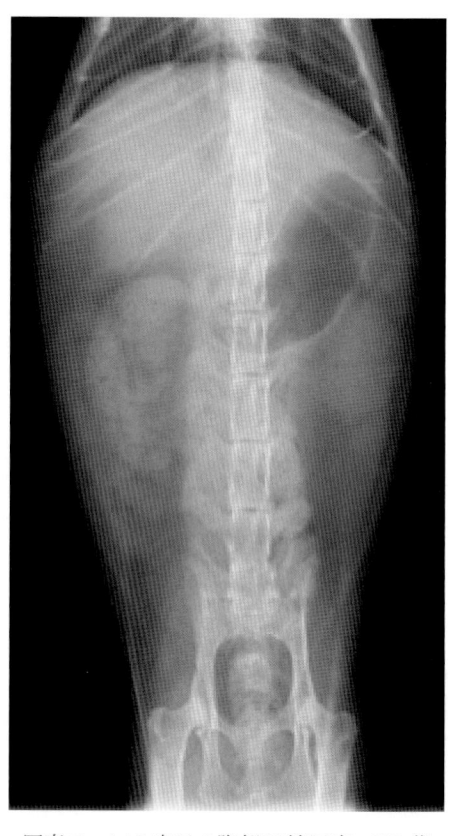

写真7　146病日の腹部X線写真　VD像

臓では，髄外造血が認められ，リンパ腫や悪性腫瘍を示唆する異常細胞は認められなかった（IDEXX）。

これら各種の検査結果と治療への反応と経過などから，（特発性）自己免疫性溶血性貧血と診断した。

2回の輸血，およびプレドニゾロンの投与（2mg/kg BID）で，元気・食欲などの一般状態は，100％まで再び改善した。自宅でのプレドニゾロンの投与方法も皮下投与法を習得してもらうことで，確実な投与が可能となった。その後プレドニゾロン（2mg/kg SID〜BID）で，3か月間，良好な経過を得ることができた。

しかし，238病日に再度貧血が悪化（PCV 11.6％）し，食欲廃絶，元気消失が認められた。輸血を行い，一時的に元気・食欲の回復が認められたが，1か月で悪化。それ以降は，輸血後でのPCVの上昇，および一般状態の改善が全く認められない状態となった（PCV 8％）。食欲も0〜10％であり，経食道カテーテルからの強制給餌を開始した。これ以上の内科的治療のみでの状態改善は，不可能と判断し，赤血球の破壊速度を軽減するために，緊急的に犬で内科的にコントロールできなものに行われる脾臓の全摘出手術を行った。

手術はプロポフォール，アトロピンで麻酔導入し，イソフルランガスで維持を行った。術前にアンピシリン（22mg/kg），およびエンロフロキサシン（50mg/kg）の静脈内投与，疼痛管理としてブプレノルフィン（20μg/kg IM）の投与を行った。剣状軟骨尾側から恥骨前縁までの腹部正中切開でアプローチし，全腹腔内臓器の精査を行った後に，脾臓の全摘出術を行った。

開腹時，腹腔内には大きく腫大した肝臓，および脾臓が認められた（写真8，9）。またプレドニゾロンの長期投与の影響を思われる腹腔内脂肪が多量に認められた。重度の貧血により，左右腎臓は，肉眼的に蒼白であった（写真10，11）。脾臓を摘出後，速やかに輸血を開始した。2日間にかけ120mLの全血輸血を行った。PCVは8％から28.8％まで回復し，意識レベルは明らかにに改善した（60％→90％）。食欲は改善せず廃絶状態であり，新規に経鼻栄養カテーテルからの強制給餌とプレドニゾロン（2mg/kg BID）の投与を引き続き継続した。

しかし，それでも1か月後，さらにその2週間後に輸血が必要な状態に陥った。そこで，犬の場合によく応用されているシクロスポリンの併用を開始した。5mg/kg/dayから投与を開始したが，有効な血中濃度が認められず（27ng/mL），12.5mg/kg/dayまで増量（血中濃度300ng/mL）した（推奨血中濃度250〜500ng/mL）。シクロスポリンの投与（5mg/kg/day）を開始した時点で，脾臓摘出手術後，ずっと廃絶していた食欲に改善が認めら

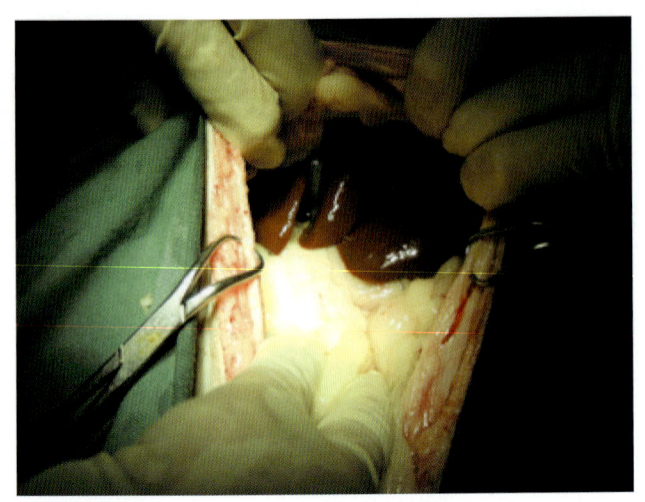

写真8　開腹時所見　肝臓

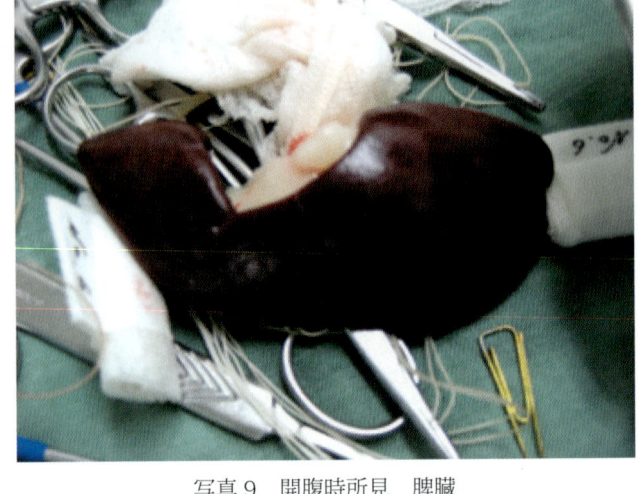

写真9　開腹時所見　脾臓

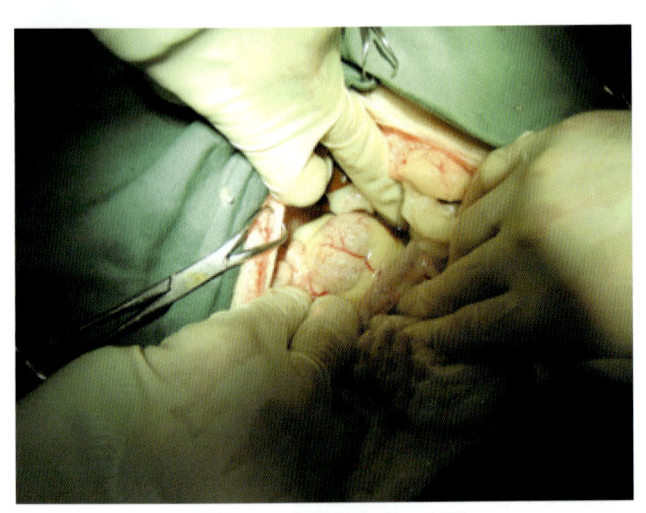

写真10　開腹時所見　右腎

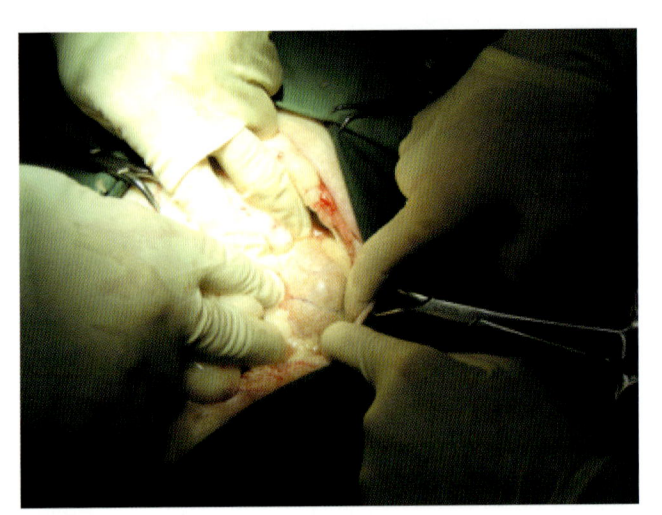

写真11　開腹時所見　左腎

れ（10%），活動性の向上も認められた。

　さらにシクロスポリンを 12.5mg/kg/day へと増量した後は，輸血なしで，PCV の維持（10 〜 12%）が可能となり，重度の貧血がありながらも食欲はさらに改善し（50%），活発に動き回るなど活動性も改善が認められた。プレドニゾロンは 1mg/kg/day まで徐々に減量した。それ以下に漸減すると貧血の進行，および元気消失が認められた。

　現在 605 病日となるが（最終輸血より約 7 か月），PCV は 10 〜 14% を維持され，食欲（60%），活動性，共に良好な経過を維持できている（図1）。

【診　断】

（特発性）自己免疫介在性溶血性貧血。

【コメント】

　（特発性）自己免疫性溶血性貧血は，犬ではほとんどの品種で，多数，報告されている。日本の小動物臨床医も，この疾患で悩まされた経験のない方はいないはずである。しかし，世界的な小動物臨床家のバイブルである『Kirk's Current Veterinary Therapy』や Ettinger をはじめとした著名な内科学専門医によるレビューに記載されている通り，決定的な治療法は確立されていない難病である。そして犬とは異なって，猫ではまれな疾患であることがわかっている。

　犬の場合と同様に，網内系溶血性貧血であることは，よく理解されているところであるが，多発するものは 2 次

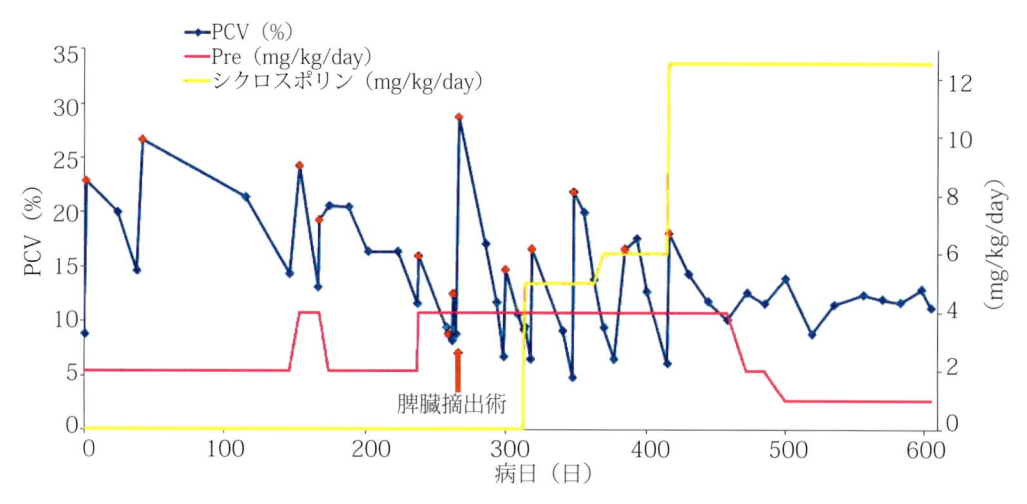

図1　PCVの推移

237病日まではプレドニゾロン2mg/kg/dayと輸血で一般状態を維持。その後プレドニゾロン4mg/kg/dayに増量し輸血を繰り返したがPCVの改善が認められない状態となり267病日脾臓摘出手術を行った。一時的にPCVの改善が可能となったが，短期間でPCVの低下を認め314病日シクロスポリン5mg/kg/dayの併用を開始。しかし一般状態の維持には1か月に1度の輸血が必要となり416病日12.5mg/kg/dayまでシクロスポリンを増量。その後PCVは10～15％を維持が可能となり輸血なしでの一般状態の維持が可能となった。

性であることが多い。それらの多くは，広い意味での薬品に暴露されることによって起こるもの（例えばβラクタム系の抗生物質，および各種のワクチンなど），腫瘍やヘモフィルス，猫白血病ウイルスなどの感染によるものなどの2次性のものである。猫の原発性の自己免疫性溶血性貧血は，極めてまれであり，その原因は，現時点では明確にはされていない。

したがって，この疾患の診断に関しては，純粋に学問的な意味で捉えれば，極めて難しいものとなるが，臨床的には経過を追って2次性のものを除外していく診断的努力をすることに尽きる訳である。

さて，その治療であるが，これらは決定的なものに欠けるため，まさに議論の尽きないところである。例えば，生命を脅かすような貧血が発見された場合，輸血は，救急・救命のための唯一の手段となる（人工血液を除き）が，その輸血でさえも，その効果と副作用をめぐって議論の尽きないところがあることも，よくご存知のはずである。

免疫抑制剤プレドニゾロンの投与（2～4mg/kg BID）が，経験的に最も選択されているルーチンな処置である。しかし，その効果は症例により，まちまちであることから，また，それにプラスして，イムラン，デキサメサゾン，シクロフォスファミド，クロラムブシルなどが使用されてきたが，何れも決定的な効果を示すものではない。

強力な免疫抑制剤としてシクロスポリンが登場し，猫の腎臓移植後の免疫抑制の研究の進歩から，いろいろと試みられているが，本剤が自己免疫性溶血性貧血に確実に作用することができるかどうかは，これからの猫の症例を積み重ねての研究の進展を待つ必要がある。ただ幸いにも本例における猫の1例のシクロスポリン療法では，薬用量をかなり増加させても，シクロスポリンの血中濃度を確かめながらであれば，本例のように問題のあるような副作用は認められなかった。

本動物病院では，血中濃度を計測しながら投与を継続しているが，PCVの回復など，事態を本格的に解決するほどの効果は認められていない。しかし，bond centerd practiceを目的とする臨床医としては，食欲と元気（すなわちQOL）の回復は，なによりも患者と飼い主のペアにとっても喜ばしいことである。

本症例は，一進一退ではあるが，幸いにも理解ある飼い主の手厚い看護が得られるので，本患者のQOLは，20歳になる現在もよく保たれている。なお，本症例に対するこの2年間の輸血の回数は14回に及んでいる。

本報告が，猫の（特発性）自己免疫性溶血性貧血の長期にわたりコントロールできている1症例として，臨床家の先生方のお役にたてることを願っている。

（Vol.63 No.7, 2010に掲載）

Case 49 CAT

ぐったりして元気のない症例

雑種猫，推定10歳齢，雌

【プロフィール】

雑種猫，推定10歳齢，雌，1歳時に他の動物病院で卵巣・子宮全摘出済み。3種混合ワクチンを接種しており，単頭で室内飼育されている。食事は市販のフード（ロイヤルカナン）が与えられている。

他の動物病院で2年前，トリミング時に後肢虚脱を生じ，肥大型心筋症に伴う血栓塞栓症が疑われたが，治療は行われていない。8か月前に一度，呼吸困難を生じ，心筋症が原因と考えられる胸水貯留に対し，胸水除去が行われている。6か月前から糖尿病ということでランタス 1.5U BID, SCで治療中（他院）であった。

【主 訴】

ぐったりして，元気がない，右目が赤いということで，本院に転院してきたものである。7時間前にインスリンが投与されている。

【physical examination】

体重は 3.16kg，栄養状態は 90%，脱水は 10%，体温は 38.9℃，心拍数は 180回/min，呼吸数は 54回/min，股動脈圧は 100% であった。

意識レベルは 50% で，呼吸促迫，および腹囲膨満が認められた。右眼に赤目，羞明，流涙，角膜混濁が認められた。

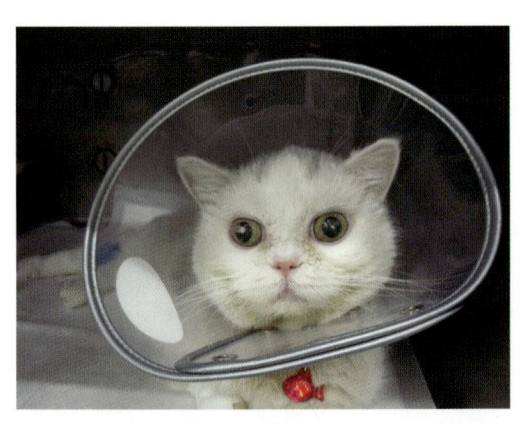

写真1 患者の外貌

【プロブレム】

①意識レベル 50%（元気消失），②脱水 10%，③腹囲膨満（3＋），③呼吸促迫，④多飲多尿，⑥右眼の異常（赤目，羞明，眼瞼痙攣，角膜混濁），⑦心雑音 2＋（三尖弁収縮期性？）。

【プラン】

①CBC，②血液化学検査（ルーチンパネル），③尿検査，④血圧，⑤心電図検査，⑥胸部・腹部X線検査，⑦心臓超音波検査，⑧眼科検査，⑨甲状腺ホルモン検査。

【臨床病理検査】

CBC，および血液化学検査の結果は表1の通りであった。

【血圧検査】（オシロメトリック法で足根部を測定）

収縮期圧（SYS）は 124mmHg，拡張期圧（DIA）は 76mmHg であり，平均血圧（MAP）は 93mmHg あった。

【心電図検査】

心拍数（HR）は 189回/min，MEA は ＋60度 で，各波形および計測値は正常範囲内であった。

【尿検査】（膀胱穿刺尿）

尿比重は 1.035，pH は 7.5。蛋白は 3＋，Glu は 3＋，ケトンは － で，その他は正常範囲内であった。

【単純X線検査】

胸部 RL 像（写真2）・DV 像（写真3）：骨格・体表軟部組織の輪郭は，正常範囲内。心陰影の拡大，および左肺前葉に直径 1cm 程のマスが認められた。

腹部 RL 像（写真4）・VD 像（写真5）：骨格・体表軟部組織の輪郭は正常範囲内。腹囲膨満，結腸内の宿便，および胃内の食渣が認められる。

表1 臨床病理検査

CBC			
WBC	10.07×10³	(5.5～19.5×10³)	/μL
RBC	695×10⁴	(500～1000×10⁴)	/μL
Hb	13.8	(8～15)	g/dL
PCV	39.7	(30～36)	%
MCV	57.1	(39～55)	fL
MCHC	34.8	(31～35)	g/dL
血液の塗抹標本検査のリュウコグラム			
Band-N	0	(0～300)	/μL
Seg-N	7140	(3000～11500)	/μL
Lym	690	(1000～4800)	/μL
Mon	1460	(150～1350)	/μL
Eos	710	(100～1250)	/μL
Bas	60	(0)	/μL
pl	6.8×10³		個
血液化学検査			
TP	7.6	(5.2～8.2)	g/dL
Alb	3.1	(2.2～3.9)	g/dL
Glb	4.6	(2.8～4.8)	g/dL
ALT	10	(12～115)	U/L
ALKP	100	(14～192)	U/L
T-Bil	0.3	(0.0～0.9)	mg/dL
Chol	253	(62～191)	mg/dL
GGT	0	(0～1)	U/L
Glc	434	(77～153)	mg/dL
BUN	28	(16～33)	mg/dL
Cr	0.7	(0.6～1.6)	mg/dL
P	5.4	(4.5～10.4)	mg/dL
Ca	9.6	(7.9～11.3)	mg/dL
電解質			
Na	138	(147～156)	mmol/L
K	2.3	(4.0～4.5)	mmol/L
Cl	93	(117～123)	mmol/L

FIV　－　　FeLV　－
T4　3.5μg/dL　（1.3～3.9）
（　）内は本院における正常値を示す。
Laser Cyte〔IDEXX〕を使用。

【超音波検査】

心室中隔〔IVS（d）〕は4.2mm，左心室内径〔LVID（d）〕は14mm，左心室壁〔LVW（d）〕は3.8mm，左房（LA）は7.9mm，大動脈（Ao）は6mm，LA/Ao比は1.32，心収縮率（FS）は27.1%，三尖弁逆流速度（TR）は2.52m/s，肺動脈圧（sys）は30.4mmHgであった。

FSの低下と三尖弁の逆流を認め，軽度の肺高血圧が示唆された。その他の異常は認められなかった。

【眼科検査】

右眼の角膜フルオレセイン染色は陽性で，前房フレアは＋であった。

眼圧検査では右は36mmHg，左は13mmHgであった。

眼脂細胞診を行ったところ，球菌および桿菌は＋で，炎症細胞は2＋であった。

【暫定診断】

①右眼：表層性角膜潰瘍，前ブドウ膜炎に伴う2次性緑内障，②糖尿病（不完全コントロール），③肺腫瘤性病変（左肺前葉），④三尖弁逆流・肺高血圧。

【治療プラン】

①前ブドウ膜炎に対し，局所コルチコステロイド療法，②糖尿病に対するインスリン療法の再考，③肺のマス病変の針生検（FNA），④ACE阻害剤の投与。

【経　過】

右眼の前部ブドウ膜炎に対し0.1%デキサメサゾンを局所点眼（TID）し，高眼圧に対しラタノプロスト点眼（BID），角膜潰瘍に対し人工涙液（ヒアレイン）の頻回点眼，および細菌性結膜炎に対しニューキノロン系抗生物質点眼（TID）を行った。

第2病日から，インスリン療法〔ランタス1.5U（BID）〕を2U（BID），第3病日から2.5U（BID）へと段階的に増量したが，血糖値は終日にわたり高血糖状態（Glu 400mg/dL）が持続した。そこで，インスリン製剤をランタスからペンフィル2U（BID）へ変更したことで，血糖値のボトムは150mg/dLまで下がるものの，投与12時間後には400～500mg/dLと安定した血糖値推移を得ることはできなかった。

第3病日には，眼圧の正常化が認められたため，ラタノプロスト点眼を除き，第5病日には右眼の赤目および前房フレアの消失を認めたため0.1%デキサメサゾン点眼を第7病日で終えた。表層性角膜潰瘍においては，治療約3週間経過後も明確な良化が得られなかった。

第14病日，麻酔下での肺のマスのFNAを行った（CT撮影時）。変性好中球は3＋，桿菌は＋で，肺膿瘍と診断した。このとき，症例は根尖膿瘍に伴う右眼窩の軟部組織

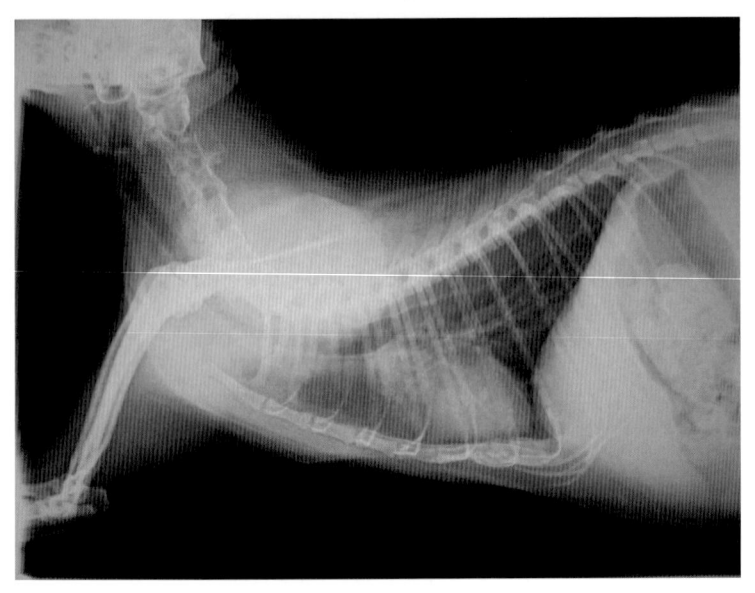

写真2　胸部単純X線写真　RL像

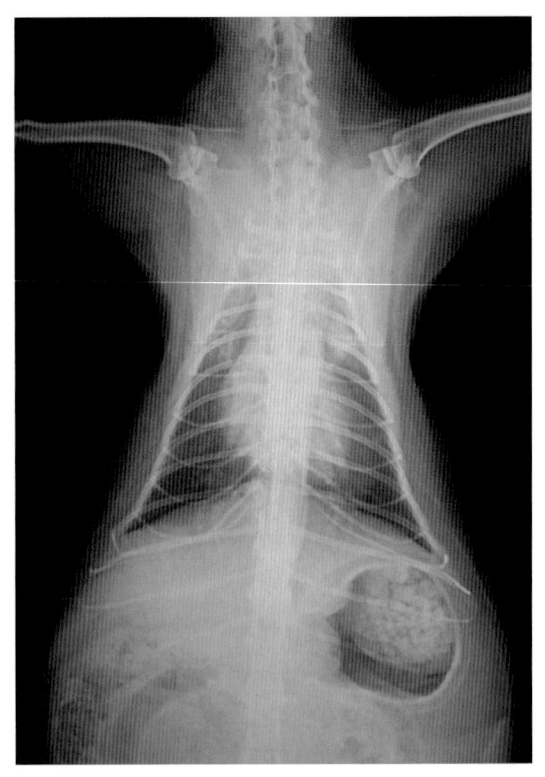

写真3　胸部単純X線写真　DV像

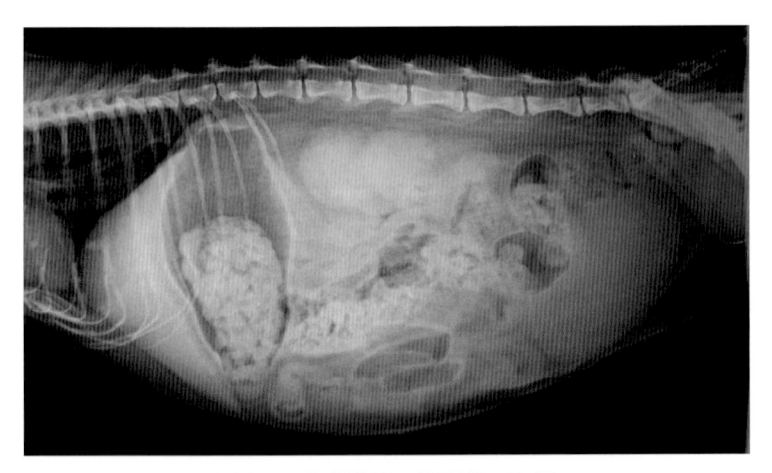

写真4　腹部単純X線写真　RL像

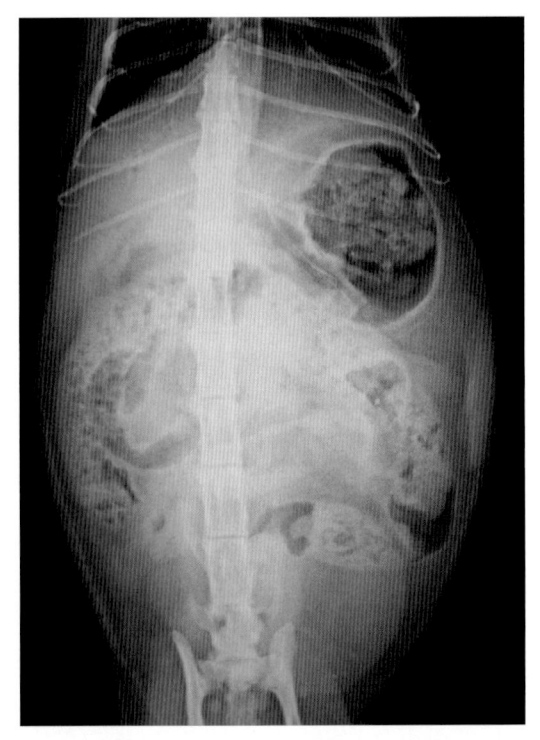

写真5　腹部単純X線写真　VD像

ケーススタディ

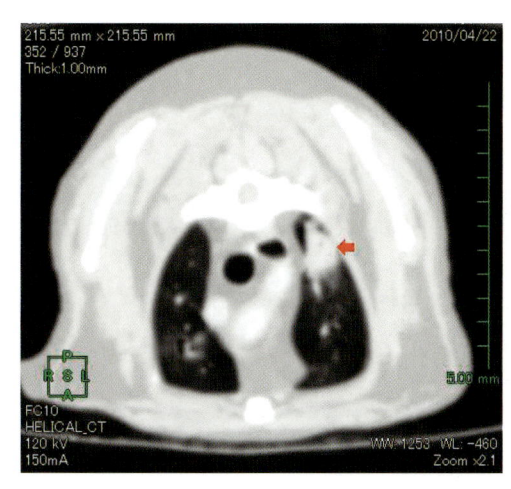

写真6　胸部CT像　アキシャル像
肺にマスが認められる。

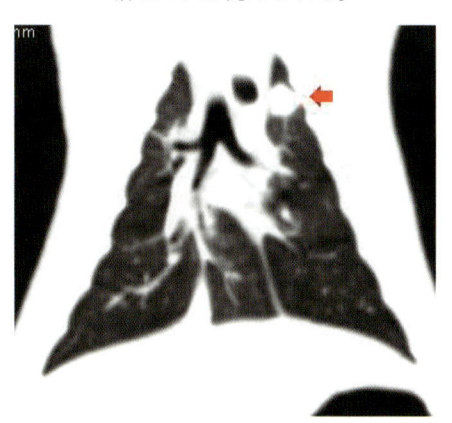

写真7　胸部CT像　コロナル像

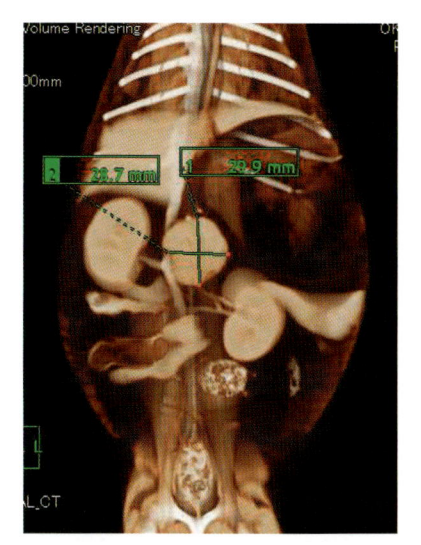

写真8　腹部3D構築CT像　アキシャル像
副腎腫瘍が認められる。

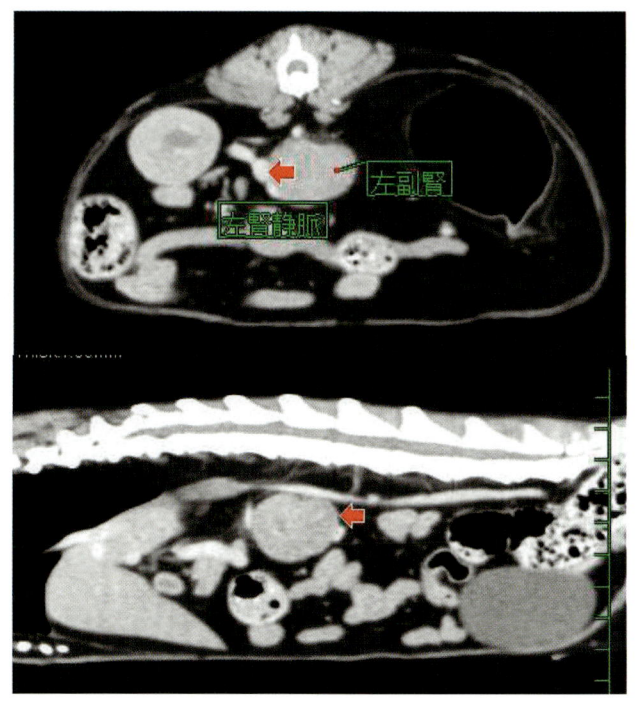

写真9　腹部3D構築CT像　サジタル像

腫脹を認めたため，この麻酔下で併せて原因の右上顎第3前臼歯抜歯を行った。難治性糖尿病，根尖膿瘍，肺膿瘍，難治性表層性角膜潰瘍を呈することから，副腎疾患を疑いACTH刺激試験，全身造影CT検査を行った。

第2病日，三尖弁逆流に対してマレイン酸エナラプリルの投与（0.5mg/kg BID）を開始した。

【ACTH刺激試験】

コルチゾール濃度はpreが10＞μg/dL，postが30＞μg/dLであった。

【造影CT検査】

腹部の左腎静脈と近接した直径3cmの腫瘤は，左副腎であった。下垂体を含め頭蓋内，他の腹部臓器に特筆すべき所見は認められなかった。

【診　断】

①副腎腫瘍（左副腎），②難コントロール性糖尿病，③肺膿瘍，④歯根尖部膿瘍，⑤慢性難治性表層性角膜潰瘍。

☞あなたならどうする。次頁へ

☞
①速やかな副腎腫瘍摘出術
②抜歯手術
③全身性の抗生物質の投与
④糖尿病の管理
⑤腹水の治療
⑥眼科治療
⑦飼い主への説明と同意

【治療および経過】

各種検査結果から，難コントロール性糖尿病，肺膿瘍，慢性（難治性）表層性角膜潰瘍は，いずれもが副腎腫瘍およびクッシング症候群に起因する2次性疾患であると診断した。

本疾患は外科的疾患であり，可能な限り速やかな開腹手術による腫瘍切除が必要である旨が，飼い主に説明された。

幸いにも敗血症など重篤な全身徴候を認めないため，今後の手術に備え，全身性抗生物質療法，過剰なコルチゾール産生に対しトリロスタン投与（10mg/kg SID → BID）と併せて，糖尿病の継続的なモニターを4週間行った。

対症療法，および支持療法後4週間のコルチゾール濃度は，preが5μg/dL，postが＞30μg/dLであった。

一般状態の安定化がある程度得られた段階で，左副腎摘出術，肝生検を目的とした開腹手術が行われた。

術前に術後の血栓症予防として低分子ヘパリン（ダルテパリン 100U/kg SC），副腎摘出後の急性副腎皮質機能低下症の予防としてデキサメサゾン（0.1mg/kg IV）投与，そして疼痛管理にブプレノルフィン（20μg/kg IM），抗生物質にセファゾリン（22mg/kg IV）の投与を行い，麻酔はアトロピン(0.05mg/kg IM)，プロポフォール(6mg/kg IV)で導入し，挿管後，O_2 イソフルランガスで維持した。手術は，剣状軟骨尾側から恥骨前縁までの腹部正中切開でアプローチし，全腹腔内臓器の精査を行った。まず，両側副腎の検査を行ったが，右副腎は萎縮し，腫大した左副腎は，左腎静脈に接していたが，腫瘍境界は肉眼的に比較的明瞭であった（写真10）。肝臓および所属リンパ節の精査を行ったが肉眼的に正常範囲内であったため，左副腎領域の露出を湿潤させた滅菌ガーゼで行い，周囲組織と分離した（写真11）。

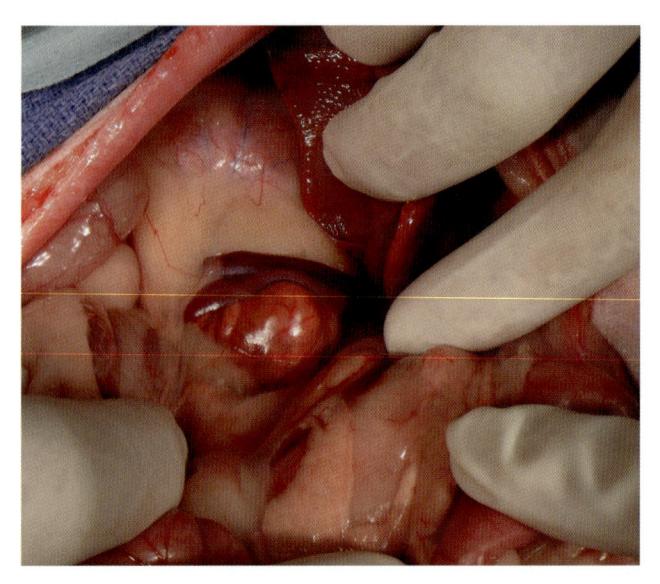

写真10　左腎静脈に接して存在する左副腎腫瘍。

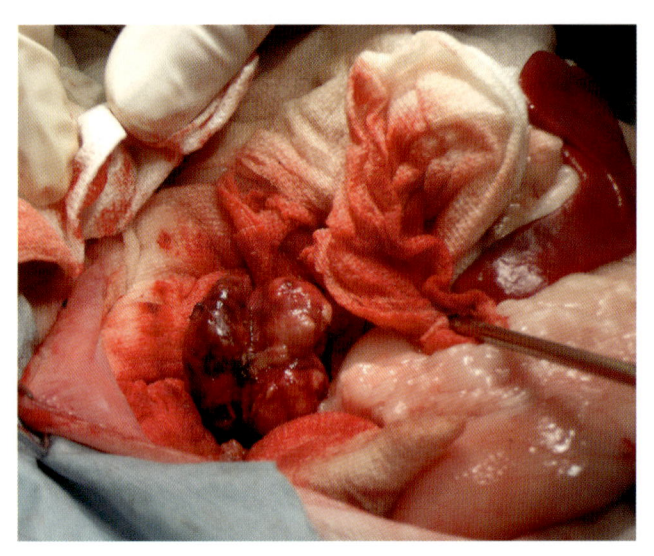

写真11　周囲組織と隔離し，副腎分離を行っている。

副腎分離は大血管を傷害しないよう慎重に行ったが，まず横隔腹動静脈および副腎表面に多数分岐する細血管はバイポーラ電気メスで凝固止血を行い，副腎周囲組織（主に脂肪）の剥離には滅菌綿棒を用いた。左腎静脈に吻合する副腎静脈は，血管クリップを使用して左副腎の摘出を行った（写真12，13）。

続いて，肝生検を内側右葉，方形葉，外側左葉の3か所に行った。他の腹部臓器は肉眼的に正常範囲であったため，滅菌温生理食塩水で腹腔内の洗浄を行った後，非吸収

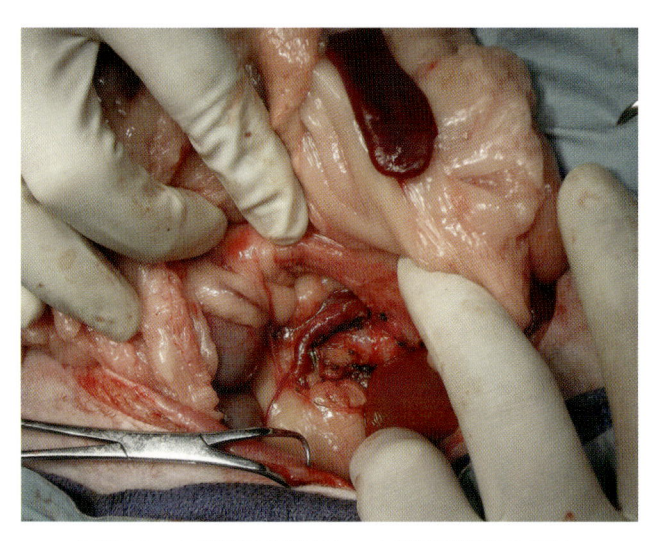

写真12　左腎静脈を温存し，左副腎摘出後の所見。

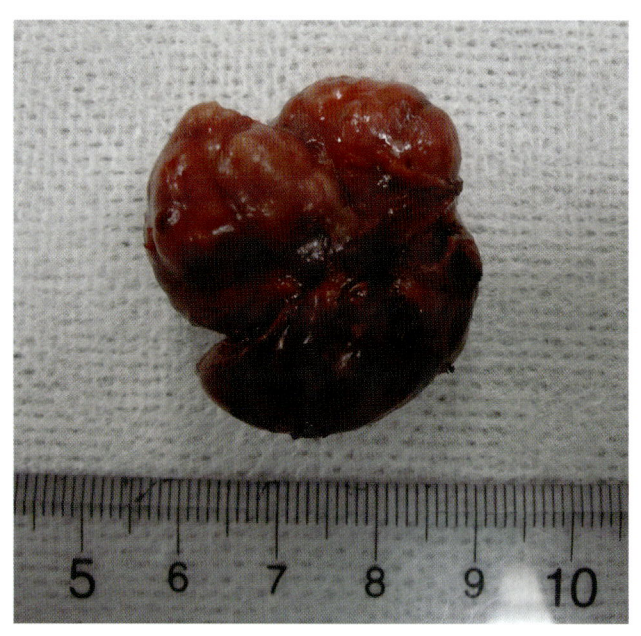

写真13　摘出された直径3cmの左副腎。

性縫合糸（プロリーン4-0）を用いて腹膜縫合し，局所にブピバカイン（1mg/kg）の注射を行い，定法に従い閉腹した。

　術後は，心電図モニターを装着し，心拍数，血圧，血液電解質検査を含め24時間の監視を行った。術後は，低分子ヘパリンおよびコルチコステロイド（プレドニゾロン0.2mg/kg SC），抗生物質療法を行ったが，症例の経過は順調で翌日から自力採食を認め，術後4日で退院とした。低分子ヘパリンは術後4日間，プレドニゾロンは術後2週間まで継続投与した。

　術後から，血糖値の経時的推移をモニターしたがインスリン抵抗性および多飲多尿は少しずつ改善し，術後1か月でインスリン投与を必要とせず，糖尿病は治癒した。表層性角膜潰瘍においても，術後1か月で角膜にわずかな瘢痕形成を残すのみと改善した。

　現在，術後2か月が経過しているが，症例は飼い主と良好なQOLを保ち生活している。

　IDEXX Labによる病理組織学的評価は，副腎皮質腺癌，軽度肝細胞の空胞変性であった。そのコメントは以下の通りであった。

　左副腎：この病変は一部被膜が不明瞭化した腫瘍性病変で構成され，正常な副腎の皮質と髄質の構造がほとんど確認されず，ほぼ全域が腫瘍細胞のシート状増殖巣で構成されている。腫瘍細胞は1つの明瞭な中心性核小体を有する中等度多形性のある類円形核と比較的豊富な好酸性細胞質を有する多角形の形態を呈している。腫瘍細胞の核には軽度に大小不同が観察され，高倍率1視野あたり0〜1個の核分裂像が認められる。線維性被膜の不明瞭な増殖巣辺縁部では，腫瘍細胞の増殖巣の中に脂肪細胞が混在している。この所見は腫瘍細胞が周囲脂肪組織に浸潤性を呈していることを示唆している。

　肝臓：構成する肝細胞には，軽度の細胞質の顆粒状（空胞）変性が確認される。顆粒状変性の見られる肝細胞はやや腫大しているものもある。比較的良好な肝細胞索状構造をとっているが，まれに少数の好中球が集族する部位が観察される。

【診　断】

　副腎皮質腺癌，クッシング症候群，それらに継発した糖尿病，歯根炎，肺膿瘍，角膜潰瘍。

【コメント】

　クッシング症候群（副腎皮質機能亢進症）は，犬では多発する疾患であるが，猫では中年〜高齢にかけてまれにしかみられない疾患である。

　臨床症状の特徴は，多飲多尿，多食，体重の減少，および元気消失（嗜眠傾向）であり，その多くが反復する感染

や化膿創を認めることになる。そして，副腎皮質機能亢進症では必ずコルチゾールが過多になる訳であるが，コルチゾールはインスリンに拮抗するため，約80%の症例において糖尿病を伴うことになる。インスリンに対する拮抗性の如何により投与するインスリン量が決まることになる。

猫の副腎皮質機能亢進症では，特に被毛の質が極めて貧しいものになり，自傷性の脱毛が起こり，皮膚も傷つきやすくなり，また病気の進行により腹部は著明に膨大することになる。また猫の80%は下垂体の腫瘍に併うものであり，そのほとんどは下垂体微小腺腫をを伴う。

本症例は，副腎原発性の腫瘍であり，副腎自身が自動的にコルチゾールを分泌することになる。副腎原発性腫瘍は約20%に認められるのであるが，そのうち50%は副腎の良性腫瘍であり，残りの50%が悪性である。

また猫で乱用されやすい薬剤によって起こる医原性の副腎皮質機能亢進症があるが，それは持続性コルチコステロイド剤あるいはメゲステロール（黄体ホルモン様製剤）の長期大量投与によるもので，注意が必要である。

本症例のように，表面上はコントロールしにくい糖尿病，また右眼にだけ起こった角膜眼瞼炎による激しい眼症状（羞明を伴う）がみられたことから，まさしくそれらの症状に目がうばわれて，当初に，最も大切な問題を明確にすることが遅れたことは問題であったものと考えられる。特に第4世代CTというこのような腫瘍性疾患に対して，最も診断に役立つ検査機器を持っているにもかかわらず，CT検査に至るまでに時間を費やしてしまったことは反省点である。

猫でも犬でも7歳ともなれば，人の40歳を超える年齢になる。すなわち腫瘍年齢に達していることになる。眼の赤目，羞明というような激しい眼科疾患の症状に対して，合理的な治療ですっきりできるならばそれでよいのである。しかし少しでも他に異常な症状が認められるならば，まず第一に腫瘍の存在を疑う必要がある。したがって本症例でPOSという科学的なものの考え方，問題点の把握がうまくできていれば，診断過程において第4世代CT検査が最後ということにはならなかったはずである。

猫ではまれな疾患であり，また非下垂体性の副腎原発性機能性の腫瘍であったことからすれば，1症例とはいえ，全国の臨床家の皆様に大いに参考になる例であったと考える。

その治療は外科的なものであることはいうまでもないが，その実施にあたっては悩ましい問題がいくつもあることは事実である。幸いにも本症例では，複雑多岐にわたる問題も，腫瘍摘出という処置で全てが解決する（悪循環が断たれる）ことになったのである。難治性の眼疾患，糖尿病，肺に認められた膿瘍，歯疾患などの全てが解決した訳である。

このことからもわかるように，前腹部の膨大，誰がみてもわかる被毛の異常などは，急性の眼疾患や糖尿病では説明することができない（腑に落ちない）もので，まして腫瘍年齢である場合には，全身的に大きな影響を与えることになる腫瘍をまず第一にルールアウトすべきである。

繰り返しになるが，本症例の場合，主要症状をつかむだけで，腫瘍による副腎皮質機能亢進症をまず疑っておく必要があったのである。

全身的な症状をしっかりと把握するために，念の入ったphysical examination，すなわち自ら訓練し磨いた獣医師自身の感性による徹底した検査がどれほど重要であるかを，本症例は示しているともいえる。

急性に呼吸困難などに陥った症例

シェットランド・シープドッグ，6歳11か月齢，雌

【プロフィール】

シェットランド・シープドッグ，6歳11か月齢，雌，卵巣子宮全摘出術（生後6か月齢時）済み。犬糸状虫症予防は毎年5月～11月に行っている。100％室内の単頭飼育。食事は Hill's Z/D Ultra ドライフード 低アレルゲントリーツ。

3歳時よりアトピー性皮膚炎を患っている。混合ワクチン，狂犬病ワクチンは毎年1回接種している。

【主　訴】

12時間前から急性進行性に呼吸困難，頻呼吸，元気消失，食欲不振となった。

【physical examination】

体重は 10.88kg，栄養状態は 85％，脱水は 5％，体温は 39.4℃，心拍数は 166回/min，呼吸数は 60回/min，股動脈圧は 100％であった。

意識レベルは 70％（抑鬱）であった。

【プロブレム】

①意識レベル低下，②呼吸促迫，③頻脈，④発熱，⑤食欲不振。

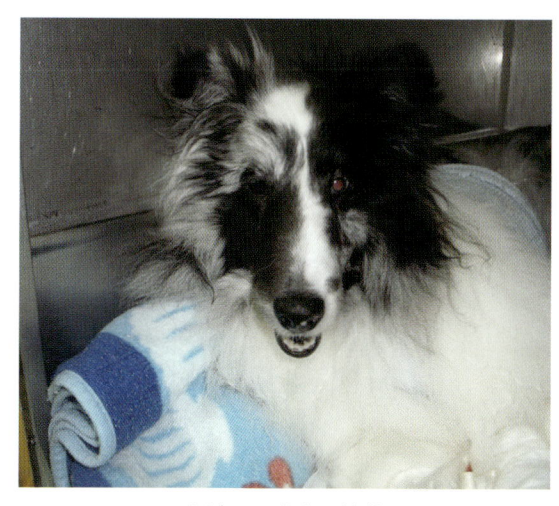

写真1　患者の外貌

表1　臨床病理検査

CBC			
WBC	14.09×10^3	$(6～17 \times 10^3)$	/μL
RBC	533×10^4	$(5.5～8.5 \times 10^6)$	/μL
Hb	14.2	(12～18)	g/dL
PCV	45.9	(37～55)	%
MCV	86.1	(60～77)	fL
MCHC	30.9	(32～36)	g/dL
血液の塗抹標本検査のリュウコグラム			
Band-N	0	(0～300)	/μL
Seg-N	11380	(3000～11500)	/μL
Lym	540	(1000～4800)	/μL
Mon	1940	(150～1350)	/μL
Eos	190	(100～1250)	/μL
Bas	50	(0)	/μL
pl	5.58×10^3		/μL
血液化学検査			
TP	6.4	(5.2～8.2)	g/dL
Alb	2.5	(2.2～3.9)	g/dL
Glb	3.9	(2.5～4.5)	g/dL
ALT	10	(10～100)	U/L
ALKP	76	(23～212)	U/L
T-Bil	0.1	(0.0～0.9)	mg/dL
Chol	209	(110～320)	mg/dL
BUN	11	(7～27)	mg/dL
Cr	1.0	(0.5～1.8)	mg/dL
P	3.6	(2.5～6.8)	mg/dL
Ca	9.0	(7.9～12.0)	mg/dL
静脈血の血液ガス検査			
pH	7.383	(7.35～7.45)	
pCO_2	44.7	(40～48)	mmHg
pO_2	40.4	(30～50)	mmHg
HCO_3	26.1	(20～25)	mmol/L
BE	−0.3	(−4～4)	mmol/L
O_2サチュレーション	69.5		%
TCO_2	25.7	(16～26)	mmol/L
電解質			
Na	147	(144～160)	mmol/L
K	4.1	(3.5～5.8)	mmol/L
Cl	112	(109～122)	mmol/L

（　）内は本院における正常値を示す。
Laser Cyte〔IDEXX〕を使用。

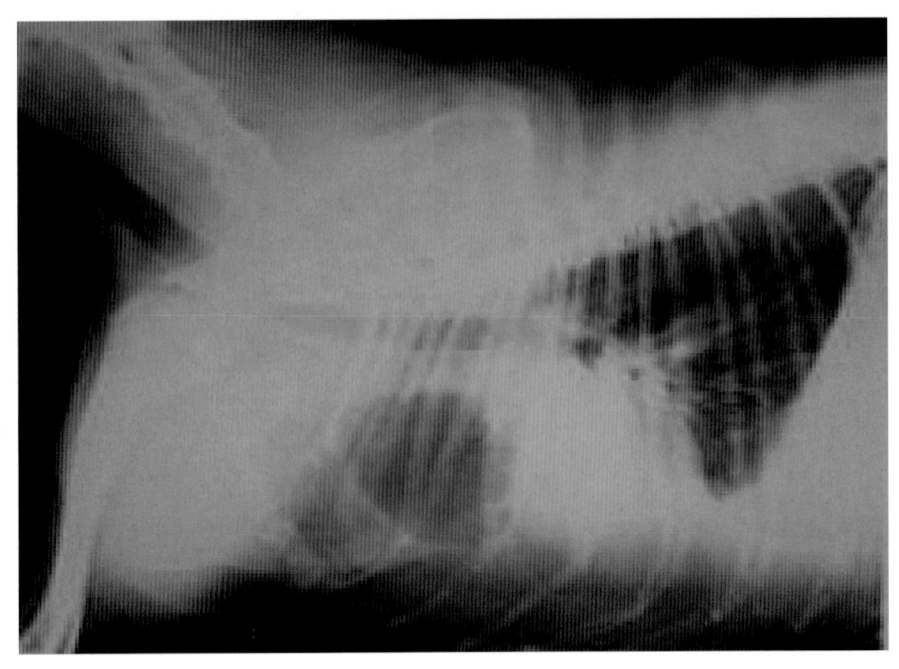

写真2　胸部単純X線写真　RL像

【プラン】

①CBC，②血液化学検査（ルーチンパネル），③胸部・腹部X線検査，④血圧検査，⑤心電図検査，⑥CT検査。

【臨床病理検査】

CBC，および血液化学検査の結果は表1の通りであった。

【血圧検査】（オシロメトリック法で足根部を測定）

収縮期圧（SYS）は137mmHg，拡張期圧（DIA）は96mmHgであり，平均血圧（MAP）は110mmHgあった。

【心電図検査】

心拍数（HR）は180回/min，MEAは+120度で，洞性頻脈が認められた。

【単純X線検査】

胸部RL像（写真2）：骨格・体表軟部組織の輪郭は，正常範囲内。心陰影の縮小，および胸骨と心尖部の距離の増大が認められた。液体の貯留ラインが心尖部や背側から肝陰影に重なるラインで伸びていることがわかる。右前葉は著しく縮小していることがわかる。それに重なる形で心陰

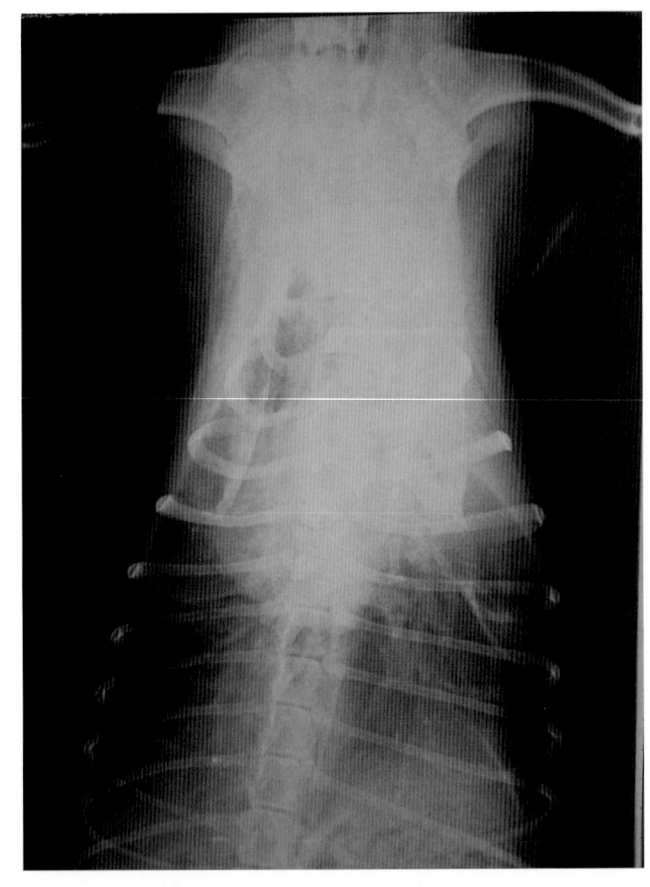

写真3　胸部単純X線写真　DV像

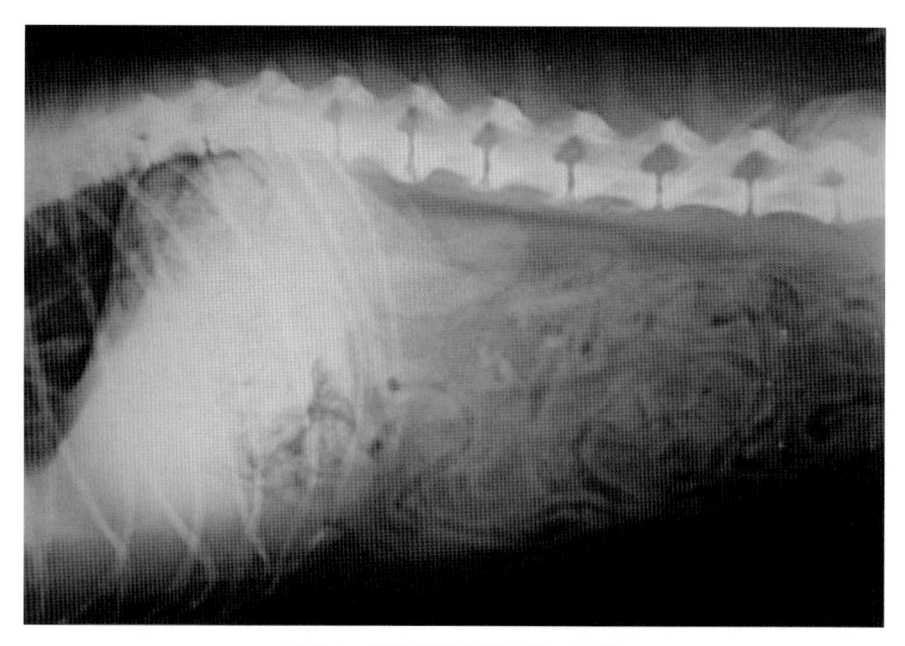

写真4　腹部単純X線写真　RL像

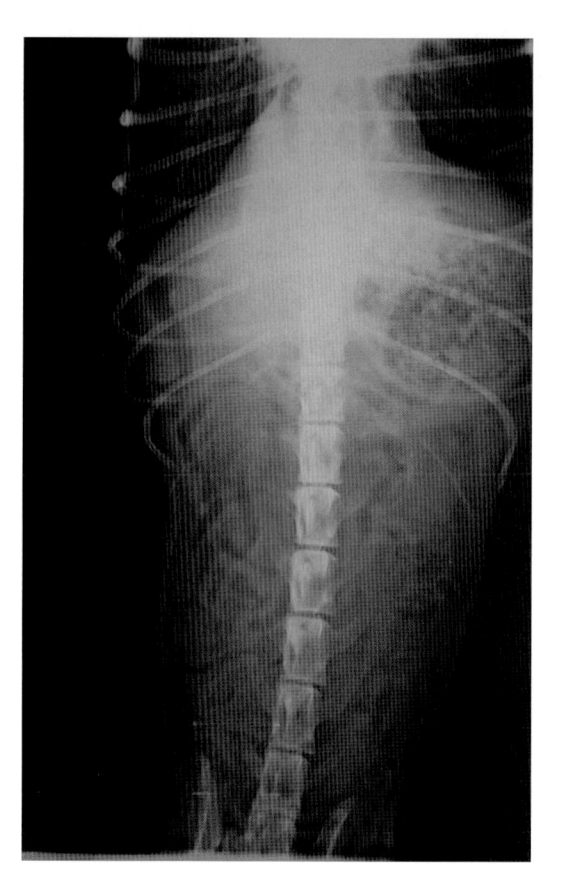

写真5　腹部単純X線写真　VD像

影の頭側に広く重なる異常陰影が胸腔入口までを占めていることがわかる。その部分の肺の構造は動静脈気管支を含み不明瞭である。

胸部DV像（写真3）：骨格の輪郭は，正常範囲内。ただしポジショニングは胸骨の位置から，かなりのローテーションがあることがわかる。心陰影は縮小し，横隔膜ラインは不鮮明であるが，一部分肺の葉間烈に少量の液体が認められる。同時に左前葉の大きな異常が認められるとともに，後葉と胸壁の間に液体の充満が認められ，胸腔入口までにその陰影が広がっていることがわかる。

腹部RL像（写真4）：体表軟部組織の輪郭は正常範囲内。第13胸椎－第1腰椎，第2－第3腰椎間に変形性脊椎症による胸椎腹側の椎間板直下にブリッジ形成が認められる。

肺の後葉は横隔膜と肝陰影に重なって液体の貯留を示す像が認められる。

胃胞には食渣が充満し，発症直前まで食欲が旺盛であったことがわかる。その他は正常範囲内である。

腹部VD像（写真5）：横隔膜ラインは明瞭である。左右後葉，横隔膜，肝陰影に重なる形で，肺葉の輪郭が明瞭であり，液体が存在していることがわかる。胃胞には食渣が充満している。

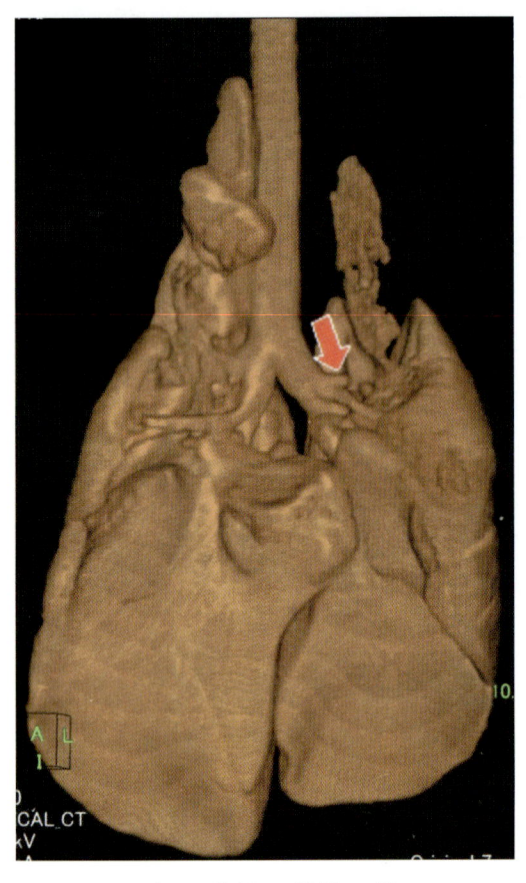

写真6 胸部3D構築CT像
　　　肺の全貌

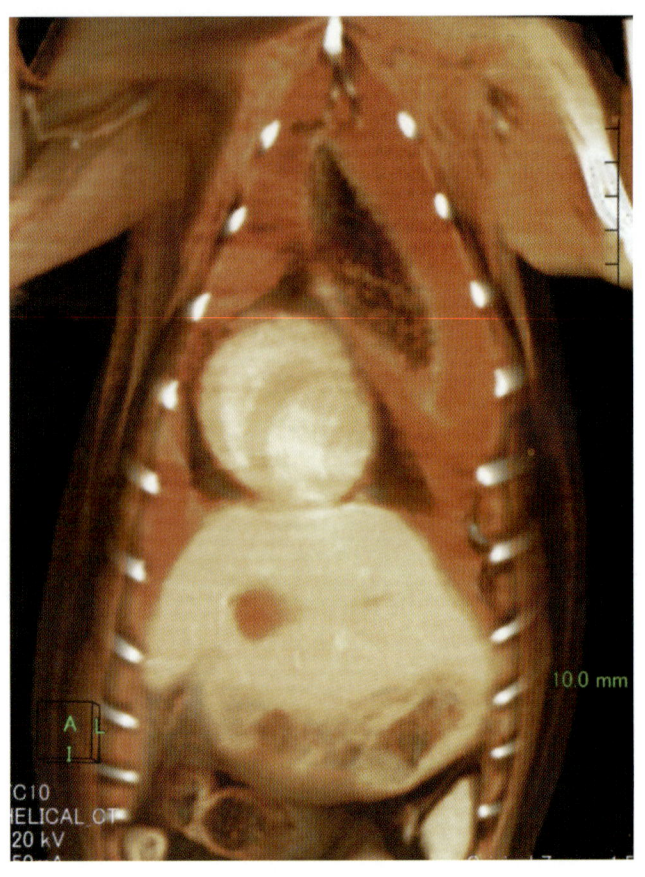

写真7 胸部3D構築CT像
　　　コロナル像

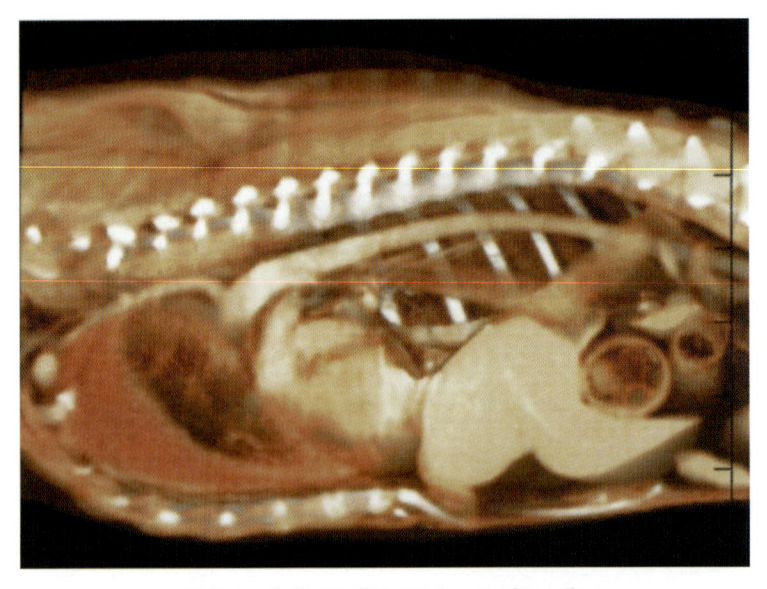

写真8 胸部3D構築CT像　サジタル像

写真9 胸部3D構築CT像
肺の血管像

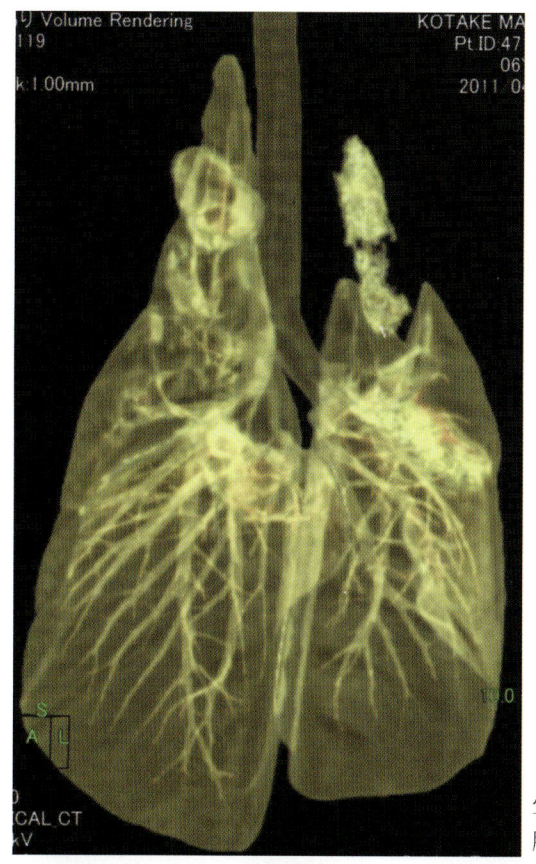

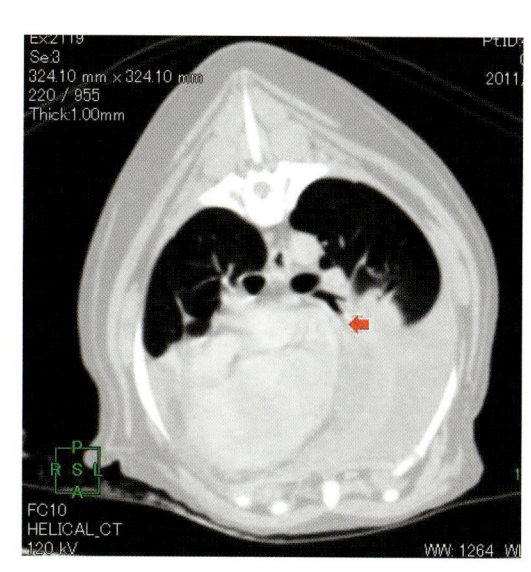

写真10 胸部CT像 アキシャル像

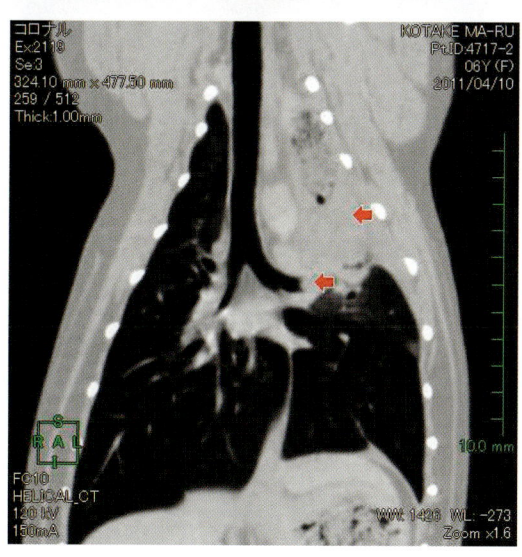

写真11 胸部CT像 コロナル像

写真12 胸部CT像 サジタル像

【CT検査】（造影胸部）

左前葉を支配する気管支の連続性消失と左前葉の無気肺を認めた。

【診断】

肺葉捻転（左前葉）。

☞あなたならどうする。次頁へ

☞

①直ちに左前肺葉切除術
②予防的抗生物質としてセファゾリンの投与
③疼痛管理としてフェンタニルの投与

【治療および経過】

　各種検査結果から，本症例は左肺前葉の捻転であると診断された。この疾患は緊急外科手術が必要な疾患である。可能な限り速やかに，捻転し障害を受けた左前肺葉の切除を行うこと，および肺葉捻転が生じる要因を追求すべく摘出肺葉の病理組織学的診断が必要である旨が，飼い主に説明された。各種検査および飼い主への病態説明が行われている間，症例は酸素療法（酸素ケージ）が行われ，予防的抗生物質としてセファゾリン（22mg/kg IV），疼痛管理にフェンタニル（5μg/kg/h CRI）の投与が行われた。

　家族の同意が得られたので，アトロピン（0.05mg/kg IM），プロポフォール（6mg/kg IV）で導入し，挿管後，O_2イソフルランガスで維持した（自発呼吸）。精密検査としての造影CT検査後，術野を剃毛・消毒し，胸腔内に存在した胸水のサンプリングを行った。貯留液は変性漏出液で，細胞診より乳糜胸，および腫瘍性疾患を除外した。

　手術は，患者を横臥位に保定し，ドレーピング後，左第4肋間開胸術で行われた。皮膚切開は胸椎直下から，肋軟骨結合部のあたりまで肋骨と並行に行った。皮下組織および体幹皮筋を切開し，広背筋を露出，再度，肋間を触診し開胸部位の確認を行った。広背筋を皮膚切開と同一線上に切開し，斜角筋および外腹斜筋切開，腹鋸筋剥離を行い，外肋間筋を露出した。肋間中央の位置で，外肋間筋・内肋間筋・胸膜を一括して開胸した。この時点で，麻酔を人工換気に切り替えた。開胸部より指を入れ，胸腔内を触診し，肺葉を傷害しないよう背側から肋間筋・胸膜の切開を進めた。この切開線は，肋骨背側の肋間神経・動静脈を損傷しないよう肋間中央とし，閉胸時の縫合を意識して切開を行い，腹側への切開は内胸動脈に注意しながら行った。肺葉を挟まぬよう開胸器で肋間を拡張し，術野を確保した。胸腔内にはわずかな貯留液が存在したため，これを吸引細胞診し，異常がないか確認するために，各胸腔内臓器の精査を行った（写真13）。開胸時，肉眼的に全域が褐色化し，触診で硬化，腫大した左前葉を確認（写真14）した。こ

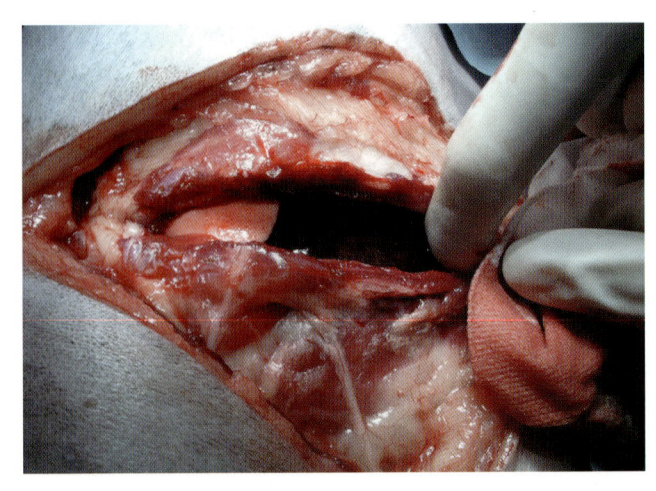

写真13　左第4肋間を開いたところ
開胸部から左側に正常な肺葉の一部が見える。その右側に黒く捻転した肺葉が認められる。

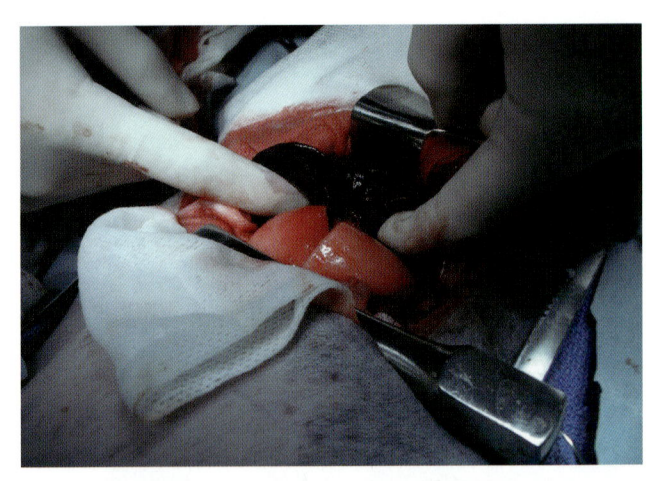

写真14　褐色化，硬化した右肺前葉

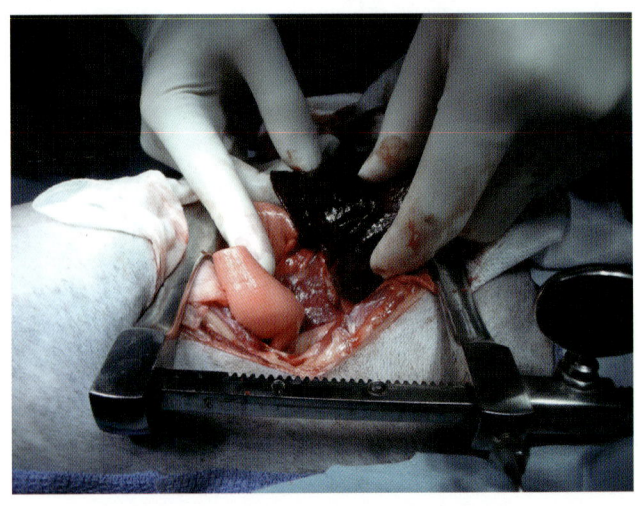

写真15　捻転した肺葉の肺門部所見

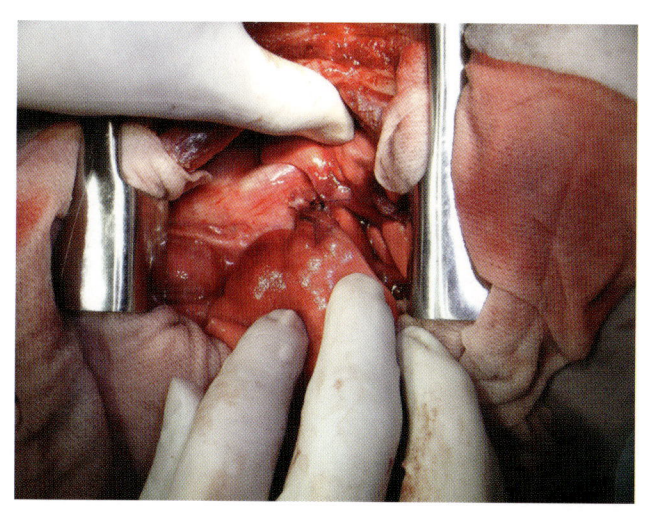

写真16　一括して二重結紮切断した部分（気管支，肺動静脈）

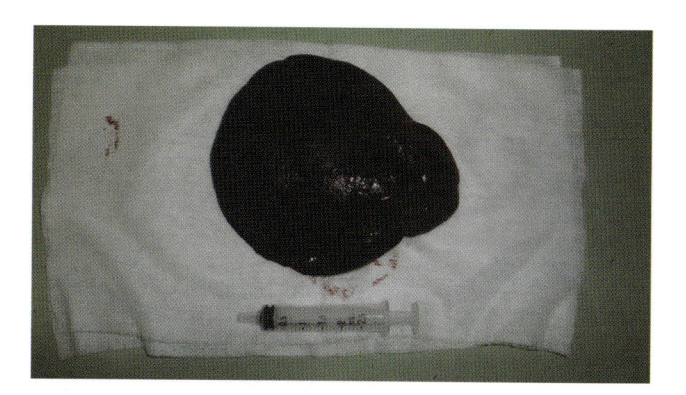

写真17　捻転した肺葉の摘出標本

の肺葉は肺門部より捻転（写真15）を生じていたため，気管支，肺の動静脈を露出しPDS3-0で一括し，二重結紮を行った後，サチンスキー鉗子でクランプし，左肺前葉の切除を行った。

　他の胸部臓器は肉眼的に正常範囲（写真16）であったため，滅菌温生理食塩水で胸腔内の洗浄を行った後，局所にブピバカイン（1mg/kg）の注射を行い，胸腔ドレーン設置後，定法に従い閉胸した（頭側肋骨前縁‐尾側肋骨後縁PDS1-0，肋間筋縫合PDS3-0）。閉胸後，胸腔ドレーンから胸腔内の気体，液体を胸腔内が陰圧になるまで吸引し，補助換気なしで自発呼吸が可能となるまで確認した。

　摘出した左前葉（写真17）の病理組織検査の結果は，肺の出血性梗塞であり，腫瘍性変化は確認されず，捻転に伴う循環障害に起因した出血性の組織壊死（梗塞）と診断された。

　術後の経過は良好であったため，術後3日で胸腔ドレーンを抜去し，抗生物質療法（セファレキシン22mg/kg BID PO）と鎮痛剤（トラマドール3mg/kg BID PO）を処方し，術後5日で退院とした。現在，術後3か月が経過しているが，今回の主訴に関連した症状の再発はなく，家族と良好なQOLを保ち生活している（写真18，19）。

【コメント】

　肺葉捻転（lung lobe torsion：LLT）は，肺葉の肺門部から長軸方向の気管支，肺の動静脈を含めて捻転した結果，捻転部分より遠位の肺に決定的な損傷を与える疾患である。診断上，重要になる類症には肺炎，肺血栓塞栓症，肺挫傷，肺腫瘍，肺肉芽腫病変，肺出血，横隔膜ヘルニア，肺膿瘍，膿胸などがあり，何れも単純X線像では一見同様の所見を示す可能性があり注意を要する。

　本疾患は時に急速な呼吸器症状の悪化を示し（咳は普通伴わない），突発的な様々な症状を示し，その症状は急速に変化する点が特徴的である。

　しかし，類症鑑別を要する疾患群の性質をみればわかる通り，そのほとんどが直ちに開胸する決断が必要となる外科的疾患である。多くは開胸して初めて病変が何であるかが明確になるものもある。ただし，類症鑑別を含めて診断上極めて有用となるのは，胸腔のCT画像診断であることは明らかである。そしてこの場合，局所へのFNAと液体の有無の確認を行うことが必要である。通常，肺葉捻転は中・後葉で起こることが多いとされており，中でも右の中葉に起こることが最も多いということは，無数の症例から明らかにされているが，本症例は前葉であった。

　肺葉捻転はいうまでもなく，最終的には呼吸不全のために必ず死ぬことになるので，できるだけ早期の発見と迅速な診断と手術が必要となる。その際，最も注意が必要となるのは，病気の進展によって特に細菌性あるいは化膿性病変を伴う場合である。胸腔の液体が化膿性細菌を含むかどうかは，①当初の胸腔内液体を採取するための，胸腔穿刺を直ちに実施すること，②どのようなタイプの呼吸困難かは別として，誰でもがそれとわかる呼吸困難が突発して，経時的に急速に悪化していく。その症状のあり方も症状の悪化とともに変化するので，特に注意する必要がある。例えば，当初はなかったのに咳が増える，鼻汁の血様，水泡

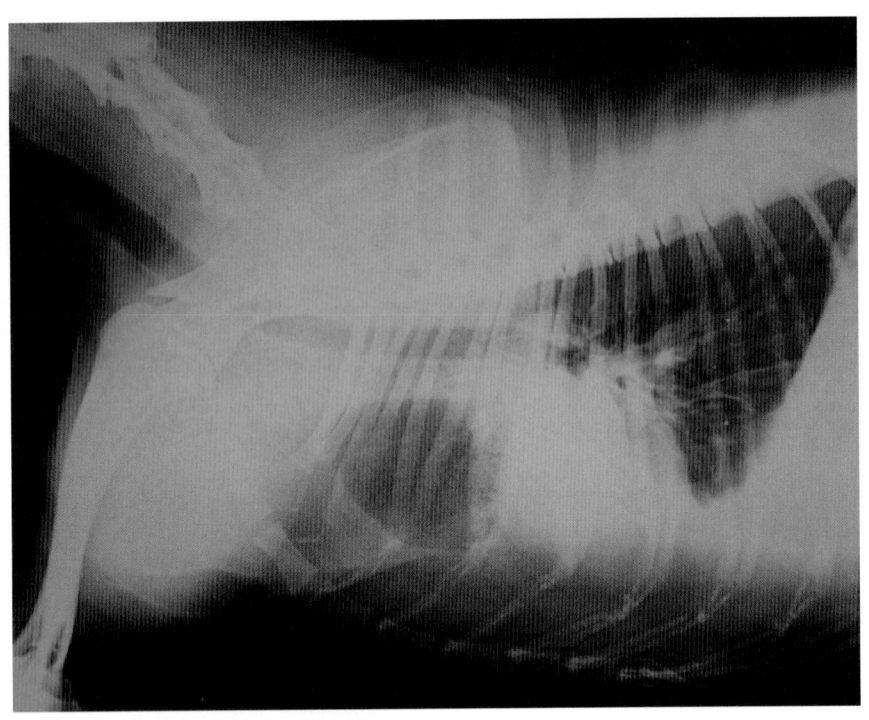

写真18　手術から6週間後の胸部X線写真　RL像

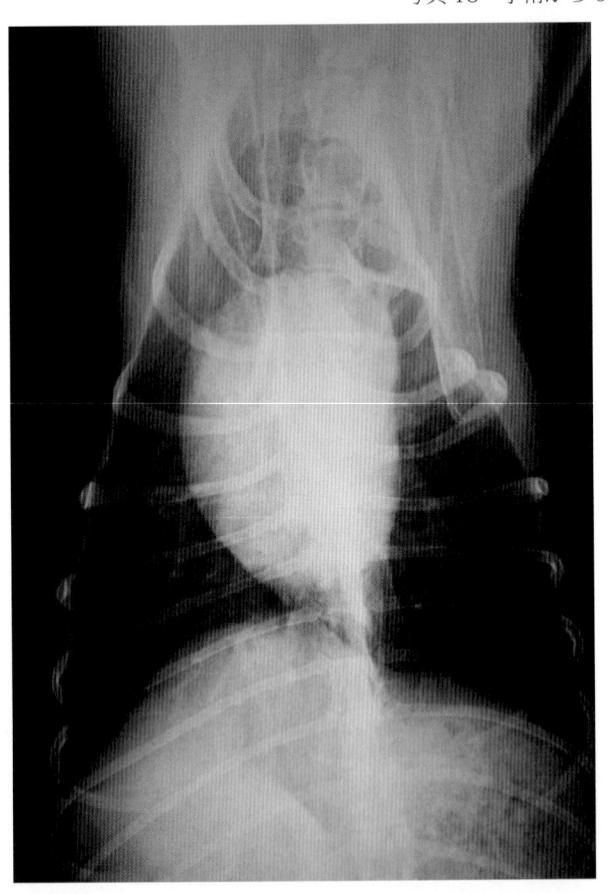

写真19　手術から6週間後の胸部X線写真　DV像

状の変化などもそれにあたる。

　致死的な疾患ではあるが，開胸手術で捻転した肺葉を完全に切除することは容易である。開胸と肺葉切除への決断が早ければ早いほど，予後は良好である。開胸時に肺葉の捻転した部分を元に戻すこともできるようにみえる場合もある。しかしそれは禁忌である。通常は肺葉の捻転部分は肺門近くで起こるのが原則であるため，捻転の解消をする前にサチンスキー鉗子あるいはドベーキ鉗子を装着し，操作上，肺葉内，血管内にある有害な物質（毒素や細菌など）が心臓に戻ることのないようにしておくことが賢明である。

(Vol.64 No.10, 2011に掲載)

Case 51 CAT

元気消失，後肢虚弱の症例

アビシニアン，11歳2か月齢，雄

【プロフィール】

アビシニアン，11歳2か月齢，雄，去勢済み。猫3種混合ワクチンは未接種である（1歳時までは接種していた）。100%室内の単頭飼育。食事はロイヤルカナンドライ（一般食）。

幼少期にウイルス性鼻炎にかかり，3歳時に回復している。生後10か月で他の動物病院で去勢手術を行っている。

【主　訴】

食欲不振，元気消失，ぐったり，後肢虚弱しているとのことで，上診された。3か月ほど前から2つの他の動物病院にかかり，診断がつかないまま治療を受けてきたが，これらの症状が緩慢に悪化してきたので，本院に転院してきたものである（サードオピニオン）。

【physical examination】

体重は3.52kg（3か月前は3.9kg），栄養状態は60%，脱水は8%，体温は37.7℃，心拍数は208回/min，呼吸数は48回/min，股動脈圧は100%であった。

意識レベルは10%（抑鬱）であった。

起立・歩行困難，ふらつき，転倒，歯石沈着/流涎，吸気時鼻腔狭窄音，眼瞼反射の低下が認められた。

【プロブレム】

①元気消失，②食欲低下，③体重減少，④頻脈，⑤運動失調，⑥流涎，⑦脱水8%，⑧歯石沈着，歯周病，破歯細胞性吸収病変，第1後臼歯歯頸部破折，⑨眼瞼反復刺激で反射の低下，⑩採食行動の変化。

【プラン】

①CBC，②血液化学検査，③血液電解質検査，④神経学的検査，テンシロン検査，⑤T4/fT4検査，⑥胸部X線検査，⑦尿検査，⑧血圧検査，⑨心電図検査，⑩歯科処置，⑪CT検査（全身），⑫抗アセチルコリン受容体抗体検査。

【臨床病理検査】

CBC，および血液化学検査の結果は表1の通りであった。

【血圧検査】（オシロメトリック法で足根部を測定）

収縮期圧（SYS）は158mmHg，拡張期圧（DIA）は119mmHgであり，平均血圧（MAP）は132mmHgであった。

【心電図検査】

心拍数（HR）は176回/min，MEAは+120度で，各波形は正常範囲内であった。

【尿検査】（膀胱穿刺尿）

尿比重は1.050，pHは6.5，蛋白は2+，その他は正常範囲内であった。

尿沈査所見で異常は認められなかった。

【単純X線検査】

胸部RL像（写真2）：ポジショニングが，前肢の前方への牽引過剰である。骨格は正常範囲内である。体表軟部組

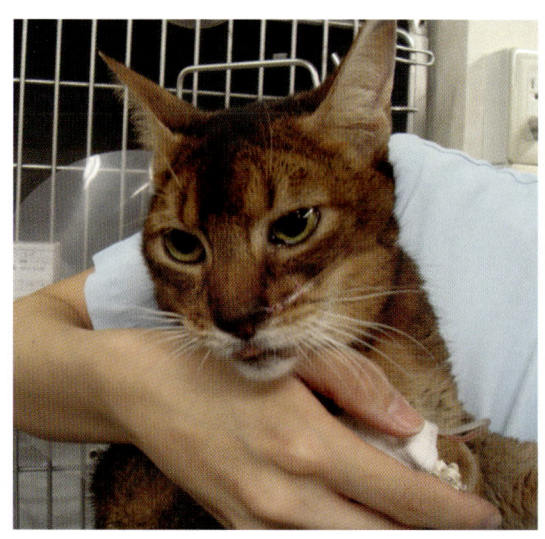

写真1　患者の外貌

表1　臨床病理検査

CBC			
WBC	14.2×10^3	$(5.5 \sim 19.5 \times 10^3)$	/μL
RBC	884×10^4	$(500 \sim 1000 \times 10^4)$	/μL
Hb	12.1	$(8 \sim 15)$	g/dL
PCV	34.9	$(30 \sim 36)$	%
MCV	39.5	$(39 \sim 55)$	fL
MCHC	34.7	$(31 \sim 35)$	g/dL
血液の塗抹標本検査のリュウコグラム			
Band-N	0	$(0 \sim 300)$	/μL
Seg-N	11385	$(3000 \sim 11500)$	/μL
Lym	1895	$(1000 \sim 4800)$	/μL
Mon	975	$(150 \sim 1350)$	/μL
Eos	0	$(100 \sim 1250)$	/μL
Bas	0	(0)	/μL
pl	46.3×10^3		個
血液化学検査			
TP	8.2	$(5.2 \sim 8.2)$	g/dL
Alb	3.4	$(2.2 \sim 3.9)$	g/dL
Glb	4.9	$(2.8 \sim 4.8)$	g/dL
ALT	45	$(12 \sim 115)$	U/L
ALKP	49	$(14 \sim 192)$	U/L
T-Bil	0.3	$(0.0 \sim 0.9)$	mg/dL
Chol	168	$(62 \sim 191)$	mg/dL
GGT	0	$(0 \sim 1)$	U/L
Glc	156	$(77 \sim 153)$	mg/dL
BUN	17	$(16 \sim 33)$	mg/dL
Cr	1.7	$(0.6 \sim 1.6)$	mg/dL
P	6.8	$(4.5 \sim 10.4)$	mg/dL
Ca	10.1	$(7.9 \sim 11.3)$	mg/dL
静脈血の血液ガス検査			
pH	7.483	$(7.35 \sim 7.45)$	
pCO_2	50.4	$(40 \sim 48)$	mmHg
pO_2	28.2	$(30 \sim 50)$	mmHg
HCO_3	36.9	$(20 \sim 25)$	mmol/L
BE	13.5	$(-4 \sim 4)$	mmol/L
O_2サチュレーション	56.9		%
TCO_2	38.5	$(16 \sim 21)$	mmol/L
電解質			
Na	151	$(147 \sim 156)$	mmol/L
K	3.5	$(4.0 \sim 4.5)$	mmol/L
Cl	119	$(117 \sim 123)$	mmol/L
その他			
T4	3.6	$(1.3 \sim 3.9)$	μg/dL
fT4	27.0	$(15.4 \sim 55.3)$	pmol/L
血清AChR抗体	0.04	$(0 \sim 0.3)$	nmol/L

（　）内は本院における正常値を示す。

織輪郭は中等度の削痩を示している。頸部，気管背側に少量の食道内気体が認められる。ポジショニングにより，心臓の長軸が大きく変化し，異常な形態として認められる。心陰影，後葉，気管支にわたり背側には食道内の中等度の気体があるため，結果として陰性造影的に食道の拡張が認められる。その他は正常範囲内である。

　胸部DV像（写真3）：体表軟部組織輪郭は中等度の削痩を示している。ポジショニングでは，前肢を左右に広く牽引しているために，肩甲骨はかえって内側方に位置することになり，前胸部の陰影を強くしている。一方，心臓の長軸の変化の一部として，大動脈弓が強調されて認められる。その他はRL同様，正常範囲内である。

【暫定診断】

①重症筋無力症（後天性：免疫介在性・腫瘍随伴性）
②慢性鼻炎（副鼻腔炎，鼻咽頭ポリープ，内耳・中耳炎）
③破歯細胞性吸収性病変（左下顎第1後臼歯）

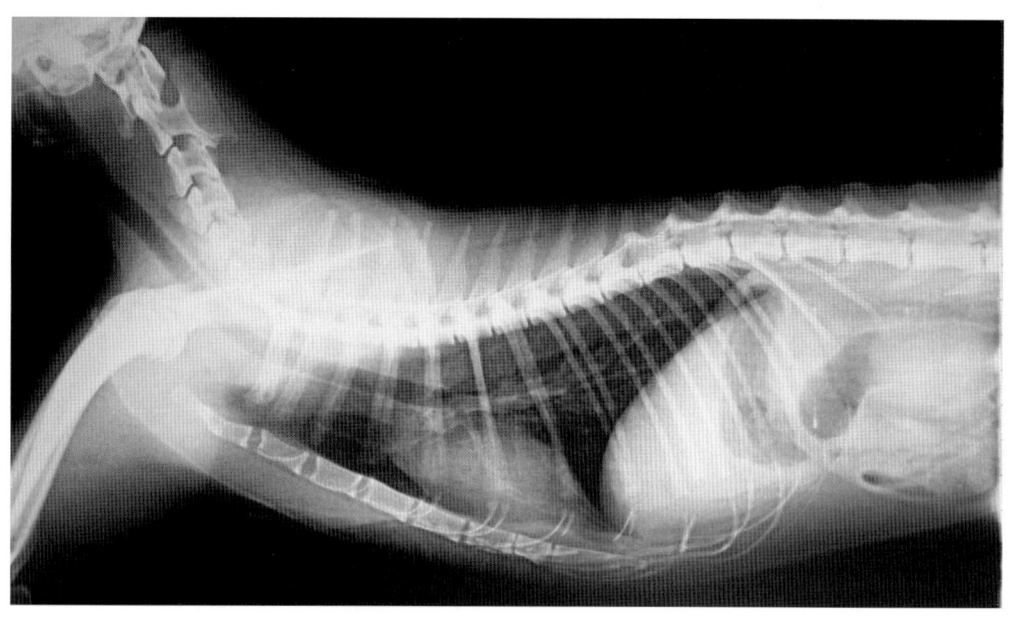

写真2 胸部単純X線写真 RL像

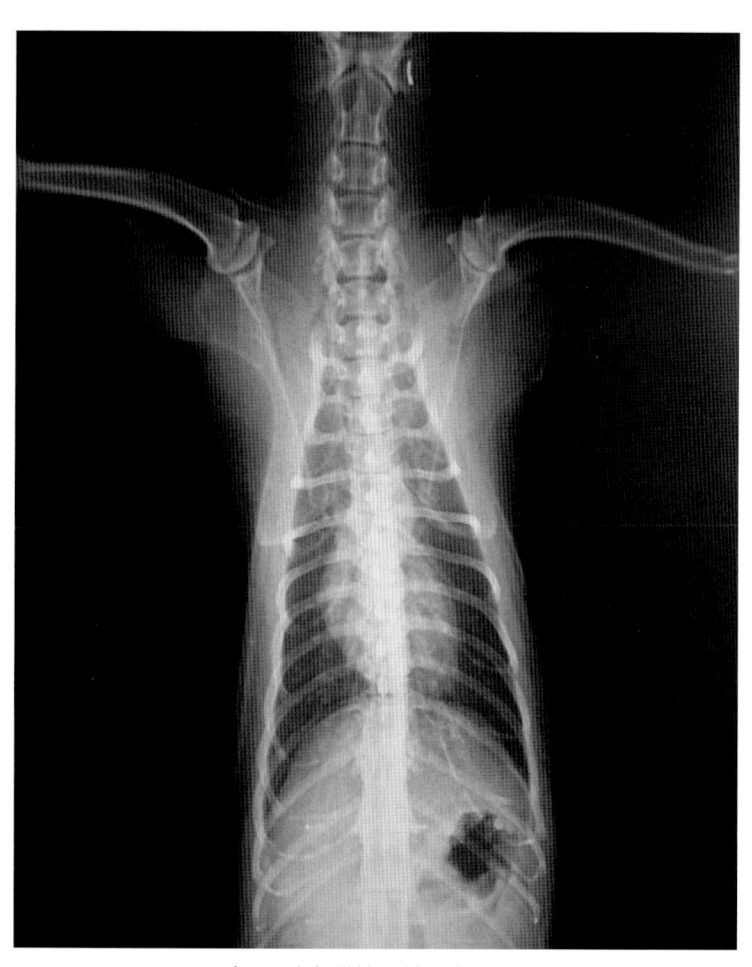

写真3 胸部単純X線写真 DV像

☞あなたならどうする。次頁へ

☞
①テンシロン検査およびCT検査の追加
②予防的抗生物質としてセファゾリンの投与
③確定診断と内科療法

【CT検査】

全身麻酔下での全身のアキシャル像，サジタル像の造影検査を行った。

【診　断】

重症筋無力症，中耳炎，破歯細胞性吸収性病変

【治療および経過】

飼い主は，これまでの3か月前から緩慢に進行する運動失調があったので，2つの病院で様々な検査と治療を受けてきた。しかし，原因不明とのことで，経過を見ていくことを指示されたが，進行性に病状が悪化してきたために，知人から当院を紹介され来院したものである。

これまでの症例の詳細な病歴聴取とphysical examinationの結果，わずかに特徴的な神経学的異常があり，猫ではまれであるが，重症筋無力症が疑われた。家族には，本疾患の診断，併発疾患の診断および症例の現状確認のため，ルーチン検査と頭蓋内・脊髄疾患を含めた全身造影CT検査および重症筋無力症に対する必要な検査と治療を行うための検査入院を提示し，同意を得た。

まず，ルーチン検査（血液検査，尿検査），X線検査，血圧検査，心電図検査などを実施し，静脈確保後，テンシロン検査を行った。試験前の症例（写真4）〔動画（塩化エドロホニウム投与前）☞YouTube〕は，歩様異常（蹲行姿勢・転倒）を呈していたが，塩化エドロホニウム（0.1mg/kg）の静脈内投与後，異常歩様に明らかな改善が認められた（陽性反応）〔動画（塩化エドロホニウム投与後）☞YouTube〕。

翌日，塩化エドロホニウム準備下で，全身麻酔（自発呼吸）を行いCT検査（全身造影），破歯細胞性吸収性病変を伴った後臼歯の抜歯と歯石除去，誤嚥予防のための強制

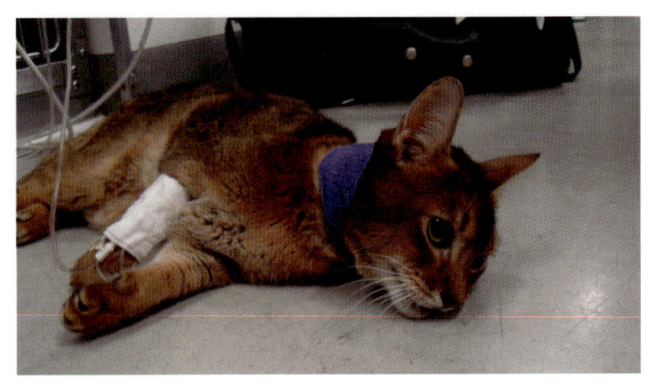

写真4　塩化エドロホニウム静脈内投与前の症例

給餌用の経鼻カテーテルの設置を行った。麻酔はアトロピン（0.05mg/kg IM），プロポフォール（6mg/kg IV）で導入，挿管後，O_2イソフルランガスで維持し，呼吸をモニターした。麻酔下での咽口頭の検査で鼻咽頭ポリープやその他の異常は認められなかった。

CT検査では，左右鼓室胞に液体貯留が認められたが，その他，脊柱管内を含め正常範囲内であった（写真5～7）。

各種検査結果から，重症筋無力症と診断し，麻酔覚醒後から，臭化ピリドスチグミン（1.3mg/kg PO）の投与を開始した。臭化ピリドスチグミンの副作用をモニターしたが，投与5時間後に副作用である徐脈，流涎，筋肉攣縮が発現〔動画（臭化ピリドスチグミンの副作用）☞YouTube〕したので，アトロピン（0.1mg/kg IV）の投与を行った。

臭化ピリドスチグミンの減薬（0.5mg/kg/day PO）を行い，症例は副作用なく，第6病日には日常生活に支障のないレベルにまで回復した〔動画（第6病日）☞YouTube〕ので，退院（第9病日）とした。食欲の改善が，約1週間目の検診で認められたため，強制給餌用のカテーテルを抜去した。

その後，定期的な再診を重ね，症状に応じて臭化ピリドスチグミンの投与量を調整している。現在，治療開始から20か月が経過し，臭化ピリドスチグミン（0.9mg/kg/day PO）投与下で，元気に過ごしている。症状は長期にわたり寛解を認め，飼い主の強い希望で臭化ピリドスチグミンの漸減し，その後休薬としたが，現在も良好に経過してい

※動画について
　本原稿に関連する動画がYouTubeにアップロードされています。4つの動画が連結しています。弊社ホームページ（文永堂出版で検索して下さい）の[JVM獣医畜産新報]をクリックして下さい。2012年1月号の画面で「症例シリーズ2012年1月号動画」をクリックするとYouTubeの該当動画にいきます。

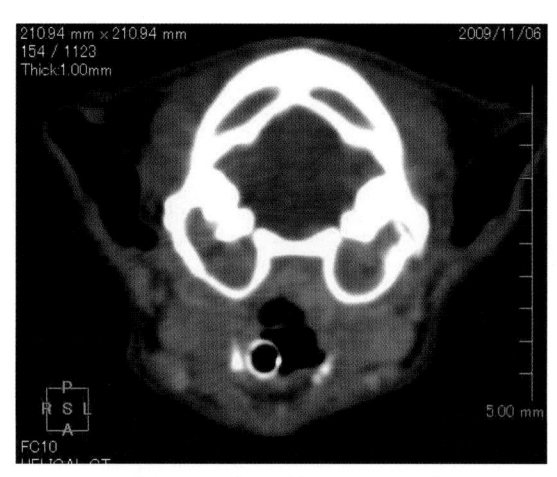

写真5　CT像　頭部アキシャル像

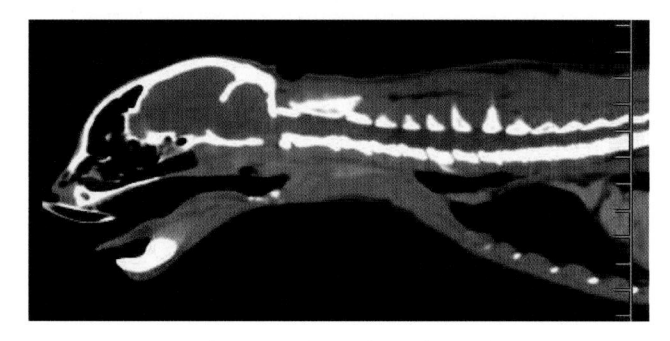

写真6　CT像　頭部サジタル像

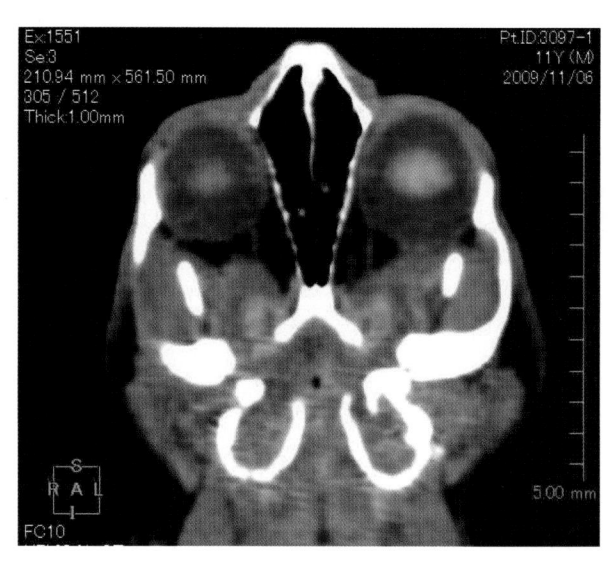

写真7　CT像　頭部コロナル像頭部

る。

【コメント】

　重症筋無力症は，30年前までは人においてもしばしば致死的であり，事実，患者の25％が死亡していた。また，犬においても死亡するものが多かった。多くのテキストブックでは，人の場合よりも，さらに犬や猫では予後の悪い疾患として記載されてきた。

　しかし，飼い主たちのヒューマン・アニマル・ボンドの理解と米国の多くの先達の研究と努力，さらに獣医師のクライアント教育や社会教育のおかげで，早期確定診断と早期治療ができるようになっている。また免疫学や薬理学の発展に伴い本疾患の診断・治療方法も急速に進歩し，病態生理の詳細が明らかになるにつれて，死亡率は改善し，予後は良いものとなり，回復の望みも大いに改善されたものとなっている。

　犬の重症筋無力症は神経・筋ジャンクション（接合部）の異常を原因とする神経疾患であり，かなり頻繁に遭遇する疾患である。猫の重症筋無力症は，今回のように獣医学，中でも免疫学，神経病学，臨床病理学，さらに病態生理学が発達するまでは，極めて死亡率の高いものであった。猫は，犬に比べて低い発症率ではあるが，注目すべき点は（人や犬でも認められるが），25.7％が前胸部にマスを認める疾患である。

　人においても，犬や猫においても，重症筋無力症は本質的に病因は共通である。しかし症状の現れ方や経過は，それぞれの動物種によって大きく異なる。犬や猫において，症状が局所的か全身的かにかかわらず，筋肉の虚弱，巨大食道症，採食困難，嚥下困難などを伴うことになる。注意すべきことは，臨床徴候は急速に現れ，症状は急速に悪化する場合もあるが，全ての患者に共通することは，動きが鈍くなり，神経，筋肉の疾患が疑われるようになる。採食困難をきたせば，容易に衰弱するので，それに応じた合理的な支持療法と対応が迅速に行われる必要がある。

　幸いにも現在，本疾患はアセチルコリンレセプターに対する抗体を原因とする免疫介在性神経筋接合部疾患であることが明確となっていることから，科学的に確定診断ができ，疾患の本質に基づいた正確な治療が可能となっている。

　本疾患では特に横紋筋がおかされることから，嚥下困難，吸引性（誤嚥性）肺炎などを起こしやすいが，EBM（evidence-based medicine）に基づき同様の症状を示すような他の疾患との科学的な類症鑑別を行い，確定診断を得

（Vol.65 No.1, 2012に掲載）

Case 52 DOG

元気消失，食欲低下の症例

ミニチュア・ダックスフンド，8歳1か月齢，雄

【プロフィール】

ミニチュア・ダックスフンド，8歳1か月齢，雄，去勢済み。3歳6か月齢時に去勢手術（絹糸使用）を行っている。6歳6か月齢に鼠径部絹糸反応性肉芽腫ということで，コルチコステロイド投与で治癒している。7歳7か月齢には腰背部皮下無菌性結節性脂肪織炎となり，これもコルチコステロイド投与で治癒している。

混合ワクチンおよび狂犬病ワクチンは毎年1回接種されている。犬糸状虫症予防は毎年5月～11月に行われている。

100％室内飼育で，ほかにミニチュア・ダックスフンド2頭（親子関係）が飼われている。食事はHill's Z/D Ultraドライフードと低アレルゲントリーツ。

【主　訴】

1週間前より元気消失，食欲低下となり，また熱っぽく，それらがひどくなってきたということで上診されたものである。

【physical examination】

体重は5.02kg（6か月前は6kg），栄養状態は80％（BCS 2/5），脱水は8％，体温は40.0℃，心拍数は96回/min，

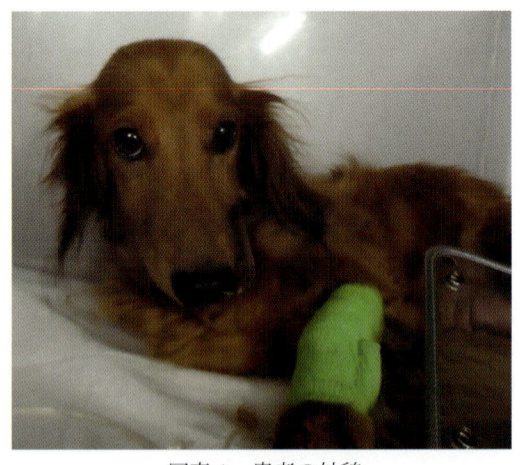

写真1　患者の外貌

表1　臨床病理検査

CBC			
WBC	13.5×10^3	$(6 \sim 17 \times 10^3)$	/μL
RBC	6.76×10^6	$(5.5 \sim 8.5 \times 10^6)$	/μL
Hb	12.9	(12～18)	g/dL
Ht	38.5	(37～55)	％
MCV	57.0	(60～77)	fL
MCHC	33.5	(32～36)	g/dL
血液の塗抹標本検査のリュウコグラム			
Band-N	0	(0～300)	/μL
Seg-N	10530	(3000～11500)	/μL
Lym	540	(1000～4800)	/μL
Mon	2430	(150～1350)	/μL
Eos	0	(100～1250)	/μL
Bas	0	(0)	/μL
pl	5.6×10^3		/μL
血液化学検査			
TP	7.3	(5.2～8.2)	g/dL
Alb	2.1	(2.2～3.9)	g/dL
Glb	5.1	(2.5～4.5)	g/dL
ALT	10	(10～100)	U/L
ALKP	106	(23～212)	U/L
T-Bil	0.1	(0.0～0.9)	mg/dL
Chol	109	(110～320)	mg/dL
BUN	8	(7～27)	mg/dL
Cr	0.6	(0.5～1.8)	mg/dL
P	4.7	(2.5～6.8)	mg/dL
Ca	9.2	(7.9～12.0)	mg/dL
静脈血の血液ガス検査			
pH	7.354	(7.35～7.45)	
pCO_2	32.9	(40～48)	mmHg
pO_2	40.4	(30～50)	mmHg
HCO_3	1739	(20～25)	mmol/L
BE	−6.9	(−4～4)	mmol/L
O_2サチュレーション	98.5		％
TCO_2	17.7	(16～26)	mmol/L
電解質			
Na	146	(144～160)	mmol/L
K	4.0	(3.5～5.8)	mmol/L
Cl	115	(109～122)	mmol/L

（　）内は本院における正常値を示す。
Laser Cyte〔IDEXX〕を使用。

呼吸数は36回/min，股動脈圧は100％であった。意識レベルは70％（抑鬱），腹部触診で後腹部腹腔内に柔軟可動性の卓球ボール大腫瘤が認められた。

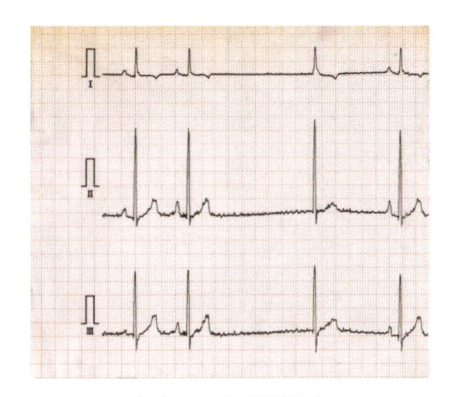

写真2　心電図検査

【プロブレム】

①元気消失，②食欲不振，③体重減少，④発熱，⑤後腹部腫瘤。

【プラン】

①CBC，②血液化学検査，③血液ガス電解質検査，④血圧・心電図検査，⑤腹部X線検査，⑥腹部超音波・腫瘤FNA検査，⑦CT検査，⑧切除生検。

【臨床病理検査】

CBC，および血液化学検査の結果は表1の通りであった。

【血圧検査】（オシロメトリック法で足根部を測定）

収縮期圧（SYS）は142mmHg，拡張期圧（DIA）は85mmHgであり，平均血圧（MAP）は104mmHgであった。

【心電図検査】

心拍数（HR）は93回/min，MEAは＋120度で，間歇的なP波消失が認められた（写真2）。

【単純X線検査】

腹部RL像（写真3）：体表の軟部組織および骨格は正常範囲内である。膀胱頭側，直腸腹側にX線透過性の低い直径2cmのマスが認められた。

腹部VD像（写真4）：RL像と同様に体表の軟部組織および骨格は正常範囲内である。脾頭部付近で脾臓に重なるX線不透過性の直径2cmのマスが認められた。

【腹部超音波検査】

膀胱底部と脾体部に隣接した後腹部の直径2.5cmの腫

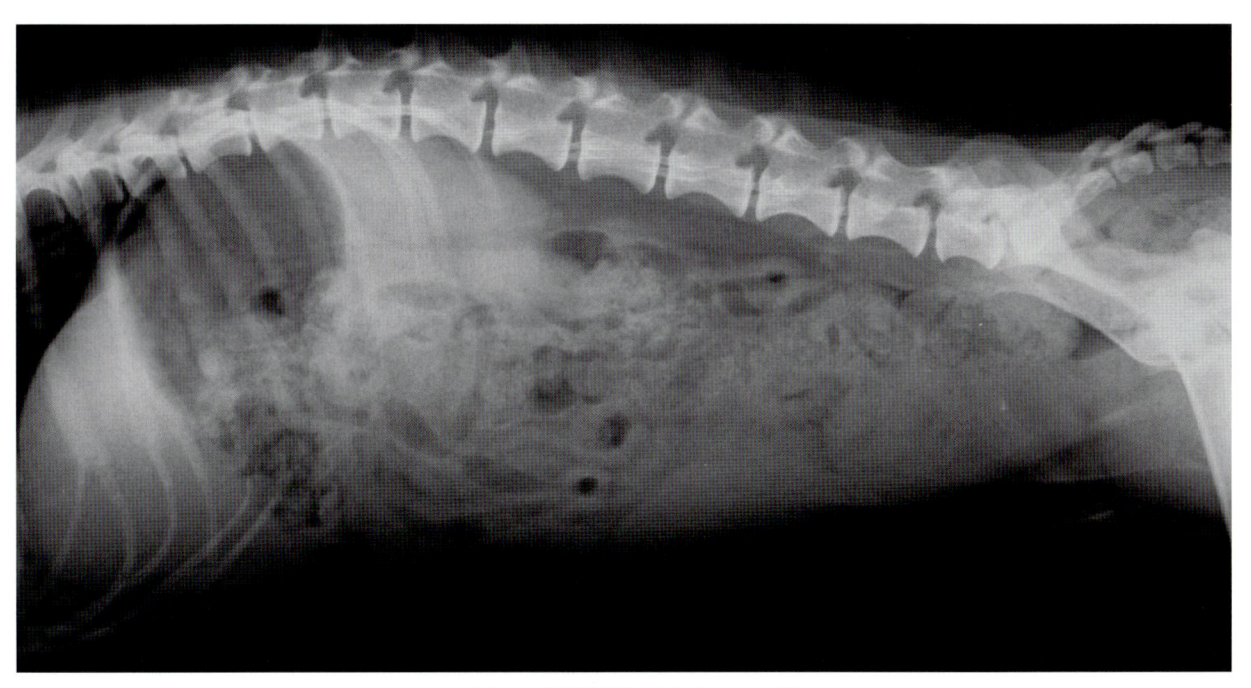

写真3　腹部単純X線写真　RL像

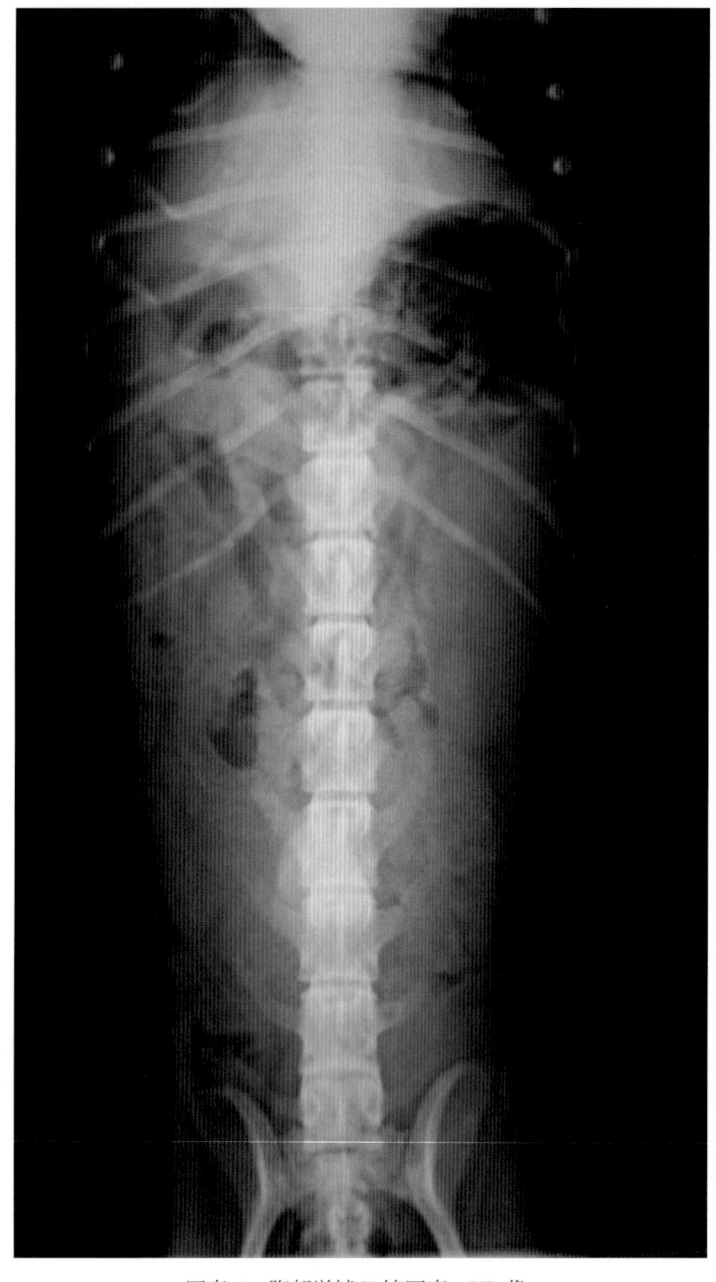

写真4　腹部単純X線写真　VD像

瘤と脾頭部に隣接した直径 2cm の腫瘤が認められた。

【FNA 検査】

エコーガイドによる腫瘤病変の FNA 所見では，変性好中球は 3 ＋，マクロファージは 2 ＋，リンパ球は ＋，脂肪滴は 3 ＋で，検査標本上に，顕微鏡的に検出可能な感染性微生物または異物の存在は認められなかった。

【CT 検査】（造影腹部，写真 5 〜 8）

全身麻酔下で，アキシャル像とサジタル像の造影検査を行った。

腸間膜および胃脾間膜に，各々嚢胞性のマスが認められた。

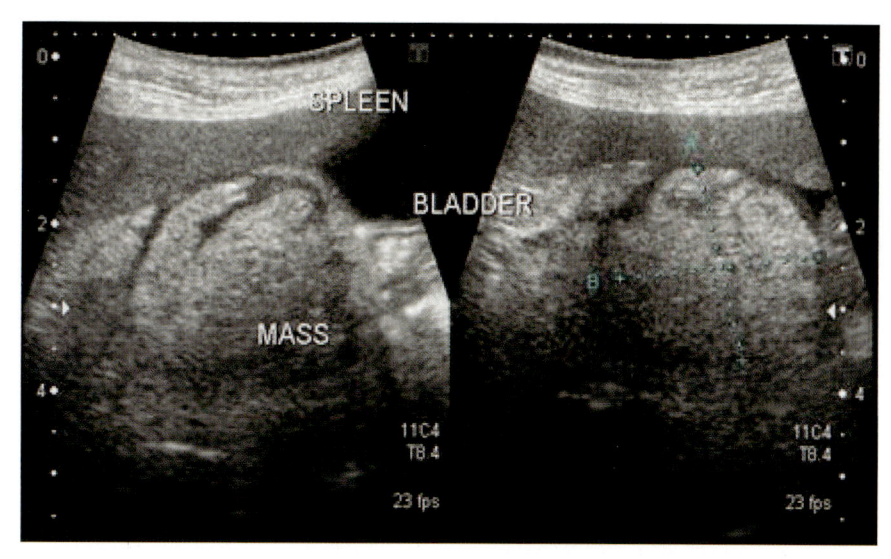

写真5　腹部超音波像

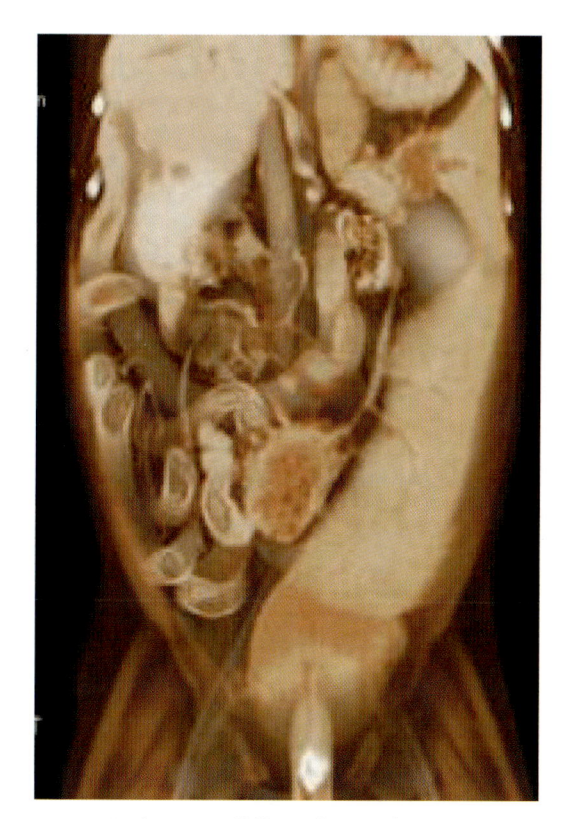

写真6　3D構築CT像　サジタル像

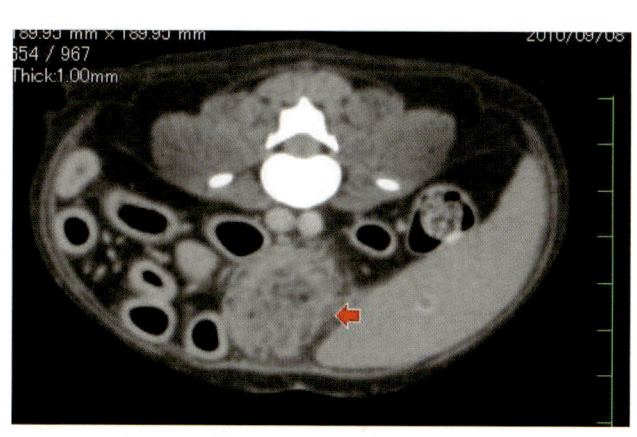

写真7　CT像　アキシャル像

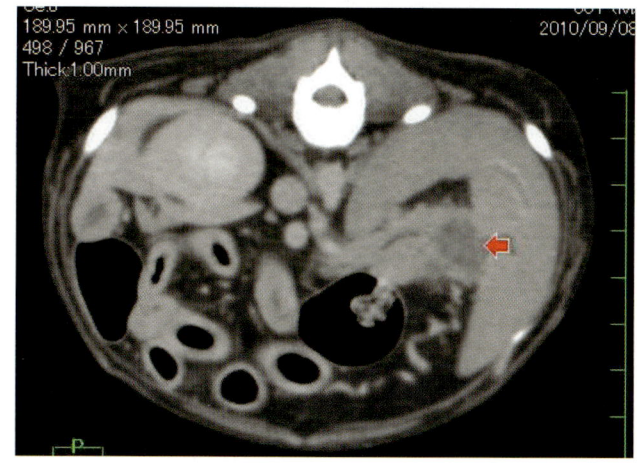

写真8　CT像　アキシャル像

【暫定診断】

腸間膜脂肪織炎（無菌性肉芽腫性炎症性疾患）。

☞あなたならどうする。次頁へ

☞
① 全身状態の改善（脱水・発熱）
② 開腹術による腫瘤の切除生検
③ 病理組織学的検査による原因の特定
④ 必要となれば術後のフォロー，免疫抑制剤投与

【治療および経過】

これまでの既往歴および各種検査結果から，本症例はミニチュア・ダックスフンドの特発性の腸間膜脂肪織炎（無菌性肉芽腫性炎症性疾患）が強く疑われた。

本症例は過去に，不妊手術後の縫合糸反応性肉芽腫発症の既往歴があった。これに対し，飼い主の強い希望で絹糸摘出は行わず，コルチコステロイド投与（1mg/kg SID）での治療を行っていた。しかしながら，コルチコステロイドの継続投与は望まれないので，一時的な寛解を得られた段階（約1週間の投薬）で休薬としていた。その後の経過中に再発を疑う軽い症状を認めたが，QOLが保たれていたため，積極的な治療を希望されなかった。

また，不妊手術から5年後に体表の無菌性結節性脂肪織炎を発症し，コルチコステロイド療法（1mg/kg SID）とビタミンA製剤投与を行い，良化を得た。この時に，症例はコルチコステロイド投与で間歇的な嘔吐を認めたため，シクロスポリン（10mg/kg/day）への変更を行っていた。本症例はコルチコステロイド療法を含め，シクロスポリン投与の免疫抑制療法に良く反応していたが，飼い主族はこの時点においても継続的な治療を希望されなかった。

本疾患は特発性疾患ではあるが，免疫抑制療法に良好に反応することから，免疫性疾患の関与が強く疑われ，さらなる重大な継発性の疾患を予防するためにも，継続的な治療が必要であることを再度説明した。しかし飼い主は，原因の特定が得られるまでは，免疫抑制療法等の治療を行わない代わりに，再発時には開腹による切除生検を行うことに同意した。

その5か月後の今回来院されたが，CT検査により腹腔内の2か所の腫瘤が認められたので，切除生検を目的とした開腹術を決定した。

症例は，発熱および全身状態の悪化を認めていたため，術前に輸液療法とコルチコステロイド投与（1mg/kg

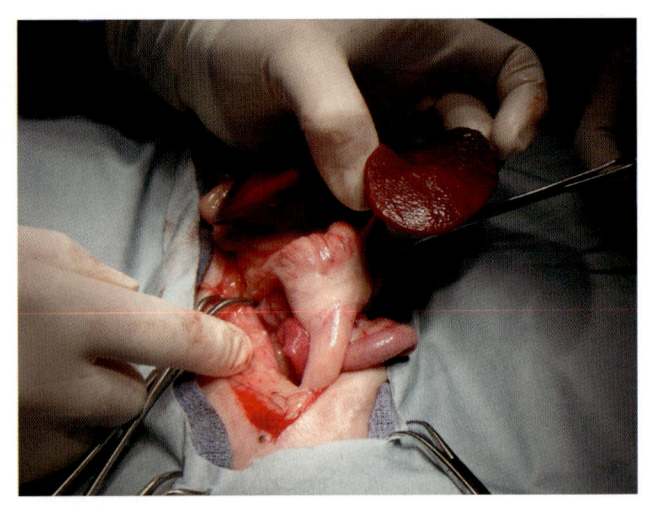

写真9　脾臓と膵臓周囲の腫瘤

SID，3日間）を行い，全身状態と発熱の改善を認めた時点で，開腹手術を行った。

手術は，予防的抗生物質としてセファゾリン（22mg/kg IV），疼痛管理にブプレノルフィン（10mg/kg IM）〕の投与が行われ，アトロピン（0.05mg/kg IM），プロポフォール（6mg/kg IV）で導入し，挿管後，O₂イソフルランガスで維持した（自発呼吸）。

精密検査としての造影CT検査後，剣状突起から恥骨前縁までの腹部正中切開術で行われた。開腹後，確認できる腹腔内全臓器の精査を行った。

開腹時，脾頭部に隣接した直径2cmの腫瘤（写真9）は胃脾間膜から発生し，脾臓と一部膵臓の左脚，回腸に癒着が認められたため，腫瘤摘出と合わせて，脾臓全摘出術と膵臓左脚部分切除を行った。また，後腹部に認められた直径2.5cmの腫瘤（写真10，11）は，空腸の腸間膜から発生し，一部膀胱と大網に癒着，大網で覆われていた。膀胱との癒着を剥離した後，腸間膜血管を傷害しないよう超音波凝固切開装置（製造元：エチコンエンドサージェリージャパン，販売元：株式会社アトムベッツメディカル）を用いて，腫瘤とこれに癒着した大網とを一括して摘出した（写真12）。他の腹部臓器は肉眼的に正常範囲であったので，滅菌温生理食塩水で腹腔内の洗浄後，正中切開部にブピバカイン（1mg/kg）の注射を行い，定法により閉腹した（PDS3-0）。

なお，麻酔前投薬でP波消失（減停止）が一時的に認

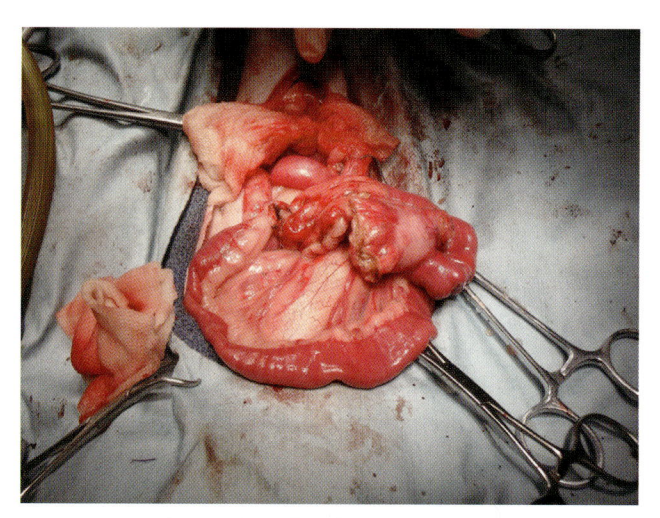

写真10　腸間膜脂肪に認められた腫瘤

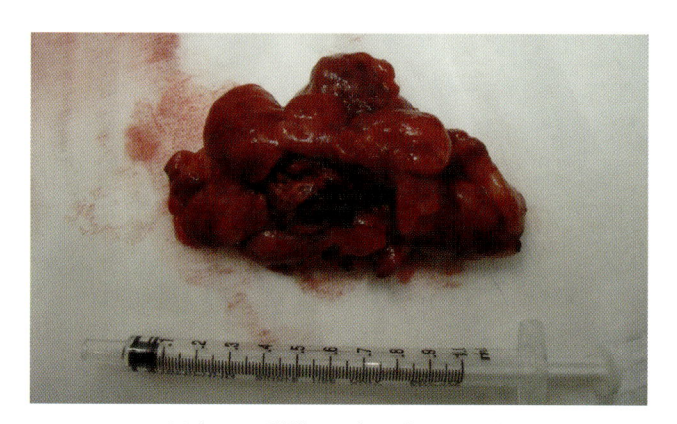

写真11　膵臓の一部を含めて切除

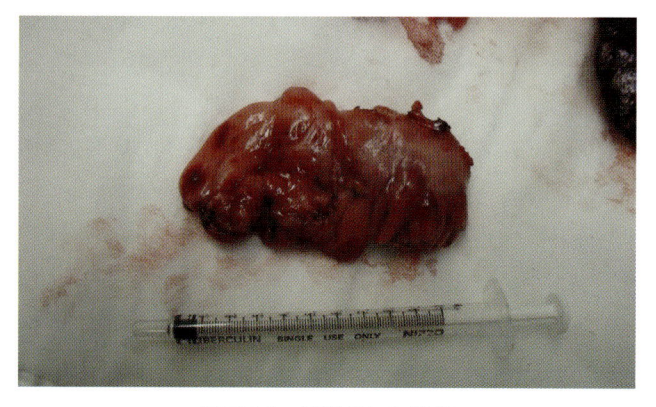

写真12　摘出された腫瘤

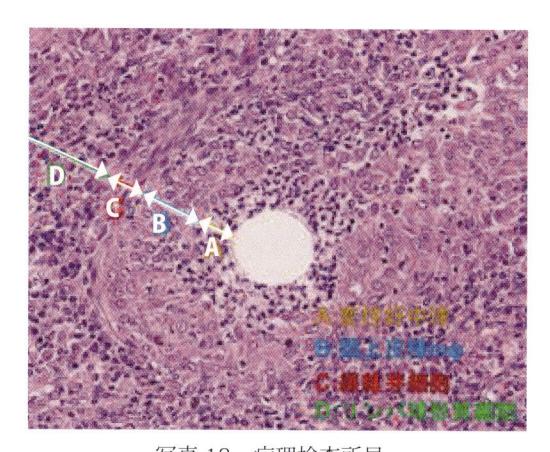

写真13　病理検査所見
A：好中球，B：類上皮様マクロファージ，C：線維芽細胞，D：リンパ球形質細胞

められたが，術後は一切認めていない。

　腫瘤の病理組織診断は，両者とも化膿性肉芽腫性脂肪組織炎であった（写真13）。以下に所見を記載する（IDEXX）。

　炎症巣の中心に脂肪腔が観察され，脂肪を取り囲んで，変性した好中球，類上皮様マクロファージ，線維芽細胞，およびリンパ球形質細胞が認められた。

　腫瘤組織は無数の好中球と小型結節様に集まる類上皮マクロファージを主体に，リンパ球や形質細胞が様々に混在している。炎症は線維化を伴い膵臓の小葉間結合組織に沿うように波及している。付属したリンパ節実質においても，肉芽腫性の炎症巣が散在的に形成されている。検査標本上には，顕微鏡的に検出可能な感染性微生物または異物の混在は認められなかった。大網および腸間膜の脂肪組織に特発性，無菌性の腫瘤が形成されたものであると考えられた（IDEXX）。

　術後7日目より，シクロスポリン（5mg/kg BID）とプレドニゾロン（1mg/kg SID）の併用投与を5日間行い，症例は順調な回復を認めた。以降，シクロスポリン（5mg/kg BID）を単独で投与し，1年で休薬とした。栄養状態は3か月目には100％で良好。症例は現在，術後17か月後を迎えているが，この間，飼い主家族は全員で手術に踏み切ることができ，結果を喜び，症例ともどもヒューマン・アニマル・ボンドを満喫している。

【診　断】

化膿性肉芽腫，特発性（無菌性）腸間膜脂肪織炎。

【コメント】

　無菌性・非腫瘍性の肉芽腫（granuloma）は色々な原因（原因が必ずしも特定される訳ではないが）で，様々な品種の犬に発生する。その要因として最も多いものは，外科手術後に発生する肉芽腫病変と特発性の多発性無菌性脂肪織炎に伴うものである。

　それらは縫合糸そのものの性質，あるいは皮膚そのものの自然治癒の機序に基づく，不可避の肉芽腫性変化の痕跡および炎症が慢性化することによって肉眼的にそれとわかるほどのケロイド状態を招くものまである。また皮膚切開の縫合部位で，肉芽腫病変のプロセス，あるいは自然治癒のプロセスの一部として皮膚表面に常在する，または皮膚の表層細菌が一時的に関与（菌体毒素に対する反応を含むものまで，多種多様）したものもある。最も古くから知られているのは，人医学で長年使用されてきた絹糸による皮膚の縫合に伴う肉芽腫様病変である。強いケロイド状の変化は，それだけでは説明のつかないものもある。

　現在では，合成の非反応性の縫合糸が発達し，使用されるようになってからは，ケロイド形成は激減している。また，このような理由で，ステンレス糸が多用された時代があり，現在も好んでそれを使用している獣医師や医師がいる。一方現在も，絹糸は無色と黒色の特殊なものがあり，腹腔，胸腔内の手術では黒色のものが問題を起こすことなく安全に使用されている。

　獣医領域では，古くから去勢手術では精巣，動静脈，卵巣子宮全摘出においては卵巣，卵巣子宮動静脈，子宮体部の結紮，皮膚の切開線の縫合に絹糸が多用されてきた。そのごく一部ではあるが，それらの絹糸がたとえ無菌的であっても，一部では肉芽腫性の変化が起こり，やがて腫瘤として認められ，その腫瘤の周囲に癒着性，無菌性，非腫瘍性肉芽腫病変を介して他の組織と癒着するものも多く認められてきた。

　合成の非反応性縫合糸の普及により，心血管系の手術に使用する縫合糸以外は，軟部組織，整形外科手術領域においては使用しないようになっている。ルーチンな避妊・去勢手術においても，このような肉芽腫病変をみることは極めて少なくなっている。

　しかし，このような非反応性合成縫合糸のみの使用であっても，極めて限られた数の個体ではあるが，絹糸で認められたものと同様の無菌性，非化膿性，肉芽腫病変や肉芽腫性腫瘤の形成や癒着が認められることが報告されるようになってきたのは，ここ数年のことである。

　その中でも，ミニチュア・ダックスフンドやその他の純粋種の一部にその傾向が強いことがわかっている。ミニチュア・ダックスフンドでは，特発性（無菌性）非腫瘍性の脂肪織炎を起こしやすい個体がある。純粋種のしかも比較的新しい品種にこの特発性肉芽腫が多くみられることは，遺伝的素因が高くなり，純粋種の一部の家系に起こりやすいことが推定できる。おもしろいことにこの傾向は，純粋種の近親繁殖の犬でよく認められるが，猫ではこのような特発性の肉芽腫性腫瘤の報告はない。

　誰の目にも明らかな皮膚の縫合部の強いケロイド状の変化の場合，縫合そのもののテクニックエラー，すなわち縫合糸の圧迫，締めすぎ，さらにそれらによって継発的に起こるケロイド状変化も含まれるので，そのようなテクニックエラーから生じているかどうかを確かめることは重要である。一方，内臓，皮下織や特に脂肪組織を含む部分で，炎症性の肉芽腫性病変を起こしたり，体内に留置する吸収性の縫合糸にも反応する場合は，特発性の肉芽腫と診断せざるを得ない。

　原因を特定できない症例もあり，それらは本症例のように，なんらかの重篤な症状を突然示すものまで様々であり，注意が必要である。このような腫瘤の切除術は，腸間膜，皮下織，結合組織等に含まれる脂肪織に病変が発達し，隣接する臓器に癒着するので，その切除は困難なこともしばしばあるので，本症例の切除に応用したような超音波手術装置が必要になることもある。

Case 53 DOG

元気消失，下痢・嘔吐が止まらずに転院してきた症例

ウエスト・ハイランド・ホワイト・テリア，7歳5か月齢，雌

【プロフィール】

ウエスト・ハイランド・ホワイト・テリア，7歳5か月齢，雌。3歳2か月齢時に他院で子宮・卵巣摘出術を受けている。混合ワクチンおよび狂犬病ワクチンは毎年接種されている。犬糸状虫症予防は毎年5月～11月に実施している。
100%の室内飼育で，単頭で飼育されている・食事は専用ドライフード（ナチュラルバランス）が与えられている。6歳10か月齢に胃炎（間歇的な嘔吐）のため制吐剤等で治療を受け。数日で良化している。

【主 訴】

6か月前から，新たに他の動物病院にかかっている。低血糖性発作（虚脱）を生じ，インスリノーマの疑いでコルチコステロイド（1mg/kg BID）を服用中。多飲多尿が著しく，QOLが保てず，3日前から間歇的な元気消失，食欲低下，下痢，嘔吐を繰り返し，その新しい病院から本院に紹介されてきたものである。本院に紹介される前日に，その病院で行われたCBCおよび血液化学検査の結果は表1の通りであった。

表1 上診前日の臨床病理検査

CBC		
WBC	23.3 × 10^3	/μL
RBC	6.17 × 10^6	/μL
Hb	13.6	g/dL
Ht	38.4	%
MCV	62.2	fL
MCHC	35.4	g/dL
血液の塗抹標本検査のリュウコグラム		
Band-N	0	/μL
Seg-N・Mon	20480	/μL
Lym	1398	/μL
Eos	1421	/μL
Bas	0	/μL
pl	3.1 × 10^3	/μL
血液化学検査		
TP	5.2	g/dL
Alb	2.2	g/dL
Glb	3.0	g/dL
ALT	91	U/L
AST	82	U/L
ALKP	121	U/L
Chol	101	mg/dL
BUN	17.9	mg/dL
Cr	0.6	mg/dL
Ca	9.3	mg/dL

紹介病院での測定値
　血糖値：虚脱時　26mg/dL
　　　　コルチコステロイド服用中　92mg/dL

写真1　患者の外貌

【physical examination】

体重は6.4kg，栄養状態は90%（BCS 2/5），脱水は8%，体温は38.4℃，心拍数は84回/min，呼吸数は28回/min，股動脈圧は100%，意識レベルは100%であった。

【プロブレム】

①低血糖に伴う一過性の虚脱，②間歇的な消化器症状（食欲不振・嘔吐・大腸性下痢），③多飲多尿。

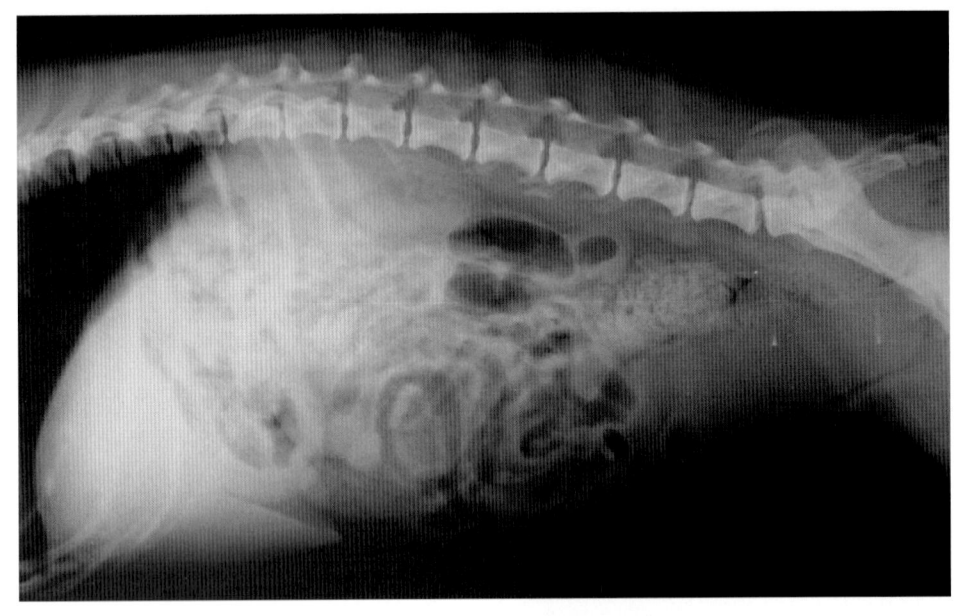

写真2　腹部単純X線写真　RL像

【プラン】

①尿検査，②腹部X線検査，③腹部超音波検査。

【尿検査】（膀胱穿刺尿）

色調は淡黄で，尿比重は1.008，pHは7.5，尿蛋白は±であった。低比重であった以外は正常値範囲内であった。

【単純X線検査】

腹部RL像（写真2）：体表の軟部組織および骨格は正常範囲内である。そのほかにも異常は認められない。

腹部VD像（写真3）：RL像と同様に体表の軟部組織および骨格は正常範囲内であり，そのほかにも異常は認められない。

胸部RL像（写真4）・**DV像**（写真5）とも，体表の軟部組織および骨格は正常範囲内であり，そのほか心陰影，肺野にも異常は認められない。

【腹部超音波検査】（写真6）

肝臓，脾臓，腎臓，消化管，尿路系は，正常範囲内である。膵臓の腺体部に直径2mm単一低エコー性マスを疑う所見が認められた。

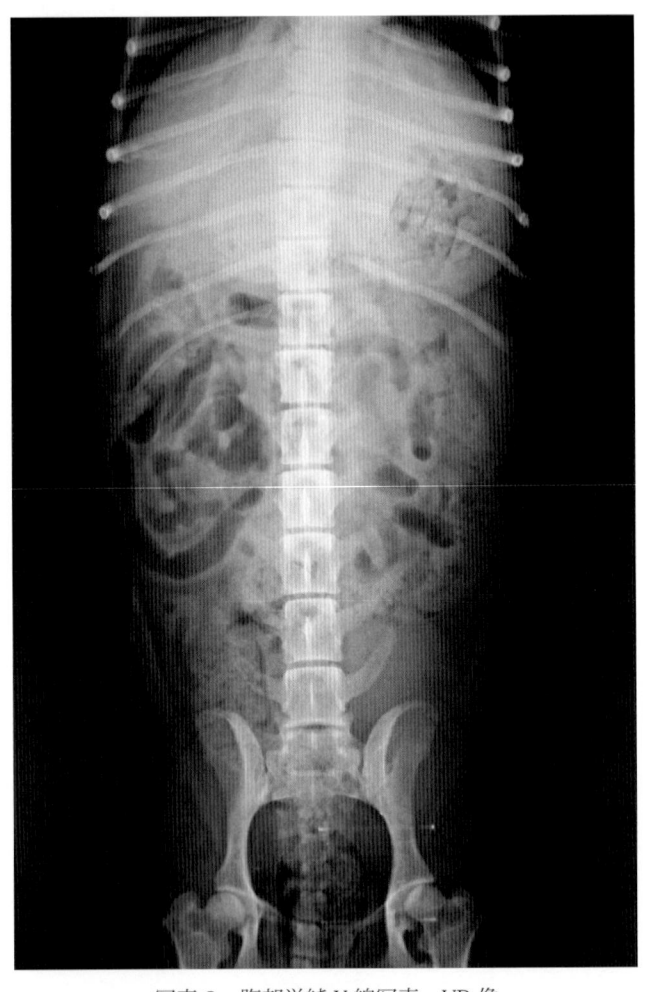

写真3　腹部単純X線写真　VD像

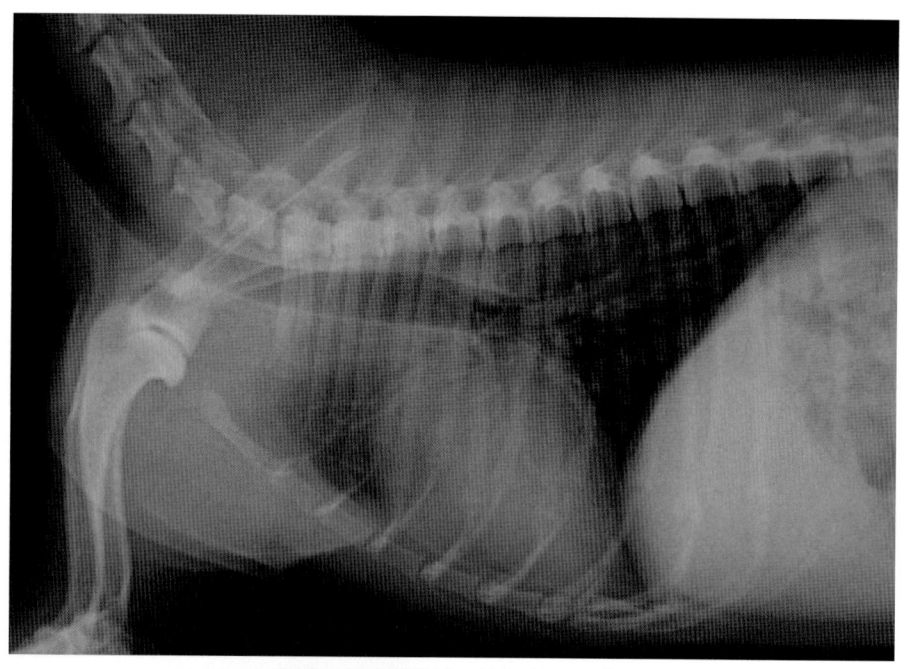

写真4　胸部単純X線写真　RL像

左側副腎サイズは長径9.2mm，短径4.2mm，右側副腎サイズは長径9.3mm，短径3.1mmで，両副腎の縮小が認められた。

【追加プラン】

副腎皮質機能低下症が疑われ，また超音波による膵臓のマス所見のCTによる確認，インスリン濃度測定を予定した。このため，現在，服用中のコルチコステロイド（1mg/kg BID）を1週間休薬し，後日，検査入院で以下の検査をプランニングした。

第1プラン：①CBC，②血液ガス電解質検査，③経時的血糖値測定，④血清総胆汁酸濃度測定，⑤インスリン濃度測定，⑥ACTH刺激試験。

第2プラン：①心電図検査，②血圧測定検査，③CT検査（全身造影），④腹腔鏡下での腹部臓器の精査と必要に応じて組織生検。

【追加検査】

以下は，コルチコステロイド休薬から1週間後の結果は表2のとおりである。

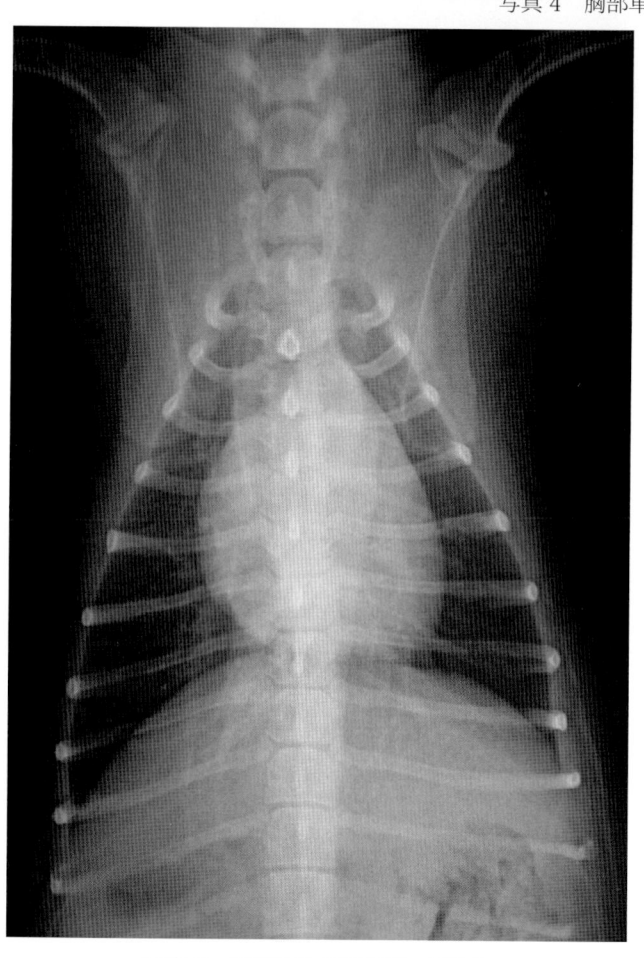

写真5　胸部単純X線写真　DV像

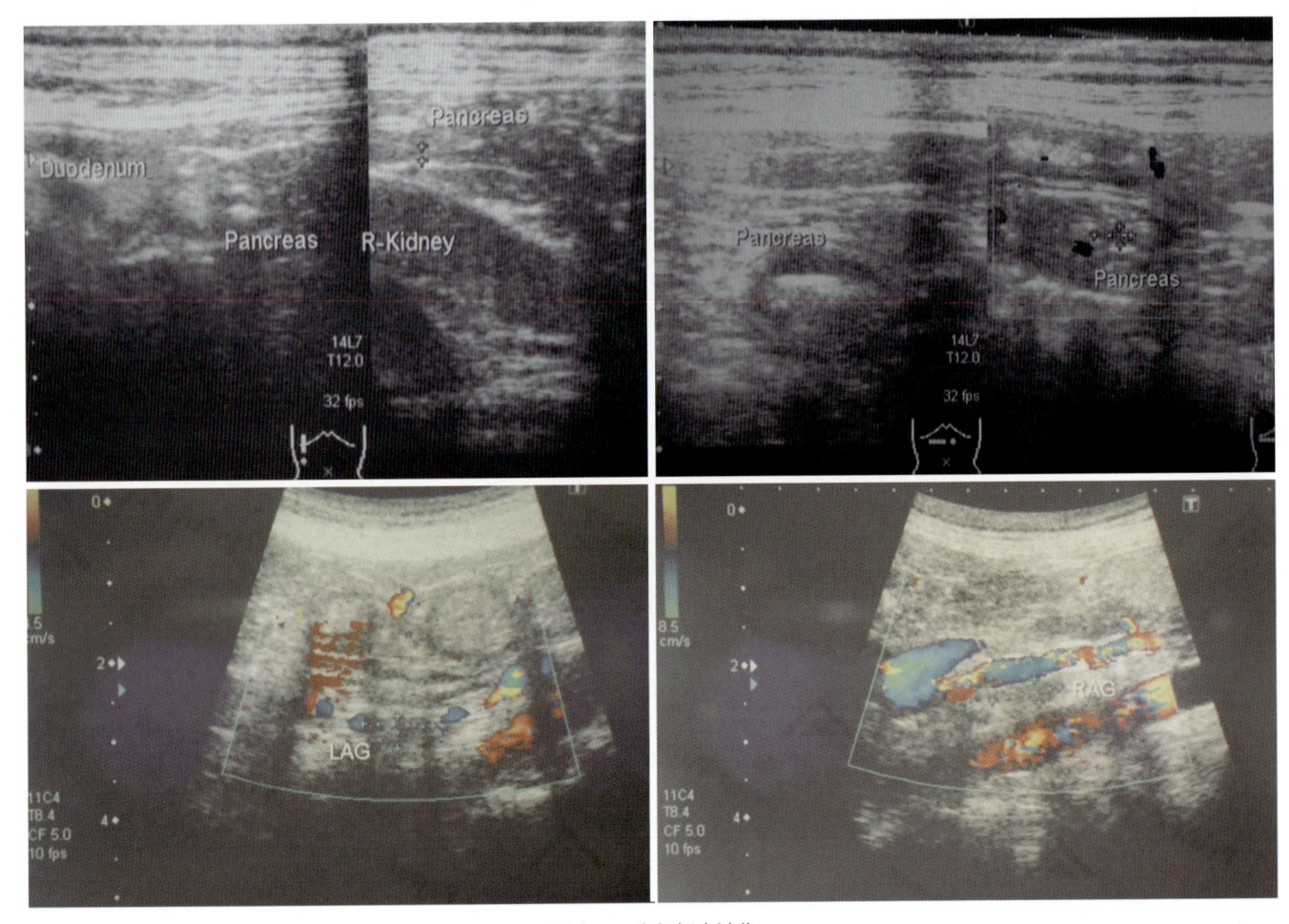

写真6　腹部超音波像

【経時的血糖値検査】（3時間毎にモニター）

Glu 42〜73mg/dLの範囲で推移した。この間、低血糖に起因する症状は認められなかった。

【総胆汁酸濃度】

食前は1.1μmol/L（参考基準値10以下）、食後は2.0μmol/L（同25以下）であった。

【インスリン濃度】（血糖値55mg/dLで測定）

57pmol/L（36〜288）で、AIGR（修正インスリン/グルコース比）は29.6で、インスリン分泌性腫瘍の可能性が示唆された。

【ACTH刺激試験】

Preは1.0μg/dL、postは0.6μg/dLであった。

【診　断】

（非定型）副腎皮質機能低下症、グルココルチコイド欠乏症。

表2 臨床病理検査

CBC

WBC	8.4×10^3	$(6 \sim 17 \times 10^3)$	/μL
RBC	4.66×10^6	$(5.5 \sim 8.5 \times 10^6)$	/μL
Hb	10.4	$(12 \sim 18)$	g/dL
Ht	29.6	$(37 \sim 55)$	%
MCV	63.5	$(60 \sim 77)$	fL
MCHC	35.1	$(32 \sim 36)$	g/dL

血液の塗抹標本検査のリュウコグラム

Band-N	0	$(0 \sim 300)$	/μL
Seg-N・Mon	5712	$(3000 \sim 11500)$	/μL
Lym	1764	$(1000 \sim 4800)$	/μL
Mon	588	$(150 \sim 1350)$	/μL
Eos	336	$(100 \sim 1250)$	/μL
Bas	0	(0)	/μL
pl	2.3×10^3		/μL

静脈血の血液ガス検査

pH	7.413	$(7.35 \sim 7.45)$	
pCO_2	35.6	$(40 \sim 48)$	mmHg
pO_2	43.0	$(30 \sim 50)$	mmHg
HCO_3	23.3	$(20 \sim 25)$	mmol/L
BE	-2.1	$(-4 \sim 4)$	mmol/L
O_2サチュレーション	76.3		%
TCO_2	15.0	$(16 \sim 26)$	mmol/L

電解質

Na	141.6	$(144 \sim 160)$	mmol/L
K	4.18	$(3.5 \sim 5.8)$	mmol/L
Cl	123.8	$(109 \sim 122)$	mmol/L

（ ）内は本院における正常値を示す。
Laser Cyte〔IDEXX〕を使用。

表3 AIGR判定基準

30以上	インスリン分泌性腫瘍を示唆する
19〜30	インスリン分泌性腫瘍の可能性あり
19以下	インスリン分泌性腫瘍を否定

（IDEXX）

☞あなたならどうする。次頁へ

①グルココルチコイド補給
②血糖値・血液電解質検査・ACTH刺激試験のモニタリング
③インスリン濃度測定モニタリング
④腹部CT検査（除外診断：インスリノーマ）
⑤腹腔鏡下生検（インスリノーマ）

【治療および経過】

本症例はかかりつけの動物病院では、患者のこれまでの既往歴、臨床症状および各種検査結果からインスリノーマを疑い、プレドニゾロン（約2mg/kg/day）の投与を7日間行い、その間、患者の状態は安定していたが、インスリノーマの確定診断をつけるための精密検査をプレドニゾロン投与期間中に受けるために、当院へ紹介転院されたものである。

初診時、患者の異常な臨床症状は消失し、容態は安定しており、一般的な血液検査（表1）は、本院上診の前日に行われていたため、まず、X線検査、超音波検査および尿検査を行った。

その結果、腹部超音波検査で左右副腎の萎縮を認め、また膵臓においてもわずかな病変を疑う所見を認めたことから、副腎皮質機能低下症、インスリノーマを鑑別診断に挙げ、飼い主にこの結果を伝えた。

麻酔下でのインスリノーマに対する精密検査（CT検査）、組織生検（腹腔鏡下）を実施することになった。コルチコステロイドを7日間休薬し、その後、検査入院を行った。コルチコステロイド休薬期間には、もし症状が再燃する場合には緊急で来院するよう説明していたが、そのような事態はなかった。検査入院当日は来院前12時間は絶食とした。

検査入院当日には、肝機能検査としてのTBA検査、2～3時間毎の経時的血糖値測定、血糖値が60mg/dL以下の時点でのインスリン濃度測定（AIRG判定）、血液ガス電解質検査、ACTH刺激試験、虚脱時での心電図検査、血圧検査を予定した。

検査入院時、患者の血糖値は42～73mg/dLの間を推移したが、虚脱等の症状は認められなかった。ACTH刺激試験で、グルココルチコイド欠乏を確認したが、同時期の血液電解質検査は正常範囲内であり、非定型副腎皮質機能低下症と診断した。診断時より、0.25mg/kg/dayのコルチコステロイド補給を行い、臨床症状のモニタリングをプランし、翌日退院とした。

鑑別診断で残されたインスリノーマの診断においては、生理学的用量のコルチコステロイド投与で症状および低血糖の再発時、あるいはグルココルチコイド補給で症例の一般状態が安定後に、麻酔下で行う予定とした。

退院から3週間後の検診時、患者の臨床症状は著しく改善し、これまで存在した元気消失（傾眠・沈鬱）、間歇的消化器症状、虚弱・虚脱等の症状は消失し、体重の増加（6.6kg）も認めた。また、半日の検査入院で血糖値の推移は、84～108mg/dLで、ACTH刺激試験ではpost 8.0μg/dLで改善を認めた。しかしながら、この時点でも、若干の良化を認めるものの、患者の多飲（1L/day）多尿（尿比重は1.012）は継続していた。

飼い主には非定型アジソン症（グルココルチコイド欠乏症）の70%が、5年以内にミネラルコルチコイド欠乏症を併発しアジソン症に進行する可能性があることと、定期的な検診の必要性を説明したが、患者の状態が安定していることと相俟って、完全な定期検査は行えなかった。その後5か月間、電話での経過確認を行っていたが、患者の状態は良好を維持し、治療開始から5か月目に体重は7.1kg（栄養状態100%）と回復し、多飲多尿（尿比重は1.038）は認められなくなった。

診断から5か月後の検診時、前日のプレドニゾロン休薬の上でACTH刺激試験、CBC、血液ガス・電解質検査、血液化学検査、尿検査、心電図検査、血圧検査を実施し、副腎サイズの確認と膵臓のマスの存否を確認するためのCT検査を行った。しかし膵臓のマス、その他のマスは認められなかった。

CBC、血液化学検査（血糖値114mg/dL）、血液ガス電解質（Na150.1、K4.01）、尿比重（1.038）は正常範囲内であった。ACTH刺激試験ではコルチゾール濃度がpreで0.5μg/dL、postで0.5μg/dLと低値であり、患者は継続的なプレドニゾロン療法が必要であると判断された。

心電図検査（写真7）では、心拍数（HR）は93回/min、MEAは＋90度で、各波形は正常範囲内であり、血圧検査（オシロメトリック法で足根部を測定）では心拍数は105回/min、収縮期圧（SYS）は113mmHg、拡張期圧（DIA）

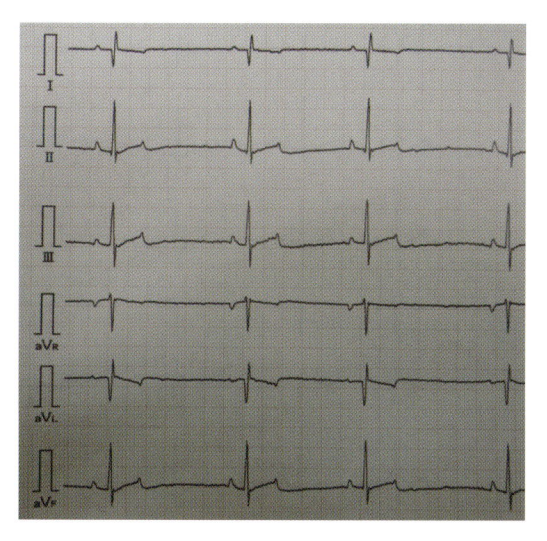

写真7　心電図検査所見

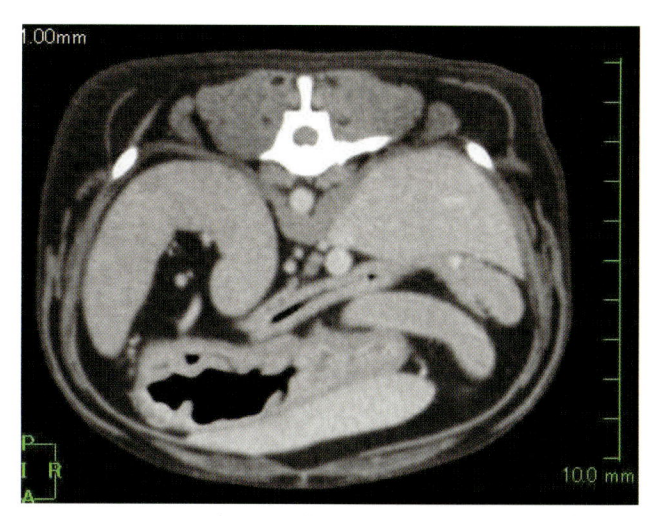

写真9　CT像　アキシャル像

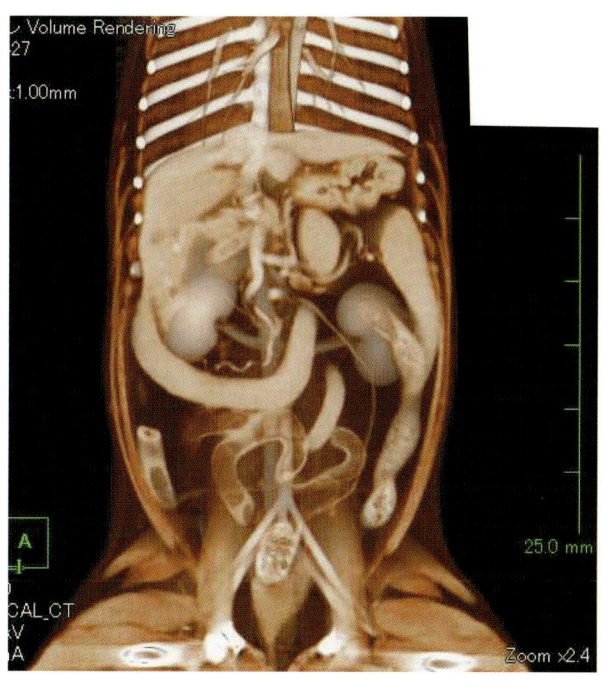

写真8　3D構築CT像　サジタル像

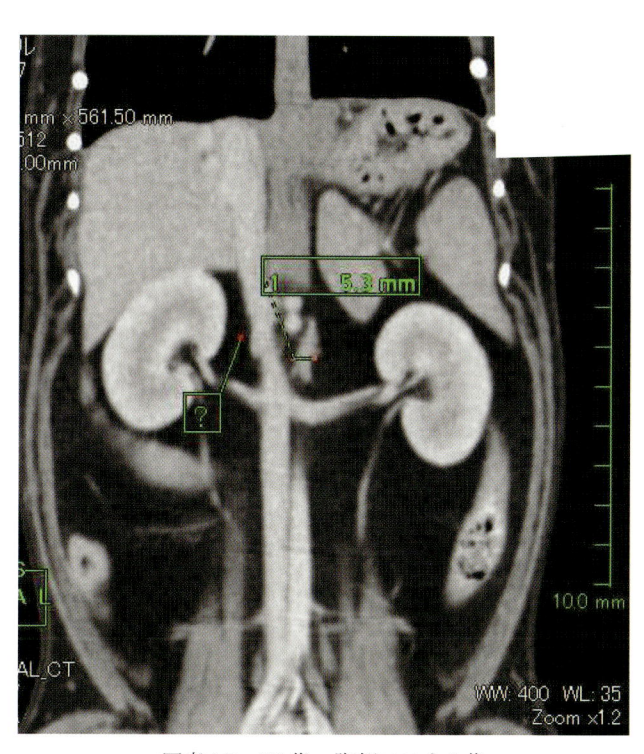

写真10　CT像　腹部コロナル像

は79mmHg，平均（MAP）は91mmHgと異常は認められなかった。

　さらに水溶性プレドニゾロン（0.3mg/kg IV）投与を行い，麻酔下でCT検査を行った。造影CT検査では，前回，超音波検査で確認された副腎サイズから一層，副腎（特に右側）が萎縮（右側：確認できず，左側：短直径5.3mm）していることが確認された（写真10）。膵臓を含め，他の腹部臓器，胸部，頭頸部の臓器においては正常範囲内であった。

　膵臓生検は，CT検査の結果が正常範囲内であり，超音波検査によるマス所見の疑いが否定されたことと，症状も安定していたので実施しなかった。

現在，治療開始後8か月が経過するが，プレドニゾロン（0.22mg/kg SID）の投与で，良好な状態を保っている。今後は，典型的なアジソン症への移行に注意しながらフォローアップを行っていく予定である。

【コメント】

このところ内科診断学上，あまり困難を伴わないタイプの外科症例報告が続いたので，今回は，内科学的診断，内分泌学的診断において，その病態生理と予後の判定上，極めてチャレンジングな症例に遭遇したので報告しておきたい。この症例はたいへん興味深いものであり，この症例報告は多くの動物病院，臨床医の治療に大いに役立ててもらいたいと願っている。

超音波での膵臓内の2mm大のマスを疑う所見は，CTによる検査で否定することができた。またその後の経過からもインスリノーマは完全に否定されたものと考えられる。超音波検査において膵臓に認められた腫瘍を疑う所見（マス像）がいかなるものであるかは，依然として不明であったが，CT検査の結果，マスは存在しなかったことから，アーティファクトであったと考えられるとともに，CT検査の威力を再認識するものである。

本症例は低血糖による発作が明確に存在したことから，誰でもが疑うべきインスリノーマという結論を下しやすい症例である。しかし，超音波検査で認められたマス所見が，CT検査では認められなかったことから，幸いにも当初から疑っていた悪性腫瘍のインスリノーマを否定することができたことは，患者にとっても，飼い主にとっても，さらに当院のスタッフ一同にとっても幸いであった。

そして，その後の内科学的，内分泌学的の合理的な必要な検査を続けることができた結果から，非定型性の副腎皮質機能低下症，グルココルチコイド欠乏症と診断できた。

かかりつけの動物病院からの積極的な紹介によるセカンドオピニオンを求めていただけた結果がもたらしたハッピーエンドともいえる。

これらを明らかにできたのは，この20年の世界の小動物臨床での内分泌学研究の進展と画像診断，特にCTの進歩によるものであり，そのことに深く感謝せざるを得ない。

本症例は5年以内にミネラルコルチコイド欠乏型の典型的な副腎皮質機能低下症に進行していく可能性が高いことを明らかにできた。そのことを飼い主にしっかりと伝えることができたのは，ボンド・センタード・プラクティスを目指す獣医師や動物病院にとって，極めて意義深い症例であったと考える。

（Vol.65 No.5, 2012 に掲載）

Case 54 DOG

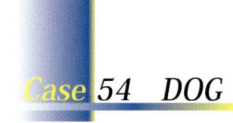

嘔吐，元気消失，震えが止まらずに転院してきたの症例

トイ・プードル，6か月齢，雌

【プロフィール】

トイ・プードル，6か月齢，雌。混合ワクチンおよび狂犬病ワクチンは毎年接種されている。また，犬糸状虫症の予防は毎年実施している。

100%の室内飼育で，1頭のほかのトイ・プードルと共に飼育されている。食事は市販のドライフードが与えられている。

5か月齢時に他の動物病院で子宮・卵巣を摘出している。術後より，下腹部の皮膚に膿皮症が認められたとのこと。

【主　訴】

嘔吐，元気消失，ふるえがみられ，夕刻にかかりつけの動物病院を受診した。その動物病院では消化管バリウム造影によるX線検査が行われ，3～4時間後までの造影剤通過を確認後に退院した。

現在，最初に症状がみられてから6時間が経過しているが，症状が改善しないため本院の夜間救急に上診したものである。

【physical examination】

体重は1.96kg，栄養状態は80%（BCS 2/5），脱水は6%，体温は38.3℃，心拍数は120回/min，呼吸数は42

表1　臨床病理検査

CBC			
WBC	6.9×10^3	$(6 \sim 17 \times 10^3)$	/μL
RBC	8.03×10^6	$(5.5 \sim 8.5 \times 10^6)$	/μL
Hb	18.0	(12～18)	g/dL
Ht	51.2	(37～55)	%
MCV	63.8	(60～77)	fL
MCHC	35.2	(32～36)	g/dL
血液の塗抹標本検査のリュウコグラム			
Band-N	0	(0～300)	/μL
Seg-N	6072	(3000～11500)	/μL
Lym	828	(1000～4800)	/μL
Mon	0	(150～1350)	/μL
Eos	0	(100～1250)	/μL
Bas	0	(0)	/μL
pl	5.85×10^3		/μL
血液化学検査			
TP	7.0	(5.2～8.2)	g/dL
Alb	3.7	(2.2～3.9)	g/dL
Glb	3.2	(2.5～4.5)	g/dL
ALT	61	(10～100)	U/L
ALKP	164	(23～212)	U/L
Glc	149	(70～143)	mg/dL
BUN	17	(7～27)	mg/dL
Cr	0.7	(0.5～1.8)	mg/dL
Ca	1.39	(7.9～12.0)	mg/dL
静脈血の血液ガス検査			
pH	7.405	(7.35～7.45)	
pCO$_2$	52.5	(40～48)	mmHg
pO$_2$	77.9	(30～50)	mmHg
HCO$_3$	32.3	(20～25)	mmol/L
BE	5.9	(-4～4)	mmol/L
O$_2$サチュレーション	93.8		%
TCO$_2$	31.7	(16～26)	mmol/L
電解質			
Na	145	(144～160)	mmol/L
K	2.98	(3.5～5.8)	mmol/L
Cl	96	(109～122)	mmol/L

（　）内は本院における正常値を示す。
Laser Cyte〔IDEXX〕を使用。

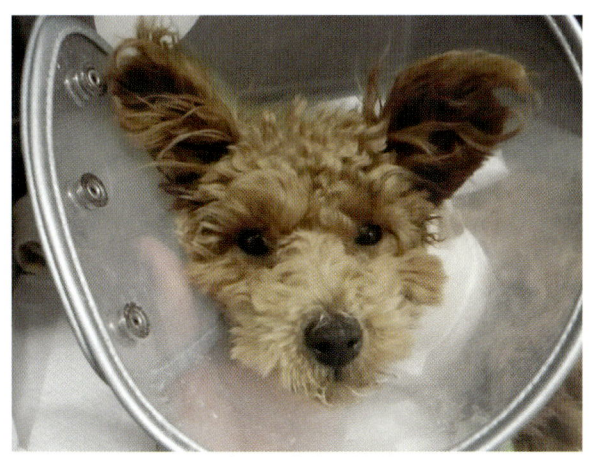

写真1　患者の外貌

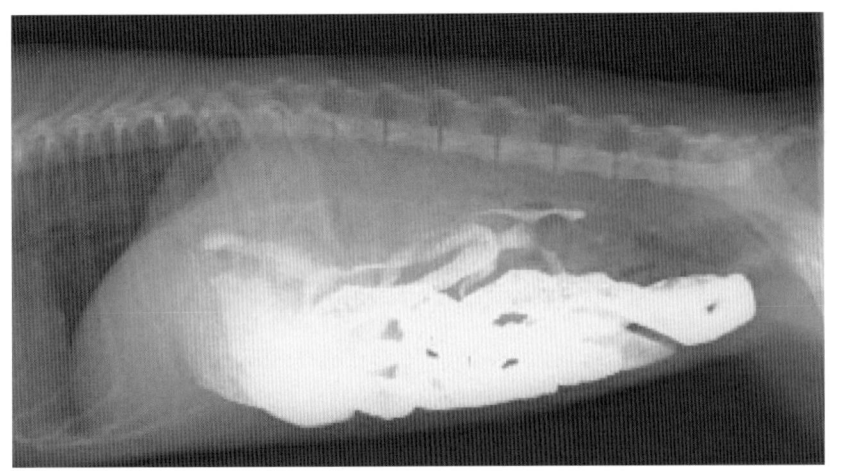

写真2　バリウム投与約7時間後（来院時）腹部造影X線写真　RL像

回/min，股動脈圧は100%，意識レベルは50%であった。
CRTは2secで，中腹部圧痛と腸蠕動の減退が認められた。

【プロブレム】

①CRTの延長（2秒，サブクリニカルショック），②嘔吐，③元気消失，④震戦，⑤中腹部圧痛，⑥脱水。

【プラン】

①直ちに輸液の開始，②CBC，③血液化学検査，④血液ガス電解質検査，⑤心電図検査，⑥血圧検査，⑦腹部X線検査，⑧腹部超音波検査，⑨検査後の直ちに検査開腹手術。

【臨床病理検査】

CBC，および血液化学検査の結果は表1の通りであった。

【血圧検査】（オシロメトリック法で足根部を測定）

収縮期圧（SYS）は141mmHg，拡張期圧（DIA）は70mmHgであり，平均血圧（MAP）は78mmHgであった。

【心電図検査】

心拍数（HR）は129回/min，MEAは+60度で，各波形は正常範囲内であった。

【造影X線検査】（写真2～5）

造影剤投与7時間後および15時間後において，空腸遠

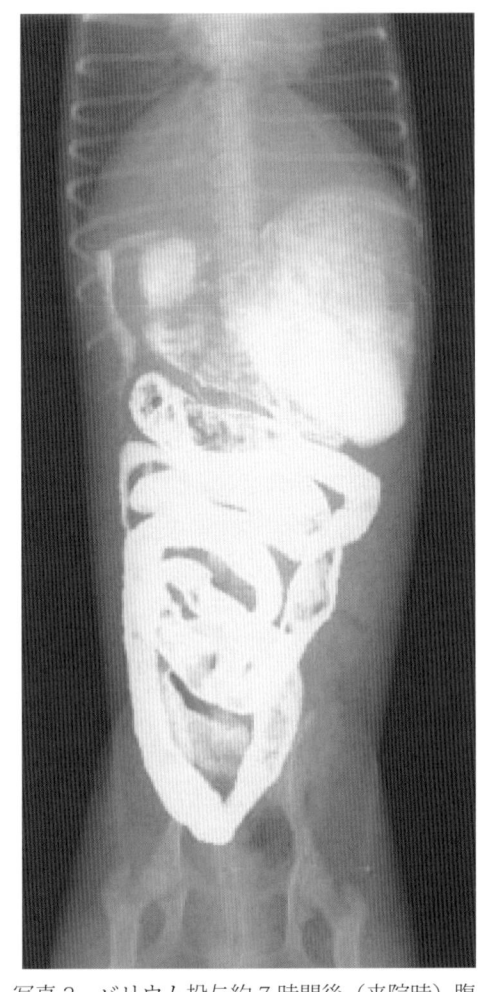

写真3　バリウム投与約7時間後（来院時）腹部造影X線写真　VD像

位端でのバリウムの停滞が認められた。

【腹部超音波検査】

腹水貯留，腸管内に液体貯留（写真6a）と腸管内の液体貯留遠位側で腸管の狭窄（写真6b）が認められた。

【腹水の検査】

比重は1.034，TPは4.6g/dL，好中球は3+，リンパ球は2+，マクロファージは3+，赤血球は3+，細菌は−であった。

【診　断】

腸閉塞（暫定診断として腸捻転）。

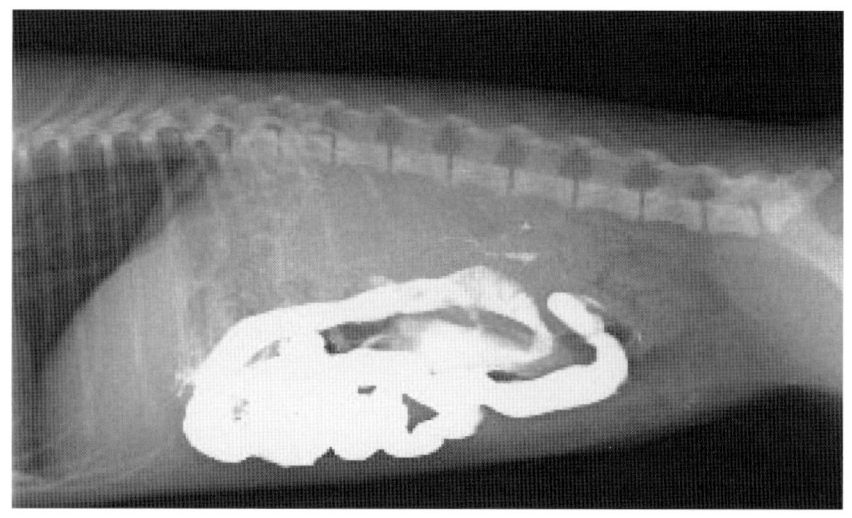

写真4 バリウム投与約15時間後 腹部造影X線写真 RL像

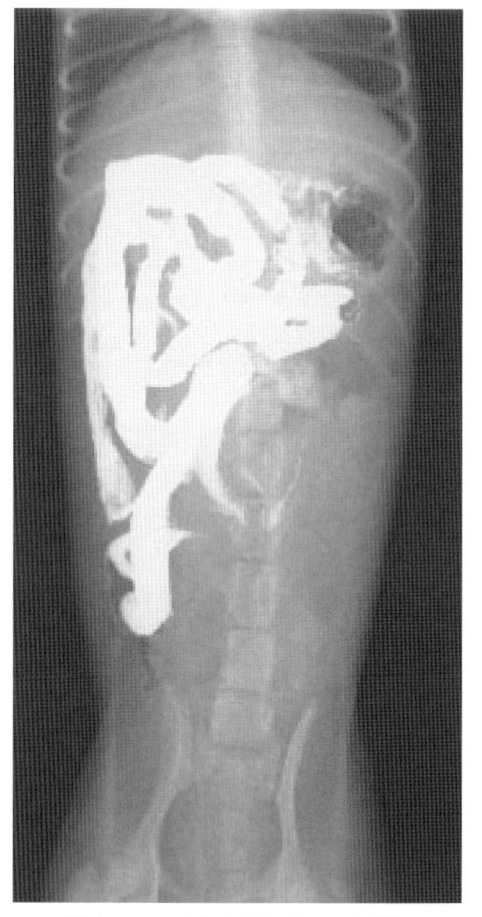

写真5 バリウム投与約15時間後 腹部造影X線写真 VD像

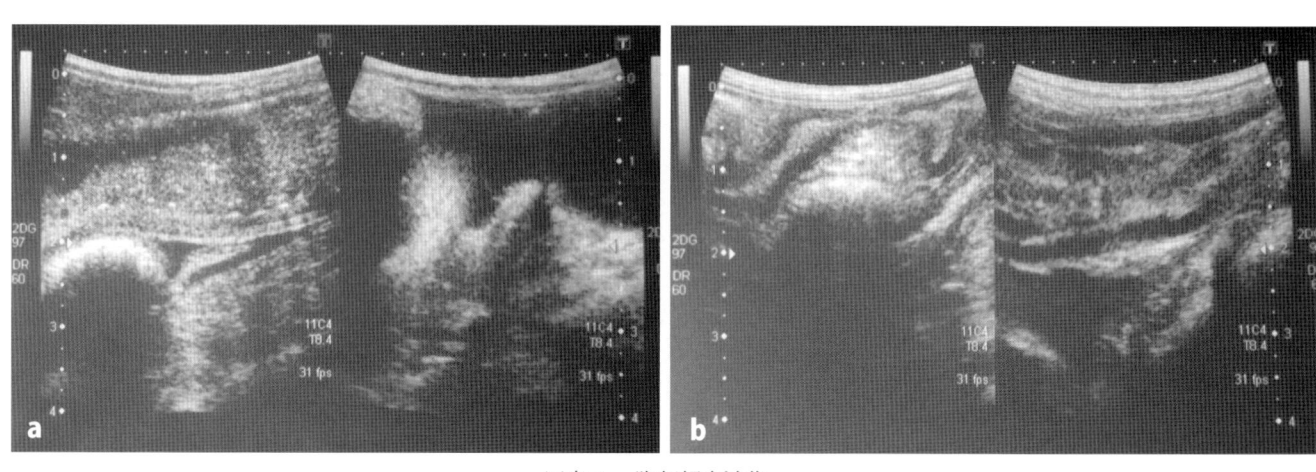

写真6 腹部超音波像

☞あなたならどうする。次頁へ

☞
① 輸液（K および Cl，腹水の改善）
② 探査開腹
③ 異常空腸・回腸の切除と吻合
④ 術後の集中的なケア

【治療および経過】

当初の輸液療法で元気レベルの急速な改善が認められたことから，飼い主には開腹手術への同意が得られなかった。

その後，造影剤投与約15時間後においても空腸遠位端からのバリウムの通過は認められなかったこと，および各種検査結果から，「本症例は腸閉塞であり，緊急疾患であり直ちに治療，すなわち開腹手術を行わなければ必ず死に至る」と飼い主に再度，説明し，同意が得られ開腹手術が行われた。

アトロピン（0.05mg/kg IM），プロポフォール（6mg/kg IV）で導入し，挿管後，O_2イソフルランガスで維持した（自発呼吸）。予防的抗生物質としてアンピシリン（50mg/kg IV），アミカシン（20mg/kg IV SID）の投与を行った。術野を剃毛・消毒し，患者を仰臥位に保定し，ドレーピング後，剣状突起から恥骨前縁までの腹部正中切開術で行われた。開腹後，確認できる腹腔内全臓器の精査を行った。

開腹時，血様の腹水貯留（写真7），空腸〜回腸近位部の腸管の捻転（360度）（写真8），肉眼で同部位の虚血壊死を認めたため，これの摘出（腸管の端端吻合術）を行った（写真9）。腹水の性状は滲出液で，細菌は認められなかった。他の腹部臓器は肉眼的に正常範囲であったため，滅菌温生理食塩水で腹腔内の洗浄を行った後，術野皮下織にブピバカイン（1mg/kg）の注射を行い，吸収性縫合糸（PDS4-0）で定法により閉腹した。

術後より，アンピシリン（50mg/kg BID）とアミカシン（20mg/kg SID）の併用投与を3日間行い，症例は順調な回復を認めた。

以降，メトロニダゾール（10mg/kg BID），マイトマックス・スーパー（ペディオコッカス）（1cap/head SID）の投与を11日間行い，その後，マイトマックス・スーパー（1cap/head SID）単独の投与を継続している。

現在，術後2か月で経過は良好である。

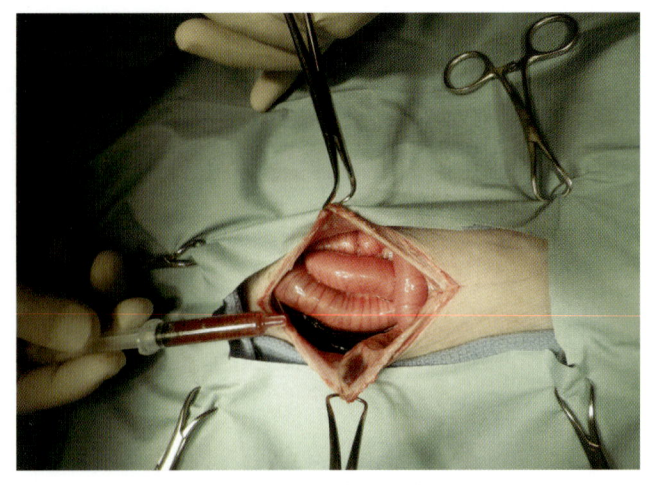

写真7　開腹時，血様漿液の貯留を認めた

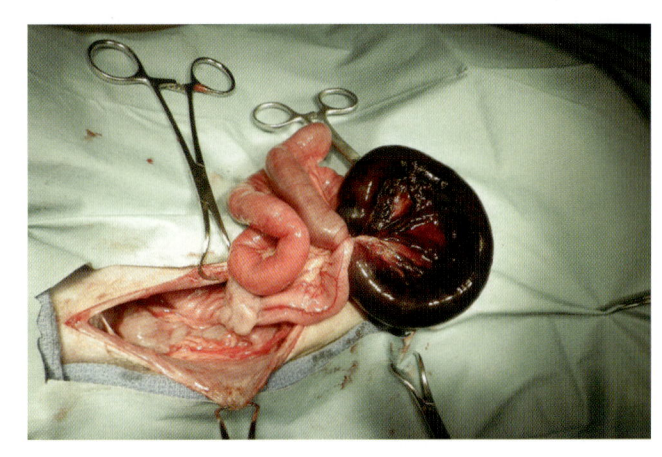

写真8　捻転，壊死した腸管

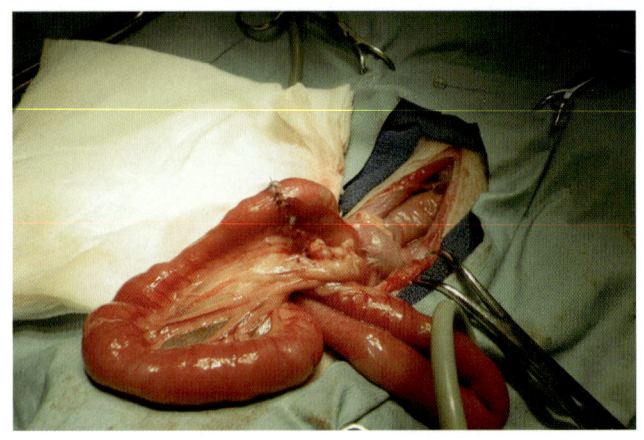

写真9　断端吻合後の腸管

【診　断】

腸捻転による腸閉塞。

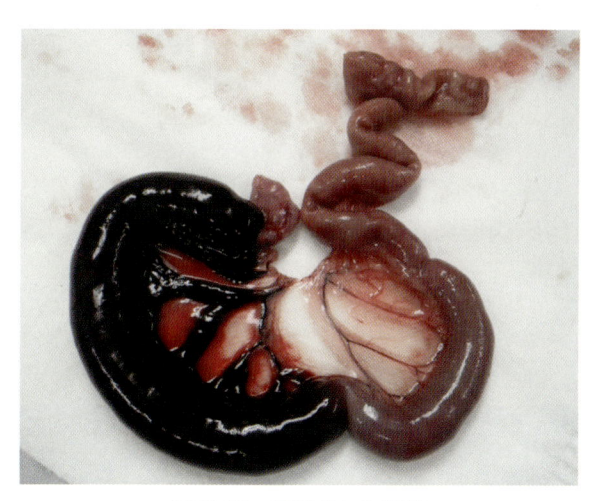

写真10　摘出された腸管

【コメント】

　多くの腸閉塞は，異物の摂取に継発するものである。食道内異物は，頸部食道，心臓より前の部分の胸腔内食道，あるいは心臓より後部の噴門に至るまでの食道内に認められることが多い。このような救急疾患の原因となるもののほとんどは，好奇心に満ちた幼犬である。その多くは内視鏡による外科処置ができるようになってからは，全身麻酔のみで，開腹，胃切開，腸切開を行う必要がないために，予後は極めてよい。

　しかし，食道内に留まらなかった各種の異物，すなわち不幸にも食道，胃を通過して，十二指腸あるいは空腸，回腸（特に回腸終末）に達した異物の大半は腸閉塞を引き起こす。そのほとんどは紐状の異物であるハンカチ，靴下，下着，包帯，サポーター，その他に植物や果物の種などで，犬の大きさ（腸管の大きさ）によって異なる。まれではあるが，回盲部の腫瘍や反転した盲腸を原因とする腸閉塞もある。

　まれに異物によらない腸間膜動静脈に塞栓する血栓，同腸管の捻転，重積などが起こることがあるが，本症例はそのようなむしろまれな例の1つ，腸捻転であった。

　本症例のような急性腹症と総称されている疾患の救急・救命は，いずれも一刻も早い開腹による外科手術が必要であり，遅れた場合は遅れた時間に比例して致死率は高くなる。

　本症例の場合，飼い主とのコミュニケーション能力の不足から手術が発症後15時間（腸管の破綻までの常識的なタイムリミットは20時間）と遅れたが，結果においては腸管の破綻前に救命できたことは極めて幸いであった。

　本症例は夕刻にかかりつけの動物病院にかかり，当然のこととしてバリウム造影X線検査が行われたが，真の通過があったかどうかは，不明のまま退院することになった。その後の改善がみられなかったため，飼い主の判断で24時間体制の本院へ上診したものである。

　その時点でかかりつけの動物病院受診からすでに6時間，すなわち合計15時間が経過しており，ただちに開腹手術が必要となる症例であった。それまでに不幸にして，腸管壁の破綻が起こった場合，細菌性腹膜炎を必発することにより，致死率は急上昇するのである。

　このような腸捻転といった場合，破綻に至るまでの時間はすでに述べたように極めて限られている。したがって，腸閉塞という診断が下された場合，一刻も早い救急，救命のための開腹手術が必要になる。しかも，そのことを飼い主に理解してもらうことが絶対に必要である。

　細菌性化膿性腹膜炎という最悪の事態が起こってからでは，時すでに遅しということになってしまうこともあることを理解してもらわなければならない。

　発症後，それほど時間が経っていないことと，一見元気がある上，嘔吐による脱水を補正するための輸液療法により，一時的には飼い主にとって（時にスタッフにとっても），より元気な状態として認められることが最大の落とし穴である。

　本症例においても，飼い主に事の重大性がしっかりと理解してもらえなかったために，輸液によって一時的に症状が改善したため，飼い主を説得できず対症療法でいわゆる様子をみることになったのである。

　その後の開腹時に腸管の破綻が起こっていなかったことは，たまたまの幸運であり，真剣に反省すべきである。

　急性腹症（このような腸閉塞）と診断された場合は，何がなんでも直ちに開腹し，外科処置を行う必要があることを，飼い主に明確に伝え，説得するスキルを身に着けておく必要がある。そのような救急疾患における飼い主にはっきり伝えるコミュニケーション・スキルが，その患者の命運を決することになる点を徹底的に認識しておく必要がある。

（Vol.65 No.7, 2012 に掲載）

Case 55 DOG

嘔吐・吐出がみられた症例

フレンチ・ブルドッグ，10歳3か月齢，雄

【プロフィール】

フレンチ・ブルドッグ，10歳3か月齢，雄，去勢済み。混合ワクチンおよび狂犬病ワクチンは毎年接種されている。犬糸状虫症予防は毎年5月～12月に実施している。100%室内飼育で，複数の犬が飼育されている。食事はHill's z/d Ultra ドライフード，低アレルゲントリーツが与えられている。

5歳時に去勢手術が行われている。6歳時には口腔内良性腫瘍を切除し，9歳時に慢性膵炎で治療を受けている。またアトピー性皮膚炎と外耳炎でも治療を受けている。

【主 訴】

6時間前から急に嘔吐，吐出がみられるようになった。

【physical examination】

体重は11.32kg，栄養状態は100%（BCS 3/5），脱水は5%，体温は38.2℃，心拍数は132回/min，呼吸数は36回/min，股動脈圧は100%，意識レベルは100%であった。

【プロブレム】

① 吐出。

【プラン】

① CBC，② 血液化学検査，③ 血液ガス電解質検査，④ 心電図検査，⑤ 血圧検査，⑥ 胸部・腹部X線検査。

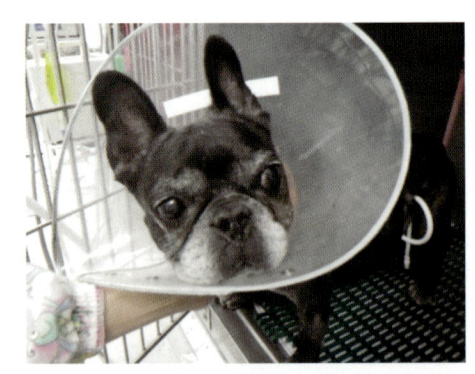

写真1 患者の外貌

【臨床病理検査】

CBC，および血液化学検査の結果は表1の通りであった。

表1 臨床病理検査			
CBC			
WBC	15.9×10^3	$(6～17 \times 10^3)$	/μL
RBC	7.42×10^6	$(5.5～8.5 \times 10^6)$	/μL
Hb	17.9	(12～18)	g/dL
Ht	49.2	(37～55)	%
MCV	66.3	(60～77)	fL
MCHC	36.4	(32～36)	g/dL
血液の塗抹標本検査のリュウコグラム			
Band-N	0	(0～300)	/μL
Seg-N	12084	(3000～11500)	/μL
Lym	3021	(1000～4800)	/μL
Mon	318	(150～1350)	/μL
Eos	477	(100～1250)	/μL
Bas	0	(0)	/μL
pl	5365×10^3		/μL
血液化学検査			
TP	6.3	(5.2～8.2)	g/dL
Alb	3.3	(2.2～3.9)	g/dL
Glb	3.0	(2.5～4.5)	g/dL
ALT	39	(10～100)	U/L
ALKP	55	(23～212)	U/L
T-Bil	0.3	(0.0～0.9)	mg/dL
Chol	222	(110～320)	mg/dL
BUN	8	(7～27)	mg/dL
Cr	0.7	(0.5～1.8)	mg/dL
P	3.5	(2.5～6.8)	mg/dL
Ca	9.4	(7.9～12.0)	mg/dL
静脈血の血液ガス検査			
pH	7.369	(7.35～7.45)	
pCO$_2$	47.8	(40～48)	mmHg
pO$_2$	28.4	(30～50)	mmHg
HCO$_3$	27.0	(20～25)	mmol/L
BE	0.3	(-4～4)	mmol/L
O$_2$サチュレーション	45.3		%
TCO$_2$	12.4	(16～26)	mmol/L
電解質			
Na	145.9	(144～160)	mmol/L
K	4.04	(3.5～5.8)	mmol/L
Cl	111.2	(109～122)	mmol/L

（ ）内は本院における正常値を示す。
Laser Cyte〔IDEXX〕を使用。

【心電図検査】

心拍数（HR）は138回/min，MEAは−90度で右軸変位（正常範囲＋40〜100度）であった。

【血圧検査】（オシロメトリック法で足根部を測定）

収縮期圧（SYS）は140mmHg，拡張期圧（DIA）は69mmHgであり，平均血圧（MAP）は93mmHgであった。

【単純X線検査】

胸部RL像（写真2）：体表の軟部組織および骨格は正常範囲内である。前縦隔に（第3〜5肋間にかけて）心臓の頭背側に直径2cm×3.5cmの腫瘤陰影が確認され，気管を背側に挙上している。

胸部DV像（写真3）：体表の軟部組織および骨格は正常範囲内である。前縦隔は拡大しており，左側に（第3〜5肋間にかけて）腫瘤陰影が確認され，気管・心臓を右側に圧迫している。

腹部RL像（写真4）：体表の軟部組織および骨格は正常範囲内であり，そのほかにも著変は認められない。

腹部VD像（写真5）：RL像と同様に体表の軟部組織および骨格は正常範囲内であり，そのほかにも異常は認められない。

【暫定診断】

前縦隔腫瘤。

【セカンドプラン】

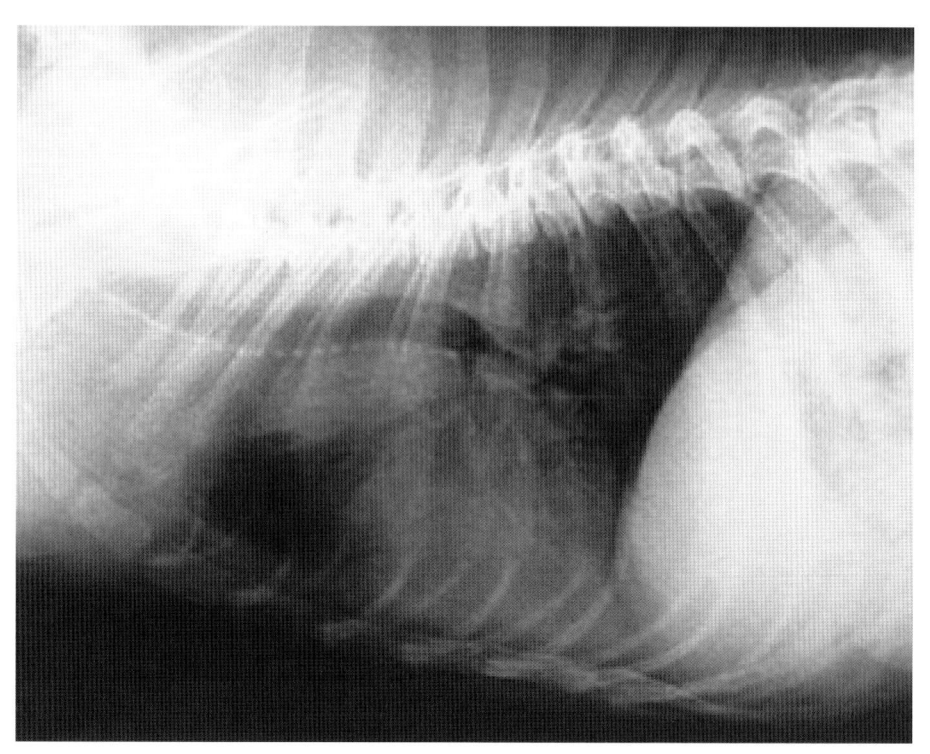

①心臓超音波検査(写真6)，②上部消化管内視鏡検査(写真7)，CT検査（写真8）。

写真2　胸部単純X線写真　RL像

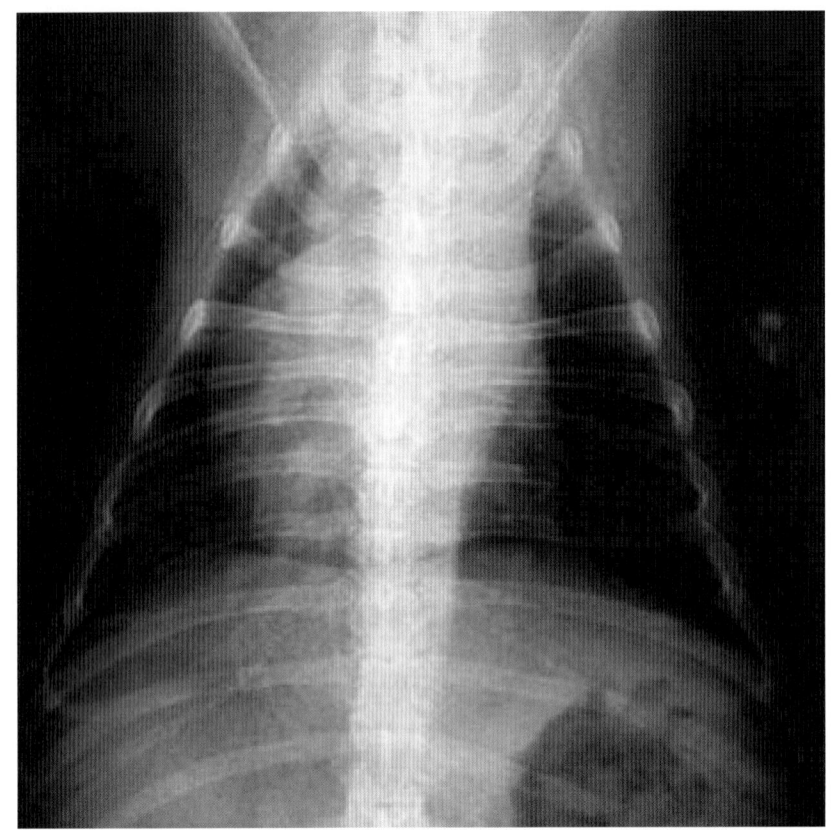

写真3　胸部単純X線写真　DV像

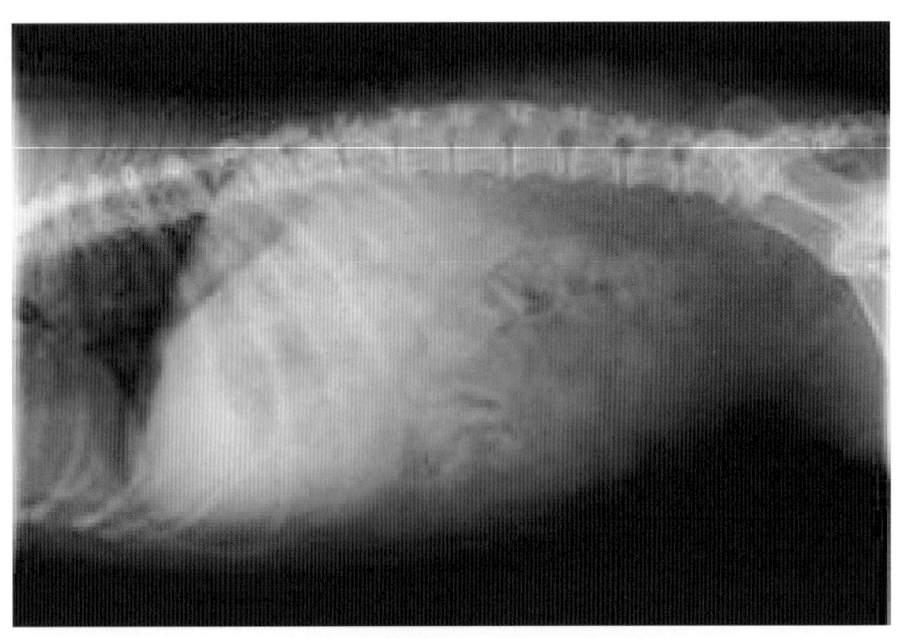

写真4　腹部単純X線写真　RL像

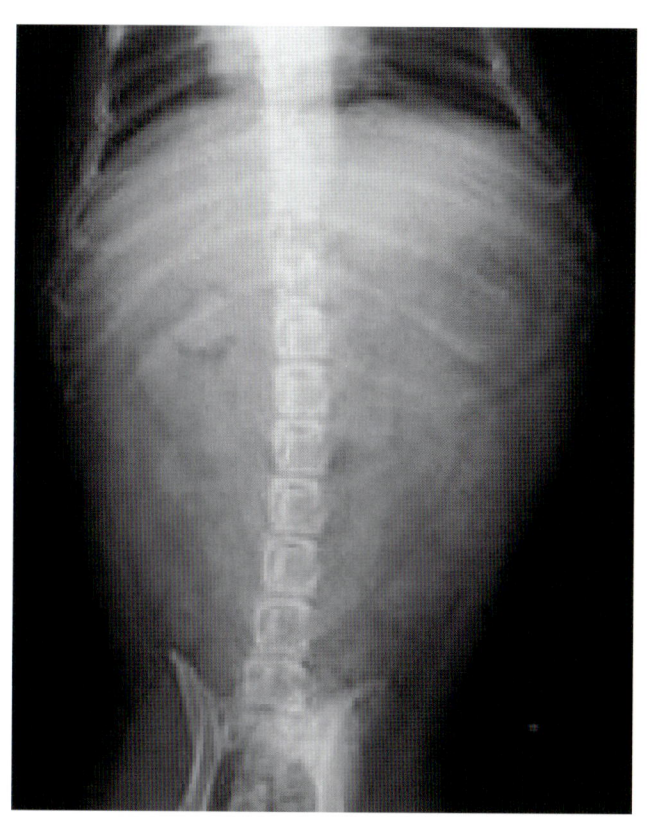

写真5　腹部単純X線写真　VD像

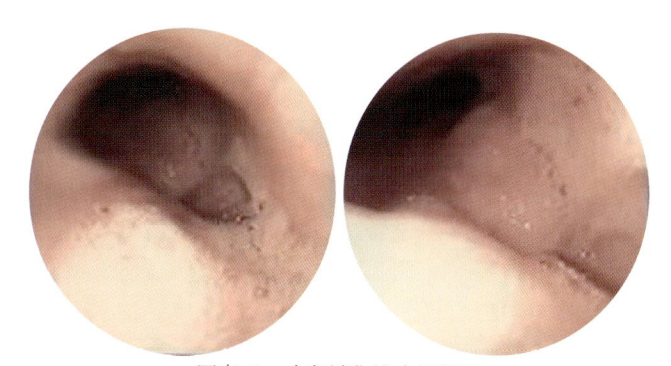

写真7　上部消化管内視鏡像
食道の部分的な狭窄が認められる。

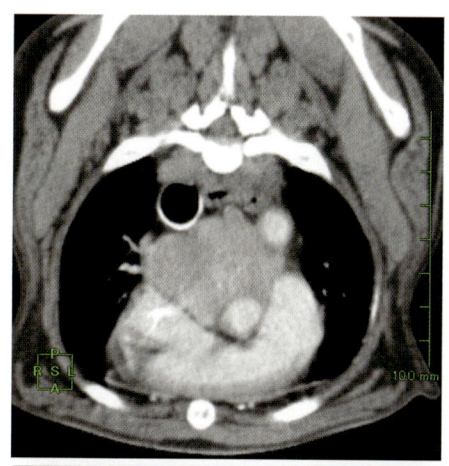

アキシャル像

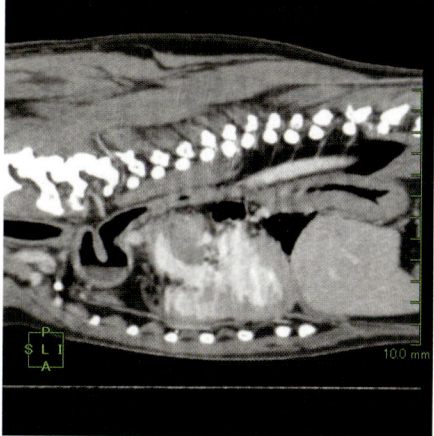

サジタル像

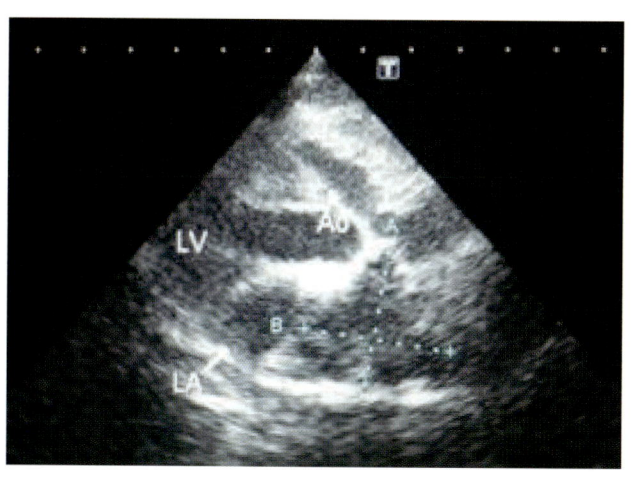

写真6　心臓超音波像
左房の圧迫と虚脱が認められる。

写真8　CT　胸部造影像
心基底部に4.1cm×4.1cm×3.8cm大の腫瘤が認められる。腫瘤は大動脈弓を巻き込み，気管・食道を挙上，心房を圧迫している。

☞あなたならどうする。次頁へ

①減容積（デバルキング）手術
②亜全心膜切除術
③胃瘻チューブの設置
④補助的化学療法

【治療および経過】

　各種検査結果から本症例は前縦隔腫瘍が疑われた。CT検査において，腫瘍は大動脈に発生していることから，化学受容体腫瘍が強く疑われた。腫瘍は大動脈弓を巻き込み，完全切除は困難であることが予想されたため，食道の通過障害を緩和するためのデバルキング手術，確定診断の為の病理組織検査，心タンポナーデを予防する目的で亜全心膜切除，胃瘻チューブの設置が行われた。

　麻酔導入は十分な酸素化を行った後，アトロピン（0.05mg/kg IM），プロポフォール（6mg/kg IV）で行い，予防的抗生物質としてセファゾリン（22mg/kg IV）の投与，先制的疼痛管理としてフェンタニル（1μg/kg/h）・リドカイン（25μg/kg/min）・ケタミン（2μg/kg/min）のCRIが行われた。挿管後，O_2 イソフルランガスで維持した。

　開胸は右第4肋間にて定法に従い行った。サブトータル心膜切除を行った後に，心基底部の腫瘍に対してデバルキングを試みたが，腫瘍の血管新生が豊富で分離の際に容易に出血し，大動脈に強固に癒着していたためデバルキングを断念した。23Gの注射針を用いて細針吸引生検を行った。その後，滅菌温生理食塩水による十分な胸腔内洗浄と胸腔ドレーンおよび胃瘻チューブの設置後，定法に従い閉胸した。閉胸後，胸腔ドレーンから胸腔内の気体，液体を吸引し，胸腔内の陰圧と補助換気なしでの自発呼吸を確認し，手術を終了した。

　術後は24時間管理の下，胸腔内浸出液を4時間毎に排液し，セファゾリン（22mg/kg IV BID）の投与とフェンタニル・リドカイン・ケタミンのCRIを行った。術後5日で膿胸を生じたため好気・嫌気培養を行い，抗生物質の変更（アミカシン20mg/kg IV BID）を行ったが，その後は順調に回復し，術後10日目に胸腔ドレーンを抜去した。食事は術後7日までは全て胃瘻チューブからの強制給餌とし，Hill's a/d（流動食）を150mL，1日3回で与え，術後8日目より立位での食事を開始した。

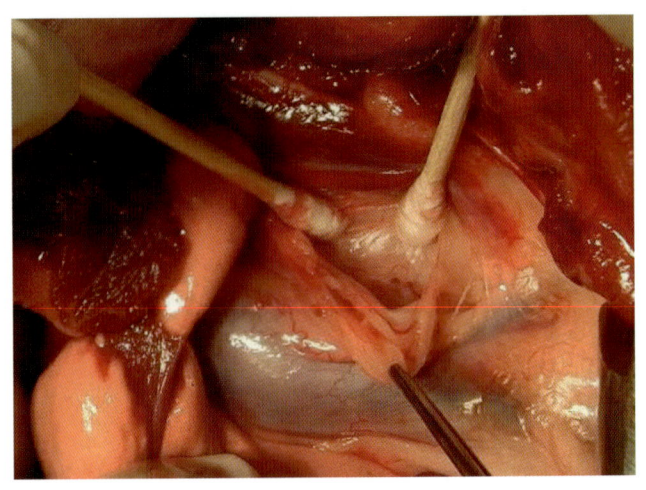

写真9　腫瘍（画面右側が頭側）
前縦隔膜を切開し前大静脈に癒着している腫瘍を分離している。腫瘍には豊富な血管新生が認められる。

　病理組織検査では，微細顆粒状の核クロマチン網工を有する円形核と淡好塩基性の細胞質を有する細胞が多数採取されており，これらの多くが裸核であったことからも化学受容体腫瘍と診断された。

　この結果に基づき，補助的な化学療法としてアドリアシン（1mg/kg）の投与を3週間毎，計6回行った。現在，術後7か月を経過しているが，嘔吐や不整脈等の症状はなく，良好に経過している。

【コメント】

　本症例の飼い主の主訴に「6時間前から，急に嘔吐，吐出がみられるようになった」とあるが，問診が注意深く行われていれば，嘔吐ではなく，全てが吐出であることが，その時点で明らかにされていたであろう。飼い主が「吐いた」という主訴で来院した際は，それが真正の嘔吐なのか，それとも単なる吐き出し，すなわち吐出なのかを明確にする必要がある。それにより，診断へのアプローチが変わり，また恒久的な治療法も自ずから異なってくる。

　嘔吐は原則的に胃以下の臓器の疾患により起こるものが大部分を占める。それは1次性であろうと2次性であろうと変わりはない。しかし，吐出は，噴門より上位，すなわち食道内の異常によるものがほとんどである。

　したがって，真の嘔吐であるのか，それとも吐出であるのかは問診で確かめることが可能である。

さて，本症例では単純X線検査が行われ，腫瘤が食道を圧迫するすることによって起こっている吐出であることが理解できる。すなわち，主訴の「6時間前から急に嘔吐，吐出がみられるようになった」は，真の嘔吐であるか，それとも吐出であるは別として，食べ物を吐いたことに初めて飼い主が気付いたのが，6時間前であったということである。しかも，その吐くという動作が連続して起こったことは，まず間違いない。

さて，このようなマスが胸部単純X線検査で明らかになったわけであるが，その腫瘤がいかなるものかを明らかにするためにCT検査が行われたものである。その結果，巨大な腫瘤が食道を取り囲む形で存在することが明らかとなった。

このような腫瘤は，動脈体腫瘍であることは確定的である（CT検査の結果，それ以外のものは考えられない）。と同時に，動脈体腫瘍で，かつこのように大きくなったものは，外科的に完全に切除することはあり得ないということも同時に明らかである。

そこで，流動食が食道を通過できるだけの食道内腔の余裕が見込めるだけのデバルキングおよび化学療法による改善等が見込めるだけであることもよく認識しておく必要がある。

動脈体腫瘍に有効な化学療法としては，ドキソルビシン単独，ドキルビシン＋シクロフォスファミド，ドキソルビシン＋シクロフォスファミド＋ビンクリスチンというようなドキソルビシンを基礎とした化学療法プロトコールの使用が治療にあげられている。したがって，本症例に対してはアドリアマイシン（1mg/kg）を3週毎に計6回投与した。心電図モニターを行った結果，術後7か月を経過しているが，吐出や不整脈の症状はなく，良好に経過しているのは幸いである。

以前に経験した大動脈体腫瘍は同じく切除不能な症例であったが，全身投与量のアドリアマイシンを腫瘍そのものに十数か所にわたり部分注入を行った。その当時はドキソルビシンやアドリアマイシンの使用についての記載がまだなかった時代であった。しかし結果として長期の生存が認められたので，本症例にもそれを応用してみるだけの価値があったのではないかと考えている。

しかし，現在では心膜切除と化学療法をともに施しておくことが必須で，そのことで長期の生存が可能になることが知られている。

（Vol.65 No.9, 2012 に掲載）

Case 56 DOG

後肢を痛がる症例

ラブラドール・レトリーバー，2か月齢，雄

【プロフィール】

ラブラドール・レトリーバー，2か月齢，雄，去勢済み。2週間前オーストラリアのブリーダーより空輸されたもの。室内の単頭飼育で，食事は生食フードが与えられていた。それはオーストラリアのブリーダーが推奨するもので，生肉を主に骨と野菜が配合されたもので，冷凍のものを解凍して使用していた。

生後6週齢で1回目の3種混合ワクチン（ジステンパー，パルボウイルス感染症，アデノウイルス感染症）を接種。その時に糞便検査および内部寄生虫駆虫が行われている。生後7週齢で去勢手術（腹腔内陰睾）が行われ，その後臍ヘルニアを形成している。

【主 訴】

他の動物病院より紹介されて受診したものである（サードオピニオン）。

4日前までは元気に走り回っていたが，3日前から後肢を痛がり始め，その後徐々に起立継続が困難になったため，他院（2動物病院）を受診。膝蓋骨脱臼症候群を疑い，X線検査を実施。グルコサミンの投与を始めたが，症状が進行したため，当院に転院してきたものである（他院でMRI検査の予約が入れられていた）。

【physical examination】

体重は3.28kg，栄養状態は85%（BCS 3/5），脱水は5%，体温は39.2℃，心拍数は180回/min，呼吸数は30回/min，股動脈圧は100%，意識レベルは80%であった。

【プロブレム】

①後肢起立困難，②後肢疼痛，③抑鬱，④触られるのを嫌がる，⑤削痩，⑥臍ヘルニア，⑦5%脱水。

【プラン】

①CBC，②血液化学検査，③血液ガス電解質検査，④神経学的検査，⑤犬ジステンパーウイルス抗原検査，⑥胸部・腹部X線検査，⑦尿検査。

【臨床病理検査】

CBC，および血液化学検査の結果は表1の通りであった。

【神経学的検査】

神経学的検査の結果は表2のとおりで，その他，体を触られるのを嫌がるような軽度の知覚過敏が認められた。その他の指標は正常範囲内であった。

【犬ジステンパーウイルス抗原検査】

来院当日，簡易キット（チェックマンCDV）で陰性を，後日北里研究所における抗原検査においても，陰性を確認した。

【単純X線検査】

胸部RL像（写真2）・DV像（写真3）：体表の軟部組織は正常範囲内。骨格からは軽度の環椎軸椎不安定症が疑われた。心陰影および肺野は正常範囲内であった。

腹部RL像（写真4）・VD像（写真5）：体表の軟部組織および骨格は正常範囲内であった。

若齢なため，腹部臓器はコントラストが不明瞭であるが，

写真1 患者の外貌

表1　臨床病理検査			
CBC			
WBC	11.8 × 10³	(6〜17 × 10³)	/μL
RBC	4.62 × 10⁶	(5.5〜8.5 × 10⁶)	/μL
Hb	10.6	(12〜18)	g/dL
Ht	34	(37〜55)	%
MCV	73.6	(60〜77)	fL
MCHC	31.2	(32〜36)	g/dL
血液の塗抹標本検査のリュウコグラム			
Band-N	0	(0〜300)	/μL
Seg-N	6490	(3000〜11500)	/μL
Lym	4720	(1000〜4800)	/μL
Mon	472	(150〜1350)	/μL
Eos	118	(100〜1250)	/μL
Bas	0	(0)	/μL
pl	282 × 10³		/μL
血液化学検査			
TP	5.8	(4.8〜7.2)	g/dL
Alb	3.2	(2.1〜3.6)	g/dL
Glb	2.6	(2.3〜3.8)	g/dL
ALT	< 10	(8〜75)	U/L
ALKP	462	(46〜337)	U/L
T-Bil	< 0.1	(0〜0.8)	mg/dL
Chol	170	(100〜400)	mg/dL
Lip	1808	(100〜1500)	U/L
CK	428	(99〜436)	U/L
BUN	20	(7〜29)	mg/dL
Cr	0.4	(0.3〜1.2)	mg/dL
P	9.5	(5.1〜10.4)	mg/dL
Ca	12.2	(7.8〜12.6)	mg/dL
静脈血の血液ガス検査			
pH	7.527	(7.35〜7.45)	
pCO₂	42.6	(40〜48)	mmHg
pO₂	31.8	(30〜50)	mmHg
HCO₃	34.5	(20〜25)	mmol/L
BE	11.8	(−4〜4)	mmol/L
O₂サチュレーション	68		%
TCO₂	35.9	(16〜26)	mmol/L
電解質			
Na	145.9	(144〜160)	mmol/L
K	4.04	(3.5〜5.8)	mmol/L
Cl	111.2	(109〜122)	mmol/L

（　）内は本院における正常値を示す。
Laser Cyte〔IDEXX〕を使用。

表2　神経学的検査				
	左前肢	右前肢	左後肢	右後肢
跳び直り反応	低下(＋1)	低下(＋1.5)	正常(＋2)	正常(＋2)
手押し車反応	低下(＋0.5)	低下(＋0.5)		
膝蓋腱反射			低下(＋1.5)	正常(＋2)
前脛骨筋反射			低下(＋0.5)	正常(＋2)
二頭筋反射	低下(＋1)	正常(＋2)		
三頭筋反射	低下(＋1)	正常(＋2)		

異常は認められなかった。生食フードに含まれる骨片が胃および腸管に認められた。

【尿検査】

1）自然排尿

色調は透明で，尿比重は1.002，pHは7.5であった。また，沈渣では非晶性尿酸塩を認めた。その他に異常を認めなかった。

2）膀胱穿刺尿

数時間後に実施した膀胱穿刺尿では，色調は淡黄で，尿比重は1.016，pHは6.5，尿蛋白は±であった。それ以外は正常範囲内であった。

【経　過】

来院後数時間で，後肢の虚弱が急速に進行すると同時に，前肢においても認められるようになり，完全に起立困難となった。また，知覚過敏も同様に，来院直後は軽度であったが，数時間後には触るだけで噛みつく行動を取る程，進行した。

さらに，院内観察において著しい多飲多尿を認め，第2病日の飲水量は147mL/kg/day，第3病日のそれは236mL/kg/dayであった。

【セカンドプロブレム】

①進行性起立困難（後肢→前肢），②進行性知覚過敏，③左側脊髄反射低下，④前肢姿勢反応低下，⑤多飲多尿，⑥希釈尿〜低比重尿，⑦ALKP・LIPA上昇

【鑑別診断】

①栄養欠乏性疾患，②感染症（トキソプラズマ症），③尿崩症。

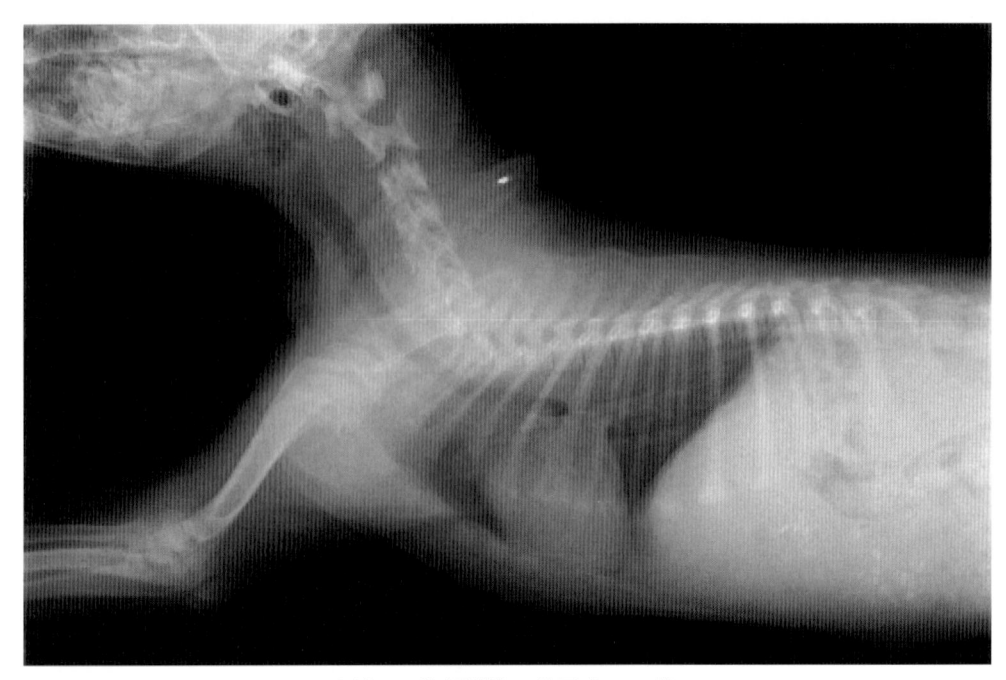

写真2　胸部単純X線写真　RL像

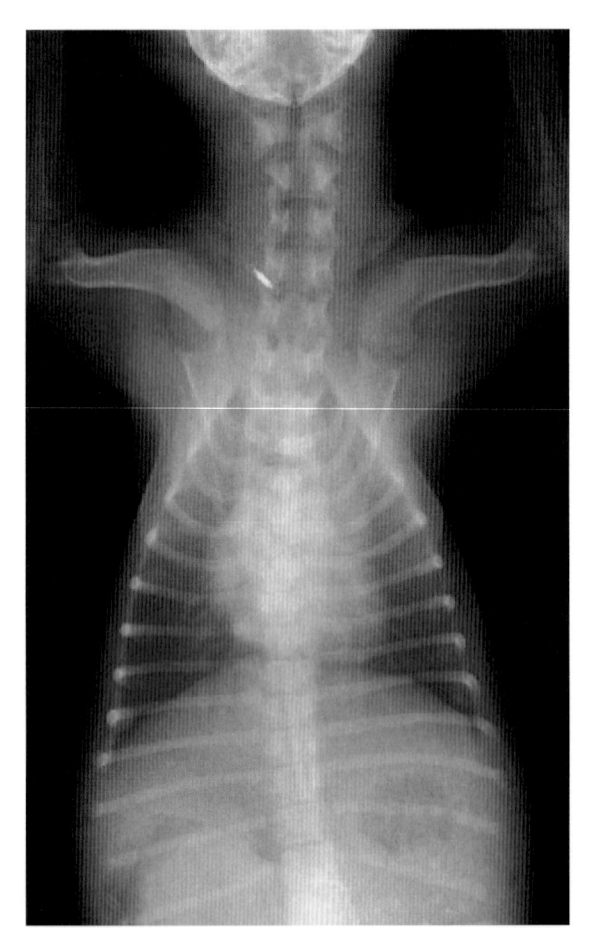

写真3　胸部単純X線写真　DV像

ケーススタディ

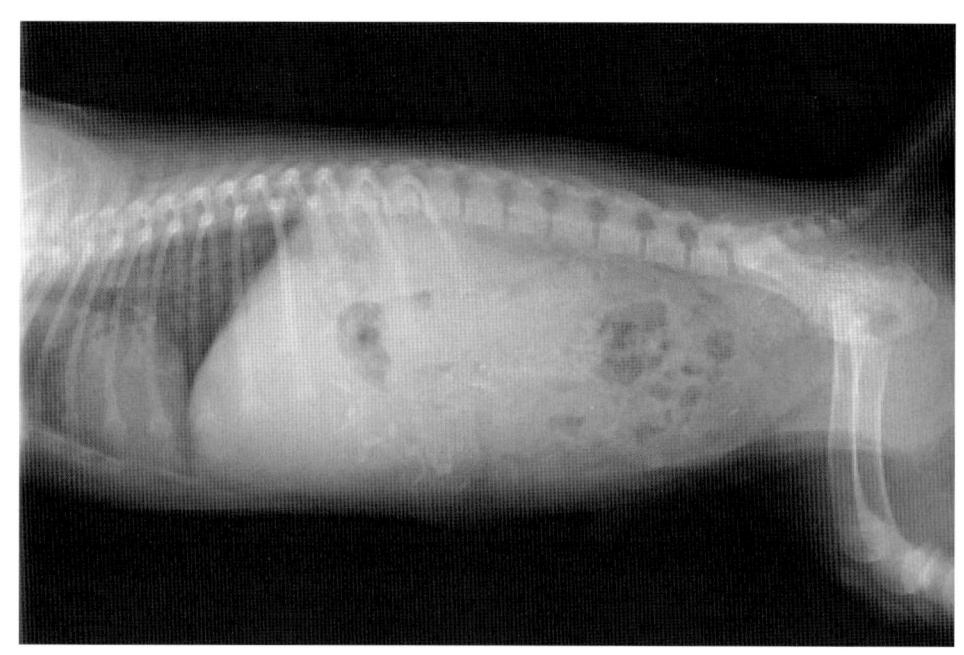

写真4　腹部単純X線写真　RL像

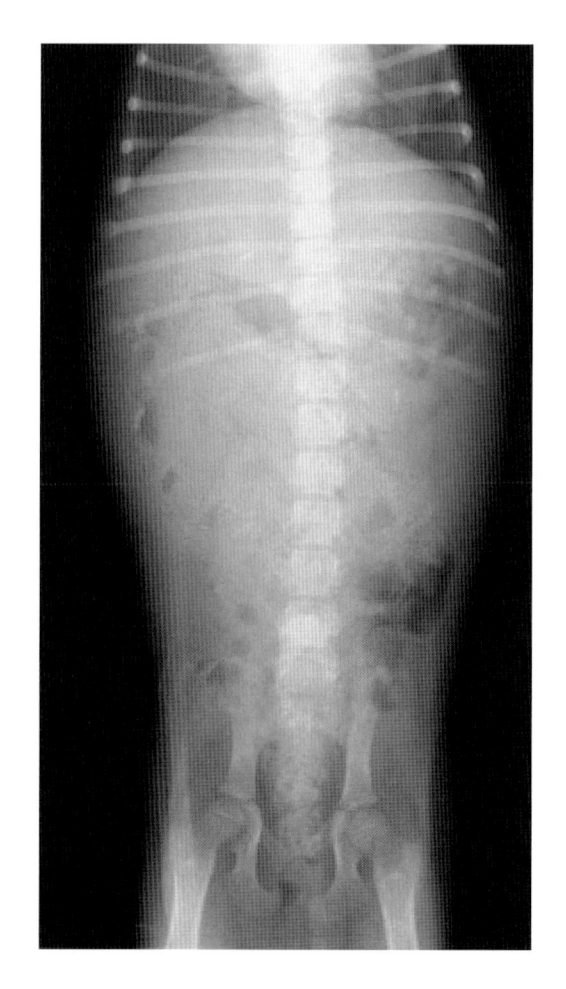

写真5　腹部単純X線写真　VD像

☞あなたならどうする。次頁へ

☞
① 生食フードから総合栄養食（Hill's サイエンスダイエット パピー）への変更
② ビタミンB群配合剤（ノイロビタン）の投与
③ クリンダマイシンの投与
④ 飲水量のモニタリング

【治療および経過】

　本症例では，非常に若齢であること，中毒や外傷歴のないこと，4日前までは正常であったこと，および急性進行性の多岐にわたる神経症状を呈していること，などから，神経疾患の鑑別診断（DAMNIT-V）に基づき，栄養性疾患または感染症が最も疑われた。そのうち，感染症では，ジステンパーウイルス抗原検査が陰性であったこと，ならびに生食フードを摂取していたことから，トキソプラズマ症の可能性を考慮した。

　初期治療は，入院にて開始し，①総合栄養食（パピー用ドライフード）への変更，②ビタミンB群配合剤（ノイロビタン）の1錠 BID，③クリンダマイシン（15mg/kg BID）を行った。

　治療に対する反応は良好で，第2病日には，短時間ではあるが起立継続と歩行が可能となった。そのため，ビタミンB群配合剤（ノイロビタン）を2錠 BIDへ増量したところ，第3病日には自力での起立が可能となり，歩行距離も延長した。また前日まで認められていた知覚過敏症状は，ほぼ消失した。さらに，脊髄反射と姿勢反応も改善傾向を認めたことから，第4病日には退院として，同様の治療の継続と飲水量のモニターを依頼した。

　第7病日の再診時には，症状が完全に改善し，神経学的検査も正常範囲内であった。飼い主による飲水量モニターでは，第4病日は147mL/kg/dayと多飲であったが，第5および6病日には49mL/kg/dayまで改善した。

　本症例においては，治療開始翌日より甚急性に良好な反応を得られたことから，感染症によるものではなく栄養欠乏性疾患であると考えられた。さらに，脊髄反射の低下や知覚過敏などの症状から，ビタミンB1欠乏症の合併があるものと診断した。

　そこで，クリンダマイシンの投与は中止し，総合栄養食フードとビタミンB群配合剤を継続した。ビタミンB群配合剤は第15病日に1錠，1日2回投与へ漸減し，第25病日に終了とした。

　現在，発症後2年を経過しているが，再発は認められておらず，良好な状態を維持している。

【診　断】

　ビタミンB1欠乏症

【コメント】

　本症例は正しい栄養食の給与の大切さと physical examination の重要性を教えてくれる典型的な症例である。現代の獣医療では，少なくとも栄養学における本質的に重要な原則を学んでいるものにとって，問診ですでに本症例の問題点を指摘できるはずである。

　鶏，豚，肉牛，乳牛，重種馬および軽種馬の栄養学は，それぞれの経済的利益や成長曲線を考慮しながら，方法論的には不完全なものもあるが，約2世紀に及ぶ発達改良と努力により，総合的な栄養の欠乏症が詳しく解明されている。

　我々が携わる小動物臨床においては，栄養学への真の科学的な取り組みはこの1世紀程度であるが，特に目覚ましい発達はこの半世紀間にもたらされたものである。その栄養学の進歩と成果はマークモーリス研究所が出版している『Small Animal Clinical Nutrition』にまとめられており，小動物臨床のバイブルといえる『Kirk's Current Veterinary Therapy』をはじめ，多くのテキストに反映されている。犬や猫の栄養学については多くの原著をはじめ文献が手に入るにもかかわらず，心理学や行動学の分野と同様に，小動物臨床家に十分な教育がなされている訳ではないために栄養に関する指導が不足し，未だに栄養失調や肥満を起こしていることは，残念なことである。

　ビタミンB1欠乏症は，末梢性神経障害を主症状とする疾患で，「人では軍隊を悩ませた脚気」としてもよく知られている。初期症状は間欠的な食欲不振，疲労感，抑鬱などであるが，欠乏が継続すれば，神経過敏性の強い痛みを伴う末梢神経炎，神経反射の低下，脱力感などの症状が急速に進行し適切な治療を受けなければ，昏睡，死亡に至ることもある。診断は physical examination と栄養学的検討，神経学的検査に基づいて行われる。

　1971年に発行された『Current Veterinary Therapy IV

Small Animal Practice』には，すでにこの疾患に関する病態生理，診断，治療，予後にわたって簡明に記載されている。犬や猫のペットフードは1世紀以上にもわたり臨床獣医栄養学に基づいた真摯な改良が行われてきたきたことを，我々第一線の獣医師が社会や飼い主へきちんと伝え理解を得ていれば，このような原始的な疾患は起こりようがないはずである。

しかしながら，獣医学のルーツであるヨーロッパや英国系の国々では，これまた伝統的なブリーダーがあまりにも独善的な栄養学を信奉するあまりに，ともすれば「非科学的な伝統」に支配されがちである。日本もその例外ではない。未だにドッグフードやキャットフードの短所であり得る問題をことさら拡大的に取り上げ，手作りや無農薬など，例えそれが非科学的なことであっても，こだわる人々も絶えない訳である。

さて，もう一度本症例を振り返っておく。

本症例では前述のような生食フードが与えられたため，栄養バランスが不均衡となっていたことは間違いない。生の魚介類や甲殻類にはビタミンB1（チアミン）を分解する酵素が多く含まれていることが知られており，使用された生食フードにこれらの素材が含有されていたことも考えられる。この酵素は加熱することで作用しなくなるので，Hill's社のサイエンスダイエットをはじめとする良質のドッグフードやキャットフードなどが与えられている限りビタミンB1欠乏症を発症することは通常ない。

また，本症例では著しい多飲多尿症状を呈していた。この原因として，血中ALKPの上昇から，ビタミンB1欠乏症というストレス状態下での内因性グルココルチコイドの分泌増加も考えられるが，この時点でのリュウコグラムでは，その変化は認められない。ビタミンB1は，水溶性ビタミンであり，多飲多尿に伴う水溶性ビタミン群の大量の尿中への喪失も，このような病気を増悪させた大きな要因であると考えられる。

本症例では，食事内容などの生活環境や，外傷・中毒などの履歴の問診，ならびに神経学的検査をしっかり行うことで，このような症状を呈する神経疾患の鑑別診断に基づき，直ちに栄養欠乏性疾患の可能性を疑い，正しい食事療法を行うとともにビタミンB1の大量投与（その他の水溶性ビタミンとともに）の治療を開始し，症状の改善を得ることができた。他院で予定されていたMRI検査は必要もないし，またそれで診断を確定できるものではなく，動物達の苦痛を延ばし，飼い主達に無駄な出費をさせるものに過ぎない。

神経疾患の診断を行うにあたって，個体情報を知り，しっかりとした鑑別診断を行うことの重要性を改めて認識する機会を得られた典型的な症例なため，ここに発表させていただいた。Hill's社の製品をはじめ獣医栄養学に基づく総合栄養食であるドッグフードの給与が常識になっている今日では，ビタミンB1欠乏症の患者を診たことのない臨床家も多い。今回の報告が，広く臨床医の役に立てればと願っている。

(Vol.65 No.11, 2012 に掲載)

Case 57　CAT

突然に転び，元気が消失した症例

日本猫，19歳1か月齢，雌

【プロフィール】

日本猫，19歳1か月齢，雌，子宮・卵巣摘出術済み。混合ワクチンは毎年接種されている。100％室内飼育で，同居猫が1頭いる。食事は専用ドライフード（様々な市販品）である。

1992年8月生まれ。1993年頃に他院で子宮・卵巣を摘出。1997年に前十字靱帯断裂と診断されたが，外科手術は行わなかった。当時の体重は7.6kg。肥満症に対してダイエットが行われ，体重は2002年は6.8kg，2005年は6.4kg，2006年は5.8kgと減少に成功した（他院）。

2006年11月に「最近やせてきた。元気・食欲にもむらがある」とのことで本院にはじめて上診し，甲状腺機能低下症，脂肪肝，肘・膝関節炎と診断され，治療が施された。その後2007年2月に慢性腎不全，同年6月にウイルス鼻気管炎で治療を受けている。

【主　訴】

昨日から突然，歩いていると転ぶようになり，元気が消失したとのことで上診されたものである（2011年9月）。

写真1　患者の外貌

【physical examination】

体重は3.36kg，栄養状態は70％（BCS 2/5），体温は37.7℃，心拍数は188回/min，呼吸数は48回/min，股

表1　臨床病理検査		
CBC		
WBC	7.6×10^3 ($2.87 \sim 17.02 \times 10^3$)	/μL
RBC	96.1×10^6 ($6.54 \sim 12.2 \times 10^6$)	/μL
Hb	13.2 (9.8～16.2)	g/dL
Ht	46.8 (30.3～52.3)	％
MCV	48.7 (35.9～53.1)	fL
MCHC	28.2 (28.1～35.8)	g/dL
血液の塗抹標本検査のリュウコグラム		
Band-N	0	/μL
Seg-N&Mon	6156 (1480～10290)	/μL
Lym	912 (920～6880)	/μL
Eos	228 (170～1570)	/μL
Bas	0 (10～260)	/μL
pl	246×10^3 (151～600)	/μL
血液化学検査		
TP	6.6 (5.7～8.9)	g/dL
Alb	3.1 (2.3～3.9)	g/dL
Glb	3.5 (2.8～5.1)	g/dL
ALT	90 (12～130)	U/L
ALKP	104 (14～111)	U/L
GGT	0 (0～1)	U/L
T-Bil	0.2 (0～0.9)	mg/dL
Chol	107 (65～225)	mg/dL
Glc	240 (71～159)	mg/dL
BUN	28 (16～36)	mg/dL
Cr	1.7 (0.8～2.4)	mg/dL
P	3.4 (3.1～7.5)	mg/dL
Ca	10 (7.8～11.3)	mg/dL
静脈血の血液ガス検査		
pH	7.34 (7.27～7.43)	
pCO$_2$	43 (30～35)	mmHg
pO$_2$	36.4 (80～100)	mmHg
HCO$_3$	22.9 (16.5～21)	mmol/L
BE	−3.9 (−5～1)	mmol/L
電解質		
Na	149.7 (150～165)	mmol/L
K	2.93 (3.5～5.8)	mmol/L
Cl	120.6 (112～129)	mmol/L

（　）内は本院における正常値を示す。
Laser Cyte〔IDEXX〕を使用。

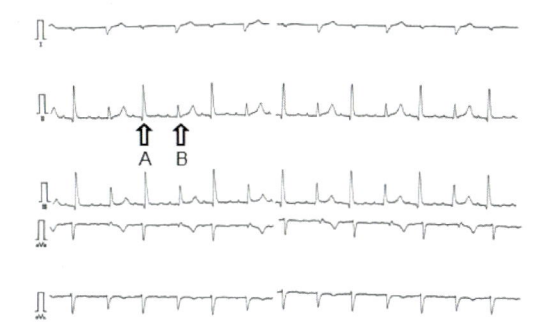

写真2　心電図検査（電気軸＋90度，心拍数180回/min）
全ての波形においてP波とそれに伴うQRS群が認められた。P-P間隔およびP-Q間隔は常に一定である。また，これらの心電図上では2種類の形状の異なるQRS群が交互に認められた（R派高さA：1.7mV，B：0.7mV）。

動脈圧は80%，意識レベルは80%であった。
　間欠的な不整脈が聴取され，その不整脈に伴いふらつきと歩様失調と意識障害が認められた。

【プロブレム】

①不整脈，②低体温，③脈圧低下，④失神，転倒，⑤姿勢異常・歩様異常，⑥CRT 2s 延長。

【プラン】

心原性のショックを疑い，酸素ボックスでの酸素供給を実施した後，下記の検査を行った。
①CBC，血液生化学検査，ガス電解質検査，②胸部X線検査，③心電図検査，④血圧検査，⑤心臓超音波検査。

【臨床病理検査】

CBC，および血液化学検査の結果は表1の通りであった。

【血圧検査】（オシロメトリック法で足根部を測定）

収縮期圧（SYS）は123mmHg，拡張期圧（DIA）は68mmHgであり，平均血圧（MAP）は87mmHgであった。

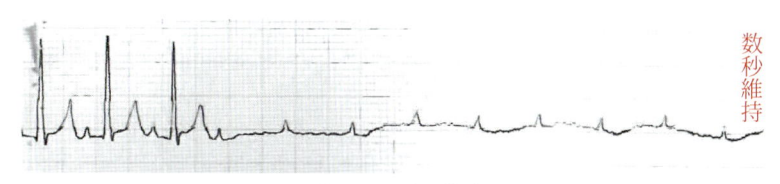

写真3　心電図検査
QRS群の消失が認められた（完全房室ブロック）。

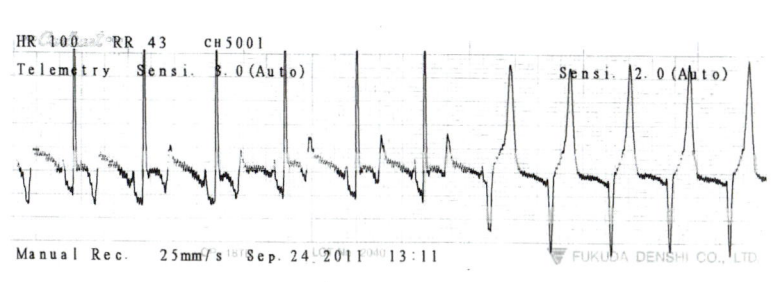

写真4　心電図検査
P波の消失と不規則なR-R間隔のQRS群に続発して連続性の心室性頻拍（VPC）が認められた。また，基線の不規則な振幅（アーティファクト）が認められた。

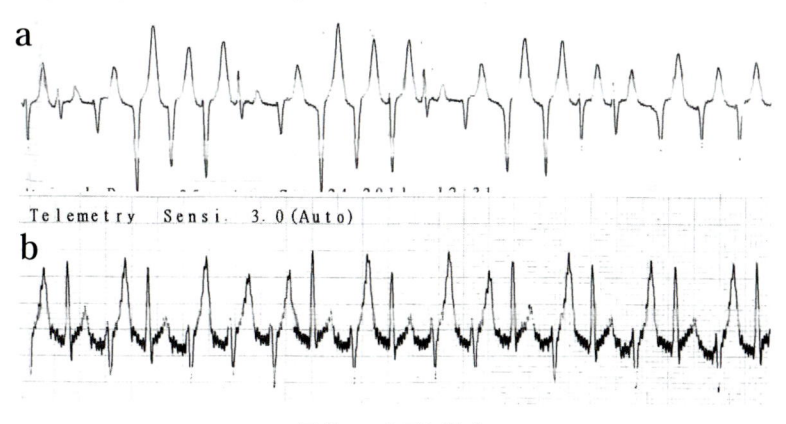

写真5　心電図検査
P波の消失と，不規則なR-R間隔および形状をもつQRS群が認められた。bでは基線の不規則な振幅（アーティファクト）が認められる。

【心電図検査】

心電図検査の結果は写真2〜5のとおりであった。

【単純X線検査】

胸部RL像（写真6）：体表軟部組織では削痩が認められた。骨格は正常範囲内であった。心陰影および肺野は，正

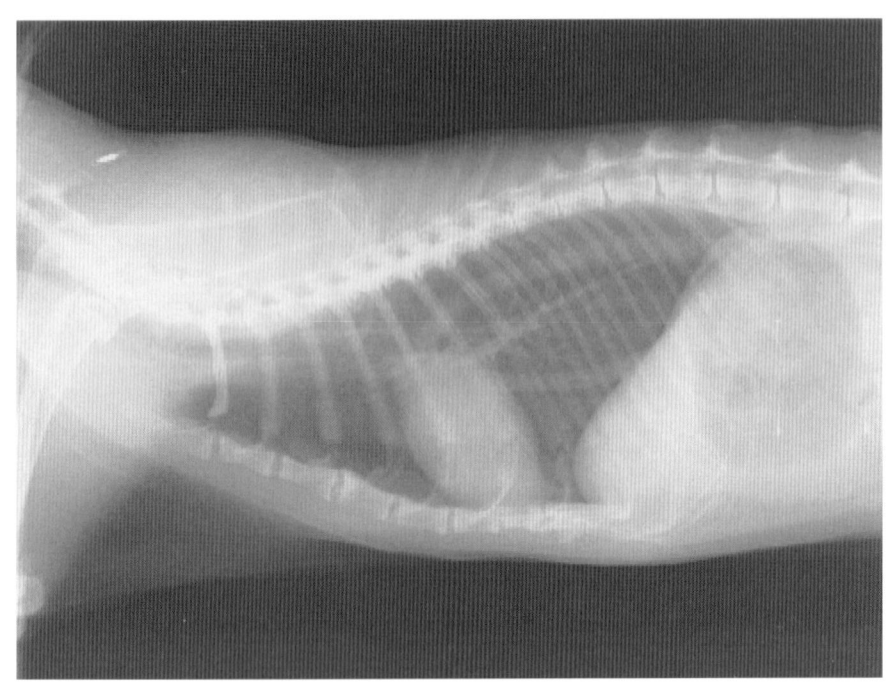

写真6　胸部単純X線写真　RL像

常範囲内であった。
　胸部DV像（写真7）：体表軟部組織では，削痩が認められる。骨格は正常範囲内であった。腹部臓器および肺野は正常範囲内であった。心陰影の円形化が認められた。

【心臓超音波検査】

　不整脈を伴わない状態においては，計測上正常範囲を逸脱する値は認められなかった。心室壁において，エコー源性の亢進が認められ，心筋の変性が疑われた。写真10は失神時のエコー像である。このように，心収縮がほとんど認められなかった。

【診　断】

　失神を伴う多源性不整脈（房室ブロック，上室性および心室性頻拍の併発）。

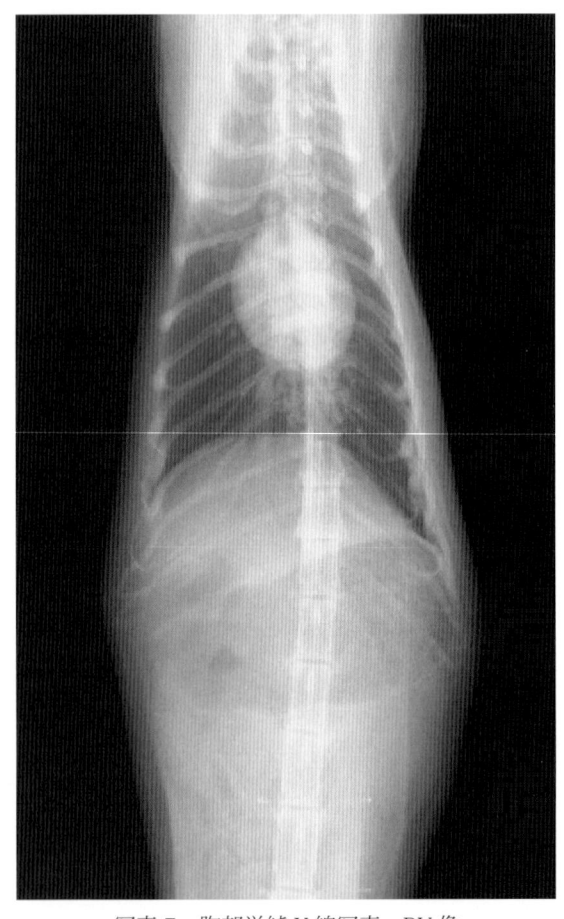

写真7　胸部単純X線写真　DV像

表2 心エコー図検査測定値

IVS（d）拡張期心室中隔壁厚	4.6mm （0.3〜0.6）	LVW（s）収縮期左心室壁厚	5.9mm （0.43〜0.98）
LVID（d）拡張期左心室内径	13.1mm （1.08〜2.14）	FS 左室内径短縮率	64.30% （0.4〜0.67）
LVW（d）拡張期左心室壁厚	3.8mm （0.25〜0.6）	LA 左心房径	13.6mm （0.7〜1.7）
IVS（s）収縮期心室中隔壁厚	5.0mm （0.4〜0.9）	Ao 大動脈幹径	8.2mm （0.6〜1.21）
LVID（s）収縮期左心室内径	9.0mm （0.4〜1.12）	LA/Ao	1.66mm （0.88〜1.79）

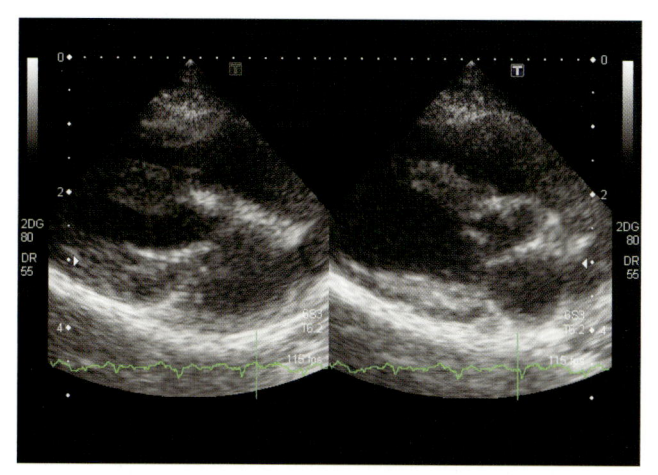

写真8 超音波像 右胸壁長軸像（第1病日）
心室壁におけるエコー源性の亢進が認められる。

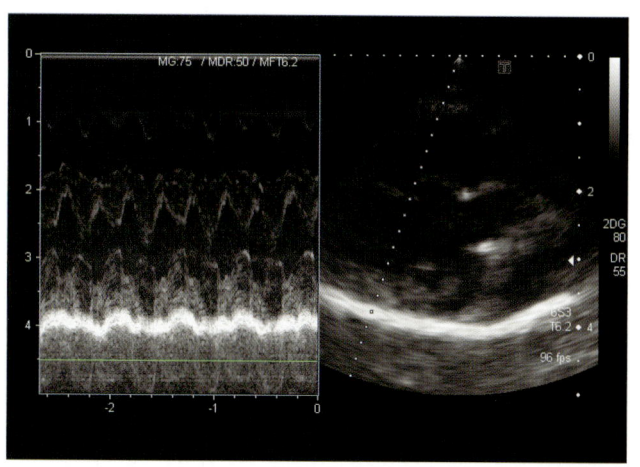

写真9 超音波像 右胸壁長軸像 Mモード（第1病日）
不整脈を伴わない時の心エコー図。性状な左心室径短縮率が認められる。

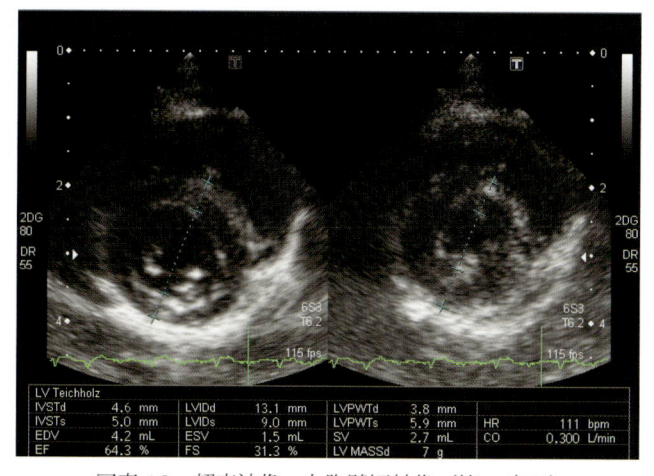

写真10 超音波像 右胸壁短軸像（第1病日）
不整脈を伴わない時の心エコー図。正常範囲内の左心室径短縮率が認められる。心嚢水貯留（−）

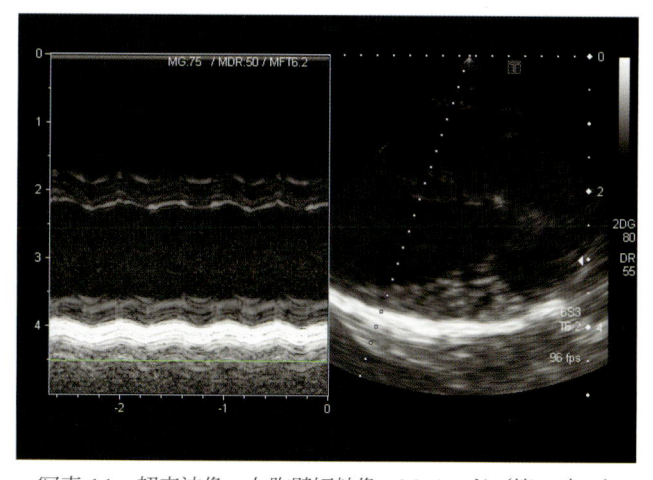

写真11 超音波像 右胸壁短軸像 Mモード（第1病日）
不整脈（完全房室ブロック）時の心エコー図。左心室径短縮率はほとんど認められない。

☞あなたならどうする。次頁へ

① 酸素化
② 抗不整脈薬
③ 基礎疾患の精査
④ 血栓予防

【治療および経過】

来院時，間欠的な歩様失調と失神状態が認められた。失神は無処置時において数秒で回復した。また，その際の聴診では不整脈と脈圧の低下が認められた。甲状腺機能亢進症の既往歴はあるが，内科治療により良好なコントロールが得られていたこと，各種の検査から不整脈の原因となるような基礎疾患が認められなかったことより心原性不整脈による失神と判断した。

超音波検査上では心筋の肥大所見は認められず，心筋のエコー源性の亢進から心筋変性を疑った。心電図上では，洞調律を認めることもあったが，写真2のような心室伝導障害を示す波形や写真3～5に示すような多源性の不整脈を認めた。完全房室ブロック（写真3）発生時には補充調律は伴わず，数秒間の心拍の停止が認められた。また，写真4，5aで示す多源性心室性頻拍や写真5bで示すような上室性頻拍が混在して発生し，一過性の心拍出量の低下による低血圧および脳の虚血による意識混濁や失神を呈したものと考えられる。

本症例において，抗不整脈薬の選択に難渋した。リドカイン（0.5mg/kg IV）の投与を行ったが，補充調律のみの波形となり，不整脈は一時的に悪化した。f波を疑う基線の振幅（アーティファクト）（写真4，5b），不規則なR-R間隔および形状の異なるQRS群（写真5b）を認めたことから，心房細動を疑いCaチャネルブロッカー（ジルチアゼム0.125mg/kg）の静脈内投与を行ったところ，不整脈は消失し，安定した洞調律が認められた（写真12）。ジルチアゼム2μg/kg/hの静脈内投与を行いその後も安定が認められたため，同時に経口ジルチアゼム（ヘルベッサー30錠）2.3mg/kg，1日3回投与を開始した。その後2日間かけてジルチアゼムの静脈内投与を漸減し，経口投与のみへの投薬に移行した。

ふらつき，失神は消失し，元気は改善傾向であったが，食欲の改善が認められなかった。2病日目には経鼻カテーテルを設置し，定期的な給餌を開始した。以前より慢性腎機能障害の治療としてベナゼプリル（0.7mg/kg PO）の投与を行っていたが，これを継続し，血栓予防として低分子ヘパリン（100U/kg IM）の投与を開始した。その後も不整脈および失神は認められず，元気，食欲の改善が認められ，5病日目に退院した。

しかし，自宅治療において，1日3回の錠剤の経口投与は困難であり，正確な投与ができないために不整脈および失神が再発した。（写真13）そのため，徐放性ジルチアゼム顆粒（長期作用型）25mg/head/day BIDを経鼻カテーテル投与に変更し，投薬指導を再度行った。安定した投薬が可能となってからは間欠的に不整脈（心室内伝導障害）

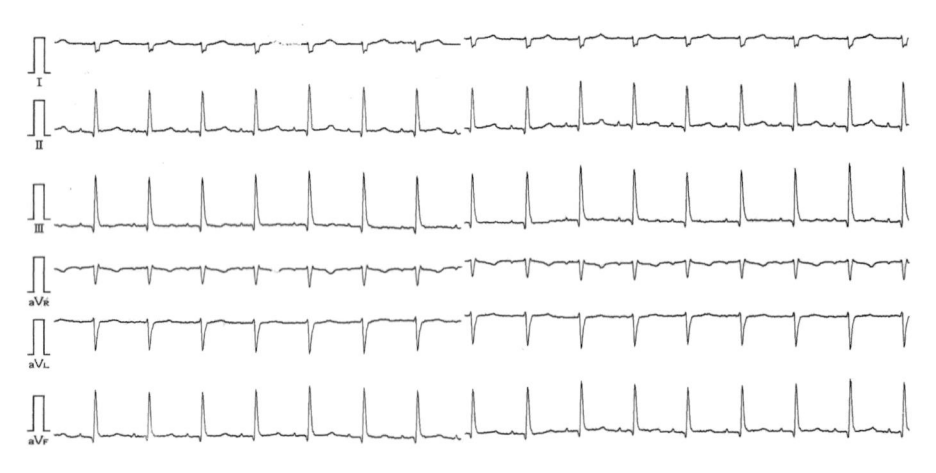

写真12 心電図検査（安定時）

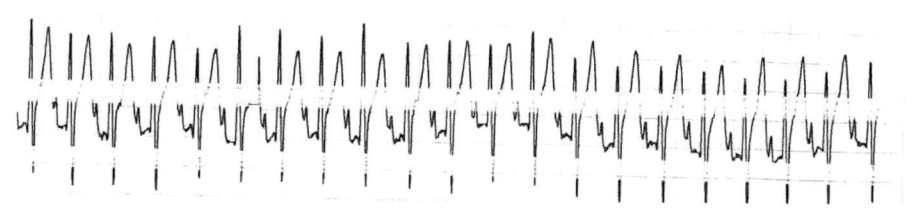

写真13　心電図検査（ジルチアゼム血中濃度低下時）

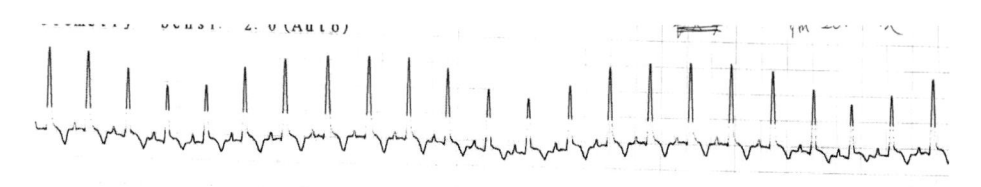

写真14　心電図検査（ジルチアゼム投与後）

が認められるものの，重篤な不整脈および失神は再発することがなく，長期にわたり良好な予後が得られた（写真14）。

　その後も良好な経過を得ていたが，初診時より1年7か月が経過した頃，安定したジルチアゼム経口投与下においても，心房細動（アーティファクト）を疑う不整脈が間欠的に認められるようになった。不整脈は活動時よりも特に安静時に認められた。しかし，歩様失調や失神は認められなかった。

　不整脈発生時，院内での心電図モニタリング下でジルチアゼムの投与（0.125mg/kg IV）を行ったところ，不整脈は消失したが，この投薬量での作用時間は以前よりも短時間（3～8h）であることが認められた。心筋変性の進行が疑われたが，ジルチアゼムの用量を増加すると，徐脈および嘔吐の副作用が認められた。そこで投薬量を25mg/head/dayに戻したが食欲，元気を含め一般状態は維持しており，幸いふらつきや失神などの症状も認めることなく，現在も経過を確認している。初診時より2年1か月が経過し，20歳2か月となるが，QOLの安定した経過が得られている。

【コメント】

　本症例は19歳1か月の猫である。重篤な症状を伴う致死的な不整脈を発症したが，数多い抗不整脈薬剤の中から，この症例ではジルチアゼムによく反応することが病院チームで確認できた。幸いにも，飼い主の投薬へのアドヒアランスとコンコーダンスが得られた。その結果，この猫は治療・管理によく反応している。しかし，このような経過が得られているいるのは，何と言っても飼い主のこの猫を大切にするという心と，猫の安心感との相互作用があったものと感じている。この症例の猫は現在21歳になろうとしているが，すばらしいQOLを享受している。

　しかし，当初の1日3回8時間毎のジルチアゼムの錠剤投与では，はじめから無理があり，早くから1日2回栄養チューブで投与できる剤型を選んだことが成功の鍵であったといえる。したがって，在宅での経口治療薬の選択については，常に飼い主と動物との関係を十分に理解した上で，できる限り安全で，確実に投与できるものを我々獣医師（病院）側が選ぶ必要がある（チーム医療におけるアドヒアランスとコンコーダンス）。

　30～40年前，犬や猫と人との比較年齢研究が進められていた時代に，私は犬と猫は16～18歳が本来の寿命であろうと考えていたが，近年，それは誤りであったという，うれしい現実を認めざるを得ないと考える。米国や日本の親しい先生方とのやりとりで，今やそれだけ長生きをする猫が続出していることを確認しているからである。すなわち長寿のDNAを持つ犬と猫が，進歩した獣医療を受け，犬と猫の栄養学の進歩に基づいた総合栄養食を摂取すれば，もっと長生きできることがはっきりとしてきたと考える。

犬と猫は63日という同じ妊娠期間を有すことから，寿命は同じではと考えていたが，どうも猫のほうが長生きのようである。全国の動物病院が診ている20歳を超える猫の数がかなり増えているものと推察しているものである。
　私が診た猫の最高齢は25歳である（1979年）。その猫は健康診断で肺の単一の腫瘍がみつかった症例で，切除していれば恐らくあと数年はQOLを保って余生を生きたはずである。犬では，確かな年齢を証明はできないが，飼い主の詳しい記憶を事実と認めれば32歳の雌（子宮・卵巣摘出済み）のシー・ズーが最高齢で（1991年），次いで年齢がはっきりとしているのが24歳の柴犬であった（1966年）。しかし，私の約半世紀(49年)の臨床経験から，20歳を超える犬は，猫に比べて圧倒的に少ないといえる。
　私は上述の獣医学の進歩と臨床獣医学に基づき，マークモーリス研究所とHill's社が築いてきた獣医栄養学を享受できる場合，猫は25歳，犬は20歳まで生きることができる動物達であると考えている。全国の日夜，小動物臨床の研鑽と努力をされている先生方のご意見をぜひともお聞かせください。
　本症例は，既往歴にあるように，様々な問題を抱えてきたが，幸いにもその都度，正しい診断と適切で合理的な治療とフォローアップ等ができた結果，また飼い主がこの猫を家族の一員として我々の指導をきちんと守ってきた（私自身だと，とてもできないようなことまで）ことで，今回のような心疾患にもかかわらずずっとよいQOLを保つことができたものと考える。
　この症例は，19歳の猫がなんの前触れもなく，突然歩様の失調と失神を繰り返すようになったもので，この猫の心筋は，高齢（老年）性の恐らくは広範囲の線維化が起こるであろう広い意味での変性（生検による病理組織学的な精査を行ったわけではないが）そのものが，心筋の刺激伝道系の失調を起こさせ，急性不整脈を引き起こすことになったものと考えている。
　「現代猫病学」のパイオニアで，その研究・臨床を牽引してきた米国・ボストンのエンジェルメモリアル動物病院のホルツワース先生（コーネル大学）の「猫は，時として人や犬や馬では考えられないようなタフさや生命の魔力を備えた動物である」という印象的な言葉が浮かんでくるような今回の症例であった。
　猫の心臓・血管病に関するたゆまない研究，それを応用する臨床的努力が精力的に続けられていて，多くの成果が集積され，現実の日常の診療に役立てられていることは喜ばしい限りであり，日本の小動物臨床家の実績が高く評価されるものである。しかし，犬における実績と比較すれば，猫での診断法，治療法や治療薬の詳細などについては，まだまだ研究とその進歩が待たれることも多い。

（Vol.66 No.1, 2013に掲載）

Case 58 DOG

腫瘤を生じた糖尿病の症例
キャバリア・キングチャールズ・スパニエル，6歳1か月齢，雌

【プロフィール】

キャバリア・キングチャールズ・スパニエル，6歳1か月齢，雌。5歳時に紹介病院で子宮・卵巣を摘出している。混合ワクチンと狂犬病ワクチンは毎年接種されている。犬糸状虫症の予防も行われている。100％室内飼育で，同居猫が1頭いる。食事はドライフード（Hill's W/D）である。

真性糖尿病のため1年前からランタスインスリン療法が継続され，歯周病に対し定期的に歯科処置が施されている。

【主　訴】

かかりつけの動物病院で，腰部に生じた腫瘤が無菌性皮下化膿性肉芽腫性脂肪織炎であることを病理組織学的に確かめた上で，約1か月間の抗炎症療法としてプレドニゾロン 1mg/kg SIDおよび抗生物質療法アモキシシリン 125mg/head BIDが行われていたものである。以前からある糖尿病がこれまでのインスリン療法では安定せず，ひどい多飲多尿が認められるようになった。また，治療開始から始まった慢性進行性の貧血に対し，皮下脂肪織炎の慢性炎症に伴う貧血と診断し，エリスロポイエチンによる治療が行われていたが好転していない。

今回，皮下腫瘤は一向に改善せず，貧血の悪化とともに元気消失，発熱，食欲不振，多飲多尿，腹部膨満と全身状態が悪化したためセカンドオピニオンと輸血を求めて紹介されたものである。

【physical examination】

体重は6.84kg，栄養状態は70％（BCS 2/5），体温は39.3℃，心拍数は180回/min，呼吸数は120回/min，股動脈圧は100％，意識レベルは50％，CRTは2sec，可視粘膜色は蒼白であり，やや興奮しやすい状態であった。

呼吸はパンティングを示し（呼吸音はクリアーである），洞性頻脈，腹囲膨満，そして右腰部皮下に直径2cm弱の比較的境界明瞭な柔軟性の腫瘤が認められた。

【プロブレム】

①発熱，②元気消失，③食欲不振，④頻脈，⑤腹囲膨満，⑥可視粘膜蒼白，⑦腰背部皮下腫瘤，⑧多飲多尿，⑨体重減少（1か月前は7.0kg）。

【プラン】

① CBC，血液生化学検査，ガス電解質検査，血液型検査，②尿検査，③血圧検査，④心電図検査，⑤胸部X線検査・腹部超音波検査。

【臨床病理検査】

CBC，および血液化学検査の結果は表1の通りであった。

【尿検査】

色調は黄色，比重は1.032，pHは6.0，蛋白は±，潜血は－，Gluは5＋，Ketは－であった。沈渣所見では，桿菌1＋，WBCは1＋であった。

【血圧検査】（オシロメトリック法で足根部を測定）

収縮期圧（SYS）は155mmHg，拡張期圧（DIA）は88mmHgであり，平均血圧（MAP）は111mmHgであった。

写真1　患者の外貌

表1　臨床病理検査

CBC			
WBC	90.19×10³	(6～17×10³)	/μL
RBC	2.78×10⁶	(5.5～8.5×10⁶)	/μL
Hb	6.0	(12～18)	g/dL
Ht	17.6	(37～55)	%
MCV	63.3	(60～77)	fL
MCHC	34.1	(32～36)	g/dL
血液の塗抹標本検査のリュウコグラム			
Band-N	2705	(0～300)	/μL
Seg-N	73955	(3000～11500)	/μL
Lym	5411	(1000～4800)	/μL
Mon	7215	(150～1350)	/μL
Eos	901	(100～1250)	/μL
Bas	0	(0)	/μL
pl	1.8×10³		/μL
血液化学検査			
TP	6.4	(4.8～7.2)	g/dL
Alb	2.2	(2.1～3.6)	g/dL
Glb	4.2	(2.3～3.8)	g/dL
ALT	17	(8～75)	U/L
ALKP	206	(46～337)	U/L
Chol	160	(100～400)	mg/dL
Glc	566	(77～150)	mg/dL
BUN	18	(7～29)	mg/dL
Cr	0.3	(0.3～1.2)	mg/dL
P	5.8	(5.1～10.4)	mg/dL
Ca	8.0	(7.8～12.6)	mg/dL
静脈血の血液ガス検査			
pH	7.324	(7.35～7.45)	
pCO₂	33.6	(40～48)	mmHg
pO₂	26.7	(30～50)	mmHg
HCO₃	17.0	(20～25)	mmol/L
BE	−9.0	(−4～4)	mmol/L
O₂サチュレーション	46.7		%
TCO₂	18.0	(16～26)	mmol/L
電解質			
Na	138.6	(144～160)	mmol/L
K	4.25	(3.5～5.8)	mmol/L
Cl	112.8	(109～122)	mmol/L

（　）内は本院における正常値を示す。
Laser Cyte〔IDEXX〕を使用。

【心電図検査】

心拍数（HR）は144回/min，MEAは＋90度で，各波形は正常範囲内であった。

【単純X線検査】

胸部RL像（写真2）：体表軟部組織の輪郭，骨格，心陰影および肺野は，正常範囲内であった。

胸部DV像（写真3）：体表軟部組織の輪郭，骨格は正常範囲内であった。

腹部RL像（写真4）・VD像（写真5）：腹部の輪郭は中等度の膨大があり，中腹部でスリガラス様の陰影を認め，腹腔内各臓器のコントラストは不明瞭化であった。

【腹部超音波検査】

写真6～10の通りで，実質臓器に異常は認められないが，液体の貯留がある。

【細胞診】

追加検査として腰部皮下腫瘤の穿刺吸引細胞診（FNA）および腹腔内貯留液細胞診を行った。

腰部皮下腫瘤では，球菌は＋，変性好中球は＋，マクロファージは＋，単球は＋であった。

腔内貯留液の色調は混濁黄色，比重は1.030，TPは3.5mg/dL，有核細胞数は459,100/μL，HCTは0.4%であった。そして細胞診の結果は，変性好中球3＋，マクロファージは＋，単球は＋，球菌は＋で貪食像を伴う感染性であることが認められた（写真11）。

【診　断】

①細菌性腹膜炎，腹腔内脂肪組織腫瘤，②真性糖尿病，③細菌性，皮下化膿性肉芽腫性脂肪織炎。

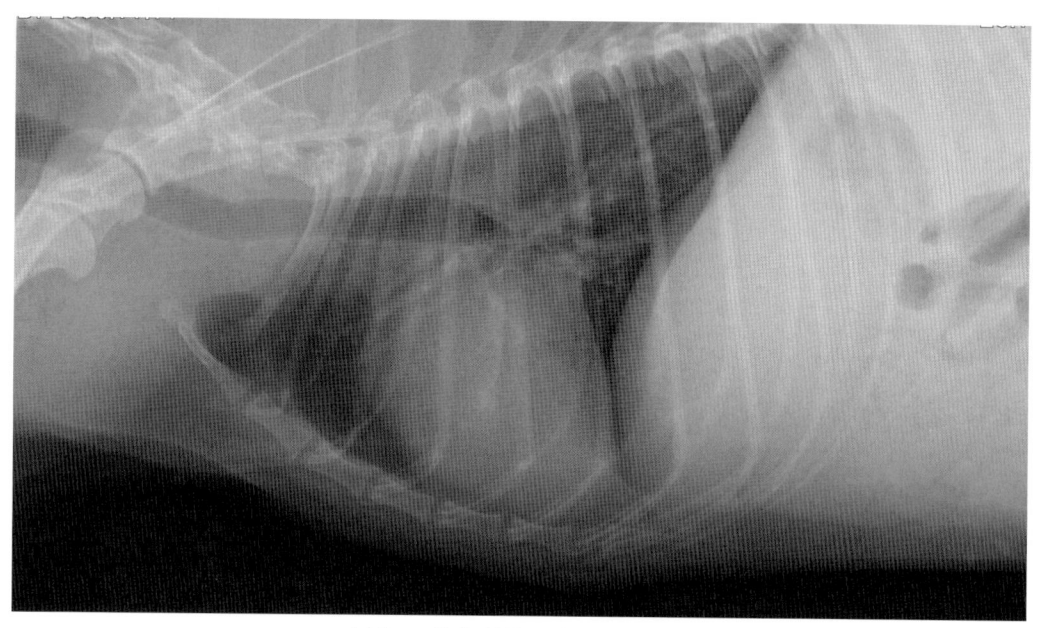

写真2　胸部単純X線写真　RL像

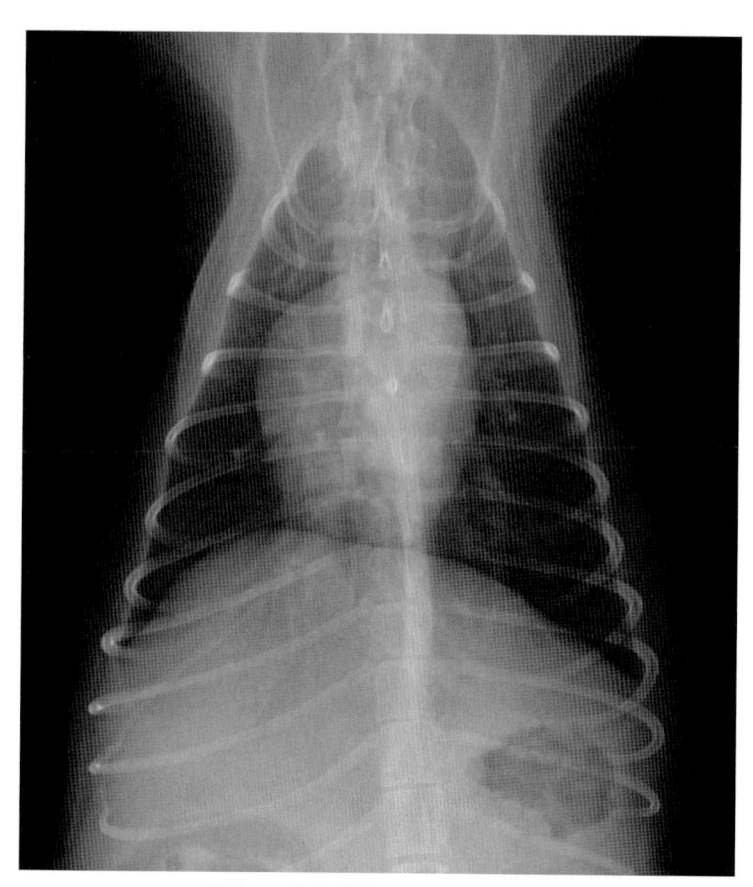

写真3　胸部単純X線写真　DV像

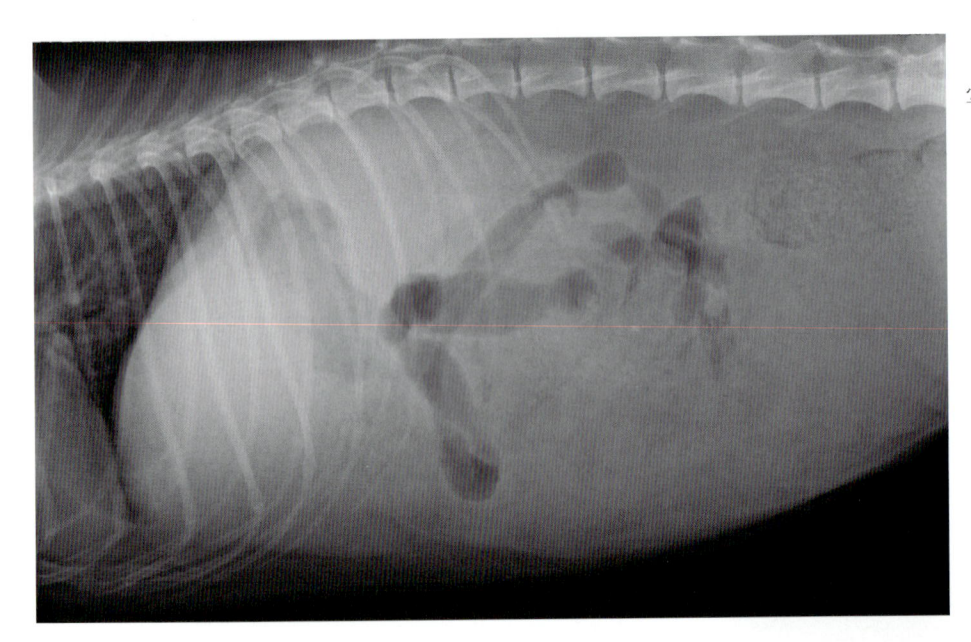

写真4　腹部単純X線写真　RL像

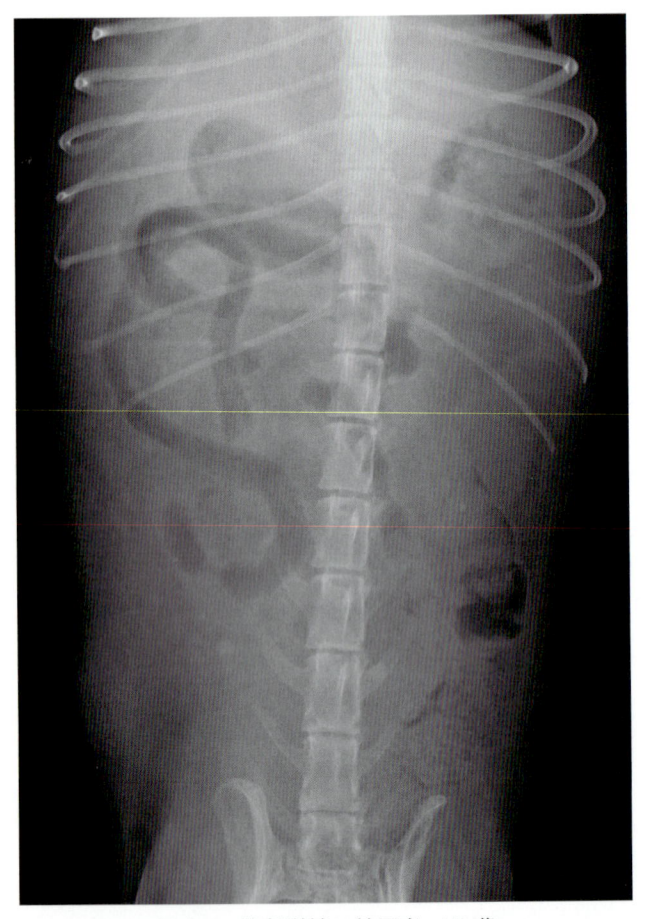

写真5　腹部単純X線写真　VD像

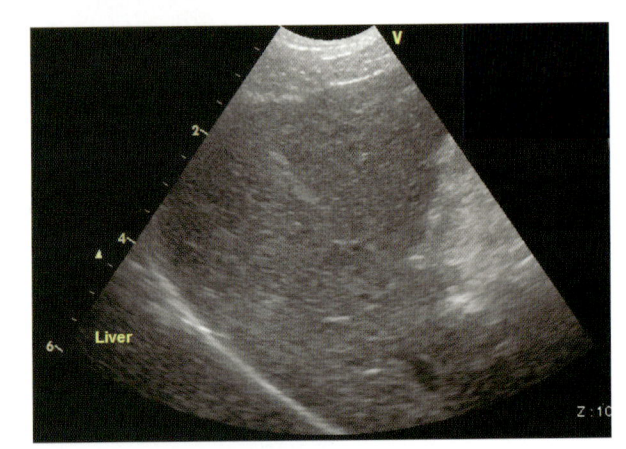

写真6　超音波像
肝臓実質は正常範囲内である。液体貯留。

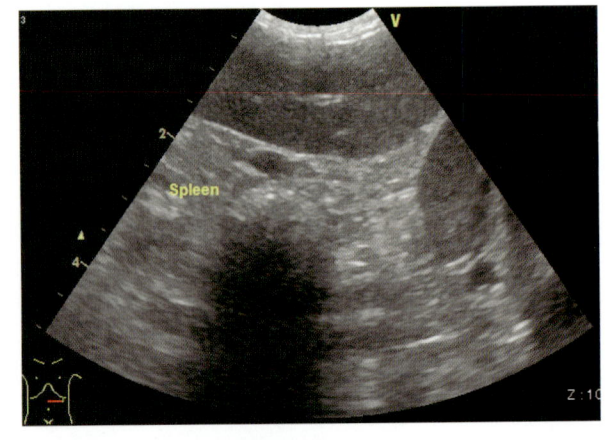

写真7　超音波像
脾臓および左腎実質は正常範囲内である。液体貯留。

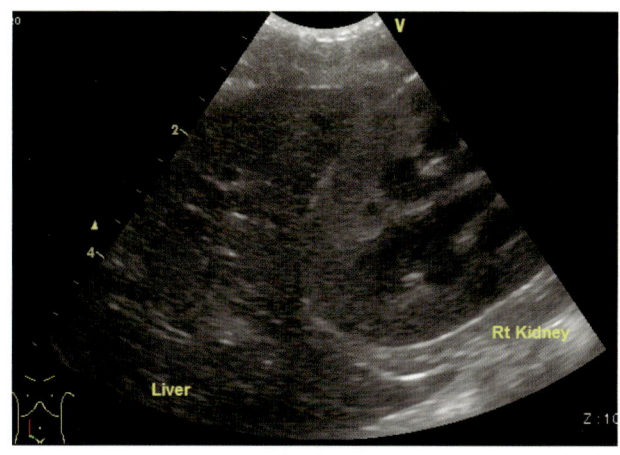

写真8　超音波像
肝臓および右腎実質は正常範囲内である。液体貯留。

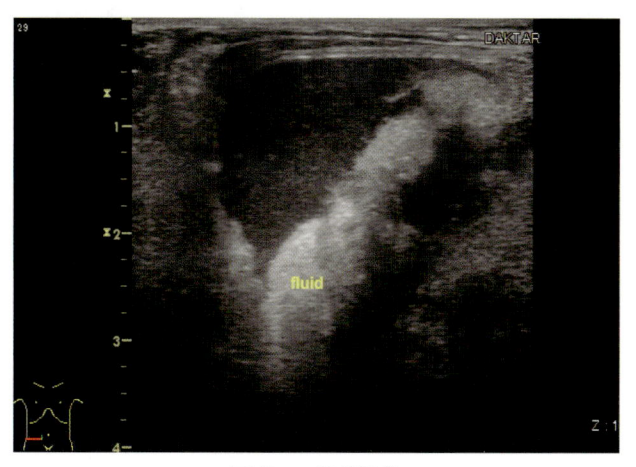

写真9　超音波像
中腹部の腹腔内に液体貯留が認められる。

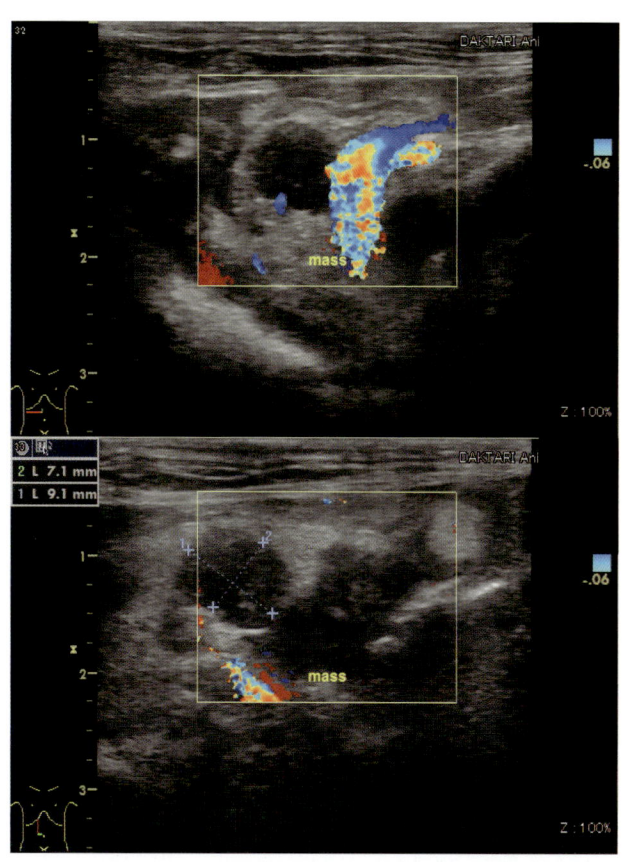

写真10　超音波像（カラードップラー）
腹腔内脂肪組織に認められた低エコー性マス様病変が表現されている。

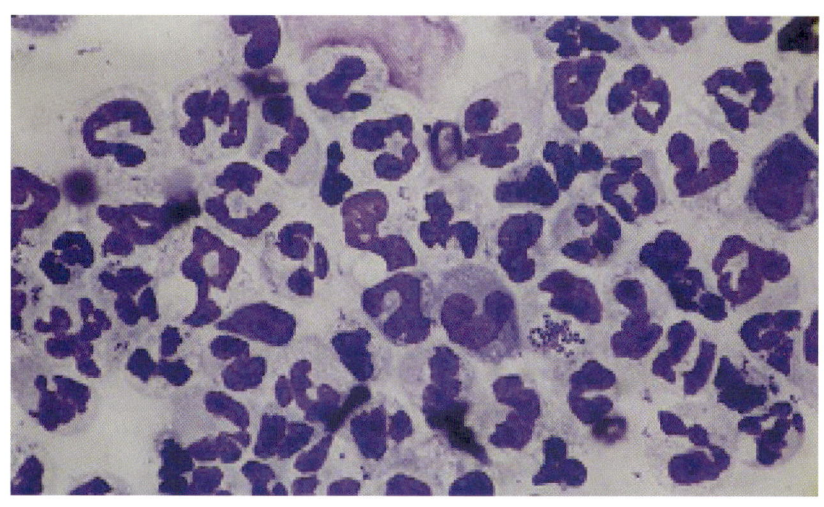

写真11　腹腔内貯留液の細胞診所見

☞あなたならどうする。次頁へ

☞

① 腹部造影 CT 検査，その後直ちに輸血療法，酸素療法，全身性（静脈性）抗生物質療法
② 探査開腹（腹腔内マスの切除と細菌性膀胱炎への外科的治療）

【治療および経過】

各種検査と並行して酸素吸入を行うとともに，血管を確保し抗生物質投与（アンピシリン 22mg/kg IV，バイトリル 5mg/kg を生理食塩水で 3 倍希釈し IV）および新鮮全血輸血を行った。

検査結果から，直ちに開腹し，細菌性腹膜炎の治療と，その原因追究であることを飼い主に伝え，状態の安定化をはかるとともに CT 検査，および開腹手術を行った。

CT 検査では脾臓周囲の脂肪組織に直径 2cm の腫瘤性病変（写真 12a の赤矢印）が認められた。また，これより小型であるが腹腔内脂肪組織に複数の同様病変，および右後腹部腹腔内に混合エコー性の腫瘤性病変（写真 12b の赤矢印）が認められた。また，右写真で認められた腰部皮下の腫瘤性病変の腹腔内への連続性は認められなかった。

また，肝臓，腎臓，脾臓の実質臓器は何れも正常範囲内。消化管にも異常病変は認められず，腹壁を含む他腹部内臓器，胸部臓器も正常範囲内であった。

麻酔はアトロピン（0.05mg/kg IM），プロポフォール（6mg/kg IV）で導入し，挿管後，O_2 イソフルランガスで維持した（自発呼吸）。手術直前に予防的抗生物質としてアミカシン（20mg/kg）を静脈内に投与し，疼痛管理にフェンタニル（5μg/kg）を静脈内投与した。剣状突起から恥骨前縁までの腹部正中切開を行った。

開腹時，中等度量の化膿性血様腹水（約 300mL）を認めた（写真 13）。これを吸引除去し，皮下病変から採取したサンプルと併せ細菌同定，細菌薬剤感受性試験に供した。

腹腔内臓器の精査で，広範囲の大網および腸間膜脂肪に多数の結節性腫瘤を含む病変を認めた（写真 14, 15）が，肝胆道系，膵臓，消化管，泌尿器系に肉眼的な異常所見は認められず，また，外傷性穿孔，皮膚−腹壁瘻管形成などの所見も認められなかった。大網および腸間膜腫瘤のFNA で腹水同様の細菌感染が認められたので，大網全切除術および腸間膜脂肪組織に認められた結節性病変を切除した。滅菌温生理食塩水を用いて繰り返し腹腔洗浄と吸引を行った後，術野皮下織にブピバカイン（1mg/kg）の注射を行い，モノフィラメント吸収性縫合糸（PDS3-0）で定法により閉鎖した。

摘出された腸間膜結節性病変（写真 17, 18）には，多数の球菌および貪食像を伴う多数の好中球が認められ，皮

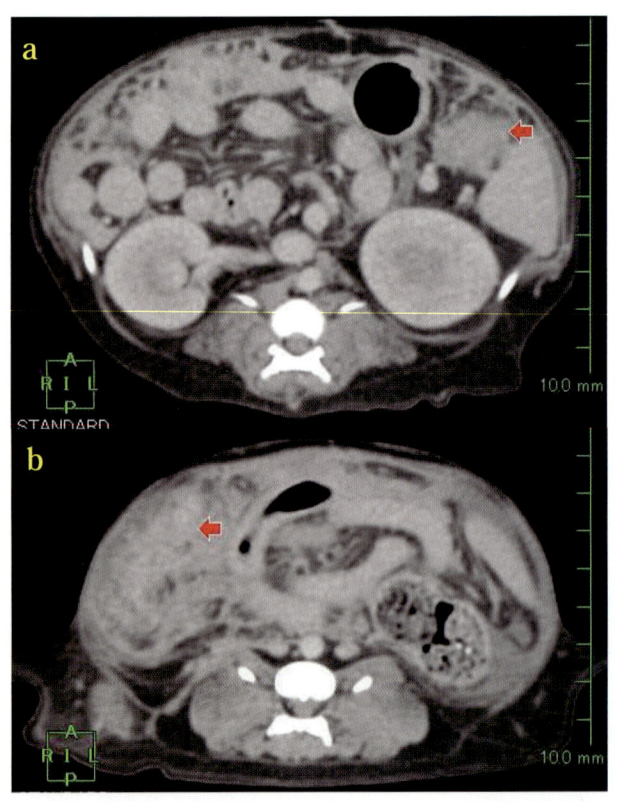

写真 12　腹部造影 CT 検査　アキシャル像

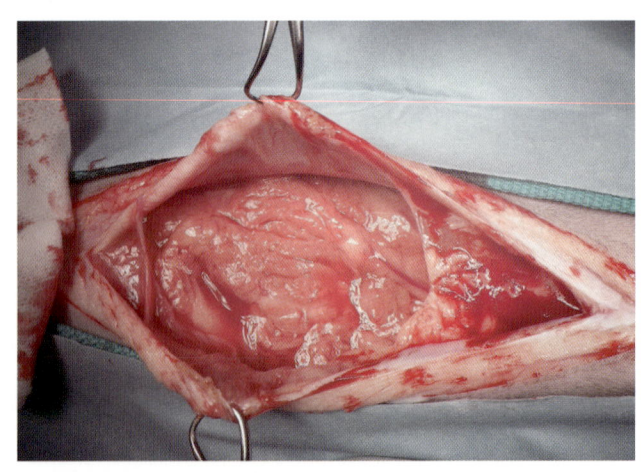

写真 13　開腹時所見

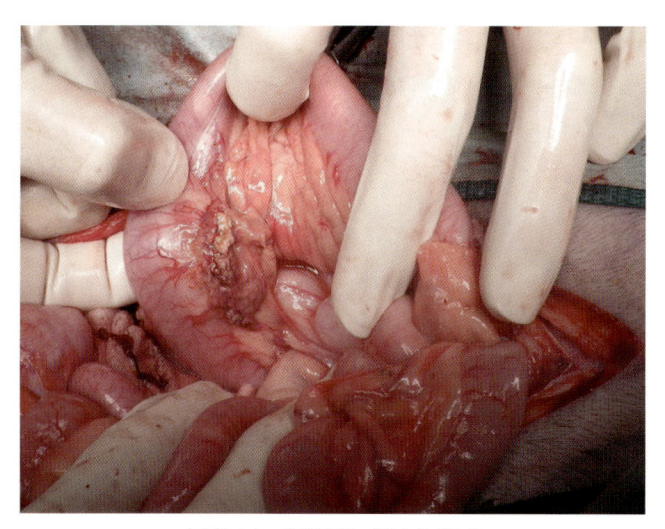

写真14　腸間膜に認めた腫瘤

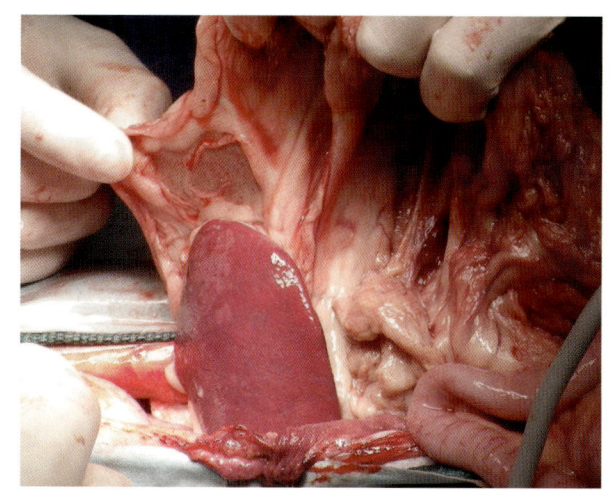

写真15　顕著に肥厚し充血した大網

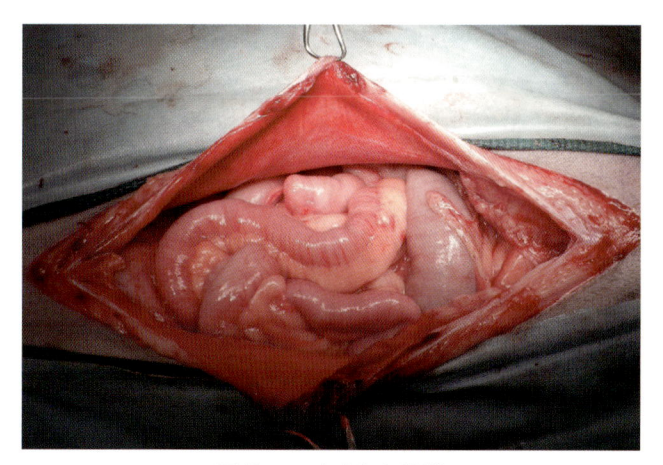

写真16　充血した腹膜

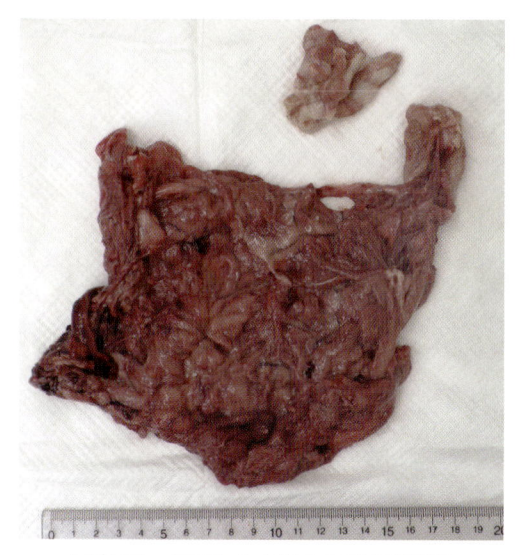

写真17　摘出した大網および脂肪腫瘤

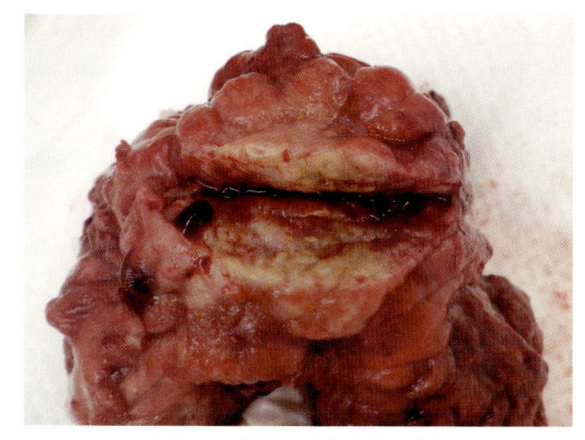

写真18　摘出した脂肪腫瘤割面

下腫瘤細胞診と同様の所見であったため，細菌性，皮下化膿性肉芽腫性脂肪織炎，腹腔内化膿性肉芽腫性脂肪織炎，および細菌性腹膜炎と診断した。

　術後は正常体液および電解質平衡を維持していたが，他院で処方を受けていたインスリン製剤ランタスでは血糖値のコントロールができないため，レベミルに変更し血糖値の厳重な管理を行った。併せて感受性抗生物質（アミカシン）の投与を行い，DIC（播種性血管内凝固）の予防と貧血の改善のために，術後も新鮮全血輸血を行った。

　第5病日より全身状態の急速な回復が認められた。現在，手術後2か月が経過するが，厳密な糖尿病コントロールと抗生物質療法で皮下膿瘍部（写真19）も治癒し，良好な経過を得ている。

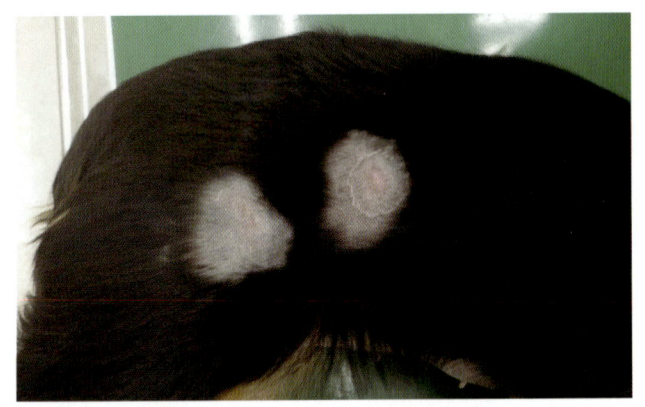

写真19　手術後2週間目の腰部皮膚所見

表2　病理組織診断書

腹腔内腫瘤（大網）：作成した複数の切片において，大網脂肪組織は，重度の炎症細胞浸潤（大半が好中球で，所によってはマクロファージ，リンパ球，形質細胞も混在），多巣性の線維増生・血管新生，ならびに散在性の細菌コロニー（球菌）形成によって置換されています。細菌を貪食する好中球がしばしば認められます。腹膜は，好中球・マクロファージの浸潤，線維増生，血管新生，中皮の過形成によって，瀰漫性，重度，乳頭状に肥厚しています（腹膜炎）。標本全体を通じて，腫瘍性変化や異物は認められません。

病理組織学的評価：細菌性，化膿性，肉芽腫性，腹腔内脂肪織炎，腹膜炎
　　　　　　　　　　　　　　　　　　　　　　　（IDEXX Lab.）

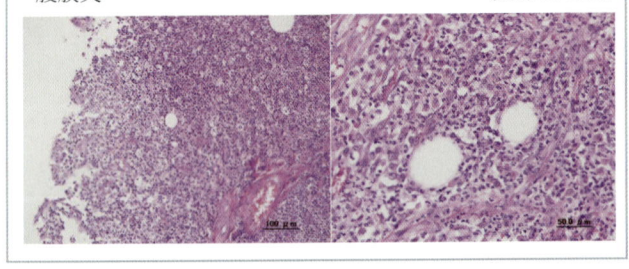

摘出臓器の病理組織検査結果（表2）は，細菌性，化膿性，肉芽腫性，腹腔内脂肪織炎と腹膜炎であり，腹水の細菌同定結果が皮下病変同様の Staphylococcus intermedius であったことから，皮下細菌性化膿性肉芽腫性脂肪織炎から波及した細菌性腹膜炎が確定した。

【コメント】

毎日（365日）ルーチンに行われている本院のクリニカルカンファレンスで本症例も検討されたことは間違いない。しかし，残念ながら本症例の当初の報告では無菌性の化膿性肉芽腫性脂肪織炎（十分に全てがわかっているという段階ではなかったが）という珍しい免疫介在性の疾患そのものにとらわれてしまったのではないかと考えざるを得ない。免疫介在性無菌性の膿瘍をつくる疾患はまれでスタッフにとってはめずらしい経験であり，しかも糖尿病がありふれた疾患であるがために，本院に上診された時点ではすでに深刻な重症の糖尿病と細菌性腹膜炎があったにもかかわらず，免疫介在性脂肪織炎そのものにとらわれてしまったものと考えざるを得ない。

もう1つ大切なことは，免疫介在性無菌性肉芽腫性脂肪織炎があったことは間違いのないことであるが，本症例を扱った時点で，細菌性の腹膜炎があったことは，エビデンスとして疑う余地はない。

しかし，その腹腔内での感染がどのようなルートで起こったのかは必要な検査（証拠としての）が十分に行われていなかったので，今となっては確かめる術がないが，せめて皮下の膿瘍の広がりが，腹膜に達するものであったかどうかだけでも確かめられていなければならなかったのではないか。

本症例の最大のポイントは，腫瘤に対する治療がFNAで無菌性であることを確認してからのコルチコステロイドの投与であったが，糖尿病の患者に対して（サブクリニカルなケースであったとしても），コルチコステロイドの投与は絶対の禁忌であることを十分に認識していなかったことである。

やむを得ない事情があったとしても，長期にわたる継続投与は絶対に行ってはいけない。またコルチコステロイドの投与は隔日投与としなければならない。このことは我々獣医師であれ，医師であれ，全臨床家は糖尿病患者に対するコルチコステロイドの投与が絶対的な禁忌であることは認識しておかなければならない。

今回の例では，上記した通り，"珍しい免疫介在性疾患"の病理組織学的な点に本チームの興味がうばわれ，結果としてこのようにあってはならない事態をきたしてしまったことにある。

ボンド・センタード・プラクティスにおけるチーム医療のリーダーであるべきシニアスタッフのあり方についての重要な教示を含む症例であると考える。

（Vol.66 No.4, 2013に掲載）

Case 59　DOG

交通事故の症例

キャバリア・キングチャールズ・スパニエル，10か月齢，雌

【プロフィール】

キャバリア・キングチャールズ・スパニエル，10か月齢，雌。混合ワクチンと狂犬病ワクチンは毎年接種されて，犬糸状虫症の予防も行われている。100％室内飼育されている。食事はドライフード（ニュートロアダルト）である。

【主　訴】

4時間前，散歩中（リードなし）に車に轢かれタイヤの下敷きになってしまい両後肢が立たない。

事故直後に近くの動物病院を受診し，腹部超音波検査で腹腔内臓器は正常範囲内であることは確認されているが，その動物病院では夜間対応ができないために本院が紹介されて来院されたものである。

【physical examination】

体重は6.50kg，栄養状態は100％（BCS 3/5），体温は39.1℃，心拍数は156回/min，呼吸数は48回/min，股動脈圧は100％，意識レベルは100％，CRTは2sec，可視粘膜色は正常である。

両後肢の不全麻痺と体幹皮膚局所に皮膚の擦過傷が認められる。

【プロブレム】

①両後肢不全麻痺，②皮膚擦過傷。

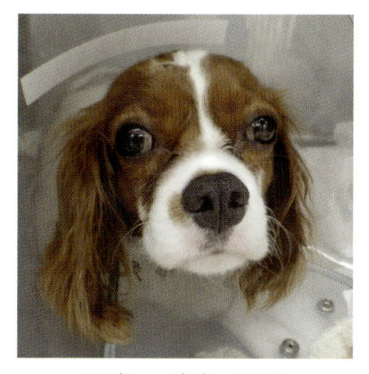

写真1　患者の外貌

【プラン】

①神経学的検査，②整形学的検査，③血圧検査，④心電図検査，⑤CBC，⑥血液生化学検査，⑦ガス電解質検査，

表1　臨床病理検査

CBC			
WBC	13.29×10^3	$(6 \sim 17 \times 10^3)$	/μL
RBC	5.87×10^6	$(5.5 \sim 8.5 \times 10^6)$	/μL
Hb	11.3	$(12 \sim 18)$	g/dL
Ht	32.5	$(37 \sim 55)$	%
MCV	55.4	$(60 \sim 77)$	fL
MCHC	34.8	$(32 \sim 36)$	g/dL
血液の塗抹標本検査のリュウコグラム			
Band-N	0	$(0 \sim 300)$	/μL
Seg-N	10120	$(3000 \sim 11500)$	/μL
Lym	2010	$(1000 \sim 4800)$	/μL
Mon	700	$(150 \sim 1350)$	/μL
Eos	400	$(100 \sim 1250)$	/μL
Bas	60	(0)	/μL
pl	1.91×10^3		/μL
血液化学検査			
TP	5.6	$(4.8 \sim 7.2)$	g/dL
Alb	2.8	$(2.1 \sim 3.6)$	g/dL
Glb	2.8	$(2.3 \sim 3.8)$	g/dL
ALT	80	$(8 \sim 75)$	U/L
ALKP	119	$(46 \sim 337)$	U/L
Lip	1005	$(100 \sim 1500)$	U/L
Glc	116	$(77 \sim 150)$	mg/dL
CK	722	$(99 \sim 436)$	U/L
BUN	14	$(7 \sim 29)$	mg/dL
Cr	0.6	$(0.3 \sim 1.2)$	mg/dL
Ca	9.2	$(7.8 \sim 12.6)$	mg/dL
静脈血の血液ガス検査			
pH	7.394	$(7.35 \sim 7.45)$	
pCO_2	25.1	$(40 \sim 48)$	mmHg
pO_2	131.5	$(30 \sim 50)$	mmHg
HCO_3	15.0	$(20 \sim 25)$	mmol/L
BE	−8.3	$(-4 \sim 4)$	mmol/L
O_2サチュレーション	98.9		%
TCO_2	15.8	$(16 \sim 26)$	mmol/L
電解質			
Na	140.7	$(144 \sim 160)$	mmol/L
K	3.83	$(3.5 \sim 5.8)$	mmol/L
Cl	118.7	$(109 \sim 122)$	mmol/L

（　）内は本院における正常値を示す。
Laser Cyte〔IDEXX〕を使用。

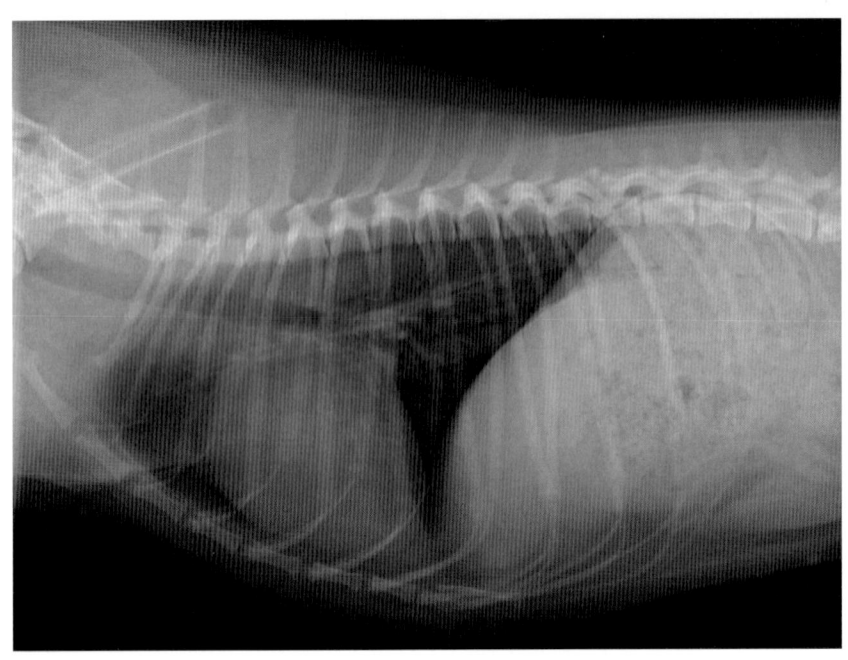

写真2　胸部単純X線写真　RL像

⑧X線検査，⑨超音波検査，⑩CT検査。

【神経学的検査】

意識レベルは前述のとおり100%である。
後肢は起立不能で，両後肢の固有位置感覚（CP）は0，浅部痛覚（SP）は右後肢が2，左後肢は1，両後肢の深部痛覚（DP）は2，膝蓋腱反射は右は2，左は2〜3であった。
その他は正常範囲内であった。

【整形学的検査】

正常範囲内であった。

【血圧検査】（オシロメトリック法で足根部を測定）

収縮期圧（SYS）は156mmHg，拡張期圧（DIA）は103mmHgであり，平均血圧（MAP）は121mmHgであった。

【心電図検査】

心拍数（HR）は164回/min，MEAは＋60度で，各波形は正常範囲内であった。洞性頻脈が認められた。

【臨床病理検査】

CBC，および血液化学検査の結果は表1の通りであった。

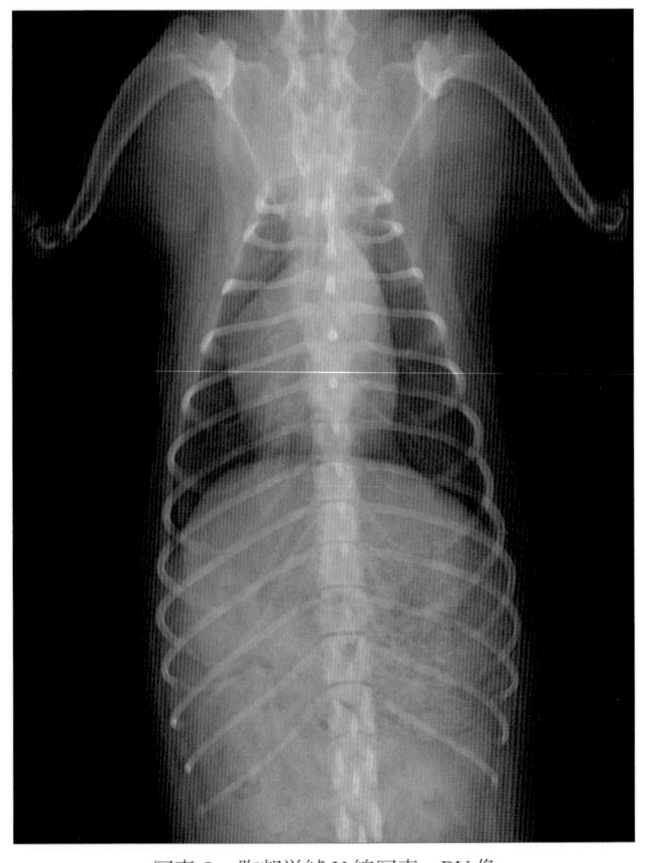

写真3　胸部単純X線写真　DV像

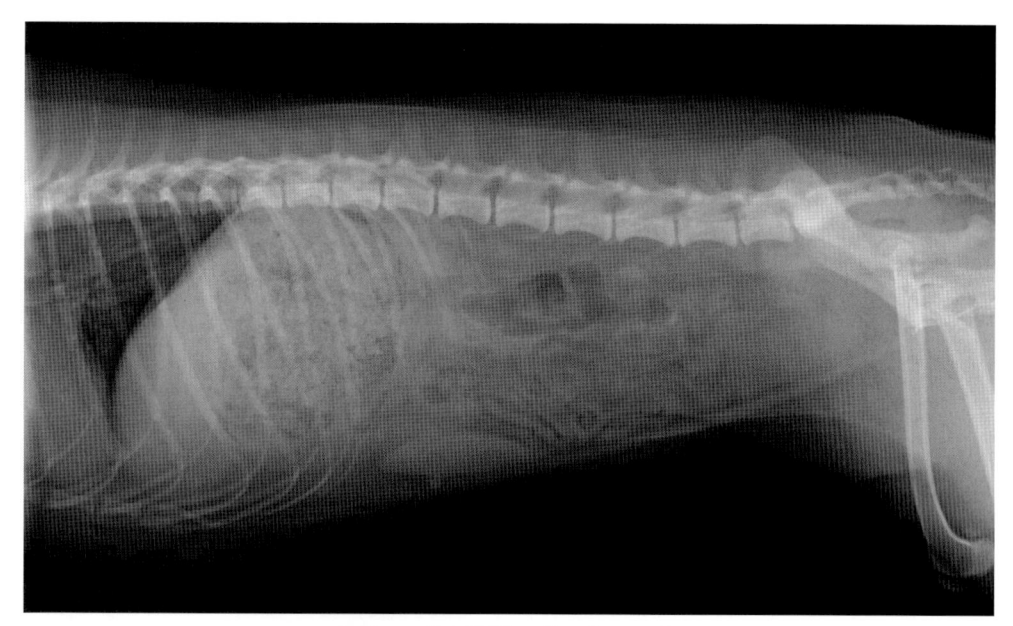

写真4 腹部単純X線写真 RL像

軽度のPCV/TPの低下が認められ，出血が疑われた。血液ガス，電解質検査データは，静脈血から採血されたサンプルであるが，来院直後から酸素ケージで管理された後のデータである。

【単純X線検査】

胸部RL像（写真2）・DV像（写真3）：体表軟部組織の輪郭は正常範囲内であった。T11棘突起の骨折，T10椎体尾側の剥離骨折，棘突起骨折，T10-T11椎体関節突起アライメント不整が認められた。心陰影および肺野陰影は正常範囲内であった。

腹部RL像（写真4）・VD像（写真5）：体表軟部組織の輪郭，腹部臓器は正常範囲内であった。骨格については，胸部写真で認められた異常と同様の所見が認められる。

【診 断】

①T10背側椎弓骨折に伴う脊髄損傷，②T10-T11背側棘突起骨折，③サブクリニカルショック，④中等度の内出血。

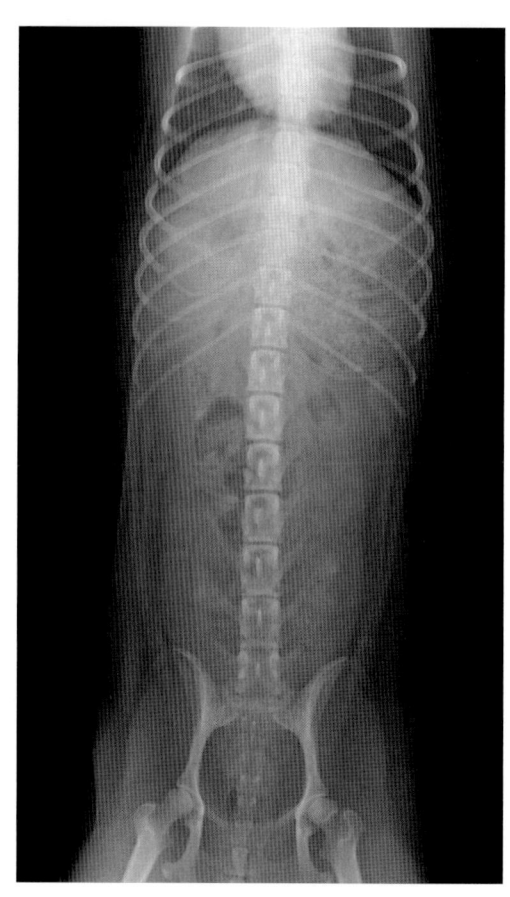

写真5 腹部単純X線写真 VD像

☞あなたならどうする。次頁へ

☞

①疼痛コントロール〔フェンタニル（5μg/kg/hour IV〕
②背側椎弓切除による脊髄減圧術
③サブクリニカルショックの治療

【治療および経過】

　飼い主に診断結果を伝えるとともに，自動車事故後の全身状態再確認のため精密検査（CT検査）の必要性と障害された脊髄に対して直ちに骨片除去と外科的減圧（状況により脊柱の外科的安定化），すなわち背側椎弓切除術の必要性が説明された。

　飼い主の同意が得られたので，アトロピン（0.05mg/kg IM），プロポフォール（6mg/kg IV）で導入し，挿管後，O_2イソフルランガスで維持した（自発呼吸）。予防的抗生物質としてセファゾリン（30mg/kg IV）の投与を行い，疼痛管理にフェンタニル（5μg/kg/hour IV）の持続点滴を行った。

　CT検査では，T10～T11部位で左側側方および背側から椎弓骨折が確認された（写真6，7）。また，脊柱管内では，背側から背側椎弓板（T10～T11）の骨折片が脊柱管腔内に突出していた（写真8）。

　骨折を生じた脊柱の扱いに注意しながら，術野を剃毛・消毒，患者を腹臥位に保定し，ドレーピング後，胸腰部背側正中線のわずかに外側皮膚をT10-T11の前後2椎骨分の長さで切開を行った。体幹の表層筋膜と脂肪層を切開し，胸腰部筋膜を棘突起のすぐ外側で切開した。

　骨膜起子で脊柱上筋肉を鈍性剥離し，副突起レベルまで剥離をすすめた。周囲の軟部組織に内出血を伴う骨折が認められ，T11背側棘突起を確認し（写真11），これを骨鉗子でねじり力を加えず穏やかに切除した。背側椎弓に付着する軟部組織の剥離を進めたところで，脊柱管内に骨折陥没したT10背側椎弓片を確認した（写真10）。陥没骨折部位を外科用スパーテルで脊髄に障害を与えぬように脊柱管外へ挙上し，無傷な関節突起を残し，骨折した背側椎弓板をロンジュールで切除した（写真12）。

　T10-T11背側椎弓板の切除後，確認された脊髄（写真11）は浮腫を伴い充血した様相を呈したため，弯曲させた26G針で硬膜背側正中切開を行い，さらに脊髄減圧と脊髄の肉眼的確認を行ったが，脊髄は正常な脊髄脈動を持

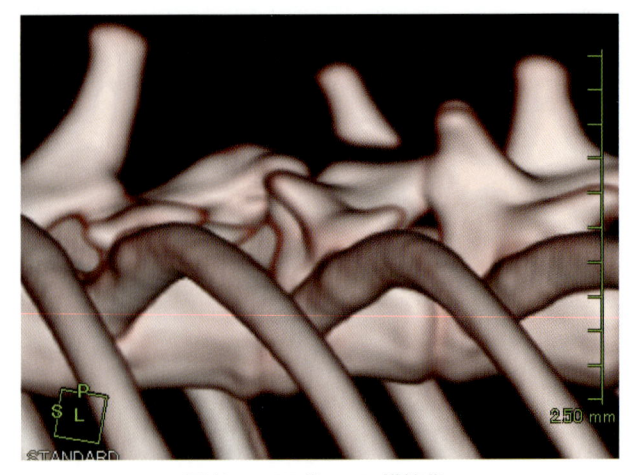

写真6　CT像　3D構築像。

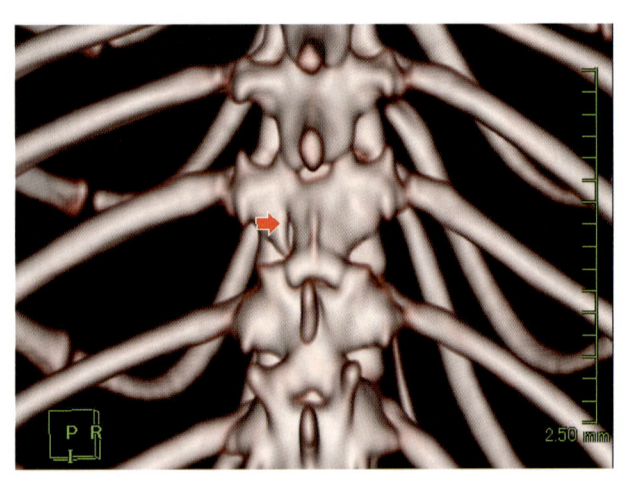

写真7　CT像　3D構築像。

写真8　CT像　3D構築像。
脊柱管内背側から突出した背側椎弓板の骨折（T10-T11）

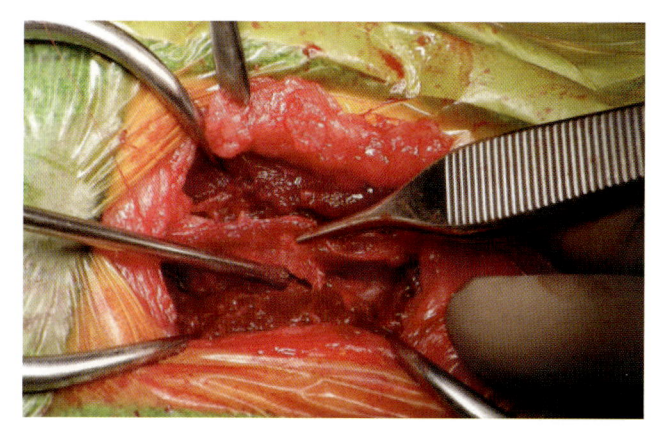

写真9　動揺したT11棘突起

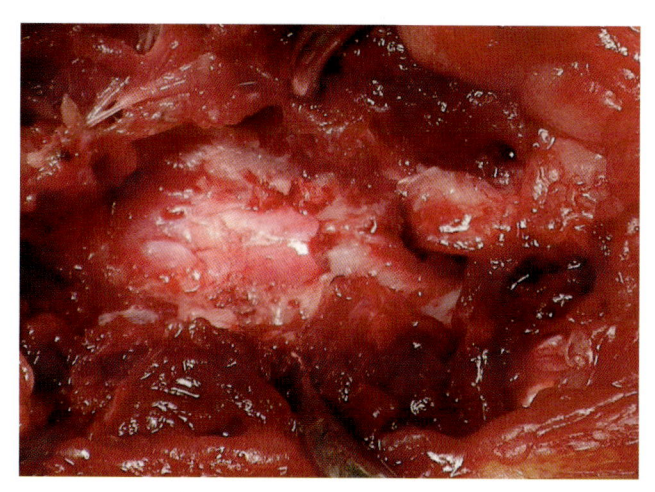

写真11　背側椎弓切除後の脊髄所見

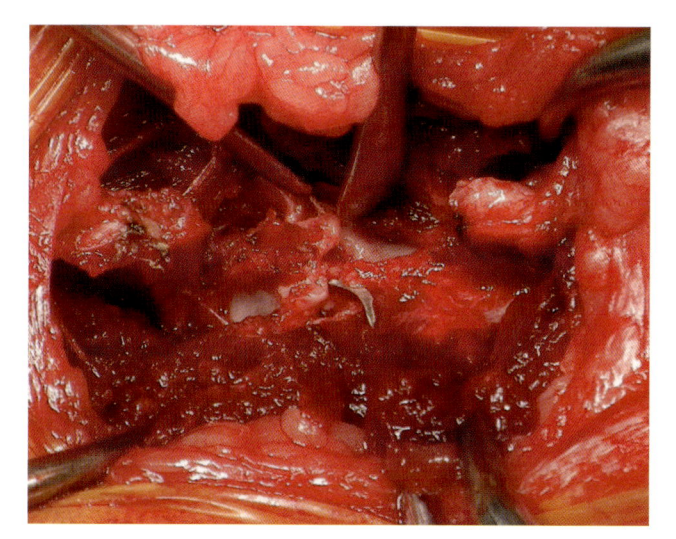

写真10　T10背側椎弓の骨折

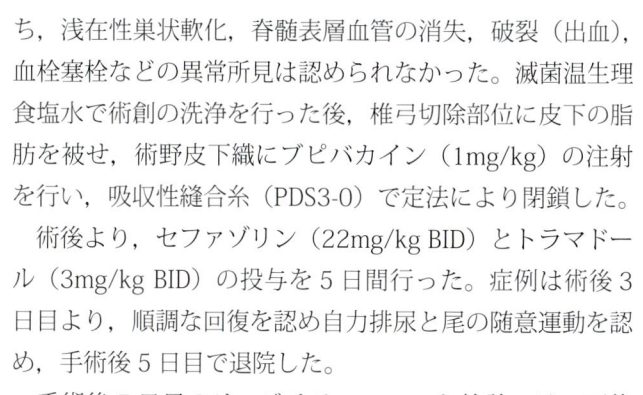

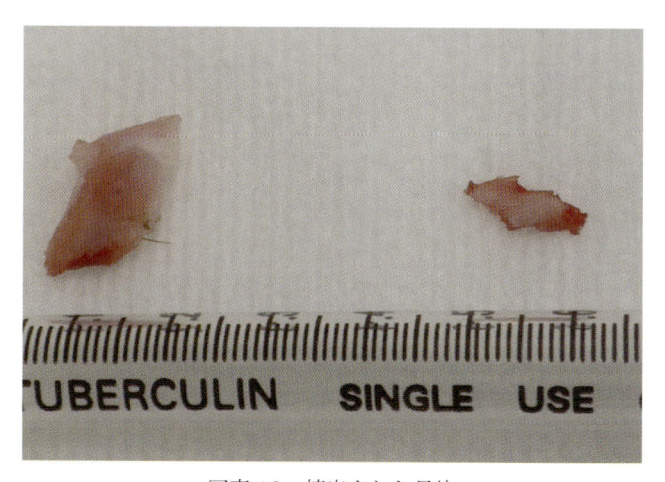

写真12　摘出された骨片

ち，浅在性巣状軟化，脊髄表層血管の消失，破裂（出血），血栓塞栓などの異常所見は認められなかった。滅菌温生理食塩水で術創の洗浄を行った後，椎弓切除部位に皮下の脂肪を被せ，術野皮下織にブピバカイン（1mg/kg）の注射を行い，吸収性縫合糸（PDS3-0）で定法により閉鎖した。

術後より，セファゾリン（22mg/kg BID）とトラマドール（3mg/kg BID）の投与を5日間行った。症例は術後3日目より，順調な回復を認め自力排尿と尾の随意運動を認め，手術後5日目で退院した。

手術後7日目のリハビリテーションと検診では，両後肢CPは0と依然消失していたが，後肢の随意運動を認め，滑らない床であれば数歩歩ける状態まで改善した。術後1か月の積極的なリハビリテーションとともに，消失していたCPの改善が認められ（1.5～2），走ることも可能となった。現在術後2か月が経過するが，症例はリードでの散歩を楽しみ，飼い主とともに日常の生活を支障なく過ごしている。

【コメント】

日本動物病院福祉協会（JAHA）がヒューマン・アニマル・ボンド事業（CAPP活動）に取り組むにあたって，欧米特に米国，英国で獣医行動学に基づき発達した陽性強化法によるしつけ訓練法を取り入れるため，テリー・ライアン先生（全米訓練士協会 元会長でワシントン州立獣医科大学で動物行動学を教えていた当時の犬のしつけの第一人者の1人）を招き，JAHAのしつけインストラクター養成を開始，

数多くの優秀なインストラクターを養成し，今日の陽性強化法によるしつけ法が行われるように発展していった。

陽性強化法は従来の強制法とは異なり，犬と飼い主の信頼関係の確立を目的とした新しい訓練法であった。この方法をとるにあたってはまず第1に，社会化の感受性期におけるより完全な社会化を求め，早期の学習能を応用した「褒めてしつける（自発的）訓練法」である。

やがてJAHAの多くの動物病院でしつけ教室が行われるようになるとともに，この方法が多くの実用雑誌や飼育の実用書などに盛んに紹介されるようになり，家庭犬として家族の一員として共に室内で暮らそうとする人々から，実用されるようになり始めたのは，ざっと30年前のことであった。そして全国的に熱心な飼い主にもその方法が普及したことにより，それまでにみかけていた犬の散歩風景，すなわち犬が飼い主を引っ張るように歩くことは急激に減少し，今では飼い主とともに，リードを引っ張ることなく散歩ができる犬たちが普通に見られるようになっていることは，ヒューマン・アニマル・ボンドを大切にする我々にとっては，まさに喜ばしいことである。

しかし，テリー・ライアン先生が教えた飼い主が絶対に守らなくてはならない項目に「例えに良く訓練されている犬でも，外出の場合は必ずリードでつないで，絶対にリードを手放してはいけない」「便を持ち帰るために必ずポリ袋を携行する」があった。しかし，このようなしつけ法の普及によって，マナーを守ることができる人が増えたのは良いが，自分達のしつけを過信した飼い主によって，逆にリードなしでこれみよがしに散歩させる人が増えているのも事実である。

我々獣医師は，そのような飼い主と犬を見かけるたびに，ハラハラドキドキさせられているのが，残念ながら実情である。

犬は感情，意思を持った動物であるから，幼い子供たちと同様に衝動的であり，本症例のように10か月齢というのは人の思春期の中・高生にあたり，特に衝動的な行動が多くみられる年齢である。

本症例の交通事故は，外出時はオンリードでという第一に大切なことを怠ったために起こった初歩的な人災というべきものである。

椎間板ヘルニアや本症例のように脊髄の損傷が疑われるものには，どの方法よりも正確に精密に検査できる脊柱管内のCT検査が必須である。このCT検査により手術の緊急性とどのような手術が必要になるかも飼い主（クライアント）と獣医師の両者の目線ですぐに判断できる。

ほとんどの場合，手術実施の遅延が，犬がそれからの一生を車椅子生活を余儀なくされることになるので，救急手術の実施が必須である。

本症例のように椎弓の陥没した骨折を取り除き，脊髄損傷の進行を食い止めるためには緊急の減圧手術が必須であるが，術前の激しい疼痛の緩和のためにも直ちに麻酔が必要となる。

今回，最初の動物病院の診察から，当院の紹介，当院の処置がスムーズに行われたことで，幸いにも完全な回復がみられている。

現在，我々の病院のクライアントらの散歩時には必ずリードを付けていることと絶対に放さないことを守ってもらっていることはいうまでもない。

(Vol.66 No.6, 2013 に掲載)

Case 60 DOG

起立困難の症例

ボルゾイ，6歳齢，雄

【プロフィール】

ボルゾイ，6歳齢，雄。既往歴はない。100％室内飼育で，多頭飼われている。
食事はアイムスドライフードである。

【主　訴】

数時間前から急に起立困難となり，また体のどこかを痛がっているということで上診されたものである。

【physical examination】

体重は33.64kg，栄養状態は100％（BCS 3/5），体温は38.5℃，心拍数は126回/min，呼吸はパンティングを示し，股動脈圧は100％，意識レベルは100％である。

起立と歩行は困難であるが，頭位姿勢は正常範囲内である。頸部の屈曲位で疼痛を示し，四肢の固有位置反射（CP）は0，浅部痛覚は0と消失しており，深部痛覚は2であった。脊髄反射では両前肢の下位運動ニューロン（LMN）サインは1，両後肢の上位運動ニューロン（UMN）サインは3であった。

【プロブレム】

①急性の起立・歩行困難，②屈曲位頸部疼痛（尾側頸椎で顕著），③四肢不全麻痺，④両前肢LMNサイン1，⑤両後肢UNMサイン3。

【プラン】

①血液検査，②心電図検査，③血圧検査，④頸部単純X線検査，⑤CT検査，⑥脊髄造影検査。

【臨床病理検査】

CBC，および血液化学検査の結果は表1の通りであった。

【心電図検査】

心拍数（HR）は104回/minで，各波形は正常範囲内であった。

写真1　患者の外貌

表1　臨床病理検査		
CBC		
WBC	13.1×10^3　($6 \sim 17 \times 10^3$)	/μL
RBC	7.35×10^6　($5.5 \sim 8.5 \times 10^6$)	/μL
Hb	16.8　（12〜18）	g/dL
Ht	46.4　（37〜55）	％
MCV	63.1　（60〜77）	fL
MCHC	36.2　（32〜36）	g/dL
血液の塗抹標本検査のリュウコグラム		
pl	3.071×10^5	/μL
血液化学検査		
TP	5.9　（4.8〜7.2）	g/dL
Alb	2.9　（2.1〜3.6）	g/dL
Glb	3.0　（2.3〜3.8）	g/dL
ALT	15　（8〜75）	U/L
ALKP	74　（46〜337）	U/L
BUN	18　（7〜29）	mg/dL
Cr	0.8　（0.3〜1.2）	mg/dL
電解質		
Na	153　（144〜160）	mmol/L
K	3.6　（3.5〜5.8）	mmol/L
Cl	119　（109〜122）	mmol/L

（　）内は本院における正常値を示す。
Laser Cyte〔IDEXX〕を使用。

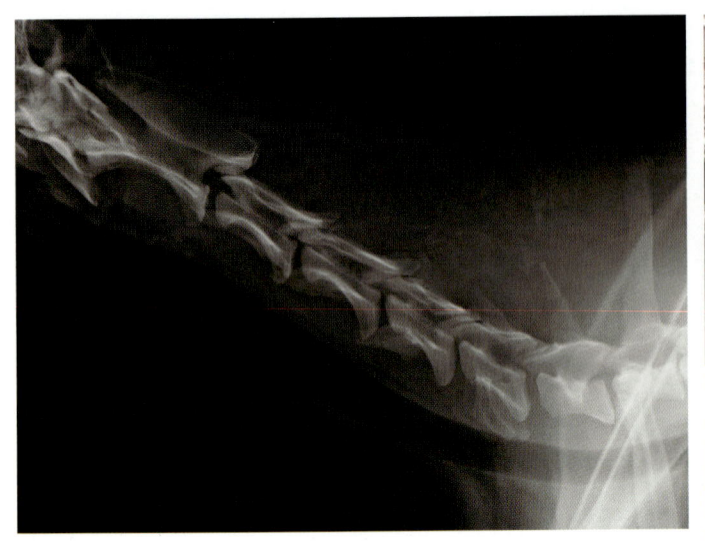

写真2　頸部単純X線像　RL像

【血圧検査】（オシロメトリック法で足根部を測定）

収縮期圧（SYS）は138mmHg，拡張期圧（DIA）は86mmHgであり，平均血圧（MAP）は104mmHgであった。

【単純X線検査】

頸部 RL像（写真2）：体表軟部組織の輪郭および骨格は正常範囲内であった。C5-C6椎体間のわずかな狭窄が認められた。なおVD像は，無麻酔下では撮影困難であった。

【CT検査】

頸椎単純CT像（写真3）：C5-C6頸椎の椎間円板腔の軽度狭窄と，円板腔背側で円板物質の脊柱管内に明白な突出が認められた。

頸椎ミエログラム（写真4）：C5-C6間で腹側カラムの消失を認め，脊髄腹側圧迫病変が検出された。

C5-C6アキシャル像　単純撮影/ミエログラム（写真5）：C5-C6単純CTアキシャル像では特記所見を認めず正常範囲内であるが，同部位のミエログラムでは脊柱管腹側カラムの消失を認めた。

【造影X線検査】

頸椎脊髄RL像（写真6，7）：C5-C6間の腹側造影剤カラムの消失を認め，脊髄腹側圧迫病変が検出された。頸部腹側屈曲位および頸部直線牽引位で，病変の明確な差異は

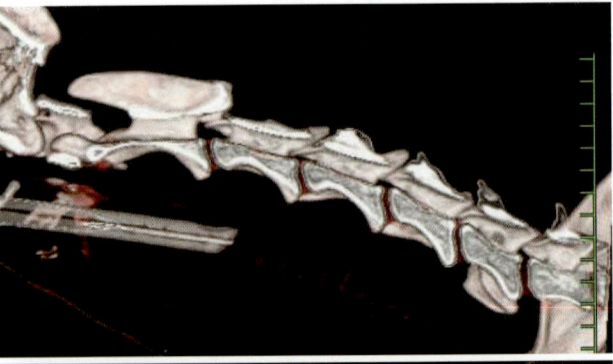

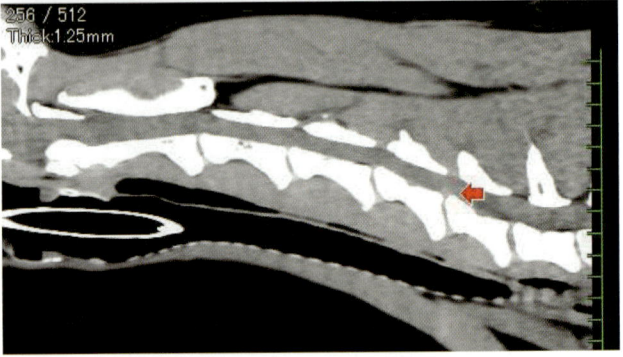

写真3　頸椎CT単純撮影
（上：3D構築像，下：頸椎サジタル像）

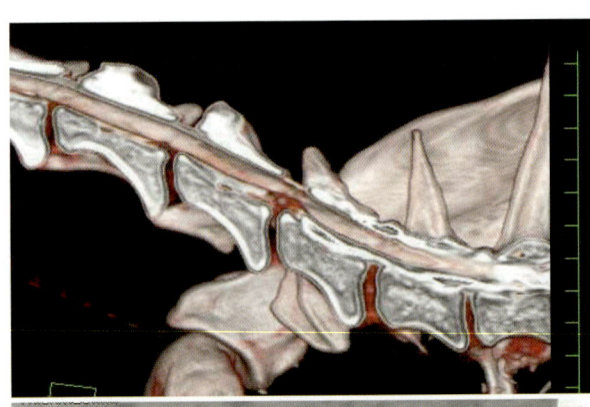

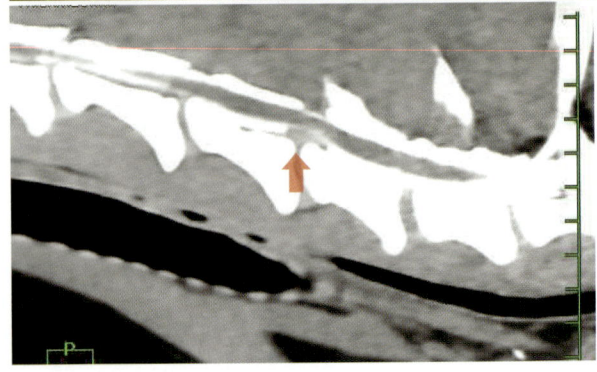

写真4　頸椎ミエログラム
（上：3D構築像，下：サジタル像）

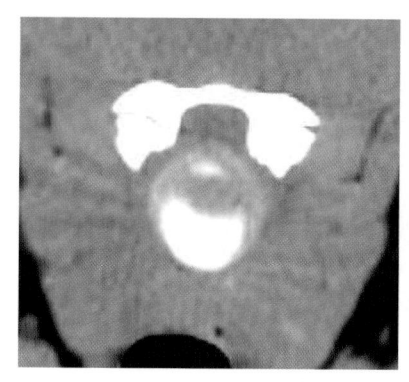

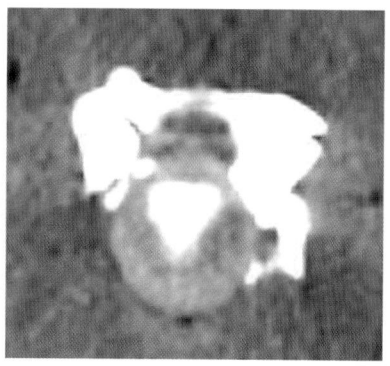

写真5　C5-C6 アキシャル像
（左：単純撮影像，右：ミエログラム）

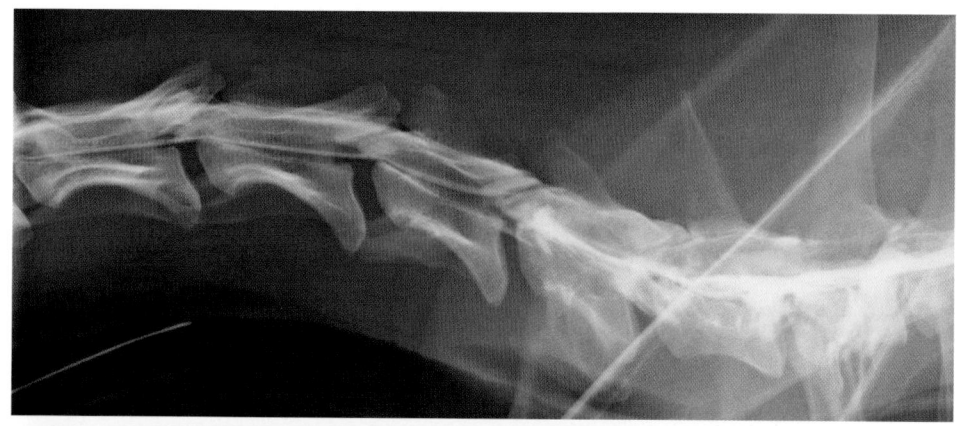

写真6　頸椎脊髄造影X線RL像
頸部腹側屈曲位

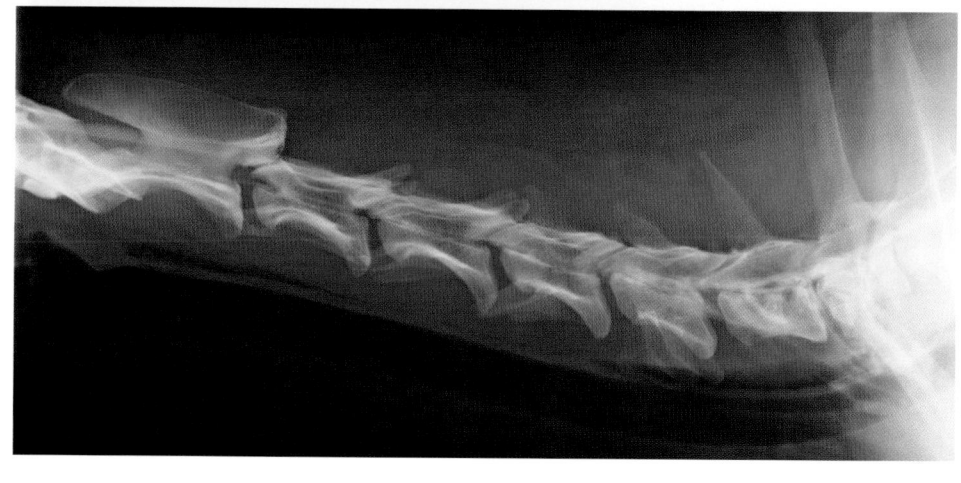

写真7　頸椎脊髄造影X線RL像
頸部直線牽引像
C5-C6間，特にC6の前縁で椎体の背側への転位が明白。

認められず病変領域の静的異常が認められた。

【暫定診断】

尾側頸椎脊椎症（CCSM，ウォブラー症候群）。単一の腹側静的圧迫病変と考えられる。

☞あなたならどうする。次頁へ

☞
① C5-C6 腹側減圧術（ベントラルスロット）
② C5-C6 脊椎安定化手術（PMMA 固定，スクリュー固定）

【治療および経過】

　本症例のシグナルメント，physical examination および麻酔前ルーチン検査の結果から，尾側頸椎脊椎症（CCSM）が強く疑われた。

　また，来院時の患者は，深部痛覚（DP）は認められるものの浅部痛覚（SP）の消失を認め，かつ急性発症であることから可能な限り速やかな診断，すなわち麻酔下での頸椎 CT 検査（単純 / ミエログラム）および脊髄造影検査（ストレス下）と，診断に基づいた早期の治療（外科的介入）が必要であることを飼い主に伝え同意を得た。

　麻酔下で行われた各種検査結果から，C5-C6 の単一腹側静的圧迫病変（CCSM）と診断し，腹側減圧術および脊椎安定化を目的とした手術を行った。

　麻酔はアトロピン（0.05mg/kg IM），プロポフォール（6mg/kg IV）で麻酔導入し，挿管後，O_2 イソフルラン ガス麻酔で維持した。疼痛管理は，術前からフェンタニル（5μg/kg/h）とケタミン（2μg/kg/min）の点滴静注 CRI を行い，手術直前に予防的抗生物質としてセファゾリン（22mg/kg）を静脈内投与した。患者は排尿困難を認め，顕著な膀胱尿貯留を認めていたため尿道カテーテルによる排尿を行った。その後，同カテーテルを留置し尿量をモニターした。

　手術は患者を仰臥位に保定し，甲状軟骨尾側から胸骨柄までの皮膚切開後，胸骨舌骨筋を正中切開し，気管，食道，神経，血管を分離した。C6 横突起をランドマークとして頸長筋を切開し，目標椎体（C5-C6）へのアプローチを行った（写真8）。

　高速空気ドリルを使って，椎体幅 50%，長さの 25% を超えないサイズで骨溝（スロット）を作成した。スロット作成時は，骨の熱傷と組織の乾燥を防ぐため，生理食塩水の持続的な灌流を行った（写真9）。ドリルが内皮質層を貫通した段階で，骨キュレットを用いて腹側縦靭帯を露出した（写真10）。眼科用ピンセットおよび No.11 メスで腹側縦靭帯の除去後，脊髄の肉眼的確認，脊柱管内の探査確認を行った。脊柱管内精査時に，顕著に肥厚した線

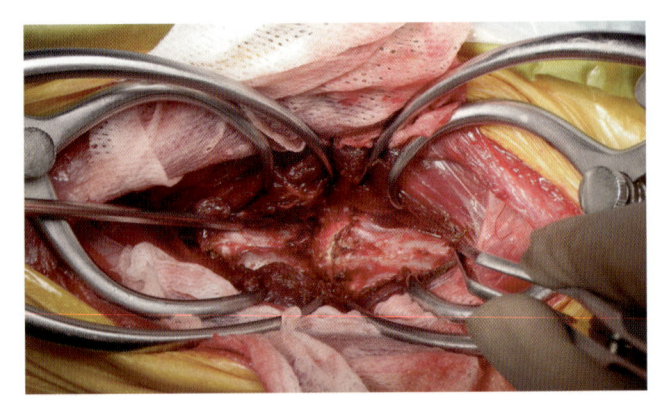

写真8　椎体 C5-C6 へのアプローチ。

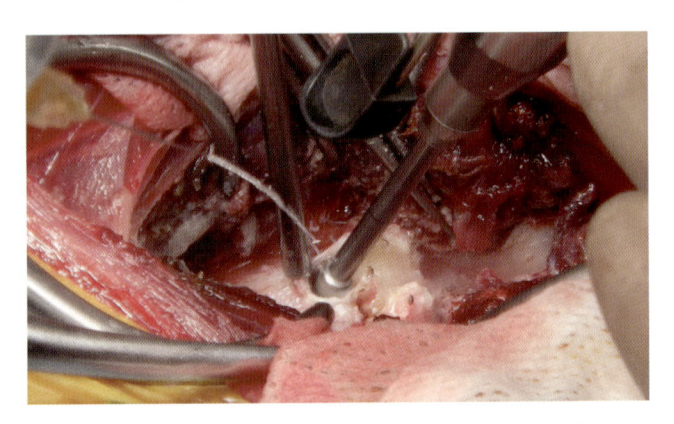

写真9　椎体 C5-C6 間にベントラルスロットを形成。

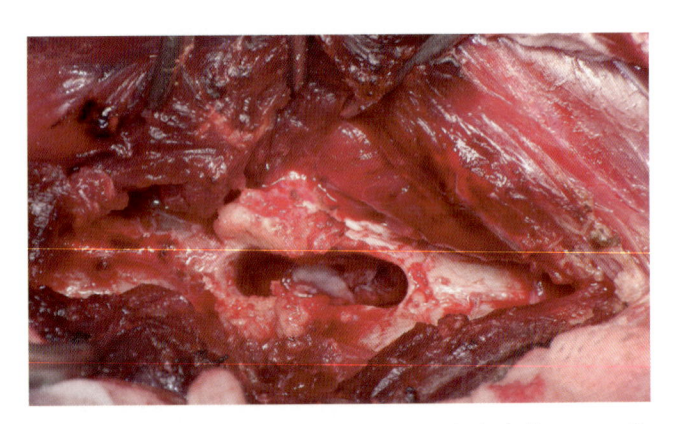

写真10　椎体 C5-C6 にベントラルスロットを完成。スロット内の円板物質や靭帯を切除。

維輪，椎間板物質（写真11）の脱出を認めたため，これの摘出を行った。このことから，脊髄圧迫，障害の原因として頸椎椎間板ヘルニア（ハンセンタイプⅠ）の可能性が示唆されたが，本症例が大型犬であり，尾側頸椎脊髄疾患であることにより，CCMS に準じた術式を計画通りに行った。海綿骨ネジシャフト（3.5mm × 28mm）を C5-C6 の

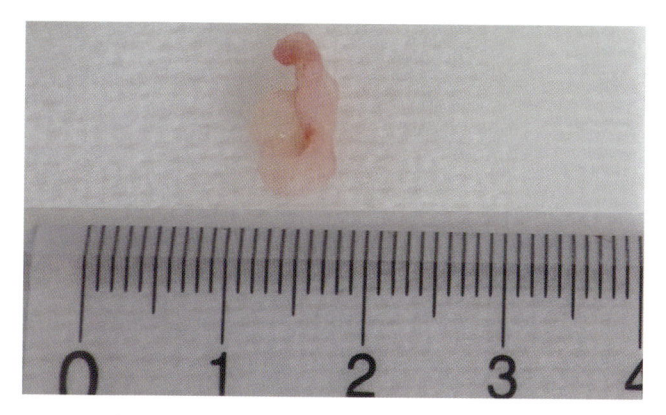

写真11　C5-C6のスロットから切除したデブリー

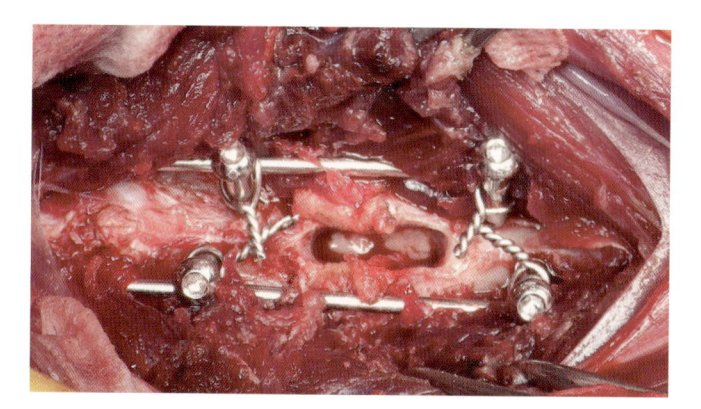

写真12　椎体C5-C6をネジ，ロッド，ワイヤーで固定。

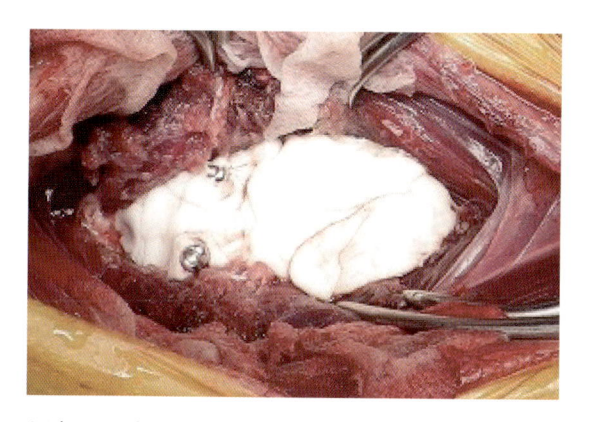

写真13　上記の固定部分にをさらにPMMAで固定。

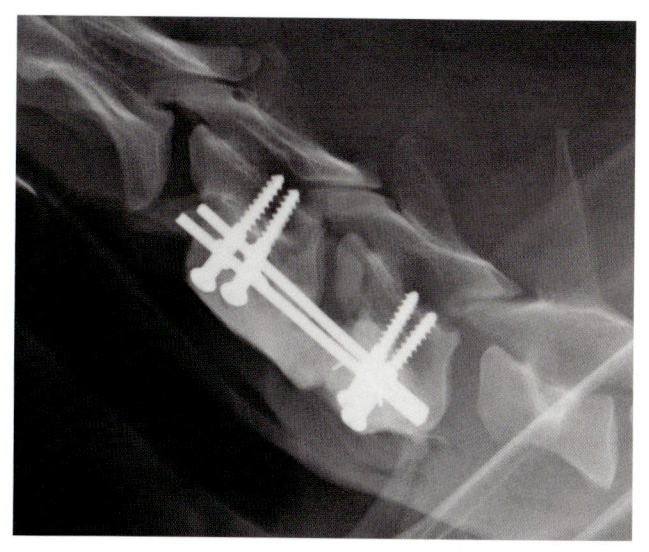

写真14　整復後の単純X線像　RL像

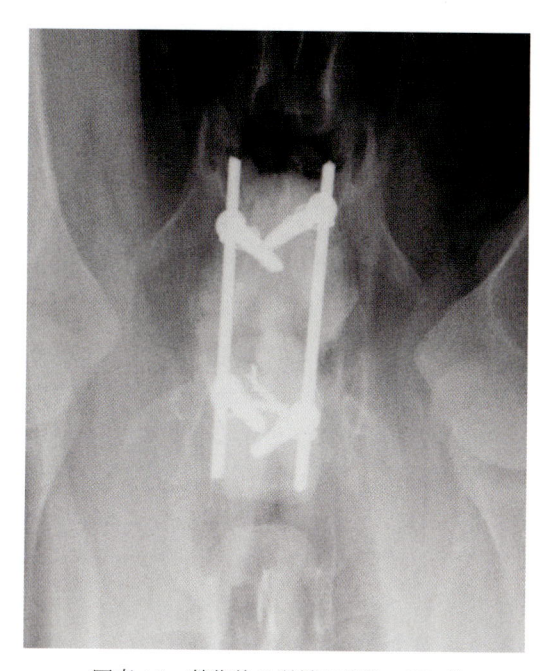

写真15　整復後の単純X線像　VD像

椎体にそれぞれ2本ずつ挿入し，椎間腔をGelpi開創器を用いて一時的に伸延させた状態で，シャフト周囲をキルシュナーワイヤーと20Gワイヤーを用いて固定した（写真12）。スロット部にPMMA（ポリメタクリル酸メチル樹脂）を埋入（プラグ形成）した後，全インプラントを一括してPMMAで固定を行った（写真13）。

手術翌日から，頸部痛の消失と神経学的機能の緩やかな改善が後肢から認められ，術後3日目には自力排尿を認め，四肢の浅部痛覚が正常な状態にまで改善した。術後6日目には，前肢での起立維持が可能となり自宅での起立訓練，四肢の屈曲反射を利用したリハビリテーションを指示し退院とした。術後21日目の検診では，四肢CPの改善

が認められ（前肢2，後肢1），ふらつきは残っていたものの補助があれば四肢自力での歩行が可能な状態にまで改善した。術後7週間目の検診時には，後肢CPも改善し，自力歩行で来院可能となっていた。現在，手術後3か月が経過するが，神経学的に正常と認められ，症状の再発なく良好な経過を得ている。

【コメント】

本症例は典型的な急性のウォブラー症候群の症状を呈した6歳齢のボルゾイであった。同症候群は特にドーベルマン・ピンシャーに多発することはよく知られているが，その発生は頸の長い大型犬に多く起こる。

頸椎の疾患は，小型犬やトイ種では上部頸椎に集中し，大型で頸の長いタイプの犬では後部頸椎に集中する傾向にある。要は後部頸椎を中心とした頸椎の安定性が失われることが円板の退行性変性などによって，椎体間周囲の背側，腹側の靭帯の肥厚や円板の突出などを示すものが多い。ダックスフンドのような軟骨異栄養型の短足種で一般的に認められる椎間円板の背側円板輪状線維の破綻に続き，髄核が椎間腔内に押し出すタイプの疾患とは異なり，典型的なウォブラー症候群では病変が可動性で不安定な動的病変であることが多く，両疾患は病態生理学的に大きく異なっている。

したがって診断に際しても，動的病変であることが多いために一定不変の病的変化を認めるよりは，頸部を屈曲位や伸展位にしたりして，単純X線検査やCT検査を行うことにより動的病変部を検出する必要がある。後部頸椎のこのような動的な変化により，一部円板の突出やその周囲の靭帯などに肥厚が生じ，頸を屈曲させるとか，伸展させるとかの際に，その靭帯の肥厚部や椎間円板の突出部が脊髄に触れることにより，強烈な痛みと不全麻痺が認められることが多い。

後頸部の病変からも分かるように，その症状は頸部の激痛と四肢の異常（不全麻痺，完全麻痺）が起こることが多い。

頸部脊椎の後半に起こる疾患では，一部前肢のLMNサインが伴うことが多く，後肢ではUMNサインが伴うことになりやすい。

単純X線検査で確定診断が得られる場合も多いが，CT検査によって病変を常に明確に描出することができる点がすばらしい。このような疾患は緊急性が高いため，CT検査，単純X線検査のいずれにせよ，動的病変を確定するためにも外科的麻酔深度を保つ全身麻酔が必要であり，病変の位置が確定できたら，そのまま直ちに外科手術を行うのが理想である（全米の各獣医科大学では30～40年前から実行している）。そのことによって全身麻酔を反復するという手間，経費，時間，リスクを省くことができる。

本症例では，動的病変に椎間板の突出を伴うことが明らかになったので，腹側のスロット法により，突出した円板を除去することと，その上を覆っている靭帯を切除する方法がとられた。頸椎の不安定が著しい部分には，様々な固定法があるが，本症例では前述されている方法で固定することができた（特殊なプラスチック製のルーブラプレートによる固定法は優れものである）。

ウォブラー症候群では不安定部分，すなわち動的病変が複数存在するような症例で，しかも腹側のみならず背側靭帯にも軽い肥厚が起こっている症例では，手術部位はそれだけ増えることになる。頸椎間の固定法もその病変に応じて増やすことが必要な場合もある。

本症例は幸いにも予後は極めて良好であったが，その他の椎間の不安定を早期に診断するためのフォローアップが欠かせない。また，術後のリハビリテーションをできるだけ早期に開始し，定期的に反復する必要がある。

(Vol.66 No.8, 2013に掲載)

参考文献

Assheuer,J. eds（1997）：MRI and CT Atlas of the Dog, Blackwell Science.
August,J.R. ed.（2001）：Consultations in Feline Internal Medicine 4th ed, W. B. Saunders.
Bagley,R.（2004）：神経外科学，第86回JAHA国際セミナーシラバス，日本動物病院福祉協会.
Bagley,R.S.（2003）：Textbook of Small Animal Surgery, 3rd ed.（Slatter,D. eds）, 1163-1173, Saunders.
Baines,S.（2008）：腹部／軟部外科A，第108回JAHA国際セミナーシラバス，日本動物病院福祉協会.
Berg,R.J.（1998）：腫瘍外科，第70回JAHA国際セミナーシラバス，日本動物病院福祉協会.
Birchard,S.J. & Sherding, R. G. eds（2000）：Saunders Manual of Small Animal Practice 2nd ed., W.B.Saunders.
Bojrab,M.J. ed.（2003）：Current Techniques in Small Animal Surgery 4th ed., Lea & Febiger.
Bonagura,J.D. ed.（1992）：Kirk's Current Veterinary Therapy XI Smal Animal Practice, Saunders.
Bonagura,J.D. ed.（1995）：Kirk's Current Veterinary Therapy Small Animal Practice XII, W.B.Saunders.
Bonagura,J.D. ed.（2000）：Kirk's Current Veterinary Therapy Small Animal Practice XIII, W.B.Saunders.
Bonagura,J.D. & Twede,D.C. eds（2009）：Kirk's Current Veterinary Therapy XIV Saunders.
Boon,J.A（1998）：Manulal of Veterinary Echocardiography, Willams & Wilkins.
Bunch,E.S.（2003）：Small Animal Internal Medicine, 3rd ed.（Nelson,W.R. & Couto,G.C. eds）, 533-535, Mosby.
Caywood,D.（1996）：小動物軟部外科手術法，第61回JAHA国際セミナーハンドアウト，日本動物病院福祉協会.
Chie,Y.（2007）：*J. Vet. Med. Sci.* 69, 915-924.
千々和宏作（2008）：獣医麻酔外科誌39, 21-27.
Cote,E. ed.（2011）：Clinical Veterinary Advisor Dogs and Cats, Mosby.
Cuddon,P.A.（1989）：*J. Small Anim. Pract.* 30, 511-516.
Decamp,C.（2002）：整形外科，第73回JAHA国際セミナーハンドアウト，日本動物病院福祉協会.
Dehoff,D.W.（1990）：外科（軟部外科）学，第41回JAHA国際セミナーシラバス，日本動物病院福祉協会.
Dewey,C.（2009）：神経外科，第114回JAHA国際セミナーシラバス，日本動物病院福祉協会.
Dorn.S.A.（1984）：外科学の重要な諸問題，第21回JAHA国際セミナーシラバス，日本動物病院福祉協会.
Drobatz,J.K. & Saunders,H.M.（2000）：Kirk's Current Veterinary Therapy XIII, Small Animal Practice（Bonagura,D.J. eds）, 810-812, Saunders.
Drobatz,J.K., Saunders,H.M., Pugh,R.C. et al.（1995）：*J. Am. Vet. Med. Assoc.* 206, 1732-1736.
Du,H., Orii,R., Yamada,Y. et al.（1996）：*Br. J. Anaesth.* 77, 526-529.
枝村一弥（2011）：今すぐ実践！神経学的検査と整形外科学的検査のコツ，ファームプレス.
Egger,L.：骨折治療の原則と創外固定，第84回JAHA国際セミナーシラバス，日本動物病院福祉協会.
Ettinger,S.J. & Feldman,E.C. eds（2010）：Textbook of Veterinary Internal Medicine 7th ed., Saunders.
Eyster,G.（2007）：胸部外科，第101回JAHA国際セミナーシラバス，日本動物病院福祉協会.
Farese,J.（2007）：腫瘍症例における外科的再構築手術，第105回JAHA国際セミナーハンドアウト，日本動物病院福祉協会.
Feldman,E.（2003）：内分泌学，第78回JAHA国際セミナーシラバス，日本動物病院福祉協会.
Fenner,W.R.（1993）：猫の医学（加藤 元 監訳），1161-1162, 文永堂出版.
Fletcher,D.J.（2009）：Kirk's Current Veterinary Therapy XIV（Bonagura,J.D. & Twede,D.C. eds）, 33-37, Saunders.
Fossum,T.W.（2004）：腹部／軟部外科A.，第85回JAHA国際セミナーハンドアウト，日本動物病院福祉協会.
Fossum,T.W.（2004）：The 5-Minute Veterinary Consult Canine and Feline, 3rd ed.（Tilley,L.P. ed.）, 230-231, Lippincott Williams & Wilkins.
Fossum,W.T. ed.（2007）：Small Animal Surgery, 3rd ed., Mosby.
Fox,P.R.（1995）：最先端の心臓病学，第43回JAHA国際セミナーシラバス，日本動物病院福祉協会.
Fox,P.R.（1999）：Textbook of Canine and Feline Cardiology 2nd ed., W.B.Saunders.
Gajic,O., Dara,S.I., Mendez,J.L. et al.（2004）：*Crit. Care Med.* 32, 1817-1824.
George Eyster,G.（2007）：胸部外科，第101回JAHA国際セミナーシラバス，日本動物病院福祉協会.
German,A.J.（2003）：*J. Small. Anim. Pract.* 44, 449-455.
Guilford,W.G., Center,S.A., Strombeck,D.R. et al. eds（1996）：Strombeck's Small Animal Gastroenterology 3rd ed., W.B.Saunders.
Gunn-Moore,D. & Miller,J.（2006）：Problem-based Feline Medicine（Rand,J. ed.）, 324-326, Saunders.
Hackett T.（2007）：クリティカル・ケア／麻酔，第98回JAHA国際セミナーシラバス，日本動物病院福祉協会.

Hamlin,R.（2006）：不整脈，心臓病学，第93回JAHA国際セミナーシラバス，日本動物病院福祉協会.

Hawkins,E.C.（1998）：Small Animal Intenal Medicine 2nd ed.（Nelson,R.W. ed.）, 331-333, Mosby.

Hawkins,E.C.（2000）：Kirk's Current Veterinary Therapy Small Animal Practice XIII（Bonagura,J.D. ed.）, 607-611, 641-643, W.B. Saunders.

Hess,R.（2007）：内分泌学，第100回JAHA国際セミナーシラバス，日本動物病院福祉協会.

Hohenhaus,A.（2008）：臨床家のための治療学：血液病学・腫瘍学，第107回JAHA国際セミナーハンドアウト，日本動物病院福祉協会.

Hopper,K.（2004）：The 5-minute Veterinary Consult Canine and Feline 3rd ed.（Tilly,L.P. ed.）, 822, 1070, Lippincott Williams and Wilkins.

石田卓夫（2007）：臨床病理学，第102回JAHA国際セミナー，日本動物病院福祉協会.

Jain,M. & Sznajder,I.J.（2005）：*Proc. Am. Thorac. Soc. 2*, 202-205.

Johnson,K.（2006）：理論から学ぶ内固定，第92回JAHA国際セミナーシラバス，日本動物病院福祉協会.

印牧信行 監修（2006）：小動物の眼科学マニュアル 第2版，学窓社.

加藤 元 監訳（1991）：小動物外科手術の実際III, 医歯薬出版.

加藤 元 監訳（1992）：犬と猫の心臓病学，文永堂出版.

加藤 元, 大島 慧 監訳（1995）：小動物の臨床腫瘍学，文永堂出版.

加藤 元 監訳（2000）：小動物臨床の実際XII, 興仁舎.

加藤 元 監訳代表（2010）：小動物臨床腫瘍学の実際，文永堂出版.

Kitchell,B.（2005）：腫瘍学，第91回JAHA国際セミナーハンドアウト，日本動物病院福祉協会.

Kitchell,E.B.（1997）：腫瘍学の内科，第66回JAHA国際セミナーシラバス，日本動物病院福祉協会.

Kohn,B., Weingart,C., Eckmann,V. et al.（2006）：*J. Vet. Intern. Med.* 20, 159-166.

小出和欣（1988）：プロベット 123, 12-23.

小村吉幸, 滝口満喜監訳（2006）：小動物の救急医療マニュアル，文永堂出版.

Kornegay,J.N.（2002）：神経病学，第69回JAHA国際セミナーシラバス，日本動物病院福祉協会.

Krahwinkel,J.D.（2004）：臨床家を助ける軟部外科学，第86回JAHA国際セミナーシラバス，日本動物病院福祉協会.

Krahwinkel,J.D.Jr. & Richardson,C.D.（1983）：Current Techniques in Small Animal Surgery, 2nd ed.（Bojrab,J.M. ed.）, 162-174, Lea & Febiger.

Lappin,M.R.（2006）：Problem-based Feline Medicine（Rand,J. ed.）, 529-530, Saunders.

Lascelles,D.（2006）：進んだ獣医療はペインコントロールから始まる，第94回JAHA国際セミナーシラバス，日本動物病院福祉協会.

Lathan,S.R., Silverman,E.M., Brian,L et al.（1999）：*South Med. J.* 92, 313-315.

Liska,W.D. & Whitney,W.O.（2000）：小動物診療の実際XII（加藤 元 監訳）, 950-953, 興仁舎.

Marianii,C.L.（2005）：Textbook of Veterinary Internalmedicine 6th ed.（Ettinger,S.J. & Feldoman,E.C.eds）, 1475-1477, Saunders.

Marks,S.（2001）：消化器病学，第68回JAHA国際セミナーシラバス，日本動物病院福祉協会.

Meyer,D. & Twedt,C.D.（2001）：Liver Diseases Microvascular Portal Dysplasia with Portal Hypertension, Lecture note Academy Veterinary Medicine.

Miller,E.（2000）：Kirk's Current Veterinary Therapy XIII（Bonagura,J.D. ed.）, 430, W.B.Saunders.

Millis,D.L.（2009）：Kirk's Current Veterinary Therapy XIV（Bonagura,J.D. & Twedt,D.C.）, 1131-1135, Saunders.

Monnet,E.（2000）：胸部外科学，第64回JAHA国際セミナーハンドアウト，日本動物病院福祉協会.

Monnet,E.（2001）：胸部外科学，第73回JAHA国際セミナーシラバス，日本動物病院福祉協会.

Monnet,E.（2003）：胸部外科学，第79回JAHA国際セミナーハンドアウト，日本動物病院福祉協会.

Monnet,E.（2006）：胸部外科学，第97回JAHA国際セミナーシラバス，日本動物病院福祉協会.

Mooney,C.（2011）：内分泌学，第125回JAHA国際セミナーシラバス，日本動物病院福祉協会.

Mooney,C.F.（2005）：Text Book of Veterinary Internal Medicine 6th ed（Ettinger,S.J. & Feldman,E.C. eds）, 1544-1558, Saunders.

森川嘉夫 監訳（1992）：わかりやすい小動物軟部外科手術法，日本動物病院福祉協会.

Morrison,W.B. ed.（2002）：Cancer in Dogs and Cats Medical and Surgical Management, Teton New Media.

Myer,W.（2000）：Saunders Manual of Small Animal Practice 2nd ed.（Birchard,S.T. & Sherding,R.G. eds）, 744-753, 787-815, W.B.Saunders.

Nasisse,M.P.（2005）：開業医でも解決できる難しい眼科疾患，第87回JAHA国際セミナー・ニューシリーズセミナーシラバス，日本動物病院福祉協会.

Nelson,R.W. & Couto, C.G. eds（1998）：Small Animal Internal Medicine 2nd ed., Mosby.

Nelson,R.W. & Couto,C.G eds（2003）：Small Animal Internal Medicine 3rd ed., Mosby.

O'Brien,D.（2008）：経病学，第109回JAHA国際セミナーシラバス，日本動物病院福祉協会.

Ogilvie,G.K. & Moore,A.S.（2001）：Feline Oncology JAHA 国際セミナーハンドアウト，日本動物病院福祉協会.
Orton,C.（1995）：Small Animal Thoracic Surgery, Willams & Wilkins.
Oyama & Sisson（2001）：*J. Am. Anim. Hosp. Assoc.* 37, 519-535.
Piermattei,L.D.：小動物整形外科の重要な諸問題，第 14 回 JAHA 国際セミナーシラバス，日本動物病院福祉協会.
Piermattei,L.D.：整形外科，第 31 回 JAHA 国際セミナーシラバス，日本動物病院福祉協会.
Powell,C.C.（2002）：目からウロコの眼科学，第 71 回 JAHA 国際セミナー・ニューシリーズセミナーシラバス，日本動物病院福祉協会.
Quesenberry,K.E. & Carpenter,J.W.（2004）：Ferrets, Rabbits, and Rodents 2nd ed, Saunders.
Rand,J ed.（2006）：Problem-based Feline Medicine, Saunders.
Rawlings,A.C.（2002）：腹部外科学，第 78 回 JAHA 国際セミナーシラバス，日本動物病院福祉協会.
テリー・ライアン（2008）：テリー・ライアンのパピーブック 2008，ディーイーピー.
テリー・ライアン，加藤 元（1998）：ほめてしつける犬の飼い方─アメリカに学ぶ新しいしつけ訓練法，池田書店.
Rod Straw,R.（2007）：実践腫瘍外科，第 99 回 JAHA 国際セミナーシラバス，日本動物病院福祉協会.
Seim,H.B.（2007）：Small Animal Surgery 3rd ed.（Fossum,T.W. ed.），1379-1401, 1402-1492, Mosby.
Shelton,G.D.（2009）：Kirk's Current Veterinary Therapy XIV（Bonagura,J.D. & Twedt,D.C. eds），1108-1111, Saunders.
Slatter,D ed.（2003）：Textbook of Small Animal Surgery 3rd ed., Saunders.
Smeak,D.D（2002）：上腹部の軟部外科学，第 81 回 JAHA 国際セミナーシラバス，日本動物病院福祉協会.
Smeak,D.D.（2008）：腹部 / 軟便外科 B，第 96 回 JAHA 国際セミナーシラバス，日本動物病院福祉協会.
Straw,R.（2007）：腫瘍専門医が伝授する実践腫瘍外科，第 99 回 JAHA 国際セミナー・ニューシリーズセミナーハンドアウト，日本動物病院福祉協会.
Tilley,L.P. & Smith,Jr. F.W.K. eds（2000）：The 5-Minute Veterinary Consult Canine and Feline 2nd ed., Lippincott Williams & Wilkins.
Tipold,A.（2000）：Kirk's Current Veterinary Therapy Small Animal Practice XIII（Bonagura,J.D. ed.），978-981, W.B. Saunders.
Tomlinson,J.（2005）：整形外科，第 88 回 JAHA 国際セミナーハンドアウト，日本動物病院福祉協会.
Toombs,J.P. & Waters,D.J.（2003）：Textbook of Small Animal Surgery 3rd ed.（Slatter,D. ed.），1193-1209, Saunders.
Tranquilli,J.W., Grimm,A.K. & Lamont,A.L. eds（2000）：Pain Management for the Small Animal Practitioner, Teton NewMedia.
Twedt,D.（2007）：消化器病学，第 103 回 JAHA 国際セミナーシラバス，日本動物病院福祉協会.
Waschak,M.J.（2004）：The 5-Minute Veterinary Consult Canine and Feline, 3rd ed.（Tilley,L.P. ed.），492-493, Lippincott Williams & Wilkins.
Washabau,R.（2004）：消化器病学，第 84 回 JAHA 国際セミナーシラバス，日本動物病院福祉協会.
Wedekind,K.J., Kats,L., Yu,S. et al.（2010）：Small Animal Clinical Nutrition 5th ed., 131-133, Mark Morres Institute.
Wheeler,P.A. & Bernard,R.G.（2007）：*Lancet* 369, 1553-1564.
Wiedeman,P.H., Wheeler,P.A., Bernard,R.G. et al.（2006）：*N. Eng. J. Med.* 354, 2564-2575.
Willard,M.（2005）：Hepatic Disease，第 89 回 JAHA 国際セミナー，日本動物病院福祉協会.
Wingfield,W.E.（2002）：Gastric Dilation and Volvulus: The Veterinary ICU Book（Wingfield,W.E. ed.），753-762, Teton New-Media.
Withrow,S.J.（1986）：腫瘍学の重要な諸問題，第 28 回 JAHA 国際セミナーシラバス，日本動物病院福祉協会.
Withrow,S.J.（1992）：最新の腫瘍学 内科編，第 49 回 JAHA 国際セミナーシラバス，日本動物病院福祉協会.
Withrow,S.J. & MacEwen,E.G. eds（2001）：Small Animal Clinical Oncology 3th ed., Saunders.
Withrow,S.J. & Vail,D.M. eds（2007）：Withrow & MacEwen's Small Animal Clinical Oncology 4th ed., Saunders.
Withrow,S.J., Vail,D.M. & Page,R.L.（2013）：Withrow & MacEwen's Small Animal Clinical Oncology 5th ed, Elsevier.
Zoran,L.D.（2003）：Handbook of Small Animal Practice 4th ed.（Morgan,V.R., Bright,M.R., Swartout,S.M. eds），354-376, Saunders.

索 引

A

AAHA 3
ACT 168
acute respiratory distress syndrome 23
AIHA 373
AVMA 2, 28

B

basal cell tumor 155
B-mode 38
bond-centered practice 5, 29

C

CAPP 449
CBC 18
chronic reacting protein 20
chylothorax 118
client education 17
colopexy 207
complete blood count 18
complete history taking 18
complete physical examination 18
COPLA/LVP 266
CRP 20
critical care 21
CRT 242
Current Veterinary Therapy Ⅲ 2
cystopexy 207

D

DIC 58, 59, 443

E

EBM 7, 397
emergency 21
EPPPVR 23

evidence-based medicine 7, 397

F

fine-needle aspiration biopsy 25
FIV 90
FNA 25, 83, 144, 145, 235, 252, 266, 280, 314, 374, 379, 400, 438
FT4 349

G

GDV 186
GM-CSF 268
granuloma 404

H

HAB 73, 116, 270
HANB 29
Hill's a/d 155, 199
Hill's i/d 221, 282
Hill's j/d 164
Hill's n/d 98
Hill's w/d 76
Hill's z/d 73, 418
history taking 1, 15

I

incomplete blood examination 18
informed consent 11
intensive care 22
interaction 16

J

JAHA 3, 21, 449

K

Kirk's Current Veterinary Therapy 376, 428

L

laminectomy 161
LMN 451
lung lobe torsion 391

M

MAXON 358
MDV 179
M-mode 38
MVD 179

O

organized veterinary medicine 2, 3, 26, 29

P

PDS3-0 367, 391, 442, 449
physical examination 10, 47, 89, 155, 175, 180, 231, 289, 384, 428
pluripotential blast tumor 298
PMMA 332, 455
POM 7
POMR 7, 15, 309
POMRS 8
POMS 3, 7, 25
POS 8, 29, 309
PRA 258
problem-oriented medical record 7
problem-oriented medical record system 8
problem-oriented medical system 3, 7, 25
problem-oriented medicine 7
problem-oriented system 8, 29
PSVA 179
pulmonary edema 23

Q

QOL 98, 207, 254, 269, 284, 377, 402

R

renal cell carcinoma 173
resuscitation 21
routine tests 18

S

Small Animal Clinical Nutrition 428
spontaneous permanent clinical remission 303

T

TBA 349
teaching animal hospital 22
Textbook for Veterinary Technicians 27
TSH 349

U

UMN 451

V

VPC 261
VT 27

W

Wilm's tumor 298

あ

アーガスセンター 270
ICUクリティカルケアー 52
アイゼンメンジャー化 39
アイムスドライフード 451
アイリッシュ・セッター 233
赤目 335, 378
アガリクス 87, 98
アガリスク 115
アキシャル像 331, 338, 344, 381, 389, 401, 411, 421, 453
亜急性前部ブドウ膜炎 341
悪性黒色腫 267, 278
悪性腫瘍 59
悪性上皮性腫瘍 146
悪性リンパ腫 87
アコーディオン型 360
アジソン症 410
アスゾール 76, 104
アスピリン 232
アセチルコリン受容体結合抗体価 187
アセチルコリンレセプター 397
アセプロマジン 163
アテノロール 154
アドヒアランス 435
アトピー性皮膚炎 225, 264, 418
アドリアシン 422
アドリアマイシン 98
アトロピン 105, 396, 402
アビシニアン 393
アポトーシス率 317
アミカシン 107, 255, 308, 358, 416, 422, 442, 443
アミラーゼ 76
アメロイドコンストリクター 52, 54
アルサルミン 72, 76, 104, 107, 154, 159
アルブミン 20
アンピシリン 86, 97, 136, 296, 308, 320, 340, 358, 416, 442
安楽死 255, 270

い

胃拡張捻転症候群 182, 186
威嚇反射 319
異型リンパ球 85
医原性クッシング症候群 47
移行上皮癌 174
移行上皮細胞癌 298
胃腺癌 316
痛がる 323
胃チューブ 184
胃底部固定術 155
遺伝的素因 205
犬若年性腹膜動脈炎症候群 109
犬疼痛症候群 109
胃捻転整復術 184
異物 246
胃噴門部滑脱性ヘルニア 152
イムラン 107, 377
胃瘻チューブ 191, 198, 422
陰嚢（腹腔内－）424
インスリノーマ 405, 410
インスリン 379, 384, 407
インスリン濃度 408
インターフェロン 302
咽頭痙攣 262
インフォームド・コンセント 11

う

ウイルス性乳頭腫 278
ウィルムス腫 174
ウエスト・ハイランド・ホワイト・テリア 405
ウェルシュ・コーギー 176, 225
ウォブラー症候群 453
右心房血管肉腫 113
鬱血性心不全 41
ウルソ 87, 107
ウルソデオキシコール酸 199, 255, 353
ウログラフィン 202
ウログラフィン造影X線検査 105
運動を嫌う 181

え

エアーアルベログラム 38
エアーブロンコグラム 38
ACTH 刺激試験 227
H2 受容体拮抗薬 159
栄養学 17
栄養欠乏性疾患 425
栄養状態 13
栄養不良 52, 58
会陰アプローチ 204
会陰ヘルニア 55, 201
ACE 阻害剤 379
ACTH 刺激試験 381, 408
エコーガイド 114, 144, 145, 400
壊死性血管炎 109
S-アデノシルメチオニン 352
S-T 低下 261
X 線検査 25
X 線透過性 48
FIV 検査 83
エプーリス 278
エマージェンシー 21, 181
MRI 検査 227, 424
エリスロポイエチン 255, 437
エリスロマイシン 320
L-アスパラキナーゼ 87, 267
エレンタール 107, 199
塩化エドロホニウム 396
嚥下困難 397
塩酸ソタロール 262
塩酸モルヒネ 57, 114
炎症性胃腸炎 74
エンロフロキサシン 136, 314, 320, 346

お

横隔膜左側破裂 127
横隔膜ヘルニア 127, 365
横隔膜ライン 52, 145
横隔膜裂傷 129
嘔吐 65, 75, 91, 125, 149, 176, 187, 216, 279, 285, 349, 370, 405, 413, 418
オーガナイズド・ベテリナリー・メディスン 3, 27, 30
オステクトミー 165
オメプラゾン 107
オルトラニサイン 163
オンコビン 115
温水浣腸 178
オンダンセトロン 359, 360
温熱療法 268

か

下位運動ニューロン 451
開胸器 390
開胸術 41, 78, 390
外耳炎 418
外傷 231
外傷性穿孔 442
開腹手術 96
開腹手術 105, 136, 172
開腹手術（探査ー）178
海綿骨ネジシャフト 454
回盲部の腫瘍 417
顔色 12
下顎骨肉腫 278
下顎咬筋の著しい萎縮 101
化学療法 87, 89, 266, 422
角化型エナメル上皮腫 278
角膜潰瘍 320, 379, 383
角膜混濁 378
角膜実質潰瘍 319
角膜穿孔（深層性ー）320
角膜染色 319
角膜染色検査 336
角膜白濁 335
角膜浮腫 340
角膜縫合 322
角膜縫合術 320
可視粘膜 125
可視粘膜（粘膜）89
可視粘膜蒼白 370
下垂体の腫瘍 384
ガスター 72, 76, 97, 104, 107, 154, 158
硬いマス 168
脚気 428
カッタブルプレート 165
活動性の低下 329
化膿性結膜炎 98
化膿性胆嚢炎 354
化膿性肉芽腫 403
化膿性肉芽腫性脂肪組織炎 403
化膿創 100
かゆみ 264
カラードップラー 38, 46, 47, 113, 117, 371
Ca チャネルブロッカー 434
カルテ 9, 31
カルボプラチン 147, 297, 298
眼窩下神経ブロック 276
眼科用ピンセット 454
肝臓腫瘍 235
肝機能障害 350
肝機能不全 177
眼球摘出 340
眼球内メラノーマ 341
眼瞼痙攣 378
眼瞼結膜浮腫 335
眼瞼反射 319
肝細胞癌 255, 316
環軸関節固定術 334
管状腺癌 174
肝生検 52, 178, 254, 352, 382
肝性脳症 52
癌性腹膜炎 59
関節固定術 332
完全房室ブロック 433

肝臓萎縮 179
肝胆管嚢胞腺腫 255
環椎軸椎関節亜脱臼 330
環椎軸椎関節固定術 332
がん年齢 341
鑑別診断 410
陥没骨折 343
肝門脈微小血管異形成 178

き

気管虚脱 307
気管支拡張症 46
気管支拡張像 46
気管支肺胞洗浄 144
気管支パターン 46, 188
キサラタン点眼 340
基底細胞癌 316
基底細胞腫 155, 316
基底細胞腫（猫の一） 317
基底細胞上皮腫 316
機能性雑音 371
偽嚢胞 291
ギャギング 41
逆流性雑音 285, 370
キャバリア・キングチャールズ・ス
　パニエル 162, 437, 445
ギャロップリズム 285
吸引性肺炎 159, 161, 262, 397
救急救命 355, 369
吸収性縫合糸 416, 442, 449
求心性心肥大 62
急性出血性胃炎 104
急性出血性胃腸炎 323
急性膵炎 262
急性腹症 417
教育動物病院 22
胸管結紮 124
共感反射 319, 342
胸腔入口 387
胸腔切開術 62

胸腔ドレーン 62, 78, 128, 114,
　184, 238, 246, 367, 391, 422
胸腔-腹腔シャント形成 120
胸骨正中アプローチ 122
胸骨正中切開 128, 146, 238
胸骨リンパ 145
胸骨リンパ節 62
凝固プロファイル（血液）58
胸水 62, 245, 390
胸水検査 118, 182
胸水除去 120
胸腺腫 62, 235
胸部正中切開 184
胸部単純X線検査 423
胸部腹側心音 364
胸膜炎 243
　無菌性- 62, 77
胸膜腹膜シャント 124
局所性重症筋無力症 193
棘細胞腫型エプーリス 278
棘突起骨折 447
去勢手術 59
巨大結腸症 224, 281
巨大食道症 64, 193, 224
　後天性- 188
巨大心 111
巨大な脾臓 83
巨大なマス 169
虚脱 49, 405
虚脱無気肺領域 367
起立困難 304, 451
　後肢- 424
起立不能 49
キルシュナーピン 332
キルシュナーワイヤー 455
緊急手術 348
筋群の萎縮 205
筋肉マスの萎縮 225

く

空腸切除 222
空腸不完全腸閉塞 218
屈曲位頸部疼痛 451
クッシング症候群 227, 228, 382
クライアントエデュケーション（教
　育）17, 54, 397
グライコパイロレート 41, 66, 163
クラバモックス 359, 360
グラム陰性桿菌 136, 209
クリティカルケア 21, 348
クリンダマイシン 428
グルココルチコイド欠乏症 408,
　410
グルコサミン 309, 424
グルコン酸カリウム 154
グルコン酸クロルヘキシジン 164
クロラムブシル 267, 377

け

経眼瞼眼球摘出法 340
経済的負担 232
経食道胃カテーテル 87, 359
経食道カテーテル 375
経鼻胃カテーテル 255, 291, 309,
　367
経鼻栄養カテーテル 375
経鼻カテーテル 136, 243, 347,
　396, 434
経鼻酸素カテーテル 114
頸部椎間板ヘルニア 324
ケーススタディ 7
外科的減圧 448
外科用スパーテル 448
ケタミン 422, 454
血液ガス 20
血液凝固時間 168
血液乳酸値 228
血液の凝固プロファイル 58

血液 pH 20
血管クリップ 382
血管肉腫 98, 115, 255, 298
血管肉腫（右心房－）113
血腫 342
結節性病変 442
血栓形成 232
血栓（塞栓する－）417
血栓予防 434
血中乳酸値 20
結腸亜全摘出術 283
結腸切除腸管吻合術 282
結腸便秘 205
結膜炎
　化膿性－ 98
　細菌性－ 319, 379
下痢 65, 91, 279, 405
ゲルピーセルフリトラクター 332
ケロイド 404
減圧手術 346
元気消失 378, 393, 398, 413
ゲンタマイシン 164, 320
原発性肝腫瘍（猫）255

こ

コイル栓塞術 41
抗アセチルコリンエステラーゼ阻害
　薬 303
抗アセチルコリン受容体抗体 301, 393
抗核抗体 301
咬筋 101
口腔悪性腫瘍 278
口腔好酸球性肉芽腫症候群 278
口腔の可視粘膜 89
口腔扁平上皮癌 272, 316
後肢起立困難 424
後肢爪血管色調 228
後肢疼痛 424
後肢動脈血栓症 231

後肢の不全麻痺 225
後肢パッドの壊死 230
甲状腺機能検査 149, 155, 157
甲状腺機能亢進症 152, 154, 155, 434
甲状腺機能低下症 159, 193, 269, 271, 307, 430
甲状腺ホルモン剤 230, 267
口上療法 73
光線力学療法 317
梗塞壊死 81
高速空気ドリル 454
後大動脈血栓症 228
高張食塩水 138
交通事故 24, 131, 347, 445
後天性巨大食道症 188
行動学 428
後頭骨形成不全 331
後腹部腫瘍 399
後腹膜下脂肪 46
抗不整脈薬 434
肛門周囲皮膚炎 230
誤嚥 357
誤嚥性肺炎 64, 188, 191, 302, 397
コートロシン 227
ゴールデン・レトリーバー 91, 110, 264
股関節炎 339
股関節形成不全 162, 163, 217, 218
股関節脱臼 347
呼吸窮迫症候群 23
呼吸困難 42, 299, 385
呼吸状態の悪化 242
呼吸促迫 110, 378
黒色腫（眼）336
骨外骨肉腫 255
骨キュレット 454
骨髄生検 373

骨髄穿刺 87
骨折 158
　棘突起－ 447
骨ノミ 276
骨盤プレート 164
骨片除去 448
コハク酸メチルプレドニゾロン 262, 326, 332, 346
コミュニケーション 224
コミュニケーション・スキル 15, 16, 417
固有位置感覚 160
固有位置反射 299
コリスチン 320
コルセット 334
コルチコステロイド 47, 159, 383, 402, 444
コルチゾール 384
コレステリン結晶 146
コロイド輸液 198
コロナウイルスタイター 90
コロナル像 325, 333, 338, 344, 381, 388, 411
コロペクシー 207
混合エコー性の腫瘤性病変 442
コンコーダンス 435
コンプライアンス（肺の－減少）48
コンベニア 353

さ

サージカルバー 332
サードオピニオン 424
細菌感受性試験 210
細菌性化膿性腹膜炎 417
細菌性胸膜炎 247
細菌性結膜炎 319, 379
細菌性腹膜炎 306, 438
細菌性膀胱炎 442
最高の利益 310

細針吸引生検 25
サイトキサン 87, 89
サイトテック 172
サイトハウンド 186
サイトラック 104
細胞診 86, 245, 295, 306, 319, 379, 438
酢酸ヘキシジン 164
酢酸リュープロレリン 212, 214
サクション 120
削痩 370
サジタル像 325, 331, 333, 338, 344, 388, 401, 421, 452
左心室径短縮率 433
左心室肥大パターン 37
左心肥大 96
左側縦隔転移性腫瘍 295
サチンスキー鉗子 391
雑種犬 55, 131
雑種猫 82, 140, 299, 355, 363, 378
サティンスキー鉗子 114
左肺前葉の捻転 390
サブクリニカルショック 139, 447
サプリメント 309
酸素療法 243
三点骨盤骨切術 164

し

シー・ズ 42, 304
CT検査 25, 227, 235, 252, 272, 281, 288, 295, 314, 326, 330, 343, 381, 389, 396, 400, 410, 419, 442, 448, 451
CT画像 292
シェットランド・シープドッグ 75, 187, 271, 385
子宮蓄膿症 269, 307
子宮平滑筋腫 269
シクロスポリン 375, 377, 403

シクロフォスファミド 267, 377
自己凝集 374
自己免疫性溶血性貧血 373
歯根炎 383
歯根尖部膿瘍 381
四肢不全麻痺 451
歯周病 307, 371, 393
視診 11
シスト 287
シストペクシー 207
歯石沈着 307, 329, 371, 393
弛張熱 109
膝蓋骨脱臼 224
膝蓋骨脱臼症候群 329
膝蓋骨内方脱臼 218
膝蓋骨の内側への変位 217
しつけ 450
失神 431, 434
湿性ラ音 258
歯肉腫瘍 271
社会化 14, 347
シャント 41
シャント形成（胸腔-腹腔）120
シャンプー療法 225
臨床獣医栄養学 429
臭化パンクロニウム 262
臭化ピリドスチグミン 190, 302, 396
重症筋無力症 64, 187, 193, 301, 394
重症肺炎 23
充填物（プラスチック）58
羞明 318, 378
縮瞳 335
出血（腹腔内の大量の-）96
腫瘍（回盲部）417
腫瘍減量術 315
腫瘍随伴性 394
腫瘍性メラノサイト 340
腫瘍切除 116

腫瘍 293, 437
腫瘍正中 314
循環不全 111
瞬膜突出 335
瞬膜フラップ 320
上位運動ニューロン 451
消化管運動促進剤 221
消化管型リンパ腫 199
小肝症 52
上室性頻拍 432
静水圧 262
上部気道閉塞 262
上部気道閉塞性症候群 334
上部消化管内視鏡検査 419
漿膜パッチ 136, 221
静脈性尿路造影 136, 169
食事療法 73
触診 12
食道胃カテーテル 247
食道炎 152
食道拡張 246
食道狭窄 247
食道穿孔 243
食道内異物 242
食道裂孔 366
食物アレルギー 73, 323
食欲減退 194
食欲低下 398
食欲廃絶 82
食欲不振 349, 405
ショック 99, 184, 248
　心原性の- 431
　低血流量性- 365
徐放性ジルチアゼム顆粒 434
ジルチアゼム 434
心エコー検査 38
腎芽細胞腫 298
腎芽腫 174
シンガプーラ 279
腎癌 173

心筋障害 261
神経・筋ジャンクション 397
神経反射 428
心原性のショック 431
心原性肺水腫 262
人工インプラント 205
進行性網膜萎縮 258
腎細胞癌 295, 298
心雑音 378
心室性期外収縮 261
心室性頻拍 432
心室性不整脈 182
腎腺腫 316
深層性角膜穿孔 320
心タンポナーゼ 113, 115
心電図モニター 383
腎尿細管細胞癌 298
心嚢滲出 110
心嚢切開 114
心嚢切除 116
心嚢穿刺 110, 114
腎嚢胞 235
心肺停止 186
深部角膜潰瘍 322
深部痛覚 454
心房細動 434
心膜横隔膜ヘルニア 307
心膜準全切除術 122
心膜切除 120, 124, 184, 422
心理学 428

す

膵炎（慢性ー）271
膵膿瘍 292
膵臓左脚部分切除 402
膵臓嚢胞 289
水頭症 331
水分摂取量 47
水溶性ビタミン群 429
スクラルファート 191, 199

スコティッシュ・ホールド 285
スタインマンピン 158, 164
スタドール 107, 157
スタンプ標本 72
ステロテド反応性脳脊髄膜炎 109
ステンレス糸 404
ストライカー 164
ストライカーサージカルバー 326
スパチュラ針 320
3D構築CT像 325, 331, 333, 338, 344, 388, 401, 411
スロット 326, 454

せ

生検 86, 96, 148, 151, 246, 373
正常範囲 19
成虫抗原陰性 200
正中切開 96, 105
成長曲線 13
整腸剤 76
静的圧迫病変 454
制吐剤 405
性ホルモン関連機能障害 211
喘鳴音 299
生命速度 147
セカンドオピニオン 437
脊髄炎 231
脊髄減圧術 158
脊髄造影検査 158, 451
脊髄損傷 158, 447
脊髄反射 299
脊髄表層血管の消失 449
脊柱管内背側 448
脊柱固定術 158
脊椎安定化 454
脊椎円盤緊急疾患 24
脊椎円板疾患 231
脊椎固定術 160
脊髄腫瘍 231
脊椎線維軟骨塞栓症 231

脊椎腫瘍 231
切除不能 423
セファゾリン 276, 366, 382, 390, 402, 422, 448, 449
セファレキシン 104, 107, 164, 254, 255, 332
セフォタキシム 282, 346
セフメタゾン 198
線維腫 298
線維肉腫 174, 255, 278
腺癌 257
前胸部腫瘍 233
浅在性巣状軟化 449
前縦隔 64
前縦隔腫瘍 419
前十字靭帯断裂 430
全層生検 72
全層切除生検 198
先天性脊椎形成不全 231
先天性門脈血管異常 177, 179
前頭洞蓄膿 318
蠕動微弱 217
全腹腔内臓器の精査 86, 96, 366
前腹部痛 349
前ブドウ膜炎 379
前部ブドウ膜黒色腫 341
前立腺炎 59
前立腺がん 58
前立腺全摘出術 58
前立腺嚢胞 59
前立腺膿瘍 59
前立腺肥大 58, 205, 329

そ

素因 334
早期確定診断 397
早期根治療法 148
早期診断 148
早期治療 397
造血剤 97

総胆管 350
総胆汁酸濃度 349,408
僧帽弁逆流 287
僧帽弁不全 47
塞栓する血栓 417
粟粒性腫瘤 341
鼠径ヘルニア 200
ソタロール 115
ソプロストール 173

た

タイオーバードレッシング 138
大球性低色素性貧血 374
対光反射 319,342
代謝性アルカローシス 130
体重の減少 383
胎生期腎腫 174
大泉門開存 248,329
大腿骨頭切除術 167
大動脈血栓症 231,232
第Ⅱ誘導 37
大網全切除術 442
多飲多尿 383,405
タウリン 87
多源性不整脈 432
多小葉性骨軟骨肉腫 278
多食 383
打診 12
大脳外出血 343
正しい栄養食 428
多中心型リンパ腫 266
ダックスフンド 24
多動脈炎 109
多発性筋炎 101,106,193
多発性動脈炎 106
ダルテパリン 382
胆管過形成 255
胆管癌 255
胆管肝炎 354
胆管腺腫 257

胆管嚢胞 255
　－腺腫 255
探査開腹 442
探査開腹術 178,289
胆汁性肝硬変 354
胆汁培養 352
単純連続縫合 139
単層連続縫合 367
胆泥胆砂 197,350
短頭種症候群 224
胆嚢 197,351
胆嚢炎 350
胆嚢摘出 178,352
胆嚢粘液嚢腫 350
胆嚢破裂 353
胆嚢壁の肥厚 197,350,371
蛋白漏出性腸炎 197,199

ち

チアノーゼ 125
チェックマン CDV 424
知覚過敏 425
恥骨前縁剥離骨折 132
致死的な疾患 392
中耳炎 396
注射部位の硬結 109
超音波凝固切開装置 402
超音波検査 25,98
腸管の捻転 417
腸間膜結節性病変 442
腸間膜脂肪 46
腸間膜脂肪織炎 401
聴診 12
腸性毒血症 76
腸切開異物摘出術 220
腸捻転 414
腸閉塞 360,414
　空腸不完全－ 218
直腸固定術 206
直腸便秘 205

チワワ 242,329

つ

椎間板ヘルニア 224,326
　頸部－ 324
椎弓切除 160

て

低アルブミン血症 136,154,198
低アレルゲントリーツ 385,418
低カリウム血症 130
低血糖 52,243,405
低血流性ショック 357,365,369
低酸素症 261,263
低体温 431
低蛋白血症 186
ディフクイック染色 195
低分子ヘパリン 382,434
デキサメサゾン 320,379,382
溺水 262
鉄剤 255
テノトミー鋏 41
デバルキング 64,315,422,423
デブライドメント 136
転移 298
転移性腫瘍 296
電解質 20
電気メス 164,172
電撃 262
テンシロン検査 301,396
転倒 393,431

と

トイ・プードル 342,413
頭蓋骨陥没骨折 343
凍結療法 317
洞性頻脈 96,226
疼痛 323
　屈曲位頸部－ 451
　後肢－ 424

糖尿病 379, 438
　　難コントロール性— 381
頭部外傷 342
動脈管開存症 41
動脈体腫瘍 423
ドキシサイクリン 302, 374
トキソプラズマ症 425
ドキソルビシン 87, 89, 115, 147, 173, 267, 268, 297
特発性出血性心膜炎 186
特発性腸間膜脂肪織炎 403
吐出 418
ドパミン 296
ドブタミン 41, 114
ドベーキー摂子 179
ドミトール 164
トラマドール 449
トランスファーファクター 87, 98, 109, 115
トリブリッセン 159
トリロスタン 230, 382
ドレナージ 291
トンキー 97

な

内視鏡検査 25, 66, 73, 86, 96, 105, 218, 246, 281, 358
内視鏡検査（上部消化管内—） 419
内視鏡モード 325
ナイトロプルサイド 263
生食フード 425
鉛中毒 193
軟口蓋過長 216, 224
軟口蓋過長整復術 199
軟骨肉腫 174
難コントロール性糖尿病 381

に

肉芽腫 58, 100, 281, 404
肉芽腫性脂肪織炎 438

二重造影 X 線検査 66, 136
24 時間体制 129, 136
二分脊椎症 224
日本犬 60
日本猫 318, 370, 430
乳酸化リンゲル（「リンゲル」参照） 114, 157, 262, 320, 358
乳酸値 99
乳腺腫瘍 269
乳糜 118
乳糜胸 118, 182
乳糜性胸膜炎 184
尿酸アンモニウム結晶 177
尿性腹膜炎 139
尿道カテーテル 136, 184, 204, 230, 296, 302, 454
尿道周囲嚢胞 213
尿比重 349
尿崩症 425
尿路感染症 211, 228, 266
尿路周囲嚢胞 211

ね

ネオスチグミン 258
猫コロナウイルス抗体価 286
猫伝染性腹膜炎 90
猫免疫不全症候群ウイルス 90
ネックブレース 332
ネラトンチューブ 340
捻転
　　左肺前葉の— 390
　　腸管の— 417
捻発音 42
粘膜の肥厚 74

の

ノイトロジン 136
ノイロビタン 428
脳室皮下シャント形成術 332
脳神経症状 52

膿皮症 413
脳浮腫 348
嚢胞 210
嚢胞状腫瘤 212
嚢胞切除 254
脳裂傷 343

は

ハーモニックスカルペル 52, 62, 96, 106, 114, 172, 179, 198, 254
肺炎 23
肺気腫 46
敗血症 161, 262
肺挫傷 139, 262
肺水腫 23, 38, 42, 262
肺性 P 37, 52
肺線維症 46
背側円板輪状線維 456
背側椎弓切除術 448
ハイドララシン 263
バイトリル 46, 442
排尿困難 201, 208, 299
肺捻転 78
肺膿瘍 78, 381
肺胞パターン 188
バイポーラ電気メス 347, 382
肺門部リンパ節 62
肺紋理 46
肺葉壊死 78
肺葉切除術 390
肺葉捻転 80, 391
ハイリスク 246
パグ 194
白内障手術 258
剝離骨折 132
破歯細胞性吸収病変 393
播種性血管内凝固 443
バスケット鉗子 246
発咳 117

パッチテクニック 198
発熱 279
馬尾症候群 271
パピヨン 168
バルーンカテーテル 246
ハルトマン液 76, 86, 89, 157
バルフォア開創器 296
パルボウイルス検査 76
反回神経 161
瘢痕性収縮 74
斑状のマス病変 95
パンティング 60, 323, 335, 437
反転した盲腸 417
反応性動脈炎 109
反復する感染 383

ひ

ヒアルロン酸ナトリウム 320
ヒアレイン 379
BAG プロトコール 163
big dog small dog シンドローム 347
ビーグル 156
ビーグル疼痛症候群 109
B コンプレックス 104
P 波消失 402
P 波増高 261, 263
鼻咽頭ポリープ 396
鼻炎 394
ビオフェルミン 76
非科学的な伝統 429
皮下腫瘤 311
非吸収性縫合糸 382
鼻腔狭窄 199, 216
肥厚（粘膜の異常な－）74
非再生性貧血 371
非心原性肺水腫 261, 262
ヒストリー・テーキング 11, 15, 16
脾臓摘出 184, 375, 402

尾側頸椎脊椎症 453
肥大型心筋症 285, 287
ビタミン E 87, 352
ビタミン A 230
ビタミン K 86, 87, 178, 230, 255
ビタミン B1 欠乏症 428
ビタミン B 群配合剤 428
ビタミン B12 98, 255
非定型アジソン症 410
非定型副腎皮質機能低下症 410
尾根部皮膚裂傷 364
皮膚擦過傷 445
皮膚正中切開 326, 332, 347
被毛 13
紐状異物 360, 417
ヒューマン・アニマル・ボンド 73
ヒューマン・アニマル・（ネイチャー）・ボンド 5, 30
病態生理 397
ピロキシカム 172, 173, 277, 297
ビンクリスチン 87, 89, 115, 267
貧血 374
ピンセット（眼科用－）454
頻拍（上室性および心室性－）432

ふ

ファモチジン 178, 190, 199, 255, 302, 359, 360
フィジカル・イグザミネーション 10
フェレット 117, 208
フェンタニール 129
フェンタニルパッチ 166
フェンタニル 129, 238, 276, 282, 332, 390, 422, 442, 448, 454
腹囲膨満 378
腹腔鏡検査 362
腹腔穿刺 105, 136, 306
腹腔臓器の胸腔内変位 365
腹腔内陰嚢 424

腹腔内脂肪組織腫瘤 438
腹腔内巨大腫瘤 293
腹腔内腫瘤 250
腹腔内洗浄 357
腹腔内全臓器の精査 402
副腎機能亢進症 211
副腎原発性腫瘍 384
副腎腫瘍 214
副腎腫瘍 381
副腎腫瘍摘出術 382
副腎腺腫 123, 213
副腎皮質機能亢進症 384
副腎皮質機能低下症 193, 407, 410
副腎皮質腺癌 383
腹水 414, 442
腹水穿刺 110
腹側減圧術 454
腹側スロット形成術 326
腹部正中アプローチ 204
腹部正中切開 184, 212, 220, 282, 289, 296, 308, 352, 366, 375, 382, 402, 416, 442
腹壁損傷 365
腹膜炎 58, 308, 352, 357
腹膜炎
　細菌性－ 306, 438
　細菌性化膿性－ 417
　尿性－ 139
　無菌性－ 101
腹鳴音 65
不整脈 431
不全麻痺 160, 342, 347, 456
　四肢－ 451
　両後肢－ 225, 445
ブドウ膜炎（レンズ誘発性－）258
ブトルファノール 122, 136, 163
ブピバカイン 276, 282, 291, 297, 309, 326, 332, 333, 347, 352, 367, 383, 391, 402, 416, 442,

449
ブプレノルフィン 254, 255, 282, 296, 308, 320, 340, 346, 358, 366, 375, 382, 402
プラスチックドレープ 164
プラスチックの充填物 58
ふらつき 299, 329, 393, 434
フラップ法 322
プラノプロフェン 320
フリスキードライ 355
プリンペラン 72, 76, 97, 104, 154
ふるえ 413
フルオレセイン染色 379
プレーリー・ドッグ 311
プレドニゾロン 72, 87, 107, 190, 199, 212, 262, 302, 374, 383, 403
プレドニゾン 267
プレドリリング 333
フレンチ・ブルドッグ 216, 418
フロセミド 41, 258, 262, 340
プロブレム・オリエンテッド・メディカルシステム 3
プロポフォール 402
プロリーン 383
噴門・幽門機能不全 224

へ

閉鎖テクニック 206
ペインコントロール 41, 122, 129
βグルカン 230, 255, 267, 271, 277, 297, 298, 314
壁性肉芽腫性大腸炎 283
ヘスパンダー 138, 198
ベタネコール 190
ベタフィル 340
ペットフードメーカー 354
ペディオコッカス 360, 416
ペティグリーチャム缶詰 109
ベナゼプリル 434

ヘパリン 136, 199, 230, 232
ペルシャ 250
ヘルニア 127
　胃噴門部滑脱性− 152
　会陰− 201
　横隔膜− 365
　頸部椎間板− 324
　心膜横隔膜− 307
　鼠径− 200
ヘルニア孔 206, 309
ヘルベッサー 434
変位（腹腔臓器の胸腔内−） 365
変形性脊椎症 46, 94, 111, 187, 195, 231
変性性筋炎 231
片側鼠径内陰嚢 329
ペンタロール 157
ベントラルスロット 326, 454
ペンフィル 379
扁平上皮癌 278
　口腔− 272

ほ

膀胱炎（細菌性−） 442
膀胱固定術 207
縫合糸反応性肉芽腫 402
膀胱穿刺 176, 251, 271, 406, 425
膀胱造影 202
膀胱・尿道二重造影 210
膀胱嚢胞 211
膀胱穿刺 335
房室停止 52
房室ブロック 432
放射線治療 268
ホームドクター 204
歩行困難 225
補充調律 434
ポララミン 86, 104
ボルゾイ 181, 451
ホルネル症候群 271

保冷材 114
ボンド・センタード・プラクティス 5, 270, 412

ま

マークモーリス研究所 428, 436
マージン 277
マイトマックス・スーパー 360, 416
マス（硬い） 168
マス（巨大な） 169
末梢神経炎 428
末梢性神経障害 428
マットレス縫合 114
マッフル 110
マラセチア性外耳炎 218
慢性胃炎 72
慢性気管支閉塞性疾患 46
慢性出血性心膜炎 184
慢性受動性鬱血 255
慢性膵炎 291
慢性胆嚢炎 197
慢性難治性表層性角膜潰瘍 381
慢性乳糜性胸膜炎 186
マンニトール 340, 347

み

ミエログラム 452
ミソプロストール 172, 277
ミッシングリンク 109
ミニチュア・ダックスフンド 35, 65, 100, 200, 258, 323, 398
ミネラルコルチコイド欠乏症 410
ミノサイクリン 212
未分化悪性疾患 278
未分化細胞性癌 298
未分化細胞性肉腫 298
脈圧低下 431

む

無菌性胸膜炎 62, 77
無菌性肉芽腫性炎症性疾患 401
無菌性皮下化膿性肉芽腫性脂肪織炎 437
無菌性腹膜炎 101
ムンテラ 73

め

メイロン 136
メシマコブ 87, 98, 115
メチルメタクリレート 158
滅菌 164
メトクロプラミド 178, 190, 199, 221, 255, 359, 360
メドロール 46
メトロニダゾール 76, 159, 178, 255, 352, 353, 416
メラニン色素含有腫瘍細胞 336
メラノーマ 341
メラノサイト（腫瘍性ー） 340
メルカゾール 154, 155
メロキシカム 136, 158, 282, 340
免疫介在性胃炎 74
免疫介在性疾患 73, 302, 374
免疫介在性溶血性貧血 374
免疫抑制療法 402

も

毛細血管充填時間 242
毛様体 336
モザイクシグナル 117
モサプリド 190, 199, 221, 360
モスキート曲鉗子 41
モノフィラメント吸収性縫合糸 442
モルヒネ 87, 146, 158, 164
門脈高血圧 179
門脈造影 178

門脈体循環シャント 52
モンローウォーク 162

や

夜間救急 413
夜間診療施設 21
薬浴 264

ゆ

誘導性線維エナメル芽細胞腫 278
幽門狭窄 66
幽門形成術 72
輸液 184, 230, 262, 282, 352, 366, 416
輸血 96, 104, 106, 114, 136, 347, 359, 374

よ

陽性強化法 450
腰仙椎不安定症 231
ヨークシャー・テリア 49, 125, 293
抑鬱 370, 424

ら

ラグスクリュー 164
ラクツロース 178
ラクトリンゲル 136, 366
ラシックス 46, 47, 347
ラタノプロスト点眼 379
ラブラドール・レトリーバー 335, 424
ランスファクター 87
卵巣嚢腫 269
ランタス 378, 379

り

リコンストラクションプレート 164
リドカイン 114, 122, 146, 184, 261, 262, 422, 434

リバーススマイリング法 220, 359
リパーゼ 76
リハビリテーション 449, 455
リマダイル 164, 166
流出遅延（造影X線検査）66
両後肢不全麻痺 445
良性の黒色腫 341
緑内障 336, 379
リンゲル（「乳酸化リンゲル」を参照）106, 178
リンパ球性形質細胞性腸炎 199
リンパ腫 64, 85, 174, 266, 298, 312
リンパ節
　胸骨ー 62
　肺門部ー 62

る

類症鑑別 391
ルーチン検査 18
ルチン 120

れ

レッグパーセス病 167
レベミル 443
レンズ誘発性ブドウ膜炎 258

ろ

ロイヤルカナン肝臓サポート 349
肋間ブロック 41, 146
ロメフロキサシン 320
ロメフロン 98
ロングコート・チワワ 349
ロンジュール 448

わ

Y-U幽門形成術 72
ワルファリン 230

ケーススタディ 小動物の診療 − What Is Your Diagnosis and Treatment −

定価（本体 23,000 円＋税）

2013 年 11 月 25 日　第 1 版第 1 刷発行

執　筆　加　　藤　　　　　元
発行者　永　　井　　富　　久
印　刷　㈱　平　河　工　業　社
製　本　㈱　新　里　製　本　所
発　行　文 永 堂 出 版 株 式 会 社

〒113-0033　東京都文京区本郷 2 丁目 27 番 18 号
TEL　03-3814-3321　FAX　03-3814-9407
URL　https://buneido-shuppan.com
E-mail　buneido@buneido-syuppan.com
振替　00100-8-114601 番

©2013　加藤　元

ISBN 978-4-8300-3248-6